Chemotaxonomie der Pflanzen

Band XIb-1

Leguminosae Teil 2:
Caesalpinioideae und Mimosoideae

von R. HEGNAUER

in Zusammenarbeit mit MINIE HEGNAUER

1996
BIRKHÄUSER VERLAG
BASEL   BOSTON   BERLIN

Adresse des Autors:

Prof. R. Hegnauer
Cobetstraat 49
NL-2313 KA Leiden
(Niederlande)

Die Deutsche Bibliothek – CIP-Einheitsaufnahme

Chemotaxonomie der Pflanzen / von R. Hegnauer. In
Zusammenarbeit mit Minie Hegnauer. – Basel ; Boston ; Berlin
: Birkhäuser.
Teilw. verf. von Robert Hegnauer ; Minie Hegnauer. –
Literaturangaben
NE: Hegnauer, Robert ; Hegnauer, Minie

Bd. XI Leguminosae.
  b.
  1. Caesalpinioideae und Mimosoideae. – 1996
    (Lehrbücher und Monographien aus dem Gebiete der exakten
    Wissenschaften : Chemische Reihe ; Bd. 34)
    ISBN 3-7643-5165-9
NE: Lehrbücher und Monographien aus dem Gebiete der exakten
  Wissenschaften / Chemische Reihe

Autoren und Verlag übernehmen keine Gewähr dafür, daß die im vorliegenden Werk
erwähnten Verfahren und/oder Vorrichtungen frei von Patent- und anderen
Schutzrechtsansprüchen Dritter sind. Autoren und Verlag haben größte Mühe darauf
verwandt, alle aufgeführten Daten und Gebrauchshinweise dem Wissensstand bei
Fertigung des Werkes entsprechend anzugeben. Dennoch sind Leser und Benutzer
aufgefordert, diese Angaben in der Originalliteratur zu überprüfen.

Die Wiedergabe von Gebrauchsnamen, Handelsnamen, Warenbezeichnungen usw.
in diesem Werk berechtigt auch ohne besondere Kennzeichnung nicht zu der Annahme,
daß solche Namen im Sinne der Warenzeichen- und Markenschutz-Gesetzgebung als
frei zu betrachten wären und daher von jedermann benutzt werden dürften.

Dieses Werk ist urheberrechtlich geschützt. Die dadurch begründeten Rechte, insbesondere
die der Übersetzung, des Nachdrucks, des Vortrags, der Entnahme von Abbildungen
und Tabellen, der Funksendung, der Mikroverfilmung oder der Vervielfältigung auf
anderen Wegen und der Speicherung in Datenverarbeitungsanlagen, bleiben, auch bei
nur auszugsweiser Verwertung, vorbehalten. Eine Vervielfältigung dieses Werkes oder
von Teilen dieses Werkes ist auch im Einzelfall nur in den Grenzen der gesetzlichen
Bestimmungen des Urheberrechtsgesetzes in der jeweils geltenden Fassung zulässig. Sie
ist grundsätzlich vergütungspflichtig. Zuwiderhandlungen unterliegen den Strafbestim-
mungen des Urheberrechts.

© 1996 Birkhäuser Verlag, Postfach 133, CH-4010 Basel, Schweiz
Gedruckt auf säurefreiem Papier, hergestellt aus chlorfrei gebleichtem Zellstoff. TCF ∞.

Printed in Germany
ISBN 3-7643-5165-9

9 8 7 6 5 4 3 2 1

£250 28

R. HEGNAUER
CHEMOTAXONOMIE DER PFLANZEN
BAND XIb-1

CHEMISCHE REIHE
BAND 34

LEHRBÜCHER UND MONOGRAPHIEN
AUS DEM GEBIETE DER EXAKTEN WISSENSCHAFTEN

Disposition und Inhaltsverzeichnis

BAND XI a

A.	Allgemeiner Teil	1–97
B.	Chemische Charakterzüge der Leguminosae, insbesondere Reserve- und Sekundärstoffe	98–424
D.	Addenda bei der Umbruchkorrektur	424–437
E.	Register	439
E I.	Verzeichnis der wissenschaftlichen Pflanzennamen	439–492
E II.	Stichwortverzeichnis	493–529

BAND XI b-1

C.	Spezieller Teil: Inhaltstoffe der einzelnen Taxa der Leguminosen	1
Einleitung		1
Nachträge zu Band XI a		4
C I.	Caesalpinioideae	42
C I.1.	Caesalpinieae	43
C I.2.	Cassieae	79
	Cassieae-Ceratoniinae	79
	Cassieae-Dialiinae	81
	Cassieae-Cassiinae	83
	Cassieae-Labecheinae	117
C I.3.	Cercideae	118
C I.4.	Detarieae	127
C I.5.	Amherstieae	168
C I.6.	Krameriaceae	176
C II.	Mimosoideae	187
C II.1.	Parkieae	191
C II.2.	Mimozygantheae	196
C II.3.	Mimoseae	197
C II.4.	Acacieae	243
C II.5.	Ingeae	346
D.	Nachträge (Addenda) bei der Umbruchkorrektur	381
E.	Register	425
E I.	Verzeichnis der wissenschaftlichen Pflanzennamen	425
E II.	Stichwortverzeichnis	461

BAND XI b-2

C III.   Papilionoideae

VORWORT

Der spezielle Teil C der Leguminosen erscheint in zwei Teilbänden, XI b-1 und XI b-2. Dieses Vorgehen wird durch die ungeheure Fülle von Leguminosenliteratur bedingt. Der vorliegende Band XI b-1 ist den Caesalpinioideen mit u. a. der Riesengattung *Cassia* s. l. (= *Cassia* s. str. + *Chamaecrista* + *Senna*) und den Mimosoideen, zu denen u. a. die Riesengattungen *Acacia* s. l. (d. h. inklusiv *Racosperma* Pedley) und *Mimosa* gehören, gewidmet.

Außerdem enthält Bd. XI b-1 einige Nachträge, speziell zu den Leguminosen-Inhaltsstoffen (S. 17–41; 402–422) und zur ethnobotanischen Literatur (S. 8–16; 382–401).

Der im Laufe der Bearbeitung dieses Bandes erschienene *Phytochemical Dictionary of the Leguminosae* wurde auf S. 17–21 ziemlich ausführlich besprochen und ab *Mimosoideae* häufig konsultiert.

Wichtige Hinweise für die Benützung des Leguminosenbandes XI b-1 wurden auf S. 3 zusammengestellt.

Der Aufbau der Leguminosenbände der CHEMOTAXONOMIE DER PFLANZEN bedingt, daß nicht alle Angaben zu einer bestimmten Art oder Gattung an einer einzigen Stelle zu finden sind. **Wer nach allen Angaben über ein gewisses Taxon sucht, sollte unbedingt die taxonomischen Register in den Bänden XI a, XI b-1 und XI b-2 (in Vorbereitung) benützen.**

Autorzitate bei Binomina wurden stets dann aufgenommen, wenn sie mir aus irgend welchen Gründen zweckdienlich erschienen. In allen anderen Fällen wurden Autorzitate weggelassen. Dies gilt speziell für die Besprechung von Arbeiten, in welchen die botanische Nomenklatur nach meinem Dafürhalten einwandfrei behandelt wurde.

In den Literaturlisten wurden vielfach Titel von Arbeiten aufgenommen; sie sollen Angaben im Text ergänzen. Titel wurden meistens weggelassen, wenn sie keine zusätzlichen Hinweise verschaffen.

Auch diesmal habe ich Frau MIMI ROETERING, Bibliothekarin, für vielseitige und sachkundie Hilfe bei der Beschaffung und beim Aufspüren von Literatur zu danken.

Dem Birkhäuser Verlag, insbesondere den Herren MAZENAUER und MESSMER, möchte ich wiederum für die freundschaftliche Zusammenarbeit und für die schöne Gestaltung des Buches sehr herzlich danken.

Zur Arbeitsteilung zwischen meiner Frau und mir gilt das bereits 1993 im Vorwort zu Band XI a Gesagte. Liebe MINIE, ich kann nur wiederholen, was ich damals schrieb. Bei einem Buch, wie der CHEMOTAXONOMIE DER PFLANZEN, stellt das Textschreiben nur eine Seite dar. Genau so wichtig sind die vielen mühsamen, exakten Kontrollen, welche Denk- und Druckfehlerzahlen auf ein erträgliches Maß reduzieren. Nur dank Deinem 100prozentigen Einsatz ist es gelungen, den Generalregister-Band X und den 1. Leguminosenband XI a in dieser Hinsicht befriedigend zu gestalten. Wir beide hoffen, auch beim vorliegenden Bd. XI b-1 dieses Ziel erreicht zu haben.

ROBERT HEGNAUER
Leiden, September 1995

C. SPEZIELLER TEIL: INHALTSTOFFE DER EINZELNEN TAXA DER LEGUMINOSEN

Einleitung

Die im folgenden speziellen Teil verwendete Klassifikation entspricht vollständig dem in Bd. XI a, 9–12, bereits skizzierten System von POLHILL-RAVEN (1981). Innerhalb der einzelnen Tribus wurde in der Regel alphabetische Anordnung der Gattungen gewählt. Gliederungen in Subtribus oder Gattungsgruppen wurden nur dann verwendet, wenn solche sinnvoll erschienen, das heißt, wenn die Zahl der verfügbaren chemischen Befunde eine Prüfung von Klassifikationsvorschlägen innerhalb von Triben anhand von chemischen Merkmalen ermöglicht. Die heterogene Tribus *Tephrosieae* wurde ohne Aufteilung in *Millettieae* und *Lonchocarpeae* beibehalten, und die 13. Tribus, *Sesbanieae*, wurde nicht in die *Robinieae* einbezogen.

Zur Berücksichtigung der Literatur zu den einzelnen Taxa sei folgendes bemerkt. Von allen wichtigen Nahrungs- und Futterpflanzen, z. B. von *Arachis hypogaea, Cicer arietinum, Glycine max, Lens esculenta, Pisum sativum, Phaseolus-* und *Vigna-*Taxa und *Leucaena leucocephala, Medicago sativa* und *Trifolium-*Arten und vielen weiteren Sippen steht eine ungeheure Fülle von Untersuchungsresultaten zur Verfügung; sie sind jedoch über die Literatur auf den Gebieten Systematik, Physiologie, Pflanzenchemie, Pflanzenbau, Pflanzenzüchtung, Phytopathologie, Nahrungs- und Futtermittelforschung und -technologie verstreut. Ähnliches gilt für Medizinalpflanzen, technisch verwendete Sippen (z. B. Farbstoffpflanzen, Gerbstoffpflanzen, *Glycyrrhiza-*Extrakte in der Tabakindustrie) und die in ariden Gebieten oft Viehvergiftungen verursachenden toxischen Pflanzen (z. B. Arten aus den Gattungen *Astragalus, Gastrolobium, Indigofera, Oxytropis* und *Swainsona*); über solche Pflanzen sind auch zahlreiche Angaben im medizinischen, pharmakologischen, toxikologischen, landwirtschaftlichen und technologischen Schrifttum zu finden. Dem Nichtfachmann ist die Spezialliteratur der erwähnten Fachgebiete heute kaum mehr in vollem Umfang zugänglich, und zum Teil auch kaum mehr verständlich. Ich habe mich bemüht, die in Bd. XI a besprochenen Stoffklassen soweit wie möglich zu berücksichtigen, bin mir aber vollkommen davon bewußt, daß viel Erwähnenswertes unerwähnt geblieben ist.

Eine bereits durch DE CANDOLLE (1816, l.c. Bd. XI a, 92) betonte, aber noch stets oft übersehene, Tatsache möchte ich am Anfang des chemotaxonomischen Leguminosenbandes erneut (vgl. z. B. Bd. XI a, 226) in Erinnerung rufen. Bei der systematischen Verwendung von chemischen Merkmalen sollte man nach Möglichkeit Stoffmuster gleicher Pflanzenteile miteinander vergleichen. Die Flavonoid- und Gerbstoffspektren von Blatt, Rinde, Holz, Blüten, Früchten und Samen einer Art können beispielsweise stark verschieden sein. Darum wird man ein verzerrtes und taxonomisch nur beschränkt brauchbares Bild erhalten, wenn man die Gesamtheit der Inhaltstoffe von gut untersuchten Holzpflanzen (z. B. Wurzeln, Rinde, Holz, grüne Teile, Blüten, Früchte, Samen von *Acacia-*Arten) mit einer annuellen Sippe, von welcher bisher nur das Kraut analysiert wurde (z. B. eine *Vicia-*Art), vergleicht. Selbst einzelne Organe sind oft hinsichtlich der gespeicherten Sekundärstoffe nicht homogen. In Blättern werden bestimmte Flavonoide bevorzugt in Epidermiszellen abgelagert, und in Samen haben in der Regel Testa, Endosperm und Embryo recht unterschiedliche Stoffspektren. Vor kurzem wurde gezeigt, daß die Saponinmuster sogar im Embryo variieren können; Sojabohnensamen haben in den Kotyledonen andere Saponingemische als im Hypokotyl (vgl. S. 32).

Diese Einleitung soll mit zwei Abschnitten abgerundet werden: Mit einigen Hinweisen zur Benützung des Buches und mit wenigen Nachträgen zu Bd. XI a.

Allgemeine Hinweise zur Benützung des Buches

Abkürzungen von Verbindungen; vide Bd. XIa, S. XV.
Abkürzungen von Zeitschriften; vide Bd. XIa, S. XVI.
Häufig verwendete Literaturzitate; vide Bd. XIa, S. XVII.
Behandlung intraspezifischer Variation; vide Bd. XIa, S. XIX.
Angaben zu Fettsäurespektren von Lipiden, speziell Triglyceriden; vide Bd. XIa, S. 157–158.
Benennung von Cycliten; vide Bd. XIa, S. 184.
Benennung von Catechinen und Leucoanthocyanidinen; vide Bd. XIa, S. 244–245, und in diesem Band, S. 25.

Nach Bd. XIa und früheren Bänden der CHEMOTAXONOMIE DER PFLANZEN wird zukünftig wie folgt verwiesen: Vgl. dazu auch Bd. XIa, 200 oder l.c. Bd. VII, 67–119.

Beginnend mit den Mimosoideen wird vielfältig der im Sommer 1994 erschienene zweibändige *Phytochemical Dictionary of the Leguminosae* (vgl. dazu S. 17–21) benützt werden. Angaben aus diesem und Hinweise auf dieses Werk werden wie folgt belegt: DICT.

Bisher nicht erklärte Abkürzungen.
Zucker: Fu = Fucose; Api = Apiose.
TG = Trockengewicht; FG = Frischgewicht.

F ("fusion") wird durchwegs an Stelle des gegenwärtig gebräuchlicheren m.p. ("melting point") verwendet.

Nachträge zu Bd. XI a

A I. Systematik und Pflanzengeographie

Pflanzengeographie — N. J. W. THROWER and D. E. BRADBURY (Eds.), *Chile – California mediterranean scrub atlas. A comparative analysis*, US/IBP Synthesis Series: 2, Dowden, Hutchinson and Ross, Stroudsburg, Pennsylvania 1977. 237 S. Weltweite Übersicht über Gebiete mit sogenanntem Mediterranklima. Genaue vergleichende Beschreibung und Analyse von Boden, Klima, Flora, Vegetation und Fauna von „mediterranen" Gebieten in Californien und Zentral-Chile. „Broad sclerophyllous trees and shrubs dominate the vegetation" (= Chaparral in Californien = Matorral in Chile) „with a mediterranean climate". Auf den Chaparral-Matorral-Prüfflächen waren holzige Leguminosen nur in Chile vertreten: *Acacia caven, Sophora macrocarpa*. Auch auf angrenzenden, sehr ariden Gebieten wurden holzige Leguminosen nur auf der Prüffläche in Chile beobachtet: *Cassia coquimbensis, Hoffmannseggia falcaria* und *Adesmia arborea*. In Vegetationen, welche in Küstennähe oder in (sub)alpinen Zonen an die Chaparral-Matorral-Gebiete anschließen, fehlten holzige Leguminosen mit Ausnahme der litoralen Prüffläche in Chile bei Papudo-Zapallar: *Adesmia arborea*.

Ontogenie der Blüten — SHIRLEY C. TUCKER, *The role of floral development studies in legume evolution*, Canad. J. Bot. 70, 692–700 (1992). Das Studium der Entwicklung der Blüten bei über 200 Arten führte zum Schlusse, daß die Gesamtheit der Leguminosen eine einzige Familie bildet. Im Prinzip besteht die aktinomorphe bis hochgradig zygomorphe Leguminosenblüte aus 4 pentameren Kreisen und einem monomeren Kreis: 5 Kelchblätter + 5 Kronblätter + 5 + 5 Staubblätter + aus einem Fruchtblatt gebildetes Ovarium. Viele Modifikationen dieses Grundplans sind bekannt geworden; sie sind aufgrund von ontogenetischen Untersuchungen verständlich. Solche Modifikationen sind beispielsweise Tetramerie, teilweise bis gänzliches Wegfallen der Petalen, Polymerie des Androeciums (z. B. *Acacia*), Verwachsungen, wie sie für die typische Schmetterlingsblüte charakteristisch sind (9 verwachsene und ein freies Staubblatt; Schiffchen aus 2 Petalen gebildet). Diese Arbeit lieferte einige interessante taxonomische Hinweise. *Ceratonia* paßt schlecht zu den *Cassieae*; die Gattung sollte in eigener Tribus untergebracht werden. Die Blüten von *Ateleia* weichen stark von denjenigen der übrigen *Sophoreae* ab; diese Gattung könnte zusammen mit den *Swartzieae* die 4. Unterfamilie, *Swartzioideae*, bilden. Die vergleichenden blütenmorphologischen Studien unterstützen die Aufspaltung von *Cassia* s.l. in *Cassia* s.str., *Chamaecrista* und *Senna* (vgl. dazu aber auch sub C I.2). Die gleiche Autorin (Ead., *Floral ontogeny in Sophoreae [Leguminosae-Papilionoideae]: II. Sophora sensu lato [Sophora group]*, Amer. J. Bot. *81*, 368–380 [1994]) untersuchte die Ontogenie der Blüten von 8 Arten der großen und verhältnismäßig primitiven Gattung *Sophora* (*S. affinis, chrysophylla, davidii, flavescens, japonica, microphylla, secundiflora* und *tomentosa*) mit wenig spezialisierten Blüten mit 5zipfligem Kelch, 5 meistens freien Petalen, 10 identischen, meistens freien Staubblättern in zwei Kreisen und einem Karpell. Trotz der relativ geringen morphologischen und ontogenetischen Spezialisierung der Blüten kommt in der Gattung neben Entomophilie auch Ornithogamie vor. Der im Rahmen der *Sophoreae* abweichende Blütenbau von *Ateleia* wird erneut betont.

Bestäubungsökologie und Bienenweiden (wertvolle Bienenpflanzen) — Die recht merkwürdig gebaute Schmetterlingsblüte der *Papilionoideae* und *Caesalpinioideae* p.p. und ihre morphologischen Beziehungen zu gewissen beinah radiärsymmetrisch gebauten Caesalpinioideenblüten inspirierten viele Systematiker zu merkmalsphylogenetischen Betrachtungen. Die unzähligen bestäubungsbiologisch erklärbaren Varianten der Leguminosenblüten regten außerdem zu blütenbiologischen Beobachtungen in Europa und später auch in asiatisch Rußland, Nordamerika und zahlreichen (sub)tropischen Gegenden an. Es steht fest, daß die meisten Leguminosen entomogam sind, und daß in der gemäßigten Zone Honigbienen und Hummeln (*Hymenoptera-Apoidea* [= Superfamilia] - *Apidae* [= Familia] - *Apinae* [= Subfamilia] mit u.a. den Tribus *Bombini* [Hummeln] und *Apini* [Honigbienen]) für die Samenbildung der meisten Leguminosen unerläßlich sind. Die Arbeiterinnen der zahmen Honigbiene, *Apis mellifica*, eines der ganz wenigen domestizierten Insektentaxa, wurden auch die *Heinzelmännchen des Land- und Obstwirtes* (BREHMS *Tierleben*, Bd. 2, 4. Aufl., Nachdruck 1933, S. 611) genannt, weil sie für die Bestäubung der meisten Kulturpflanzen (abgesehen von den anemogamen Gramineen und autogamen Sippen) Sorge tragen. Relativ selten ist in der Familie Bestäubung durch Schmetterlinge (*Lepidoptera*). In wärmeren Ländern werden durch Leguminosen noch weitere Pollenüberträger benützt. Ornithogamie (Bestäubung durch Vögel) ist beispielsweise bei vielen Arten mit prächtig roten, geruchlosen Blüten Regel. Ausnahmsweise kommt auch Chiropterogamie (Bestäubung durch Fledermäuse) vor. Selten ist Anemogamie (Windbestäubung) [1–3]. Für Bestäubung von *Parkia bicolor* durch Fledermäuse und andere kleine Säugetiere vide GRÜNMEIER, l.c. Bd. XIa, 6, und für Anemogamie bei *Ateleia herbert-smithii* vide JANZEN, l.c. Bd. XIa, 7.

Da die meisten Leguminosen melittophil sind, nützen sie dem Menschen nicht nur als Nahrungs- und Futterpflanzen, sondern liefern auch Honig und Bienenwachs.

Melissa (auch *Melittis*) = Honigbiene (griechisch).
Meli (griechisch) oder Mel (lateinisch) = Honig
Melittophilie = Bestäubung durch nektar- und pollensammelnde *Apidae*
(Apis = Biene [lateinisch])

Ein Kleefeld (*Trifolium repens, pratense, incarnatum*), ein Luzernenfeld (*Medicago sativa*), eine Pflanzung von *Vicia faba* oder eine Gruppe oder gar ein Wäldchen von *Robinia pseudo-acacia* können je nach Gegend und Umständen reichlich monofloren Leguminosenhonig liefern. Die Literatur über Bienenzucht, und damit zusammenhängend über die für die domestizierte Honigbiene geeigneten Nektar- und Pollenlieferanten, ist außerordentlich umfangreich. Ein Hinweis auf einige Publikationen mit weiterführenden Literaturzitaten soll diese praktische Seite der Leguminosenbiologie leichter zugänglich machen [4–7].

Der nachfolgenden Besprechung der erwähnten Literatur [4–7] sollen einige wichtige Punkte vorausgeschickt werden. Der Nutzen eines Pflanzentaxons für den Bienenzüchter kann von sehr vielen Faktoren abhängig sein. Erwähnt seien intraspezifische Variation von Blütenfarbe, Blütengröße, Blütengeruch und Nektarproduktion und -zusammensetzung, welche genetisch, klimatisch oder edaphisch bedingt sein können. Kulturpflanzen, wie beispielsweise die Futterpflanzen *Trifolium pratense* und *Medicago sativa*, die Nahrungspflanzen *Pisum sativum* und *Vicia faba*, oder die Zier- und Forstpflanze *Robinia pseudo-acacia* existieren in zahllosen Cultivars mit zum Teil recht unterschiedlichen Blüten. Ähnliches gilt für euryöke Arten oder Sammelarten mit großem Areal, wie beispielsweise *Trifolium repens* und *Lotus corniculatus* s.l., welche neben bereits gezüchteten Futterpflanzen-Cultivars auch zahlreiche ökologische und geographische Rassen mit zum Teil recht verschiedenen Blütenmerkmalen und abweichendem Blühverhalten umfassen. Solche, eben angedeutete Variationen können die zahlreichen Widersprüche in der Literatur [z. B. 2, 4, 5] über den Nutzen einzelner Arten für die Bienenzucht erklären. Dazu kommt noch die Tatsache, daß ähnliche Verhältnisse für die beteiligten Insekten gelten. Die für die Bestäubung sehr wichtige zahme Honigbiene existiert in verschiedenen geographischen Rassen mit z. T. unterschiedlichem Verhalten (z. B. Stechlustigkeit) und verschiedenen Organgrößen (z. B. Zungenlängen). Nicht jeder Typ von *Apis mellifica* paßt zu jedem Cultivar oder jeder ökologischen Rasse einer bestimmten Papilionaceen-Art. Außerdem sind neben *Apis mellifica* viele nektar- und pollensammelnde *Apidae*, speziell sozial- und solitärlebende Wildbienen und Hummeln, an der Bestäubung von Leguminosenblüten beteiligt. Beobachter können sich in der Identifikation von Blütenbesuchern täuschen, und dadurch zu widersprüchlichen Angaben über die Rolle bestimmter Leguminosen als Nektar- und Pollenlieferanten in der Literatur beitragen.

[1] S. VOGEL, *Blütenbiologische Typen als Elemente der Sippengliederung dargestellt anhand der Flora Südafrikas*, Botanische Studien (W. TROLL und H. VON GUTTENBERG, Herausg.), Heft 1, 338 S., VEB Gustav Fischer, Jena. Mit 5 Farbtafeln zur Illustration der fünf in Südafrika beobachteten blütenbiologischen Typen, i.e. Immenblumen (Melittophilie; mit 2 Leguminosen, *Cassia* spec. indet. und *Sesbania mossambicensis*); Tagfalterblumen (Psychophilie); Nachtschwärmer- und Mottenblumen (Sphingophilie und Phalenophilie); Aas- und Kleinfliegenblumen (Myophilie); Vogelblumen (Ornithophilie). Besprechung der Leguminosen nach Haupttaxa. S. 200–206 *Caesalpiniaceae* mit Illustrationen der melittophilen *Bauhinia esculenta* und *Caesalpinia echinata*, der psychophilen *Bauhinia galpinii* und *Caesalpinia pulcherrima*, der sphingophilen *Bauhinia macrantha* und der ornithophilen Arten *Griffonia speciosa* und *Schotia* (= *Theodora*) *brachypetala*. S. 206–215 *Papilionaceae* mit vorwiegend melittophilen Taxa; Sphingophilie bei *Camoënsia maxima*; Ornithophilie in verschiedenen Tribus beobachtet. Illustrationen von Blüten von ornithophilen Taxa von Südafrika (*Crotalaria agatiflora*, *Liparia sphaerica*, *Sutherlandia frutescens*, *Lotus peliorhynchus*, *Erythrina humeana*) und nächst verwandten melittophilen Sippen (*Crotalaria*-Art von Transvaal, *Priestleya villosa*, *Colutea arborescens* [Südeuropa], *Lotus corniculatus* [heute fast kosmopolitisch], *Canavalia obtusifolia*). S. 215–217 *Mimosaceae*; in Südafrika nur Melittophilie beobachtet (*Acacia, Albizia, Dichrostachys*). In der Gattung *Calliandra* (nicht in Südafrika; Beobachtungen an Gewächshauspflanzen) Übergang zu Ornithophilie (kommt auch bei *Inga* vor) und Sphingophilie. Abb. der melittophilen *Acacia*-Blüte, der sphingophilen Blüte von *Calliandra tetragona* und der ornithophilen Blüten von *Calliandra tweedii*. ● [2] K. FAEGRI and L. van der PIJL, *The principles of pollination ecology*, Pergamon Press, Oxford 1966. S. 126–131, *The flag blossom of Leguminosae* (Beschreibung verschiedener Typen der Pollenpräsentation und von morphologischen Varianten der typischen Papilionaceenblüte). S. 149–153, *Applied pollination ecology* (u. a. Beschreibung von bestäubungsökologischen Schwierigkeiten bei der Kultur der melittophilen Futterpflanzen *Trifolium pratense* und *Medicago sativa* und möglichen Maßnahmen zu deren Behebung). S. 155–219, *Case histories*, i.e. Illustrationen und Beschreibungen von Blütentypen. S. 180

Chiropterophilie bei *Parkia biglobosa* (= *P. clappertoniana*). S. 182–193, *Pollination syndromes within the Papilionaceae*: Melittophile Blüten von *Astragalus depressus, Coronilla emerus, Trifolium medium, Genista tinctoria, Cytisus* (= *Sarothamnus*) *scoparius, Centrosema virginiana* und *Phaseolus multiflorus*; ornithophile Blüten von *Erythrina crista-galli*; extrem asymmetrische Blüten von *Phaseolus caracalla*, welche durch große Bienentaxa, z. B. Holzbienen (*Xylocopa*-Arten) besucht werden; wenig spezialisierte Blütenstände und Blüten von *Petalostemon pinnatum*, welche verschiedene Bestäuber verwenden und sogar Käfern zugänglich sind.
• [3] H. KUGLER, *Blütenökologie*, 2. Aufl., Gustav Fischer Verlag, Stuttgart 1970. Die Leguminosen werden bei den Chiropterogamen (cauliflores *Mucuna*-Taxon, *Parkia*-Arten), Ornithogamen (*Erythrina*-Arten, *Clianthus speciosus* [= *C. dampieri*] von Australien) und bei den Entomogamen (Melittophilie mit vielseitigen bestäubungsökologischen Anpassungen; Papilionaceentyp, S. 273–281) besprochen. Anemogamie ist selten (erwähnt für gewisse *Medicago*-Arten auf S. 58). • [4] F. N. HOWES, *Plants and beekeeping*, Revised Ed., Faber and Faber, London 1979. Mit Kapitel *The major honey plants*, 55–95, mit u. a. CLOVER (vor allem *Trifolium repens*; auch Besprechung von *Trifolium pratense*, dessen Blüten für Honigbienen oft zu groß sind), SAINFOIN (*Onobrychis viciaefolia*) und FIELD BEANS (*Vicia faba*). Im Kapitel *Other plants visited by the honey bee for nectar or pollen*, 96–218, finden folgende Leguminosen Erwähnung: *Robinia pseudo-acacia, Baptisia* (Zierpflanzen aus Amerika), *Lotus corniculatus, Colutea arborescens*, der weißblütige *Cytisus albus* (= *C. multiflorus*; Zierpflanze aus Portugal), *Cytisus scoparius* (= *Sarothamnus scoparius*; nur für Pollen, da der Nektar dieser großblütigen Art den Honigbienen kaum zugänglich ist), *Amorpha fruticosa* (Zierstrauch aus Amerika), in Gärten kultivierte *Hedysarum*-Arten, speziell *H. coronarium* und *obscurum, Galega officinalis* (in Gärten Englands nicht durch Honigbienen besucht), *Ulex europaea* und *minor* (erstere liefert Honigbienen vorzüglich Pollen; Blüten zu groß, um als Nektarquelle zu dienen), *Genista anglica* und *tinctoria* (liefern nur Pollen), *Gleditsia triacanthos* (Nektar-Lieferant in Nordamerika), *Cercis siliquastrum* und *canadense* (in England Ziersträucher und -bäume; gute Nektarquellen), *Medicago*-Arten (liefern Nektar), *Lupinus*-Arten (kultiviert; liefern nur Pollen; werden hauptsächlich durch die größeren Hummeln besucht), *Melilotus*-Arten (gute Nektarquellen), *Sophora japonica* (Zierbaum aus Ostasien; liefert Nektar und Pollen), *Pisum sativum* (angeblich nur gewisse Cvs durch Bienen besucht), *Ornithopus sativus* (gute Nektarpflanze), *Vicia sativa* (kultiviert) und wilde *Vicia*-Arten, *Lathyrus*-Arten, speziell das als Zierpflanze und versuchsweise als Bienenweide kultivierte Cv. Wagneri von *L. silvestris*. S. 219–223, zwei Literaturverzeichnisse. Das Buch ist speziell für die Verhältnisse in Großbritannien geschrieben, berücksichtigt aber einigermaßen auch Mitteleuropa und Nordamerika. • [5] H. HARNAJ et al. (Eds), *La flore mellifère, base de l'apiculture* (Symposium international de flore mellifère, Budapest, Sept. 1976), Editions Apimondia, Bucarest 1977. Mit vielen Beiträgen, wovon relativ viele aus Osteuropa und der UdSSR stammen. Leider ist das Buch schlecht ins Französische übersetzt und ungenügend redigiert; zahlreiche Fehler blieben stehen oder wurden beim Übersetzen gemacht. Zwei Artikel sind ausschließlich der wichtigen Bienenpflanze *Robinia pseudo-acacia* und ihren zahlreichen Cvs, sowie ihrem Hybriden *Robinia × ambigua* (= *R. pseudo-acacia × R. villosa*) gewidmet. Auf S. 199–202 werden durch G. C. RICCARDELLI D'ALBORE monoflore Honigtypen Italiens beschrieben; ökonomisch nicht unbedeutend sind die durch fünf Leguminosen gelieferten Honigtypen: *Hedysarum coronarium* (Abruzzen, Calabrien, Sizilien), *Medicago sativa* (Hügel von Zentral-Italien), *Trifolium repens* f. *lodigense* (Po-Ebene), *Onobrychis viciaefolia* (Zentral-Italien) und *Robinia pseudo-acacia* (Norditalien, Toscana). In geringen Mengen wird in Italien auch monoflorer Honig von *Trifolium incarnatum* (Lazio), *Trifolium pratense* (Zentral-Italien), *Galega officinalis* (Zentral-Italien) und *Lotus corniculatus* (Apenninen, Umbrien) produziert. • [6] G. GASSNER, l.c. Bd. XIa, 25. Honiguntersuchungen auf S. 367–386; mit zahlreichen Abb. Auch Leguminosenpollen sind für die Charakterisierung von Honigmustern wichtig, z. B. *Acacia*-Pollen (australischer und mittelamerikanischer Honig), *Melilotus*-Arten, *Phaseolus vulgaris, Robinia pseudo-acacia, Trifolium repens, Vicia faba* (mitteleuropäische Honigmuster). • [7] T. E. WALLIS, *Analytical microscopy*, 2nd Ed., J. and A. Churchill, London 1957. S. 84–88 *Honey*. Pollen von u. a. *Medicago sativa, Onobrychis viciaefolia* (= *O. sativa*) und *Trifolium repens* in englischem Honig nachgewiesen.

A IV. Ethnobotanische Literatur (Nutz-, Arznei- und Giftpflanzen)

ISABELLA AIONA ABBOTT, *La'au Hawai'i. Traditional Hawaiian uses of plants*, Bishop Museum Press 1992. Illustriert die relative Armut der pazifischen Inseln an einheimischen Leguminosen. Enthält einen Appendix *Flowering plant and fern names* (*Hawaiian names, English common names* und *Scientific names of flowering plants and ferns mentioned in this book*), 137–140; darin werden folgende Leguminosen aufgeführt: *Acacia koa* subsp. *koa* (KOA; = *A. koa* Gray), *A. koa* subsp. *koaia* (KOAI'A, KOA OHA; = *A. koaia* W. Hillebrand), *Caesalpinia kavaiensis* (UHIUHI; = *C. kavaiensis* Mann = *Mezoneuron kavaiense* [Mann] W. Hillebrand), *Canavalia galeata* ('AWIKIWIKI = *C. galeata* [Gaud.] Vogel; auch PUAKAUHI), *Erythrina sandwicensis* (WILIWILI; = *E. sandwicensis* Degener), *Inocarpus fagifer* (TAHITIAN CHESTNUT) (= *I. fagifer*[*us*] Fosb.), *Pueraria lobata* (KUDZU; = *P. lobata* [Willd.] Ohwi; auch FAN-KOT), *Sesbania tomentosa* ('OHAI; = *S. tomentosa* H. et A.; auch OAHU SESBANIA), *Sophora chrysophylla* (MAMAMO; = *S. chrysophylla* [Salisb.] Seem.; auch MAMANE), *Tephrosia purpurea* (AUHUHU; = *T. purpurea* [L.] Pers. = *T. piscatoria* Pers.; auch AHUHU). Im Generalregister, 156–162, fehlen die *Acacia*-Taxa (nur als KOA aufgenommen) und *Sesbania tomentosa* (auch nicht als 'OHAI aufgenommen). Dagegen treten hier noch *Caesalpinia pulcherrima* (L.) Sw. (OHAI ALI'I) und *Canavalia cathartica* Thouars (MAUNA-LOA oder PUA-KAUHI) auf. N.B. Im Buche fehlen die Autoren bei den Binomina; ich habe sie mit Hilfe von St. JOHN (l.c. Bd. XIa, 63 sub KRAUSS) ergänzt und ihm auch einige zusätzliche Schreibweisen der einheimischen Namen entnommen.

E. F. ANDERSON, *Plants and people of the Golden Triangle – Ethnobotany of the hill tribes of Northern Thailand*, Dioscorides Press, Portland, Oregon 1993. Mit Appendix 1: *Plants used by the hill tribes*, 201–224. Appendix 2: *Medicinal plants used by the hill tribes*, 225–241. In beiden Indices sind die im Buche erwähnten Pflanzenarten nach den wissenschaftlichen Namen alphabetisch geordnet. Die Leguminosen sind in den beiden Indices mit folgenden Taxa vertreten. CAESALPINIOIDEAE: *Afzelia xylocarpa*, *Bauhinia* (5 Arten), *Caesalpinia* (4), *Cassia* s.l. (8), *Pterolobium macropterum*, *Saraca declinata* und *indica* und *Tamarindus indica*. — MIMOSOIDEAE: *Acacia* (4), *Adenanthera pavonina*, *Albizia chinensis*, *Archidendron clypearia*, *Entada rheedii*, *Leucaena leucocephala*, *Mimosa invisa* und *pudica*, *Neptunia oleracea*, *Pithecellobium dulce*, *Samanea saman* und *Xylia xylocarpa*. — PAPILIONOIDEAE (als *Fabaceae*): *Arachis hypogaea*, *Cicer arietinum*, *Clitoria macrophylla* und *ternatea*, *Crotalaria* (4), *Dalbergia paniculata* und *stipulacea*, *Derris elliptica*, *Desmodium* (8), *Dolichos lablab*, *Dumasia leiocarpa*, *Dunbaria longeracemosa*, *Erythrina subumbrans* und *variegata*, *Flemingia paniculata* und *sootepensis*, *Glycine max*, *Indigofera squalida* und *tinctoria*, *Lespedeza parviflora*, *Millettia extensa* und *pachycarpa*, *Mucuna* (3), *Pachyrhizus erosus*, *Phaseolus lunatus* und *vulgaris*, *Psophocarpus tetragonolobus*, *Pueraria phaseoloides* und *ringens*, *Sesbania* (3), *Spatholobus parviflorus*, *Shuteria vestita*, *Uraria cordifolia* und *Vigna* (3).

BEATRICE M. BECK, *Ethnobotany of the California indians*, vol. 1. *A bibliography and index*, 165 S., Koeltz Scientific Books, USA/Germany 1994. Erschöpfendes anthropologisches und ethnobotanisches Literaturverzeichnis. Vgl. auch SANDRA S. STRIKE 1994.

T. A. van Beek and H. Breteler (Eds), *Phytochemistry and agriculture*, Proc. Phytochem. Soc. Europe. *34,* Clarendon Press, Oxford (1993). Mit 18 Beiträgen, von welchen viele auch für die Leguminosen-Sekundärstoffchemie Interesse besitzen. Als Beispiele seien erwähnt: (3) *Progress in developing insecticides from natural compounds,* 40–61 (P. S. K. Bhupinder and N. O'Connor; viele Stoffklassen mit insektizider Wirkung besprochen; von Leguminosen nur kurz die Rotenoide behandelt); (5) *Metabolic signals in the rhizosphere: Catabolism of calystegins and betaines by Rhizobium meliloti,* 76–86 (Arlette Goldmann et al.; u. a. Bedeutung der durch Keimpflanzen und Wurzeln von *Medicago sativa* ausgeschiedenen Betaine Cholin, Carnithin [$Me_3N^+-CH_2-CH(OH)-CH_2-COO^-$], Glycinbetain [= Betain], Stachydrin und Trigonellin für erfolgreiche Nodulation durch *Rhizobium meliloti*); (7) *Cyanogenesis in foodplants,* 107–129 (A. Nahrstedt; u. a. Mimosaceae, *Lotus, Phaseolus, Trifolium*); (8) *Digestibility-inhibiting substances from alfalfa,* 130–150 (G. Massiot and C. Lavaud; Sapogenine und Saponine von *Medicago sativa*); *Toxic range plants and their constituents,* 151–170 (R. J. Molyneux; u. a. *Lupinus caudatus, formosus* und *sericeus,* Locoweeds [*Astragalus-* und *Oxytropis*-Taxa], *Swainsona*-Arten); *Production and application of phytochemicals from an agricultural perspective,* 171–213 (M. Wink; u. a. Rotenon; sehr ausführliche Besprechung der Chinolizidinalkaloide der Leguminosen, 187–203; insektizide, fraßverhütende und weitere biologische Eigenschaften vieler individueller Papilionaceenalkaloide); *Polyphenols* („vegetable tannins") – *phytochemical chamaeleons,* 214–252 (E. Haslam; behandelt kondensierte und hydrolysierbare Gerbstoffe und deren hauptsächlichste Bausteine, Catechine und Gallussäure; ausführliche Besprechung von *Polyphenol complexation* [Theorie; praktische Beispiele wie Lederbereitung, medizinale Anwendung, Adstriktion von Früchten und Getränken, Schwarzteebereitung, Anthocyan-Copigmentation, Alterung von Rotweinen]); *Biosynthesis of storage fat in oil crops – today and tomorrow,* 288–312 (S. Stymne; u. a. Biogenese von „gewöhnlichen" Triglyceriden und von solchen mit „ungewöhnlichen" Fettsäuren; moderne Züchtungsmöglichkeiten).

R. C. Cambie and J. Ash, *Fijian medicinal plants,* CSIRO, Australia 1994. Leguminosen behandelt sub Caesalpiniaceae (*Caesalpinia bonduc, major* [= *crista*], *Senna alata* [= *Cassia alata*], *occidentalis* [= *Cassia occidentalis*], *Cynometra insularis* [= *grandiflora*], *Intsia bijuga* [= *Afzelia bijuga*], *Tamarindus indica*), Fabaceae (*Abrus precatorius, Canavalia rosea* [= *maritima*], *Christia vespertilionis, Dalbergia candenatensis* [= *monosperma*], *Dendrolobium umbellatum* [= *Desmodium umbellatum*], *Derris elliptica, malaccensis, trifoliata* [= *uliginosa*], *Desmodium adscendens* [= *trichocaulon*], *Dioclea violacea, Erythrina variegata* [= *indica*], *Inocarpus fagiferus, Pachyrhizus erosus* [= *tuberosus*], *Pongamia pinnata, Pueraria lobata, Sophora tomentosa, Tephrosia purpurea* [= *piscatoria*], *Uraria lagopodioides* und *Vigna marina*) und Mimosaceae (*Acacia simplex* [= *simplicifolia* = *laurifolia*], *Entada phaseoloides* [= *scandens*], *Mimosa pudica* var. *unijuga*). Viele ethnobotanische Literaturhinweise und, wo verfügbar, Hinweise auf phytochemische Literatur. Farbphotogr. Abb. von vielen der besprochenen Taxa.

B. R. und H. F. Davidson, *Legumes: The Australian experience. The botany, ecology and agriculture of indigenous and immigrant legumes,* Research Study Press, Taunton,

England, and J. Wiley and Sons, Inc., New York etc. 1993. Ausgezeichnete Schilderungen von Geschichte, Systematik, Pflanzengeographie, Ökologie und der vielseitigen Nutzung durch den Menschen von einheimischen und für agrarische Zwecke eingeführten Leguminosen. Auch ausführliche Besprechung der Symbiose mit *Rhizobiaceae*; von Züchtungsarbeiten mit u. a. *Trifolium subterraneum*; von Leguminosen als Weidepflanzen im tropischen Teil Australiens; von für Australien relativ neuen Kulturpflanzen, wie *Lupinus*-taxa, *Arachis hypogaea* und *Glycine max*. Das Buch schließt mit einem wertvollen Appendix, *Leguminosae (Fabaceae) in Australia*, 384–407, in welchem alle für Australien wichtigen Leguminosen erwähnt oder kurz besprochen werden, und alle bekannten Angaben über Vorkommen oder Fehlen von Nodulation aufgenommen sind. Dieser Appendix benützt die Klassifikation von POLHILL-RAVEN (1981).

S. F. GLASSMAN, *The flora of Ponape*, Berenice P. Bishop Museum, Bull. 209, Publ. by the Museum, Honolulu 1952 (Kraus Reprint Co., New York 1971). Leguminosen S. 73–79; mit Angaben über Status (einheimisch; adventiv, kultiviert) und einheimische Namen (wenn verfügbar). Zuweilen auch kurze Hinweise auf Verwendung. Karte von Ponape auf S. 7. Ponape ist größte Insel der östlichen „Carolines" (liegt ungefähr in der Mitte zwischen den Philippinen und den Hawaiischen Inseln.

R. C. GUTTERIDGE and H. M. SHELTON (Eds), *Forage tree legumes in tropical agriculture*, CAB International, Wallingford, UK (1994). Mit 32 Beiträgen, von welchen einige *Acacia*-Arten, *Albizia lebbeck, Calliandra calothyrsus, Erythrina*-Arten, *Gliricidia sepium, Leucaena leucocephala* und perennierenden *Sesbania*-Arten gewidmet sind.

HAGERS *Handbuch der Pharmazeutischen Praxis*, 5. vollständig neu bearbeitete Auflage, Bände 4–6 (= Drogen), Springer-Verlag, Berlin 1992–1994. Die folgenden Leguminosendrogen und ihre Stammpflanzen werden mehr oder weniger ausführlich besprochen, wobei die Leguminosen z. T. als Familie mit drei Unterfamilien, z. T. aber auch als Ordnung mit drei Familien eingestuft sind. Behandelt werden folgende Stammpflanzen und Drogen: *Acacia* spec. div. liefern verschiedene Drogen. Die wichtigsten sind das von *A. senegal* stammende GUMMI ARABICUM und das aus Holz von *A. catechu* gewonnene CATECHU. Ferner werden kurz besprochen Rindendrogen (CORTEX ACACIAE von *A. albida, indica* s.l. [inkl. *arabica* sensu auctt.], *farnesiana, kirkii, leucophloea, mellifera* und *xanthophloea*), Blütendrogen (FLOS ACACIAE von *A. farnesiana*), Blattdrogen (FOLIUM ACACIAE von *A. pennata* und *robusta*), Fruchtdrogen (FRUCTUS ACACIAE von *A. nilotica* [inkl. *A arabica* sensu auctt.]), Wurzeldrogen (RADIX ACACIAE von *A. brevispica, kirkii, mellifera, pentagona, stuhlmannii, tortilis* und *xanthophloea*), Samendrogen (SEMEN ACACIAE von *A. erioloba* [= *A. giraffae* sensu auctt.]), sowie einige dem Gummi arabicum ähnliche traumatogene *Acacia*-Schleime, von welchen derjenige von *A. nilotica* (als *A. arabica*) speziell erwähnt wird. – *Bowdichia nitida* liefert allergenes Möbelholz, und *B. virgilioides* ist die Stammpflanze von BOWDICHIAE CORTEX. – *Cassia*; wichtigste Drogen sind SENNAE FOLIUM und FRUCTUS (Alexandriner- und Tinnevelly Senna), welche von Formen von *C. alexandrina* (= *C. senna*) abstammen; ferner finden Blattdrogen von *C. alata, auriculata, italica* und *occidentalis*, Fruchtdroge von *C. fistula*, Rindendroge von *C. auriculata* und Samendroge von *C. auriculata* und *occidentalis* Erwähnung. – Die Gattung *Chamaecytisus* liefert Krautdrogen (HERBAE); kurz beschrieben werden *Ch. albus, austriacus, blockianus, ciliatus, eriocarpus, glaber, hirsutus, jankae, leiocarpus, lindemannii, polytrichus, purpureus, ratisbonensis, ruthenicus* und *supinus*. – COLUTEAE FOLIUM stammt von *Colutea arborescens* und gilt als Laxans. – *Cyamopsis tetragonoloba* liefert das auch pharmazeutisch verwendete GUAR-GUMMI. – CYTISI SCOPARII FLOS, HERBA und RADIX werden vom Besenginster (*Cytisus scoparius* = *Sarothamnus scoparius*) gewonnen. – *Glycine max* wird als Quelle von Sojalecithin besprochen. – Süßholz, LIQUIRITIAE RADIX, stammt hauptsächlich von *Glycyrrhiza glabra*; in Ostasien stammt diese wichtige Droge auch von *G. inflata* und *G. uralensis*. – RATANHIAE RADIX des Handels, eine wichtige medizinische Gerbstoffdroge aus Peru, soll von *Krameria lappacea* (= *K. triandra*) stammen, nicht selten aber durch Wurzeln anderer *Krameria*-Arten Lateinamerikas ersetzt sein. – Die kleine Gattung *Laburnum* liefert die Alkaloiddrogen LABURNI ALPINI SEMEN (*L. alpinum*) und LABURNI SEMEN und FOLIUM (von *L. anagyroides*). – Peru- und Tolubalsam werden durch verschiedene Formen von *Myroxylon balsamum* geliefert; beiden Balsamen sind ausführliche Besprechungen gewidmet. – Bd. 6 im Oktober 1994 noch nicht erschienen (N–Z). Vide Nachtrag S. 387.

F. N. HEPPER, *Illustrated encyclopedia of Bible plants. Flowers and trees – Fruits and vegetables – Ecology*; Inter Varsity Press, Leicester, England 1992. Mit vielen Farbphotographien. Pflanzennamen-Index, S. 6–11, mit folgenden Leguminosengattungen: *Acacia, Alhagi, Astragalus, Calycotome* (= *Calicotome*), *Cassia, Ceratonia, Cercis, Cicer, Colutea, Dalbergia, Faidherbia, Indigofera, Lathyrus, Lens, Lotus, Ononis, Pisum, Prosopis, Pterocarpus, Retama raetam, Senna, Spartium junceum, Trifolium, Trigonella, Vicia*. Interessante Angaben über Hülsenfrüche, 127–130, *Trigonella foenum-graecum*, 133–134, Tragant (*Astragalus bethlehemicus* und *gummifer*), 148, *Pterocarpus santalinus* (ALMUG TREE; aus Indien importiert und für Tempelbau verwendet), 158, *Dalbergia melanoxylon* (EBONY; in ägyptischen Gräbern nachgewiesen), 160, *Indigofera* spec. div. der Sektion *Tinctoriae* (als Farbstoffpflanzen zum Blaufärben importiert und auch kultiviert), 170–171, und *Acacia nilotica* als wichtigste Gerbstoffpflanze Ägyptens, 172.

J. H. HOLLAND, *The useful plants of Nigeria*. Part II, 179–248 (*Leguminosae – Papilionaceae*), 249–279 (*Leguminosae – Caesalpinieae*), 280–301 (*Leguminosae – Mimoseae*), Roy. Bot. Gardens, Kew, Bull. Misc. Information, Additional Series, His Majesty's Stationary Office, London 1911. U. a. mit vielen Angaben über Harz- und Kopal-Produktion durch Arten von *Daniellia, Paradaniellia* und *Copaifera*. Auch Besprechung der zwei Varietäten von *Detarium senegalense*, von welchen die eine süße, eßbare Früchte, und die andere bittere, leicht toxische, ungenießbare Früchte liefert.

R. F. KEELER and A. T. TU (Eds), *Handbook of natural toxins*, vol. 6, *Toxicology of plant and fungal compounds*, Marcel Dekker, Inc., New York 1991. PART I. NATURE AND TOXICITY OF PLANT TOXINS, 3–351: Mit 17 Beiträgen, worunter *Metabolism of pyrrolizidine alkaloids*, 3–26 (H. J. SEGALL et al.); *Teratogenicity of range land Lupinus: Crooked calf disease*, 27–39 (R. H. FINNELL et al.); *Investigations of the teratogenic potential of the lupine alkaloid anagyrine*, 41–60 (J. E. MEEKER and W. W. KILGORE);

Myopathy in cattle caused by Thermopsis montana, 61–69 (D. C. BAKER and R. F. KEELER); *Swainsonine: A toxic indolizidine alkaloid from the Australian Swainsona species*, 159–189 (S. M. COLEGATE et al.; Gattung mit 55 Species in Australien, von welchen *Swainsona canescens, galegifolia, greyana, luteola, procumbens* und [wahrscheinlich] *swainsonioides* toxisch sind. Im Gegensatz zu toxischen *Astragalus*- und *Oxytropis*-Arten enthalten toxische *Swainsona*-Arten nur Swainsonin, aber kein Swainsonin-N-Oxid; höchste Swainsonin-Gehalte wurden in Samen von *S. greyana* [3900 ppm] beobachtet; *S. canescens* enthielt 182 ppm in Blättern und 33 ppm in Samen); *Swainsonine, the locoweed toxin: Analysis and distribution*, 191–214 (R. J. MOLYNEUX and L. F. JAMES; Nachweis von Swainsonin in 12 *Astragalus*- und 4 *Oxytropis*-Arten, worunter die „klassischen" Locoweeds *Astragalus lentiginosus, mollissimus, wootonii* und *Oxytropis sericea* der südwestlichen USA); *Cassia induced myopathy*, 335–351 (L. D. ROWE; drei krautige, einjährige bis perennierende, unkrautartige *Cassia* [= *Senna*]-Arten, *C. occidentalis, obtusifolia* und *roemeriana*, können in den südlichen USA beim Vieh, Geflügel und Haustieren eine Muskelerkrankung verursachen, wenn zu viel Kraut oder Samen gefressen werden; toxische Prinzipien unbekannt [rubrofusarinartige Acetogenine?]). PART II. NATURE AND TOXICITY OF FUNGAL TOXINS, 369–555: Mit 7 Beiträgen. PART III. EPIDEMIOLOGY AND RESPONSES, 557–643: Mit 5 Beiträgen, worunter *Antineoplastic potential and other possible uses of swainsonine and related compounds*, 575–588 (K. OLDEN et al.); *Ultrasonographic studies on the fetotoxic effects of poisonous plants on livestock*, 589–610 (K. E. PANTER et al.; u.a. Versuche mit *Lupinus caudatus, formosus* und *sericeus, Conium maculatum* und *Nicotiana*-Arten; Warnung vor den Gattungen *Cassia, Prosopis, Ammodendron, Genista, Liparia* u.a., welche Arten mit Alkaloiden der Piperidin-Klasse enthalten); *Cutaneous responses to plant toxins*, 611–634 (W. L. EPSTEIN; mit u.a. Hinweisen auf allergene Holzinhaltsstoffe von *Acacia melanoxylon, Dalbergia*-Arten und *Machaerium scleroxylum*); *Congestive right-heart failure in cattle: High mountain disease and factors influencing incidence*, 635–643 (L. F. JAMES et al.; u.a. Rolle der Locoweeds [*Astragalus, Oxytropis*] bei der Ätiologie dieses Herzversagens im Hochgebirge).

J. M. KINGSBURY, *200 Conspicuous, unusual or economically important tropical plants of the Caribbean, illustrated with photographs reproduced in full color*, Bullbrier Press, Ithaca, N.Y. 1988. Folgende Leguminosen werden besprochen: *Abrus precatorius, Acacia tortuosa, Albizia lebbeck, Bauhinia purpurea* und *variegata, Caesalpinia coriaria* und *pulcherrima, Calliandra haematocephala* (= *C. inaequilatera*), *Canavalia maritima, Cassia alata, fistula, grandis, javanica, nodosa, surattensis* (= *glauca*), *Clitoria ternatea, Delonix regia, Erythrina crista-galli, variegata* (= *indica*), *Gliricidia sepium, Leucaena glauca* (= *leucocephala*), *Parkinsonia aculeata, Samanea saman, Strongylodon macrobotrys, Tamarindus indica*.

H. D. NEUWINGER, *Afrikanische Arzneipflanzen und Jagdgifte. Chemie, Pharmakologie, Toxikologie*, Wissenschaftl. Verlagsgesellsch. mbH, Stuttgart 1994. Nach Familien geordnet. *Caesalpiniaceae*, 253–302: *Afzelia africana, quanzensis, Bussea occidentalis, Cassia* (5 Arten), *Detarium macrocarpum, Dialium pachyphyllum, Erythrophleum* (3), *Isoberlinia tomentosa, Swartzia madagascariensis; Mimosaceae*, 581–608: *Acacia* (7 Taxa), *Albizia* (3), *Pentaclethra macrophylla, Piptadeniastrum africanum*,

Prosopis africana, Tetrapleura tetraptera; Papilionaceae, 618–653: *Drepanocarpus lunatus, Indigofera simplicifolia, Lonchocarpus laxiflorus, Millettia sanagana, Mucuna pruriens, Pericopsis laxiflora, Physostigma venenosum* und *Tephrosia vogelii.* Bei den einzelnen besprochenen Arten ist der Stoff wie folgt gegliedert: Botanik – Jagdgift – (Gottesurteilsgift) – Volksmedizin – Chemie – Toxikologie – Pharmakologie – Literaturhinweise. Das Buch schließt mit einer nach Ländern geordneten Liste (S. 815–823) von Fischfang-Pflanzen (enthält auch im Buch nicht besprochene Arten), einem ebenfalls nach Ländern geordneten Verzeichnis (S. 824–831) von Literatur zur traditionellen Medizin und einem Register, S. 833–841. Im Vorwort sagt der Autor: „Dieses Buch ist eine Monographie derjenigen afrikanischen Pflanzen, die gleichermaßen Jagdgiftbestandteil wie auch Arzneipflanze sind". Das erklärt das Fehlen von zahlreichen afrikanischen Heilpflanzen.

H. D. NEUWINGER, *Fishpoisoning plants in Africa,* Bot. Acta *107,* 263–270 (1994). Aufzählung von 258 Fischfangpflanzen, welche in Afrika z. T. heute noch verwendet werden; sie vertreten 167 Genera und 60 Familien. An der Spitze stehen die Leguminosen mit 16 *Caesalpinioideae* aus den Gattungen *Burkea, Bussea, Cadia, Cassia, Erythrophleum, Pachyelasma, Pseudomacrolobium* und *Swartzia,* 16 *Mimosoideae* aus den Gattungen *Acacia, Albizia, Amblygonocarpus, Arthrosamanea, Calliandra, Cathormion, Entada, Parkia, Pentaclethra, Piptadeniastrum, Prosopis, Sphenostylis* und *Tetrapleura* und 37 *Papilionoideae* aus den Gattungen *Andira, Baphia, Calpurnia, Crotalaria, Dewevrea, Dolichos, Eriosema, Humularia, Indigofera, Lonchocarpus, Millettia, Mundulea, Neorautanenia, Pterocarpus, Sesbania, Sophora, Stylosanthes* und *Tephrosia.* Hauptsächlichste Wirkstoffe dürften je nach Taxon Saponine, Rotenoide, Pyrrolizidinalkaloide oder Chinolizidinalkaloide sein. N.B. *Swartzioideae* werden hier zu den *Caesalpinioideae* gerechnet. *Sphenostylis marginata* ssp. *erecta* wird versehentlich zu den *Mimosoideae* gerechnet; es gehört zu den *Papilionoideae-Phaseoleae.* Viele Angaben beruhen auf eigenen Beobachtungen des Verfassers. Bei jedem Taxon werden die verwendeten Pflanzenteile angegeben, und die Länder, von welchen Verwendung der betreffenden Taxa für Fischfangzwecke bekannt geworden ist, aufgeführt.

PROSEA, vide SOERIANEGARA and LEMMENS 1993.

J.-J. POUSSET, *Plantes médicinales africaines,* deux volumes, 1989, 1992; Ref. [75] sub *Detarieae.*

V. K. SINGH and A. M. KHAN, *Medicinal plants and folklores (A strategy towards conquest of human ailments),* Today and Tomorrow Printers and Publishers, New Delhi 1990. Behandelt Ethnobotanik von 4 Gebieten: *Medicinal plants of Aligarh, Uttar Pradesh, India,* 3–54 (+ Karte des Gebietes auf S. 2 + Karte von Indien auf S. 1); *Medicinal plants of Mathura Forest Division, Uttar Pradesh, India,* 57–101 (+ Karte des Gebietes auf S. 55); *The ethno-botany of Gwalior Forest Division, Madhya Pradesh, India,* 103–159 (+ Karte des Gebietes auf S. 102); *Medicinal plants used by the tribals of Bihar and Orissa Ranchi and Keonjhar Forest Division, India,* 163–223 (+ Karten von Ranchi Forest Division [Bihar] und Keonjhar Forest Division [Orissa] auf S. 162). Im Pflanzennamenverzeichnis sind die Leguminosen mit folgenden Taxa vertreten (*Caesalpiniaceae; Mimosaceae; Fabaceae*): *Abrus precatorius, Acacia* (7 Arten), *Albizia* (2), *Alhagi maurorum* (= *A. pseudalhagi*), *Alysicarpus* (3),

Bauhinia (4), *Butea* (2), *Caesalpinia crista, Cajanus cajan, Cassia* s.l. (10), *Cicer arietinum, Crotalaria* (3), *Derris* (vide *Pongamia*), *Cyamopsis tetragonoloba, Dalbergia sissoo, Desmodium* (4), *Erythrina* (3), *Flemingia chappar, paniculata* und *strobilifera* (= *Moghania chappar, phursia* und *strobilifera*), *Glycyrrhiza glabra, Indigofera* (5), *Lablab purpureus* (= *Dolichos lablab*), *Lathyrus* (3), *Macrotyloma uniflorum* (= *Dolichos biflorus*), *Mimosa pudica, Moghania* (vide *Flemingia*), *Ougeinia oojeinensis* (Roxb.) Hochr., *Phaseolus* (vide *Vigna*), *Pongamia pinnata* (= *Derris indica* [Lam.] Bennet), *Prosopis juliflora, Psoralea corylifolia, Pterocarpus* (2), *Saraca indica, Sesbania sesban, Tephrosia* (2), *Teramnus labialis, Trifolium alexandrinum, Vicia* (3), *Vigna aconitifolia* (Jacq.) Maréchal, *mungo* (L.) Hepper und *radiata* (L.) Wilczek und *Zornia* (2).

I. SOERIANEGARA and R. H. M. J. LEMMENS, *Timber trees: Major commercial timbers*, PROSEA No. 5(1), Pudoc, Wageningen 1993. Im Buch werden die folgenden Leguminosenhölzer beschrieben: *Afzelia borneensis, javanica, rhomboidea, xylocarpa, Cynometra elmeri, inaequifolia, malaccensis, mirabilis, ramiflora, Dalbergia latifolia, sissoo, Dialium cochinchinense, hydnocarpoides, indum, kunstleri, modestum, platysepalum, procerum, Intsia acuminata, bijuga, palembanica, Koompassia excelsa, grandiflora, malaccensis, Paraserianthes falcataria, pullenii, Pericopsis mooniana, Pterocarpus dalbergioides, indicus, Sindora beccariana, bruggemanii, coriacea, echinocalyx, galedupa, inermis, irpicina, javanica, leiocarpa, siamensis, sumatrana, supa, velutina* und *wallichii*. Mit 817 references.

SANDRA S. STRIKE, *Ethnobotany of the California Indians*, vol. 2. *Aboriginal uses of California's indigenous plants*, 210 S., Illustr. by EMILY D. ROEDER, Koeltz Scientific Books USA/Germany 1994. Die Verwendung vieler Pflanzen wird alphabetisch nach Genera geordnet besprochen. Da Autornamen bei den aufgeführten Arten fehlen, ergänzte ich die verwendeten Binomina mit P. A. MUNZ and D. D. KECK, *A California Flora*, Univ. Calif. Press, Berkeley 1959. Über die Verwendung folgender Leguminosen wird berichtet (M = medizinal; N = als Nahrungs- oder Futtermittel; Tinc = zu Färbezwecken; V = verschiedene Zwecke [Korbflechten; zu Bindezwecken; Herstellung von Fischnetzen; Holz; als Schmuck): *Acacia greggii* Gray (N, V), *Astragalus bolanderi* Gray (N), *pachypus* Greene (M), *purshii* Dougl. (M) und weitere *Astragalus*-Taxa, *Cercis occidentalis* Torr. et Gray (M, N, Tinc, V), *Dalea emoryi* Gray (M, N, Tinc, V), *D. polyadenia* Torr. (Tinc), *Glycyrrhiza lepidota* Pursh (M, V), *Lathyrus* spec. div. (N, V), *L. jepsonii* Greene und *vestitus* Nutt. (M), *Lotus scoparius* (Nutt.) Ottley und *strigosus* Greene (N), *L. humistratus* Greene und *purshianus* (Benth.) Clem. et Clem. (M), *Lupinus* spec. div. (N), *L. albifrons* Benth. (M), *L. arboreus* Sims (Tinc), *L. chamissonis* Eschscholtz (V), *Olneya tesota* Gray (N, V), *Prosopis*-Taxon (M, N, V; aufgeführt als *P. glandulosa* var. *torreyana* [= *P. juliflora* (Sw.) DC. var. *torreyana* L. Benson?]), *Psoralea macrostachya* DC. (M), *P. orbicularis* Lindl. (N), *Psoralea*-Taxa (Tinc), *Thermopsis macrophylla* H. et A. (M), *Trifolium* spec. div. (M, N, V) und *Vicia americana* Muhlenberg (V). Vgl. auch bei BEATRICE M. BECK 1994.

W. TANG and G. EISENBRAND, *Chinese drugs of plant origin. Chemistry, pharmacology and use in traditional and modern medicine*, Springer-Verlag, Berlin 1992. Folgende Leguminosen werden besprochen: *Albizia julibrissin, Astragalus membranaceus* s.l., *Caesalpinia sappan, Glycyrrhiza glabra, inflata* und *uralensis, Pueraria lobata, Sophora flavescens* und *japonica*.

A V. Allgemeine chemotaxonomische und chemoökologische Literatur

C. G. JONES und R. D. FIRN publizierten einen hoch interessanten Artikel über die ökologische und systematische Bedeutung der komplexen Sekundärstoffmuster der Pflanzen: *On the evolution of plant secondary chemical diversity*, Phil. Trans. Royal Soc. London B *333*, 273–280 (1991). Die Erkenntnis, daß jedes Pflanzentaxon nicht wenige, biologisch hochaktive, sondern zahlreiche und in der Mehrzahl als Schutzstoffe wertlose sekundäre Metaboliten produziert, veranlaßte die Autoren, nach neuen Erklärungen für die in der Natur realisierten Sekundärstoffspektren zu suchen. Kurz gefaßt lautet die neue Hypothese wie folgt. Stoffwechselmutationen liefern zahlreiche neue Metaboliten, von welchen die meisten inaktiv und selektiv neutral sind. Die Wahrscheinlichkeit, daß eine Sippe im Laufe der Evolution als Schutzstoffe brauchbare Verbindungen produzieren und speichern kann, wächst mit der Zahl der verfügbaren sekundären Metaboliten. Positive oder negative Selektion tritt erst in Wirkung, nachdem einmal biologisch hochaktive Stoffe entstanden sind. Die Autoren drücken sich wie folgt aus: *„Inactive compounds are retained, not eliminated, because they increase the probability of producing new active compounds. Plants should therefore have predictable metabolic traits maximizing secondary chemical diversity while minimizing cost"*. Die Minimalisierung der Kosten wird durch Produktion in minimalen Mengen erreicht (Haupt- und Nebenwirkstoffe; Haupt- und Begleitstoffe; vgl. die komplexen Etherisch Öl-, Flavonoid-, Gerbstoff-, Saponin- und Alkaloidspektren aller diesbezüglich genau untersuchten Arten). Die zahlreichen Argumente der Autoren zugunsten ihrer Hypothese wirken überzeugend. Jedenfalls demonstrieren JONES und FIRN eindeutig, daß viele der gegenwärtig mehr oder weniger allgemein akzeptierten chemoökologischen Postulate noch auf schwachen Füßen stehen!

Leguminosensamen speichern zahlreiche Typen von Schutzstoffen, von welchen viele gleichzeitig Reservestoff-Funktion haben. Manche Arbeiten sind den Beziehungen zwischen samenfressenden Käfern der Familie *Bruchidae* und Leguminosensamen gewidmet. Vgl. dazu:

E. A. BELL, *Toxins in seeds*, S. 143–161 in: J. B. HARBORNE (Ed.), *Biochemical aspects of plant and animal coevolution*, Academic Press, London 1978.

D. H. JANZEN, *The ecology and evolutionary biology of seed chemistry as relates to seed predation*, S. 163–206 in: J. B. HARBORNE 1978, vide oben; *The defenses of legumes against herbivores*, S. 951–977 in: POLHILL-RAVEN 1981.

C. D. JOHNSON, *Seed beetle host specificity and the systematics of the Leguminosae*, S. 995–1027 in: POLHILL-RAVEN 1981.

D. C. STAMOPOULOS, *Influence of the Leguminosae secondary substances on the ecology and biology of Bruchidae*, Entomologia Hellenica *5*, 61–67 (1987). Besprochen werden Testagerbstoffe, Lectine, Alkaloide, cyanogene Glykoside, Enzymhemmer, *Phaseolus vulgaris*-Samenheteropolysaccharid, nichtproteinogene Aminosäuren und Testalignin.

S. J. H. and V. RIZVI gaben ein neues Allelopathie-Buch (*Allelopathy. Basic and applied aspects*, Chapman and Hall, London etc. 1992) heraus. Es enthält 25 Beiträge, in welchen u. a. der Allelopathie-Begriff erläutert und erweitert wird und über Allelopathie-Beobachtungen in verschiedenen Gebieten der Erde (Taiwan, Korea, Brasilien, Irak, Mexico, Ostmediterranes Gebiet, Neufundland, Quebec und Waldgebieten im Himalaya) berichtet wird. Für die Leguminosen interessieren speziell die folgenden Kapitel: (4) *Allelopathic effects on nitrogen cycling*, 31–58 (E. L. RICE; u.a. Reduktion von Nodulation durch Nachbarpflanzen, z.B. stark gerbstoffhaltige *Rhus*-Taxa, oder Unkräuter aus den Familien der Compositen und Gramineen); (7) *Improving yield of corn-soybean rotation: Role of allelopathy*, 89–100 (E. SARABOL and I. C. ANDERSON); (10) *Allelochemical properties of alkaloids. Effects on plants, bacteria and protein biosynthesis*, 129–150 (M. WINK and T. TWARDOWSKI; auch biologische Wirkungen von vielen Leguminosenalkaloiden erwähnt oder besprochen); (11) *Alfalfa saponins – the allelopathic agents*, 151–167 (W. OLESZEK et al.); (12) *Allelopathy in alfalfa and other forage crops in the United States*, 169–177 (D. A. MILLER); (21) *Pigeon pea and velvet bean allelopathy*, 357–369 (P. HEPPERLY et al.; *Cajanus cajan* und *Mucuna deeringiana*). Die Erweiterung des Allelopathie-Begriffes führt zu einer gewissen Verwässerung des Gebietes; im hier behandelten Sinne handelt es sich eher um eine (Phyto)toxikologie von Sekundärstoffen als um Allelopathie im Sinne von MOLISCH. Zu allelopathischen Erscheinungen vgl. auch N. H. FISCHER 1991 in: J. B. HARBORNE and F. A. TOMAS-BARBERAN, l.c. S. 30.

B I. Chemische Leguminosenmerkmale

Einleitung – Nach Abschluß der Manuskripte für die *Caesalpinioideae* kam im August 1994 der phytochemische Leguminosen-Diktionär zur Verfügung (= DICT). Er soll ab *Mimosoideae* veilfach benützt werden. Einige Erläuterungen zu diesem umfangreichen und außerordentlich nützlichen Werke scheinen mir an dieser Stelle angebracht.

F. A. BISBY, J. BUCKINGHAM and J. B. HARBORNE (Eds), *Phytochemical dictionary of the Leguminosae*, vol. 1. *Plants and their constituents*, I – LVIII + 1 – 1051, und vol. 2. *Chemical constituents*, I – VII + 1 – 573. Chapman and Hall, Sci. Data Division, London etc. 1994. Dieses alphabetisch (nach Species: *Abrus precatorius – Zuccagnia punctata* [vol. 1] und [vorwiegend] nach Trivialnamen der Verbindungen: Abbottin – Zeaxanthin [vol. 2]) angeordnete Buch verwertet die ILDIS (International Legume Database Information Service)- und CHCD (Chapman and Hall Chemical Database)-Daten und enthält u. a. einleitende Kapitel *Phytochemistry of the Leguminosae* (J. B. HARBORNE, XX – XXIII), *Classification of the Leguminosae* (R. M. POLHILL, XXXV – XLVIII) und eine *Complete synopsis of legume genera* (R. M. POLHILL, XLIX – LVII; mit allen anerkannten Genera geordnet nach einer gegen POLHILL-RAVEN 1981 teilweise abgeänderten Klassifikation; vgl. dazu S. 20). Vol. 1 enthält zusätzlich (a) einen PLANT NAME INDEX, 751 – 818, in welchem viele durch die Autoren als Synonyme gewertete Binomina (und Taxa!) aufgenommen sind; ferner enthält dieser Index im englischen Sprachraum gebräuchliche Trivialnamen (auch wenn sie anderen Sprachen entnommen sind, z. B. Aaron's Rod – Zwarte Wallaba); (b) einen PHYTOCHEMICAL OCCURRENCE INDEX, 821 – 1051 (Abbottin aus *Tephrosia abbottiae* bis Zuccagin aus *Zuccagnia punctata*). Für Rutin werden beispielsweise 106 Quellen angegeben, für Vicianin aber nur *Vicia sativa* subsp. *nigra*. Vol. 2 enthält neben dem Haupttext CHEMICAL CONSTITUENTS (mit Brutto- und Strukturformeln), 1 – 385, drei Indices: (c) CHEMICAL ABSTRACTS SERVICE REGISTRY NUMBER INDEX, 387 – 431, (d) MOLECULAR FORMULA INDEX, 433 – 489 und (e) CHEMICAL NAME INDEX, 491 – 573, welcher zu den im Strukturformelteil aufgenommenen Stoffen führt. Dieser Index (e) ist sehr nützlich, da er zu zahlreichen Synonymen führt, wie mit drei Beispielen gezeigt werden soll:

Arbutin = A-00158 = Arbutin-Formel auf S. 19.

Azaleatin, *see* T-00134 = 3,3′,4′,7-Tetrahydroxy-5-methoxyflavone (Azaleatin) auf S. 326.

Vicianin, *in* H-00209 = 2-Hydroxy-2-phenylacetonitrile; hier **(R)-form**: Prunasin (= Glucopyranoside) und Vicianin (α-Arabinopyranosyl [1 $\to$ 6] β-glucopyranoside). **(S)-form**: Sambunigrin (β-Glucopyranoside). Vicianose nicht aufgenommen; nur β-Vicianosyl 2-methylbutyrate kommt in Index (e) vor und leitet über Index (b) nach *Acacia sieberiana* var. *woodii*.

Viele herkömmliche Gattungen sind mehr oder weniger weitgehend aufgeteilt worden; dies gilt beispielsweise für *Cassia* s.l., *Dalea* s.l. und *Psoralea* s.l. In *Plants and their constituents* sucht man beispielsweise vergeblich nach *Cassia angustifolia* oder *C. senna*, *Coronilla varia*, *Dalea emoryi*, *Psoralea bituminosa* und *corylifolia*. Man findet diese Taxa via Index (a) als *Senna alexandrina, Securigera varia, Psorothamnus emoryi, Bituminaria bituminosa* und *Cullen corylifolium*.

Die Art der Verwendung von Trivialnamen (Vicianose wurde bereits erwähnt) und die Klassifikation von chemischen Verbindungen überraschen z. T. etwas, wie die folgenden Beispiele zeigen:

Im Index (b) findet man den praktischen Ubiquisten Eugenol für *Ononis natrix* subsp. *hispanica* aufgeführt. Gallussäure fehlt.

In Index (e) findet man beide Stoffe:

Eugenol, *see* M-00031 (= 2-Methoxy-4-[2-propenyl]phenol).
Gallic acid, *see* T-00247 (= 3,4,5-Trihydroxybenzoic acid).

In Index (b) tritt aber 2-Methoxy-4-(2-propenyl)phenol nicht auf und für 3,4,5-Trihydroxybenzoic acid werden nur 15 (z. T. fragliche?) Quellen angegeben.

Zur Illustration der bekanntermaßen schwierigen Klassifikation von Naturstoffen genügt eine Bemerkung: Pipecolinsäure wird zu den nicht-proteinogenen Aminosäuren gerechnet, und Hydroxypipecolinsäuren und das Nicotinsäurebetain Trigonellin gelten als Alkaloide.

Bei der Registration der phytochemischen Daten darf Folgendes nicht vergessen werden: Bei nicht-proteinogenen Aminosäuren und manchen phenolischen Verbindungen (z. B. Flavonoide und Benzoe- und Zimtsäuren) wurden viele Resultate vergleichend-chromatographischer Untersuchungen aufgenommen, und bei den Stoffverbreitungsangaben gleich gewertet wie Isolationen. Vorkommen von Canavanin in der Gattung *Mucuna* (vol. 1: *Mucuna* sp. 2; *Mucuna* sp. 3) erscheint beispielsweise fraglich. Samenöle wurden nur sehr beschränkt berücksichtigt; manche interessante Beobachtungen auf diesem Gebiete fehlen.

Die Schwierigkeiten bei der taxonomischen Zuordnung von phytochemischen Beobachtungen lassen sich mit Hilfe von zwei polytypischen Sippen leicht illustrieren.

In vol. 1, 496–498, wird *Mucuna pruriens* (L.) DC. mit den Varietäten *pruriens* und *utilis* (Wight) Burck (= *M. deeringiana* [Bort] Merr. = *Stizolobium hassjoo* Piper et Tracy = *M. utilis* Wight = *M. aterrima* [Piper et Tracy] Holland = *M. capitata* Wight et Arn.) aufgeführt, und auf S. 728–731 *Vicia sativa* L. mit fünf Unterarten abgehandelt:

subsp. *amphicarpa* (Dorthes) Asch. et Graebner (= *V. amphicarpa*)
subsp. *cordata* (Hoppe) Asch. et Graebner (= *V. cordata*)
subsp. *macrocarpa* (Moris) Arcang.
subsp. *nigra* (L.) Ehrh. (= *V. angustifolia* L. = *V. angustifolia* L. subsp. *angustifolia*)
subsp. *sativa*

Das cyanogene Glykosid Vicianin wird über zwei Referate (Chem. Zentralbl. 1907, I: 282 und CA *104*: 17659) ausschließlich der subsp. *nigra* zugeordnet; dies ist zweifellos nicht richtig. Es ist ebenfalls fraglich, ob alle bei *Mucuna pruriens* var. *utilis* (Wight) Burck aufgeführten Verbindungen tatsächlich bei allen in dieses Taxon einbezogenen Formenkreisen vorkommen.

Vergleicht man die eben geschilderte Klassifikation von *Mucuna pruriens* und *Vicia sativa* mit MANSFELD 1986 (532–535, 623–626), dann werden Unterschiede der taxonomischen Beurteilung deutlich.

MANSFELD hat:
Mucuna Adans. mit sect. *Mucuna* und sect. *Stizolobium* (P. Browne) DC.; zu letzterer gehören *M. pruriens* (Stickm.) DC. mit zwei Unterarten, ssp. *pruriens* (Juckbohne; Früchte mit Brennhaaren; Wildsippe; heute pantropisch) und ssp. *deeringiana* (Bort) Hanelt (umfaßt alle Formenkreise von gegenwärtigen Kulturpflanzen). Informell werden die gärtnerischen und agrarischen Sorten wie folgt gruppiert: DEERINGIANA-GRUPPE (u. a. = *Mucuna deeringiana* [Bort] Merr. = *Stizolobium utile* ssp. *deeringianum* sensu Ditmer), ATERRIMA-GRUPPE (u. a. = *Mucuna aterrima* [Piper et Tracy] Holland = *Stizolobium utile* ssp. *aterrimum* sensu Ditmer), COCHINCHINENSIS-GRUPPE (u. a. = *Marcanthus cochinchinensis* Lour. = *Carpopogon niveum* Roxb. = *Mucuna cochinchinensis* [Lour.] Cheval. = *Stizolobium utile* ssp. *niveum* sensu Ditmer), HASSJOO-GRUPPE (u. a. = *Dolichos hassjoo* Sieb. = *Mucuna hassjoo* [Piper et Tracy] Mansf. = *Stizolobium utile* ssp. *hassjoo* sensu Ditmer), CAPITATA-GRUPPE (= u. a. *Mucuna capitata* [Roxb.] Wight et Arn. = *Stizolobium utile* ssp. *capitatum* sensu Ditmer) und PACHYLOBIA-GRUPPE (u. a. = *Mucuna pachylobia* [Piper et Tracy] Rock = *Stizolobium utile* ssp. *pachylobium* sensu Ditmer).

Vicia L. sect. *Vicia* mit *V. sativa* L. mit convar. *consentini* (Wildform) und convar. *sativa* (moderne agrarische Sorten und alte Landrassen; auch als Unkraut); zur gleichen Sektion gehören *V. angustifolia* L. (1759) (= *V. sativa* L. var. *nigra* L. [1763]) mit ssp. *angustifolia* und ssp. *segetalis* (Thuill.) Gaud., *V. cordata* Hoppe und *V. grandiflora* Scop.; die südeuropäischen Taxa *amphicarpa* und *macrocarpa* werden in MANSFELD nicht erwähnt.

Die vorstehende Gegenüberstellung zeigt deutlich, daß es sich bei *Mucuna pruriens* s.l. und *Vicia sativa* s.l. um außerordentlich komplexe Formenkreise handelt, welche systematisch sehr verschieden interpretiert wurden und werden. Dementsprechend sind die oft gegebenen Synonymenlisten keineswegs Listen von nomenklatorischen Synonymen, sondern auch von taxonomischen Synonymen. Das heißt, daß früher taxonomisch rangmäßig eingestufte Morphodeme zu polytypischen Varietäten, Unterarten oder Arten vereinigt wurden. Dabei ist keineswegs sicher, daß die früher als selbständig anerkannten Taxa sich in chemischer Hinsicht alle gleich verhalten.

Wir stoßen hier auf naturgegebene Schwierigkeiten, welche uns jedoch bei der taxonomischen Zuordnung von phytochemischen Ergebnissen stets zu Vorsicht und kritischer Beurteilung der Verhältnisse mahnen sollten.

Das bisher Gesagte zeigt uns, daß wir diesen wertvollen Diktionär mit Kenntnis von phytochemischen Arbeitsmethoden (z. B. vergleichend-chromatographische Untersuchungen versus Isolationen und eindeutige Identifikationen; Spurenstoffe versus akkumulierte Verbindungen) und der zahlreichen Mehrdeutigkeiten der Leguminosen-Klassifikation und -Nomenklatur benützen sollten. Empfehlenswert ist stetige Benützung der Indices (a), (b) und (e) neben den zwei Hauptteilen der zwei Bände.

Gleichzeitig ist Zurückhaltung und kritische Prüfung der Daten geboten, wenn sie für systematische Zwecke eingesetzt werden sollen.

Es wurde bereits erwähnt, daß POLHILL, XLIX–LVII, die Klassifikation von POLHILL-RAVEN 1981 z. T. etwas abgeändert hat. In meiner „Chemotaxonomie" wird die in Bd. XI a, 9–12, skizzierte 1981-Klassifikation beibehalten. Zu den wichtigsten Klassifikations-Änderungen im Diktionär (1994) zählen Neuanordnungen von Tribus, Vereinigungen von Tribus, Versetzung von Genera in andere Tribus und Aufspaltungen und Vereinigungen von Gattungen (welche leider immer nomenklatorische Konsequenzen auf Art-Ebene haben). Für Benützer der Leguminosenbände der „Chemotaxonomie der Pflanzen" versuchte ich, die wichtigsten Klassifikationsänderungen (1981 versus 1994) übersichtlich zusammenzustellen. Die nachfolgenden Bemerkungen sollten mit der auf S. 10–12 von Bd. XI a geschilderten 1981-Klassifikation der Leguminosen verglichen werden.

Wichtigste Abänderungen der Leguminosen-Klassifikation durch R. M. POLHILL (1994: *Phytochemical dictionary of the Leguminosae*, vol. 1, XXXV–LVII; mit 236 taxonomischen Literaturhinweisen).

Caesalpinioideae –

1. CAESALPINIEAE: Wenig abgeändert. *Orphanodendron* ist neue Gattung aus Kolumbien, und bildet die *Orphanodendron*-Gruppe; *Conzattia*, *Lemuropisum* und *Parkinsonia* aus *Caesalpinia*-Gruppe nach *Peltophorum*-Gruppe versetzt; Namensänderung von *Cordeauxia* (in Zukunft *Stuhlmannia*) und *Wagatea* (jetzt *Moullava*).

2. CASSIEAE: Keine wichtigen Änderungen.

3. CERCIDEAE: Keine wichtigen Änderungen.

4. DETARIEAE: 5. *Amherstieae* (1981) wurden in die Detarieen einbezogen; sonst keine auffälligen Änderungen.

Mimosoideae –

1. PARKIEAE
2. MIMOZYGANTHEAE
3. MIMOSEAE
4. ACACIEAE
5. INGEAE

Keine auffälligen Änderungen; einige Namensänderungen bei Genera aus nomenklatorischen oder taxonomischen Gründen; *Faidherbia albida* (= *Acacia albida*) von *Acacieae* nach *Ingeae* versetzt. Einige neue Genera aufgenommen.

Papilionoideae –

Wichtige Änderungen bei *Swartzieae*, *Sophoreae*, *Crotalarieae* und *Genisteae*; z. T. andere Anordnung der Tribus; Vereinigung der *Coronilleae* mit den *Loteae*; viele neue Genera und Namensänderungen auf Genus-Ebene.

TRIBUS (1981):

1. SWARTZIEAE – Bleibt 1. Tribus; jetzt 15 Gattungen, welche um *Swartzia*, *Aldina*, *Lecointea* und *Ateleia* gruppiert werden. *Amburana*, *Ateleia*, *Cyathostegia* und *Holocalyx* aus *Sophoreae* nach *Swartzieae* versetzt.

2. SOPHOREAE – Bleibt 2. Tribus; *Calpurnia* nach *Podalyrieae* versetzt. Neugrup-

pierung der 47 verbleibenden Genera in die Gattungs-Gruppen *Myroxylon*, *Angylocalyx*, *Ormosia*, *Baphia*, *Dussia* und *Sophora*. Jetzt alle chinolizidinalkaloidhaltigen Gattungen in der *Sophora*-Gruppe (auch *Cadia* und *Camoënsia*).

3. DIPTERYXEAE – Nur Namensänderung; heißen jetzt *Dipterygeae*.

4. DALBERGIEAE – Bleibt 4. Tribus; jetzt zwei Gattungs-Gruppen: *Andira*-Gruppe mit 4 Genera und *Dalbergia*-Gruppe mit 13 Genera.

5. ABREAE – Unverändert.

6. TEPHROSIEAE – Ist jetzt 7. Tribus und trägt den Namen *Millettieae*; sonst kaum verändert.

7. ROBINIEAE (inkl. SESBANIEAE) – Jetzt 8. Tribus und in 4 Gruppen eingeteilt: *Sesbania*-Gruppe, *Hebestigma*-Gruppe, *Gliricidia*-Gruppe und *Robinia*-Gruppe. *Diphysa* nach *Aeschynomeneae* versetzt.

8. INDIGOFEREAE – Jetzt 9. Tribus mit 7 Gattungen.

9. DESMODIEAE – Jetzt 11. Tribus; sonst kaum verändert.

10. PHASEOLEAE – Bleibt 10. Tribus; kaum verändert.

11. PSORALEEAE – Jetzt 12. Tribus mit 9 Gattungen.

12. AMORPHEAE – Jetzt 6. Tribus mit den gleichen 8 Gattungen.

13. SESBANIEAE – Vide bei *Robinieae*.

14. AESCHYNOMENEAE – Bleibt 14. Tribus; unverändert. *Diphysa* bei *Ormocarpinae* eingereiht.

15. ADESMIEAE – Bleibt 15. Tribus; unverändert.

16. GALEGEAE – Bleibt 16. Tribus; wenig verändert; *Alhagi* aus *Astragalinae* bildet neue Subtribus *Alhagiinae*.

17. CARMICHAELIEAE – Unverändert; bleibt 17. Tribus.

18. HEDYSAREAE – Unverändert; bleibt 18. Tribus.

19. LOTEAE – Vereinigt mit Tribus 20 (*Coronilleae*) zu der 13. Tribus = *Loteae* s.l. mit 17 Genera (wegen Aufspaltung von *Lotus* und *Coronilla*).

20. CORONILLEAE – Vide bei *Loteae*.

21. VICIEAE – Jetzt Tribus 19; unverändert.

22. CICEREAE – Jetzt Tribus 20; unverändert.

23. TRIFOLIEAE – Jetzt Tribus 21; kaum verändert.

24. BRONGNIARTIEAE – Jetzt Tribus 22; unverändert.

25. MIRBELIEAE – Jetzt Tribus 24; wenig verändert.

26. BOSSIAEEAE – Jetzt Tribus 23; unverändert.

27. PODALYRIEAE – Jetzt Tribus 25; drei bisherige Genera + *Calpurnia* aus bisherigen *Sophoreae*.

28. LIPARIEAE – Jetzt 26. Tribus; 5 bisherige Gattungen + *Amphithalea*.

29. CROTALARIEAE – Jetzt 27. Tribus; jetzt 11 Gattungen (*Buchenroedera* in *Lotononis*; *Anarthrophyllum*, *Dichilus*, *Robynsiophyton* und *Sellocharis* nach *Genisteae* versetzt).

30. EUCHRESTEAE – Jetzt 28. Tribus; unverändert.

31. THERMOPSIDEAE – Jetzt 29. Tribus; unverändert.

32. GENISTEAE – Jetzt 30. Tribus; keine Subtribus; jetzt 25 Gattungen (*Lembotropis* und *Polhillia* neu; 4 Genera aus *Crotalarieae* [vgl. oben] zugefügt; *Chamaecytisus* in *Cytisus* inkorporiert).

B I.4. Fettsäuren

Fettsäuren sind nicht nur wichtige Bausteine von Triglyceriden und verschiedenen weiteren Lipidklassen. Aus ungesättigten Fettsäuren entstehen auch wichtige Signalstoffe (Abb. 1).

Blätteralkohol, *cis*-3-Hexenol, und Blätteraldehyd, *trans*-2-Hexenal, sind schon seit langem als Duftkomponenten von frischen Blättern oder frischem Kraut bekannt. Ein Übersichtsbericht über Biogenese und Zusammensetzung des Duftbouquets von grünem Laub beschreibt auch je zwei Isomere des Blätteralkohols und Blätteraldehyds, sowie *n*-Hexanol und *n*-Hexanal als Komponenten des Geruchs von grünen Pflanzenteilen, und enthält auch Angaben über die Zusammensetzung der C_6-Aldehydfraktion (i.e. *trans*-2-Hexenal + 3-*cis*-Hexenal + *n*-Hexanal) des Blatt- oder Krautgeruches von *Glycine max, Medicago sativa, Phaseolus vulgaris, Robinia pseudo-acacia* und *Wisteria floribunda*: H. Hatanaka, *The biogeneration of green odour by green leaves*, PHYCHEM **34**, 1201–1218 (1993).

Beim oxidativen Abbau von Linol- und Linolensäure entstehen ebenfalls ein Wundhormon („Traumatic acid"), der Wachstumsregulator Jasmonsäure und der stark fungitoxische Mucondialdehyd (Abb. 1): S. Tahara et al., *Identification of mucondialdehyde as a novel stress metabolite*, Experientia **50**, 137–141 (1994).

Zur Biogenese von „gewöhnlichen" und „ungewöhnlichen" Fettsäuren und von Triglyceriden in Samen vgl. S. Stymne 1993 in: T. A. van Beek and H. Breteler, l.c., S. 9.

Abb. 1. In grünen Geweben von Angiospermen aus Linol- und Linolensäuren entstehende Signalstoffe

I = Linolensäure • II = 13-Hydroperoxylinolensäure • III = Linolsäure • IV = 13-Hydroperoxylinolsäure • V = 3 isomere Hexenale (3-*cis*, 3-*trans*, 2-*trans*) und entsprechende Hexenole • VI = Wundhormone (C_{12}-Verbindungen Traumatin [VI a] und Traumatinsäure [VI b]) • VII = *n*-Hexanal und *n*-Hexanol • VIII = 13-Oxotridecadiensäuren • IX = fungitoxischer Mucondialdehyd • X = Jasmonsäure
a) Lipoxygenasen
b) Hydroperoxid Lyase (spaltet zwischen C_{12} und C_{13}: ↓)
c) Hydroperoxid Lyase (spaltet zwischen C_{13} und C_{14}: ↑)
d) Hydroperoxid Cyclase (verknüpft zwischen C_9 und C_{13})
V + VII = Komponenten des Blatt- oder Krautgeruchs
X = Wachstumsregulator
N.B. Numerierung oberhalb der Formeln = Linol- und Linolensäurenumerierung; bei V unterhalb von zwei Formeln Hexenolnumerierung angegeben.
IF = „Isomerisation Factor"
ADH = „Alcohol dehydrogenase"

Fettsäuren

B I.7. Nicht-flüchtige organische Säuren

2-Carboxyarabinitol, eine der sogenannten Zuckersäuren, kommt als 1-Phosphat bei allen untersuchten Gefäßpflanzen vor [1–3]. Die freie Säure entspricht mutmaßlich der 2-C-Hydroxymethylpentonsäure von Schramm (vgl. Bd. XIa, 193) und ist auch als 2-C-Hydroxymethylribitonsäure und Hamamelonsäure bekannt [1, 2]. Moore et al. [2, 3] konnten Hamamelonsäure bei Algen, Pilzen und Moosen nicht nachweisen, fanden sie aber in Blättern praktisch aller untersuchten Gefäßpflanzen:

Pteridophyten (5 Arten):	2–23 nMol/g FG
Gymnospermen + Chlamydospermen (7):	23–128 nMol/g FG
Monokotylen (26):	im Mittel 148 $\pm$ 237 nMol/g FG
Dikotylen (79):	im Mittel 153 $\pm$ 262 nMol/g FG

Sie zogen den Schluß, daß hohe Blatt-Gehalte bestimmte, stark abgeleitete Taxa auszeichnen, z. B. *Gramineae, Contortae, Tubiflorae* und *Compositae*. Die sieben untersuchten Compositen enthielten beispielsweise 76–938 nMol 2-Carboxyarabinitol pro g Frischgewicht, was einer Konzentration von etwa 20–200 ppm entspricht. Höchste Gehalte (annähernd 300 ppm) wurden aber für frische Blätter von *Phaseolus vulgaris* ermittelt; Blattstiele allein, Blüten, Petalen, Wurzeln, unreife Früchte und reife Samen enthielten weniger von dieser Zuckersäure (147–731 nMol/g). Die übrigen 4 untersuchten Leguminosen, *Gleditsia triacanthos, Glycine max, Lathyrus odoratus* und *Medicago sativa*, enthielten in frischen Blättern nur 4–12 ppm Carboxyarabinitol. Die Ergebnisse von Moore et al. [2, 3] lassen vermuten, daß diese Zuckersäure, welche in der Form des 1-Phosphats regulierend in den Photosyntheseprozeß eingreift [1, 2], speziell bei evolutionären Klimax-Gruppen der Angiospermen in größeren Mengen in Blättern gespeichert wird (vgl. Fig. 1 in [3]).

[1] E. Beck et al., *An assessment of the Rubisco inhibitor. 2-Carboxyarabinitol-1-phosphate and D-hamamelonic acid 2^1-phosphate are identical compounds*, Plant Physiol. 90, 13–16 (1989).
• [2] B. D. Moore et al., *Identification and levels of 2-carboxyarabinitol in leaves*, Plant Physiol. 99, 1546–1550 (1992); B. D. Moore and J. R. Seeman, *Metabolism of 2-carboxyarabinitol in leaves*, ibid. 99, 1551–1555 (1992). • [3] B. D. Moore et al., *Distribution of 2-carboxyarabinitol among plants*, PHYCHEM 34, 703–707 (1993).

B I.9. Flavonoide und Flavanoide
(vgl. Kapitel B I.9 und B I.10 in Bd. XIa)

Die vierte Flavonoidübersicht ist inzwischen erschienen: J. B. Harborne (Ed.), *The flavonoids. Advances in research since 1986*, Chapman-Hall, London 1994. Das Buch enthält wie die früheren Bände Kapitel *Anthocyanins, Flavans and Proanthocyanidins, C-Glycosylflavonoids, Biflavonoids and Triflavonoids, Isoflavonoids* (inkl. Pterocarpane, Rotenoide, Isoflavane etc.), *Neoflavonoids, Flavones and Flavonols, Flavone and Flavonol Glycosides, The Minor Flavonoids* (Chalkone, Aurone, Dihydrochalkone, Flavanone, Dihydroflavonole), sowie separate Kapitel über Biogenese, Genetik und biologische Bedeutung von Flavonoiden. Ausführliche Angaben über die Verbreitung von Einzelstoffen bei den entsprechenden Kapiteln. Im 2. Kapitel (L. J. PORTER) werden einige Ergänzungen und Abänderungen zur Bezeichnung der monomeren Bausteine der Proanthocyanidine besprochen. Neue Strukturen und Namen zu den in Bd. XI a, 244, tabellarisch zusammengestellten 2R,3S-Catechin-Bausteinen sind folgende:

3-Desoxycatechine:
Cassiaflavan = 7,4'-Dihydroxyflavan [1].
Apigeniflavan = 5,7,4'-Trihydroxyflavan.
Luteoliflavan = 5,7,3',4'-Tetrahydroxyflavan.
Tricetiflavan = 5,7,3',4',5'-Pentahydroxyflavan.

Catechine mit unsubstituiertem B-Ring:
Distenin = 3,5,7-Trihydroxyflavan [2].

Peltogynoide Catechine:
Peltogynan (entsprechendes Leucoanthocyanidin Peltogynol vgl. Formel IX in Bd. XI a, 247).
Mopanan: Ein Isomer von Peltogynan.

Namensänderung:
Prosopin wird jetzt Mesquitol genannt, da dieser Name dem neuen Catechin aus Kernholz von *Prosopis glandulosa* bereits 1986 gegeben worden war [3].

Übersichtsbericht: Vide E. HASLAM 1993 in: T. A. VAN BEEK and H. BRETELER, l.c. S. 9.

Isoflavone sind außerordentlich charakteristisch für die *Papilionoideae*. Sie kommen aber außerdem erratisch bei weiteren grünen Landpflanzen vor (vgl. dazu Bd. X, 426). Neue Isoflavonoid-Vorkommen außerhalb der Leguminosen sind von *Abronia latifolia* (*Nyctaginaceae*; Westküste von Nordamerika) [4] und aus der Rinde von *Aglaia ferruginea* C. T. White et Francis (*Meliaceae*), einem Baum der Regenwälder von Queensland [5], bekannt geworden. Auch die in Indien medizinal verwendeten Samen von *Trichosanthes anguina, Cucurbitaceae,* lieferten ein Isoflavon, das 7-(2''-p-Cumaroyl)glucosid von 7-Hydroxy-5,6,2'-trimethoxy-4',5'-methylendioxyisoflavon, $C_{34}H_{32}O_{15}$ [10].
Vorläufig steht nicht fest, daß alle Isoflavonoide der Cormophyten homologe Metaboliten sind. Meines Wissens wurden ausführliche biogenetische Untersuchungen nur mit Vertretern der *Papilionoideae* ausgeführt.
In Übersichtsberichten über pflanzliche Insektizide [6] und Molluscizide [8] kommen auch Rotenoid-produzierende Leguminosen zur Sprache.
Ein Buch über Anthocyane als Lebensmittelfarbstoffe enthält auch einen Beitrag über Proanthocyanidine [9]. In ihm werden, dem Erscheinungsjahr entsprechend, nur die monomeren Bausteine der PA, die Flavan-3-ole (= Catechine) und die Flavan-3,4-diole (= Leucoanthocyanidine s. str.), und dimere PA der B-

und A-Gruppen besprochen. Am ausführlichsten werden die vor allem von Leguminosen und Anacardiaceen bekannt gewordenen 5-Desoxyleucoanthocyanidine behandelt. Folgende Leguminosen kommen zur Sprache:

Caesalpinioideae: *Colophospermum mopane, Gleditsia japonica, Guibourtia coleosperma* und weitere *G*.-Arten, *Peltogyne floribunda* (= *P. porphyrocardia*), *pubescens* und *venosa* (Guibourtacacidine, Leucofisetinidine, Mopanole, Peltogynole und das strukturell noch nicht restlos geklärte Margicassidin aus Blüten von *Cassia marginata*).

Mimosoideae: *Acacia arabica, auriculiformis, excelsa, harpophylla, maidenii, mearnsii, melanoxylon, obtusifolia, orites, sparsiflora* und *Albizia lebbeck* (Leucofisetinidine, Leucorobinetinidine und die 8-Hydroxyleucoanthocyanidine Lebbecacacidin [Struktur noch unsicher], die Teracacidine und Melacacidine. Ferner war für *Entada scandens* ein als Tetramethylether isoliertes Leucocyanidin (3,4,5,7,3',4'-Hexahydroxyflavan) beschrieben worden.

Papilionoideae: Ein Leucorobinetinidin aus *Robinia pseudo-acacia* und ein Leucocyanidintetramethylether aus *Butea frondosa*.

Dimere PA waren damals bei den Leguminosen nur aus *Wisteria sinensis* bekannt. Als Gruppe werden die Dimeren der B-Gruppe Proanthocyanidinocatechine genannt (liefern mit verdünnten Mineralsäuren ein Anthocyanidin und ein Catechin); die Dimeren der A-Gruppe werden als Dehydroanthocyanidinocatechine bezeichnet.

[1] S. MORIMOTO et al., *Isolation and structures of novel bi- and triflavanoids from leaves of Cassia fistula*, CHPHBUL *36*, 39–47 (1988). Isolation von 10 neuen di- und trimeren PA aus Frischblättern. Bausteine sind Epiafzelechin, Epicatechin und bei vier Dimeren und einem Trimer je ein 7,4'-Dihydroxyflavan. ● [2] K. HORI et al., CHPHBUL *36*, 4301–4306 (1988). Ein 3,5,7-Trihydroxyflavan aus dem zentralamerikanischen Farn *Dennstaedtia distenta* isoliert und Distenin genannt. HORI's Körper wird jetzt Epidistenin genannt, und der Name Distenin für das $2R,3S$-Isomer reserviert, welches bisher noch nicht in der Natur gefunden wurde. ● [3] E. JACOBS et al., Tetrahedron Letters *24*, 4627–4630 (1983); E. YOUNG et al., JCS Perkin I *1986*, 1737–1749. Hauptmonomer des Kernholzes ist Mesquitol, ein 3,7,8,3',4'-Pentahydroxyflavan. ● [4] E. WOLLENWEBER et al., Natural Product Letters *3*, 119–122 (1993). Abronisoflavon aus blühendem Kraut. ● [5] F. M. DEAN et al., PHYCHEM *34*, 1537–1539 (1993). ● [6] R. L. METCALFE, *Plant derivatives for insect control*, S. 165–177 in: D. S. SEIGLER (Ed.), *Crop resources*, Academic Press, New York 1977. Besprechung ökonomisch bedeutender pflanzlicher Insektizide, worunter die durch Leguminosen gelieferten Rotenoide und die synthetischen N-Methylcarbamate vom Typus des Carbaryls und Carbofurans, für welche das *Physostigma*-Alkaloid Physostigmin Modell gestanden hatte [7]. ● [7] M. J. KOLBEZEN et al., *Insecticide structure and activity. Insecticidal activity of carbamate cholinesterase inhibitors*, Agric. Food Chem. *2*, 864–870 (1954). ● [8] H. KLOOS and F. S. MCCULLOUGH, *Plant molluscicides*, PM *46*, 195–209 (1982). Übersichtsbericht, in welchem auch einige Leguminosen zur Sprache gebracht werden. *Mimosoideae* (Wirkstoffe mutmaßlich vorwiegend Saponine): Rinde von *Entada phaseoloides*, Rinde von *Piptadenia macrocarpa* (= *Anadenanthera colubrina* var. *cebil*) und Samen von *Pithecolobium multiflorum* (= *Albizia polyantha*); *Papilionoideae* (Wirkstoffe mutmaßlich Rotenoide): Wurzeln von *Derris elliptica*, von *Neorautanenia pseudopachyrhiza* und Rinde, Blätter, Zweige und Früchte von *Calopogonium velutinum* (= *Stenolobium velutinum*). ● [9] K. WEINGES and F. W. NADER, *Proanthocyanidins*, S. 93–124 in: P. MARKAKIS (Ed.), *Anthocyanins as food colors*, Academic Press, New York 1982. ● [10] R. N. YADAVA and Y. SEYDA, PHYCHEM *36*, 1519–1521 (1994).

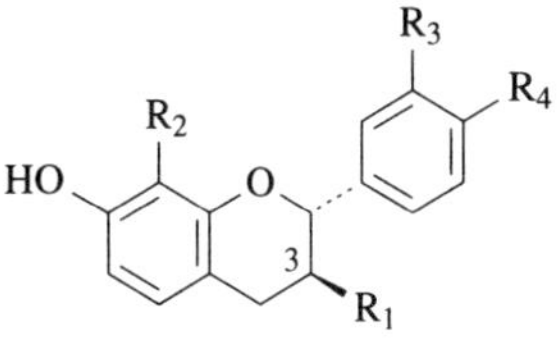

Abb. 2. Einige Catechine, 3-Desoxycatechine und Peltogynoide der Leguminosen und zwei neue Nicht-Leguminosen-Isoflavonoide

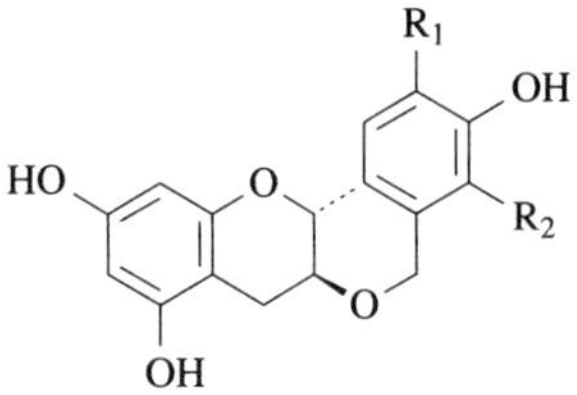

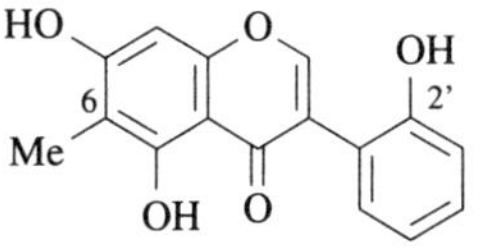

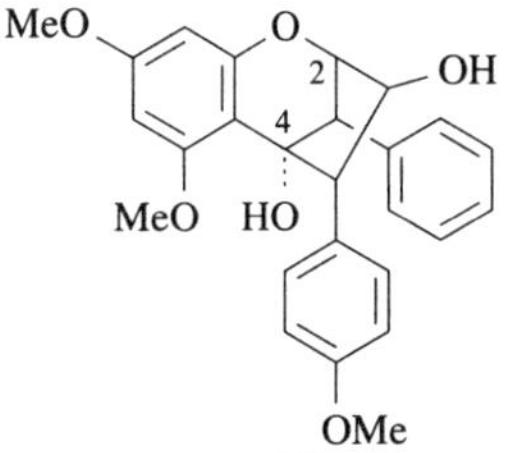

I = Cassiaflavan (R_1-R_4 = H) und Mesquitol (R_1-R_4 = OH [früher Prosopin genannt]) ● II = Peltogynan (R_1 = OH, R_2 = H) und Mopanan (R_1 = H, R_2 = OH) ● III = Abronisoflavon, ein 6-C-Methylisoflavon ● IV = Ferrugin, $C_{26}H_{26}O_6$ (ein Isoflavon-4-Methoxystyrol-Addukt?)

B I.12. BIOGENE AMINE UND ALKALOIDE

Dieser Nachtrag enthält einige Hinweise zur Verbreitung, Physiologie, systematischen und ökologischen Bedeutung von Alkaloiden und alkaloidähnlichen Stoffen.

Verbreitung – HARTLEY et al. [1] untersuchten die Flora von Papua Neuguinea auf Vorkommen von Alkaloiden. Bei den verwendeten Testmethoden konnten Amide, N-Oxide und quartäre Basen nicht erfaßt werden. Von den Leguminosen wurden 10 Caesalpinioideen, 13 Mimosoideen und 41 Papilionoideen geprüft. Eindeutig positive Ergebnisse wurden nur mit Blättern von *Cassia floribunda* und *javanica*, Rinde von *Pithecellobium lucyi* (= *Archidendron lucyi*), Blättern und Rinde von *Schleinitzia novo-guineensis* (= *Piptadenia novo-guineensis* = *Prosopis insularum* subsp. *novo-guineensis*), sowie Blättern oder Kraut von *Canavalia cathartica* und *C. maritima* (= *C. rosea*) und Rinde von *Erythrina variegata* erhalten; von den vier geprüften *Crotalaria*-Arten lieferte nur *C. sessiliflora* schwache Alkaloid-Reaktionen.

Die Polyamine Putrescin, Spermidin und Spermin scheinen in Pflanzenzellen allgemein vorzukommen. In Leguminosensamen kommen außerdem weitere Polyamine vor; Beispiele sind Homospermin, Canavalmin und Thermospermin. Bei der Analyse der Samen von 23 Leguminosen (*Cercis chinensis* und 22 *Papilionoideae*) wurde allgemeines Vorkommen von Putrescin, Spermidin, Homospermidin (fehlte nur bei *Dolichos lablab* und *Medicago sativa*) und Spermin bestätigt, und erratisches Vorkommen von 1–6 ungewöhnlichen Polyaminen in Samen von *Astragalus sinicus, Canavalia gladiata, Dolichos lablab, Medicago sativa, Phaseolus coccineus, Pisum sativum, Trifolium pratense, Vicia faba, hirsuta, sativa* und *Wisteria floribunda* nachgewiesen. Bei sieben der erwähnten elf Arten war Thermospermin vorhanden [2]. Zu den Polyaminen vgl. Bd. XIa, 272, 273 und Ref. [18] auf S. 290.

Physiologie – VELIKY [3] publizierte eine Arbeit, welche ebenfalls (vgl. dazu Bd. XIa, 277) die weite Verbreitung der Potenz zur Alkaloidbildung durch pflanzliche Zellen demonstriert: Kulturen von Wurzelzellen von *Phaseolus vulgaris* produzieren die β-Carbolinbasen Norharman und Harman, wenn ihnen Tryptophan in der Nährlösung angeboten wird. Wird nur anorganischer Stickstoff angeboten, dann verhalten sich diese Zellkulturen wie die Mutterpflanze und bilden keine Harmanalkaloide.

Ökologie von Protoalkaloiden – Betainspeicherung ist eine der Möglichkeiten von Pflanzen zur halophytischen Adaptation. Bei ökophysiologischen Untersuchungen [4] wurde das Verhalten von vier quartären Stickstoffmetaboliten (Abb. 3) bei NaCl-Streß mit Halophyten und Glycophyten geprüft. Die in Tabelle 1 zusammen-

Tabelle 1. Reaktion von 14 Pflanzen auf NaCl-Streß [4]

Taxa	Gehaltsänderungen im Kraut bei NaCl-Streß				
	Cholin	Prolin	Betain	Trigonellin	Na^+Cl^-
Halophyten					
Suaeda monoica	±	+	+	·	+ +
Atriplex spongiosa	±	+	+ +	·	+ +
Spartina townsendii	±	+	+ +	·	+ +
NaCl-tolerante Glycophyten					
Hordeum vulgare (3 Cvs)	±	+	+	·	+ +
Chloris gayana	±	+	+	·	·
Triticum vulgare	±	+	+	·	+ +
Avena sativa	±	+	±	·	+ +
Glycophyten					
Zea mays	±	+	±	·	+ +
Daucus carota	±	+	±	·	+ +
Raphanus sativus	±	+	±	·	+ +
Lycopersicon esculentum	±	+	±	±	·
Phaseolus vulgaris	±	+	±	±	+ +
Pisum sativum	±	+	±	±	+ +
Trifolium repens	±	+	±	·	+ +

+ = Konzentrationszunahme
+ + = starke Konzentrationszunahme
± = keine deutliche Konzentrationsänderungen
· = keine Beobachtungen

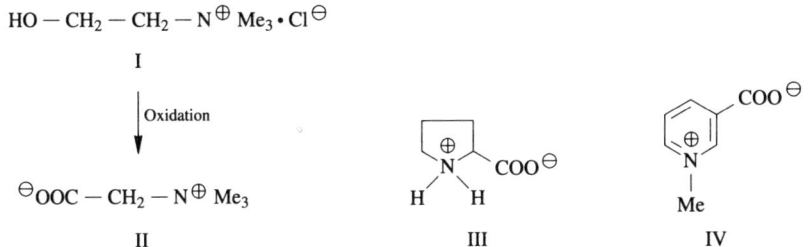

Abb. 3. Quartäre Ammonium-Verbindungen, welche bei Wasserstreß in gewissen Angiospermen vermehrt gebildet werden [4, 5]

I = Cholin • II = Betain sensu stricto (= Glycinbetain) • III = Prolin • IV = Trigonellin (vgl. *Medicago*, Bd. XI a, 272)

gefaßten Resultate zeigen deutlich, daß Erhöhung des Gehaltes an freiem Prolin bei Salzstreß allgemein verbreitet ist, eine Akkumulation von Betain aber nur bei gewissen Taxa auftritt. Dies bestätigten weitere Untersuchungen mit typischen Halophyten [5]. *Chenopodiaceae* und *Amaranthaceae* p.p. (vgl. Bd. III, 84, 416), *Gramineae* (*Ammophila arenaria* [= *Psamma arenaria*], *Spartina townsendii*), *Compositae* (*Aster tripolium*, *Matricaria maritima*) und *Solanaceae* (*Lycium barbarum* und *chinense*) verwenden Betainspeicherung zur halophytischen Adaptation. Andere Taxa, unter ihnen auch die Leguminosen (vgl. Tabelle 1), verwenden andere Wege zur Anpassung an halophytische Verhältnisse, oder allgemeiner ausgedrückt, an Wasserstreß verschiedener Ätiologie. Vgl. dazu auch Diskussion des *Cicer*-Lactons in Bd. XI a, 191, *193*, 194.

Chemotaxonomie der Alkaloide (vgl. Bd. XI a sub A V und B I.12) – SEIGLER [6] besprach zahlreiche Gesichtspunkte, welche bei der Verwendung von Alkaloidmerkmalen zur kritischen Prüfung von Klassifikationen von Pflanzengattungen, -familien, -ordnungen und -klassen berücksichtigt werden sollten. Die Leguminosen werden in dieser Arbeit auf S. 43–46 behandelt.

Ökologie der Alkaloide (vgl. auch Bd. XI a, 283–288) – Eine allgemeine Beurteilung der (möglichen) Bedeutung der pflanzlichen Alkaloide als Signalstoffe in der Natur verdanken wir LEVITT und LOVETT [7]. In diesem Artikel kommen vorzüglich die verschiedenen Alkaloidtypen der *Solanaceae* zur Sprache. Er enthält aber auch eine Reihe von Beobachtungen mit Leguminosen: *Lupinus albus*, *Medicago sativa*, *Pisum sativum*, *Physostigma venenosum* und *Trifolium repens*.

Vgl. zur Biologie und Pharmakologie von biogenen Aminen und Alkaloiden auch:

N. BAGNI and ROSELLA PISTOCCHI, *Polyamine metabolism and compartmentation in plant cells*, 229–248 in: K. MENGEL and D. J. PILBEAM (1992), l.c. S. 40.

LINDA E. FELLOWS et al., *Distribution and biological activity of alkaloidal glycosidase inhibitors from plants*, 271–282 in: K. MENGEL and D. J. PILBEAM (1992), l.c. S. 40. Nach bisherigen Kenntnissen sind von den bekannten AGI's nur die Polyhydroxyindolizidine (z. B. Castanospermin, Swainsonin) und die Polyhydroxypyrrolizidine (Alexin-Reihe) auf Leguminosen beschränkt.

R. J. Molyneux, *Toxic range plants and their constituents*, 151–170 in: T. A. van Beek and H. Breteler (1993), l.c. S. 9. Ausführliche Besprechung der Locoweeds (AGIs der Leguminosen).

R. F. Keeler and A. T. Tu (Eds) 1991, l.c. S. 11. Mit Beiträgen über Pyrrolizidinalkaloide (*Crotalaria*), teratogene *Lupinus*-Alkaloide, toxische *Thermopsis montana*-Alkaloide, AGIs (Swainsonin: in Kapitel 9, 10, 26 und 29).

M. Wink 1993 in: T. A. van Beek and H. Breteler, l.c. S. 9.

M. Wink and T. Twardowski 1992 in: S. J. H. and V. Rizvi, l.c. S. 15.

[1] T. G. Hartley et al., *A survey of New Guinea plants for alkaloids*, JNP (Lloydia) *36*, 217–319 (1973). • [2] K. Hamana et al., *Distribution of unusual polyamines in leguminous seeds*, Canad. J. Bot. *70*, 1984–1990 (1992). • [3] I. A. Veliky, *Synthesis of carboline alkaloids by plant cell cultures*, PHYCHEM *11*, 1405–1406 (1972). • [4] R. Storey and R. G. Wyn Jones, *Quarternary ammonium compounds in plants in relation to salt resistance*, PHYCHEM *16*, 447–453 (1977). • [5] R. Storey et al., *Taxonomic and ecological aspects of the distribution of glycinebetaine and related compounds in plants*, Oecologia (Berlin) *27*, 319–332 (1977). • [6] D. S. Seigler, *Plant systematics and alkaloids*, S. 1–82 in: The Alkaloids *16* (1977). • [7] Judy Levitt and J. V. Lovett, *Alkaloids, antagonisms and allelopathy*, Biol. Agriculture and Horticulture *2*, 289–301 (1985).

B I.13. Cyanogene Verbindungen

Vgl. auch A. Nahrstedt 1992 in K. Mengel and D. J. Pilbeam, l.c. S. 40, und 1993 in: T. A. van Beek and H. Breteler, l.c. S. 9 und Ref. [12] sub *Mimosoideae*.

B I.14. (und 15 p.p.) Terpenoide

J. B. Harborne and F. A. Tomas-Barberan (Eds), *Ecological chemistry and biochemistry of plant terpenoids*, Proc. Phytochem. Soc. Europe *31*, Clarendon Press, Oxford 1991. Mit 16 Beiträgen, in welchen die Leguminosen nur spärlich vertreten sind. U. a.: (9) *Pharmacology of diterpenoids*, 230–263 (M. J. Alcaraz and J. L. Rios; irritierende, antineoplastische, antimikrobielle, insektizide, analgetische, cardioaktive usw. Diterpene; keine Leguminosen erwähnt; jedoch kommen auch aus Leguminosen bekannte Diterpene, z. B. Kaurensäure, Trachylobansäure, Hardwickiasäure, zur Sprache); (10) *Plant saponins: Chemistry and molluscicidal action*, 264–286 (A. Marston and K. Hostettmann; von Leguminosen *Albizia anthelmintica*, *Dolichos kilimandscharicus*, *Sesbania sesban*, *Swartzia madagascariensis* und *simplex* und *Tetrapleura tetraptera* erwähnt oder besprochen); (14) *Plant ecdysteroids and their interaction with insects*, 331–376 (F. Camps; scheinen den Leguminosen gänzlich zu fehlen); (15) *Plant terpenoids as allelopathic agents*, 377–398 (N. H. Fischer; u. a. *Medicago sativa*-Saponine; Soyasapogenol-B im Wurzelexudat von *Lespedeza cuneata* [= Sericea lespedeza] als Signalstoff für Haustorienbildung durch den Parasiten *Agalinis purpurea*); (16) *Recent advances in the ecological chemistry of plant terpenoids*, 399–426 (J. B. Harborne; von den auch bei Leguminosen vorkommenden Sesquiterpenen gewährt Caryophyllenoxid Schutz gegen Blattschneiderameisen (*Atta cephalotes*), und die Sesquiterpenkohlenwasserstoffe von Blättern von *Copaifera*- und *Hymenaea*-Arten sind Abwehrstoffe gegen gewisse Lepidopterenlarven; das Glycinoeclepin, ein Pentanortriterpen aus Bohnenwurzeln als Schlüpfungssignal für Cysten des Sojabohnennematoden (vgl. dazu Bd. VII, 797 sub **6.61**).

B I.15. Saponine

Neue Untersuchungen mit Sojasaponinen liefern einen hochinteressanten Beitrag zum Thema „chemische Variation" innerhalb von Individuen und Taxa (vgl. dazu auch Bd. XI a, 225–226).

Innerartliche chemische Variation ist in verschiedener Hinsicht beachtenswert.

a) Sie kann den Wert von Inhaltstoffen als taxonomische Merkmale abschwächen.

b) Sie kann zum Verständnis von Evolutionstendenzen (Rassenbildung) innerhalb von weiträumigen und polytypischen Arten beitragen.

c) Sie kann bei der Pflanzenzüchtung ausgewertet werden: Züchtung giftstoffarmer Nahrungs- und Futterpflanzen („süße" Lupinen; HCN-arme *Phaseolus lunatus*-Cultivars; cumarinarme Cultivars von *Melilotus*-Taxa). Auch Krankheitsresistenz-Züchtung ist ein außerordentlich wichtiges Gebiet, auf welchem Sekundärstoffe oft eine entscheidende Rolle spielen.

d) Sie erlaubt es, die genetische Steuerung des Sekundärstoff-Stoffwechsels zu analysieren (z. B. Bildung von Blütenpigmenten).

Ohne allen Zweifel berührt chemische Variation innerhalb von Arten zahlreiche Teilgebiete der theoretischen und praktischen Biologie. Einige wenige von ihnen sollen mit Ergebnissen aus der Sojabohnenzüchtung kurz erläutert werden.

Sojabohnen, *Glycine max*, enthalten in Samen viele Saponine, welche von drei Sapogeninen, den Soyasapogenolen-A, -B und -E, abgeleitet sind. Die Struktur dieser Sapogenine ist erst seit 1982 genau bekannt; sie sind Olean-12-en-Derivate mit wenigstens zwei Hydroxylgruppen, welche mit den C-Atomen 3 und 24 verknüpft sind. Der Grundkörper der Sojasamensapogenine ist das $3\beta,24$-Dihydroxyolean-12-en [1].

Soyasapogenol-A ist ein Tetraol mit zwei zusätzlichen Hydroxylgruppen an C-21 und C-22.

Soyasapogenol-B ist ein Triol; C-22 trägt die zusätzliche Hydroxylgruppe.

Soyasapogenol-E ist ein Diolon; das C-22-OH von Soyasapogenol-B ist zur Oxogruppe oxidiert.

Sojasamen enthalten monodesmosidische (Zucker an OH-3) und bisdesmosidische (Zucker an OH-3 und OH-22) Saponine [2].

Von den bisdesmosidischen Saponinen sind außerdem zwei von der Norm abweichende Varianten bekannt geworden. Bei den bisdesmosidischen Soyasapogenol-A-Saponinen kann der endständige Zucker, i.e. Xylose oder Glucose, der Biose an C-22 vollständig acetyliert sein; diese Saponine sind stark bittere Tri- oder Tetraacetate (Abb. 4; [2, 3]). Die zweite Variante betrifft Saponine der B-Gruppe; ihr OH-22 kann mit einem zuckerähnlichen Körper verknüpft sein, der der pyranoiden Form einer 2-Desoxy-4,5-didehydromethylpentose entspricht, und als 2,3-

Dihydro-2,5-dihydroxy-6-methyl-4-pyron (= DDMP) bekannt wurde. Faßt man diesen Körper als Zuckerderivat auf, dann stellen die betreffenden Saponine der B-Gruppe sehr labile Bisdesmoside dar, welche leicht Maltol abspalten und in die entsprechenden Monodesmoside übergehen (Abb. 5; [4-6, 8]).

Die biologischen Eigenschaften eines Saponins werden durch seine Feinstruktur bestimmt [2-8]. Bei den DDMP-haltigen Saponinen mit einem UV-Absorptionsmaximum bei 292 nm dürfte das Wirkungsspektrum durch die vorhandene Keto-α-en-Gruppierung mitbestimmt werden. Das dem Saponin Bb entsprechende DDMP-Konjugat wurde beispielsweise als „Phytochrome Killer" bezeichnet [8], und die acetylierten Bisdesmoside der A-Gruppe, welche offensichtlich nur im Hypokotyl, nicht aber in den Kotylen vorkommen [7, 8], beeinträchtigen den Geschmack von Sojabohnen und gewissen Sojabohnenprodukten, da sie stark bitter schmecken [3, 7-9]. DDMP-Saponine scheinen in Samen von Hülsenfrüchtlern weitverbreitet zu sein; sie wurden auch bei *Cicer arietinum*, *Phaseolus coccineus* und *vulgaris*, *Pisum sativum* und *Vigna mungo* (MUNGBEAN) und *Vigna sinensis* (COWPEA) beobachtet [5, 6].

Sojabohnenkultur ist im Nordosten des alten China entstanden (ca. 1000 A.D.) und breitete sich von dort im ersten Jahrhundert unserer Zeitrechnung nach angrenzenden Gebieten und Japan aus. Die kultivierten Landrassen und modernen Cultivars bilden zusammen die cultigene Art *Glycine max* (L.) Merr. Die in den gleichen Gebieten (Ostsibirien, China, Japan, Formosa) heimischen Wildformen wurden zu der Art *G. soja* S. et Z. zusammengefaßt. *G. max* und *G. soja* sind interfertil. Vereinigt man beide Taxa in einer einzigen Art, dann sollte diese nach MANSFELD *G. soja* (L.) S. et Z. emend. Bentham heißen. Darum wird in den folgenden Ausführungen von *G. soja* s.str. (= Wildformen der Sojabohne) und *G. soja* s.l. (= Wild- und Kulturformen der Sojabohne) gesprochen. Im Fernen Osten wächst auch *G. gracilis* Skvortzov, von welcher man annimmt, daß sie hybridogenen Ursprungs (*G. soja* × *G. max*) ist [10]. Die in jüngster Zeit stark zugenommene Bedeutung dieser uralten Kulturpflanze der gemäßigten Klimazone beruht auf der Züchtung zahlreicher neuer Cultivars in der ersten Hälfte unseres Jahrhunderts in den USA und in Japan. Heute kann *G. max* auch in den Subtropen und Tropen angebaut werden, weil entsprechende Sorten gezüchtet wurden. Die Sojabohne gehört jetzt zu den wichtigsten Öl- und Proteinpflanzen der Welt [11, 12].

HERRMANN [13] berichtete über die gegenwärtige Rolle der Sojabohne als Nahrungsmittel in Europa und Ostasien. Die explosive Zunahme des Interesses für *Glycine max* als vielversprechende Nahrungspflanze der Zukunft kam auch der Kenntnis der Sekundärstoffe ihrer Samen zugute. Japanische Forscher interessierten sich aus verschiedenen Gründen für die Sojabohnensaponine (vgl. Abb. 4 und 5). Sie zeigten, daß die Saponinspektren im Embryo organspezifisch sind, daß innerhalb von *Glycine max* und *G. soja* s.str. viele Saponingenotypen existieren, und daß die komplexen Saponinmuster des Hypokotyls durch viele Gene programmiert werden [4-9]. Bei der Analyse von 800 Herkünften von *G. max* und 329 Herkünften von *G. soja* s.str. wurden im nicht gekeimten Samen acht verschiedene Hypokotyl-Saponinspektren nachgewiesen (Tabelle 2; Abb. 4 und 5).

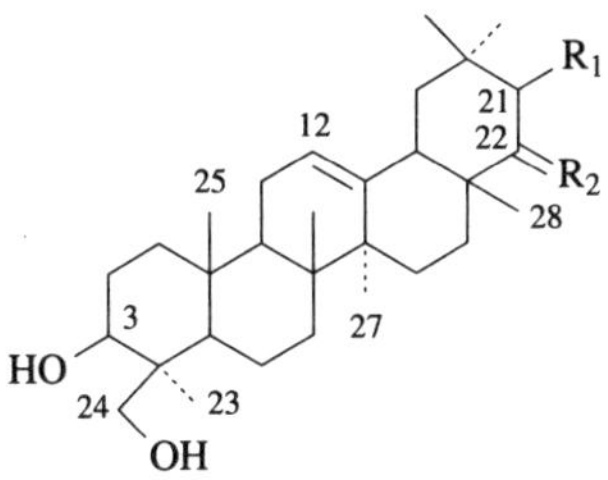

Soyasapogenole [1]		R_1	R_2
Tetrol:	Soyasapogenol-A	βOH	αH,βOH
Triol:	Soyasapogenol-B	H	αH,βOH
Diolon:	Soyasapogenol-E	H	O

BISDESMOSIDISCHE SAPONINE VON SAPOGENOL A:

Zucker — O-3-A-22-O — Zucker	Namen
Glc-Gal-GlcU →O-3-A-22-O ← Ara-Xyl(2,3,4-triAc)	Aa[1]) = Acetyl-A4
Glc-Gal-GlcU →O-3-A-22-O ← Ara-Glc(2,3,4,6-tetraAc)	Ab[1]) = Acetyl-A1
Rha-Gal-GlcU →O-3-A-22-O ← Ara-Glc	Ac
Glc-Ara-GlcU →O-3-A-22-O ← Ara-Glc	Ad
Gal-GlcU →O-3-A-22-O ← Ara-Xyl(triAc)	Ae[1]) = Acetyl-A5
Gal-GlcU →O-3-A-22-O ← Ara-Glc(tetraAc)	Af[1]) = Acetyl-A2
Ara-GlcU →O-3-A-22-O ← Ara-Xyl(triAc)	Ag[1]) = Acetyl-A6
Ara-GlcU →O-3-A-22-O ← Ara-Glc(tetraAc)	Ah[1]) = Acetyl-A3

MONODESMOSIDISCHE SAPONINE DER SAPOGENOLE B UND E

Zucker — O-3-B-22-OH	
Glc-Gal-GlcU →O-3-B-22-OH	Ba = Soyasaponin-V
Rha-Gal-GlcU →O-3-B-22-OH	Bb = Soyasaponin-I
Rha-Ara-GlcU →O-3-B-22-OH	Bc = Soyasaponin-II
Gal-GlcU →O-3-B-22-OH	Bb' = Soyasaponin-III
Ara-GlcU →O-3-B-22-OH	Bc' = Soyasaponin-IV
Zucker — O-3-E	
Glc-Gal-GlcU →O-3-E	Bd
Rha-Gal-GlcU →O-3-E	Be

Abb. 4. Sojasamen-Sapogenine und -Saponine der A-, B- und E-Gruppe [2] (*Glycine soja* s.l.)

1) Auch die entsprechenden Desacetylsaponine sind bekannt, stellen jedoch mit Ausnahme von Mutanten ohne Gen Sg-2 (vgl. Tabelle 3) Isolierungsartefakte dar.

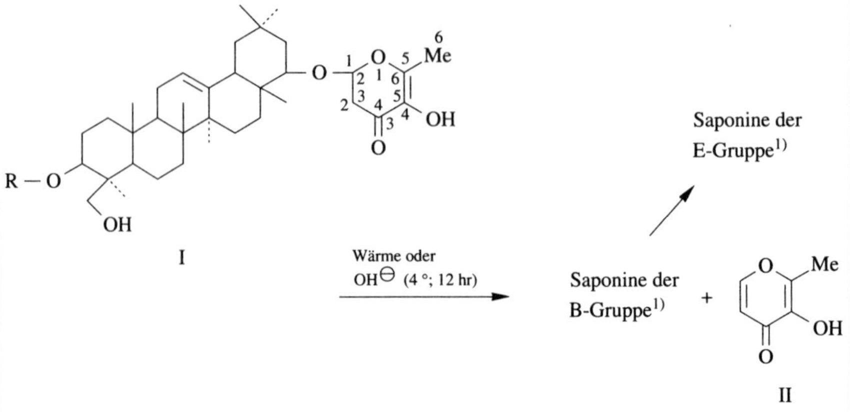

Bekannte Saponine der DDMP[2)]-Gruppe	Bezeichnungen	Umsetzungsprodukte[3)]
R = Glc-Gal-GlcU, $C_{54}H_{84}O_{22}$	αg	Saponine Ba, Bd
R = Rha-Gal-GlcU, $C_{54}H_{84}O_{21}$	βg	Saponine Bb, Be
R = Gal-GlcU, $C_{48}H_{74}O_{17}$	γg = Chromo-saponin-I	Saponine Bb', (Be')
R = (Glc-Ara-GlcU)[4)]	(αa)	Saponin Bx, Bf
R = Rha-Ara-GlcU, $C_{53}H_{82}O_{20}$	βa	Saponin Bc, Bg
R = Ara-GlcU, $C_{47}H_{72}O_{16}$	γa	Saponin Bc', (Bg')

Abb. 5. Mit einem DDMP-Derivat konjugierte Sojasamen-Saponine, welche nur im Hypokotyl des Embryos auftreten [4–6, 8]

I = DDMP-Saponine • II = Maltol
1) Vgl. Abb. 4.
2) DDMP = 2,3-Dihydro-2,5-dihydroxy-6-methyl-4(oder γ)-pyron; im Pyronring ist innerhalb des Ringes 4-Pyron-Numerierung und außerhalb des Ringes Glykopyranose-Numerierung angegeben.
3) Stellen mutmaßlich meistens Isolierungsartefakte dar.
4) In Klammern: Hypothetische, bisher nicht isolierte Saponine.

Durch Kreuzung verschiedener Saponintypen und Analyse von F_1- und F_2-Generationen konnten einige die Saponinbildung im Hypokotyl regulierende Gene (Allele) nachgewiesen, und deren Wirkungsweise aufgeklärt werden (vgl. Tabelle 3).

Eine Mutante ohne Acetylierungsenzym wurde in der Kollektion der Wildherkünfte der Sojabohne, *Glycine soja* s.str., entdeckt. Sie enthält im Hypokotyl als Hauptsaponin 3,02% Desacetyl-Af und daneben geringere Mengen Saponine der B- und E-Gruppe. Bei der Kreuzung dieser Mutante mit dem japanischen Cultivar Mikuriy A0 von *Glycine max*, welches die bei anderen Cultivars nur als Spurenstoffe vorhandenen Saponine Af (1,66%) und Ac (0,17%) speichert, wurden Hybriden mit 1,7% Ab, 0,5% Ac und 0,3% Af erhalten. Aus diesen Beobachtungen und

Tabelle 2. Saponinspektren im Hypokotyl des Embryos in ungekeimten Samen von Sojabohnen (*Glycine soja* s.l.) [8]

Beobachtete Saponin-Typen	Frequenz des Vorkommens von Saponin-Typen: N (%)		Saponin-Typen (vgl. Abb. 4 und 5)										
			A-Gruppe					B-Gruppe				E-Gruppe	
			Aa	Ab	Ad	Ae	Af	Ba	Bb	Bb'	Bc	Bd	Be
	G. max	G. soja s.str.											
Aa [1)]	199 (24,9)	71 (21,6)	+	−	−	+	−	+	+	+	−	+	+
Ab [2)]	572 (71,5)	32 (9,7)	−	+	−	−	+	+	+	+	−	+	+
AcAf [3)]	1 (0,1)	0 (0)	−	−	−	−	+	−	+	+	−	−	+
AaAb	12 (1,5)	4 (1,2)	+	+	−	+	+	+	+	+	−	+	+
AaBc	2 (0,3)	192 (58,4)	+	−	−	+	−	+	+	+	+	+	+
AbBc	14 (1,8)	15 (4,6)	−	+	+	−	+	+	+	+	+	+	+
A0Bc [3)]	0 (0)	1 (0,3)	−	−	−	−	−	+	+	+	+	+	+
AaAbBc	0 (0)	14 (4,3)	+	+	+	+	+	+	+	+	+	+	+
Total	800	329											

1) Auch Xylose-Gruppe genannt (Triacetylxylose vorhanden)
2) Auch Glucose-Gruppe genannt (Tetraacetylglucose vorhanden)
3) Sind beobachtete Sekundärstoffwechsel-Mutanten (N.B. Ac, ein Desacetylsaponin der A-Gruppe, kommt bei allen andern Genotypen höchstens spurenweise vor)

Ergebnissen konnte der Schluß gezogen werden, daß die Sequenz der Saponinbildung Desacetyl-Af → Af → Ab ist, Ab also nicht über Desacetyl-Ab entsteht [9].

Analysiert man ganze Samen, dann erhält man Saponinspektren, welche eine Addition der Hypokotyl- und Kotyledonarsaponinmuster darstellen. Solche Samensaponinspektren wurden in Tabelle 4 zusammengestellt.

Chromosaponin-I ist das etherartige 22-Conjugat von Soyasaponin-I mit DDMP. Es scheint in Leguminosensamen recht verbreitet zu sein und eine wichtige physiologische Rolle zu erfüllen; es kann gewisse 1,4-Benzochinone sowie Cytochrom c reduzieren und wird als *unique electroactive saponin* bezeichnet [14].

Für Chemie und biologische Eigenschaften von Leguminosensaponinen vgl. auch: MASSIOT-LAVAUD 1993, 130−150 in VAN BEEK-BRETELER, l.c. S. 9.

[1] I. KITAGAWA et al., CHPHBUL 30, 2294−2297 (1982); 33, 598−608, 1069−1076 (1985); 36, 153−161 (1988). Revision der Soyasapogenol-Strukturen. ● [2] G. R. FENWICK et al., *Saponins*, S. 285−327 in: J. P. F. D'MELLO et al. (Eds), *Toxic substances in crop plants*, Roy. Soc. Chem., Cambridge 1991. Mit 229 Ref.; Soyasapogenole und deren Glykoside, 287−290. ● [3] K. OKUBO et al., *Components responsible for the undesirable taste of soybean seeds*, Biosci. Biotech. Biochem. 56, 99−103 (1992). Schwach bitter und z. T. eher adstringierend schmecken auch Saponine der B- und E-Gruppe und die Samenisoflavone Daidzin, Daidzein, Genistin und Genistein. ● [4] S. KUDOU et al., *Isolation and structural elucidation of the major genuine soybean saponin*, Biosci. Biotech. Biochem. 56, 142−143 (1992). ● [5] S. KUDOU et al., *Isolation and structural elucidation of DDMP-conjugated saponins as genuine saponins from soybean seeds*, Biosci. Biotech. Biochem. 57, 546−550 (1993). Isolation und Strukturen von

Tabelle 3. Gene von *Glycine soja* s.l., welche die Saponinsynthese im Hypokotyl des Embryos im reifenden Samen programmieren [8, 9]

Bezeichnung der untersuchten Gene	Durch Gene katalysierte Biogeneseschritte	
	Zuckerkette an OH-3	Zuckerkette an OH-22
Sg-1[a]	—	Xylosyltransferase: $\beta(1 \to 3)$-Verknüpfung von Xyl mit Ara
Sg-1[b]	—	Glucosyltransferase: $\beta(1 \to 3)$-Verknüpfung von Glc mit Ara
Sg-2	—	Acetylierung des endständigen Zuckers der Biose
Sg-3	Glucosyltransferase: $\beta(1 \to 2)$-Verknüpfung von Glc mit Ara und Gal	—
Sg-4	Arabinosyltransferase: $\alpha(1 \to 2)$-Verknüpfung von Ara mit GlcU	—

Tabelle 4. Zuckerketten der aus ganzen Samen von *Glycine soja* s.l. bekannt gewordenen individuellen Saponine und deren Bezeichnung [8]

Zucker an OH-3 (bei allen drei Sapogenolen identisch)	Substitution von OH-22 der Sapogenole –				
	A		B		E
	AcXyl→Ara→	AcGlc→Ara→	DDMP[1)	freies OH	ist 22-Oxo-Verbindung
Glc-Gal-GlcU	Aa	Ab	αg	Ba	Bd
Rha-Gal-GlcU	(Au)[2)]	(AcetylAc)[3)]	βg	Bb	Be
Gal-GlcU	Ae	Af	γg	Bb'	(Be')
Glc-Ara-GlcU	Ax	Ad	(αa)	Bx	Bf
Rha-Ara-GlcU	(Ay)	(Az)	βa	Bc	Bg
Ara-GlcU	Ag	Ah	γa	Bc'	(Bg')

1) Vgl. Abb. 5.
2) In Klammern: Hypothetische bisher noch nicht isolierte Saponine.
3) Bisher nur als Desacetylsaponin Ac bekannt (vgl. Abb. 4).
AcXyl = Xylopyranosyltriacetat
AcGlc = Glucopyranosyltetraacetat

fünf labilen DDMP-Konjugaten von Saponinen der B-Gruppe. ● [6] S. TSURUMI et al., *A γ-pyronyl-triterpenoid saponin from Pisum sativum*, PHYCHEM *31*, 2435–2438 (1992). Auf der Suche nach einem Photorezeptor im Gebiet von 280–320 nm neues Saponin aus etiolierten, 7tägigen Erbsenkeimpflanzen (cv. Alaska) isoliert und Chromosaponin-I genannt; liefert Saponin-I und Maltol. ● [7] M. SHIRAIWA et al., *Inheritance of „group A saponin" in soybean seed*, Agric. Biol. Chem. *54*, 1347–1352 (1990). Analyse der Saponinspektren des Hypokotyls des Embryos reifer Samen von 457 Kulturformen (i.e. von *G. max*) und von 9 Herkünften der wilden *G. soja* s.str., sowie von 9 Herkünften der weiteren Wildarten *G. gracilis*, *G. wightii*, *G. latifolia*, *G. tomentella* (2 Herkünfte), *G. canescens*, *G. clandestina* und *G. tabacina* (2 Herkünfte). Bei *G. max* und *G. soja* s.str. Vorherrschen der acetylierten Saponine Aa, Ab und Aa + Ab (vgl. Abb. 4); Analyse des Erbganges dieser Saponine durch Kreuzungen von Cvs von *G. max* mit verschiedenen Saponinspektren. Saponin Aa auch bei *G. gracilis* und einer Herkunft von *G. tabacina* nachgewiesen; bei *G. canescens, clandestina* und *latifolia* waren nur desacetylierte Saponine der A-Gruppe nachweisbar. Die besprochenen Beobachtungen und die Ergebnisse der Kreuzungen weisen auf die Möglichkeit, um Sojabohnen mit wenig bitteren Samen durch Auslese- und Hybridisations-Züchtung zu schaffen. ● [8] C. TSUKAMOTO et al., *Genetic and chemical polymorphism of saponins in soybean seeds*, PHYCHEM *34*, 1351–1356 (1993). ● [9] C. TSUKAMOTO et al., *Group A acetyl saponin-deficient mutant from the wild soybean*, PHYCHEM *31*, 4139–4142 (1992). ● [10] A. C. ZEVEN and J. M. J. DE WET, l.c. Bd. XIa, 86. ● [11] N. W. SIMMONDS (Ed.), *Evolution of crop plants*, Longman, London 1976. *Glycine*, S. 159–162. ● [12] H. BRÜCHER, *Tropische Nutzpflanzen, Ursprung, Evolution und Domestikation*, Springer-Verlag, Berlin 1977. *Glycine max*, S. 171–176. ● [13] K. HERRMANN, *Exotische Lebensmittel*, Springer-Verlag, Berlin 1983. Sojabohnen, S. 110–119. Vgl. auch N. R. REDDY et al. (Eds), l.c. Bd. XIa, 73 (verschiedene aus Sojabohnen in Ostasien hergestellte Lebensmittel). ● [14] Y. TSUJINO et al., *A new triterpenoid saponin (chromosaponin I) with a reducing power*, Chemistry Letters *1994*, 711–714.

B II. Bei Leguminosen nur sporadisch vorkommende chemische Merkmale

B II.5. SELENIUMVERBINDUNGEN

A. LÄUCHLI, *Selenium in plants: Uptake, function, and environmental toxicities*, Botanica Acta *106*, 455–468 (1993). 3 S. References. Übersicht über Selenium-Kreislauf in der Natur. Diskussion der Se-Toleranz. Abgabe von flüchtigen Se-Verbindungen durch Pflanzen, z.B. H_2Se, MeSeH, $(Me)_2Se$, Me–Se–Se–Me.

B II.6. MINERALSTOFFSPEICHERUNG

R. R. BROOKS, *Serpentine and its vegetation. A multidisciplinary approach*, Dioscorides Press, Portland, Oregon 1987. Beschreibung der Serpentinvegetationen und ihrer floristischen Zusammensetzung nach Kontinenten geordnet. Erwähnte Taxa (Arten, Familien, z.B. *Caesalpiniaceae, Mimosaceae* und *Papilionaceae* [als *Fabaceae*]) in „Botanical Index", 409–440, zu finden. Verhältnismäßig wenige Leguminosen; die letzteren zudem i.d.r. nicht Schwermetallakkumulatoren, sondern schwermetalltolerante Sippen, z.B. die auf Serpentin wachsenden australischen *Acacia*-Arten. Kapitel 8, *The distribution and phytochemistry of plants which hyperaccumulate nickel*, 85–106, ist den Pflanzen, welche Ni speichern, gewidmet. Von den Leguminosen werden nur die in Bd. XIa bereits erwähnten *Pearsonia metallifera* und *Trifolium pallescens* (2000 ppm; Blatt [TG]) als Hyperakkumulatoren aufgeführt. Die Phytochemie der Ni-Speicherung wird für *Pearsonia metallifera* und die serpentintolerante *Indigofera setiflora*, welche kein typischer Akkumulator (415 ppm Ni im Blatt [TG]) ist, besprochen.

R. S. BOYD et al., *Nickel hyperaccumulation defends Streptanthus polygaloides (Brassicaceae) against pathogens*, Amer. J. Bot. *81*, 294–300 (1994). Experimenteller Nachweis einer Schutzfunktion gegen Pflanzenpathogene von hohen Ni-Gehalten (über 5000 ppm) dieser Serpentinpflanze Kaliforniens. Im Text wird ferner darauf hingewiesen, daß derartig hohe Ni-Gehalte ebenfalls für herbivore Insekten toxisch sind.

B III. Ökophysiologische Merkmale

B III.3. Wurzelknöllchen (Nodulation)

An der Aufklärung der Physiologie der Ureide Allantoin und Allantoinsäure waren MOTHES und seine Schüler maßgebend beteiligt. Ein Teil der betreffenden Untersuchungen wurde mit *Phaseolus vulgaris*, welche je nach Umständen überwiegend Amide oder Ureide bildet, transportiert und temporär speichert, ausgeführt; diese Art wird als *Mischtyp der Ammoniakbindung* bezeichnet [1–3]. Eine moderne Übersicht über den Ureidmetabolismus der Pflanzen wurde kürzlich publiziert [4]. Sie betont die Bedeutung der Ureide als N-reiche Transport- und Speicherstoffe bei gewissen Taxa und die noch stets ungenügenden biochemischen Kenntnisse des Ureidumsatzes. Bei den Leguminosen steht der Ureidmetabolismus mit der Nodulation in Verbindung; bei *Glycine*, *Phaseolus* und *Vigna* sind Ureide wichtigste Transportformen des Stickstoffs.

Rhizobium fredii wurde 1982 in China als Symbiont von Wildformen der Sojabohne (*Glycine soja* s.str.) und von primitiven Cultivars, z.B. cv. Peking, von *G. max* entdeckt. Bisher hatte man angenommen, daß nur *Bradyrhizobium japonicum* wilde und kultivierte Formen von *G. soja* s.l. nodulieren kann. Der neuentdeckte Spezialist, der Wildformen und primitive Kulturformen von hochentwickelten Kulturformen unterscheidet, eröffnete neue Möglichkeiten für die Analyse der Faktoren, welche für die Partnerwahl bei der Rhizobiaceen-Leguminosen-Symbiose entscheidend sind. *Rh. fredii* hat nämlich zwei für erfolgreiche Nodulation sehr wichtige Eigenschaften:

a) Es unterscheidet bei *Glycine soja* s.l. zwischen Wildformen und den meisten hochentwickelten Cultivars, und umfaßt eine Reihe von cultivarspezifischen Stämmen oder Biotypen.

b) Es beschränkt sich nicht auf Genotypen von *G. soja* s.l., sondern kann über 40 weitere Leguminosen nodulieren, zu welchen *Cajanus cajan*, *Erythrina*-Arten, *Macroptilium atropurpureum*, *Phaseolus vulgaris*, *Sesbania cannabina* und *Vigna unguiculata* gehören.

Diese Eigenschaften, sowie das Vorkommen von Mutanten innerhalb verschiedener Stämme von *Rh. fredii*, erlauben es, die Grundlagen der Wirtsspezifität bei der Wurzelknöllchen-Symbiose genauer zu untersuchen. Der aus der chinesischen Provinz Henan stammende Biotyp USDA 257 kann *Erythrina costaricensis* nodulieren, nicht aber sieben weitere geprüfte *Erythrina*-Arten. Von zwei Mutanten dieses Stammes konnte die eine auch *Erythrina variegata* und die andere auch *E. fusca*, *variegata* und *vespertilio* nodulieren. Ferner sind von *Rh. fredii* Mutanten bekannt, welche die Unverträglichkeit mit hochentwickelten Cultivars von *Glycine max* verloren haben [5].

Analyse der Feinstruktur der Noduli von 14 Taxa von *Chamaecrista* mit drei verschiedenen mikroskopischen Techniken lieferte systematisch interessante Ergebnisse [6]. Die Mehrzahl der untersuchten Arten zeigte nicht den für *Caesalpinioideae* charakteristischen plesiomorphen Bau, sondern eher die den *Mimosoideae* und den meisten *Papilionoideae* entsprechende apomorphe Organisation. Die Autoren schließen mit der Feststellung: „Our results suggest that *Chamaecrista* may indicate how 'primitive' Caesalpinioideae evolved to the most 'advanced' symbioses found in the Papilionoideae and Mimosoideae".

[1] K. MOTHES, *Die vergleichend biochemische Methode. Dargestellt am Problem der Ammoniakentgiftung*, Forschungen und Fortschritte *31*, 70–76 (1957). Die Ureidpflanzen werden mit den harnsäureausscheidenden Tieren verglichen. Ureide spielen bei manchen Taxa, z. B. *Platanus*, *Acer*, *Aesculus*, *Boraginaceae* und bei manchen *Papilionoideae* eine bedeutende Rolle als Ammoniakentgifter. Dabei zeigten umfangreiche Versuche mit Bohnenblättern, daß je nach Umständen Ureide oder Amide zum N-Transport und zur Ammoniakentgiftung verwendet werden können. ● [2] K. MOTHES und LISABETH ENGELBRECHT, *Über Allantoinsäure und Allantoin*. I. *Ihre Rolle als Wanderform des Stickstoffs und ihre Beziehungen zum Eiweißstoffwechsel des Ahorns*, Flora *139*, 586–616 (1952). Gleichzeitig Literaturübersicht mit Hinweisen auf Vorkommen großer Mengen von Gesamtallantoin in Keimpflanzen von *Melilotus officinalis* und *Trifolium pratense* (auf S. 587) und in Hülsen von *Phaseolus vulgaris* (S. 598). ● [3] LISABETH ENGELBRECHT, *Über Allantoinsäure und Allantoin*. IV. *Ihre Beziehungen zu Säureamiden bei der Keimung von Phaseolus vulgaris L.*, Flora *142*, 25–44 (1954). Gute Literaturübersicht über Vorkommen von temporärer Ureidspeicherung bei *Glycine max* (*Soja hispida*), *Melilotus albus*, *Phaseolus coccineus* und *vulgaris* und *Trifolium pratense*, und praktisches Fehlen von Ureiden in Keimpflanzen von *Lupinus albus*. ● [4] R. J. THOMAS and L. E. SCHRADER, *Ureide metabolism in higher plants*, PHYCHEM *20*, 361–371 (1981). Mit 122 Ref. ● [5] H. B. KRISHNAN and S. G. PUEPPKE, *Cultivar-specificity genes of the nitrogen-fixing soybean symbiont, Rhizobium fredii USDA 257, also regulate nodulation of Erythrina spp.*, Amer. J. Bot. *81*, 38–45 (1994). ● [6] T. NAISBITT et al., *The evolutionary significance of the legume genus Chamaecrista, as determined by nodule structure*, New Phytologist *122*, 487–492 (1992).

Viele Angaben zur Verbreitung und Biologie (Bau, Funktion, Symbiose-Initiation; Beeinflussung der Bodenbakterien durch Leguminosen) finden sich ferner in folgenden Publikationen:

BEANBAG No. 39 (1994), 6. Nodulation bei *Chamaecrista nomame* (Sieb.) Ohashi beobachtet.

B. R. and H. F. DAVIDSON, l.c. S. 9. Viele Angaben über Nodulation bei australischen Leguminosen, speziell in Kapiteln 4. *Nitrogen-sources and cycling in Australia*, 84–130, und 5. *Legumes and nitrogen in the Australian vegetation*, 131–165 und Appendix, 384–407.

ARLETTE GOLDMANN et al., *Metabolic signals in the rhizosphere: Catabolism of calystegins and betaines by Rhizobium meliloti*, S. 76–86 in: T. A. VAN BEEK and H. BRETELER 1993, l.c. S. 9.

K. MENGEL and D. J. PILBEAM (Eds), *Nitrogen metabolism of plants*, Proc. Phytochem. Soc. Europe. *33*. Clarendon Press, Oxford 1992. Speziell Kapitel 2. *Nodule development and nitrogen fixation in the Rhizobium/Bradyrhizobium system*, 17–30 (D. WERNER et al.), und Kapitel 3. *Nodulins in root nodule development: Function and gene regulation*, 31–37 (FRANCINE GOVERS and T. BISSELING). Verschiedene Beiträge über Assimilation von NO_3^- und NH_4^+ und über Transport dieser N-Quellen und von Aminosäuren.

E. L. RICE, *Allelopathic effects on nitrogen cycling*, 31–58 in: S. J. H. and V. RIZVI, l.c. S. 15. Mit Unterkapitel *Symbiotic nitrogen fixers, (a)* – *Legumes*, 36–39.

D. S. REDDY et al., *Acetohydroxymate induced nitrogen deficiency in N_2-fixing Pigeon Pea*, PHYCHEM *26*, 1347–1350 (1994). Experimente mit nodulierten Pflanzen von *Cajanus cajan* (exportiert Ureide) und *Medicago sativa* (exportiert Amide). Der Urease-Hemmer Acetohydroxymat (AHM), ein spezifischer Urease-Hemmer, induziert nur in *Cajanus* Akkumulation des für die Pflanze toxischen Harnstoffs.

L.-X. WANG et al., *Chemical synthesis of NodRm-1: The nodulation factor involved in Rhizobium-Legume symbiosis*, JCS Perkin I 1994, 621–628.

C I. Caesalpinioideae

Der Besprechung der einzelnen Taxa seien wenige allgemeine Bemerkungen vorabgeschickt.

MORPHOLOGIE UND ANATOMIE VON FRÜCHTEN, SAMEN UND SAMENSCHALE (TESTA) — Genaue morphologische Beschreibungen von Früchten und Samen, sowie zwei Schlüssel zur Determination von Gattungen anhand von Fruchtmerkmalen und von Samenmerkmalen verdanken wir GUNN [1]. LERSTEN et al. widmeten dem Strophiolum, für welches sie den Term Lens verwenden, eine sehr ausführliche Publikation [2]. In ihr wird dieses Testastrukturelement aufgrund von Literaturstudien und eigenen morphologischen und anatomischen Beobachtungen an Samen von 13 Arten aus 13 Gattungen der *Caesalpinioideae* und an Samen von 16 Arten aus 14 Gattungen der *Mimosoideae* genau beschrieben, und auch taxonomisch bewertet.

NERVATUR DER KOTYLEN — SMITH und SCOTT [3] beschrieben die Nervatur der Kotylen von Keimpflanzen von 93 Arten aus allen fünf Triben der Caesalpinioideen genau, und versuchten die sechs beobachteten Haupttypen der Innervation merkmalsphylogenetisch zu interpretieren. Die sechs beschriebenen Innervationsmuster sind auf die Hauptnerven (ein, drei, fünf, sechs, sieben oder neun) basiert.

KLASSIFIKATION — PETTIGREW und WATSON [4] und WATSON [5] gaben eine kritische Besprechung der Klassifikationen der Caesalpinioideen durch BENTHAM, TAUBERT, G. K. SCHULZE-MENZ (Bearbeiter der *Rosales* im SYLLABUS) und HUTCHINSON (1964), und analysierten das Taxon mit Hilfe von 41 morphologischen [4] und später [5] mit Hilfe von 72 morphologischen, 32 blattanatomischen, 5 holzanatomischen und 7 palynologischen Merkmalen. Diese Autoren kamen zum Schluß [4, 5], daß innerhalb der Caesalpinioideen nur zwei Hauptgruppen unterscheidbar sind, welche aber keineswegs scharf getrennt sind: *Caesalpinieae* + *Cassieae* + *Cercideae* einerseits und *Detarieae* + *Amherstieae* andererseits.

Literatur und Bemerkungen

[1] CH. R. GUNN, *Fruits and seeds of genera in the subfamily Caesalpinioideae (Fabaceae)*, U.S. Dept. Agric., Agric. Res. Service Techn. Bull. No. 1755, Springfield, March 1991. ● [2] N. R. LERSTEN et al., *Comparative morphology of the lens on legume (Fabaceae) seeds, with emphasis on species in subfamilies Caesalpinioideae and Mimosoideae*, U.S. Dept. Agric., Agric. Res. Service Techn. Bull. No. 1791, Springfield, January 1992. ● [3] D. L. SMITH and R. C. SCOTT, *Cotyledon venation patterns in the Leguminosae: Caesalpinioideae*, Bot. J. Linn. Soc. 90, 73–103 (1985). ● [4] C. J. PETTIGREW and L. WATSON, *On the classification of the Caesalpinioideae*, Taxon 26, 57–64 (1977). Auch Merkmale Amyloid, Galaktomannane, Stärke und *Transfer cells* (S. 63) berücksichtigt. ● [5] L. WATSON, *An automated system of generic descriptions for Caesalpinioideae, and its application to classification and key-making*, S. 65–80 in: POLHILL-RAVEN 1981.

C I.1. CAESALPINIEAE
(einschließlich *Dimorphandreae* und *Sclerobieae* sensu TAUBERT)

Verschiedene Autoren [1–3] interessierten sich für die in reifen Samen gespeicherten freien Aminosäuren und für die Änderungen, welche die Aminosäuremuster während der Keimung erleiden. Die hauptsächlichsten Ergebnisse wurden in Tabelle 5 zusammengestellt.

Tabelle 5 können einige Tendenzen entnommen werden, welche auch in systematischer Hinsicht interessant sind.

(a) Reife Samen der *Caesalpinieae* enthalten oft beträchtliche Mengen von ungewöhnlichen Aminosäuren. γ-Substituierte Glutaminsäuren (und Glutamine) charakterisieren die Vertreter der *Guilandina*-Gruppe von *Caesalpinia* s.l., und fehlen weitgehend bei den übrigen *Caesalpinia*-Arten, einschließlich der zu *Mezoneuron* gerechneten Taxa. Bei vielen *Caesalpinia*-Arten (einschl. *Guilandina*) werden in Samen auch beträchtliche Mengen Pipecolinsäure gespeichert.

(b) Zwei der geprüften *Caesalpinia* s.l.-Arten weichen deutlich vom skizzierten Bild ab:
C. solomonensis enthielt nur U1, die auch bei *C. crista* und *C. spinosa* in größeren Mengen auftritt. *C. spinosa* (= *C. tinctoria*) ist durch Speicherung von Baikiain, aromatischen Phenylalanin- und Tyrosinderivaten, wie sie z.T. bereits von den Resedaceen bekannt waren (vgl. Bd. VI, 54), und von U1 ausgezeichnet (Diskussion in [2]).

(c) Einige Gattungen scheinen charakteristische Aminosäuremuster entwickelt zu haben:
Gleditsia und *Gymnocladus*: 3-Hydroxy-4-methylglutaminsäure + Pipecolinsäure + Hydroxypipecolinsäuren.
Bussea: Azetidin-2-carbonsäure + 3-Hydroxyprolin.
Peltophorum: Pipecolinsäurederivat U2.

(d) Bei der Keimung der Samen können die Muster der freien Aminosäuren schnell und drastisch verändern [1, 2]. Auffällig sind schnelle Bildung und schneller Verbrauch von γ-substituierten Glutaminsäuren. Noch erstaunlicher ist Auftreten und kontinuierliche Speicherung der toxischen [2] Aminosäure Azetidin-2-carbonsäure bei *Delonix regia*, *Peltophorum*- und *Schizolobium*-Arten. Bei *Parkinsonia aculeata* wurde starke Zunahme der Azetidin-2-carbonsäure-Gehalte beobachtet. Im Verhalten der toxischen, ungewöhnlichen Aminosäure Azetidin-2-carbonsäure während der Samenkeimung erinnern die erwähnten Taxa der *Caesalpinieae* an manche *Loteae* mit nichtcyanogenen Samen. Erst während der Samenkeimung bilden diese Papilionoideen große Mengen der cyanogenen Glucoside Linamarin und Lotaustralin, wobei je nach Taxon im Laufe der weiteren Entwicklung die cyanogenen Verhältnisse (Cyanhydringlucoside + spaltende Enzyme vorhanden) auf die großen Kotylen beschränkt bleiben, oder aber an das heranwachsende Kraut übertragen werden. Alle hier erwähnten Verhältnisse sprechen zugunsten der Annahme von Schutzfunktionen der besprochenen toxischen Sekundärstoffe für die zarten Jungpflanzen, was allerdings keineswegs gleichzeitige Verwendung als Baustoffe in späteren Entwicklungsstadien ausschließt.

Tabelle 5. Ungewöhnliche Aminosäuren in Samen und Keimlingen der *Caesalpinieae*

Taxa [1] [Ref.]	Mengenmäßig vorherrschende freie Aminosäuren [11]	
	Reife Samen	Keimpflanzen [12]
1a GLEDITSIA-Gruppe		
Gleditsia amorphoides [2; 3]	γ-G, OH-G, OH-Pip; OH-G, Pip, OH-Pip	–
G. ferox [3]	OH-G, Pip, OH-Pip	–
G. sinensis (= *G. macracantha*) [3]	OH-G, Pip, OH-Pip	
G. triacanthos [2; 3]	γ-G, Pip, OH-Pip; OH-G, Pip, OH-Pip	Vgl. S. 68
Gymnocladus burmanicus [3]	OH-G, Pip, OH-Pip, unbekanntes Glutaminsäurederivat	–
G. chinensis [3]	OH-G, Pip, OH-Pip	–
G. dioicus [1; 3]	OH-G, Pip, OH-Pip	γ-G, γ-Methylenglutamin [1]
1d PELTOPHORUM-Gruppe		
Bussea gossweileri [3]	Pip, OH-Pip, OH-Pro, Az	–
B. massaiensis [2; 3]	γ-G, OH-Pip, OH-Pro, Az; Pip, OH-Pip, OH-Pro, Az	–
B. occidentalis [3]	γ-G, OH-Pro, Az	–
Clovillea racemosa [3]	OH-Pro	–
Delonix elata [3]	keine	–
D. regia [1–3]	OH-Pro [1, 2]; OH-Pro [3]	γ-G, Az treten auf [2]
Peltophorum africanum [2; 3]	OH-Pip; OH-Pip, U 2	Az tritt auf [1]
P. dubium [3]	OH-Pip, U 2	–
P. ferrugineum [2] [3]	OH-Pip, U 2	–
P. inerme [2] [2; 3]	OH-Pip; OH-Pip, U 2	Az tritt auf [2]
P. pterocarpum [1–3]	OH-Pip; OH-Pip, U 2	Az tritt auf [2]
P. linnaei [2]	γ-G	–
Schizolobium parahyba [2; 3]	keine; γ-G	Az tritt auf [2]
1e CAESALPINIA-Gruppe A: Bei gewissen Autoren in Separat-Gattung *Guilandina*		
Caesalpinia bonduc [3] [2; 3]	γ-G; γ-G, Pip	–

Tabelle 5. (Fortsetzung)

Taxa[1] [Ref.]	Mengenmäßig vorherrschende freie Aminosäuren[11]	
	Reife Samen	Keimpflanzen[12]
C. ciliata (= C. ovalifolia)[4] [3]	γ-G, Pip (beide Herkünfte)	–
C. divergens [3]	γ-G, Pip	–
C. glaucophylla [3]	γ-G, Pip	–
C. grisebachiana [3]	γ-G	–
C. major[5] [2; 3]	γ-G; γ-G	–
C. melanosperma [3]	γ-G, Pip	–
C. minax (= C. morsei)[6] [2; 3]	γ-G; γ-G, Pip, OH-Pip	–
C. portoricensis	γ-G	–
C. solomonensis	U 1	–
C. volkensii	γ-G, Pip, OH-Pip	–
B: In [3] nicht zu Guilandina gerechnet:		
C. coriaria [2; 3]	γ-G, OH-Pip; keine	–
C. crista (= C. nuga[7]) [2; 3]	γ-G; Pip, U 1	–
C. decapetala (= C. sepiaria)[8] [2; 3]	Pip, Ar; Pip	–
C. digyna [3]	Pip	–
C. ferrea [2]	γ-G	–
C. gilliesii [2; 3]	OH-Pro; Pip, OH-Pip	–
C. palmeri [3]	γ-G, Pip	–
C. paraguariensis [3]	Pip	–
C. pulcherrima [2; 3]	keine; keine	–
C. sappan [2; 3]	keine; keine	–
C. sinensis [3]	keine	–
C. spinosa (= C. tinctoria) [2; 3]	Pip, OH-Pip, Ar, Baikiain; Pip, OH-Pip, Baikiain, U 1	γ-G wird gebildet; –
C. trothae [3]	keine	–
C. welwitschiana [3]	keine	–
Mezoneuron[9] andamanicum [3]	Pip	–
M. angolense [3]	keine	–
M. benthamianum [3]	keine	–
M. kavaiense (auch kauaiense) [3]	Pip	–
M. sumatranum [3]	keine	–

Fortsetzung auf S. 46

Tabelle 5. (Fortsetzung)

Taxa[1] [Ref.]	Mengenmäßig vorherrschende freie Aminosäuren[11]	
	Reife Samen	Keimpflanzen[12]
Cercidium floridum [3]	Pip, OH-Pip	–
C. microphyllum [3]	keine	–
Cordeauxia edulis [3]	γ-G	–
Haematoxylum spec. indet. [3]	γ-G	–
Hoffmannseggia burchellii [3]	γ-G, Pip	–
H. jamesii [3]	keine	–
Parkinsonia aculeata [2; 3]	OH-Pro, Az; keine	Zunahme Az [2]
P. africana [3]	Pip, OH-Pip	–
Pterolobium micranthum [3]	keine	–
P. microphyllum [3]	keine	–
P. stellatum [2; 3]	keine; Pip	–
Wagatea spicata[10] [2; 3]	γ-G; γ-G	–
1h DIMORPHANDRA-Gruppe		
Burkea africana [2]	OH-Pip	–
Erythrophleum africanum [2]	γ-G, Pip, Baikiain	–
E. guineense [2]	γ-G	–
Pachyelasma tessmannii [3]	Pip, OH-Pip	–
Stachyothyrsus staudtii [2; 3]	OH-Pip; keine	–

1) Geordnet nach POLHILL-RAVEN 1981.
2) Gehören nach LOCK zu *P. pterocarpum*.
3) Synonymie nach [4]: *C. bonducella*, *Guilandina bonduc* und *bonducella*; auch mit *C. crista* verwechselt.
4) Synonymie nach WIERSEMA et al. [5].
5) Nach [4] auch mit *C. bonduc* verwechselt; *C. jayabo* Maza ist Synonym von *C. major*; in [2] bei der mit *C. major* bezeichneten Herkunft auch Pip.
6) Nach [4] ist *C. morsei* Synonym von *C. minax*; bei der als *C. morsei* bezeichneten Herkunft auch OH-Pro.
7) Nach [4] auch als *Guilandina nuga* bekannt.
8) Nach [4].
9) In POLHILL-RAVEN in *Caesalpinia*.
10) Nach LOCK = *Caesalpinia spicata*.
11) Nur diejenigen Aminosäuren berücksichtigt, welche auf den Papierchromatogrammen Flecken erzeugten, welche als „weak", „medium" und „strong" bezeichnet wurden.
12) Nach [1 und 2] werden bei den meisten *Caesalpinia*-Arten bei der Samenkeimung reichlich γ-substituierte Glutaminsäurederivate gebildet; von diesen Taxa aber nur *C. tinctoria* speziell erwähnt.

Literatur und Bemerkungen

[1] M.-L. SUNG and L. FOWDEN, *Azetidine-2-carboxylic acid from the legume Delonix regia*, PHYCHEM *8*, 2095-2096 (1969). ● [2] R. WATSON and L. FOWDEN, *Amino acids of Caesalpinia tinctoria and some allied species*, PHYCHEM *12*, 617-622 (1973). 28 Arten analysiert.
● [3] CHRISTINE S. EVANS and E. A. BELL, *„Uncommon" amino acids in seeds of 64 species* (in der Publikation sind nur 63 Arten aufgenommen) *of Caesalpinieae*, PHYCHEM *17*, 1127-1129 (1978). ● [4] K. LARSEN et al., *Leguminosae (Fabaceae)-Caesalpinioideae*, Fasc. 18, 1-227, von: *Flore du Cambodge, du Laos et du Viêt-Nam*, Muséum National d'Hist. Nat., Paris 1980.
● [5] J. H. WIERSEMA et al., *Legume (Fabaceae) nomenclature in the USDA germplasm system*, U.S. Dept. Agric., Acric. Res. Service Techn. Bull. No. 1757, Springfield, March 1990; bereits in Bd. XI a auf S. 431 zitiert, aber leider Autorname WIERSEMA etwas verstümmelt.

BURKEA

Kernholz von *B. africana* (RED SYRINGA) enthält ein sehr komplexes Polyphenolgemisch mit Gerbstoffeigenschaften. Rein isoliert wurden u. a. Robinetin, Myricetin, Ampelopsin (ein Pentahydroxydihydroflavonol), das Catechin Robinetinidol und davon abgeleitet di- und oligomere PA [1]. Als Komponenten von dimeren PA sind auch Fisetinidol, Fisetinidol-3-gallat und [+]-Catechin-3-gallat [1, 2], sowie neuartige Lactone [3] bekannt geworden. Diese Lactone sind mutmaßlich Vorläufer der aus Holz von *Peltophorum africanum* erhaltenen 4-Arylcatechine [3]. Ferner lieferte das Holz von *B. africana* dimere Profisetinidine mit einem Flavonol (Robinetin) oder mit 2,3-Dihydroflavonolen (Taxifolin, Ampelopsin) als unterem Baustein [1]. Das robinetinhaltige Profisetinidin hat die ungewöhnliche 4α → 2'-Interflavanbindung [1].

Für Aminosäuren vide Tabelle 5 und für weitere Angaben zu *Burkea* im taxonomischen Index in Bd. XI a.

γ-G = γ-Methyl-, γ-Methylen-, γ-Ethyl- und γ-Ethylidenglutaminsäure (oder entsprechende Glutamine).
OH-G = Zwei isomere 3-Hydroxy-4-methylglutaminsäuren.
Pip = Pipecolinsäure.
OH-Pip = 4-Hydroxy- und/oder 5-Hydroxypipecolinsäure (*cis* und *trans*).
OH-Pro = 3-Hydroxyprolin.
Az = Azetidin-2-carbonsäure.
Ar = Aromatische Aminosäuren (*m*-Hydroxymethyltyrosin, *m*-Hydroxymethylphenylalanin, *m*-Carboxyphenylalanin).
U 1 = Unbekannte neutrale Aminosäure.
U 2 = Unbekanntes saures 4-Hydroxypipecolinsäurederivat; später als saurer Schwefelsäureester erkannt; vgl. dazu sub *Peltophorum*.
 – = Keine Angaben.

Literatur und Bemerkungen

[1] J. C. S. MALAN et al., *The first profisetinidins with dihydroflavonol constituent units*, JCS Perkin I *1988*, 2567–2572. ● [2] J. C. S. MALAN et al., *Synthesis of profisetinidins based on (−)-robinetinidol and (+)-epifisetinidol*, Tetrahedron *45*, 7859–7868 (1989). Synthese des *Burkea*-Profisetinidins Fisetinidol-(4β → 6)-Robinetinidol, ausgehend von Robinetinidol und Mollisacacidin (= Fisetinidol-4α-ol). Gleichzeitig wurden weitere Profisetinidine erhalten: Ein verzweigtes Trimer, ein verzweigtes Tetramer und zwei isomere Dimere, von welchen eines die ungewöhnliche 4α → 2′-Interflavanbindung hatte. ● [3] MARGRIET BAM et al., *Profisetinidintype 4-arylflavan-3-ols and related δ-lactones*, PHYCHEM *29*, 283–287 (1990).

CAESALPINIA

Große Gattung, in welche oft *Guilandina, Mezoneuron, Poinciana* und weitere durch gewisse Autoren abgetrennte Gattungen einbezogen werden. Auffälligste Inhaltsstoffe sind nach bisherigen Erkenntnissen die Homoisoflavonoide und damit nächst verwandte Holzbestandteile, wie das längst bekannte 4-Arylchroman Brasilin („Brazilin") [1] und die bitteren Diterpene mit Cassan-Struktur. Die Homoisoflavonoide werden durch die Pflanzen ausgehend von Chalkonen synthetisiert, und weisen deshalb biogenetische Beziehungen zu den ebenfalls verbreiteten, aber weniger intensiv bearbeiteten Flavonoiden auf. Recht charakteristische und taxonomisch interessante Inhaltsstoffe der Gattung sind ferner die Gallo- und Ellagitannine, die nicht-proteinogenen Aminosäuren, sowie die Endospermgalaktomannane.

HOMOISOFLAVONOIDE UND 4-ARYLCHROMANE — Brasilin, ein Hauptinhaltstoff einer Reihe von sogenannten Rothölzern der neuen Welt (auch Brasilienholz genannt), welche von *C.*-Arten (vor allem *C. brasiliensis* und *C. echinata* [WEHMER]) stammen, ist seit langem bekannt [1, 2]. Auch das in jüngster Zeit sehr intensiv bearbeitete ostindische Rotholz oder Sappanholz, welches durch *C. sappan* geliefert wird, enthält viel Brasilin und daneben in Spuren bis beträchtlichen Mengen biogenetisch mit Brasilin verknüpfte Chalkone, Homoisoflavonoide und von solchen ableitbare phenolische Verbindungen mit C_{15}- oder C_{16}-Skelett. Die Gesamtheit dieser Holzbestandteile illustriert sozusagen den ganzen vom Sappanchalkon ausgehenden Verlauf der Brasilinbiosynthese; vgl. dazu [3–5] und Abb. 7. Weitere in jüngster Zeit publizierte Arbeiten beschäftigen sich mit den Holzbestandteilen von *C. sappan* [6–11] und mit Holz von *C. japonica* [12]. Die letzterwähnte Art hat Holz mit wenig Brasilin und den Dibenzoxocinen Protosappanin-A bis -C als mengenmäßig überwiegenden Holzphenolen [12]. Mit *C. japonica* wurde auch gezeigt, daß junge Sprosse nur gewöhnliche flavonoide Verbindungen enthalten; die homoisoflavonoiden Körper entstehen erst im Stammholz älterer Exemplare [12]. Wenig Bonducellin, 7-Hydroxy-3-(4′-methoxybenzyliden)-chroman-4-on, wurde aus Samen von *C. bonduc* (= *C. bonducella*) erhalten [13], und getrocknete Stämme von *C. pulcherrima* lieferten Bonducellin und 8-Methoxybonducellin [14]. Aus Stamm von *C. pulcherrima* wurden gleichzeitig die peltogynoiden Verbindungen Pulcherrimin und 6-Methoxypulcherrimin isoliert [14]. Die Strukturen von Bonducellin und 8-Methoxybonducellin wurden durch Synthesen bewiesen [15, 16].

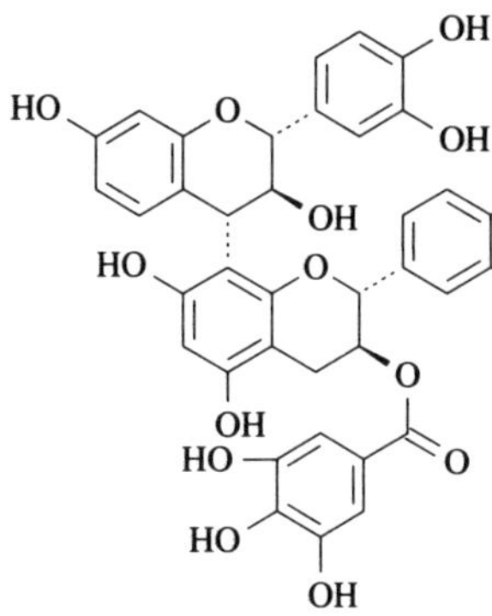

Abb. 6. Einige aus Holz von *Burkea africana* und *Peltophorum africanum* bekannt gewordene Polyphenole

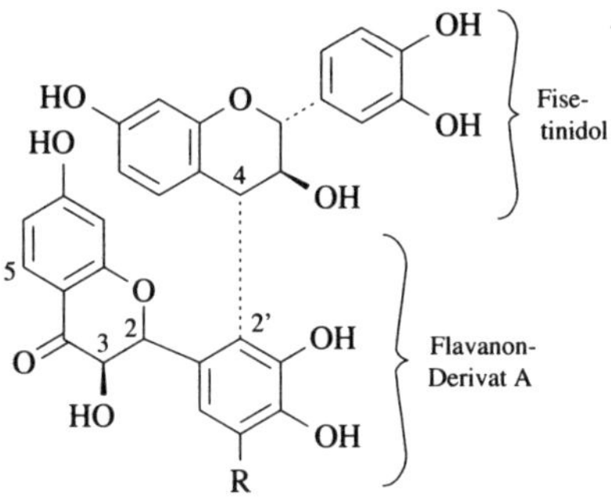

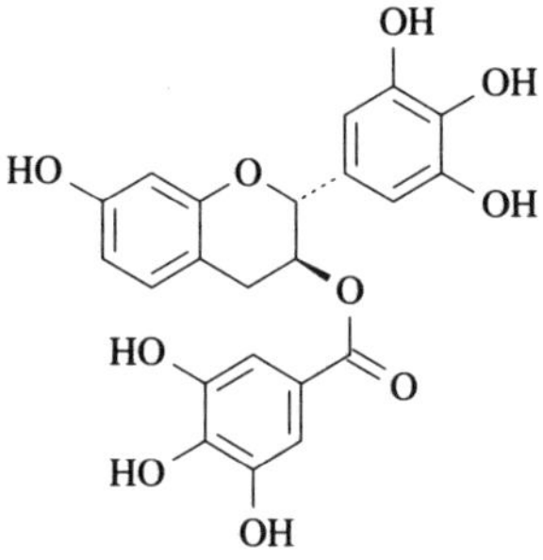

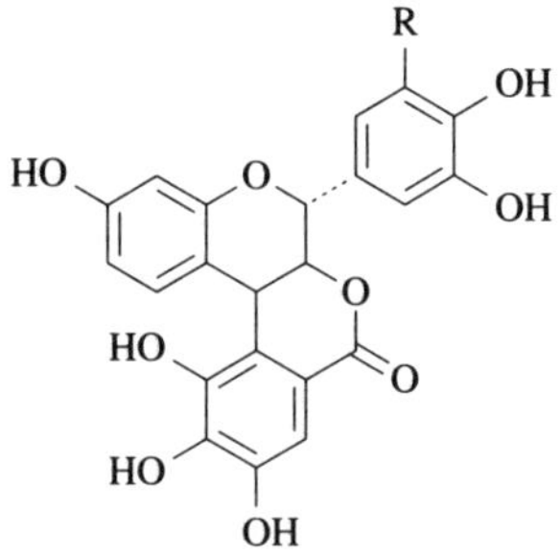

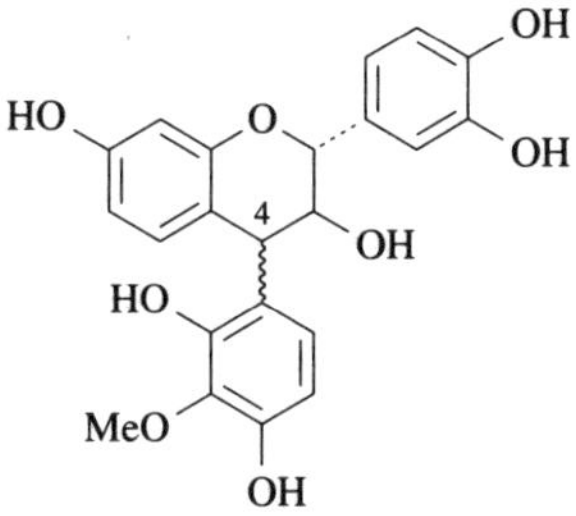

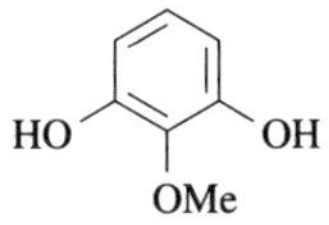

I = 3-Gallat eines Profisetinidins ● II = Ampelopsinhaltiges Profisetinidin (A mit R=OH und OH in 5-Stellung; das entsprechende Taxifolin-Derivat hat R=H und OH in 5-Stellung und das entsprechende Robinetin-Derivat hat Δ2,3 und R=OH) ● III = Robinetinidol-3-gallat ● IV = Lactonoides Profisetinidin (R=H) und Prorobinetinidin (R=OH) ● V = Isomere 4-Arylfisetinidole (4α →Aryl und 4β →Aryl) ● VI = 2-O-Methylpyrogallol

I–IV aus *Burkea africana*

V und VI aus *Peltophorum africanum*

III dürfte biogenetischer Vorläufer von IV sein und letzteres könnte durch Verseifung und Decarboxylierung V liefern

Homoisoflavanoide vom Typus des Brasilins und biogenetisch nächst verwandte Polyphenole mit C_{16}- und C_{15}-Skelett (Abb. 7) sind außer aus einigen Caesalpinioideen-Gattungen hauptsächlich aus Gattungen der *Liliaceae* s.l. [1; ferner Bd. VII, 701] und der *Agavaceae* [1 a] bekannt geworden.

Flavonoide im weitesten Sinne mit einem über eine OMe-Gruppe gebildeten additionellen O-Heterocyclus, welche dementsprechend ein C_{16}-Skelett haben (z. B. peltogynoide und rotenoide Körper und die hier besprochenen Homoisoflavanoide), bilden ein Tendenzmerkmal der Leguminosen. Die von 2'-O-Methylchalkonen (z. B. Sappanchalkon) abgeleiteten C_{16}-Körper Brasiline, caesalpin-J-artige Verbindungen, Sappanole, Sappanone und die an diese anschließenden sekundären C_{15}-Körper Protosappanine (vgl. Abb. 7) sind von Caesalpinieen bekannt, und die von Flavonol-3-methylethern abgeleiteten C_{16}-Peltogynoide (X auf Abb. 7) wurden bisher bei den Caesalpinioideen-Tribus *Caesalpinieae* und *Detarieae* beobachtet. Die von Isoflavon-2'-methylethern abgeleiteten C_{16}-Rotenoide scheinen bei den Leguminosen auf einige Tribus der *Papilionoideae* beschränkt zu sein.

CHALKONE UND GEWÖHNLICHE FLAVONOIDE (Abb. 7) — Aus Blättern von *C. pulcherrima* wurde Myricitrin isoliert [17], ihre Stammrinde lieferte Quercimeritrin (Q-7-Glc) und ein Leucodelphinidin, und ihre Blüten lieferten das Anthocyan Cyanin (Cy-3,5-bisglc) [18]. Blüten von *C. japonica* enthalten Hyperin und Glucopyranose-1-*p*-hydroxybenzoat, und ihr Stamm lieferte Apigenin und 7,4'-Dihydroxyflavon [19]. Holz von *C. sappan* enthält Quercetin, Rhamnetin und Ombuin und Sappanchalkon und 3-Desoxysappanchalkon [3, 7], und Holz von *C. japonica* lieferte die Chalkone Isoliquiritigenin, Butein und ihre 2'-Methylether [12], und aus dem Stamm von *C. pulcherrima* wurde der Isoliquiritigenin-4' (= 2')-methylether erhalten [14].

Abb. 7. Einige aus Lignum-Sappan (*Caesalpinia sappan*) und *C. japonica* und *C. pulcherrima* isolierte Chalkone, Peltogynoide und Homoisoflavonoide (sensu lato), und mögliche biogenetische Beziehungen zwischen diesen phenolischen Inhaltsstoffen [1, 3–5]

I = Butein-2'-methylether = Sappanchalkon, $C_{16}H_{14}O_5$ [3] ● II = 3-Benzylidenchroman-4-on-Derivat Sappanon-A, $C_{16}H_{12}O_5$ [4, 12]; Bonducellin, $C_{17}H_{14}O_4$, ist 3'-Desoxysappanon-A-4'-methylether ● III = 3-Benzylchroman-4-on-Derivat Sappanon-B, $C_{16}H_{14}O_6$ [4, 10, 12] ● IV = Caesalpin-J, $C_{17}H_{16}O_6$ [6] ● V = 3-Benzylchroman-4-ol-Derivat Sappanol, $C_{16}H_{16}O_6$ [4, 7, 8] ● VI = Hypothetisches 3,4-Diol [5] ● VII = Brasilin, R=H, $C_{16}H_{14}O_5$ und Haematoxylin, R=OH, $C_{16}H_{14}O_6$ ● VIII = Protosappanin-A, $C_{15}H_{12}O_5$ [5] ● IX = Sappanin, $C_{12}H_{10}O_4$, ein seit langem bekannter Artefakt, ein Tetrahydroxybiphenyl ● X = Pulcherrimin (R=H), $C_{18}H_{12}O_7$, und 6-Methoxypulcherrimin (R=OMe), $C_{19}H_{14}O_8$, zwei Peltogynan-Derivate aus *Caesalpinia pulcherrima* [14]

I: $C_6-C_3-C_6$-Verbindung, C_{15}-Skelett
II: C_{16}-Skelett: C-2 durch O–CH_3-Gruppe an C-2' von I geliefert
VIII: Durch Verlust von einem C wiederum C_{15}-Skelett; Öffnung von Ring C zwischen C-4 und C-4a; Öffnen von Ring D zwischen C-3 und C-4; Ringschluß zwischen C-6' und C-4a; Verlust von C-4
X: Wie II–VII mit C_{16}-Skelett; C-5 durch O–CH_3-Gruppe an C-3 des Mutterflavonols geliefert. Innerhalb der Ringe Flavonol-Numerierung; außerhalb der Ringe Peltogynan-Numerierung

Für II vide auch sub *Hoffmannseggia*
Für VII und VIII vide auch sub *Haematoxylum*

Caesalpinia

GERBSTOFFE — Die Früchte von *C. brevifolia, coriaria, digyna* und *spinosa*, welche im Welthandel eine beträchtliche Rolle als Gerbstoffquellen spielten, und ihre gerbenden Bestandteile wurden bereits in Bd. XIa, 242 und 247, besprochen. An gleicher Stelle findet Vorkommen von Bergenin in Wurzeln von *C. digyna* Erwähnung. Die Rinde von *C. pulcherrima* enthält ein noch nicht genau analysiertes Gerbstoffgemisch mit PA und Ellagitanninen, welche bei der Hydrolyse Gallussäure, Ellagsäure und *m*-Galloylgallussäure liefern; eines der Ellagitannine wurde kristallisiert erhalten, und als Hexahydroxydiphenoyl-trigalloyl-glucose charakterisiert; in ihm sind zwei der vorhandenen drei Gallussäurereste als *m*-Digalloylrest enthalten [20].

DITERPENE — Ein amorphes Gemisch von harzigen Bitterstoffen war seit langem als Guilandinin (vgl. BOORSMA, GRESHOFF, l.c. Bd. XIa, 92, 93–94) oder Bonducin (WEHMER) aus Samen und Rinde von *Caesalpinia* (= *Guilandina*) *bonduc* (= *bonducella*) bekannt. Erst 1960 gelang die Kristallisation von Bitterstoffen von Samen von *Caesalpinia bonduc*; die bitteren α- und β-Caesalpine und das amorphe γ-Caesalpin wurden beschrieben [21]; ihre Strukturen konnten kurz danach geklärt werden; γ-Caesalpin wurde als Diester von δ-Caesalpin erkannt [22]. Später wurden aus Samen von *C. bonduc* noch ε-Caesalpin [23], Z (oder Zeta)-Caesalpin [24] und aus Samen von *C. bonduc* von Jamaica ausschließlich Caesalpin-F [25] erhalten. Ähnliche Cassan-Diterpene wurden ebenfalls aus Stammrinde [26], Stämmen [27] und Wurzeln [28] von *C. pulcherrima* isoliert. Vide ferner bei *C. japonica*.

UNGEWÖHNLICHE AMINOSÄUREN — Es wird nach Tabelle 5 und Ref. [1–3] in der Einleitung verwiesen. Ergänzend dazu sei berichtet, daß aus Samen von *Guilandina crista* (nomen dubium = *Caesalpinia crista* oder *C. bonduc*) 0,28% γ-Ethylidenglutaminsäure isoliert, und für diese Aminosäure *cis*-Stereochemie nachgewiesen wurde; mengenmäßig herrschte im untersuchten Samenmuster γ-Methylglutaminsäure vor; sie war von γ-Methylen- und γ-Ethylidenglutaminsäure begleitet [29]. Vermutlich untersuchten diese Autoren [29] die gleichen Samen, mit welchen LEA und FOWDEN [30] nachwiesen, daß ihre Glutamyl-*t*RNA-Synthetase spezifischer ist als diejenige von Samen von *Vigna radiata* (= *Phaseolus aureus*), welche keine γ-substituierten Glutaminsäuren enthalten. Erhöhte Spezifität der Aminoacyl-*t*RNA-Synthetasen ist Voraussetzung für die Speicherung von Analoga von proteinogenen Aminosäuren (z. B. Azetidin-2-carbonsäure, Homoarginin, Canavanin, γ-substituierte Glutaminsäuren); die erhöhte Spezifität dieser Transferasen vereitelt Einbau von solchen störenden Aminosäuren in lebenswichtige Proteine [30]. Bei den besprochenen Experimenten wurden Transferasen aus Samen von *Caesalpinia bonduc* (enthalten viel *erythro*-γ-Methylglutaminsäure und geringere Mengen γ-Ethyl- und γ-Ethylidenglutaminsäure), aus Samen von *Vigna radiata* und Blättern von *Hemerocallis fulva* (enthalten viel *threo*-γ-Hydroxyglutaminsäure) isoliert und auf Spezifität geprüft. Die Transferase aus *C. bonduc* verwendete die arteigene *erythro*-γ-Methylglutaminsäure und weitere γ-substituierte Glutaminsäuren nicht als Substrat; nur die in ihr nicht gespeicherten *threo*-γ-Methyl- und *threo*-γ-Hydroxyglutaminsäuren konnte sie kaum von Glutaminsäure unterscheiden. Diese Ergebnisse [30] zeigen, daß mit der Speicherung einer ganz bestimmten, nichtproteinogenen Aminosäure eine Spezifitätserhöhung der *t*RNA-Aminoacyltransferase für die ihr ähnliche proteinogene Aminosäure evoluierte.

CYCLITE — Vgl. zur Verbreitung Bd. XI a, 178. Ergänzend zu den dortigen Angaben sei auf das Vorkommen von Pinit in Blättern von *C. bonduc* [31] und im Stamm von *C. japonica* [19] und von Ononit bei chinesischem Material von *C. crista* [32] hingewiesen.

VERSCHIEDENES — Ergänzend zu den bereits in Bd. XIa besprochenen Samenölen, Endospermgalaktomannanen und Exudatgummis sei auf wenige Arbeiten hingewiesen. Samenkerne (ohne Testa) von *C. digyna* enthielten 27% Öl mit Palmitin-, Öl- und Linolsäure als Hauptfettsäuren [33]. Reife Samen von *C. pulcherrima* bestanden aus 33% Samenschale, 32% Kotyledonen und 35% Endosperm mit viel Galaktomannan; die Kotylen enthielten 47% Protein und 17% Öl [34]. Das Galaktomannan enthält Man und Gal im Verhältnis 3:1 [35]. Ein in Brasilien als CANTINGUEIRA-GUMMI bezeichnetes Schleimexudat soll von einer *Caesalpinia*-Art abstammen, saure Eigenschaften haben, und bei der Hydrolyse die neutralen Zucker Ara, Xyl, Gal, Rha und Ribose liefern [36].

Zum Schluß folgen Angaben zu einigen weiteren *Caesalpinia*-Arten.

C. ciliata: Ethnobotanische und anatomische Angaben zu diesem Taxon der Holländischen Antillen [37].

C. crista (als conspezifisch mit *C. bonduc* aufgefaßt): Ethnobotanische Angaben; Wurzelrinde als Arzneimittel [38].

C. digyna: Tuberculostatische Wirkung für Wurzelextrakt (enthält viel Vakerin = Bergenin) nachgewiesen [39]. Aus Blättern drei Alkaloide, die Caesalpinine-A, -B und -C (152 mg Alkaloidgemisch aus 1 kg Blatt) isoliert; rein bisher nur Caesalpinin-A erhalten; es ist ein neuartiges Spermidinalkaloid, $C_{25}H_{31}N_3O_3$, welches aus Spermidin und zwei Zimtsäuren aufgebaut ist [40]; Abb. 9.

C. ferrea: In Brasilien im Staat Sao Paulo zur Behandlung von Magen-Darm-Krankheiten verwendet; pharmakologische und orientierend chemische Analyse eines ethanolischen Trockenextraktes aus dem Stamm; Gerbstoffe und Saponine nachgewiesen [51].

C. gilliesii: Art von Argentinien, welche in Südeuropa und der Sovietunion als Zierstrauch(baum) kultiviert wird [41], und giftige Früchte und Samen bildet [41–43]; die Samen sind angeblich alkaloidfrei [43], aber stark harzhaltig [42, 44]. Das Endosperm liefert ein Cesalin genanntes antineoplastisches Protein [45].

C. japonica S. et Z. (= *C. decapetala* [Roth] Alston var. *japonica* [S. et Z.] Ohashi = *C. sepiaria* Roxb. = *C. crista* auctt. non L.): Aus in Japan gesammelten Wurzeln wurden 3-Desoxysappanchalkon, Sappanchalkon, Catechin, Methylgallat, 1-(4-Hydroxy-3-methoxyphenyl)-1-oxopropan-3-ol, Lupeol, Betulinsäure und das neue Cassan-Typ Diterpen Caesaljapin, $C_{21}H_{28}O_5$, isoliert. Caesaljapin entspricht Formel VII auf Abb. 8 (hat H an C-5, C_{19}=COOMe und C_{20}=COOH); diese Droge wird in Kagoshima zur Behandlung von Neuralgien verwendet [52].

C. paraguariensis (= *C. melanocarpa*; verwandt mit *C. coriaria* und *C. ferrea*): Die GUAYACÁN genannte Holzpflanze des ariden Chaco-Gebietes von Paraguay, Argentinien und Bolivien ist eine Vielzweckpflanze; ausführliche ethnobotanische

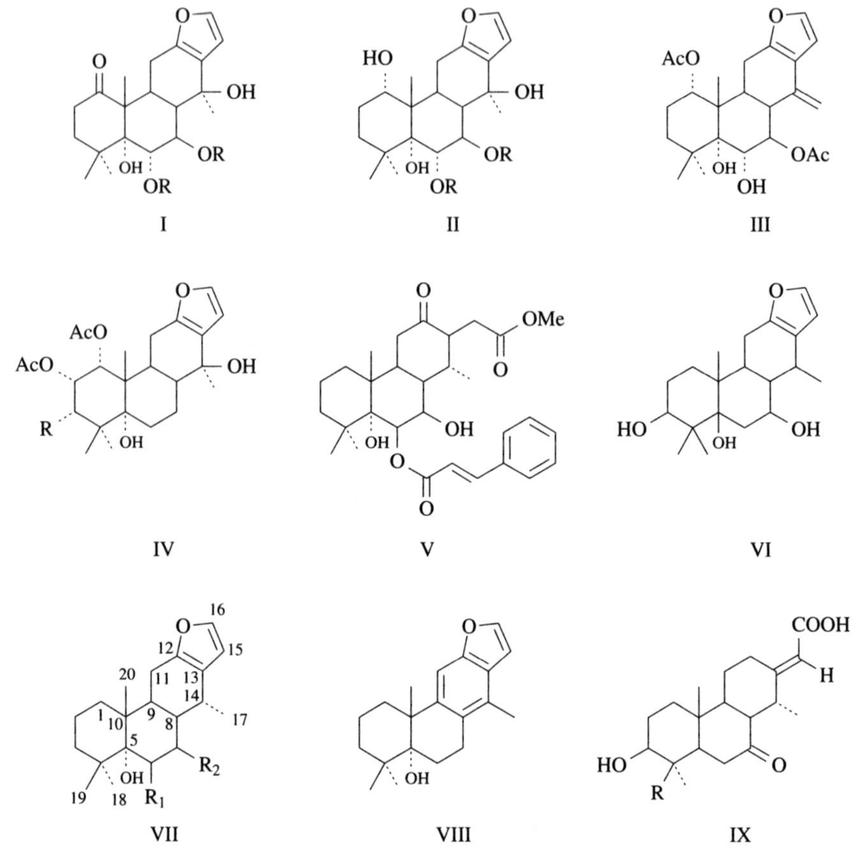

Abb. 8. Einige Cassan-Typ Diterpene der *Caesalpinieae*

I = α-Caesalpin (R = Ac), $C_{24}H_{32}O_8$ und β-Caesalpin (R = H), $C_{20}H_{28}O_6$ • II = δ-Caesalpin (R = H), $C_{20}H_{30}O_6$; γ-Caesalpin hat ein R = CO–Me und ein R = CO–(CH$_2$)$_{12}$–Me • III = Z-Caesalpin, $C_{24}H_{32}O_7$ [24] • IV = ε-Caesalpin (R = H), $C_{24}H_{34}O_7$ [23] und F-Caesalpin (R = OAc), $C_{26}H_{36}O_9$ [25] • V = Pulcherralpin, $C_{30}H_{40}O_7$ [27] • VI = X-Caesalpin, $C_{20}H_{30}O_4$ (sterische Verhältnisse nicht bekannt) [26] • VII = Vouacapen-5α-ol ($R_1 = R_2 = H$), $C_{20}H_{30}O_2$ und 6β-Cinnamoyloxy-7β-hydroxyvouacapen-5α-ol (R_1 = O-Cinnamoyl, R_2 = OH), $C_{29}H_{36}O_5$ [28] • VIII = 8,9,11,14-Tetradehydrovouacapen-5α-ol, $C_{20}H_{26}O_2$ • IX = Cassainsäure (R = Me) und Erythrophlaminsäure (R = COOMe), zwei Grundkörper von Diterpenalkaloiden der Gattung *Erthyrophleum*
N. B. Position der zwei Acylreste in γ-Caesalpin nicht gesichert

Beschreibung; Früchte beispielsweise mit 15–32% und Holz mit 8–13% Gerbstoff [46].

C. sappan: Bedeutung als Medizinal- und Farbstoffpflanze [47–49]. Aus Blättern 0,16–0,20% farbloses, angenehm riechendes etherisches Öl gewonnen mit $d_{28°}$ = 0,825 und $α_D$ = + 75 bis + 100,5° [50].

Für weitere Angaben zu *Caesalpinia* vgl. taxonomisches Register in Bd. XI a.

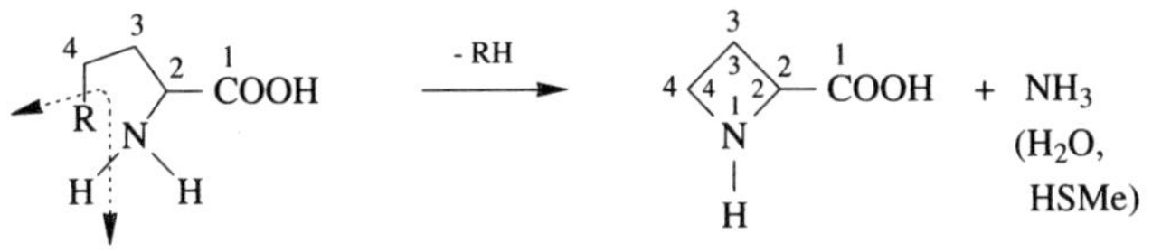

Abb. 9. Einige ungewöhnliche stickstoffhaltige Metaboliten der *Caesalpinieae*

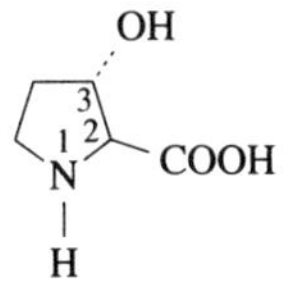

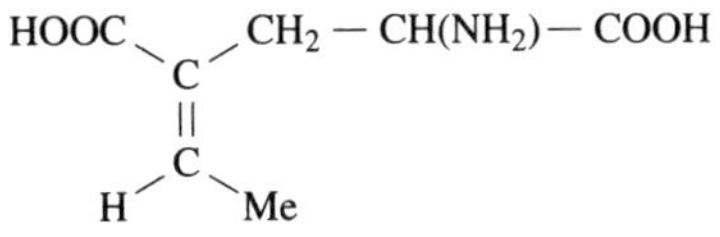

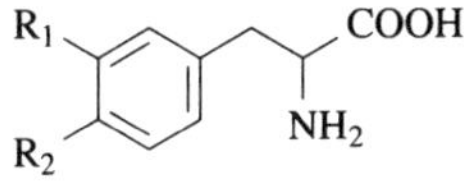

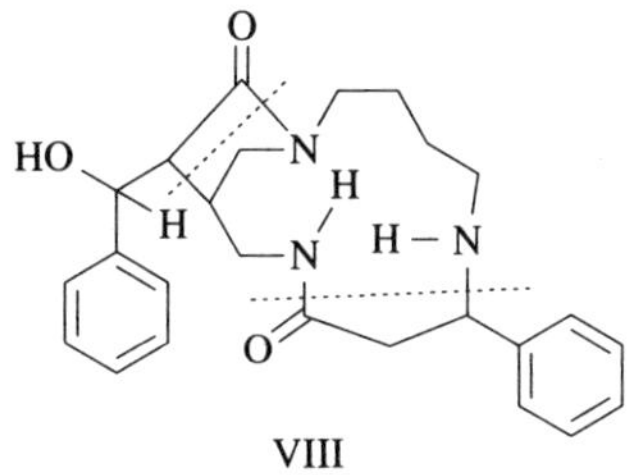

I = 2,4-Diaminobuttersäure ● II = Homoserin ● III = Methionin ● IV = Azetidin-2-carbonsäure ● V = *trans*-3-Hydroxyprolin ● VI = *cis*-Ethylidenglutaminsäure ● VII = *m*-Hydroxymethylphenylalanin ($R_1 = CH_2OH$, $R_2 = H$), *m*-Carboxyphenylalanin ($R_1 = COOH$, $R_2 = H$) und *m*-Hydroxymethyltyrosin ($R_1 = CH_2OH$, $R_2 = OH$) ● VIII = Caesalpinin-A, ein neues Spermidinalkaloid, $C_{25}H_{31}N_3O_3$, aus *Caesalpinia digyna*

IV–VII = Nichtproteinogene Aminosäuren (vgl. Tabelle 5); auch I ist eine nichtproteinogene Aminosäure

Bei IV im Ring Azetidinnumerierung und außerhalb des Ringes Buttersäurenumerierung

Literatur und Bemerkungen

[1] W. HELLER and CH. TAMM, *Homoisoflavanones and biogenetically related compounds*, Fortschritte Chem. Org. Naturstoffe 40, 105–152 (1981). Auch biogenetische Hypothese für Brasilin und Haematoxylin. ● [1a] D. DUANGDEUM et al., JNP 50, 1118–1125 (1987). 2 Dracaenon-Derivate aus Stamm von *Dracaena loureiri*. Dracaenon ist ein caesalpin-J-ähnlicher tetracyclischer C_{16}-Körper; für Synthese von Monomethylether von Caesalpin-J vide G. BLASKÓ and G. A. CORDELL, Tetrahedron 45, 6361–6366 (1989). ● [2] F. M. DEAN, *Naturally occurring oxygen ring compounds*, Butterworths, London 1963. S. 241–246: *Brazilin and haematoxylin*. ● [3] M. NAGAI et al., *Sappanchalcone from Caesalpinia sappan, the proposed biosynthetic precursor of brazilin*, J. Pharm. Soc. Japan 104, 935–938 (1984). ● [4] T. SAITOH et al., *3-Benzylchromane derivatives related to brazilin from Sappan Lignum*, CHPHBUL 34, 2506–2511 (1986). Isolation von Sappanchalkon, Brasilin und 16 verwandten Phenolen aus Sappanholz;

Identifizierung von 6 neuen polyphenolischen Körpern, welche Zwischenprodukte der Brasilinsynthese sein könnten. ● [5] M. NAGAI et al., *Protosappanin-A, a novel biphenyl compound from Sappan Lignum*, CHPHBUL *34*, 1–6 (1986). ● [6] K. MIYAHARA et al., CHPHBUL *34*, 4167–4169 (1986). Struktur Caesalpin-J aus Lignum Sappan; für Isolation von Caesalpin-J und -D vide T. SHIMOKAWA et al., ibid. *33*, 3545–3547 (1985). ● [7] M. NAMIKOSHI et al., PHYCHEM *26*, 1831–1833 (1987). Chalkone, Flavonole, 8-Methoxybonducellin und 3 neue Homoisoflavonoide aus Lignum Sappan. ● [8] M. NAMIKOSHI et al., CHPHBUL *35*, 2761–2773 (1987). Sappanol und 4-Episappanol und Derivate aus Lignum Sappan. ● [9] M. NAGAI and S. NAGUMO, CHPHBUL *35*, 3002–3005 (1987). Protosappanine aus Lignum Sappan. ● [10] M. NAMIKOSHI and T. SAITOH, CHPHBUL *35*, 3597–3602 (1987). Stereostrukturen von Sappanol- und Sappanon-Derivaten. ● [11] M. NAMIKOSHI et al., CHPHBUL *35*, 3615–3619 (1987). Protosappanin-10-methylether aus Lignum Sappan. ● [12] M. NAMIKOSHI et al., *Phenolic constituents of Caesalpinia japonica S. et Z.*, CHPHBUL *35*, 3568–3575 (1987). Isolation von 25 phenolischen Verbindungen aus Holz; Chalkone, Sappanol- und Sappanonderivate, Brasilin und als Hauptkomponenten die Protosappanine-A bis -C. ● [13] K. K. PURUSHOTHAMAN et al., Indian J. Chem. *21* B, 383 (1982). ● [14] D. D. MCPHERSON et al., PHYCHEM *22*, 2835–2838 (1983). Beste Ausbeute beim Bonducellin: 235 mg aus 32,65 kg Stamm; auch 240 mg Isoliquiritigenin-4'-methylether und 2 mg 2,6-Dimethoxybenzochinon erhalten. ● [15] V. S. PARMAR et al., Acta Chem. Scand. B *41*, 267–270 (1987). Strukturbeweis von 8-Methoxybonducellin durch Synthese. ● [16] S. MALHOTRA et al., J. Chem. Res. (S) *1988*, 179. Strukturberweis Bonducellin durch Synthese. ● [17] R.-R. PARIS et P.-G. DELAVEAU, CR *260*, 271–273 (1964). ● [18] K. K. AWASHTI and K. MISRA, J. Indian Chem. Soc. *54*, 646–647 (1977). ● [19] H. IMAMURA et al., *Constituents of Caesalpinia japonica (Leguminosae)*, Res. Bull. Fac. Agr. Gifu Univ. *43*, 75–82 (1980). ● [20] K. K. AWASHTI and K. MISRA, Current Sci. *45*, 661–662 (1976); *49*, 769–772 (1980). Aus Rinde von jungen Bäumen auch Sebacinsäure, Quercimeritrin und amorphes Ellagitannin; K. K. AWASHTI et al., PHYCHEM *19*, 1995–1997 (1980). 2 Ellagitannine, $C_{34}H_{26}O_{12}$ und $C_{41}H_{30}O_{26}$, aus der Rinde 1jähriger Pflanzen. ● [21] M. ERFAN ALI and M. QUDRAT-I-KHUDA, *Bitter constituents from seeds of Caesalpinia bonducella*, Chemistry and Industry *1960*, 463–464; Pakistan J. Sci. Ind. Res. *3*, 48 (1960); *6*, 65 (1963); M. QUDRAT-I-KHUDA and M. ERFAN ALI, *Structures of α-, β- and hydrolysed γ-caesalpins*, Sci. Res. (Dacca) *1*, 135–145 (1964). Kristallisierte α- und β-Caesalpine; amorphes γ-Caesalpin; γ-Caesalpin ist Diester, der bei Verseifung Essigsäure, Myristinsäure und δ-Caesalpin liefert. ● [22] L. CANONICA et al., Tetrahedron Letters *1963*, 2079; Gazz. Chim. Ital. *96*, 662–686, 687–697, 698–720 (1966): Isolation und Strukturen (Cassan-Typus Diterpene) von α-, β- und γ-Caesalpin und von *hydrolysed γ-caesalpin* (= δ-Caesalpin); A. BALMAIN et al., JCS Chem. Commun. *1970*, 1244: Stereochemie der α-, β- und γ-Caesalpine; J. D. CONNOLLY et al., Organic Magnetic Resonance *17*, 163 (1981). Stereochemie der Cassan-Typ Diterpene α-, β-, δ- und ε-Caesalpin, Methylvinhaticoat und Cassaminsäure. ● [23] A. BALMAIN et al., Tetrahedron Letters *1967*, 5027. Isolation von ε-Caesalpin aus Samen von *Caesalpinia bonduc* und Bestimmung dessen Stereostruktur durch Röntgen-Analyse. ● [24] K. K. PURUSHOTHAMAN et al., Indian J. Chem. *20* B, 625 (1981). Ist Nebenbitterstoff. ● [25] K. O. PASCOE et al., JNP *49*, 913 (1986). In diesem Samenmuster keine anderen Caesalpine beobachtet. ● [26] P. SENGUPTA et al., Chemistry and Industry *1970*, 534. X-Caesalpin. ● [27] CHUN-FAO CHE et al., JNP *49*, 561 (1986). 0,0015% Pulcherralpin. ● [28] D. D. MCPHERSON et al., PHYCHEM *25*, 167 (1986). Vouacapen-5α-ol, 6β-Cinnamoyloxy-7β-hydroxyvouacapen-5α-ol und 8,9,11,14-Tetradehydrovouacapen-5α-ol. ● [29] J. R. NULU and E. A. BELL, *Configuration of L-γ-ethylideneglutamic acid from Guilandina crista*, PHYCHEM *11*, 2573–2576 (1972). ● [30] P. J. LEA and L. FOWDEN, *Stereospecificity of glutamyl-tRNA synthetase isolated from higher plants*, PHYCHEM *11*, 2129–2138 (1972). ● [31] M. QUDRAT-I-KHUDA et al., Pakistan J. Sci. Ind. Res. *4*, 104 (1961); Sci. Res. (Dacca) *1*, 96 (1964). ● [32] S. KAILIANG et al., J. Structural Chem. *7*, 103 (1988). Ex Updates No. 4779 (1988). ● [33] D. K. GUPTA and B. T. R. IYENGER, Sci. and Culture *21*, 682 (1956); D. K. GUPTA et al., J. Indian Chem. Soc., Industr. and News Ed. *20*, 112 (1957): ex CA *53*, 3737 (1959). ● [34] G. S. BAINS et al., J. Indian Chem. Soc., Industr. and News Ed. *17*, 187 (1954). ● [35] B. CHOWDHURY and B. P. CHATTERJEE, Indian J. Chem. *26* B, 637

(1987); A. M. UMRAU and Y. M. CHOY, Carbohydrate Res. *14*, 151 (1970). • [36] F. R. T. ROSENTHAL, An. Assoc. Brasil. Quim. *15*, 49–56 (1965): ex CA *64*, 2267 (1966). • [37] A. S. C. MEIJER, *Bijdrage tot de kennis der volkgsgeneeskruiden van Nederlandsch-West-Indië*, Pharm. Weekblad *70*, 102–116, 134–151 (1933); auch Diss. Rijksuniversiteit Utrecht, Mai 1932. • [38] J. BARRAU, *Caesalpinia crista L., plante médicinale d'usage populaire en Mélanésie Néocalédonienne*, J. Agric. Trop. Bot. Appl. *19*, 593–596 (1972). Die Pflanze stellt im Nordwesten von Neukaledonien eine Art Panazee dar, gilt aber vor allem als gutes Allgemeintonicum. Samen zur Anfertigung von Halsbändern verwendet (Hawaii) und auch durch Kinder zu Spielen gebraucht (vegetabilische Märbeln [Marmeln]); die Arbeit zeigt einmal mehr, daß *C. bonduc* und *C. crista* (und Synonyme) oft miteinander verwechselt, oder aber als conspezifisch aufgefaßt werden. • [39] M. R. PATEL et al., *Antitubercular action of Caesalpinia digyna roots*, Indian J. Exptl. Biol. *4*, 214–215 (1966). • [40] S. B. MAHATO et al., J. Amer. Chem. Soc. *105*, 1441 (1983). • [41] E. G. BOBROV, *Caesalpinia* in: KOMAROV, Flora of the U.S.S.R., Vol. XI, 19–20, Israel Program Sci. Transl., Jerusalem 1971. • [42] G. A. ABDULLA-ZADE and R. M. AGAMIROVA, *Biochemical studies of certain poisonous plants growing in Azerbaidzhan*, CA *62*, 10 821 (1965). In Blüten 4 Alkaloide beobachtet; auch Blätter und Stamm alkaloidhaltig. • [43] M. A. AL-YAHYA, Fitoterapia *59*, 469 (1988). Untersuchung nach Vergiftung eines Kindes in Saudi-Arabien nach Essen von Früchten mit Samen; pharmakologisch emetisch, exzitierend und sedierend wirkende Komponenten in EtOH-Extrakten nachgewiesen. • [44] R. M. AGAMIROVA, *Resinous substances from the seeds of Caesalpinia gilliesii*, CA *63*, 10 312 (1965). Harzalkohole, Harzsäuren, Alkane, Alkanole. • [45] R. MONTGOMERY et al., *Cesalin, an anti-neoplastic protein*, JNP *40*, 269–274 (1977). Handverteilung ganzer Samen lieferte etwa 46% Endosperm oder 31% entfettetes Endosperm, aus welchem das tumorhemmende Cesalin am leichtesten rein erhältlich war; Ausbeute etwa 0,1% bezogen auf entfettete Samen; MolGew = 110,000; aktive Dosen gegen Walker-256-Karzinom = 80 μg/kg (Ratten; i.p.); höhere Dosierung ist toxisch. • [46] J. ARONSON and C. S. TOLEDO, *Caesalpinia paraguariensis (Fabaceae): Forage tree for all seasons*, Econ. Bot. *46*, 121–132 (1992). • [47] H. HIKINO et al., *Antiinflammatory principles of Caesalpinia sappan wood and of Haematoxylon campechianum wood*, PM *31*, 214–220 (1977). Brasilin; Haematoxylin. • [48] W. TANG and G. EISENBRAND, *Chinese drugs of plant origin*, Springer-Verlag, Berlin 1992. Caesalpinia sappan S. 233–236; Chemie und Pharmakologie von Lignum Sappan. • [49] R. F. BACON, *The physiologically active constituents of certain Philippine medicinal plants*, The Philippine J. Sci. *1*, 1007–1036 (1906). S. 1020–1021: Holz von *C. sappan* hauptsächlich zum Färben verwendet; durch Isolation Brasilin als Inhaltsstoff bestätigt; ferner Verwendung Dekokte als Haemostypticum und Antidiarrhoicum. Auf S. 1032–1034 werden Samen von *C. bonduc* (= *C. bonducella*), welche u. a. als FEVER NUT bekannt sind, besprochen, und Isolation und Eigenschaften des sehr bitteren Bonducins beschrieben. • [50] P. VAN ROMBURGH, S. 48 in: *Verslag omtrent den staat van 's Lands Plantentuin te Buitenzorg over het jaar 1896*; Landsdrukkerij, Batavia 1897. • [51] E. M. BACCHI and J. A. ABOIN SERTIÉ, *Antiulcer action of Styrax camporum and Caesalpinia ferrea*, PM *60*, 118–120 (1994). • [52] K. OGAWA et al., PHYCHEM *31*, 2897–2898 (1992).

CERCIDIUM – DIMORPHANDRA

Cercidium (bei POLHILL-RAVEN 1981 in *Parkinsonia* einbezogen): *C. australe* liefert in Brasilien das sogenannte BREA-GUMMI mit Xyl, Ara, GlcU und 4-O-MeGlcU (ungefähr 6:2:2:1) als Bausteinen [1]. *C. praecox* von Venezuela [2] lieferte ein Gummi mit 2,9–5,7% Protein, einem Uronsäuregehalt von 28–35% (nur GlcU und 4-O-MeGlcU) und ausschließlich Xyl (42–58%) und Ara (10–26%) als neutralen Zuckern; 9 Gummimuster wurden analysiert; nie wurden Gal und GalU beobachtet [2]. Die hier für *Cercidium*-Gummi mitgeteilte Zusammensetzung stimmt mit der in [1] ermittelten überein, weicht aber stark von ANDERSON's

Beobachtung (vgl. Bd. XIa, Ref. [4] auf S. 208 und Tabelle 24 auf S. 204) mit mexikanischem *Cercidium praecox* ab; es ist anzunehmen, daß ANDERSON's Gummimuster falsch determiniert war. Vide auch bei *Parkinsonia* und Tabelle 5 und im taxonomischen Register zu Bd. XIa.

Chidlowia sanguinea, ein Baum der Elfenbeinküste, hat alkaloidhaltige Blätter und Stamm- und Wurzelrinde; ein Alkaloid wurde isoliert und Chidlowin genannt; Wurzelrinde enthält außerdem einen Zimtsäureester eines Triterpens [3]. Chidlowin wurde später mit Triacanthin identifiziert (vide bei *Gleditsia triacanthos*).

Cordeauxia edulis, ein Holzgewächs von Somalia und der Ogaden-Provinz von Ethiopien, ist wichtige Futter- und Nahrungspflanze (YEHÉB) für die Nomaden des Gebiets [4]. Die Blätter produzieren in Drüsenhaaren auf der Unterseite einen roten Farbstoff, das acetogene (mutmaßlich Heptaketid) Naphthochinonderivat Cordeauxion (= Cordeauxia-Chinon = Cordeauxiachinon) [5]; vgl. Abb. 12.
Vide auch Tabelle 5 und im taxonomischen Index zu Bd. XIa.

Delonix: Kleine Gattung, deren bekannteste Art, *Delonix regia*, ein viel gepflanzter Zierbaum ist. Angaben liegen für zwei Arten vor. *D. elata* enthält in Blüten Isoquercitrin und in der Rinde eine alkaloidartige Verbindung [6], welche möglicherweise dem später in Mengen von 0,8 % isolierten Asparagin [7] entspricht; ihre Blätter enthalten Hyperin und Rutin [8], und aus der Rinde wurden Saccharose, Phytosterine und β-Amyrin isoliert [9]; ihre Samen lieferten 13,5 % Öl mit Palmitin-, Stearin-, Öl- und Linolsäure als Hauptfettsäuren und gesamthaft 3 % Halphen-positive Cyclopropensäuren (Malvalin- und Sterculiasäure); Linolsäure war mit 45 % am Fettsäurespektrum beteiligt [10]. – *D. regia* hat Blüten mit Cy-, K- und Q-Glykosiden, Protocatechusäure, Alkanen und Alkanolen [7, 11, 12] und Rinde mit PCy [7], Phytosterinen und Lupeol [13]. Auf Taiwan wurde beobachtet, daß gewisse Unkräuter unter oder bei Bäumen von *D. regia* nicht gedeihen; in Wasserextrakten von Blüten, Blättern und Zweigen konnten zahlreiche allelopathisch aktive Stoffe nachgewiesen werden; gesamthaft wurden 8 aktive Verbindungen isoliert, 4 aus Blüten, 7 aus Zweigen und 6 aus Blättern; es handelte sich um 4-Hydroxybenzoe-, Protocatechu-, Gallus-, Kaffee- und Chlorogensäure, 3,4-Dihydroxybenzaldehyd und, nur in Blättern beobachtet, um Azetidin-2-carbonsäure und 3,5-Dinitrobenzoesäure; da alle acht erwähnten Stoffe in Konzentrationen von 10–80 ppm das Wachstum von Keimpflanzen (*Centella asiatica, Isachne nipponensis*) stark hemmen, wurde der Schluß gezogen, daß abgefallene Blüten, Blätter und Zweige die Flora unter *D. regia*-Bäumen stark beeinflussen [14]. Mit *D. regia* wurden mehrere Untersuchungen über Metabolismus und Speicherung von ungewöhnlichen Aminosäuren ausgeführt [15–17; ferner Ref. 1 sub *Caesalpinieae*]. Samen und vegetative Teile enthalten viel freies *trans*-3-Hydroxyprolin, während das isomere *trans*-4-Hydroxyprolin nur als Komponente des Zellwandproteins Elastin nachweisbar war [15]. Die Art der Speicherung von Azetidin-2-carbonsäure und von γ-substituierten Glutaminsäuren wurde bereits in der Einleitung zu den *Caesalpinieae* kurz berührt ([1] auf S. 47). Bei biogenetischen Untersuchungen mit Keimpflanzen wurde Prolin als Vorstufe von 3-Hydroxyprolin und 2,4 ($= \alpha, \gamma$)-Diaminobuttersäure (beste Inkorporation), Homoserin und Methionin als Vorstufen von Azetidin-2-carbonsäure ermittelt; offensichtlich wird die C_4-Kette von 2,4-Diaminobuttersäure bei den Leguminosen intakt in die Azetidin-2-carbonsäure eingebaut [16]; Homoserin und Methionin werden möglicherweise erst in 2,4-Diaminobuttersäure umgewandelt und anschließend als solche verwendet; die Leguminosen scheinen dementsprechend einen etwas anderen Weg zur Bildung dieser Aminosäure als die *Liliaceae* zu benützen [16]. Bei der Analyse der freien Aminosäuren von verschiedenen Entwicklungsstadien von Blättern, Blüten und Blütenteilen wurden in Blättern 3-Hydroxyprolin, 3 nicht identifizierte Aminosäuren, γ-Aminobuttersäure und Asparagin als Hauptaminosäuren beobachtet; bei Blüten wurden durchwegs viel 3-Hydroxyprolin und γ-Aminobuttersäure und ferner mit Blütenteilen und Entwicklungsstadien stark wechselnde Aminosäurespektren beobachtet; bei den Ketosäuren der Blüten herrschten α-Ketoglutarat und Glyoxalsäure, OHC−COOH, vor; auffällig hohe Gehalte an Glyoxalsäure (0,6 und 0,5% des Frischgewichtes) wiesen der Kelch und das Androeceum auf [17]. Samen lieferten etwa 12% Galaktomannan mit einem Man:Gal-Verhältnis von 2:1 [18]. Zwei Analysen der Samenöle (Ölgehalt < 10%) lieferten außerordentlich verschiedene Ergebnisse [19, 20].

Vide auch Tabelle 5 und im taxonomischen Index zu Bd. XIa.

Dimorphandra: Nach Notizen von SPRUCE auf einem brasilianischen Herbariumexemplar von *D. parviflora* wurden die Samen dieser Art durch gewisse Indianer des brasilianischen Amazonasgebietes zur Bereitung eines halluzinogenen Schnupfpulvers verwendet; möglicherweise enthalten *Dimorphandra*-Samen ähnliche Basen wie *Anadenanthera*-Samen [21]. Systematisch-blattanatomische Untersuchungen von 22 Arten zeigten häufiges Vorkommen von Schleimidioblasten in der oberen Epidermis (u. a. abgebildet für *D. cuprea* und *parviflora*); auch recht verschieden gestaltete Blattsklereiden, sowie Calciumoxalatdrusen kommen bei einzelnen Arten vor [22].

Vide auch im taxonomischen Index zu Bd. XIa.

Literatur und Bemerkungen

[1] A. S. CEREZO, *Lactone rings in a polysaccharide isolated from Cercidium australe*, An. Asoc. Quim. Argentina 55, 169–172 (1967). Die ermittelten analytischen Daten machen es wahrscheinlich, daß etwa jedes dritte GlcU-Molekül als 3,6-Lacton in die Heteropolysaccharidkette eingebaut ist. • [2] GLADYS DE PINTO et al., BIOCHSE 21, 297–300 (1993). • [3] X. G. MONSEUR et E. L. ADRIAENS, J. Pharm. Belg. N. S. 15, 279–281 (1960) Für Chidlowin wird die Bruttoformel $C_{10}H_{13}N_5$ angegeben. • [4] J. and MARIE-NOËLLE MIÈGE, *Cordeauxia edulis − A Caesalpiniaceae of arid zones of East Africa. Caryological, blastogenic and biochemical features. Potential aspects for nutrition*, Econ. Bot. 32, 337–345 (1978). • [5] J. H. LISTER et al., Helv. Chim. Acta 38, 215–222 (1955). 380 g getrocknete Blätter lieferten 2,7 g Cordeauxia-Chinon, F 194°; M. FEHLMANN und A. NIGGLI, ibid. 48, 305 (1965). Definitive Struktur des Chinons; C. H. EUGSTER, *Bericht über neuere Untersuchungen an pflanzlichen Farbstoffen*, Angew. Chemie 82, 259–260 (1970). • [6] S. S. SUBRAMANIAN and M. N. SWAMY, Current Sci. 32, 308

(1963). • [7] S. S. SUBRAMANIAN et al., ibid. *35*, 437 (1966). • [8] M. G. SETHURANAN and N. SULOCHANA, ibid. *55*, 343 (1986). • [9] V. HARIHARAN, ibid. *38*, 460 (1969). • [10] C. D. DAULATABAD et al., *Cyclopropenoid fatty acids in Leguminosae*, J. Amer. Oil Chemists' Soc. *64*, 1423 (1987). • [11] K. PANKAJAMANI and T. R. SESHADRI, J. Sci. Industr. Res., India *14* B, 93 (1955). Nach Hydrolyse wenig K und viel Q isoliert. • [12] R. K. GUPTA and S. CHANDRA, Indian J. Pharm. *33*, 74 (1971). • [13] S. ROY and P. SENGUPTA, J. Indian Chem. Soc. *45*, 464 (1968). • [14] CHANG-HUNG CHOU and LIH-LING LEU, *Allelopathic substances and interactions of Delonix regia (Boj.) Raf.*, J. Chem. Ecol. *18*, 2285–2303 (1992). • [15] MAY-LIN SUNG and L. FOWDEN, *Trans-3-hydroxy-L-proline: A constituent of Delonix regia*, PHYCHEM *7*, 2061–2063 (1968). • [16] Eid., *Imino acid biosynthesis in Delonix regia*, ibid. *10*, 1523–1528 (1971). • [17] D. MUKHERJEE, *Keto and imino acids in Delonix regia flowers*, PHYCHEM *14*, 1915–1918 (1975). • [18] V. KAPOOR, PHYCHEM *11*, 1129 (1972). • [19] N. L. N. MURTHY and B. H. IYER, CA *49*, 1347 (1955). Als Hauptfettsäuren werden nur 17% 18:0, 31% 18:1 und 52% 18:2 genannt. • [20] C. P. PATAMOPONGSE and A. J. SHOWLER, J. Sci. Food Agric. *20*, 137 (1969). Hauptfettsäuren waren je etwa 16–19% 16:0, 18:0, 20:0, 18:1 und 18:2; dazu kommen noch 9,3% 22:0. • [21] P. A. G. M. DE SMET and F. J. LIPP, Jr., *Supplementary data on ritual enemas and snuffs in the western hemisphere*, J. Ethnopharmacol. *19*, 327–331 (1987). *Anadenanthera-* und *Virola*-Species, sowie harminhaltige Malpighiaceen werden durch die Indianer Südamerikas zur Bereitung einer als PARICÁ SNUFF bekannten, halluzinogenen Nasendusche (oder Schnupfpulver) verwendet. Aufgrund einer ethnobotanischen Notiz von SPRUCE auf einem in 1851 in Brasilien gesammelten Herbariumexemplar von *Dimorphandra parviflora* Spruce ex Bentham nehmen die Autoren an, daß die Samen dieser Art ebenfalls zur Bereitung des Paricá-Snuffs verwendet wurden, und daß sie möglicherweise Tryptamin- und/oder Harmanderivate enthalten; die Autoren weisen ferner auf Vorkommen von Alkaloiden bei *D. mollis* und auf Toxizität für das Vieh von Hülsen und Samen von *D. mollis* und *D. gardneriana* hin; vgl. dazu auch: R. E. SCHULTES and R. F. RAFFAUF, *A rare report of an intoxicating snuff from the Amazon*, Kew Bull. *47*, 743–744 (1992). Genaue Beschreibung der Beobachtungen von SPRUCE und Hinweise auf phytochemische *Dimorphandra*-Literatur, z. B. Rutin und nicht identifizierte Alkaloide bei *D. mollis*. • [22] ANA MARIA RAGONESE, *Systematic anatomical characters of the leaves of Dimorphandra and Mora (Leguminosae: Caesalpinioideae)*, Bot. J. Linn. Soc. *67*, 255–274 (1973). Mit vielen Abb.; 22 *Dimorphandra*- und 4 *Mora*-Arten untersucht.

ERYTHROPHLEUM

Kleine Gattung; 10–15 Arten in den Tropen und Subtropen der Alten Welt. In Afrika nach LOCK 6 Arten, auf Madagaskar *E. couminga* und die übrigen Taxa in Ostasien und Nordaustralien. Die afrikanischen Arten *E. ivorense* und *suaveolens* (= *E. guineense*) sind als sehr giftig bekannt, und ihre Blätter, Rinde und Samen werden als Jagdgifte, Gottesurteilgifte und in der Heilkunde verwendet [4]. Das südafrikanische (Südafrika und angrenzende Länder) *E. lasianthum* wurde früher viel mit *E. suaveolens* verwechselt; nach PALMER-PITMAN (l.c. Bd. XIa, 70) steht fest, daß auch dieses Taxon sehr giftig ist; es dürfte ähnliche Alkaloide wie *E. suaveolens* enthalten, und wird auch als Fischgift, zum Vergiften von Ratten und als Therapeuticum bei sehr verschiedenen Krankheiten gebraucht.

Hauptwirkstoffe der toxischen *E.*-Arten sind Ester von Diterpensäuren mit Cassan-Skelett (vgl. Formel IX auf Abb. 8, und Abb. 10) mit Amino-ethanolderivaten. Die relativ stabilen Basen enthalten N,N-Dimethylamino-ethanol als Aminoalkohol. Esteralkaloide mit N-Monomethylamino-ethanol als basischer Komponente sind außerordentlich alkaliempfindlich; sie werden leicht in die entsprechenden, nicht mehr basisch reagierenden Amide umgelagert, und stellen in vielen Fällen Isolierungsartefakte dar [1-6]. Die Monoamino-ethanolester werden als Alkaloide der Nor-Gruppe bezeichnet. Sie liegen genuin als relativ beständige Salze vor, werden aber bei Kontakt mit Alkalien und bei chromatographischer Trennung an Al_2O_3 in die stabilen Amide umgelagert [6], was mit folgenden Beispielen illustriert werden soll [6]:

Nor-Alkaloide		Umlagerungsprodukte (Amide)
Norcassamin	$\xrightarrow{OH^-}$	Norcassamid
Norcassamidin	$\longrightarrow$	Norcassamidid
Dehydronorerythrosuamin	$\longrightarrow$	Dehydronorerythrosuamid
Norerythrosuamin	$\longrightarrow$	Norerythrosuamid
Norcassain	$\longrightarrow$	Norcassaid
(3-Acetylnorcassaidin)	$\longrightarrow$	3-Acetylnorcassaidid
(Norerythrophlamin)	$\longrightarrow$	Norerythrophlamid

Die Angaben in der Literatur über Alkaloidgehalte bei *Erythrophleum*-Arten schwanken außerordentlich. Dies dürfte z.T. mit der labilen Natur einiger Erythrophleumbasen zusammenhängen; bei den gebräuchlichen Alkaloidbestimmungsmethoden dürften die Basen der Nor-Gruppen nicht oder nur sehr unvollständig erfaßt werden. Auch die in den Drogen bereits vorliegenden Amide werden nicht als Alkaloide bestimmt. Erythrophleumalkaloide wurden bisher aus eindeutig identifiziertem Material von *E. africanum, chlorostachys, couminga, fordii, ivorense* und *suaveolens* (= *guineense*) isoliert [1-6]. Die hauptsächlichsten pharmakologischen Eigenschaften der Erythrophleumbasen sind cardenolidartige Herztoxizität [1-8] und lokalanästhetische Wirkungen [4]. In jüngster Zeit wurden für einige dieser Diterpenderivate zytotoxische und cancerostatische Eigenschaften nachgewiesen [5, 6].

Zu individuellen *E*.-Arten ist folgendes nachzutragen.

Rinde von *E. africanum* ist anatomisch kaum von derjenigen von *E. suaveolens* (= *E. guineense*) zu unterscheiden [9]. Für die Differentialdiagnose dieser zwei Rindendrogen ist ein einfacher phytochemischer Test mit dem Rückstand eines aus ihnen bereiteten Etherauszuges wertvoll [11]. Löst man den Rest des Auszuges in MeOH und gibt etwas HCl und Mg zu (SHINODA-Test), dann liefert *E. africanum* eine violette und *E. guineense* eine orange Farbe; Ursache des verschiedenen Verhaltens sind die Rindenflavonoide: Dihydromyricetin im Falle von *E. africanum* [11] und nur Luteolin im Falle von *E. guineense* [10, 11]. Rinde von *E. africanum* gilt als verhältnismäßig alkaloidarm. CRONLUND fand nur 0,04% Alkaloide im verfügbaren Rindenmaterial von *E. africanum* und Cassain fehlte [12]; später beobachteten die schwedischen Autoren [13] in einem aus der Zentralafrikanischen Republik stammenden Rindenmuster 0,6% Rohalkaloide; von den 14 nachgewiesenen Basen konnten 4 identifiziert werden: Cassamidin, Erythrophlamin, Norerythrophlamid, Norerythrostachamid. – *E. densiflorum* (Elmer) Merrill der Philippinen liefert ein zu Bauzwecken verwendetes Holz; bei den Filipinos gilt diese Art nicht als giftig, und im untersuchten Material konnten keine Alkaloide nachgewiesen

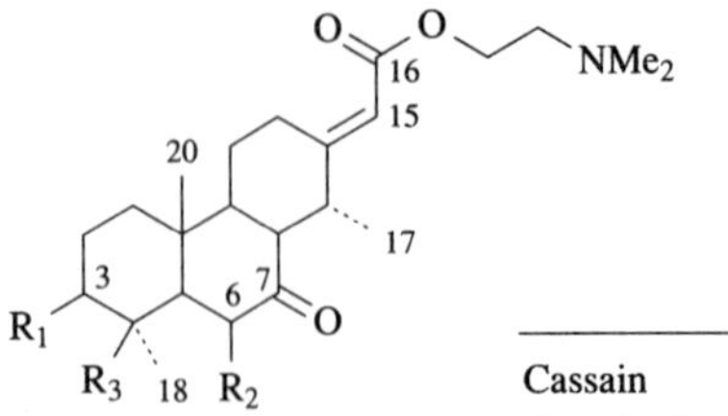

	R_1	R_2	R_3
Cassain	OH	H	Me
Coumingin	O—CO—CH_2—C(OH)Me_2	H	Me
Cassamin	H	H	COOMe
Erythrophleguin	H	α OH	COOMe

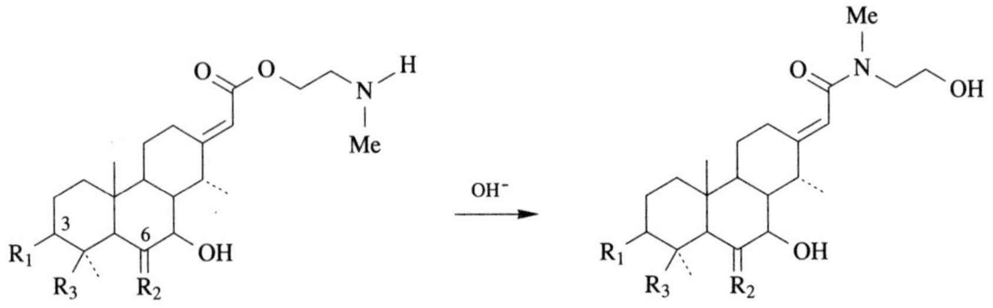

Abb. 10. Einige *Erythrophleum*-Inhaltstoffe: N,N-Dimethylaminoethanol-Ester und N-Monomethylaminoethanol-Ester und -Amide von Diterpen- und Zimtsäuren

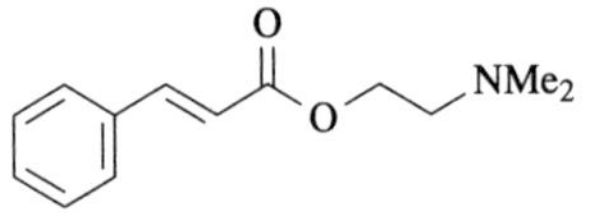

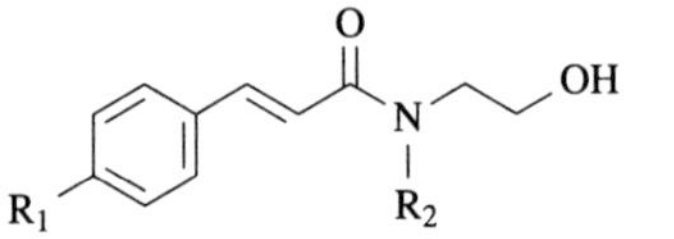

I = Basische Diterpensäureester • II = Basische Diterpensäureester der Nor-Gruppe (R_3 = C-19): Norerythrostachamin (R_1 = OH, R_3 = COOMe, R_2 = H_2), Norerythrostachaldin (R_1 = OH, R_3 = CHO, R_2 = H_2), Norerythrosuamin (R_1 = H, R_3 = COOMe, R_2 = O), 3-Acetoxynorerythrosuamin (R_1 = O—CO—Me, R_3 = COOMe, R_2 = O) • III = Nicht-basische Diterpensäureamide, i.e. die Umlagerungsprodukte von II, Norerythrostachamid, Norerythrostachaldid, Norerythrosuamid und 3-Acetoxynorerythrosuamid (R_1–R_3 wie bei II) • IV = Basischer Zimtsäureester aus Blättern einer Herkunft von *E. chlorostachys*, $C_{13}H_{17}O_2N$ • V = Nicht-basische Zimtsäureamide aus Blättern von einer Herkunft von *E. chlorostachys*: Stoff B mit R_1 = H, R_2 = Me, $C_{12}H_{15}O_2N$; Stoff C mit R_1 = OH und R_2 = Me, $C_{12}H_{15}O_3N$; Stoff D mit R_1 = R_2 = H, $C_{11}H_{13}O_2N$

II und III = Rindenalkaloide von *Erythrophleum chlorostachys*
I (und IV) = Relativ stabile Esterbasen (bei *E. chlorostachys* nur etwa 5% der Totalalkaloide [6])
II = Labile Esterbasen der Nor-Gruppe (Hauptalkaloide bei *E. chlorostachys*)
III und V = Amide; oft Isolierungsartefakte (aus Esteralkaloiden der Nor-Gruppe entstanden)

werden [14]. – *E. chlorostachys* ist im tropischen Norden von Australien (Kimberley Plateau von Western Australia, Northern Territories, Norden von Queensland) heimisch, und gilt im allgemeinen als sehr giftig; seine Blätter haben viele Viehvergiftungen verursacht [5, 15]. In jüngster Zeit wurden Früchte (0,1 % [5]), Blätter [15] und Rinden [5, 6] auf Alkaloide untersucht. Die Frucht- und Blattalkaloide (mit Ausnahme des Mareeba-Musters) sind noch nicht genau bekannt. Dagegen wurden, wie bereits besprochen [6], die Rindenalkaloide ausführlich bearbeitet; sie sind zahlreich; mengenmäßig überwiegen die labilen Erythrophleumalkaloide der Nor-Gruppe (Abb. 10) stark [6]. Höchst interessant sind Untersuchungen von drei Blattmustern von Darwin (Northern Territories), Cooktown (Nord-Queensland) und Mareeba (Nord-Queensland). Nur die zwei ersterwähnten Muster enthielten toxische Erythrophleumalkaloide. Im Blattmuster aus der Gegend von Mareeba mit etwa 0,5 % Rohalkaloiden war die Diterpensäure der typischen Erythrophleumalkaloide durch Zimtsäure oder 4-Hydroxyzimtsäure ersetzt; 4 Körper (A–D) konnten rein isoliert und identifiziert werden: A = Zimtsäureester von N,N-Dimethylamino-ethanol; B und C = N-Monomethylamino-ethanolamide von 4-Hydroxyzimtsäure, resp. Zimtsäure; D = Amino-ethanolamid der Zimtsäure; es wird angenommen, daß B–D genuin als Ester der Zimtsäuren mit N-Monomethylamino-ethanol (B, C) oder Amino-ethanol (D) vorliegen, die isolierten Körper also während der Isolation entstandene Umlagerungsprodukte darstellen [15]. Die besprochene Arbeit zeigt eindeutig, daß innerhalb von *E. chlorostachys* hinsichtlich der Blattalkaloidspektren verschiedene Chemodeme vorkommen. Ähnliche Verhältnisse sind auch bei den Rindenalkaloiden weiträumiger Taxa, wie beispielsweise *E. suaveolens*, zu erwarten. – *E. fordii*, eine toxische Holzpflanze von Indochina und Südchina enthielt im untersuchten Blattmuster 0,2 ‰ und in der Rinde 0,15–0,18 % Alkaloide mit etwa 50 % Cassain [16]; gleichzeitig wurden in der Rinde Phytosterine, Gerbstoffe, Flavonoide und stark niesreizende Saponine nachgewiesen [16]. Später wurde in Stockholm aus Vietnam eingeführte Rindendroge analysiert [17]; sie enthielt 0,37 % Alkaloide; die nach der Gewinnung von Cassain verbleibenden amorphen Basen wurden sauer hydrolysiert, und aus dem Hydrolysat die neue Diterpensäure Erythrophleadienolsäure, $C_{21}H_{30}O_5$, die bekannten Säuren Cassaminsäure, $C_{21}H_{30}O_5$, und Erythrophlaminsäure, $C_{21}H_{30}O_6$, und eine Erythrolsäure, $C_{20}H_{32}O_5$, genannte Diterpensäure erhalten; dieser Autor ermittelte gleichzeitig Alkaloidgehalte der Rinden einiger *Erythrophleum*-Taxa [17]. – Das *E. suaveolens* nahestehende *E. ivorense* unterscheidet sich vom ersteren nach CRONLUND [18] deutlich in einigen Blatt- und Fruchtmerkmalen und im Alkaloidspektrum der Rinde. Aus dem früheren Belgisch-Kongo stammende Rinde lieferte das neue Alkaloid Ivorin, das pharmakologisch [19] und strukturchemisch [20] bearbeitet wurde; es ist ein Diester (vgl. Abb. 10) der Cassainsäure und gehört zur Nor-Gruppe der Erythrophleumalkaloide. In jüngster Zeit wurden für *E. ivorense* neue Alkaloide beschrieben [21, 22]. – *E. suaveolens* (= *E. guineense*) ist die in Afrika am häufigsten verwendete und chemisch am intensivsten bearbeitete Art [4]. Das Taxon hat pinit- und flavonoidhaltige Blätter und saponin- und alkaloidhaltige Rinde [23–25]. Viele Diterpensäure-Ester und -Amide wurden aus dieser Art isoliert [3, 4, 12, 18, 26].

Für weitere ethnobotanische und phytochemische Angaben zu *Erythrophleum* wird nach dem taxonomischen Index in Bd. XI a und für Samen-Aminosäuren nach Tabelle 5 verwiesen.

Literatur und Bemerkungen

[1] G. Dalma, *The Erythrophleum alkaloids*, Alkaloids **4**, 265–273 (1964). ● [2] R. B. Morin, *Erythrophleum alkaloids*, Alkaloids **10**, 287–303 (1968). ● [2a] J. A. Mears, *Erythrophleum alkaloids*, S. 89–90, 157–160 in: J. B. Harborne et al. (Eds), l.c. Bd. XI a, 94. ● [3] H. Hauth, *Erythrophleum-Alkaloide*, PM **25**, 201–215 (1974). ● [4] H. Neuwinger 1994, l.c. S. 12: *Erythrophleum suaveolens, ivorense* und *africanum* S. 277–296; mit 85 Ref.; mit ausführlichen ethnobotanischen, pharmakologischen und toxikologischen Angaben. ● [5] D. J. Collins et al. 1990, l.c. Bd. XI a, 45: Mit Besprechung von *Erythrophleum chlorostachys* auf S. 15 und 90; Angaben zur Chemie und Pharmakologie der Alkaloide, speziell zu deren zytotoxischen und cancerostatischen Eigenschaften. ● [6] J. W. Loder et al., *Isolation of norcassamide and authentic norcassamidine from Erythrophleum chlorostachys. Structure revision of the alkaloids previously known as norcassamine, norerythrosuamine and dehydronorerythrosuamine*, Tetrahedron Letters *1972*, 5069–5072: Erstmaliger Nachweis der leichten Umlagerung der Nor-Ester-Alkaloide in die entsprechenden Amide; erstere sind nur als Salze in den pflanzlichen Zellen stabil; Vorschlag für logische Nomenklatur der Norbasen und der entsprechenden Amide; eid., *Tumor inhibitory plant alkaloids. New alkaloids from the bark of Erythrophleum chlorostachys (Leguminosae)*, Austral. J. Chem. **27**, 179–185 (1974): Zwei Rindenmuster aus der Gegend Mareeba (Nord-Queensland) lieferten u. a. Norcassaidid, Norcassamidin, Norerythrophlamid und Norerythrostachamin, welches leicht in Norerythrostachamid übergeht; J. W. Loder and R. H. Nearn, *β-Acetoxynorerythrosuamine, a highly cytotoxic alkaloid from Erythrophleum chlorostachys*, Tetrahedron Letters *1975*, 2497–2498: Auch das viel weniger aktive Desacetylderivat isoliert; M. J. Falkiner et al., *Isolation of unstable alkaloids from Erythrophleum chlorostachys (Leguminosae)*, Austral. J. Chem. **28**, 645–650 (1975): Beschreibung eines Verfahrens für Isolation der labilen, genuinen Noralkaloide aus einem Rindenmuster von Darwin (Northern Territory); u. a. Norerythrostachaldinhydrochlorid, Norerythrophlaminhydrochlorid und Norerythrostachaminhydrochlorid isoliert und alle drei in entsprechende Amide umgelagert; J. W. Loder and R. H. Nearn, *Structure of norerythrostachaldine, a cytotoxic alkaloid from Erythrophleum chlorostachys*, Austral. J. Chem. **28**, 651–656 (1975): Erstes 19-Oxoerythrophleumalkaloid. ● [7] H. Hauth, *Herzwirksame synthetische Cassan-Analoge*, PM Supplement 4 (1971), 40–51. ● [8] R. W. Baker et al., *Structural parallels between the cardiotonic steroids and the Erythrophleum alkaloids. I. Synthesis of phenanthrenone precursors to novel Erythrophleum alkaloid analogues*, Tetrahedron **47**, 7951–7964 (1991). ● [9] R. Hänsel et al., *Anatomischer Bau der Rinde von Erythrophleum africanum*, Arch. Pharm. **294**, 76–82 (1961). ● [10] F. Power and A. H. Salway, *Chemical investigation of the bark of Erythrophleum guineense*, Amer. J. Pharm. **84**, 337–351 (1912). Authentische Rinde aus Belgisch-Kongo untersucht; außer Alkaloiden auch freies Luteolin (0,0017 %), glykosidisch gebundenes Luteolin, Phytosterine und Fettsäuren isoliert. ● [11] R. Hänsel und J. Klaffenbach, *Optisch aktives Dihydromyricetin aus Erythrophleum africanum*, Arch. Pharm. **294**, 158–172 (1961). Ausbeute 0,1 %. ● [12] A. Cronlund, *New alkaloids from Erythrophleum species*, PM **24**, 371–374 (1973). Vortragsreferat; Rindenalkaloide von *E. guineense* und *ivorense*. ● [13] S. Jansson and A. Cronlund, *Alkaloids from the bark of Erythrophleum africanum*, Acta Pharm. Suec. **13**, 51–54 (1976). ● [14] H. C. Brill and A. H. Wells, *The physiological active constituents of certain Philippine medicinal plants. II.*, Philippine J. Sci. **12**, 167–195 + 4 Tafeln (1917). *E. densiflorum* S. 171–172; offensichtlich nur Rinde untersucht; Gerbstoffe nachgewiesen. ● [15] W. J. Griffin et al., *Alkaloids of the leaves of Erythrophleum chlorostachys*, PHYCHEM **10**, 2793–2797 (1971). ● [16] R. Paris, *Sur un Erythrophleum d'Indochine: le „lim" (E. fordii)*, Ann. Pharm. Franç. **6**, 501–507 (1948). Mit der gleichen Bestimmungsmethode wurden für Rinden von *E. guineense, couminga* und *ivorense* Alkaloidgehalte von 0,45–0,55, 0,37–0,50 und 0,20–0,30 % ermittelt. ● [17] V. P. Arya, J. Sci. Industr. Res. India *21* B,

342−343, 381−387 (1962). Isolation und Stereochemie von Erythrophleadienolsäure; auf S. 383 auch Ergebnisse von Gehaltsbestimmungen mit importierten Rindendrogen: *E. africanum* (Tanganjika) 0,04%, *E. chlorostachys* (Queensland) 0,25%, *E. guineense* (Zanzibar) 0,77%, *E. ivorense* (West Nigeria) 0,31% und *E. lasianthum* (Moçambique) 0,26%.
● [18] A. CRONLUND, *The botanical and phytochemical differentiation between Erythrophleum suaveolens (Guill. et Perr.) Brenan and E. ivorense A. Cheval.*, PM 29, 123−128 (1976). *E. ivorense*: Rindenmuster von Liberia, Elfenbeinküste und Kamerun untersucht; Alkaloidgehalte 0,2−1,1%; keine Alkaloide in den analysierten Früchten und dünnen Zweigen nachweisbar; Cassain und Cassaidin sind Hauptalkaloide; Erythropleguin vorhanden; Amide eher zurücktretend. *E. suaveolens*-Rindenmuster von Gambia, Guinea, Sierra Leone, Elfenbeinküste, Nigeria, Kamerun, Zentralafrikanische Republik, Republik Kongo und Zaire untersucht; Alkaloidgehalte 0,3−1,5%; keine Alkaloide in den analysierten Früchten und dünnen Zweigen nachweisbar. Erythropleguin und Erythrophlamin sind Hauptalkaloide; Cassain vorhanden; viel Norerythrophlamid (in 1971 noch Erythrophlamid genannt) vorhanden.
● [19] J. LA BARRE et al., *A propos des propriétés cardiotoniques d'un nouvel alcaloide extrait de l'Erythrophleum ivorense*, Bull. Acad. Roy. Méd. Belg. 2, 639−663 (1962). ● [20] R. OTTINGER et al., Bull. Soc. Chim. Belges 74, 198−199 (1965). ● [21] J. W. LODER and R. H. NEARN, *Alternative structures for proposed dimethylaminomethanol ester alkaloids from Erythrophleum ivorense*, Tetrahedron Letters *1972*, 3645−3646. Die durch SCHULTZ und HOENICKE als neu beschriebenen Alkaloide waren mutmaßlich Norcassamid und Norerythrophlamid (ursprünglich Cassamid und Erythrophlamid genannt), welche während der Isolation durch Berührung mit Alkali aus den ursprünglich vorliegenden sekundären Aminen Norcassain und Norerythrophlamin entstanden waren. ● [22] A. CRONLUND and F. SANDBERG, *New alkaloids from bark of Erythrophleum ivorense*, Acta Pharm. Suec. 8, 351−360 (1971). Bekannte Alkaloide Cassain, Cassaidin, Cassamin, Cassamidin, Coumidin, Erythrophlamin, Erythropleguin und neue Alkaloide Cassamid, Erythrophlamid und Cassaid (später Norcassamid, Nor-erythrophlamid und Nor-cassaid). ● [23] R. PARIS et M. RIGAL, *Les Erythrophleum: Recherches préliminaires sur l'écorce et sur les graines d'E. guineense G. Don*, Bull. Sci. Pharmacol. 47, 79−87 (1940). Toxizitäts-Studien mit Rinden, Blatt und Samen von *E. couminga, guineense, ivorense* (= *micranthum*) und *fordii*. Genauere Untersuchung von *E. ivorense*: Isolation von Alkaloiden aus Rinde und Samen, von Saponinen und kondensierten Gerbstoffen aus Rinde, und eines süß schmeckenden Saponins aus Samen und Blättern. ● [24] CH. SANNIÉ et J. DUSSY, *Sur la présence du pinitol dans les feuilles d'Erythrophleum guineense*, CR 224, 1381−1383 (1947). Aus süß schmeckenden Blättern 0,3% Pinit und einen nicht näher charakterisierten, ebenso süß schmeckenden saponinartigen Körper isoliert.
● [25] J. DUSSY et CH. SANNIÉ, *Sur un rhamnoside nouveau extrait des feuilles d'Erythrophleum guineense*, CR 225, 693−695 (1947). Aus Blättern 0,08% eines Flavonolrhamnosids, $C_{22}H_{22}O_{12}$, isoliert; das Aglykon als Pentahydroxymonomethoxyflavon charakterisiert. Für das Glykosid wird der Name Taliflavonolosid vorgeschlagen (TALI ist ein Eingeborenenname für *E. guineense*). ● [26] R. L. CLARKE, *Erythrophleum alkaloids*, PHYCHEM 10, 851−856 (1971). Cassain, Cassamin und Erythropleguin (= 6α-Hydroxycassamin) aus 50 kg Rinde aus dem früheren Belgisch-Kongo.

GLEDITSIA − GYMNOCLADUS

Zwei Gattungen mit endospermreichen, galaktomannanhaltigen Samen mit reichlich nichtproteinogenen Aminosäuren (vgl. dazu auch Tabelle 5, S. 44), und mit ähnlichen, komplexen Saponingemischen in den Früchten.

Gleditsia (= *Gleditschia*) ist ein kleines Genus mit *G. amorphoides* in Südamerika, *G. triacanthos* und *aquatica* in Nordamerika und zwei bis mehreren polytypischen Arten in Asien, von Aserbaidschan und Iran (*G. caspica*) bis China und Japan. Die

Formen von Indochina, China, Korea und Japan sind noch stets ungenügend bekannt; viele Binomina finden sich in der systematischen Literatur, welche allerdings nicht gute Arten, sondern höchstens infraspezifische Einheiten andeuten oder gar reine Synonyme sind. Vgl. dazu z. B. in KRÜSSMANN, HORTUS THIRD und WIERSEMA et al. PACLT [1] versuchte für asiatische Taxa Ordnung zu schaffen; seine Auffassungen wurden jedoch nicht allgemein akzeptiert. In großen Linien betrachtet PACLT die meisten asiatischen Formen als Unterarten und Varietäten einer einzigen Art, *G. horrida* (Thunb.) Makino (= *G. japonica* Miq. = *Fagara horrida* Thunb.):

G. horrida subsp. *horrida* (Japan, Korea; in China mutmaßlich nicht ursprünglich; entspricht *G. japonica* Miq. s. str. und *G. horrida* [Thunb.] Makino s. str.)

subsp. *delavayi* (Franch.) Paclt (Südchina)

subsp. *velutina* (Li) Paclt (China, Hunan)

subsp. *caspica* (Desf.) Paclt (Aserbaidschan, Iran)

Für das östliche und nordöstliche China erwähnt er zusätzlich *G. microphylla* Gordon ex Y. T. Lee (= *G. heterophylla* Bunge) und *G. sinensis* Lam. (= *G. horrida* Willd., non Makino).

Im Nachfolgenden sollen phytochemische Angaben unter den Epitheta *amorphoides*, *caspica*, *japonica*, *sinensis* und *triacanthos* gruppiert werden.

G. amorphoides: In Nordargentinien gesammelte Samen lieferten 30% Galaktomannan mit 28,6% Gal und 71,4% Man [2]. – Samen von *G. caspica* enthalten reichlich 3-Hydroxy-4-methylglutaminsäure, 4-Methylglutaminsäure und die zum ersten Mal beobachtete 3-Hydroxy-4-methylenglutaminsäure [3] und γ-Glutamylpipecolinsäure [4]. In den Früchten wurde Saponin nachgewiesen [5]. – *G. japonica* Miq. (= *G. horrida* Makino). Früchte sind Arzneidroge; vergleichende morphologische und anatomische Untersuchungen der Früchte von *G. japonica* und *G. sinensis* und Nachweis von Saponinen mit der Blutgelatinemethode (nur im Mesokarp, nicht in Samen, Dornen und Rinde beobachtet) [6]. Aus Holz 0,01% Fisetin, 0,02% Fustin und 0,12–0,3% Gleditsin (= Leucoanthocyanidin 4-Dihydrofustin) isoliert [7]; Gleditsin ist Leucofisetinidol-4α-ol und identisch mit Mollisacacidin [8]; aus getrockneten Blättern O- und C-Glykoside von Flavonen und Flavonolen [9], und Triacanthin [10] isoliert. Samen lieferten 3% halbtrocknendes Öl mit 20% gesättigten und 80% ungesättigten Säuren; Öl- und Linolsäure waren Hauptfettsäuren [11]. Die Fruchtsaponine wurden durch verschiedene Arbeitsgruppen untersucht. KONOSHIMA et al. [12] zeigten, daß *G. japonica* zwei Chemodeme, eines mit saponinreichen Früchten und eines mit praktisch saponinfreien Früchten, umfaßt; Chemodem „saponifera" lieferte ihnen ein komplexes Bisdesmosidgemisch, aus welchem GS-B, -C (Hauptsaponin), -C', -D, -D 2, -E, -E', -G, -G' und -I erhalten wurden; die Strukturen einiger dieser Saponine sind vollständig bekannt; sie haben alle Echinocystsäure als Sapogenin, eine ein-, zwei- oder dreigliedrige Zuckerkette an OH-3 und eine vier- bis fünfgliedrige Zuckerkette, welche noch zwei Acylreste trägt, mit der Carboxylgruppe verestert (vgl. Formel X auf Abb. 21 in Bd. XI a, 320–321); die Acylreste sind Mono- und Dihydroxymonoterpensäuren. Zu gleichen Ergebnissen hinsichtlich der Struktur des Hauptsaponins (GS-C) kam die Arbeitsgruppe SHIBATA [13].–

G. sinensis Lamarck (bildet vielleicht mit *G. australis* Hemsl., *G. fera* Merr., *G. rolfei* Vidal et Soler, *G. delavayi* Franch., *G. macracantha* Desf. eine gute Art; vgl. beispielsweise [1] und [14]): Die *G. australis* genannte Form, welche in Viêt-Nam als BOKET und in Südchina als TSAO-CHIA bekannt ist [15], hat saponinreiche Früchte, welche medizinal und zur Bereitung einer antiparasitischen Lotion verwendet werden [14]; diese Früchte lieferten ein Boketonosid genanntes Saponingemisch, welches bei Hydrolyse Oleanol- und Echinocystsäure und Glc, Xyl, Ara und Rha lieferte [15]. Aus einer *G. australis* genannten Form wurden die Flavonoide Lu, Orientin und Homo-orientin isoliert [16]. Eine interessante Mitteilung publizierten LU und NEEDHAM [17]; sie entdeckten in der mittelalterlichen chinesischen Literatur (10. bis 16. Jahrhundert) Vorschriften zur Bereitung von Steroidhormonen aus menschlichem Harn, welche zur Behandlung von Hypogenitalismus verwendet wurden. Im Harn wurden die vorhandenen 3-Hydroxysteroide (z. B. Androstenolon [18]) durch Zufügen von Preßsaft aus Früchten von *G. sinensis* gefällt; aus den Präzipitaten wurden die Hormone durch Sublimation gewonnen. Es handelt sich hier anscheinend um eine frühzeitige praktische Anwendung des Jahrhunderte später in die Saponinanalytik eingeführten *Cholesterin-Bindungs-Versuches*: Viele Saponine bilden mit Cholesterin und gewissen anderen 3-Hydroxysteroiden mehr oder weniger stabile, nicht mehr hämolysierende Additionsverbindungen, welche durch Kochen mit Xylol wieder gespalten werden können. Das Verfahren erlaubt es, um bei der Blutgelatinemethode Saponine von andersartigen, aber ebenfalls hämolysierend wirkenden Inhaltsstoffen, zu unterscheiden [19]. – Die nordamerikanische *G. triacanthos*, welche auch in Europa viel angepflanzt wird, ist in chemischer Hinsicht ebenfalls relativ gut bekannt. Aus frischen Früchten (+)-Catechin, Q-Glykoside [20] und 5-Kaffeoylchinasäure, ein Isomer der Chlorogensäure [21], und aus getrockneten Blättern ein O-Glucosid von Lu, Vitexin und vermutlich Isovitexin [22] erhalten. Aus dem Holz wurden bereits 1955 Fustin und Fisetin isoliert [22a]. Russische Untersucher isolierten aus Früchten die Triacanthoside -A bis -G und aus Blättern die Gleditschioside -A bis -E; diese Saponine haben Oleanol- und Echinocystsäure als Sapogenine und sind 3-Glykoside und 3,28-Bisdesmoside [23]. In Blättern von Exemplaren von Texas wurden Tyramin und N-Methylphenylethylamin nachgewiesen [24]. Triacanthin (Abb. 12) wurde für Blätter von in Rußland kultivierten Pflanzen beschrieben (0,5% [25]) und auch aus Blättern von in Bulgarien wachsenden Pflanzen erhalten (0,3% [26]). Der Triacanthingehalt der Blätter ist stark vom Blattalter abhängig: 0,7% in jungen Blättern, 0,02% in alten Blättern [27]. Definitive Struktur von Triacanthin [28] und Identität mit Togholamin und Chidlowin nachgewiesen [27, 28]. Viel Beachtung fanden die Galaktomannane der Samen, da sie offensichtlich auch als pharmazeutische Hilfsstoffe gut geeignet sind [29, 30]. Erste Untersuchungen des Endosperms zeigten, daß es zur Hauptsache aus Galaktomannanen besteht, und Gal und Man im ungefähren Verhältnis 1:3 enthält [31]. Moderne Untersuchungen über die Endospermgalaktomannane dieser Art wurden in Argentinien durch CEREZO et al. [32] ausgeführt. Bei der Analyse der Endospermgalaktomannane in reifenden Samen wurde eine Abnahme des Galaktosegehaltes festgestellt [33]: 30–34% Gal 10 Wochen nach der Blütezeit, 27–30% nach 14 Wochen und

24–26% nach 24 Wochen (= reife Samen). Analyse von Testa (27% der Samen), Embryo (29%) und Endosperm (34%); Embryo mit 63% Eiweiß und 5% Lipiden, ohne Stärke; Endosperm mit 6% Eiweiß und gegen 90% Galaktomannanen; wenigstens drei verschiedene Galaktomannane vorhanden [34]. Bei Allozym-Analysen mit Blättern von je 48–96 Bäumen aus 8 Populationen der USA wurden 16 Enzyme berücksichtigt und 1–6 Allele pro Locus beobachtet. Die Variation innerhalb von Populationen war größer als die Variation zwischen Populationen [35]. Abschließend sei auf biosynthetische Untersuchungen mit Keimpflanzen hingewiesen. Samen enthalten von den 4-substituierten Glutaminsäurederivaten nur geringe Mengen 4-Methyl- und 4-Methyl-4-hydroxyglutaminsäure, aber weder 4-Methylenglutaminsäure noch 4-Methylenglutamin; für alle 4 beginnt intensive Synthese zwischen dem 3. und 5. Tag der Keimung im Dunkeln; für die ersten zwei erwähnten nichtproteinogenen Aminosäuren wurde Bildung aus Leucin (Oxidation einer der endständigen Me-Gruppen) äußerst wahrscheinlich gemacht; die Herkunft der 4-Methylenderivate blieb noch ungewiß (Dehydration von 4-Methyl-4-hydroxyglutaminsäure oder aber unabhängiger Weg?) [36].

Für weitere Angaben vide taxonomischen Index in Bd. XIa.

Gymnocladus ist eine oligotypische Gattung mit *G. dioica* (auch *dioicus*) in Nordamerika und 3 bis 4 Arten in Ostasien. Die chinesische Arzneipflanze *G. chinensis* Baillon, speziell ihre Früchte (= Droge; in Japanisch HISOHKYO) wurde intensiv bearbeitet [37]. Neben einem komplexen Saponingemisch enthält diese Droge („crushed dried fruits") zwei Glykoside einer Hydroxymonoterpensäure (Abb. 11), von welchen das eine im Zuckerteil durch 2-Methylbuttersäure acyliert ist [37]. Aus dem Saponingemisch der Früchte wurden bisher viele Gymnocladus-chinensis-Saponine isoliert, von welchen einige mutmaßlich Isolierungsartefakte darstellen (Abb. 11). Die Monodesmoside A bis C haben eine Biose oder Triose an OH-3 und $2\beta,23$-Dihydroxyacaciasäure-28,21-lacton als Sapogenin [38]. Das Saponingemisch der Früchte ist äußerst komplex. Als erstes mutmaßlich genuines Saponin wurde D beschrieben; es hat $2\beta,23$-Dihydroxyacaciasäure als Sapogenin; dieses trägt 3 Zuckerketten, eine mit OH-3 verknüpfte, eine mit der 28-Carboxylgruppe veresterte, und eine esterartig mit OH-21 verknüpfte glykosidierte Hydroxymonoterpensäure; ein weiteres, sehr leicht abspaltbares Molekül Hydroxymonoterpensäure ist im Saponin D vorhanden; seine Verknüpfungsstelle ist aber noch nicht ermittelt [39; vgl. Abb. 11]. In den Saponinen D1, F2 und G ist die Arabinose im glykosidierten Hydroxymonoterpensäurerest durch 2-Methylbuttersäure (F2, G) oder durch 2-Methylbuttersäure und ein zweites Molekül 2-*trans*-6-Hydroxy-2,6-dimethyl-2,7-octadiensäure (D1) acyliert [40]. Es ist anzunehmen, daß derartige genuine Esterglykoside während der Isolation leicht partiell verseift werden, und, je nach Spaltung, zahlreiche neue Saponine liefern, welche eigentlich als Isolierungsartefakte zu gelten hätten; die Entscheidung genuine Verbindung oder Artefakt ist aber meistens nicht möglich, da bereits in den Zellen der Pflanze oder der untersuchten Droge derartige Spaltprodukte vorliegen können. Allerdings dürften die isolierten Saponingemische die einzelnen Komponenten in einem von demjenigen der Frischzellen abweichenden quantitativen Verhältnis enthalten.

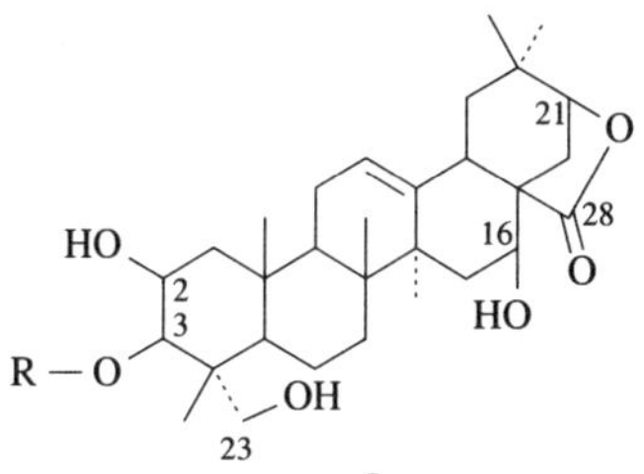

Abb. 11. Saponine, Monoterpenglykoside und 3-Hydroxy-4-methylglutaminsäuren von *Gymnocladus*

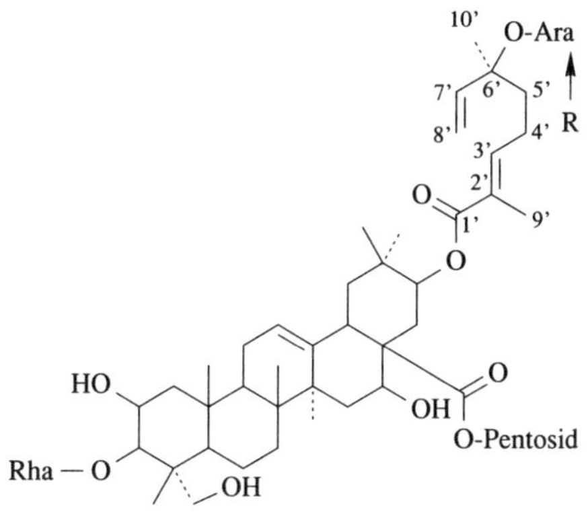

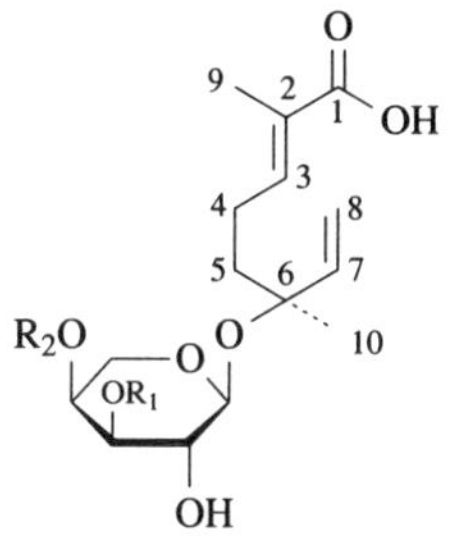

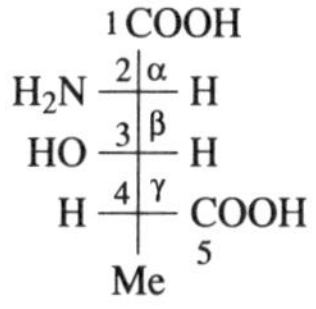

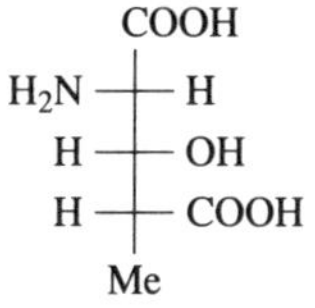

I = Gymnocladussaponine -A, -B und -C: $C_{41}H_{64}O_{15}$ (R = Ara-Glc →), $C_{42}H_{66}O_{16}$ (R = Glc-Glc →) und $C_{46}H_{72}O_{19}$ (R = Xyl-Ara-Glc →); Sapogenin, $C_{30}H_{46}O_6$ = 2β,23-Dihydroxyacaciasäure-28,21-lacton ● II = Gymnocladussaponin-D, $C_{89}H_{142}O_{41}$ (R = Monoterpensäure [*trans*-6-Hydroxy-2,6-dimethyl-2,7-octadiensäure]-Rest; Verknüpfungsstelle noch nicht festgelegt; hier aufgrund der Strukturen der Saponine D1, F1, F2, E und G Acylierung der Arabinose angenommen) ● III = 6-Arabinosid der *trans*-6-Hydroxy-2,6-dimethyl-2,7-octadiensäure ($R_1 = R_2 = H$), $C_{15}H_{24}O_7$, und Derivat, $C_{26}H_{42}O_{13}$, mit R_1 = Glucosyl und R_2 = 2-Methylbuttersäurerest (CO–CH[Me]–CH_2–Me) ● IV und V = Zwei isomere 3-Hydroxy-4-methylglutaminsäuren

III = Monoterpenglykoside

– *G. dioicus* (= *G. canadensis*) hat mächtiges, galaktomannanhaltiges Endosperm (Abb. in Ref. [5] auf S. 116 von Bd. XIa) mit etwa 17% Galaktose [41]. Die von Samen befreiten und entfetteten Früchte lieferten 3,9% Rohsaponin, welches bei der Totalhydrolyse das 28,21-Lacton der 2β,23-Dihydroxyacaciasäure lieferte [42]; offensichtlich enthält die amerikanische Art ähnliche Fruchtsaponine wie die ostasiatische Art. *G. dioicus* gilt als toxisch (Insekten, Vertebraten) und enthält mutmaßlich toxische, nichtproteinogene Aminosäuren. Nachkontrolle von Extrakten aus Blatt, Perikarp und Samen gab keine Hinweise für Vorkommen von bereits bekannten toxischen Aminosäuren [43]. Dagegen lieferten 139 g entfettete Samenkerne 12,2 g freie Aminosäuren mit Asparagin-, Glutamin-, 5-Hydroxypipecolinsäure und zwei unbekannten ninhydrinpositiven Körpern G 1 und G 2 als Hauptkomponenten und geringeren Mengen Arginin, Prolin, Pipecolinsäure und zwei nichtidentifizierten Peptiden. G 1 (2,9 g) und G 2 (320 mg) wurden rein isoliert und als Stereoisomere von 3-Hydroxy-4-methylglutaminsäure, $C_6H_{11}O_5N$, charakterisiert [43] und später [44] konfigurativ geklärt; gleichzeitig wurde gezeigt, daß G 1 und G 2 in jungen Blättern aus L-Leucin entstehen können. Später konnten aus Samen noch zwei weitere saure Aminosäuren, 4-Methylglutaminsäure und 2-Aminoadipinsäure, $HOOC-CH_2-CH_2-CH_2-CH(NH_2)-COOH$, und die neutralen Aminosäuren Pipecolinsäure und annähernd 0,6 % eines Gemisches von cis- und trans-5-Hydroxypipecolinsäure isoliert werden [45]. Vgl. zu den Aminosäuren von *Gymnocladus* ebenfalls Tabelle 5.

Für weitere Angaben zu der Gattung wird nach dem taxonomischen Index in Bd. XI a verwiesen.

Literatur und Bemerkungen

[1] J. PACLT, *G. caspia, not a distinct species*, Taxon *31*, 336–339 (1982). Hier wird DESFONTAINES Epitheton *caspica* in das angeblicherweise grammatikalisch richtige *caspia* abgeändert (überflüssige Änderung!); *On the repeatedly confused nomenclature of chinese species of Gleditsia (Caesalpiniaceae)*, ibid. *31*, 551–553 (1982): Die Rangfrage (Species oder infraspezifische Einheiten) wird offengelassen: *G. microphylla, sinensis* und *horrida* sensu Makino; als weitere Binomina werden *G. officinalis* Hemsl., *G. macracantha* Desf. und *G. xylocarpa* Hance erwähnt; *A note of Triaenodendron, with new combinations in Gleditsia (Caesalpiniaceae)*, ibid. *33*, 100–101 (1984). Nachweis, daß die durch HABERLANDT (z. B. *Physiologische Pflanzenanatomie*, 4. Aufl., Leipzig 1909, S. 435) beschriebenen Lentizellen zu *Triaenodendron caspicum* zu *Gleditsia caspica* gehören; der Genusname *Triaenodendron* wurde durch ENDLICHER nie gültig publiziert, sondern nur in einem Katalog des Wiener Botanischen Gartens aufgeführt; es handelt sich demnach um ein *nomen nudum*. ● [2] A. S. CEREZO, *The constitution of a galactomannan from the seed of Gleditsia amorphoides*, J. Org. Chem. *30*, 924–927 (1965). ● [3] G. DARDENNE et al., PHYCHEM *13*, 2195–2199 (1974). Aus 2 kg Samen 1360 mg G 1, 140 mg G 3 und 31 mg 4-Methylglutaminsäure rein erhalten. ● [4] G. DARDENNE et al., PHYCHEM *13*, 1515–1517 (1974). 160 mg $C_{11}H_{18}N_2O_5$ aus 2 kg Samen. ● [5] I. T. TAIROV, *Extraction and chemistry of saponins from fruits of Gleditsia caspica*, CA *64*, 1901 (1966). ● [6] M. MITSUNO and M. YOSHIZAKI, J. Pharm. Soc. Japan *77*, 1204–1207 (1957). Mit 14 morphologischen und anatomischen Abb. der Früchte und Samen der zwei Taxa. ● [7] Eid., ibid. *77*, 557, 1208–1210 (1957). ● [8] J. W. CLARK-LEWIS und M. MITSUNO, *The identity of gleditsin and mollisacacidin*, JCS *1958*, 1724. Ist 3,4,7,3′,4′-Pentahydroxyflavan, also ein Leucoanthocyanidin oder Flavan-3,4-diol und gleichzeitig ein Derivat eines 5-Desoxyflavonoids. ● [9] M. YOSHIZAKI et al., CHPHBUL *25*, 3408–3409 (1977). Ausbeuten aus 500 g getrockneten Blättern: 200 mg Lu-7-glc, 25 mg Isoquercitrin, 200 mg Vitexin, 100 mg Isovitexin, 50 mg Orientin und 400 mg Homo-orientin (= Iso-orientin); die gleichen 6 Flavonoide wurden auch aus einem Blattmuster von *Gleditsia sinensis* erhalten. ● [10] H. MORIMOTO and H. OSHIO, CHPHBUL *11*, 1320–1322 (1963). 0,01 % aus getrockneten jungen Blättern und 0,0001 und 0,0005 % aus trockener Rinde und trockenen Früchten; Ernte von Blatt und Rinde im Mai; im Juli geerntete Blätter und Rinde waren praktisch alkaloidfrei. ● [11] K. KITAMURA, CA *53*, 20 844 (1959). ● [12] T. KONOSHIMA et al., *The structure of prosapogenin*

obtained from the saponin of Gleditsia japonica, PHYCHEM *20*, 139–142 (1981). Erwähnung der zwei Chemodeme des Taxons; Untersuchung der Früchte der Form „saponifera" (= Japanische Droge SOKYO); Struktur des durch GS-B, -C und -D mit KOH gelieferten Prosapogenins = Echinocystsäure-3-triosid (Xyl → Ara → Glc →); eid., CHPHBUL *28*, 3473–3478 (1980); *29*, 2695–2699 (1981); *30*, 2747–2760, 4082–4087 (1982). Definitive Strukturen von GS-B, -C, -G, -I und -D2 und der Desmonoterpenylsaponine-GS-C, -E und -G (= Saponine-C′, -E′ und -G′). ● [13] Y. OKADA et al., PM *40*, 185–192 (1980); H.-R. SCHULTEN et al., ibid. *46*, 67–73 (1982); T. OKUYAMA et al., ibid. *46*, 74–77 (1982). ● [14] K. LARSEN et al., Ref. [4] auf S. 47. ● [15] NGUYEN DANG TAM, *Sur les bokétonosides, saponosides du boket ou Gleditsia fera Merr. (australis Hemsl.; sinensis Lam.)*, CR *264*C, 121–124 (1967). ● [16] BIK HAI et al., CA *78*, 108 219 (1973). Aus Früchten oder Samen („Beans") isoliert. ● [17] GWEI-DJEN LU and J. NEEDHAM, *Medieval preparations of urinary steroid hormones*, Nature *200*, 1047–1048 (1963). Diese Mitteilung veranlaßte die Arbeit [15]. ● [18] LOUIS und MARY FIESER, *Organische Chemie*, Verlag Chemie, Weinheim 1965. S. 1618: Androstenolon wird durch Digitonin gefällt, Androsteron dagegen nicht. ● [19] R. FISCHER, *Praktikum der Pharmakognosie*, Springer-Verlag, Wien 1942. Saponinanalytik S. 331–335, 358–361; 5. Auflage erschienen unter dem Titel *Drogenanalyse* (bearbeitet von R. FISCHER und Th. KARTNIG), Wien 1978; Saponine S. 420–423. ● [20] K. WEINGES, *The occurrence of catechins in fruits*, PHYCHEM *3*, 263–266 (1964). ● [21] K. WEINGES und K. SEILER, Liebigs Ann. Chem. *691*, 181–185 (1966). ● [22] D. I. PANOVA and E. S. GEORGIEVA, *Study of the flavonoid composition of Gleditschia triacanthos leaves*, Dokl. Bolg. Akad. Nauk. *25*, 71–74 (1972). ● [22a] MICHÈLE CHADENSON et al., *Sur les constituants flavoniques du févier (Gleditschia triacanthos)*, CR *240*, 1362–1364 (1950). ● [23] K. HILLER und G. VOIGT, *Neue Ergebnisse in der Erforschung der Triterpensaponine* (Übersicht: *G. triacanthos* S. 374), Pharmazie *32* (1977). ● [24] B. J. CAMP and M. J. NORVELL, *The phenylethylamine alkaloids in native range plants*, Econ. Bot. *20*, 274–278 (1966). ● [25] A. S. BELIKOV et al. (1954), ex H.-G. BOIT, l.c. Bd. I, *33*, und KARRER-CHERBULIEZ-EUGSTER 1977 (No. 4421, S. 848), l.c. Bd. VII, 14. ● [26] D. PANOVA et al., Pharmazie *26*, 493–494 (1971). Blätter therapeutisch als Spasmolyticum verwendet; auch Alkane und Alkanole isoliert. ● [27] A. CAVÉ et al., *Identité de la triacanthine, de la togholamine et de la chidlovine*, Ann. Pharm. Franç. *20*, 285–292 (1962). Richtige Struktur; Triacanthin hat vermutlich auch kinetinartige Wirkung. ● [28] R. DENAYER et al., *Structure et synthèse de la triacanthine*, CR *253*, 2994–2996 (1961). Ist γ,γ-Dimethylallyl-3-adenin. ● [29] M. KUCERA, *Semen Gleditschiae, ein neuer pharmazeutischer Rohstoff*, Pharmazie *11*, 594–598 (1956). Morphologie und Anatomie der Samen mit 4 Abb.; Gewinnung des Endospermmehls nach speziell ausgearbeitetem Verfahren; Eigenschaften des Endospermschleimes. ● [30] H. POURRAT et al., *Préparation et contrôle des galactomannanes des graines de Gleditschia triacanthos*, Ann. Pharm. Franç. *24*, 69–72 (1966). Der Endospermschleim ist für pharmazeutische Zwecke gut geeignet. ● [31] M. GORET, *Sur la composition de l'albumen de la graine de Févier d'Amerique (Gleditschia triacanthos)*, CR *131*, 60–63 (1900). ● [32] C. LESCHZINER and A. S. CEREZO, *The structure of a galactomannan from the seed of Gleditsia triacanthos*, Carbohydrate Res. *15*, 291–299 (1970). 15–20% Galaktomannan aus Samen; Man-Gal-Ratio ist etwa 7:2; ADRIANA E. MANZI et al., *The galactomannan system from the endosperm of the seed of Gleditsia triacanthos*, ibid. *125*, 127–143 (1984). Fraktionierte H_2O-Extraktion bei Zimmertemperatur, 50° und 95°; separate Analyse der Extrakte; die Man-Gal-Ratio der durch stufenweise Alkoholpräzipitation gewonnenen Galaktomannane variierte zwischen 2,0 und 4,2; alle so gewonnenen Galaktomannane enthielten wenig Xyl und Ara, welche als Endgruppen von Galaktoseseitenketten vorhanden sein dürften; ADRIANA E. MANZI and A. S. CEREZO, *The galactomannan-like oligosaccharide from the endosperm of the seeds of Gleditsia triacanthos*, ibid. *134*, 115–131 (1984). Analyse der in 85% EtOH löslichen Oligosaccharide des Endosperms; Polymerisationsgrad im Mittel 15; Man-Gal-Ratio 1,5–2,6:1; einige Seitenketten werden durch Arabinofuranose oder durch Fucopyranose beendet. ADRIANA E. MANZI et al., *High resolution ^{13}C-N.M.R. spectroscopy of legume-seed galactomannan*, ibid. *148*, 189–197 (1986). Analyse von 5 verschiedenen Galaktomannanen aus Samen von *Gleditsia triacanthos*. ● [33] I. MALLETT et al., *Galactomannan changes in developing Gleditsia triacanthos seeds*, PHYCHEM *26*, 1889–1894 (1987). Inaktivierung von α-Galaktosidasen und β-Mannanasen vor der Wasserextraktion ist nötig, um genuine Galaktomannanfraktionen zu erhalten. ● [34] MARIA N. MAZZINI and A. S. CEREZO, *The carbohydrate and protein composition of the endosperm, embryo and testa of the seed of Gleditsia triacanthos*, J. Sci. Food Agric. *30*, 881–891 (1979). ● [35] A. SCHNABEL and J. L. HAMRICK, *Organization of genetic diversity within and among populations of Gleditsia triacanthos (Leguminosae)*, Amer. J. Bot. *77*, 1060–1069 (1990). ● [36] P. J. PETERSON and L. FOWDEN, *The biosynthesis of γ-substituted glutamic acids in Gleditsia triacanthos*, PHYCHEM *11*, 663–673 (1972). ● [37] T. KONOSHIMA and T. SAWADA, CHPHBUL *32*, 2617–2621 (1984). ● [38] T. KONOSHIMA et al., ibid. *32*, 4833–4841 (1984). Isolation und Struktur der Saponine A bis C. ● [39] Eid., ibid. *33*, 4732–4739 (1985). Isolation und Struktur von Saponin D. ● [40] Eid., ibid. *35*, 46–52, 1982–1990 (1987). Isolation und Strukturen der Gymnocladus-Saponine F1, F2, D1, E und G. ● [41] E. B. LARSON and F. SMITH, J. Amer. Chem. Soc. *77*, 429–432 (1955). ● [42] R. M. PARKHURST et al., PHYCHEM *19*, 273–275 (1980). Die Autoren vermuten, daß das Lacton während der sauren Hydrolyse aus dem genuinen Sapogenin, der 2β,23-Dihydroxyacaciasäure, entsteht. ● [43] G. A. DARDENNE et al., PHYCHEM *11*, 787–790 (1972). Isolation und Eigenschaften. ● [44] G. A. DARDENNE et al., ibid. *11*, 791–797 (1972). Stereostruktur. ● [45] J. DESPONTIN, PHYCHEM *16*, 387–388 (1977).

HAEMATOXYLUM – HOFFMANNSEGGIA

Haematoxylum hat drei Arten, *H. campechianum* L. (Mittelamerika, Karibik), *H. brasiletto* Karsten (Mexico), aus dessen Holz Brasilin gewonnen wird, und *H. dinteri* Harms in Namibien (Afrika). Späne des roten Kernholzes von *H. brasiletto* werden in Mexiko zur Desinfektion von Trinkwasser verwendet; es enthält wasserlösliche und bakterizid wirkende Bestandteile, als deren wichtigster Brasilin erkannt wurde [1, 2]; Splintholz und Rinde enthalten diese bakterizide Komponenten nicht [1]. Brasilin ist auch aus dem Kernholz verschiedener *Caesalpinia*-Arten (vgl. bei *C. sappan*) bekannt, wird leicht zum rotgefärbten Brasilein oxidiert [1], und ist mit dem Haematoxylin von *H. campechianum* nahe verwandt (Abb. 7). – Kernholz von *H. campechianum* ist als Blauholz oder LOGWOOD bekannt; es ist seit langem die Quelle des Farbstoffes Haematoxylin. Holzextrakte von dieser Art werden nicht nur zum Färben und zur Wasserdesinfektion, sondern auch zum Süßen verwendet [3]. Aus 125 g Holz wurden 80 mg gelbe, süßschmeckende Kristalle (**1**), 115 mg bitter schmeckende Kristalle (**2**) und 168 mg geschmackloses Rohprodukt **3**, welches 60 mg reinen Tetramethylether **3'** lieferte, erhalten [3]. Der Süßstoff erwies sich als identisch mit Haematoxylin (Abb. 7); der Bitterstoff wurde Haematoxylol-A genannt, und als 4-Hydroxyprotosappanin-A (vgl. Abb. 7) charakterisiert; der geschmacklose Stoff, der bisher allerdings erst nach Methylierung als **3'** isoliert wurde, entspricht dem 4-Hydroxyprotosappanin-B [3]. PERKIN [4] isolierte aus Blättern von Jamaica Quercetin, das durch geringe Mengen Myricetin verunreinigt war, und etwa 10% Gerbstoff, der bei Hydrolyse Gallussäure lieferte. 1,2,3,4,6-Pentagalloylglucose und 19 weitere phenolische Verbindungen aus Zweigen [6].

Vgl. den taxonomischen Index von Bd. XIa für weitere Angaben über *Haematoxylum* und für Aminosäuren Tabelle 5.

Hoffmannseggia: Amerikanische Gattung mit etwa 25 Arten. *H. intricata* lieferte die zum 3-Benzyliden-4-chromanon-Typ (vgl. II auf Abb. 7) gehörenden Homoisoflavonoide Intricatin und Intricatinol [5].

Vgl. auch taxonomischen Index in Bd. XI a und für Aminosäuren Tabelle 5.

Literatur und Bemerkungen

[1] R. PRATT and Y. YUZURIHA, *Antibacterial activity of the heartwood of Haematoxylum brasiletto,* J. Amer. Pharm. Assoc. *48,* 69–72 (1959). ● [2] J. CRAIG et al., *Isolierung und Stereochemie des antibakteriellen Prinzips* (i.e. Brasilin) *aus Haematoxylum brasiletto,* Angew. Chemie *76,* 794 (1964). ● [3] H. MASUDA et al., *Chemical study of Haematoxylum campechianum: A sweet principle and new Dibenz[b,d]oxocin derivatives,* CHPHBUL *39,* 1382–1384 (1991). ● [4] A. G. PERKIN, *The leaves of Haematoxylum campechianum,* JCS, Transactions *77,* 426–427 (1900). ● [5] M. E. WALL et al., *Plant antimutagens. Intricatin and intricatinol, new antimutagenic homoisoflavonoids from Hoffmannseggia intricata,* JNP *52,* 774–778 (1989) ● [6] N. H. EL-SAYED et al., BIOCHSE *22,* 763–764 (1994). U. a. E, K, Q, IRh, Rhamnetin und Glykoside der Flavonole und phenolische Benzoe- und Zimtsäuren.

MELANOXYLON – MORA

Melanoxylon ist ein artenarmes Genus des Amazonasgebietes. Bei der Analyse von Kern- und Splintholz und Rinde von *M. brauna* wurden Lupeol, Lupenon (Rinde) und Betulinsäure (Splintholz) und Phytosterine und vier Emodinderivate aus allen drei Pflanzenteilen isoliert [1, 2].

Vgl. auch im taxonomischen Index zu Bd. XI a.

Mora: Etwa 6 Arten in Westindien und tropisch Südamerika. *M. excelsa* (MORA) und *M. gongrijpii* (MORABUKEA) liefern wertvolles Holz. TER STEEGE [3] publizierte eine forstkundliche Monographie dieser wertvollen Nutzpflanzen der Guianas. In der Blattanatomie unterscheiden sich *Mora*-Arten (untersucht *M. excelsa, gongrijpii, megistosperma* [= *oleosa*] und *paraënsis*) durch das Vorkommen von Kieselsäuregranulaten in einzelnen Zellen der Epidermis deutlich von Arten der verwandten Gattung *Dimorphandra* [Ref. 22 sub *Dimorphandra*]. Die Handelshölzer MORA und MORABUKEA enthalten viel Saponin [4]. Hauptsapogenin von MORA ist Morolsäure, ein Doppelbindungs-Isomer ($\Delta 18$, statt $\Delta 12$) der Oleanolsäure [5]. Das Saponingemisch aus MORABUKEA-Holz hat Oleanolsäure als Hauptsapogenin und enthält Komponenten mit unterschiedlichen Zuckerketten, welche durch Glc, Xyl und teilweise auch Gal gebildet werden [6, 7]. Aus Holz von *M. paraënsis* wurde 5-Methylmellein (10 ppm; könnte sich um Pilzmetabolit handeln [8]) isoliert. *Mora*-Samen sind sehr bitter und sollen toxisch und insektenresistent sein; sie sollen viel Tannin enthalten; trotz der bitteren und toxischen Eigenschaften werden sie nach entsprechender Behandlung als Nahrung verwendet [3]; das saponinhaltige Holz wird selten als Fischgift gebraucht, und die gerbstoffreiche Rinde dient zum Gerben und zu arzneilichen Zwecken; aus jungen Zweigen bereitete Fasern finden zur Herstellung von Fackeln Verwendung [3]. Wurzeln von *Mora*-

Arten leben in Symbiose mit Pilzen (Mycorrhiza: VAM oder Ecto-Mycorrhiza); dagegen widersprechen sich die Angaben über Vorkommen von Nodulation [3]. Vgl. auch im taxonomischen Index zu Bd. XI a.

Literatur und Bemerkungen

[1] O. R. GOTTLIEB et al., *As antraquinonas do Melanoxylon brauna*, An. Acad. Brasil. Ciênc. *42* (Suplemento), 73–76 (1970). Physcion-8-methylether, ω-Hydroxyemodin-6,8-dimethylether, 7-Hydroxyphyscion-8-methylether und 2,7-Dihydroxyemodin-8-methylether. ● [2] O. R. GOTTLIEB et al., *The anthraquinones of Melanoxylon brauna*, PHYCHEM *10*, 1379–1383 (1971). ● [3] H. TER STEEGE, *A monograph of Wallaba, Mora and Greenheart*, Tropenbos, Technical Series 5, The Tropenbos Foundation, Ede, The Netherlands 1990. *Rhizosphere* (hier Mycorrhiza und Nodulation) 46–50; *Herbivory* 50 (mit Beobachtungen an *Mora megistosperma* in Costa Rica und eigenen Beobachtungen bei *M. excelsa* und *M. gongrijpii*); *Wood characteristics and uses* (*Mora* 116–118). ● [4] R. H. FARMER and W. G. CAMPBELL, *Isolation of saponin from the heartwood of the Mora tree and of a related species, Morabukea*, Nature *165*, 237 (1950). *Mora excelsa*-Holz von British Guiana enthielt je nach Muster 2,8–9,6% Saponin. ● [5] D. H. R. BARTON and C. J. W. BROOKS, J. Amer. Chem. Soc. *72*, 3314 (1950); JCS *1951*, 257–277. Struktur von Morolsäure, dem Hauptsapogenin von *Mora excelsa*. ● [6] R. A. LAIDLAW, JCS *1954*, 752–757. Ein Hauptsaponin aus Holz von *Mora gongrijpii* hatte Oleanolsäure als Sapogenin und die Zucker Gal, Xyl und Glc im ungefähren Verhältnis 1:4:7. ● [7] R. H. FARMER and R. A. LAIDLAW, JCS *1955*, 4201–4205. Das Saponingemisch aus einem anderen Holzmuster war praktisch galaktosefrei, und Xyl und Glc waren im Verhältnis 4:9 vorhanden. ● [8] M. A. DE ALVARENGA et al., *Dihydroisocoumarins and phthalide from wood samples infested by fungi*, PHYCHEM *17*, 511–516 (1978).

PARKINSONIA – PTEROLOBIUM

Parkinsonia: Amerikanisch-afrikanische Gattung, in welche bei POLHILL-RAVEN *Cercidium* einbezogen wurde. Etwa 15 Arten. Einigermaßen gut untersucht ist bisher nur die zentral- und südamerikanische Art *P. aculeata*, welche andernorts viel als Zier- und Nutzbaum kultiviert wird. Blätter und Blüten sind reich an Flavonen und Flavon-C-glucosiden [1–3]. Aminosäuren vide Tabelle 5.

Für weitere Angaben zu *Parkinsonia* vgl. im taxonomischen Index zu Bd. XI a und bei *Cercidium*.

Peltophorum: Mehr oder weniger pantropische, aber artenarme Gattung. Einigermaßen gut untersucht sind nur *P. africanum* und *P. pterocarpum*. *Peltophorum africanum* von Südafrika und angrenzenden Ländern produziert ein toxisches Gummi, das auch therapeutische Anwendung findet, und hat rotes Kernholz, aus welchem viel Bergenin, 11-Galloylbergenin, zwei epimere (4 → 6)-Bis-Fisetinidole, Fisetinidol, Fisetin, ein neues Cyanomaclurin-Analogon (vgl. Abb. 12) und zwei bereits aus *Acacia mearnsii* bekannte [3,4':3',4]-O–O-gebundene Profisetinidine isoliert wurden [4]. Rinde lieferte Bergenin, Norbergenin und 11-*p*-Cumaroylbergenin [5]. Blätter und Blüten enthalten 3-Glykoside der Flavonole K, Q und M und Monogalloylderivate derselben, das C-Glucoxanthon Mangiferin (Blatt) und Gallus- und Chlorogensäure. Blüten lieferten zusätzlich Herbacetin-3-galaktosid

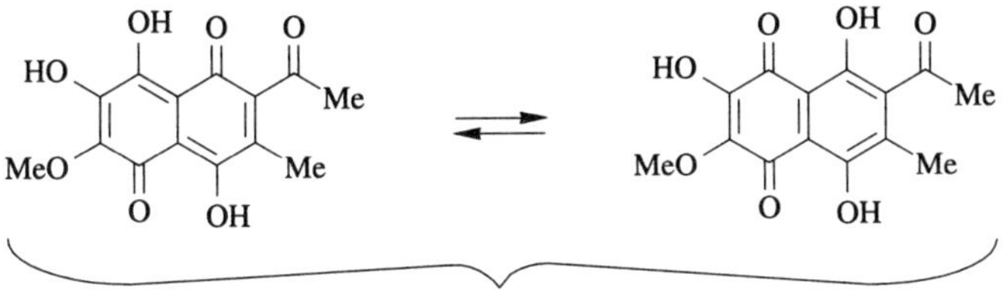

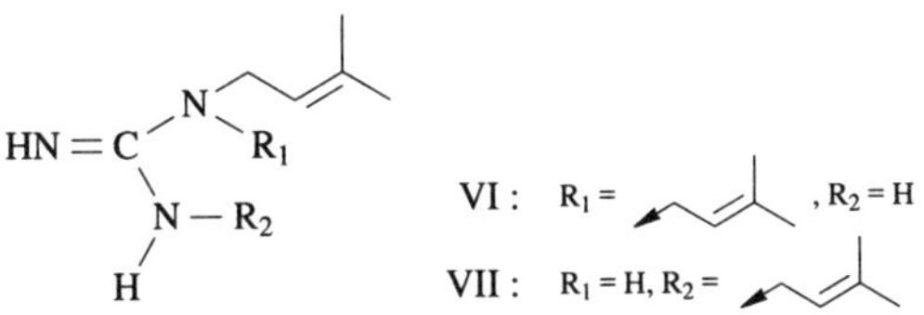

Abb. 12. Aus einigen Genera der *Caesalpinieae* bekannt gewordene Inhaltsstoffe

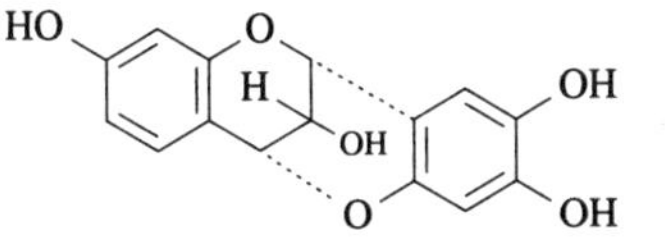

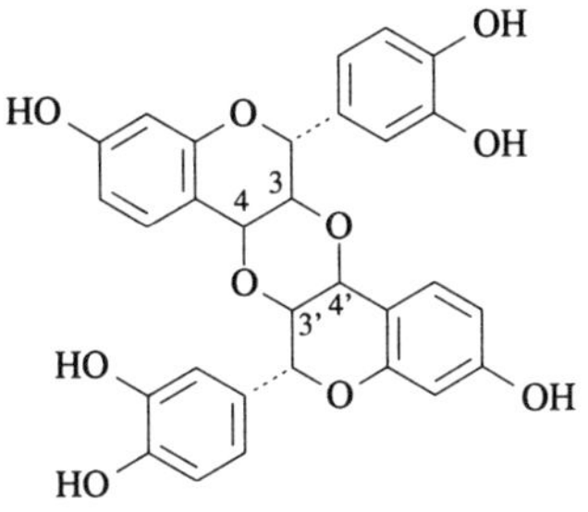

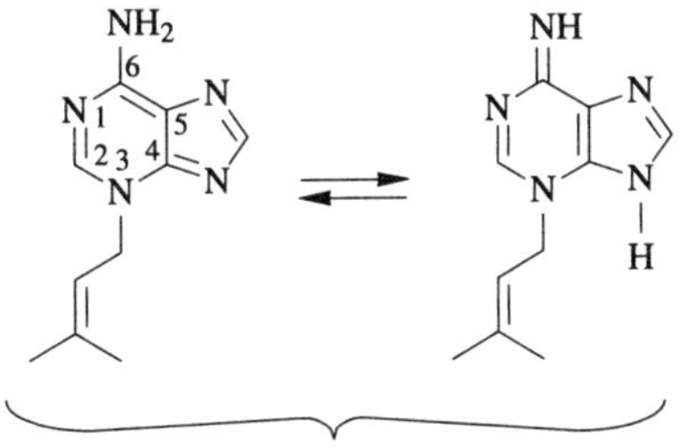

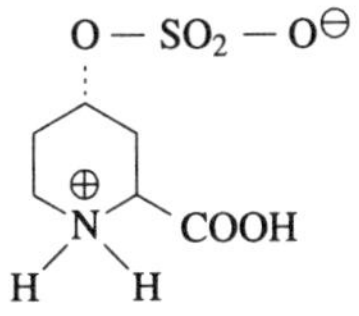

I = Cordeauxiachinon, $C_{14}H_{12}O_7$ (zwei tautomere Formen) ● II = Cyanomaclurin-Analogon aus *Peltophorum africanum* ● III = [3-O-4'; 3'-O-4]-gebundenes Proofisetinidin aus Holz von *Peltophorum africanum* (ist auch von *Acacia mearnsii* bekannt) ● IV = Triacanthin, $C_{10}H_{13}N_5$ (zwei tautomere Formen) ● V = Schwefelsäureester von *trans*-4-Hydroxypipecolinsäure, $C_6H_{11}NSO_6$, aus *Peltophorum africanum* ● VI = Pterogynin und VII = Pterogynidin, beide $C_{11}H_{21}N_3$, aus *Pterogyne nitens*

[6, 7]. Aus Samen wurden etwa 0,4% des stark sauren *trans*-4-Hydroxypipecolinsäuresulfates (= U2 von Tabelle 5; vgl. Abb. 12) isoliert [8]; diese nichtproteinogene Aminosäure scheint für die Gattung charakteristisch zu sein; sie wurde auch in Samen von *P. adnatum* (Westindien), *dubium* (Südamerika), *pterocarpum* (inkl. *ferrugineum* und *inerme*: Südost-Asien bis Nordaustralien; viel kultiviert) und in geringeren Mengen in denen des indochinesischen *P. dasyrrhachis* (Miq.) Kurz var. *tonkinensis* (Pierre) K. et S. S. Larsen nachgewiesen; nur in Samen von *P. dasyrrhachis* var. *dasyrrhachis* (Nomenklatur nach Ref. [4] auf S. 47) wurde diese Säure nicht beobachtet; auch in den mit *Peltophorum* verwandten Taxa *Batesia floribunda*, *Campsiandra comosa* und *laurifolia* und *Vouacapoua americana* scheint dieser Schwefelsäureester nicht vorzukommen [9]. – *P. pterocarpum* (A. P. DC.) Backer ex Heyne (= *inerme* [Roxb.] Naves = *ferrugineum* [Decne] Bentham) enthält ebenfalls Bergenin in Blüten und Rinde (vgl. Bd. XIa, 242 und Formel III auf S. 246); die Rinde enthält daneben etwa 20% Gerbstoff und lieferte ein neues Leucoanthocyanidinglykosid [9]; aus Blüten wurden Sitosterin und Lupeol isoliert [10].

Für weitere Angaben zu *Peltophorum* vide Tabelle 5 und im taxonomischen Index zu Bd. XIa.

Pterogyne nitens bildet die monotypische Gattung *Pterogyne*. Aus der Rinde wurden die zwei isomeren Alkaloide oder Protoalkaloide Pterogynin und Pterogynidin gewonnen (Abb. 12); sie sind isoprenylierte Guanidinderivate, wie sie auch von *Alchornea* (*Euphorbiaceae*, Bd. VIII, 453, 450: Formeln XIV und XV) bekannt sind [11].

Für weitere Angaben zu *Pterogyne* vide im taxonomischen Index zu Bd. XIa.

Pterolobium: Afrikanisch-asiatische Gattung mit annähernd 10 Arten. Aus dem Stamm von *P. hexapetalum* wurden in Indien die Stilbene Resveratrol und sein Trimethylether, Pterostilben, Methylgallat und sein Trimethylether und unsubstituiertes Phenanthren isoliert [12].

Für weitere Angaben zu *Pterolobium* vide Tabelle 5 und im taxonomischen Index zu Bd. XIa.

Literatur und Bemerkungen

[1] V. K. BHATIA et al., Current Sci. *34*, 634 (1965); Tetrahedron *22*, 1147–1152 (1966); PHYCHEM *6*, 1033–1034 (1967). Derivate von Lu-C-8-glucosiden, u. a. Parkinsonin-A und -B, aus Blättern und Blüten; Material in Indien gesammelt. ● [2] E. BESSON et al., PHYCHEM *19*, 2787–2788 (1980). In Indien gesammelte Blätter enthielten nur Orientin, Iso-orientin, Vitexin und Isovitexin; methylierte Glykoflavone nicht beobachtet. ● [3] N. H. EL-SAYED et al., *Luteolin-7,4'-dimethylether-6-C-glucoside from Parkinsonia aculeata*, PHYCHEM *30*, 2442 (1991). Außer dem im Titel erwähnten Pilloin-C-glucosid wurden auch Diosmetin-6-C-glucosid, Orientin, Iso-orientin, Vitexin, Isovitexin, Lucenin-II, Vicenin-II, die Flavone Ap, Lu und Chryseoriol und das Flavonol K aus in Ägypten gesammelten Blättern isoliert. ● [4] Vgl. Ref. [38] auf S. 242, 247, 252 von Bd. XIa. ● [5] Vgl. Ref. [39] auf S. 242, 247 und 252 von Bd. XIa. ● [6] A. E. A. EL SHERBEINY et al., PM *32*, 165–170 (1977). ● [7] N. H. EL-SAYED et al., Rev. Latinoamer. Quim. *18*, 56–57 (1987). ● [8] S. V. EVANS et al., *Sulfate ester of trans-4-hydroxypipecolic acid in seeds of Peltophorum*, PHYCHEM

24, 2593–2596 (1985). ● [9] M. K. U. VARMA et al., Bull. Central Leather Res. Institute Madras *2*, 204–209 (1956); Referat in J. Amer. Leather Chemists' Assoc. *51*, 401 (1956). Rinde mit annähernd 21% kondensierten Gerbstoffen („this bark may prove a good substitute for wattle"); K. LEELA and K. N. S. SASTRY, CA *61*, 10879 (1964); NEETA KHARE et al., Current Sci. *55*, 179–180 (1986): Neues Leucocyanidin-3-galaktosid. ● [10] I. P. VARSHNEY and N. K. DUBE, J. Indian Chem. Soc. *46*, 805–806 (1969). ● [11] RENÉE A. CORRAL et al., Experientia *25*, 1020–1021 (1969); JCS Chem. Commun. *1970*, 556. ● [12] R. J. KUMAR et al., PHYCHEM *27*, 3625–3626 (1988).

TACHIGALIA – ZUCCAGNIA

Tachigalia: Tropisch-amerikanische Gattung mit etwa 25 Arten. Das übelriechende Holz von *T. myrmecophila* enthält Skatol [1] und Gerbstoffe und aus Infloreszenzen von *T. paniculata* wurden Spuren Tryptamin und N-Methyltryptamin isoliert [2].

Vide auch taxonomischen Index in Bd. XIa.

Vouacapoua: Gattung mit 3 Arten in den Guianas und in Brasilien. Holz von *V. americana* und *macropetala* enthält Stilbene (vgl. Bd. XIa, 350–352) und die Cassanditerpene Vouacapensäuremethylester (Methylvouacapenat) und Vouacapenylacetat [3, 4], und im etherischen Holzöl von *V. americana* wurden Sesquiterpenkohlenwasserstoffe und -alkohole nachgewiesen [4].

Weitere Hinweise im taxonomischen Register zu Bd. XIa.

Wagatea spicata bildet die monotypische Gattung *Wagatea* von Indien. Die Wurzeln enthalten Bergenin (vgl. Bd. XIa, 242). Aus überirdischen Teilen wurden ebenfalls Bergenin und ferner Fettsäuren, Phytosterine und die Triterpene Epifriedelanol, Friedelin, Lupeol, Taraxerol und das Flavonol Quercetin isoliert [5].

Vgl. auch taxonomisches Register zu Bd. XIa.

Zuccagnia punctata bildet die monotypische Gattung *Zuccagnia* von Argentinien und Chile. Die Blätter werden durch ein harziges Exudat bedeckt, aus welchem 2 Chalkone, 2 entsprechende Flavanone und 2 entsprechende Flavonole isoliert wurden; alle sind 5-Desoxyflavonoide und haben einen unsubstituierten B-Ring [6].

Literatur und Bemerkungen

[1] R. F. A. ALTMAN, Inst. Nat. de Pesquisas da Amazonia, Publ. No. 2, Rio (1985). Im 6. Band von PIO CORREA (vgl. Ref. [16] auf S. 251 von Bd. XIa) wird von *Tachigalia myrmecophila* auf S. 169 berichtet ...*lenho duro e com mal cheiro*... ● [2] KAREN S. SVOBODA et al., *Indole alkamines from Tachigalia paniculata*, JNP *42*, 307–308 (1979). Nach den Autoren ist Tryptamin bereits aus folgenden Caesalpinioideen bekannt: *Burkea africana, Dicorynia guianensis* und *Petalostylis labicheoides*. ● [3] E. KING et al., JCS *1955*, 1117–1125; *1956*, 4477–4480. Strukturen der isolierten Stilbene und Diterpene. ● [4] D. B. SPOELSTRA, *Über das ätherische Öl und den krysallisierten Ester* (= Vouacapensäure-methylester) *aus dem Kernholz von Vouacapoua americana Aubl.*, Rec. Trav. Chim. Pays-Bas *49*, 226–236 (1930). Analyse des

in Mengen von 1,5% erhaltenen etherischen Holzöles. ● [5] V. LAKSHMI, Intern. J. Crude Drug Res. *20*, 87–88 (1982). ● [6] R. PEDERIVA and O. S. GIORDANO, PHYCHEM *23*, 1340–1341 (1984). Hier Beschreibung der Isolation von 3,7-Dihydroxyflavon und 3,7-Dihydroxy-8-methoxyflavon; gleichzeitig Korrektur einer früheren Arbeit (An. Asoc. Quim. Argentina *63*, 85 [1975]), in welcher Isolation von 2′,4′-Dihydroxychalkon, 2′,4′-Dihydroxy-3′-methoxychalkon (= Larrein) und 7-Hydroxyflavanon und 7-Hydroxy-8-methoxyflavanon (= Isolarrein) aus *Larrea nitida* beschrieben wurde; damals war die Stammpflanze verkehrt identifiziert worden; tatsächlich hatte es sich um *Zuccagnia punctata* gehandelt; deshalb sollten die Trivialnamen für die OMe-Derivate gestrichen werden. Vgl. dazu auch Ref. [93] auf S. 231 in Bd. XIa.

C I.2. CASSIEAE

Die Tribus umfaßt nach POLHILL-RAVEN 20 Gattungen in 5 Subtribus; Hauptverbreitung in den Tropen und Subtropen.

Ceratoniinae : Nur *Ceratonia*.
Dialiinae: 13 Genera.
Duparquetiinae: Nur *Duparquetia orchidacea* in tropisch Westafrika.
Cassiinae: Nur *Cassia* s.l. mit etwa 600 Species, von welchen *C. hebecarpa* das südliche Canada erreicht.
Labicheinae: Nur die zwei artenarmen Gattungen *Labichea* und *Petalostylis* in Australien.

CERATONIINAE

Ceratonia: Umfaßt nur zwei immergrüne Arten von Holzpflanzen. *C. siliqua*, welche mutmaßlich ursprünglich nur im östlichen Teil des Mediterrangebietes vorkam, ist seit langem eine wichtige Kulturpflanze im ganzen Mittelmeerraum, und hat heute auch in semiariden Gegenden der südlichen U.S.A. und von Mittelamerika Bedeutung erlangt. Der Baum wird für seine Früchte (Johannisbrot, Karoben oder Karuben; LOCUST BEAN oder CAROB BEAN) und deren Samen kultiviert. Die Fruchtpulpa ist ein Futter- und Nahrungsmittel, eine Rascherei und wird auch medizinisch verwendet (Antidiarrhoicum), und das Endosperm der Samen liefert Karoben-Gummi (LOCUST oder CAROB GUM) [4, 5]. Angaben über die chemische Zusammensetzung von ganzen Früchten, Fruchtpulpa und Samen finden sich in [1–3] und [6–9]. Die zuckerreiche Pulpa der reifen Früchte enthält viel Fructose, Glucose und Saccharose und weniger Primverose (eine Xylosidoglucose) und Ceratose (eine von Saccharose verschiedene Fructosidoglucose) und Spuren Xylose. Im Laufe der Fruchtreifung von April bis Oktober ändert das Zuckerspektrum der Früchte stark: Nur Glc im April; Auftreten von Fru und Saccharose im Mai–Juni und von Xyl ab Juni; Erscheinen von Primverose im August; Ceratose erst in reifen Früchten nachweisbar [10]. Das auch Carubin genannte Galaktomannan aus dem Endosperm der Samen enthält 15–20% Gal und 85–80% Man; Carubin besteht aus Hauptketten von (1β-4)-gebundener Man, welche vorwiegend eingliedrige Gal-Seitenketten tragen [11]. Die ersten genauen Analysen des Karobenendosperms stammten von BOURQUELOT und HÉRISSEY [12]; diese Autoren beschrieben auch den Abbau der Galaktomannane durch die während der Samenkeimung auftretenden Fermente [13]. *Ceratonia*-Endospermschleim wurde auch vielfach zur Untersuchung des sogenannten Borax-Tests (vgl. dazu Bd. XI a, 106) verwendet. Ausführliche Besprechung von Karoben-Gummi [14]. Johannisbrot ist nur beschränkt als Futtermittel für Jungtiere brauchbar; es enthält Stoffe, welche die Entwicklung hemmen können. Solche Beobachtungen regten die genaue Analyse der Früchte an. Unreife, grüne Früchte enthalten viel PA (speziell PD) und daneben viel Gallotannine, von welchen 1β-Monogalloylglucose und 1β,6-Digalloylglucose kristallisiert erhalten wurden [15]. Grüne Früchte enthalten neben kondensierten und hydrolysierbaren Gerbstoffen mono- und oligomere PA, Catechin, Gallocatechin und Epicatechin und dessen 3-Gallat und wenig freie Gallussäure; in reifen Früchten fehlten Catechine und mono- und oligomere Proanthocyanidine, aber ihr Gehalt an freier Gallussäure hatte stark zugenommen; dies weist darauf hin, daß während des Reifungsprozesses die Gallotannine hydrolysiert werden und die Bausteine der kondensierten Tannine bei der Bildung von höher polymerisierten PA verbraucht werden [16]. Die Tannin-Fraktionen von unreifen und reifen Früchten hemmen die tierischen Verdauungsenzyme Trypsin, α-Amylase und Lipase stark; damit dürfte eine wahrscheinliche Erklärung für die nachteiligen Folgen eines zu hohen Anteils von Karobenpulpa in Jungtierfutter gefunden sein [17]. Die Kotylen enthalten ein Gemisch der Flavon-C-glykoside Schaftosid, Isoschaftosid, Neoschaftosid und der 4′-Glucoside der zwei erstgenannten Apigenin-di-C-glykoside [18]. Im Aroma der Fruchtpulpa wurden 169 flüchtige Verbindungen nachgewiesen, u.a. Hexansäure (= Capronsäure), 45% 2-Methylpropansäure (= Isobuttersäure) und über 10% Ester von aliphatischen Säuren [19].

Literatur und Bemerkungen

[1] J. E. COIT, *Carob or St. John's bread*, Econ. Bot. *5*, 82–96 (1951). Kulturpflanze, welche zur Bekämpfung von Bodenerosion in semi-ariden, warmen Gebieten geeignet ist. Versuche in Kalifornien; Verwendung von Karoben in den U.S.A. • [2] W. N. L. DAVIES, *The carob tree and its importance in the agricultural economy of Cyprus*, Econ. Bot. *24*, 460–470 (1970). Cyprus ist Hauptproduzent von Johannisbrot; der größte Teil der Ernte wird exportiert; Beschreibung der gegenwärtig bevorzugten Cultivars. • [3] JULIA F. MORTON, *Fruits of warm climates*, Creative Resource Systems, Inc., Winterville, N.C. 28590, 1987. *Ceratonia siliqua*, S. 121–124 + Farbtafel XV; *Tamarindus indica*, S. 115–121 + Farbtafel XIV: Geschichte, Ethnobotanik; agrarische Aspekte; heutige Bedeutung als Nutzpflanzen. • [4] ANNA LEWINGTON, l.c. Bd. XIa, 65. Bedeutung der Früchte für Schokoladenindustrie und Verwendung des Karobengummis für zahlreiche industrielle Zwecke. Hinweis auf die noch viel trockenheitsresistentere *Ceratonia oreotauma* (heute beinah ausgestorben; nur noch von zwei Standorten in Somalia und Arabien bekannt); sie soll in Züchtungsprogramme zur Erhöhung der Trockenheitsresistenz von *C. siliqua* aufgenommen werden. • [5] L. BÉZANGER-BEAUQUESNE et al. 1975, l.c. Bd. VII, 67. Fruchtpulpa als Antidiarrhoicum; Samenendosperm (Galaktomannane) als nicht verdauliche Schleimdroge (Magendarmfüllung bei Obesitas). • [6] A. L. WILLIAMS, *Locust kernel gum and oil*, Analyst *53*, 411–415 (1928). • [7] J. PRITZKER und R. JUNGKUNZ, *Über Johannisbrotkerne* (Semen Ceratoniae), Pharm. Acta Helv. *17*, 149–154 (1942). • [8] F. S. CALIXTO and J. CAÑELLAS, *Components of nutritional interest in carob pods (Ceratonia siliqua)*, J. Sci. Food Agric. *33*, 1319–1323 (1982). Gleichzeitig Literaturübersicht mit 62 Ref. • [9] MARIA P. MAZA et al., *Carob bean germ seed (Ceratonia siliqua). Study of the oil and protein*, J. Sci. Food Agric. *46*, 495–502 (1989). Analyse des Embryos der Samen; u.a. etwa 5% Lipide, gegen 50% Protein, 3,5% Chlorogensäuren, 0,5% Phytinsäure; 16:0, 18:1 und 18:2 sind Hauptfettsäuren der Samenlipide. • [10] K. WALLENFELS und J. LEHMANN, Chem. Ber. *90*, 1000–1007 (1957). Primverose und Ceratose isoliert und charakterisiert. • [11] F. SMITH, *The constitution of carob gum*, J. Amer. Chem. Soc. *70*, 3249–3253 (1948): 20% Gal, 80% Man; E. L. HIRST and J. K. N. JONES, JCS *1948*, 1278–1282: 16% Gal, 84% Man; C. W. BAKER and R. L. WHISTLER, *Distribution of D-galactosyl groups in guaran and locust-bean gum*, Carbohydrate Res. *45*, 237–243 (1975). *Cyamopsis tetragonoloba*-Galaktomannan hat regelmäßige und *Ceratonia*-Galaktomannan unregelmäßige Verteilung der Gal-Seitenketten über die β-Mannan-Hauptkette. • [12]

E. BOURQUELOT et H. HÉRISSEY, *Sur la composition de la graine de caroubier : production de galactose et de mannose par hydrolyse; Sur la composition de l'albumen de la graine de caroubier*, J. Pharm. Chim. [6] *9*, 153–160, 249–254 (1899). Methoden zur Isolierung des Samenendosperms (= etwa 40% der ganzen Samen) und zu dessen Analyse; enthält etwa 85% hemizellulosische (i.e. mit 4% H_2SO_4 hydrolysierbare) wasserlösliche Polysaccharide (Galaktane und Mannane oder Galaktomannane mit einem Galaktosegehalt von 16–20%) ● [13] Eid., *Germination de la graine de caroubier : production de mannose par un ferment soluble*, ibid. [6] *9*, 438–444 (1899); vgl. auch H. DEUEL, et al., *Über den enzymatischen Abbau von Carubin, dem Galactomannan aus Ceratonia siliqua*, Helv. Chim. Acta *33*, 942–946 (1950). α-Galaktosidasen; β-Mannanasen (und β-Mannosidasen; vgl. dazu Bd. XI a, 106). ● [14] F. ROL, *Locust bean gum*, S. 323–327 in Ref. [18] auf S. 117 von Bd. XI a. ● [15] S. ITO and M. A. JOSLYN, *Presence of several phenolic components in fruit proanthocyanidins*, Nature *204*, 475–476 (1964): Nach Hydrolyse der PA von grünen Karobenfrüchten mit 0,1 N HCl neben Catechinen auch Q, M und Ferulasäure nachgewiesen, und bei der Behandlung der PA mit starker Salzsäure viel D und wenig Cy erhalten; M. A. JOSLYN et al., *Leucoanthocyanins and related phenolic compounds of carob pods*, J. Sci. Food Agric. *19*, 543–550 (1968); H. NISHIRA and M. A. JOSLYN, *The galloyl glucose compounds in green carob pods*, PHYCHEM *7*, 2147–2156 (1968). ● [16] EDNA NACHTOMI and EUGENIA ALUMOT, *Tannins and polyphenols in carob pods*, J. Sci. Food Agric. *14*, 464–468 (1963). ● [17] T. TAMIR and EUGENIA ALUMOT, *Inhibition of digestive enzymes by condensed tannins from green and ripe carobs*, J. Sci. Food Agric. *20*, 199–202 (1969). ● [18] MARIA T. BATISTA and ELSA T. GOMES, PHYCHEM *34*, 1191–1193 (1993). ● [19] G. MACLEOD and F. FORCEN, *Analysis of volatile components derived from Carob bean, Ceratonia siliqua*, PHYCHEM *31*, 3113–3119 (1992).

DIALIINAE

Die Gattung *Apuleia* zählt nur wenige, nahverwandte Arten, die durch manche Autoren in einer einzigen polytypischen, in Südamerika weit verbreiteten Art, *A. leiocarpa* (inkl. *A. molaris* und *A. praecox*), zusammengefaßt werden. Ihr Holz lieferte Sitosterin, Pinit und 10 Derivate von 3,7,4'-Trimethoxyflavon, von welchen nur Ayanin und die Oxyayanine -A und -B bereits bekannt waren (Abb. 13); die Rinde lieferte Sitosterin und annähernd 0,06% des neuen Pterocarpans Leiocarpin (Bd. XI a: Formel III auf S. 224) [1]. Leiocarpin zeigt, daß Pterocarpane auch durch die Caesalpinioideen gebildet werden, und daß bei diesen Prenylierung von Aromaten ebenfalls möglich ist. Für weitere Angaben zu *Apuleia* vgl. im taxonomischen Register von Bd. XI a.

Ein Bericht von FREISE [2] über toxische und hautschädigende brasilianische Hölzer behandelt auch verhältnismäßig viele Leguminosen, worunter einige *Caesalpinia*-Arten, *Hymenaea courbaril*, *Melanoxylon brauna*, *Zollernia paraënsis*, *Apuleia ferrea* (= *Caesalpinia ferrea*) u. a.

Dialium ist eine pantropische Gattung mit schätzungsweise 40 Arten. Einige der asiatischen Arten liefern neben Holz auch eßbare Früchte (VERHEIJ and CORONEL, l.c. Bd. XI a, 82). Interessant ist die Beobachtung, daß Samen von *D. dinklagei*, *englerianum*, *guineense* und *ovoideum* viel Albiziin enthalten; diese nichtproteinogene Aminosäure war bisher nur von Mimosoideen bekannt [3]. Für weitere Angaben zur Gattung vgl. taxonomischen Index zu Bd. XI a.

Das tropisch-amerikanische Genus *Dicorynia* umfaßt eine polytypische Art, oder aber wenige nahe verwandte Arten, welche ein für Wasserbauten geeignetes, kieselsäurereiches (vgl. Bd. XI a, 386) Holz liefern. Als weitere Holzbestandteile von

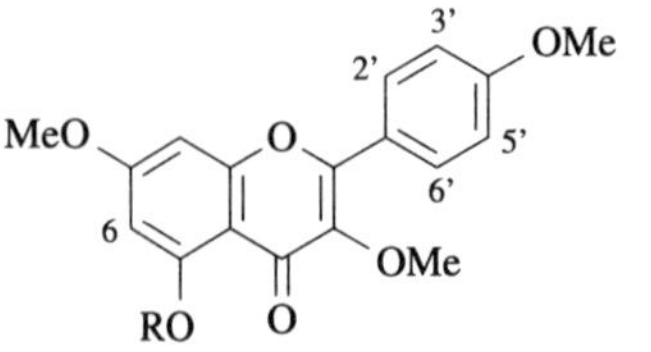

82   Dialiinae

	R	6	2'	3'	5'	6'
I	H	H	H	OH	H	H
II	H	H	OH	OH	H	H
III	H	H	OH	H	OH	H
IV	H	OH	H	OH	H	H
V	Me	OMe	OH	H	OH	H
VI	H	OH	OH	OH	H	H
VII	H	OH	H	OH	OMe	H
VIII	Me	OH	H	OH	OMe	H
IX	H	H	OMe	OMe	H	OMe

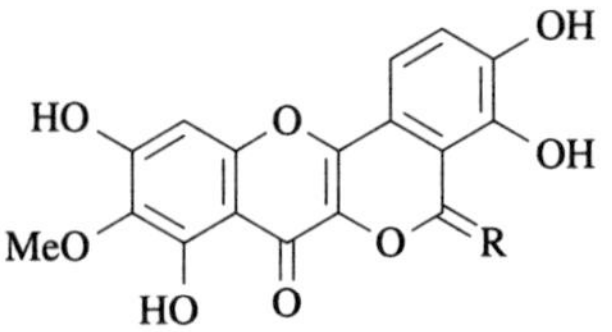

Abb. 13. Methylierte Quercetinderivate von *Apuleia* und *Distemonanthus*, und *Distemonanthus*-Peltogynoide

I = Ayanin (= Q-3,7,4'-trimethylether) • II = Apuleidin • III = Oxyayanin-A • IV = Oxyayanin-B • V = Apulein • VI = Apuleisin • VII = Apuleitrin • VIII = Apuleirin • IX = 5-Hydroxy-3,7,2',3',4',6'-hexamethoxyflavon • X = Die Peltogynoide Distemonanthin (R = O) und Benthamianin (R = H$_2$)

I–VIII aus *Apuleia leiocarpa*
I, III, IV und IX aus *Distemonanthus benthamianus*
I = Pentaoxygeniertes Flavon (aus *Distemonanthus*-Holz auch Q-3,5,3',4'-tetramethylether isoliert [8])
II–IV = Hexaoxygenierte Flavone
V–IX = Heptaoxygenierte Flavone

D. guianensis wurden Tryptamin und eine zweite, bisher nicht identifizierte Base nachgewiesen; dieses Holz ist im Handel als ANGÉLIQUE bekannt [4]. Weitere Angaben zu *Dicorynia* im taxonomischen Register von Bd. XI a.

Distemonanthus benthamianus von tropisch Westafrika ist die einzige Art ihrer Gattung; sie steht den oligotypischen, amerikanischen Gattungen *Apuleia* und *Dicorynia* nahe. Diese Verwandtschaft äußert sich auch in den Holzbestandteilen: Wie *Dicorynia* bildet *Distemonanthus* kieselsäurereiches Holz, und, wie *Apuleia*, führt *Distemonanthus* reichlich methylierte Quercetinderivate (Abb. 13), welche als Vorläufer der ebenfalls vorhandenen Peltogynoide Distemonanthin und Benthamianin aufgefaßt werden können, im Holz (vgl. dazu auch Bd. XI a, 222, und dort zitierte Literatur). Zu den ursprünglich (vgl. Ref. [81] auf S. 231 von Bd. XI a) beschriebenen 12 Quercetinderivaten und 2 Peltogynoiden wurden in jüngster Zeit aus einem Holzmuster aus Kamerun noch 5,6-Dihydroxy-3,7,2',4'5'-pentamethoxyflavon und dessen Dimethylether [5], 5'-Hydroxy-3,5,7,2',4'-pentamethoxyflavon [6], wenig 5-Hydroxy-3,7,2',3',4',6'-hexamethoxyflavon [7] und Quercetin-3,5,3',4'-tetramethylether und 5'-Hydroxy-3,5,7,2',4'-pentamethoxyflavon [8] isoliert. Für weitere Angaben vgl. taxonomisches Register in Bd. XI a.

Literatur und Bemerkungen

[1] R. Braz Filho et al., *A constituição da leiocarpina e de novas flavonas hepta-oxigenadas da Apuleia leiocarpa*, An. Acad. Brasil. Ciênc. *42* (Suplemento) 55–59 (1970); eid., PHYCHEM *10*, 2433–2450 (1971). ● [2] F. W. Freise, *Gesundheitsschädigungen durch Arbeiten mit giftigen Hölzern. Beobachtungen aus brasilianischen Gewerbebetrieben,* Archiv für Gewerbepathologie und Gewerbehygiene *3*, 1–14 (1932). Auch wenn die genaue botanische Zuordnung der besprochenen Holzarten z. T. fehlerhaft ist, zeigt diese Arbeit doch deutlich, daß in vielen Leguminosenhölzern biologisch hochaktive Verbindungen vorkommen. Später besprach Freise ein giftiges brasilianisches Ersatzholz für das wegen Raubbau selten gewordene mittelamerikanische Cocolobo oder Cocoloba Holz von *Dalbergia retusa*. Es soll von *Apuleia molaris* Bentham (= *A. leiocarpa* var. *molaris*) abstammen, und den einheimischen Namen Muiratauma führen: F. W. Freise, *Vergiftungen durch brasilianische Werkhölzer. I.,* Sammlung von Vergiftungsfällen, Abt. C, *7* (1936), Lieferung 1, C 29, 1–8. Die Publikation behandelt einen Vergiftungsfall bei einem Holzarbeiter und bringt Holzanalysen mit z. T. fragwürdigen Ergebnissen; es wurden nachgewiesen: 0,2–0,5 % eines cytisinähnlichen Alkaloids, 0,03–0,07 % phellandrenhaltiges etherisches Öl, etwa 0,2 % kristallisierendes Glykosid, etwa 2,5 % rote Farbstoffe, gegen 1 % stark hämolysierendes Saponin und 12–18 % kondensierte Gerbstoffe und Bitterstoffe. Vgl. zu diesem Taxon auch Vol. 5, S. 251, von Pio Correa (l.c. Bd. VII, 115). ● [3] P. S. Peiris and A. S. Seneviratne, PHYCHEM *16*, 1821–1822 (1977). Isolation von 2,5 % aus *Dialium ovoideum* von Ceylon; Nachweis von ähnlichen Mengen in den drei andern erwähnten, afrikanischen Arten. ● [4] W. Sandermann und W. Lange, Naturwissenschaften *54*, 249 (1967). ● [5] E. Malan and S. Naidoo, PHYCHEM *19*, 2731–2733 (1980). ● [6] Eid., ibid. *29*, 2366 (1990). ● [7] E. Malan, ibid. *32*, 1631–1632 (1993). ● [8] E. N. Happi and T. N. Mpondo, JNP *57*, 291–293 (1994).

Cassiinae (Abb. 14–16)

Die Riesengattung *Cassia* wurde 1871 durch Bentham [1] systematisch bearbeitet. Er verteilte die damals bekannten 338 Arten über drei Untergattungen mit gesamthaft 9 Sektionen:

    I. Subgen. *Fistula*
        Sect. 1. *Fistula*:   Spec. 1–20
   II. Subgen. *Senna*
        Sect. 2. *Chamaefistula*: Spec. 21–64
        Sect. 3. *Oncolobium*: Spec. 65–75
        Sect. 4. *Prososperma*: Spec. 76–89
        Sect. 5. *Chamaesenna*: Spec. 90–163
        Sect. 6. *Psilorhegma*: Spec. 164–183
  III. Subgen. *Lasiorhegma*
        Sect. 7. *Apocouita*: Spec. 184–186
        Sect. 8. *Absus*:   Spec. 187–259
        Sect. 9. *Chamaecrista*: Spec. 260–338

Die Untergattungen werden hauptsächlich durch Merkmale des Androeceums und der Früchte charakterisiert.

Inzwischen ist die Zahl der anerkannten Arten auf über 500 [2] angewachsen. Außerdem schlugen IRWIN und BARNEBY [2] leider Rangerhöhung für die Untergattungen vor. Aus nomenklatorischen Gründen wurden für die neuen Gattungen folgende Namen gewählt:

Cassia s. str. (entspricht BENTHAMS Untergattung *Fistula*): Hat pantropische Verbreitung und umfaßt 30 baumförmige Arten.

Senna (entspricht BENTHAMS Subgen. *Senna*) mit etwa 240 krautigen und strauch- bis baumförmigen Arten der Subtropen und Tropen. In Nordamerika dringen *S. hebecarpa* und *S. marilandica* bis in die gemäßigte Zone vor.

Chamaecrista (entspricht BENTHAMS Untergattung *Lasiorhegma*) mit etwa 250 krautigen oder holzigen Arten der Subtropen und Tropen. In Nord- und Südamerika und Südafrika auch Arten in der gemäßigten Klimazone.

Die Aufspaltung der Gattung hat zur Folge, daß die Mehrzahl der bisherigen *Cassia*-Arten umbenannt werden muß, wenn man IRWIN und BARNEBYS Neuklassifikation von *Cassia* s.l. verwenden will; die in diesem Falle nötigen nomenklatorischen Adaptionen wurden für Arten von Afrika durch LOCK (1989), von Westasien durch LOCK-SIMPSON (1991), von Brasilien (p.p.: Bahia; Ilha de Marca) durch LEWIS (1987) und LEWIS-OWEN (1989) und für das „USDA Germplasm System" durch WIERSEMA et al. (alle l.c. Bd. XI a, 431, 439–440) vorgenommen. In Australien sind 42 Arten von *Cassia* s.l. einheimisch, von welchen 27 (25 sind Endemiten von ariden Zonen des Kontinents) zur Sektion *Psilorhegma* gehören [3]. In späteren Revisionen der australischen Vertreter der *Cassiinae* verwendete RANDELL [4] die Klassifikation von IRWIN und BARNEBY und lieferte die notwendigen nomenklatorischen Änderungen. Die amerikanischen *Cassiinae* wurden durch IRWIN und BARNEBY selber in vielen Publikationen sehr ausführlich behandelt und neu benannt (vgl. Mem. New York Bot. Garden No. 35 [1982]). Obige sehr fragmentarische Skizze der taxonomischen Geschichte der Gattung *Cassia* s.l. könnte den Eindruck wecken, daß ihre Taxonomie und Nomenklatur gegenwärtig vollständig geklärt und dementsprechend problemlos und unzweideutig sind. Diese Annahme entspricht aber aus verschiedenen Gründen keineswegs den Tatsachen:

(a) In weitaus den meisten phytochemischen, pharmazeutischen und ethnobotanischen Publikationen wurde BENTHAMS Einteilung von *Cassia* s.l. verwendet. Dies gilt nicht nur für die vor 1981 publizierten Untersuchungen und Berichte, sondern auch für manche in jüngster Zeit erschienenen Nachschlagewerke (z. B. MANSFELD, 2. erweiterte Aufl. 1986; HAGER's Handbuch der Pharmazie, l.c. S. 10).

(b) Lange nicht alle Berufssystematiker akzeptieren die Aufspaltung einer in mancher Hinsicht für den Menschen außerordentlich wichtigen Gattung, weil sie Umbenennung vieler, allgemein bekannter und viel genutzter Arten erfordert, und weil die drei systematischen Einheiten, die Subgenera *Fistula* (= *Cassia* s.str.), *Senna* (= Gattung *Senna*) und *Lasiorhegma* (= Genus *Chamaecrista*) eindeutig zusammengehören, und eine Rangänderung dementsprechend in wissenschaftlicher Hinsicht überhaupt nichts neues bringt. Was früher (und bei manchen Systematikern auch heute noch) die Gattung *Cassia* war, ist jetzt Subtribus *Cassiinae* geworden, und was bei BENTHAM Untergattungen waren, sind jetzt 3 Gattungen, von deren Arten etwa 90% neue Namen erhalten haben. Den Zwiespalt zwischen taxonomischem Modernismus und Konservatismus brachte POLHILL [5] in der Flora der Maskarenen auf treffende Weise zum Ausdruck. Er verwendet IRWIN und BARNEBY's Klassifikation, bemerkt aber bei der Gattung *Senna* P. Miller: ... *il semble antiprogressif de ne pas adopter leur* (i.e. IRWIN and BARNEBY 1981, 1982) *point de vue. Cependant ce groupe de genre formant la sous-tribu des Cassiinae est bien distinct et il existe encore un sentiment largement répendu chez les botanistes tant professionels qu'amateurs que toutes ces espèces apartiennent à une seule „sorte" de plantes.* Warum dann Rangerhöhung mit den abscheulichen nomenklatorischen Konsequenzen?

Cassia sensu BENTHAM verwenden u. a. VERDCOURT 1979 (Neuguinea; l.c. Bd. XIa, 439), LARSEN–LARSEN-VIDAL 1980 (Indochina; Ref. [4], S. 47) und SANJAPPA 1992 (Indien; l.c. Bd. XIa, 436). In gewissen Multiautor-Publikationen werden sogar alte und neue Klassifikation nebeneinander verwendet (vgl. z. B. 'T MANNETJE-JONES 1992, l.c. Bd. XIa, 428: Auf S. 88 *Chamaecrista rotundifolia* und auf S. 247 *Cassia mimosoides* (entspricht *Chamaecrista mimosoides*) und *Cassia siamea* (entspricht *Senna siamea*).

(c) Viele weitverbreitete *Cassia*-Arten sind ausgesprochen polytypisch und umfassen mehrere geographische und/oder ökologische Rassen, über deren taxonomischen Status (Varietäten, Subspecies oder gar selbständige Arten) in der Literatur verschiedene Auffassungen vertreten werden. Ein Beispiel liefert uns die Gruppe von 2,6-disubstituierte Piperidinalkaloide produzierenden Taxa *Cassia carnaval, excelsa* und *spectabilis*. Vertreten diese Binomina Formen einer einzigen polytypischen Art, oder bezeichnen sie tatsächlich drei gut charakterisierte taxonomische Arten? Eine andere Quelle von Schwierigkeiten stellen Verwechslungen von ähnlichen Arten durch Berufs- und Amateurbotaniker dar. So wurde in Nordamerika beispielsweise *Cassia tora* L. (SICKLEPOD) durch FERNALD mit *Cassia obtusifolia* L. (= *Senna obtusifolia* [L.] Irwin et Barneby) verwechselt (ISELY, l.c. Bd. XIa, 7); auch in HORTUS THIRD wird *C. obtusifolia* als *C. tora* aufgeführt und *C. obtusifolia* nicht erwähnt. Vgl. auch die Diskussion bei *C. torosa*.

Ich habe mich entschlossen, bei der Besprechung der chemischen Merkmale konsequent die Klassifikation von BENTHAM zu verwenden, d. h. die *Cassiinae* als monogenerisch mit nur *Cassia* sensu lato aufzufassen, und bei den einzelnen Arten häufiger verwendete Synonyme aufzuführen.

Chemie und Ethnobotanik von Cassia – Viele Angaben zum Primär- und Sekundärstoffwechsel und zur Verwendung von Vertretern der Gattung wurden bereits in Bd. XIa gebracht. Vgl. dazu im taxonomischen Register, XIa, 453–455, und die folgenden Abschnitte und Seiten von Bd. XIa:

B I.1. Stärke, 100.
B I.2. Reservezellulosen: Endosperm-Galaktomannane, 108–109.
B I.3. Proteine:
Reserveproteine, 122, 126, 130.
Lectine, 141.
Trypsin-Inhibitoren, 146.

B I.4.   Samenöle und Fettsäuren, 161, 167.
B I.6.   Cyclite, 179.
B I.7.   Organische Säuren, 185.
B I.8.   Rindenschleime, 202, 204.
B I.10. Gerbstoffe, 238, 239, 243, 245, 252.
B I.12. Alkaloide, 283.
         Pseudoalkaloide oder Zufallsalkaloide, 271, 272.
         2,6-Dialkylierte Piperidine, 280, 292.
B I.13. Cyanogene Verbindungen, 297, 302, 433.
B I.15. Triterpene und Saponine, 322, 325, 326.
B II.1. Phenolische Verbindungen, 341, 347, 349, 351, 352.
B II.2. Chinoide Verbindungen, 361–369 (etwas ausführlicher *C. marginata, obtusifolia, occidentalis, singueana, tora* und *torosa*).
B II.5. Selenium-Verbindungen, 434 (Se-Gehalt von Hülsen).
B II.6. Mineralstoffspeicherung, 390, 394.
B III.2. Turgorine oder Nyctinastene, 408, 410.
B III.3. Wurzelknöllchen, 413.

Diese Einleitung zur Riesengattung *Cassia* soll mit einigen allgemeinen Hinweisen abgeschlossen werden.

Ethnobotanische Hinweise – PANDEY [6] beschrieb die medizinische Verwendung der Samen von *C. absus, angustifolia, auriculata, fistula, occidentalis, sophera* und *tora* in Indien. Auf die weltweite und vielseitige Verwendung von *C.*-Arten wiesen ANTON [7] und ANTON und DUQUÉNOIS [8] hin.

Galaktomannane – Beurteilung der Brauchbarkeit der Endospermschleime von *C. marilandica* und *occidentalis* in der Papierindustrie [9].

Samenöle – Samen von in Indien gewachsenen Pflanzen von *C. fistula, occidentalis* und *tora* enthielten 2,8–5,0 % fettes Öl mit 27–34 % 18:1, 38–48 % 18:2 und 20–28 % gesättigten Fettsäuren, wovon etwa 10 bis 25 % 24:0 und der Rest zur Hauptsache 16:0 waren [10].

Gerbstoffe und ihre Bausteine – Bei der Untersuchung der Gerbstoffe von frischen Früchten von *C. fistula* und getrockneter Rinde von *C. javanica* wurden die Flavan-3-ole (= Catechine) und die di- und trimeren PA CF-1 bis CF-11 und CJ-1 bis CJ-7 isoliert. Von diesen wurden CF-1 mit (+)-Catechin, CF-2 (= CJ-1) mit (−)-Epiafzelechin und CJ-2 mit (−)-Epicatechin identifiziert; alle haben die gebräuchliche 2R-Konfiguration. CF-3 war ein 3:7-Enantiomerengemisch von (−)-Epicatechin und dessen Enantiomer (+)-*ent*-Epicatechin (mit 2S-Konfiguration). Die Dimeren PA CF-4 bis CF-11 und CJ-3 bis CJ-6 haben Epiafzelechin und Epicatechin als Bausteine, sind (1–8)-verknüpft und bestehen aus zwei 2R-Catechinen, zwei 2S-Catechinen oder aus einem 2R- und einem 2S-Catechin. CJ-7 ist das Trimer Epiafzelechin-(4β-8)-*ent*-Epiafzelechin-(4α-8)-Epiafzelechin [11]. Bei Untersuchungen in Indien wurden PA in Blatt und Blüten von *C. grandis, javanica, nodosa, renigera* und *roxburghii* nachgewiesen [12].

Freie Aminosäuren – Samen von *C. absus, alata, angustifolia, auriculata, beareana* (= *C. abbreviata* subsp. *beareana* [Holmes] Brenan), *didymobotrya, eremophila, fistula* und *senna* (= *C. acutifolia*) enthielten alle verhältnismäßig große Mengen von Arginin und Asparagin- und Glutaminsäure; überall waren ferner mehr als Spuren von 8 weiteren proteinogenen Aminosäuren nachweisbar. Nichtproteinogene Aminosäuren waren bei allen Arten durch Pipecolinsäure (mögliche Ausnahme *C. absus*) und 4-Aminobuttersäure (Ausnahme *C. alata*) vertreten. Canavanin fehlte bei allen Taxa, und Spuren von 5-Hydroxytryptophan wurden für *C. angustifolia, fistula* und *senna* wahrscheinlich gemacht [13]. ALSTON und IRWIN [14] interessierten sich für die Aminosäure-Muster von Blüten von 5 *Cassia*-Taxa, welche 5 infragenerische Einheiten von BENTHAMS Klassifikation vertraten: *C. fasciculata* var. *ferrisiae* (sect. *Chamaecrista*), *occidentalis* (sect. *Oncolobium*), *obtusifolia* (= *C. tora* auctt.; sect. *Prososperma*), *corymbosa* (sect. *Chamaefistula* ser. *Corymbosae*) und *lindheimeriana* (sect. *Chamaefistula* ser. *Brachycarpae*). Alle lieferten ähnliche Chromatogramme von ninhydrin-positiven Substanzen (12–13 Flecken). Speciescharakteristische „freie Aminosäuren" waren nur bei *C. obtusifolia* (1 intensiver Fleck) und bei *C. fasciculata* und *lindheimeriana* (beide mit dem gleichen Flecken mit niedrigem Rf-Wert) nachweisbar.

Chinoide Anthracen-Derivate – Viele *C.*-Arten haben Blätter, Früchte und/oder Rinden, welche als Laxantia und/oder zur Bekämpfung von parasitären Hautkrankheiten verwendet werden; sie enthalten verschiedene Anthrachinonderivate als wirksame Substanzen. Von allen Inhaltsstoffen der Gattung wurden die chinoiden Polyketide am häufigsten nachgewiesen und pharmakologisch und chemisch bearbeitet. Mutmaßlich fehlen Anthrone und Anthrachinone keinem einzigen Vertreter der Gattung, wenn alle Pflanzenteile berücksichtigt werden. WASICKY [15] berichtete über die Suche nach Ersatzdrogen für Sennesblätter in Brasilien; dabei wurden Fiederblättchen von *C. alata* als vollwertiger Ersatz für FOLIUM SENNAE ermittelt. Außerdem wurden die folgenden einheimischen oder kultivierten Taxa geprüft:

Anthrachinon-positiv waren *C. fistula* L. (F), *grandis* L. f. (B), *leptophylla* Vogel (B).

Nur schwach anthrachinon-positiv waren Blätter von *C. multijuga* L. C. Rich. und *speciosa* Schrader.

Anthrachinon-negative Blätter hatten *C. arlindo-andradei* Hoehne (= *Chamaecrista desvauxii* [Colladon] var. *latistipula* [Benth.] G. P. Lewis), *C. bicapsularis* L. (auch F negativ), *C. chrysocarpa* Desv. (F positiv), *C. hoffmannseggii* Mart. var. *gardneriana* Bentham (auch F negativ), *C. occidentalis* L., *C. silvestris* Vell. und *C. splendida* Vogel (F positiv).

B = Blätter; F = Früchte.

Ähnliche Untersuchungen in Argentinien [16], bei welchen außer Folioli und Blüten z. T. auch Früchte, Blattstiele, Stamm, Rinde, Wurzeln und Samen berücksichtigt wurden, ergaben reichlich Anthrachinone bei *C. arnottiana* Gill., *bicapsularis* L., *corymbosa* Lam., *occidentalis* L. und *subulata* Griseb., mäßige Anthrachinongehalte für *C. aphylla* Cav. und *C. rigida* (Hieron.) Burkart (= *C. aphylla* var. *rigida* Hieron.) und geringe Mengen von Anthrachinonen bei *C. carnaval* Speg. Überall waren mit der verwendeten Analysenmethode rheinartige Körper nachweisbar. Im Falle von *C. bicapsularis* und *occidentalis* weichen diese Ergebnisse stark von den

Untersuchungen in Brasilien [15] ab. Dies kann verschiedene Ursachen haben. Einerseits weisen viele Nachweis- und Bestimmungsverfahren für Anthrachinone beträchtliche Mängel auf, und andererseits handelt es sich bei den zwei erwähnten Taxa um polytypische, heute sehr weit verbreitete, ursprünglich südamerikanische Sippen, die möglicherweise mehrere Chemodeme umfassen.

Pharmakologische Untersuchungen [17] mit Blättern nordamerikanischer *C.*-Taxa ergaben, daß diese bei Mäusen nicht laxierend wirken, und dementsprechend kaum beträchtliche Mengen von laxierend aktiven Anthrachinonderivaten enthalten dürften; geprüft wurden *C. chamaecrista* L. (= *Chamaecrista fasciculata*), *C. marilandica* L. (= *Senna marilandica*), *C. medsgeri* Shafer (gehört zu *C. marilandica*), *C. nictitans* L. (= *Chamaecrista n.*) und *C. tora* sensu Fernald (i.e. *Senna obtusifolia*).

Blätter von *C.*-Taxa der ariden Zone von Indien [18] enthielten wechselnde Mengen von Anthrachinonen; untersucht wurden *C. angustifolia* (4,2% Total-Sennoside und 3,5% rheinartige Verbindungen bestimmt), *C. auriculata* (0,2% und ?), *C. fistula* (1,8 und 1,2%), *C. javanica* (0,2 und 0%), *C. siamea* (0,1 und 0,1%), *C. sophera* (0,1 und 0,1%) und *C. tora* (0,1 und 0,1%).

ANTON und DUQUÉNOIS [7, 19] beobachteten, daß in der Gattung *Cassia*, unabhängig vom geprüften Pflanzenteil, das Anthrachinon Chrysophanol entweder von Aloe-emodin und/oder Rhein (Oxidation der Methylgruppe in 3-Stellung), oder aber von Emodin und/oder Physcion (haben OH oder OMe in 6-Stellung) begleitet wird. Dementsprechend unterscheiden sie drei Gruppen von anthrachinonspeichernden Arten:

Keine Anthrachinonderivate in den geprüften Pflanzenteilen: *C. corymbosa* (sect. *Chamaefistula*) und *C. punctata* (sect. *Absus*).

Chrysophanol–Aloe-emodin–Rhein-Gruppe mit höchstens Spuren von Emodinderivaten; dazu gehören *C. fistula, moschata, sieberiana* (sect. *Fistula*) und *C. acutifolia, alata, angustifolia, obovata* und *podocarpa* (sect. *Chamaesenna*).

Chrysophanol–Emodin–Physcion-Gruppe mit *C. laevigata, mexicana, spectabilis* (sect. *Chamaefistula*), *C. marilandica, occidentalis, sophera* (sect. *Oncolobium*), *C. tora* (sect. *Prososperma*), *C. didymobotrya, latopetiolata, siamea* (sect. *Chamaesenna*) und *C. mimosoides* und *nigricans* (sect. *Chamaecrista*).

Die Autoren [7, 19] betonten, daß beide Wege nach Anthrachinonen nur in der Sektion *Chamaesenna* der Untergattung *Senna* vertreten sind, wenn man die untersuchten Arten nach BENTHAM's System der Gattung *Cassia* gliedert. Die Zukunft wird zeigen, ob die erwähnten Einzelheiten im Anthrachinonstoffwechsel von *Cassia* s.l. tatsächlich einen Beitrag zur natürlichen Klassifikation dieser Riesengattung liefern können.

Das erste Caesalpinioideen-Phytoalexin wurde vor kurzem für junge Blätter von *Cassia obtusifolia* beschrieben [272]; vgl. Abb. 14.

Ergänzungen zu einzelnen Arten –

C. absus: Viel untersucht wurden die Samen. Sie enthalten etwa 50% Endosperm, das zur Hauptsache aus Galaktomannanen besteht [20]. Viel untersucht wurde ebenfalls das aus Samen gewonnene basische Monoterpenderivat Chaksin (vgl. Bd. XI a, 271–273) [21–23] und das Begleitalkaloid Isochaksin (vgl. dazu S. 723 von Henry 1949, l.c. Bd. I, 34). Ferner wurden aus Samen isoliert: Ap, Lu, Gentisinsäure und ihr 5-Glucosid, die Flavonolignane Hydnocarpin und Isohydnocarpin, Ethyl-α-galaktopyranosid, Sitosterin und Palmitinsäure [24]. Aus Wurzeln wurden Chrysophanol, Aloe-emodin, Chaksin und Isochaksin und aus Blättern Q, Rutin, Chaksin und Isochaksin erhalten [25]. Vgl. Abb. 16.

C. acutifolia (= *C. senna*) und *C. angustifolia*: Die früher unter diesen Binomina bekannten Taxa liefern die Afrikanische, Ägyptische oder Alexandriner Senna (Blätter, Früchte) respektiv Indische oder Tinnevelly Senna (Blätter, Früchte). In Irwin und Barneby's Klassifikation gehören beide Taxa zur Gattung *Senna* und heißen dementsprechend *Senna alexandrina* Miller (= *S. acutifolia* [Del.] Batka) und *Senna angustifolia* (Vahl) Batka (= *S. officinalis* Roxb.). Diese zwei Taxa werden aber durch moderne Autoren als conspezifisch aufgefaßt, da sie in taxonomischer Hinsicht kaum mehr als Formen oder Rassen einer weiträumigen Art, welche den Namen *Senna alexandrina* Miller oder *Cassia senna* L. tragen sollte (Lock, Lock-Simpson, Sanjappa, Mansfeld 1986), darstellen (vgl. Tabelle 6). Wichtige Medizinaldrogen sind die Foliola und die Hülsen oder Schoten der beiden Sippen, Folium (oder Foliolum) sennae und Fructus sennae. Diese Drogen wurden außerordentlich intensiv bearbeitet; dabei fanden ihre Anthracenderivate, welche biogenetisch betrachtet Octaketide darstellen (vgl. Abb. 30 in Bd. XI a, 364), die meiste Beachtung. Wir müssen uns hier weitgehend auf Übersichtsberichte beschränken [26–30]. Hauptwirkstoffe der officinellen Senna-Drogen sind die Sennoside -A, -A1 und -B, drei stereoisomere ([+]-, [−]- und meso-Form) Rheinanthron-8-glucosid-10,10'-dimere (= Rheindianthron-8,8'-bisglucoside); die Aglyka der Sennoside werden Sennidine genannt [31]. Die Sennoside -A und -B werden von geringen Mengen des Heterodianthrondiglucosides Sennosid-C (= 8,8'-Bisglucosid des Rhein–Aloe-emodindianthrons) [32] begleitet; ferner wurden in der Droge Spuren der Heterodianthrone Rheidin-A [33] und Palmidin-A [28 a] nachgewiesen. Außerdem enthalten Sennadrogen auch monomere Glucoside von Rhein und Aloe-emodin und deren Anthronen oder Anthranolen und entsprechende Aglyka. Qualitative Unterschiede in der Anthrachinonführung von Tinnevelly- und Alexandriner-Senna (Foliola und Früchte) sind nicht bekannt [28–30, 35]. Die zwei Drogen und die diese liefernden Taxa (*C. acutifolia* und *C. angustifolia*) lassen sich jedoch anhand der in ihnen die Anthrachinonglucoside begleitenden Heptaketide mit Naphtholstruktur unterscheiden: Tinnevelly Senna enthält in Foliola und Früchten 0,3–0,4% Tinnevellin-6-glucosid, und Alexandriner-Senna enthält im Blatt etwa 0,8% und in Früchten etwa 0,3% 6-Hydroxymusizin-8-glucosid (vgl. Formel VIII auf S. 362 von Bd. XI a); die reifen Samen enthalten diese Heptaketide nicht; sie treten erst bei der Keimung auf; dabei ist interessant, daß junge Keimpflanzen von *C. angustifolia* bis etwa zum 21. Tag beide Naphtholglucoside enthalten, ältere aber nur noch Tinnevellin-6-glucosid [34, 35]. Mit der Physiologie der Senna-Anthrachinone beschäftigten sich Fairbairn und Shrestha [36], Lemli und Cuveele [37] und Atzorn et al. [38]. Vgl. dazu auch die recht ausführliche Besprechung des Anthrachinonstoffwechsels bei *C. angustifolia* in [30]. Bei beiden Sippen sind junge Pflanzenteile relativ reich an Anthrachinonen. In Frischpflanzen kommen Bianthrone nur spurenweise vor; diese entstehen erst während des Trocknens der Pflanzenteile [37, 38]; Hauptglucoside von Frischpflanzen sind Glucoside und Gentiobioside der Anthrone von Chrysophanol, Aloe-emodin und Rhein. Die Samen enthalten keine Anthrone; diese entstehen direkt bei der Keimung, wobei in Würzelchen vorübergehend freies Chrysophanolanthron auftritt; die Gentiobioside sind nur in Keimpflanzen und in Wurzeln in größeren Mengen vorhanden; Hauptglucosid von Stengel und Blatt erwachsener Pflanzen ist Rheinanthron-8-glucosid; es wird im Blatt von Aloe-emodinanthron-8-glucosid begleitet [37]. Die Sennoside werden aber nicht bloß als Trocknungsartefakte interpretiert, sondern als Glieder eines für die Pflanze wichtigen Redoxsystems, das durch Anthrachinonglucoside, Anthronglucoside und Dianthronglucoside gebildet wird [38].

Senna-Blätter enthalten als weitere Phenole die Flavonoide K, IRh und nicht genau identifizierte Glykoside dieser Flavonole [26, 29].

Die nichtphenolischen Bestandteile der Senna-Drogen und deren Stammpflanzen wurden noch wenig bearbeitet. An Kohlenhydraten wurden in Folium Sennae (Tinnevelly) 0,8% Glc, 0,8% Fru, 1,6% Saccharose, sowie 8% Pinit und annähernd 7% Schleim nachgewiesen [39]; saure Hydrolyse des Schleims lieferte Gal, Ara und eine aus equimolaren Mengen von Rha und GalU aufgebaute Aldobiouronsäure; bei der Totalhydrolyse wurden annähernd equimolare Mengen Gal, Ara, Rha und GalU erhalten [39]. Später wurde aus der gleichen Droge etwa 2,5% Rohschleim gewonnen, dessen Hauptfraktion S1 in großen Linien die bereits in [39] ermittelte Zusammensetzung hatte; Vorschlag für eine Teilstruktur von S1 [40]. Die Samen von *C. angustifolia* lieferten ein Galaktomannan, für welches Zusammensetzung (Gal : Man = 3 : 2) und eine Partialstruktur angegeben wurden [41]; wenn bei dieser Arbeit keine gravierenden Fehler unterlaufen sind, dann bildet dieses *C.*-Taxon Reservezellulosen im Endosperm, welche im Aufbau von der Mehrzahl der bisher untersuchten *C.*-Samengalaktomannane stark abweichen. Die sogenannte „Harz"-Fraktion von Senna-Blättern besteht nach [42] zur Hauptsache aus Chlorophyll (etwa 80%), Carotinen, Alkanen und Alkanolen, von welchen Hentriacontan-16-ol (= 16-Hydroxyhentriacontan: etwa 10%) eindeutig identifiziert wurde; ferner enthielt dieser EtOH (96%)-Extrakt geringe Mengen von Flavonoiden, Tinnevellin und dessen Glucosid und Rhein und Aloe-emodin; pharmakologische Prüfung dieses „Harzes" zeigte, daß es kaum die in der Literatur beschriebenen Beschwerden nach Einnahme von Sennablättern bedingen kann.

Zum Schluß noch wenige Bemerkungen zum taxonomischen Status von *C. senna* und *C. angustifolia*. Für zwei tatsächlich verschiedene Taxa sprechen die Oberflächenstruktur der Testa und der Stomata-Index [43], sowie die bereits erwähnte verschiedene Natur der Naphthol-Derivate von erwachsenen Blättern und reifen Früchten von ALEXANDRINER und TINNEVELLY SENNA. Für Conspezifität der zwei Formen sprechen ihre weitgehende morphologische und chemische Übereinstimmung, sowie ihre vollständige Interfertilität [44]. In Indien kommt Tinnevelly Senna nicht nur kultiviert und als Kulturflüchtling, sondern auch wild vor [45]; das Areal von *C. angustifolia* dürfte von Erythrea über Arabien bis nach Indien reichen, und das Areal von *C. senna* erstreckt sich von der Zentralsahara über

Tabelle 6. Die therapeutisch und ökonomisch wichtigsten infraspezifischen Einheiten von *Cassia senna* L. s.l. (= *Senna alexandrina* Miller s.l.)

Nomenklatur, Areale und Merkmale	Pharmazeutische Haupttypen [1] von Senna-Drogen	
	ALEXANDRINER SENNA [2]	TINNEVELLY SENNA
In Literatur verwendete Binomina	*Cassia senna* L. s. str. **C. acutifolia** Del. [3] *C. alexandrina* (Miller) Thell. **Senna acutifolia** (Del.) Link *S. alexandrina* Miller s. str.	**C. angustifolia** Vahl [3] *Senna officinalis* Roxb. **Senna angustifolia** (Vahl) Batka u. a.
Verbreitung	Zentralsahara – Ostafrika – Arabische Halbinsel	Erythrea bis Indien
Merkmale:		
Stomata-Index [4]	12,2–13,4 (6 Herkünfte)	16,2–19,3 (7 Herkünfte)
Oberflächenstruktur der Testa [5]	warzig-reticulat	runzelig
Naphtholglucoside	6-Hydroxymusizin-8-glucosid	Tinnevellin-6-glucosid

1) Können als Pharmako-Deme der Gesamtart aufgefaßt werden; sind jedoch gleichzeitig auch Chemodeme (Naphtholglucoside).
2) Früher wurden *C. acutifolia*-Drogen oft mit solchen von *C. italica* (Miller) Spreng. (= *C. obovata* Colladon), der sogenannten „Séné d'Alep", gemischt oder verwechselt [65a].
3) Die durch keine Nomenklaturrätsel belasteten Namen sind fettgedruckt. Sie ließen sich zur Andeutung der zwei pharmazeutisch wichtigen Pharmakodeme verwenden: Pharmakodeme „acutifolia" und „angustifolia" von *C. senna* L. s.l. oder *Senna alexandrina* Miller s.l.
4) Mittelwerte von mindestens 10 Bestimmungen auf Blattober- und -unterseite (kaum Unterschiede). Bei selbst kultivierten Pflanzen bedeutet Herkunft die Herkunft der Samen [43]. WALLIS [47] gibt als generelle Mittelwerte für *C. acutifolia* 12,2 und für *C. angustifolia* 18,7 an.
5) In [43] photographische Abb. der zwei Testa-Strukturtypen.

Ostasien bis zur Arabischen Halbinsel. POLHILL und THULIN [46] unterscheiden bei *Senna alexandrina* Miller zwei Varietäten, var. *alexandrina* (umfaßt *C. senna* und *C. angustifolia* und reicht dementsprechend von der Zentralsahara bis nach Indien) und var. *obtusata* (Brenan) Lock von Somalia und angrenzendem Ethiopia und Kenya. Die große Bedeutung von Sennesblättern und -schoten als Laxantia, sowie die lange Geschichte der ökonomisch wichtigen Senna-Drogen rechtfertigen aber zweifellos Beibehaltung von zwei getrennten taxonomischen Einheiten für die Stammpflanzen von ALEXANDRINER und TINNEVELLY SENNA; man könnte sie als *Pharmako-Deme* auffassen, wie in der obenstehenden Tabelle 6 erläutert werden soll.

C. alata (= *Senna alata*): Perennierende, krautige Pflanzen der Tropen Südamerikas; heute als Zier- und Arzneipflanze in den Tropen und Subtropen weltweit kultiviert und vielenorts eingebürgert. Gehört zu den Rheinproduzenten und enthält in Blättern viel Rheinanthronglykoside, die von weiteren Anthrachinonderivaten und dem Rhein-Metaboliten Cassiaxanthon (vgl. Abb. 30 auf S. 364 und Ref. [23] auf S. 365 und 373 von Bd. XIa) begleitet werden [48–52]. Anthrachinone wurden auch aus Wurzeln [53] und Stengeln [54] isoliert und in Früchten [51] nachgewiesen. Interessant ist die Beobachtung von WASICKY in Sao Paulo [55], daß ein beträchtlicher Teil der Anthrachinone bei heftigem Regen aus Blättern ausgewaschen wird; in der Blatt-Traufe lassen sich bei geeigneter Bearbeitung (Oxidation reduzierter Anthron-Anthranol-Glykoside und Hydrolyse zur Gewinnung der BORNTRÄGER-positiven Anthrachinone) die ausgewaschenen Anthrachinone quantitativ bestimmen. Weitere Blattbestandteile sind Flavonole; K [7, 49] und K-3-sophorosid [56] wurden isoliert. Das Samenendosperm lieferte ein wasserlösliches Galaktomannan mit einem Gal : Man-Verhältnis von etwa 4:9 [57]; ferner wurden aus Samen zwei neue Flavonoidglykoside mit dem neuen Zucker Man-(1β-2)-Allopyranose isoliert; Aglyka waren Chrysoeriol (Zucker in 7-Stellung) und Rhamnetin (Zucker in 3-Stellung) [58]. Ferner lieferten Samen Chrysophanol, Xanthone und Phytosterine [58a]. Diese Art wird überall, wo sie gegenwärtig vorkommt, medizinisch verwendet [7, 15, 48–52, 56, 59–62]; häufige Indikationen sind Verstopfung und parasitäre Hautkrankheiten.

C. appendiculata (= *Senna appendiculata* = *S. australis*): Wurzelrinde enthält noch nicht identifizierte antibiotisch aktive Stoffe [63].

C. cf. *aubrévillei*: Rinde in Westafrika zur Behandlung der afrikanischen Onchozerkose (Krankheit bedingt durch Nematoden der Gattung *Onchocerca*) verwendet; Chrysophanol, Physcion, Aloe-emodin und Rhein nachgewiesen [64].

C. auriculata (= *Senna auriculata*): Hat in Europa als Verfälschung von Tinnevelly Senna Bekanntheit erlangt. Enthält in Blättern Leucoanthocyanidine und PA, welche mit Mineralsäuren eine rote Farbe liefern, welche mutmaßlich durch Pg bedingt ist [65–67]. Blüten lieferten ein dimeres PCy, Auricassidin [68], und aus Rinde wurden PA, Rutin und ein (−)-Auriculacidin genanntes Leucoanthocyanidin [69] isoliert. Ferner sollen Samen, Blüten und Rinde geringe Mengen von Pyrrolizidinalkaloiden enthalten [70]. Das Blattwachs (Petrolätherextrakt) lieferte drei neue Ketoalkohole, $C_{46}H_{92}O_2$, $C_{49}H_{98}O_2$ und $C_{50}H_{100}O_2$, Sitosterin und Spuren (95 mg aus 5 kg Blatt) Emodin [71]. Perikarp (Hülsen ohne Samen) lieferten Sitosterin, Chrysophanol, Emodin und Rubiadin [72]. In Blättern und Früchten wurden Saponine nachgewiesen [73]. Die Blüten enthalten am Grunde der Petalen und Filamente zottige Drüsenhaare, welchen bestäubungsökologische Bedeutung zukommen dürfte [74].

C. biflora (= *Senna* cf. *biflora*): Blätter lieferten geringe Mengen von K-7-galaktorhamnosid, Q-3-glucorhamnosid und M-3-rhamnosid [75].

C. coluteoides (= *Senna pendula* var. *glabrata* [nach LOCK 1989]): Untersuchungen über Synthese und Mobilisation der Endosperm-Galaktomannane; Isolation von Phosphomannoisomerase und Phosphoglucoisomerase aus Samen (vgl. in Bd. XIa, 107, 108 und Ref. [41] auf S. 119).

C. corymbosa (= *Senna corymbosa*): Strauchige Art von tropisch Amerika; andernorts kultiviert. Samen lieferten ein Galaktomannan mit einer Gal-Man-Ratio von 4:7 [76]. In Foliola waren nur Flavonoide, aber keine Anthrachinone nachweisbar [7]. In beblätterten Zweigen von Pflanzen von Uruguay wurde dagegen ein Anthrachinon-Gehalt von 0,4% bestimmt [77]. Aus 2,2 kg oberirdischen Teilen (in Mexico gesammelt) wurden je 15–25 mg von Chrysophanol, Emodin und Physcion, 17 mg Floribundon-1 (= 5,7'-Biphyscion) und 62 mg Phytosterine, 20 mg Linolsäure, 11 mg 4-Hydroxybenzaldehyd, 28 mg Hydrochinonmonomethylether, 10 mg Methoxyhydrochinon und 12 mg 3-Hydroxy-4-methoxyphenol isoliert [78]. Für Flavonoide und Antrachinone aus Blättern vgl. auch R. E. L. DE RUIZ et al., l.c. in Bean Bag, No. 38, 12 (1993).

C. dentata: Splintholz lieferte Sitosterin, Pinit und 2 Stilbene (vgl. Bd. XIa, 352).

C. didymobotrya (= *Senna didymobotrya*): In beblätterten Zweigen Flavonoide und Glykoside von Emodin und Physcion nachgewiesen [7]. Blätter von Rwanda enthielten 2,3% Totalanthrachinone und PA; Chrysophanol, Physcion, Emodin, Aloe-emodin, Rhein und einige Dianthrone identifiziert [79]. In Ägypten kultivierte Pflanzen enthielten K-3-rhamnosid, Isoquercitrin, Chrysophanol und Aloe-emodin in Blättern [80]. In Äthiopien lieferte dieses Taxon Anthrachinone, worunter Physcion, Parietarinsäure und Fallacinol und Torosachryson [81]. Zellkulturen produzierten 7 Flavonoide (Ap, Lu, K, Q und Derivate von Lu und Q), 3 Stilbene, die Tetrahydroanthracene Germichryson und Torosachryson, 9 Anthrachinone, worunter Questin, Nataloe-emodin-8-methylether und 1,8-Dihydroxy-7-acetyl-3-methylanthrachinon, sowie drei 10,10'-Bianthrone [82].

C. execlsa: Vide bei *C. spectabilis*.

C. fasciculata (= *Chamaecrista fasciculata*): Annuelle nordamerikanische Art. Blütenbiologische Untersuchungen [83].

C. fistula: Die angenehm säuerlich-süße Fruchtpulpa der Röhrenkassie ist seit uralten Zeiten als mildes Laxans im Gebrauch. Den verschiedenen Teilen dieser baumförmigen Art sind unzählige phytochemische Arbeiten gewidmet. Vgl. dazu auch taxonomisches Register in Bd. XIa und S. 86–88 in diesem Band. Ergänzend dazu sei auf einige weitere Arbeiten hingewiesen. 7-Methylphyscion, Betulinsäure und Sitosterin aus Wurzeln [84]. Aus Blüten wurden Aurantiamidacetat und Phytosterine [85], Cerylalkohol, K, Rhein und ein glykosidisches Bianthrachinon, welches bei Hydrolyse Rha und ein Fistulin genanntes Aglykon ($C_{30}H_{20}O_{10}$?) lieferte [86], isoliert. Interessante blütenbiologische Beobachtungen [87, 88]. Aus Rinde Lupeol, Sitosterin, Hexacosanol und reichlich Gerbstoffe isoliert [89]; ein trimeres PPg aus Rinde und ein tetrameres PPg aus Blüten erhalten [90]; für Rinde und Holz war bereits früher ein Fistucacidin genanntes 3,4,7,8,4'-Pentahydroxyflavan beschrieben worden; es wird von Rhein und Barbaloin, $C_{21}H_{22}O_9$, begleitet [91]. Aus Splintholz wurden K, Dihydrokaempferol, Chrysophanol, (+)-Catechin, (−)-Epiafzelechin und ein neues dimeres PA mit Epiafzelechin als unterem und 3,4,7,4'-Tetrahydroxyflavan (= ein Isomer des angeblichen Fistacacidins, welch letzteres in keinem der untersuchten Muster nachweisbar war; vgl. zu diesem auch [93]) als oberem Baustein erhalten [92]. Für PPg von frischen Früchten vgl. [11]. Stammrinde lieferte in Indien auch zwei neue Quercetinderivate und ein

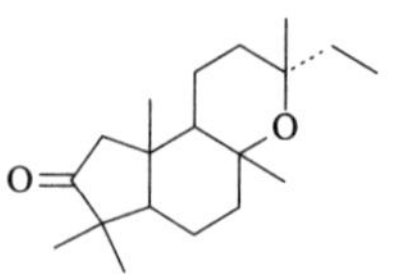

Abb. 14. Einige diterpenoide und flavonoide Sekundärstoffe von *Cassia*-Arten

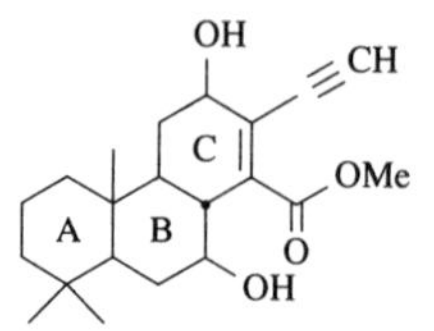

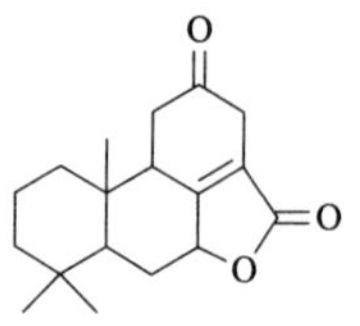

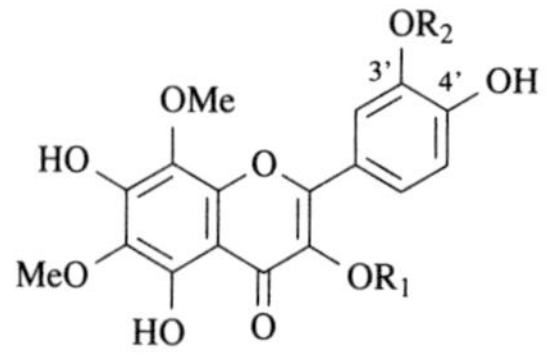

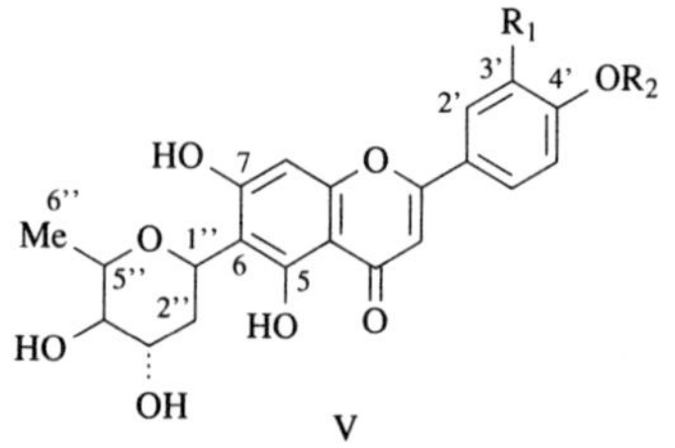

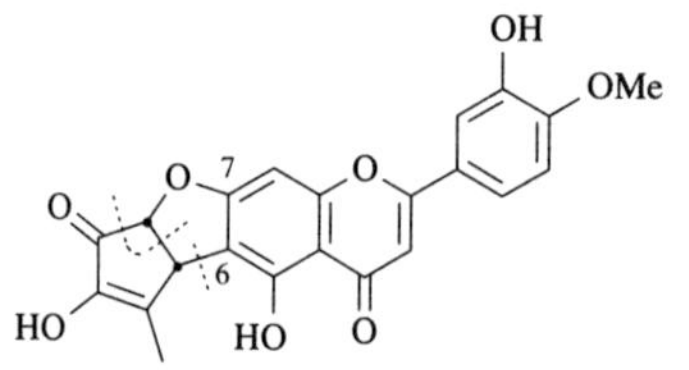

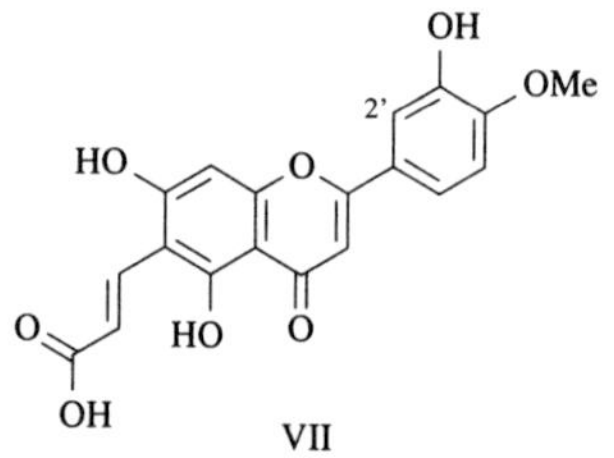

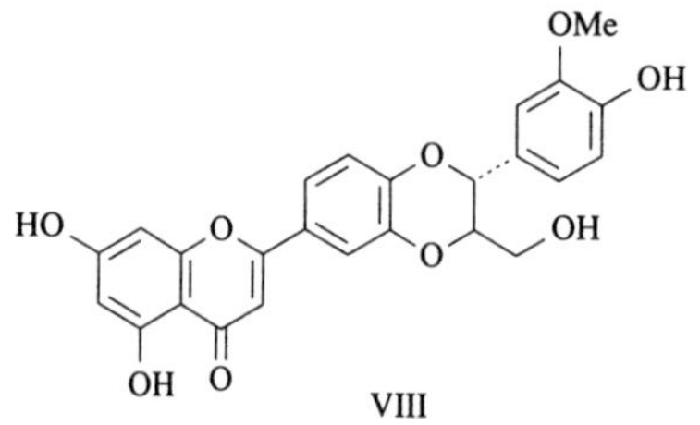

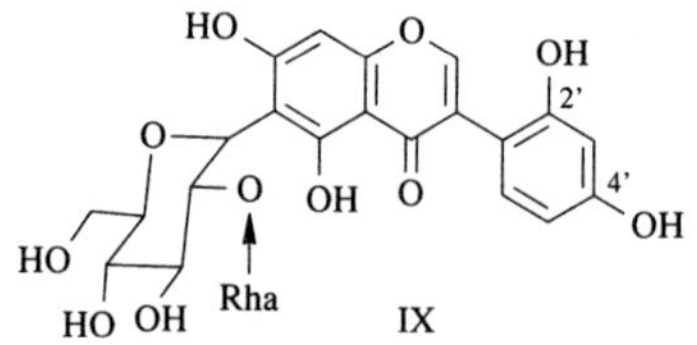

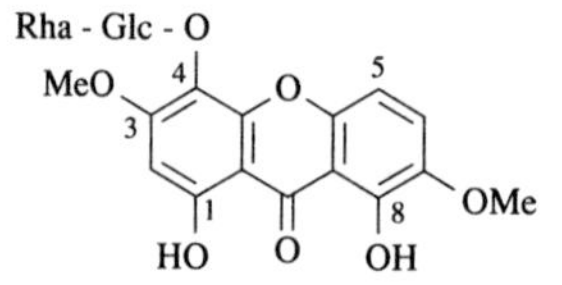

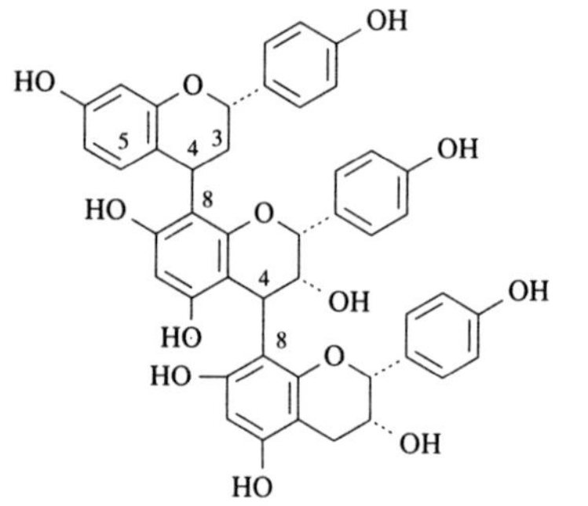

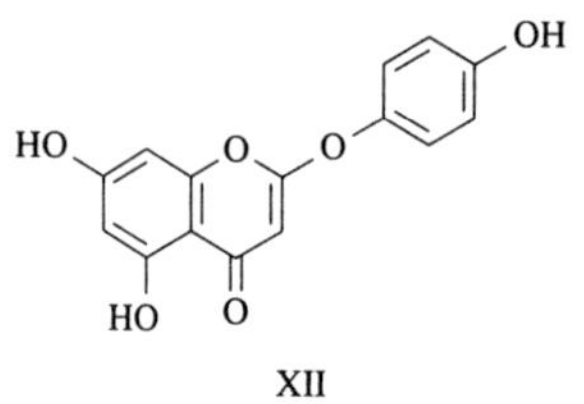

Xanthonglykosid (Abb. 14). Blätter lieferten Rhein, Rheinderivate (u. a. die Sennoside-A und -B) [94] und zusätzlich wenig K, Chrysophanol und Physcion [94a]; aus frischen Blättern wurden (−)-Epiafzelechin, sein 3-Glucosid, (−)-Epicatechin, PCy-B2 und 7 neue dimere und 2 neue trimere PPg's isoliert; sie sind ausschließlich aus Epiafzelechin oder aus Epiafzelechin und Epicatechin aufgebaut oder enthalten neben Epiafzelechin einen 3,5-Desoxyafzelechin-Baustein (Abb. 14). Die Fruchtpulpa enthält als Hauptwirkstoffe Rhein-, Rheinanthron- und Rheindianthronderivate, worunter die Sennoside-A und -B [95], und viel Saccharose. Das Fruchtwachs besteht zur Hauptsache aus Lignoceraten von n-Triacontan-1-ol und Triacontan-1,30-diol [96]. Samen lieferten 9% eines Galaktomannans mit etwa 23% Gal-Bausteinen [97]. Sie wurden ferner als wirksames Mittel gegen Amoebiasis (Erreger: *Entamoeba histolytica*) beschrieben, doch sind die wirksamen Inhaltsstoffe noch unbekannt [98]. Calluskulturen lieferten Anthrachinone [99]. Bei Populationsanalysen an zwei Fundorten in Mexico wurden für Blätter und Fruchtpulpa stark variierende (innerhalb und zwischen Populationen) Sennosidgehalte beobachtet [100].

C. frondosa Ait.: Strauch von Chile; nach MURILLO 1889, l.c. Bd. VII, 115, werden für diese oder ähnliche Sippen auch die Namen *C. stipulacea* Ait., *C. vernicosa* Clos und *C. alcaparra* Phil. verwendet; nach Index Kewensis gehört *C. frondosa* Ait. zu *C. biflora* L. In der Provinz Concepción gesammelte Blätter und Zweige enthielten Derivate der Anthrachinone Chrysophanol, Emodin und Rhein [101].

I = Colensanon, $C_{19}H_{32}O_2$, ein labdanoides, von 2,3-Secomanooloxid ableitbares, Norditerpen aus Blättern von *C. petersiana* • II = Chamaetexanin-D, $C_{21}H_{30}O_4$, ein Cassanderivat mit Acetylenbindung aus *C. texana* • III = Chamaetexanin-E, $C_{18}H_{24}O_3$, ein Bisnorditerpen aus *C. texana* • IV = Polyhydroxyflavonolglykoside aus Rinde von *C. fistula* (vgl. Ref. [76] auf S. 358 von Bd. XIa) mit R_1 = Arabinopyranosyl und R_2 = H und mit R_1 = Rha-(1α-2)-glc und R_2 = Me • V = Torosaflavon-A, $C_{21}H_{20}O_8$ ($R_1 = R_2 = $ H), Torosaflavon-B, $C_{22}H_{22}O_9$ (R_1 = OH, R_2 = Me) und Torosaflavon-B-3'glucosid (R_1 = O-glc, R_2 = Me) aus „*C. torosa*" • VI = Torosaflavon-C, $C_{22}H_{16}O_8$, aus „*C. torosa*" • VII = Torosaflavon-D, $C_{19}H_{14}O_8$, aus „*C. torosa*" • VIII = Flavonolignan Hydnocarpin aus *C. absus*: Revidierte Struktur nach ANTUS et al., Ref. [126] auf S. 360 von Bd. XIa •
IX = C-Glykosylisoflavon, Nodosin, $C_{27}H_{30}O_{15}$, aus *C. nodosa* [153a] • X = Glykosid eines mutmaßlich nicht-acetogenen Xanthons (vgl. Bd. XIa, 349, 364) aus Rinde von *C. fistula* (Ref. [76] auf S. 358 von Bd. XIa) • XI = Trimeres PPg mit 4-Dihydroliquiritigenin (= 4,7,4'-Trihydroxyflavan [liefert den obersten 7,4'-Dihydroxyflavan-Teil]) als Baustein aus Frischblättern von *C. fistula* (vgl. Cassiaflavan, S. 25, und MORIMOTO et al. 1988, Ref. [1] auf S. 26). • XII = 2-*p*-Hydroxyphenoxy-5,7-dihydroxychromon, ein in Blättern von jungen Pflanzen *Cassia obtusifolia* durch Konidien von *Alternaria cassiae* induziertes Phytoalexin. Es dürfte über den Flavonoid-Stoffwechsel gebildet werden.

N.B.
VI: Mögliche Herkunft der 6 C-Atome der Substitution an C-6 und C-7 angegeben (Isoprenrest + C einer OMe-Gruppe)
IX: Der Name Nodosin wurde auch für ein Antrachinon verwendet [148]
XI: Der oberste Baustein ist ein 5-Desoxyflavanoid

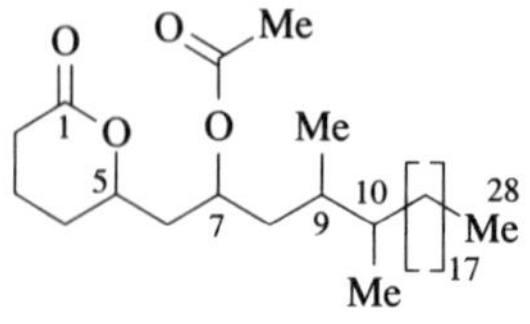

I

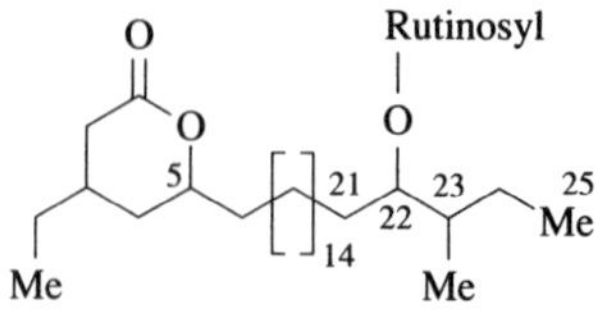

II

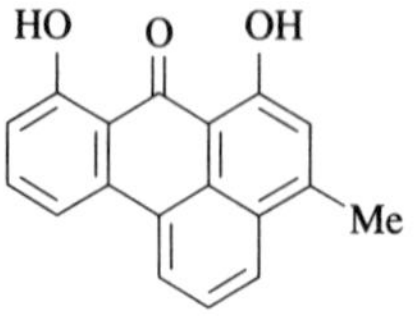

III

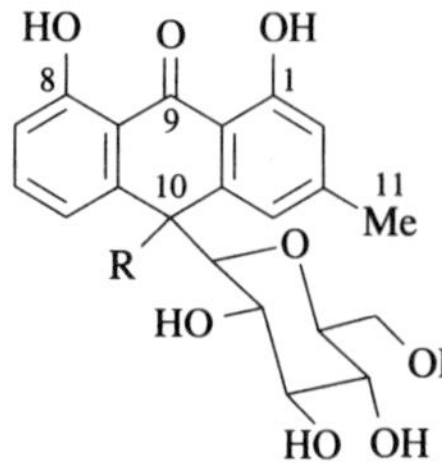

IV

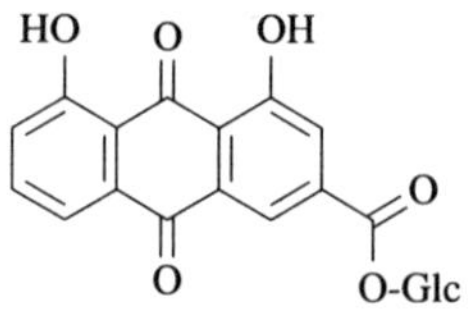

V

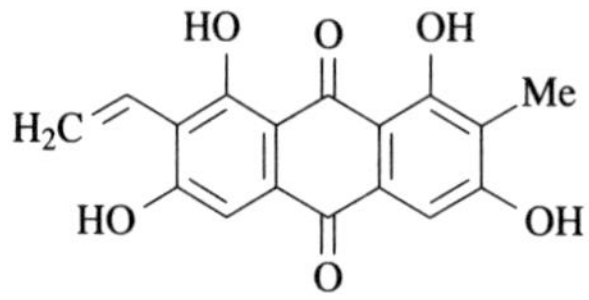

VI

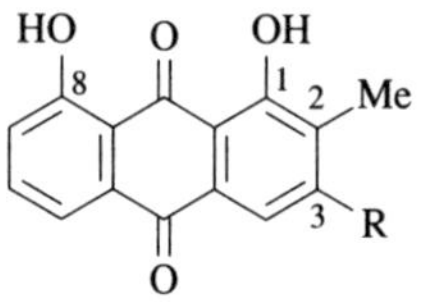

VII

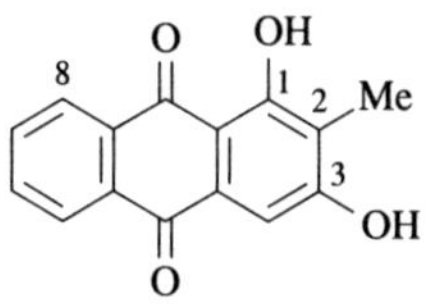

VIII

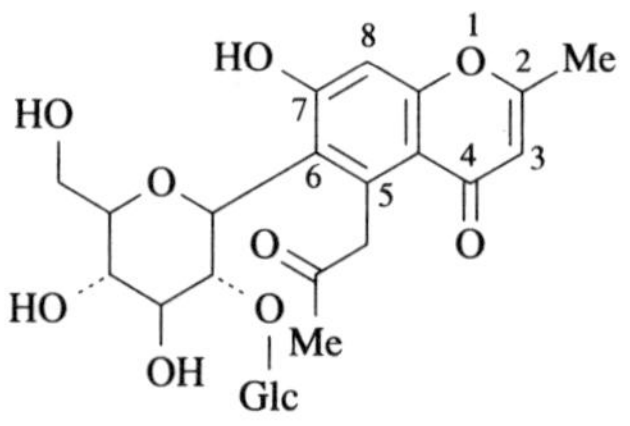

IX

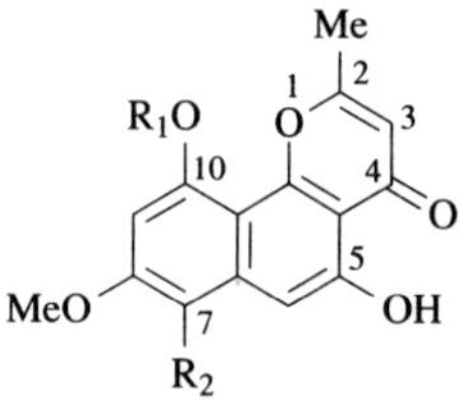

X

Abb. 15. Einige mutmaßlich acetogene Sekundärstoffe der Gattung *Cassia*

I = Nodolidat, $C_{32}H_{60}O_4$ (= 7-Acetoxy-9,10-dimethyl-1,5-octacosanolid) • II = Azralidosid, $C_{40}H_{74}O_{12}$ (= 3-Ethyl-22-rutinosyloxy-23-methyl-1,5-pentacosanolid) • III = Chrysophanolbenzanthron aus Holz von *C. garrettiana* • IV = Cassi-aloin, $C_{21}H_{22}O_9$ (R = OH) und 11-Desoxyaloin, $C_{21}H_{22}O_8$ (R = H), aus Holz von *C. garrettiana* • V = Rhein-acylglucosid aus *C. roxburghii* • VI = Sopheranin, $C_{17}H_{12}O_6$, ein alkenylsubstituiertes Anthrachinon aus Holz von *C. sophera* • VII = Isochrysophanol (R = H); Derivate mit weiteren Substituenten in der Gattung *Cassia* verbreitet; ein Beispiel ist 3-Hydroxyisochrysophanol, $C_{15}H_{10}O_5$, mit R = OH; sein 1,2-Dihydroderivat, $C_{15}H_{12}O_5$, ist Roxburghinol aus *C. roxburghii* • VIII = Rubiadin • IX = 6-C-Glykochromon, $C_{25}H_{32}O_{14}$, aus *C. spectabilis* (vgl. auch Formel IV auf Abb. 16) • X = Anguläre Naphtho-γ-pyrone oder Benz-2-methylchromone aus *Cassia pudibunda*: 10-Demethylflavasperon (R_1 = R_2 = H) und sein 10-Sulfat (R_1 = $-SO_2-OH$) und 10-Apioglucosid (R_1 = Api-glc); Cassiapyronsulfat (R_1 = $-SO_2-OH$, R_2 = Me)

C. garrettiana: Kernholz liefert die thailändische Droge SA MAE SARN, welche intensiv bearbeitet wurde (vgl. dazu Bd. XI a, 352 und die dort zitierte Literatur [93–95] über Isolation von Stilbenen, Bibenzylen [=Dihydrostilbenen], Tetrahydroxydihydrophenanthren und von Cassigarolen [=Stilbendimeren]). SA MAE SARN wird u. a. als mildes Laxans verwendet und enthält auch Anthrachinone; isoliert wurden 0,05% Chrysophanol, 0,003% Chrysophanolbenzanthron, 0,10% Chrysophanoldianthron, 0,51% Cassialoin und 0,002% (−)-11-Desoxyaloin [102]; vgl. Abb. 15. Pharmakologische Prüfung von Stilbenderivaten aus der Droge [103]. Neue Cassigarole und Scirpusin-B aus Holz [270].

C. glandulosa (= *Chamaecrista glandulosa*): Aus in Peru gesammelten Früchten Pinit, Ap, Lu, Chrysophanol, Emodin, Physcion und dessen 8-Gentiobiosid isoliert [104].

C. grandis: Blattanthrachinone [94a]. Halphen-positives Samenöl vgl. Bd. XI a, 161. Samen lieferten 14% wasserlösliches Galaktomannan ungewöhnlicher Zusammensetzung [105], ein neues K-3-biosid [106] und drei neue Anthrachinonglucoside, worunter 2-Glucosyloxy-4-hydroxyphyscion, $C_{22}H_{22}O_{12}$ [107].

C. greggii (= *Chamaecrista greggii*): Wurzeln lieferten sieben neue Anthrachinone, worunter 4-Hydroxy-1,6-dimethoxy-7,8-methylendioxy-3-methylanthrachinon (= 1-Hydroxy-4,7-dimethoxy-5,6-methylendioxy-2-methylanthrachinon) [108].

C. hirsuta (= *Senna hirsuta*): Pantropisches Unkraut, das aus tropisch Amerika stammt. Entfettete Samen lieferten ein 4,4′-Dianthrachinon, $C_{32}H_{22}O_{12}$, und 3,16,22-Trihydroxyhopan [109]. Aus Blüten wurden geringe Mengen K, Q, Ombuin, K-3-rutinosid und Rutin isoliert [110].

C. italica (= *C. obovata* = *Senna italica*): Wird zuweilen mit *C. acutifolia* verwechselt. Früher wurde dieses Taxon auch an Stelle von Alexandriner Senna verwendet oder ihr beigemischt (vgl. Tabelle 6). In Blättern Rhein, Aloe-emodin, Sennidine und Sennosid-A und -B reichlich vorhanden; Früchte enthalten geringere Mengen der gleichen Anthranoide [111]. Kraut enthält 7-Glucoside von Ap, K und Q, 3-Rutinoside von K und Q, IRh-3-rutinosid-7-rhamnosid und Tamarixetin-3-rutinosid-7-rhamnosid [112]. Eine hinsichtlich der botanischen Angaben wertlose Arbeit beschrieb vor kurzem Isolation von 60 mg Sitosterin, 50 mg Stigmasterin, 35 mg α-Amyrin, 75 mg des neuen Körpers 1,5-Dihydroxy-3-methoxy-7-methylanthrachinon, $C_{16}H_{12}O_5$, sowie von 65 mg des bereits aus *Digitalis schischkinii* bekannten 1,5-Dihydroxy-3-methylanthrachinons, $C_{15}H_{10}O_4$, aus 25 kg frischen Ganzpflanzen. Extrahiert wurde in der Gegend von Karachi gesammeltes Material, das angeblich von *C. italica* stammte [268].

I und II: Aus Blüten von *C. nodosa*
VI: Kann als Isochrysophanol- oder als Rubiadinderivat aufgefaßt werden
X: Flavasperon ist von *Aspergillus niger* bekannt
N.B.: Rubiadin (vide *C. auriculata* und *multijuga*) und Rubiadin-Derivate sind in der Gattung recht verbreitet

C. jaegeri (= *Chamaecrista jaegeri*): In Blättern aus Senegal Glykoside von Chrysophanol, Emodin und Physcion und größere Mengen von Apigenin (mutmaßlich O- und C-)-Glykosiden nachgewiesen; PA sind in Blatt und Frucht reichlich vorhanden [113].

C. jahnii (= *Senna jahnii* = *Adipera jahnii*): In Venezuela werden frische Blüten als Laxans verwendet; strauchige Pflanze der Anden; Blätter, Blüten, Schoten und Samen enthalten reichlich freie und gebundene Anthrachinone und Anthrone, aber weder Sennidine noch Sennoside. Während des Trocknens geht in Blüten, Blättern und Früchten ein beträchtlicher Teil der Anthrachinone verloren [114]. Alkanole (C_{22}–C_{28}) und Sitosterin aus Blüten isoliert, und in Blättern geringe Mengen der Piperidinalkaloide Cassin und Dihydrocassin nachgewiesen (TLC) [115].

C. javanica: Tropischer Baum, von welchem chemische Untersuchungen für praktisch alle Teile vorliegen. Aus Blüten Glykoside von K, Q, Dihydrorhamnetin und ein Leucocyanidin-4'-methylether-3-galaktosid erhalten [116]. Blätter lieferten Rhein und Rheinglykoside, Aloe-emodin, Chrysophanol, Emodin [94a, 117–120] und viele K- und Q-Derivate [94a, 119–121] und PPg [118, 119], Sinapinsäure [119] und eine „Wachs"-Fraktion mit Phytosterinen, α- und β-Amyrin [119], Butyrospermon, β-Amyrinpalmitat und Sitosterinpalmitat, -arachidat, -behenat [120] und Alkanen und Alkanolen (C_{26}, C_{28}, C_{31}) [122]. Aus Stammrinde Sitosterin, Octacosanol [122] und zwei neue Anthrachinone mit Methylgruppe in 2-Position [123] isoliert; eines dieser Anthrachinone, $C_{17}H_{16}O_6$, ist das 1,2-Dihydroderivat von 3-Hydroxy-6-methoxyisochrysophanol-8-methylether. Chrysophanol, (−)-Epiafzelechin, ein Tetrahydroxystilben („Piceatannol") und Cerylalkohol aus Holz [124]. Wurzelrinde enthält Emodin, 5-Hydroxyemodin und ihre 8-Rhamnoside [125] und ein PCy-rhamnosid und ein Propaeonidinrhamnosid [126]. Samen enthalten Galaktomannane [127], Chrysophanol, Physcion und drei neue Anthrachinone mit einer Me-Gruppe in 2-Stellung [128, 271].

C. latopetiolata: Art der Anden Amerikas; Blätter enthalten Glykoside von Emodin und Physcion [7].

C. leptophylla von Südbrasilien hat als Laxans brauchbare Blätter [129].

C. lindheimeriana (= *Senna lindheimeriana*): Hat anthrachinonreiche (u. a. Chrysophanol, Questin, Xanthorin u. a.) Wurzeln, welche auch 4 Q-Derivate speichern, wovon zwei 5-Desoxyflavonoide (3,7,3',4'-Tetrahydroxyflavon und sein 3-Methylether) sind [78]; ferner lieferten die Wurzeln ein Tetrahydroxystilben („Piceatannol"), ein Lignan (Eupomatenoid-7), ein Chalkon (Isoliquiritigenin), 2,4,5-Trimethoxyphenol, Betulinsäure und Stigmasterin [78].

C. longiracemosa (= *Senna longiracemosa*): Wächst in Äthiopien; Blätter und Wurzelrinde enthalten komplexe Gemische von Anthrachinonen und verwandten Acetogeninen; u. a. isoliert Chrysophanol, Physcion, Nataloe-emodin, Chrysophanol–Physcion-10,10'-bianthron, Chrysophanol–Isophyscion-10,10'-bianthron und die Heptaketide Methoxystypandron, Rubrofusarin und Torachryson [130].

C. macranthera (= *Senna macranthera*): Rinde und Stammholz lieferten Sitosterin, Rubrofusarin, und Rinde zusätzlich ein 2-Methylchromonderivat (Formel IV, Bd. XIa, 362) und viel Rubrofusarin-6-galaktosid (Ref. [5], S. 372 von Bd. XIa). *C. macranthera* ist eine polytypische Art, zu welcher LEWIS (1987) var. *macranthera*, var. *micans* (= *C. micans* Nees), var. *nervosa* (= *C. speciosa* var. *nervosa* Vogel), var. *pudibunda* (= *C. pudibunda* Mart.) und var. *striata* (= *C. striata* Vogel) rechnet. Vgl. bei *C. pudibunda* und *speciosa*.

C. marilandica (= *C. marylandica* = *Senna marilandica*): Bereits SCHROETER [131] wies in dieser Pflanze Anthrachinone nach, und GRESHOFF machte für ihre Blätter und Samen Vorkommen von Saponinen wahrscheinlich [132]; ferner wurde in getrockneten Blättern N-Methylphenylethylamin nachgewiesen [133]. Blätter enthalten wenig Chrysophanol und Physcion, zwei Emodinglykoside, Diosmetin und zwei Diosmetinglykoside [134].

C. mexicana: Blätter reich an Glykosiden des Emodins [7].

C. mimosoides (= *Chamaecrista mimosoides*): Palaeotropische Art, die in Indien öfters bearbeitet wurde. Emodin, Emodinglykoside und Lu-7-glc [135], Chrysophanol, ein Physcion-Isomer (Me-Gruppe in 2-Stellung) und Hentriacontanol [136] aus Blättern oder beblätterten Zweigen. Kaliumchelidonat ist ein Turgorin dieser Pflanze; es wurde aus Blättern isoliert (vgl. Bd. XI a, 408). Wurzeln lieferten Emodin und Physcion [138] und Samen Lu und Lu-7-glc [138]. Zu der Art wird auch ein in Japan, Korea, China und Manchuria verbreitetes annuelles Taxon, var. *nomame* (Sieb.) Makino (= *C. nomame* [Sieb.] Honda), gerechnet, dessen Samen ein fettes Öl mit Palmitin-, Arachin-, Öl- und Linolsäure als Hauptfettsäuren und mit 12% Unverseifbarem mit viel Phytosterinen und Alkanolen enthalten [139]. *C. nomame* enthält Chrysophanol, Emodin und Physcion im Kraut und in Samen zusätzlich die 9-Anthrone von Emodin und Physcion und Physcion-10,10′-bianthron, aber kein Chrysophanol [147].

C. multiglandulosa (= *Senna multiglandulosa*): Die Art ist in Südamerika zu Hause und wird andernorts angepflanzt. In Äthiopien lieferten Blätter Emodin und vier dimere anthracenoide Körper, i.e. Floribundon, 10′-Oxotorosanin, Sengulon und 10′-Oxoanhydrophlegmacin (vgl. dazu auch bei *C. torosa*, Bd. XI a, 368); alle haben ausschließlich das Substitutionsmuster des Physcions; Floribundon ist das Physcion-5,7′-Dimer und Sengulon ist das 10,7′-Dimer des mit Physcion isomeren 1,9-Dihydroxy-3-methyl-6-methoxy-5,8-chinons mit Physcion, 10′-Oxotorosanin ist das Torosachryson–Physcion-5,7′-dimer und Anhydorphlegmacin ist das Torosachryson–Physcion-10,7′-dimer [140].

C. multijuga (= *Senna multijuga*): Südamerikanische Art, deren Blüten Sitosterin und viel Pinit, und deren Splintholz Stearinsäure und Phytosterine (Ref. [5] von S. 372 in Bd. XI a) lieferten. Aus Wurzeln wurden Rubiadin (= 1,3-Dihydroxy-2-methylanthrachinon) und 8-Hydroxy-6-methoxyrubiadin und sein 3-Rutinosid, sowie das 3-Rutinosid von 8-Hydroxyrubiadin isoliert [141]. Blätter enthalten drei neue 2-Methylchromonderivate, 5-Acetonyl-7-hydroxy-2-methylchromon, $C_{13}H_{12}O_4$, sein 7-Glucosid und sein 6-C-Glucosid [142]; das Chromon ist mutmaßlich ein Heptaketid (vgl. Formel XII auf S. 362 von Bd. XI a). Aus Samen wurden Cassiglucin, ein IRh-3-galaktoglucosid [143] und die Anthrachinone 8-Hydroxyrubiadin, 6,8-Dimethoxyrubiadin und sein 1-Glucosid und 1-Rutinosid gewonnen [144].

C. nictitans (= *Chamaecrista nictitans*): Polytypische Art, welche von Südamerika bis in die südliche USA verbreitet ist. Eine Analyse von Pflanzen der USA wurde bereits durch GALLAHER [145] unternommen; er wies Gerbstoffe und laxierend wirkende Stoffe nach.

C. nigricans (= *C. micrantha* = *Chamaecrista nigricans*): Ist eine afrikanisch-asiatische Art, in deren Foliola Emodin und sein Anthron und PA, welche denen von *C. auriculata* und *goratensis* ähnlich sind, nachgewiesen wurden [146].

C. nodosa (= *C. javanica* subsp. *nodosa* [KAI and SUPEE S. LARSEN, Nat. Hist. Bull. Siam Soc. *25*, 205 (1974)]): Art des indischen Subkontinents und des angrenzenden Südostasiens; andernorts als Zierbaum angepflanzt. In Indien recht intensiv bearbeitet. In Blättern K, Chrysophanol, Physcion und Rhein nachgewiesen [94a] und Afzelin (K-3-rhamnosid) aus ihnen isoliert [137]. Getrocknete Blüten lieferten annähernd 0,6% Nodososid, das 8-Glucosid des Nodosins (= 1,3,5,8-Tetrahydroxy-2,7-dimethylanthrachinon, also ein Isochrysophanolderivat) [148] und zwei Hydroxyfettsäurelactone, Azralidosid [149] und Nodolidat [150]. Blätter von in Nigeria kultivierten Bäumen enthielten annähernd 1,5% Totalrhein (frei und gebunden) [151], und aus Blättern von in Ägypten kultivierten Exemplaren wurden K und K-3-rhamnosid isoliert [80]. Samen enthalten Velutin(= 5,4'-Dihydroxy-7,3'-dimethoxyflavon)-5-rhamnosid [151a], ein fettes Öl mit etwa 21% gesättigten Fettsäuren (18:0 > 16:0 > 20:0), 52% 18:1, 18% 18:2 und 9% 18:3 [152] und annähernd 22% kaltwasserlösliche Galaktomannane (gereinigt; Gal:Man = 2:7) [153]. Der Name Nodosin wurde vor kurzem auch für ein 6-C-Glykosyl-5,7,2',4'-tetrahydroxyisoflavon aus Blüten dieser Art verwendet [153a].

C. obtusa Clos in C. Gay (gehört nach Index Kewensis zu *C. bicapsularis* [= *Senna bicapsularis*]): Taxon von Chile. Beblätterte Zweige lieferten die Anthrachinone (frei und als Glykoside) Chrysophanol, Emodin, Physcion und Aloeemodin, die Flavonole K, IRh und 3 K-glykoside, die Triterpene Lupeol und Lupenon und Phytosterine [154].

C. obtusifolia (= *Senna obtusifolia*): Heute pantropisch verbreitet; stammt ursprünglich aus Südamerika oder Cuba [194]. Blätter, Samen und Wurzeln vielseitig medizinisch verwendet. Fermentierte und anschließend getrocknete Blätter auch als proteinreiche Nahrung [155] verwendet. Aus Blättern K, Q, Astragalin, Juglanin, Quercitrin, Isoquercitrin, viel Ononit und wenig Mesoinosit, Bernstein-, Wein- und Palmitin- und Stearinsäure, Uridin (Uracil-1-ribosid), Phytosterine, viel Triacontanol und wenig Friedelin isoliert [156]. Für Samen und Wurzeln vgl. Bd. XIa, 363–368. „Hairy Root"-Kulturen hatten die gleichen Anthrachinon-Spektren wie die Primärwurzeln von Keimpflanzen [157]. Weitere Samenanthranoide sind 1-Demethylchryso-obtusin, 1-Demethylobtusin, 1-Demethylaurantio-obtusin, Questin und Chrysophanol-10,10'-bianthron [158], Physcion-8-glucosid, Alaternin-1-glucosid und Chryso-obtusin-2-glucosid (= Gluco-chryso-obtusin) [159, 160] und Gluco-obtusin und Gluco-aurantio-obtusin [160]. Chromonoides Phytoalexin [272]; Abb. 14.

C. occidentalis (= *C. foetida* Pers. = *Ditremexa occidentalis* = *Senna occidentalis*): Heute pantropisch verbreitet; ursprünglich in tropisch und subtropisch Amerika (bis in die Südstaaten der USA) zu Hause. Überall medizinisch verwendet und oft chemisch untersucht; vgl. zu den Inhaltsstoffen von Wurzeln, Keimpflanzen und

Kalluskulturen auch Bd. XIa, 364—368. ANTON und DUQUÉNOIS [161] fanden Anthrachinone vorzüglich in Samen und Wurzeln und nur Spuren in den vitexin-reichen Blättern und in den Hülsen; Physcion und Emodin und ihre Anthrone und Dianthrone, sowie Glykoside dieser Körper wurden in Samen und Wurzeln nachgewiesen. Getrocknete Blüten lieferten Emodin, Physcion und sein 1-Glucosid [162]. Aus Blättern Matteucinol(Formel Bd. I, 281)-7-rhamnosid und Jaceidin-7-rhamnosid [163] und Chrysophanol und Chrysophanol-4,4'-bisanthrachinon, $C_{30}H_{18}O_8$ [164], isoliert, aber rheinartige Glykoside („Sennoside") nicht beobachtet [165]; aus frischen Blättern wurden die Basen Cholin, Betain, Stachydrin und Trigonellin isoliert [166]. Hydrolysierte Wurzelextrakte lieferten Phytosterine, Chrysophanol, Emodin, Physcion, Pinselin (Cassiollin) und zwei weitere Pigmente [167]. Hülsen lieferten Rhamnetin-3-neohesperidosid und Jaceidin-7-neohesperidosid [168]; Ontogenese von Stomata und Haaren auf heranwachsenden Früchten [169]. Samen lieferten 0,01% Physcion [170], annähernd 0,01% Physcionglucosid [171] und wenig Emodin, Isochrysophanol, $C_{15}H_{10}O_4$, und dunkelroten Körper, $C_{16}H_{12}O_6$, der vermutlich 1,4,5-Trihydroxy-7-methoxy-3-methylanthrachinon darstellte [172]; fettes Öl mit 8% 16:0, 7% 18:0, 10% 24:0, 37% 18:1 und 38% 18:2 [173]; Galaktomannane mit Man:Gal = 3:1 [174]; Samen sollen toxisch für das Vieh sein; einer der toxischen Bestandteile könnte N-Methylmorpholin (150 mg Hydrochlorid aus 3 kg Samen isoliert) sein [175]. Die analytische Arbeit von SHAH und SHINDE zeigt deutlich, daß viele Bestimmungsmethoden von Rhein und Rheinderivaten ungenau sind; diese Autoren [176] geben für Samen neben Chrysophanol auch Aloe-emodin und Rhein an. Medizinale Verwendung in Indien [269].

C. petersiana (= *Senna petersiana*): In Tanzania gesammelte Blätter, Stammrinde und Wurzelrinde lieferten Chrysophanol, Physcion, Emodin, Alkane, Phytosterine und Blätter zusätzlich Octacosanol und Triacontanol und α- und β-Amyrin und Wurzelrinde zusätzlich 7-Methylphyscion [177]; ein anderes Blattmuster (Malawi) lieferte 1,5% Colensenon (Formel Bd. VII, 528) und 0,44% Colensanon (= Dihydrocolensenon) [178]; es handelt sich um Norditerpene, welche mutmaßlich über 2,3-Secomanooloxid gebildet werden (Abb. 14, S. 94).

C. podocarpa (= *Senna podocarpa*): Blätter werden in tropisch Westafrika als Laxans verwendet [146, 180]. Blätter und Früchte enthalten nach [146] nur Rheinderivate, worunter Sennosid-A und -B, oder nach andern [181] auch etwas freies Chrysophanol und Emodin. Pflanzen von Nigeria hatten junge Blätter mit viel Sennosiden [182], und von Keimpflanzen gewonnene Calluskulturen enthielten freies Emodin und Chrysophanol und Rhein und O-Glykoside der zwei letzterwähnten Anthrachinone [183].

C. pudibunda (= *Senna macranthera* var. *pudibunda*): Für Stilbene vgl. Bd. XIa auf S. 352 und 372 [Ref. 120]; auf S. 352 irrtümlicherweise *Senna hirsuta* var. *pudibunda* als Synonym angegeben. Wurzeln enthalten neben den 6-Glykosiden der linearen γ-Naphthopyrone Rubrofusarin und Quinquangulin auch die angularen γ-Naphthopyrone 10-Demethylflavasperon, sein 10-Sulfat, sein 10-Apioglucosid, sowie Cassiapyron-10-sulfat [184].

C. pumila (= *Senna prostrata*) ist ein Taxon von tropisch Asien und Australien. Für Samen wurden 2,1 % Sennoside und 0,2 % Rheinglykoside angegeben [186], und aus „plant material" wurden Chrysophanol, Emodin, Physcion und Hentriacontanol isoliert [185].

C. punctata Vogel: Strauchförmiges Taxon von Südbrasilien. Blätter und Früchte ohne Anthrachinone; Blätter mit C-Glykoflavonen vom Typus des Vitexins [7].

C. quinquangulata (= *Senna quinquangulata*): Südamerikanisches Taxon mit Wurzeln mit zytotoxischen Inhaltsstoffen; es handelt sich um die Naphthopyrone oder Benzochromone Rubrofusarin und 7-C-Methylrubrofusarin, welche allerdings nur in geringen Mengen vorhanden sind [179]; auch Chrysophanol isoliert [179]. Für Formeln vgl. in Bd. XIa, 362–363.

C. renigera: Über ganz Indien verbreiteter Baum. Stammrinde lieferte die Flavonoide 5-Hydroxy-6,7,3′,4′,5′-pentamethoxyflavanon-5-rhamnosid und Quercetagetin-3,6-dimethylether (= Axillarin) [187], 5,7-Dihydroxy-4′-methoxyflavanon-7-rhamnosid [188] und ein neues Anthrachinon, das als 3-Methoxyisochrysophanol-8-methlyether, $C_{17}H_{14}O_5$, bezeichnet werden kann [188], und Samen lieferten drei Anthrachinone vom Isochrysophanol-Typus [189] und ein xylosehaltiges Galaktomannan (Man:Gal:Xyl = 13:5:0,35) [190]. Das Samenöl (2,3 %) enthielt 26 % gesättigte Fettsäuren und 18 % Öl- und 54 % Linolsäure und im Unverseifbaren β-Amyrin, Betulin und Phytosterine [191]. Für Blattbestandteile vide [94a].

C. reticulata (= *Senna reticulata*): Tropisch-amerikanisches Taxon mit rheinhaltigen Blättern [192] und Blüten [193]. Blätter enthalten auch Cassiaxanthon (Formel Bd. XIa, 364) [194, 195].

C. rogeoni Ghesquière (= *Senna rogeoni*; in LOCK 1989 nicht aufgeführt): Seltener, strauchiger Endemit von Mali; ist in ökologischer Hinsicht und in einigen morphologischen und chemischen Merkmalen deutlich von *C. tora* sensu auctt. oder *C. obtusifolia* (= *Senna obtusifolia*), in welche die meisten Botaniker dieses Taxon einbeziehen, verschieden [196]. Blätter enthielten Emodinanthron und Glykoside von Chrysophanol, Emodin und Physcion und Glykoside von K, Q und Lu [196]. Verglichen mit den Blättern von *C. obtusifolia* fallen diejenigen von *C. rogeoni* durch Vorkommen von Anthrachinonen und durch Überwiegen von Quercetinglykosiden bei den Flavonoiden auf [196]. Möglicherweise wird aber *C. rogeoni* trotzdem besser als Oekodem zu der polytypischen *C. obtusifolia* gerechnet.

C. roxburghii (= *C. marginata* auct. non Willd.): In Indien viel bearbeitete Art. Für Holzstilbene vide Bd. XIa, 352 (sub *C. marginata* und *roxburghii*). Roxburghin-Struktur durch Synthese seines Tetramethylethers bewiesen [197]. In Blättern Chrysophanol, Physcion, Rhein und K nachgewiesen [94a]; ferner K-3-glc, K-3-rha [137], Butein-4′-glc (= Coreopsin), (+)-Catechin und ein isomeres (+)-Leucofisetinidin [198] und 3-Hydroxyisochrysophanol (= Roxburghinol) [199] isoliert. Blüten lieferten K, K-3-glc, Q, Q-3-glc, Q-3-gal und Rhein-acyl-β-glucosid [124] und ein pentenylsubstituiertes Leucopelargonidin [200]. Aus Samen wurden die Acetophenonderivate Marginosid und Cassiosid (Bd. XIa, 361–363), 5,7-Dihydroxy-3′,4′-methylendioxyflavon und 1,3-Dihydroxy-6,8-dimethoxy-2-prenylanthrachinon (Bd. XIa, 364, 367 und Ref. [31] auf S. 373) und Physcion-8-

α-xylosid und Emodin-8-α-arabinosid [201] isoliert. Rinde und Holz enthalten Propelargonidine [202] und Profisetinidine [203]. Aus Wurzeln 3-Hydroxy-6-methoxyisochrysophanol-8-methylether-3-rhamnoglucosid und 3,5-Dihydroxy-isochrysophanol-3-glucosid isoliert [204].

C. rugosa (= *Senna rugosa*): Südamerikanisches Taxon; aus Blättern 0,1% Rutin isoliert [205].

C. semicordata: Aus in Brasilien (Pernambuco) gesammelten Wurzeln zwei Hexaketide isoliert (Bd. XIa, 361–363 und Ref. [7] auf S. 372).

C. septemtrionalis (= *C. laevigata* = *C. floribunda* = *Senna septemtrionalis*): Einheimisch in tropisch Zentralamerika; in tropisch Asien und Afrika kultiviert und z. T. eingebürgert. Synonymie nach [46]; phytochemische Publikationen verwenden die Namen *C. floribunda* und *C. laevigata*. Aus Blättern Ombuin und Ombuin-3-neohesperidosid [206], Physcion, 5,7'-Biphyscion (= Floribundon-1), 5,7'-Physcionanthron-Physcion-Dimer (= Floribundon-2) und N_1, N_8-Bibenzoylspermidin (30 mg aus 500 g Blatt) [207]. Aus Früchten Q, Q-7,4'-dimethylether (= Ombuin)-3-gal, Q-7,3',4'-trimethylether-3-digalaktosid [208], Chrysophanol und Physcion-8-digalaktosid [209]. Blüten lieferten zwei isomere Rhamnetin-3-digalaktoside, ein Oleanolsäure-3-digalaktosid, Quercetin und aus dem Unverseifbaren des EtOH-Extraktes Docosanol, Cerylalkohol (Hexacosanol), Octacosanol und Carnaubylalkohol (vermutlich Isolignocerylalkohol); diese Wachsalkohole sind auch von anderen *Cassia*-Arten bekannt [210]. Aus Wurzeln Emodin, Physcion, Physcion-8-galaktosid und Ombuin isoliert [211]. Zwei neue O-methylierte Proanthocyanidine aus dem Stamm [212].

C. siamea (= *Senna siamea*): Wurde bereits in Bd. XIa an verschiedenen Stellen besprochen. Samenöl Bd. XIa, 161. Pentaketide Bd. XIa, 361–363; Heptaketide Bd. XIa, 361–363; Stilbene Bd. XIa, 352. Zu den Heptaketiden gehören auch die aus Blüten zusammen mit Friedelin, Betulin, Cycloarten-3,25-diol und Phytosterinen isolierten Körper 5-Acetonyl-7-hydroxy-2-methylchromon (Formel XII auf S. 362 von Bd. XIa) und das davon ableitbare chromonoide Alkaloid Cassiadinin [213]. Blüten und Blätter lieferten das alkaloidähnliche, stickstoff-freie Anhydrobarakol-Hydrochlorid und 5-Acetonyl-7-hydroxy-2-methylchromon, und aus Samen und Blättern wurde das acetogene Isochinolon Siamin (Formel III auf S. 362 von Bd. XIa) erhalten [214]. In Blättern wurden Chrysophanol und Rhein und in Rinde zusätzlich Physcion, Chrysophanolanthron und Chrysophanoldianthron nachgewiesen [215]. Blätter lieferten außer Barakol auch Wachs, Phytosterine, Apigenin und K-Derivate [216], Cassiamin-A, *p*-Cumarsäure, Ap-7-gal (= Thalictiin), Physcion und das Cassiachromon genannte 5-Acetonyl-7-hydroxy-2-methylchromon [217]. Stammrinde lieferte eine Reihe von 4,4'-Bianthrachinonen (Cassianin, Siameanin, Siameadin [218]), Chrysophanol und Physcion [219], sowie die Triterpene Lupeol, Betulin und Betulinsäure [218, 220], Lupenon [221], Lupen-1,3-diol und Tetracontanol [222] und das 3-Xylosid der 24-Hydroxypomolsäure (= Rotungen[in]säure, $C_{30}H_{48}O_5$) [219], sowie Rhamnetin-3-rhamnogalaktosid [222a]. Aus dem Stammholz wurden Chrysophanol, Emodin und zwei Bianthrachinone isoliert [223]. IWAKAWA [224] identifizierte das japanische Nutzholz TAGAYASAN, das über China aus Ostindien importiert wird, mit *C. siamea*, und erkannte Chrysophanolanthron als seine entzündungserregende Komponente. Wurzeln und Wurzelrinde enthalten neue Anthrachinongalaktoside [225], Lupeol, Chrysophanol und die 2,2′-Bianthrachinone Cassiamin-A, -B und -C [226, 227]. Samen enthalten 30 % Endosperm mit etwa 50 % wasserlöslichen Polysacchariden, welche je nach Reinheitsgrad bei der Hydrolyse Man, Gal und Xyl lieferten; das reinste Galaktomannan enthielt Man und Gal im Verhältnis 3:1 [228–230].

C. sieberiana (= *C. kotschyana*): Baum von Westafrika, der während der Blütezeit einen Schmuck der Savannen darstellt, und medizinische Verwendung findet [231, 232]. Blätter enthalten Quercitrin, Isoquercitrin, Rhein und Rhein-8-glucosid und PA [232]. In Wurzeln wurden 0,15 % Anthrachinone und kondensierte Gerbstoffe nachgewiesen, und Leucopelargonidol, Epicatechin und sein Gallat und wenig Gallocatechin als deren Bausteine wahrscheinlich gemacht [231]. Die bitteren Wurzeln werden in Sierra Leone als Heilmittel verwendet, können aber bei zu hoher Dosierung Vergiftungen verursachen [233]; ein Wurzelrindenmuster lieferte Sitosterin, Lupeol und (−)-Epiafzelechin (200 mg aus 730 g), und enthielt nur Spuren von Anthrachinonen [233].

C. singueana (= *C. goratensis* = *Senna singueana*): Ist eine Medizinalpflanze Afrikas. Mono- und dimere Tetrahydroanthracenderivate wurden bereits in Bd. XIa, 366 und 368, besprochen. Untersuchungen in portugiesisch Afrika erlaubten Isolation von Chrysophanol und Physcion aus Wurzeln und Samen; in Blättern konnten Anthrachinone nicht nachgewiesen werden [234]. In Tanzania gesammelte Wurzelrinde lieferte Chrysophanol, Physcion, 7-Methylphyscion, Cassiamin-A (= 2,2′-Chrysophanol–Emodin-Heterodianthrachinon) und Lupeol [235].

C. sophera (= *Senna sophera*): Heute mehr oder weniger pantropisch verbreitetes Taxon. In Indien werden Blatt, Samen, Rinde und Wurzeln medizinisch vielseitig verwendet; Blätter haben eine deutliche spasmolytische Wirkung [236]. Aus Blättern neues Flavonol-8-C-rhamnosid, $C_{22}H_{22}O_{12}$, isoliert [237]. Blüten lieferten Chrysophanol und Rhamnetin-3-glucosid [238]. Aus Kernholz Q, Octadecanol, Sitosterin und verschiedene Anthrachinone, worunter Sopheranin (Abb. 15) isoliert [239]. Wurzelrinde lieferte Sitosterin, Chrysophanol, Physcion und 3 neue Anthrachinone, welche als Derivate von Isochrysophanol aufgefaßt werden können; eines ist das 3-Neohesperidosid von 3-Hydroxyisochrysophanol [240].

C. speciosa (= *C. bijuga*: gehört nach LEWIS [1987] und WIERSEMA et al. [1990] zur polytypischen *Senna macranthera*): Aus frischer Rinde isolierte bereits PECKOLT [241] 0,46 % Chrysophanol. Später (Ref. [5] auf S. 372 von Bd. XIa) wurden aus Rinde Chrysophanol, Emodin, Chrysophanol-8-methylether, Phytosterine, Lupeol und Octacosanol und aus Splintholz Chrysophanol, Pinit, Acetylbetulinsäure, Sitosterin und Hexacosansäure isoliert. Vide auch Nachtrag, S. 411.

C. spectabilis (= *Senna spectabilis*): Polytypische, lateinamerikanische Art, welche andernorts kultiviert wird. Gegenwärtig werden auch *C. excelsa* Schrader und *C. carnaval* Speg. als Varietäten zu *C. spectabilis* gerechnet (vgl. dazu auch LEWIS 1987, WIERSEMA et al. 1990 und [16]). Alle drei Taxa enthalten 2,6-dialkylierte 3-Hydroxypiperidinalkaloide, die in Bd. XIa, 280, bereits erwähnten 2,6-dialkylierten Piperidine, welche aus Blättern und Samen isoliert wurden. Es handelt sich um Cassin, Casselsin, Cassinicin, Carnavalin, Spectalin, Spectalinin, Iso-6-cassin,

Iso-6-carnavalin, Prosopinon u.a. [242]. Beblätterte Zweige lieferten in Indien außer Cassin und Cassinicin auch Phytosterine und die Anthrachinone Physcion und 3-Hydroxyisochrysophanol [243]. Frische Blüten [244] und Blütenknospen [245] lieferten in Indien antiallergische γ-Pyrone, welche mit Chelidonsäure, $C_7H_4O_6$, Dimethylchelidonat, $C_9H_8O_6$ (= Cassiapyron-A), und Diethylchelidonat, $C_{11}H_{12}O_6$ (= Cassiapyron-B), identifiziert wurden; aus Blütenknospen wurden zudem Chrysophanol und Physcion erhalten. Samen lieferten Velutin-5-glucosid, $C_{23}H_{24}O_{11}$, [246], ein weiteres Flavonglykosid, $C_{21}H_{20}O_8$ (= 6-Arabinosyloxy-4'-methoxyflavon), und ein Flavonolglykosid, $C_{23}H_{24}O_{11}$ (= Q-7,3',4'-trimethylether-3-arabinosid), [247], und zwei Wachsester, Tetratriacontanylpalmitat, $C_{50}H_{100}O_2$, und Tetratriacontanylnonadecanoat, $C_{53}H_{106}O_2$, und ein Derivat eines Chromons [248].

C. surattensis (= *C. glauca* = *Senna surattensis*): Asiatisch-australische Art, welche andernorts angepflanzt wurde. Bereits GRESHOFF (1890, l.c. Bd. XIa, 93) isolierte aus Samen ein Chrysophanolglykosid, und später wurde das Samengalaktomannan (Man:Gal = 3:1) beschrieben [249]. Blüten enthalten Q [250].

C. texana (= *Chamaecrista flexuosa* var. *texana*) ist ein Endemit des südlichen Texas: Wurzeln lieferten Vanillin, Vanillylalkohol, Pyrogallol-2-methylether, Spuren eines Anthrachinons, etwa 0,01% 3,4,3',5'-Tetrahydroxystilben („Piceatannol") und fünf Cassan-Typus Diterpene, die Chamaetexanine-A bis -E, von welchen -E, $C_{18}H_{24}O_3$, ein Bisnorditerpen ist [251].

C. tora (= *Senna tora*): Ist gegenwärtig ein mutmaßlich aus Südamerika stammendes pantropisches Unkraut. Ihre Naphthopyrone (z.B. Rubrofusarin) und Acetylnaphthole (z.B. Torachryson) wurden bereits in Bd. XIa, 363 und 368, besprochen. Weitere Samenuntersuchungen bewiesen Vorkommen von Anthrachinonen [252], Anthrachinonglykosiden [253], Chrysophanolanthron als fungistatischer Komponente [254], Rubrofusarin [254a], pharmazeutisch brauchbaren Galaktomannanen vom Guar-Gummi-Typus [255], fettem Öl mit annähernd 10% Lignocerinsäure [256] und wasserlöslichen, oxytocischen Verbindungen [257]. Aus Wurzeln wurden Sitosterin, ein neues Anthrachinon, $C_{17}H_{14}O_7$, und ein PPg isoliert [258]. Aus Ganzpflanzen wurden Sitosterin, Wachsalkohole und angeblich Mannit erhalten [259]. Fragwürdig (Pflanzenverwechslung?) sind die Ergebnisse von Untersuchungen der Stammrinde [260], da *C. tora* eine krautige bis halbstrauchige Sippe ist.

C. torosa Cavanilles: Phytochemisch in Japan intensiv bearbeitetes Taxon, dessen Identität unsicher ist. Alles untersuchte Material stammte aus dem Arzneipflanzengarten der Nihon-Universität. Für *C. torosa* Cav. werden als Synonyme u.a. genannt: *C. chinensis* Jacq. und *C. indica* Poir. [261]; beide wiederum werden als Synonyme von *C. sophera* L. (= *Senna sophera* [L.] Roxb.) aufgeführt [262, 263]. Es ist deshalb wahrscheinlich, daß die *C. torosa* Cavanilles zugeschriebenen Inhaltstoffe aus einem Taxon erhalten wurden, das zu *C. sophera* (= *Senna sophera*) gehört, oder aber dieser Art sehr nahe steht. Die Anthrachinone und damit verwandten Polyketide von *C. torosa* wurden bereits auf S. 368–369 von Bd. XIa besprochen. Die Blätter dieses Taxons lieferten z.T. sehr interessante Flavonoide: Lu, Diosmetin, Lu-7-glc, Diosmetin-3'-glc und die Torosaflavone-A, -B (auch sein 3'-glc), -C und -D [264] (Abb. 14).

C. trachypus (= *Senna trachypus*): Wurzeln (coll.: Pernambuco, Brasilien) lieferten reichlich PA, Trachypon (= 5,5'-Dimer von 7-Methylphyscion) und *ent*-[−]-Gallocatechin-4'-methylether [265].

C. uniflora (= *C. sericea* = *Senna uniflora*): Strauchige amerikanische Art, welche in Indien zur Bekämpfung des ebenfalls eingebürgerten, allergenen Unkrautes *Parthenium hysterophorus* (vgl. Bd. VIII, 297, 299) verwendet wird [266]. Die Blätter und Samen gelten als vielversprechende Quellen von Nahrungsproteinen [266, 267].

Der Sekundärstoffwechsel von *Cassia* s.l. weist einige höchst interessante Eigenarten auf. Mit einigen diesbezüglichen Angaben soll die Besprechung der Gattung abgeschlossen werden.

Isoflavone können durch Vertreter der Gattung gebildet werden (vgl. bei *C. nodosa* und Ref. [153a]). Damit nähern sich die *Caesalpinioideae* auch in diesem Merkmal den *Papilionoideae*. Vgl. dazu auch das Pterocarpan Leiocarpin bei den *Cassieae-Dialiinae*.

Alkenyl- und Isoprenylsubstitution von Aromaten scheint auch in der Unterfamilie der *Caesalpinioideae* nicht allzu selten vorzukommen. Jedenfalls weisen einige von *Cassia*-Arten bekannt gewordene Metaboliten darauf hin. Vgl. Formel VII auf S. 364 von Bd. XIa und in diesem Band die Formeln VI und VII von Abb. 14 und Formel VI von Abb. 15.

Polyketide sind sehr verbreitet (vgl. auch Bd. XIa, 360−370) und in struktureller Hinsicht äußerst vielfältig. Neue, an Pilzmetaboliten erinnernde Inhaltstoffe von *Cassia* sind die Flavasperonderivate (Abb. 15, Formel X).

Sehr vielseitig ist der Octaketidstoffwechsel. Er ist noch lange nicht in allen Einzelheiten geklärt. Viele bekannte *Cassia*-Anthrachinone lassen sich mühelos auf Chrysophanol, 1,8-Dihydroxy-3-methylanthrachinon, zurückführen; zu ihnen gehören die gattungscharakteristischen Körper Aloe-emodin, Rhein, Emodin und Physcion, welche eindeutig Octaketide zu sein scheinen. Bei zahlreichen Arten kommen aber Anthrachinone mit den Substitutionsmustern des Isochrysophanols (= 1,8-Dihydroxy-2-methylanthrachinon) oder des Rubiadins (= 1,3-Dihydroxy-2-methylanthrachinon) vor (vgl. Abb. 15). Rubiadin selber wurde aus dem Perikarp von *C. auriculata* [72] und aus Wurzeln von *C. multijuga* [141] isoliert. Jedenfalls darf noch keineswegs angenommen werden, daß alle Anthrachinone der Gattung tatsächlich Octaketide sind. Nur biogenetische Untersuchungen mit vielen Arten können die Frage, ob nicht in gewissen Taxa neben dem Polyacetatweg auch der Shikimatweg der Sympetalen (vgl. dazu Bd. VI, 150, 732; Bd. IX, 423) realisiert ist, eindeutig klären. Zu derartigen Untersuchungen bieten sich die rubiadinbildenden Arten an. Das gemeinsame Vorkommen von Rubiadin mit Rubiadinderivaten mit O-Substitution in 8- und in 6- und 8-Stellung in Wurzeln von *C. multijuga* läßt vermuten, daß diese Körper biogenetisch einheitlich sind. Sind sie Polyacetate oder über den Shikimatweg gebildete Anthrachinone mit einer durch Isopren gelieferten 2-Methylgruppe?

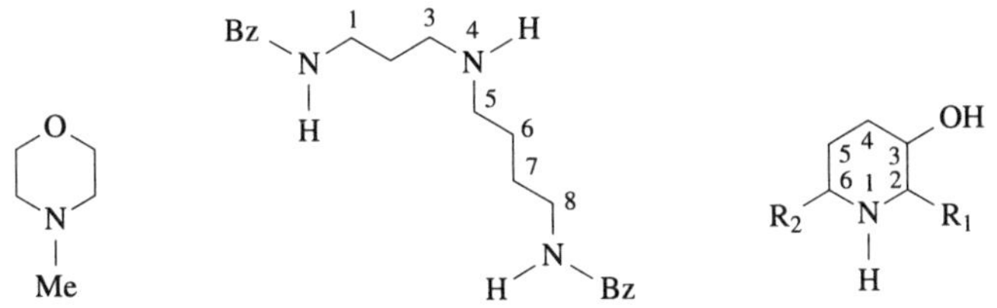

Abb. 16. Einige N-haltige Sekundärstoffe der Gattung *Cassia* s.l.

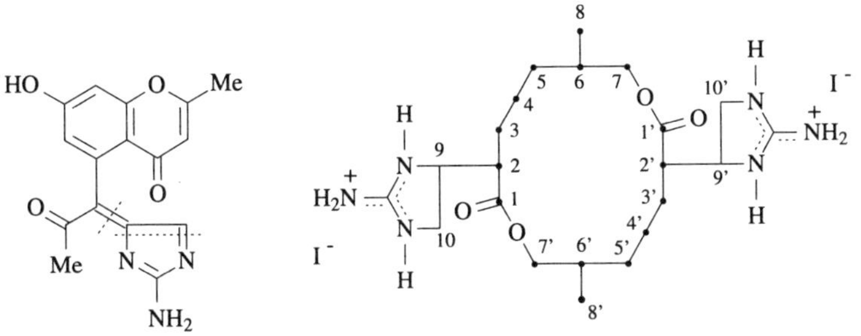

I = N-Methylmorpholin, $C_5H_{11}NO$, aus Samen von *C. occidentalis* ● II = Di(oder Bi)-benzoylspermidin aus *C. septemtrionalis* (= *C. floribunda*) ● III = Piperidinalkaloide von *C. spectabilis* (*C. carnaval*, *C. excelsa*): Cassin mit R_1 = Me und $R_2 = -(CH_2)_{10}-CO-Me$, Carnavalin mit R_1 = Me und $R_2 = -(CH_2)_{10}-CH(OH)-Me$, Spectalin mit R_1 = Me und $R_2 = -(CH_2)_{12}-CO-Me$ und Prosopinon (auch aus *Prosopis* bekannt) mit $R_1 = CH_2OH$ und $R_2 = -(CH_2)_{10}-CO-Me$ ● IV = Cassiadinin aus *C. siamea*-Blüten; möglicher Aufbau aus 7-Hydroxy-5-acetonyl-2-methylchromon, einem C-2-Körper und Guanidin angegeben ● V = Chaksin aus *C. absus*: Revidierte Struktur nach VOELTER et al. [23]; ist Diiodid eines Dilactons mit zwei monoterpenoiden Hydroxysäuren als Bausteinen.

Bei III können die Substituenten an C-2, C-3 und C-6 sterisch verschieden orientiert sein, was die Zahl der möglichen Alkaloide beträchtlich erhöht.

In der Literatur finden sich viele Widersprüche bei den Angaben zu den Anthranoidgehalten und Anthranoidspektren der einzelnen Arten. Darauf wurde in der Einleitung zur Gattung bei der Besprechung der Ergebnisse von [15] und [16] und bei *C. occidentalis* [176] bereits hingewiesen. Diese Diskrepanzen haben hauptsächlich drei Ursachen:

(1) Alle früheren Nachweismethoden für individuelle Anthrachinone sind mit Fehlern behaftet. In noch viel stärkerem Maße gilt dies für die quantitativen Bestimmungsmethoden für Totalanthrachinone und für bestimmte Anthrachinonklassen, z. B. die carboxylgruppenhaltigen Rheinderivate.

(2) Nicht selten dürften Fehler bei der Determination des verwendeten Pflanzenmaterials unterlaufen sein. Solche waren bei einer Gattung, welche so viele taxonomische Problemsippen umfaßt, oft kaum vermeidbar.

(3) Schließt bei (2) an. Viele *Cassia*-Arten haben große angestammte oder durch den Menschen stark erweiterte Areale und sind deshalb ausgesprochen polytypisch. Neben morphologischer und ökologischer infraspezifischer Variation existiert bei diesen zweifellos auch eine ausgesprochene Sekundärstoff-Stoffwechsel-Variation. Polytypische Arten umfassen praktisch immer mehrere Chemodeme. Auf diesem Gebiet ist im Falle von *Cassia* noch viel Arbeit zu leisten. Vorläufig verfügen wir erst über einen einzigen, aber keineswegs beweisenden, Hinweis auf genetische Steuerung des Ausmaßes der Sennosidspeicherung in Blatt und Fruchtpulpa von zwei kleinen mexikanischen Populationen von *C. fistula* [100].

Zum Schluß sei noch darauf hingewiesen, daß auch viele Angaben in der chemischen Literatur über Leucoanthocyane, Leucoanthocyanidine und Proanthocyanidine später nicht bestätigt werden konnten. Auf diesem Gebiet ist zu bedenken, daß erst die modernsten strukturanalytischen Methoden fehlerfreies Arbeiten ermöglichten.

Mehrere Trivialnamen von *Cassia*-Inhaltstoffen sind zweideutig, weil sie für verschiedene Verbindungen verwendet wurden, oder weil sie einander zu ähnlich sind. Das gilt beispielsweise für Nodosin (vide bei *C. nodosa*), die Cassiapyrone (vide *bei C. pudibunda* und *spectabilis*) und Fistucacidin und Fistacacidin (vide bei *C. fistula*).

Literatur und Bemerkungen

[1] G. Bentham, *Revision of the genus Cassia*, Trans. Linn. Soc. London 27, 503–591 (1871). ● [2] H. S. Irwin and R. C. Barneby, *Cassieae*, S. 97–106 in: Polhill-Raven 1981, und l.c. in Ref. [5]. ● [3] Barbara R. Randell, *Adaptations in the genetic system of Australian arid zone Cassia species*, Austral. J. Bot. 18, 77–97 (1970). ● [4] Ead., *Revision of the Cassiinae in Australia*, 1. – 3. Senna Miller sect. *Chamaefistula*; sect. *Psilorhegma*; sect. *Senna*, J. Adelaide Bot. Gard. 11, 19–49 (1988); 12, 165–272 (1989); 13, 1–16 (1990). ● [5] R. Antoine, J. Bosser et I. K. Ferguson (Eds), *Flore des Mascareignes. La Réunion, Maurice, Rodrigues*, Fasc. 80. *Légumineuses* par R. M. Polhill, Publ. par The Sugar Industry Research Institute, Mauritius – ORSTOM, Paris – et Roy. Bot. Gardens, Kew, Octobre 1990. S. 14. ● [6] Y. N. Pandey, *Cassia seeds used as drugs in the indigenous medical systems of India*, Quart. J. Drug Res. 13, 61–64 (1975). Mit photographischen Abb. der Samen aller 7 Arten. ● [7] R. Anton, *Contribution à l'étude chimique qualitative de quelques espèces du genre Cassia L.*, Thèse (Pharm.) Univ. Strasbourg, Fac. pharm. No. 852, 1968. ● [8] R. Anton et P. Duquénois, *L'emploi des Cassia dans les pays tropicaux et subtropicaux, examiné d'après quelques-uns des constituants chimiques de ces plantes médicinales*, Plantes Méd. Phytothérapie 2, 255–268 (1968). Therapeutische Verwendungen und Inhaltstoffe (PA, Flavonoide, chinoide Anthracene) von *Cassia absus, alata, corymbosa, didymobotrya, fistula, laevigata, latopetiolata, marilandica, mexicana, mimosoides, nigricans, obovata, occidentalis, podocarpa, punctata, siamea, sieberiana, sophera, spectabilis* und *tora*. In großen Linien Zusammenfassung von [7]; nur *Cassia moschata* HBK von tropisch Südamerika mit rheinhaltigen Früchten wird ausschließlich in [7] kurz besprochen. ● [9] H. L. Tookey and T. F. Clark, *Evaluation of seed galactomannans from Cassia species as paper additives*, Tappi 48, 625–626 (1965). ● [10] M. O. Farooq et al., J. Amer. Oil Chemists' Soc. 33, 21–23 (1956). ● [11] Y. Kashiwada et al., *Occurrence of enantiomeric proanthocyanidins in the Leguminosae plants, Cassia fistula L. and C. javanica L.*, CHPHBUL 38, 888–893 (1990). ● [12] C. K. Rao and G. Subashini, *Saponins and leucoanthocyanins in Cassia L.*, Current Sci. 55, 320–321 (1986). 21

Species getestet; 16 waren PA-negativ; Vorkommen von Saponinen in Samen von 16 und in Blättern von 14 Arten wahrscheinlich gemacht. ● [13] T. DALE and W. E. COURT, *Amino acids of Cassia seeds*, Quart. J. Crude Drug Res. *19*, 25–29 (1981). ● [14] R. E. ALSTON and H. S. IRWIN, *The comparative extent of variation of free amino acids and certain " secondary" substances among Cassia species*, Amer. J. Bot. *48*, 35–39 (1961). ● [15] R. WASICKY, *Brasilianische Abführdrogen mit Betrachtungen über ihre Wirkungen und Wirkstoffe*, Sci. Pharm. (Wien) *28*, 144–150 (1960). Mit 13 Hinweisen auf brasilianische Literatur. ● [16] N. G. ABIUSSO, *Estudio quimico de algunas especies argentinas del genero Cassia*, Revista Invest. Agricolas (Buenos Aires) *11*, 259–285 (1957); vgl. dazu auch M. J. DIMITRI y F. RIAL ALBERTI, *Las especies del genero Cassia cultivadas en la Argentina*, ibid. *8*, 5–34 (1954). Mit Abb. von *C. alata, aphylla, bicapsularis, carnaval* (Betonung der Ähnlichkeit mit *C. excelsa* Schrader und *spectabilis* DC.), *corymbosa, fistula, hookeriana, laevigata, leptocarpa, multijuga, occidentalis, sophera* und *tora*. ● [17] J. W. GROTE and M. WOODS, *Laxative action on mice of Tinnevelly and Alexandrian Senna (leaves) and of several botanically related plants (leaves)*, J. Amer. Pharm. Assoc. *33*, 266 (1944). Auch geprüft *Cercis canadensis* und *Gleditsia triacanthos*; beide unwirksam. ● [18] D. R. LOHAR et al., Current Sci. *44*, 67 (1975). Sippen von West-Rajasthan untersucht; Material stammte aus botanischen Gärten in Jodhpur. ● [19] R. ANTON et P. DUQUÉNOIS, *Sur deux modes de formation des dérivés dioxy-1,8-anthracéniques dans le genre Cassia*, CR *267*D, 1227–1229 (1968); für verwendete Analysenmethoden vide eid., Ann. Pharm. Franç. *25*, 589–599 (1967) und Ref. [7]. ● [20] V. P. KAPOOR and S. MUKHERJEE, Current Sci. *38*, 38–39 (1969); Canad. J. Chem. *47*, 2883 (1969); PHYCHEM *10*, 655–659 (1971); Indian J. Chem. *10*, 155–158 (1972); *11*, 13–16 (1973). Gal-Man-Ratio = 1:3; Strukturvorschläge; Hydrolyse lieferte auch Spuren Xyl. ● [21] D. SIDDIQUI et al., Nature *177*, 373 (1956); Chemistry and Industry *1956*, 1525: Beiträge zur Strukturaufklärung. ● [22] K. WIESNER et al., J. Amer. Chem. Soc. *80*, 1521 (1958): Struktur; L. R. FOWLER et al., Chemistry and Industry *1962*, 95: Strukturbestätigung. ● [23] W. VOELTER et al., *Strukturrevision und absolute Konfiguration von Chaksin*, Angew. Chem. *97*, 970–971 (1985). ● [24] I. KOSTOVA and S. RANGASWAMI, Indian J. Chem. *15*B, 764–765 (1977). ● [25] R. V. K. RAO et al., JNP *42*, 299–300 (1979). ● [26] A. STOLL et al., *Die Isolierung der Anthraglykoside aus Sennadrogen*, Helv. Chim. Acta *32*, 1892–1903 (1949). Mit geschichtlicher Einleitung; Isolierung von Sennosid-A und -B aus Blättern. ● [27] A. STOLL and B. BECKER, Sennosides A and B. The active principles of Senna, Fortschr. Chem. Org. Naturstoffe *7*, 248–269 (1950). ● [28] M. LUCKNER et al., *Vorschläge für den Drogenteil des DAB 7. Folia Sennae. Fructus Sennae*, Pharmazie *22*, 379–383, 384–386 (1967). ● [28a] H. FRIEDRICH and S. BAIER, *Untersuchungen über die Inhaltsstoffe der Sennesblätter*, PM *23*, 74–87 (1973). ● [29] J. LEMLI, *The chemistry of Senna*, Fitoterapia *57*, 33–40 (1986). Enthält einige kleine Fehler, welche in [30] übernommen wurden. Das angeblich leibschmerzenerregende „Harz" von Sennablättern enthält z. B. nicht 16-Hydroxyentriacontan (in [30] 16-Hydroxytriacontan) und Myristylalkohol, sondern 16-Hydroxyhentriacontan und Myricinalkohol (= Gemisch von *n*-Triacontan- und *n*-Hentriacontan-1-olen); Zitat [18] auf S. 38 sollte [27] sein, welches [42] im hier vorliegenden Bericht entspricht. ● [30] KARIN STAESCHE und HILDEGARD SCHLEINITZ, *Cassia*, S. 701–725 in Bd. 4 (1992) von HAGERS HANDBUCH, l.c. S. 10. ● [31] A. STOLL et al., *Die Konstitution der Sennoside*, Helv. Chim. Acta *33*, 313–336 (1950). ● [32] W. SCHMID und E. ANGLIKER, *Sennosid C, ein neues Glucosid aus Cassia angustifolia (Senna)*, Helv. Chim. Acta *48*, 1912–1921 (1965). Struktur von Sennosid-C, dessen Aglykon (= Sennidin-C) bereits 1962 durch LEMLI beschrieben worden war. ● [33] J. LEMLI et al., *Rheidine A en aloe-emodinedianthron in Sennae Folium*, Pharm. Weekblad *99*, 589–592 (1964). ● [34] J. LEMLI et al., *Naphthalene glucosides in Cassia senna and Cassia angustifolia*, PM *43*, 11–17 (1981). Isolation von 6-Hydroxymusizin-8-glc aus Früchten von *C. senna* und von Tinnevellin-6-glc aus Foliola von *C. angustifolia*. ● [35] J. LEMLI et al., *Chemical identification of Alexandrian and Tinnevelly Senna*, PM *49*, 36–37 (1983). Das Auftreten von 6-Hydroxymusizinglucosid in Keimpflanzen von *C. angustifolia* könnte ein Hinweis auf Abstammung dieses Taxons von *C. senna* sein (Rekapitulations-Theorie). ● [36] J. W. FAIRBAIRN and A. B. SHRESTHA, *The distribution of anthraquinones in Cassia senna L.*, PHYCHEM *6*, 1203–1207 (1967). Ovarien in Blüten und junge Früchte haben sehr hohe prozentuelle Gehalte an Rheinderivaten; ähnliche Verhältnisse zeigten Blätter. ● [37] J. LEMLI et J. CUVEELE, *Hétéro-*

sides anthraquinoniques de Cassia angustifolia pendant le développement de la plante, PHYCHEM 14, 1397–1401 (1975). ● [38] R. ATZORN et al., Formation and distribution of sennosides in Cassia angustifolia, as determined by a sensitive and specific immunoassay, PM 41, 1–14 (1981). Das mit Sennosid-B bereitete Immunserum reagierte auch schwach mit Sennosid-A, -A$_1$-und -C und Rhein-8-glucosid und stärker mit Rheinanthron-8-glucosid, nicht aber mit anderen geprüften Anthrachinonderivaten. Auch Gehaltsbestimmungen mit 100 Fruchtmustern (Fructus Sennae) ausgeführt: Gefunden 1–4% „Sennosid-B"; im Mittel etwa 2,5%. ● [39] J. LEMLI et J. CUVEELE, Les glucides des feuilles de Cassia angustifolia (Séné), Plantes Méd. Phytothérapie 10, 175–178 (1976). ● [40] B. M. MÜLLER et al., Chemical structure and biological activity of water-soluble polysaccharides from Cassia angustifolia leaves, PM 55, 536–539 (1989). ● [41] N. ALAM and P. C. GUPTA, Structure of water-soluble polysaccharide from the seeds of Cassia angustifolia, PM 52, 308–310 (1986). ● [42] J. LEMLI et al., Note sur le lavage à l'alcool des folioles de Séné, Plantes Méd. Phytothérapie 19, 57–61 (1985). ● [43] J. W. FAIRBAIRN and A. B. SHRESTHA, The taxonomic validity of Cassia acutifolia and C. angustifolia, Lloydia 30, 67–72 (1967). ● [44] P. SINGH, A note on natural crossing between Cassia acutifolia Delile and Cassia angustifolia Vahl and their genetic relationship, Current Sci. 48, 993–994 (1979). Sehr nah verwandte Taxa; Kreuzung steigert die Variation der Fruchtmerkmale (Länge; Breite) in F2 sehr. ● [45] R. GUPTA, Wild occurring Senna (Cassia angustifolia) from Kutch, Gujarat, Current Sci. 43, 89 (1974). Beschreibung von wilden Populationen der Küstenregion; Früchte enthielten etwa 2,5% Sennoside. ● [46] R. POLHILL and M. THULIN, Caesalpinioideae, 49–70 in: INGA HEDBERG and SUE EDWARDS (Eds), Flora of Ethiopia, Vol. 3, Pittosporaceae to Araliaceae, Addis Ababa and Asmara, Ethiopia; Uppsala, Sweden 1989. ● [47] T. E. WALLIS, Analytical microscopy, 2nd. Ed., J. and A. Churchill Ltd., London 1957, S. 173. ● [48] H. HAUPTMANN and L. L. NAZÁRIÔ, Some constituents of the leaves of Cassia alata L., J. Amer. Chem. Soc. 72, 1492–1495 (1950). Rhein hauptsächlich als anthronoides Glykosid in Blättern; beste Ausbeute bei oxydativer (FeCl$_3$) Hydrolyse. Hydrolyse des EtOH-Extraktes mit Na$_2$CO$_3$ lieferte eine Dicarbonsäure, C$_{15}$H$_8$O$_7$, die als Artefakt aufgefaßt wurde; sie entspricht dem Cassiaxanthon. ● [49] J. V. L. N. S. RAO et al., Current Sci. 44, 736–737 (1975). Sitosterin, Kaempferol, Rhein und Aloe-emodin isoliert. ● [50] N. B. MULCHANDANI and S. A. HASSARAJANI, PHYCHEM 14, 2728 (1975). In „Tabulated phytochemical reports": 3-Hydroxyisochrysophanol aus Blatt. ● [51] P. P. RAI, Current Sci. 47, 271 (1978). Pflanzen von Nigeria; Aloe-emodin und Rhein in Blättern, und in Früchten zusätzlich Emodin; alle frei und gebunden. ● [52] R. M. SMITH and S. ALI, Anthraquinones from the leaves of Cassia alata from Fiji, New Zeal. J. Sci. 22, 123–125 (1979). Aloe-emodin, Rhein und die neuen Stoffe Physcion-1-glucosid und Isochrysophanol. ● [53] R. D. TIWARI and O. P. YADAVA, PM 19, 299–305 (1971). Zwei neue Anthrachinone, C$_{15}$H$_{10}$O$_5$, und ein Monoglucosid von C$_{16}$H$_{12}$O$_6$; nach den Strukturvorschlägen handelt es sich um 1,3,8-Trihydroxy-2-methylanthrachinon (= 3-Hydroxyisochrysophanol) und 1,3,5-Trihydroxy-8-methoxy-2-methylanthrachinon (in Wurzeln als 3-Glucosid). ● [54] HEMLATA and S. B. KALIDAR, PHYCHEM 32, 1616–1617 (1993). Alatinon, C$_{15}$H$_{10}$O$_5$, ist 1,5,7-Trihydroxy-3-methylanthrachinon. Inzwischen wurde aber gezeigt, daß der isolierte Körper in Wirklichkeit 1,6,8-Trihydroxy-3-methylanthrachinon, also Emodin, ist; der Name Alatinon sollte deshalb gestrichen werden: T. R. KELLY et al., PHYCHEM 36, 253–254 (1994). ● [55] R. WASICKY, Herausschwemmen von Substanzen aus Blättern und seine eventuelle biologische Bedeutung, Naturwissenschaften 46, 172–173 (1959). Hinweis auf mögliche allelopathische Effekte von durch Regen ausgewaschenen Sekundärstoffen; Beeinflussung von Bodenflora und -fauna und von Nachbarpflanzen und von Keimpflanzen. ● [56] S. PALANICHAMY and S. NAGARAJAN, J. Ethnopharmacol. 29, 73–78 (1990); Fitoterapia 61, 44 (1990). Pharmakologie des Hauptflavonoids, K-3-sophorosid. ● [57] A. K. SEN et al., Indian J. Chem. 26 B, 21 (1987); D. S. GUPTA et al., Structure of a galactomannan from Cassia alata seed, Carbohydrate Res. 162, 271–276 (1987): Enthält 26,6% Gal und 71,8% Man; MG = 26 400; α-Galaktosidase spaltet Gal ab, und Bandeiraea simplicifolia-Lectin präzipitiert dieses Galaktomannan. ● [58] D. GUPTA and J. SINGH, PHYCHEM 30, 2761–2763 (1991). ● [58a] R. D. TIWARI and T. JOSHI, Proc. Natl. Acad. Sci. India (Allahabad), Sect. A 35, 448 (1965). Ex Ref. [53]. ● [59] W. SCHIEFENHÖVEL, Cassia alata – Plädoyer für die Reaktivierung eines traditionellen Heilmittels im westlichen Pazifik, Curare, Sonderband 3/85, 143–156 (1985). Ausgezeichnetes Antimykoticum. ● [60] E. O. OGUNTI et al., *Antimicrobial activity of Cassia alata*, Fitoterapia 62, 537–539 (1991). Eine der aktiven Komponenten der Blätter ist Rhein. ● [61] S. PALANICHAMY et al., *Wound healing activity of Cassia alata*, Fitoterapia 62, 153–156 (1991). ● [62] S. DAMODARAN and S. VENKATARAMAN, *A study of the therapeutic efficacy of Cassia alata leaf extract against Pityriasis versicolor*, J. Ethnopharmacol. 42, 19–23 (1994). Preß-Saft von Frischblättern ist wirksames Mittel zur Bekämpfung der Kleienpilzflechte, welche durch den Dermatomyzeten *Malassezia furfur* verursacht wird. ● [63] O. GONCALVES DE LIMA et al., *Initial observations on the antibiotic activity of Cassia appendiculata extracts*, CA 68, 62631 (1968). ● [64] K. JAHN et al., *Detection of anthranoids from "Ganna Ganna" (Cassia species)*, PM 56, 562 (1990). Rinde von einer in Liberia als „Ganna Ganna" bekannten *Cassia*-Art; möglicherweise stammte die untersuchte Rinde von *C. aubrévillei*. ● [65] J. L. FORSDIKE, J. Pharm. Pharmacol. 1, 34 (1949). Nachweis von Fol. Sennae-Verfälschung mit Blättern von *Cassia auriculata* (PALTHÉ-SENNA; nicht verwechseln mit „Séné de la Palte" = Alexandriner Senna [65a]); Rotfärbung mit H_2SO_4 zum Nachweis von Palthé-Senna verwendet. ● [65a] E. COLLIN, *Note sur la poudre de Séné*, J. Pharm. Chim. [6] 11, 458–463 (1900). Anatomische Differentialdiagnose von Blättern der SÉNÉ D'ALEXANDRIE OU DE LA PALTE (*C. acutifolia*), SÉNÉ DE L'INDE OU DE TINNEVELLY, SÉNÉ D'ALEP (*C. obovata* = 1) und von ARGEL-Blättern (*Solenostemma argel* = 2); 1 und 2 waren häufige Beimischungen der ALEXANDRINER SENNA; mit 5 anatomischen Figuren. ● [66] A. DENOËL, *A propos de la recherche colorimétrique du „Cassia auriculata"*, J. Pharm. Belg. 15, 60–61 (1960). Beschreibung verschiedener Ausführungsformen des Nachweises der für *C. auriculata* charakteristischen Leucoanthocyanidine oder PA. ● [67] R. PARIS et Mlle. B. ÇUBUKÇU, *Présence de chromogènes leucoanthocyaniques chez la Cassia auriculata L. et le C. goratensis Fres., falsification des Sénés officinaux*, Ann. Pharm. Franç. 20, 583–587 (1962). Nachweis, daß es sich um PPg handelt; Isolation und Charakterisierung dieses PA aus *C. goratensis* (= *Senna singueana* [Del.] Lock) und Bezeichnung dieses optisch inaktiven Körpers als Goratensidin. ● [68] K. R. S. REDDY et al., *A proanthocyanidin dimer from Cassia auriculata flowers*, Indian J. Chem. 10, 956–957 (1972). Auricassidin, $C_{30}H_{26}O_{12}$, F 202°; zerfällt mit Säuren in (+)-Catechin und Cyanidin. ● [69] Y. MARGARET THERESA et al., *Studies on the tannins of Avram (Cassia auriculata) bark*, Austral. J. Chem. 21, 1633–1637 (1968). Aceton extrahiert aus entfetteter Rinde 5,5% Extraktstoffe, die zu 70% aus Gerbstoffen (Hautpulver) bestehen und PA-haltig sind; aus dem Acetonextrakt Rutin und neues Leucoanthocyanidin (−)-Auriculacacidin $C_{15}H_{14}O_6$, isoliert. ● [70] S. N. ARSECULERATNE et al., *Studies on medicinal plants of Sri Lanka: Occurrence of pyrrolizidine alkaloids and hepatotoxic properties in some traditional medicinal herbs*, J. Ethnopharmacol. 4, 159–177 (1981). Nicht isoliert; mit MATTOCK-Test und pharmakologisch nachgewiesen. ● [71] S. C. VARSHNEY et al., PM 23, 363–369 (1973). ● [72] D. R. LOHAR et al., J. Indian Chem. Soc. 58, 820 (1981). ● [73] J. GEDEON und F. A. KINCL, *Über Saponine und Sapogenine*, Arch. Pharm. 289, 162–165 (1956). ● [74] B. BAHADUR et al., *Floral glandular hairs of Cassia auriculata L.*, Current Sci. 54, 1132–1133 (1985). Mit 4 Abb. *Based on histo-chemical tests, it may be said that the glandular hairs are nutritive to various pollinators ...* ; Vergleich mit den Lipide produzierenden Blütendrüsen ... *in the closely related* Krameria *spp ....* ● [75] M. AHMAD et al., Fitoterapia 62, 347 (1991). ● [76] K. TEWARI et al., *A non-ionic seed gum from Cassia corymbosa*, Carbohydrate Res. 135, 141–146 (1984). ● [77] J. G. COSTA y E. J. CAIROLI, *Sobre la composicion quimica de la Rama negra* (ist *C. corymbosa*), Industria y Quimica 20, 141–142 (1960). ● [78] BERTHA BARNA et al., PHYCHEM 31, 4374–4375 (1992). ● [79] A. CLASSEN, *Anthracéniques du Cassia didymobotrya*, Plantes Méd. Phytothérapie 11, 91–93 (1977). Neben den Geninen auch Sennosid-B und ein Aloe-emodinglucosid nachgewiesen. ● [80] S. M. EL-SAYYAD and S. A. ROSS, *A phytochemical study of some Cassia species cultivated in Egypt*, JNP 46, 431–432 (1983). ● [81] G. ALEMAYEHU et al., Bull. Chem. Soc. Ethiopia 3, 37–40 (1989): Ex Updates No. 7517 (1989) und ex Ref. [82]. ● [82] G. DELLE MONACHE et al., *Metabolites from in vitro cultures of Cassia didymobotrya*, PHYCHEM 30, 1849–1854 (1991). Angeblich wurde aus Früchten dieser Art in Afrika auch ein Cassein genanntes Alkaloid isoliert. ● [83] ANDREA D. WOLFE and J. R. ESTES, *Pollination and the function of floral parts in Chamaecrista fasciculata*, Amer. J. Bot. 79, 314–317 (1992); VICTORIA L. SORK and D. W. SCHEMSKE, *Fitness consequences of*

mixed-donor pollen loads in the annual legume Chamaecrista fasciculata, ibid. *79*, 508–515 (1992).
● [84] M. M. VAISHNAVA et al., Fitoterapia *64*, 93 (1993). ● [85] K. M. BISWAS and H. MALLIK, J. Indian Chem. Soc. *63*, 448–449 (1986). ● [86] A. KUMAR et al., Indian J. Chem. *4*, 460–461 (1966). Fistulin ist als Rhamnosid vorhanden. ● [87] Y. KAWANO et al., *Identification of the male oriental fruit fly attractant in the golden shower blossom*, J. Econ. Entomol. *61*, 986–988 (1968). Methyleugenol als Lockstoff identifiziert; vgl. auch *Spathiphyllum*-Artikel in PHYCHEM *27*, 2755 (1988). ● [88] P. P. SARADHI and H. Y. M. RAM, *Some aspects of floral biology of Cassia fistula (the Indian Laburnum)*, Current Sci. *50*, 802–805 (1981). Genaue Beschreibung des recht variablen Androeceums und der Verteilung der Staubblätter, welche lipidreiche und stärkereiche Pollen produzieren. ● [89] A. B. SEN and Y. N. SHUKLA, J. Indian Chem. Soc. *45*, 744 (1968). ● [90] V. NARAYANAN and T. R. SESHADRI, Indian J. Chem. *10*, 379–381 (1972). In beiden Pflanzenteilen auch Rheinglykoside vorhanden. ● [91] V. K. MURTY et al., Tetrahedron *23*, 515–518 (1967); vgl. auch V. VENKATESWARLU and T. V. P. RAO, Current Sci. *33*, 175 (1964). Fistucacidin ist mutmaßlich ein Racemat. ● [92] A. D. PATIL and W. H. DESHPANDE, Indian J. Chem. *21*B, 626–628 (1982). Das bereits 1962 durch NAYUDAMMA et al. und 1967 durch REDDY für Rinde und Splintholz beschriebene Fistacacidin (nicht verwechseln mit Fistucacidin) mit dem unwahrscheinlichen Substitutionsmuster 3,4,5,4′-Tetrahydroxyflavan konnte weder in Rindenmustern noch in Splintholzmustern nachgewiesen werden. ● [93] Eid., ibid. *22*B, 109–113 (1983). Synthese von Fistacacidin und Bestätigung des Nichtvorkommens eines derartigen Stoffes in Rinden- und Holzextrakten von *C. fistula*. ● [94] N. N. KAJI and M. L. KHORANA, Current Sci. *33*, 464 (1964); Indian J. Pharm. *30*, 8–11 (1968). ● [94a] V. K. MAHESH et al., JNP *47*, 7331 (1984). Gleiche Inhaltsstoffe in Blatthydrolysaten von *Cassia grandis, nodosa, renigera, javanica* und *marginata* nachgewiesen. ● [95] M. DURAND et R. PARIS, *La casse: Etude de quelques constituants et notamment des dérivés anthracéniques*, Ann. Pharm. Franç. *18*, 637–642 (1960). Rhein ist Hauptkomponente der Pulpa; im holzigen Perikarp fehlen Anthrachinonderivate, und bei Samen waren solche nur in der Testa nachweisbar; G. J. KAPADIA and M. L. KHORANA, *Studies on active constituents of Cassia fistula pulp*. I and II, Lloydia *25*, 55–58, 59–64 (1962). 0,10–0,14% freies Rhein und 0,24–0,27% gebundenes Rhein (mutmaßlich z. T. Sennosid-A und -B) in getrockneter Pulpa; N. N. KAJI et al., Indian J. Pharm. *27*, 71 (1965). Rheinglucosid; G. D. AGRAWAL et al., PM *21*, 150–155 (1972). 480 mg Fistulinsäure, $C_{18}H_{14}O_8$ aus 4,8 kg entfetteten Früchten; Strukturvorschlag. ● [96] G. D. AGRAWAL et al., Proc. Nat. Acad. Sci. India, Sect. A *40*, 338–340 (1970). ● [97] P. S. KELKAR and S. MUKHERJEE, Indian J. Chem. *9*, 1085–1087 (1971); J. LAL and P. C. GUPTA, PM *22*, 71–77 (1972); *30*, 378–383 (1976). ● [98] S. C. SHUKLA and S. R. DAS, *Cure of amoebiasis by seed powder of Cassia fistula*, Intern. J. Crude Drug Res. *26*, 141–144 (1988). ● [99] A. AHUJA and R. PARSHAD, Fitoterapia *59*, 496–497 (1988). Chrysophanol und Physcion. ● [100] LETICIA M. CANO ASSELEIH et al., *Seasonal variation in the content of sennosides in leaves and pods of two Cassia fistula populations*, PHYCHEM *29*, 3095–3099 (1990). Höchste Blattgehalte im Juni und höchste Fruchtgehalte bei Halbreife. ● [101] G. M. MONTES et al., Rev. Real Acad. Cienc. Exactas, Fisicas y Naturales de Madrid *65*, 627–639 (1971). ● [102] K. HATA et al., CHPHBUL *24*, 1688–1689 (1976); *26*, 3792–3797 (1978). Anthrachinone der Droge SA MAE SARN. ● [103] Y. INAMORI et al., CHPHBUL *39*, 805–807, 3353–3354 (1991). Hemmung der Histaminabgabe durch Holzstilbene und -bibenzyle. ● [104] F. FERRARI et al., Fitoterapia *61*, 477 (1990). ● [105] S. BOSE and H. C. SRIVASTAVA, *Structure of a polysaccharide from the seeds of Cassia grandis. I. Hydrolytic studies*, Indian J. Chem. *16*B, 966–969 (1978). Totalhydrolyse lieferte Gal, Man und Xyl im Verhältnis 7:5:1. ● [106] Y. S. SRIVASTAVA and P. C. GUPTA, PM *41*, 400–402 (1981). Biose ist Mannopyranosyl-(1β-4)-glucopyranose. ● [107] M. SINGH et al., Polish J. Chem. *66*, 469–475 (1992). ● [108] A. G. GONZÁLEZ et al., PHYCHEM *31*, 255–258 (1992). ● [109] J. and J. SINGH, PHYCHEM *25*, 1985–1987 (1986). ● [110] R. V. RAO and D. GUNASEKAR, Fitoterapia *63*, 475–476 (1992). ● [111] A. H. SABER et al., Lloydia *25*, 238–240 (1962). ● [112] N. H. EL-SAYED et al., PHYCHEM *31*, 2187 (1992). ● [113] P. JAEGER et al., Plantes Méd. Phytothérapie *3*, 204–213 (1969). ● [114] C. SEELKOPF und L. R. TERÁN, *Ein südamerikanischer Verwandter der Sennesblätter*, Arch. Pharm. *293*, 636–645 (1960). Da Holz der Pflanze zur Bereitung von Holzkohle (Anden zwischen 1500 und

3200 m) begehrt ist, ist die Art selten geworden; Bezeichnung der Pflanze *Adipera (Cassia) jahnii* Britton et Rose (= URUMACO oder ARBOLITO). • [115] A. MORALES MENDEZ, PHYCHEM *10*, 2255–2256 (1971). • [116] R. D. TIWARI and O. P. YADAVA, PHYCHEM *10*, 2256–2263 (1971). • [117] M. L. KHORANA and N. N. KAJI, Indian J. Pharm. *27*, 338 (1965). • [118] S. P. BHUTANI et al., Current Sci. *35*, 363–364 (1966). • [119] S. M. EL-SAYYAD and S. A. ROSS, JNP *46*, 431–432 (1983). • [120] K. CHAUDHURI and H. M. CHAWLA, JNP *50*, 1183 (1987). • [121] K. CHAKRABARTY et al., Indian J. Chem. *23*B, 543–545 (1984). 100 mg Javanin, $C_{22}H_{22}O_9$, aus 1,8 kg Blatt; ist 4'-Rhamnosid von 3'-C-Methylapigenin. • [122] K. C. JOSHI et al., PM *28*, 190–192 (1975). • [123] J. and J. SINGH, Indian J. Chem. *27*B, 858–859 (1988). • [124] I. N. KOSTOVA and S. RANGASWAMI, Indian J. Chem. *16*B, 437–439 (1978). • [125] R. D. TIWARI and J. SINGH, PHYCHEM *18*, 906 (1979). • [126] J. SINGH and R. D. TIWARI, J. Indian Chem. Soc. *57*, 566–567 (1980). • [127] R. B. SINGH and V. K. JINDAL, Indian J. Chem. *22*B, 934–935 (1983). Gal:Man-Ratio = 1:2. • [128] R. D. TIWARI and M. N. SHARMA, PM *43*, 381–383 (1981). • [129] T. A. N. DE TOLEDO e A. S. GROTTA, *Notas farmacologicas sobre Cassia leptophylla Vog. e outras especies de Cassia*, An. Fac. Farm. e Odontol., Univ. Sao Paulo *9*, 179–184 (1951). Ex Biol. Abstr. *27*, 7663 (1953). • [130] G. ALEMAYEHU et al., PHYCHEM *32*, 1273–1277 (1993). • [131] H. J. M. SCHROETER, Amer. J. Pharm. *60*, 231–235 (1888). • [132] M. GRESHOFF, Bull. Misc. Information, Roy. Bot. Gard., Kew No. 10, 440 (1909). • [133] R. J. CAMP and M. J. NARWELL, Econ. Bot. *20*, 274–278 (1966). • [134] R. ANTON et P. DUQUÉNOIS, CR *266*D, 1523–1525 (1968). • [135] S. S. SUBRAMANIAN and S. NAGARAJAN, Indian J. Pharm. *31*, 110–111 (1969). • [136] A. GANGULY et al., PM *51*, 540 (1985); K. S. MUKHERJEE et al., J. Indian Chem. Soc. *63*, 619 (1986); *64*, 130 (1987). • [137] M. L. KHORANA et al., Indian J. Pharm. *32*, 56–58 (1970). • [138] S. S. SUBRAMANIAN and S. NAGARAJAN, Indian J. Pharm. *32*, 70–71 (1970). • [139] S. ENDO, *The seed oil of kasara-ketsumei (Cassia mimosoides var. nomame)*, Tokyo Gakugei Daigaku Kiyo *19*, 116–122 (1968). Ex CA *70*, 26 397 (1969). • [140] B. M. ABEGAZ et al., PHYCHEM *35*, 465–468 (1994). • [141] R. D. TIWARI and J. SINGH, Z. Naturforsch. *38*b, 1136–1137 (1983). • [142] J. SINGH, PHYCHEM *21*, 1177–1179 (1982). • [143] P. DUBEY and P. C. GUPTA, PM *38*, 165–168 (1980). • [144] Id., ibid. *41*, 397–399 (1981). Die angegebenen Bruttoformeln für A, B und D haben ein O zu viel. • [145] CH. S. GALLAHER, Amer. J. Pharm. *60*, 280 (1888). • [146] P. DUQUÉNOIS et R. ANTON, Ann. Pharm. Franç. *26*, 607–614 (1968). • [147] S. KITANAKA and M. TAKIDO, JNP *48*, 849 (1985). • [148] S. A. I. RIZVI et al., PM *19*, 222–233 (1971). Strukturen Nodososid und Nodosin; B. N. MISRA et al., ibid. *23*, 115–118 (1973). Bestätigung; S. J. RAI et al., *Microdetermination of naturally occurring nodososide from Cassia nodosa, using chlorauric acid as oxidizing agent in alkaline medium*, Microchem. J. *18*, 393–397 (1973); auch PM *20*, 133–135 (1971). • [149] S. A. I. RIZVI and T. SULTANA, Austral. J. Chem. *25*, 1543–1547 (1972). Das Aglykon, $C_{28}H_{54}O_3$, wird Azralidol genannt; keine Erklärung für die Wahl der Trivialnamen. • [150] S. A. I. RIZVI et al., PHYCHEM *11*, 1823–1826 (1972). • [151] P. P. RAI, Current Sci. *48*, 15 (1979). • [151 a] R. D. TIWARI and K. S. SINHA, *Structural studies of a new flavone glycoside from the seeds of Cassia nodosa*, J. Indian Chem. Soc. *59*, 526 (1982). • [152] S. A. I. RIZVI et al., PM *16*, 317–327 (1968). • [153] Eid., ibid. *20*, 24–32 (1971). • [153 a] M. ILYAS et al., *Nodosin, a novel C-glycosyl-isoflavone from Cassia nodosa*, J. Chem. Res., Synop. 1994 (3), 88. Gleichzeitig Genistein-8-C-glucosid und 3'-Methoxygenistein-8-C-glucosid (= Dalpanitin aus Samen von *Dalbergia paniculata*) isoliert. • [154] M. BUTTINER et al., *Anticancer agents from Cassia obtusa*, Rev. Latinoamer. Quim. *4*, 8–14 (1973). • [155] H. A. DIRAR, Econ. Bot. *38*, 342–349 (1984). KAWAL PLANT = *C. obtusifolia*; KAWAL = *Dry fermented food;* Untersuchungen im Sudan; Beschreibung des Prozesses der KAWAL-Bereitung; fermentierende Mikroorganismen gehören zur *Bacillus subtilis*-Gruppe (inkl. *B. natto*) und zur Pilzgattung *Rhizopus*. • [156] S. MATSUURA et al., J. Pharm. Soc. Japan *98*, 1288–1291 (1978). • [157] T. ASAMIZU et al., ibid. *108*, 1215–1218 (1988). Chrysophanol, sein 8-Methylether, Emodin, Physcion. • [158] S. KITANAKA and M. TAKIDO, CHPHBUL *32*, 860–864 (1984). • [159] S. KITANAKA et al., ibid. *33*, 1274–1276 (1985). • [160] HYE SOOK YUN-CHOI et al., JNP *53*, 630–633 (1990). Aus Cassiae Semen des Marktes in Südkorea. • [161] R. ANTON et P. DUQUÉNOIS, *Contribution à l'étude chimique du Cassia occidentalis L.*, Ann. Pharm. Franç. *26*,

673–680 (1968). ● [162] G. S. NIRANJAN and P. L. GUPTA, PM *23*, 298–300 (1973). Auch Sitosterin isoliert; Ausbeuten nicht angegeben; 4 kg Blüten extrahiert. ● [163] R. D. TIWARI and J. SINGH, PHYCHEM *16*, 1107–1108 (1977). Jaceidin = 5,7,4'-Trihydroxy-3,6,3'-trimethoxyflavon. ● [164] Eid., PM *32*, 375–377 (1977). Keine Ausbeuten angegeben. ● [165] H. K. SHARMA et al., *Effect of different soil types on plant growth, leaf pigments and sennoside content in Cassia species*, Pharm. Weekblad Sci. Ed. *2*, 65–67 (1980). ● [166] S. GHOSAL et al., *A general method for the isolation of naturally occurring water-soluble bases*, PHYCHEM *9*, 429–433 (1970). ● [167] B. S. GINDE et al., *Isolation and structure of cassiollin, a new xanthone*, JCS *1970*, 1285–1289. Wurzeln sind gutes Diureticum; J. LAL and P. C. GUPTA, PHYCHEM *12*, 1186 (1973). ● [168] M. and J. SINGH, PM *51*, 525–526 (1985). ● [169] P. K. R. REDDY and G. L. SHAH, *Observations on the structure and ontogeny of stomata and trichomes on developing and mature pericarps of Cassia occidentalis L.*, Biologia Plantarum (Praha) *21*, 321–327 (1979). ● [170] N. M. KING, *Isolation of physcion from Ditremexa occidentalis*, J. Amer. Pharm. Assoc. *46*, 271 (1957). *Ditremexa* Raf. = *Cassia*. ● [171] J. LAL and P. C. GUPTA, Experientia *29*, 141–142 (1973). ● [172] Eid., ibid. *30*, 850–851 (1974). ● [173] R. D. TIWARI and P. C. GUPTA, CA *51*, 13421 (1957). ● [174] D. S. GUPTA and S. MUKHERJEE, Indian J. Chem. *11*, 505–506 (1973); *13*, 1152–1154 (1975). ● [175] H. L. KIM et al., J. Agric. Food Chem. *19*, 198–199 (1971). ● [176] C. S. SHAH and M. V. SHINDE, Indian J. Pharm. *31*, 27–28 (1969). ● [177] S. L. MUTASA et al., Fitoterapia *64*, 186–187 (1993). ● [178] J. D. MSONTHI, PM *50*, 144 (1984). ● [179] M. OGURA et al., JNP *40*, 347–351 (1977). Wurzeln in Peru gesammelt; aus 30 kg etwa 30 g Rohnaphthopyrone erhalten. ● [180] R. PARIS et J. CHARTIER, *Sur le „naë-niaye"* (*Cassia podocarpa G. et P.), drogue d'A. O. F. voisine des Sénnés officinaux*, Ann. Pharm. Franç. *6*, 30–35 (1948). ● [181] P. P. RAI and O. M. OBAYEMI, Current Sci. *47*, 457 (1978). ● [182] A. A. ELUJOBA and GLORY O. IWEIBO, PM *54*, 372 (1988). ● [183] P. P. RAI, JNP *51*, 492–495 (1988). ● [184] IRENE MESSANA et al., Heterocycles *31*, 1847–1853 (1990). ● [185] F. TAHIR et al., Fitoterapia *57*, 271 (1986). ● [186] S. C. JAIN and M. PUROHIT, Herba Polonica *31*, 115–117 (1985) ● [187] R. D. TIWARI and M. BAJPAJ, PHYCHEM *16*, 798–799 (1977). ● [188] R. D. TIWARI et al., PM *32*, 371–374 (1977). Flavanon, $C_{16}H_{14}O_5$ = 5,7-Dihydroxy-4'-methoxyflavanon, und Anthrachinon, $C_{17}H_{14}O_5$ = 1-Hydroxy-3,8-dimethoxy-2-methylanthrachinon. ● [189] R. D. TIWARI and A. RICHARDS, PM *36*, 91–94 (1979). $C_{18}H_{16}O_7$ = 1,8-Dihydroxy-3,5,7-trimethoxy-2-methylanthrachinon, und die 3-Rhamnoside von 1,3,5,8-Tetrahydroxy-6,7-dimethoxy-2-methylanthrachinon und 1,3-Dihydroxy-8-methoxy-2-methylanthrachinon. ● [190] R. P. SETH et al., Carbohydrate Res. *125*, 336–339 (1984). ● [191] J. T. RAO and S. MISHRA, *Chemical and biological activity studies on the components of Cassia renigera seeds*, Posterprogramm Jahrestagung 1993, Gesellschaft für Arzneipflanzenforschung, Poster Nr. 189, 119–120. ● [192] MARJORIE ANCHEL, *Identification of the antibiotic substance from Cassia reticulata as 4,5-dihydroxyanthraquinone-2-carboxylic acid*, J. Biol. Chem. *177*, 169–177 (1949). I.e. Rhein; vgl. auch H. W. YOUNGKEN and R. A. WALSH, *Antibacterial activity of Cassia reticulata*, J. Amer. Pharm. Assoc. *43*, 139 (1954). ● [193] W. M. MESSNER et al., J. Pharm. Sci. *57*, 1996–1998 (1968). Auch Aloe-emodin und Sitosterin isoliert. ● [194] MARJORIE ANCHEL, *Identity of a substance isolated from Cassia reticulata Willdenow with that isolated from Cassia alata L.*, J. Amer. Chem. Soc. *72*, 1832 (1950). ● [195] M. S. R. NAIR et al., PHYCHEM *9*, 1153–1155 (1970). Diskussion der Beziehung zwischen Rhein und Cassiaxanthon. ● [196] M. HAAG-BERRURIER et al., PM *31*, 202–211 (1977). ● [197] H. G. KRISHNAMURTHY and N. MAHESHWARI, Indian J. Chem. *27*B, 1035–1036 (1988). ● [198] V. S. S. RAO et al., Austral. J. Chem. *21*, 2353–2355 (1968). Coreopsidin ist 3,4,2',4'-Tetrahydroxychalkon-4'-glucosid, entspricht also einer 5-desoxyflavonoiden Verbindung. ● [199] D. ASHOK and P. N. SHARMA, PHYCHEM *24*, 2673–2675 (1985). ● [200] D. ADINARAYANA and T. R. SESHADRI, *A new leucoanthocyanidin from Cassia marginata flowers*, Indian J. Chem. *4*, 73–75 (1966). Auch Anthocyan mit entsprechendem 6-pentenylsubstituiertem Anthocyanidin isoliert; das Leucoanthocyanidin wird Margicassidin genannt; auf S. 217 von HARBORNE-MABRY-MABRY 1975 (Ref. [2] auf S. 227 von Bd. XIa) wird der Name Margicassidin für das Anthocyanidin gebraucht; Struktur offensichtlich noch nicht definitiv; in späteren Übersichten (HARBORNE [Ed.] 1982; 1988) wird diese Verbindung nicht mehr erwähnt. ● [201] J. K. DUGGAL and K. MISRA, PM *45*, 48–50 (1982). ● [202]

S. BANERJEE and S. RAJADURAI, CA *61*, 11009 (1964). • [203] V. S. S. RAO et al., CA *71*, 4642 (1969). • [204] J. and J. SINGH, Indian J. Chem. *25*B, 969–970 (1986); PHYCHEM *26*, 507–508 (1987). • [205] W. VILEGAS et al., Fitoterapia *64*, 477 (1993). • [206] J. SINGH and R. D. TIWARI, PHYCHEM *18*, 2060–2061 (1979). • [207] G. ALEMAYEHU et al., PHYCHEM *27*, 3255–3258 (1988). • [208] R. D. TIWARI and J. SINGH, PM *34*, 319–322 (1978). • [209] Eid., PHYCHEM *18*, 347 (1979). • [210] J. SINGH, PHYCHEM *21*, 1832–1833 (1982). • [211] J. SINGH, ibid. *19*, 1253–1254 (1980). • [212] J. SINGH and S. AGRAWAL, J. Nepal Chem. Soc. *1*, 68–74 (1981). Ex: Current Res. Med. Aromatic Plants (CROMAP) 7 (1985): A 85-08-623 und CA *103*, 138 526 (1985). • [213] K. M. BISWAS and H. MALLIK, *Cassidinine, a chromone alkaloid and (+)-6-hydroxymellein, a dihydroisocoumarin from Cassia siamea*, PHYCHEM *25*, 1727–1730 (1986). 6-Hydroxymellein (Formel VI auf S. 362 von Bd. XI a) ist mutmaßlich ein Pentaketid. • [214] B. Z. AHN et al., Arch. Pharm. *311*, 569–578 (1978). • [215] P. P. RAI, Current Sci. *46*, 814–815 (1977). • [216] R. V. K. RAO and M. N. REDDY, Current Sci. *47*, 621–622 (1978). • [217] H. WAGNER et al., PM *33*, 258–261 (1978) + verkehrt plaziertes Addendum auf S. 264. • [218] A. CHATTERJEE and S. R. BHATTACHARJEE, J. Indian Chem. Soc. *41*, 415 (1964). • [219] H. J. SINGH and B. AGRAWAL, Intern. J. Pharmacognosy *32*, 65–68 (1994). • [220] H. K. DESAI et al., Indian J. Chem. *9*, 611 (1971). • [221] A. CHATTERJEE et al., J. Indian Chem. Soc. *43*, 63 (1966). • [222] A. K. TRIPATHI et al., Fitoterapia *63*, 556 (1992). • [222a] A. K. TRIPATHI and J. SINGH, Fitoterapia *64*, 90–91 (1993). • [223] V. SINGH et al., PHYCHEM *31*, 2176–2177 (1992). 4,4′-Bichrysophanol und neues Heterodianthrachinon. • [224] K. IWAKAWA, *Über das entzündungserregende Pulver des japanischen Nutzholzes „Tagayasan"*, Archiv Exptl. Pathol. Pharmakol. *65*, 315–324 (1911). Der Botaniker MIGOSHI hatte *Cassia siamea* Lam. als Stammpflanze von TAGAYASAN wahrscheinlich gemacht (Anmerkung am Schluß der Arbeit). Mit dieser Auffassung stimmen die anatomischen und chemischen Beobachtungen von IWAKAWA überein. Er beobachtete im Holz Höhlen und Spalten, welche klumpige, schwefelgelbe Massen, die an der Luft schnell nachdunkeln, enthalten. In diesem mehr oder weniger pulverförmigen Exkret im Holz kommen schöne Kristalle vor (mikrophotogr. Abb.). Diese Kristalle wurden mit Chrysophanol-9-anthron identifiziert; sie bilden etwa 73% des Exkretes und stellen das haut- und schleimhaut-irritierende Prinzip dieses japanischen Nutzholzes dar. • [225] A. K. TRIPATHI et al., Fitoterapia *64*, 63–64 (1993). • [226] N. L. DUTTA et al., *The structure of cassiamin, a new plant pigment*, Tetrahedron Letters *1964*, 3023–3030. Cassiamin wird in [227] Cassiamin-A genannt. • [227] V. B. PATIL et al., Indian J. Chem. *8*, 109–112 (1970). Möglicherweise sind die Cassiamine identisch mit den Bianthrachinonen aus Stammrinde [218]: Cassianin entspricht vermutlich Cassiamin-A, Siameadin Cassiamin-B und Siameanin Cassiamin-C. • [228] G. ISLAM et al., Science and Culture *43*, 316–317 (1977). • [229] N. KHARE et al., PM 1980, Supplementum, 76–80. • [230] G. KHAN et al., Indian J. Chem. *27*B, 821–824 (1988). • [231] R. PARIS et S. ETCHEPARE, *Sur les polyphénols du Cassia sieberiana DC. Isolement de l'épicatéchol et du leucopélargonidol*, Ann. Pharm. Franç. *25*, 343–346 (1967). • [232] P. DUQUÉNOIS et R. ANTON, PM *16*, 184–190 (1968). • [233] P. G. WATERMAN and D. F. FAULKNER, PM *37*, 178–179 (1979). • [234] M. A. FERREIRA e A. CORREIA ALVES, Garcia de Orta *16*, 193–198, 199–204 (1968); A. S. ROQUE DA SILVA et al., *Caracteristicas espectrais de alguns derivados hidroxiantraquinonicos isolados das sementes de Cassia singueana Del.*, ibid. *19*, 57–74 (1971). Isolation und spektroskopische Charakterisierung von fünf weiteren Anthrachinonen aus Samen. • [235] S. L. MUTASA et al., PM *56*, 244–245 (1990). • [236] P. S. MURTHY and M. SIRSI, *Pharmacology of Cassia sophera*, Indian J. Pharm. *20*, 299 (1958). • [237] R. D. TIWARI and M. BAJPAI, Indian J. Chem. *20*B, 437–438 (1981). • [238] R. D. TIWARI and G. MISRA, PM *28*, 182–185 (1975). • [239] S. MALHOTRA and K. MISRA, PHYCHEM *46*, 247–248 (1982); PHYCHEM *21*, 197–199 (1982). • [240] A. DASS et al., PHYCHEM *23*, 2689–2691 (1984); T. JOSHI et al., ibid. *24*, 3073–3074 (1985). • [241] T. PECKOLT, Arch. Pharm. *183*, 37–45 (1868). • [242] R. J. HIGHET, J. Org. Chem. *29*, 471–474 (1964); R. J. HIGHET and P. F. HIGHET, ibid. *31*, 1275–1276 (1966): Cassin und Casselsin aus *C. excelsa*; D. LYTHGOE and M. J. VERNENGO, Tetrahedron Letters *1967*, 1133–1137: Cassin und Carnavalin aus *C. carnaval*; D. L. LYTHGOE et al., An. Asoc. Quim. Argentina *60*, 317–321 (1972): Prosopinon und Alkaloid D als Nebenalkaloide von

C. carnaval; I. CHRISTOFIDIS et al., Tetrahedron *33*, 977–979, 3005–3006 (1977): Spectalin, Iso-6-cassin aus Blättern und Samen und Cassin, Spectalinin und Iso-6-carnavalin als Nebenalkaloide aus Samen von *C. spectabilis*; Material in Zaire gesammelt; T. MOMOSE and N. TOYOOKA, *A symmetric synthesis of the alkaloid 2,6-disubstituted piperidine-3-ols, (−)-cassine and (+)-spectaline*, Tetrahedron Letters *34*, 5785–5786 (1993). ● [243] N. B. MULCHANDANI and S. A. HASSARAJANI, PM *32*, 357–361 (1977). ● [244] B. VEERA MALLAIAH et al., PM *39*, 278 (1980); Current Sci. *53*, 33–34 (1984). ● [245] D. ASHOK and P. N. SARMA, Indian J. Chem. *27*B, 862 (1988). ● [246] K. S. SINHA et al., J. Indian Chem. Soc. *62*, 169–170 (1985). ● [247] M. and J. SINGH, Z. Naturforsch. *40*b, 550–552 (1985). ● [248] Eid., ibid. *39*b, 1425–1426 (1984). ● [249] U. C. MISRA et al., Intern. J. Pharmacognosy *29*, 14–18 (1991). ● [250] K. K. HSU and W. H. HONG, CA *62*, 13433 (1965). ● [251] BERTHA BARBA et al., Tetrahedron *48*, 4725–4732 (1992). ● [252] W. POETHKE et al., *Zur chromatographischen Charakterisierung der Inhaltsstoffe der Samen von Cassia tora*, Pharm. Zentralhalle *107*, 571–578 (1968). Samen aus Vietnam untersucht; sie enthalten Glykoside von Chrysophanol, Physcion und Aloe-emodin, aber keine Sennoside; als freie Anthrachinone wurden Chrysophanol, Emodin, Physcion, Aloe-emodin und Rhein nachgewiesen; Diskussion der phytochemischen Beziehungen zu der nächst verwandten *C. obtusifolia*. ● [253] SUI-MING WONG et al., PHYCHEM *28*, 211–214 (1989). Zwei neue Chrysophanol-1-glykoside und 2-Glucosyloxychrysophanol-1-methylether (= Obtusifolin-2-glc). ● [254] T. K. ACHARYA and I. B. CHATTERJEE, Science and Culture *40*, 316 (1974); JNP *38*, 218–220 (1975). ● [254a] K. RAGHUNATHAN et al., Indian J. Chem. *12*, 1252–1253 (1974). Auch Rubrofusarin-6-gentiobiosid und Chrysophanol-1-gentiobiosid isoliert. ● [255] S. B. JOSHI and K. C. VARMA, *Panwar gum as a suspending and emulsifying agent*, Indian J. Pharm. *26*, 175 (1964); S. C. VARSHNEY et al. beschrieben einen von den gebräuchlichen Galaktomannanen abweichenden Samenschleim; Ausbeute an gereinigtem Schleim etwa 7% der entfetteten Samen; Zusammensetzung Man:Gal:Glc: Xyl = 7:2:2:1: J. Agric. Food Chem. *21*, 222–226 (1973); JCS Perkin I *1976*, 1621–1628. ● [256] R. D. TIWARI and P. C. GUPTA, CA *53*, 12710 (1959): Ölgehalt = 5,5%; J. P. TEWARI et al., J. Pharm. Sci. *54*, 923 (1965). ● [257] I. C. CHOPRA and P. R. RAO, Current Sci. *31*, 285–286 (1962). ● [258] R. D. TIWARI and J. R. BEHARI, PM *21*, 393–397 (1972). Rubiadinderivat 1,3,5-Trihydroxy-6,7-dimethoxy-2-methylanthrachinon und ein 3,4,5,7,4′-Pentahydroxyflavan-3-rhamnosid und Sitosterin isoliert. ● [259] M. S. SASTRY, Current Sci. *34*, 481 (1965). ● [260] K. CHAKRABARTY and H. M. CHAWLA, Indian J. Chem. *22*B, 1165–1166 (1983). 13 Verbindungen isoliert und identifiziert. ● [261] C. SPRENGEL, *Caroli Linnaei Systema Vegetabilium*, Ed. Decima Sexta (curante Curtio Sprengel), Gottingae, Sumptibus Librariae Dietrichianae 1825: Verbreitungsangabe = China borealis. ● [262] CREVOST-PETELOT 1928, l.c. Bd. XIa, 427. ● [263] M. SANJAPPA 1992, l.c. Bd. XIa, 436. Auch der Index Kewensis führt *C. torosa* Cavanilles als Synonym von *C. sophera* L. auf. ● [264] S. KITANAKA et al., CHPHBUL *37*, 2441–2444 (1989); *39*, 3254–3257 (1991); *40*, 249–251 (1992). Für Torosaflavon-C und -D vide Abb. 14; Torosaflavon-A und -B sind 6-C-Glykosylflavone mit Oliose (eine 2,6-Didesoxyhexose) als Zucker; ihre Flavone sind Ap (-A) und Diosmetin (-B). ● [265] F. DELLE MONACHE et al., PHYCHEM *31*, 259–261 (1992). ● [266] G. RAMACHANDRA and P. V. MONTEIRO, *Preliminary studies on the nutrient composition of Cassia sericea Sw. – An unexploited legume seed*, J. Food Composition and Analysis *3*, 81–87 (1990). ● [267] N. V. BHANU et al., *Evaluation of protein isolated from Cassia uniflora as a source of plant protein*, J. Sci. Food Agric. *54*, 659–662 (1991). Aus Samen bereitetes Eiweiß. ● [268] M. H. KAZMI et al., PHYCHEM *36*, 761–763 (1994). ● [269] S. SARAF et al., *Antihepatoxic activity of Cassia occidentalis L.*, Intern. J. Pharmacognosy *32*, 178–183 (1994). ● [270] K. BABA et al., PHYCHEM *36*, 1509–1513 (1994). Stilben-Dimere Cassigarol-E bis -G und Scirpusin-B. ● [271] K. S. SINHA and R. P. VERMA, Indian J. Chem. *33*B, 203 (1994). ● [272] A. SHARON et al., *Isolation, purification, and identification of 2-(p-hydroxyphenoxy)-5,7-dihydroxychromone: A fungal-induced phytoalexin from Cassia obtusifolia*, Plant Physiol. *98*, 303–308 (1992). Ausbeute 50–200 ppm des Frischgewichtes. Fungistatische Wirkungen mit zwei *Alternaria*-Arten nachgewiesen.

LABICHEINAE

Chemisch noch kaum bearbeitete Sippe.

Petalostylis R. Br. (= *Petalostyles* Bentham) mit einer bis wenigen Arten in N.S. Wales, Zentral- und tropisch Nord-Australien. Aus *P. labicheoides* wurde das Alkaloid $C_{12}H_{14}N_2$, F 178–180°, isoliert und mit Tetrahydroharman identifiziert [1]. Später lieferten Blätter von Pflanzen der var. *cassioides* Bentham von Alice Springs, Northern Territory, 0,4–0,5% Alkaloide mit Tryptamin als Hauptalkaloid und N,N-Dimethyltryptamin und Tetrahydroharman als Nebenalkaloiden und einer nicht identifizierten Base [2]. Vgl. Abb. 16, S. 274 von Bd. XI a.

Literatur und Bemerkungen

[1] G. M. BADGER and A. F. BEECHAM, *Isolation of tetrahydroharman from Petalostyles labicheoides*, Nature *168*, 517–518 (1951). Fundort nicht bekanntgegeben; „finely ground and dried plant", also vermutlich getrocknete beblätterte Zweige; erste Beschreibung dieser Base als Naturstoff. ● [2] S. R. JOHNS et al., Austral. J. Chem. *19*, 893 (1966). Die Autoren schreiben var. *casseoides*; sie vermuten, daß in [1] eine andere Varietät dieser polytypischen Art untersucht wurde.

C I.3. CERCIDEAE (= *Bauhinieae*)

Hauptgattung der Tribus ist *Bauhinia*, welche mit 250–500 Arten die Subtropen und Tropen der ganzen Welt bewohnt. Ein auffälliges Merkmal der Gattung bilden die zweilappigen, etwas an Schmetterlinge oder einen Rinderfuß erinnernden Blätter. *Bauhinia*'s sind Sträucher, Bäume oder Lianen mit dehiszenten oder indehiszenten Früchten. Die Gattung hat ein ähnliches taxonomisches und, damit eng verknüpft, nomenklatorisches Schicksal wie *Cassia* erlitten. Gewisse Systematiker haben bestimmte Artengruppen aus *Bauhinia* ausgegliedert und als selbständige Gattungen behandelt, andere haben solche Vorschläge nicht, oder nur teilweise übernommen. Folge ist, daß manche Arten in der phytochemischen Literatur mit unterschiedlichen Namen auftauchen. WUNDERLIN, LARSEN und LARSEN (in POLHILL-RAVEN 1981) haben von diesen Trümmer-Gattungen nur *Adenolobus* mit 2 Arten in Südwestafrika angehalten, und *Bauhinia* in 4 nomenklatorisch nicht belastete Artengruppen eingeteilt:

Bauhinia-Gruppe; Sträucher oder Bäume mit meist dehiszenten Früchten; etwa 90 Arten in den Tropen beider Welthälften. Zu dieser Gruppe gehört u. a. *Gigasiphon*.

Piliostigma-Gruppe; Bäume oder Sträucher mit meist eingeschlechtigen, zweihäusig verteilten Blüten; Früchte vorwiegend indehiszent. 5–7 Arten in den Tropen von Afrika, Asien, Australien und Amerika.

Barklaya-Gruppe; Baum mit zwittrigen Blüten und nur zögernd sich öffnenden Früchten. Nur *Bauhinia syringifolia* (= *Barklaya syringifolia*) in Australien. Dieses Taxon ist bei HUTCHINSON (1964) in der Papilionaten-Tribus der *Cadieae* untergebracht.

Phanera-Gruppe (hier u. a. *Lasiobema*, *Phanera* und *Tylosema*). Überwiegend Lianen mit zwittrigen Blüten und mit oft explosiv sich öffnenden Früchten. Pantropisch mit Massenzentren in Südostasien und Südamerika. Annähernd 150 Arten.

LOCK (1989) anerkennt die Taxa *Adenolobus*, *Gigasiphon*, *Piliostigma* und *Tylosema* als selbständige Gattungen. Auch PALMER-PITMAN (1972), l.c. Bd. VII, 85, besprechen die Genera *Adenolobus*, *Bauhinia* s. restricto und *Piliostigma*. Andere Autoren (z. B. HUTCHINSON 1964 [ausgenommen *Barklaya*; siehe oben], LOCK-SIMPSON 1991, MANSFELD 1986, SANJAPPA 1992, LEWIS 1987 u. a.) sind jedoch beim umfassenden Konzept der Gattung *Bauhinia* sensu Bentham et Hooker geblieben.

Ich halte mich bei *Bauhinia*, wie bei *Cassia*, an die weite Fassung der Gattung und versuche durch Aufführung von Synonymen die phytochemische Literatur besser zugänglich zu machen.

Zu den *Cercideae* zählen ferner die kleinen Gattungen *Cercis*, *Brenierea* (nur *B. insignis* in Madagaskar) und *Griffonia*.

Viele ethnobotanische und phytochemische Angaben zu den Taxa der Tribus wurden bereits in Bd. XI a gemacht; vgl. taxonomisches Register bei *Bauhinia*, S. 450, *Cercis* 455, *Griffonia* 467, *Piliostigma* 480, und *Tylosema* 490.

Eine Neugliederung der *Cercideae* verdanken wir WUNDERLIN et al. [1]. Sie unterscheiden, wie in POLHILL-RAVEN 1981, zwei auf Samenmerkmale basierte Subtribus und fünf Genera:

Subtribus *Cercidinae* mit *Adenolobus* (2 spec. in Angola und Namibia), *Cercis* und *Griffonia*.

Subtribus *Bauhiniinae* mit *Brenierea* und *Bauhinia* mit 4 Subgenera mit 22 Sectiones und einer Reihe von Subsectiones und Series.

Da vorläufig verhältnismäßig wenige chemische Daten verfügbar sind, drängt sich alphabetische Anordnung der Taxa bei der Besprechung der chemischen Merkmale auf.

N.B. *Piliostigma* als Gattung wird als Neutrum (z. B. LOCK) oder als Femininum (z. B. SANJAPPA p.p.) behandelt.

BAUHINIA (Abb. 17)

In zwei Arbeiten über die *Bauhinia*-Arten Thailands [2, 3] wird betont [3], daß Aufspaltung der Gattung nicht angebracht ist; eine synthetische Behandlung im Sinne von BENTHAM, TAUBERT und HUTCHINSON wird empfohlen. Die in [1] anerkannten Untergattungen sind *Bauhinia* (mit 9 Sektionen), *Elayuna* (mit sect. *Piliostigma* und *Benthamia*), *Barklaya* (monotypisch) und *Phanera* (mit 11 Sektionen, worunter *Lasiobema, Lysiphyllum, Phanera, Semla* und *Tylosema*). Wie bereits erwähnt, sollen die wenigen chemisch bearbeiteten Arten in alphabetischer Reihenfolge aufgeführt werden.

B. aurea Léveillé: Dieses für China beschriebene Taxon hat pinithaltige Blätter und Rinde [38].

B. candicans: Infus der Blätter wird in Argentinien und Chile als Antidiabeticum verwendet [4, 5]. Phytosterine, Triacontanol, Cholin, Trigonellin, K-3-rutinosid (**1**) und K-3-rutinosid-7-rhamnosid (**2**) isoliert [5]; frische weiße Blüten lieferten **1**, **2** und Pinit [5]. Ferner verschiedene Sitosterol-3-glykoside aus beblätterten Zweigen („aerial parts") isoliert [6].

B. championii: Wurzeln von Pflanzen von Formosa sollen piscizide Eigenschaften haben; sie lieferten vier stark methylierte Flavone, 5,7,3′,4′-Tetra-, 5,6,7,3′,4′-Penta-, 5,7,3′,4′,5′-Penta- und 5,6,7,3′,4′,5′-Hexamethoxyflavon und zwei 3′,4′-Methylendioxytri- und -tetramethoxyflavone, welche z. T. neu sind, z. T. aber bereits aus Rutaceen, Labiaten und Compositen bekannt waren [7]; Synthese der zwei neuen Methylendioxyflavone und von 5,6,7,3′,4′,5′-Hexamethoxyflavon [8]. Wurzeln lieferten auch Bauhinin (Ausbeute nicht erwähnt) und Gallussäure (120 mg aus 1,5 kg); bei enzymatischer oder saurer Spaltung liefert Bauhinin Bauhinilid [9]; vgl. ferner bei *Griffonia*.

B. esculenta (= *Tylosema esculentum*). Vgl. auch Bd. XIa, 51, 58, 63, 69, 79, 83, 84, 136. Für aride Gegenden vielversprechende Nahrungs- und Futterpflanze [10]. Samenkerne enthalten 32% Protein, 42% Öl und 19% Kohlenhydrate; etwa 50% der Samen ist Samenschale; das Samenöl enthielt 48% 18:1, 19% 18:2 und 2% 18:3 und gegen 28% gesättigte Fettsäuren (16:0 > 18:0 > 20:0 > 14:0) [11]. Eine andere Analyse der Zusammensetzung des Samenöls ergab 48% 18:1, 25% 18:2, kein 18:3, 3% 20:1 + 22:1, 14% 16:0, 7% 18:0 und 3% 20:0 [12].

B. japonica (= *Lasiobema japonicum*): Aus 2 kg Frischblatt 69 mg Methylgallat, 47 mg Q, 211 mg Hyperin, 64 mg Guaijaverin und 85 mg des antibakteriell aktiven Q-3-α-arabinopyranosid-2″-gallats, $C_{27}H_{22}O_{15}$, isoliert [13].

B. malabarica (= *Piliostigma malabaricum*): Im Perikarp und in Samen Q-glykoside nachgewiesen [14]. Vgl. auch [49].

B. manca: Ist eine Art von Mittelamerika, deren Blätter und Zweige („stems") therapeutisch, u. a. als Diureticum und Antidiabeticum, verwendet werden [15]. In Costa Rica gesammelte Zweige lieferten Alkanol($C_{22}-C_{28}$)-Estergemische mit *p*-Cumar- und Ferulasäure [15], sowie reichlich Phytosterine, Zimtsäure, Gallussäure, Epicatechin-3-gallat, sowie Spuren von Flavonen, Chalkonen, Dihydrochalkonen, Flavanonen, Flavanen, Lignanen, 5,7-Dihydroxychromon, ω-Hydroxypropioguaiacon und Obtustyren; neue Naturstoffe waren Isoliquiritigenin-4-methylether, Liquiritigenin-4′-methylether, das Retrochalkonderivat 2,4′-Dihydroxy-4-methoxydihydrochalkon und die Flavane 4′-Hydroxy-7,3′-dimethoxyflavan und 3′,4′-Dihydroxy-7-methoxyflavan; bei den isolierten Lignanen handelte es sich um Syringaresinol und 5,5′-Dimethoxylariciresinol und bei den Flavonen um Chrysoeriol und Lu-5,3′-dimethylether [16].

B. purpurea (= *Phanera purpurea*): Isoquercitrin und Astragalin aus frischen Blüten [17]. In Ägypten kultivierte Bäume lieferten ein etherisches Blütenöl, in welchem Caryophyllen, Linalool, Citronellylacetat, Limonen und Eugenol identifiziert wurden [18]. Aus Samen wurden zwei neue Chalkonglykoside isoliert [19].

B. racemosa (= *Piliostigma racemosum*): Die Kernholzbestandteile Pacharin und Racemosol wurden bereits in Bd. XIa, 437, besprochen. Das Stilbenderivat Pacharin wurde synthetisiert [20]. Aus Wurzelrinde wurden Racemosol und O-Demethylracemosol isoliert [20a]. Blätter und Rinde lieferten Pinit [38].

B. reticulata (= *Piliostigma reticulatum*): Weinsäuregehalte vgl. Bd. XIa, 187. Etwa 0,5% Quercitrin aus getrockneten Blättern [20b]. Vgl. auch Ref. [75: Tome I (1989)] sub *Detarieae*.

B. rufescens (= *Adenolobus rufescens*): In Niger gesammelte Wurzelrinde lieferte racemosinähnliche Körper, welche biogenetisch mutmaßlich von einem C-Methyl-C-isoprenyl-tetrahydroxystilben abgeleitet sind; diese Körper hemmen gewisse *Fungi* stark, sind aber anderen gegenüber unwirksam [21].

B. semla Wunderlin nom. nov. (= *Bauhinia retusa* Roxb., non Poiret = *Phanera retusa* Benth. = *Lasiobema retusum* de Wit; vide Taxon *25*, 361–362 [1976]): Produziert einen als SEMLA-GUMMI bekannten Wundschleim, der bei Totalhydrolyse 19,6% Ara, 33,4% Gal, 6% Ribose, 11,3% Rha und 27,3% GalU lieferte [22].

B. splendens: Liane im Amazonasgebiet. Aus Holz Phytosterine, Stearinsäure und Spuren eines neuen Flavons isoliert [23].

B. thonningii (= *Piliostigma thonningii*): Verhältnismäßig intensiv bearbeitete afrikanische Art. Blätter von Pflanzen von Mozambique lieferten 0,016% Q, 0,17% Quercitrin und 0,07% Isoquercitrin [24], und aus in Abyssinien geernteten Blättern wurden Phytosterine, Zimtsäure und die labdanoiden Diterpene Commun- und Lambertianasäure und Lambertianol [25] isoliert. Alle medizinisch verwendeten Pflanzenteile (Blatt, Stamm- und Wurzelrinde) enthalten (−)-Epicatechin, PCy-B2 und tri-, tetra- und höher polymere PCy [26]. In Nigeria wird Stammrinde in der Veterinärmedizin als Anthelminticum verwendet; es wurde gezeigt, daß Ethanolextrakte für verschiedene parasitäre Nematoden der *Strongyloides*-Gruppe gut wirksam sind [27]; aus der Rinde wurde Griffonilid (vide bei *Griffonia*) isoliert [28]. Aus Rinde aus dem früheren Portugiesisch Guinea wurden Saccharose, d-Weinsäure, Rhamnetin (= Q-7-methylether) isoliert, und Citronensäure, Phytosterine und Carotinoide in ihr nachgewiesen [29].

B. tomentosa: Aus frischen Blüten nur Isoquercitrin, aber kein Rutin (durch frühere Autoren gefunden) erhalten [30].

B. vahlii (= *Phanera vahlii*): Aus getrockneten Blättern wurden Betulinsäure, Phytosterine und die Flavonoide K, Q, Isoquercitrin und drei Biflavonoide, Agathisflavon und je einer seiner Mono- und Dimethylether, isoliert; erste Isolation von Biflavonen aus Leguminosen [31]. Vgl. Bd. XIa, Abb. 9, Formel XIII, S. 216, 218. Aus Hülsen (Perikarp) wurden Gallussäure, Gallussäure-4-methylether (beide als Methylester), (+)-Catechin und das peltogynoide Leucoanthocyanidin Mopanol, ein Positionsisomer des Peltogynols, isoliert [32]. In hydrolysierten Extrakten aus Zweigen („tiges"), Ranken, Blättern, Blüten und Perikarp von Bäumen in Nepal wurden Q und Dihydroquercetin (Taxifolin) nachgewiesen; hydrolysierte Blütenextrakte enthielten auch K [14].

B. variegata (= *Phanera variegata*): Die etherischen Blütenöle von in Ägypten kultivierten Exemplaren wurden untersucht; im Öl einer weißblühenden Pflanze (var. *candida* Roxb.) wurden Linalool, Linalylacetat, Borneol, Limonen und Eugenol als Hauptkomponenten nachgewiesen; das Öl von violettblühenden Bäumen enthielt zusätzlich reichlich Myrcen [18]. In hydrolysierten Extrakten von Material aus Nepal konnten folgende Flavonoide nachgewiesen werden [14]: Q in Zweig(„tiges")-, Blatt-, Blüten-, Perikarp- und Samenextrakten; in Samen wurde auch viel M, im Perikarp reichlich Dihydroquercetin (Taxifolin) und in Blüten K beobachtet; ferner wurden Methylether von K (Blüten) und Q (Blätter) wahrscheinlich gemacht [14]. Aus Stamm Naringenin-4'-rhamnoglucosid [33] und sein 5,7-Dimethylether und Lupeol und Sitosterin [34] isoliert. Aus weißen Blüten K-3-gal und K-3-rhamnoglucosid isoliert [34a].

Die folgenden drei Arbeiten sind chemischen Bestandteilen von indischen *Bauhinia*-Arten gewidmet.

Samen von *B. monandra* und *B. purpurea* enthielten 11 und 22% Öl mit folgenden Fettsäuren (% der Totalfettsäuren) [35]: 14:0 1,4 und 0,5; 16:0 15,1 und 18,5; 18:0 9,4 und 17,8; 20:0 0,9 und 1,3; 22:0 0,9 und 1,3; 18:1 11,5 und 11,2; 18:2 60,8 und 49,0.

Fettsäurespektren der Samenöle von 6 Arten [35a]; Ölgehalte hoch (14,8–18,9% bezogen auf Samen oder 20,9–31,1% bezogen auf Samenkerne):

B. purpurea (= *B. triandra* Roxb.): 14:0 < 1%; 16:0 24%; 18:0 10%; 20:0 2%; 18:1 19%; 18:2 45%.

B. semla (= *B. retusa* Roxb.): 14:0 < 1%; 16:0 22%; 18:0 11%; 20:0 5%; 18:1 28%; 18:2 34%.

B. variegata: 14:0 <1%; 16:0 23%; 18:0 18%; 20:0 2%; 18:1 14%; 18:2 43%. Vgl. auch [49].

Ölgehalte niedrig (2,4–5,4% bezogen auf Samen):

B. acuminata L.: 14:0 <1%; 16:0 13%; 18:0 9%; 20:0 1%; 18:1 26%; 18:2 50%.

B. racemosa Lam.: 14:0 < 1%; 16:0 19%; 18:0 12%; 20:0 2%; 18:1 24%; 18:2 37%.

B. tomentosa L.: 14:0 < 1%; 16:0 15%; 18:0 9%; 20:0 — ; 18:1 24%; 18:2 52%.

Für drei Arten, deren junge Früchte und reife Samen in bestimmten Gegenden Indiens als Nahrungsmittel verwendet werden, wurden folgende Daten für Samen ermittelt [36]:

	B. purpurea	*B. racemosa*	*B. vahlii*
Rohprotein %	25,6	16,8	19,3
Rohlipide %	14,3	5,9	18,0
Rohfaser %	4,7	6,5	6,5
Asche %	3,7	3,0	4,0
Totalphenole (a)	2,0	2,0	1,3
„Gerbstoffe" (a)	2,7	1,8	1,2
L-DOPA (a)	2,2	0,7	2,4
Lectine	+	+	+

a) Werte stark von gewählten Bestimmungsmethoden abhängig; DOPA nicht isoliert, sondern nur mit der Methode von BRAIN (Plant Science Letters 7, 157–161 [1976]) bestimmt.

CERCIS (Abb. 17)

Bäume oder Sträucher; 6 Arten im wärmeren Teil der gemäßigten Zone des Nördlichen Halbrundes.

C. canadensis L.: Myricitrin und Pinit aus Blättern und Rinde [38].

C. chinensis Bunge: 0,5% Myricitrin aus Oktoberblättern (vgl. Bd. XIa, 219); Pinit und Myricitrin aus Blättern und Rinde [38].

C. griffithii Boiss.: Sommergrüne Sträucher von vorderasiatischen Trockengebieten. Über Auftreten von Spuren von Raffinose in Winterrinde wurde bereits in Bd. XIa (Ref. [10] auf S. 177) berichtet.

C. siliquastrum L.: Im Mediterrangebiet verbreiteter sommergrüner Baum oder Strauch mit pinithaltigen Blättern und Rinden [38]. Myricitrin aus Blättern und Blüten isoliert [37, 38]; vgl. auch Bd. XIa, 218, 219. PLOUVIER erhielt bei seinen Pinit-Untersuchungen in den fünfziger Jahren aus Blättern und Rinde mehrere Male neben Pinit einen zweiten gut kristallisierenden, glykosidischen Körper, den er 1978 mit Lithospermosid identifizieren konnte [38]. Gleichzeitig mit dieser Neubearbeitung von *C. siliquastrum* extrahierte PLOUVIER [38] auch Blätter und Rinde von *Cercis canadensis, C. chinensis, Bauhinia aurea* Léveillé (ist chinesisches Taxon), *B. purpurea, Gleditsia triacanthos* und *Gymnocladus dioica*; alle sechs Arten lieferten Pinit, aber aus keiner dieser *C. siliquastrum* mehr oder weniger nahestehenden Species wurde Lithospermosid erhalten; aus Blättern aller drei *Cercis*-Arten konnte PLOUVIER Myricitrin isolieren [38]. Vgl. für Lithospermosid bei *Griffonia* und Abb. 17. Analyse der Phospholipide der Samen von *C. siliquastrum* [39].

GRIFFONIA (= *Bandeiraea*) (Abb. 17)

Gattung von Westafrika mit 4 Arten. Dieses Genus ist durch Speicherung von großen Mengen von 5-Hydroxytryptophan in reifen Samen ausgezeichnet; vgl. dazu Bd. XI a, 257. Für erste Isolation vgl. [40]. Ferner sind die Samen von *G. simplicifolia* reich an Lectinen (vgl. dazu Bd. XI a, 139–141). Aus getrockneten Wurzeln von *G. simplicifolia* wurden im Jahre 1976 Griffonin, ein nicht cyanogenes Nitrilglucosid und Griffonilid, ein Umwandlungsprodukt dessen Aglykons, sowie 5-Hydroxytryptophan isoliert [41]. Griffonin erwies sich später als identisch mit dem bereits 1955 aus Wurzeln von *Lithospermum purpureo-caeruleum* isolierten Lithospermosid (vgl. Bd. VIII, 63, 67, 152), dessen Struktur 1977 geklärt wurde [42]. Gegenwärtig sind auch die sterischen Verhältnisse und die absoluten Strukturen derartiger 1-Cyanomethylencyclohexanol- und 1-Cyanomethylencyclohex-2-enolderivate bekannt [9, 43–47]. Vgl. Abb. 17.

Schlußbetrachtungen – Bei den *Cercideae* scheinen häufig Flavonole und unter diesen M gespeichert zu werden. Pinit wurde überall gefunden, wo nach ihm gesucht wurde. Auffällig ist die Tatsache, daß Griffonin (= Lithospermosid) und damit verwandte Körper aus allen drei bisher untersuchten Gattungen (aber keineswegs aus allen Arten) bekannt geworden sind. Bildung von 1-Cyanomethylencyclohex-2-enolderivaten scheint ein Tendenzmerkmal der Tribus zu sein. Im übrigen fand man bisher eher genus- als tribuscharakteristische Merkmale, z.B. Aminosäuren von *Griffonia*, Samenöle von *Bauhinia* p.p.

Literatur und Bemerkungen

[1] R. WUNDERLIN et al., *Reorganization of the Cercideae (Fabaceae: Caesalpinioideae)*, Roy. Danish Acad. Sci. Letters, Copenhagen, Biologiske Skrifter 28, 1–40 (1987). ● [2] K. and SUPEE S. LARSEN, *The genus Bauhinia in Thailand*, Nat. Hist. Bull. Siam Society 25, No. 1 and 2, 1–22 (1973). ● [3] SUPEE S. LARSEN, *Pollen morphology of the Thai species of Bauhinia (Caesalpiniaceae)*, Grana 14, 114–131 (1975). ● [4] I. LEMUS et al., *Action hypoglycémiante de l'extrait de Bauhinia candicans Bentham*, Plantes Méd. Phytothérapie 20, 8–17 (1986). Aktive Prinzipien im Petrolether-Extrakt der Blätter nachgewiesen. ● [5] A. M. IRIBARREN and ALICIA B. PUMILIO, JNP 46, 752–753 (1983). ● [6] Eid., PHYCHEM 23, 2087–2088 (1984); 24, 360–361 (1985); 26, 857–858 (1987). Sitosterol-3-xylopyranosid, -riburonofuranosid und -xyluronofuranosid. ● [7] CHIEN-CHIH CHEN et al., *New flavones from Bauhinia championii Bentham*, CHPHBUL 32, 166–169 (1984). ● [8] M. INUMA et al., *Synthesis of new flavones of Bauhinia championii in Formosa*, J. Pharm. Soc. Japan 103, 994–996 (1983). ● [9] CHIEN-CHIH CHEN et al., *Bauhinin, a new nitrile glucoside from Bauhinia championii*, JNP 48, 933–937 (1985). Liefert bei Hydrolyse das N-freie Bauhinilid; Bauhinin war für Mäuse nicht toxisch (bis 300 mg/kg). ● [10] A. M. POWELL, *Marama bean (Tylosema esculentum) seed crop in Texas*, Econ. Bot. 41, 216–220 (1987). Versuchsanbau in Texas. ● [11] N. BOWER et al., *Nutritional evaluation of Marama bean (Tylosema esculentum, Fabaceae): Analysis of the seed*, Econ. Bot. 42, 533–540 (1988). Auch Bestimmung der Aminosäurezusammensetzung des Samenproteins. ● [12] CAROLA ENGELTER and A. S. WEHMEYER, *Fatty acid composition of oils of some edible seeds of wild plants*, J. Agric. Food Chem. 18, 25–26 (1970). ● [13] T. IWAGAWA et al., PHYCHEM 29, 1013–1014 (1990). ● [14] S. DURET et R. R. PARIS, *Plantes du Népal. V. Sur les flavonoides de divers Bauhinia: B. vahlii Wight et Arn., B. variegata Lindl. et B. malabarica Roxb.*, Plantes

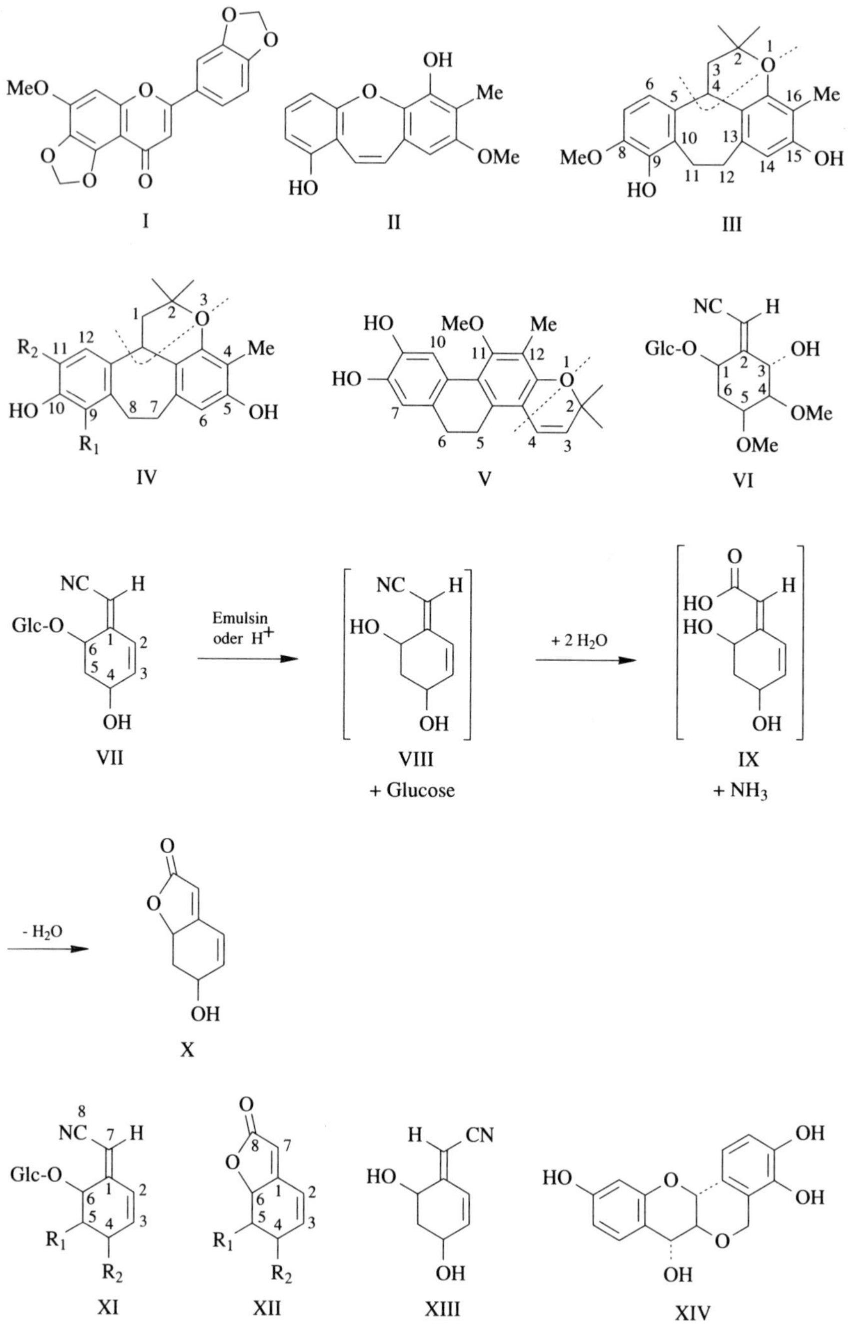

Abb. 17. Einige sekundäre Metaboliten von *Bauhinia, Cercis* und *Griffonia*

Méd. Phytothérapie *11*, 213–221 (1977). • [15] H. ACHENBACH et al., Z. Naturforschung *41*c, 164–168 (1986). • [16] H. ACHENBACH et al., PHYCHEM *27*, 1835–1841 (1988). • [17] R. RAMACHANDRAN and B. C. JOSHI, Current Sci. *36*, 574–575 (1967). • [18] G. M. WASSEL et al., *Constituents of essential oils from Bauhinia variegata and B. purpurea flowers*, Sci. Pharm. (Wien) *54*, 357–361 (1986). Öle durch Wasserdampfdestillation gewonnen. Ausbeuten 0,45– 0,55%. • [19] H. P. BHARTIYA et al., PHYCHEM *18*, 689 (1979); *20*, 2051 (1981). Ein Butein-4′-arabinogalaktosid und ein 4-Arabinogalaktosid von 2′,4′-Didesoxybutein. • [20] M. F. COMBER and M. V. SARGENT, *Synthesis of pacharin: A dibenzoxepine from the heartwood of Bauhinia racemosa*, JCS Perkin I *1990*, 1371–1373. • [20a] B. PRABHAKAR et al., *De-O-methylracemosol: A tetracyclic 2,2-dimethylchroman from roots of Bauhinia racemosa*, PHYCHEM *36*, 817–818 (1994). • [20b] J. RABATÉ, *Sur la présence du quercitroside (quercitrin) dans les feuilles de Bauhinia reticulata DC.*, J. Pharm. Chim. [8] *28*, 435–437 (1938). Gleichzeitig etwa 5% kondensierte Gerbstoffe isoliert. Die Gehaltsangabe für Quercitrin befindet sich am Schluß des Artikels. • [21] M. P. MAILLARD et al., *Novel antifungal tetracyclic compounds from Bauhinia refuscens Lam.*, Helv. Chim. Acta *74*, 791–799 (1991). • [22] V. P. PURI et al., *Studies on Semla gum. I. Structure of the degraded Semla (Lasiobema retusum) gum*, Indian J. Chem. *14*B, 113–116 (1976). • [23] D. O. LAUX et al., *Bausplendin, a dimethylenedioxyflavone from Bauhinia splendens*, PHYCHEM *24*, 1081–1084 (1985). • [24] E. BOMBARDELLI et al., *Plants of Mozambique. 1. Flavonoids of Piliostigma thonningii*, Fitoterapia *44*, 85–87 (1973). • [25] G. SNATZKE et al., Bull. Chem. Soc. Ethiopia *3*, 135–138 (1989): Ex Ref. [26]. • [26] E. BOMBARDELLI et al., *Proanthocyanidins from Piliostigma thonningii: Chemical and pharmacological properties*, PM *58* (1992), Supplement Issue 1992, A 590. Für Polyphenol-Fraktion der Wurzelrinde gute antitussive Wirkung nachgewiesen. • [27] T. U. ASUZU and O. U. ONU, *The in vitro acute toxicity of Piliostigma thonningii bark ethanolic extract on selected strongyle larvae of cattle*, Fitoterapia *64*, 524–528 (1993). • [28] S. K. OKWUTE et al., JNP *49*, 716–717 (1986). Aus 5 kg getrockneter Rinde 42,5 mg erhalten. • [29] ALICE FERREIRA et al., *Estudo quimico das cascas de Bauhinia thonningii Schum.*, Garcia de Orta *11*, 97–105 (1963). • [30] S. S. SUBRAMANIAN and A. G. R. NAIR, Indian J. Chem. *1*, 450 (1963). Ausbeute bezogen auf Trockengewicht war

---

I = Bausplendin, $C_{18}H_{12}O_7$; 8 mg aus 5,4 kg Holz von *Bauhinia splendens* [23] • II = Pacharin, $C_{16}H_{14}O_4$, aus einem Holzmuster von *Bauhinia racemosa* • III = Racemosol, $C_{21}H_{24}O_4$, aus einem anderen Holzmuster von *B. racemosa* [48] • IV und V = Prenylierte Dihydrostilbenderivate aus Wurzelrinde von *Bauhinia rufescens*: IV = Zwei isomere Körper, $C_{20}H_{22}O_4$ (R_1 = OH, R_2 = H und R_1 = H, R_2 = OH); V = Körper $C_{21}H_{22}O_4$ und $C_{21}H_{20}O_4$ (hat Δ5,6) • VI = Simmondsin, ein Cyanomethylencyclohexanol-Derivat; Stereostruktur und Numerierung nach [47] • VII–X = Menisdaurin (VII), hypothetisches Aglykon (VIII) und dessen Verseifungsprodukt (IX) und das isolierte Lacton Menisdaurilid (X), das gleichzeitig ein Butenolid ist (Numerierung nach [43]–[46]) • XI = Cyanomethylencyclohexenol-Derivate Lithospermosid (= Griffonin) mit R_1 = αOH, R_2 = βOH, $C_{14}H_{19}NO_8$, und Bauhinin mit R_1 = αOH und R_2 = βOMe • XII = Verseifte und lactonisierte Aglyka von XI: Griffonilid mit R_1 = αOH und R_2 = βOH; Bauhinilid mit R_1 = αOH und R_2 = βOMe • XIII = Coclauril, $C_8H_9NO_2$, aus lufttrockenen Blättern von *Cocculus laurifolius* (beachte *trans*-Orientation der CN-Gruppe). • XIV = Peltogynoides Leucoanthocyanidin Mopanol aus Perikarp von *Bauhinia vahlii* (für isomeres Peltogynol vide Bd. XI a, 247)

In III–V Isoprenylreste angegeben; Numerierung der Autoren [21, 48].

VI: Vorkommen vgl. Bd. VIII, 171–173. Zum gleichen Typus gehören die Lophiroside aus *Lophira alata* (Ochnaceae); in ihnen sind keine OH-Gruppen methyliert, aber zwei OH-Gruppen acyliert; acylierende Säuren sind Benzoe- und Zimtsäuren.

N.B.: Auf den Abb. 280 und 306 in Bd. VIII sind die damals noch nicht genau bekannten geometrischen Verhältnisse an der exozyklischen Doppelbindung bei den Glucosiden willkürlich (z. T. falsch) wiedergegeben.

6%. ● [31] S. SULTANA et al., J. Indian Chem. Soc. *62*, 337–338 (1985). ● [32] R. J. KUMAR et al., Fitoterapia *61*, 475–476 (1990). Extraktionsmittel nicht angegeben; Methanol? ● [33] A. K. GUPTA et al., Indian J. Chem. *18*B, 85–86 (1979). ● [34] Eid., PM *38*, 174–176 (1980). ● [34a] W. RAHMAN and S. J. BEGUM, *Flavonoids from the white flowers of Bauhinia variegata*, Naturwissenschaften *53*, 385 (1966). ● [35] R. C. BADAMI and C. D. DALAUTABAD, *Component acids of Bauhinia seed oils*, J. Sci. Food Agric. *20*, 99–100 (1969). ● [35a] A. R. CHOWDHURY et al., *Fatty acid and mineral composition of seeds of some species of Bauhinia*, Fette, Seifen, Anstrichmittel *86*, 237–239 (1984). ● [36] M. RAJARAM and K. JANARDHARAN, *Chemical composition and nutritional potential of the tribal pulses Bauhinia purpurea, B. racemosa and B. vahlii*, J. Sci. Food Agric. *55*, 423–431 (1991). ● [37] A. M. COLLET et C. CHARAUX, Bull. Soc. Chim. Biol. *21* 455–457 (1939). 1,6% Rohmyricitrin aus getrockneten Blättern. ● [38] V. PLOUVIER, *Présence de lithospermoside dans le Cercis siliquastrum*, PHYCHEM *17*, 1010 (1978). ● [39] M. A. BITADZE et al., Khim. Prirod. Soedin. *1992*, 320–323. ● [40] E. A. BELL and LINDA E. FELLOWS, *Occurrence of 5-hydroxy-L-tryptophan as a free plant amino acid*, Nature *210*, 529 (1966). Griffonia simplicifolia (= Bandeiraea simplicifolia). ● [41] D. DWUMA-BADU et al., *Griffonin and griffonilide, novel constituents of Griffonia simplicifolia*, JNP *39*, 385–390 (1976). ● [42] A. SOSA et al., *Structure of a cyanoglucoside of Lithospermum purpureo-caeruleum*, PHYCHEM *16*, 707–709 (1977). Lithospermosid-Neuisolation: 25 mg reines Glucosid aus 1 kg frischen Wurzeln von *L. purpureo-caeruleum* und 98 mg aus 1 kg frischen Wurzeln von *Lithospermum officinale*. Die Autoren verweisen nach der Publikation von A. SOSA et al., *Sur quelques constituants du Lithospermum purpureo-caeruleum*, CR *240*, 1570–1573 (1955), in welcher die Isolation eines N-freien Glucosids, $C_{16}H_{22}O_{10}$, F 284°, $[\alpha]_D^{20°} - 107°$ (50% EtOH), beschrieben wurde. Der Name Lithospermosid wurde 1955 nicht verwendet; er wurde bei der 1977 publizierten Neuisolation und Strukturaufklärung eingeführt; gleichzeitig wurde die Bruttoformel nach $C_{14}H_{19}NO_8$ korrigiert und Schmelzpunkt und Drehung wie folgt angegeben: F 278–279°, $[\alpha]_D^{20°} - 156°$ (c 0,99, H_2O). Im Grunde genommen hat demnach der Name Griffonin Priorität über den erst 1977 in der Literatur auftauchenden Namen Lithospermosid. Daß sich trotzdem der Name Lithospermosid eingebürgert hat, beruht auf den Argumenten von JINN WU et al., *Lithospermoside and dasycarponin, cyanoglucosides from Thalictrum*, JNP (= Lloydia) *42*, 500–511 (1979): SOSA's Manuskript wurde am 24. Mai 1976 an Phytochemistry abgeliefert, und D. DWUMA-BADU's Manuskript wurde am 10. Juni 1976 an Lloydia (= JNP) abgeliefert; zudem enthält diese Publikation einen Fehler bei der Angabe der Drehung: $[\alpha]_D^{24°} + 6°$ (c 0,5, H_2O) an Stelle von $[\alpha]_D^{22°} - 149°$ (H_2O) (ex J. Wu et al., 1979, Fußnote 4 auf S. 508). ● [43] K. TAKAHASHI et al., *The constituents of the vines of Menispermum dauricum DC.*, CHPHBUL *26*, 1677–1681 (1978). Neues Nitrilglucosid Menisdaurin und dessen Hydrolysenprodukt Menisdaurilid. Konfiguration in [46] geändert. ● [44] M. YOGO et al., *Coclauril, a nonglucosidic 2-cyclohexen-1-ylideneacetonitrile, from Cocculus laurifolius DC.*, CHPHBUL *38*, 225–226 (1990). ● [45] A. MURAKAMI et al., *Bitter cyanoglucosides from Lophira alata*, PHYCHEM *32*, 1461–1466 (1993). Sehr bittere Esterglucoside Lophirosid-A1, -A2, -B1 und -B2 aus Rinde. ● [46] H. OTSUKA et al., *Butenolides from Sinomenium acutum*, PHYCHEM *33*, 389–392 (1993). Aus der Droge SINOMENIUM STEMS PH. JAP. XII Menisdaurin, Menisdaurilid, Aquilegiolid und zwei 2,3-Dihydroderivate isoliert; absolute Stereostrukturen. ● [47] N. CHIDA et al., *Total synthesis of Simmondsin*, JCS Chem. Commun. *1991*, 588–590; *Simmondsin: Synthesis and absolute configuration*, JCS Perkin I *1992*, 1131–1137. Festlegung von Konfiguration und von Geometrie der exozyklischen Doppelbindung. ● [48] A. S. R. ANJANEYULU et al., *Racemosol: A novel tetracyclic phenol from Bauhinia racemosa Lamk.*, Tetrahedron *42*, 2417–2420 (1986). ● [49] S. ZAKA et al., Fette, Seifen, Anstrichmittel *85*, 169–170 (1983). 16% Öl aus Samen von *Bauhinia malabarica* und *variegata*; Hauptfettsäuren bei beiden 16:0, 18:0, 18:1 und 18:2.

C I.4. DETARIEAE (= *Cynometreae* Benth. emendavit J. Léonard)

Nach POLHILL-RAVEN bilden die Detarieen zusammen mit den Amherstieen innerhalb der Caesalpinioideen eine natürliche Gruppe von ungefähr 80 Genera. Basierend auf grundlegenden Arbeiten von J. LÉONARD werden aber trotzdem beide Tribus beibehalten. Die Unterscheidungsmerkmale zwischen *Detarieae* (mit 55 Gattungen) und *Amherstieae* (mit 25 Gattungen) liefern hauptsächlich Blüten und Früchte, doch scheint eine scharfe Trennung der zwei Triben anhand von morphologischen Merkmalen unmöglich zu sein.

Die Detarieen sind mit kleinen bis monotypischen Gattungen in tropisch Afrika (inkl. Madagaskars), tropisch Asien und tropisch Amerika gut vertreten. Nur die großen Gattungen *Crudia* (annähernd 55 Arten) und *Cynometra* (etwa 70 Arten) sind pantropisch. POLHILL und RAVEN unterscheiden innerhalb der Detarieen 6 nomenklatorisch nicht belastete Gruppen von Gattungen.

(1) *Cynometra*-Gruppe mit 8 Gattungen, worunter *Cynometra*, *Schotia*, *Scorodophloeus* und *Umtiza*; mit Ausnahme von *Cynometra* rein afroasiatisch. Die in Neuguinea und auf Inseln des Pazifiks gut vertretene Gattung *Maniltoa* erreicht mit *M. schefferi* Australien [1].

(2) *Hymenostegia*-Gruppe mit 13 Genera, worunter *Afzelia*, *Daniellia*, *Intsia* und *Saraca*; Verbreitung afroasiatisch.

(3) *Hymenaea*-Gruppe mit *Peltogyne* und *Hymenaea* in Amerika. Nur *Trachylobium verrucosum* in Ostafrika und davorliegenden Inseln; in den Jahren 1974/1975 wurde *Trachylobium* wieder in *Hymenaea* einbezogen [2, 3].

(4) *Crudia*-Gruppe mit 12 Genera, von welchen 6 monotypisch sind. In Afrika *Colophospermum*, *Gossweilerodendron*, *Oxystigma* und 4 weitere Gattungen, in Asien *Hardwickia* (nur *H. binata*) und *Kingiodendron*, in Amerika *Prioria* (nur *P. copaifera*). *Guibourtia* in den Tropen Afrikas und Amerikas und *Crudia* pantropisch.

(5) *Detarium*-Gruppe mit 10 Genera, von welchen nur *Copaifera* (Tropen von Amerika und Afrika), *Sindora* (Tropen von Asien; *S. klaineana* in Gabon) und *Tessmannia* (Afrika) mehr als 10 Arten zählen. *Baikiaea*, *Detarium*, *Gilletiodendron*, *Hylodendron* und *Sindoropsis* in Afrika, *Pseudosindora* in Borneo und *Goniorrhachis* (nur *G. marginata*) in Brasilien.

(6) *Brownea*-Gruppe mit 10 Genera, welche alle neotropisch sind. Nur *Brownea* und *Eperua* mit über 10 Arten.

Da die Mehrzahl der Genera der Detarieen bisher nicht untersucht wurde, drängt sich alphabetische Anordnung bei der Besprechung der chemischen Merkmale auf.

Für bereits früher erwähnte oder besprochene Arten der Detarieen wird nach dem taxonomischen Register in Bd. XI a verwiesen:

Afzelia, 445	*Eperua*, 463	*Oxystigma*, 478
Baikiaea, 449	*Goniorrhachis*, 466	*Peltogyne*, 479
Colophospermum, 456	*Gossweilerodendron*, 467	*Prioria*, 481
Copaifera, 456	*Guibourtia*, 467	*Saraca*, 484
Crudia, 459	*Hardwickia*, 467	*Schotia*, 485
Cynometra, 459	*Hymenaea*, 468	*Scorodophloeus*, 485
Daniellia, 460	*Intsia*, 469	*Trachylobium*, 489
Detarium, 461	*Kingiodendron*, 470	

Bei den Detarieen kommen verschiedene Typen von Exkretbehältern vor (vgl. dazu Bd. XI a, 18–19, 308–314, und [7, 8, 18, 24]); sie enthalten etherische Öle oder Oleoresinae, welche bei gewissen Arten an der Luft zu den technisch wichtigen Leguminosen-Kopalen erstarren können.

DETARIEAE – *Allgemeine Bemerkungen*: Wie bereits erwähnt gehören die ökonomisch wichtigsten Balsam- und Kopalproduzenten der Leguminosen zu den Detarieen. Die Grenze zwischen Balsamen (= Oleoresinae) und Kopalen ist unscharf. Kopale sind Balsame, die an der Luft schnell hart werden, was durch Verdampfen von Sesquiterpenkohlenwasserstoffen und durch Polymerisation bestimmter Typen von ungesättigten Diterpenen bedingt wird. Die Balsame finden medizinische und technische Verwendung, und die Kopale haben eine große technische Bedeutung. Kopale werden von den produzierenden Bäumen abgelesen oder unter den zum Teil sehr alt werdenden Kopalproduzenten aufgelesen oder ausgegraben. Man unterscheidet zwischen rezenten und fossilen Kopalen, wobei auch hier die Grenze unscharf ist. „Rezent-fossile" Kopale werden unter den produzierenden Bäumen geerntet und fossile Kopale s. str. werden ausgegraben, auch an Stellen, wo heute keine Kopalbäume mehr wachsen. Fossile Kopale werden in der angelsächsischen Literatur auch AMBERS genannt [6, 9]. Früher waren die Stammpflanzen neu- und altweltlicher Leguminosen-Kopale und der vor dem Antibiotica-Zeitalter therapeutisch wichtigen, neuweltlichen Copaibabalsame recht unsicher. Berichte von STEPHAN über Zanzibar-Kopal [4] und von FREISE über Copaiba-Balsame [5] illustrieren einige Seiten dieses Problems. CUNNINGHAM et al. [6] zeigten, daß mit den heute verfügbaren analytischen Methoden, auch für sehr alte fossile Kopale eine Beurteilung ihrer botanischen Abstammung noch durchaus möglich ist. Grundlegende Beiträge zur Kenntnis afrikanischer Leguminosen-Harze und -Kopale lieferte LÉONARD [7]. Er beschrieb die Kopal-Gewinnung im früheren Belgisch-Kongo (Zaire), beobachtete und beschrieb botanisch gut dokumentierte Kopalmuster genau, und führte Zapfversuche an Bäumen, von welchen Kopalmuster zur Verfügung standen, aus. Zudem lieferte er taxonomische Neubearbeitungen der als Kopalproduzenten in Betracht kommenden Gattungen. Kopale liefern in Afrika (nach Literaturstudien) [7]:

Copaifera le-testui Pellegrin (= *Sindoropsis le-testui* [Pellegrin] Léonard), *C. salikounda* Heckel.

Daniellia klainei A. Chev., *D. ogea* (Harms) Rolfe ex Holland (= *D. caudata* Craib ex Holland = *D. similis* Craib ex Holland).

Guibourtia carrissoana (M. Exell) Léonard (= *G. gossweileri* [M. Exell] Torre et Hille), *G. conjugata* (Bolle) J. Léonard, *G. copallifera* Bennett, *G. demeusei* (Harms) J. Léonard, *G. ehie* (A. Chev.) J. Léonard.
Tessmannia anomala (Micheli) Harms.
Trachylobium verrucosum Gaertner.
Durch die Untersuchungen in Belgisch-Kongo konnte diese Liste von Kopalproduzenten mit den folgenden Taxa bestätigt und ergänzt werden [7]:
EC = *Échantillons de copal frais recoltés* (diese durch Herbariumexemplare dokumentierten Kopalmuster beschrieben) • ES = *Essais de saignée* (Resultate von künstlicher Auslösung von Harzfluß beschrieben).
Copaifera baumiana Harms; wahrscheinlicer Kopalproduzent.
C. mildbraedii Harms; EC, ES (nach 6 Monaten Exudat noch nicht hart).
C. religiosa J. Léonard; liefert Harz, das nicht in Kopal verändert.
Cynometra sessiliflora Harms var. *laurentii* (De Wild.) Lebrun; EC, ES (keine Exudat-Produktion beobachtet); ist offensichtlich die einzige kopalifere Art der Gattung.
Daniellia alsteeniana Duvign.; EC.
D. klainei Pierre ex A. Cheval.; EC.
D. mortebanii De Wild. (gehört nach LOCK zu *D. pynaertii*); liefert mutmaßlich Kopal.
D. oliveri (Rolfe) Hutch. et Dalziel; liefert kopalähnliches Harz.
D. pynaertii De Wild.; Kopalproduzent.
Guibourtia demeusei Harms; EC, ES (1 Monat nach Feuerbeschädigung viel harter Kopal auf Stamm und Ästen vorhanden).
G. coleosperma (Bentham) J. Léonard; produziert Oleoresina, welche nicht in Kopal verändert.
Tessmannia africana Harms (= *T. claessensii* De Wild.); EC, ES (Oleoresina nach 6 Monaten noch nicht völlig erhärtet).
T. anomala (Micheli) Harms (= *T. parvifolia* Harms); EC, ES (nach 6 Monaten reichlich harter Kopal).
T. lescrauwaetii (De Wild.) Harms; produziert Oleoresina, welche nicht in Kopal verändert.
T. yangambiensis Louis ex J. Léonard; EC.
Guibourtia arnoldiana (De Wild. et T. Durand) Léonard und *Tessmannia dewildemaniana* Harms produzieren weder Balsam noch Kopal.
Anscheinend ist traumatogenes Austreten von terpenoiden Balsamen ein Tendenzmerkmal einiger Gattungen der *Detarieae*. Bei gewissen Arten verändern diese Exudate nach kürzerer oder längerer Zeit in harte Massen von technisch wertvollen Kopalen. Mit der ökologischen Bedeutung solcher terpenoider Exkrete bei den bizentrischen (Lateinamerika-Afrika) Gattungen *Copaifera* und *Hymenaea* (inkl. *Trachylobium*) beschäftigt sich seit langem die Arbeitsgruppe LANGENHEIM. Die amerikanischen Forscher zeigten, daß durch beide Sippen ähnliche Exkrete produziert und in allen Pflanzenteilen abgelagert werden. In Blättern, Blüten und in jungen Achsen handelt es sich um etherische Öle mit Sesquiterpenkohlenwasserstoffen als Hauptkomponenten; sie werden in schizogenen Exkreträumen de-

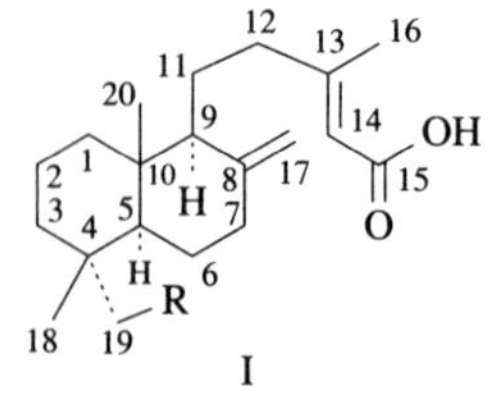

I

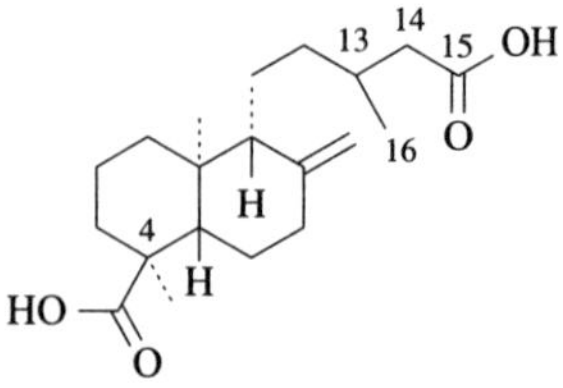

II

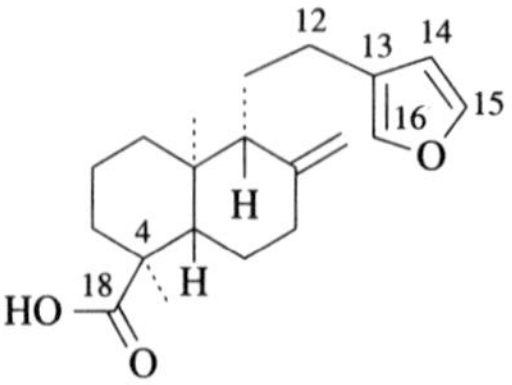

III

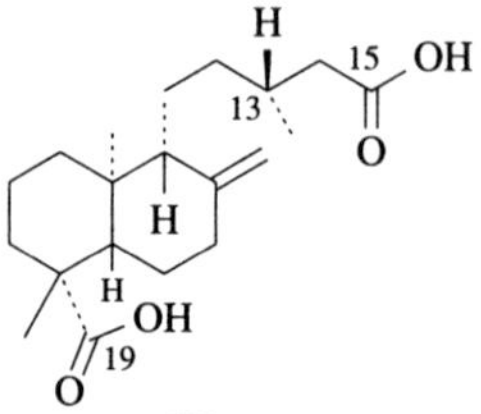

IV

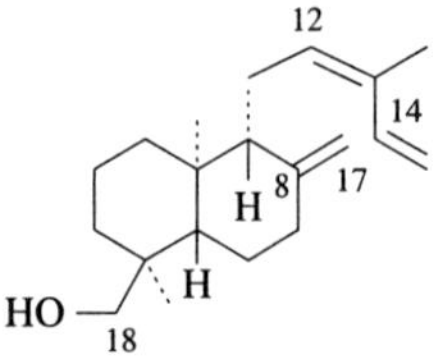

V

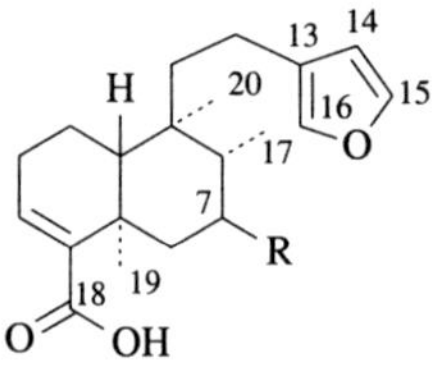

VI

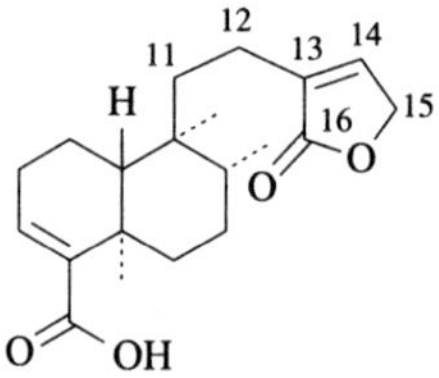

VII

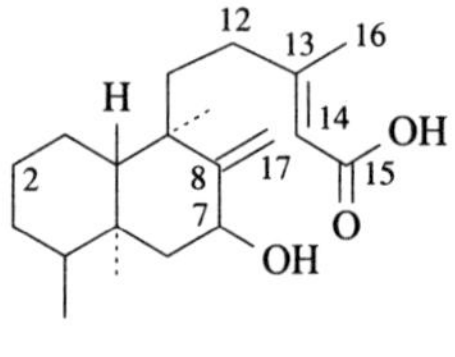

VIII

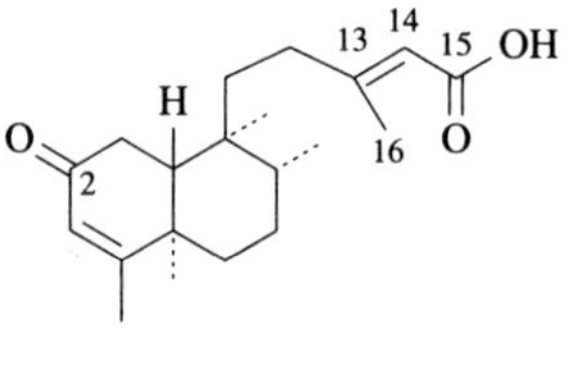

IX

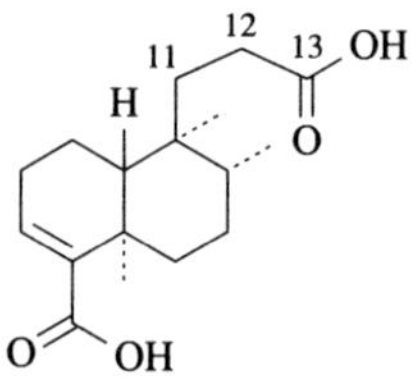

X

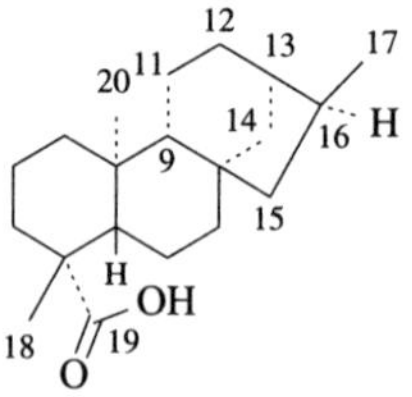

XI

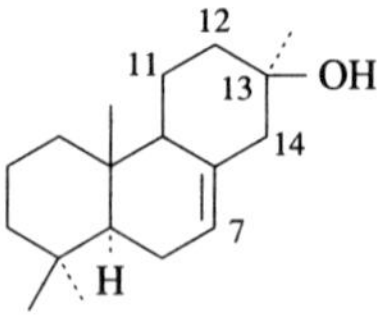

XII

Abb. 18. Die häufigsten Diterpentypen in Harzen der Detarieen: Labdane, Clerodane und Kaurane. Vgl. auch Abb. 24

poniert. In verholzten Zweigen und im Stamm und in Wurzeln von älteren Bäumen werden die Exkrete in Kambiumnähe in Exkretzellen produziert und anschließend in lysigen entstehenden Exkrettaschen gespeichert. Die Exkrete der holzigen Teile sind terpenoide Balsame, d. h. Gemische von Sesqui- und Diterpenen, in denen Diterpensäuren Hauptbestandteile sind. Ähnliche Balsame, wie in Stämmen und Wurzeln, werden auch in der Fruchtwand vieler Taxa produziert und in lysigenen Räumen abgelagert. Synthese, Stoffwechsel und Speicherung von Sesquiterpenkohlenwasserstoffen und von Diterpenen werden durch zahlreiche interne (genetische und ontogenetische) und externe (abiotische und biotische) Faktoren gesteuert. Das Studium der komplexen Beziehungen zwischen den als Schutzstoffe interpretierten terpenoiden Sekundärstoffen der tropischen Gattungen *Copaifera* und *Hymenaea* und den Biotopen, in welchen die einzelnen Taxa wachsen können, bildet den Schwerpunkt der Untersuchungen der Arbeitsgruppe LANGENHEIM. Die amerikanischen Forscher hoffen mit großangelegten Experimenten und langjährigen Feldbeobachtungen die ökologische Bedeutung der terpenoiden Exkrete der zwei Gattungen definitiv klären zu können, und damit wesentliche Beiträge zum Verständnis der Evolution von *Copaifera* und *Hymenaea* liefern zu können. Gleichzeitig sollten die verschiedenen Verteidigungsstrategien von Pflanzen im komplexen tropischen Milieu aufgeklärt werden, um sie anschließend auch als Mittel zum Studium von Evolutionsprozessen verwenden zu können

⬥───

I mit R = H = Copaifera- oder Anticopalsäure, $C_{20}H_{32}O_2$ (ist Antipode der Copalsäure), und mit R = OH = Copaiferolsäure, $C_{20}H_{32}O_3$ (ist 4-Epimer der Agatholsäure) • II = Eperua-8(17)-en-15,18-disäure, $C_{20}H_{32}O_4$, aus Harz von *Copaifera langsdorffii* [46] (= *ent*-Labda-8[17]-en-15,18-disäure); in der Eperuasäure aus *Eperua*-Arten ist die Methylgruppe an C-4 (i.e. C-18) nicht zur Carboxyl-Gruppe oxydiert (vide Formel III in Bd. XIa, 311) • III = Polyalthsäure, $C_{20}H_{28}O_3$ (die Daniellsäure aus *Daniella*-Arten ist das 4-Epimer; vgl. Formel IV in Bd. XIa, 311) • IV = Oliverinsäure, $C_{20}H_{32}O_4$ (ersetzt in gewissen Harzmustern von *Daniellia oliveri* die Daniellsäure [71a]) • V = Trien Ozol, $C_{20}H_{32}O$, aus *Daniellia ogea* [69]; vgl. zu Trienen auch Abb. 24. • VI = Hardwickiasäure (R = H), $C_{20}H_{28}O_3$, 7-Hydroxyhardwickiasäure (R = OH), $C_{20}H_{28}O_4$, und 7-Acetoxyhardwickiasäure (R = OAc), $C_{22}H_{30}O_5$ [50]. • VII = 16-Oxo-dihydrohardwickiasäure aus *Eperua leucantha* [83] • VIII = 7β-Hydroxycleroda-8(17),13E-dien-15-säure, $C_{20}H_{32}O_3$, aus *Eperua leucantha* [83] • IX = 2-Oxokolavensäure, $C_{20}H_{30}O_3$, ein *trans-ent*-Clerodan aus *Detarium microcarpum* [74] und *Eperua leucantha* [83] • X = Die sogenannte Norhardwickiasäure, $C_{17}H_{26}O_4$, aus *Eperua leucantha* [83] (C_{14}, C_{15} und C_{16} durch Wegoxidation verloren) • XI = (−)-16β-Kauran-19-säure, $C_{20}H_{32}O_2$, welche zusammen mit dem Δ16(17)-Derivat aus Harz von *Copaifera langsdorffii* isoliert wurde [46] • XII = Eperuol, $C_{18}H_{30}O$ (= 13α-Methyl-13β-hydroxypodocarp-7-en) aus *Eperua purpurea*

N.B. Labdane, Entlabdane (= Eperuane), (−)-Kaurane (= *ent*-Kaurane), sowie verschiedene Clerodan-Typen sind für die Caesalpinioideen charakteristisch. Oft kommen in einer Gattung oder sogar in einer Art beide Enantiomeren einer Verbindung vor, z.B. Copal- und Anticopalsäure (Gattung *Copaifera*), (−)-Hardwickiasäure (*Gossweilerodendron balsamiferum* und *Kingiodendron pinnatum*) und (+)-Hardwickiasäure (*Copaifera multijuga* und *officinalis*). Vgl. dazu auch Ref. [85, 86, 122].

Die Podocarpane sind von Diterpenen der Pimaran- oder Abietan-Gruppe abgeleitet; vgl. Abb. 195 in Bd. VII, 480.

[6, 8–27]. Vgl. ferner bei *Copaifera* [54–60]. Um Mißverständnis zu vermeiden, muß darauf hingewiesen werden, daß die amerikanischen Autoren die herkömmliche Unterscheidung zwischen etherischen Ölen (mit Wasserdampf flüchtig; von Terpenoiden vorzüglich C_{10}- und C_{15}-Verbindungen), Harzen (nicht flüchtig; von Terpenoiden vorzüglich C_{20}- und C_{30}-Verbindungen) und Balsamen (Gemische beider) fallen ließen. Sie sprechen überall von RESINS, also auch im Falle der nur etherisches Öl produzierenden Blätter.

Bei orientierenden Untersuchungen mit frischen und getrockneten Blättern von *Brownea ariza, B. coccinea, B. hybrida, Intsia bijuga, Saraca asoca, S. declinata, S. indica* (inkl. *S. minor* Miq.) und *Hymenaea verrucosa* (als *Trachylobium hornemannianum*) wurde allgemeines Vorkommen von Salicyl-, Vanillin-, Gallus- und Ellagsäure und von kondensierten Gerbstoffen beobachtet; die Säuren wurden in Hydrolysaten nachgewiesen [28, 29]. Ferner soll nach diesen Autoren [28] *Saraca asoca* schwach cyanogene Blätter haben. Im übrigen sind die hier [28, 29] verwendeten Nachweismethoden zu zweideutig und die Zahl der verwendeten Taxa (10 Arten, wovon 8 nach POLHILL-RAVEN zu den Detarieen und zwei zu den Amherstieen rechnen) zu gering, um sinnvolle taxonomische Schlüsse zu ziehen.

AFZELIA (vgl. auch bei *Intsia* und Abb. 19)

Afroasiatische Gattung mit etwa 15 Arten.

Von den 7 afrikanischen Arten liefern die meisten ein u. a. als AFZELIA bekanntes Holz. Aus einem solchen Holz wurde K,(+)-Dihydrokaempferol und (−)-Epiafzelechin (Erstisolation dieses Catechins) isoliert; Afzelin (= K-3-rhamnosid) war auch vorhanden, aber nur in Ablagerungen in einem Spalt im untersuchten Holz [30].

A. africana soll zur Malaria-Behandlung eingesetzt werden. Chinidin angeblich nachgewiesen [31]. In Ostafrika wird Blattsaft von *A. quanzensis* gegen Malaria getrunken; in der Pflanze wurden Alkaloide nachgewiesen (HAERDI, l.c. Bd. VII, 83).

A. bella: Samen enthalten reichlich freie Aminosäuren; es wurden isoliert: Die sauren Aminosäuren *trans*-4-Carboxyprolin (vgl. Bd. XIa, 237) und γ-Methylenglutaminsäure und die neutralen Aminosäuren Pipecolinsäure, Prolin, 4-Methylenprolin, *cis*-4-Hydroxymethylprolin und *trans*-4-Hydroxyprolin [32]. Samen liefern etwa 90% Samenkerne mit annähernd 25% Öl. Bei separater Analyse vom Samenkern und orangem Arillus wurden bemerkenswerte Unterschiede in den Fettsäurespektren beobachtet: 10:0 = Fehlend im Samenkern (14,8% im Arillus); 12:0 = Spur (13,5%); 14:0 = Spur (6,6%); 16:0 = 3,4% (19,4); 18:0 = 3,4% (20,1); 20:0 = 1,9% (5,9), 22:0 = 3,9% (−); 24:0 = 7,2% (−); 18:1 = 9,6% (9,7); 18:2 = 26% (−); 18:3 = 1,8% (−); Crepissäure = 19,9% (−); Dehydrocrepissäure = 20% (−); das Arillusöl ist ganz anders zusammengesetzt als das Öl der Samenkerne [33]. Vgl. über Acetylenfettsäuren als Gattungsmerkmal Bd. XIa, 161.

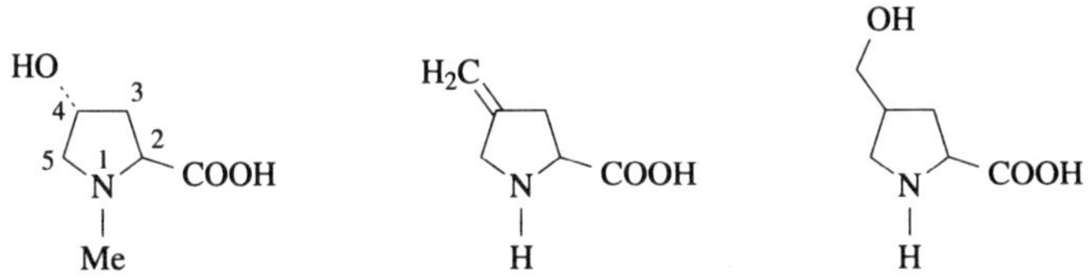

Abb. 19. Einige N-haltige Metaboliten der *Detarieae*

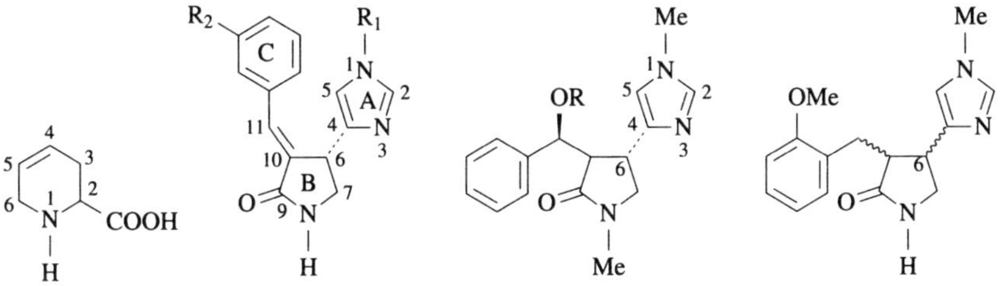

I = N-Methyl-*trans*-4-hydroxyprolin ● II = 4-Methylenprolin ● III = *cis*-4-Hydroxymethylprolin ● IV = Baikiain (= 4,5-Dehydropipecolinsäure) ● V = Anantin, $C_{15}H_{15}ON_3$ (R_1 = Me, R_2 = H), Noranantin, $C_{14}H_{13}ON_3$ ($R_1 = R_2$ = H) und Hydroxyanantin, $C_{15}H_{15}O_2N_3$ (R_1 = Me, R_2 = OH) ● VI = Cynometrin, $C_{16}H_{19}O_2N_3$ (R = H) und Cynodin, $C_{23}H_{23}O_3N_3$ (R = CO—C_6H_5) ● VII = Cynolujin, $C_{16}H_{19}O_2N_3$

Die Isoalkaloide Isoanantin, Isocynometrin und Isocynodin haben 5,6-Verknüpfungen der A- und B-Ringe.

I: Aus *Copaifera*-Arten
II + III: Aus *Afzelia bella*
IV: Aus *Baikiaea plurijuga*
V–VII: *Cynometra*-Alkaloide

A. pachyloba: Auch diese afrikanische Art hat Samen mit hohem Ölgehalt (28%) und Öl mit dem genuscharakteristischen Fettsäurespektrum, in casu 21% Crepissäure, 27% Dehydrocrepissäure; daneben kommen die gewöhnlichen Fettsäuren vor [34].

A. xylocarpa: Kernholz dieser indochinesischen Art lieferte 0,65% des neuen Catechins (+)-Fisetinidol, $C_{15}H_{15}O_5$ [35].

BAIKIAEA (Abb. 19)

Baikiaea plurijuga liefert das als RHODESIAN TEAK im Handel bekannte Holz. Dieses Holz enthält gegen 25% extrahierbare Polyphenole, welche großenteils PA sind, und annähernd 1% der neuen Aminosäure Baikiain [36]. Bei späteren Untersuchungen wurden aus dem Holz Hederagenin, Pinit, Baikiain und viel Profisetinidine [37] isoliert. Für Holzphenole vide [43] sub *Colophospermum*. Vgl. auch Tabelle 8.

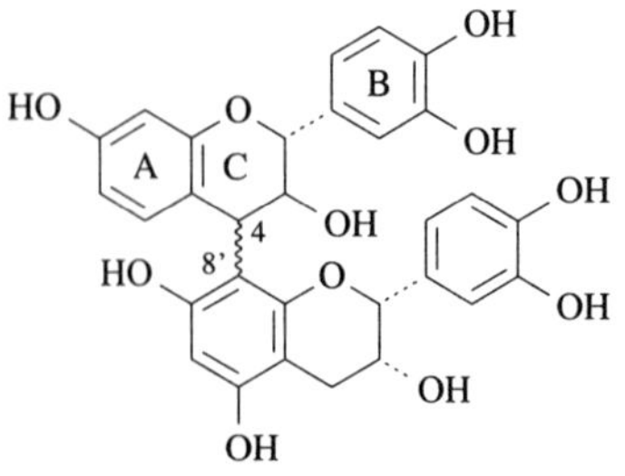

Abb. 20. Profisetinidine, Proguibourtinidine und ein Phlobatannin aus Holz von *Colophospermum mopane* und einigen anderen Caesalpinioideen

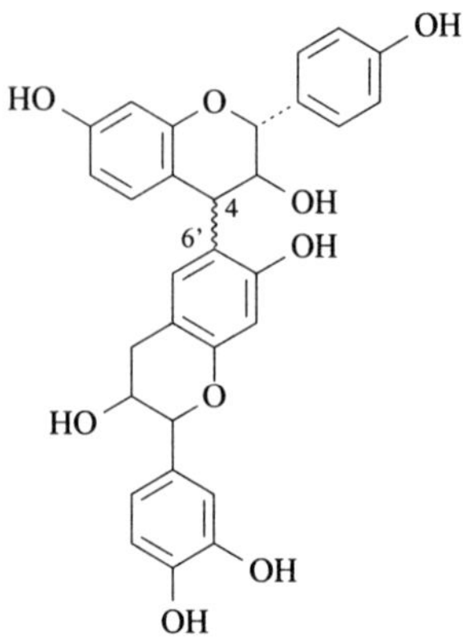

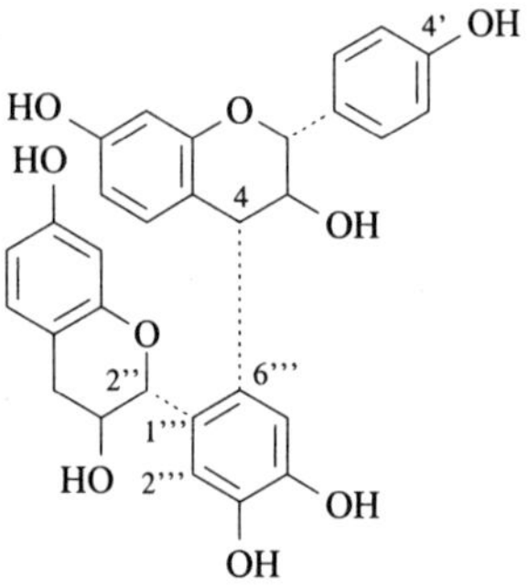

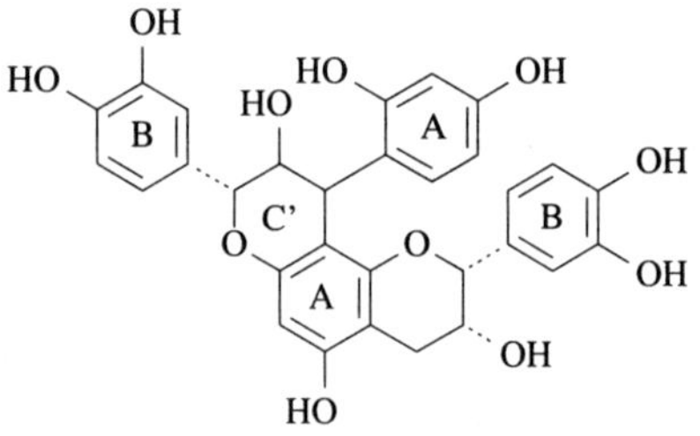

I = Zwei epimere (α4 → 8' und β4 → 8') Profisetinidine (Fisetinidol + Epicatechin) ●
II = Zwei epimere (α4 → 6' und β4 → 6') Proguibourtinidine (Guibourtinidol + Epifisetinidol) ● III = Ein Proguibourtinidin neuer Verknüpfungsart (4 → 6''' oder 4 → 2''') der Monomere (Guibourtinidol + Fisetinidol) ● IV = Ein Phlobatannin aus *Colophospermum mopane* u.a.

C' = Umgelagerter C-Ring im oberen Fisetinidol-Teil von I

COLOPHOSPERMUM (Abb. 20)

Nur *C. mopane* (MOPANE) in trockenen Gebieten des südlichen Afrikas. Das gerbstoffreiche Kernholz enthält die flavanoiden Gerbstoffbausteine (−)-Fisetinidol, (+)-Epifisetinidol, ein entsprechendes Leucofisetinidin und die peltogynoiden Leucoanthocyanidine Peltogynol, Peltogynol-B, Mopanol und Mopanol-B [38] und zwei entsprechende Flavonole Fisetin und das peltogynoide Mopanin [39]. Aus dem Splintholz wurden nur (+)-Catechin, (−)-Epicatechin und viel (+)-Dihydroquercetin erhalten [38]. Die Holzgerbstoffe sind zur Hauptsache auf

Fisetinidole basierte Profisetinidine [40]. Diese Profisetinidine werden von einer Reihe von Proguibourtinidinen begleitet, welche epimere 7,4′-Dihydroxyflavane-3-ole (Guibourtinidole) oder entsprechende Flavan-3,4-diole (Leucoguibourtinidine) als Bausteine haben [41]. Aus Kernholz konnten jetzt auch zwei dimere Profisetinidine isoliert werden, in welchen Fisetinidol mit (−)-Epicatechin verknüpft ist; bisher war nur die Kombination (−)-Fisetinidol-(+)-Catechin bekannt [42]. Schlußendlich enthalten die extrem komplexen Polyphenolgemische der Hölzer von *Colophospermum mopane, Guibourtia coleosperma* und *Baikiaea plurijuga* auch dimere Phlobatannine mit umgelagertem C-Ring [43]. Phlobatannin IV von Abb. 20 wurde aus allen drei Hölzern als Heptamethyletherdiacetat isoliert; *Baikiaea-* und *Guibourtia-*Holz lieferten zusätzlich verschiedene Epimere dieses dimeren Phlobaphens. Vgl. zu den Phlobaphenen oder Phlobatanninen Bd. XI a, 245, 249.

COPAIFERA (Abb. 18, 19)

Gattung mit 20−30 baumförmigen Arten, von welchen 4, *C. baumiana, mildbraedii, religiosa* und *salikounda*, in tropisch Afrika, und die übrigen in tropisch Amerika, hauptsächlich im Amazonasgebiet, zu Hause sind. In der Produktion von terpenoiden Exkreten und im Chemismus und der Ökologie der Komponenten unterscheidet sich *Copaifera* kaum von *Hymenaea*; vgl. dazu [2−27]. Während fossilisierte Leguminosen-Kopale in Amerika von *Hymenaea* stammen, scheinen sie in Afrika, abgesehen vom Zanzibar-Kopal, vorzüglich Produkte von *Copaifera*-Taxa und Arten anderer Genera der *Detarieae* zu sein. Dagegen sind manche amerikanische *Copaifera*-Arten Lieferanten von verschiedenen Typen von Copaibabalsam, der medizinisch vielseitig Verwendung findet, aber auch zu verschiedenen technischen Zwecken gebraucht wird. Die Exkretionsverhältnisse sind genau gleich, wie sie in der Einleitung bereits für *Hymenaea* beschrieben wurden [7, 8, 21, 27]. Die Systematik der Gattung ist noch nicht restlos geklärt und z. T. problematisch [44]. Die Stammpflanzen mancher Copaivabalsame sind noch stets unsicher [5]. An dieser Stelle soll auf den Chemismus der Harzsäuren und an neuere Arbeiten mit botanisch eindeutig identifizierten Arten eingegangen werden.

Harzsäuren: Aus Holz von in Afrika kultivierten Bäumen der südamerikanischen *C. officinalis* wurde (+)-Hardwickiasäure, die optische Antipode der bereits aus *Kingiodendron pinnatum* (= *Hardwickia pinnata*) bekannten clerodanoiden (−)-Hardwickiasäure [45] isoliert. Ein *C. langsdorffii* zugeschriebener brasilianischer Copaibabalsam enthielt 50% Sesquiterpene mit Caryophyllen, Copaen und β-Bisabolen als Hauptkomponenten und 25% saure Diterpene mit dem furanoiden *ent*-Labdanderivat Polyalth(ia)säure als Hauptkomponente; als Begleitsäuren wurden die *ent*-labdanoide Eperua-8(20)-en-15,16-disäure, sowie zwei *ent*-kauranoide Körper, (−)-Kaur-16(17)-en-19-säure und ihr 16,17-Dihydroderivat, isoliert [46]. Ein angeblich von *C. multijuga* stammender Copaibabalsam aus dem Amazonasgebiet enthielt etwa 50% neutrale und 50% saure Komponenten, welche 5 Diterpensäuren lieferten: (+)-Hardwickiasäure, Copaiferasäure, die nur stereochemisch von der aus *Hymenaea courbaril* bekannten Copalsäure verschieden ist, (+)-7-Hydroxyhardwickiasäure, Copaiferolsäure (= C_4-Epimer von Agatholsäure und Enantiomer von einer aus *Trachylobium verrucosum* bekannten Säure) und 11-Hydroxycopaiferolsäure; dieses Harz enthält demnach clerodanoide und labdanoide Säuren [47]. Die neutrale Fraktion dieses Balsams bestand zur Hauptsache aus $C_{15}H_{24}$ (β-Caryophyllen, γ-Humulen, β-Bisabolen, α-Copaen und α-Ylangen), enthielt aber auch oxygenierte Sesquiterpene, worunter Caryophyllenoxid und α-Multijugenol, $C_{15}H_{24}O$ [48]. Aus einem möglicherweise ebenfalls durch *C. multijuga* gelieferten Balsam wurden die drei *enantio*-labdanoiden Säuren (−)-Copalsäure, $C_{20}H_{32}O_2$, (−)-Agathissäure (= Agathendisäure), $C_{20}H_{30}O_4$, und 3-Hydroxycopalsäure, $C_{20}H_{32}O_3$, isoliert [49]. 7-α-Acetoxyhardwickiasäure ist eine weitere aus brasilianischem Copaibabalsam isolierte Harzsäure [50]. Im Staat Rio de Janeiro lieferte früher *C. langsdorffii* Copaibabalsam; PECKOLT [51] untersuchte Früchte und Samen genau; in Hülsen (Perikarp) wies er 0,87% etherisches Öl, 40% Harz und etwas Gerbstoffe und Bitterstoffe nach; den Arilli fehlten etherisches Öl; sie enthielten 23% Triglyceride und 0,03% Cumarin (isoliert); aus Samen wurde 0,1% Cumarin, 7,4% fettes Öl, 9,7% Schleim (Amyloid?), gegen 6% Harzbalsam isoliert, und nur etwa 1% Stärke nachgewiesen; schlußendlich wurden Kristalle (0,5%) eines Uncamin genannten Körpers erhalten. Cumarin-Vorkommen in Samen von *C. langsdorffii* wurde später bestätigt [52]. Amerikanische *Copaifera*-Arten speichern in Blättern und Samen viel freie Aminosäuren; Hauptsäure ist das nichtproteinogene N-Methyl-*trans*-4-hydroxyprolin; es kommt in Mengen von 1−3% (TG) in Blättern und Samen vor, und ist für Samenfresser (*Callosobruchus maculatus*-Larven geprüft) ausgesprochen toxisch, und wirkt bei Raupen des polyphagen Schmetterlings *Spodoptera littoralis* fraßabschreckend [53]. Die Autoren [53] zeigten auch, daß diese Hydroxyiminosäure mit dem zur Total-Phenol-Bestimmung viel verwendeten FOLIN-DENIS-Reagenz stark reagiert, und dementsprechend die ermittelten „Gerbstoff"-Werte stark verfälschen kann.

Die Arbeitsgruppe LANGENHEIM führte auch mit *Copaifera*-Sippen zahlreiche chemoökologische Untersuchungen aus; diese ergänzen die in der Einleitung zu den Detarieen bereits besprochenen [8−27] Arbeiten. Die etherischen Blattöle von *C. officinalis* und *C. venezuelana* var. *laxa* sind denen von *Hymenaea*-Arten außerordentlich ähnlich; beide enthielten Caryophyllen, γ-Cadinen, α-Copaen und Cyperen und wahrscheinlich auch α-Cubeben, Humulen, γ-Muurolen und Selinene [54]. Bei ersten, orientierenden Untersuchungen über Zusammenhänge zwischen Blattalter und Palatabilität für Larven von Mikrolepidopteren mit Gewächshaus-Jungpflanzen von *C. officinalis, pubiflora* und *venezuelana* var. *laxa* und einem Freiland-Baum von *C. langsdorffii* wurden, wie früher bei *Hymenaea*, ganz allgemein starke Abnahme der Adstriktionswerte und der relativen Totalphenolgehalte vom Knospenstadium bis zum 4. oder 5. Blatt (reif) nachgewiesen. Unterschiedlich verhielten sich die Versuchspflanzen jedoch hinsichtlich der Sesquiterpenausbeuten pro Blatt: *C. pubiflora* zeigte ein deutliches Maximum (16,3 mg) beim 3. Blatt, bei *C. venezuelana* blieben die Sesquiterpenausbeuten vom Knospenstadium bis zum 5. Blatt praktisch konstant, bei *C. officinalis* stiegen die absoluten Sesquiterpengehalte vom 3. zum 5. Blatt stark an (5,9 → 9,4 → 12,9 mg), und bei *C. langs*-

dorffii wurde konstante Ölzunahme vom Knospenstadium bis zum 6. Blatt (1,0 → 9,4 mg) beobachtet. Diese Ergebnisse wurden im Lichte der bei Beobachtungen in der Natur erworbenen Kenntnisse über die Bedeutung von Blattwicklern (tropische „leaf-tying oecophorids") als *Copaifera*- und *Hymenaea*-Schadinsekten im Rahmen der Schutztheorie zu deuten versucht; die Blattöle der hier untersuchten *Copaifera*-Taxa gehörten je nach Taxon und Blattalter zum Öltyp (vgl. [13, 20, 22]) I, II oder III [55]. Weitere Arbeiten waren dem Studium von möglichen Einflüssen verschiedener Bodentypen auf die Blattölproduktion von *C. multijuga* [56] und der Belichtung auf Blattölqualität und -quantität und Herbivorie bei *C. langsdorffii* [57] gewidmet. Durch das Studium von Blattsesquiterpen-Spektren und -Ausbeuten (mg/g TG) und Beobachtung der Art und Intensität von Herbivorie in zwei Populationen von *C. langsdorffii* im südöstlichen Teil von Brasilien konnten eindeutige Hinweise für Schutzfunktion von Menge und Zusammensetzung der etherischen Blattöle gewonnen werden [58]. Ferner wurde gezeigt, daß die Blätter von Keimpflanzen von weniger als 1 m Höhe besser gegen Fraß durch Raupen von *Stenoma* aff. *assignata* geschützt sind als erwachsene Blätter, auf denen sich dieser Schädling in der geprüften Population im südöstlichen Brasilien entwickelte. Wurden Raupen auf Blätter von Keimpflanzen versetzt, dann trat 48% Letalität auf. Dies wird auf die viel höhere Sesquiterpenkonzentration im Blattmaterial der Keimpflanzen (16,7 mg/g TG gegen 4,1 mg/g TG der Blätter von erwachsenen Bäumen) und auf die verhältnismäßig großen Mengen von Selinenen und Caryophyllen, welche die Raupen pro g (TG) Blatt von Jungpflanzen aufnehmen (i.e. α- + β-Selinen 9,82 mg versus 2,36 mg und Caryophyllen 0,83 mg versus 0,32 mg), zurückgeführt. Bei diesen Untersuchungen wurden für *C. langsdorffii* die in Tabelle 7 aufgeführten Komponenten eindeutig nachgewiesen.

Tabelle 7. Mittlere prozentuelle Zusammensetzung der Sesquiterpene der Blätter einer brasilianischen Population von *Copaifera langsdorffii* [59]

Ölkomponente	Reife Blätter von erwachsenen Bäumen	Junge Blätter von bis 1 m hohen Keimpflanzen
α-Cubeben	1,0	0,4
α-Copaen	5,6	3,2
Cyperen	2,3	2,5
β-Copaen	0,1	0,1
Caryophyllen	7,5	6,7
β-Humulen	0,5	1,2
γ-Muurolen	0,8	0,8
α- + β-Selinen	42,3	69,1
γ-Cadinen	10,4	8,7
δ-Cadinen	5,3	1,8
Caryophyllenoxid	11,7	0,6

In den Jahren 1984–1986 wurde die Herbivorie bei 22 Bäumen einer Population von *C. langsdorffii* im südöstlichen Brasilien genau beobachtet und beurteilt. Dabei wurde Variation innerhalb der Bäume und zwischen Bäumen nachgewiesen; es konnte gezeigt werden, daß durch *Stenoma* aff. *assignata* angefressene oder zusammengeheftete Blätter weniger Sesquiterpene enthielten als ungeschädigte Blätter (2,6 mg/g TG versus 3,99 mg/g TG). Damit erhält die Annahme, daß die terpenoiden Exkrete der Detarieen tatsächlich Schutzstoffe gegen phytophage Organismen sind, eine weitere Stütze [60]. A. C. BASILE et al. [61] berichteten über die antiphlogistische Wirkung der Balsame brasilianischer *Copaifera*-Arten. Nach diesen Autoren sind gegenwärtig als Balsam-Produzenten noch von Bedeutung: *C. coriacea, guianensis, martii, multijuga, officinalis* und *reticulata* [61].

CRUDIA

Stammholz von *C. amazonica* lieferte viel Apigenin [62].

CYNOMETRA (Abb. 19)

Die Gattung ist als Alkaloid-Produzent bekannt geworden (vgl. Bd. XIa, 279). Blätter von *C. ananta* lieferten die Imidazolalkaloide Anantin, Cynometrin und Cynodin [63], und aus Stammrinde von *C. lujae* wurden zusätzlich Noranantin, Isoanantin, Isocynometrin, Isocynodin, Hydroxyanantin und Cynolujin erhalten [64]. Samen von *C. hankei* enthielten nur Spuren von Alkaloiden, aber Rinde lieferte Cynometrin, Cynodin und ihre N-Demethylderivate; gleichzeitig untersuchte Rinde von *C. mannii* war alkaloidfrei [65]. Isoanantin und Anantin wurden synthetisiert [66, 67]. Nach einer Mitteilung von SORGDRAGER [68] enthalten Blätter von *Cynometra cauliflora* chrysophanolartige Anthrachinone, welche allerdings nicht isoliert, sondern nur durch Rotfärbung mit Alkali nachgewiesen wurden.

DANIELLIA (Abb. 18)

Gattung von etwa 10 balsamliefernden Bäumen von tropisch Afrika.

D. ogea: In Westafrika u. a. als OZIYA bekannter Baum, der bei Verwundung Balsam ausscheidet (WEST AFRICAN COPAL). Auch das Holz dieser Art ist stark terpenoidhaltig; bei Extraktion mit Petrolether wurde annähernd 0,7% einer Oleoresina mit etwa 15% etherischem Öl (u. a. Caryophyllen + Humulen) und etwa 80% Harzfraktion, aus welcher Ozol, $C_{20}H_{32}O$, Ozsäure („ozic acid"), $C_{20}H_{30}O_2$, und Sitosterin gewonnen wurden, erhalten [69].

D. oliveri: Am intensivsten bearbeitetes balsamlieferndes Taxon der Gattung. Liefert aus Holz ein sogenanntes WOOD OIL; Exudate dieser Art sind als ILLURIN (oder Illorin)-BALSAM, als AFRIKANISCHER COPALIVABALSAM und nach Erhärten als

Kopal bekannt. Aus einem in Oubangi-Chari gewonnenen Exudat isolierten HAEUSER et al. [70] die leicht kristallisierende Daniellsäure (Formel IV, Bd. XIa, 311). Die gleichen Autoren [71] zeigten, daß die früher bereits durch TSCHIRCH und KETO isolierte Illurinsäure mit der jetzt strukturell geklärten Daniellsäure identisch ist, und führten recht zwingende Argumente für Beibehaltung des Namens Daniellsäure an. Zum gleichen Ergebnis kam 4 Jahre später MILLS [72]; er zeigte ferner, daß das als BUNGO oder AFRICAN FRANKINCENSE bekannte Exudat von *D. thurifera* Benn. stammt, und höchstens Spuren von Daniellsäure enthält. Ein von *D. oliveri* stammendes Kopalmuster enthielt als Hauptharzsäure die neue enantiolabdanoide Oliverinsäure; Daniellsäure war hier nicht nachweisbar [71 a].

DETARIUM (Abb. 18)

Mit etwa 3, z. T. polytypischen Species in tropisch Westafrika vertretene Gattung.

D. microcarpum: Die in Senegal als Diureticum und Antiphlogisticum verwendete Rinde lieferte bisher (+)-Catechin und sein 7-Gallat, (−)-Epicatechin und sein 3-Gallat [73], 2-Oxokolavensäure und zwei Tetranorditerpene, $C_{16}H_{24}O_3$ und $C_{16}H_{24}O_4$ (in beiden ist C-12 zur COOH-Gruppe oxidiert und $C_{13}-C_{16}$ fehlen) [74].

D. senegalense: Eine der ascorbinsäurereichen Früchte wegen geschätzte Art, von welcher aber zwei Chemodeme, eines mit genießbaren, und eines mit speziell für Kinder toxischen Früchten, welche durch Affen verschmäht werden, existieren [75]. PARIS und MOYSE-MIGNON [76] beschäftigten sich mit diesem Problem; sie beschrieben die süßen, eßbaren Früchte von *D. microcarpum*, die süß-sauren, eßbaren Früchte von *D. senegalense*, welche nach [75] bis 1,3% Vitamin-C enthalten, und die süß-sauren, später bitter schmeckenden Früchte von *D. heudelotianum* Baillon. Die Früchte der zwei letzterwähnten Sippen stellen die FRUITS COMMESTIBLES DE DETAH und die giftigen FRUITS DE FAUX DETAH dar. Bei der separaten Analyse von Perikarp, Testa und Samenkernen der aus O.A.F. erhaltenen toxischen Früchte (FAUX DETAH) und der gleichzeitig mitgelieferten Rinde registrierten die Autoren folgende Beobachtungen [76]:

Die einsamige Frucht besteht aus etwa 25 g Fruchtwand und 4 g Samen.

Das Perikarp enthält Spuren Alkaloide, aber keine cyanogenen Verbindungen; ein toxischer, schnell verharzender Bitterstoff (etwa 0,05%) wurde isoliert; Wein- und Citronensäure waren im stark sauren Perikarp nicht nachweisbar; Essig- und Gallussäure wurden nachgewiesen und etwa 2% einer neuen, stark sauer schmeckenden Säure (F 180−182°; $[\alpha]_D - 141°$ [H_2O, c = 1]), $C_8H_{12}O_6$, isoliert, und Detarsäure genannt.

Die Samenkerne enthielten 9% Lipide (Etherextrakt) und die Samenschale viel PA.

In der Rinde wurden Saponine und etwa 9,5% kondensierte Gerbstoffe nachgewiesen.

N.B. LOCK führt *D. heudelotianum* als Synonym von *D. senegalense* auf. Diese Auffassung wird offensichtlich auch in [75] vertreten. Die Frage bleibt demnach offen, ob *D. heudelotianum* nur ein Chemodem von *D. senegalense* oder eine eigene Art darstellt. Für Affen besteht diese Frage nicht; sie scheinen fehlerfrei die zwei Sippen zu unterscheiden.

EPERUA (Abb. 18)

Gattung von tropisch Amerika mit etwa 15 Arten (nach COWAN [77] 14, z. T. polytypische Species), von denen einige das im Handel u. a. als WALLABA bekannte Holz liefern [Ref. 3 sub *Mora* in *Caesalpinieae*]: SOFT WALLABA stammt von *E. falcata*, und ITURI WALLABA stammt in den Guyana's von *E. grandiflora* subsp. *guianensis*; andernorts werden auch Hölzer von *E. jenmanii* und *E. schomburgkiana* so bezeichnet. Die zur *ent*-Labdan-Reihe gehörende Diterpensäure Eperuasäure, $C_{20}H_{34}O_2$ (Formel III, S. 311 von Bd. XI a), wurde erstmalig aus dem Harzexudat von *E. falcata* von Britisch Guyana und aus dem Petroletherextrakt von deren Holz (WALLABA) isoliert [78]. Nach nicht publizierten Ergebnissen von JONES enthielt das Harz ebenfalls einen strukturell nicht geklärten Diterpenalkohol. Da keine weiteren Harzmuster erhältlich waren, wurden später verschiedene Holzmuster untersucht und dabei wechselnde Zusammensetzung der Petroletherextrakte festgestellt [79]: Alle Muster lieferten Gemische von Eperuasäuren (Eperuasäure, Isoeperuasäure u. a.) und ihre Ester mit Oleylalkohol, sowie freien Oleylalkohol, $C_{18}H_{36}O$; dieser Alkohol und seine Ester wurden erstmalig aus Gefäßpflanzen isoliert.

E. bijuga (MUIRAPIRANGA TREE in Brasilien): Alkane, Friedelan-3α-ol und das Flavon Tricin aus Blättern isoliert [80].

E. grandiflora: Wichtiger Holzlieferant von Französisch Guyana; das Holz soll ziemlich resistent gegen Holzzerstörer sein. Die Analyse eines Harzmusters (Exudat oder Holzextrakt?) lieferte 77,5% saure (nicht untersucht) und 22,5% „neutrale" Anteile. In der „neutralen" Fraktion wurden 8 Alkane nachgewiesen, und 2 Diterpenester und 3 Diterpensäuren aus ihr isoliert. Alle Diterpene haben labdanoides oder *ent*-labdanoides Skelett und sind wie die Eperuasäure einfach ungesättigt (Δ8[17]) oder sind Diene mit Δ8(17) und Δ13(14). Abgesehen von den nicht geklärten sterischen Verhältnissen entsprechen die isolierten Diterpene der Eperuasäure, ihrem Methylester, einem Ester von Eperuasäure mit einem ihr entsprechenden Diterpenalkohol und der Copal- oder Copaiferasäure. Das Harz ist toxisch für Termiten und wirkt bakteriostatisch [81].

E. leucantha: Im Amazonasgebiet von Venezuela gesammelte Stammharze bestanden zu 94% aus sauren und zu 6% aus neutralen Diterpenen mit *normal*-labdanoidem Skelett: 8(17)-Labden-15-säure (*enantio*-Eperuasäure) **1**, *enantio*-Copalsäure (= Anticopalsäure = Copaiferasäure) **2**, Cativasäure (Formel I, Bd. XI a, 311), die **1** und **2** entsprechenden Alkohole (15-COOH durch 15-CH$_2$OH ersetzt) und Ester von **1** mit dem entsprechenden Alkohol [82]. Getrocknete Früchte lieferten 1,3% Petroletherextrakt mit etwa 66% Harzsäuren [83]: (−)-7β-Hydroxycleroda-8(17),13-dien-15-säure und 3 weitere *trans*-clerodanoide Diterpene, 2-Oxokolavensäure und zwei bereits aus der Composite *Grangea* *maderaspatana* bekannte Diterpenoide [84], Norhardwickiasäure, ein Trisnorditerpen, $C_{17}H_{26}O_4$, und 16-Oxo-15,16H-hardwickiasäure mit Butenolidgruppe, $C_{20}H_{28}O_4$. Diese Art bildet demnach im Holz vorzüglich labdanoide und im Perikarp überwiegend *trans*-clerodanoide Diterpene.

E. purpurea: Wächst ebenfalls im Amazonasgebiet von Venezuela und wird dort YEVARO genannt. Das harzreiche, gegen Insekten resistente Holz liefert optisch inaktive Diterpene: Labdadien-15-säure, Labden-15-säure und die entsprechenden 15-Alkohole und ein Ester der Labdensäure mit dem Labdenol [85, 86]. Ein Begleitditerpen in der neutralen Fraktion des Holzharzes wurde später isoliert [87], Eperuol genannt, und als 13α-Methyl-13β-hydroxypodocarp-7-en charakterisiert. Auch das Perikarp dieser Art produziert viel Diterpenharz; aus diesem wurden labdanoide und *cis*- und *trans*-clerodanoide Diterpensäuren isoliert [88, 89]. Auffällig ist das Auftreten von Razematen von Diterpensäuren im Holzharz dieser Art.

GILLETIODENDRON

Tropisch-westafrikanische Gattung mit ungefähr 5 Arten.

G. glandulosum: Die endospermlosen Samen sind stärkefrei, enthalten etwa 8% Rohzellulose, 3% Lipide, 15% Rohprotein, 2% Asche und 73% Reservezellulosen, welche bei der Hydrolyse nur etwa 8,5% Uronsäuren und 91,5% neutrale Zucker (Gal, Glc, Ara, Xyl im Verhältnis 1:3:1:4) liefern; das fette Öl enthielt 4,5% Unverseifbares und 15% 16:0, 4% 18:0, 12% 20:0–24:0, 18% 18:1 und 51% 18:2 [90]. Bei den „Reservezellulosen" dürfte es sich um etwas Pektine und Hemicellulosen, zur Hauptsache aber um Amyloide (Galaktoxyloglucane) gehandelt haben. Die Aminosäure-Zusammensetzung des Samenproteins wurde ermittelt.

GONIORRHACHIS (Abb. 21)

Monotypische brasilianische Gattung.

G. marginata: Strauch oder Baum, der u. a. unter dem Namen GUARABÚ bekannt ist. Aus Kernholz wurden zwei peltogynoide Flavanone Guarabin und Isoguarabin und ein peltogynoides Chalkon, Gonioron, isoliert [91]. Bei der Strukturrevision dieser drei peltogynoiden Kernholzkomponenten wurden diese Namen nicht mehr verwendet [92]; es wurden jetzt (aus 4,6 kg Holz) erhalten und strukturell geklärt (vgl. auch Bd. XIa, 222):

400 mg Verbindung Vb (entspricht früherem Isoguarabin)
100 mg Verbindung Ve (entspricht früherem Guarabin)
500 mg Verbindung Vg
300 mg Verbindung VIc (entspricht früherem Gonioron)

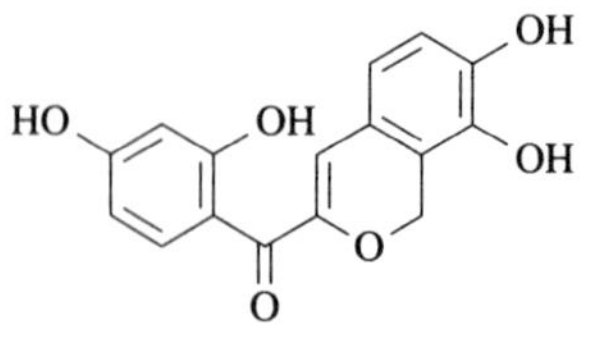

Abb. 21. Einige Peltogynoide und verwandte Körper aus Holz von *Goniorrhachis marginata* und *Peltogyne*-Arten (vgl. auch Abb. 25)

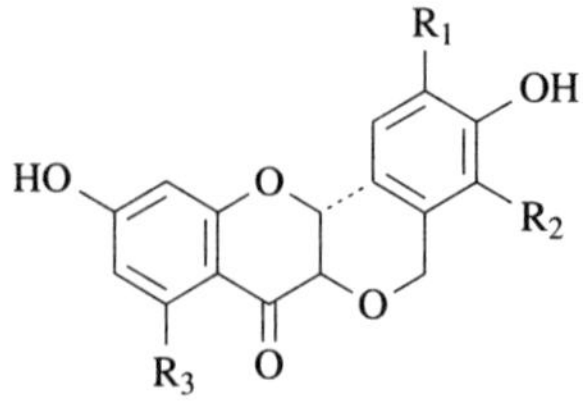

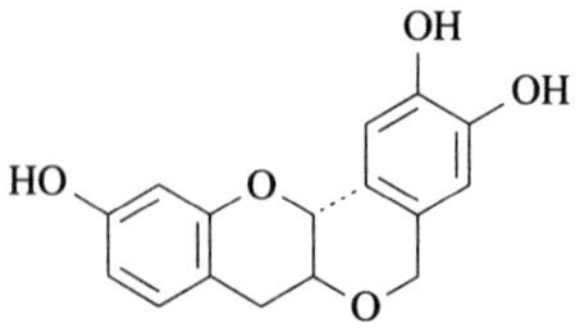

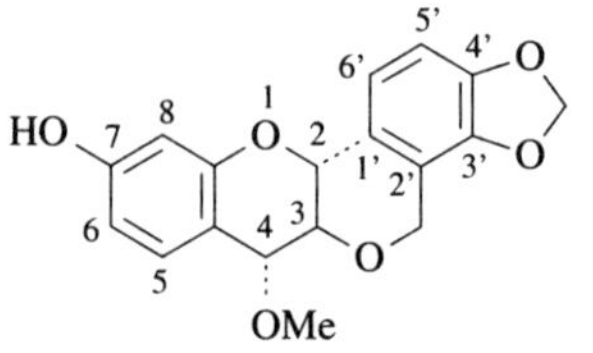

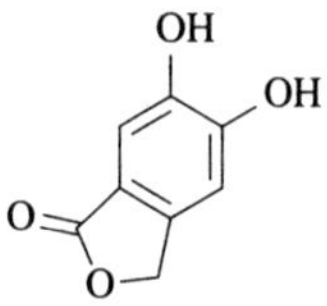

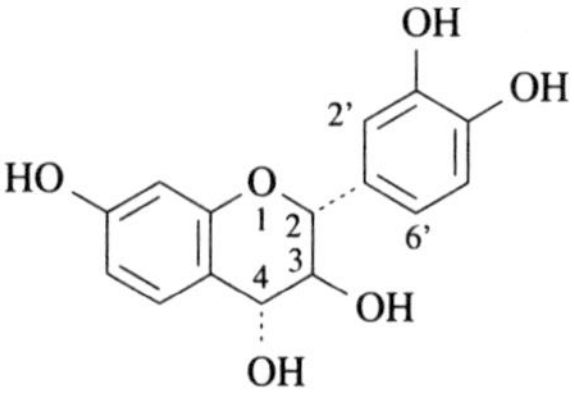

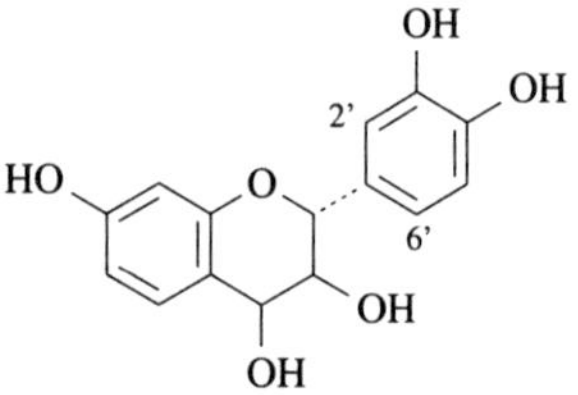

I = Peltogynoides Chalkon VIc, $C_{16}H_{12}O_6$ • II = Peltogynoide Dihydroflavonole (= Flavanonole) Vb, Ve und Vg, $C_{17}H_{14}O_7$, $C_{17}H_{14}O_7$, $C_{16}H_{12}O_6$ mit R_1 = OH, R_2 = H, R_3 = OMe, R_1 = H, R_2 = OH, R_3 = OMe und R_1 = OH, R_2 = R_3 = H • III = Peltogynoides Catechin, Pubeschin, $C_{16}H_{14}O_5$ • IV = Mopanol-Derivat, $C_{18}H_{16}O_6$, aus *Peltogyne confertiflora* • V = Dihydroxyphthalid, $C_8H_6O_4$ • VI = 2,3-*trans*,3,4-*trans*-Leucofisetinidin, in casu (+)-Mollisacacidin (= Gleditsin) • VII = 2,3-*trans*,3,4-*cis*-Leucofisetinidin

III und V: Aus Holz von *Peltogyne pubescens* und *venosa* [126]

VI: Vgl. zu den Leucofisetinidin-Isomeren bei *Guibourtia coleosperma*

VI und VII: Wurden aus Holz an der Grenze von Splint- und Kernholz von *Peltogyne floribunda* und *pubescens* (enthalten beide auch Mopanole und Peltogynole) isoliert [39].

N.B. Bei peltogynoiden Verbindungen Flavonoid-Numerierung verwendet (vgl. IV). Die 3-Methylether von VI und VII kommen als Vorstufen der Peltogynole (3-O-Me → 6') und Mopanole (3-O-CH$_3$ → 2') in Frage: Vgl. Abb. 25.

GOSSWEILERODENDRON (Abb. 18)

Gattung mit zwei Arten in tropisch Westafrika.

G. balsamiferum: Liefert Nutzholz, das unter dem Namen AGBA bekannt ist. Das harzhaltige Holz lieferte (−)-Hardwickiasäure, Kolavasäure-15-monomethylester, die Alkohole Agbaninol und Agbanindiol-A und -B; es handelt sich bei den fünf Diterpenen um Clerodane, welche als methylmigrierte *ent*-Labdanoide aufgefaßt werden können [93]. Die Autoren weisen in einer chemotaxonomischen Diskussion auf die Ähnlichkeit der *ent*-labdanoiden Diterpene der Gattungen *Cynometra, Daniellia, Eperua, Hymenaea* und *Trachylobium* hin, und betonen die Ähnlichkeit von *Gossweilerodendron* und *Oxystigma*.

GUIBOURTIA (Abb. 20 und 22)

Genus mit gegen 20 Arten, von denen die meisten in tropisch Afrika und 3–4 Arten in Lateinamerika zu Hause sind. Afrikanische Arten sind u. a. als Gerbstoff-, Kopal- und Holzlieferanten wichtig. Die u. a. als BUBINGA bekannten Hölzer von *G. demeusei* und *tessmannii* haben allergene Eigenschaften; eine der allergenen Komponenten ist 2,6-Dimethoxy-1,4-benzochinon (HAUSEN 1981, l.c. Bd. XI a, 55). Die Hölzer von *G. coleosperma, demeusei* und *tessmannii* enthalten viel kondensierte Gerbstoffe mit Leucofisetinidinen und Leucoguibourtinidinen (u. a. Guibourtacacidin) als Bausteinen (vgl. Abb. 20). Bei Säurebehandlung liefern sie die Anthocyanidine Fisetinidinchlorid (blaßrot) und Guibourtinidinchlorid (gelb) [94, 95]. Alle drei enthalten verschiedene Stereoisomere dieser zwei Leucoanthocyanidine in vergleichbaren relativen Mengen, z. B. Leucofisetinidine 2,3-*cis*,3,4-*cis* < 2,3-*trans*,3,4-*cis* < 2,3-*cis*,3,4-*trans*, i.e. Spur− 2 : 3−4 : 5−6[96]. Im Holz von *G. arnoldiana* konnte als Monomer nur (+)-Catechin nachgewiesen werden [95]. Vgl. zu Caesalpinioideen-Holzgerbstoffen auch Bd. XI a, 244−245, und bei *Colophospermum* und *G. coleosperma*.

G. carrissoana: Liefert in Angola rezenten und fossilen Kopal. Eine vergleichende Untersuchung von rezentem Kopal von Bäumen in der Umgebung von Luanda und fossilem Kopal, welcher nördlich von Luanda in der Gegend des Dande-Flusses gesammelt worden war, wurde publiziert [97]. Im frischen Harz wurden niedrigmolekulare und im fossilen Kopal polymerisierte Harzsäuren nachgewiesen.

G. coleosperma (RHODESIAN COPALWOOD, RHODESIAN MAHOGHANY, BASTARD MOPANE), ein Baum arider Gegenden im Süden Afrikas, liefert ein geschätztes, gerbstoffhaltiges Holz und wertvolle Samen. Der rote, ölhaltige Arillus der Samen gilt als bekömmliche Nahrung; er wird roh verzehrt. Die Samen selber werden in Vorrat gehalten, vor Gebrauch geröstet und anschließend zerkleinert (PALMER-PITMAN, l.c. Bd. XI a, 70). Die Holzgerbstoffe wurden intensiv bearbeitet [94–96, 98]. Bereits 1964 [98] wurden aus Holz drei neue geometrische Isomere der zwei bereits bekannten Enantiomeren von 2,3-*trans*,3,4-*trans*-Leucofisetinidin, i.e. (+)-Mollisacacidin (= Gleditsin) aus *Acacia mearnsii* und *Gleditsia japonica* und [−]-Leucofisetinidin aus Kernholz von Anacardiaceen, isoliert; es kamen dazu 2,3-*cis*,3,4-*cis*-Leucofisetinidin, 2,3-*cis*,3,4-*trans*-Leucofisetinidin und 2,3-*trans*,3,4-*cis*-Leucofisetinidin; somit waren damals bereits alle vier möglichen geometrischen Isomeren und 5 der 8 möglichen Enantiomeren des 7,3′,4′-Trihydroxyflavan-3,4-diols aus der Natur bekannt geworden. Die entsprechenden Isomeren

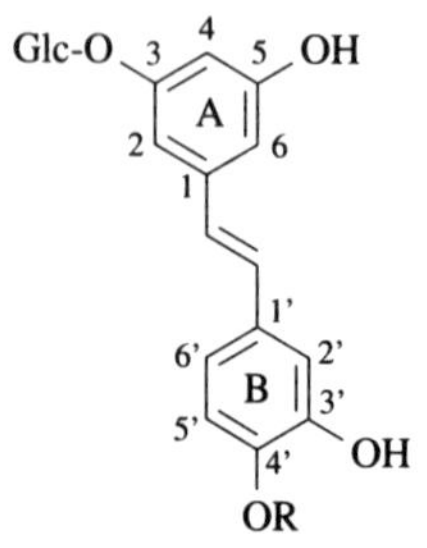

Abb. 22. Stilbene von Rinde, Splintholz und Kernholz von *Guibourtia coleosperma* [101]

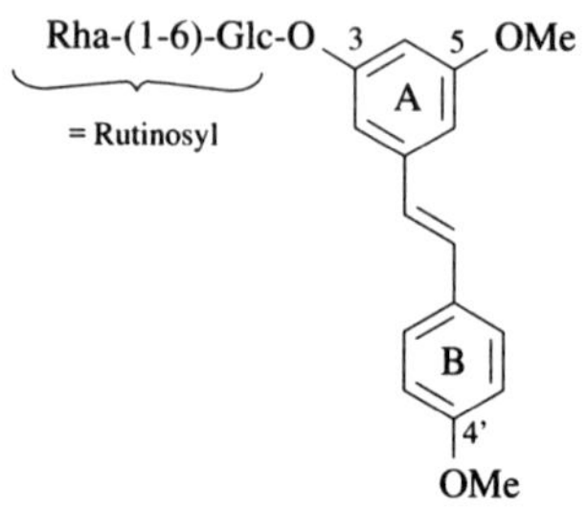

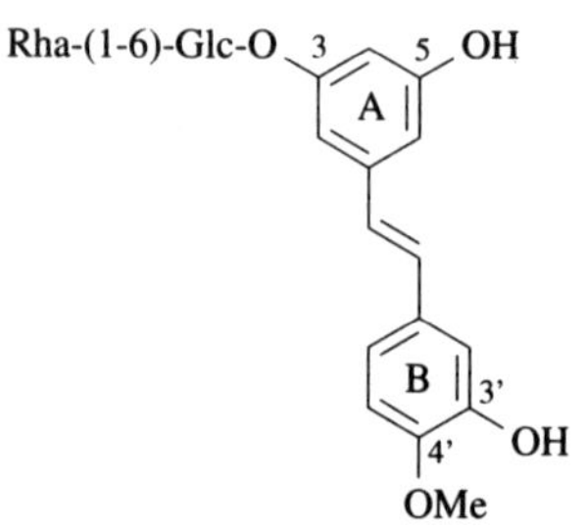

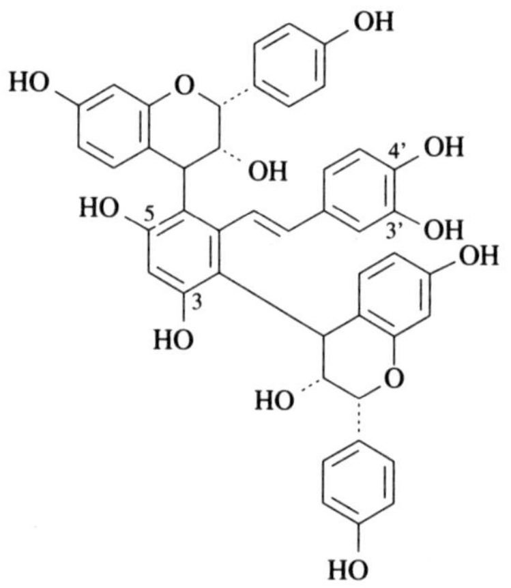

I = Rhaponticin (= Rhapontin; R = Me) und Astringin (R = H; vgl. Bd. XIa, 351) aus Rinde und Splintholz ● II = 5,4'-Dimethoxy-3-rhamnoglucosyloxystilben aus Splintholz ● III = 5,3'-Dihydroxy-4'-methoxy-3-rhamnoglucosyloxystilben aus Kernholz (enthielt auch etwas Rhaponticin) ● IV = Trimeres Proguibourtinidin mit einem 3,5,3',4'-Tetrahydroxystilbenbaustein aus Kernholz [99, 100]

N.B. Die Stilbene werden oft auch anders numeriert, z. B. Rhapontigenin (= Aglucon von I) wird auch als 3,3',5'-Trihydroxy-4-methoxystilben bezeichnet. In Bd. XIa, 350, 351, wurden beide Numerierungstypen verwendet. Wenn Flavonoidverwandtschaft betont werden soll, sollte man Tri-, Tetra- und Pentahydroxystilbene mit Resorcinol-Substitution (entspricht dem A-Ring der Flavonoide) als 3,5,4'-Trihydroxy-, 3,5,3',4'-Tetrahydroxy- und 3,5,3',4',5'-Pentahydroxystilbene bezeichnen (vgl. I–III).

von Leucoguibourtinidin (7,4'-Dihydroxyflavan-3,4-diol) kommen in Kernholz ebenfalls vor [99]; das Splintholz lieferte 3,5,3',4'-Tetrahydroxystilben und sein 3-Glucosid [99]; gleichzeitig konnten aus Kernholz die ersten stilbenhaltigen dimeren und trimeren Proanthocyanidine isoliert werden [99, 100]; vgl. dazu auch Bd. VII, 300, 307. Die Stilbene von Rinde, Splintholz und Kernholz wurden genau untersucht [101]; vgl. Abb. 22.

Hardwickia

Monotypische Gattung in ariden Gebieten von Indien [1].

H. binata: Liefert hartes, dauerhaftes Holz (ANJAN-Holz). Aus Kernholz wurden Sitosterin, Taxifolin, Eriodictyol, (+)-Catechin, (+)-Epicatechin (*ent*-Epicatechin) und (+)-Mopanol isoliert [102]. Für Verwendung vide Wealth of India, Vol. V (1959), pp. 6–8.

Hymenaea (vide auch *Trachylobium* und Abb. 24)

Über chemisch-ökologische Arbeiten mit Vertretern dieser Gattung wurde bereits in der Einleitung berichtet [10–27]; diese Publikationen behandeln Chemismus und ökologische Bedeutung der etherischen Öle und Harze von vielen *H.* (und *Copaifera*)-Taxa; vgl. dazu auch [110, 111, 114].

H. courbaril: Aus Stamm und Blatt wurden Astilbin und Sitosterin isoliert [103]. Harzsäuren des Stammbalsams (in Brasilien u.a. als JUTAICICA-HARZ bekannt) sind labdanoide Diterpene, z.B. die *ent*-labdanoide Copalsäure [104]. Eine der Hauptharzsäuren des Stammharzes hat das *normal*-labdanoide Skelett: Labd-13-en-8-ol-15-säure [105]. Aus Rinde wurden drei Harzsäuren der *ent*-Reihe isoliert [106]. Interessant ist die genaue Analyse des Balsams der Früchte von auf Guadeloupe wachsenden Bäumen [107]. Dieser Balsam enthielt etwa 10% etherisches Öl mit 17% Cyclosativen, 14% Caryophyllen, 14% Himachalen, 6% α-Muurolen, 6% Selinadien (4[14], 7[11]), 5% δ-Cadinen, 1,6% Humulen, 1% β-Bourbonen, 0,4% Calaren, 0,3% Selinadien (4[14], 7) und 11 nicht identifizierten Komponenten. Die nach Methylierung untersuchte Harzfraktion lieferte 37% Harzsäuremethylester, welche alle *ent*-labdanoides Skelett (ein Doppelbindungsisomer der Communsäure und drei Δ1[10] *ent*-Labdanoide mit von C-10 nach C-9 migrierter Methylgruppe) besitzen. Wie andere *Hymenaea*-Frucht-Harzsäuren besitzen demnach auch die sauren Diterpene von *H. courbaril* labdanoide Struktur [107]; das etherische Öl des Fruchtbalsams von *H. courbaril* fällt durch einen beträchtlichen Gehalt an α-Himachalen auf [107]. Da das Fruchtharz von *Trachylobium verrucosum* (vide dort) vorwiegend aus tetra- und pentazyklischen Diterpenen besteht, spricht der Chemismus der Fruchtbalsame nicht zugunsten von Inkorporation von *Trachylobium* in *Hymenaea*. Als Sesquiterpenkohlenwasserstoffe des Stammharzes werden in der Literatur auch Bisabolene angegeben [108].

H. courbaril var. *courbaril* (= *H. resinifera* Salisb. = *H. animifera* Stokes = *H. candolleana*) findet in Panama zur Behandlung von Mundgeschwüren (Kauen der Früchte) und als Antidiabeticum (Infus aus Blättern oder Rinde) Verwendung [109]. Kapuzineraffen scheinen in Costa Rica ihren Pelz mit wäßrigen Balsamsuspensionen, welche sie aus Astgabeln und -höhlen sammeln, einzureiben und damit Ectoparasiten und stechende Insekten abzuwehren [110]. Nach [111] gewährt der Fruchtbalsam von *H. courbaril* Schutz gegen Samenpredatoren.

H. martiana (= *H. sellowiana*): Aus Rinde wurden Sitosterin, das Chromon Eucryphin und die Flavanonol-3-rhamnoside Astilbin und Engelitin isoliert [112].

H. oblongifolia: Aus einem Holzmuster (durch Schimmelpilze infiziert) wurden Fettsäuren, Fettsäureester, Phytosterine und 4 mg/kg 6-Formyl-7-hydroxy-5-methoxy-4-methylphthalid isoliert [113]. Das Stammharz [12] enthält als Hauptharzsäuren Enantiopinifolsäure (*ent*-Labd-8[17]-en-15,18-disäure) und Guamasäure (*ent*-Labda-8[17],13-dien-15,18-disäure); in [12] wird eine heute verlassene Diterpennumerierung verwendet.

H. parvifolia bildet ein Stammharz mit Enantio-13-epilabdanolsäure als Hauptharzsäure [12].

H. stigonocarpa: Populationsanalysen [114] mit *H. stigonocarpa* (86 Bäume) und *Copaifera langsdorffii* (206 Bäume) zur Ermittlung von eventuellen Beziehungen zwischen Blattverlusten durch Raupenfraß und Menge und Zusammensetzung der Blattöle lieferten nur einen eindeutigen Hinweis für derartige Beziehungen: Hohe Caryophyllengehalte sind mit geringen Blattverlusten korreliert (vgl. auch [16, 20, 25]). Beide Taxa bilden Öle mit den gleichen zehn $C_{15}H_{24}$: α-Cubeben, α-Copaen, Cyperen, β-Copaen, Caryophyllen, Humulen, γ-Muurolen, α- + β-Selinen, γ-Cadinen und α-Cadinen. Im Mittel bildet *H. stigonocarpa* Öle mit mehr Caryophyllen und γ-Muurolen und weniger Selinenen als *C. langsdorffii*. Die quantitative Zusammensetzung der Blattöle variierte bei beiden Taxa innerhalb und zwischen den Populationen beträchtlich.

Zum Schluß sei noch kurz auf die bei den etherischen Blattölen durch LANGENHEIM und Mitarbeiter unterschiedenen Öltypen I–III [13, 15, 20, 22], IV [22] und V und VI [20] eingegangen. Sie enthalten alle 8–12 isomere Sesquiterpenkohlenwasserstoffe, $C_{15}H_{24}$. I–III wurden in Ref. [13] definiert. Typus IV, welcher bei *H. courbaril* var. *stilbocarpa* p.p. und *H. parvifolia* p.p. beobachtet wurde [22], ist durch viel Selinene, wenig Caryophyllen, 20–30% δ-Cadinen und 10–20% β-Copaen charakterisiert [20, 22]. Über die Verbreitung der vorläufig nur in der Diskussion in [20] angedeuteten Typen V (40–60% nicht-identifizierte Verbindung, je 10–15% Caryophyllen und Selinene) und VI (mit viel Selinenen, wenig Caryophyllen und je etwa 10–20% α-Copaen und Cyperen) bei den Detarieen ist vorläufig nichts bekannt. Die Blattöltypen I–III sind in den Gattungen *Hymenaea* (inkl. *Trachylobium*) und *Copaifera* häufig bis sehr häufig [15, 22, 55, 114]. Die charakteristischen *Hymenaea*-Sesquiterpenkohlenwasserstoffe wurden in Abb. 22a illustriert. Das ökologisch bedeutungsvolle Caryophyllenoxid [27] (vide Formel IIa von Abb. 23) ist in gewissen *Copaifera*-Blattölen in größeren Mengen vorhanden [58–60] und Hauptkomponente der Sesquiterpenfraktion des Fruchtbalsams von *Trachylobium verrucosum* [140, 141]. Ferner entsteht es in caryophyllenreichen Ölen durch Oxidation von Caryophyllen während der Lagerung. Möglicherweise tritt Caryophyllenoxid-Bildung auch in der Natur nach Verwundung von Blättern auf.

INTSIA

Mit *Afzelia* verwandte Gattung von tropisch Asien und Inseln und Küsten des Indischen und Pazifischen Ozeans mit wenigen polytypischen Arten.

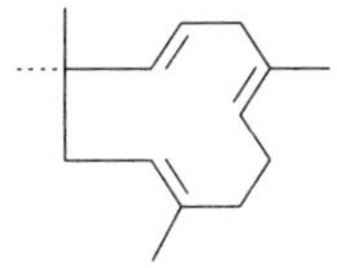

Abb. 22a. Charakteristische Sesquiterpen-Kohlenwasserstoffe, $C_{15}H_{24}$, von *Copaifera*-, *Hymenaea*- und *Trachylobium*-Taxa (hauptsächlich in Blattölen beobachtet)

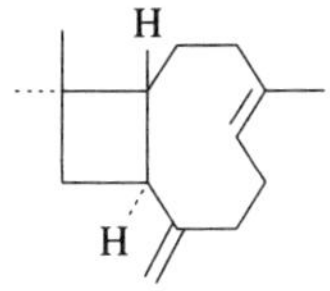

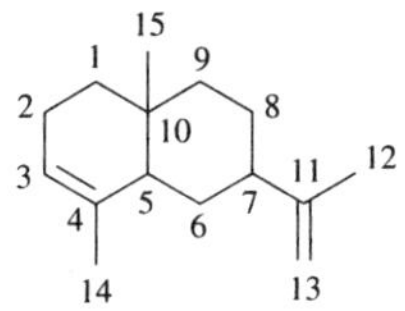

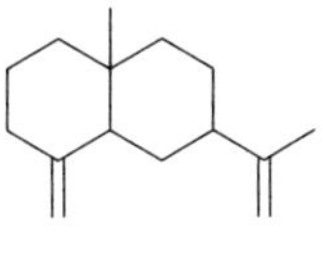

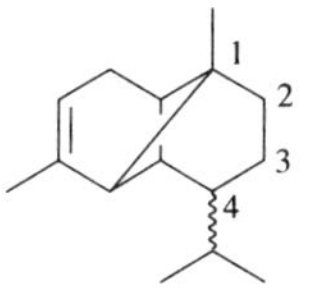

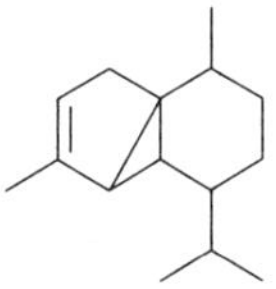

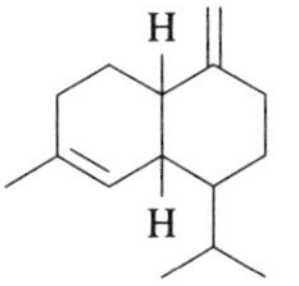

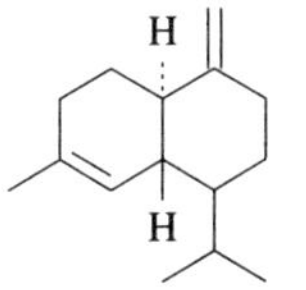

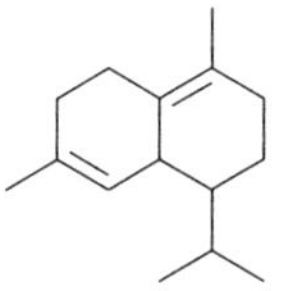

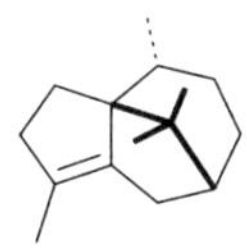

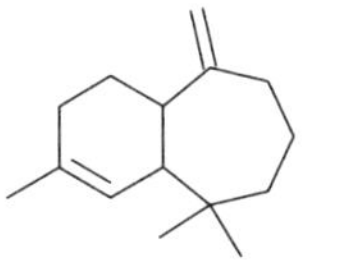

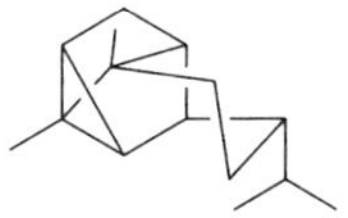

I = Humulen ● II = Caryophyllen (Caryophyllenoxid vide Abb. 23) ● III = α-Selinen ● IV = β-Selinen ● V = Copaen ● VI = α-Cubeben ● VII = γ-Muurolen ● VIII = γ-Cadinen ● IX = δ-Cadinen ● X = Cyperen ● XI = α-Himachalen ● XII = Cyclosativen

N.B.:
Ylangen ist das 4-Epimer von Copaen.
α-Himachalen aus Fruchtbalsam von *Hymenaea courbaril* [107].

Das mit Copacamphen nächst verwandte Cyclosativen ist ebenfalls Hauptkomponente der Sesquiterpen-Fraktion des Fruchtbalsams von *Hymenaea courbaril* [107]; dieses tetracyclische Sesquiterpen wurde erstmalig aus Rindenbalsam von *Abies magnifica* isoliert, und dürfte biogenetisch den Himachalenen nahestehen [146].

In *Copaifera*- und *Hymenaea*-Blattölen wurden XI und XII bisher nicht mit Sicherheit nachgewiesen. Ferner ist zu beachten, daß die in [107] für Fruchtbalsam-Öl von *Hymenaea courbaril* beschriebenen zwei Selinadiene nicht α- und β-Selinen, sondern Doppelbindungsisomere sind, nämlich 16% Δ4(14),7(11) und 0,3% Δ4(14),7.

V–IX = Cadalan-Derivate
III und IV = Eudesman-Derivate
X = Guaian-Derivat

Intsia bijuga (= *Afzelia bijuga*): Aus Rinde 0,37% β-Amyrin und ein Gemisch von Fettsäuren („Cerotinsäure") isoliert [115]. Der Baum liefert in Nordqueensland und Neuguinea Nutzholz. Aus Holz wurden 0,40% Robinetin und 0,57% Myricetin isoliert, aber keine Catechine beobachtet [116]. Diese Autoren vermuten, daß Fehlen von Catechinen im Holz die Gattung *Intsia* von dem nächstverwandten Genus *Afzelia* unterscheidet; sie konnten in Holz von *Afzelia africana*, *bipindensis* und *pachyloba* ebenfalls Flavonole (viel K bei *A. bipindensis*), aber gleichzeitig auch beträchtliche Mengen von Catechinen nachweisen [116]. Ein Holzmuster von Neuguinea lieferte viel Robinetin und als weitere Phenole Dihydromyricetin (= Ampelopsin), Myricetin, Naringenin und zwei Stilbene, Resveratrol und 3,5,3',4'-Tetrahydroxystilben [117]. Die gleichen Autoren [117] führten ebenfalls vergleichende chromatographische Untersuchungen mit 12 Holzmustern (2 Papua Neuguinea, 1 West Irian, 5 Fiji, 1 Neukaledonien, 1 Queensland, 2 Madagaskar) aus; dabei wurde große Ähnlichkeit der Holzphenolspektren beobachtet; nur die zwei Muster von Madagaskar fielen durch Fehlen der zwei Stilbene auf.

I. palembanica: Hat Holz mit viel Robinetin und wenig Myricetin und wenig Tetrahydroxystilben; im übrigen weichen die Chromatogramme der Holzbestandteile stark von denen von *I. bijuga* ab [117].

KINGIODENDRON (Abb. 18)

Gattung mit 4 Arten von Indien, Malesia und einigen Pazifik-Inseln. *Kingiodendron*-Arten haben Exkrethöhlen in Blättern („pellucid-dotted leaves") und produzieren beim Fällen reichlich Exudat [1].

K. pinnatum (Roxb.) Harms (= *Hardwickia pinnata* Roxb.): Bis 30 m hoher Baum, der einen rotbraunen Balsam liefert, welcher geruchlich und geschmacklich an Copaibabalsam erinnert. Der Balsam wird durch Anbohren gesunder Bäume bis ins Mark gewonnen, wobei pro Baum bis gegen 50 l Balsam erhalten werden; der frische Balsam enthält bis zu 80% etherisches Öl mit $C_{15}H_x$ (Wealth of India, Vol. V [1959], 319–320). Unter dem Namen HARDWICKIA PINNATA publizierten indische Autoren (Arbeitsgruppe SUKH DEV) sehr ausführliche Arbeiten über die wasserdampfflüchtigen Komponenten und die Diterpene des Balsams dieses durch die Tamilen KOLAVU genannten Baumes [118, 119].

LEONARDOXA

Gattung mit 3 Arten in tropisch Westafrika.

L. africana: Ist ein obligater Myrmecophyt. Die Ameisen leben in hohlen Stengelinternodien und ernähren sich u.a. vom Nektar der extrafloralen Nektarien, welche bei diesem Taxon auf der abaxialen Seite an der Basis der Folioli ins Mesophyll eingebettet sind. Bei Leguminosen kommen extraflorale Nektarien häufig vor; diejenigen von *Leonardoxa* weichen aber im Bau von allen bisher beschriebenen extrafloralen Nektarpräsentationen in mancher Hinsicht ab [120].

Oxystigma (Abb. 18)

Genus mit 5 oder mehr Species in tropisch Afrika.

O. mannii: Diese Art wurde durch TSCHIRCH als möglicher Lieferant des afrikanischen Illurinbalsams betrachtet; aus diesem Balsam isolierte er zusammen mit KETO die Illurinsäure. Die letztere wurde später mit der Daniellsäure aus *Daniellia oliveri* identifiziert [71]. Vorläufig wurde noch kein Harzbalsam, der von eindeutig identifizierter *O. mannii* stammte, untersucht [71].

O. oxyphyllum: Aus Holz wurden zwei *ent*-labdanoide Säuren, Eperuasäure (Formel III auf S. 311 von Bd. XIa) und 13,14-Dehydroeperuasäure (= Copalsäure) isoliert [121]. Bei genauer Untersuchung von frischem Holz wurden 4 Enantiolabdanditerpene, Eperuasäure, ihr Δ7(statt Δ8[17])-Isomer, sowie wenig Copalsäure und ihr Δ7-Isomer, und Labda-8(17),13-dien-15-säure (Anticopalsäure) isoliert. Auffällig war die Tatsache, daß die Anticopalsäure (*normal*-Reihe) von Copalsäure (*enantio*-Reihe) begleitet wird. Wie andere Detarieen produziert also auch *O. oxypyllum* Labdane und Enantiolabdane [122].

Peltogyne (Abb. 21 und 25)

Gattung mit etwa 25 Arten in Lateinamerika. Charakteristisch für die Gattung sind Hölzer mit peltogynoiden Verbindungen, deren Prototypus das 1935 isolierte Peltogynol [123] ist; es wird von Peltogynol-B begleitet [124]; die Strukturen dieser zwei Leucoanthocyanidine aus Holz von *P. floribunda* Benth. (= *P. porphyrocardia* Griseb.) und *P. pubescens* Benth. (= *P. paniculata* subsp. *pubescens* Freitas da Silva) wurden definitiv geklärt [125]. Eine Neuuntersuchung mit botanisch gut dokumentierten Holzmustern aus Französisch-Guyana ergab, daß *P. floribunda*, *pubescens* und *venosa* Benth. im Kernholz Peltogynol-A und -B und Mopanol-A und -B enthalten, und daß *pubescens*-Holz sich durch einen höheren Anteil (50–60%) an Mopanolen von den zwei andern Hölzern unterscheidet; ein Muster des Handelsholzes „Purple Heart" verhielt sich wie *P. floribunda* und *venosa* (10–20% Mopanole); die Holzmuster von *P. floribunda* und *pubescens* enthielten an der Peripherie etwas Splintholz; die peripheren Anteile dieser Hölzer enthielten beide zwei Leucofisetinidine (2,3-*trans*, 3,4-*trans* und 2,3-*trans*, 3,4-*cis*), welche stereochemisch den Peltogynolen und Mopanolen entsprachen [39]. Eine Extraktion von größeren Holzmustern (1,94 kg von beiden Taxa) von *P. pubescens* und *P. venosa* aus Französisch Guyana lieferte für beide Muster viel Peltogynole und Mopanole und geringe Mengen eines Phthalids (nach Methylierung als Dimethylether = Meconin isoliert) und von zwei isomeren Flavanonolen (Fustin-3-methylether), zwei Flavanonen (Liquiritigenin, Butin), einem α-Hydroxytetrahydroxychalkon und des ersten peltogynoiden Catechins, welches Pubeschin genannt wurde [126]. Die Extraktion von Rinde und Kernholz von drei brasilianischen Arten zeitigte folgende Resultate [127]:

P. catingae Ducke aus dem Amazonasgebiet lieferte aus Kernholz Mopanol und Peltogynol.

P. confertiflora Benth. aus dem Staat Esperito Santo enthielt in der Rinde ein Cumaringlykosid mit Fraxetin als Aglykon, im Splintholz ein neues Mopanolderivat (Formel IV, Abb. 21) und im Kernholz Mopanol und Peltogynol.
P. paniculata Benth. aus dem Amazonasgebiet enthielt im Kernholz 7-O-Methylpeltogynol, $C_{17}H_{16}O_6$.
P. recifensis Ducke aus Nordbrasilien bildet im Holz ebenfalls Peltogynol und Peltogynol-B und Mopanol und Mopanol-B [128].

PRIORIA

Monotypische Gattung von Panama, Nicaragua, Costa Rica, Jamaica und Kolumbien. *P. copaifera* Griseb. liefert den sogenannten CATIVOBALSAM oder das auch als CATIVO bekannte Exudat. Nach KALMAN [129] enthält Cativobalsam weniger als 2% etherisches Öl, und besteht zur Hauptsache aus Cativinsäure, $C_{20}H_{34}O_2$ (Formel I, S. 311 von Bd. XI a), und aus ihrem Ester mit Cativylalkohol, $C_{20}H_{36}O$ [129]. Cativobalsam verschiedener Herkunft und in verschiedenen Jahreszeiten gewonnen variierte wenig in der Zusammensetzung [129].

SARACA

Asiatische Gattung (Indien bis China; im Süden bis Celebes reichend) mit annähernd acht nächstverwandten, oft miteinander verwechselten Arten. SANJAPPA, l.c. Bd. XI a, 436, gibt für Indien *S. asoca* (Roxb.) de Wilde (= *Jonesia asoca* Roxb.), *S. declinata* (Jacq.) Miq., *S. indica* L. (kultiviert) und *thaipingensis* (kultiviert) an. D. M. A. JAYAWEERA (l.c. Bd. VII, 94: Part 3 [1981], 236–237) nennt das Taxon von Ceylon *S. indica* L. und gibt *Jonesia asoka* Roxb., *S. minor* Miq. und *S. zollingeriana* Miq. als Synonyme an. In Ref. [4] auf S. 47 werden für Indochina *S. declinata* (= *S. zollingeriana* u.a.), *S. schmidiana* J. E. Vidal, *S. indica* L. (= *S. minor* = *Jonesia asoca* auct. non Roxb. u. a., worunter auch *S. indica* var. *zollingeriana* [Miq.] Gagnep.) und *S. dives* Pierre aufgeführt. Diese wenigen Beispiele dürften deutlich zeigen, daß die einzelnen Sippen unscharf getrennt sind, und oft miteinander verwechselt werden. Als erschwerender Faktor kommt dazu, daß ASOKA-RINDE ein uraltes, berühmtes Heilmittel der AYURVEDA ist; die Rinde ist Hauptbestandteil der auf Ceylon als ASOKA ARISHTA bekannten Zubereitung, welche in erster Linie bei Frauenkrankheiten, speziell Menstruationsstörungen, und als Allgemeintonicum verwendet wird [130]. Asoka-Rinde wird in Indien und Ceylon im ayurvedischen Drogenhandel geführt; Untersuchungen in jüngster Zeit haben jedoch gezeigt, daß gegenwärtig kaum mehr echte Rinde erhältlich ist. In Sri Lanka besteht die Handelsdroge meistens aus Rinde von *Rhododendron arboreum* [130], und in Indien wurden Rinden von *Polyalthia longifolia* (*Annonaceae*), *Shorea robusta* (*Dipterocarpaceae*), *Trema orientalis* (*Ulmaceae*), sowie Rinde von zwei Caesalpinioideen, *Bauhinia variegata* und *Brownea ariza* (in Indien kultiviert), als häufige Verfälschungen oder Ersatzdrogen beobachtet [131]. Es dürfte deutlich sein, daß viele Angaben über Inhaltsstoffe von Asoka-Rinde kaum zutreffend sein können. Das gilt u. a. für den Abschnitt *Chemical constituents* in KAPOOR'S Handbuch der Heilpflanzen der Ayurveda (l.c. Bd. XI a, 60). Zuverlässig sind nur Ergebnisse mit genau geprüften Asoka-Rinden. Nach [130] kommen auf Sri Lanka sowohl *S. asoca* (kultiviert und wild) als *S. indica* (als Zier- und Cultusbaum kultiviert) vor. Vergleichende Chromatographie von Extrakten von Rinden beider Taxa ließ Identität ihrer Inhaltsstoffe vermuten [130]. Aus Rinde von *S. asoca* wurden (−)-Epicatechin, Procyanidin-B2 und ein neues dimeres Propelargonidin, welches 11′-Desoxyprocyanidin-B (Durchnumerierung im B-Ring: 9,10,11,12,13,14 statt 1′,2′,3′,4′,5′,6′; unterer Baustein = [−]-Epiafzelechin) genannt wurde, isoliert [132]. Aus einem aus Indien stammenden, anatomisch geprüften Muster von Asoka-Rinde konnte auch Bergenin isoliert werden; dieser Körper wurde nie in Asoka-Rinde von Ceylon beobachtet [130]. Auch das durch unkontrolliertes Abschreiben in der Literatur über Asoka-Rinde von Indien auftauchende Haematoxylin [133] konnte nicht bestätigt werden [130]. Richtiges *Saraca*-Material hatten vermutlich auch DUGGAL-MISRA [134] und LAKSHMI-CHAUHAN [135] in Händen.

Zur Zwistfrage *S. indica* – *S. asoca* (unabhängig davon, ob es sich tatsächlich um zwei Arten oder aber nur um infraspezifische Sippen handelt) wäre noch zu bemerken, daß beide Taxa in Indien, Ceylon und andernorts als Zierholzgewächse, als Medizinalpflanzen und als den Hindus heilige Bäume kultiviert werden. Dabei könnten im Laufe der Zeit cultivarähnliche Varianten entstanden sein, welche Pflanzenidentifikation erschweren. Als praktische Lösung für zukünftige Untersuchungen dieser berühmten Heilpflanze, von welcher Rinde, Blüten und in geringerem Maße Blätter, Früchte und Samen Verwendung finden (KRITIKAR-BASU-AN [1933] II, 882–884; Mooss [1978], Fasc. I, 156–159: l.c. Bd. I, 38; Bd. VII, 95), wäre folgendes anzuraten:

a) Selbstgesammelte Drogen verwenden, oder bei gekauften Drogen genaue pharmakographische Prüfungen ausführen. Ergebnisse dieser Prüfung dem Belegmuster, das in Drogen- oder Holzsammlungen deponiert werden sollte, beifügen.

b) Stammpflanze bis zur Sammelart, i.e. *Saraca indica* s.l. oder *Jonesia asoca* Roxb. s.l. (= *Saraca asoca* s.l.) durchführen; soweit wie möglich diejenigen morphologischen Merkmale genau beschreiben, welche in der taxonomischen Literatur zur Unterscheidung von Kleinarten verwendet werden, und diese Aufzeichnungen den Herbariumbelegexemplaren beifügen.

Saraca indica s.l. verdient es, um vielseitig und genau auf die ihr zugeschriebenen Heilwirkungen geprüft zu werden!

SCHOTIA

Gegen 5 Arten von Sträuchern oder Bäumen des südlichen Afrikas.
Sch. brachypetala: Die Kernholzstilbene wurden bereits in Bd. XI a, 352, erwähnt. Auffällig sind die ungeheuren Mengen von Pentahydroxystilben, welche im Holz abgelagert werden; der augenirritierende Stoff dieses Holzes dürfte das *trans-*

3,5,3',4',5'(= 3,4,5,3',5')-Pentahydroxystilben sein; dieser Körper ist sehr oxidationsempfindlich; er wird im Holz von wenig (+)-Catechin, (−)-Epicatechin, *cis*-Pentahydroxystilben und gegen 1% *trans*-3,5,3',4'-Tetrahydroxystilben begleitet [136].

In Südafrika heißt die Gattung BOERBOON (i.e. Bauernbohnen), wahrscheinlich weil Samen und Früchte eßbar sind. Die rötlichen bis intensiv roten Blüten der 4 einheimischen Arten *Sch. afra, brachypetala, capitata* und *latifolia* sind außerordentlich nektarreich und bieten Vögeln, Affen und vielen Insekten reiche Nahrung. „A boerboon, covered with red blossom and green Malachite Sunbirds, is one of the most beautiful sights the Karoo has to offer" (PALMER-PITMAN, l.c. Bd. XI a, 70).

SCORODOPHLOEUS

Gattung mit je einer Art in den Tropen von West- und Ostafrika.

S. zenkeri: Liefert die in Kamerun als BUBIMBI-RINDE bekannte Droge, deren intensiver Geruch an Knoblauch, ASA FOETIDA und den Pilz *Marasmius alliatus* erinnert; sie wird durch die Eingeborenen zum Würzen von Speisen verwendet, und auch nach Gegenden exportiert, wo dieser Baum nicht wächst. Das verfügbare Rindenmuster lieferte 0,107% schwefelhaltiges, aber N-freies etherisches Öl, in dem sich bald Kristalle bildeten [137]. Vgl. zu den sogenannten KNOBLAUCH-RINDEN Bd. VIII, 568, und ferner im taxonomischen Index von Bd. XI a bei *Scorodophloeus*.

SINDORA (Abb. 23)

S. sumatrana: Früchte bilden ein etherisches Öl, das fast ausschließlich aus Sesquiterpenoxiden und Sesquiterpenalkoholen bestand; es handelt sich um Humulan-, Caryophyllan-, Caryolan- und Clovanderivate [138]. Nach VAN DONGEN (1913, l.c. Bd. VII, 91) wurden die harzreichen Früchte in zahlreiche Arzneimittel verarbeitet. Der Baum heißt u.a. OEKOE-AKA oder SEPERANTOE (holländische Schreibweise; letzterwähnte Bezeichnung soll bedeuten: Baum, der alle Krankheiten heilen kann). Diterpene der Früchte [147].

TRACHYLOBIUM (Abb. 24 und 25)

Wie bereits erwähnt, umfaßt dieses Genus nur das polytypische *T. verrucosum* von ostafrikanischen Küstengebieten, von Madagaskar und weiteren benachbarten Inseln. Nach [2] sollte dieses Taxon in *Hymenaea* (vgl. dort) eingegliedert werden.

T. verrucosum liefert Stamm- und Fruchtbalsame, welche aus Sesqui- und Diterpenen bestehen. Die Stammharze erhärten, das heißt sie bilden den Kopal, der seit uralten Zeiten fossil und rezent eingesammelt wird (vgl. Einleitung). Die große

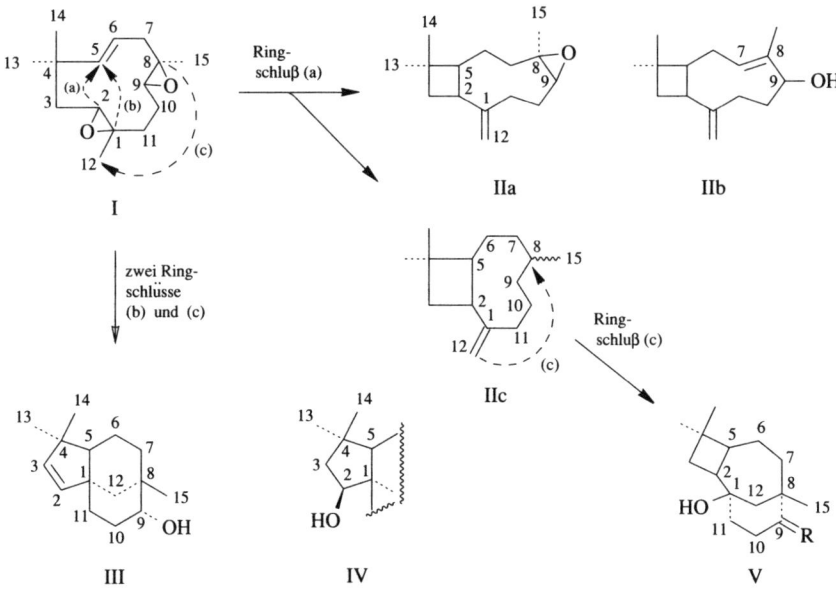

Abb. 23. Einige Sesquiterpenoide der Früchte von *Sindora sumatrana* und von anderen *Detarieae*

I = Humulan-Derivate: I = Humulendiepoxid, $C_{15}H_{24}O_2$
IIa–IIc = Caryophyllan-Derivate: IIa = Caryophyllenoxid, $C_{15}H_{24}O$ (in etherischen Ölen der Detarieen verbreitet) ● IIb = α-Multijugenol, $C_{15}H_{24}O$, aus etherischem Öl von *Copaifera multijuga* [48] ● IIc = Caryophyllenol-II, $C_{15}H_{24}O$ (mit Δ7,8 und 9βOH), 7,8-Epoxy-1(12)-caryophyllen-9β-ol, $C_{15}H_{24}O_2$ (mit 7,8α-epoxy, 8βMe, 9βOH), und 8,9-Dihydroxy-1(12)-caryophyllen, $C_{15}H_{26}O_2$ (mit 8βOH, αMe, 9βOH)
III und IV = Clovane: III = Clov-2-en-9α-ol, $C_{15}H_{24}O$ ● IV = Clovandiol, $C_{15}H_{26}O_2$
V = Caryolane: V = 9-Oxocaryolan-1-ol, $C_{15}H_{24}O$ (mit R = O), und Caryolan-1,9α-diol, $C_{15}H_{26}O_2$ (mit R = αOH, βH)
N.B. Für Caryophyllane zwei verschiedene Schreibweisen verwendet. Die Norsesquiterpene vom Caryophyllantyp, Kobuson und Isokobuson, beide $C_{14}H_{22}O_2$, haben an Stelle der CH_2-Gruppe an C-1 eine Oxo-Gruppe. Kobuson ist 1-Demethylen-1-oxo-β-caryophyllenoxid, und im Isokobuson ist die 8,9-epoxy,8αMe-Gruppierung von IIa durch 8-Methylen-9αOH,βH-Gruppierung ersetzt. Kobuson und Isokobuson sind ebenfalls Bestandteile des Fruchtöls von *Sindora sumatrana*.

ökonomische Bedeutung dieses afrikanischen Baumes und seiner Produkte regten phytochemische Arbeiten an.

Fruchtharz (Abb. 24): GEORGETTE HUGEL et al. [140] konnten aus den verfügbaren Mustern Handelskopal keine monomeren Diterpene isolieren. Deshalb untersuchten sie die Harze der verfügbaren Fruchtmuster, welche auf Madagaskar und bei Dakar (hier offensichtlich von kultivierten Bäumen) in verschiedenen Jahren und Jahreszeiten gesammelt worden waren. Alle Muster lieferten im Prinzip die gleichen Diterpene, aber z. T. in sehr unterschiedlichen Mengen. Die von Samen befreiten Früchte lieferten bei Perkolation mit Benzol etwa 20% saures

Harz und 30–40% neutrales Harz. Die neutrale Fraktion lieferte Caryophyllenoxid, Sitosterin, 16α-Hydroxykauran und Trachylobanol, und aus der sauren Fraktion konnten 6 Diterpensäuren isoliert werden: Trachylobansäure, 3-Acetoxytrachylobansäure, Kauren- und Isokaurensäure, sowie 3-Acetoxykaurensäure und, als einziges labdanoides Diterpen, die Zanzibarsäure; eines der untersuchten Fruchtharzmuster lieferte außerdem spontan auskristallisierende 3-Hydroxytrachylobansäure. Gesamthaft entsprechen die erwähnten 11 Verbindungen nur etwa 15% des isolierten Fruchtharzes. Die isolierten Diterpene gehören mit Ausnahme der Zanzibarsäure alle zur Kauran- oder Trachyloban(ursprünglich Cyclokauran genannt)-Reihe von Diterpenen, und zwar zu deren *ent*-Serien. Später untersuchten die gleichen Autoren [141] ein von einem als Zierbaum in Brunei (Borneo) gewonnenes frisches Stammharz. Die neutrale Fraktion dieses Harzes lieferte Caryophyllenoxid, (−)-13-Epimanool und dessen 18-Hydroxyderivat, und *enantio*-Labd-8(17)-en-15,18-diol, und aus der sauren Fraktion konnten nach Veresterung die Methylester von 8 *ent*-labdanoiden Diterpensäuren ohne oder mit ein oder zwei Doppelbindungen gewonnen werden. Später untersuchten Susan Martin und J. H. Langenheim zwei in Kenya eingesammelte, frische Stammharzmuster und wiesen als Hauptsäure in der mit Ether extrahierbaren Harzfraktion eine *ent*-labdanoide Triensäure nach [142]; bei dieser Säure scheint es sich um ein Enantiomer der Isocommun- oder Myrcecommunsäure (vgl. Bd. VII, 494) zu handeln. Die verschiedenen Harz-Untersuchungen sind schwierig miteinander zu vergleichen, weil genaue Angaben über Alter der Harze und über Gehalte der einzelnen Komponenten bezogen auf das Gesamtharz fehlen. Die in [142] isolierte Triensäure dürfte am schnellen Erhärten der ausgetretenen Harze beteiligt sein (Polymerisationen). In älteren Harzen und in eigentlichen Kopalen ist sie vermutlich nicht mehr vorhanden. Gesichert scheinen die folgenden Tatsachen zu sein:

Stamm und Früchte von *Trachylobium verrucosum* bilden stark verschiedene Harztypen.

Blätter von *Hymenaea*-, *Copaifera*- und *Trachylobium*-Arten bilden Blattöle ähnlicher $C_{15}H_{24}$-Zusammensetzung. Für *Trachylobium verrucosum*-Blattöl vgl. [11].

Die Fruchtbalsame von *Hymenaea courbaril* und *Trachylobium verrucosum* sind eindeutig verschieden zusammengesetzt (Abb. 24).

Ob diese terpenchemischen Hinweise tatsächlich taxonomische Bedeutung haben, kann erst nach weiteren vergleichenden Arbeiten entschieden werden. Dabei sollten frische Blatt-, Stamm- und Fruchtbalsame quantitativ und qualitativ untersucht, und viele Herkünfte miteinander verglichen werden.

Das Kernholz von *T. verrucosum* ist reich an 5-Desoxyflavonoiden; es sind aus ihm bekannt geworden [143] (Abb. 25):

α-Hydroxychalkone und 2-Benzyl-2-hydroxy-cumaran-3-on-Derivate (= Auron Sulfuretin + H_2O).

Flavanonole: Zwei isomere Fustin-3-methylether.

Flavonole: Fisetin.

Peltogynoide Leucoanthocyanidine: Peltogynol und Peltogynol-B, Mopanol und Mopanol-B.

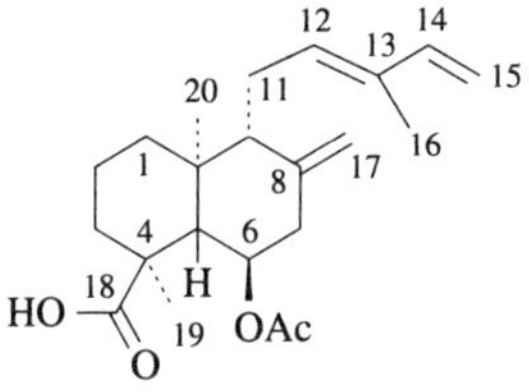

Abb. 24. Neutrale und saure Diterpene aus dem Fruchtharz von *Trachylobium verrucosum* (I–IV) und *Hymenaea courbaril* (V–VII)

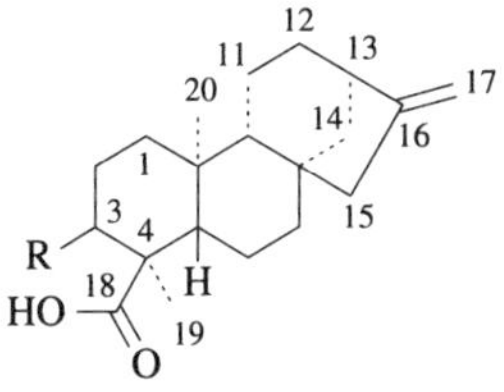

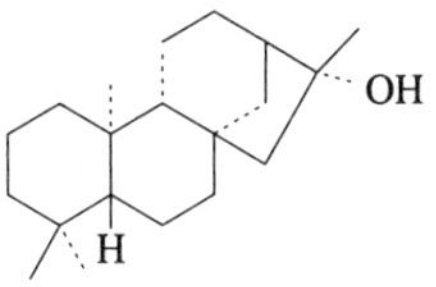

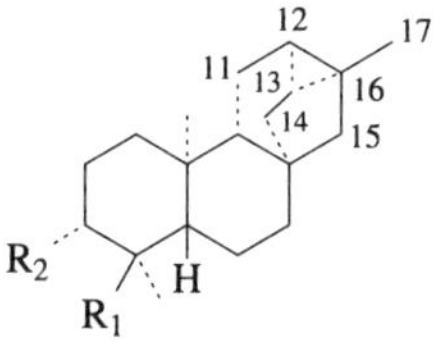

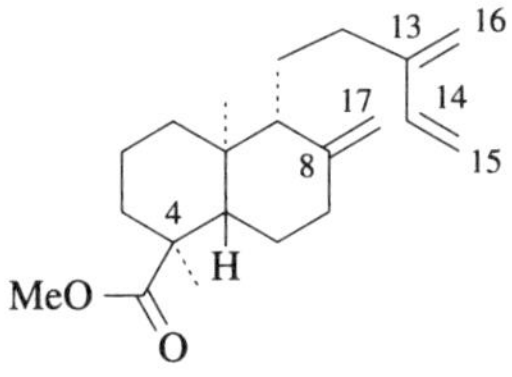

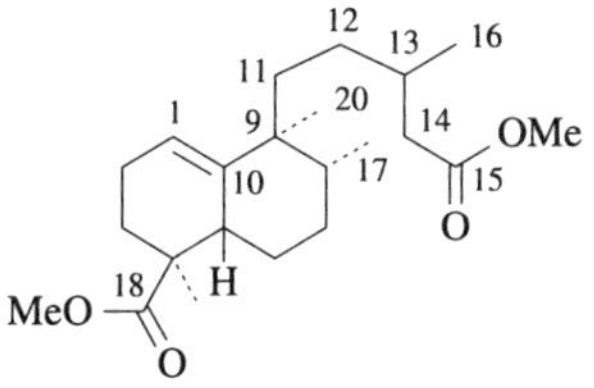

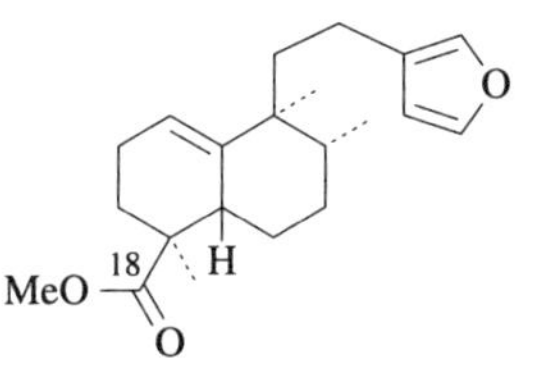

I = Zanzibarsäure, $C_{22}H_{32}O_4$ • II = Kaurensäure (R = H), $C_{20}H_{30}O_2$ (Isokaurensäure hat Δ15[16], statt Δ16[17]), 3α-Acetoxykaurensäure, $C_{22}H_{32}O_4$ (R = αOAc) • III = (−)-Kauranol (= [−]-16α-Hydroxykauran), $C_{20}H_{34}O$ • IV = Trachylobanderivate Trachylobanol, $C_{20}H_{32}O$ (R_1 = CH_2OH, R_2 = H), Trachylobansäure, $C_{20}H_{30}O_2$ (R_1 = COOH, R_2 = H), 3-Hydroxytrachylobansäure, $C_{20}H_{30}O_3$ (R_1 = COOH, R_2 = OH), und 3-Acetoxytrachylobansäure, $C_{22}H_{32}O_4$ (R_1 = COOH, R_2 = OAc)

V–VII wurden nach Methylierung als Methylester isoliert: V = *ent*-Labda-trien-18-säuremethylester, $C_{21}H_{32}O_2$ (4-Enantiomer des *ent*-Isocommunsäuremethylesters) • VI = Zwei umgelagerte (Methylmigration von 10 nach 9) entlabdanoide 15,18-Disäuredimethylester mit einer 1(10)-Doppelbindung, $C_{22}H_{36}O_4$, und $C_{22}H_{34}O_4$ (hat zusätzlich Δ13[14]) • VII = Furanoider umgelagerter entlabdanoider 18-Säuremethylester

N.B. Säuren mit drei Doppelbindungen (I und V; vgl. auch Abb. 18) dürften für rasche Polymerisation der genuinen Harze, i.e. für Kopalbildung wichtig sein. Neben Polymerisation dürften dabei auch oxidative Veränderungen eine Rolle spielen.

Zanzibarsäure (I) kann wohl als 6-Acetoxyderivat des 4-Epimers der *ent-trans*-Communsäure aufgefaßt werden.

In dieser Beziehung erinnert *Trachylobium* an *Colophospermum*, *Goniorrhachis*, *Guibourtia*, *Peltogyne* und weitere Detarieen-Taxa. Die Holzphenole von *Hymenaea* s.str. wurden meines Wissens noch nicht untersucht.

Detarieae

Umtiza

Monotypische Gattung des Kaplandes in Südafrika. *U. listerana* ist ein immergrüner, dorniger Strauch oder Baum mit gelbem Splintholz und zur Rotfärbung neigendem Kernholz. Das Kernholz enthält ein komplexes Gemisch von phenolischen Komponenten, aus welchem nach Methylierung einige reine Stoffe erhalten wurden. Diese erlaubten es, um als Holzinhaltstoffe folgende Klassen von 5-Desoxyflavonoiden zu identifizieren [139]:

Leucofisetinidine: Fisetinidol-4α-ol (= Mollisacacidin) und ein 3,4-*cis*-Isomer.
Flavone: 7,3′,4′-Trihydroxyflavon.
Flavonole: Fisetin.
Dihydroflavonole: (+)-Fustin.
Flavanone: Liquiritigenin und Butin.
Peltogynoide: (+)-Peltogynol.

Neu sind zwei Derivate des Bibenzopyranons Fasciculiferol, das selber ebenfalls isoliert wurde (Abb. 26).

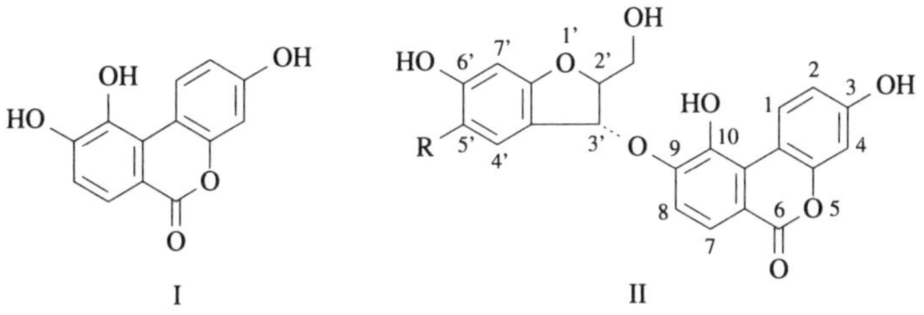

Abb. 26. Drei phenolische Holzbestandteile von *Umtiza listerana* [139]

I = Fasciculiferol (bereits bekannt von *Acacia fasciculifera*) • II = Zwei Spurenstoffe (R = H und R = OH: Ausbeute 0,0002 und 0,0003%), welche als Fasciculiferolether aufgefaßt werden können.

Die Besprechung der *Detarieae* soll mit Hinweisen auf zwei Arbeiten, deren Einzelergebnisse allerdings als höchst unzuverlässig (Schreibtischchemie; Methoden rechtfertigen Schlußfolgerungen nicht) zu werten sind, abgeschlossen werden. SALGUES [144] besprach die afrikanischen Kopalproduzenten, und berich-

---

Abb. 25. Holzphenole von *Trachylobium verrucosum*: Mögliche biogenetische Beziehungen zwischen α-Hydroxychalkonen und peltogynoiden Leucoanthocyanidinen [143]

I = Butein (Chalkon) • II = Sulfuretin (= Auron) • III = 2-Benzyl-2-hydroxycumaran-3-on-Derivat • IV = α-Hydroxybutein (= α-Hydroxychalkon): Enol- und Ketoform • V = Fustin (Flavanonol = Dihydroflavonol: In der Natur als 2- und 3-Epimere vorhanden) • VI = Fisetin (Flavonol) • VII = α-Methoxychalkon • VIII = Zwei epimere Fustin-3-methylether • IX = Peltogynol (4α-OH) und Peltogynol-B (4β-OH) • X = Mopanol (4α-OH) und Mopanol-B (4β-OH)

N.B. Hypothetische Zwischenprodukte (noch nicht isoliert) zwischen Klammern
Cumaran = Dihydrobenzofuran

tete über eigene Beobachtungen an etherischen Ölen, klebrigen Harzen und echten Kopalen folgender Arten: *Baikiaea insignis* (Stamm; sehr wenig hart werdendes Harz; Blüten lieferten viel etherisches Öl; auch Blüten von *B. robynsii* lieferten 0,76% etherisches Öl), *Copaifera baumiana* (Früchte mit Harztropfen besetzt), *mildbraedii* (Früchte mit Harztropfen besetzt), *religiosa* (Früchte mit Harztropfen besetzt; Rinde soll cyanogenes Glykosid enthalten), *salikounda* (Holz liefert wenig „copal odorant"), *Cynometra sessiliflora* (liefert Kopal), *Daniellia alsteeniana* (Holz liefert „un magnifique copal transparent"), *klainei* (liefert Kopal), *ogea* (Harms) Holland (= *D. caudata* Craib = *D. similis* Craib; liefert Kopal), *oliveri* (liefert Oleoresina mit 40% etherischem Öl mit viel Cadinen), *pynaertii* (liefert an der Luft erhärtende Oleoresina), *thurifera* (wichtiger Kopallieferant Westafrikas), *Gilletiodendron mildbraedii* („Bois résinifère"), *Guibourtia carrissoana* (liefert Angola-Kopal), *coleosperma* (kein Kopal; Holz enthält „légère résine verdâtre"), *conjugata* (liefert angeblich „copal d'Inhambane"), *copallifera* (liefert „... par saignée principalement, le copal dit de Guinée ou de Sierra Leone"), *demeusei* (liefert Oleoresina und vielleicht einen Teil des fossilen westafrikanischen Kopals), *ehie* (liefert Kopal, der zur Anfertigung von Schmuckgegenständen verwendet wird), *Oxystigma buchholzii* (Stamm liefert klebriges Harz), *oxyphyllum* (Oleoresina im Splintholz und in Früchten), *Sindoropsis le-testui* (Pellegrin) J. Léonard (= *Copaifera le-testui* [Pellegrin] Pellegrin: Rinde liefert duftenden Balsam; Baum liefert angeblich Kopal), *Tessmannia africana* (liefert Kopal; Früchte enthalten klebriges Harz), *anomala* (liefert Kopal), *lescrauwaetii* (Stamm und Früchte enthalten klebriges Harz), *yangambiensis* (liefert Kopal, Früchte harzhaltig), *Trachylobium verrucosum* (wichtiger Kopalproduzent Ostafrikas und von Madagaskar und Zanzibar; Frucht mit „poches résinifères"). Für *Berlinia*, *Isoberlinia* und *Macrolobium* vide sub *Amherstieae*.

NAGESHWAR et al. [145] publizierten chemotaxonomische Arbeiten mit indischen Vertretern der *Caesalpinioideae* (*Cassieae*: *Ceratonia*; *Cercideae*: *Bauhinia*; *Detarieae*: *Cynometra*, *Hardwickia*, *Intsia*, *Saraca*, *Trachylobium*). Die verwendeten Methoden rechtfertigen allerdings nur teilweise die Schlußfolgerungen über Vorkommen oder Fehlen der berücksichtigten Stoffklassen. Diese Arbeit liefert kaum einen Beitrag zur Klassifikation der Caesalpinioideen.

Literatur und Bemerkungen

[1] M. S. KNAAP-VAN MEEUWEN, *A revision of four genera of the tribe Leguminosae-Caesalpinioideae-Cynometreae in Indomalesia and the Pacific*, Blumea 18, 1–52 (1970). ● [2] J. H. LANGENHEIM und YIN-TSE LEE, *Reinstatement of the genus Hymenaea (Leguminosae: Caesalpinioideae) in Africa*, Brittonia 26, 3–21 (1974). Nach dem besser Bekanntwerden der annähernd 15 amerikanischen *Hymenaea*-Arten, läßt sich die afrikanische Gattung *Trachylobium* mit nur einer polytypischen Art nach diesen Autoren kaum mehr aufrecht erhalten; auch die Blatt-Sesquiterpenkohlenwasserstoffspektren und die Chromosomenzahlen (2n = 24) sind bei *Hymenaea* s.str. und *Trachylobium* dieselben. ● [3] YIN-TSE LEE and J. H. LANGENHEIM, *Systematics of the genus Hymenaea L. (Leguminosae, Caesalpinioideae, Detarieae)*, Univ. of California Publ. in Botany 69, 1–109 (1975). Für die Gattung werden 14 Arten, welche z. T. sehr polytypisch sind, genau beschrieben. ● [4] A. STEPHAN, *Zanzibar copal*, Pharm. J., Dec. 19 (1896), 525. Ostafrikanischer Kopal wird zur Hauptsache ausge-

graben (fossiler Kopal), und wird mutmaßlich von *Hymenaea*-Taxa produziert; er war damals hauptsächlich in drei Handelsqualitäten bekannt: Mozambique-, Madagaskar- und Zanzibar-Kopal, von denen der letzterwähnte am meisten geschätzt wurde. N.B. Die in diesem Kurzbericht erwähnten Stammpflanzen *Trachylobium hornemannianum* Hayne und *T. mossambicense* Klotzsch gelten heute als Synonyme von *T. verrucosum* (Gaertner) Oliver (= *Hymenaea verrucosa* Gaertner), und *Trachylobium martianum* für südamerikanische Kopale sollte *Hymenaea martiana* Hayne sein. ● [5] F. W. FREISE, *Einige Klarstellungen hinsichtlich des brasilianischen Copaivabalsams*, Süddeutsche Apotheker-Zeitung 77, 11–14 (1937). Raubbau bedingte, daß in den dreißiger Jahren unseres Jahrhunderts guter Copaiva- oder Copaibabalsam in Brasilien nur noch von 4 Arten gewonnen und exportiert werden konnte: *Copaifera reticulata* Ducke (liefert den sogenannten MARIMARY-BALSAM); *C. guianensis* Desf. (einheimischer Name des Balsams ist COPAIVA BRANCO); *C. multijuga* Hayne (einheimischer Name des Balsams ist COPAIVA ANGELIM; n.b. ANGELIM allein wird u.a. für *Andira*-Taxa und -Drogen verwendet); *C. martii* Hayne var. *rigida* (Bentham) Ducke (einheimischer Name dieses Balsams ist COPAIVA JUTAHY; n.b. mit JUTAHY [oder JATAHY oder JATOBÁ] allein wird ein Harzbalsam bezeichnet, der durch verschiedene *Hymenaea*-Arten geliefert wird, und in Brasilien gegen Tuberkulose verwendet wurde). Der Autor beschreibt die vier erwähnten Copaibabalsame genau, und erwähnt auch bekannte Verfälschungen von Handelsbalsamen, die aber in Brasilien aus verschiedenen Gründen (hohe Preise oder anderweitiger lohnender Absatz der gebräuchlichsten Streckmittel) kaum eine Rolle spielen. Anteil an der brasilianischen Copaiba-Balsam-Ausfuhr in den dreißiger Jahren: *C. reticulata* 70%, *C. guianensis* 10%, *C. multijuga* 5% und *C. martii* var. *rigida* 3%. ● [6] A. CUNNINGHAM et al., ^{13}C *NMR and IR analyses of structure, aging and botanical origin of Dominican and Mexican ambers*, PHYCHEM 22, 965–968 (1983). „Terpenoid resins... are usually chemically very durable and may become fossilized forming amber". Besprechung der durch *Copaifera*- und *Hymenaea*-Arten produzierten Oleoresinate, und deren unterschiedliche Neigung zur Polymerisation, i.e. zur Kopalbildung. Vergleichende Analyse von Frischbalsamen, rezenten Kopalen und fossilen Kopalen (20–35 Millionen Jahre alt) mit modernsten Methoden führten zum Schluß, daß der dominikanische Kopal von einer Art produziert wurde, die der heute auf Ostafrika und vorliegende Inseln beschränkten *Hymenaea verrucosa* (= *Trachylobium verrucosum*) nahegestanden hatte. Der mexikanische Kopal unterscheidet sich deutlich vom dominikanischen Kopal, aber auch vom *Hymenaea courbaril*-Harz. Der untersuchte fossile Kopal von Mexiko wurde mutmaßlich durch eine *Hymenaea*-Art produziert, deren Harzsäurespektrum von demjenigen des modernen Taxons *Hymenaea courbaril* deutlich abwich. ● [7] J. LÉONARD, *Étude botanique des copaliers du Congo Belge*, Publ. Inst. National pour l'Étude Agron. Congo Belge (INEAC), Série Sci. No. 45, 1–150 (1950). ● [8] J. H. LANGENHEIM, *Preliminary investigations of Hymenaea courbaril as a resin producer*, J. Arnold Arboretum 48, 203–229 (1967). Ökologisch und morphologisch polytypische Art, deren Areal von Südbrasilien bis Mexiko reicht; Produzent von amerikanischem oder brasilianischem Kopal; Studium der Exkretionssysteme in Jungpflanzen und in erwachsenen Bäumen. ● [9] J. H. LANGENHEIM, *Amber: A botanical inquiry*, Science 163, 1157–1169 (1969). Übersichtsbericht über Abstammung, Alter und Vorkommen von Amberablagerungen: *Hymenaea courbaril* zugeschriebene Kopalablagerungen bekannt von Chiapas (Mexiko), Pará (Brasilien), Medellín und Gíron (Colombia), und *Copaifera*-Taxa zugeschriebene Ablagerungen bekannt von Westafrika (Angola); ostafrikanischer oder Zanzibar-Kopal von *Trachylobium verrucosum* in diesem Bericht (vgl. fig. 2 und table 1) nicht erwähnt. Ebenfalls kurze chemo-ökologische Besprechung von Harzen und Balsamen. ● [10] SUSAN S. MARTIN et al., *Sesquiterpenes in leaf pocket resin of Hymenaea courbaril*, PHYCHEM 11, 3049–3051 (1972). Aus frischen Blattlaminae (Blätter ohne Blattstiel und Mittelnerv) mit Ether extrahiertes etherisches Öl analysiert und α- und β-Selinen und Caryophyllen als Hauptbestandteile und α- und β-Copaen, α-Cubeben, γ-Muurolen, δ-Cadinen und Humulen als Begleitkohlenwasserstoffe nachgewiesen. N.B. Die amerikanischen Untersucher bezeichnen die aus $C_{15}H_x$-Sesquiterpenen zusammengesetzten ETHERISCHEN ÖLE konsequent als HARZE (= RESINS). ● [11] SUSAN S. MARTIN, *Compositional variation in leaf pocket sesquiterpenes in Trachylobium verrucosum*, BIOCHSE 1, 35–37 (1973). Analyse der Blätter von in Kalifornien in Gewächshäusern aus

Samen von Tanzania und Madagaskar kultivierten jungen Bäumen (9 Tanzania, 8 Madagaskar); gleiche $C_{15}H_x$ in Blattölen wie *Hymenaea courbaril*; auch hier Selinene und Caryophyllen Hauptbestandteile; nur quantitative Variation beobachtet. ● [12] A. CUNNINGHAM et al., *Resin acids from two Amazonian species of Hymenaea*, PHYCHEM *12*, 633–635 (1973). Diterpensäuren sind Hauptkomponenten der lysigenen Harzbehälter in älteren Stämmen, Wurzeln und im Perikarp der Früchte. Stammharz von *H. oblongifolia* Huber enthält *enantio*-Pinifolsäure und eine Guamasäure genannte, stärker ungesättigte *ent*-labdanoide Disäure, und Harz von *H. parvifolia* Ducke enthält 65% *enantio*-13-Epilabdanolsäure. Name Guamasäure abgeleitet vom Fundort: Guamá-Reservat. ● [13] SUSAN S. MARTIN et al., *Quantitative variation in leaf pocket resin composition in Hymenaea courbaril*, BIOCHSE *2*, 75–87 (1974). Analyse der Blattsesquiterpenkohlenwasserstoffe von Populationen dieser großräumigen Art: 15 Populationen var. *courbaril* (von Puerto Rico und Mexiko bis Südbrasilien); 1 Population von var. *altissima* (Sao Paulo); 1 Population von var. *subsessilis* (Amazonasgebiet); 3 Populationen var. *stilbocarpa* (Südbrasilien); 1 morphologisch abweichende Population der Osa-Halbinsel in Costa Rica. Jetzt 13–14 $C_{15}H_x$-Verbindungen nachgewiesen, wovon 10 identifiziert wurden. Die meisten Blattöle enthalten über 60% Caryophyllen + α- und β-Selinen; die übrigen Komponenten sind in den Ölen mit weniger als 10% vertreten; dieser Typus wurde bei allen 8 genauer analysierten mesoamerikanischen Populationen beobachtet; in diesem Gebiet kommt ausschließlich die var. *courbaril* von *H. courbaril* vor. In dem untersuchten Gebiet von Südamerika kommen, z. T. sympatrisch mit var. *courbaril*, auch die drei anderen Varietäten von *H. courbaril* und außerdem andere *Hymenaea*-Arten vor. Hier wurde eine beträchtliche quantitative Variation der Ölkomponenten innerhalb und zwischen Populationen beobachtet. Diese Variation erlaubte Unterscheidung von drei Öltypen: I = HIGH SELINENE TYPE (Selinene > 65%, Caryophyllen < 10%, sehr wenig γ-Muurolen und δ-Cadinen); II = LOW SELINENE TYPE (16–60% Selinene, 15–35% Caryophyllen, relativ viel [oft > 10%] γ-Muurolen und/oder δ-Cadinen); III = Caryophyllen-Typus (4–27% Selinene und > 70% Caryophyllen). In manchen Populationen sind zwei solche Öltypen vertreten. Da die Autoren i. d. R. pro Population acht aus Samen im Gewächshaus in Kalifornien unter identischen Bedingungen gezogene junge Bäume analysierten, sprechen die Ergebnisse dafür, daß quantitative Unterschiede in der Blattölzusammensetzung genetisch bedingt sind, was wiederum die Annahme, daß die nachgewiesenen quantitativen Verhältnisse Resultat von Selektion durch abiotische und/oder biotische Milieu-Faktoren sind, glaubwürdig macht. ● [14] W. H. STUBBLEBINE et al., *Vegetative growth and leaf resin composition in Hymenaea courbaril under photoperiodic extremes*, BIOCHSE *3*, 219–228 (1975). Photoperiode-Experimente mit aus Samen von 5 Populationen von 2°24′ südlicher (Brasilien) bis 22°27′ nördlicher (Mexiko) Breite in Gewächshäusern gezogenen (Kalifornien) Jungpflanzen. Nur wesentliche quantitative Unterschiede in der Ölzusammensetzung zwischen Populationen, nicht aber zwischen Kurz- und Langtag-Bedingungen beobachtet. In allen Fällen waren Selinen und Caryophyllen Hauptbestandteile. ● [15] SUSAN S. MARTIN et al., *Quantitative variation in leaf pocket resin composition in Hymenaea*, BIOCHSE *4*, 181–191 (1976). Analyse der Blattöle von 38 Populationen von 11 Arten. Überall die gleichen Sesquiterpenkohlenwasserstoffe beobachtet; aufgrund der quantitativen Verhältnisse die gleichen 3 Blattöl-Typen für die Gattung, wie in [13] für die Art *H. courbaril*, unterscheidbar. Neue Argumente für genetische Steuerung der quantitativen Verhältnisse. ● [16] W. H. STUBBLEBINE and J. H. LANGENHEIM, *Effects of Hymenaea courbaril leaf resin on the generalist herbivore Spodoptera exigua (Beet Armyworm)*, J. Chem. Ecol. *3*, 633–647 (1977). Nachweis von toxischen und fraßabschreckenden Eigenschaften des Blattöls gegen Raupen des Schmetterlings *Spodoptera exigua*. ● [17] W. H. STUBBLEBINE et al., *Vegetative response to photoperiod in the tropical leguminous tree Hymenaea courbaril L.*, Biotropica *10*, 18–29 (1978). Generelle Diskussion der Rolle der Photoperiode bei tropischen Pflanzen. Nachweis der photoperiodischen Abhängigkeit des jährlichen Zuwachses von Jungpflanzen von *H. courbaril* und des Vorkommens von photoperiodischen Ökodemen innerhalb dieser Art (Korrelation des Zuwachsverhaltens von Gewächshaus-Jungpflanzen mit der Breitengradherkunft der Samen, aus welchen die Versuchspflanzen aufgezogen worden waren). Gleiche Versuchspflanzen wie in [14]. ● [18] J. H. LANGENHEIM et al., *Implications of variation in resin composition among organs, tissues and populations of the tropical legume Hymenaea*, BIOCHSE 6, 299–313 (1978). Genaue Beschreibung der Exkretions-Systeme von Blattlamina, Blattstiel, primärem Stengel (alle haben schizogene Behälter mit nur aus Sesquiterpenen bestehenden etherischen Ölen) und von Früchten und mehrjährigem Stamm (beide haben lysigene Räume mit Oleoresinae, in welchen Diterpensäuren vorherrschen). Da verschiedene Gewebe, Pflanzenteile und Populationen einer Art oft verschiedene Predatoren haben, ist unabhängige Evolution ihrer Schutzstrategien anzunehmen. Die Oleoresinae von Früchten, Stamm und Wurzeln schützen mutmaßlich gegen Samenpredatoren und gegen phytopathogene Mikroorganismen. In dieser Arbeit wird durch Analyse der Sesquiterpene von Blattstiel, Lamina und Primärstengel gezeigt, daß auch die Exkrete von Lamina einerseits und Stengel und Blattstiel andererseits in quantitativer Hinsicht deutlich verschieden sind. Ferner weicht das *H. verrucosa*-Öl (7 Jungpflanzen analysiert) durch höheren α-Copaen-Gehalt von Ölen von *H. courbaril* (Analysen von 36 Jungpflanzen aus Samen von 5 Populationen) ab. Bei *H. courbaril* wurden auch quantitative Unterschiede in der Ölzusammensetzung zwischen Populationen und in einem Falle innerhalb einer Population des tropischen Regenwalds beobachtet. ● [19] J. H. LANGENHEIM et al., *Effect of moisture stress on composition and yield in leaf resin of Hymenaea courbaril*, BIOCHSE 7, 21–28 (1979). Deutlicher ontogenetischer Einfluß auf Ölspektra der Blätter nachgewiesen; ganz junge Blätter enthalten viel mehr Selinene als Caryophyllen; bei erwachsenen Blättern der Versuchspflanzen stabilisierte sich der Gehalt der Blattöle bei 30% Caryophyllen und 30% Selinene. Trockenheit wirkt in erster Linie über Wachstumsverzögerung auf die Ölzusammensetzung; vergleicht man nur erwachsene Blätter, dann wirkt auch dieser abiotische Faktor kaum modifizierend auf Ölzusammensetzung und Ölausbeute per Blatt. ● [20] J. H. LANGENHEIM et al., *Inhibitory effects of different quantitative compositions of Hymenaea leaf resins on a generalist herbivore Spodoptera exigua*, BIOCHSE 8, 385–396 (1980). Blattöl-Typen I, II und III (vgl. [13]) in Konzentrationen von 1 und 3,5% in künstliche Raupendiät inkorporiert. Öltypen I und III hemmten das Raupenwachstum signifikant, und Öltyp III verursachte die größte Mortalität. Die Mortalität war eindeutig mit dem Caryophyllengehalt des Raupenfutters korreliert. ● [21] J. H. LANGENHEIM et al., *Relationship of light intensity to leaf resin composition and yield in the tropical leguminous genera Hymenaea and Copaifera*, BIOCHSE 9, 27–37 (1981). Gewächshaus-Versuche mit Keimpflanzen von *Hymenaea courbaril* var. *courbaril* und var. *subsessilis* und *Copaifera officinalis* und *C. pubiflora* und Freiland-Versuche mit jungen Bäumen von *Copaifera multijuga*. Gute Belichtung erhöht die Ölausbeute (3–6 mg pro frisches *Hymenaea*-Blatt; 2–5 mg pro frisches *Copaifera*-Blatt), ändert aber kaum etwas an der Ölzusammensetzung. Die Arten beider Gattungen haben in qualitativer und quantitativer Hinsicht Blattöle mit übereinstimmenden $C_{15}H_x$-Spektren. ● [22] D. R. CRANKSHAW and J. H. LANGENHEIM, *Variation in terpenes and phenolics through leaf development in Hymenaea and its possible significance to herbivory*, BIOCHSE 9, 115–124 (1981). Ontogenetische Untersuchungen mit Zweigen (Blattknospen bis 9. Blatt) von Gewächshauspflanzen (Keimpflanzen und junge Bäume) von *H. courbaril*, ihrer var. *stilbocarpa*, *H. martiana*, *H. parvifolia* und *H. verrucosa*. Die Samen, aus welchen die Versuchspflanzen herangezogen waren, hatte man in gesamthaft 10 ökologisch unterschiedlichen Biotopen (trockene Savanna bis immergrüner tropischer Regenwald) eingesammelt. Bei allen Öltypen nahm die Ölausbeute (mg/g TG) bis zum 2. Blatt zu, fiel anschließend abrupt und blieb vom 4. (= „leaf maturity") bis 9. Blatt annähernd konstant. Ähnlich verhielt sich die Ölzusammensetzung; sie änderte ab dem 3. Blatt nur noch wenig; das 1. bis 3. Blatt hatte bei Typus II und III mehr Selinene und weniger Caryophyllen als dem Öl-Typus erwachsener Blätter entspricht, und beim Öl-Typus IV enthielt das 1. Blatt weniger β-Copaen und δ-Cadinen und mehr Selinene als diesem Öl-Typus entspricht. Die Phenol-Ontogenese wurde mit 6 Pflanzen vom Öl-Typus II untersucht, und ein starker Abfall der kondensierten Gerbstoffe vom Knospenstadium (ca. 16% [TG]) nach dem 2. bis 9. Blatt (etwa 1,5–2% [TG]) beobachtet. Ausführliche Besprechung der Ergebnisse, welche eine beträchtliche Bedeutung der zwei Sekundärstoffklassen als Abwehrstoffe gegen Pflanzenfresser und Pflanzenpathogene wahrscheinlich machen. ● [23] J. H. LANGENHEIM, *Terpenoids in Leguminosae*, S. 627–655 in: POLHILL-RAVEN 1981. Und hier zitierte Literatur. ● [24] J. H. LANGENHEIM et al., *Evolutionary implications of leaf resin pocket patterns in the tropical tree*

Hymenaea (Caesalpinioideae: Leguminosae), Amer. J. Bot. *69*, 595–607 (1982). Verteilung der Ölbehälter in Blättern (Blattrand; Blattmitte) bei 15 *Hymenaea*-Taxa (11 Arten, von welchen *H. courbaril* mit 4 und *H. oblongifolia* mit 2 Varietäten vertreten waren). Auf S. 600 merkmalsphylogenetische Hypothese. Bestimmung der Volumina der marginalen und zentralen Ölbehälter und der Öl-, Selinen- und Caryophyllen-Gehalte der marginalen und zentralen Blattabschnitte bei *H. aurea*, *H. courbaril* var. *courbaril* und *stilbocarpa*, *H. oblongifolia* var. *oblongifolia* und *latifolia*, *H. parvifolia* und *H. verrucosa*. Ökologische Interpretation der Ergebnisse. Schöne Abb. von Blattquerschnitten (Ölbehälter). ● [25] J. H. LANGENHEIM and G. D. HALL, *Sesquiterpene deterrence of a leaf-tying Lepidopteran, Stenoma ferrocanella, on Hymenaea stigonocarpa in Central Brazil*, BIOCHSE *11*, 29–36 (1983). Beobachtungen in der Natur an zwei Populationen; Analyse der Blattöle von 58 und 19 Bäumen. Ölgehalte und quantitative Ölzusammensetzung waren zwischen den Populationen deutlich verschieden. Population A hatte im Mittel viel höhere Ölgehalte und Caryophyllen und Selinene als Hauptkomponenten; Bäume mit > 1,2% (TG) Öl oder mit Öl mit über 30% Caryophyllen hatten keine beschädigten Blätter. Population B produzierte Blattöle mit im Mittel 27,4% Caryophyllen, 10,6% Muurolen und 34,2% Selinenen; bei Bäumen mit Blattölen mit über 9% Muurolen wurden praktisch keine Beschädigungen beobachtet. Eine dosisabhängige Schutzwirkung von Caryophyllen und Muurolen gegen Fraß wurde wahrscheinlich gemacht; vgl. auch [114]. ● [26] J. H. LANGENHEIM and W. H. STUBBLEBINE, *Variation in leaf resin composition between parent tree and progeny: Implications for herbivory in the humid tropics*, BIOCHSE *11*, 97–106 (1983). Vergleichung des Ölspektrums des Mutterbaumes mit den Spektra von aus seinen Samen im Gewächshaus aufgezogenen Keimpflanzen und jungen Bäumen. Mit 5 Taxa von ökologisch verschiedenen Standorten gearbeitet. Große Variation der Ölspektren bei Populationen des tropischen Regenwaldes und geringe Variation bei Populationen trockener Standorte. Die Gesamtheit der Ergebnisse führte zu folgenden Schlußfolgerungen: (a) Bei *Hymenaea* ist die Variation von Blattölspektren genetisch (oder ontogenetisch [ganz junge Blätter]) bedingt; (b) Unterschiede in den Ölspektren innerhalb und zwischen Populationen sind mutmaßlich das Resultat von Selektion durch biotische Faktoren (Phytophagen; Pflanzenpathogene). ● [27] SUSANNE P. ARRHENIUS and J. H. LANGENHEIM, *Inhibitory effects of Hymenaea and Copaifera leaf resins on the fungus Pestalotia subcuticularis*, BIOCHSE *11*, 361–366 (1983). Nachweis von fungistatischer Wirkung von Caryophyllenoxid, das in Blattölen genuin vorkommen kann (*Copaifera panamensis*), oder durch Autoxidation von Caryophyllen bei längerem Bewahren entsteht. Es wird der Schluß gezogen, daß in den tropischen Gattungen *Copaifera* und *Hymenaea* die qualitative und quantitative Zusammensetzung der Blattöle durch das Zusammenwirken von vielseitigen, selektionierend wirkenden biotischen Faktoren mitbedingt ist. ● [28] G. NAGESHWAR et al., *Numerical chemotaxonomy of Amherstieae (Caesalpinioideae)*, Feddes Repertorium *97*, 285–289 (1986). ● [29] Eid., *Chemotaxonomy of Amherstieae*, Indian J. Bot. *10*, 32–36 (1987). ● [30] F. E. KING et al., $(-)$-*Epiafzelechin, a new member of the catechin series*, JCS *1955*, 2948–2956. ● [31] *Research into African Medicinal plants*, Newsletter No. 7 and 8, Jan. 1982, p. 8: Referat einer Publikation von E. A. ADEGOKE et al., *Identification of cinchona alkaloids in Nigerian malarial drug plants*, J. African Medicinal Plants *4*, 5 (1981). ● [32] A. WELTER et al., *Nouveaux acides aminés libres de Afzelia bella*, PHYCHEM *17*, 131–134 (1978). Gleichzeitig gute Besprechung der Verbreitung von substituierten Prolinen in der Natur. ● [33] N. KABELE et al., *L'huile d'Afzelia bella source importante d'acides crépénynique et déhydrocrépénynique*, Revue Franç. Corps Gras *24*, 99–102 (1977). ● [34] M. KAZADI and K. CHIFUNDERA, Fitoterapia *64*, 280 (1993). ● [35] F. M. DEAN et al., JCS *1965*, 828–829. Bisher war nur $(-)$-Fisetinidol aus *Acacia* bekannt. ● [36] F. E. KING et al., JCS *1950*, 3590–3597. Für Baikiain bei Rotalgen vgl. Bd. VII, 269, 270, und bei Palmen Bd. II, 399. ● [37] J. W. W. MORGAN and R. J. ORSLER, *Rhodesian teak tannin*, PHYCHEM *6*, 1007–1012 (1967). ● [38] S. E. DREWES and D. G. ROUX, *Absolute configuration of mopanol, a new leucoanthocyanidin from Colophospermum mopane*, JCS Chem. Commun. *1965*, 500–502; eid., *Stereochemistry and biogenesis of mopanols and peltogynols and associated flavanoids from Colophospermum mopane*, JCS *1966*C, 1644–1653. ● [39] S. E. DREWES and D. G. ROUX, *Isolation of mopanin from Colophospermum mopane and interrelation of flavonoid components of Peltogyne spp.*, JCS *1967*C, 1407–1410. Ferner wurde Vorkommen von Spuren Peltogynin (den Peltogynolen entsprechendes Flavonolderivat) wahrscheinlich gemacht. Vide ferner bei *Peltogyne*: Mopanole und Peltogynole in Hölzern. ● [40] J. A. STEENKAMP et al., *Novel dimeric profisetinidins from Colophospermum mopane*, JCS Perkin I *1988*, 1325–1330. Isolation von (−)-Fisetinidol und (+)-Epifisetinidol und von einer Reihe von auf diese Catechine basierten Biflavanoiden mit C-A-Ring- und C-B-Ring-Verknüpfung der Bausteine zu den dimeren Profisetinidinen; erstmaliger Nachweis von C-B-verknüpften PA-Dimeren. ● [41] J. C. S. MALAN et al., *Proguibourtinidins based on (−)-fisetinidol and (+)-epifisetinidol*, Tetrahedron 46, 2883–2890 (1990). Leucoguibourtinidine und Proguibourtinidine sind Hauptgerbstoffbausteine in südafrikanischen Hölzern von *Guibourtia coleosperma*, *Julbernardia globiflora* und *Acacia luederitzii*. Bei *Colophospermum mopane* sind die Holzgerbstoffe hauptsächlich auf (−)-Fisetinidol und (+)-Epifisetinidol basiert; sie werden aber von geringen Mengen von Proguibourtinidinen begleitet; neben den drei bereits bekannten Proguibourtinidinen konnten jetzt noch drei neue (4,6)-verknüpfte dimere Proguibourtinidine mit je einem oberen (+)-Guibourtinidolbaustein und einem unteren (terminalen) (−)-Fisetinidol- oder (+)-Epifisetinidol-Baustein isoliert werden. ● [42] J. P. STEYNBERG et al., *Natural (−)-fisetinidol-(4,8)-(−)-epicatechin profisetinidins*, PHYCHEM 29, 275–277 (1990). Beide neuen Profisetinidine auch im Holz von *Guibourtia coleosperma* und das 4,8α-verknüpfte Dimer auch im Holz von *Baikiaea plurijuga* nachgewiesen. ● [43] J. P. STEYNBERG et al., *Structure and synthesis of phlobatannins related to (−)-fisetinidol-(−)-epicatechin profisetinidins*, PHYCHEM 29, 2979–2989 (1990). Mehrere solche Dimere mit umgelagertem C-Ring in den erwähnten Hölzern nachgewiesen und z. T. isoliert. ● [44] A. DUCKE, *Critical notes on Brazilian Leguminosae*, An. Acad. Brasil. Cienc. 29, 421–429 (1957). „*Copaifera* is a very difficult genus, as to the delimitation of its species". Das Areal der Gattung reicht in Amerika von Panama bis Paraguay; etwa 15 Species wachsen im tropischen Teil Brasiliens. Schwere Kritik an der Neubearbeitung der amerikanischen Arten durch DWYER (1951, 1954). Interessante Bemerkungen zu *C. bijuga* Hayne, *cearensis* Huber (inkl. *duckei* Huber), *coriacea* Mart. (inkl. *martii* Hayne und *rigida* Bentham), *duckei* Dwyer, *glycycarpa* Ducke, *guianensis* Desf., *langsdorffii* Desf., *lucens* Dwyer, *luetzelburgii* Harms, *officinalis* L. und *reticulata* Ducke. ● [45] W. COCKER et al., *(+)-Hardwickiic acid, an extractive from Copaifera officinalis*, Tetrahedron Letters *1965*, 1983–1985. ● [46] M. FERRARI et al., PHYCHEM 10, 905–907 (1971). ● [47] F. DELLE MONACHE et al., Ann. Chim. (Roma) 59, 539–551 (1969); 60, 233–245 (1970). Isolation von (+)-Hardwickiasäure, Copaiferasäure, (+)-7-Hydroxyhardwickiasäure; Copaiferolsäure und einer Monohydroxylabda-8(20),13-dien-15-säure. ● [48] G. DELLE MONACHE et al., α-*Multijugenol, a new sesquiterpenic alcohol with caryophyllane carbon skeleton*, Tetrahedron Letters *1971*, 659–660. ● [49] J. R. MAHAJAN and G. A. L. FERREIRA, *New diterpenoids from Copaiba oil*, An. Acad. Brasil. Cienc. 43, 611–613 (1971) ● [50] R. A. SPANEVELLO and A. J. VILA, PHYCHEM 35, 537–538 (1994). ● [51] Th. PECKOLT, Pharm. Rundschau (USA) 10, 234 (1892). ● [52] W. B. MORS and H. J. MONTEIRO, CA 54, 11 163 (1960). Aus Samen 0,65% Cumarin und wenig Umbelliferon isoliert. ● [53] R. FIGLIUOLO et al., *Unusual non protein imino acid and its relationship to phenolic and nitrogenous compounds in Copaifera*, PHYCHEM 26, 3255–3259 (1987). N-Methylhydroxyprolin war aus Blättern und Samen von Wild- oder Gewächshauspflanzen von *Copaifera langsdorffii* (São Paulo; Paraguay), *C. multijuga* (Amazonasgebiet; Paraguay), *C. officinalis*, *pubiflora* und *venezuelana* var. *laxa* (Blätter von Gewächshauspflanzen; Samen stammten aus Venezuela) isoliert, aber in ihnen quantitativ bestimmt worden. ● [54] SUSANNE P. ARRHENIUS et al., *Sesquiterpenes in leaf pocket resins of Copaifera species*, PHYCHEM 22, 471–472 (1983). Untersuchte Blätter stammten aus Venezuela. ● [55] J. H. LANGENHEIM et al., *Leaf development in the tropical leguminous tree Copaifera in relation to microlepidopteran herbivory*, BIOCHSE 14, 51–59 (1986). ● [56] J. C. NASCIMENTO and J. H. LANGENHEIM, *Leaf sesquiterpenes and phenolics in Copaifera multijuga on contrasting soil types in a Central Amazonian rain forest*, BIOCHSE 14, 615–624 (1986). Sekundärstoffwechsel (Sesquiterpene; Gerbstoffe) wird durch Bodentypus kaum beeinflußt. Genaue Analyse des Blattöls (gehört zu Typus II): Caryophyllen 23–24%, α- + β-Selinen 39–45%; Copaene 4–6%, γ-Muurolen etwa 2%, Cadinene 3–5%, Humulen 3–4%, Cyperen 3-4%, α-Cubeben etwa 1%. ● [57] E. B. FEIBERT and J. H. LANGENHEIM, *Leaf resin variation in Copaifera langsdorffii: Relation to irradiance and herbivory*, PHYCHEM 27, 2527–2532 (1988). Beobachtungen in der freien Natur (Staat São Paulo, Brasilien); Analyse getrockneter Blätter in Californien an 28 Keimpflanzen (12 ohne Schatten, 14 beschattet) und jungen Bäumen („saplings"; 36 in voller Sonne, 39 beschattet) ergaben, daß Lichtintensität und Herbivorie („oecophorid leaf tier" *Stenoma* cf. *assignata*) Sesquiterpensynthese und -speicherung beeinflussen. Licht fördert die Sesquiterpenakkumulation bei Keimpflanzen. Beschattete Jungpflanzen hatten jedoch Blätter mit mehr Sesquiterpenen als nichtbeschattete Exemplare. Dieses den Erwartungen widersprechende Ergebnis wird auf erhöhte Herbivorie bei Schattenpflanzen zurückgeführt. Es könnte sich um phaenotypische oder genotypische Adaptation an die im Schatten herrschenden Verhältnisse handeln. ● [58] CYNTHIA A. MACEDO and H. J LANGENHEIM, *A further investigation of leaf sesquiterpene variation in relation to herbivory in two Brazilian populations of Copaifera langsdorffii*, BIOCHSE *17*, 207–216 (1989). In der durch Herbivoren stärker geschädigten Population waren die Sesquiterpenspektren variabler; das gilt insbesondere für Cyperen, γ-Muurolen und Caryophyllenoxid. Menge und Qualität der durch einen Baum oder gar eine ganze Population in Blättern gespeicherten Sesquiterpene dürften durch die Geschichte des Individuums und der ganzen Population mitbestimmt sein. ● [59] CYNTHIA A. MACEDO and J. H. LANGENHEIM, *Microlepidopteran herbivory in relation to leaf sesquiterpenes in Copaifera langsdorffii adult trees and their seedlings progeny in a Brazilian woodland*, BIOCHSE *17*, 217–224 (1989). ● [60] CYNTHIA A. MACEDO and J. H. LANGENHEIM, *Intra- and interplant leaf sesquiterpene variability in Copaifera langsdorffii: Relation to microlepidopteran herbivory*, BIOCHSE *17*, 551–557 (1989). ● [61] A. C. BASILE et al., *Antiinflammatory activity of oleoresin from Brazilian Copaifera*, J. Ethnopharmacol. *22*, 101–109 (1988). ● [62] R. BRAZ FILHO et al., PHYCHEM *12*, 1184–1186 (1973). ● [63] FRANÇOISE KHUONG-HUU et al., *Alcaloides imidazoliques. III. Alcaloides du Cynometra ananta*, Tetrahedron Letters *1973*, 1757–1760. Material in Zaire gesammelt. ● [64] L. TCHISSAMBOU et al., *Alcaloides imidazoliques. VI. Alcaloides du Cynometra lujae, isolement, structures, synthèse*, Tetrahedron *38*, 2687–2692 (1982). Material in Congo Brazzaville gesammelt. ● [65] P. G. WATERMAN et al., PHYCHEM *20*, 2765–2767 (1981). Material von beiden Arten stammte aus Kamerun. ● [66] L. TCHISSAMBOU et al., Tetrahedron Letters *1978*, 1801–1802. ● [67] T. NAITO et al., CHPHBUL *41*, 217–219 (1993). ● [68] P. SORGDRAGER, *Indische Pharmacognosie. 13. Cynometra cauliflora L.*, Pharm. Tijdschrift voor Nederlandsch-Indië *19*, No.1, Januari (1942), 4 S. (Separatdruck). Pharmakographische Beschreibung der Folioli; Rotfärbung mit Lauge weist auf Anthrachinone (Bornträger-Reaktion). Diese Beobachtung wird als Bestätigung der Angabe von GRESHOFF über Vorkommen von Anthrachinonen in *Cynometra*-Blättern (Fußnote auf S. 65 in Meded.'s Lands Plantentuin XXIX [1890], l.c. Bd. XIa, 53) aufgefaßt. ● [69] C. W. BEVAN et al., JCS Chem. Commun. *1966*, 44–45; JCS *1968*C, 1063–1066. ● [70] J. HAEUSER et al., *Isolement et structure d'un nouveau diterpène: l'acide daniellique. Stéréochimie de l'acide daniellique*, Tetrahedron *12*, 205–214 (1961). ● [71] R. LOMBARD et J. HAEUSER, *Sur l'identité de l'acide daniellique avec l'acide illurinique de Tschirch et Keto*, CR *268*C, 2234–2236 (1969). ● [71 a] J. HAEUSER et al., *The structure and stereochemistry of oliveric acid*, Tetrahedron *26*, 3461–3465 (1970). Durch Prof. AUBREVILLE geliefertes Kopalmuster untersucht. ● [72] J. S. MILLS, *Identity of daniellic acid with illurinic acid*, PHYCHEM *12*, 2479–2480 (1973). Säure stammt aus AFRICAN COPAIBA BALSAM von *D. oliveri*; AFRICAN FRANKINCENSE von *D. thurifera* Bennett hat stark abweichendes Harzsäurespektrum. ● [73] RITA AQUINO et al., Fitoterapia *62*, 455 (1991). ● [74] RITA AQUINO et al., PHYCHEM *31*, 1823–1825 (1992). ● [75] J.-L. POUSSET, *Plantes médicinales africaines*, Tome I, 1–156: *Utilisation pratique*: Tome II, 1–159: *Possibilités de développement*, Agence de Coopération Culturelle et Technique, Ellipses, Paris 1989 (Tome I), 1992 (Tome II). *Detarium senegalense* als „Antiscorbutique", S. 76–77 in Tome I. ● [76] R. PARIS et Mme. H. MOYSE-MIGNON, *Sur une Légumineuse d'A.O.F. réputée toxique: Le „faux detah"* (*Detarium heudelotianum* H. Bn.?), Ann. Pharm. Franç. *5*, 11–15 (1947). ● [77] R. S. COWAN, *A monograph of the genus Eperua* (*Leguminosae: Caesalpinioideae*), Smithsonian Contrib. to Botany Number *28*, 1–45, Smithsonian Institution Press, City of Washington 1975. ● [78] F. E. KING and G. JONES, *The structure of eperuic acid*, JCS *1955*, 658–665; Miss E. M. GRAHAM and K. H. OVERTON, *The stereochemistry of eperuic acid*, JCS *1965*, 126–130. Gehört zur Enantiolabdan-Reihe. ● [79] S. BLAKE and G. JONES, *Extractives from Eperua falcata. The petrol-soluble constituents*, JCS *1963*, 430–

433. ● [80] R. Braz Filho et al., PHYCHEM *12*, 1184–1186 (1973). ● [81] D. Gournelis et al., Ann. Pharm. Franç. *43*, 565–572 (1985). ● [82] M. A. Maillo et al., PM *53*, 229–230 (1987). ● [83] Dinorah Avila et al., *A new clerodane-type diterpene of Eperua leucantha*, JNP *55*, 845–850 (1992). ● [84] P. Singh et al., PHYCHEM *27*, 1537–1539 (1988). Beschreibung Isolation von 16-Oxo-15,16H-hardwickiasäure, $C_{20}H_{28}O_4$, und Norhardwickiasäure, $C_{17}H_{26}O_4$, aus indischer *Grangea*-Art (*Compositae-Astereae*). ● [85] V. de Santis and J. D. Medina, JNP *44*, 370–372 (1981). ● [86] J. D. Medina and V. de Santis, PM *43*, 202–206 (1981). ● [87] Eid., *Structure and partial synthesis of eperuol*, JNP *46*, 462–465 (1983). ● [88] Dinorah Avila and J. D. Medina, PHYCHEM *30*, 2474–2475 (1991). ● [89] Dinorah Avila and J. D. Medina, JNP *56*, 1586–1589 (1993). ● [90] P. Jaeger et al., *Étude chimique des graines de Gilletiodendron glandulosum (Portères) J. Léonard (Césalpiniacées)*, J. Agric. Trop. Bot. Appl. *11*, 250 (1964). Das Samenöl riecht angenehm balsamisch und schmeckt etwas scharf; die Arbeit enthält eine Abb. der Pflanze. ● [91] O. R. Gottlieb et al., *Peltoflavonas e peltochalconas: Novos tipos flavanoidicos*, An. Acad. Brasil. Cienc. *42* (1970), Suplemento, 65–72. ● [92] O. R. Gottlieb and J. Rêgo De Sousa, *Peltogynoids of Goniorrhachis marginata*, PHYCHEM *11*, 2841–2846 (1972). Die Arbeit bringt gleichzeitig eine Übersicht über alle damals bekannten peltogynoiden Verbindungen. N.B. In Bd. XIa wurde dieses Taxon auf S. 355 versehentlich *Goniorrhachis emarginata* genannt; im taxonom. Index auf S. 466 sollte *G. emarginata* gestrichen und der Hinweis nach S. 355 nach *G. marginata* versetzt werden. ● [93] D. E. U. Ekong and J. I. Okogun, *Diterpenoids of Gossweilerodendron balsamiferum*, JCS *1969*C, 2153–2156. Die Verwendung von Hutchinson's Gruppen 2 und 4 innerhalb seiner *Caesalpiniaceae-Caesalpinioideae* bei der taxonomischen Diskussion ist wenig sinnvoll, da dieser Autor die verwendeten 5 Gruppen ausdrücklich als Artificial Groups bezeichnete. ● [94] D. G. Roux, *Flavan-3,4-diols and leucoanthocyanidins from Guibourtia spp.*, Nature *183*, 890–891 (1959). ● [95] D. G. Roux and G. C. de Bruyn, *Isolation of 4′,7-dihydroxyflavan-3,4-diol from Guibourtia coleosperma*, Biochem. J. *87*, 439–444 (1963). 0,004% Guibourtacacidin aus Kernholz. ● [96] S. E. Drewes and D. G. Roux, *Natural and synthetic diastereoisomeric (−)-3′,4′,7-trihydroxyflavan-3,4-diols*, Biochem. J. *96*, 681–687 (1965). ● [97] M. A. Maia e Vale A. Fernandes Costa, Bol. Escola Farm. Univ. Coimbra, Sci. Ed. *22*, 94–112 (1962). Auch CA *61*, 2902 (1964). ● [98] S. E. Drewes and D. G. Roux, *Natural diastereoisomeric flavan-3,4-diols related to (+)-mollisacacidin*, Chemistry and Industry *1964*, 1799–1800. ● [99] J. P. Steynberg et al., *The first condensed tannins based on a stilbene*, Tetrahedron Letters *24*, 4147–4150 (1983). ● [100] J. P. Steynberg et al., *Stilbenes as potent nucleophiles in regio- and stereospecific condensations: Novel guibourtinidol-stilbenes from Guibourtia coleosperma*, JCS Perkin I *1987*, 1705–1712. ● [101] J. P. Steynberg et al., *Stilbene glycosides from Guibourtia coleosperma: Determination of glycosidic connectivities by homonuclear nuclear Overhauser effect difference spectroscopy*, JCS Perkin I *1988*, 37–41. ● [102] M. S. Reddy et al., Fitoterapia *58*, 422–423 (1987). ● [103] J. A. Lopez and P. L. Schiff, PHYCHEM *15*, 2027: Phytochem. Reports (1976). ● [104] T. Nakano and C. Djerassi, *Copalic acid*, J. Org. Chem. *26*, 167–172 (1961). ● [105] A. Cunningham et al., *Labd-13-en-8-ol-15-oic acid in the trunk resin of Amazonian Hymenaea courbaril*, PHYCHEM *13*, 294–295 (1974). Erhärtetes, im Staat Pará (Brasilien) gesammeltes Stammharz bearbeitet. ● [106] Anita J. Marsaioli et al., *Diterpenes in the bark of Hymenaea courbaril*, PHYCHEM *14*, 1882–1883 (1975). Drei bereits aus *Trachylobium*- und *Oxystigma*-Harzen bekannte *ent*-labdanoide Säuren isoliert; im Text steht, daß „finely ground leaves" extrahiert wurden. ● [107] S. F. Khoo et al., *Structure and stereochemistry of the diterpenes of Hymenaea courbaril (Caesalpinioideae) seed pod resins*, Tetrahedron *29*, 3379–3388 (1973). ● [108] T. Nakano, *The sesquiterpenes of Jutaicica resin*, An. Assoc. Brasil. Quim. *21*, 23–25 (1962). Ex CA *63*, 4570 (1965). ● [109] M. P. Gupta, *Plants and traditional medicine. Case of Panama*, S. 95–122 in: Econ. Med. Plant Res. *4* (1990). *Hymenaea*, S. 119–120. ● [110] E. Rodriguez and R. Wrangham, *Zoopharmacognosy: The use of medicinal plants by animals*, S. 89–105 in: K. R. Downum et al. (Eds), *Phytochemical potential of tropical plants*, Recent Adv. Phytochem. *27* (1993). ● [111] D. H. Janzen 1975, l.c. Bd. VII, 151. ● [112] Eliane Carneiro et al., Intern. J. Pharmacognosy *31*, 38–46 (1993). Rinde im Staat Bahia, Brasilien, gesammelt; Baum ist als Jatoba bekannt. ● [113] M. A. de Alvarenga et al., PHYCHEM *17*, 511–516

(1978). ● [114] J. H. LANGENHEIM et al., *Hymenaea and Copaifera leaf sesquiterpenes in relation to lepidopteran herbivory in southeastern Brazil*, BIOCHSE *14*, 41–49 (1986). Von jeder Art 2 Populationen im Staat São Paulo, Brasilien, beobachtet. ● [115] W. KORYTNYK, *Examination of Intsia (Afzelia) bijuga bark*, Austral. J. Chem. *11*, 248–249 (1958). ● [116] ANNA RABCEWICZ-WOJCICKA et J. MASSICOT, *Sur les flavonoides du bois d'Intsia bijuga O. Ktze et leur intérêt chimiotaxinomique*, CR *261*, 4540–4543 (1965). ● [117] W. E. DILLIS and Y. YAZAKI, *Polyphenols in Intsia heartwoods*, PHYCHEM *12*, 2491–2495 (1973). ● [118] „Preliminary communications": R. MISRA et al., *The chemistry of the oleoresin of Hardwickia pinnata: A series of new diterpenoids*, Tetrahedron Letters *1964*, 3751–3759: Balsam mit etwa 40% etherischem Öl mit viel Caryophyllen und Humulen, wenig Copaen, Caryophyllenoxid, Humulenoxid-I und -II und β-Caryophyllenalkohol und 60% Diterpenen, von welchen 70% 5 neue Diterpene, Hardwickia-, Kolava- und Kolavensäure, Kolavenol und ein nicht bearbeitetes Diterpen sind; Eid., *The absolute stereochemistry of hardwickiic acid and its congeners*, ibid. *1968*, 2681–2684. Clerodanoide Körper (methylmigrierte enantiolabdanoide Diterpene). ● [119] *Definitive Publikationen 1–3*: R. MISRA et al., Tetrahedron *35*, 979–984 (2nd commun.), 985–987 (3rd commun.), 2301–2310 (first commun.) (1979). Kolavenol, Kolavelool, (−)-Hardwickia-, Kolava-, Kolaven-, Kolavenol- und Kolavonsäure; im etherischen Öl (36% des Balsams) jetzt noch die Caryophyllenole I und II, sowie das nicht-flüchtige Clovandiol nachgewiesen. Inzwischen (i.e. nach 1964) wurde (−)-Hardwickiasäure auch aus *Gossweilerodendron balsamiferum* und der Euphorbiacee *Croton oblongifolius* und ihre Antipode, (+)-Hardwickiasäure aus *Copaifera officinalis* und *Ribes nigrum* (*Saxifragaceae* s.l.) gewonnen; vor kurzem wurde Hardwickiasäure auch aus dem Lebermoos (*Hepaticae*) *Scapania nemorosa* erhalten (B. SCHÖN und H. BECKER, PM *56*, 544–545 [1990]). ● [120] T. S. ELIAS, *Foliar nectaries of unusual structure in Leonardoxa africana (Leguminosae), an African obligate myrmecophyte*, Amer. J. Bot. *67*, 423–425 (1980). Gleichzeitig kurze Übersicht über Typen von extrafloralen Nektarien der Leguminosen. ● [121] W. SANDERMANN et al., Tetrahedron Letters *1967*, 2685–2688. ● [122] D. E. U. EKONG and J. I. OKOGUN, *Co-occurrence of diterpene acids of the eperuane and labdane series in Oxystigma oxyphyllum*, JCS Chem. Commun. *1967*, 72–73; C. W. L. BEVAN et al., *The diterpenes of Oxystigma oxyphyllum Harms*, JCS *1968C*, 1067–1070. ● [123] Mrs. G. M. and R. ROBINSON, *Leuco-anthocyanins and leuco-anthocyanidins. Part I. The isolation of peltogynol and its molecular structure*, JCS *1935*, 744–752. ● [124] W. G. C. FORSYTH et al., *A naturally occurring isomer of the leucoanthocyanidin peltogynol*, Chemistry and Industry *1958*, 656–657. ● [125] W. R. C. CHAN et al., *Constitution of peltogynol*, Chemistry and Industry *1957*, 264–265; JCS *1958*, 3174–3179; C. H. HASSALL and J. WEATHERSTONE, *The absolute configuration of the leucoanthocyanidin peltogynol*, JCS *1965*, 2844–2849. Vorschlag für mögliche Biogenese: (−)-Leucofisetinidin + HCHO → Peltogynol. ● [126] E. MALAN and D. G. ROUX, *(+)-2,3-trans-Pubeschin, the first catechin analogue of peltogynoids from Peltogyne pubescens and P. venosa*, PHYCHEM *13*, 1575–1579 (1974). ● [127] MARIA E. DE ALMEIDA et al., *New peltogynoids from three Peltogyne species*, PHYCHEM *13*, 1225–1228 (1974). ● [128] M. G. CASINOVI et al., *Sulle leucoantocianidine del Peltogyne recifensis Ducke*, Gazz. Chim. Ital. *97*, 1165–1176 (1967). Die praktisch gleichzeitig mit Mopanol und Mopanol-B [38] beschriebenen neuen Verbindungen von *P. recifensis* wurden in einer vorläufigen Mitteilung (1966) Pseudopeltogynol und Pseudopeltogynol-B genannt. ● [129] N. L. KALMAN, *A new substance, cativic acid, and its preparation, properties and derivatives*, J. Amer. Chem. Soc. *60*, 1423–1425 (1938). „The ‚Cativa' tree, *Prioria copaifera* Griseb... yields a copious resiniferous exudate...". ● [130] T. B. MIDDELKOOP and R. P. LABADIE, *Evaluation of Asoka Arishta, an indigenous medicine in Sri Lanka*, J. Ethnopharmacol. *8*, 313–320 (1983). N.B. Der Baum und die Droge heißen in Indien u.a. ASOKA (auch Ashoka); darum wird das Epitheton specificum oft mit k geschrieben: *Jonesia asoka, Saraca asoka*. ● [131] D. DATTA, Indian Pharm. *3*, 180 (1948). Anatomischer Nachweis von *Trema orientalis* als Verfälschung von Asoka-Rinde: Ex Schweiz. Apoth. Z. *87*, 205 (1949). Im Referat sollte *Trema orientalis* statt *T. indica* stehen; ferner wird die Gattung *Trema* gegenwärtig ziemlich allgemein zu den *Ulmaceae* (statt *Urticaceae*) gerechnet. S. PRASAD et al., *Pharmacognostic study on Ashok bark: Barks of Saraca indica L. and Polyalthia longifolia Benth. et Hook.*, J. Sci. Industr. Res., India, *20C*, 125–131 (1961). Echte Asoka-Rinde wird oft mit *Polyalthia*-Rinde verfälscht; differentialdiagnostisch wichtiges Merkmal sind die Ölzellen in *Polyalthia*-Rinde (*Annonaceae*!). G. N. SRIVASTAVA et al., *Pharmacognosy of Ashoka stem bark and its adulterants*, Intern. J. Crude Drug Res. *26*, 65–72 (1988): *Saraca asoca* (echte Rinde) und makromorphologisch ähnliche Rinden der Verfälschungen *Polyalthia longifolia, Shorea robusta, Trema orientalis, Brownea ariza* und *Bauhinia variegata*; mit vielen mikrophotogr. Abb. und fluoreszenzmikroskopischem Verhalten des Pulvers und der MeOH-Extrakte der fünf Rinden. Alle Verfälschungen enthalten wie die echte Asoka-Rinde reichlich kondensierte Gerbstoffe. ● [132] T. B. MIDDELKOOP and R. P. LABADIE, *Proanthocyanidins in the bark of Saraca asoca (Roxb.) de Wilde*, Z. Naturforsch. *40b*, 855–857 (1985). In Sri Lanka selbst gesammelte Rinde untersucht. ● [133] S. P. SEN, *Chemical study of the indigenous Saraca indica (vern. "Asoka")*, Current Sci. *32*, 502–503 (1963). Angeblich aus Rinde Haematoxylin, organische Eisensalze und Gerbstoffe bekannt; diese Angaben, welche auch durch andere Autoren übernommen wurden, gehen auf CHOPRA's *Indigenous drugs of India* (l.c. Bd. I, 38) zurück; wer hier gut nachliest, sollte sich aber vor allem den Satz, „The chemistry of the bark has not been worked out satisfactorily", merken; „ABBOTT (1887) stated that it contained haematoxylin" weist auf die Zweifel an der Richtigkeit dieser Angabe. S. P. SEN will selber aus Saraka-Rinde ein Ketosterin, ein Saponin und ein Calciumsalz, $C_6H_{10}O_5Ca$, isoliert haben. ● [134] J. K. DUGGAL and K. MISRA, *Leucoanthocyanidins from Saraca asoca stem bark*, J. Indian Chem. Soc. *57*, 1243 (1980). Leucopelargonidine und PCy. ● [135] Mrs. V. LAKSHMI and J. S. CHAUHAN, *Chemical examination of the flowers of Saraca indica*, J. Indian Chem. Soc. *53*, 632 (1976). Sitosterin, K-3-glc,Q-3-glc,Ap-7-glc, Catechine und PA isoliert. ● [136] S. E. DREWES, *Isolation of 3,3',4',5,5'-pentahydroxystilbene from Schotia species*, PHYCHEM *10*, 2837–2838 (1971). Kernholz von *Sch. brachypetala*; S. E. DREWES and P. FLETCHER, *Polyhydroxystilbenes from the heartwood of Schotia brachypetala*, JCS Perkin I *1974*, 961–962. 16,7% Pentahydroxy- und gegen 1% Tetrahydroxystilben. N.B. Numerierung 3,3',4',5,5'-Penta-OH- und 3,3',4,5,5'-Penta-OH-stilben verwendet. ● [137] C. HARTWICH, *Vorläufige Mitteilung über die Bubimbi-Rinde aus Kamerun*, Apotheker-Zeitung (Deutschland) *17* (No. 40), 339–340 (1902). ● [138] H. HEYMANN et al., *Constituents of Sindora sumatrana. I. Isolation and NMR spectral analysis of sesquiterpenes from dried pods*, CHPHBUL *42*, 138–146, 941–946 (1994). Bisher gesamthaft 17 Sesquiterpenoide identifiziert. ● [139] A. P. N. BURGER, *O-(Dihydrobenzofuranyl)-dibenzo-α-pyrones from Umtiza listerana*, PHYCHEM *22*, 2813–2817 (1983). ● [140] GEORGETTE HUGEL et al., Bull. Soc. Chim. France *1963*, 1774–1776; Eid., *Diterpènes de Trachylobium. I. Introduction général. Isolement du kauranol et de huit diterpènes nouveaux. II. Structures des diterpènes tetra- et pentacycliques de Trachylobium. III. Recherches des dérivés trachylobaniques. IV. Structure et stéréochimie de l'acide zanzibarique*, ibid. *1965*, 2882–2887, 2888–2894, 2894–2901, 2903–2908. ● [141] Eid., *The structure and stereochemistry of diterpenes from Trachylobium verrucosum Oliv.*, Tetrahedron, Suppl. 8, Part I, 203–216 (1966). ● [142] SUSAN S. MARTIN and J. H. LANGENHEIM, *Enantio-8(17),13(16),14-labdatrien-18-oic acid from trunk resin of Kenyan Hymenaea verrucosa*, PHYCHEM *13*, 523–525 (1974). ● [143] J. P. VAN DER MERWE et al., *Immediate biogenetic precursors of mopanols and peltogynols*, JCS Chem. Commun. *1972*, 521–522; D. FERREIRA et al., *Phytochemistry of Gum Copal Tree*, JCS Perkin I *1974*, 1492–1498. ● [144] R. SALGUES, *Copals en général et copals d'Afrique*, Materiae Vegetabiles *2*, 272–291 (1956/57). ● [145] G. NAGESHWAR et al., *Chemotaxonomy of two genera of Cynometreae (sensu Bentham)*, Current Sci. *55*, 103–104 (1986). Und hier zitierte Literatur. In der vorliegenden Arbeit *Cynometra polyandra* Roxb. und *Hardwickia binata* Roxb. bearbeitet. ● [146] L. A. SMEDMAN et al., *Composition of oxygenated monoterpenoids and sesquiterpenoid hydrocarbons from the cortical oleoresin of Abies magnifica A. Murr.*, PHYCHEM *8*, 1457–1470 (1969). ● [147] H. HEYMANN et al. (vgl. [138]), III. *New trans-clerodane diterpenoids from dried pods*, CHPHBUL *42*, 1202–1207 (1994). (+)-Hardwickiasäure, entsprechendes Butenolid, (+)-Kolavensäure und sieben neue *trans*-Clerodanoide, worunter zwei Norditerpene (Verlust von C-18) und ein Trisnorditerpen (Verlust von C-14 bis C-16).

C I.5. AMHERSTIEAE

Einiges zu dieser Tribus wurde bereits in der Einleitung zu den Detarieen gesagt. Sie umfaßt 25 Gattungen, welche z. T. nicht scharf gegen Taxa der *Detarieae* abgrenzbar sind.

COWAN und POLHILL (in POLHILL-RAVEN 1981) unterscheiden 4 Gruppen von Gattungen, von welchen 21 ohne Zutun des Menschen auf tropisch Afrika beschränkt waren. In großen Linien entsprechen die *Amherstieae* sensu Cowan et Polhill den *Brachystegioideae* von HUTCHINSON 1964. Differenzen dieser zwei Klassifikationen beschränken sich auf Aufnahme von *Tamarindus* in die *Amherstieae* (bei HUTCHINSON in *Caesalpinioideae*) und auf Versetzung von HUTCHINSON's Brachystegioideen-Genera *Afzelia, Augonardia, Brownea, Elizabetha, Heterostemon, Loesenera* und *Thylacanthus* in die Tribus der *Detarieae*. Dies unterstreicht die bereits erwähnten Schwierigkeiten bei der Klassifikation in diesem Bereich der Leguminosen, i.e. einer befriedigenden Trennung der Tribus *Detarieae* und *Amherstieae*.

Die 4 bereits erwähnten, rangmäßig nicht eingestuften und dementsprechend nomenklatorisch nicht belasteten Gruppen von Genera sind folgende:

Berlinia-Gruppe ist mit vier monotypischen und sechs überwiegend artenarmen Genera in tropisch Afrika vertreten: *Berlinia* (15 Arten), *Englerodendron usambarense, Isoberlinia* (5), *Julbernardia* (10), *Michelsonia microphylla, Microberlinia* (2), *Oddoniodendron* (2), *Polystemonanthus dinklagei, Pseudomacrolobium mengei* und *Tetraberlinia* (4). Dazu kommt die tropisch-amerikanische Gattung *Dicymbe* mit etwa 13 Arten.

Macrolobium-Gruppe mit *Macrolobium* mit annähernd 60 Arten in tropisch Amerika und vier Gattungen in tropisch Afrika: *Anthonotha* mit gegen 30 Arten und *Gilbertiodendron* mit annähernd 25 Species, und zwei monotypische Gattungen mit *Pellegriniodendron diphyllum* und *Paramacrolobium coeruleum*.

Amherstia-Gruppe mit *Amherstia nobilis* aus Burma, *Humboldtia* mit 6 Arten in Indien und Sri Lanka, und mit der heute pantropischen *Tamarindus indica*, deren sicher altweltliche Herkunft noch nicht vollständig geklärt ist.

Brachystegia-Gruppe mit den sechs tropisch-afrikanischen Gattungen *Aphanocalyx* (3 Arten), *Brachystegia* (etwa 30), *Cryptosepalum* (annähernd 10), *Didelotia* (etwa 10), *Librevillea klainei* und *Monopetalanthus* (15).

Wie bei den Detarieen drängt sich auch hier alphabetische Besprechung der Gattungen auf, weil die Zahl der chemisch bearbeiteten Taxa gering ist.

Für bereits früher erwähnte oder besprochene Amherstieen-Taxa wird nach dem Pflanzennamenverzeichnis in Bd. XI a verwiesen:

Anthonotha, 447	*Isoberlinia*, 469	*Paramacrolobium*, 478
Berlinia, 450	*Julbernardia*, 469	*Pellegriniodendron*, 479
Brachystegia, 451	*Macrolobium*, 473	*Tamarindus*, 488
Didelotia, 462	*Michelsonia*, 475	*Tetraberlinia*, 489
Gilbertiodendron, 466	*Microberlinia*, 475	
Humboldtia, 468	*Monopetalanthus*, 476	

AMHERSTIEAE – *Allgemeine Bemerkungen.*

Kopale: Bereits bei den Detarieen wurde darauf hingewiesen, daß einzelne Vertreter der Amherstieen ebenfalls Lieferanten von Balsamen, Harzen und Kopalen sein können. LÉONARD [Ref. 7 sub *Detarieae*] beschrieb ein von einem nicht identifizierten Vertreter der *Amherstieae* (botanisch dokumentiert) stammendes schönes Kopalmuster, und SALGUES [Ref. 144 sub *Detarieae*] beschrieb Balsam- oder Harzproduktion durch *Berlinia giorgii* De Wild., *Isoberlinia dalzielii* Craib et Stapf (= *I. tomentosa* [Harms] Craib et Stapf), *I. doka* Craib et Stapf, *Macrolobium diphyllum* Harms (= *Pellegriniodendron diphyllum* [Harms] J. Léonhard, *M. macrophyllum* (P. Beauv.) J. F. MacBride (= *Anthonotha macrophylla* P. Beauv.). Chemische Untersuchungen liegen meines Wissens für terpenoide Exkrete von Amherstieen nicht vor.

Gummi-Exudate: Stammgummis von *Brachystegia*- und *Julbernardia*-Arten wurden bereits in Bd. XIa, 202, 204–205, 211 [Ref. 30], besprochen.

Orientierende chemotaxonomische Untersuchungen: Die erwähnten Arbeiten [Ref. 28, 29 sub *Detarieae*] enthalten auch Angaben über getrocknete beblätterte Zweige von *Amherstia nobilis* und *Tamarindus indica*. Bei beiden wurde Vorkommen von Ellagsäure, PA und 4-Hydroxybenzoe- und 4-Hydroxyzimtsäure wahrscheinlich gemacht; *Tamarindus indica* soll außerdem Spuren von cyanogenen Verbindungen enthalten.

Nichtproteinogene Aminosäuren: SHEWRY und FOWDEN [1] untersuchten die Speicherung von freien Aminosäuren. Sehr häufig sind größere Mengen von γ-substituierten Glutaminsäuren, und von Pipecolinsäure und Hydroxypipecolinsäuren (Tabelle 8). Nachgewiesen wurden *trans*-5-Hydroxypipecolinsäure, *trans*-4-Hydroxypipecolinsäure und drei isomere 4,5-Dihydroxypipecolinsäuren (vgl. Tabelle 8), von welchen **5** jetzt erstmalig in der Natur beobachtet wurde (Isolation aus 30 g Samen von *Julbernardia paniculata*). **3** Wurde aus 50 g Samen von *J. tomentosa* isoliert. Im übrigen wurden alle Taxa vergleichend untersucht (2-D PC).

BERLINIA

B. grandiflora (Vahl) Hutch. et Dalz. ist wichtige Heilpflanze von tropisch Westafrika [3]. Für Rinde wurde Vorkommen von Alkaloiden und Gerbstoffen wahrscheinlich gemacht, und Toxizität ihres Me-OH-Extraktes für Mäuse nachgewiesen [3].

HUMBOLDTIA

In Sri Lanka wurde *H. laurifolia* untersucht [4]: Blätter lieferten 3α-Methoxyfriedelan, Holz Lupeol und Acetyloleanolaldehyd und Rinde Sitosterin und Sitosterolester, Lupeol, Acetyloleanolaldehyd, Apigenin und ein Pentahydroxyflavan, für welches die neue Struktur 3,5,7,3′,5′-Pentahydroxyflavan vorgeschlagen wurde [4], was einem neuen Catechin (F 240°; $[\alpha]_D - 39,7°$) entsprechen würde.

Tabelle 8. Speicherung von nichtproteinogenen Aminosäuren in Samen einiger *Amherstieae* (*Brachystegioideae* Hutchinson) von Afrika (Rhodesia, Zaire [Katanga Prov.], Zambia) [1]

Taxon	N[1]	Aminosäuren[2,4]			
		γ-CH$_2$-Glu	Pip	5-OH-Pip	Ferner nachgewiesen[3,4]
Brachystegia allenii Burtt Davy et Hutch.	1	(+)	++	(+)	
B. boehmii Taubert	1	(+)	++	+	**4** (+)
B. glaucescens Burtt Davy et Hutch.	2	(+)	++	+	
B. × *longifolia* Bentham	1	(+)	++	(+)	**6** +
B. magna De Wild.	1	(+)	+	(+)	
B. microphylla Harms	2	(+)	++	(+)	
B. spiciformis Bentham	6	− bis (+)	(+) bis ++	(+) bis +	ein Muster **2** (+); ein Muster **5** +
B. utilis Burtt Davy et Hutch.	1	(+)	+	(+)	**1** (+); **2** (+)
Cryptosepalum exfoliatum De Wild.	1	++	(+)	−	**2** (+)
C. maraviense Oliver	2	++	(+)	−	**3** (+)
Isoberlinia angolensis (Benth.) Hoyle et Brenan	1	−	+	+	**3** (+) (isoliert)
I. tomentosa (Harms) Craib et Stapf	2	−	+	+	**2** (+); **5** +
Julbernardia globiflora (Bentham) Troupin	1	+	(+)	(+)	**2** (+); **5** (+) (isoliert)
J. paniculata (Benth.) Troupin	1	+	(+)	(+)	

Julbernardia

Die Rinden- und Holzgerbstoffe dieser Gattung sind denen der Detarieen (vgl. sub *Colophospermum, Guibourtia, Trachylobium*) ähnlich. Für Rinde, Splintholz und Kernholz von *J. globiflora* wurden Gerbstoffgehalte von 24,8, 3,2 und 6,1 % ermittelt [5]; aus Kernholz wurde ein Proguibourtinidin-Gemisch isoliert, aus welchem die Globiflorine $3B_1$ und $3B_2$ isoliert wurden; sie sind ($\alpha 4 \rightarrow 6$)-verknüpfte Guibourtinidol-Catechin-Dimere; $3B_1$ enthält (−)-Epicatechin und $3B_2$ (+)-Catechin [5]. Im Holz werden diese dimeren Proguibourtinidine von ensprechenden, C-Ring isomerisierten Phlobaphenen (vgl. IV auf Abb. 20), begleitet [6]. Kürzlich wurde nun auch ein solches dimeres Phlobaphen mit (−)-Catechin (= *ent*-Catechin) als terminalem Baustein in Holzextrakten von *J. globiflora* nachgewiesen [6].

Macrolobium

Aus Holz von *M. bifolium* (Aublet) Persoon wurden 7 mg 5-Methylmellein, 14 mg 5-Methoxymellein, 11 mg 6-Formyl-7-hydroxy-5-methoxy-4-methylphthalid, 9 mg Fettsäuren, 94 mg Phytosterole und 5 mg Sitostenon pro kg isoliert; da das untersuchte Holz stark durch Schimmelpilze infiziert war, dürfte es sich z. T. um Pilzmetaboliten gehandelt haben [113 sub *Detarieae*].

Paramacrolobium

Aus dem Hexanextrakt von in Kenya gesammelter Wurzelrinde von *P. coeruleum* wurden 11 Fettsäuren isoliert; 9 von ihnen sind Acetylenfettsäuren, von welchen

◄

1) Zahl der untersuchten Samenmuster.
2) − : Nicht nachweisbar.
   (+): Spuren bis kleine Mengen nachweisbar.
   + : Deutlich nachweisbar (mäßig bis viel).
   + + : Hauptaminosäure (freie).
3) Hier Spuren nicht berücksichtigt.
4) γ-CH_2-Glu = γ-Methylenglutaminsäure (bei einem Muster von *Brachystegia spiciformis*, und bei *Cryptosepalum exfoliatum* und *maraviense* und *Julbernardia paniculata* auch mäßige Mengen von γ-Methylenglutamin vorhanden).
   Pip = Pipecolinsäure.
   5-OH-Pip = *trans*-5-Hydroxypipecolinsäure (bei *Brachystegia allenii, boehmii, longifolia* und *microphylla* auch wenig *trans*-4-Hydroxypipecolinsäure vorhanden; 5-Hydroxypipecolinsäure begleitet in Samen von *Baikiaea plurijuga* (*Detarieae*) Baikiain [2]).
   1 = γ-Ethylglutaminsäure
   2 = γ-Methylglutaminsäure
   3 = 2,4-*cis*, 4,5-*trans*- ⎫
   4 = 2,4-*trans*, 4,5-*cis*- ⎬ 4,5-Dihydroxypipecolinsäure
   5 = 2,4-*trans*, 4,5-*trans*- ⎭
   6 = 3-Hydroxyprolin

$$\overset{14}{Me} - (CH_2)_3 - (C \equiv C)_2 - (CH_2)_5 - \overset{1}{COOH} \qquad I$$

$$\overset{18}{Me} - (CH_2)_7 - \overset{10}{C} \equiv \overset{9}{C} - R \ :$$

$$R = - \overset{8}{CH} = \overset{7}{CH} - (CH_2)_5 - \overset{1}{COOH} \qquad II$$

$$R = - C \overset{7}{\equiv} C - (CH_2)_5 - \overset{1}{COOH} \qquad III$$

$$R = - C \equiv C - \overset{5}{CH} = CH - (CH_2)_3 - COOH \qquad IV$$

$$R = - C \equiv C - \overset{6}{CH} - \overset{5}{CH} - (CH_2)_3 - COOH \qquad V$$
$$ \underset{O}{\diagdown \diagup}$$

$$R = - C \equiv C - \overset{6}{CH(OH)} - (CH_2)_4 - COOH \qquad VI$$

Abb. 27. Acetylenfettsäuren aus Wurzelrinde von *Paramacrolobium coeruleum* [7]

I = C_{14}-Di-in-säure, $C_{14}H_{20}O_2$ • II = C_{18}-In-en-säure, $C_{18}H_{30}O_2$ • III = Octadeca-7,9-di-in-säure, $C_{18}H_{28}O_2$ • IV = C_{18}-Di-in-en-säure, $C_{18}H_{26}O_2$ • V = 5,6-Epoxydi-in-säure, $C_{18}H_{26}O_3$ • VI = 6-Hydroxydi-in-säure, $C_{18}H_{28}O_3$

II–VI = C_{18}-Mono- und -Di-in-säuren; von II und IV (mit Doppelbindung) wurden die *cis*- und *trans*-Formen isoliert.

8 erstmalig in der Natur beobachtet wurden. Als Hauptsäure (0,17% der Rinde) wurde die ubiquitäre Ölsäure beobachtet; die Acetylenfettsäuren (Abb. 27) wurden in Mengen von 6–128 mg pro 400 g Rinde erhalten. Hauptacetylenfettsäure (128 mg) war 7,9-Octadecadiinsäure [7].

TAMARINDUS

Umfaßt nur *T. indica* L., eine uralte, pantropisch kultivierte Nutzpflanze, von welcher praktisch alle Teile Verwendung finden. Wichtigste Produkte sind wohl die Fruchtpulpa, welche kulinarisch und medizinisch (PULPA TAMARINDORUM) verwendet wird, das technisch verwertete Samen-Amyloid (auch unter Namen Tamarindus-Samen-Pektin, -Polyose, -Polysaccharid, -Hexopentosan, -Schleim, -„Jellose" u. a. bekannt [8]) und das Holz. Vgl. zur ökonomischen Bedeutung und Verwendung von *T. indica* z. B. WEALTH OF INDIA, Vol. X (1976), 114–122, J. L. POUSSET, Tome I, 127–128 [Ref. 75 sub *Detarieae*], TSCHIRCH, 2. Band (1912), 528–541 (l.c. Bd. I, 36), HERRMANN (1983), 56, 164 (l.c. Bd. VII, 69). Nach N. W. SIMMONDS (1976), 314 (l.c. Bd. VII, 71) sind in Indien Cultivars mit süßerer Fruchtpulpa entwickelt worden; ähnliche Angaben macht PURSEGLOVE (1977), 204–207 (l.c. Bd. VII, 70). Mit den Angaben über indische Tamarinden-Cultivars stimmt der Bericht von LEWIS und JOHAR [9] überein; diese Autoren wiesen in der roten Pulpa eines süßer schmeckenden Cultivars ein Cyanidinglucosid (mutmaßlich Chrysanthemin) nach, und melden, daß der süßere Geschmack dieser Pulpa durch Festlegung der Weinsäure als Kaliumbitartrat bedingt wird. Die Normalform der Tamarinde hat hellgrüne Pulpa, welche stärker sauer schmeckt, weil sie vorzüglich freie Weinsäure enthält; außerdem speichert sie an Stelle des Anthocyans Procyanidine [9].

Über *T. indica* wurden verschiedentlich Angaben in Band XI a gemacht: Vgl. dazu sub *Amyloid*, S. 113–116; *Blattproteine*, 130; *Weinsäure*, 186–187 und *Gerbstoffe*, 239; ferner im taxonomischen Register, 488.

Verständlicherweise sind die meisten chemischen Untersuchungen den Früchten (Fruchtpulpa) und den Samen gewidmet. Es folgen einige ergänzende Arbeiten.

Fruchtpulpa: Lufttrockene Pulpa (im Sudan gesammelter Früchte) enthält ein bitteres, stark bakteri- und fungizides Prinzip, das mit 5-Hydroxy-2-oxohexa-3,5-dienal identifiziert wurde [10]; diese Fruchtpulpa enthält ebenfalls stark schäumende Stoffe (mutmaßlich Saponine) mit molluscizider Wirkung [11]. Während des Reifens der Früchte akkumulieren in der Fruchtpulpa freie Aminosäuren; Serin, Alanin, viel Prolin, viel Pipecolinsäure, Phenylalanin und Leucin konnten identifiziert werden [12]. Wäßrige Pulpa-Extrakte (1 g Pulpa + 5 ml Wasser; 15 Min rühren; zentrifugieren) enthielten 37,5 Glc, 18,4 Fru, 1,6 Bernstein-, 6,0 Citronen-, 1,1 Oxal- und 3,1% Weinsäure und die Aminosäuren Alanin (14,2%), Leucin (0,6%), Phenylalanin (1,7%), Pipecolinsäure (1,7%), Prolin (5,4%) und Serin (8,8%) [13].

Samen: Über das Samen-Reservepolysaccharid Amyloid wurde, wie oben erwähnt, bereits ausführlich in Bd. XI a berichtet. Bestrebungen, um den Tamarindus-Samen-Polysacchariden ökonomische Bedeutung zu verschaffen, regten zahlreiche weitere Untersuchungen an, welche sich allerdings z. T. widersprechen; auf einige dieser Arbeiten sei noch kurz eingegangen. SAVUR [8, 14, 15] setzte sich energisch für die Entwicklung einer auf Tamarindus-Samenkernpolysacchariden basierte Industrie von Geliermitteln ein. Er zeigte, daß die Samenkerne ein Gemisch von Polysacchariden (fälschlicherweise Pektin genannt) mit verschiedenen Eigenschaften enthalten:

P_1 ist aus dem Samenmehl in 2–3 Minuten mit Wasser von 5° extrahierbar; Ausbeute 2–4% des Samenmehls; hat keine gelierende Wirkung.

P_2 wird durch Wasserextraktion bei Zimmertemperatur (rühren; 45 Min; 1 T Samenmehl + 10 T Wasser) gewonnen; Ausbeute 20–30%; geliert gut.

P_3 wird durch Kochen des Restes mit Wasser während 20 Min gewonnen; Ausbeute 20–30%; geliert gut.

P_1 wurde als Polyglucuronid charakterisiert; P_2 und P_3 sind Galaktoxyloglucane. Aus der Fraktion P_3 wurde in Mengen von etwa 25% ein Xylan genanntes Polysaccharid erhalten, welches bei Hydrolyse 86% Xyl, 8,5% Glc und 2,4% Gal lieferte [15]. Dies zeigt wiederum, daß Schleime und Reservezellulosen komplexe Gemische darstellen. Die Zusammensetzung und Eigenschaften eines sogenannten Reinstoffes hängen von den Isolations- und Analysenmethoden ab. KHAN und MUKHERJEE [16] gelangten zu anderen Schlüssen. Sie extrahierten Samenkernmehl erst mit Petrolether, Chloroform und absolutem EtOH; nun wurde mit redestilliertem Wasser ausgezogen (Temp. und Zeit nicht angegeben) und die gelösten Polysaccharide mit EtOH gefällt; so erhielten sie 51% (bezogen auf das vorextrahierte Samenkernmehl) eines nach ihren Erfahrungen einheitlichen Galaktoxyloglucans (Gal : Xyl : Glc = 1 : 2 : 3), welches sie Tinkerose (**T. in***dica* **ker**nel „**ose**") nannten.

Aus Samenschalen wurde ein Gemisch von PCy isoliert [17].

In gekeimten Samen wurden große Mengen γ-Methylenglutaminsäure und γ-Methylenglutamin und geringe Mengen γ-Methylglutaminsäure nachgewiesen; Keimwürzelchen, Hypokotyl und Plumula wiesen alle hohe Gehalte auf, während diese nichtproteinogenen Aminosäuren in den Kotylen nicht oder nur spurenweise nachweisbar waren [18].

Tamarindensamen enthalten 6–8% Öl mit 2,6–3,8% Unverseifbarem und folgender Fettsäurezusammensetzung: 18:1 27–38%, 18:2 41–46%, gesättigte Säuren 20–31% [19, 20]; in [19] wurde ebenfalls die Fraktion der gesättigten Fettsäuren analysiert: 16:0 6,2, 18:0 2,6, 20:0 4,4 und 22:0 6,9%.

Blätter: Die Flavonoide der Blätter sind zur Hauptsache C-Glyko-flavone: Vitexin, Isovitexin (= Saponaretin), Orientin (= Lutexin) und Iso-orientin (= Homo-orientin) [21].

Rinde: Während in Blättern, Stammholz und Wurzeln keine Alkaloide beobachtet wurden, konnte aus Rinde 0,05% Roh-Hordenin isoliert werden; dieses lieferte 0,017% reines Hordeninhydrochlorid [22].

Kernholz: Aus Kernholz wurde in Indien ein Gemisch von Propelargonidinen gewonnen [23].

Vgl. auch HAGER, Bd. 6, l.c. im Nachtrag, S. 387.

TETRABERLINIA

Das im Holzhandel als EKABA bekannte Holz von *T. bifoliolata* (Harms) Hauman wurde holzchemisch (Holo- und Hemizellulosen, Lignin, Asche, Gesamtextraktstoffe) charakterisiert [24].

Literatur und Bemerkungen

[1] P. R. SHEWRY and L. FOWDEN, *4,5-Dihydroxypipecolic acids in the seed of Julbernardia, Isoberlinia and Brachystegia,* PHYCHEM *15,* 1981–1983 (1976). ● [2] N. GROBBELAAR et al., *New nitrogen compounds (amino- and imino-acids and amides) in plants,* Nature *175,* 703–708 (1955). Übersichtsbericht über neue Entwicklungen auf dem Gebiet der nichtproteinogenen Aminosäuren; u.a. Pipecolinsäure und Derivate und γ-substituierte Glutamine; Beschreibung von Isolation von 2,4% Baikiain, 0,3% Pipecolinsäure und 0,3% 5-Hydroxypipecolinsäure (Identifikation von „Unknown No. 83") aus Samen von *Baikiaea plurijuga.* ● [3] I. U. ASUZU et al., Fitoterapia *64,* 529–534 (1993). ● [4] U. SAMARAWEERA et al., PHYCHEM *22,* 565–567 (1983). ● [5] A. PELTER et al., *Proanthocyanidins from Julbernardia globiflora,* JCS *1969*C, 2572–2579. Isolation von zwei epimeren, dimeren Proguibourtinidinen, Globiflorin 3B$_1$ und 3B$_2$, $C_{36}H_{38}O_{10}$. ● [6] P. J. STEYNBERG et al., *The first natural condensed tannins with (−)-catechin „terminal" unit,* Tetrahedron Letters *31,* 2059–2062 (1990). ● [7] A. D. PATIL et al., JNP *52,* 153–161 (1989). ● [8] G. R. SAVUR, *Tamarind „pectin" industry of India,* Chemistry and Industry *1956,* 212–214. Übersicht über Bereitung, Eigenschaften und technische Verwendungen der Tamarindus-Samen-Polysaccharide. ● [9] Y. S. LEWIS and D. S. JOHAR, *Characterization of the pigment in red tamarind,* Current Sci. *25,* 325–326 (1956). ● [10] E. S. IMBABI et al., Fitoterapia *63,* 537–538 (1992). ● [11] E. S. IMBABI and I. M. ABU-AL-FUTUH, Intern. J. Pharmacognosy *30,* 157–160 (1992). ● [12] M. V. L. RAO et al., J. Sci. Industr. Res., India *13*B, 377–378 (1954). Früchte von Indien

untersucht. • [13] A. L. KHURANA and CHI-TANG HO, *HPLC Analysis of nonvolatile flavor components in Tamarind (Tamarindus indica)*, J. Liquid Chromatogr. *12*, 419–430 (1989). Analysiert wurden 20%ige wäßrige Extrakte aus käuflichem Tamarindenmus. • [14] G. R. SAVUR, *Tamarind seed polysaccharides*, Current Sci. *24*, 235–236 (1955). • [15] Id., *Constitution of tamarind-seed polysaccharides, and the structure of the xylan*, JCS *1956*, 2600–2603 (1956). N.B.: G. R. SAVUR war Chemiker in der „Pectin Manufacturing Co.", Bombay, India. • [16] N. A. KHAN and B. D. MUKHERJEE, *The polysaccharide in Tamarind seed kernel*, Chemistry and Industry *1959*, 1413–1414. • [17] K. R. LAUMAS and T. R. SESHADRI, *Leucocyanidin from Tamarind seed testa*, J. Sci. Industr. Res., India, *17*B, 44–45 (1958). Die Autoren weisen darauf hin, daß PA-Gemische zur Herstellung von Plastic-Material geeignet sind (10%ige wäßrige PA-Lösung + KOH + Formalin; rühren). • [18] Miss K. K. PATNAIK and M. M. LALORAYA, *Occurrence and distribution of some uncommon amino-acids in Tamarind seedling*, Current Sci. *32*, 279–280 (1963). • [19] M. S. TAWAKLEY and R. K. BHATNAGAR, Indian Soap Journal *19*, 113–115 (1953). • [20] S. G. BHAT, Indian Oil and Soap Journal *32*, 53–57 (1966). • [21] Y. S. LEWIS and S. NEELAKANTAN, Current Sci. *33*, 460 (1964); V. K. BHATIA et al., PHYCHEM *5*, 177–181 (1966). • [22] E. P. WHITE, New Zeal. J. Sci. *12*, 171–174 (1969). Exemplar von Fiji untersucht. • [23] V. K. BHATIA et al., Indian J. Chem. *7*, 123–124 (1969). • [24] TRINH TRI SY et al., *Chemische Untersuchungen von Holz von Tetraberlinia bifoliolata (EKABA)*, Holztechnologie *21*, 157–160 (1980).

C I.6. KRAMERIACEAE (= *Caesalpinioideae-Kramerieae* sensu TAUBERT)

P. TAUBERT (1894 in ENGLER-PRANTL, Natürl. Pflanzenfamilien III$_3$, 166–168) lehnte CHODAT's Auffassung, i.e. eigene Familie, *Krameriaceae*, entschieden ab, und betonte die große Ähnlichkeit von *Krameria* mit den *Cassieae*. Auch bei WETTSTEIN (4. Aufl. 1935) finden wir *Krameria triandra* noch unter den Caesalpinioideen aufgeführt. Die Familie *Krameriaceae* war übrigens bereits durch DUMORTIER (1829) und KUNTH (1834) eingeführt worden. Ihre Stellung im System (ob als Gattung oder als Familie) blieb jedoch bis in die jüngste Zeit sehr umstritten. Die z.T. bizarre taxonomische Frühgeschichte von *Krameria* wurde bis zum Jahre 1868 durch COTTON [1] in seiner ausgezeichneten Dissertation ausführlich beschrieben. Während man in Frankreich und England dazu neigte, Ähnlichkeiten des Taxons mit den Polygalaceen hervorzuheben, betonten amerikanische Autoren (z. B. ASA GRAY) Leguminosen-Verwandtschaft. Daneben waren für diese in mancher Hinsicht sehr merkwürdige Gattung viele andere Klassifikations-Vorschläge gemacht worden. Heute ist die Mehrzahl der Angiospermensystematiker davon überzeugt, daß *Krameria* den *Polygalaceae* näher steht als den *Leguminosae*. Die für *Krameria* gegenwärtig erwogenen Einreihungen ins System sollen durch wenige stark gekürzte moderne Klassifikations-Vorschläge illustriert werden (Abb. 28).

Die Gattung *Krameria* wurde 1758 durch LINNÉ's früh verstorbenen Schüler LÖFLING für *K. ixine* (= *K. ixina* L. [1762]), welche er in Venezuela sammelte, geschaffen. Es handelt sich um eine polytypische Art, welche von Süd-Mexico bis Colombia, Venezuela und Guyana reicht, und auch auf manchen karibischen Inseln wächst [2]. In Europa wurde die Gattung aber erst besser bekannt, nachdem RUIZ im Jahre 1796 eine Arbeit über Botanik und Verwendung der neuen peruanischen Art *Krameria triandra* Ruiz et Pavón publiziert hatte [1, 5]. RUIZ war Botaniker und ausgebildeter Apotheker. Er beobachtete in Peru die Verwendung der RATANHIA (engl. RHATANY)-Wurzel oder RAIZ PARA LOS DIENTES durch Eingeborene und Spanier zur Zahn- und Mundpflege, wobei bei Frauen auch der Nebeneffekt, eine schöne Rotfärbung der Lippen, sehr geschätzt war [1, 3, 5]. RUIZ begann mit dieser stark adstringierend schmeckenden Wurzel zu experimentieren, bereitete wäßrige Extrakte, dampfte diese bis zur Spissumkonsistenz ein, und trocknete die Spissum-Extrakte anschließend in geeigneten Behälterchen an der Sonne zu brüchigen, kino-artigen Massen, welche als Pulver zur Mundpflege und gelöst auch intern appliziert werden konnten. Er empfahl solche Präparate Ärzten zu Stillung von Blutungen der verschiedensten Art, wobei offensichtlich nicht selten beachtliche Erfolge erzielt wurden [3, 5]. *K. triandra* ist nicht auf Peru beschränkt, sondern kommt auch im Westen Boliviens und im Norden von Chile und Argentinien vor [2]. Nach [3–5] begann sich die therapeutische Verwendung der neuen Droge aus Peru nach 1820 langsam von Portugal und Spanien über ganz Europa zu verbreiten. Bereits 1854 tauchten auf dem europäischen Drogenmarkt auch Ersatzdrogen auf, da der Bedarf anscheinend durch Peru nicht mehr gedeckt werden konnte. Solche Austauschdrogen waren unter verschiedenen Namen bekannt, z. B. [1]:

RATANHIA OFFICINAL = Ratanhia du Pérou = Ratanhia Payta = Racine pour les dents = offizinelle Droge; wird durch *K. triandra* geliefert.

HUTCHINSON 1969:
    ┌→ Bixales → Polygalales mit **Krameriaceae**
   Dilleniales
    └→ Rosales → *Leguminales* (mit *Caesalpiniaceae, Mimosaceae*
                   und *Fabaceae*).

TAKHTAJAN 1986:
   Subclass Rosidae – Rosanae
                   – Myrtanae
                   – Fabanae mit: „*Fabaceae* or *Leguminosae* (incl.
                                    Caesalpiniaceae and *Mimosaceae*)"
                   – Rutanae mit 9 Ordines, worunter
                         Polygalales mit **Krameriaceae**.

CRONQUIST 1988:
   Subclass Rosidae mit Rosales → *Fabales* mit *Caesalpiniaceae*,
                 │   *Mimosaceae* und *Fabaceae*
                 │   └→ Polygalales mit **Krameriaceae**
                 ↓
              Sapindales.

DAHLGREN 1989:
   Rutanae – Sapindales
          – *Fabales* mit *Caesalpiniaceae, Mimosaceae* und *Fabaceae*
          – Rutales
          – Polygalales mit **Krameriaceae**
          – Geraniales + 4 weitere Ordines.

HUBER 1991:
   2. Hauptgruppe: B. Die tropischen Fiederblattbäume
     Anacardiaceae – Coriariaceae – Corynocarpaceae
     Rutales mit 5 Familien
     Zygophyllaceae
     Araliales (2 Familien)
     Sapindales (3–4 Familien)
     Ampelidales (4 Familien)
     Leguminosae (mit *Caesalpiniaceae, Mimosaceae* und *Papilionaceae*)
     Polygalales (als Nebenlinie der Sapindales aufgefaßt)
        mit *Polygalaceae* mit **Krameria**.

THORNE 1992:
   Geranianae – Linales
               – Rhizophorales
               – Geraniales
               – Polygalales mit **Krameriaceae**
   Rutanae – Rutales – Rutineae
                     – Coriariineae
                     – Sapindineae
                     – *Fabineae* mit Surianaceae, Connaraceae und
                        Fabaceae mit *Caesalpinioideae, Mimosoideae,*
                        Swartzioideae und *Faboideae*.

Abb. 28. Einige in neuerer Zeit für *Krameria* oder *Krameriaceae* erwogene Klassifikationen (Ref. vide Bd. VII, 11; XIa, XVII–XVIII)

RATANHIAS DE SAVANILLE = Sammelname für die meisten nicht-offizinellen Ratanhia-Ersatzdrogen für die eben erwähnte offizinelle Droge; dazu gehörten [1]:
RATANHIA DE LA NOUVELLE-GRENADE ou RATANHIA SAVANILLE PROPREMENT DIT; Stammpflanze unsicher; *Krameria*-Taxa der Karibik; vgl. aber [4].

RATANHIA DES ANTILLES; Stammpflanzen = *Krameria*-Taxa; zwei Typen waren im Handel, RATANHIA DES ANTILLES À SURFACE NOIRE (*K. ixine*?) und RATANHIA DES ANTILLES À SURFACE BRUNE (Stammpflanze unsicher; *Krameria*-Taxon).

RATANHIA DE TEXAS; stammte von *K. lanceolata*.

Zeitweilig scheint die SAVANILLE-, SAVANILLA- oder SABANILLA-RATANHIA s. str. wichtigste Droge gewesen zu sein. Sie verdankt ihren Namen dem Exporthafen Savanille an der Mündung des Magdalena-Flusses in Colombia [1]. Nach HANBURY [4] wurde diese Droge durch eine Form von *K. ixine* geliefert; ihre Wurzeln wurden damals hauptsächlich östlich des Magdalena-Flusses in den gebirgigen Gegenden westlich von Pamplona gesammelt.

Als Stammpflanze der durch TSCHIRCH erwähnten brasilianischen, braunen, Ceara- oder Para-Ratanhia kommt nach [2] am ersten *K. tomentosa* in Frage.

RUIZ's Beschreibung von Bereitung und Verwendung von kino-artigen Trokkenextrakten aus Wurzeln von *Krameria triandra* war mutmaßlich Ursache des Exportes derartiger Produkte aus Lateinamerika unter dem Namen Extractum Ratanhiae nach den USA und Europa. Diese Extrakte stammten jedoch nicht von *Krameria*-Arten, sondern von stark gerbstoffhaltigen Leguminosen, wie bei der Besprechung der Herkunft des sogenannten Ratanhins bereits in Bd. XIa dargelegt wurde (vgl. sub O. HILLER-BOMBIEN 1892, l.c. Bd. XIa, 57).

Eine Übersicht über die vielseitige lokale medizinische und anderweitige Verwendung von *K.*-Arten, *K. argentea, cistoidea, cytisoides, erecta, grayi, ixine, lappacea* (= *triandra*), *lanceolata, paucifolia, secundiflora* und *spartioides,* findet sich in [3]. DAEMS schrieb einen interessanten historischen Bericht über RADIX RATANHIAE [5], in welchem ausführlich auf Experimente und Erfahrungen von RUIZ mit dieser Gerbstoff-Droge eingegangen wird. Bis in die jüngste Zeit ist Radix Ratanhiae einzige typische Gerbstoffdroge mancher Pharmakopöen geblieben. Anscheinend ist im Drogenhandel jedoch kaum mehr echte peruanische Ratanhia-Wurzel (*K. triandra*) erhältlich; deshalb wurde die Forderung gestellt, im Deutschen Arzneibuch RADIX RATANHIAE durch RHIZOMA TORMENTILLAE zu ersetzen [6]. Phytochemische Untersuchungen in jüngster Zeit (vide später) haben jedoch gezeigt, daß diese zwei Drogen keineswegs gleichwertig sind. Eine mit guten anatomischen Abb. (einschl. Stärkekörnern, Oxalateinzelkristallen, Oxalatsand) versehene ausführliche Beschreibung der echten Radix Ratanhiae findet sich in H. THOMS, l.c. Bd. XIa, 80. FLÜCK's Atlas [7] enthält schöne mikrophotographische Abbildungen und Pulver-Zeichnungen dieser Droge.

Nach der Monographie von SIMPSON [2] zählt die Gattung *Krameria* 17, z. T. sehr polytypische Arten und bildet allein die Familie der *Krameriaceae*. Einige Eigenarten dieses Taxons verdienen es an dieser Stelle hervorgehoben zu werden.

Gegen Zugehörigkeit zu den Leguminosen spricht u. a. der der Anlage nach aus zwei Karpellen gebildete Fruchtknoten, der sich zu stacheligen Diasporen entwickelt, welche den einzigen Samen erst spät freigeben (nach NETOLITZKY [l.c. Bd. XI a, 7] ist die Frucht eine einsamige Nuß, nach [2] „a single-seeded capsule").

Die Samen sind endospermlos (schlechte Samenabb. in TAUBERT) und enthalten einen Embryo mit großen fleischigen Kotylen (erinnern an die *Sarcolobées* von DE CANDOLLE), welche nach NETOLITZKY Aleuron- und Stärkekörner und viel Fett speichern (vgl. *Arachis*).

Die meisten (alle?) *Krameria*-Arten sind Hemiparasiten. Diese Eigenschaft sollte man bei phytochemischen Untersuchungen nicht vergessen, da stets die Möglichkeit der Aufnahme einzelner Metaboliten aus Wirtspflanzen besteht. H. BUSCHMANN (Ref. [6] auf S. 195 von Bd. XI a) wies in Blättern von *K. bahiana* viel China- und Isocitronensäure und weniger Apfel- und Citronensäure, sowie reichlich Fru, Glc, Pinit, Myoinosit, wenig Quebrachit und Saccharose und sehr viel Xylit nach. Wirtspflanzen wurden bei diesen Untersuchungen nicht identifiziert; es ist nicht auszuschließen, daß einige der erwähnten Verbindungen aus Wirtspflanzen stammten.

Bestäubungsbiologisch ist die Familie interessant. Ihre Blüten werden durch ölsammelnde ♀ Bienen aus der Gattung *Centris* eifrig besucht; diese Bienen füttern ihre Larven mit Lipiden [2, 8–11]. Neue Untersuchungen von *Krameria*-Blüten [11] führten zum Schluß, daß sie in der Regel (Ausnahme *K. triandra*) drei normale und zwei zu Öldrüsen modifizierte Petalen („glandular petals or elaiophores") enthalten. Diese Elaiophoren speichern subcuticular Gemische von 3-Acetoxyfettsäuren, $Me-(CH_2)_n-CH(OAc)-CH_2-COOH$ mit n = 12, 14 oder 16 [8–10]; pro Blüte liefern die zwei Elaiophoren annähernd 2 mg Acetoxyfettsäuren; die Zusammensetzung der Fettsäuregemische variierte innerhalb und zwischen den untersuchten Arten; ein Muster von *K. cytisoides* enthielt neben den freien Acetoxyfettsäuren auch an Glycerin gebundene Fettsäuren [9]. Beim Blütenbesuch durch *Centris*-Bienen platzen die Cuticulae und die freigekommenen Lipide werden durch die Bienenweibchen mit speziellen Sammeleinrichtungen an ihren Beinen geerntet und eventuell noch mit Pollen gemischt. Bisher wurden die Elaiophor-Sekrete von 8 Arten chemisch untersucht, und bei weiteren Arten der Blütenbesuch beobachtet (Nomenklatur nach [2]):

K. argentea (2 Herkünfte [= Muster] analysiert).

K. cistoidea (Blütenbesuch durch *Centris*-Arten beobachtet).

K. cytisoides (3 Muster).

K. erecta Willd. ex Schultes (einschl. *K. parvifolia* Bentham; 1 Muster).

K. grandiflora (1 Muster).

K. grayi (Blütenbesuch durch *Centris*-Arten).

K. ixine Löfling (= *K. ixina* L., einschl. *K. cuspidata* Presl; 6 Muster).

K. lanceolata (Blütenbesuch durch *Centris*-Arten).

K. lappacea (Dombey) Burdet et Simpson (= *K. triandra* Ruiz et Pavón; einschl. *K. iluca* Phil. von Nord-Chile; 4 Muster).

K. ramosissima (Blütenbesuch durch *Centris*-Arten).

K. revoluta (3 Muster).

K. tomentosa (4 Muster).

Wie bereits mitgeteilt, ist die Stammpflanze von RADIX RATANHIAE des Drogenhandels seit etwa 140 Jahren unsicher, weil oft die Wurzeln anderer *Krameria*-Arten beigemischt waren, oder aber *Krameria triandra*, welche durch viele europäische Pharmakopöen als Stammpflanze von RADIX RATANHIAE gefordert wurde, vollständig durch andere Arten ersetzt war und ist [6]. Man sollte deshalb alle chemischen Arbeiten, welche mit der Handelsdroge ausgeführt wurden, vorläufig unidentifizierten *Krameria*-Arten zuschreiben. Zuordnung von Ergebnissen von Drogenuntersuchungen zu *K. lappacea* (= *K. triandra* [2]) darf nur dann erfolgen, wenn botanisch eindeutig dokumentiertes Drogenmaterial zur Verfügung stand. Untersuchungen mit RADIX RATANHIAE sollen am Schluß besprochen werden.

Bisher wurden für die Familie eindeutig nur Phytosterine, Triterpene, kondensierte Gerbstoffe und Lignane, Neolignane und Norneolignane (Abb. 29) nachgewiesen.

K. cytisoides Cavanilles (die Autoren schreiben *cystisoides*): In Nordost-Mexico (Tamaulipas) gesammelte Wurzeln lieferten 16 benzofuranoide Neolignane, 2 Neolignane vom 1-Aryl-2-phenoxypropan-1-ol-Typ und 3 tetrahydrofuranoide Lignane. Bereits bekannte Körper waren die Benzofuranoide Licarin-A, Conocarpan, Eupomatenoid-13 (= Kachirachirol-A), Ratanhiaphenol-II (= Eupomatenoid-6) und Ratanhiaphenol-I (vgl. zu diesen Formeln III–VI auf S. 4 von Bd. IX und Abb. 29). Die übrigen isolierten Phenole stellen neue Naturstoffe dar. Mengenmäßig überwogen die benzodihydrofuranoiden Neolignane 2,3-Dihydro-2-(4-hydroxyphenyl)-7-methoxy-3-methyl-5-propenylbenzofuran und Conocarpan und das neue benzofuranoide Neolignan Olmecol. Auch eines der neuen benzofuranoiden Norneolignane erhielt einen Trivialnamen, Toltecol. Eine Erklärung für die Wahl der neuen Trivialnamen fehlt [12].

K. erecta Willd. ex Schultes (= *K. interior* Rose et Painter) [2]: In Nord-Mexico (Coahuila) gesammelte Wurzeln lieferten 13 bekannte und 3 neue lignanoide Körper, worunter Conocarpan, Eupomatenoid-6 und -13, Hermosillol und Ratanhiaphenol-I; mengenmäßig überwogen ein benzofuranoides, biphenolisches Neolignan und Conocarpan, Hermosillol und ein neues tetrahydrofuranoides Diphenol [13].

K. grayi Rose et Painter: In Nordwest-Mexico (Sonora) gesammelte überirdische Teile lieferten Phytosterine und wenig Ramossisin und Demethoxyramosissin [14].

K. ixine Löfling (= *K. ixina* L.) [2]: In Venezuela wurden Wurzeln und überirdische Teile gesammelt. „Kraut" lieferte Lupeol, Squalen und Phytosterine. Aus Wurzeln wurden 24-Methylencycloartanol, 8 bereits bekannte und 9 neue lignanoide Körper, worunter Conocarpan, Eupomatenoid-6, Hermosillol und Ratanhiaphenol-I isoliert. Charakteristisch für diese Art scheinen Isohermosillol und sein Methylether zu sein. Conocarpan und ein diphenolisches Norneolignan vom Typus II von Abb. 29 (hat OMe-Gruppe im A-Ring durch OH ersetzt) überwogen mengenmäßig; zu den Hauptphenolen dieses Taxons zählt auch ein geometrisches Isomer des Diphenols VII von Abb. 29 [15].

K. lanceolata Torrey: Wurzeln wurden in Nord-Mexico (Coahuila) gesammelt; sie lieferten 13 bereits bekannte (u. a. Conocarpan, Eupomatenoid-6 und -13, Hermosillol und Ratanhiaphenol-I und -III) und je einige mg (aus 400 g Wurzeln) von 5 neuen lignanoiden Verbindungen, von welchen 4 einen B-Ring mit β-oxidierter C_3-Seitenkette tragen; zwei von diesen erhielten die Trivialnamen Zapotecol (15 mg) und Zapotecon (4 mg) [16].

K. paucifolia (Rose) Rose [2]: Im Nordwesten Mexicos (Sonora) gesammelte Wurzeln lieferten 8 aus *Krameria* bereits bekannte Neolignane und zwei neue derartige Phenole; alle isolierten Körper gehörten bei diesem Taxon zum benzofuranoiden Typ. Hauptlignanoide waren Conocarpan, Ratanhiaphenol-I und sein O-Demethylderivat und das *K. lanceolata*-Neolignan V (R: $-CH_2-CH[OH]-CH_3$; Abb. 29), von welchem hier das linksdrehende Enantiomer (neu) in größeren Mengen (26 mg aus 700 g Wurzeln erhalten) vorhanden war [17].

K. ramosissima (A. Gray) S. Watson [2]: Das Taxon steht *K. erecta* (= *K. parvifolia* Bentham) nahe und wurde durch ASA GRAY ursprünglich als Varietät von *K. parvifolia* beschrieben [2]. Im Nordosten Mexicos (Nuevo León) gesammelte Wurzeln lieferten Hermosillol und Ratanhiaphenol-I und 6 damals neue benzofuranoide Norneolignane, worunter Ramosissin und Demethoxyramosissin. Ramosissin gehört zu den Hauptinhaltsstoffen dieses Taxons [18].

K. sonorae Britton: Wurde durch SIMPSON [2] in *K. grayi*, einem Taxon der südwestlichen USA (Arizona, California, Nevada, Texas) und von Nord- und Mittel-Mexico, einbezogen, allerdings mit Hinweisen auf abweichende Merkmale in Populationen von Sonora (sie denkt an Hybriden mit *K. paucifolia* „found nearby across the Gulf of California"). Bei Hermosillo in Sonora, Mexico, gesammelte oberirdische Teile lieferten Hermosillol und 7 bereits aus *K. cytisoides* isolierte Neolignane, worunter Conocarpan, Eupomatenoid-6 und -13 und Ratanhiaphenol-I [19]. Eine spätere Untersuchung von in derselben Gegend geernteten Wurzeln lieferte Sitosterin und dessen 3-Glucosid, Cycloartenol und dessen Kaffeesäureester, Fettsäuremethylester und die Neolignane Hermosillol, Eupomatenoid-6 und -13, Conocarpan und Licarin-A, sowie drei weitere Neolignane [20].

RADIX RATANHIAE (= RATANHIAE RADIX): Stammt nach vielen Pharmakopöen von der peruanischen (kommt auch in Süd-Ecuador, Bolivia und Nord-Chile und Nord-Argentinien vor) *K. triandra* Ruiz et Pavón (= *K. lappacea* [2]). Nach der einschlägigen Literatur wurde die Handelsdroge aber seit langem hauptsächlich von anderen Arten der Karibik, von Colombia, Venezuela und Brasilien geerntet. Darum waren *Krameria*-Arten, welche in Mitteleuropa als Lieferanten von Ersatzdrogen oder Verfälschungen von RATANHIAE RADIX galten, in manchen Ländern zeitweilig ebenfalls als Stammpflanzen dieser Wurzeldroge zugelassen (z. B. Ph. Brit., Gall., Hisp., USA). Einzelne latein-amerikanische Pharmakopöen (Brasilien, Mexico) forderten sogar ausdrücklich einheimische *Krameria*-Arten als Lieferanten dieser Droge. Vgl. dazu IMBESI 1964, l.c. Bd. VII, 69. Kondensierte Gerbstoffe gelten seit jeher als die therapeutisch wichtigen Bestandteile dieser Droge. Genauere chemische Untersuchungen der Droge wurden erst in jüngster Zeit durchgeführt.

Neolignane – Auf der Suche nach UV-Filterstoffen für Sonnenschutzmittel stießen STAHL und ITTEL auf den Petroletherextrakt von Radix Ratanhiae (Ausbeute

1,0–1,2%), wiesen in ihm 5 phenolische Wirkstoffe nach, und klärten die Strukturen der Ratanhiaphenole-I und -II auf; es handelt sich um benzofuranoide, monophenolische Neolignane, bzw. Norneolignane (Abb. 29) [21]. Italienische Forscher setzten derartige Untersuchungen mit Radix Ratanhiae fort, und isolierten zusätzliche 18 Neolignane, Norneolignane und tetrahydrofuranoide Lignane, und wiesen für einzelne dieser Körper antibakterielle und fungistatische Aktivität nach; es handelte sich um 13 2-Arylbenzofuranderivate, 4 2-Aryl-2,3-dihydrobenzofuranderivate, 2 stereoisomere tetrahydrofuranoide Lignane und um ein neolignanoides 1-Aryl-2-phenoxy-propan-1-ol-Derivat; 7 dieser lignanoiden Körper waren bereits aus *Krameria* bekannt und 13 waren neu für die Gattung [22]. Später isolierte die gleiche Arbeitsgruppe noch ein Ratanhin genanntes Dineolignan (50 mg aus 1 kg Wurzeldroge), zeigte, daß es aus einem bereits früher isolierten diphenolischen benzofuranoiden Norneolignan und aus Conocarpan aufgebaut ist, und daß Conocarpan und Eupomatenoid-6 (= Ratanhiaphenol-II) zusammen 50% der Neolignan-Fraktion der von ihnen bearbeiteten Radix Ratanhiae darstellten [23]. Nach [24] sollten sich die Lignan-Spektren der Wurzeln von *Krameria*-Taxa für den Nachweis von Verfälschungen der von *K. lappacea* (= *K. triandra*) stammenden offizinellen Droge eignen. Insbesondere wird auf das alleinige Vorkommen des mit GC leicht nachweisbaren Isohermosillols in *K. ixine* hingewiesen.

Gerbstoffe – Die Ratanhia-Gerbstoffe sind erst in jüngster Zeit besser bekannt geworden [25]. Ratanhia-Wurzel enthält ausschließlich kondensierte Gerbstoffe, welche mit Mineralsäuren Pg und Cy in mit den einzelnen Fraktionen wechselndem Verhältnis liefern. Gesamthaft überwiegt eindeutig Pg (Pg : Cy-Verhältnis des Wurzelgerbstoffes = 65:35). Als monomere Bausteine konnten nur Catechin und Epicatechin isoliert werden. Die erwarteten Afzelechine ließen sich nicht nachweisen. Die Adstriktion von Wurzelauszügen wird in erster Linie durch die Fraktionen mit hexa- bis dodecameren PA bedingt. Die Bausteine dieser kondensierten Gerbstoffe sind hauptsächlich durch (4β-8)-Bindungen verknüpft. Bei größeren Oligomeren (etwa ab Octamerie) kommen aber auch verzweigte Moleküle mit (4β-8)- und (4β-6)-gebundenen Flavanbausteinen vor. Die mit 80% Aceton extrahierbaren echten Gerbstoffe (i. e. > Trimeren) bestanden zu 18% aus Tetrameren, 19% aus Pentameren, 28% aus Hexa- bis Octameren, 25% aus Nona- bis Decameren, 7% aus Undeca- bis Dodecameren und zu 3% aus höheren Oligomeren und Polymeren. Für diesen Ratanhia-Gerbstoff wurde eine beachtliche antibakterielle Wirkung nachgewiesen. Beim Ratanhia-Gerbstoff fällt der verhältnismäßig geringe Hydroxylierungsgrad des B-Rings (hoher PPg-Anteil) bei gleichzeitiger guter Adstriktionswirkung auf [25]. Bereits die ROBINSONs [26] hatten nachgewiesen, daß Ratanhia-Tinktur Pelargonidin-liefernde „Leucoanthocyane" enthält. NISHIOKA [27] erwähnte in einem Übersichtsbericht biologische Eigenschaften der Rhatannin-I und -II genannten nona- bis decameren galloylierten PCy; dieser Name ist äußerst unglücklich gewählt, denn es handelt sich nicht um „Rhatany root tannin", sondern um Rheum-Tannine [28].

Schlußbetrachtungen – Die chemischen Merkmale liefern vorläufig kaum einen wesentlichen Beitrag zur Beurteilung der systematischen Stellung der Familie. Benzofuranoide Neolignane wurden auch in der Gattung *Cassia* beobachtet (vgl.

Bd. XI a, 346–349), und kondensierte Gerbstoffe sind bei den Leguminosen weitverbreitet. Die meisten Leguminosen-PA haben allerdings Flavanbausteine mit di- oder trihydroxyliertem B-Ring, doch fehlen solche mit monohydroxyliertem B-Ring keineswegs. In dieser Beziehung sind die Flavan-3-ole Afzelechin und Guibourtinidol und die Flavan-3,4-diole, die Leucoguibourtinidine, und die auf die letzteren basierten oligomeren Proguibourtinidine zu erwähnen. Bei den in Rinden und Holz von Caesalpinioideen vorkommenden Proguibourtinidinen handelt es sich allerdings vorwiegend um 5-Desoxyflavonoide. Lupeol ist ebenfalls ein typisches Leguminosen-Triterpen.

Eindeutigere Ergebnisse verdanken wir serologischen Untersuchungen [29]. Die Spektra der Reaktionsantigene in den Samenproteinen von *Krameria ixine* und *triandra* (*Krameriaceae*), von *Caesalpinia pulcherrima, sepiaria, Cassia angustifolia, floribunda, laevigata, tomentosa, Delonix regia, Gleditsia triacanthos, Gymnocladus dioica* (*Caesalpinioideae*), *Baptisia australis, Ononis spinosa, Lathyrus silvestris* (*Papilionoideae*), 5 *Polygala*-Arten, *Xanthophyllum vitellinum* (*Polygalaceae* s.l.) und *Platytheca verticillata* (*Tremandraceae*) wurden mit dem Determinantenbestand von sieben Immunsera (= Antisera) geprüft, welche mit Samenantigenen von *Caesalpinia pulcherrima, Cassia tomentosa, Polygala virgata, Xanthophyllum vitellinum, Platytheca verticillata, Krameria ixine* und *triandra* hergestellt worden waren. Beachtenswerte Übereinstimmungen in den Determinantenspektra der Samenproteine wurden nur zwischen *Krameria* und den geprüften *Polygalaceae* s.l. gefunden. In den phytoserologischen Merkmalen stehen dementsprechend die Krameriaceen den Polygalaceen näher als den Leguminosen, von welchen immerhin 12 Taxa geprüft wurden.

Nachträgliche Bemerkungen – BERYL SIMPSON [2] gibt als mutmaßlichen Inhaltsstoff von 7 *Krameria*-Arten Tyramin (Text, S. 8; Table IV, S. 20) und für *K. cytisoides* große Mengen des verzweigten Pentits Apiitol (reduzierte Apiose) an. Diese Inhaltsstoffe werden in einer späteren Publikation [3] nicht mehr erwähnt.

Dazu kann ich aufgrund freundlicher brieflicher Mitteilungen von Herrn Dr. SØREN ROSENDAL JENSEN (Dept. Org. Chem., Technical University of Denmark, Lyngby) und von Frau Prof. BERYL B. SIMPSON (Dept. of Botany, The University of Texas at Austin), für welche ich mich an dieser Stelle herzlich bedanken möchte, einiges ergänzen.

Da Vorkommen von Iridoiden im Jahre 1981 für eine Gattung der *Malpighiaceae* (*Polygalales* sensu TAKHTAJAN 1980 und CRONQUIST 1981) bekannt wurde, erschien Untersuchung von *Krameria*-Arten auf mögliche Bildung von aucubinähnlichen Verbindungen lohnend. Blätter von 7 *Krameria*-Arten wurden deshalb im Laboratorium von Prof. MABRY Ende 1983 und anfangs 1984 mit Hilfe des für viele chromogene Iridoide charakteristischen Tests von TRIM und HILL geprüft; alle reagierten mit roter Farbe stark positiv. Anschließend wurden getrocknete Blätter von *K. cytisoides* für genauerere Iridoid-Untersuchungen an Prof. DAHLGREN, Kopenhagen, geschickt. Er leitete dieses Material für chemische Analysen an die Herren JENSEN und NIELSEN weiter. Iridoide waren im erhaltenen Material nicht nachweisbar. An ihrer Stelle wurden große Mengen des neuen Zuckeralkohols Apiitol und reichlich Tyramin erhalten. Diese Ergebnisse wurden Frau SIMPSON in

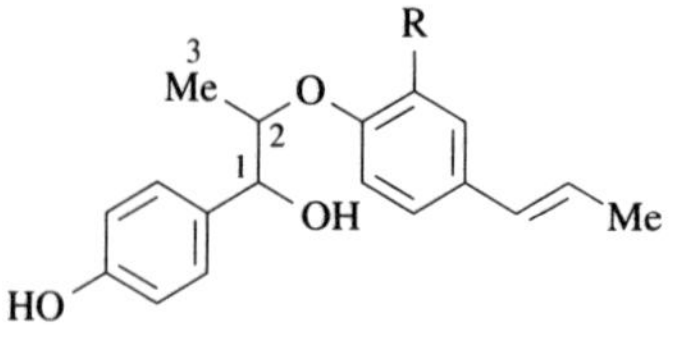
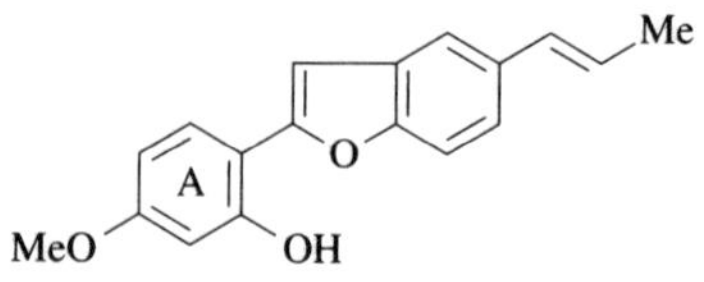

I II

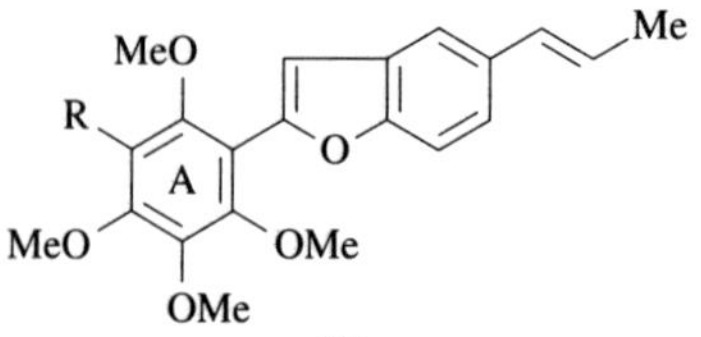
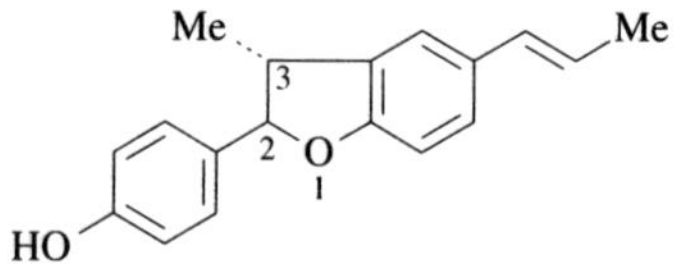

III IV

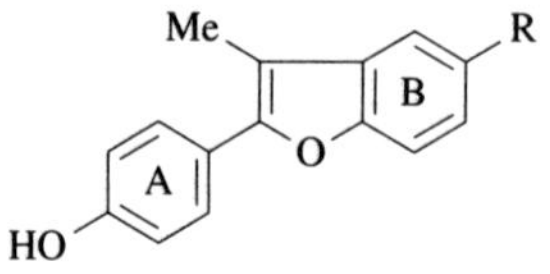
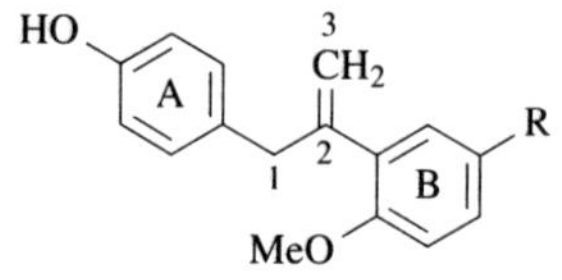

V VI

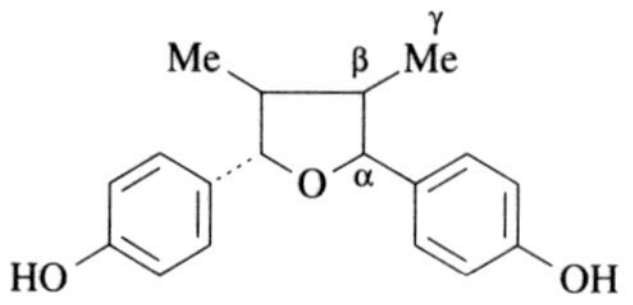
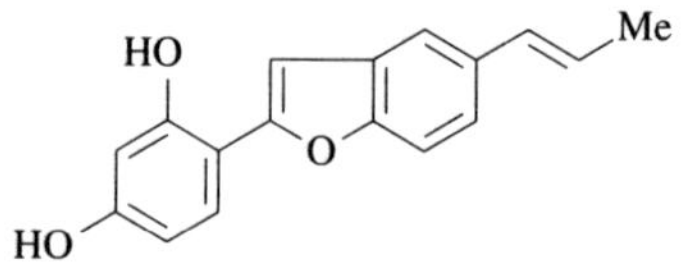

VII VIII

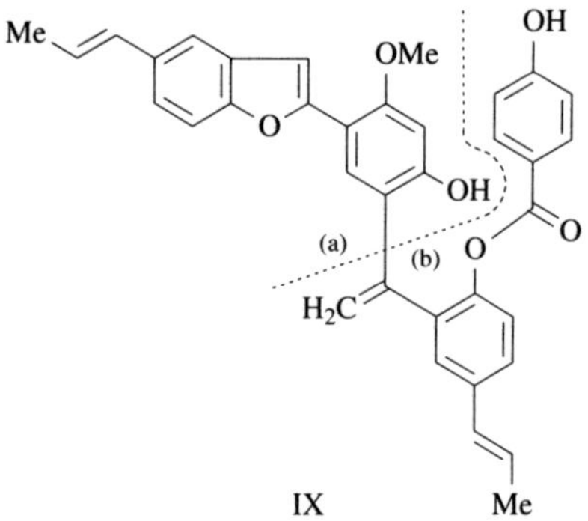

IX

Abb. 29. Einige Lignanoide der *Krameriaceae*

I = Zwei Neolignane vom 1-Aryl-2-phenoxypropan-1-ol-Typus (R = H und R = OMe) aus *K. cytisoides* ● II = Ratanhiaphenol-I, ein benzofuranoides Norneolignan, das anscheinend durch die meisten *Krameria*-Arten gebildet wird (im Ratanhiaphenol-III sind OH- und OMe-Gruppe im A-Ring vertauscht [22]) ● III = Ramosissin (R = OMe) und Demethoxyramosissin (R = H), zwei benzofuranoide Norneolignane mit penta- oder tetrasubstituiertem zwei Briefen (3. und 9. Mai 1984) mitgeteilt. Darin (9-5-1984) wurde auch das Vermuten geäußert, daß die Farbreaktion mit dem Trim-Hill-Reagenz durch Tyramin bedingt sein könnte. Auf diesen Beobachtungen und Hinweisen beruht die Annahme des Vorkommens von Tyramin bei 7 *Krameria*-Arten (vgl. oben).

Herr Dr. Jensen hat mir viel geholfen und in zwei Briefen (18. August und 17. Oktober 1994) den Sachverhalt eindeutig geklärt. Bei den 1984 aus Blättern von *K. cytisoides* isolierten Körpern handelte es sich eindeutig um Apiitol (annähernd 3,9%) und um Tyramin (etwa 0,2%); irgendwelche Hinweise auf Vorliegen von Iridoiden wurden nicht erhalten. Ferner prüfte Dr. Jensen das Verhalten von Tyramin und Tyrosin gegenüber dem Trim-Hill-Reagenz; beide gaben keine Farbreaktion. Dr. Jensen vermutet jetzt, daß die Rotfärbung von *Krameria*-Blattextrakten mit dem stark salzsäurehaltigen Trim-Hill-Reagenz auf Bildung von Anthocyanidinen aus genuin vorhandenen Proanthocyanidinen beruht. Diese Annahme erscheint mir außerordentlich wahrscheinlich.

Demnach ist Vorkommen von Apiitol und Tyramin in Blättern von *K. cytisoides* bewiesen. Vorläufig ist nicht bekannt, ob diese zwei Körper auch durch andere *K.*-Arten gebildet und gespeichert werden. Gleichzeitig steht fest, daß Vorkommen von Iridoiden in Blättern von *K.*-Arten wenig wahrscheinlich ist (Brief Dr. Jensen an Frau Prof. Simpson vom 3. Mai 1984: Keine spektroskopischen Hinweise auf Iridoide).

Buschmanns Xylit (vgl. S. 179) war vielleicht Apiitol.

◄───

A-Ring aus *K. ramosissima* • IV = Conocarpan, ein bei *K.*-Arten verbreitetes monophenolisches benzodihydrofuranoides Neolignan • V = Für *K. lanceolata* charakteristische benzofuranoide Neolignane mit β-oxidierter Seitenkette am B-Ring (R: $-CH_2-CH[OH]-CH_3$ und R: $-CH_2-CO-CH_3$) • VI = 1,2-Diarylpropenoide Neolignane Hermosillol (R: $-CH=CH-CH_3$; verbreitet bei *K.*-Arten; bei dem für *K. ixine* charakteristischen Isohermosillol trägt der B-Ring statt des Propenylrestes einen Allylrest: $-CH_2-CH=CH_2$), Zapotecol (R: $-CH_2-CH[OH]-CH_3$; *K. lanceolata*) und Zapotecon (R: $-CH_2-CO-CH_3$; *K. lanceolata*) • VII = Eines der Hauptphenole von *K. erecta* [13]; geometrische Isomere dieses tetrahydrofuranoiden, biphenolischen Lignans auch aus Radix Ratanhiae isoliert [22] • VIII = Stark bakterio- und fungistatisch aktives norneolignanoides Diphenol, $C_{17}H_{14}O_3$, aus Radix Ratanhiae [22, 23] • IX = Ratanhin genanntes Dineolignan, $C_{36}H_{30}O_6$, aus Radix Ratanhiae.

Stoff I mit R = H, $C_{18}H_{20}O_3$, wurde auch aus Radix Ratanhiae isoliert; er hat cancerostatische Eigenschaften [22].

Stoff IX ist nach [23] aufgebaut aus dem Methylether von VIII (a) und einem oxidativ umgelagerten Molekül IV (Bindung zwischen C_2 und C_3 geöffnet) (b); bei der Prüfung auf hemmende Wirkung mit drei Mikroorganismen wurde keine Aktivität festgestellt.

N.B. Ratanhin ist auch ein Name für N-Methyltyrosin (vgl. Einleitung und O. Hiller-Bombien, l.c. Bd. XIa, 57).

Lignane sind β,β-C-gebundene Phenylpropan-Dimere. Gottlieb [30] rechnet aber Körper vom Typus VII zu den Neolignanen, weil sie nicht-oxidierte γ-C-Atome haben.

Literatur und Bemerkungen

[1] J.-G.-S. COTTON, *Étude comparée sur le genre Krameria et les racines qu'il fournit à la médecine*, Thèse, École Supérieure de Pharmacie, Paris 1868 (A. Parent, Imprimeur de la Faculté de Médecine). 103 S. und eine Tafel mit (wenigsagenden) anatom. Zeichnungen der damals im europäischen Handel vorkommenden Wurzeldrogen: RATANHIA DU PÉROU (= RATANHIA OFFICINAL = RATANHIA PAYTA: *K. triandra*), RATANHIA DE LA NOUVELLE-GRENADE ou RATANHIA SAVANILLE (Formen von *K. ixine*), RATANHIA DES ANTILLES (verschiedene *K.*-Taxa), RATANHIA DE TEXAS (*K. lanceolata*). ● [2] BERYL B. SIMPSON, *Krameriaceae*, Flora Neotropica, Monograph 49, New York Bot. Garden, New York 1989, 108 S. ● [3] Ead., *The past and present uses of rhatany (Krameria, Krameriaceae)*, Econ. Bot. *45*, 397–409 (1991). ● [4]. D. HANBURY, *On the botanical origin of Savanilla Rhatany* (Ursprung der Ratanhia von Savanilla), Pharm. J., March 1865, 460: Ex J. INCE, l.c. Bd. XIa, 59. ● [5] W. F. DAEMS, *Radix Ratanhiae – die Droge mit einer gesicherten Geschichte*, Deutsche Apoth.-Z. *121*, 46–52 (1981). ● [6] W. SCHIER, *Phytotherapie und Drogenverfälschungen*, Z. Phytotherapie *4*, 537–545 (1983); *Drogenverfälschungen, ein leider aktuelles Thema*, Deutsche Apoth.-Z. *121*, 323–329 (1981). Radix Ratanhiae auf S. 328. ● [7] H. FLÜCK et al., *Pharmakognostischer Atlas zur Pharmacopoea Helvetica Editio Quinta*, Wepf u. Co., Basel 1935. Radix Ratanhiae, S. 327–329. ● [8] BERYL B. SIMPSON et al., *Krameria, free fatty acids and oil-collecting bees*, Nature *267*, 150–151 (1977). ● [9] D. SEIGLER et al., *Free 3-acetoxyfatty acids in floral glands of Krameria species*, PHYCHEM *17*, 995–996 (1978). ● [10] BERYL B. SIMPSON et al., *Lipids from the floral glands of Krameria*, BIOCHSE *7*, 193–194 (1979). ● [11] BERYL B. SIMPSON, *Krameria (Krameriaceae) flowers: Orientation and elaiophore morphology*, Taxon *31*, 517–528 (1982). Auch genaue Beschreibung der Morphologie und Anatomie der Elaiophoren und Hypothese über phylogenetische Zusammenhänge zwischen den verschiedenen Elaiophortypen. ● [12] H. ACHENBACH et al., PHYCHEM *26*, 1159–1166 (1987). ● [13] X. A. DOMINGUEZ et al., PHYCHEM *29*, 2651–2653 (1990). Binomen *Krameria interior* verwendet. ● [14] X. A. DOMINGUEZ et al., PM *54*, 479 (1988). ● [15] H. ACHENBACH et al., PHYCHEM *30*, 3753–3757 (1991). ● [16] H. ACHENBACH et al., PHYCHEM *28*, 1959–1962 (1989). Auch tabellarische Übersicht über Neolignane von *K. cytisoides, ramosissima, sonorae* und RADIX RATANHIAE („*K. triandra*"); keine Erklärung der Namenwahl für Zapotecol und Zapotecon. ● [17] H. ACHENBACH et al., PHYCHEM *34*, 835–837 (1993). ● [18] H. ACHENBACH et al., PHYCHEM *26*, 2041–2043 (1987). ● [19] X. A. DOMINGUEZ et al., PHYCHEM *26*, 1821–1823 (1987). ● [20] X. A. DOMINGUEZ et al., PM *58*, 382–383 (1992). ● [21] E. STAHL und INGRID ITTEL, Parfümerie und Kosmetik *62*, 97–100 (1981); PM *42*, 144–154 (1981). ● [22] A. ARNONE et al., *Isolation and structure determination of new active neolignans and norneolignans from Ratanhia*, Gazz. Chim. Ital. *118*, 675–682 (1988). ● [23] A. ARNONE et al., *Isolation of ratanhine, a new dineolignan from the medicinal Ratanhiae Radix*, ibid. *120*, 397–401 (1990). ● [24] W. UTZ et al., *Phytochemische Untersuchung an Krameriaceen – Analytischer Nachweis von Verfälschungen*, Lebensmittelchemie *47*, 77–78, 124 (1993). ● [25] E. SCHOLZ and H. RIMPLER, *Characterization of tannins from Rhatany Root*, PM *52*, 528 (1986); *Proanthocyanidins from Krameria triandra root*, PM *55*, 379–384 (1989). Bei dieser Arbeit wurde die verwendete Droge pharmakographisch geprüft und mit authentischer *K. triandra*-Wurzel verglichen. ● [26] GERTRUDE M. and R. ROBINSON, *A survey of anthocyanins*. IV., Biochem. J. *28*, 1712–1720 (1934). ● [27] I. NISHIOKA, *Chemistry and biological activities of tannins*, J. Pharm. Soc. Japan *103*, 125–142 (1983). Viele Formeln; Japanisch; Rhatannine (ohne Erwähnung der Stammpflanze oder Ausgangsdroge auf S. 139). ● [28] G.-I. NONAKA et al., *Tannins and related compounds*. I. Rhubarb, CHPHBUL *29*, 2862–2870 (1981). Rhatannin, 2866–2867, aus „Commercial rhubarb" isoliert. ● [29] FLORENTINE BUSSE-JUNG, *Phytoserologische Untersuchungen zur Frage der systematischen Stellung von Krameria triandra Ruiz et Pav.*, Kurzfassung Diss. Christian-Albrechts-Univ. Kiel 1979 (mündl. Prüfung 20-2-1980). ● [30] O. R. GOTTLIEB, *Lignans and neolignans*, Rev. Latinoamer. Quim. *5*, 1–11 (1974).

C II. Mimosoideae

In POLHILL-RAVEN (1981) wurden die Mimosoideen durch folgende Autoren bearbeitet:
Einleitung der Subfamilie, 143–152: T. S. ELIAS.
1. *Parkieae*, 153: T. S. ELIAS.
2. *Mimozygantheae*, 154: T. S. ELIAS.
3. *Mimoseae*, 155–168: G. P. LEWIS and T. S. ELIAS.
4. *Acacieae*, 169–171: J. VASSAL (*Acacia albida* aus *Acacia* ausgegliedert und als monotypisches Genus *Faidherbia Acacia* vorangestellt; auf S. 147 betrachtete ELIAS *Faidherbia* bereits als Bindeglied zwischen *Acacieae* und *Ingeae*, und schlug Versetzung von *Faidherbia* in die *Ingeae* vor; dieser Vorschlag wurde später durch POLHILL [1994] übernommen; vgl. S. 20).
5. *Ingeae*, 173–190: I. NIELSEN.

NIELSEN behandelte die Mimosoideen für Indochina [1] und für Flora Malesiana [2].

Bei den *Mimosoideae* sind ein- und mehrjährige Kräuter, Wasserpflanzen (*Neptunia natans*) und Lianen (im Genus *Entada*) selten; die meisten Arten sind Sträucher oder Bäume. Hauptverbreitungsgebiete sind die Tropen und Subtropen beider Welthälften. Auch in der warm-gemäßigten Zone sind die Mimosoideen gut vertreten. Da viele Sippen an aride bis extrem trockene Standorte angepaßt sind, kommen manche Mimosoideen in Halbwüsten, Steppen und Trockenwäldern reichlich vor. Zu den Mimosoideen werden annähernd 60 Gattungen mit über 3 000 Arten gerechnet. Im Bereich der *Mimoseae* und *Ingeae* sind manche Genera nur schwierig gegeneinander abgrenzbar. Unscharfe Genusgrenzen und Meinungsunterschiede über den Umfang von großen Genera, wie beispielsweise *Mimosa, Calliandra, Albizia, Archidendron, Piptadenia* s.l. und *Pithecellobium* sind die Ursache einer kaum mehr überseh- und richtig interpretierbaren Lawine von nomenklatorischen und taxonomischen Synonyma.

TAUBERT hatte beispielsweise 30 Gattungen, von welchen *Inga* (140 Arten), *Pithecellobium* (als *Pithecolobium*) (110), *Albizia* (50), *Calliandra* (100), *Acacia* (450) und *Mimosa* (300) die größten waren. In der modernen Gestaltung der Mimosoideen (POLHILL-RAVEN 1981) zählen die folgenden Genera etwa 40 oder mehr Arten: *Prosopis* (44), *Mimosa* (400–450), *Leucaena* (40), *Acacia* (1200), *Albizia* (150; Aufspaltung in mehrere Gattungen erwogen und z. T. später [2] durchgeführt; z. B. *Archidendropsis, Cathormion, Paraserianthes*), *Archidendron* (94; enthält u. a. *Pithecellobium* sect. *Clypearia* Benth.), *Leucaena* (50) und *Mimosa* (400). *Pithecellobium* zählt nur noch etwa 20 Species, da die meisten in andere Genera, z. B. *Archidendron, Samanea* u. a. versetzt wurden.

Die *Mimosoideae* schließen durch Taxa wie *Pentaclethra* mit für die Leguminosen primitiven Merkmalen an entsprechende *Caesalpinioideae* (z. B. *Dimorphandra*) beinah lückenlos an. Als primitiv werden aufgefaßt:
Holzpflanzen.
Regelmäßige, pentamere Blüten: 5 Calyx- und 5 Kronblätter, 5 + 5 Staubblätter (ein Kreis kann staminodial sein), 1 Fruchtblatt, das nach Befruchtung der Ovula

zur Hülsenfrucht (= Legumen) auswächst.
Einzelpollen.
Bipinnate Blätter.
Von den bei Caesalpinioideen und Papilionoideen charakteristischen Evolutionstendenzen fehlt bei den Mimosoideen der Übergang zu zygomorphen Blüten. Auffällige Entwicklungstendenzen sind bei ihnen u. a.:
Übergang zu monopinnaten Blättern oder zu Phyllodien.
Reduktion der Staubblätter auf 5.
Starke Vermehrung der Staubblätter und röhrenförmige Verwachsung der Filamente an der Basis.
Einzelpollen → Tetraden → Octaden → Polyaden mit 16 oder 32 Körnern.
Monocarpellie → Multicarpellie (*Affonsea* und *Archidendron* p.p.).
Allgemeine chemische Merkmale der ganzen Unterfamilie sind kaum bekannt. Häufig sind bei den Mimosoideen:
Nichtproteinogene Aminosäuren, speziell Albiziin, Mimosin, Willardiin und schwefelhaltige, wie beispielsweise Djenkolsäure und S-β-Carboxyethyl-cystein [3]. Sie sollen innerhalb der einzelnen Tribus besprochen werden.
Triterpensaponine; werden bei den einzelnen Tribus besprochen.
Catechine, Leucoanthocyanidine, Gerbstoffe; vgl. dazu auch Bd. XI a, 238–256.
Traumatogene Schleimproduktion in Ästen und Stämmen; vgl. dazu auch Bd. XI a, 197–211.
Für Samenreserven und Cyclitspeicherung wird zur allgemeinen Orientierung ebenfalls nach Bd. XI a, 98–185, verwiesen.
Biogene Amine oder Protoalkaloide kommen möglicherweise bei den Mimosoideen etwas reichlicher vor als bei den übrigen Leguminosen; vgl. zu diesen Bd. XI a, 267–295, und [4]. Ferner werden diesbezügliche Beobachtungen bei den einzelnen Taxa besprochen.
Ganz kurz soll an dieser Stelle nur noch das Trigonellin erwähnt werden, weil es erstmalig aus einer Leguminose isoliert wurde, und in Leguminosensamen oft in verhältnismäßig großen Mengen abgelagert wird [5, 6]. Die bisherigen analytischen Ergebnisse rechtfertigen jedoch den Schluß [6] kaum, daß Caesalpinioideen- und Mimosoideensamen deutlich trigonellinärmer sind als Papilionoideensamen:
Caesalpinioideae: 9 Arten untersucht, wovon 22% über 100 ppm Trigonellin.
Mimosoideae: 5 Arten untersucht, wovon 20% über 100 ppm Trigonellin.
Papilionoideae: 48 Arten untersucht, wovon 35% über 100 ppm Trigonellin.
Pflanzen können Trigonellin aus Nicotinsäure synthetisieren; seine biologische Bedeutung ist aber noch keineswegs restlos geklärt. Trigonellin kann je nach Taxon und Umständen typischer Sekundärstoff oder regulierendes Hormon für Zellteilungen in Meristemen sein. Es kann auch Speicherstoff für die bei der Synthese von Nicotinamid-Adenin-Dinucleotid (NAD^+) benötigte Nicotinsäure sein. Im Falle der Leguminosen kommen weitere Funktionen in Betracht. Bei gewissen *Medicago*-Arten wurde Steigerung der Trigonellin-Synthese bei Wasser-Streß beobachtet (vgl. bei Abb. 3, S. 29). Ferner besteht die Möglichkeit, daß Trigonellin in irgend einer Weise am Nodulationsprozeß beteiligt ist [5, 6; ferner LUCKNER, l.c. Bd. XI a, 96]. Vgl. auch auf S. 404 bei Nyctinastie. Die Leguminosen gehören zu denjenigen

Dikotylen-Familien, welche zur Trigonellin-Speicherung in reifen Samen neigen [6]; es wurden folgende Höchstgehalte ermittelt [6]:
Caesalpinioideae: 230 ppm bei *Bauhinia purpurea*.
Mimosoideae: 192 ppm bei *Samanea saman*.
Papilionoideae: 1339 ppm bei *Mundulea sericea*.
Mit einigen weiteren Hinweisen auf Mimosoideen-Literatur wird diese Einleitung zur Unterfamilie abgeschlossen.

Seit Oktober 1973 erscheint in unregelmäßigen Abständen ein Bulletin, das Beiträge zu allen Aspekten der Mimosoideen-Forschung enthält [7].

Für Öl- und Proteingehalte und Fettsäurezusammensetzung der Samen von 8 Mimosoideen vgl. [8].

WEDER [9] studierte Trypsin- und Chymotrypsin-Inhibitoren der Samen von 22 Mimosoideen.

CH. R. GUNN [10] lieferte Beschreibungen und schöne Abbildungen von Samen und Früchten von vielen Arten und Gattungen von allen 5 Tribus der Mimosoideen. Die Abhandlung enthält auch Erklärungen der verwendeten Terminologie.

GUINET [11] publizierte eine prächtige palynologische Arbeit über die Mimosoideen, welche er als selbständige Familie behandelt. Sie enthält zahlreiche photographische Abb. von Pollen-Merkmalen.

Zwei in jüngster Zeit erschienene chemotaxonomische Arbeiten [12, 13] seien kurz erwähnt. In ihnen wurden 15 resp. 18 Arten aus verschiedenen Genera und Tribus mit orientierenden Gruppen-Reaktionen und mit vergleichenden Papierchromatogrammen beurteilt. Die Ergebnisse rechtfertigen allerdings in keiner Weise die durch die betreffenden Autoren gezogenen systematischen Schlüsse. An dieser Stelle interessieren nur Beobachtung von schwacher Cyanogenese bei *Acacia farnesiana, Leucaena leucocephala* (= *glauca*), *Mimosa prainiana* und *Parkia biglandulosa* [12] und Nachweis von Gallussäure in hydrolysierten Blattextrakten von *Acacia campbellii, leucophloea, nilotica, Mimosa prainiana, Albizia richardiana* und *Calliandra haematocephala* Hassk. (als *C. haematoxylon* Hossk. aufgeführt) [13]. Von mir selbst stammt eine kurze Besprechung der chemischen Merkmale der Mimosoideen und deren mögliche taxonomische Interpretation [14].

Literatur und Bemerkungen

[1] I. NIELSEN, *Légumineuses-Mimosoidées*, Fascicule *19*, 1–159 (1981) in: A. AUBRÉVILLE et J.-F. LEROY, *Flore du Cambodge, du Laos et du Viêt-Nam*, Muséum National Hist. Nat., Lab. de Phanérogamie, Paris 1981. • [2] I. C. NIELSEN, *Mimosaceae (Leguminosae-Mimosoideae)* in: Flora Malesiana Ser. I, vol. 11, part 1, 1–226 (1992). • [3] G.-J. KRAUSS und H. REINBOTHE, *Die freien Aminosäuren in Samen von Mimosaceae*, PHYCHEM *12*, 125–142 (1973). Für spezifische Nachweismethoden einzelner Aminosäuren (z. B. N-Acetyldjenkolsäure und Dichrostachinsäure) vgl. eid., Biochem. Physiol. Pflanzen *161*, 577–592 (1970) und für α,β-Diaminopropionsäure, Albiziin, Mimosin und Azetidin-2-carbonsäure G.-J. KRAUSS, J. Chromatogr. *74*, 152–154 (1972). • [4] P. B. APPLEWHITE, *Serotonine and norepinephrine in plant tissues*, PHYCHEM *12*, 191–192 (1973). Ausgehend von der Annahme, daß aus dem Tierreich bekannte Neurotransmitter wie Acetylcholin, Serotonin und Norepinephrin auch im Pflanzenreich Aufgaben erfüllen, wurden einige für ihre Nastien und Tropismen bekannte

Leguminosen untersucht und speziell in den Pulvini von *Mimosoideae* (*Albizia julibrissin, Mimosa pudica, Samanea saman*) hohe Gehalte (i.e. 3,5–8,3 ppm des Frischgewichtes) von Serotonin und/oder Norepinephrin (= Noradrenalin) beobachtet; andere Blatteile dieser Mimosoideen, sowie Blätter und Ranken von *Phaseolus multiflorus, Pisum sativum* und *Passiflora quadrangularis* hatten niedrigere Gehalte an diesen Aminen. ● [5] L. S. EVANS and W. A. TRAMONTANA, *Trigonelline and promotion of cell arrest in G2 of various legumes*, PHYCHEM *23*, 1837–1840 (1984). ● [6] W. A. TRAMONTANA et al., *A survey of trigonelline concentrations in dry seeds of the Dicotyledoneae*, Environmental and Experimental Botany *26*, 197–205 (1986). ● [7] Bulletin Groupe International pour l'étude des Mimosoideae (Bulletin International Group for the Study of Mimosoideae) *1* (1973)–*11* (1983); Bulletin of the International Group for the Study of Mimosoideae (Bull. IGSM) *12* (1984)–*19* (1991). ● [8] A. R. CHOWDHURY et al., *Studies on leguminous seeds*, J. Amer. Oil Chemists' Soc. *61*, 1023–1024 (1994). Vgl. Bd. XIa, 163. ● [9] J. K. P. WEDER, *Occurrence of proteinase inhibitors in Mimosoideae*, Z. Pflanzenphysiol. *90*, 285–291 (1978). Alle untersuchten 22 Samenmuster enthielten PI; solche wurden auch in GUMMI ARABICUM und im eingedickten Holzextrakt von *Acacia catechu* (= CATECHU oder CUTCH) nachgewiesen. ● [10] CH. R. GUNN, *Fruits and seeds of genera in the subfamily Mimosoideae (Fabaceae)*, US Dept. Agric., Agric. Research Service Techn. Bull. No. 1681, 194 S., December 1984. ● [11] PH. GUINET, *Les Mimosacées – étude de palynologie fondamentale, corrélations, évolution*, Institut Français de Pondichéry. Travaux de la Section Scientifique et Technique *9* (1969), 293 p. + XX planches photographiques. ● [12] H. R. PRASAD et al., *Chemotaxonomy of Mimosoideae*, Indian J. Bot. *9*, 70–71 (1986). Orientierende Tests nach GIBBS 1974, l.c. Bd. VII, 199. Leider sind die bearbeiteten Pflanzenteile nicht angegeben. ● [13] S. M. J. ANURADHA et al., *Numerical chemotaxonomy of some Mimosaceae*, Feddes Repertorium *98*, 247–252 (1987). Bei den freien Aminosäuren von alkoholischen Blattextrakten leider nur proteinogene Säuren „identifiziert"; 7 nicht identifizierte Säuren beobachtet. ● [14] R. HEGNAUER, *Phytochemistry and chemotaxonomy*, S. 15–27 + Addenda et Errata in [2].

C II.1. PARKIEAE

Holzpflanzen mit bipinnaten Blättern und pantropischer Verbreitung. Nur zwei Gattungen.

PARKIA (Abb. 30)

Zählt etwa 40 Arten; Verbreitung beinah pantropisch (fehlt in Australien). Schwefelhaltige, nicht-proteinogene Aminosäuren scheinen in Samen der meisten Arten gespeichert zu werden; Acetyldjenkolsäure und/oder Djenkolsäure und Dichrostachinsäure wurden bei *P. filicoidea* und *clappertoniana* (Afrika) und *P. pendula* (Südamerika) in beträchtlichen Mengen nachgewiesen; bei *P. filicoidea* wurde zusätzlich S-(β-Carboxyethyl)-cystein beobachtet; nur in Samen der asiatischen *P. javanica* waren keine S-haltigen Aminosäuren nachweisbar [1]. Im Falle von *P. javanica* dürfte allerdings Samenverwechslung vorgekommen sein; vgl. bei *P. speciosa*.

In Afrika und Asien sind *Parkia*-Arten als Nahrungs- und Gewürzpflanzen wichtig [2-7, 11]. In den Savannen von Westafrika wächst *P. biglobosa* (Jacq.) R. Br. (= *Mimosa biglobosa*) und ist u. a. als AFRICAN LOCUST BEAN bekannt [2, 4, 5]; der Baum wird auch *P. clappertoniana* Keay genannt, und wurde öfters mit *P. filicoidea* Welw. (i.e. = *P. filicoidea* auctt., non Welw.: ex LOCK 1989) verwechselt; z. B. in [4]?. Früchte von *P. biglobosa* enthalten eine saccharose-reiche [6] Pulpa, welche als Nahrungsmittel wichtig ist. Die Samen dienen nach Entfernung der Testa zur Bereitung eines hochgeschätzten fermentierten Nahrungs- und Würzmittels, das unter den Namen DAWADAWA, DADDAWA oder DADAWA bekannt ist [3-5]; vgl. dazu auch S. 173-189 von REDDY et al. 1986, l.c. Bd. XI a, 73-74. In den Savannen von Kamerun kann ein Baum von *P. biglobosa* jährlich 25-100 kg Früchte liefern; diese Früchte werden 10-30 cm lang und enthalten etwa 40% Pulpa und viele, etwa 0,2 g schwere Samen (gesamthaft etwa 20% des Fruchtgewichtes) [3]. *P. biglobosa* und nächst verwandte Taxa dienen in Westafrika auch als Arzneimittel (Rinde, Blätter), Gerbmittel (Rinde) und Fischfangmittel (Früchte oder Fruchthülsen) [5]. Auch ihre in kopfigen Blütenständen vereinigten roten Blüten werden in bestimmten Gegenden Nigerias verwendet [5]: Kinder saugen den in Blütenständen reichlich angesammelten Nektar aus (Bestäubungsbiologie vide GRÜNMEIER 1990, l.c. Bd. XI a, 6), und die Einzelblüten werden zur Aromatisierung einer KULILULI genannten Erdnuß-Paste verwendet. In Westindien wurde *P. biglobosa* als Nahrungspflanze eingeführt [2]. Für Polyphenole der Hülsen (E, G, Cat, K, Q, M u. a.) vide DICT. Der immergrüne westafrikanische Waldbaum *P. bicolor* A. Cheval. ist viel seltener als *P. biglobosa*; er findet ähnliche Verwendung [5, 6] wie letzterwähnte Art, produziert aber nach [6] Früchte ohne Pulpa. Zur Bedeutung von asiatischen *Parkia*-Sippen als Gemüse- und Würzpflanzen vide sub *P. speciosa*.

Abgesehen von den freien Samenaminosäuren [1] wurde die Gattung *Parkia* bisher phytochemisch eher vernachlässigt.

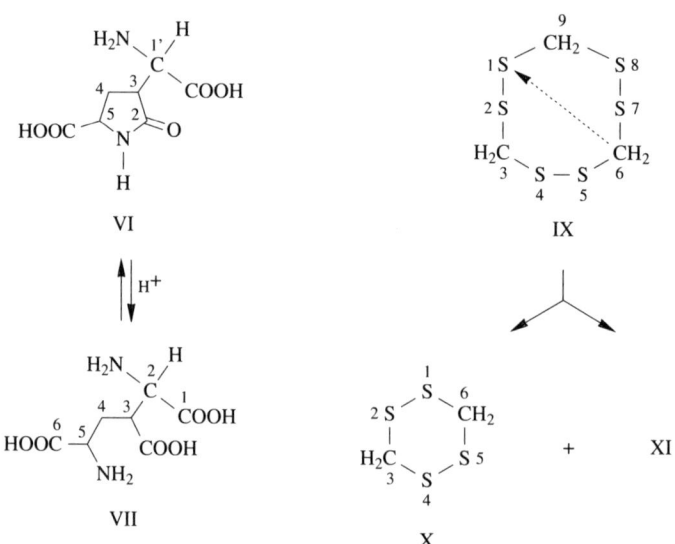

Abb. 30. Einige für *Parkieae*-Taxa nachgewiesene nichtproteinogene saure Aminosäuren und schwefelhaltige Geruchsstoffe

I = Djenkolsäure • II = N-Acetyldjenkolsäure • III = Dichrostachinsäure • IV = S-(β-Carboxyethyl)-cystein • V = S-(α-Methyl-β-carboxyethyl)-cystein (= S-β-Carboxyisopropylcystein) • VI = Penmacrinsäure (= 3-[1'-Amino-1'-carboxymethyl]-5-carboxy-2-pyrrolidon) • VII = Lactam-geöffnete Form von VI = 2,5-Diamino-3-carboxyadipinsäure • VIII = Methandithiol • IX = 1,2,4,5,7,8-Hexathionan, ein Hexathiacyclononan, $C_3H_6S_6$ • X = 1,2,4,5-Tetrathiacyclohexan, $C_2H_4S_4$ • XI = Nicht gefaßte Sulfide (z. B. zyklisiertes VIII, i.e. Dithiacyclopropan?).

① = C-S-Lyase aus Mimosoideen-Keimpflanzen; in I Angriffspunkte von C-S-Lyasen angegeben

In Indien haben *P. biglandulosa* W. et A. und *P. roxburghii* ähnliche Bedeutung wie *P. biglobosa* in Afrika; *P. roxburghii*-Früchte sollen außerdem zum Waschen von Gesicht und Haaren Anwendung finden, und ihre Blätter, Rinde und Wurzeln sollen cyanogen sein [7]; Cyanogenese wurde übrigens für Blätter von *P. biglandulosa* bestätigt [8].

P. biglandulosa: Aus Samenschalen („seed bran") wurde ein neues Saponin isoliert und als β-Amyrindiglucosid, $C_{42}H_{70}O_{11}$, charakterisiert; die Biose ist Cellobiose; Ausbeute 1,2% [9].

P. speciosa (L.) Hassk.: Liefert Früchte und Samen, welche unreif und reif auf der Malaiischen Halbinsel gerne gegessen werden; ihr Geruch und Geschmack erinnert an bestimmte *Allium*-Arten und an den als Shiitake bekannten japanischen Pilz *Lentinus edodes* [10]. Aus tiefgefrorenen unreifen Samen gelang die Isolation von zyklischen Polysulfiden, worunter Lenthionin; diese labilen Schwefelverbindungen mit dem typischen Shiitake-Geruch entstehen mutmaßlich über Methandithiol, welches aus der in den Samen reichlich vorhandenen Djenkolsäure und ihren Derivaten unter dem Einfluß von C-S-Lyasen entstehen kann [10, 11]. *P. speciosa*-Früchte und -Samen (unreif und reif) sind auch in Indonesien wichtige Produkte des einheimischen Marktes. Gegessen werden vor allem die Samen. Die Pflanze und ihre als Nahrungs- und Würzmittel sehr beliebten Samen sind u.a. als PETE oder PETEJ und im Holländischen als STINKBOON (de gustibus non est disputandum!) bekannt. Die Samen der verwandten Taxa *P. intermedia* Hassk. (PETIR) und *P. javanica* (Lam.) Merr. (PENDEJ) werden gleichartig verwendet wie *P. speciosa*; sie sind aber weniger beliebt als die intensiver duftenden PETE-Samen. Von allen drei erwähnten indonesischen *Parkia*-Taxa sind verschiedene Sorten (Cultivars?) bekannt [12]. Aus Samen von *P. speciosa* wurde in Thailand 0,02% eines Lectins isoliert, und anschließend genau charakterisiert [13].

Für Phytosterine von *P. filicoidea, gigantocarpa* und *nitida* vide DICT. Für weitere Angaben zu *Parkia*-Sippen vide S. 478 des taxonomischen Registers in Bd. XI a.

PENTACLETHRA (Abb. 30)

Gattung mit etwa drei Arten in den Tropen Westafrikas und Zentral- und Südamerikas.

P. eetveldeana De Wild. et T. Durand: Hat saponinhaltige Samen; Saponine liefern bei Hydrolyse Oleanolsäure, Hederagenin, Glc, Ara und Rha [14]. Samenöl vgl. Bd. XI a, 172.

P. macrophylla Bentham: Diese ebenfalls westafrikanische Art ist wohl die bekannteste der Gattung, weil ihre Früchte und Samen gleiche Bedeutung als Nah-

---

VIII–XI = Labile Polysulfide (Geruchsstoffe gewisser Mimosoideen-Samen und -Keimpflanzen). X und XI entstehen bereits bei der Umkristallisation von IX [10]; für Lenthionin-Formel vide Bd. VII, 271. Für IX und ein weiteres zyklisches Polysulfid, Trithiacyclopentan, wurde bakterio- und fungistatische Wirkung nachgewiesen.

rungsmittel haben wie *Parkia biglobosa*; gegessen werden die Samen, d. h. die Kotylen nach verschiedenen Zubereitungsverfahren [6, 15–18]; der Baum oder seine Samen sind u. a. als AFRICAN OIL BEAN(s) bekannt. Enthäutete (Testa entfernen) Samen werden auch einer Fermentation unterworfen und liefern das als UGBA bekannte Nahrungsmittel [17, 18]. Die Samen(kerne) enthalten bis 50% Öl, welches Öl-, Linol- und Lignocerinsäure als Hauptfettsäuren enthält [19, 20]; auffällig ist die relativ große Menge von langkettigen, gesättigten Fettsäuren im Öl: $16:0 = 1$, $18:0 = 1$, $20:0 = 3$, $22:0 = 4$, $24:0 = 10$, $26:0 = 5$ und $28:0 = 1\%$ der Totalfettsäuren [20]. Dieses Öl wird auch zur Seifenfabrikation verwendet [18]. Da die Samen für viele Völker Westafrikas wichtig sind, wurden sie öfters analysiert [z. B. 6, 15–17, 19–22]. Mit papierchromatographischen Methoden wurden in Samen große Mengen von Dichrostachinsäure nachgewiesen [1]. Spätere Untersucher [21, 22] konnten diesen Befund allerdings nicht bestätigen. Die saure Aminosäure, welche sich papierchromatographisch gleich verhielt wie Dichrostachinsäure, wurde isoliert und als saures Lactam, 3-(1'-Amino-1'-carboxymethyl)-5-carboxy-2-pyrrolidon, erkannt [21]. Die gleiche Säure wurde aus Samenkernen in Ausbeuten von 0,03 und 0,18% (2 Muster) isoliert und Penmacrinsäure genannt [22]. Neben Penmacrinsäure lieferten die Samen auch 5-Hydroxypipecolinsäure, Prolin und etwa 1% Glycinbetain [21]. Das bereits 1894 aus Pauconüssen (= Samen von *P. macrophylla*) isolierte Alkaloid Paucin wurde 1970 [23] als Monokaffeoylputrescin erkannt. Neuisolation aus Samenkernen bestätigten Vorkommen und Struktur von Paucin [24]. Rinde wurde pharmakologisch geprüft, weil sie auf Sao Tomé und Principe als Abortivum diente [25]. Samendekokte finden in Nigeria als Antirheumaticum Verwendung; wäßrige Samenauszüge haben antipyretische Wirkung; in ihnen wurden Alkaloide, Gerbstoffe und Saponine nachgewiesen [26]. Viele ethnobotanische Angaben (Volksnamen, arzneiliche Verwendung, Pharmakologie, Toxikologie; Bedeutung von Samen und Rinde als Fischfangmittel und als Adjuvans bei der Bereitung von Pfeilgift mit *Mansonia altissima*) finden sich bei NEUWINGER (1994, l.c. S. 12). Die Verwendung von *Parkia*- und *Pentaclethra*-Sippen zum Fischfang und bei der Bereitung von Pfeilgiften dürfte durch Saponine bedingt sein.

Die amerikanische Art, *P. macroloba* (Willd.) Kuntze liefert ein phytosterinhaltiges Samenöl [DICT].

Literatur und Bemerkungen

[1] Vgl. Ref. [3], S. 189. ● [2] HELEN C. HOPKINS, *The taxonomy, reproductive biology and economic potential of Parkia (Leguminosae: Mimosoideae) in Africa and Madagascar*, Bot. J. Linn. Soc. *87*, 135–167 (1983). ● [3] J. VIVIEN, *Fruitiers sauvages du Cameroun*, Fruits *45*, 150–151 (1990). Mit Beschreibungen und Abb. der Früchte von *Amblygonocarpus andongensis* (Oliver) Exell et Torre, *Parkia biglobosa* (= *P. clappertoniana* = *P. africana*) und *Prosopis africana* (Guillemin et Perrottet) Taubert. ● [4] M. J. IKENEBOMEH et al., *Processing and fermentation of the African locust bean (Parkia filicoidea Welw.) to produce Dawadawa*, J. Sci. Food Agric. *37*, 273–282 (1986). Genaue Beschreibung der Bereitung dieses traditionellen westafrikanischen Nahrungs- und Würzmittels aus gekochten, von der Testa befreiten Samen; Nachweis, daß Fermentation für die Dawadawa-Bereitung unerläßlich ist; reife Samen (Wassergehalt 6,4%)

enthielten 15% Lipide und 28% Protein. ● [5] J. O. OKPALA, *Nigerian tree crops: Parkia in the economy of the savannah rural population*, Savanna *10*, No. 2, 92–96 (1989). ● [6] F. BUSSON 1965, l.c. Bd. XI a, 43. Auf S. 272–278 Besprechung der Nutzung von *Parkia*-Taxa mit Abb.; in den früher französischen Gebieten von Westafrika ist *P. biglobosa* auch als „Le Néré", „Le Nété" oder „Le Houlle" bekannt; die Arbeit enthält auf S. 282–283 Analysen-Ergebnisse für Samenkerne (Kotylen) und Fruchtpulpa von *Parkia*- und *Pentaclethra*-Taxa. ● [7] The Wealth of India, vol. VII (1966), 265. ● [8] Vide Ref. [12] auf S. 190. ● [9] S. C. GARG and V. B. OSWAL, Fitoterapia *64*, 282 (1993). ● [10] R. GMELIN et al., *Cyclic polysulphides from Parkia speciosa*, PHYCHEM *20*, 2521–2523 (1981). ● [11] M. MAZELIS and L. FOWDEN, *Relationship of endogenous substrate to specificity of S-alkyl cysteine lyases of different species*, PHYCHEM *12*, 1287–1289 (1973). Versuche mit C-S-Lyasen aus Keimpflanzen von *Acacia georginae* (enthält u. a. Djenkolsäure) und *Albizia julibrissin* (enthält u. a. S-Carboxyethylcystein). Stark riechende Polysulfide sind von Keimpflanzen weiterer Mimosaceen bekannt. ● [12] J. J. OCHSE and R. C. BAKHUIZEN VAN DEN BRINK 1980, l.c. Bd. XI a, 70: *Parkia* S. 401–407, mit Abb. fruchttragender Zweige. ● [13] W. SUVACHITTANONT and A. PEUTBAIBOON, *Lectin from Parkia speciosa seeds*, PHYCHEM *31*, 4065–4070 (1992). ● [14] A. WELTER et C. DELAUDE, Bull. Soc. Roy. Sci. Liège *44*, 687–689 (1975). ● [15] E. O. UDOSEN and E. T. IFON, *Fatty acid and amino acid composition of African Oil Beans (Pentaclethra macrophylla)*, Food Chemistry *36*, 155–160 (1990). Öl- und Linolsäure als Hauptfettsäuren im Samenkernöl; Eiweiß mit relativ günstiger Aminosäurezusammensetzung. ● [16] S. C. ACHINEWHU, *Composition and food potential of African Oil Bean (Pentaclethra macrophylla) and Velvet Bean (Mucuna pruriens)*, J. Food Sci. *47*, 1736 (1982). Untersucht Samenkerne; 46% Lipide mit Öl-, Linol- und Lignocerinsäure als Hauptfettsäuren; 34% Rohprotein in den entfetteten Samenkernen. ● [17] H. O. NJOKU and C. P. OKEMADU, *Biochemical changes during the natural fermentation of the African Oil Bean (P.m.) for the production of Ugba*, J. Sci. Food Agric. *49*, 457–465 (1989). Die Fermentation verbessert u. a. die Proteinqualität und erhöht den Gehalt an Vitaminen der B-Gruppe. ● [18] J.-L. POUSSET, *Pentaclethra macrophylla*, S. 110–111 in: Plantes Médicinales Africaines II (1992), Ref. [75] sub *Detarieae*: Fermentierte Samenkerne als Nahrungsmittel UGBA; Samenöl zur Seifenfabrikation und zu Speisezwecken. ● [19] A. VIEUX et F. RUMAFYIKA, Oléagineux *22*, 463–467 (1967). Fettsäurespektrum des Samenöls. ● [20] A. C. JONES et al., *Pentaclethra macrophylla seed oil: Identification of hexacosanic and octacosanic acids*, J. Sci. Food Agric. *40*, 189–194 (1987). Ölausbeute im untersuchten Samenmuster von Sierra Leone 42%. Vergleich der eigenen Ergebnisse mit früher publizierten Fettsäureanalysen. ● [21] A. WELTER et al., *Acide 3(R)[1'(S)-aminocarboxymethyl]-2-pyrrolidone-5(S)-carboxylique dans les graines de Pentaclethra macrophylla*, PHYCHEM *14*, 1347–1350 (1975). Die ebenfalls als OWALASAMEN und PAUCONÜSSE bekannten Samen lieferten 0,41% der neuen Aminosäure. ● [22] E. I. MBADIWE, *A new dicarboxylic amino acid from seeds of Pentaclethra macrophylla*, PHYCHEM *14*, 1351–1354 (1975). Der Autor extrahierte angeblich Endosperm. Da die Samen aber endospermfrei sind (vgl. Ref. [10], S. 190), muß es sich um Samenkerne, also hauptsächlich um Kotylen gehandelt haben. ● [23] A. HOLLERBACH und G. SPITELLER, *Die Struktur des Paucins*, Monatshefte für Chemie *101*, 141–156 (1970). Untersuchung von Paucinhydrochlorid und Paucinacetat von MERCK. ● [24] E. I. MBADIWE, *Caffeoylputrescine from Pentaclethra macrophylla*, PHYCHEM *12*, 2546 (1973). Angeblich Endosperm extrahiert (siehe bei [22]); 1,4% des Dihydrats von Caffeoylputrescinhydrochlorid erhalten. ● [25] A. C. CORREIA DA SILVA et al., An. Fac. Farm. Porto *19*, 106 (1959). Ex Biol. Abstr. *36*, 18 698 (1961). ● [26] P. A. AKAH and A. I. NWAMBIE, *Evaluation of Nigerian traditional medicines: 1. Plants used for rheumatic (inflammatory) disorders*, J. Ethnopharmacol. *42*, 179–182 (1994).

C II.2. MIMOZYGANTHEAE

Monotypische Tribus von Argentinien und Paraguay. Pollen kommt als Einzelkörner frei. Samen ohne Endosperm. *Dinizia*, welche durch gewisse Autoren hier eingeordnet wird, hat Tetradenpollen und Samen mit Endosperm.

Mimozyganthus carinatus (Griseb.) Burkart wurde bisher kaum untersucht. In Samen wurden Djenkolsäure, Acetyldjenkolsäure, Dichrostachinsäure und viel 4-Hydroxypipecolinsäure und ein nicht-identifizierter Körper UN als nichtproteinogene Aminosäuren papierchromatographisch nachgewiesen (Ref. [3], S. 189).

C II.3. MIMOSEAE (Abb. 31–34)

Vorwiegend Bäume oder Sträucher mit bipinnaten Blättern. Blüten meist zahlreich in gedrängten kopfigen oder ährigen Blütenständen, i. d. R. mit 5 Kelch- und 5 Kronblättern und mit 5 oder 5 + 5, an der Basis freien oder wenig verwachsenen Stamina, und mit monokarpellatem Fruchtknoten. Pollenkörner einzeln, in Tetraden oder in höher zusammengesetzten Polyaden freikommend.

Meines Wissens liegt nur eine phytochemische Arbeit über Inhaltstoffe der ganzen Tribus vor: Nicht-proteinogene Aminosäuren der Samen ([3], l. c. S. 189); Ergebnisse dieser papierchromatographisch gewonnenen Resultate werden bei den einzelnen Gattungen besprochen; dabei bleiben „Spuren" unerwähnt. Vgl. ferner Bd. XIa, 109, 168, 198, 297 und im taxonomischen Index S. 475. Für Samenöl vgl. Tabelle 12 sub *Prosopis*.

In POLHILL-RAVEN (1981) werden die *Mimosoideae* in 12 Gattungs-Gruppen unterteilt:

1. *Dinizia*-Gruppe (1 Genus)
2. *Aubrevillea*-Gruppe (1)
3. *Fillaeopsis*-Gruppe (1)
4. *Newtonia*-Gruppe (4)
5. *Adenanthera*-Gruppe (4)
6. *Entada*-Gruppe (2)
7. *Plathymenia*-Gruppe (1)
8. *Prosopis*-Gruppe (4)
9. *Piptadenia*-Gruppe (11)
10. *Xylia*-Gruppe (2)
11. *Leucaena*-Gruppe (2)
12. *Dichrostachys*-Gruppe (4)

Ich habe mich entschlossen, die mir bekannt gewordenen Inhaltstoffe in alphabetischer Reihenfolge zu besprechen, da von den einzelnen Gattungen noch stets viel zu wenig phytochemische Daten bekannt geworden sind, um die Klassifikation innerhalb der Tribus chemotaxonomisch beurteilen zu können.

ADENANTHERA

Tropische Gattung von Asien, Australien und der Inseln des Pazifiks mit gegen 10 Arten. *A. pavonina* wird heute praktisch pantropisch kultiviert. Nach [3] (l. c. S. 189) enthalten Samen von *A. abrosperma* und *pavonina* 4-Methylenglutaminsäure und wenig 4-Methylenglutamin und *A. abrosperma* geringe Mengen einer unbekannten Aminosäure. Genauer wurde nur folgendes Taxon untersucht.

A. pavonina: Die Art ist u. a. als CORAL WOOD, CORAL TREE, RED (oder SANDAL) BEAD TREE, RED SANDALWOOD TREE und CORALITOS bekannt. Die roten Samen (u. a. CORAL TREE NUTS) werden zur Anfertigung von Zierobjekten benützt. Sie wurden verschiedentlich untersucht, und bestehen nach [1] zu 53% aus Kern und

47% aus Testa. Die Samenkerne lieferten etwa 25% fettes Öl [1] mit hohem Gehalt an gesättigten Fettsäuren; nach neuer Analyse [2] $16:0 = 16$, $18:0 = 2$, $20:0 = 1$, $24:0 = 3$ und $28:0 = 17\%$ und außerdem $18:1 = 14$, $18:2 = 44$ und $20:1 = 2\%$; auffällig ist der hohe Octacosansäuregehalt (nach früheren Angaben gehört Lignocerinsäure [24:0] zu den Hauptfettsäuren). Ferner enthielten Samen Phytosterine, ein Phytosteringlucosid, ein Heteropolysaccharid, welches bei der Hydrolyse Glc, Xyl, Ara und Rha lieferte, und angeblich 0,8% Dulcit (= Galaktitol) [1]; die in [1] für Dulcit angegebenen Identitätskriterien (F 184–186°; TLC mit einem Laufmittel) schließen allerdings Pinit keineswegs aus. Aus Blättern wurden Octacosanol und ebenfalls ein Phytosteringlucosid und Dulcit isoliert [1]. Samen lieferten ferner einen Proteinase-Inhibitor, der Trypsin und Chymotrypsin hemmt, und mutmaßlich ein Glykoprotein ist [3]. Rinde enthält ein Saponingemisch mit Oleanol- und Echinocystsäure als Sapogeninen und Glc als Zuckerkomponente; die zwei Triterpensäuren kommen auch frei vor [4]. Holz lieferte das Chalkon Butein, das 5-Desoxyflavonol Robinetin, sein 2,3-Dihydroderivat, 2,3-Dihydromyricetin (= Ampelopsin) und 2,4-Dihydroxybenzoesäure [5]. Auch Wurzeln enthalten freie und glucosidierte Oleanol- und Echinocystsäure; die Saponine dürften denen der Stammrinde ähnlich sein; ferner lieferten sie Stigmasterin und Stigmasteringlucosid [6].

Für weitere Angaben zu *Adenanthera* siehe *The Wealth of India*, revised ed., Vol. I: A, S. 73–75, DICT und taxonomisches Register in Bd. XIa, 445.

AMBLYGONOCARPUS

Nur *A. andongensis* (= *A. obtusangulus*) in den Savannen von Afrika. In einem Samenmuster wurden mit PC wenig Pipecolinsäure, reichlicher Methylenglutaminsäure und eine nicht identifizierte Aminosäure nachgewiesen ([3], l. c. S. 189). Für Abb. der Frucht und Beschreibung der Verwendung der nach Kochen fermentierten Samen in Zentral-Afrika vgl. Ref. [3] sub *Parkieae*. Weitere Angaben in Bd. XIa, 446 (lies hier: *andongensis*, statt *andogensis*).

ANADENANTHERA: Vide sub PIPTADENIA

AUBREVILLEA

Tropisch-westafrikanische Gattung mit zwei Arten. In einem Samenmuster von *A. kerstingii* waren papierchromatographisch nur Pipecolinsäure und geringe Mengen des unbekannten Körpers UN nachweisbar; vgl. [3], l. c. S. 189.

CYLICODISCUS (Abb. 34)

Nur *C. gabunensis* in Westafrika. Liefert geschätztes Holz, das u. a. als OKAN und AFRICAN GREENHEART bekannt ist. Das Splintholz ist rötlich und das Kernholz gelb bis braun, wird aber an der Luft rotbraun (IRVINE, l. c. Bd. VII, 83). KING und KING [7] isolierten aus Kernholz 1,3% Okanin und 1,8% Iso-okanin; es handelt sich um die *cis*- und *trans*-Form von 3,4,2′,3′,4′-Pentahydroxychalkon. Die als Fischgift und Wasch- und Arzneimittel verwendete Rinde lieferte 0,8% Cylicodiscinsäure [8], 0,16% ihres 3-Triosides (= Saponin Cylicodiscosid) [9], das dem Saponin S3 von [10] entspricht, sowie die Saponine S1, S2 und S5 mit Maslinsäure (= Crataegolsäure) als Sapogenin und S4 mit Cylicodiscinsäure als Sapogenin [10]. In den Samen wurden viel Dichrostachinsäure und Pipecolinsäure und mäßige Mengen 5-Hydroxypipecolinsäure nachgewiesen (PC; Ref. [3] auf S. 189). Weitere Angaben in Bd. XIa, 459.

DESMANTHUS

Etwa 25 neuweltliche Arten. In fünf Samenmustern (*D. brevipes* [= *chacoënsis*], *cooleyi* [= *jamesii*], *illinoënsis* [= *brachylobus*] und *virgatus* [einmal *D. virgatus* und einmal *D. depressus*]) wurden papierchromatographisch viel Dichrostachinsäure und wechselnde Mengen Djenkol- und Acetyldjenkolsäure nachgewiesen. Bei *D. illinoënsis* wurden zusätzlich wenig S-(β-Carboxyethyl)-cystein und S-(β-Carboxyisopropyl)-cystein und bei *brevipes* und *virgatus* s. str. beträchtliche Mengen des unbekannten Körpers U9 beobachtet; zwei Muster, *D. illinoënsis* und die als *D. depressus* bezeichneten *D. virgatus*-Samen, enthielten zusätzlich geringe Mengen 4-Hydroxypipecolinsäure ([3], l. c. S. 189; Nomenklatur an DICT angepaßt). Blätter von *D. illinoënsis* enthalten allelopathisch aktive Komponenten; 6 phenolische Verbindungen wurden isoliert, identifiziert und biologisch geprüft (Hemmung des Wachstums von Tomatenwurzeln und Raupen von *Heliothis virescens*; Bakteriostase). Hauptphenole waren Quercitrin, Myricitrin und Desmanthin-1 (= Myricitrin-2″-gallat); in viel geringeren Mengen waren K-3-glucoglucosid, Rutin und Desmanthin-2 (= Myricitrin-4″-gallat) vorhanden; aktivste Komponente war Desmanthin-1 [11]. Auch in Blatt-, Blüten- und Frucht-Traufen („leachates") von *D. illinoënsis* sind allelopathisch aktive Stoffe vorhanden [12]. Aus Wurzeln wurden mehrere Indolderivate isoliert [13]: N,N-Dimethyltryptamin, N-Methyltryptamin, N-Hydroxy-N-methyltryptamin, 2-Hydroxy-N-methyltryptamin und Gramin; die meisten von ihnen kommen in der Wurzelrinde und im Wurzelholz vor; auch Indolylessigsäure und Tryptophol (2-Indolylethanol) wurden isoliert, doch fehlen Angaben über Ausbeuten für diese zwei Körper. Für weitere Angaben zu *Desmanthus* vgl. Bd. XIa, 461.

DICHROSTACHYS

Die Gattung reicht von Afrika über Madagaskar und den Indischen Subkontinent bis nach Australien, und umfaßt etwa 10 Arten, von welchen die weitverbreitete *D. cinerea* (L.) W. et A. (= *D. glomerata* [Forssk.] Chiov. = *D. platycarpa* Welw.) allein in Afrika in 6 Unterarten, i. e. subsp. *africana* (= *D. arborea*), *argillico-*

la, forbesii, keniensis, nyassana (= *D. nyassana*) und *platycarpa* (= *D. platycarpa*) aufgeteilt ist (nach LOCK 1989). Vorläufig beschränken sich chemische Untersuchungen auf die polytypische *D. cinerea* s. l. Dichrostachinsäure wurde erstmalig aus dem „Endosperm" von an der Elfenbeinküste gesammelten Samen (*D. glomerata* [Forsskål] Chiov.) isoliert, und strukturell geklärt [13]. Später wurden große Mengen Dichrostachinsäure papierchromatographisch in zwei Samenmustern (*D. cinerea, D. glomerata*) nachgewiesen; vgl. Ref. [3], S. 189. Aus der in Zentralafrika gegen Husten verwendeten Rinde von *D. glomerata* wurden Friedelin, Epifriedelinol, Betulinsäure, Hexacosansäure und ein Triglycerid isoliert; gleichzeitig wurden Saponine in ihr nachgewiesen [14]. In Indien lieferte *D. cinerea* Sitosterin aus Blatt, Rinde und Holz, β-Amyrin und Hentriacontanol aus Blatt, Octacosanol aus Holz und Friedelin, Epifriedelinol und α-Amyrin aus Rinde [15]; aus Wurzeln wurden Octacosanol, β-Amyrin, Friedelin, Epifriedelinol and Sitosterin gewonnen [16]. Für weitere Angaben vide Bd. XIa, 461, 462.

ELEPHANTORRHIZA

Gattung mit gegen 10 Arten im Südteil Afrikas. In Samen von *E. goetzei* war nur eine bei Mimosoideen verbreitete unbekannte Aminosäure nachweisbar ([3], l. c. S. 189). Für weitere Angaben vide Bd. XIa, 463 (lies *goetzei* statt *goetzii*).

ENTADA (Abb. 34)

Pantropische Gattung mit etwa 30 Species, von welchen nach LOCK (1989) 18 in Afrika vorkommen. Praktisch alle phytochemische Literatur betrifft die weitverbreiteten (Samen sind an Verbreitung durch Meeresströmungen angepaßt) polytypischen Sippen *E. gigas* (L.) Fawcett et Rendle, *phaseoloides* (L.) Merr. und *rheedii* Sprengel, welche aber oft miteinander verwechselt werden und über deren gegenseitige Abgrenzung und Nomenklatur sich die Botaniker noch nicht einigen konnten (vgl. z. B. DICT, LOCK 1989, NIELSEN 1992, l. c. [2] auf S. 189). Die phytochemische Literatur ist abgesehen von [17] auf die Binomina *E. gigas* (nur DICT), *phaseoloides, scandens* und *pursaetha* beschränkt, wobei oft angenommen wird, daß sie Synonyme darstellen, also für Formen einer polytypischen Art verwendet werden. Im folgenden verwende ich die durch die jeweiligen Autoren gebrauchten Binomina *phaseoloides, pursaetha* und *scandens*. Aus Samenkernen von *E. pursaetha* aus Indien wurden je etwa 1,5 % Tyrosin-4-glucosid und DOPAMIN-3-glucosid isoliert; in Samen von *E. abyssinica* und *E. africana* (= *E. sudanica*) konnten diese zwei Körper nicht nachgewiesen werden; dagegen enthielten Samen von *E. gigas* (L.) Fawcett et Rendle DOPAMIN-3-glucosid und diejenigen von *E. polystachya* (L.) DC. Tyramin-4-glucosid [17]. Später wurden aus Samenkernen von *E. phaseoloides* von Thailand die schwefelhaltigen Amide Entadamid-A (0,025%) und Entadamid-B (0,004%) erhalten [18]. Blätter dieses Taxons lieferten Spuren Entadamid-A (37 mg aus 700 g) und Entadamid-C (27 mg) [19]. Aus entfetteten

Samenkernen von *E. phaseoloides* von Calcutta konnten etwa 0,12% Homogentisinsäure-2-glucosid (= Phaseoloidin) erhalten, und seine ichthyotoxische Wirkung nachgewiesen werden [20]. Methylhomogentisat, die 4-Butylether von Homogentisinsäure und Phaseoloidin und Entadamid-A-glucosid konnten aus Samen von *E. phaseoloides* von Bandung, Indonesien, isoliert werden [21]. Indische Samenkerne von *E. phaseoloides* (= *E. scandens* = *E. pursaetha*) enthalten ein Saponingemisch [22], das bei Hydrolyse Oleanol- und Entagensäure liefert [23], und aus welchem ein kristallisiertes Saponin gewonnen werden konnte [24]. Aus auf dem Markt in Manila (Philippinen) gekaufter Rinde von *E. phaseoloides* isolierten OKADA et al. die Saponine ES-I bis ES-VI, und ermittelten die Strukturen der Hauptsaponine ES-II bis ES-IV, welche in Ausbeuten von etwa 0,5–1% erhalten wurden [25]; es handelt sich um komplexe 3,28-Bisdesmoside mit Oleanol(ES-II)-, Echinocyst(ES-III)- und Entagen(ES-IV)-säure als Sapogeninen; OH-3 der Sapogenine ist mit N-Acetylglucosamin verknüpft, dessen OH-4 wiederum mit Glc und dessen OH-6 mit Xyl → Ara verethert ist; die 28-Carboxylgruppe der Sapogenine ist mit einer verzweigten Tetrose (Api → Xyl → 2 Glc4[Glc] →) verestert; die erste Glc trägt zudem einen 2,6-Dimethyl-2,7-octadienylsäurerest und die zweite Glc einen Acetylrest, was zu den Bruttoformeln $C_{88}H_{139}NO_{42}$, $C_{88}H_{139}NO_{43}$ und $C_{88}H_{139}NO_{44}$ für ES-II, ES-III und ES-IV führt. Offensichtlich sind Samen- und Rindensaponine nicht identisch, obwohl sie dieselben Sapogenine besitzen. HARIHARAN untersuchte die Hülsen von *E. scandens*-Früchten und isolierte β-Sitosterin, α-Amyrin, Q, PCy und Gallussäure [26].

Samenreserven: Die sehr großen Samen von *E. phaseoloides* enthalten in den Samenkernen 7–12% Öl, etwa 20% Protein und über 60% Kohlenhydrate; für das Öl wurden folgende Fettsäure-Spektren ermittelt:

[27] 16:0 + 18:0 = 20, 20:0 − 24:0 = 9, 18:1 = 40, 18:2 = 31%
[28] 16:0 = 9, 18:0 = 4, 20:0 = 2, 22:0 = 2, 18:1 = 36, 18:2 = 47%

In [28] wird darauf hingewiesen, daß Arachin-, Behen- und Lignocerinsäure bei den Mimosoideen häufig (z. B. *Adenanthera, Parkia, Pentaclethra, Xylia*) in relativ großen Mengen auftreten.

Ethnobotanische Notizen: Vgl. dazu auch Bd. XIa, 463, und *The Wealth of India,* Vol. III (1952), 174. Auf den Philippinen ist *E. scandens* beim Tagalog Volk als GOGO bekannt. Aus Stammstücken durch Schlagen mit Steinen gewonnene faserige Produkte sind ebenfalls als GOGO bekannt, und dienen ihres hohen Saponingehaltes wegen zum Haarwaschen und Fischfang; das Samenöl wird u. a. zu Beleuchtungszwecken verwendet [29]. *E. scandens* dient in Indien als Fischgift und Insektizidum, und die Samen werden als Emeticum gebraucht; sie enthalten ein schwefelhaltiges Glykosid mit flüchtigem, hautirritierendem Aglykon (vgl. Entadamid-A-glucosid oben) [30]. Wäßrige Extrakte aus dem Stamm von *Entada scandens* sind zur Bekämpfung der lästigen Landblutegel (*Haemadipsa sylvestris*) geeignet [31]. Die Bewohner der Andamanen- und Nicobar-Inseln essen die gewässerten und anschließend gerösteten Samenkerne von *Entada scandens*; sie sollen verhältnismäßig nahrhaft (Protein, Kohlenhydrate, Öl, Mineralstoffe) sein, und nur unbedeutende Mengen von hitzestabilen Toxinen (ihre Proteaseinhibitoren und Hämagglutinine [Lectine] werden durch Hitze inaktiviert) enthalten; Gerbstoffe fehlen im Kern praktisch gänzlich; der DOPA-Gehalt wird mit 2,4% angegeben [32]; offensichtlich handelt es sich dabei um die bereits besprochenen [17] Tyrosin- und DOPAMIN-Derivate.

FILLAEOPSIS

Monotypische Gattung von tropisch Westafrika. In Samen von *F. discophora* wurden mit PC wenig Djenkolsäure und reichlicher 5-Hydroxypipecolinsäure nachgewiesen (Ref. [3], S. 189).

GOLDMANIA

Gattung mit zwei Arten in Amerika. In den Samen der mexikanisch-mittelamerikanischen *G. platycarpa* Rose ex Micheli wurden mit PC Djenkol- und N-Acetyldjenkolsäure nachgewiesen (Ref. [3], S. 189). Die Art wurde durch gewisse Autoren in *Piptadenia* einbezogen, und heißt dann *Piptadenia platycarpa* J. F. McBride. Vgl. auch Bd. XIa, 100.

LAGONYCHIUM siehe sub PROSOPIS

LEUCAENA

Die Gattung reicht von Texas bis Peru und zählt etwa 20 Arten mit x = 13 oder 14 und n = 26, 28, 52 oder 56 [33]. *L. leucocephala* (Lam.) de Wit (= *L. glauca* Benth.) ist eine schnell wachsende Mehrzweckpflanze (Holz, Viehfutter, Nahrung [OCHSE-BAKHUIZEN VAN DEN BRINK 1980, l. c. Bd. XIa, 70; BACKER-VAN SLOOTEN 1924, l. c. Bd. XIa, 39], Gründüngung, Bekämpfung von Erosion, auch Schattenspender in Teeplantagen); sie wird weltweit seit langem in zahlreichen Cultivars angepflanzt [33–35; vgl. auch Bd. XIa, 471].

Die Literatur über *L. leucocephala* ist kaum mehr überschaubar. Viele Arbeiten sind einem ihrer toxischen Inhaltsstoffe von Blättern, Früchten und Samen, der Aminosäure Mimosin (= Leucaenol = Leucaenin) [36], gewidmet: Bestimmung in organischem Material [37, 38, 41], Zersetzungsprodukte [36, 39–43], Biosynthese [44–46], toxische Wirkungen auf Mensch und verschiedene Tierarten [40–43, 47–49]. Mimosin kann auch glucosidiert werden; Samen und Blätter von *L. leucocephala* enthalten nur Spuren von Mimosinglucosid (= Mimosid); während der Samenkeimung findet intensive Mimosinglucosidierung statt; 4 bis 5 Tage alte Keimpflanzen lieferten 0,013% Mimosid [50]. Außer Mimosin enthalten Samen und Blätter von *L. leucocephala* (= *L. glauca*) auch Pipecolinsäure und 5-Hydroxypipecolinsäure [51, 52]. Auch KRAUSS und REINBOTHE (Ref. [3], l.c. S. 189) untersuchten Samen von *L. leucocephala* und 3 weiteren Sippen papierchromatographisch, und konnten Mimosin bei *L. leucocephala* und *retusa* nachweisen; 5-Hydroxypipecolinsäure war bei allen 4 Arten deutlich vorhanden (auch bei *L. glabrata* und *pulverulenta*), und Pipecolinsäure fehlte nur bei *L. retusa*; ferner enthielten alle, abgesehen von *L. glabrata* (nur Spuren), deutliche Mengen von Dichrostachinsäure.

Zahlreiche Cultivars (oder Herkünfte) von *L. leucocephala* enthalten in Blättern 3–4% Flavonole; nachgewiesen wurden Q-3-Ara, Q-3-Rha (= Quercitrin), Q-3-Rhamnoglucosid (= Rutin), Q-3-GlcU, M-3-Ara, M-3-Rha (= Myricitrin) und M-3-GlcU [53]. Dieses Flavonolspektrum mit Quercitrin und Myricitrin als Hauptglykosiden wurde bei sehr vielen Herkünften beobachtet. Bei cv. Hawaiian fehlten die zwei Arabinoside und bei „Hawaiian" und cv. Cunningham gehörte auch Rutin zu den Hauptflavonoiden der Blätter. Gleichzeitig wurden die F_1-Hybride *L. pulverulenta* × *leucocephala* cv. Cunningham und zwei auf Java als Schattenspender in Tee- und Kaffeeplantagen kultivierte Taxa, i.e. *L. pulverulenta* (Schldl.) Benth. und *L. „glabrata"* (bevorzugt verwendet; entspricht nicht dem Taxon *L. glabrata* Rose = *L. leucocephala* subsp. *glabrata* [Rose] Zarate, sondern ist mutmaßlich die F_1-Hybride zwischen *L. leucocephala* und *L. pulverulenta*), untersucht. Bei *L. pulverulenta* fehlten die zwei Arabinoside, und Q-3-GlcU und M-3-GlcU waren relativ reichlich vorhanden; die zwei Hybriden enthielten in Blättern alle sieben Flavonolglykoside. Da in Südost-Asien *Leucaena*-Blattpulver als Futtermittel bereits Handelsprodukt ist, und bei seiner Bereitung nicht selten auch Blätter anderer Arten verwendet werden, prüften die Autoren weitere Leguminosen auf Blattflavonoide [53]:

Acacia villosa (Sw.) Willd. (= *A. glauca* [L.] Moench?): Einige nichtidentifizierte Flavonoide.

Albizia falcataria (L.) Fosberg (= *Paraserianthes falcataria* [L.] Nielsen): 0,5% Rutin.

Calliandra calothyrsus Meissner: Nur viel Quercitrin.

Gliricidia sepium (Jacq.) Kunth: Ein K-Glykosid.

Sesbania grandiflora (L.) Pers.: Ein K-Glykosid.

Nach DICT wurden in *L. leucocephala*-Blättern auch K-3-Ara (Juglanin) und K-3-Xyl nachgewiesen.

In Taiwan wurden in *L. leucocephala*-Blättern ferner freies Q und die phenolischen Säuren Gallus-, Protocatechu-, Vanillin-, 4-Hydroxybenzoe-, 4-Hydroxyphenylessig-, 4-Hydroxyzimt-, Kaffee- und Ferulasäure nachgewiesen; zusammen mit dem Mimosin und seinem Abbauprodukt, 3,4-Dihydroxypyridin, bedingen diese Blattphenole die beobachteten allelopathischen Wirkungen (Hemmung der Samenkeimung und des Wachstums von Keimpflanzen) [54]. Aus frischen hellgelben Blüten wurden 0,3% Totalflavonoide erhalten und als Q, Quercetagetin, Patuletin und Isoquercitrin charakterisiert [55]; bei einer späteren Untersuchung [56] wurden 0,02% Q, 0,2% Hyperin und sehr wenig Quercetagetin isoliert; Isoquercitrin und Patuletin wurden in diesem Material nicht beobachtet.

Blätter und Rinde von *L. leucocephala* enthalten Pinit; im Blatt ist er auf Blattstiel und Rhachis beschränkt; die Folioli lieferten 0,16% Ononit [57].

Samen von *L. glauca* enthalten etwa 9% Öl mit viel Palmitin-, Öl- und Linolsäure [58] und etwa 25% eines Galaktomannans mit einem Galaktosegehalt von 43% [59].

Auch Blätter von *L. leucocephala* (= *L. glauca*) sind schleimhaltig [60], und ihr Stamm neigt zur Gummosis, und produziert nach Verwundung einen bei Hydrolyse 33% Gal, 31% Ara, 24% Rha und 12% GlcU liefernden Schleim [61]. Für eine andere Gummi-Analyse vgl. Bd. XIa, 201.

Bei der Untersuchung der N_2-Fixation in Wurzelknöllchen wurde Asparagin als primäres Assimilationsprodukt ermittelt, und Export des fixierten Stickstoffes als Asparagin wahrscheinlich gemacht. Die einzelnen Teile von 4,5 Monate alten Pflanzen zeigten folgende Spektren von freien Aminosäuren [62]:

Blatt: Mimosin > Asn[1)] > GABA > Arg > Asp
Stämmchen: Mimosin > Asn[1)] > GABA
Wurzeln: Asn[1)] > Mimosin
Wurzelknöllchen: Asn[1)] > Gln > Mimosin > GABA

1) Einschließlich Gln; überall überwiegt Asn
Asn = Asparagin, Gln = Glutamin, Asp = Asparaginsäure, GABA = γ-Aminobuttersäure

Vgl. zur N_2-Fixierung auch [63] und für weitere Angaben zu *Leucaena* Bd. XIa, 471.

Abb. 31. Einige nichtproteinogene Aminosäuren und verwandte Körper der *Mimosoideae*

I = Djenkolsäure (R = H) und N-Acetyldjenkolsäure (R = CO−Me) • II = Dichrostachinsäure • III = S-(β-Carboxyethyl)-cystein • IV = S-(β-Carboxyisopropyl)-cystein • V = α,β-Diaminopropionsäure (R = H) und Albiziin (= Albizziin; R = $-CO-NH_2$) • VI = Willardiin = β-Uracylalanin • VII = Lysin • VIII = Tautomere Körper 3,4-Dihydroxypyridin und 3-Hydroxy-4-pyridon • IX = O-Acetylserin • X = Mimosin • Xa = Mimosinsulfat-Hydrat • XI = Mimosid • XII = Pipecolinsäure ($R_1 = R_2 = H$), 4-Hydroxy- und 5-Hydroxypipecolinsäure ($R_1 = OH$, $R_2 = H$ und $R_1 = H$, $R_2 = OH$) • XIII = Tyrosinglucosid • XIV = Tyraminglucosid ($R_1 = H$, $R_2 = Glc$) und Dopamin-3-glucosid ($R_1 = O$-Glc, $R_2 = H$) • XV = Homogentisinsäure ($R_1 = R_2 = H$), Phaseoloidin ($R_1 = Glc$, $R_2 = H$) und Butylether ($R_1 = H$ oder Glc, $R_2 = [CH_2]_4 H$)

① = Mimosin-Synthase
② = Mimosinase
UDP-Glc = Uridinphosphat-Glucose (= Glucose-Donor)
VIII, X−XII = Lysin-Metaboliten
XIII−XV = Tyrosin-Metaboliten in *Entada*-Samen

Mimosoideae

$$S-CH_2-CH(NH_2)-COOH$$
$$|$$
$$CH_2$$
$$|$$
$$S-CH_2-CH(NH)-COOH$$
$$|$$
$$R$$

I

$$S-CH_2-CH(NH_2)-COOH$$
$$|$$
$$CH_2$$
$$|$$
$$O=S-CH_2-CH(OH)-COOH$$
$$||$$
$$O$$

II

$$HOOC-\overset{\beta}{CH_2}-\overset{\alpha}{CH_2}-S-CH_2-CH(NH_2)-COOH \quad III$$

$$HOOC-\overset{\beta}{CH_2}-\overset{\alpha}{CH(Me)}-S-CH_2-CH(NH_2)-COOH \quad IV$$

$$\overset{H}{\underset{R}{N}}-\overset{3}{CH_2}-\overset{2}{\underset{\alpha}{CH(NH_2)}}-\overset{1}{COOH}$$

V

(uracil)$-\overset{3}{\underset{\beta}{CH_2}}-\overset{2}{\underset{\alpha}{CH(NH_2)}}-\overset{1}{COOH}$

VI

Lysine (VII) → piperidine derivative XII

VIII ⇌ tautomer + IX (O-acetyl serine)

X (mimosine) $\xrightarrow{H_2SO_4}$ Xa · SO_4^{--} · 1,5 H_2O

X $\xrightarrow[Glc]{UDP-Glc}$ XI

Fortsetzung auf S. 206

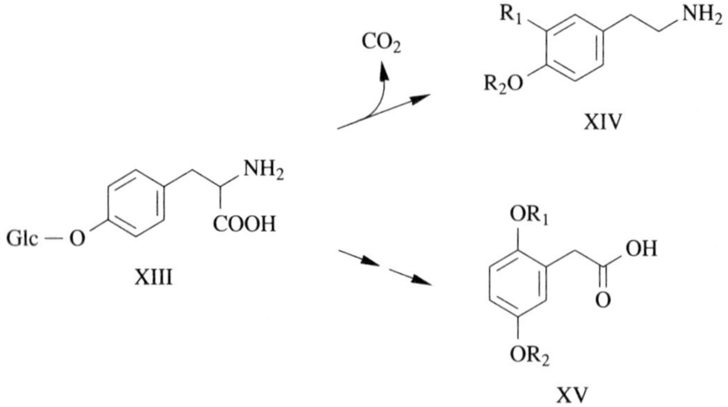

Abb. 31. (*Fortsetzung*)

MIMOSA (Abb. 31, 34)

Riesengattung mit über 450 Arten mit Massenzentrum in subtropisch und tropisch Amerika, aber auch in Asien und Afrika nicht fehlend. Einige Arten weltweit im Freiland und in Gewächshäusern kultiviert. BARNEBY schrieb eine Monographie der neuweltlichen Mimosen, in welcher er 477 Arten, von welchen manche polytypisch sind, anerkannte [64]. BARNEBY zog zwei in POLHILL-RAVEN (1981) als Genera behandelte Taxa in *Mimosa* ein:

Schrankia Willd. mit gegen 20 Arten; bildet bei BARNEBY [64] Sect. *Batocaulon* Series XXIV (= *Quadrivalves*) mit einer außerordentlich polytypischen (16 Varietäten) Art, *M. quadrivalvis* L.

Schrankiastrum Hassler mit nur *Sch. insigne* Hassler in Paraguay; bei BARNEBY in Sect. *Batocaulon*, Ser. VI (= *Leiocarpae* Bentham), als *Mimosa insignis* (Hassler) Barneby aufgenommen; zu den *Leiocarpae* werden 27 weitere Arten gerechnet.

Ich folge dieser Rangreduktion aus zwei Gründen nicht; (a) in der phytochemischen Literatur taucht *Schrankia* auf; (b) auch in modernen Floren, z. B. ISELY 1990 (l. c. Bd. XIa, 7) und CORRELL-JOHNSTON [65], wird die Gattung *Schrankia* anerkannt. In Texas ist sie unter dem Namen SENSITIVE BRIER (sensitiver Dornenstrauch) bekannt [65].

Die verschiedenen Typen von Nastien vieler *Mimosa*-Arten haben seit langem Botaniker und Nicht-Botaniker gefesselt. Einiges dazu wurde bereits in Bd. XIa, 405–413, besprochen. Die in Zusammenhang mit Nastien am intensivsten bearbeitete Pflanze ist zweifellos *Mimosa pudica* L.

SCHILDKNECHT publizierte einen prächtigen Übersichtsbericht über die Bewegungen dieser nycti- und seismonastischen Pflanze [66]. An der Steuerung von Bewegungen von *Mimosa pudica*-Blättern dürften Änderungen von Ionenkonzentrationen mitbeteiligt sein. Die peripheren Zellen der abaxialen Seite der Pulvini enthalten einen großen „Gerbstoff"-Körper, der Ca^{++} and K^+ speichern und abgeben kann; die K^+-reichen Zellen der inneren Zone enthalten eine große Vacuole, aber keinen Gerbstoffkörper. Gleichzeitig wurden Unterschiede in den

Eigenschaften der Zellwände der zwei Zonen beobachtet; nur die Wände der Zellen der peripheren Zone sind imstande K$^+$ zu speichern. Einleuchtende Erklärungen für diese Beobachtungen stehen noch aus [67]. Frische Blätter von *M. pudica* enthalten ein Tubulin genanntes Protein, das an der Steuerung der Bewegungsvorgänge mitbeteiligt sein könnte [67a].

Aus Kraut von *Mimosa pudica* wurde erstmalig die nichtproteinogene Aminosäure Mimosin, welche auch als Leucaenin (oder Leucenin) bekannt ist [36; DICT], isoliert. Sie scheint nur in den Gattungen *Leucaena* und *Mimosa* in leicht nachweisbaren Mengen synthetisiert und gespeichert zu werden. KRAUSS und REINBOTHE ([3], l.c. S. 189) beobachteten bei den 5–6 untersuchten *Mimosa*-Taxa nur in einem Falle, *M. bahamensis* (= *M. hemiendyta*), geringe Mengen Mimosin in Samen; nach ihren Ergebnissen werden in den Samen der Gattung die folgenden Aminosäuren gespeichert: *M. bahamensis* auch mäßig bis viel Djenkolsäure und ihr N-Acetat, Diaminopropionsäure [77] und Albiziin; *M. busseana* mäßig bis viel Djenkolsäure, ihr N-Acetat, Diaminopropionsäure und nichtidentifizierter Körper UN; *M. invisa* nur sehr viel Diaminopropionsäure; *M. pigra* (oder *M. asperata*) nur 4-Hydroxypipecolinsäure und Willardiin; *M. pudica* var. *hispida* nur UN und Spuren Pipecolinsäure. Mimosin-Biosynthese (vgl. [44]) wurde auch mit Kraut von *M. pudica* untersucht [68]; dabei wurde gezeigt, daß Serin zum Aufbau der Alanylseitenkette verwendet wird, und daß α-Aminoadipinsäure in Lysin, Pipecolinsäure, 5-Hydroxypipecolinsäure, 3-Hydroxy-4-pyridon und Mimosin eingebaut wird; offensichtlich operiert in Blättern von *M. pudica* der 2-Aminoadipinsäureweg der Lysinsynthese. Mimosin und verschiedene Mimosin-Isomere wurden synthetisiert [69], und seine tautomere Form und deren Salze wurden beschrieben [70]. Das große Interesse an Mimosin beruht auf seinen toxischen Eigenschaften, worunter seine Haarwuchshemmende und Haarausfall-bedingende Wirkung. Für Mimosid vgl. [50] sub. *Leucaena*.

Außer *M. pudica* wurden wenige *M.*-Arten mehr oder weniger ausführlich untersucht.

M. aculeaticarpa (= *M. acanthocarpa*): Djenkolsäure in Samen nachgewiesen [71].

M. asperata: 54 mg Willardiin aus 32 g Samen [71a].

M. bimucronata: Brasilianische Art, welche oft zur Gründüngung verwendet wird, und dabei das Wachstum gewisser Kulturpflanzen hemmen kann; als allelopathisch aktive Komponenten der Blätter wurden Mimosin und sein Spaltungsprodukt 3,4-Dihydroxypyridin (oder 3-Hydroxy-4-pyridon) nachgewiesen [72]. R. und M. WASICKY [73] fanden hohe Gerbstoffgehalte in Blättern und Zweigen.

M. caesalpiniaefolia: Kernholz lieferte Zimtsäure, 0,016% Morolsäure und Morolsäure-3-arabinosid [74].

M. hamata: Ethylgallat (2200 mg) und Gallussäure (700 mg) wurden aus dem EtOH-Extrakt von 5 kg beblätterten Zweigen isoliert und als antibiotisch aktive Komponenten charakterisiert [75]. 250 g frische Blüten lieferten 200 mg Gallussäure-4-ethylether, $C_9H_{10}O_5$ [76]; der gleiche Ether wurde ebenfalls aus Blüten von *M. rubicaulis* isoliert [76].

M. palmeri: 6 g Samen lieferten 102 mg und 50 g Samen 940 mg 2,3-Diaminopropionsäure-hydrochlorid, $C_3H_8N_2O_2 \cdot HCl$ [77].

M. pudica: Samenschleim [78]; Samenöl [79]. Bei Port Vila, Vanuatu, gesammeltes und getrocknetes Kraut (1,4 kg) lieferte 35 mg 2″-O-Rhamnosylorientin und 27 mg 2″-O-Rhamnosyliso-orientin [80]. Aus 890 g Samen wurden 16 mg eines neuen Saponins erhalten; Sapogenin ist 21β,29-Dihydroxyoleanolsäure (= Treleasegeninsäure?), und die mit OH-3 verknüpfte verzweigte Tetraose besteht aus 2 Glc und 2 Ara [81].

M. rubicaulis: 100 mg Friedelin, 90 mg β-Amyrin und 50 mg β-Sitosterin aus 5 kg Wurzeln [82]; vgl. auch [76].

M. scabrella: Art im extratropischen Brasilien; ihre Rinde enthält Tryptamin, N-Methyl- und N,N-Dimethyltryptamin und N-Methyltetrahydrocarbolin [83].

M. somnians: Sehr polytypische, mittel- bis südamerikanische Art (vgl. S. 450–460 in [64]). Aus in Panama gesammelten fruchtenden Pflanzen wurde eine Alkaloidfraktion gewonnen, mit welcher 0,026% Tryptamin und 0,029% N-Methyltryptamin (bezogen auf TG) nachgewiesen wurden (DC, GC) [84].

M. strigillosa ist eine extratropische Art mit disjunctem Areal: Florida und Texas und Argentinien, Paraguay und Uruguay. Eine phylogenetische Interpretation der Ontogenie von Blüten und Blütenständen liegt vor [85].

M. tenuiflora (Willd.) Poiret (= *M. hostilis* Mart. = *M. cabrera* Karsten): Stachliger Strauch mit disjuncter Verbreitung (Südamerika [Nordost-Brasilien, Venezuela, Colombia] und Mittelamerika [El Salvador, Honduras, Südmexico]). Aus Wurzeln bereiteten die Pankaruru-Indianer im Staat Pernambuco Brasiliens ein halluzinogenes Getränk, VINHO DE JUREMA. Das 1946 für Wurzeln beschriebene Alkaloid Nigerin identifizierten PACHTER et al. [86] mit N,N-Dimethyltryptamin, $C_{12}H_{16}N_2$, F 48–49° (Ausbeute 0,57%). In Mexico wird das Rindenpulver dieses Taxons, das hier u.a. als TEPESCOHUITE bekannt ist, zur Behandlung von Hautverletzungen und Brandwunden verwendet. Aus der Rinde wurden die Saponine Mimonosid-A bis -C in Ausbeuten von etwa 0,03, 0,01 und 0,005% erhalten; sie haben Oleanolsäure (A und B) und Machaerinsäure (= 21β-Hydroxyoleanolsäure: C) als Sapogenine, und ihr OH-3 ist mit einer Hexaose (2 Glc, 2 Xyl, 1 Ara, 1 Rha) verknüpft; Mimonosid-A und -C sind Bisdesmoside; ihre 28-Carboxylgruppe ist mit Rha verestert [87]; gleichzeitig wurden drei Phytosterinmonoglucoside (von Campesterin, Stigmasterin und β-Sitosterin) isoliert, und als Steroidsaponine bezeichnet [87]. Daneben enthält die Rinde Lupeol, freie Phytosterine und große Mengen von kondensierten Gerbstoffen [88]. Aufgrund von verschiedenen biologischen Tests mit den Mimonosiden wird angenommen, daß diese in Zusammenwirkung mit den Gerbstoffen und weiteren Rindenbestandteilen für die günstige Wirkung bei Brandwunden verantwortlich sind [88].

Aus kleinen Zweigen eines *M. tenuefolia* L. genannten Taxons wurden zwei Chalkone erhalten, und Kukulkanin-A, $C_{17}H_{16}O_5$, und -B, $C_{16}H_{14}O_5$, genannt; die Ausbeuten lagen im Bereiche von 0,015 und 0,03% [89]. Dieses Material wurde in Chiapas (Südmexico) gesammelt und auch als TEPESCOHUITE bezeichnet. Da zudem als Synonym *M. cabrera* genannt wird, ist anzunehmen, daß die zwei erwähnten Chalkone, deren Strukturen durch Synthese bestätigt wurden [90], in Wirklichkeit aus *M. tenuiflora* isoliert wurden. Der Name Kukulkanin wurde übrigens von einem indianischen Namen für die betreffende Pflanze abgeleitet [89]. Das Binomen *M. tenuifolia* (die Autoren schreiben *M. tenuefolia* [89] und *tenufolia* [90]) ist zweideutig; wahrscheinlich wurde es ursprünglich für eine myrmekophile *Acacia*-Art Mittelamerikas verwendet [64].

Wie bei *M. scabrella, somnians* und *tenuiflora* (= *M. hostilis*) bereits ausgeführt, bilden diese Taxa Tryptamin und/oder Tryptaminderivate. Von *M. hostilis* ist bekannt, daß gewisse ostbrasilianische Indianerstämme ein magisches Getränk aus Wurzeln bereiteten [91]. Angaben über Vorkommen von Tryptaminen bei weiteren *M.*-Arten sind spärlich, und beruhen im Falle von *M. verrucosa* [92] nur auf ethnobotanischen, nicht auf phytochemischen, Angaben (vgl. auch [91]). Das noch stets zweifelhafte mexikanische Taxon *M. zimapanensis* Britton et Rose steht möglicherweise *M. pringlei* nahe [64]; es enthält in Wurzelrinde Serotonin und Dimethyltryptamin [DICT].

Weitere Angaben zu *Mimosa* siehe Bd. XIa, 475.

NEPTUNIA

Krautige Gattung mit 11 Arten in den Tropen der Alten und Neuen Welt. *N. oleracea* ist meistens eine echte Wasserpflanze mit schwimmenden, an den Knoten wurzelnden Stengeln; sie ist gleich vielen *Mimosa*-Arten eine Sinnpflanze. KRAUSS und REINBOTHE (Ref. [3], S. 189) untersuchten die Samen von 5 Arten, *N. dimorphantha, gracilis, oleracea* (= *natans* = *prostrata*; vgl. Ref. [2], S. 189), *plena* und *pubescens*, auf freie Aminosäuren. Alle enthielten Dichrostachin- und N-Acetyldjenkolsäure; zusätzlich waren papierchromatographisch nachweisbar: Djenkolsäure bei *N. oleracea* (bei einem von zwei Mustern), *dimorphantha* (Spuren); Pipecolinsäure bei *N. dimorphantha* und *gracilis*; 5-Hydroxypipecolinsäure bei *N. gracilis*; eine unbekannte Säure UN bei einem der zwei *N. oleracea*-Mustern und *N. plena*.

Die Seleniumakkumulation der australischen *N. amplexicaulis* wurde bereits in Bd. XIa, 383-384, besprochen. Ergänzend dazu sei noch nach [93] verwiesen. Weitere Angaben in Bd. XIa, 476-477.

NEWTONIA

Gattung mit annähernd 10 Arten in Afrika und, nach POLHILL-RAVEN 1981, vier neuweltlichen Arten, die *Piptadenia* näher stehen als die afrikanischen Arten, welche in der *Newtonia*-Gruppe untergebracht sind. KRAUSS und REINBOTHE (Ref. [3], S. 189) suchten in Samen von 4 afrikanischen Arten nach freien Aminosäuren; solche ließen sich papierchromatographisch überall nachweisen:

N. buchananii: Djenkol-, Pipecolin- und viel 5-Hydroxypipecolinsäure.
N. duparquetiana: Djenkol-, Pipecolin- und viel 5-Hydroxypipecolinsäure.
N. hildebrandtii: Nur unbekannte Säure U12.
N. paucijuga: Djenkol- und Pipecolinsäure.
Weitere Angaben in Bd. XIa, 477.

Piptadenia s.l. (Abb. 32)

Die Gattung *Piptadenia* wurde in jüngster Zeit stark aufgeteilt. Dies illustrieren die monotypischen Genera *Indopiptadenia* (*I. oudhensis*) und *Piptadeniastrum* (*P. africanum*) in der Alten Welt, und *Parapiptadenia* (3–5 Arten), *Anadenanthera* (2 Arten) und *Pseudopiptadenia* (mehrere Arten), welche zusammen mit *Piptadenia* s. str. (etwa 15 Arten) auf die Tropen und Subtropen der Neuen Welt beschränkt sind. Soweit phytochemische Literatur für diese Taxa vorliegt, wurde sie vorwiegend mit dem Genusnamen *Piptadenia* publiziert. Ich habe für die Besprechung der phytochemischen Literatur die ältere Umgrenzung der Gattung gewählt, weil dies nach meinem Dafürhalten den bisher vorliegenden phytochemischen Publikationen besser entspricht. *Piptadenia* s.l. hat in den vergangenen 30–40 Jahren vor allem Ethnobotaniker und mit ihnen zusammenarbeitende Phytochemiker beschäftigt, weil in der Karibik und im nördlichen Südamerika ihre Samen durch verschiedene Indianerstämme zur Bereitung von halluzinogenen Schnupfpulvern und Klistieren verwendet wurden (werden?) [91, 94; vgl. ebenfalls die in Bd. VII, 48–49, zitierte Literatur].

Einige Ergebnisse der Suche nach alkaloidartigen Wirkstoffen von *Piptadenia*-Arten wurden in Tabelle 9 zusammengestellt.

Zu Tabelle 9 ist einiges zu ergänzen. Man weiß gegenwärtig, daß sich die Basenspektren in reifen *Piptadenia*-Samen beim Bewahren schnell ändern [107–109]. Innerhalb eines Jahres verschwinden oft alle ursprünglich leicht nachweisbaren Tryptamin- und β-Carbolinderivate bis auf das Bufotenin, welches sehr beständig zu sein scheint, und auch in über 100 Jahre im Museum für Völkerkunde, Wien, bewahrten PARICÁ- oder ANGICO-Samen (*Anadenanthera*-Taxon; vgl. dazu [105]) noch reichlich (1,5%) vorhanden war [109]. Ob die eben erwähnten Abbauprozesse über die N-Oxide und deren durch Fe^{III}-Ionen katalysierte Umsetzungen (vgl. Abb. 32) laufen, ist nicht bekannt. Vgl. auch weitere Angaben bei [107].

Während der Samenkeimung ändert sich das Basenspektrum ebenfalls schnell [110]. Experimentiert wurde mit einem aus Porto Rico stammenden Muster von reifen Samen von *Piptadenia peregrina*. Es enthielt Bufotenin als Haupttryptaminderivat und kleine Mengen von neun weiteren „Ehrlichpositiven" Substanzen, von welchen 6 die für viele Indolderivate charakteristische violette Farbreaktion zeigten, und drei andere abweichende Farbtöne lieferten; alle diese Nebenbasen konnten nicht identifiziert werden; das früher gefundene N,N-Dimethyltryptamin war in diesem Samenmuster nicht vorhanden. Während der Keimung im Dunkeln treten innerhalb von 7 Tagen hauptsächlich viele Indolderivate in den Keimpflanzen auf: viel Bufotenin, 5-Hydroxytryptamin, N-Methyl-5-hydroxytryptamin und wenig freies Tryptophan. Die Gesamtheit der durchgeführten Versuche macht folgende Stufenfolge für die Biogenese von Bufotenin in Keimlingen von *P. peregrina* wahrscheinlich [110]:

Tryptophan → Tryptamin → 5-Hydroxytryptamin → N-Methyl-5-hydroxytryptamin → Bufotenin.

Andere Inhaltstoffe von *Piptadenia* s.l. sind noch ungenügend bekannt.

Tabelle 9. Tryptaminderivate von *Piptadenia* s.l. (vgl. ebenfalls [104–106])

Taxon	Pflanzenbasen[1] (vgl. Abb. 32)	Pflanzenteil	Literatur
Piptadenia africana Hook f. (a)	Keine	Samen	[95]
Piptadenia cebil (Griseb.) Griseb. (b)	Vide bei *P. macrocarpa*	—	—
Piptadenia colubrina Benth. (c)	II, V + zwei UB	Samen	[97]
	2,1% V	Samen	[98]
Piptadenia contorta (DC.) Benth. (d)	II, V + zwei UB	Samen	[97]
Piptadenia excelsa (Griseb.) Lillo (e)	Keine	Rinde	[96]
	V	Samen	[96]
	II	Hülsen	[96]
Piptadenia falcata Benth. (f)	V	Samen	[99]
Piptadenia leptostachya Benth. (g)	0,3% Theobromin + zwei UB	Samen	[97]
Piptadenia macrocarpa Benth. (h)	III	Rinde	[96]
	II, V	Samen	[96, 101]
	II, V	Hülsen	[96, 101]
Piptadenia moniliformis Benth. (D, L, W)	V und eine UB	Samen	[97]
Piptadenia paniculata Benth. (D, L)	Wenig UB	Samen	[101]
Piptadenia paraguayensis (Benth.) Lindm.	Nur aus Rinde UB (nicht Indolbase)	Rinde, Samen, Hülsen	[96]
Piptadenia peregrina (L.) Benth. (i)	V > II	Samen; Hülsen und Rinde wenig Indolbasen	[95]
	II, V + zwei UB	Samen	[97]
	Viel V	Samen	[100]

Fortsetzung S. 212

Tabelle 9. (Fortsetzung)

Taxon	Pflanzenbasen[1] (vgl. Abb. 32)	Pflanzenteil	Literatur
Piptadenia peregrina (L.) Benth. (i)	II	Hülsen	[101]
	II, V	Samen (1,5–2% Basen)	[101]
	I, III, IV, Spuren V + einige UB	Rinde (0,3% Basen)	[102]
	I–VII; III und IV sind Hauptbasen	Rinde	[103]
	II, IV + Spur I	Blatt	[103]
Piptadenia rigida Benth. (k)	Keine	Samen	[96]
Piptadenia viridiflora (Kunth) Benth. (L.)	Keine	Samen + Hülsen	[96]

(a) = *Piptadeniastrum africanum* (Hook.f.) Brenan (D, LOCK, W).
(b) = *Anadenanthera colubrina* (Vell.) Brenan var. *cebil* (Griseb.) Altschul (D, L, W); vgl. auch h.
(c) = *Anadenanthera colubrina* var. *colubrina* (D, L, W).
(d) = *Newtonia contorta* (DC.) Burkart (L) = *Pseudopiptadenia contorta* (DC.) P. G. Lewis et M. P. Lima (D).
(e) = *Parapiptadenia excelsa* (Griseb.) Burkart (W).
(f) = *Anadenanthera peregrina* (L.) Speg. var. *falcata* (Benth.) Altschul (D).
(g) = *Pseudopiptadenia leptostachya* (Benth.) Rauschert (D).
(h) = *Anadenanthera colubrina* var. *cebil* (D, L, W); vgl. auch b.
(i) = *Anadenanthera peregrina* (L.) Speg. var. *peregrina* = *Mimosa peregrina* L. = *Niopa peregrina* (L.) Britton et Rose (D, L, W).
(k) = *Parapiptadenia rigida* (Benth.) Brenan (D, W).

N.B. Die 4 erwähnten Varietäten der Gattung *Anadenanthera*, *cebil*, *colubrina*, *falcata* und *peregrina*, werden nicht stets unterschieden und sind kaum scharf getrennt. Var. *peregrina* reicht am weitesten nach Norden (Karibik) und var. *cebil* am weitesten nach Westen (Argentinien, Bolivien, Peru, Paraguay, Südbrasilien) [91,104–105]. Die meisten chemischen Untersuchungen wurden mutmaßlich mit var. *peregrina* ausgeführt. Für Synonymie und Nomenklatur wurden verwendet:

D = DICT, l.c. S. 17   LOCK = LOCK 1989, l.c. Bd. XIa, 66
L = LEWIS 1987, l.c. Bd. XIa, 66   W = WIERSEMA et al. 1990, l.c. S. 47 als Ref. [5].

[1]) Nur isolierte oder eindeutig nachgewiesene Basen aufgenommen. N-Oxide könnten z. T. Isolierungsartefakte sein (Diskussion in [101,102]); sie wurden nicht durch alle Autoren gefunden, und hier nicht berücksichtigt. UB = Nichtidentifizierte (unbekannte) Basen.

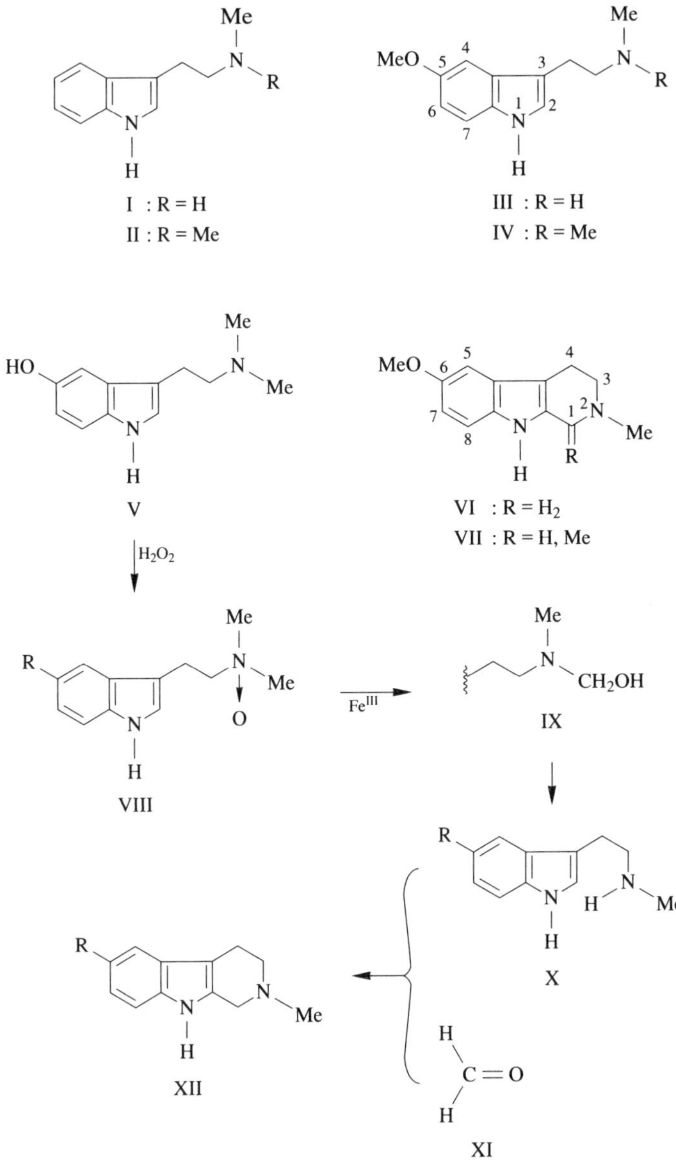

Abb. 32. *Piptadenia*(inkl. *Anadenanthera*)-Protoalkaloide und -Alkaloide (vgl. Tabelle 9)

I = N-Methyltryptamin ● II = N,N-Dimethyltryptamin ● III = 5-Methoxy-N-methyl-tryptamin ● IV = 5-Methoxy-N,N-dimethyltryptamin (= Bufoteninmethylether) ● V = 5-Hydroxydimethyltryptamin (= Bufotenin) ● VI = 2-Methyl-6-methoxytetrahydro-β-carbolin ● VII = 1,2-Dimethyl-6-methoxytetrahydro-β-carbolin (= 2-Methyl-6-methoxytetrahydroharman) ● V → VIII–XII = Mögliche spontane Umsetzungen von N,N-Dimethyltryptaminen (R = H, OH oder OMe) [102,103]: VIII = N-Oxide ● IX = N-Methylole ● X = N-Monomethylderivate ● XI = Formaldehyd ● XII = N-Methyl-β-carbolinderivate

Piptadenia africana (= *Piptadeniastrum africanum*) liefert ein Holz geringer Bedeutung, welches als DAHOMA und DABEMA bekannt ist, und Nase- und Kehl-Irritantien enthalten soll (vgl. HAUSEN 1981, l.c. Bd. XIa, 55); bei diesen dürfte es sich um Saponine handeln. BRAUN [111] isolierte aus dieser Art zwei Saponine, von welchen eines Oleanolsäure als Sapogenin und Glc, Ara und Rha als Zuckerkomponenten enthielt. Später konnte das zweite Sapogenin mit Echinocystsäure identifiziert werden [112]. NEUWINGER 1994, l.c. S. 12, beschrieb die Verwendung dieser Art als Jagdgift und in der traditionellen Heilkunde; er gibt für Stamm- und Wurzelrinden und für Zweige Saponine und PA an; auch er erwähnt die Reizwirkungen von Sägemehl für Nasen- und Rachenschleimhäute.

Piptadenia macrocarpa: In Japan wird das unter dem Namen ANGICO (vgl. dazu [105]) eingeführte Zierholz (Einlegeholz) *P. macrocarpa* (also der var. *cebil*; vgl. Tabelle 9) zugeschrieben. Aus einem botanisch gut dokumentierten Holzmuster isolierten MIYAUCHI und YOSHIMOTO [113] Sitosterin und sein 3-Glucosid und 3-Palmitat, 0,018% Lupeol, 0,012% Lupenon, 0,003% 3,4-Dimethoxydalbergion, 0,003% Dalbergin, 0,003% Kuhlmannin und ein Catechin, das 3,7,8,3',4'-Pentahydroxyflavan (mutmaßliche Struktur; als Pentaacetat isoliert; Ausbeute nicht erwähnt). Es handelt sich hier um den ersten Nachweis von Neoflavonoiden der Dalbergingruppe (Formeln vgl. Bd. XIa, 216–217) bei den *Mimosoideae*; sie sind im untersuchten Holz allerdings Spurenstoffe, da die Ausbeuten auf Konzentrationen im 30 ppm-Bereich weisen.

Piptadenia peregrina. PARIS und Mitarbeiter [95] haben bei ihren Samenalkaloiduntersuchungen auch Hülsen, Blätter und Rinde bearbeitet. In Hülsen wurden 13% und in Rinden 14% Gerbstoffe nachgewiesen; es handelt sich vorwiegend um PA, an deren Aufbau Beteiligung von PPg wahrscheinlich gemacht wurde. In Blättern wurden geringe Mengen Flavonoide beobachtet und mit chromatographischen Methoden (PC, TLC) Vorkommen der C-Glykoflavone Vitexin, Isovitexin, Orientin und Iso-orientin wahrscheinlich gemacht.

Für weitere Angaben zu *Piptadenia* s.l. vide taxon. Index in Bd. XIa unter *Anadenanthera, Parapiptadenia, Piptadenia, Piptadeniastrum*. Vgl. auch DICT bei obigen Genera und bei *Pseudopiptadenia*.

PLATHYMENIA

Gattung mit einer polytypischen Art, *P. reticulata*, oder mit 2–4 Arten (POLHILL-RAVEN) in Südamerika. Aus dem Holz der u.a. als VINHATICO bekannten Gattung ist seit langem der Methylester einer Diterpensäure, Vinhaticosäure (vgl. Formel IX in Bd. XIa, 311), bekannt. Sie wird von dem Acetat des entsprechenden Alkohols (Vinhaticol), dem Vinhaticylacetat, begleitet [114]. Vinhaticylacetat überwiegt im Holz von *P. reticulata* und Methylvinhaticoat im Holz von *P. foliolosa*. Nach DUCKE sind diese zwei Taxa conspezifisch, nach andern aber selbständige Arten; vielleicht kann die Phytochemie, wenn einmal mehr Ergebnisse vorliegen, etwas zu dieser taxonomischen Frage beitragen [114]. Die KING's isolierten ursprünglich Vinhaticosäure (nach Verseifung des Esters) und ein begleitendes Diterpen, das Plathyterpol, $C_{20}H_{34}O$, aus unter dem Namen *P. reticulata* erhaltenem Holz [115], aus welchem sie ebenfalls die gelben Pigmente Neoplathymenin (3,4,2',4',5'-Pentahydroxychalkon) und Plathymenin (6,7,3',4'-Tetrahydroxyflavanon) erhielten [116]; Plathymenin und das entsprechende Chalkon gehören demnach zu den 5-Desoxyflavonoiden. In Samen von *P. foliolosa* konnten KRAUSS und REINBOTHE ([3], S. 189) ausschließlich viel Pipecolinsäure nachweisen.

Im Gegensatz zum Methylvinhaticoat und Vinhaticylacetat gehört Plathyterpol (Formel V, Bd. XIa, 311) nicht zur Cassan-Gruppe von Diterpenen, sondern ist ein mit Kolavelool stereoisomeres clerodanoides Diterpen [115].

Weitere Angaben zu *Plathymenia* vide Bd. XIa, 481.

PROSOPIDASTRUM

Gattung mit einer Art in Mexico und einer Art in Argentinien. Phytochemische Beobachtungen liegen nur für das argentinische Taxon *P. globosum* vor. Aus beblätterten Zweigen wurden zwei Herbacetinderivate, das 3-Robinobiosid von Corniculatusin (vgl. dazu Ref. [73] auf S. 231 von Bd. XIa) und das 3-Galaktosid von Limocitrin (vgl. Formel III, S. 290 von Bd. IX), sowie das 5-Desoxyflavanonol Fustin (= Dihydrofisetin) isoliert [116]. In Samen von *P. globosum* konnten viel N-Acetyldjenkolsäure und mäßige Mengen Dichrostachin-, Djenkol-, Pipecolin- und 4-Hydroxypipecolinsäure und S-(β-Carboxyethyl)-cystein nachgewiesen werden (PC; Ref. [3], S. 189).

PROSOPIS (Abb. 33)

Gattung von 40–50 holzigen Arten (nach [117]: 44 Species, von welchen einige weitverbreitet und polytypisch sind). Die meisten Arten waren ursprünglich nur in Amerika einheimisch (südwestliche USA bis Patagonien). Einige amerikanische Arten wurden bereits früh in ariden Gebieten der Alten Welt angepflanzt, und sind gegenwärtig in gewissen Ländern eingebürgert. Vor dem Eingreifen des Menschen waren in der Alten Welt nur *P. africana, cineraria* (= *spicigera*), *farcta* (= *Lagonychium farctum*) und *koelziana* einheimisch; sie kommen in Afrika und Westasien bis Indien vor (LOCK 1989; LOCK-SIMPSON 1991). Nach [117] können innerhalb von *Prosopis* 5 Sectiones unterschieden werden:
1. *Prosopis*: *P. cineraria, farcta, koelziana.*
2. *Anonychia*: Nur *P. africana*; dornenlose Bäume oder Sträucher.
3. *Strombocarpa*: 9 Arten der Neuen Welt mit Stipulardornen; *P. abbreviata, burkartii, ferox, palmeri, pubescens, reptans, strombulifera, tamarugo, torquata.*
4. *Monilicarpa*: Nur *P. argentina* (ALGAROBILLA) in Argentinien, mit roten, rosenkranzartig eingeschnürten Früchten und je einem kurzen, blattachselständigen Stachel.
5. *Algarobia*: Die übrigen 30 neuweltlichen Arten; alle sind dornige oder stachelige Sträucher oder Bäume.

Für die Indianer arider Gebiete Amerikas waren *Prosopis*-Arten außerordentlich wichtig als Nahrungsquelle (Früchte, Samen), da ihr Fruchtansatz gut und praktisch witterungsunabhängig ist [117]. Außerdem liefert die Gattung Viehfutter, Arzneimittel, technische Produkte (Gummi, Gerb- und Färbemittel) und Holz für verschiedene Zwecke [117]. Die eher negative Beurteilung einiger *Prosopis*-Sippen in den Südstaaten der USA [117] hängt mit der ökologisch nicht tragbaren Überbeweidung von Grasländern arider Gebiete zusammen. Einige *Prosopis*-Arten sind vielversprechend für eine vernünftige Nutzung nährstoffarmer, trockener Böden: Hochwertige Nahrung, Viehfutter, Brenn- und Nutzholz, Bodenverbesserung und Bekämpfung von Bodenerosion. Vgl. dazu auch: NATIONAL ACADEMY OF SCIENCE, *Resources for the future*, Washington, D.C. 1979 (*Prosopis* Species, 153–163); GUTTERIDGE-SHELTON 1994, l.c. S. 10 (*Prosopis*, 105–107), WEALTH OF INDIA, Vol. 8 (1969), 245–249 und Ref. [118].

Von den Sekundärstoffen der Gattung wurden nicht-proteinogene Aminosäuren, biogene Amine und Alkaloide, Flavonoide und Gerbstoffe bisher am intensivsten bearbeitet.

Nicht-proteinogene Aminosäuren – KRAUSS und REINBOTHE, Ref. [3], S. 189, untersuchten Samen von *P. caldenia, juliflora, kuntzei* und *tamarugo*; papierchromatographisch konnten in allen mäßige bis große Mengen Acetyldjenkolsäure und 4-Hydroxypipecolinsäure nachgewiesen werden. Bei der papierchromatographischen und elektrophoretischen Analyse von getrockneten Blättern von 540 Exemplaren von 24 Arten, welche alle Sektionen (sensu BURKART, i.e. *Algarobia* DC.: 17 Arten; *Adenopsis* DC.: *P. farcta*; *Cavenicarpa* Burkart: *P. ferox* und *P. palmeri*; *Strombocarpa* Bentham: *P. cineraria* [= *spicigera*], *P. pubescens, P. reptans* var. *cinerascens* und var. *reptans* und *P. torquata*) mit Ausnahme von *Anonychium* Bentham (nur *P. africana*) vertraten, waren überall dieselben freien Aminosäuren nachweisbar. Bei allen Mustern und Arten war viel Pipecolin- und 4-Hydroxypipecolinsäure vorhanden; die meisten Blattmuster enthielten gleichzeitig viel freies Prolin [119]. Später [120] wurde allerdings beobachtet, daß bei der Analyse von Frischblättern nur große Mengen von 4-Hydroxypipecolinsäure vorkommen; Prolin und Pipecolinsäure entstehen offenbar erst während des Trocknens der Blätter. Von Prolin ist seit langem bekannt, daß es zu den COMPATIBLE SOLUTES gehört, und bei Salzstress und bei Wassermangel, i.e. beim Beginn des Welkens, oft in größeren Mengen gebildet und gespeichert wird. Demnach kann Speicherung von 4-Hydroxypipecolinsäure in Blättern und Samen als ein Gattungsmerkmal bezeichnet werden.

Biogene Amine und Alkaloide (vgl. Abb. 33) – Biogene Amine scheinen in der Gattung recht verbreitet zu sein; vorläufig wurden sie vorzüglich in Blättern beobachtet. Getrocknete Blätter von *P. glandulosa* enthielten in Texas 0,31% Amine; Tyramin und N-Methyltyramin wurden identifiziert [121]. Getrocknete Blätter von *P. alba* (= ALGARROBO BLANCO in Argentinien) lieferten 0,7% Phenylethylamin, 0,41% Tyramin und 0,73% Tryptamin [122]. Interessante Ergebnisse wurden mit getrockneten Blättern der ebenfalls in Argentinien heimischen *P. nigra* erhalten [123]: Sie lieferten 2% Totalalkaloide, wovon der größte Teil identifiziert werden konnte, nämlich 0,4% Phenylethylamin, 0,2% Tyramin, 0,3%

Tryptamin, 0,2% N-Acetyltryptamin, 0,15% Harman und 0,1% Tetrahydroharman (= Elaeagnin); die Autoren nehmen an, daß N-Acetyltryptamin direkte biogenetische Vorstufe der β-Carbolinbasen Elaeagnin und Harman ist (vgl. dazu aber [123]: Wahrscheinlichste Vorstufen der β-Carboline sind Tryptamine und Brenztraubensäure); vgl. auch Bd. IX, 210, 211 (Formeln IV–VIII).

Acetogene 2,6-dialkylierte Piperidinalkaloide mit z. T. komplexen Strukturen sind aus Blättern und Rinden vieler *Prosopis*-Arten bekannt geworden; sie sind mit den aus einigen *Cassia*-Arten isolierten Piperidinalkaloiden nächst verwandt oder gar identisch (vgl. S. 104 bei *Cassia spectabilis* und in Bd. XIa, 280). Das genaue Studium dieser Alkaloide in der Gattung *Prosopis* begann mit der afrikanischen *P. africana*: Prosopin und Prosopinin aus Blättern [124], Prosophyllin, Prosafrin und Prosafrinin aus Blättern und Isoprosopinin-A und -B aus Wurzeln und Stammrinde [125]. Für Prosopinin wurden sedative, hypotensive, vasodilatorische, spasmolytische, lokalanästhetische und schwach antiseptische Effekte nachgewiesen; diese Base und ihre Salze sind aber schlecht verträglich, da sie stark irritierend (Schleimhäute; Magen) wirken [126]. Ein weiteres Piperidinalkaloid, das Spicigerin, wurde aus Blättern der ebenfalls altweltlichen *P. cineraria* (= *P. spicigera*) erhalten [127]; es ist durch eine endständige Carboxylgruppe in der C-12-Seitenkette ausgezeichnet, was Leete et al. [128] zur Aufstellung einer biogenetischen Hypothese (Nonaketid, bei welchem alle 18 C-Atome erhalten sind) veranlaßte. Die Rinden der argentinischen Arten *P. nigra, P. ruscifolia* und *P. vinalillo* lieferten das Alkaloid N-Methylcassin [129]. Die ursprünglich lateinamerikanische, polytypische *P. juliflora* ist heute in warm-ariden Gebieten weltweit verbreitet. Am intensivsten wurden bisher ihre alkaloidhaltigen Blätter bearbeitet. Die Arbeitsgruppe Hesse untersuchte in Zürich indisches (Madras) Material und isolierte neuartige Indolizidinderivate, die zwei Isomerenpaare Juliprosopin und Isojuliprosopin [130] und Juliprosin und Isojuliprosin [131]; sie könnten durch Kondensation von 2 Molekülen cassinartiger Piperidinalkaloide mit einem Molekül Dihydropyrrol in der Pflanze entstehen [130]. Juliprosin ist eine quartäre, wasserlösliche Base [131]. Da die Blätter von *P. juliflora* recht giftig sind, und in Indien zu Suiziden verwendet werden, wurde eine saponinfreie Totalalkaloidfraktion auf hämolytische Wirkung geprüft; sie hämolysierte Erythrozyten von Ratte und Mensch schnell [132]. In Karachi, Pakistan, wurden Blätter von *P. juliflora* ebenfalls intensiv bearbeitet. Ursprünglich wurden aus ihnen drei Alkaloide, Juliflorin (= Hauptalkaloid, F 56–60°), Julifloricin (amorph) und Julifloridin ($C_{18}H_{37}NO_2$, F 82–83°), isoliert [133]. Später [134] konnte gezeigt werden, daß Juliflorin mit dem inzwischen strukturell vollständig geklärten Juliprosopin identisch ist; ferner wurden die neuen Alkaloide Juliprosinen und Juliflorinin [135] und N-Methyljulifloridin [136] isoliert, und gezeigt, daß die Indolizidinbasen (Juliprosopin [= Juliflorin] und Isomeren; Juliprosin und Isomeren) antibakteriell wirksam sind [134], und auch als Fungistatica eingesetzt werden können [137]. Da manche 2,6-dialkylierte Piperidine aus *Cassia*- und *Prosopis*-Arten interessante biologische Eigenschaften haben, wurden viele von ihnen synthetisiert. Für Übersichtsberichte wird nach [138–140] verwiesen. Vide ferner im nächsten Abschnitt bei den neuweltlichen Arten *P. alba, kuntzei, nigra, pugionata* und *ruscifolia*.

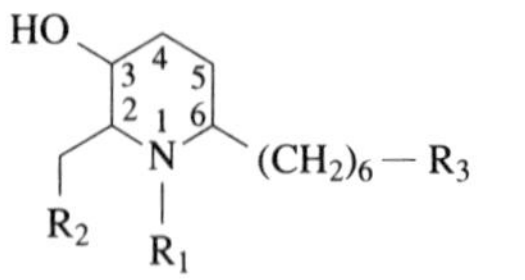

	R₁	R₂	R₃
I	H	OH	$-(CH_2)_4-CH(OH)-CH_3$
II	H	OH	$-(CH_2)_3-CO-CH_2-CH_3$
III	H	OH	$-CO-(CH_2)_5H$
IV	H	OH	$-CH_2-CO-(CH_2)_4H$
V	H	OH	$-(CH_2)_3-CO-CH_2-CH_3$
VI	H	H	$-(CH_2)_3-CH(OH)-CH_2-CH_3$
VII	H	H	$-(CH_2)_3-CO-CH_2-CH_3$
VIII	Me	H	$-(CH_2)_4-CO-CH_3$
IX	Me	H	$-(CH_2)_5-CH_2-OH$
X	H	H	$-(CH_2)_5-COOH$

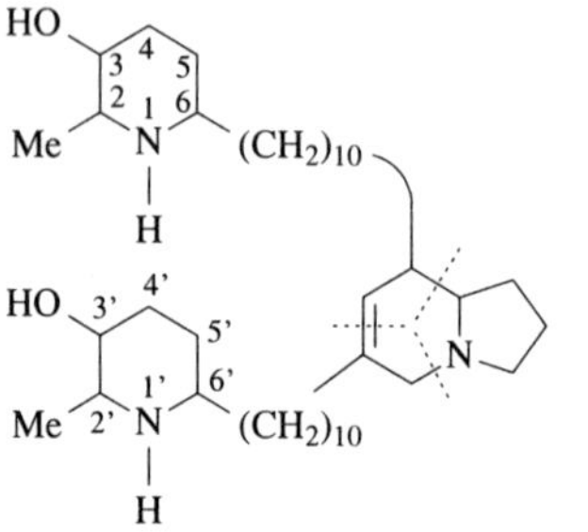

Abb. 33. Einige 2,6-alkylsubstituierte Piperidine von *Prosopis* (= Prosopis-Alkaloide)

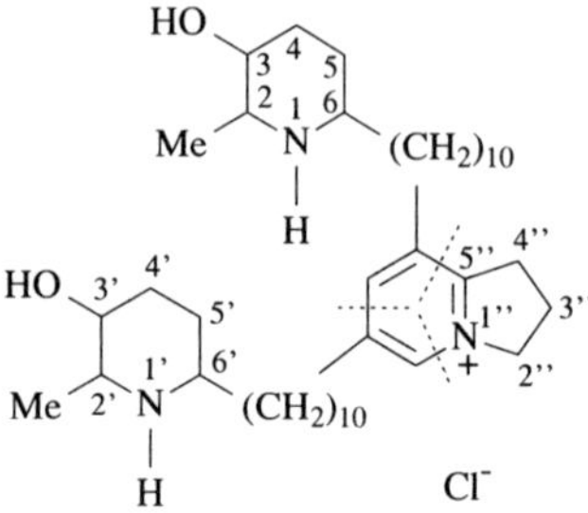

I = Prosopin, $C_{18}H_{37}NO_3$ • II = Prosopinin, $C_{18}H_{35}NO_3$ • III = Isoprosopinin-A, $C_{18}H_{35}NO_3$ • IV = Isoprosopinin-B, $C_{18}H_{35}NO_3$ • V = Prosophyllin, $C_{18}H_{35}NO_3$ • VI = Prosafrin, $C_{18}H_{37}NO_2$ • VII = Prosafrinin, $C_{18}H_{35}NO_2$ • VIII = N-Methylcassin, $C_{19}H_{37}NO_2$ • IX = N-Methyljulifloridin, $C_{19}H_{39}NO_2$ • X = Spicigerin, $C_{18}H_{35}NO_3$ • XI = Juliprosopin (= Juliflorin), $C_{40}H_{75}N_3O_2$ • XII = Juliprosin, $C_{40}H_{72}N_3O_2Cl$

N.B.: In Formeln ist Stereochemie an C-2, C-3, C-6 und in den C_{12}-Seitenketten nicht berücksichtigt

XI: Julifloricin, Juliflorinin und Juliprosopin sind stereoisomere Alkaloide
XII: Wasserlösliche quartäre Basen; Juliprosinen ist $\Delta^{3''}$-Juliprosin
V: Ist ein Racemat von stereochemisch von II verschiedenen Komponenten

Flavonoide Verbindungen und Gerbstoffe – Wie die meisten holzigen Leguminosen akkumulieren auch *Prosopis*-Arten in vielen Pflanzenteilen Phenole. Am besten bekannt sind Flavonoide, Catechine und Leucoanthocyanidine und von ihnen abgeleitete PA. Gallo- und Ellagitannine fehlen in der Gattung ebenfalls nicht, sind aber in Einzelheiten noch wenig untersucht. Am intensivsten wurden zwei neuweltliche Arten bearbeitet, welche jedoch in Südafrika und Indien eingebürgert sind. Sie sollen erst besprochen werden.

P. glandulosa: In Afrika viel angepflanzt, stellenweise eingebürgert und früher oft mit *P. chilensis* oder *P. juliflora* verwechselt (LOCK). Aus dem Holz wurde in Südafrika das neue Catechin Mesquitol (vgl. S. 25, Abb. 2 auf S. 27 und Ref. [3],

S. 26) isoliert; es wird von Spuren des entsprechenden Leucoanthocyanidins (4β-Hydroxymesquitol) und von (+)-Catechin begleitet, und ist zusammen mit Catechin Baustein von vier verschiedenen Typen von dimeren und trimeren PA, welche alle aus dem Holz dieses *Prosopis*-Taxons isoliert wurden (vgl. E. YOUNG et al., JCS Perkin I *1986*, 1737–1749): (a) Übliche [4,6]- und [4,8]-Biflavan-3-ole mit Catechin und Mesquitol als Bausteinen; (b) ein auf 1 tetraphenolisches 1,3-Diarylpropan und 1 Mesquitol basiertes [1,6]-verknüpftes 1,3-Diarylpropan-Mesquitol-Dimer; (c) [5,6]- und [5,8]-verknüpfte Biflavan-3-ole vom Biphenyltypus, bei welchen beispielsweise C-5 von Mesquitol mit C-6 von Mesquitol oder mit C-8 von Catechin verknüpft ist; (d) ein Trimer vom Terphenyltypus mit zentralem Catechin, dessen C-6 und C-8 mit je einem Molekül Mesquitol über deren C-5-Atome verknüpft sind ([5,6; 5,8]-gebundene Trimere). Das Holz von *P. glandulosa* enthält dementsprechend große Mengen von flavanoiden Gerbstoffen und von deren mono- und oligomeren Bausteinen.

P. juliflora ist in bestimmten Gegenden Indiens vollständig eingebürgert. Es handelt sich bei diesem Taxon allerdings um eine Sammelart, welche je nach Autor systematisch verschieden behandelt wird (vgl. dazu auch [149]). RAIZADA und CHATTERJI [141] wiesen auf diese Tatsache hin, und beschrieben die fünf im Punjab eingebürgerten Typen von *P. juliflora*, sowie die bereits früher nach Indien gelangte *P. glandulosa*, welche nach ihnen leicht von *P. juliflora* unterscheidbar ist. Diese Autoren machten ebenfalls darauf aufmerksam, daß Akklimations-Versuche mit weiteren *Prosopis*-Taxa in Indien im Gange waren. Nach [141] waren bereits 1954 in Indien 5 deutlich verschiedene Formen von *P. juliflora* unterscheidbar: ARGENTINE FORM, ARID FORM, MEXICAN FORM, PERUVIAN FORM, AUSTRALIAN FORM. Diese Gegebenheit wurde bei den bisher publizierten chemischen Untersuchungen nicht berücksichtigt. Aus Wurzeln isolierten MALHOTRA und MISRA [142, 143] zwei neue C-Methylflavanonglykoside, ein Procyanidin, das 4-Rhamnosid der 3,3'-Dimethylellagsäure, $C_{22}H_{20}O_{12}$, und den 1,3-Glucosediester der 4,4'-Dimethoxy-3,3',5,5'-tetrahydroxydiphensäure (liefert bei Hydrolyse 3,3'-Dimethylellagsäure). Vgl. zum Vorkommen von Ellagitanninen bei den *Mimosoideae* ebenfalls Bd. XIa, 242. Rinde lieferte zwei Prodelphinidinglykoside [144], das 3-Galaktosid von K-4'-methylether (= Kaempferid) und das 7-Neohesperidosid von 7,8-Dihydroxy-4'-methoxyisoflavon (= Retusin) [145], Hexacosan-25-on-1-ol, Ombuin und geringe Mengen eines Triterpenglykosides, $C_{36}H_{60}O_8$, [146]. Aus frischen Früchten erhielten MALHOTRA und MISRA neue Ellagitannine [147], sowie K und PCy- und PD-Glykoside [148]. BRAGG et al. [149] berichteten über Blattflavonoidmuster in einem Teil des ursprünglichen Verbreitungsgebietes von *P. juliflora* s.l. Diese polytypische Sammelart wird systematisch verschieden bewertet: BENSON (1941) unterschied in den südlichen USA und im angrenzenden Mexico *P. juliflora* s.l. mit den Varietäten *juliflora, glandulosa, torreyana* und *velutina*; M. C. JOHNSTON (1962) lehnte ein solches „Lumping" ab, und akzeptierte für diesen Formenkreis in den USA und Mexico die Arten *P. juliflora* (Sw.) DC. s. str., *P. laevigata* (Willd.) Johnston, *P. velutina* Wooton, *P. articulata* Watson und *P. glandulosa* Torrey mit den Varietäten *glandulosa* und *torreyana* (Benson) Johnston (nach [149]). Bei der vergleichend-papierchromatographischen Untersuchung von

Tabelle 10. Für Blattflavonoidspektra untersuchte Populationen[1] und Taxa des *Prosopis juliflora* s.l.-Komplexes (nach Fig. 1 in [149])

Fundort	P. glandulosa var. glandulosa	P. glandulosa var. torreyana	P. velutina	P. juliflora s. str.	P. articulata	P. laevigata
USA						
Arizona	–	–	2 (a)	–	–	–
New Mexico	1	1	–	–	–	–
Texas	10	6	–	–	–	–
Oklahoma	1	–	–	–	–	–
Mexico						
Nordprovinzen:						
Sonora	–	–	1	–	–	–
Chihuahua	1	–	–	–	–	–
Tamaulipas	1 (b)	–	–	–	–	–
Westküste von Sinaloa bis Oaxaca:	–	–	–	3	1	1
Übriges Mexico:	–	–	–	–	–	40

1) Pro Population ein bis mehrere Exemplare analysiert. Aus der Figur ist nicht ersichtlich, aus welchen Populationen mehrere Bäume oder Sträucher untersucht wurden
a) Nach Text aus einer der 2 Populationen 12 Exemplare analysiert
b) Im Grenzgebiet mit Texas

über 100 Blattmustern aus etwa 20 Populationen der südwestlichen USA und annähernd 50 Populationen von Mexico (vgl. Tabelle 10) beobachteten BRAGG et al. eine kaum erwartete Konstanz der Flavonoidmuster in einem ökologisch und morphologisch derartig variablen Formenkreis.

Gesamthaft konnten 21 Flavonoide nachgewiesen werden. Von diesen wurden die 12 Hauptkomponenten aus zwei Blattmustern isoliert und als Vergleichssubstanzen bei den übrigen Analysen verwendet:

P. glandulosa var. *glandulosa* (coll. Arlington, Texas) lieferte Ap, Lu, zwei Ap-6,8-di-C-glykoside, Chrysoeriol (= Lu-3'-methylether)-7-glc (= Thermopsidin), Lu-7-glc, K-3-methylether, Q-3-methylether, IRh-3-glc, IRh-3-rutinosid (= Narcissin) und Q-3-rutinosid (= Rutin).

P. glandulosa var. *torreyana* (coll. Marfa, Texas) lieferte ein nicht vollständig identifiziertes Q-3-diglykosid (Glc, Ara).

Die übrigen 9 Neben- oder Spurenstoffe wurden nur durch ihr Verhalten bei der PC-Analyse identifiziert (Fleckenmuster; Farbreaktionen; keine Vergleichssubstanzen).

Von den erwähnten Flavonoiden wurden die zwei Ap-6,8-di-C-glykoside, Thermopsidin, IRh-3-glc, Narcissin und Rutin in allen (oder praktisch allen) 114 analysierten Blattmustern beobachtet. K-3-methylether fehlte bei *P. velutina* (14 Muster) und *P. articulata* (1 Muster), und das Q-3-glucoarabinosid fehlte *P. glandulosa* var. *glandulosa* (24 Muster) und dem einen *P. articulata*-Muster, und wurde bei *P. glandulosa* var. *torreyana* (6 von 9 Mustern) am häufigsten beobachtet. Von den unbekannten Stoffen war nur Fleck **13** bei allen Taxa mit Ausnahme des einen *P. articulata*-Musters nachweisbar.

Nach diesem Abstecher in die Neue Welt sollen vor den in Amerika heimischen Arten die zwei auf Flavonoide untersuchten, ursprünglich altweltlichen Vertreter der Gattung erwähnt werden.

P. cineraria (= *P. spicigera*) enthält in frischen Blüten Patulitrin (= Patuletin-7-glc = Quercetagetin-6-methylether-7-glc) [150]. Getrocknete Blüten lieferten ein 5-Desoxyflavon, Prosogerin-A, $C_{17}H_{12}O$, und ein entsprechendes Chalkon, Prosogerin-B, $C_{17}H_{14}O_6$ [151]. Samen lieferten die 5-Desoxyflavone Prosogerin-C, $C_{20}H_{20}O_7$ (6,7,3',4',5'-Pentamethoxyflavon), -D (7-Demethylprosogerin-C) und -E (6,7-Bisdemethylprosogerin-C) [152] und Gallussäure, Lu, Patuletin, Prosogerin-E, Patulitrin und Rutin [153].

P. farcta (= *Mimosa farcta* Banks et Soland. = *Mimosa stephaniana* M. Bieb. = *Prosopis stephaniana* [M. Bieb.] Kunth = *Lagonychium farctum* [Banks et Soland.] Bobr. = *Lagonychium stephanianum* M. Bieb): Art, welche vom östlichen Mediterrangebiet bis Pakistan und das westliche Indien verbreitet ist. In Rußland kommt sie im Kaukasus und im zentralasiatischen Teil vor. E. G. BOBROV, der Bearbeiter des Taxons in KOMAROVS *Flora of the U.S.S.R.*, Vol. XI (1945) (Engl. Translation, Jerusalem 1971), fordert Beibehaltung der monotypischen Gattung *Lagonychium* für dieses Taxon, das nach seiner Meinung sich von *Prosopis* deutlich unterscheidet. Die Art ist salztolerant, steigt in Trockengebieten Rußlands bis etwa 1 000 m Höhe. Es handelt sich um dornige Sträucher, von welchen nach BOBROV nur junge Zweige vom Vieh gefressen werden. Er beschreibt das Taxon als „noxious weed, readily spreading due to formation of root-suckers". Diese Beurteilung ist aber keineswegs allgemein [155, 156], da stellenweise die Früchte als Futter für Schafe, als Arznei-, Gerb- und Färbemittel geschätzt werden. IKRAMOV et al. isolierten aus in Uzbekistan gesammelten „buds of *Lagonychium farctum*" Q, Rutin, Ap-7-glc (= Cosmosiin), M-3-glc und Gallussäure [154]. Im Irak gesammelte Früchte und Samen enthielten Patuletin, Patulitrin, Rutin, Gallussäure und PA [155], und im Iran wies ETESSAMI [156] in den Früchten Pyrogalloltannine nach. Die Blätter sollen Juliflorin enthalten [DICT].

Flavonoide neuweltlicher Prosopis-Taxa – N. J. CARMAN in Ref. [117] (S. 238) ermittelte die Flavonoidmuster von 21 amerikanischen *Prosopis*-Taxa. Dabei wurden Alkoholextrakte von getrocknetem Material (vorzüglich Blätter) durch 2 DPC aufgetrennt, die Flecken eluiert, und anschließend durch UV- und Massenspektroskopie, durch Analyse von Hydrolysenprodukten und durch Vergleichung mit 11 Reinstoffen identifiziert. Gesamthaft wurden bei diesen Arbeiten 13 Hauptflavonoide beobachtet. Von diesen konnten 11 (in dieser Arbeit nicht speziell erwähnte) Hauptflavonoide rein isoliert und als Referenzstoffe verwendet werden. Die 13 durch CARMAN beobachteten Hauptflavonoide waren:

Ap-8-C-glc (= Vitexin)   1
Ap-6-C-glc (= Isovitexin)   2
Q-3-glc (= Isoquercitrin)   3
Q-3-rha (= Quercitrin)   4
M-3-rha (= Myricitrin)   5
Q-3-rutinosid (= Rutin)   6
Lu-7-glc   7
IRh-3-glc   8
Zwei Ap-6,8-di-C-glykoside   9, 10
M-3-glc (= Isomyricitrin)   11
M-3′,5′-dimethylether-3-rha   12
M-3′,5′-dimethylether-3-glc   13

Zu den Flavonoiden, welche durch CARMAN bei keinem Taxon als Hauptkomponenten beobachtet wurden, zählten Q-3-methylether, Q-3,3′-dimethylether, Lu-3′-methylether (= Chrysoeriol), IRh-3-rha, Lu, Q, K-3-methylether und zwei weitere Ap-6,8-di-C-glykoside. Die einzelnen Arten sollen in alphabetischer Reihenfolge aufgezählt werden, da eindeutige Korrelationen zur systematischen Gliederung der Gattung oder mit der Ökologie der individuellen Taxa nicht nachweisbar waren. Für die Nomenklatur der Arten wurde der Appendix und der Index in [117] verwendet. Nachgewiesene Hauptflavonoide werden für diese Arbeit (CARMAN in Ref. [117]) mit obigen Nummern angedeutet.

P. alba Griseb.: Vgl. CARMAN in Ref. [117] (**1–4 + 6**; fünf Nebenflavonoide). Aus getrockneten Blättern Q, Lu, Q-3-methylether, Vitexin, Isovitexin und Quercimeritrin isoliert [157]. Auch Lu, Rutin, und Q-3-methylether aus Material der var. *panta* Burk. (= *P. panta* [Griseb.] Hieron.) isoliert [158]. Alkaloide in Rinden nicht nachweisbar [203].

P. algarobilla Griseb. (nach [117] und DICT = *P. affinis* Sprengel): Vgl. CARMAN in Ref. [117] (**3, 9, 10** und zwei Nebenflavonoide). Aus getrockneten Blättern Q, Lu und Hyperin [157].

P. alpataco Phil.: Vgl. CARMAN in Ref. [117] (**8–10**; ein Nebenflavonoid). Lu und Rutin aus Blättern [159].

P. argentina Burk.: Vgl. CARMAN in Ref. [117] (**5** und vier Nebenflavonoide). In Argentinien Vitexin, Isovitexin, IRh, IRh-3-methylether, Narcissin und Isomyricitrin aus Blättern [159a].

P. articulata Watson: Vgl. [149].

P. caldenia Burk.: CARMAN in Ref. [117] konnte keine Flavonoide nachweisen. Aus Material von Argentinien Q, Vitexin und Isovitexin isoliert [158].

P. chilensis (Molina) Stuntz: Vgl. CARMAN in Ref. [117] (**2–4 + 6** und fünf Nebenflavonoide; gleiches Muster wie *P. alba*). In Argentinien Lu, Vitexin, Isovitexin, Rutin und Q-3-methylether aus Blättern oder Dornen isoliert [158a].

P. ferox Griseb.: CARMAN (in Ref. [117]) konnte bei diesem Taxon nur wenig Myricitrin nachweisen.

P. fiebrigii Harms: In Argentinien Tamarixetin (= Q-4′-methylether), IRh-3′-methylether (= Q-3,3′-dimethylether), Vitexin und Isovitexin aus Blättern isoliert [159a].

P. flexuosa DC.: Vgl. CARMAN in Ref. [117] (viel **3** und fünf Nebenflavonoide). In Argentinien Lu, Lu-7-glc und Narcissin aus Blättern oder Dornen isoliert [158a].

P. glandulosa Torrey: Vgl. CARMAN (in Ref. [117]) und Ref. [149] für var. *glandulosa* und var. *torreyana* (Benson) Johnston. Für in Afrika eingebürgerte Pflanzen vgl. S. 216.

P. hassleri Harms: In Argentinien IRh, Q-3,3'-dimethylether, Vitexin und Isovitexin aus Blättern isoliert [159a].

P. humilis (Sw.) DC.: Vgl. CARMAN in Ref. [117]: **1, 2, 9, 10** sind Hauptflavonoide; **3** Nebenflavonoide. Aus überirdischen Teilen wurden in Argentinien [159b] IRh, Q, 6-Arabinosyl-8-glucosyl-di-C-apigenin (= Isoschaftosid?) und 6,8-Di-C-glucosylapigenin (= Vicenin-2?) isoliert.

P. juliflora (Sw.) DC. s. str.: Vgl. CARMAN (in Ref. [117]) (**8 + 9** + drei unbekannte Flavonoide) und Ref. [149]. Für in Indien eingebürgerte Populationen vgl. S. 219.

P. koelziana Burk.: Endemit der Wüsten Irans; durch RECHINGER (1986), *Flora Iranica*, Lieferung 161, nicht erwähnt, offensichtlich in *P. cineraria* einbezogen.

P. kuntzei Harms: Vgl. CARMAN in Ref. [117] (**1–3** und zwei Nebenflavonoide). In Argentinien aus Blättern oder Dornen Vitexin, Isovitexin und Rutin isoliert [158a]. Aus Bolivien stammendes Kernholz lieferte einen Hexanextrakt, aus welchem die Neoflavonoide Dalbergin, O-Methyldalbergin, 3,4-Dimethoxydalbergin, 3,4-Dimethoxydalbergichinol, O-Acetyloleanolaldehyd und ein nicht identifiziertes Phenol, $C_{15}H_{10}O_4$, ohne Angaben von Ausbeuten isoliert wurden [160]. Die Dalbergion-Derivate dürften die hautirritierenden Komponenten dieses Holzes sein [160]. Rinde enthält noch nicht identifizierte Alkaloide [203].

P. laevigata (Willd.) Johnston: Vgl. CARMAN (in Ref. [117]) (wie *P. juliflora*, *glandulosa* und *velutina* **8 + 9** und Nebenglykoside, i. e. Q-3,3'-dimethylether, Lu-3'-methylether [= Chrysoeriol] und zweites Ap-6,8-di-C-glucosid) und Ref. [149].

P. nigra Hieron.: Aus getrockneten Blättern Q, Lu, Vitexin, Isovitexin, Lu-7-glc und IRh-3-gal (= Cacticin) isoliert [157]. Alkaloide aus Rinde [129, 203].

P. pallida H. B. K. von Trockengebieten von Columbien, Ecuador und Peru (1928 nach den Hawaii-Inseln gebracht) ist nächst verwandt mit *P. juliflora* var. *juliflora* (Trockengebiet von Südmexico, Mittelamerika, Karibik, Nordvenezuela und Columbien). Die zwei Taxa haben identische Flavonoidspektra, lassen sich aber scharf anhand ihrer Isoenzymmuster unterscheiden [170].

P. pugionata Burk.: In Argentinien aus Blättern Lu, Vitexin und Isovitexin isoliert [159]. Rinde ist alkaloidhaltig [203].

P. reptans Benth. var. *reptans* und var. *cinerascens* (Gray) Burk.: Vgl. CARMAN in Ref. [117] (beide **1, 2, 5** und **7** und drei Nebenflavonoide; var. *reptans* zusätzlich wenig IRh-3-glc). Nach [161] ist dies eine der *Prosopis*-Arten mit bizentrischem Areal: Var. *cinerascens* in Texas und im angrenzenden Mexico und var. *reptans* in Argentinien; die übereinstimmenden Flavonoidmuster der zwei Taxa stützen die Annahme, daß die nordamerikanischen Populationen (var. *cinerascens*) von den südamerikanischen abstammen („Long-distance-dispersal"); typisch für diese Art ist die Kombination von relativ großen Mengen der Aglyka Lu, Q und M mit

Vitexin, Isovitexin und den O-Glykosiden der Flavonole Q und M und des Flavons Lu; außerdem enthielten alle untersuchten *reptans* s.l.-Populationen 8 nichtidentifizierte Flavonoide. Dieses Muster wurde ausschließlich bei *P. reptans* beobachtet. Myricetinglykoside wurden zusammen mit Flavonglykosiden nur noch bei den südamerikanischen Arten *P. alba, argentina, chilensis, ruizlealii* und *strombulifera* beobachtet. Das *reptans*-Flavonoidmuster unterschied sich eindeutig von den zwei nördlichen Arten der Sektion *Strombocarpa* (= SCREWBEAN MESQUITE), i.e. *P. pubescens* Benth. (Nordmexico und südl. USA) und *P. palmeri* Watson (Baja California). Darum wird angenommen, daß *P. reptans* in verhältnismäßig junger Zeit und unabhängig von anderen *P*.-Taxa Nordamerika erreichte [161]. In Argentinien wurden allerdings bei der Analyse von Blättern von *P. reptans* (also von var. *reptans*) z. T. andere Resultate erhalten: IRh, Lu, Vitexin, Isovitexin, Lu-7-glc, 6,8-Di-C-glucosylapigenin (Vicenin-2) isoliert [159b]. Bei diesem Taxon wurden auch die vorhandenen PA (Salzsäurebehandlung von Blattextrakten und Identifikation der entstandenen Anthocyanidine) untersucht [159b]; da sie D und seinen 3'-Methylether (Petunidin) lieferten, muß es sich vorzüglich um PD und Propetunidine handeln.

P. ruizlealii Burk.: Nach CARMAN in Ref. [117] viel Myricitrin und 3 Nebenflavonoide. In Argentinien aus Blättern Q, IRh, Rutin, Narcissin und Q-3-methylether isoliert [159b].

P. ruscifolia Griseb.: Vgl. CARMAN in Ref. [117] (**8, 9**, und **10** als Nebenflavonoid). In Argentinien Lu, Q, Lu-7-glc, Vitexin und Isovitexin isoliert [157]. Da in VINALALES (= *P. ruscifolia*-Vegetationen in Argentinien) nur wenige andere Pflanzen gedeihen (allelopathische Effekte?), und da die Bewohner Blatt-Infuse des VINAL's (= *P. ruscifolia*) zur Behandlung von Augen-Erkrankungen verwenden, suchte CERCÓS [201] in dieser Pflanze nach antibiotisch aktiven Komponenten. Er isolierte ein Vinalin genanntes Alkaloid aus getrockneten Blättern und zeigte, daß Vinalin und vinalinhaltige Blattextrakte (Fraktion I) Gram-positive Bakterien stark hemmen, und daß diese Präparate bei subcutaner und intravenöser Injektion für Ratten und Kaninchen sehr toxisch sind. Eine nähere chemische Charakterisierung von Vinalin wurde nicht ausgeführt, und Gehaltsangaben fehlen in dieser Arbeit ebenfalls. 0,14% Vitexin aus Rinde [202] und Cassin und sein N-Methylderivat aus Rinde [129,203].

P. sericantha Hook.: Vgl. CARMAN in Ref. [117] (gleiche drei Flavonoide wie *P. ruscifolia*). In Argentinien Lu, Q, IRh isoliert [157].

P. strombulifera (Lam.) Benth.: Vgl. CARMAN in Ref. [117] (**1, 2 + 4 + 6** und drei Nebenflavonoide). In Argentinien Lu, Lu-7-glc, Vitexin, Vitexin-O-rha, Isovitexin, Quercitrin und Rutin aus Blättern oder Dornen isoliert [158a].

P. torquata (Lagasca) DC.: Vgl. CARMAN in Ref. [117] (**4, 11−13** und ein Nebenglykosid). In Argentinien IRh-3-gal (= Cacticin), Q-3-arabinosid, IRh und ein Isovitexin-O-glykosid aus Blättern oder Dornen isoliert [158a].

P. velutina Wooton: Vgl. [149].

P. vinalillo Stuckert: Lu, Vitexin und Isovitexin aus Blättern oder Dornen isoliert [158a]. N-Methylcassin aus Rinde [129].

Für die Gattung sind C-Glykoflavone und Methylether von K, Q, M und Lu (Chrysoeriol) äußerst charakteristisch. Myricetinderivate werden als primitives Merkmal gewertet, und waren nur bei einigen südamerikanischen Taxa und im nordamerikanischen Taxon *P. reptans* var. *cinerascens* nachweisbar. Serologische Untersuchungen mit Vertretern des nördlichen *Juliflora*-Komplexes (TYPICAL MESQUITES) und mit vielen südamerikanischen *Prosopis*-Taxa lassen als Hauptursache der Nord-Süd-Disjunktion der Gattung tropischen Ursprung im Frühtertiär und spätere unabhängige Evolution im nördlichen und südlichen Teil des gegenwärtigen Gesamtareals der Gattung schließen [162]. Daneben bleibt jedoch die oben für die Disjunktion von *P. reptans* gegebene Erklärung von „Long-Distance-Dispersal" als Spezialfall durchaus möglich.

Die Besprechung der *Prosopis*-Flavonoide darf nicht ohne einige kritische Randbemerkungen abgeschlossen werden. Vergleicht man die Ergebnisse von Flavonoidisolationen in Argentinien mit den umfangreichen vergleichend-chromatographischen Arbeiten in Nordamerika (CARMAN in Ref. [117]; [149], [161]), dann offenbaren sich Diskrepanzen, welche die auf Flavonoidmuster basierten biologischen Schlußfolgerungen kaum mehr beweiskräftig erscheinen lassen. Insbesondere fällt auf, daß in Argentinien M-Glykoside nur aus *P. argentina*, aber nicht aus *P. reptans* und *P. ruizlealii*, erhalten wurden. Fehlinterpretationen sind auch bei sorgfältigem Arbeiten bei vergleichend-papierchromatographischen Flavonoiduntersuchungen unvermeidbar und kommen offensichtlich relativ häufig vor.

Produkte der Gummosis – Verschiedene Taxa produzieren traumatogene Schleime. Vgl. dazu MESQUITE GUM und *Prosopis*-Schleimexsudate auf S. 198–199 in Bd. XIa. Ergänzend dazu sei auf eine „Mesquite gum"-Analyse hingewiesen, in welcher der stark verzweigte, zentrale, Gal- und 4-O-Me-GlcU-haltige und der periphere, hauptsächlich Ara-Ketten-haltige Anteil dieses komplexen Heteropolysaccharids charakterisiert wurden [167]. Ferner liegt eine Charakterisierung des indischen *P. cineraria* (= *P. spicigera*)-Gummis vor [168]; er gleicht in mancher Hinsicht dem GUMMI ARABICUM, enthält Gal, Ara, Rha und Uronsäuren und ist proteinhaltig.

Samenöle – Reife Samen von *P.*-Taxa enthalten 7–13% Wasser, 24–36% Rohprotein, 2–16% Lipide (Triglyceride + Phytosterine) und reichlich nicht genau charakterisierte Kohlenhydrate. Höchste Ölgehalte wurden bei argentinischen Sippen beobachtet. Zwei Arbeiten sind den Fettsäure-Spektren mehrerer argentinischer Arten gewidmet [169, 169a]. In [169] wurden gleichzeitig die Phytosteringemische im Unverseifbaren analysiert, und in [169a] wurden die Fettsäurespekta der Samen von drei Sektionen von *Prosopis* mit denen des als Gattung ausgegliederten *Prosopidastrum globosum* verglichen (Tabellen 11 und 12).

Die Autoren [169a] wiesen darauf hin, daß *Prosopidastrum globosum* eindeutig von *Prosopis*-Arten abweichendes Samenöl bildet: viel weniger gesättigte Fettsäuren, viel mehr Linolsäure und weniger Ölsäure. Auffällig sind ebenfalls die äußerst geringen Mengen von Fettsäuren mit mehr als 18 C-Atomen.

Tabelle 11. Fettsäure- und Phytosterinspektren der Samenöle von 6 argentinischen
Prosopis-Arten [169]

Taxon	% Öl im Samen[1]	Gesättigte Fettsäuren (% Total)					Ungesättigte Fettsäuren[2] (% Total)		
		16:0	18:0	20:0	22:0	24:0	18:1	18:2	20:1
P. alba	12,7	9,0	3,1	1,9	2,0	0,5	27,6	52,5	1,2
P. argentina	14,7	10,9	3,0	1,5	0,8	0,3	30,1	51,1	0,5
P. caldenia	10,7	13,2	4,0	2,7	1,9	0,4	29,7	45,3	0,9
P. chilensis	12,7	15,6	3,1	2,0	2,2	0,3	22,0	50,9	2,0
P. flexuosa	17,2	14,0	2,9	1,6	1,0	0,3	28,9	49,0	0,6
P. nigra	13,2	13,7	4,8	4,9	1,8	0,4	30,8	37,5	2,5
Alle 6 Arten:	Hauptsterine: β-Sitosterin: 50–70% Stigmasterin: 15–23% Campesterin: 5–13% Cholesterin: 3–5% Nebensterine: Δ⁵-Avenasterin: bis 7% Δ⁷-Avenasterin: bis 2% Δ⁷-Stigmasterin: bis 2%								

1) I.e. = Totallipide (Petrolether 50–70°-Extrakte)
2) Auch 18:3 = 1,1–2,0%
   22:1 = Spur–0,2%
   16:1 = 0,3–1,3%

Im übrigen muß betont werden, daß die Fettsäurespektren der Samenöle auch innerhalb von Arten erheblich variieren können. Als Beispiel dafür seien die 6 Muster von *P. hassleri* von Tabelle 12 aufgeführt:

14:0 = 0,7–1,4%   16:1 = 1,0–1,8%
16:0 = 12,1–19,1%   18:1 = 22,7–37,4%
18:0 = 3,9–5,5%   18:2 = 31,3–51,0%
20:0 = 0,7–1,7%   18:3 = 0,2–0,7%
22:0 = 1,2–2,1%   20:1 = 0,2–0,5%
24:0 = 0,3–0,7%   22:1 = 0,3–1,4%

Lipide der vegetativen Teile – Noch wenig bearbeitet. Aus Indien und Pakistan liegen einige Arbeiten mit den eingebürgerten Sippen *P. glandulosa* und *P. juliflora* vor. Blätter von *P. glandulosa* lieferten neben nichtidentifizierten Alkaloiden Prosopenol, $C_{30}H_{50}O_3$ (= Dihydroxylupeol?), und ein Prosopol genanntes Alkanol, das später mit Triacontanol identifiziert wurde [163]; ihr Stamm lieferte Phyto-

Tabelle 12. Fettsäurespektren der Samenöle von argentinischen *Prosopis*-Arten aus den Sektionen *Algarobia* und *Strombocarpa* und von *Prosopidastrum* [169a]

Taxa[1ature>)]	% der Totalfettsäuren (als Methylester)									% Öl[2]
	16:0	18:0	20:0	22:0	24:0	16:1	18:1	18:2	20:1	22:1	

Taxa	16:0	18:0	20:0	22:0	24:0	16:1	18:1	18:2	20:1	22:1	% Öl
Prosopis											
I *strombulifera*	15,8	4,7	0,4	1,5	0,7	4,1	19,2	44,9	0,2	1,6	9,9
I *torquata* (2)	15,5	4,4	1,0	1,6	0,5	1,2	18,5	53,9	0,1	0,3	9,1
II-1 *kuntzei* (2)	13,7	2,3	1,3	1,6	0,6	1,2	39,1	37,7	1,2	0,4	0,8*
II-1 *sericantha*	9,3	6,1	2,5	1,7	0,2	0,8	46,1	32,3	0,5	0,2	9,4
II-2 *alba* (4)	16,0	4,5	1,7	2,0	0,8	2,4	28,7	41,3	0,4	0,4	5,3
II-2 *caldenia* (2)	11,6	2,7	1,5	3,2	0,6	1,5	21,6	54,1	0,8	0,4	5,1
II-2 *chilensis* (2)	14,3	6,9	2,9	2,4	0,9	1,1	30,4	39,7	0,4	0,3	4,7
II-2 *flexuosa* (3)	20,9	3,4	1,2	1,8	0,6	1,0	20,2	48,3	0,3	0,6	10,3
II-2 *hassleri* (6)	15,5	4,8	1,1	1,6	0,6	1,5	30,6	40,8	0,4	0,9	4,4
II-2 *nigra*	18,6	4,2	0,8	2,1	0,7	1,9	27,0	40,6	0,2	0,2	7,9
II-2 *ruscifolia* (3)	13,8	4,5	1,3	2,6	0,4	1,7	28,4	44,7	0,4	0,4	5,9
II-2 *vinalillo*	20,1	4,2	0,7	0,9	0,2	1,7	39,2	31,5	Spur	0,1	8,7
III *argentina*	10,2	3,4	1,3	1,4	0,5	0,5	43,4	37,7	0,5	–	12,1
Prosopidastrum											
globosum	8,5	2,8	Spur	0,8	–	0,6	16,5	69,9	0,1	0,1	4,6

1) I = Sect. *Strombocarpa*
   II-1 = Sect. *Algarobia* (spec. „con espinas multinodales y hojas caducos")
   II-2 = Sect. *Algarobia* (übrige Arten der Sektion)
   III = Sect. *Monilicarpa* (nach [117]; nach [169a] in *Algarobia*)
   In Klammern Zahl der analysierten Samenmuster, wenn mehrere zur Verfügung standen; hier Mittelwerte aufgenommen
2) Totallipide (Hexanextrakte)
* Bezogen auf ganze Früchte
Alle Arten enthielten auch geringe Mengen Linolensäure (18:3): Spur–1,4%
Ferner fanden die Autoren auch:
12:0 = Spur–3,7% (3,7% Laurinsäure bei einem von zwei *torquata*-Mustern)
13:0 = Spur–0,2%
14:0 = 0,1–2,3% (2,3% Myristinsäure beim *strombulifera*-Muster)
14:1 = Spur–0,6%
15:0 = Spur–0,7%
15:1 = Spur–0,1%
17:0 = 0,1–0,4%
17:1 = Spur–0,2%
23:0 = Spur–0,4%

steringlykoside, ein Alkanolgemisch, Oleanol- und Ursolsäure und Pinit [164], und aus ihren Blüten wurden Sitosterin, Oleanolsäure, Prosopenol, Prosopol und 0,39% Rohalkaloide isoliert [165]. Blätter von *P. juliflora* lieferten Prosopidion, $C_{13}H_{20}O_2$, mutmaßlich ein Carotenoidmetabolit [166].

Verschiedenes – Laut einer Hypothese von BURKART evoluierte *P. burkartii* Muñoz, ein Endemit von Nordchile, aus Hybridenpopulationen zwischen *P. strombulifera* und *P. tamarugo*; die Flavonoidmuster der Blätter, sowie Electrophoresogramme der löslichen Samenproteine sprechen zugunsten dieser Annahme [171]. RODRIGUEZ und CARDEMIL [172] publizierten Untersuchungen über Zellwandglykoproteine von *P. chilensis*. In Israel sind Samen und Samenschale von *Prosopis farcta* recht variabel; offensichtlich handelt es sich dabei z. T. um ökologische Anpassungen [173]. Im argentinischen Chaco an der Grenze mit Paraguay verwenden die Pilagá-Indianer Blattdekokte von *P. ruscifolia* zu Waschungen bei Augenentzündungen, und Dekokte des Stammes von *P. sericantha* als Diureticum [174].

Viel Beachtung fand die Gattung oder einzelne ihrer Arten in jüngster Zeit in Zusammenhang mit einer möglichen intensiveren zukünftigen Nutzung für sehr verschiedene Zwecke. Auf einige derartige Publikationen sei abschließend hingewiesen, um Interessenten das Gebiet der agrarischen Vor- und Nachteile von *Prosopis*-Taxa auf verschiedenen Standorten einigermaßen zu erschließen. FELKER et al. prüften viele Taxa, Herkünfte und Genotypen auf ihre Eignung als Fruchtbäume unter verschiedenen ökologischen Bedingungen [175]. Die Bedeutung der in Texas einheimischen *P. glandulosa* s. l. als Nahrungs- und Futterpflanze wurde ausführlich besprochen [176]. Gleiches gilt für Früchte und Samen von *P. juliflora* [177, 178]. Analyse des Trypsin-Inhibitors (KUNITZ-Typus) aus Samen von *P. juliflora* [179]. Besprechung nachteiliger Folgen der Einbürgerung von *P. juliflora* in bestimmten Gebieten Indiens: Pollenallergien [180]; mögliche allelopathische Effekte [181]. Analyse der Früchte von *P. pallida* [182]. Analysen von Blättern, unreifen und reifen Früchten und Samen von *P. tamarugo*, einem Bewohner von Halbwüsten und Wüsten von Chile [183].

Für weitere Angaben zu *Prosopis* vide Bd. XIa, 482, und im DICT.

PSEUDOPROSOPIS

Gattung mit etwa 4 Arten in tropisch Afrika. Samen von *P. fischeri* enthalten wenig Pipecolinsäure und eine unbekannte Aminosäure UN und etwas reichlicher 4-Methylenglutaminsäure (vgl. Ref. [3], S. 189). *P. claessensii* vide Bd. XIa, 431.

SCHRANKIA

In Ref. [64] in *Mimosa* einbezogen; vgl. dazu Einleitung zu *Mimosa*. In Ref. [3], l. c. S. 189, wurden die freien Samenaminosäuren von fünf Samenmustern untersucht; diese werden unter fünf Binomina aufgeführt, welche aber nach [64] nur drei Taxa entsprechen. Da aber z. T. unterschiedliche Aminosäuren beobachtet wurden, soll die Nomenklatur von KRAUSS und REINBOTHE angehalten werden.

Sch. chapmanii (nach [64] = *Mimosa quadrivalvis* L. var. *angustata* [Torrey et Gray] Barneby): Djenkolsäure, β-Acetyl-α,β-diaminopropionsäure + unbekannte UN.

Sch. uncinata (nach [64] = *Mimosa quadrivalvis* var. *angustata*): Djenkol- und Pipecolinsäure und wenig N-Acetyldjenkol-, Diaminopropion- und β-Acetyl-α,β-diaminopropionsäure + UN + U11.

Sch. argentinensis und *Sch. leptocarpa* (nach [64] = *Mimosa quadrivalvis* var. *leptocarpa* [DC.] Barneby): Djenkol- und Acetyldjenkolsäure, α,β-Diamino- und β-Acetyl-α,β-diaminopropionsäure + U11 + UN (nur bei *Sch. leptocarpa*).

Sch. quadrivalvis (nach [64] = *M. quadrivalvis* var. *quadrivalvis* = *Schrankia quadrivalvis* [L.] Merrill): Reichlich Djenkol-, N-Acetyldjenkol- und β-Acetyl-α,β-diaminopropionsäure und sehr viel Diaminopropionsäure + wenig UN + U11.

Speicherung von Diaminopropionsäure in Samen weist auf Verwandtschaft von *Schrankia* mit *Mimosa* ([3], l.c. S. 189). Nach BELL [183a] ist für die Gattung *Schrankia* (5 Taxa untersucht) gemeinsames Vorkommen von α,β-Diaminopropionsäure, ihrem β-N-Acetat und von N-Acetylethylendiamin ($= Me-CO-NH-CH_2-CH_2-NH_2$) in Samen charakteristisch.

Für weitere Angaben zu *Schrankia* vide Bd. XIa, 485.

STRYPHNODENDRON

Gattung mit etwa 20 Arten in tropisch Amerika.

S. adstringens (Mart.) Coville (= *S. barbadetimam* [Vell.] Mart. = *S. barbatimam*): Die Stammrinde ist reich an kondensierten Gerbstoffen; als Bausteine wurden reichlich (+)-Gallocatechin, (−)-Epigallocatechin und sein 3-Gallat und freie Gallussäure und wenig (+)-Gallocatechin-4'-methylether isoliert [184]. Für Samengalaktomannane vide Bd. XIa, 109.

S. coriaceum Benth.: Verursacht in Brasilien zuweilen Viehvergiftungen, wenn viele Früchte gefressen werden. Diese enthalten reichlich Saponine, welche vorläufig nur nach Hydrolyse mit ethanolischer Salzsäure auf ihre Sapogenine (700 g aus 60 kg Früchten) untersucht wurden [185]; die ersten rein erhaltenen Sapogenine waren *Stryphnodendron*-Sapogenin-B (= Machaerinsäurelacton) und -F (= 2α-Hydroxymachaerinsäurelacton) [185]. Später wurden die Sapogenine-J und -L als Maslinsäure (= Crataegolsäure) und Machaerinsäure charakterisiert [186]; ihre als Artefakte erhaltenen Ethylester (Sapogenine -D und -H) wurden ebenfalls identifiziert [186]. Sapogenin-K wurde als 2α,3β,21β-Trihydroxyoleanolsäure charakterisiert [187].

S. guianense (Aubl.) Benth.: Samen enthalten Djenkol- und N-Acetyldjenkolsäure und wenig Willardiin; mengenmäßig überwiegt N-Acetyldjenkolsäure stark; vgl. Ref. [3], S. 189.

S. pulcherrimum (Willd.) Hochr.: Für Samen gleiches Aminosäuremuster wie für *S. guianense* nachgewiesen; vgl. Ref. [3], S. 189.

Für weitere Angaben zur Gattung vgl. Bd. XIa, 487.

TETRAPLEURA

Zwei Arten in tropisch Afrika, von welchen bisher nur *T. tetraptera* untersucht wurde. Die Art hat NEUWINGER, l.c. S. 12, ausführlich besprochen (Adjuvans in

Pfeilgiften, Fischfangmittel, Volksmedizin, Chemie und Pharmakologie). Toxische Wirkungen beruhen in erster Linie auf hohen Saponingehalten von Früchten, Rinde u. a. Pflanzenteilen [188]. In jüngster Zeit wurden die Saponine in Zusammenhang mit ihrer molluscizden Wirkung, welche für die Bekämpfung von Zwischenwirten (Schnecken, speziell *Biomphalaria*-Arten) der Erreger (i. e. *Schistosoma*-Arten) der Bilharziose verwertbar ist, intensiv bearbeitet [188–191]. *Tetrapleura* scheint ebenfalls gegen andere durch Trematoden bedingte Krankheiten (z. B. Faszioliasis = Fasciolosis) [190] präventiv einsetzbar zu sein. Die meisten Untersuchungen wurden mit Material aus Nigeria, wo der Baum gewissen Völkern als ARIDAN bekannt ist, ausgeführt. Früchte oder Fruchtpulpa lieferten einen Rohsaponinextrakt (= ARIDAN) [189], aus welchem ein Aridanin genanntes Monoglykosid [194], zwei Diglykoside und ein Triglykosid (= Saponine **1–4**; alle mit N-Acetylglucosamin als sapogeningebundenem Zucker [192]) und ein neues Saponin, das 3-Gentiobiosid der 27-Hydroxyoleanolsäure [193], erhalten wurden. Aus den Früchten wurden ferner Hentriacontan, $C_{31}H_{64}$, Saccharose und drei Phenole isoliert: 4 ppm 4-Hydroxyzimtsäure, 5 ppm Kaffeesäure und 72 ppm Scopoletin [194]. Bei quantitativen Bestimmungen wurden in Früchten etwas höhere Scopoletingehalte (130–150 ppm) gefunden [195]. In Ghana wurde Stammrinde untersucht; sie lieferte drei bereits bekannte [192] Saponine (**1–3**) und das Natriumsalz des Echinocystsäure-3-sulfats [196]. Für pharmakologische Arbeiten (Gesamtextrakte, Scopoletin, einzelne Saponine) wird nach NEUWINGER verwiesen.

Aus Samen konnten 0,33 % 4-Methylenglutaminsäure und 0,2 % 4-Ethylidenglutaminsäure isoliert werden [197]. KRAUSS und REINBOTHE, Ref. [3], l. c. S. 189, wiesen zusätzlich wenig 4-Methylenglutamin nach.

Für weitere Angaben zu *Tetrapleura* vide Bd. XIa, 489.

Abb. 34. Einige Triterpene, Saponine, Chalkone, saure Aminosäuren und Amide aus *Mimoseae*

I = Cylicodiscinsäure (= 27-Hydroxybetulinsäure) $C_{30}H_{48}O_4$, mit R = H, und Cylicodiscosid (= Saponin S3) mit R = Ara-Ara-Glc → • II = Entagensäure, $C_{30}H_{48}O_5$ • III = 3-Natriumsulfat der Echinocystsäure [196] • IV–VIII = Saponine aus Frucht und Rinde von *Tetrapleura tetraptera*: IV = Aridanin • V = Echinocystsäure-3-N-acetylglucosaminosid • VI = Aridanin-4'-galaktosid • VII = Aridanin-4'-glucosid • VIII = 27-Hydroxyoleanolsäure-3-gentiobiosid • IX = Kukulkanin-A (R = Me) und -B (R = H) aus *Mimosa tenuiflora* (TEPESCOHUITE) • X = 4(oder γ)-Methylenglutaminsäure • XI = 4-Ethylidenglutaminsäure • XII = Entadamid-A (R = H), $C_6H_{11}NO_2S$, und Entadamidglucosid (R = Glc) • XIII = Entadamid-B, $C_7H_{15}NO_2S_2$

I: Aus *Cylicodiscus gabunensis*
II: Sapogenin in der Gattung *Entada* [25]
X und XI: Aus 75 g Samen von *Tetrapleura tetraptera* 250 mg X und 150 mg XI isoliert [197]
XII und XIII: Aus Samen und Blättern von *Entada phaseoloides* isoliert; Entadamid-C ist Entadamid-A-sulfoxid

Mimoseae 231

XYLIA

Gattung mit etwa 15 Arten in Afrika, Madagaskar und tropisch Asien.

Chemische Daten sind vorläufig nur von einer Sammelart aus tropisch Asien (Indien, Burma, Thailand, Indochina), deren Status noch nicht vollständig geklärt ist, bekannt geworden.

Nach *The Wealth of India*, Vol. XI (1976), 8-10, kommt in Indien nur *X. xylocarpa* (Roxb.) Taubert vor, welche ein dauerhaftes, harzhaltiges Holz liefert, das im Handel als IRUL bekannt ist. Die in Burma wachsende Sippe ist *X. dolabriformis* Benth., welche in Burma als PYINKADO bekannt ist, und ein noch wertvolleres Holz liefert. Später (z. B. NIELSEN 1981, vide [1] auf S. 189) wurden die Formen von Indien und z. T. von Burma wieder zu *X. xylocarpa* (Roxb.) Taubert var. *xylocarpa* vereinigt, und für Burma p. p., Thailand und Indochina die var. *kerrii* (Craib et Hutchinson) Nielsen (= *X. kerrii* Craib et Hutch.) angegeben. Holz wurde unter dem Handelsnamen PYINKADO und dem Binomen *X. dolabriformis* untersucht [198]. Es lieferte mit Petrolether 4-8% eines ölartigen Rückstandes, aus welchem Sitosterin und 6 Diterpene isoliert wurden: die Labdanoide Manooloxid und 3-Oxomanooloxid und die bereits in Bd. XIa, 310-311, besprochenen Isopimaran (= Sandaracopimaran)-Derivate Sandaracopimara-8(14),15-dien und seine 3-on-, 3β-ol- und 3β,18-diol-Derivate. Dolabriproanthocyanidin ist ein eine (−)-Epicatechin- und zwei Robinetinidol-Einheiten enthaltendes PA-Trimer aus Rinde von *X. dolabriformis* (in Indien isoliert, also wahrscheinlich aus *X. xylocarpa* s. str.) [199]. Blätter von *X. xylocarpa* werden in Indien gegen Haemorrhoiden und verschiedene Ulzerationen verwendet; aus ihnen wurde *trans*-5-Hydroxypipecolinsäure isoliert [200].

In Samen konnten Pipecolinsäuren nicht nachgewiesen werden; papierchromatographisch wurde ausschließlich 4-Methylenglutaminsäure beobachtet, viel bei *X. torreana* Brenan und nur Spuren bei *X. xylocarpa* (Ref. [3], S. 189).

Für weitere Angaben zu *Xylia*-Taxa vgl. Bd. XIa, 492.

Interessante biochemische Anklänge an die *Papilionoideae* liefern Vorkommen des Isoflavons Retusin in Rinde von *Prosopis juliflora* und von Neoflavonoiden in Hölzern von *Piptadenia macrocarpa* [113] und *Prosopis kuntzei* [160].

Literatur und Bemerkungen

[1] S. K. NIGAM et al., *Stigmasterol glucoside, a constituent of Adenanthera pavonina seed and leaf*, PM *23*, 145-148 (1973). ● [2] G. MISRA et al., *Adenanthera pavonina. Die Zusammensetzung des Fettes und massenspektrometrische Untersuchungen der Steringlucoside*, PM *28*, 165-167 (1975). ● [3] K. S. PRABHU and T. N. PATTABIRAMAN, *Isolation and characterization of a trypsin/chymotrypsin inhibitor from Indian Red Wood (Adenanthera pavonina) seeds*, J. Sci. Food Agric. *31*, 967-980 (1980). ● [4] N. YADAV et al., *Triterpenoids of Adenanthera pavonina bark*, PM *29*, 176-178 (1976). Etwas über 0,3% kristallisiertes Saponingemisch und etwa 1,8% freie Triterpensäuren isoliert. ● [5] A. GENNARO et al., *Flavonoids from Adenanthera pavonina*, PHYCHEM *11*, 1515 (1972). Keine Ausbeuten erwähnt; Holzmuster (RED SANDAL WOOD) aus Bombay erhalten. ● [6] S. CHANDRA et al., *Triterpenoids from Adenanthera pavonina root*, Intern. J. Crude Drug Res. *20*, 165-167 (1982). 0,2% Saponin isoliert. ● [7] F. E. and T. J. KING,

Okanin and isookanin, the isomeric 2,3,4,3',4'-pentahydroxychalkones, JCS *1951*, 569–571. 1,3% Okanin (*trans*-Form) und 1,85% Iso-okanin (*cis*-Form) aus OKAN; dieses Holz enthielt auch etwa 10% Gerbstoffe. ● [8] H. P. TCHIVAOUNDA et al., PHYCHEM *29*, 3255–3258 (1990). ● [9] Eid., ibid. *29*, 2723–2725 (1990). ● [10] Eid., ibid. *30*, 2711–2716 (1991). Saponin S1 und S2 sind 3,28-Bisdesmoside und die Saponine S3–S5 sind 3-Monodesmoside; in den Zuckerketten sind Glc, Ara und Rha vertreten. ● [11] G. F. NICOLLIER and A. C. THOMPSON, JNP *46*, 112–117 (1983); G. F. NICOLLIER et al., *Phytotoxic compounds isolated and identified from weeds*, S. 207–218 in: A. C. THOMPSON (Ed.), *The chemistry of allelopathy. Biochemical interactions among plants*, ACS Symposium Series 268, Washington, D. C. 1985. ● [12] A. C. THOMPSON et al., *Indolealkylamines of Desmanthus illinoensis and their growth inhibition activity*, J. Agric. Food Chem. *35*, 361–365 (1987). ● [13] R. GMELIN, *Dichrostachinsäure, eine neue schwefelhaltige Aminosäure aus den Samen von Dichrostachys glomerata (Forsk.) Hutch. et Dalz. (Mimosaceae)*, Hoppe-Seyler's Z. Physiol. Chem. *327*, 186–194 (1962). Nach GUNN haben *Dichrostachys*-Samen mit der Testa verwachsenes Endosperm; es ist deshalb wahrscheinlicher, daß die extrahierten Samenkerne Embryonen, i. e. hauptsächlich Kotyledonen, nicht Endosperm waren. Ausbeuten 2,6%. ● [14] J. KOUDOU et al., PM *60*, 96–97 (1994). ● [15] K. C. JOSHI and Mrs. TARA SHARMA, PHYCHEM *13*, 2010–2011 (1974). ● [16] Eid., J. Indian Chem. Soc. *54*, 649 (1977). ● [17] P. OLESEN LARSEN et al., *Tyrosine O-glucoside and DOPAMINE 3-O-glucoside in seed of Entada pursaetha*, PHYCHEM *12*, 2243–2247 (1973). Die Angaben für *E. gigas* und *E. polystachya* beruhen auf briefl. Mitteilung von E. A. BELL. ● [18] F. IKEGAMI et al., CHPHBUL *33*, 5153–5154 (1985); *37*, 1932–1933 (1989); PHYCHEM *26*, 1525–1526 (1987). Schwefelhaltige Amide vom Typus der Entadamide sind auch aus der Rutaceen-Gattung *Glycosmis* bekannt; vgl. H. GREGER et al., PHYCHEM *32*, 933–936 (1993); *34*, 175–179 (1993); Tetrahedron *48*, 1209–1218 (1992). ● [19] F. IKEGAMI et al., PHYCHEM *28*, 881–882 (1989). ● [20] A. K. BARUA et al., *Phaseoloidin, a homogentisic acid glucoside from Entada phaseoloides*, PHYCHEM *27*, 3259–3261 (1988). ● [21] J. DAI et al., *Phenylacetic acid derivatives and a thioamide glucoside from Entada phaseoloides*, PHYCHEM *30*, 3749–3752 (1991). ● [22] N. L. DUTTA, *Chemical investigation of Entada scandens Benth.*, J. Sci. Industr. Res., India *15*B, 194–196 (1956). 7,5% Saponine aus entfetteten Samenkernen; Saponin-A und -B rein gewonnen; Hydrolyse liefert ein Sapogenin, $C_{30}H_{48}O_5$, und Glc + Gal + Xyl + Ara (A) oder Glc + Xyl + Ara (B). ● [23] A. K. BARUA, *The constitution of entagenic acid, a new triterpenoid sapogenin from Entada phaseoloides Merrill*, Tetrahedron *23*, 1499–1503 (1967); A. K. BARUA et al., *The constitution of entagenic acid*, ibid *23*, 1505–1508 (1967); A. K. BARUA et al., *The structure and stereochemistry of entagenic acid*, J. Indian Chem. Soc. *47*, 195–198 (1970). Strukturrevision. ● [24] WEN CHIU LIU et al., *A crystalline saponin with anti-tumor activity from Entada phaseoloides*, PHYCHEM *11*, 171–173 (1972). Samen unbekannter Herkunft lieferten 0,15% $C_{45}H_{82}O_{27} \rightarrow C_{30}H_{48}O_5$ + Ara + Xyl. ● [25] Y. OKADA et al., PHYCHEM *26*, 2789–2796 (1987); CHPHBUL *36*, 1264–1269 (1988). ● [26] V. HARIHARAN, *Chemical constituents of the seeds of Entada scandens Benth.*, Current Sci. *43*, 181 (1974). Nach dem Text wurden die erwähnten Stoffe aus Hülsen (Perikarp), nicht aus Samen, isoliert. ● [27] D. N. GRINDLEY et al., J. Sci. Food Agric. *5*, 278–280 (1954). ● [28] A. SENGUPTA and S. BASU, *Triglyceride composition of Entada phaseoloides seed oil*, J. Sci. Food Agric. *29*, 677–682 (1978). ● [29] R. F. BACON, *The physiologically active constituents of certain Philippine medicinal plants*, Philippine J. Sci. *1*, 1007–1036 (1906). *Entada scandens* 1021–1025. ● [30] S. RANGASWAMI and V. S. RAO, Indian J. Pharm. *16*, 152–154 (1954). ● [31] D. S. LEELA et al., *Toxicity and repellency of certain north east Indian plants for the land leech, Haemadipsa sylvestris (Blanchard)*, Pesticides, May (1988), 16–17. ● [32] K. JANARDHANAN and K. NALINI, *Studies on the tribal pulse Entada scandens Benth.: Chemical composition and antinutritional factors*, J. Sci. Food Technol. *28*, 249–251 (1991). ● [33] CH. T. SORENSEN and J. L. BREWBAKER, *Interspecific compatibility among 15 Leucaena species (Leguminosae: Mimosoideae) via artificial hybridizations*, Amer. J. Bot. *81*, 240–247 (1994). Im Versuchsgarten sind praktisch alle Arten erfolgreich kreuzbar; dies eröffnet die Möglichkeit zur Hybridzüchtung, z. B. in Richtung von weniger giftigen mimosinarmen Sorten. ● [34] M. SZYSZKA, *Tierfutter vom Baum. Verwendungsmöglichkeiten von Leucaena leucocephala in den Tropen und Subtropen*, Sonderpublikation GIZ, No. 192, Eschborn 1987. ● [35] J. L. BREWBAKER and J. W. HYLIN, *Variations in mimosine content among Leucaena species and* *related Mimosaceae*, Crop Sci. *5*, 348–349 (1965). 72 Herkünfte von *Leucaena leucocephala*, 3 Herkünfte von *L. pulverulenta* und je eine Herkunft von *L. esculenta* und *L. lanceolata* auf Mimosingehalte der getrockneten Blätter untersucht; 2,9–4,8% bei *L. leucocephala*, 1,9–2,6% bei *L. pulverulenta*, 4,3% bei *L. esculenta* und 3,8% bei *L. lanceolata* ermittelt. ● [36] R. J. C. KLEIPOOL and J. P. WIBAUT, *Mimosine (leucaenine). 5th communication*, Rec. Trav. Chim. Pays-Bas *69*, 37–43 (1950). Eindeutiger Nachweis, daß Mimosin aus Kraut von *Mimosa pudica* mit Leucaenin aus Samen von *Leucaena glauca* identisch ist, und daß es mit Alkali 3,4-Dihydroxypyridin liefert. ● [37] H. MATSUMOTO et al., Arch. Biochem. Biophys. *33*, 195–200; 201–211 (1951). Kolorimetrische Wertbestimmungen von Mimosin in Blättern; Abbau von Mimosin in Blättern bei höheren Temperaturen. ● [38] R. G. MEGARRITY, *An automated colorimetric method for mimosine in Leucaena leaves*, J. Sci. Food Agric. 29, 182–186 (1978). 6 Muster; 1,3–3,7%. ● [39] J. B. LOWRY et al., *Autolysis of mimosine to 3-hydroxy-4-1(H)pyridone in green tissues of Leucaena leucocephala*, J. Sci. Food Agric. *34*, 529–533 (1983). Sehr aktive Enzyme, welche Mimosin abbauen, kommen in Fiederblättchen und im Perikarp junger Früchte vor. ● [40] R. J. JONES and J. B. LOWRY, *Australian goats detoxify the goitrogene 3-hydroxy-4(1H)-pyridone (DHP) after rumen infusion from an Indonesian goat*, Experientia *40*, 1435–1436 (1984). Die Mikroflora des Pansens der meisten Wiederkäuer bricht Mimosin und das aus ihm freigesetzte goitrogene 3-Hydroxy-4-pyridon ab (vollständige Entgiftung); bei australischen Geißen wurde Fehlen des 3-Hydroxy-4-pyridon-Abbaus beobachtet; Übertragung dieser Abbaufähigkeit gelang mit Hilfe von Panseninhalt von indonesischen Geißen. ● [41] J. B. LOWRY et al., *Measurement of mimosine and its metabolites in biological material*, J. Sci. Food Agric. *36*, 799–807 (1985). ● [42] B. TANGENDJAJA et al., *Isolation of a mimosine degrading enzyme from Leucaena leaves*, J. Sci. Food Agric. *37*, 523–526 (1986). Blättchen der jüngsten Blätter enthalten sehr aktive Mimosinase. ● [43] KOK LEONG WEE and SHU-SEN WANG, *Effect of post-harvest treatment on the degradation of mimosine in Leucaena leucocephala leaves*, J. Sci. Food Agric. *39*, 195–201 (1987). Der Abbau von Mimosin zum für Säugetiere weniger giftigen 3,4-Dihydroxypyridin verläuft schnell und vollständig, wenn Blätter unter Wasser bei 30° bewahrt werden. ● [44] J. W. HYLIN, *Biosynthesis of mimosine*, PHYCHEM *3*, 161–164 (1964). Lysin liefert den Piperidinring von Pipecolinsäuren und den 3-Hydroxy-4-pyridon-Ring von Mimosin. ● [45] I. MURAKOSHI et al., *Purification and characterization of L-mimosine synthase from Leucaena leucocephala*, PHYCHEM *23*, 1905–1908 (1984). ● [46] F. IKEGAMI et al., *Enzymatic synthesis of the thyrotoxic amino acid mimosine by cysteine synthase*, PHYCHEM *29*, 3461–3465 (1990). Isolation von zwei Isoenzymen, Cysteinsynthase-A und -B, aus Keimpflanzen von *Leucaena leucocephala*; von diesen ist nur Isoenzym B auch als Mimosin-Synthase aktiv. Höhere Pflanzen verfügen demnach über eine Gruppe von Cystein-Synthasen, welche aus O-Acetylserin nicht nur Cystein bilden kann; das untersuchte Enzym B akzeptierte als Substrat außer H_2S (Cysteinbildung) auch MeSH (S-Methylcystein), $CH_2=CH-CH_2-SH$ (S-Allylcystein) und 3,4-Dihydroxypyridin (Mimosin). Solche Cystein-Synthasen können deshalb nicht nur die Synthese von Cystein, sondern auch diejenige von Schutzstoffen, wie beispielsweise Mimosin, katalysieren. ● [47] H. STÜNZI et al., *Stability constants for metal complexation by isomers of mimosine and related compounds*, Austral. J. Chem. *33*, 2207–2220 (1980). Mimosin hemmt u. a. Haarwachstum bei Mensch und Tier, was mit Inaktivierung von metallhaltigen Enzymen zusammenhängen könnte. Diese Wirkung dürfte auf Chelierung von zweiwertigen Metallen (Ca, Mg, Cu, Pb, Zn) beruhen. ● [48] Vide S. 78–88 in: G. A. ROSENTHAL (Ref. [7] auf S. 265 von Bd. XIa). Besprechung der verschiedenen toxischen Wirkungen von Mimosin, z. B. goitrogene Wirkung; Unterbrechung von Haarwuchs bei monogastrischen Tieren; Enthaarung von Schafen durch sehr hohe Mimosingaben usw. ● [49] Vide S. 18–21 in: G. A. ROSENTHAL and M. R. BERENBAUM (Eds.) 1991, l. c. S. 96 von Bd. XIa. 2–5% (TG) Mimosin in Blättern von *Leucaena leucocephala* und bis 9% in Samen; Besprechung der verschiedenen toxischen Effekte von Mimosin. ● [50] I. MURAKOSHI et al., *Enzymic synthesis of mimoside: A metabolite of mimosine in Mimosa pudica and Leucaena leucocephala; Mimoside: A glucosidic metabolite of mimosine in Mimosa pudica and Leucaena leucocephala*; CHPHBUL *19*, 855–857; 2655–2657 (1971). Das während der Keimung gebildete Mimosid könnte eine Transportform des Mimosins sein. ● [51] M. P. HEGARTY, *The isolation of 5-hydroxypiperidine-2-carboxylic acid from Leucaena glauca*, Austral. J. Chem. *10*,

484–488 (1957). 2 kg frische Blätter lieferten 63 mg 5-Hydroxypipecolinsäure, Mimosin und viel Pipecolinsäure. ● [52] JUNG-YAO LIN and KUO-HUANG LIN, ex CA *55*, 23688 (1961). 0,015% 5-Hydroxypipecolinsäure aus Samen. ● [53] J. B. LOWRY et al., *Flavonol glycosides in cultivars and hybrids of Leucaena leucocephala*, J. Sci. Food Agric. *35*, 401–407 (1984). ● [54] C.-H. CHOU and Y.-L. KUO, *Allelopathic exclusion of understory by Leucaena leucocephala*, J. Chem. Ecol. *12*, 1431–1448 (1986); vgl. auch Y.-L. KUO et al., *Allelopathic potential of Leucaena leucocephala*, Institute of Botany Academica Sinica, Annual Report, July 1981–June 1982, 10–12, Taipei, Taiwan. ● [55] A. G. R. NAIR and S. S. SUBRAMANIAN, *Flavonoids of the flowers of Dombeya calantha and Leucaena glauca*, Current Sci. *31*, 504–506 (1962). ● [56] R. M. RANGANATHAN and S. NAGARAJAN, *Flavonoids of the flowers of Leucaena glauca*, Current Sci. *49*, 546 (1980). ● [57] V. PLOUVIER, CR *255*, 1770–1772 (1962). ● [58] M. Q. FAROOQ and S. S. SIDDIQUI, J. Amer. Oil Chemists' Soc. *31*, 8–9 (1954); auch CA *48*, 30476 (1954). 16:0 = 13, 18:0 = 5, 22:0 = 4, 24:0 = 1, 18:1 = 23 und 18:2 = 54%. ● [59] A. M. UNRAU, *Constitution of a galactomannoglycane from the seed of Leucaena glauca*, J. Org. Chem. *26*, 3097 (1961). ● [60] J. Y. MORIMOTO et al., J. Agric. Food Chem. *10*, 134–137 (1962). Neben Samenschleimen auch Blattschleim (2,5% isoliert) untersucht und im Hydrolysat 36% Gal, 17% Ara, 8% Xyl, 19% Rha und 14% Uronsäuren nachgewiesen. ● [61] P. L. SONI et al., Indian J. Chem. *30B*, 843–848 (1991). Das *Leucaena*-Gummi erinnert in seinen Eigenschaften stark an GUMMI ARABICUM. ● [62] J. D. DUBOIS et al., *Free amino acid pools,* $^{15}N_2$ *fixation and assimilation in Leucaena leucocephala var. K-8*, Amer. J. Bot. *77*, 316–322 (1990). ● [63] R. S. AMBASHT and A. K. SRIVASTAVA, *Nitrogen dynamics of actinorhizal Casuarina forest stands and its comparison with Alnus and Leucaena forests*, Current Sci. *66*, 160–163 (1994). Unter den geprüften Verhältnissen war *Casuarina* optimaler Bodenverbesserer. ● [64] R. C. BARNEBY, *Sensitivae censitae. A description of the genus Mimosa Linnaeus (Mimosaceae) in the New World*, Mem. New York Bot. Garden *65*, 1–835 (1991). Mit 5 Sectiones, *Mimadenia* (16 Species), *Batocaulon* (179), *Calothamnos* (25), *Habbasia* (79) und *Mimosa* (178). Innerhalb dieser 5 Sectiones werden 4, 25, 1, 9 und 3 Series unterschieden. Bei der Series *Mimosa* von Sektion *Mimosa* werden außerdem 37 Subseries beschrieben. ● [65] D. S. CORRELL and M. C. JOHNSTON, *Manual of the vascular plants of Texas*, Texas Research Foundation, Renner, Texas 1970. In Texas kommen vor: *Schrankia hystricina, latidens, microphylla, occidentalis, roemeriana* und *uncinata*; sie entsprechen den *Mimosa quadrivalvis*-Varietäten *hystricina, latidens, occidentalis, angustata* (*Sch. microphylla* und *uncinata*) und *platycarpa* (*Sch. roemeriana*). ● [66] H. SCHILDKNECHT, *Über die Chemie der Sinnplanze Mimosa pudica L.*, Sitzungsber. Heidelberger Akad. Wiss., Math.-Naturw. Klasse, Jahrgang 1978, 337–402 (= 6. Abhandlung, 1–32), Springer-Verlag, Berlin 1978. Enthält auch Farbphotographien von Exemplaren an natürlichen Standorten vor und nach seismonastischer Reaktion. ● [67] N. A. CAMPBELL et al., *Calcium and potassium in the motor organ of the sensitive plant: Localization by ion microscopy*, Science *204*, 185–187 (1979). ● [67a] M. PAL et al., *A novel tubulin from Mimosa pudica: Purification and characterization*, Europ. J. Biochem. *192*, 329–335 (1990). ● [68] H. P. TIWARI et al., *Biosynthesis of mimosine: Incorporation of serine and of α-aminoadipic acid*, PHYCHEM *6*, 1245–1248 (1967). Versuchspflanze war *Mimosa pudica*. ● [69] R. N. L. HARRIS and T. TEITEI, *Potential wool growth inhibitors. 2(1H)-pyridone analogues of mimosine*, Austral. J. Chem. *30*, 649–655 (1977). Synthese und biologische Testung von Analogen des Mimosins (... *the naturally occurring depilatory amino acid*). Verwendung des Mimosins bei der Schafwollproduktion wurde erwogen: Statt Schur spontanes Abfallen der Wolle nach geeigneten Gaben von Mimosin oder Mimosinanalogen. ● [70] A. MOSTAD et al., *The crystal structure of L-mimosine sulphate hydrate*, Acta Chem. Scand. *B28*, 249–259 (1974). $C_5H_3(OH)_2CH_2CH(NH_3)COOH \cdot SO_4 \cdot 1,5\ H_2O$ oder $C_8H_{10}N_2O_4 \cdot H_2SO_4 \cdot 1,5\ H_2O$. ● [71] R. GMELIN et al., *N-Acetyldjenkolic acid, a novel amino acid isolated from Acacia farnesiana Willd.*, PHYCHEM *1*, 233–236 (1962). Freie Hauptaminosäure in Samen von *Acacia farnesiana* (etwa 2,7% Rohprodukt isoliert); in Samen von *A. horrida* Willd., *A. karroo* Hayne und *Mimosa acanthocarpa* Benth. nur mit Hilfe von PC nachgewiesen. ● [71a] R. GMELIN, *Isolierung von Willardiin ([3-1-Uracyl]-L-alanin) aus den Samen von Acacia millefolia, Acacia lemmoni und Mimosa asperata*, Acta Chem. Scand. *15*, 1188–1189 (1961). ● [72] A. G. FERREIRA et al., *Allelopathy in Brasil*, S. 243–250 in: RIZVI-RIZVI (1992), l. c. S. 15. ● [73] R. and MARIANNE WASICKY, Tribuna Farmacêutica *20*, 40–47 (1962): Ex

Excerpta Botanica, Sectio A 7, 496 (1964). ● [74] J. W. de ALENCAR et al., *Acido morolico em Mimosa caesalpiniaefolia*, An. Acad. Brasil. Cienc. *42* (Suppl.), 93–94 (1970); *3-O-Arabinosylmorolic acid from Mimosa caesalpiniaefolia*, Rev. Latinoamer. Quim. *7*, 44 (1976). ● [75] N. HUSSAIN et al., *Antimicrobial principle in Mimosa hamata Willd.*, JNP *42*, 525–527 (1979). Umesterung wäre möglich, da mit EtOH extrahiert. ● [76] B. K. MEHTA et al., *4-Ethylgallic acid from two Mimosa species*, PHYCHEM *27*, 3004–3005 (1988). ● [77] R. GMELIN et al., *Über neue Aminosäuren aus Mimosaceen*, Hoppe-Seyler's Z. Physiol. Chem. *314*, 28–32 (1959). ● [78] R. K. HULYALKAR et al., *Composition of the mucilage of Mimosa pudica*, J. Indian Chem. Soc. *33*, 864–866 (1956). Unzerkleinerte Samen lieferten annähernd 5,7% sauren Schleim, der zur Hauptsache aus Xylose und Glucuronsäure im Verhältnis 5:1 aufgebaut ist. Methoxyl- und Acetylgruppen waren nicht nachweisbar. Offensichtlich handelt es sich um einen Testaschleim, welcher die Glucuronsäure als Salze (Fe^{III}; Mg^{II}; Ca^{II}) enthält. ● [79] J. S. AGGARWAL and KARIMULLAH, *Chemical analysis of the seeds of Mimosa pudica*, I. *Analysis of fatty oil*, J. Sci. Industr. Res., India *4*, 80 (1945/46). Ausbeute 17%; Fettsäurespektrum $16:0 + 18:0 = 18\%$, $18:1 = 31\%$, $18:2 = 51\%$. ● [80] J. ENGLERT et al., *C-Glycosylflavones from aerial parts of Mimosa pudica*, PM *60*, 194 (1994). ● [81] Y. JIANG et al., *Structure of a new saponin from the seed of Mimosa pudica*, PM *56*, 555 (1990). ● [82] P. KUMAR and P. SEN, *Study of the unsaponifiable matter from the root oil of Mimosa rubicaulis*, Current Sci. *44*, 889–890 (1975). ● [83] E. H. F. DE MORAES et al., Quim. Nova *13*, 308 (1990): EX REPORTS *10*, 352 (1993). ● [84] M. P. GUPTA et al., *The occurrence of tryptamine and N-methyltryptamine in Mimosa somnians*, JNP *42*, 234–236 (1979). ● [85] J. I. RAMIREZ-DOMENECH and SHIRLEY C. TUCKER, *Phylogenetic implications of inflorescence and floral ontogeny of Mimosa strigillosa*, Amer. J. Bot. *76*, 1583–1593 (1989). ● [86] I. J. PACHTER et al., *Indole alkaloids of Acer saccharinum (the Silver Maple), Dictyloma incanescens, Piptadenia colubrina and Mimosa hostilis*, J. Org. Chem. *24*, 1285–1287 (1959). ● [87] Y. JIANG et al., *Saponins from the bark of Mimosa tenuiflora*, PM *57*, Supplement issue 2, A38–A39 (1991); PHYCHEM *30*, 2357–2360 (1991); JNP *54*, 1247–1253 (1991). Zur Bezeichnung der isolierten Verbindungen drängen sich zwei Bemerkungen auf. Phytosterin-3-glucoside sind keine echten Saponine. Die Bezeichnung Mimonoside ist unglücklich, da es sich keineswegs um Monoside handelt; Mimososide wäre näherliegend. ● [88] R. ANTON et al., *Pharmacognosy of Mimosa tenuiflora*, J. Ethnopharmacol. *38*, 153–157 (1993); vgl. auch Y. JIANG et al, *Biological effects of the saponins from Mimosa tenuiflora on fibroblast cells in culture*, PM *57*, Supplement issue 2, A38 (1991). ● [89] X. A. DOMINGUEZ et al., *Kukulkanins A and B, new chalcones from Mimosa tenuefolia L.*, JNP *52*, 864–867 (1989). Der Trivialname Kukulkanin ist von der Bezeichnung der Pflanze durch die Indianer der Gegend, in welcher das Material gesammelt wurde, abgeleitet. Dort wird diese Art seit langem zur Behandlung von Brandwunden verwendet. ● [90] V. S. RAJU et al., *Synthesis of kukulkanins A and B, methoxy chalcones from Mimosa tenufolia L.*, Tetrahedron *48*, 8347–8352 (1992). Strukturbeweis durch Synthese. ● [91] R. E. SCHULTES and A. HOFMANN, *The botany and chemistry of hallucinogens*, Charles C. Thomas, Publishers, Springfield, Illinois, USA 1973. Anadenanthera (= Piptadenia sect. Niopa) S. 84–93 mit Abb. von *A. peregrina*; Mimosa S. 95–96 mit Abb. von *M. hostilis*. ● [92] T. A. SMITH, *Tyramine and related compounds in plants*, PHYCHEM *16*, 171–175 (1977). ● [93] P. J. PETERSON and P. J. ROBINSON, *L-Cystathionine and its selenium analogue in Neptunia amplexicaulis*, PHYCHEM *11*, 1837–1839 (1972). ● [94] P. A. G. M. DE SMET, *South American ritual Anadenanthera enemas*, Pharm. Weekblad *116*, 1187–1191 (1981). ● [95] R. PARIS et al., *Sur les alcaloïdes et les flavonoïdes d'une Légumineuse d'Haïti: Piptadenia peregrina Benth. Absence d'alcaloïdes chez le Piptadenia africana Hook. f.*, Ann. Pharm. Franç. *25*, 509–513 (1967). Samen von *P. africana* stammten von der Elfenbeinküste. ● [96] G. A. IACOBUCCI and E. A. RÚVEDA, *Bases derived from tryptamine in Argentine Piptadenia species*, PHYCHEM *3*, 465–467 (1964). ● [97] S. YAMASOTO et al, *Organic bases from Brazilian Piptadenia species*, PHYCHEM *11*, 737–739 (1972). ● [98] I. J. PACHTER et al., vide Ref. [86]. ● [99] A. M. GIESBRECHT, *Bufotenine occurrence in Piptadenia falcata seeds*, An. Assoc. Brasil. Quim. *19*, 117–119 (1960): Ex CA *56*, 10281 (1962). ● [100] V. L. STROMBERG, *The isolation of bufotenine from Piptadenia peregrina*, J. Amer. Chem. Soc. *76*, 1707 (1954). Ausbeute 0,94%; Samen von Puerto Rico erhalten. ● [101] M. S. FISH et al., *Piptadenia alkaloids. Indole bases of P. peregrina (L.) Benth. and related species*, J. Amer. Chem. Soc. *77*, 5892–5895 (1955).

Drei Samenmuster von *P. peregrina* (Puerto Rico, Brasilien), zwei von *P. macrocarpa* (Brasilien, Florida) und brasilianisches Muster von *P. paniculata* auf Alkaloide geprüft. • [102] G. LEGLER und R. TSCHESCHE, *Die Isolierung von N-Methyltryptamin, 5-Methoxy-N-methyltryptamin und 5-Methoxy-N,N-dimethyltryptamin aus Rinde von Piptadenia peregrina Benth.*, Naturwissenschaften 50, 94–95 (1963). • [103] S. AGURELL et al., *Identification of two new β-carboline alkaloids in South American hallucinogenic plants; Alkaloids of certain species of Virola and other South American plants of ethnopharmacological interest*, Biochem. Pharmacology 17, 2487–2488 (1968); Acta Chem. Scand. 23, 903–916 (1969). Auch alkoholkonservierte Blätter und Rinde von *Anadenanthera (Piptadenia) peregrina* untersucht. • [104] R. E. SCHULTES, *The botanical origin of South American snuffs*, S. 291–306 in: EFRON 1967, l. c. Bd. VII, 48. Viele Angaben zur Bedeutung von *Anadenanthera peregrina* für die Bereitung von halluzinogenen Schnupfpulvern. • [105] S. VON REIS ALTSCHUL, *Vilca and its uses*, S. 307–314 in: EFRON 1967, l. c. Bd. VII, 48. Auf S. 310 Karte mit Verbreitung der 10 wichtigsten Eingeborenen-Namen von *Anadenanthera*-Taxa in Südamerika; VILCA auf Peru beschränkt, also mutmaßlich *Piptadenia macrocarpa* (vgl. h bei Tabelle 9). • [106] Bo HOLMSTEDT and J.-E. LINDGREN, *Chemical constituents and pharmacology of South American snuffs*, S. 339–373 in: EFRON 1967, l. c. Bd. VII, 48. Für *Piptadenia peregrina, macrocarpa, excelsa* und *colubrina* vide Table 2, p. 362. • [107] R. E. SCHULTES et al., *Phytochemical examination of Spruce's ethnobotanical collection of Anadenanthera peregrina*, Bot. Museum Leaflets (Harvard Univ.) 25, 273–287 (1977). Die Autoren analysierten Material (Samen, Keimpflanzen, Hülsen, Blätter, Zweige, Rinde, Wurzeln) einer vor etwa 40 Jahren auf Puerto Rico angepflanzten Population von *Piptadenia (Anadenanthera) peregrina*, und fanden sehr wechselnde Gehalte an Dimethyltryptamin, 5-Hydroxydimethyltryptamin (= Bufotenin), 5-Methoxydimethyltryptamin und 2-Methyl-1,2,3,4-tetrahydro-β-carbolin. In frisch geernteten reifen Samen konnten neben 80% Bufotenin auch 19% Dimethyltryptamin und Spuren von 5-Methoxydimethyltryptamin und 2-Methyltetrahydro-β-carbolin nachgewiesen werden; nach zweijähriger Lagerung war nur noch Bufotenin vorhanden. Auch ein vor 140 Jahren in Südamerika gesammeltes Samenmuster von *Piptadenia peregrina* enthielt nur Bufotenin. In Blättern und Rinde eines Baumes von Boa Vista, Brasilien (Schultes No. 24625) wurden Dimethyltryptamin und 5-Methoxydimethyltryptamin (Blatt) und zusätzlich 5-Methoxymonomethyltryptamin, 2-Methyl-6-methoxytetrahydro-β-carbolin und 1,2-Dimethyl-6-methoxytetrahydro-β-carbolin (Rinde) nachgewiesen. In 5 weiteren *Piptadenia*-Samenmustern verschiedener Herkunft und unterschiedlicher Lagerungsdauer war oft nur wenig Dimethyltryptamin nachweisbar, oder aber zusätzlich noch etwas 5-Methoxydimethyltryptamin vorhanden. Es ist anzunehmen, daß die für reife *Piptadenia(Anadenanthera)*-Samenmuster ermittelten Basenspektren von der betreffenden Population (Chemodeme innerhalb bestimmter Taxa?) oder vom betreffenden Taxon, von der Dauer der Lagerung der jeweiligen Samenproben und von den gewählten Analysenmethoden abhängig sind. • [108] L. RIVIER, *Indole protoalkaloids metabolism in Anadenanthera seeds*, PM 39, 215 (1980). • [109] P. A. G. H. DE SMET and L. RIVIER, *Intoxicating Paricá seeds of Brazilian Maué Indians*, Econ. Bot. 41, 12–16 (1987). Wahrscheinlich handelte es sich bei den untersuchten Samen um var. *cebil* (vgl. [105] und Tabelle 9 und Legende dazu). • [110] LINDA E. FELLOW and E. A. BELL, *Indole metabolism in Piptadenia peregrina*, PHYCHEM 10, 2083–2091 (1971). • [111] Prof. J.-A. BRAUN, Université d'Abidjan, briefl. Mitt. vom 20-11-1972. • [112] L.-C. COMEAU et al., *Étude chimique de Piptadeniastrum africanum. I Étude des glycosides: Les aglycones*, Bull. Soc. Chim. France 1974, 2643–2646. Aus Stammrinde annähernd 1% reines Saponingemisch erhalten; Hydrolyse lieferte u. a. Oleanol- und Echinocystsäure. • [113] Y. MIYAUCHI and T. YOSHIMOTO, *Extractives from the heartwood of Piptadenia sp.*, Mokuzai Gakkaishi 22, 47–50 (1976). • [114] F. J. A. MATHOS et al., *Furan diterpenes from Plathymenia genus*, JNP 47, 581–584 (1984). Nach diesen Autoren halten HERINGER und MATTOS FILHO, im Gegensatz zu DUCKE, an zwei selbständigen *Plathymenia*-Arten in Brasilien fest. • [115] F. E. KING et al., *The isolation of a diterpene ester (methyl vinhaticoate), and of 6 : 7 : 3' : 4'-tetrahydroxyflavone (plathymenin) and 2 : 4 : 5 : 3' : 4'-pentahydroxychalkone (neo-plathymenin), from Plathymenia reticulata*, JCS 1953, 1055–1059: 1,5–1,6% Methylvinhaticoat, 5,3% Plathymenin und 2% Neoplathymenin (orange, plättchenförmige Kristalle); F. E. KING and T. J. KING, *The constitution of methyl vinhaticoate*, ibid. 1953, 4158–

4168; T. J. KING and S. RODRIGO, *Plathyterpol, a diterpene from Plathymenia reticulata*, JCS Chem. Commun. *1967*, 575; T. J. KING et al., *The stereochemistry of plathyterpol, a diterpene with A : B-cis ring fusion*, JCS Chem. Commun. *1969*, 683. Plathyterpol = $C_{20}H_{34}O$. ● [116] A. M. AGNESE et al., *Two new flavonoids from Prosopidastrum globosum*, JNP *49*, 528–529 (1986). ● [117] B. B. SIMPSON (Ed.), *Mesquite. Its biology in two desert scrub ecosystems*, US/IBP Synthesis, Series *4*, Dowden, Hutchinson and Ross. Inc., Stroudsburg, Pennsylvania 1977. Mit 10 Kapiteln: 1. *Introduction*; 2. *Phenology, Morphology, Physiology*; 3. *Patterns of variation* (O. T. SOLBRIG et al., 44–60, mit auf S. 50–54 Beitrag von N. J. CARMAN, *Variation in natural products chemistry*: Flavonoide und freie Aminosäuren der Blätter); 4. *Prosopis leaves as a resource for insects*; 5. *Prosopis flowers as a resource* (Bestäubungsbiologie); 6. *Prosopis fruits as a resource for invertebrates*; 7. *Prosopis as a niche component*; 8. *Mesquite in Indian cultures of North America* (R. S. FELGER, 150–176; Südwestl. Staaten der USA und nordwestl. Staaten von Mexico; *Food; Medicine; Cosmetic*; Spiel und Sport; Technische Zwecke; Brennholz; Rituale Zwecke). 9. *Mesquite and modern man in southwestern North America* (C. E. FISHER, 177–188: Wechsel der Wertschätzung von *Prosopis*-Sippen im Laufe der vergangenen 70 Jahre. „*It is now considered the major agricultural pest of the southern rangelands*" [= aride Gebiete bis Halbwüsten]. Eine schnell ändernde technisch orientierte Kultur veränderte auch die Beziehung des Menschen zu früher hochgeschätzten Nutz-, Medizinal- und Ritualpflanzen); 10. *Algarrobos in South American cultures. Past and present*: H. L. D'ANTONI and O. T. SOLBRIG, 189–199. Vielseitige Benützung von *Prosopis* durch Indianerstämme von Peru, Bolivien, Chile, Argentinien, Paraguay und Uruguay (Nahrung, Arzneimittel, Brenn- und Konstruktionsholz u. a.); ähnlicher Zurückgang der Wertschätzung der Gattung in jüngster Zeit wie in Nordamerika; Ursachen sind Überbeweidung der Pampas und lange Trockenperioden, welche explosive Vermehrung von *Prosopis*-Sippen begünstigen. Das Buch schließt mit einem Appendix: *The genus Prosopis and annotated key to the species of the world* von A. BURKART and B. B. SIMPSON, 201–215, *References*, 217–235, und einem guten *Index of scientific names*, 237–245. ● [118] B. O. PEDERSEN, *A note on the genus Prosopis*, The International Tree Crops Journal *1*, 113–124 (1980). Liste von 21 ökonomisch vielversprechenden Arten für aride Gebiete; wichtig ist gute Salztoleranz und extreme Toleranz für Trockenheit von vielen Sippen. Nutzen: Holz, Viehfutter, Nahrung, Bienenweide für Honigproduktion usw. In „*Conclusions*" Liste der 12 meistversprechenden Arten. ● [119] N. J. CARMAN et al., *A populational survey of amino acids in Prosopis species from North and South America*, BIOCHSE *2*, 73–74 (1974). Die hier verwendete Klassifikation von BURKART (1954) weicht von der in [117] aufgenommenen Klassifikation von BURKART und SIMPSON (1977) in einigen Punkten ab. ● [120] N. J. CARMAN in Ref. [117]. ● [121] B. J. CAMP and M. J. NORWELL, *The phenylethylamine alkaloids in native range plants*, Econ. Bot. *20*, 274–278 (1966). ● [122] M. N. GRAZIANO et al., JNP *34*, 453–454 (1971). ● [123] GLORIA A. MORO et al., PHYCHEM *14*, 827 (1975). Zur Biogenese von β-Carbolinen vide auch D. GRÖGER, *Simple β-carboline alkaloids*, S. 275–277 in: K. MOTHES et al. (Eds.), *Biochemistry of alkaloids*, VEB Deutscher Verlag der Wissenschaften, Berlin/DDR 1985 und VCH Verlagsgesellschaft, Weinheim. ● [124] G. RATLE et al., *La prosopine et la prosopinine, alcaloides du Prosopis africana (Guill. et Perr.) Taub.* (Note préliminaire), Bull. Soc. Chim. France *1966*, 2945–2947. ● [125] Q. KHUONG-HUU et al., Bull. Soc. Chim. Belges *81*, 425–442, 443–458 (1972). Definitive Strukturen Prosopin und Prosopinin und Isolation von Prosophyllin, Prosafrin und Prosafrinin aus Blättern und der Isoprosopinine -A und -B aus Stammrinde (Text und Summary) und Wurzeln (nur in Summary erwähnt); Ausbeuten: 0,25 % Prosopinin, 0,18 % Prosopin; 0,07 % Prosophyllinhydrochlorid, 0,03 % Prosafrin und 0,0035 % Prosafrinin aus getrockneten Blättern, 0,3 % Totalalkaloide aus Stammrinde mit Isoprosopinin-A und -B als Hauptalkaloiden. Strukturen der zwei Rindenalkaloide und der drei neuen Blattalkaloide. ● [126] P. BOURRINET et A. QUEVAUVILLER, *Données pharmacologiques sur les alcaloïdes du Prosopis africana en particulier la prosopine et la prosopinine*, Ann. Pharm. Franç. *26*, 787–796 (1968). Vgl. zur Pharmakologie und zur Bedeutung dieser Pflanze als Fischfangmittel, als Adjuvans bei der Bereitung eines Jagdgiftes, sowie als Arzneimittel S. 600–603 in: NEUWINGER, l. c. S. 12. ● [127] K. JEWERS et al., *Lipids, sterols and a piperidine alkaloid from Prosopis spicigera leaves*, PHYCHEM *15*, 239–240 (1976). Außer Spicigerin auch Phytosterine, Phytosteringlykoside, Hentriacontan, Octacosanol, Triacontanol und Wachsester ($C_{16}-C_{32}$-Säuren mit $C_{26}-C_{32}$-Alkoholen) isoliert. • [128] E. LEETE et al., *Determination of the „starter" acetate unite in the biosynthesis of pinidine*, Tetrahedron Letters *1975*, 3779–3782. Hypothese: Das Nonaacetat Spicigerin entsteht wahrscheinlich auf ähnlichem Wege wie das Pentaacetat Pinidin, bei dessen Biosynthese allerdings durch Decarboxylierung ein C-Atom verloren geht. • [129] I. B. GIANINETTO et al., JNP *43*, 632–633 (1980). Rinde enthält auch nicht identifiziere Nebenalkaloide; Identifikation von N-Methylcassin durch Vergleich mit N-methyliertem Cassin; keine Ausbeuten erwähnt. • [130] RITA OTT-LONGONI et al., *Die Konstitution des Alkaloides Juliprosopin aus Prosopis juliflora A. DC.*, Helv. Chim. Acta *63*, 2119–2129 (1980). Wurzeln, Stamm, Samen und Blätter lieferten 0,2%, 0,05%, Spuren und 1,5% qualitativ identisches Alkaloidgemische. Aus 5 kg Blätter 4 Hauptalkaloide isoliert und Struktur Juliprosopin geklärt. • [131] P. DÄTWYLER et al., *Über Juliprosin, ein weiteres Alkaloid aus Prosopis juliflora A. DC.*, ibid *64*, 1959–1963 (1981). Struktur des quartären Juliprosins ermittelt; sein Kation entspricht der Formel $C_{40}H_{72}O_3N_2$. • [132] A. KANDASAMY et al., *Hemolytic effect of Prosopis juliflora alkaloids*, Current Sci. *58*, 142–144 (1989). • [133] V. U. AHMAD et al., *New alkaloids from Prosopis juliflora DC.*, Z. Naturforsch. *33*b, 347–348 (1978). • [134] A. AHMAD et al., *Antibacterial activity of juliflorine isolated from Prosopis juliflora*, PM *52*, 285–288 (1986). • [135] V. U. AHMAD et al., *Alkaloids from leaves of Prosopis juliflora DC.*, JNP *52*, 497–501 (1989). • [136] V. U. AHMAD et al., *A new alkaloid from Prosopis juliflora*, Sci. Pharm. (Wien) *58*, 409–411 (1990). • [137] A. AHMAD et al., *Antifungal activity of some hydrosoluble Prosopis juliflora alkaloids*, Fitoterapia *60*, 86–89 (1989). • [138] G. M. STRUNTZ and J. M. FINDLAY, *Pyridine and piperidine alkaloids*, The Alkaloids *26*, 89–183 (1985). 2,6-Dialkylierte Piperidin-3-ole auf S. 90–102; auch dimere Basen mit Indolizidinring (Juliprosopin) behandelt. • [139] G. B. FODOR and BRENDA COLASANTI, *The pyridine and piperidine alkaloids: Chemistry and pharmacology*, Alkaloids: Chem. Biol. Persp. *3*, 1–90 (1985). *Cassia*- und *Prosopis*-Alkaloide auf S. 68–73; dimere Basen mit Indolizidinring nicht behandelt. • [140] K-I TAKAO et al., *Stereoselective total syntheses of (−)-Desoxoprosopinine and (−)-Desoxoprosopylline*, Tetrahedron *50*, 5681–5704 (1994). Synthese von (+)- und (−)-Desoxoprosopinin und von (+)- und (−)-Desoxoprosophyllin; gleichzeitig Übersicht über Synthesen von *Prosopis*-Alkaloiden. • [141] M. B. RAIZADA and R. N. CHATTERJI, *A diagnostic key to the various forms of introduced Mesquite (Prosopis juliflora DC.)*, Indian Forest Bull. *14*, 1–6 (1954). Mit Abb. von Blättern und Blütenständen und von Früchten. • [142] S. MALHOTRA and K. MISRA, *New flavanones from Prosopis juliflora roots*, PM *47*, 46–48 (1983). • [143] Eid., *3,3′-Di-O-methylellagic acid 4-O-rhamnoside from roots of Prosopis juliflora*, PHYCHEM *20*, 2043–2044 (1981); *A novel tannin from Prosopis juliflora roots*, Current Sci. *52*, 583–585 (1983). • [144] R. SHUKLA et al., *New leucocyanins from Prosopis juliflora bark*, PM, Supplement 1980, 48–51. • [145] R. VAJPEYI (née SHUKLA) and K. MISRA, *Two flavonoid glycosides from the bark of Prosopis juliflora*, PHYCHEM *20*, 339–340 (1981). • [146] Eid., Indian J. Chem. *20*B, 348–350 (1981). • [147] S. MALHOTRA and K. MISRA, *An ellagic acid glycoside from pods of Prosopis juliflora; Ellagic acid 4-O-rutinoside from pods of P. j.*, PHYCHEM *20*, 860–861; 2439–2440 (1981); *3,3′Di-O-methylellagic acid 4-O-glucuronosyl-arabinosyl-arabinosyl-glucoside from pods of P. j.*, PM *45*, 143 (1982): Kurzvortrag K37. • [148] Eid., *Polyphenols from Prosopis juliflora pods*, Indian J. Chem. *22*B, 936–938 (1983). • [149] L. H. BRAGG et al., *Flavonoid patterns in the Prosopis juliflora complex*, BIOCHSE *6*, 113–116 (1978). • [150] R. C. SHARMA et al., Indian J. Chem. *2*, 83–84 (1964). Ausbeute 0,055%. • [151] D. K. BHARDWAJ et al., PHYCHEM *18*, 355–356 (1979). Prosogerin-A = 6-Methoxy-7-hydroxy-3′,4′-methylendioxyflavon; Prosogerin-B = 2′,4′-Dihydroxy-5′-methoxy-3,4-methylendioxychalkon. • [152] D. K. BHARDWAJ et al., Indian J. Chem. *16*B, 1133–1134 (1978); *20*B, 446–448 (1981); PHYCHEM *19*, 1269–1270 (1980). Isolation, Struktur, Synthese. • [153] D. K. BHARDWAJ et al., *Chemical examination of Prosopis spicigera seeds*, JNP *44*, 656–659 (1981). 10 kg Samen lieferten 80–170 mg der sechs erwähnten Verbindungen; Ausbeuten demnach im 8–17 ppm-Bereich. • [154] M. I. IKRAMOV et al., Khim. Prirod. Soedin. *1990*, 274–276; vgl. auch engl. Ausgabe: Chemistry of Natural Compounds *26*, 226–227 (1990). Das untersuchte Material (*the buds*) wurde in der Kashkadar'ya Provinz von Uzbekistan gesammelt; keine Angaben von Ausbeuten. • [155] A. KÉRY et al., *Flavonoid composition in some Iraqi plants used in folk medicine*, S. 171–181 in: L. FARKAS et al. (Eds.), *Flavonoids and Bioflavonoids 1985*, Elsevier, Amsterdam

1986. *Prosopis farcta* 174–176. ● [156] S. ETESSAMI, *Contribution à l'étude de la matière médicale de l'Iran*, Thése, Fac. Pharm., Univ. Paris 1949, 168 S., Jouve et Cie, Editeurs, Paris 1949. ● [157] I. B. GIANINETTO et al., *Flavonoid compounds of the genus Prosopis*. I., JNP *38*, 265–267 (1975). Blattmaterial von Argentinien untersucht. ● [158] R. A. GIOLLO and H. R. JULIANI, PHYCHEM *15*, 2027 (1976). In: *Phytochemical Reports*; für beide Taxa wird angegeben „whole plants"; gemeint sind wohl beblätterte Zweige. ● [158a] A. M. GITELLI et al., *Flavonoides en el genero Prosopis (Leguminosae)*. IV., An. Asoc. Quim. Argentina *69*, 33–36 (1981). Bei den „espinas" handelt es sich mutmaßlich um Stipulardorne. ● [159] I. B. GIANINETTO and H. R. JULIANI, PHYCHEM *15*, 1098 (1976). In: *Phytochemical Reports*; Blattmaterial. ● [159a] J. A. HERRERA et al., *Flavonoids in the genus Prosopis*. VI., An. Asoc. Quim. Argentina *75*, 379–380 (1987). ● [159b] C. A. CHIALE et al., *Flavonoides en el genero Prosopis*. V., Ibid. *72*, 501–504 (1984). ● [160] T. YOSHIMOTO et al., *n-Hexane extracts from the heartwoods of genera Machaerium and Prosopis*, Mokuzai Gakkaishi *21*, 686–689 (1975). Botanische Abstammung der zwei Zier- und Werkhölzer durch das Exportland (in casu Brasilien) garantiert; offenbar wurde das bolivianische *Prosopis*-Holz über Brasilien exportiert. ● [161] N. J. CARMAN and T. J. MABRY, *Disjunction of Prosopis reptans and the origin of the North American populations*, BIOCHSE *3*, 19–23 (1975). N. B. Die in dieser Arbeit angegebenen Flavonoidmuster für einige *Prosopis*-Arten stimmen nur teilweise mit den in Ref. [117 und 159b] mitgeteilten Mustern überein. Dies unterstreicht die Tatsache, daß einem bei vergleichenden Flavonoiduntersuchungen sehr leicht Verwechslungen von sich ähnlich verhaltenden Flavonoiden unterlaufen können; die Interpretation der Flecken komplexer Chromatogramme kann zuweilen auch dem auf diesem Gebiete erfahrenen Forscher Schwierigkeiten bereiten. Zudem werden bei Reihenuntersuchungen oft nicht alle Möglichkeiten ausgeschöpft, welche eine definitive Identifikation der Flecken gewährleisten würden. ● [162] J.-P. SIMON, *Comparative serology of a disjunct species group: The Prosopis juliflora–Prosopis chilensis complex*, Aliso *9*, 483–497 (1979). ● [163] M. MANZOOR-I-KHUDA et al., Pakistan J. Sci. Ind. Res. *11*, 1–4 (1968); S. A. ABBAS and P. MISON, *Prosopol structure: A reinvestigation*, ibid. *26*, 140–141 (1983): Prosopol = $C_{30}H_{62}O$ = n-Triacontanol. ● [164] K. A. ZIRVI et al., PM *32*, 244–246 (1977). ● [165] N. AHMED and S. RAZAQ, *Chemical investigation of Prosopis glandulosa flowers*, Fitoterapia *57*, 457 (1986). ● [166] V. U. AHMAD and A. SULTANA, *A terpenoid diketone from the leaves of Prosopis juliflora*, PHYCHEM *28*, 278–279 (1989). Prosopidion = $C_{13}H_{20}O_2$; Ausbeute äußerst gering: 12,2 mg aus 20 kg Blatt; die wiedergegebene Struktur ist fraglich; ein iononoider Körper scheint mir wahrscheinlicher zu sein. ● [167] G. O. ASPINALL and C. C. WHITEHEAD, *Mesquite gum. I. The 4-O-methylglucuronogalactan core; II. The arabinan peripheral chains*, Canad. J. Chem. *48*, 3840–3849; 3850–3855 (1970). ● [168] P. C. KHASGIWAL et al., *Prosopis spicigera gum. Physicochemical characters*, Indian J. Pharm. *31*, 148–152 (1969). ● [169] ALICIA L. LAMARQUE et al., *Proximate composition of seed lipid components of some Prosopis (Leguminosae) from Argentinia*, J. Sci. Food Agric. *66*, 323–326 (1994). ● [169a] CECILIA MADRIÑAN POLO et al., *Aceites de semilla de especies de Prosopis y Prosopidastrum (Leguminosae)*, An. Asoc. Quim. Argentina *64*, 127–138 (1976). ● [170] D. H. WHITMOORE and L. H. BRAGG, *Isozymal differentiation between two species of Prosopis*, BIOCHSE *7*, 299–302 (1979). ● [171] R. A. PALACIOS et al., *Prosopis burkartii and its possible hybride origin*, Bull. Intern. Group Study Mimosoideae No. 19, 145–161 (1991). Einheimisch in Nordchile. ● [172] J. G. RODRIGUEZ and LILIANA CARDEMIL, *Cell wall proteins in seedling cotyledons of Prosopis chilensis*, PHYCHEM *35*, 281–286 (1994). Glykoproteine. ● [173] ELLA WERKER et al., *Variability in Prosopis farcta in Israel: anatomical features of the seed*, Bot. J. Linn. Soc. *66*, 223–232 (1973). Samenmuster von 9 Standorten untersucht. Auffällige Unterschiede in Bau und Verhalten bei Imbibition mit Wasser der Testa. ● [174] A. FILIPOV, *Medicinal plants of the Pilagá of Central Chaco*, J. Ethnopharmacol. *44*, 181–193 (1994). ● [175] P. FELKER et al., *Prosopis pod production. Comparison of North American, South American, Hawaiian and African germ plasm in young plantations*, Econ. Bot. *38*, 36–51 (1984). ● [176] M. L. HARDEN and REZA ZOLFAGHARI, *Nutritive composition of green and ripe pods of honey mesquite (Prosopis glandulosa, Fabaceae)*, Econ. Bot. *42*, 522–532 (1988). Bedeutung als Nahrungs- und Futterpflanzen; Analysen von unreifen und reifen Früchten und Samen; Mineralgehalte; Aminosäurespektren der Proteinhydrolysate; Trypsin-Inhibitoren. ● [177] VALERIA B. BAIÃO et al., *Caracteristicas quimicas das sementes de Algaroba (Prosopis juliflora* [Sw.] *DC.) e composiçiao aminoacidica concentrado e de um isolado proteico*, Arq. Biol. Tecnol. (Brasilien) *30*, 275–286 (1987). Die untersuchten Samen enthielten 36% Protein, 5% Lipide, 7% lösl. Kohlenhydrate und 6% Faserstoffe. ● [178] A. MARANGONI and I. ALLI, *Composition and properties of seeds and pods of the tree legume Prosopis juliflora DC.*, J. Sci. Food Agric. *44*, 99–110 (1988). U. a. Analyse des Samenöls, der Samenzucker, der Mineralstoffe, der Samenproteine und ihrer Aminosäuren. ● [179] A. N. MONTE NEGREIROS et al., *The complete amino acid sequence of the major Kunitz trypsin inhibitor from the seeds of Prosopis juliflora*, PHYCHEM *30*, 2829–2833 (1991). ● [180] I. S. THAKUR, *Effect of Prosopis juliflora pollen allergen on monoaminooxidase activity of the rat*, Current Sci. *57*, 988–990 (1988). In Indien kommen durch dieses *P.*-Taxon verursachte Pollenallergien vor. ● [181] N. SANKHLA et al., *Ecophysiological studies on arid zone plants. I. Phytotoxic effects of aqueous extracts of Mesquite (Prosopis juliflora)*, Current Sci. *34*, 612–614 (1965). Die Art wurde in Indien u. a. zur Bekämpfung von Bodenerosion eingeführt und entwickelte sich später in bestimmten Gegenden zum lästigen Unkraut. Sie kann Keimung und Wachstum anderer Xerophyten unterdrücken. Geißen fressen die reifen Früchte, und die Samen keimen nach Darmpassage sehr schnell. Wäßrige Blatt- und Fruchtextrakte hemmen die Samenkeimung der geprüften Arten (3 Compositen, 2 Convolvulaceen, Weizen, *Sesamum*) mit Ausnahme von *Tephrosia incana* und *Indigofera tinctoria* stark; die Hemmstoffe sind hitzestabil. ● [182] L. BRAVO et al., *Composition and potential uses of Mesquite pods (Prosopis pallida): Comparison with Carob pods (Ceratonia siliqua)*, J. Sci. Food Agric. *65*, 303–306 (1994). Pflanze der ausgedehnten Wüsten Perus. Die Früchte werden leider vorläufig kaum genutzt. ● [183] NELLY PAK et al., *Analytical study of Tamarugo, an autochthonous Chilean feed*, J. Sci. Food Agric. *28*, 59–62 (1977). Analysen von grünen und reifen Früchten, Samen und Blättern; an möglicherweise schädlichen Stoffen nur Spuren Saponine in grünen Früchten und in Samen und wenig Lectine in Samen beobachtet; keine Alkaloide und cyanogenen Verbindungen. ● [183a] E. A. BELL, S. 200 in: J. B. HARBORNE et al. (1971), l. c. Bd. XI a, 94; vgl. dazu auch E. A. BELL and P. B. NUNN, *Occurrence of diaminopropionic acid and derivatives in the genus Schrankia*, PHYCHEM *9*, 924 (1970). Abstract eines Vortrags; 5 Species erwähnt, davon nur *Sch. roemeriana* namentlich aufgeführt. ● [184] J. C. PALAZZO DE MELLO et al., *Monomeric flavan-3-ols from the stem bark of Stryphnodendron adstringens*, PM *59*, Supplement Issue 1993, A 607. Untersucht EtOAc-lösliche Fraktion. ● [185] B. TURSCH et al., J. Org. Chem. *28*, 2390–2394 (1963). Sapogenine -B und -F könnten Artefakte sein; Lactonisierung während saurer Hydrolyse. ● [186] B. TURSCH et al., Bull. Soc. Chim. Belges *75*, 26–28 (1966). ● [187] B. TURSCH et al., ibid. *75*, 127–128 (1966). Sapogenin-K ist identisch mit dem durch hydrolytische Lactonöffnung von Sapogenin-F erhaltenen Produkt. ● [188] S. K. ADESINA et al., *Phytochemical investigations of the molluscicidal properties of Tetrapleura tetraptera Taubert*, J. African Med. Plants *3*, 7–15 (1980). Nachweis von Saponinen (Hämolyse; Schaumtest) in MeOH-Extrakten aus frischen Blättern (= A), Blattstielen und dünnen Zweigen (= B), grünen Früchten (= C), Stammrinde (= D), Wurzelrinde (= E) und aus eben abgefallenen reifen Früchten (= F). Orientierende Untersuchungen der Saponine aus F und Nachweis einer cumarinähnlichen Verbindung (= y) in A, B und F und Isolation von y aus F; bei y („umbelliferon and/or ferulic acid") dürfte es sich um Scopoletin gehandelt haben. ● [189] C. O. ADEWUNMI and P. FURU, *Evaluation of aridanin, a glycoside, and aridan, an aqueous extract of Tetrapleura tetraptera fruit on Schistosoma mansoni and S. bovis*, J. Ethnopharmacol. *27*, 277–283 (1989). Beide sind nicht nur für die Zwischenwirte (*Biomphalaria*-Schnecken), sondern auch für die verschiedenen Stadien von *Schistosoma*-Parasiten toxisch. ● [190] C. O. ADEWUNMI et al., *Molluscicidal trials and correlation between the presence of Tetrapleura tetraptera in an area and the absence of the intermediate hosts of schistosomiasis and fascioliasis in Southwest Nigeria*, J. Ethnopharmacol. *30*, 169–183 (1990). ● [191] A. MARSTON and K. HOSTETTMANN, *Plant saponins: Chemistry and molluscicidal action*, S. 264–286 in: J. B. HARBORNE and F. A. TOMAS-BARBERAN (Eds.), *Ecological chemistry and biochemistry of plant terpenoids*, Clarendon Press, London 1991. Leguminosae 278–282: *Swartzia madagascariensis* und *simplex, Sesbania sesban, Dolichos kilimandscharicus, Albizia anthelmintica, Tetrapleura tetraptera*. ● [192] M. MAILLARD et al., *New triterpenoid N-acetylglycosides with molluscicidal activity from Tetrapleura tetraptera Taub.*, Helv. Chim. Acta *72*, 668–674 (1989). ● [193] M. MAILLARD et al., *A new triterpenoid compound isolated from fruits of Tetrapleura tetraptera*, PM *57*, Sonderheft (1991), A74–A75; PHYCHEM *31*, 1321–1323 (1992). Oleanolsäurederivate mit OH an C-27 sind selten: Vgl. Praesenegenin in Bd. V, 356, und den Kaffeesäureester von 27-Hydroxyoleanolsäure aus Wurzelrinde von *Melianthus comosus* (J. M. KOEKEMOER et al., J. South. Afr. Chem. Inst. *27*, 131–136 [1974]). ● [194] S. K. ADESINA and J. REISCH, *A triterpenoid glycoside from Tetrapleura tetraptera fruit*, PHYCHEM *24*, 3003–3006 (1985). Die Aridanin-Ausbeute betrug 0,14%. ● [195] E. E. ESSIEN et al., *Quantitative analysis of scopoletin in the fruit of Tetrapleura tetraptera Taub. (Mimosaceae)*, Sci. Pharm. (Wien) *51*, 397–402 (1983). Verschiedene Bestimmungsmethoden lieferten übereinstimmende Resultate. ● [196] O. NAGASSAPA et al., Bull. Chem. Soc. Ethiopia *3*, 91–96 (1989): Ex Updates No. 9084 (1990); Eid., JNP *56*, 1872–1877 (1993). Aus 3,5 kg Rinde 877 mg Aridanin, 287 mg 16-Hydroxyaridanin, 90 mg Aridanin-6'-glucosid und 195 mg Echinocystsäurenatriumsulfat isoliert. ● [197] R. GMELIN and P. OLESEN LARSEN, Biochim. Biophys. Acta *136*, 572–573 (1967). Stereostruktur des Ethyliden-Derivates ermittelt. ● [198] R. A. LAIDLAW and J. W. W. MORGAN, *The diterpenes of Xylia dolabriformis*, JCS *1963*, 644–650. Zwei Holzmuster untersucht; eines lieferte 4% Petroletherextrakt mit den fünf im Text erwähnten Diterpenen und β-Sitosterin, und das zweite lieferte 8% Extrakt, aus welchem 42 g Sandaracopimaradienon, 17 g Sandaracopimaradienol, 25 g Sandaracopimaradiendiol und 190 mg eines nicht identifizierten Diterpens, $C_{20}H_{30}O_2$, isoliert werden konnten. ● [199] A. A. KUMAR et al., Indian J. Chem. *14*B, 654–656 (1976). Lieferte bei milder Salzsäure-Hydrolyse (−)-Epicatechin und bei energischer Hydrolyse das Anthocyanidin Robinetinidinhydrochlorid; (4-8)-Interflavanbindungen zwischen den drei Bausteinen wurden angenommen. ● [200] L. MESTER et al., *Identification par RMN ^{13}C (= ^{13}C NMR) dans les feuilles de Xylia xylocarpa de l'acide 5-hydroxypipécolique, nouvel inhibiteur de l'agrégation plaquettaire par la sérotonine*, PM *35*, 339–341 (1979). Keine Angaben über Ausbeute. ● [201] A. P. CERCÓS, *Actividad antimicrobiana de la vinalina, alcaloide del Vinal (Prosopis ruscifolia Griseb.)*, Revista Argentina de Agronomia *18*, 201–209 (1951). Früchte werden durch Tiere gefressen; nach Darmpassage keimen die nichtverdauten Samen schnell; vgl. dazu auch *Prosopis juliflora* in Indien [181]. ● [202] J. C. OBERTI y H. R. JULIANI, *Aislamiento de vitexina de Prosopis ruscifolia Griseb.*, An. Asoc. Quim. Argentina *59*, 101–103 (1971). ● [203] J. PARENTE et al., *Aislamiento de cassina en dos especies del genero Prosopis*, An. Asoc. Quim. Argentina *60*, 527–529 (1972). Cassin aus Rinde von *P. nigra* (0,022%) und *P. ruscifolia* (0,012%) isoliert, und nicht identifizierte Nebenalkaloide nachgewiesen; vgl. dazu [129]. Einige davon kommen auch in Rinde von *P. kuntzei* und *P. pugionata*, nicht aber bei *P. alba* (mehrere Rindenmuster geprüft), vor.

C II.4. ACACIEAE

1. Einleitung und Bemerkungen zur Klassifikation

Die Tribus umfaßt nur die Riesengattung *Acacia* und *Acacia albida*, ein Taxon, das gegenwärtig durch die meisten Autoren im monotypischen Genus *Faidherbia* untergebracht wird. Nach dem heutigen Stand der Forschung (vgl. Tabelle 13 und Polhill-Raven 1981) gehören annähernd 1200 Arten zu *Acacia*. Das sind 40–50% der Sippen mit Artrang der Mimosoideen und 5–7% aller Leguminosenarten.

Die Tribus besteht praktisch ausschließlich aus Holzpflanzen: Bäume und Sträucher (einige Arten kriechend oder kletternd). Viele Arten sind durch Dorne oder Stacheln verschiedenen Ursprungs bewehrt. *Acacia*-Arten wachsen in den Tropen, Subtropen und warmgemäßigten Gebieten; manche besiedeln aride Zonen und Halbwüsten. Die Blüten sind klein, aktinomorph, mit vielen (> 50) freien Staubblättern (bisweilen Filamente am Grunde etwas verwachsen), und in kugeligen oder ährigen Blütenständen vereinigt.

Tabelle 13. *Acacia*-Arten: Ihr prozentueller Anteil an der Artenzahl der Leguminosen und Mimosoideen

Autoren[1]	Artenzahlen nach verschiedenen Autoren			% *Acacia*-Arten	
	Leguminosae	Mimosoideae	Acacia	Leguminosae	Mimosoideae
Taubert 1894	ca. 7000	–	ca. 450	6,4	–
Willis 1931	12000		550	4,6	–
Syllabus 1964	13000	2000	ca. 750	5,7	35
Airy-Shaw 1973	12000	–	ca. 775	6,4	–
Vassal in Polhill-Raven 1981	18000	ca. 3000	ca. 1200	6,6	40
New 1984	–	ca. 2000	> 1000	–	> 50
Mabberley 1987	16400	3100	1200	7,3	39

[1] Taubert, l.c., Bd. XIa, XVIII
Willis, l.c. Bd. I, 29
Syllabus, l.c. Bd. XIa, XVIII
Airy-Shaw, l.c. Bd. XIa, XVII
Vassal vgl. auch [2]
New [1]
Mabberley, l.c. Bd. XIa, XVII

BENTHAM publizierte 1875 eine Monographie der Gattung, welche in den Hauptzügen bis heute Gültigkeit behalten hat. Er unterschied sechs Hauptgruppen, die er Series nannte. Einige dieser Series unterteilte er in Subseries. Innerhalb der so gewonnenen hierarchischen Klassifikation des Genus gruppierte BENTHAM zuweilen Arten in Gruppen, welche keinem gegenwärtig anerkannten Rang der botanischen Systematik entsprechen; solche Gruppen wurden lateinisch benannt, z. B. *Spinescentes*. Da in der phytochemischen Literatur bis vor kurzem fast ausschließlich BENTHAM's *Acacia*-System, das TAUBERT praktisch unverändert übernahm, verwendet wurde, kann eine gedrängte Zusammenfassung desselben an dieser Stelle nützlich sein. Eine verwirrend wirkende Einzelheit in der Klassifikation von BENTHAM bildet die Tatsache, daß gleichnamige Einheiten, z. B. *Uninerves* und *Plurinerves*, in hierarchisch verschiedenen Kategorien (Subseries; Artengruppen) auftauchen. TAUBERT ersetzte die taxonomische Kategorie Series (BENTHAM) durch die in seiner Zeit für die betreffende Rangstufe gebräuchlichere Kategorie Sectio.

ACACIA-KLASSIFIKATION VON BENTHAM (nach [1] und TAUBERT [1894]; zu einer groben Orientierung wurden die durch TAUBERT angegebenen Artenzahlen zwischen Klammern aufgeführt).

Series I PHYLLODINEAE: Blätter meist durch Phyllodien verschiedener Gestalt ersetzt. Stipulae fehlend oder klein. Pflanzen bewehrt oder unbewehrt. Australien und Inseln des Pazifiks (280 Arten). Anhand von Merkmalen der Phyllodien und Blütenstände in acht Subseries unterteilt:

Subseries 1. ALATAE (5).
Subseries 2. CONTINUAE (5).
Subseries 3. PUNGENTES (35); mit 4 Artengruppen: *Aphyllae, Plurinerves, Uninerves, Spicatae*.
Subseries 4. CALAMIFORMES (17); mit 3 Artengruppen: *Subaphyllae, Plurinerves, Uninerves*.
Subseries 5. BRUNIOIDEAE (8).
Subseries 6. UNINERVES (92); mit 6 Artengruppen: *Spinescentes, Armatae, Triangulares; Brevifoliae, Angustifoliae, Racemosae*.
Subseries 7. PLURINERVES (48); mit 7 Artengruppen: *Armatae, Triangulares, Brevifoliae, Oligoneurae, Microneurae, Nervosae, Dimidiatae*.
Subseries 8. JULIFLORAE (66); mit: *Rigidulae, Tetramerae, Stenophyllae, Falcatae* und *Dimidiatae*.

Series II BOTRYOCEPHALAE: Unbewehrte Bäume mit doppelt gefiederten Blättern. Stipulae klein oder fehlend. Blüten in zu Trauben angeordneten kugeligen Köpfchen; Trauben blattachselständig oder an Zweigenden. Australien (10; worunter die wichtige Gerbrinden liefernden *A. mearnsii* und *A. dealbata*).

Series III PULCHELLAE: Meist unbewehrte Sträucher mit doppelt gefiederten Blättern. Stipulae klein oder fehlend. Blüten vorwiegend in kugeligen Köpfchen oder zylindrischen Ähren in den Blattachseln oder in endständigen zusammengesetzten Blütenständen. Australien (8).

Series IV GUMMIFERAE: Bäume oder nicht-klimmende Sträucher, ohne Dorne. Blätter doppelt gefiedert. Stipulae fehlend oder stachelig. Blüten in kugeligen

Köpfchen oder zylindrischen Ähren, die einzeln in den Blattachseln stehen oder in endständigen traubigen bis rispigen Gesamtblütenständen vereinigt sind. Über 60 Arten in Afrika, Asien und Amerika, z. B. *A. farnesiana* und einige Gummilieferanten (z. B. *A. nilotica, A. seyal* u. a.).

Subseries 1. SUMMIBRACTEATAE (13). Durch TAUBERT unterteilt in *Americanae vel Cosmopolitanae* und *Africanae*.

Subseries 2. MEDIBRACTEATAE (40); mit 6 Artengruppen: *Heteracanthae, Moniliformes, Thyrsiflorae, Pubiflorae, Normales* und *Paniculatae*.

Subseries 3. BASIBRACTEATAE (8). Hier u. a. *A. albida* (die gegenwärtige *Faidherbia albida*) eingereiht.

Series V VULGARES: Bäume oder Sträucher, letztere zuweilen kletternd. Bewehrt oder unbewehrt. Blätter doppelt gefiedert, Blattstiele meist mit extrafloralen Nektarien. Stipulae nicht stachelig, aber bei gewissen Arten sind 2 infrastipulare Dorne und bei einigen (z. B. *A. senegal*) zusätzlich ein infrapetiolarer Dorn vorhanden; außerdem können Dorne auf Internodien, Blattstielen und Rachis vorkommen. Blütenstände verschieden gestaltet. In der Alten und Neuen Welt verbreitet (etwa 80).

Subseries 1. GERONTOGEAE SPICIFLORAE (25); mit *Triacanthae* (z. B. *A. senegal*), *Diacanthae* (z. B. *A. catechu*) und *Ataxacanthae*.

Subseries 2. AMERICANAE SPICIFLORAE (gegen 20). TAUBERT unterscheidet hier die Artengruppen *Nudiflorae* (mit Ausnahme von *A. greggii* wehrlose Sträucher) und *Lacerantes* (hochkletternde bewehrte Sträucher Brasiliens).

Subseries 3. AMERICANAE CAPITULATAE (etwa 30).

Subseries 4. GERONTOGEAE CAPITULATAE (5).

Series VI FILICINAE: Sträucher. Unbewehrt. Blätter doppelt gefiedert; Blattstiele drüsenlos. Blüten in kugeligen Köpfchen. Mittelamerika (2).

Neue, umfangreiche palynologische (GUINET Ref. [11], S. 190, und Bd. XIa, 6) und morphologische Studien (Samen, Keimpflanzen, richtige Interpretation der Stacheln und Dorne) [2] schufen die Basis für eine Modernisierung der Klassifikation der Gattung *Acacia*. Das durch VASSAL [2] vorgeschlagene neue System der Gattung wird auch in [1] besprochen. Es ist anzunehmen, daß diese Klassifikation, welche auch in POLHILL-RAVEN 1981 und in einer späteren Publikation [3] ausführlich begründet wurde, allmählich die Rolle von BENTHAM's Klassifikation bei vergleichend phytochemischen Arbeiten übernehmen wird. Sie soll deshalb an dieser Stelle in verkürzter Form wiedergegeben werden.

ACACIA-KLASSIFIKATION NACH VASSAL [2]

Genus **Faidherbia**. Nur *F. albida* (Del.) A. Chev. (= *Acacia albida* Del.). ... *Arbor stipulis spinescentibus* ....

Genus **Acacia** (Korrektur der Genus-Diagnose von WILLDENOW und von BENTHAM: ... *Semina exalbuminosa aut albuminosa* ..).

Subgenus ACULEIFERUM, subgen. nov. (= Series *Vulgares* Benth.). ... *Stipulae non spinescentes. Aculei infrastipulares, infrapetiolares aut sparsi* .... Mit drei Sektionen:

Sect. MONACANTHEA, sect. nov. ... *Aculei sparsi* ....

Sect. ACULEIFERUM, sect. nov. ... *Aculei infrastipulares gemini et aculeus interdum infrapetiolaris* ....

Sect. FILICINUM, sect. nov. (= Series *Filicinae* Benth.). Nomenklatorisch gültige Diagnose dieser Sektion erst auf S. 524 in [3].

Subgenus ACACIA, subgen. nov. (= Series *Gummiferae* Benth., *A. albida* exclu). ... *Stipulae non nullae vel omnes spinescentes* ... *Folia bipinnata petiolo saepissimo glandulifero* .... Umfaßt nur eine einzige Sektion, Sect. ACACIA, sect. nov. Zu diesem Taxon gehören die myrmekophilen Arten.

Subgenus HETEROPHYLLUM, subgen. nov. (= Series *Phyllodineae, Botryocephalae* und *Pulchellae* Benth.). ... *Stipulae aut ramuli in paucis speciebus spinescentes. Aculei nulli* ... *Folia bipinnata aut phyllodia crassa vel verticaliter compressa, glandulifera* ... *Species non myrmecophiles, australienses, rarae in indiani et pacifici oceani insulis et in terris americanis.* Umfaßt drei Sektionen:

Sect. PULCHELLOIDEA, sect. nov. ... *Folia bipinnata aut phyllodia; interdum phyllocladia aut squamae. Flores capitati aut raro spicati* ....

Sect. HETEROPHYLLUM, sect. nov. ... *espèces à phyllodes plurinervés (nervation parallèle)* ... *espèces à épis* .... Entspricht weitgehend den Subseries *Plurinerves* und *Juliflorae* von BENTHAM.

Sect. UNINERVEA, sect. nov. ... *Phyllodia uninervia, vel rarissime binervia* ... *aut folia bipinnata. Flores capitati, raro spicati* .... Die Arten mit bipinnaten Blättern entsprechen BENTHAM's *Botryocephalae*. Die Phyllodien bildenden Arten dieser Sektion umfassen Arten aus BENTHAM's Subseries *Pungentes, Calamiformes, Brunioideae* und *Uninerves* (Artengruppen *Armatae, Angustifoliae, Brevifoliae, Racemosae*).

DORNE (Aculeus [Aculei], „Aiguillons", „Prickles") sind ontogenetisch betrachtet epidermale und subepidermale Bildungen: Gefäßlose, stechende Haare und Emergenzen.

STACHELN (Spina [Spinae], „Organes spinéscents", „Spines") sind der Anlage nach verholzte und stechende Zweige, Blätter oder Teile von ihnen (z. B. Phyllodien, stachelige Blattzähne) und modifizierte Stipulae. Stacheln sind vascularisiert.

Bei den Dornen unterscheidet VASSAL [2] drei Typen:
a) Vereinzelte, zerstreut auftretende Dorne auf Internodien, Blattstielen und Rachis.
b) Als Paare auftretende infrastipulare Dorne.
c) Einzeln auftretende infrapetiolare Dorne.

Bei PHYLLODIEN werden zuweilen nach ihrer Ontogenese zwei Typen unterschieden:
a) Phyllokladien = blattartige Zweige.
b) Phyllodien = blattartige Blattstiele.

N. B. In der Literatur wird oft kein scharfer Unterschied zwischen Dornen und Stacheln und zwischen Phyllokladien und Phyllodien gemacht.

Innerhalb von 4 seiner Sektionen unterschied VASSAL Subsektionen und in einer Subsektion 2 Series. Zusammengefaßt (vide Tabelle 14) sieht VASSAL's System von *Acacia* wie folgt aus:

In Südafrika [4] und Australien [5, 6] beschäftigte man sich naturgemäß (artenreiche Gebiete) mit der biologischen Bedeutung, der Indentifikation und Klassifi-

Tabelle 14. Klassifikation der Gattung *Acacia* nach [2]

Subgenera	Sectiones	Subsectiones	Series
Aculeiferum	ACULEIFERUM	*Polyacanthae*	–
	MONACANTHEA	*Cryptocotylae*	–
		Phanerocotylae	Americanae
			Gerontogeae
	FILICINUM [3]	–	–
Acacia	ACACIA	*Pluriseriae*	–
		Uniseriae	–
Heterophyllum	HETEROPHYLLUM	*Globiferae*	–
		Spiciferae	–
	UNINERVEA	*Mixtae*	–
	PULCHELLOIDEA	*Parviscutellae*	–
		Magniscutellae	–

kation der einheimischen Arten. Glücklicherweise wurde die 1986 durch PEDLEY [5] vorgeschlagene Aufspaltung von *Acacia* in drei Gattungen mit vielen zwingenden Argumenten abgelehnt [6]. MASLIN [6] faßte die wichtigsten Vorschläge zur Klassifikation von *Acacia* übersichtlich zusammen (Tabelle 15).

In Amerika ist die Sektion *Gummiferae* mit annähernd 50, z. T. polytypischen und oft fakultativ cyanogenen Arten vertreten. SEIGLER und Mitarbeiter analysierten eine Reihe solcher Sammelarten der Vereinigten Staaten, von Mexico und der Karibik [7–10].

Zum Schluß dieser Einleitung sei kurz auf extraflorale Nektarien (in der taxonomischen Literatur oft Drüsen [*glands*] genannt) auf der adaxialen Seite von Blattstiel und Rachis bei bipinnatblättrigen Arten und am Rande von Phyllodien hingewiesen, weil solche als Merkmale vielfach verwendet werden; ihnen werden unterschiedliche ökologische Funktionen zugeschrieben [11,12]. Neben extrafloralen Nektarien können Phyllodien auch echte Drüsenhaare tragen; solche wurden für *Acacia armata, pycnantha, rupicola* und *verniciflua* (alle gehören zu den *Phyllodineae* von BENTHAM) genau beschrieben und abgebildet [13].

Die chemischen Merkmale von *Acacia* wurden z. T. bereits recht ausführlich in Bd. XIa behandelt. Der Besprechung von chemischen Arbeiten mit einzelnen Arten sollen einige allgemeine Bemerkungen zu einzelnen Stoffgruppen vorabgeschickt werden. Dabei wird auf die in Bd. XIa verwendete Einteilung zurückgegriffen. Angaben zu jeder einzelnen Art können bei Benützng der Indices in Bd. XIa, 441–444, und im vorliegenden Bande mühelos gefunden werden.

Tabelle 15. Vier *Acacia*-Klassifikationen [1, 2, 5, 6]

BENTHAM (1875) [1]	VASSAL (1972) [2]	PEDLEY (1978) [1]	PEDLEY (1986) [5]
Acacia[1)] *Gummiferae* 4.	**Acacia** ACACIA	**Acacia** ACACIA	**Acacia** Acacia
Vulgares 5.	ACULEIFERUM *Monacanthea Aculeiferum*	ACULEIFERUM *Spiciflorae*	**Senegalia** *Senegalia*
Filicinae 6.	*Filicinum*	*Filicinae*	*Filicinae*
Botryocephalae[2)] 2. *Phyllodineae* 1. Alatae Continuae Brunioideae Uninerves Plurinerves Pungentes Calamiformes Juliflorae	HETEROPHYLLUM *Uninervea* *Heterophyllum*	HETEROPHYLLUM *Botryocephalae*[2)] *Alatae* *Phyllodineae* *Plurinerves* *Juliflorae* *Lycopodiifoliae*	**Racosperma** *Racosperma* *Plurinervia* *Lycopodiifolia*
Pulchellae 3.	*Pulchelloidea*	*Pulchellae*	*Pulchella*

klein fett = Genera
KAPITÄLCHEN = Subgenera
kursiv = Sectiones oder Series (BENTHAM)
keine Auszeichnung = Subseries sensu BENTHAM
1) Die durch BENTHAM innerhalb von *Acacia* für seine sechs Series verwendete Numerierung angegeben. Vgl. Legende zu Tabelle 20 auf S. 275.
2) Wird auch *Botrycephalae* geschrieben

2. BEMERKUNGEN ZU EINIGEN STOFFGRUPPEN VON ACACIA

Stärke – Kommt in Samen einzelner Arten vor. Vgl. Bd. XIa, 100, 437.

Galaktomannane – Dürften bei Arten mit Endosperm gespeichert werden. Meines Wissens liegen keine genauen diesbezüglichen Untersuchungen vor. Endospermhaltige Arten vgl. in VASSSAL [2, Beitrag V].

Proteine – Vgl. für Samen- und Blattproteine, Protease-Inhibitoren und Lectine Bd. XIa, 122, 126, 129, 142, 146.

Die Globuline der Samen weisen Aminosäurespektra auf, welche auch taxonomisch ausgewertet werden könnten [14]. Bei der Analyse von 14 australischen Arten wurde beobachtet, daß die erfaßten 15 Aminosäuren Unterscheidung von zwei Hauptgruppen zulassen. Diese sind durch die Gehalte an den 4 Aminosäuren Glutaminsäure, Isoleucin, Threonin und Valin charakterisiert:

Glutaminsäure 15,6–18,1% (Mittel 16,8) in Gruppe I
               17,7–21,5% (19,6) in Gruppe II
Isoleucin   3,0–4,4% (3,5) in Gruppe I
               1,9–2,8% (2,6) in Gruppe II
Threonin   3,8–5,4% (4,4) in Gruppe I
               3,5–4,1% (3,8) in Gruppe II
Valin   3,9–5,9% (4,9) in Gruppe I
               2,6 und 3,5% (3,1) in Gruppe II (wegen störenden Nebenstoffen nur bei 2 Arten bestimmt)

Zur Gruppe I rechnen die Autoren die folgenden 9 Taxa (ohne Autor angegeben; botanischer Status z. T. fraglich): *A. alata, armata, baileyana, cultriformis, decurrens, diffusa* (= *genistifolia?*), *rubida, verticillata* und *restiacea* (?).

In Gruppe II wurden *A. doratoxylon, drummondii, implexa, longissima* und *oxycedrus* vereinigt.

Lectine (= *Phythämagglutinine*) – Die Literatur über Vorkommen dieser Klasse von Proteinen in *Acacia*-Samen ist widersprüchlich. HAPNER und JERMYN [15] zeigten, daß bei Verwendung geeigneter Nachweismethoden sich schwach aktive Lectine bei allen australischen Arten finden lassen. Diese Autoren prüften *A. aneura, armata, baileyana, botrycephala, cowleana, cultriformis, decurrens, drummondii, elata, farnesiana, gilbertii, homalophylla, longifolia, mearnsii, melanoxylon, pentadenia, podalyriaefolia, pycnantha, sieberiana* (stammt aus Afrika) und *saligna*.

Prote(in)ase-Inhibitoren (PI) – PI scheinen in Samen von *Acacia*-Arten allgemein vorzukommen. Sie wurden bei vielen australischen Taxa untersucht. Mit geeigneten Elektrophorese- und Entwicklungsmethoden wurden PI-Banden gewonnen, welche sich in drei Mustern unterbringen ließen [16,17]:

Muster A: Alle Chymotrypsin-Inhibitor(CTI)-Banden liefen weiter in Richtung Anode als die entsprechenden Trypsin-Inhibitoren (TI).
Muster B: CTI-Banden von gleicher und von größerer anodischer Mobilität als entsprechende TI-Banden.
Muster C: Alle CTI- und TI-Banden haben gleiche elektrophoretische Mobilität.

Die Bedeutung von PI-Mustern und PI-Aktivitäten für die Gliederung von Arten innerhalb von BENTHAM's *Phyllodineae* (Phyllodien), *Botryocephalae* (bipinnate Blätter) und *Pulchellae* (bipinnate Blätter) wurde diskutiert [16,17].

Eine andere Arbeit [18] war den PI der Samen der afrikanischen Arten *Acacia albida* (= *Faidherbia albida*), *karroo, sieberiana* var. *woodii* und *tortilis* subsp. *heteracantha* gewidmet. Alle enthielten aktive TI und CTI. Zwei zum KUNITZ-Typus gehörende PI wurden aus den Samen von *A. sieberiana* isoliert und genau charakterisiert [18]: PI DE-1 und DE-2 hemmen Trypsin und Chymotrypsin stark.

Serologie – Serologische Untersuchungen mit *Acacia*-Arten aus dem Sudan ergaben drei Gruppen, welche mit VASSAL's Klassifikation der Gattung gut übereinstimmten [19]:

Serologische Gruppe I: Kugelige Blütenstände und spinescente Stipulae: *A. ehrenbergiana, drepanolobium, gerrardii, nilotica* subsp. *adstringens, nilotica* und *tomentosa, nubica* (= *A. oerfota*), *seyal* var. *seyal* und *fistula, sieberiana* var. *sieberiana, vermoesenii* und *villosa,* und *tortilis* subsp. *raddiana, spirocarpa* und *tortilis* gehören alle zum Subgenus *Acacia*.

Serologische Gruppe II: Blüten in zylindrischen Ähren und mit nicht stacheligen aber oft dornentragenden Stipulae: *A. asak, ataxacantha, laeta, mellifera, polyacantha* und *senegal* gehören zum Subgenus *Aculeiferum*.

Serologische Gruppe III: Nur *A. albida*, welche *Faidherbia albida* entspricht.

Samenöle – In Bd. XIa, 156–174, behandelt.

Samenzucker – Vgl. Bd. XIa, 174–178.

Cyclite – Wurden in Bd. XIa, 178–185, besprochen. In den dort als Ref. [1], [5] und [6] zitierten Cyclit-Untersuchungen von PLOUVIER wird Isolation von Pinit aus folgenden *Acacia*-Arten erwähnt: *A. dealbata* (beblätterte Zweige), *A. longissima* (Zweige, Phyllodien, Blüten) [1], Blätter oder Phyllodien von *A. seyal* [5], *A. armata, cyanophylla, horrida* und *pycnantha* [6].

Nichtflüchtige organische Säuren – Vgl. Bd. XIa, 185–196. Beim Nachweis von Äpfel- und Citronensäure bei allen untersuchten Leguminosen, worunter 7 *Acacia*-Taxa, wurde ebenfalls überall Pinit beobachtet. Grüne Teile der australischen *A. baileyana, filicifolia* und *floribunda* haben hohe Ascorbinsäure-Gehalte. Vide Ref. [6] und [30] auf S. 195 und 196 von Bd. XIa.

Rindenschleime – Exsudatschleime oder -gummis wurden in Bd. XIa, 197–211, ziemlich ausführlich besprochen. Dabei kamen *Acacia*-Arten häufig zur Sprache. Erneut sei auf einige Übersichten von ANDERSON et al. (Ref. [7]–[9] auf S. 208 von Bd. XIa) hingewiesen, weil in ihnen die mögliche Bedeutung der *Acacia*-Gummis für die Klassifikation der Gattung erörtert wird.

Ergänzend zum Schleim-Kapitel in Bd. XIa soll noch kurz auf einige praktische Aspekte der Produktion von Handelsgummis durch *Acacia*-Taxa eingegangen werden.

Arabisches Gummi ist wichtiger Handelsartikel. Die Lebensmittelindustrie ist mutmaßlich der größte Verbraucher. Auch für pharmazeutische Zwecke und in der kosmetischen Industrie wird GUMMI ARABICUM benötigt. Diese drei Verbraucher dürfen nur GUMMI ARABICUM bester Qualität verwenden. Solches wird fast ausschließlich von *A. senegal* gewonnen, und Hauptproduktionsgebiet ist die Sahel-Zone Afrikas; das weitaus wichtigste Exportland ist der Sudan. Für rein technische Zwecke stehen Gummis vieler anderer *Acacia*-Arten zur Verfügung; solche gelangen jedoch nur teilweise auf den Weltmarkt, da die gewonnenen Mengen oft lokal verbraucht werden.

Zahlreiche Pharmakopöen haben Qualitäts-Normen für die Droge GUMMI ARABICUM aufgenommen. Auch die FAO hat die in der Lebensmittelindustrie zulässigen GUM ARABIC-Qualitäten genau umschrieben [20]. Nach VASSAL besteht etwa 90% des *Acacia*-Gummis des Welthandels aus *A. senegal*-Gummi. Versuche mit anderen afrikanischen Arten werden durch Mitarbeiter der Universität P. SABATIER, Toulouse, seit einigen Jahren ausgeführt. Dabei werden neben der Gummi-Produktion auch verschiedene andere Aspekte, speziell ihre möglicherweise große Bedeutung für die Sahel-Länder, berücksichtigt: Erosionsbekämpfung; Bodenverbesserung; Bedeutung als Viehfutter; Bedeutung für Holz-Produktion. *A. senegal* gehört zur Untergattung *Aculeiferum*. Versuche laufen mit [21]:

A. laeta
A. mellifera
A. polyacantha subsp. *polyacantha*
} Subgenus *Aculeiferum*; liefern angeblich ebenfalls gutes Gummi

A. drepanolobium
A. ehrenbergiana
A. hockii
A. karroo
A. kirkii
A. nilotica
A. nubica
A. seyal
A. sieberiana
A. tortilis
A. xanthophloea
} Subgenus *Acacia*; liefern Gummis 2. Qualität; werden lokal verwendet; sind für verschiedene technische Zwecke geeignet

Auch australische Arten aus der Untergattung *Heterophyllum* sind als Gummi-Produzenten bekannt, z. B. *A. coolgardiensis, dealbata, decurrens, holosericea, leptostachya, longifolia, mearnsii, microbotrya, pubifolia, pycnantha, retinodes, saligna* und *victoriae*. Ihr Gummi spielt jedoch im Welthandel keine Rolle. Auf Corsica wurden Versuchspflanzungen mit 16 australischen gummiproduzierenden Arten angelegt, um verschiedene Aspekte der Gummosis und einer eventuell lohnenden Gummi-Produktion zu untersuchen [21, 22]. *A. dealbata* wurde aus diesem Projekt rasch ausgeschlossen, da die Gefahr, daß sie sich zum aggressiven Savannen- und Waldunkraut entwickeln könnte, nicht auszuschließen war. Die Versuche wurden in größerem Umfang mit *A. implexa, longifolia, mearnsii, microbotrya, neriifolia, pycnantha, retinodes, saligna* und *sophorae* und in geringem Umfang mit *A. coolgardiensis, harveyi, heteroclita, leiophylla, melanoxylon, homalophylla* und *pendula* fortgesetzt. Beim histologischen Studium der Gummosis bei afrikanischen und australischen Arten wurden unter anderem Beziehungen zwischen Stärke-Metabolismus und Gummi-Bildung bestätigt [22, 23]. In frühen Stadien der Gummosis finden auffällige Veränderungen der Zellwände und -inhalte von Parenchymzellen im Phloem statt. Der Prozeß beginnt in Kambiumnähe und erfaßt später auch sklerenchymatische Zellen. Bereits vor einem möglichen spontanen Austreten von Gummi haben sich in der Rinde mehr oder weniger umfangreiche Schleimhöhlen gebildet [22].

Gum arabic is the secret emulsifier in a wide range of products, from skin cream to ice cream [24]. In jüngster Zeit beginnen sich Zweifel an der Überlebenschance von arabischem Gummi als wichtigem Großhandelsprodukt (Jahresumsatz bis 1973 ca. 70 000 Tonnen [25]) abzuzeichnen. In vergangenen Jahren bedingten verschiedene Faktoren einen starken Rückgang der Frage nach diesem pflanzlichen Produkt. Einige Ursachen dafür sind:

Starke Preissteigerungen als Folge des durch extreme Trockenheit bedingten Ertragsrückgangs in den Sahel-Ländern.

Suche der Lebensmittel- und Kosmetikindustrie nach geeigneten Ersatzprodukten (z. B. Alginate und gewisse synthetische, auf Zellulose und Saccharose basierte Suspensionsmittel).

Allgemeine Tendenz zur Erniedrigung der Zusätze von Emulgier- und Verdickungsmitteln in der Lebensmittelindustrie [25].

Aufkommende Zweifel an der 100-prozentigen Unschädlichkeit von langem Genuß von GUMMI ARABICUM-haltigen Produkten [25].

Die Zukunft wird zeigen, ob GUMMI ARABICUM seine Position im Welthandel halten kann.

Acacia-Arten werden für die Menschheit ungeheuer wichtige Pflanzen bleiben, auch wenn in der Zukunft *Acacia*-Rinden (WATTLES) und GUMMI ARABICUM ihre bedeutende Stellung im Welthandel verlieren sollten.

Abschließend möchte ich noch kurz einige weitere Aspekte der Gummosis bei *Acacia*-Arten zur Sprache bringen.

Innerhalb bestimmter Grenzen sind die Konstanten und die chemische Zusammensetzung des durch ein bestimmtes *Acacia*-Taxon produzierten Gummis variabel. Dafür dürften in erster Linie eine noch nicht genau erforschte Zahl von abiotischen und biotischen Standortsfaktoren, sowie genetischer Polymorphismus und Polytypismus innerhalb taxonomisch festgelegter Arten verantwortlich sein. ANDERSON und PINTO [26] haben diese Erscheinung bei *A. karroo* untersucht. Sie analysierten 15 Gummi-Muster dieser weitverbreiteten, polytypischen Art. Dabei stellten sie eine für *Acacia*-Gummis extrem starke Streuung der ermittelten Werte (vgl. dazu auch später bei *A. laeta, nilotica, senegal* und *seyal*) fest. Die untersuchten Muster stammten aus Nord-Transvaal (fünf), Namibia (fünf), Kimberley (eines), dem Versuchsgarten in Pretoria (zwei); die letzten zwei Muster gehörten zu der durch die Autoren als arttypisch bezeichneten DRY RIVER VALLEY RACE (vgl. zum Polytypismus von *A. karroo* [4]). Die für die 15 Gummimuster ermittelten Werte wurden in Tabelle 16 zusammengestellt.

Die Autoren weisen auf verschiedene ökologische Faktoren hin, welche Einfluß auf die Gummi-Eigenschaften haben können. Insbesondere besprechen sie verschiedene Predatoren aus der Insektenwelt, welche zweifellos Intensität (und Qualität?) des Gummi-Flusses eines Baumes mitbestimmen können. *A. karroo* ist von den afrikanischen *Acacia*-Arten am anfälligsten für den WATTLE BAGWORM (*Kotachalia junodii*: *Lepidoptera*; Raupen können durch Entblätterung großen Schaden anrichten). Auch gegen verschiedene holzbohrende Käfer ist *A. karroo* nicht sehr widerstandsfähig. Meines Wissens ist nicht genau bekannt, ob die in und auf *Acacia*-Arten lebenden Insekten die Gummosis auch qualitativ beeinflussen können.

Tabelle 16. Variation der Eigenschaften von 15 Gummimustern von
Acacia karroo [26]

Gummi-Merkmale	Streuung der ermittelten Werte	Mittelwert	Aus der Literatur übernommene Werte
Wassergehalt %	2,3−11,4	6,7	
Asche %	2,3−4,2	3,2	
N %	0,09−0,24	0,15	
Rohprotein %	0,6−1,5	0,92	
OMe %	0,3−0,8	0,47	
[α] + Grade	38−67	53	54
Grenzviscositätszahl μ (intrinsic viscosity)	3,2−28,8	17,1	
MG × 10^5	1,5−48	18,6	
Uronsäureanhydride %	10,3−18,1	14,4	
Hydrolytische Spaltprodukte (% der Totalzucker):			
4-O-Methyl-GlcU	1,8−4,8	2,8	
GlcU	6,1−15,7	11,6	
Gal	42−58	50	50
Ara	20−40	28	36
Rha	4−10	7	2
Totaluronsäuren	10,3−17,8	14,4	12

Acacia-Gummis und die mit ihnen vergesellschafteten Insekten sollen die Hauptnahrung der als BUSH BABIES bekannten, auf Bäumen lebenden, afrikanischen Halbaffen sein [26]. Auch die zu den Affen gehörenden und sich vorzüglich in Steppen und felsigen Gegenden aufhaltenden BABOONS gehören zu den Konsumenten von *Acacia*-Gummis. *Papio cynocephalus* (YELLOW BABOON) scheint Vorliebe für das Gummi von *A. xanthophloea* zu haben, und dasjenige von *A. tortilis* viel weniger gern zu fressen [26]. *Acacia*-Tierwelt-Beziehungen werden übrigens in [1] ausführlich behandelt.

Flavanole, Gerbstoffe und Flavonoide − Phenolische Benzoe- und Zimtsäuren, Flavanoide, Chalkone, Flavonoide und Gerbstoffe (vorwiegend PA) bilden zusammen die Phenolfraktionen, welche in allen Teilen von *Acacia*-Arten einen beträchtlichen Teil des Trockengewichtes auf ihre Rechnung nehmen. Es handelt sich um biogenetisch verwandte Verbindungen, die bei zahlreichen Untersuchungen mehr oder weniger als Totalität berücksichtigt werden. Flavonoide und Gerbstoffe wurden bereits in Bd. XIa, 211−233, 234−256, ausführlich besprochen. Ergänzend dazu werden hier noch einige Arbeiten erwähnt, welche ausschließlich *Acacia*-Arten gewidmet sind.

Flavonoide – PETRIE [27] untersuchte frische Blüten von vier australischen Arten und wies in allen Carotinoide als Plastidenpigmente und kondensierte Gerbstoffe nach. Außerdem isolierte er aus allen nach Hydrolyse ein Flavonol (F 274–276°; Acetat F 179–181°), das er für Kaempferol hielt; untersucht wurden zwei Arten mit bipinnaten Blättern und zwei Arten mit Phyllodien:

BOTRYCEPHALAE (bipinnate Blätter)

A. discolor (SUNSHINE WATTLE; entspricht mutmaßlich *A. botrycephala* Benth.): Am ausführlichsten untersucht; das Hydrolysat enthielt auch Rhamnose; das isolierte K (F 274°) war nicht ganz rein (mit Q oder anderen Flavonoiden verunreinigt?); die Blüten enthielten auch viel PA und freie und gebundene Gallussäure. Ausbeuten bezogen auf frische Blüten waren 0,08% K, 0,27% gelbe Plastidenpigmente (Carotinoide).

A. decurrens var. *mollis* (entspricht vermutlich *A. mearnsii*): Aus frischen Blüten 0,006% K; außerdem Gallussäure isoliert und viel PA nachgewiesen.

PHYLLODINEAE (mit Phyllodien)

A. linifolia: Aus frischen Blüten 0,07% K und 0,33% Carotinoide erhalten.

A. longifolia (GOLDEN WATTLE): Aus frischen Blüten 0,06% K und 0,14% Carotinoide erhalten.

PARIS [28] bearbeitete die Flavonoid-Führung mehrerer im Mediterranraum kultivierter *Acacia*-Arten mit folgendem Ergebnis.

TAXA MIT BIPINNATEN BLÄTTERN

A. cavenia Hook. et Arn. (= *A. caven* Molina): Getrocknete Blätter lieferten keine kristallisierten Glykoside; nach Extrakt-Hydrolyse wurde ein nicht genau identifiziertes monomethoxyliertes Flavonoid (0,4% des Blattgewichtes) erhalten.

A. dealbata Link: Nach Hydrolyse von Blattextrakten nur ein Dealbata-Flavonol genannter Körper erhalten.

A. farnesiana (L.) Willd.: Blätter lieferten nur geringe Mengen (0,2%) eines Glykosides, das bei Hydrolyse ein dem Kaempferol sehr ähnliches Genin lieferte.

TAXA MIT PHYLLODIEN

A. cyanophylla Lindl.: Aus Phyllodien 0,35% Isoquercitrin isoliert.

A. linifolia Willd.: Frische Phyllodien lieferten 0,26% eines Flavonolglykosides (F 210°), das bei Hydrolyse in Glc und ein nicht identifiziertes Flavonol (F 219°) zerfiel.

A. longifolia Willd. var. *floribunda* Bentham (= *A. floribunda* Willd.): Das bereits früher beschriebene Floribundosid wurde jetzt als Naringeninglucosid erkannt.

A. podalyriaefolia A. Cunn.: Weder aus Blüten noch aus Phyllodien konnten kristallisierte Glykoside erhalten werden.

A. retinodes Schlecht. (= *A. floribunda* Hort.): Frische Phyllodien lieferten 0,45% Rutin.

A. verticillata Willd.: Aus hydrolysierten Extrakten von Phyllodien wurde ein Flavonol isoliert (F 270°–274°), das mutmaßlich Kaempferol war.

3,9% Rutin wurde auch in Spanien aus Blüten einer *Acacia*-Art gewonnen [29]. Blätter von *A. farnesiana* lieferten Rutin und 0,4% Ap-6,8-bis-Glc (Vicenin-2, $C_{27}H_{30}O_{15}$); die gleichen zwei Körper konnten auch in den Blättern der afrikanischen Arten *A. mellifera, nilotica* (in [31] nicht bestätigt), *polyacantha* subsp. *cam-*

pylacantha, senegal, seyal var. *fistula* und *tortilis* und in den Phyllodien der in Nordafrika eingebürgerten *A. cyanophylla* und *A. longifolia* nachgewiesen werden [30]. Solche Blattuntersuchungen wurden mit Material aus dem Sudan und aus dem botanischen Garten Leipzig (drei Taxa: *A. cyanophylla, horrida* und *longifolia*; übriges Material im Sudan eingesammelt) fortgesetzt [31]. Außer Flavonoiden wurden nun auch phenolische Säuren, Catechine und Gerbstoffe berücksichtigt. Die Ergebnisse wurden in Tabelle 17 zusammengefaßt.

Die folgenden phenolischen Säuren wurden aus Blättern vieler Arten isoliert, oder in ihnen nachgewiesen [31]:

Salicylsäure aus allen Taxa von Tabelle 17 außer *A. nilotica*.

Gallussäure (bis über 2%) aus *A. horrida, nilotica, saligna, seyal, seyal* var. *fistula* und *tortilis*.

Gentisinsäure aus *A. longifolia*.

Catechine wurden in den Blättern folgender Arten beobachtet [31]: (+)-Catechin bei *A. cyanophylla, nilotica* und *saligna*; (+)-Gallocatechin bei *A. cyanophylla, longifolia* und *nilotica*; (−)-Epicatechin-3-gallat und (−)-Epigallocatechin-3-gallat bei *A. cyanophylla* und *nilotica*. Aus Blättern von *A. nilotica* wurden die vier erwähnten Catechine und Catechingallate rein isoliert.

In Holz und Rinde vieler *Acacia*-Arten werden flavonoide Verbindungen (Flavan-4-on-Derivate) von großen Mengen von Flavan-Derivaten (Catechinen und Leucoanthocyanidinen) begleitet (vgl. auch Bd. XIa, 243—244). Diese zwei Typen von Naturstoffen sind biogenetisch eng miteinander verwandt. Zur Bildung von kondensierten Gerbstoffen (PA) neigen jedoch nur gewisse Flavanole, da offensichtlich nur bei ihnen eine große Neigung zur Selbstkondensation vorhanden ist [32].

A. mearnsii (= *A. decurrens* var. *mollis* = *A. mollissima* sensu auct. plur., non Willd.): BLACK WATTLE, eine australische Art, liefert eine der wichtigsten Gerbrinden des Welthandels. In Südafrika wurden große Plantagen zur Rindengewinnung angelegt. Es ist deshalb beinah selbstverständlich, daß die Polyphenole von *Acacia*-Hölzern und -Rinden speziell in Australien und Südafrika intensiv bearbeitet wurden [33, 34]. Einen beträchtlichen Teil unserer Kenntnisse über die Chemie von kondensierten Gerbstoffen (PA), deren Bausteine und Biogenese verdanken wir den durch ROUX und Mitarbeiter am Lederforschungsinstitut in Grahamstown, Südafrika, mit *Acacia*-Arten ausgeführten Arbeiten [35—43]; vgl. auch in Bd. XIa, Ref. [50a—52; 55—59] auf S. 252—253. SEIGLER et al. prüften 4 Arten der südlichen USA und von Mexico auf Tanningehalt [44] und Brauchbarkeit zur Lederherstellung [45]. Die ermittelten Gerbstoffgehalte waren stark von der verwendeten Methode abhängig: Extraktionsmittel; Warm- oder Kaltextraktion; Casein-Methode; Hautpulver-Methode. Die Tanningehalte von Blatt, Rinde, Holz und Früchten von *A. berlandieri, farnesiana, greggii* und *rigidula* schwanken zwischen 0,2 und 7% (Hautpulvermethode; Extraktion mit Wasser); da H_2O-lösliche Anteile (86—96%) der mit 70% Aceton erhaltenen Rindenextrakte 46 (*A. greggii*) bis 70% (*A. berlandieri*) Gerbstoff enthalten, wäre ihre Verwendung als Gerbmitteln durchaus möglich; das gilt jedenfalls für *A. berlandieri, farnesiana* und *rigidula* [45]. Auch in Kenya wurde unter den einheimischen Arten

Tabelle 17. Phenole von *Acacia*-Blättern und -Phyllodien nach [31]

Taxon	Herkunft des Materials[1]	Isoliert oder nachgewiesene Verbindungen[2]									% Flav	% Gerb
		Q-3-Glc	Q-3-Gal	Q-3-Rha	Rutin	M-3-Gal	M-3-Rha	Mearn	Lu-7-Glc	Ap-C-Glc		
A. mellifera	Sudan (A)	−	−	−	+	−	−	−	−	++Vit, +Sap, +bis	1,1	3,7
A. nilotica[3]	Sudan (A)	++	−	−	−	−	−	−	−	−	1,9	21,8
A. polyacantha subsp. *campylacantha*	Sudan (A)	−	++	−	+	−	−	−	+	+Vit, +bis	0,4	2,3
A. senegal	Sudan (A)	++	−	−	++	−	−	−	−	+bis	0,7	1,5
A. seyal	Sudan (A)	++	−	−	++	+	−	++	−	−	1,8	9,4
A. seyal var. *fistula*	Sudan (A)	++	−	++	++	−	−	−	+	+bis	1,7	2,9
A. sieberiana	Sudan (A)	−	−	−	−	−	−	−	++	+Vit	0,06	2,9
A. tortilis[4]	Sudan (A)	++	−	−	++	+	−	+	+	+bis	2,2	6,3
A. farnesiana[5]	Sudan (K)	++	−	−	++	−	−	−	+	+bis	1,4	2,4
A. borrida	Leipzig (AA)	+	−	−	+	−	−	−	−	−	1,0	2,3
A. cyanophylla[6]	Leipzig (Phyl)	+	−	−	++	−	−	−	−	+bis	2,0	7,3
A. longifolia[5]	Leipzig (Phyl)	−	−	−	−	−	−	−	+	+bis	0,5	3,8
A. saligna[6]	Sudan (Phyl)	−	−	+	+	−	+	−	−	−	1,3	5,6

nach brauchbaren Gerbrinden gesucht (vgl. Tabelle 18) [46]. Im Sudan entdeckte man, daß Frucht- und Rindenextrakte von *A. nilotica* molluscizide Eigenschaften besitzen; aktive Komponenten dieser TAN (tannin of **A**cacia **n**ilotica) genannten Trockenextrakte waren die Gerbstoffe [47]. Aus EtOAc-Extrakten von Früchten und Rinden von den im Sudan vorkommenden Formen von *A. nilotica* wurden später zwei molluscizid stark aktive (−)-Epigallocatechinderivate, sein 7-Gallat und sein 5,7-Digallat, isoliert [48]. Rinde von subsp. *tomentosa* lieferte später [49] (+)-Catechin-5-gallat, Gallussäure, Methylgallat (mutmaßlich Artefakt: Extraktion mit MeOH) und Naringenin. *A. nilotica* s.l. vide ferner Tabelle 17 und spätere Besprechung von individuellen *Acacia*-Arten (S. 321). Die erwähnten Ergebnisse mit Rinden- und Fruchtgerbstoffen von *A. nilotica* regten zur genaueren Untersuchung von allen im Sudan heimischen *Acacia*-Arten an [50, 51]. Die Ergebnisse wurden in Tabelle 18 zusammengestellt.

Der Tabelle 18 ist zu entnehmen, daß verschiedene Gerbstoffbestimmungsmethoden sehr unterschiedliche Werte liefern können (vgl. *A. hockii, senegal, seyal* und *sieberiana* bei [46] und [51], und daß bei *Acacia*-Rinden die molluscizide Eigenschaften mit dem Gerbstoffgehalt korreliert sind. Nach den vorliegenden Ergebnissen enthalten die bisher geprüften Arten sehr labile Catechingallate als hauptsächlichste für Schnecken giftige Bestandteile. Allerdings sind noch viele weitere Untersuchungen nötig, ehe die Zusammenhänge zwischen Chemismus und molluscizider Wirkung der Rinden und Früchte verschiedener *Acacia*-Arten genau geklärt sind. Auch die Frage, ob *Acacia*-Rinden und -Fruchtextrakte tatsächlich zur Schistosomiasis-Prophylaxe geeignet sind, ist noch keineswegs geklärt, da die bekannten molluscizide Inhaltsstoffe außerordentlich labil sind. Die erfolgreiche Anwendung von *Acacia*-Gerbstoffextrakten, z.B. TAN, in der freien Natur zur Schistosomiasis-Prophylaxe (Bekämpfung der Schnecken, welche Zwischenwirte im Entwicklungszyklus von *Schistosoma* sind) darf noch keineswegs als gesichert angesehen werden. Einem tatsächlichen Erfolg scheint die labile Natur der Wirkstoffe im Wege zu stehen.

---

1) A = afrikanisches Taxon, AA = afroasiatisches Taxon, K = kosmopolitisches Taxon, Phyl = australisches Taxon mit Phyllodien.
2) Q-3-Glc = Isoquercitrin, Q-3-Gal = Hyperin, Q-3-Rha = Quercitrin, M-3-Gal = Myricetin-3-galaktosid, M-3-Rha = Myricitrin, Mearn = Mearnsitrin (Myricitrin-4′-methylether), Lu-7-Glc = Luteolin-7-glucosid, Ap-C-Glc = C-Glucoside von Apigenin: Vitexin (8-Glc,Vit), Isovitexin oder Saponaretin (6-Glc,Sap) und Vicenin-2 (6,8-bis-Glc,bis), % Flav = Totalflavonoidgehalt (bezogen auf das Hauptglykosid), % Gerb = Gerbstoffgehalt (Hautpulvermethode).
− = Nicht beobachtet, + = Nebenglykoside, + + = Hauptglykoside. N.B. Die Glykoside wurden i.d.R. kristallisiert isoliert und eindeutig identifiziert.
3) Auch Q-3-sophorosid isoliert.
4) Auch Narcissin (IRh-3-rutinosid) isoliert.
5) Auch Spiraeosid (Q-4′-Glc) isoliert (nicht Spiraein: Vgl. dazu Bd. VI, 91 und Bd. IX, 386).
6) In DICT als Synonyme aufgeführt; vgl. dazu aber auch LOCK (1989).

Tabelle 18. Gerbstoffgehalte und molluscizide Eigenschaften von Rinden afrikanischer *Acacia*-Arten

Taxon [1]	% Tannin	Bemerkungen [2]
KENYA [46] [3]		
A. hockii De Wild.	24,1	+
A. kirkii Oliver var. *intermedia* Brenan	16,1	+
A. mellifera (Vahl) Bentham	19,3	Rinde dünn; Ernte schwierig
A. nilotica Del. subsp. *indica* Brenan	11,6	
subsp. *subalata* Brenan	13,1	
A. polyacantha Willd. subsp. *campylacantha* Brenan	9,3	
A. senegal (L.) Willd.	25,1	+
A. seyal Del. var. *fistula* Oliver	13,3	
A. sieberiana DC.	4,7	
A. xanthophloea Bentham	17,0	+
A. mearnsii De Wild.: WATTLE	28,8	cult.; Austr.
SUDAN [51] [4]		
A. albida Del. (= *Faidherbia albida* [Del.] A. Chev.) [5]	23,0	MM; HCN−; [50]
A. asak (Forsskal) Willd.	8,3	M
A. drepanolobium Sjost.	7,8	M; [50]
A. ehrenbergiana Hayne	8,3	M; [50]
A. etbaica Schweinf.	9,1	M; [50]
A. gerrardii Benth. var. *gerrardii*	9,2	M; [50]
A. hockii	7,6	M; [50]
A. laeta Benth.	8,1	M; [50]
A. macrothyrsa Harms (= *A. amythethophylla* A. Rich.)	11,5	M, (MM); [50]
A. mellifera subsp. *mellifera*	11,0	M, (MM); [50]
A. nubica Benth. (= *A. oerfota* [Forsskal] Schweinf.) [5]	18,0	MM; [50]
A. polyacantha subsp. *campylacantha*	6,5	M; [50]
A. senegal var. *senegal*	5,6	(M); [50]
A. seyal var. *seyal* [5]	21,0	MM; HCN−; [50]
A. seyal var. *fistula* [5]	19,0	MM; [50]
A. sieberiana var. *sieberiana*	10,0	M, (MM); [50]
A. tortilis (Forsskal) Hayne		
subsp. *raddiana* (Savi) Brenan	8,2	M; [50]
subsp. *spirocarpa* (A. Rich.) Brenan	7,5	M; [50]
subsp. *tortilis*	6,8	M; [50]

Tabelle 18. (Fortsetzung)

Taxon[1]	% Tannin	Bemerkungen[2]
A. saligna Wendl.[5]	28,0	cult. im Sudan; Austr.; MM; [50]
A. catechu (L. f.) Willd.	(a)	MM; Indien
A. mearnsii	(a)	MM; Austr.; für Gerbrinde cult.
A. nilotica (L.) Del. (3 Subspecies)	reichlich vorhanden	HCN −; MM [47, 48]

1) Nomenklatur mit Hilfe von LOCK (1989) angepaßt.
2) cult. = in Afrika nur kultiviert vorkommend; Austr. = aus Australien stammend; Indien = in Indien und Burma einheimisch; + = möglicherweise als Gerbrinde brauchbar; MM und (MM) = EtOAc-Extrakte aus Rinde zeigten im *Biomphalaria*(2 Arten)-Test bei einer Konzentration von 100 ppm starke, respektiv schwache molluscizide Wirkung; M und (M) = dito bei 200 ppm; HCN − = Stammrinde und Früchte mit negativem Ergebnis auf Cyanogenese geprüft (GUIGNARD-Test ohne Zufügung von Enzymen); [50] = angeblich die zwei aktiven Gallocatechingallate von [48] aus Früchten und Rinden aller aufgeführten Taxa isoliert.
3) Gerbstoffbestimmung mit der Hautpulvermethode.
4) Volumetrische Gerbstoffbestimmung ($KMnO_4$-Oxidation).
5) Auch EtOAc-Extrakte aus Früchten geprüft; alle MM.
(a) Untersuchtes Material nicht präzisiert. Käufliche Gerbstoffextrakte verwendet? (CATECHU oder CUTCH; WATTLE oder MIMOSA).

Für den Ökologen sind die oft in hohen Konzentrationen vorliegenden *Acacia*-Gerbstoffe ebenfalls interessant. In gewissen Gebieten Afrikas zählen *Acacia*-Arten zu den häufigsten Sträuchern und Bäumen der Steppengebiete. Ihre Gerbstoffe, welche sehr komplexe Gemische von Polyphenolen darstellen, werden als Schutzstoffe gegen gewisse Pflanzenfresser aus verschiedenen Klassen des Tierreichs und gegen gewisse pflanzenpathogene Mikroorganismen betrachtet. Peripher lokalisierte Polyphenole können außerdem bei gewissen Taxa Schutz gegen übermäßige UV-Bestrahlung verleihen. Die Verhältnisse sind jedoch oft undurchsichtig und Verallgemeinerungen sind unzulässig. Die Dynamik der Totalphenol- und Gerbstoffspeicherung in Blättern, Blüten, Früchten und Samen von *Dichrostachys cinerea* (*Mimoseae*) und von acht *Acacia*-Arten, *A. burkei, erubescens, fleckii, karroo, mellifera, nilotica, robusta* und *tortilis*, wurde in einer nichtbeweideten Savanne von Botswana während einem Jahr verfolgt [51a]. Ohne Ausnahme wiesen junge Blätter und unreife Früchte die höchsten Phenolgehalte auf. Anschließend wurde unregelmäßige, z. T. wellenförmige, Abnahme der Totalphenole (50% MeOH-Extrakte; kolorimetrische Bestimmung mit FOLIN-CIOCALTEAU-Reagenz) beobachtet. Parallel zu den MeOH-Extrakten wurden Wasserextrakte von Blättern analysiert; in ihnen wurde der Anteil an „monomeren" Phenolen (nur phenolische Säuren erfaßt) in der Fraktion der wasserlöslichen Gesamtphenole ermittelt. Zur

Illustration der mit im Felde geerntetem, luftgetrocknetem Pflanzenmaterial gewonnenen Ergebnisse wurden in Tabelle 19 einige Blattphenolwerte zusammengestellt.

Tabelle 19 illustriert einige interessante Tatsachen deutlich.

(a) Die Neigung zur Phenolspeicherung ist bei verschiedenen *Acacia*-Taxa außerordentlich verschieden: vgl. *A. erubescens* versus *A. nilotica*.

(b) Wasserextrakte der Blätter aller *Acacia*'s enthalten reichlich Gallussäure (diese dürfte von Catechingallaten [und Galloylglucosen?] abstammen). Sie illustriert die Tatsache, daß viele *Acacia*-Sippen neben großen Mengen von flavanoiden Tanninen ebenfalls intermediäre Gerbstoffe (Gallussäureester von mono- und oligomeren Flavan-3-olen und Flavan-3,4-diolen) und z. T. wohl auch Gallo- und Ellagitannine (hydrolysierbare Gerbstoffe s. str.) synthetisieren und speichern.

(c) Sorgfältig ausgeführte Totalphenolbestimmungen können ein akzeptables Bild von vorhandenen Gerbstoffmengen vermitteln (vgl. die Gehalte bei *A. nilotica*, welche allgemein als polyphenolreich bekannt ist). Ein Vergleich von Tabelle 19 mit Tabelle 18 führt außerdem die Tatsache vor Augen, daß niedrige Blatt- und Blütenphenolgehalte keineswegs mit niedrigen Rindenphenolgehalten korreliert sein müssen. Ähnliches ist übrigens auch von Rinden- und Holzgerbstoffen von *Acacia*-Arten bekannt.

Die Autoren [51a] schließen ihren Bericht zu Recht mit Hinweisen auf Beobachtungen, welche Interpretation von Gerbstoffen als allgemeine Schutzstoffe gegen Pflanzenfresser der verschiedensten Art keineswegs bestätigen. Die Zusammenhänge auf diesem Gebiete der Pflanze-Tier-Beziehungen sind derartig vielseitig und oft von Fall zu Fall verschieden, daß nur neue sorgfältige Detail-Versuche und Beobachtungen in der Natur uns endgültige Schlüsse über die ökologischen Bedeutungen von Gerbstoffspeicherung bei den einzelnen Pflanzentaxa ermöglichen werden.

Die intensive Bearbeitung von *Acacia*-Phenolen (Holz, Rinde, Früchte) in Zusammenhang mit der technischen Bedeutung der Gattung als Gerbstoff-Quelle und als Lieferant von dauerhaften Hölzern stimulierte auch Phytochemiker und Taxonomen zur Prüfung der taxonomischen Möglichkeiten der vergleichenden Polyphenolchemie. Diese Entwicklungen auf einem Teilgebiet der *Acacia*-Phytochemie erinnern an ähnliche Tendenzen bei der Erforschung der Schleimexsudate (vide Bd. XIa, 198). Vorläufig wurden mit beachtlichem Erfolg Kernhölzer von über 300 australischen und afrikanischen Arten bearbeitet [52–56].

CLARK-LEWIS und DAINIS [52] analysierten die verfügbare Literatur, isolierten Teracacidine aus Holz von *A. obtusifolia* (= *A. intertexta*) und *A. maidenii* und Flavonole mit gleicher A-Ring-Substitution. Ferner wiesen sie im Kernholz von 6 weiteren Arten 7,8,4'- und 7,8,3',4'-hydroxylierte Flavonole nach. Sie kamen zum Schluß, daß hauptsächlich die Phenolmuster der Kernhölzer systematisch interessant sind, da Blätter, Phyllodien und Rinden zu komplexe oder zu gewöhnliche Hydroxylierungsmuster (5,7,3',4'; 5,7,3',4',5'; 7,3',4'; 7,3',4',5': Rinden; vorwiegend 5,7-di-OH-A-Ring: Blätter, Phyllodien) aufweisen. Nach diesen Autoren ist das 7,8,3',4'-Muster charakteristisch für die PLURINERVES- und das 7,8,4'-Muster für JULIFLORAE-Kernhölzer.

Tabelle 19. Phenolgehalte einiger Bäume einer Savanne in Botswana (bei Blättern 13 bis 14 Ernten im Laufe eines Jahres) [51a]

Taxon	Total-Phenol: mg/g TG ± 1 SD[1]				% „monomere" Phenole in der wasserlöslichen Phenolfraktion der Blätter[5]					
	Blätter	Blüten	Reife Früchte	Reife Samen	F	G	Pc	p-C	o-C	Chl
Acacia burkei	77,4 ± 23,3	●	71,4 ± 12,8	36,0 ± 11,1	14,6	14,8	15,6	–	–	–
A. erubescens	33,2 ± 5,7	33,4 ± 1,8	17,3 ± 5,0[2]	32,1 ± 6,9	52,9	26,7	6,0	–	–	–
A. fleckii	65,5 ± 18,6	82,9	35,4 ± 9,3	14,2 ± 4,1	40,7	11,7	2,9	12,5	–	–
A. karroo	101,4 ± 35,6	94,3 ± 22,7	●	●	10,4	18,0	3,1	–	12,0	4,5
A. mellifera	43,2 ± 6,4	54,4 ± 2,9	●	●	28,8	18,5	3,2	–	–	8,6
A. nilotica	373,7 ± 93,2	403,1	387,3 ± 79,2	37,9 ± 6,9	15,4	19,5	1,5	–	–	5,4
A. robusta	87,9 ± 24,2	●	●	●	14,7	12,9	2,5	–	–	3,8
A. tortilis	90,9 ± 31,4	69,7 ± 4,8	36,1 ± 1,1[3]	43,5 ± 8,7[4]	13,0	16,2	2,6	8,2	20,4	3,3
Dichrostachys cinerea	92,0 ± 22,1	96,9 ± 24,9	93,8 ± 32,9	20,3 ± 5,3	●	●	●	●	●	●

● = Keine Bestimmung ausgeführt; – = Verbindung nicht nachweisbar
1) 50% MeOH-Extraktion; Mittelwerte aller Bestimmungen
2) Unreif 40,9 ± 4,2
3) Unreif 58,9 ± 9,4
4) Unreif 192,2 ± 12,6
5) F = Ferulasäure, G = Gallussäure, Pc = Protocatechusäure, p-C = p-Cumarsäure, o-C = o-Cumarsäure, Chl = Chlorogensäuren; Mittelwerte aller ausgeführten Bestimmungen; ferner nachgewiesen:
4,3–14,1% Zimtsäure bei allen Arten außer *A. robusta*
3,7–9,4% p-Hydroxybenzoesäure bei allen Arten
1,3–4,3% Vanillinsäure bei allen Arten

MARY D. TINDALE und D. G. ROUX [53] analysierten die Phenolmuster von Kernholz und Rinden von 61 australischen Arten (PC; Analyse der PA über die durch sie bei Säurebehandlung gelieferten Anthocyanidine). Sie bestätigten die viel komplexere Zusammensetzung der Rindenphenole und 7,8,3',4'-Substitution im Holz der PLURINERVES, und beobachteten bei den JULIFLORAE je nach Species 7,8,4'- oder 7,8,3',4'-Substitution. 7,3',4'- und seltener 7,4'-Substitution wurde durch diese Autoren für UNINERVES-*Racemosae* und für die BOTRYOCEPHALAE nachgewiesen. Bei Hölzern unterschieden sie vier Hauptphenolgruppen:

(a) Mollisacacidingruppe (7,3',4') mit viel (+)-Mollisacacidin und wechselnden Mengen (+)-Fustin, (−)-Fisetinidol, (−)-Butin, Butein, Fisetin und oft reichlich auf Leucofisetinidine basierte Oligomere und Polymere.

(b) Mollisacacidin-Guibourtacacidin(7,4')-Gruppe; hat zusätzlich wechselnde Mengen von (+)-Guibourtacacidin.

(c) Melacacidin-Gruppe (7,8,3',4') mit viel (−)-Melacacidin und (−)-Isomelacacidin, Dihydroflavonol, 7,8,3',4'-Tetrahydroxyflavanon, Flavonol und zuweilen kleinen Mengen von weiteren Melacacidinisomeren und Chalkonen (Okanin).

(d) Teracacidin-Gruppe (7,8,4') mit viel (−)-Teracacidin, (−)-Isoteracacidin und wechselnden Mengen von weiteren Teracacidin-Isomeren, Dihydroflavonol, 7,8,4'-Trihydroxyflavanon und Flavonol.

Die diesen Kernholzphenolgruppen zugeordneten Rinden enthielten alle reichlich „normale" (i.e. 5,7,3',4' und 5,7,3',4',5') Catechine und PCy and PD, und in den mollisacacidinhaltigen Gruppen (a) und (b) zusätzlich Fisetinidin und Robinetinidin liefernde oligo- und polymere PA.

Die Kernholz-5-Desoxy-flavanoide und -flavonoide werden bei vielen Arten von wechselnden Mengen von deren Mono- und Dimethylethern begleitet [54, 55]. Diese sind aber nur bei Isolation eindeutig identifizierbar, da sich beispielsweise Fisetin, 8-Methoxyfisetin und 7,8,4'-Trihydroxyflavonol papierchromatographisch sehr ähnlich verhalten [54]. Wenn auch Nebenphenole berücksichtigt werden, weisen viele *Acacia*-Kernhölzer ebenfalls sehr komplexe phenolische C_6-C_3-C_6-Spektren auf. Trotzdem bleiben die durch die Hauptkernholzphenole angedeuteten Korrelationen zwischen Leucoanthocyanidinstrukturen und systematischer Einteilung der Gattung in großen Linien erhalten [54]. Häufig ist Kombination von 7,4'- mit 7,3',4'-Phenolen und von 7,8,4'- mit 7,8,3',4'-Phenolen. In Ausnahmefällen kommen im Holz einer Art sowohl Leucoanthocyanidine vom Resorcinol- und vom Pyrogallol-Typus vor (z. B. *A. ligulata, A. rhodoxylon*) [54].

In [55] und [56] wurden derartige vergleichende papierchromatographische Kernholzuntersuchungen auf über 300 altweltliche *Acacia*-Arten ausgebreitet. Sie wurden in Tabelle 20 zusammengefaßt. Ihr vorabgehend sollen zur besseren Illustration der Verhältnisse vier Arten besprochen werden, deren Kernholz genauer auf Nebenphenole untersucht wurde [54].

A. cyperophylla: 13 kg Kernholz lieferte 0,12% eines Gemisches von Chalkonen, Flavanonen und Flavonolen; hieraus konnten 500 mg 7,8,3',4'-Tetrahydroxyflavonol, 3,5 g einer Mischung von 7,8,3',4'-Tetrahydroxyflavanon und 7,8,3',4'-Tetrahydroxy-3-methoxyflavon (rein 68 mg, $C_{16}H_{12}O_7 \cdot H_2O$) isoliert, und Okanin (2',3',4',3,4-Pentahydroxychalkon) eindeutig nachgewiesen werden.

A. kempeana: 3,8 kg Kernholz lieferte nach Extraktion mit Hexan, Ether und Aceton 11 g Etherextrakt, welcher u. a. drei Chalkone, drei Flavonole, zwei 3-Methoxyflavone, zwei Flavanone, drei Dihydroflavonole und elf Flavan-3,4-diole enthielt. Von diesen wurden 7,3′,4′-Trihydroxy-3,8-dimethoxyflavon (33 mg), 7,3′,4′-Trihydroxy-8-methoxyflavonol (20 mg) und 7,8,3′,4′-Tetrahydroxyflavonol (60 mg) rein isoliert und eindeutig charakterisiert. Spektra, Farbreaktionen und Fleckenfarben (UV ohne und mit NH_3; 2D PC) erlaubten ferner die annähernd gesicherte Identifikation von Okanin, 2′,3′,4′,4-Tetrahydroxychalkon, 2′,4′,4-Trihydroxy-3′-methoxychalkon, 7,8,4′-Trihydroxy- und 7,8,3′,4′-Tetrahydroxyflavanon und 3,7,8,4′-Tetrahydroxy-, 3,7,8,3′,4′-Pentahydroxy- und 3,7,3′,4′-Tetrahydroxy-8-methoxyflavanon (i.e. drei Dihydroflavonole). Die Hydroxylierungsmuster der elf Flavan-3,4-diole wurden durch präparative Papierchromatographie, Elution der drei Hauptbanden und Umsetzung der Flavan-3,4-diole in die entsprechenden Flavyliumchloride (= Anthocyanidinchloride) ermittelt; dabei wurden als Hauptkomponenten 3,7,3′,4′-Tetrahydroxy-8-methoxyflavyliumchlorid (a) (Banden R_F 0,5, 0,6 und 0,7) und 3,7,8,3′,4′-Pentahydroxyflavyliumchlorid (b) (Banden 0,5 und 0,6; a : b im Verhältnis 3 + 1) erhalten; Bande R_F 0,5 lieferte ebenfalls 3,7,8,4′-Tetrahydroxyflavyliumchlorid und Bande R_F 0,7 lieferte auch Spuren 3,7,4′-Trihydroxy-8-methoxyflavyliumchlorid.

A. rhodoxylon: 10,1 kg Kernholz lieferte nach Vorextraktion mit Petrolether einen außerordentlich komplex zusammengesetzten Etherextrakt, in welchem u. a. ein Flavonol, vier Chalkone, zwei Flavanone, drei 3-Methoxyflavone, drei Dihydroflavonole und neun Flavan-3,4-diole nachweisbar waren. Das Flavonol wurde als 3,7,8,3′,4′-Pentahydroxyflavon erkannt. Die Chalkone konnten als 2′,3′,4′,3,4-Pentahydroxy-, 2′,3′,4′,4-Tetrahydroxy-, 2′,4′,3,4-Tetrahydroxy- und 2′,4′,4-Trihydroxychalkon und die Flavanone als 7,8,3′,4′-Tetrahydroxy- und 7,8,4′-Trihydroxyflavanon identifiziert werden. Hauptsächlichste 3-Methoxyflavone waren 7,8,3′,4′-Tetrahydroxy- und 7,8,4′-Trihydroxy-3-methoxyflavon. Von den 2,3-Dihydroflavonolen (= Flavanonolen) konnten 3,7,8,3′,4′-Pentahydroxy- und 3,7,3′,4′-Tetrahydroxyflavanon identifiziert werden.

A. sowdenii: 2,1 kg Holz lieferte nach Vorextraktion mit Petrolether 10 g Etherextrakt, aus welchem etwa 36 mg (±)-7,8,3′,4′-Tetrahydroxyflavanon und 109 mg 7,8,3′,4′-Tetrahydroxy-3-methoxyflavanon erhalten wurden.

Im Falle von *A. kempeana* und *A. rhodoxylon* wurden die Flavan-3,4-diol-Fraktionen der Kernhölzer genau untersucht; sie enthielten die folgenden phenolischen Hydroxylgruppen, Methoxylgruppen und 2,3,4-Isomeren (vgl. auch Abb. 35):

			A. kempeana	*A. rhodoxylon*
7,8,3′,4′-OH;	2,3-*cis*,	3,4-*cis*	+	+
7,8,3′,4′-OH;	*cis*,	*trans*	+	+
7,8,3′,4′-OH;	*trans*,	*cis*	+	−
7,8,4′-OH;	*cis*,	*cis*	+	+
7,8,4′-OH;	*cis*,	*trans*	+	+
7,8,4′-OH;	*trans*,	*cis*	+	+
7,3′,4′-OH;	*trans*,	*cis*	−	+
7,4′-OH;	*trans*,	*trans*	−	+

			A. kempeana	A. rhodoxylon
7,4'-OH;	trans,	cis	−	+
7,3',4'-OH,-8-OMe;	trans,	trans	+ (a, b)	+ (a)
7,3',4'-OH,-8-OMe;	trans,	cis	+ (a)	−
7,4'-OH,-8-OMe;	cis,	cis	+	−
7,4'-OH,-8-OMe;	trans,	trans	+	−

(a) Mutmaßlich vorhanden; (b) Gemisch von 2,3-cis und 3,4-cis und -trans bei A. kempeana.

N. B. Die angegebenen R_F-Werte mit den zwei verwendeten Laufmitteln TBA (= t-Butylalkohol-Essigsäure-Wasser = 3:1:1) und 2% Essigsäure sind nicht sehr konstant; z. B. 0,33 und 0,46 oder 0,35 und 0,50 für 7,8,3',4'-Tetrahydroxy-2,3-cis-flavan-3,4-cis-diol bei A. kempeana resp. A. rhodoxylon, und 0,57 und 0,57 oder 0,56 und 0,52 für 7,8,4'-Trihydroxy-2,3-cis-flavan-3,4-cis-diol für A. kempeana resp. A. rhodoxylon.

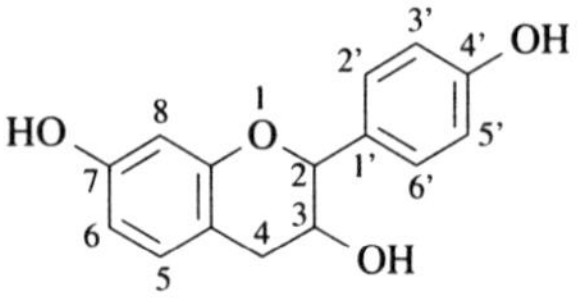

Weitere phenolische OH-Gruppen an C−	Trivialnamen von entsprechenden 2R,3S-Catechinen (= Flavan-3-olen)[1]	Trivialnamen der entsprechenden Leucoanthocyanidine (= Flavan-3,4-diole)[1]
5	Afzelechin	Leucopelargonidine[2]
5,3'	Catechin	Leucocyanidine[2]
5,3',5'	Gallocatechin	Leucodelphinidine[2]
keine	Guibourtinidol	LEUCOGUIBOURTINIDINE
3'	Fisetinidol	LEUCOFISETINIDINE, worunter **Mollisacacidin** (= Fisetinidol-4α-ol)
3',5'	Robinetinidol	LEUCOROBINETINIDINE
8	Oritin	LEUCOTERACACINIDINE[3], worunter **Teracacidin** (= Epioritin-4α-ol) und Isoteracacidin (= Epioritin-4β-ol)
8,3'	Prosopin (= Mesquitol)	LEUCOMELACACINIDINE[4], u. a. **Melacacidin** (= Epimesquitol-4α-ol)

1) Nach PORTER; vgl. Bd. XIa, 244, und in diesem Bande, S. 24−25.
2) Als Monomere sehr instabil und als solche kaum je rein isoliert; als Derivate, speziell als oligo- und polymere Propelargonidine, Procyanidine und Prodelphinidine weitverbreitet. Gruppennamen auf entsprechende Anthocyanidine basiert.
3) Gruppenname auf längst bekanntes Teracacidin basiert.
4) Gruppenname auf längst bekanntes Melacacidin basiert.

Kapitälchen = Für Leguminosen charakteristische Leucoanthocyanidin-Gruppen (Leucofisetinidine auch bei *Anacardiaceae*).

Klein fett = Für *Acacia*-Hölzer typische Flavan-3,4-diole.

Abb. 35. Catechine und Leucoanthocyanidine u. a. von *Acacia*-Hölzern

Tabelle 20. Positionen der phenolischen OH-Gruppen in Leucoanthocyanidinen und in dieselben begleitenden weiteren C_6-C_3-C_6-Verbindungen in *Acacia*-Hölzern [52–56]; vgl. ebenfalls Abb. 35

Taxa[1]	Vorherrschende Substitutions-Muster[2]	Literatur und Bemerkungen[3]
Phyllodineae		
SECTIO CONTINUAE:		
A. continua	7,8,3',4'	[55]
A. peuce	7,3',4' + 5,7,3',4'	[55]: 4 Peltogynoide + 2 Flavonoide, worunter Fustin-3-methylether
SECT. PUNGENTES (mit 2 subsect. vertreten):		
A. carnei	7,3',4' + 5,7,3',4'	[55]: 5 Peltogynoide + 4 Flavonoide, worunter Taxifolin und Fustin-3-methylether
A. colletioides (2 var.)	7,8,3',4'	[55]
A. comans	7,3',4'	[55]
A. genistifolia	7,8,4'	[55]
A. lanigera	7,3',4'; 7,8,3',4'	[53]; [55]
A. maitlandii	7,8,3',4'	[55]
A. prainii	7,8,3',4'	[55]
A. rupicola	7,8,3',4'	[55]
A. siculiformis	7,8,3',4'	[55]
A. tetragonophylla	7,3',4' + wenig 7,4'	[55]
A. trinervata	7,8,3',4' + wenig 8-Methylether	[55]
SECT. CALAMIFORMES (mit 2 subsect. vertreten):		
A. calamifolia (inkl. A. euthycarpa)	7,3',4'; 7,3',4'	[53]; [55]
A. dielsii	7,3',4'	[55]
A. fragilis	7,3',4'	[55]
A. gracilifolia	7,8,3',4'	[55]
A. havilandii	7,8,3',4'; 7,3',4' + 7,8,3',4'	[52]; [55]
A. juncifolia	7,8,3',4'	[55]
A. leptoneura	7,4' + 7,3',4'	[55]
A. menzelii	7,8,3',4'	[55]
A. pilligaensis	7,4' + 7,3',4'	[55]

Fortsetzung S. 266

Tabelle 20. (Fortsetzung)

Taxa[1]	Vorherrschende Substitutions-Muster[2]	Literatur und Bemerkungen[3]
A. quadrilateralis	7,8,3',4'	[55]
A. rigens	7,8,3',4'; 7,8,3',4'	[53]; [55]
A. sowdenii	7,8,3',4'	[55]; vide sub PLURINERVES
A. wilhelmiana	7,8,3',4'	[55]
SECT. BRUNIOIDEAE:		
A. brunioides subsp. gordonii	7,4' + 7,3',4'	[55]
A. cedriodes	7,3',4' + 8-OMe	[55]
A. gittinsii	7,3',4'	[55]
A. minutifolia	7,3',4'	[55]
A. resinocostata	7,3',4'	[55]
A. ruppii	7,3',4'	[55]
SECT. UNINERVES (mit 5 subsect. vertreten):		
A. acinacea	7,8,3',4'	[55]
A. adunca R [4]	7,3',4'; 7,3',4'	[53]; [55]
A. amoena R	7,3',4'	[55]
A. armata	7,8,3',4' + 8-OMe	[55]
A. argyrophylla R	7,3',4'	[55]
A. bancroftii R	7,3',4'	[55]
A. barringtonensis R	7,3',4'	[55]
A. beckleri R	7,3',4'	[55]
A. betchei R	7,3',4'	[55]
A. blakelyi [5]	7,8,3',4'	[55]
A. boormanii R	7,3',4'	[55]
A. brachybotrya R	7,3',4'	[55]
A. buxifolia R	7,3',4'; 7,3',4' + wenig 7,4'	[53]; [55]
A. caesiella R	7,3',4'	[55]
A. camptoclada	7,8,3',4'	[55]
A. chalkeri	7,3',4'	[55]
A. chrysella R	7,3',4'	[55]
A. clunies-rossiae R	7,3',4'; 7,3',4'	[53]; [55]
A. crombei	7,3',4' + 5,7,3',4'	[55]: 4 Peltogynoide + Fisetin + 1 Leucofisetinidin
A. cultriformis R	7,4' + 7,3',4'; 7,3',4' + wenig 8-Methylether	[53]; [55]

Tabelle 20. (Fortsetzung)

Taxa[1]	Vorherrschende Substitutions-Muster[2]	Literatur und Bemerkungen[3]
A. decora R	7,3',4'; 7,3',4'	[53]; [55]
A. difformis R	7,3',4'	[55]
A. dodonaeifolia	7,8,3',4'	[55]
A. ensifolia	7,8,4'	[55]
A. falcata R	7,3',4'	[55]
A. falciformis R	7,3',4'; 7,3',4'	[53]; [55]
A. fimbriata R	7,3',4'; 7,3',4'	[53]; [55]
A. flocktoniae R	7,4' + 7,3',4'	[55]
A. frumentacea[5]	7,8,3',4'	[55]
A. gillii R	7,3',4'	[55]
A. gladiiformis R	7,3',4'	[55]
A. graffiana[5]	7,8,3',4'	[55]
A. hakeoides R	7,3',4'	[55]
A. hamiltoniana R	7,3',4'	[55]
A. howittii	7,8,3',4' + 8-OMe	[55]
A. hubbardiana	7,3',4'	[55]
A. imbricata	7,8,4' + 7,8,3',4'	[55]
A. iteaphylla[5]	7,8,3',4'	[55]
A. jucunda R	7,3',4'	[55]
A. kettlewelliae R	7,3',4'; 7,3',4'	[53]; [55]
A. kybeanensis R	7,3',4'	[55]
A. leprosa	7,8,3',4' + wenig 7,3',4'	[55]
A. ligulata[5]	7,8,3',4' + wenig 7,4' und 7,3',4'; 7,8,3',4' + wenig 7,3',4'	[54]; [55]
A. linearifolia R	7,3',4'	[55]
A. lineata	7,3',4' + 7,8,3',4'	[55]
A. linifolia R	7,4' + 7,3',4'	[55]
A. lucasiae R	7,3',4'	[55]
A. mabellae R	7,3',4'; 7,4' + 7,3',4'	[53]; [55]
A. mcgillivrayi R	7,4' + 7,3',4'	[55]
A. mckieana R	7,3',4'	[55]
A. mcnuttiana R	7,3',4'	[55]
A. meis(s)neri	7,4' + 7,3',4'	[55]
A. merrallii	7,3',4'	[55]
A. microbotrya R	7,3',4'	[55]
A. microcarpa	7,3',4'	[55]
A. montana	7,8,3',4'	[55]
A. neriifolia R	7,4' + 7,3',4'; 7,3',4'	[53]; [55]

Fortsetzung S. 268

Tabelle 20. (Fortsetzung)

Taxa [1]	Vorherrschende Substitutions-Muster [2]	Literatur und Bemerkungen [3]
A. notabilis R	7,3',4'	[55]
A. obliquinervia R	7,3',4' + wenig 7,4'	[55]
A. obtusata R	7,3',4'	[55]
A. penninervis R	7,3',4' + wenig 7,4'	[55]
A. pravissima R	7,3',4'	[55]
A. prominens R	7,3',4'	[55]
A. pruinocarpa	7,8,4' + 8-OMe	[55]
A. pubicosta R	7,3',4'	[55]
A. pustula R	7,3',4'	[55]
A. pycnantha R	7,3',4'; 7,3',4'; 7,3',4'	[52]; [53]; [55]
A. quornensis R	7,3',4'	[55]
A. retino(i)des R	7,3',4'	[55]
A. rivalis R	7,3',4'	[55]
A. rostellifera [5]	7,8,3',4'	[55]
A. rubida R	7,3',4'; 7,3',4'	[53]; [55]
A. saliciformis R	7,3',4'	[55]
A. salicina [5]	7,8,3',4'; 7,8,3',4' + wenig 7,3',4'	[52]; [55]
A. saxatilis	7,3',4' + 8-OMe	[55]
A. sclerosperma [5]	7,8,3',4' + wenig 7,3',4'	[55]
A. subulata R	7,3',4'	[55]
A. tetragonophylla	7,3',4'	[54]: Auch 7,3',4'-OH-8-OMe-flavan-3,4-diol
A. uncinata	7,3',4'	[55]
A. verniciflua	7,8,3',4'; 7,8,3',4'	[53]; [55]
A. vestita R	7,4' + 7,3',4'; 7,3',4'	[53]; [55]
A. victoriae	7,4' + 7,3',4'; 7,8,4' + wenig 7,4' (oder 8-Methylether)	[54]; [55]
A. wattsiana R	7,3',4'	[55]
A. yirrkallensis	7,3',4'	[55]
SECT. PLURINERVES (mit 6 subsect. vertreten):		
A. argyrodendron	7,8,3',4'	[55]
A. baeuerlenii	7,8,3',4'	[55]
A. bakeri	7,8,3',4'	[55]
A. binervata	7,3',4'; 7,3',4'	[53]; [55]
A. calcicola	7,8,3',4'	[55]

Tabelle 20. (Fortsetzung)

Taxa[1]	Vorherrschende Substitutions-Muster[2]	Literatur und Bemerkungen[3]
A. cambagei	7,8,3',4'; 7,8,3',4' + wenig 7,8,4'; 7,8,3',4' + wenig 7,8,4' und 8-Methylether	[52]; [54]: Zwei Herkünfte; [55]
A. cana	7,8,3',4' + wenig 7,3',4'	[55]
A. cognata	7,8,3',4' + 8-OMe	[55]
A. complanata	7,8,3',4' + wenig 8-Methylether	[55]
A. coriacea	7,8,3',4'; 7,8,3',4'	[54]; [55]
A. cyclops	7,8,3',4'	[55]
A. dawsonii	7,8,3',4'	[55]
A. deltoidea[6]	7,8,3',4' + 7,3',4'	[55]
A. dineura	7,3',4'	[55]
A. elliptica	7,8,3',4'	[55]
A. estrophiolata	7,8,3',4' + wenig 8-Methylether	[55]
A. excelsa	7,8,3',4'; 7,8,3',4'; 7,8,3',4'	[52]; [53]; [55]
A. farinosa	7,8,3',4'	[55]
A. flavescens	7,8,3',4'; 7,8,3',4' + wenig 7,3',4' und 8-Methylether	[52]; [55]
A. frigescens	7,8,3',4'	[55]
A. georginae	7,8,3',4' + 7,3',4'	[55]
A. harpophylla	7,8,3',4'; 7,8,3',4'; 7,8,3',4'	[52]; [53]; [55]
A. homalophylla	7,8,3',4'; 7,8,3',4'	[53]; [55]
A. implexa	7,8,3',4'; 7,8,3',4'	[53]; [55]
A. ixiophylla	7,8,3',4' + wenig 8-Methylether	[55]
A. loderi	7,8,3',4'	[55]
A. melanoxylon	7,8,3',4'; 7,8,3',4'; 7,8,3',4' + wenig 8-Methylether	[52]; [53]; [55]
A. monticola[6]	7,8,3',4'	[55]
A. oswaldii	7,8,3',4'; 7,8,3',4'; 7,8,3',4'	[52]; [53]; [55]
A. pendula	7,8,3',4'; 7,8,3',4'; 7,8,3',4'	[52]; [53]; [55]

Fortsetzung S. 270

Tabelle 20. (Fortsetzung)

Taxa[1]	Vorherrschende Substitutions-Muster[2]	Literatur und Bemerkungen[3]
A. platycarpa	7,8,3′,4′ + wenig 7,8,4′	[55]
A. ptychoclada	7,8,3′,4′	[55]
A. retivenia	7,3′,4′ + wenig 7,8,3′,4′	[55]
A. rothii	7,3′,4′	[55]
A. sclerophylla	7,8,3′,4′ + wenig 8-Methylether	[55]
A. sessiliceps	7,8,3′,4′ + wenig 8-Methylether	[55]
A. simsii	7,8,3′,4′	[55]
A. sowdenii	7,8,3′,4′ + wenig 7,8,4′	[54]: Vide Text
A. stenophylla	7,8,3′,4′ + wenig 7,8,4′; 7,8,3′,4′ + wenig 7,8,4′ und 8-Methylether	[54]: Zwei Herkünfte; [55]
A. subporosa	7,8,3′,4′ + wenig 8-Methylether	[55]
A. translucens	7,8,3′,4′; 7,3′,4′	[54]; [55][6]
A. trineura	7,8,3′,4′; 7,8,3′,4′	[53]; [55]
A. viscidula	7,8,3′,4′	[55]
SECT. JULIFLORAE (mit 7 subsect. vertreten)[7]:		
A. acuminata	7,8,3′,4′; 7,8,3′,4′	[53]; [55]
A. adsurgens	7,8,3′,4′ + wenig 8-Methylether	[55]
A. alpina	7,8,3′,4′	[55]
A. ancistrocarpa	7,8,3′,4′ + wenig 7,3′,4′	[55]
A. aneura (2 var.)	7,8,3′,4′; 7,8,3′,4′ + wenig 7,8,4′ und 8-Methylether	[53]; [55]
A. aprepta	7,8,3′,4′ + 8-OMe	[55]
A. argyraea	7,8,3′,4′ + wenig 7,8,4′	[55]
A. aulacocarpa	7,8,3′,4′; 7,8,3′,4′ + wenig 7,8,4′ und 8-Methylether	[53]; [55]
A. auriculiformis	7,8,4′; 7,8,4′	[52]; [53]
A. blakei	7,8,3′,4′ + 8-OMe	[55]
A. brachystachya	7,8,3′,4′ + wenig 7,8,4′	[55]

Tabelle 20. (Fortsetzung)

Taxa[1]	Vorherrschende Substitutions-Muster[2]	Literatur und Bemerkungen[3]
A. bulgaensis	7,8,3',4'	[55]
A. burkittii	7,8,3',4'	[55]
A. burrowii	7,8,3',4'; 7,8,4' + wenig 8-Methylether	[53]; [55]
A. calyculata	7,8,3',4'	[55]
A. cheelii	7,8,3',4'; 7,8,3',4'	[53]; [55]
A. chisholmii	7,8,3',4' + wenig 7,8,4' und 8-Methylether	[55]
A. cibaria	7,8,3',4'	[55]
A. citriodora	7,8,3',4' + 7,3',4'	[55]
A. clivicola	7,8,3',4' + wenig 8-Methylether	[55]
A. cowleana	7,8,3',4' + wenig 7,3',4'	[55]
A. crassa	7,8,3',4'	[55]
A. crassicarpa	7,8,3',4' + wenig 8-Methylether	[55]
A. crassifrugis	7,8,3',4'	[55]
A. cunninghamii	7,8,3',4'; 7,8,3',4'	[53]; [55]: Forma A und B
A. cuthbertsonii	7,8,3',4'	[55]
A. cyperophylla	7,8,3',4'; 7,8,3',4' + wenig 7,3',4' und 8-Methylether	[54]: Vide Text; [55]
A. dacrydioides	7,8,4'	[55]
A. difficilis	7,8,3',4' + 7,8,4' und wenig 7,3',4' + 7,4'	[55]
A. dimidiata	7,8,3',4'	[55]
A. diphylla	7,8,3',4'	[55]
A. doratoxylon	7,8,3',4'; 7,8,3',4'; 7,8,3',4' und wenig 8-Methylether	[53]; [54]; [55]: 2 Taxa
A. dorathea	7,3',4' + 7,4'	[55]: *Requires confirmation*
A. eriopoda	7,8,4'	[55]
A. filicifolia	7,8,3',4' + 7,3',4'	[55]
A. floribunda	7,8,3',4'; 7,8,3',4'	[53]; [55]
A. glaucescens	7,8,3',4'; 7,8,3',4' + 8-OMe	[53]; [55]
A. granitica	7,8,3',4' + 8-OMe	[55]
A. grasbyi	7,8,3',4'	[55]

Fortsetzung S. 272

Tabelle 20. (Fortsetzung)

Taxa[1]	Vorherrschende Substitutions-Muster[2]	Literatur und Bemerkungen[3]
A. hammondii	7,8,3',4' + 7,8,4' + wenig 7,4' und 7,3',4'	[55]
A. hemsleyi	7,8,3',4'	[55]
A. hilliana	7,8,3',4' + wenig 7,3',4'	[55]
A. holosericea	7,8,3',4'; 7,8,3',4' + 7,3',4'	[53]; [55]
A. humifusa	7,8,3',4' + 7,8,4' + 7,3',4'	[55]
A. hynesiana	7,8,3',4'	[55]
A. julifera	7,8,4'	[55]
A. kempeana	7,8,3',4' + wenig 7,8,4'; 7,8,3',4'	[54]: Vide Text; [55]
A. lasiocalyx	7,8,3',4'	[55]
A. leiocalyx	7,8,3',4' + wenig 8-Methylether	[55]
A. leptocarpa	7,8,3',4' + 7,8,4' + wenig 7,3',4' und 7,4'	[55]
A. leptophleba	7,8,3',4'	[55]
A. leptostachya	7,8,3',4' + wenig 7,3',4' und 8-Methylether	[55]
A. limbata	7,8,3',4' + 7,3',4'	[55]
A. linarioides	7,8,3',4'	[55]
A. linophylla	7,8,3',4' + wenig 7,8,4'	[54]
A. longifolia	7,8,3',4'; 7,8,3',4'	[53]; [55]
A. longispicata	7,8,3',4'	[55]
A. longissima	7,8,3',4'	[55]
A. lysiphloia	7,8,3',4'	[55]
A. maidenii	7,8,4'; 7,8,4'; 7,8,4'	[52]: Vide S. 260, 315; [53]; [55]
A. mangium	7,8,4'	[55]
A. merinthophora	7,8,3',4' + 8-OMe	[55]
A. mountfordiae	7,8,3',4'	[55]
A. mucronata	7,8,3',4'	[55]
A. multispicata	7,8,3',4'	[55]
A. neurophylla	7,8,3',4'	[55]
A. obtusifolia (= A. intertexta)	7,8,4'; 7,8,3',4'; 7,8,3',4'	[52]: Vide S. 260, 323; [53]; [55]

Tabelle 20. (Fortsetzung)

Taxa[1]	Vorherrschende Substitutions-Muster[2]	Literatur und Bemerkungen[3]
A. orites	7,8,4'; 7,8,4'; 7,8,4'	[52]; [53]; [55]
A. pellita	7,8,3',4'	[55]
A. plectocarpa	7,8,3',4'	[55]
A. polystachya	7,8,3',4'	[55]
A. proxima	7,8,4'	[55]
A. pubifolia	7,8,3',4'; 7,8,4' + wenig 8-Methylether	[53]; [55]
A. pycnostachya	7,8,3',4'; 7,8,3',4' + 8-OMe	[53]; [55]
A. quadrimarginea	7,8,3',4'	[55]
A. ramulosa	7,8,3',4'	[55]
A. resinomarginea	7,8,3',4'	[55]
A. rhodoxylon	7,8,4'; 7,8,3',4' + wenig 7,8,4' + 7,4' + 7,3',4'	[52]; [54]: Vide Text
A. shirleyi	7,8,4' + 7,8,3',4'; 7,8,4' + wenig 7,8,3',4' und 8-Methylether	[52]; [55]
A. signata	7,8,3',4'	[55]
A. sparsiflora	7,8,4' + 7,8,3',4'; 7,8,3',4' + 8-OMe	[52]; [55]
A. stereophylla	7,8,3',4'	[55]
A. stipuligera	7,8,4'	[55]
A. stowardii	7,8,3',4'	[55]
A. subtilinervis	7,8,3',4'	[55]
A. tarculensis	7,8,3',4'	[54]
A. tenuissima	7,8,3',4' + 7,8,4' + 7,3',4' + 7,4'	[55]
A. torulosa	7,8,4' + wenig 7,4' + 7,3',4' + 7,8,3',4' + 8-Methylether	[55]
A. triptera	7,8,3',4' + wenig 8-Methylether	[55]
A. tropica	7,8,4'	[55]
A. tumida	7,8,4' + wenig 8-Methylether	[55]
A. wanyu	7,8,3',4'	[55]
A. whitei	7,8,4' + 8-OMe	[55]

Fortsetzung S. 274

Tabelle 20. (Fortsetzung)

Taxa [1]	Vorherrschende Substitutions-Muster [2]	Literatur und Bemerkungen [3]
Bipinnatae SECT. BOTRY(O)CEPHALAE:		
A. baileyana	7,3',4'; 7,3',4'	[53]; [55]
A. botrycephala (= A. discolor)	7,3',4'	[53]; vide auch A. terminalis
A. cardiophylla	7,3',4'; 7,3',4'	[53]; [55]
A. chrysotricha	7,3',4'; 7,3',4'	[53]; [55]
A. constablei	7,3',4'; 7,3',4'	[53]; [55]
A. dealbata (2 subsp.)	7,3',4'; 7,3',4'	[53]; [55]
A. deanei (2 subsp.)	7,3',4' + wenig 7,4'; 7,3',4' + wenig 7,4'	[53]; [55]: 7,4' nur in subsp. deanei
A. decurrens	7,3',4'; 7,3',4'	[53]; [55]
A. elata	7,3',4'; 7,3',4'	[53]; [55]
A. filicifolia	7,3',4'; 7,3',4'	[53]; [55]
A. fulva	7,3',4'	[55]
A. glaucocarpa	7,3',4'	[55]
A. irrorata (2 subsp.)	7,3',4'; 7,3',4'	[53]; [55]
A. latisepala	7,3',4'	[55]
A. leptoclada	7,3',4'	[55]
A. leucoclada (2 subsp.)	7,3',4'; 7,3',4'	[53]; [55]
A. loroloba	7,3',4'	[55]
A. mearnsii (z. T. als A. mollissima)	7,3',4'; 7,3',4'	[53]; [55]
A. mollifolia	7,3',4'; 7,3',4'	[53]; [55]
A. muellerana	7,3',4'	[55]
A. nano-dealbata	7,3',4'	[55]
A. o'shanesii	7,3',4'; 7,3',4'	[53]; [55]
A. parramattensis	7,3',4'; 7,3',4'	[53]; [55]
A. parvipinnula	7,3',4'	[55]
A. polybotrya	7,3',4'	[55]
A. pubescens	7,3',4'	[55]
A. schinoides	7,3',4'	[55]
A. silvestris	7,3',4'; 7,3',4'	[53]; [55]
A. spectabilis	7,3',4'	[55]
A. storyi	7,3',4'	[55]

Tabelle 20. (Fortsetzung)

Taxa[1]	Vorherrschende Substitutions-Muster[2]	Literatur und Bemerkungen[3]
A. terminalis (= *A. botrycephala*)	7,3′,4′ + wenig 7,4′	[55]; vide auch *A. botrycephala*
A. trachyphloia	7,3′,4′ ; 7,3′,4′	[53]; [55]
SECT. PULCHELLAE:		
A. lasiocarpa	7,8,3′,4′	[55]
A. megacephala	7,3′,4′	[55]
SECT. GUMMIFERAE:		
A. calcigera	7,3′,4′	[55]
A. farnesiana		
Herkunft a	7,3′,4′ ; + 7,4′	[55] und [56]: Im Textteil
Herkunft b	7,8,4′	[55] und [56]: Im Textteil
A. karroo	7,3′,4′	[56]
A. luederitzii (2 var.)	7,4′ + 7,3′,4′	[56]
A. nilotica subsp. *indica*	7,3′,4′ + 7,8,3′,4′	[56]: Im Textteil
A. nilotica subsp. *kraussiana*	7,3′,4′	[56]
A. pallidifolia	7,3′,4′	[55]
A. reficiens subsp. *reficiens*	7,4′ + 7,3′,4′	[56]
A. suberosa	7,3′,4′	[55]
SECT. VULGARES:		
A. burkei	7,8,4′	[56]
A. catechu	5,7,3′,4′	[52]
A. erubescens	7,8,4′	[56]
A. galpinii	7,8,4′	[56]
A. nigrescens	7,8,3′,4′	[56]
A. senegal (2 var.)	7,8,3′,4′	[56]
A. welwitschii	7,3′,4′	[56]
SECT. FILICINAE:		
A. angustissima	7,3′,4′	[54]: Ganzer Strauch

1) Hier die in [53] und [55, 56] verwendete Klassifikation der Gattung, wie sie in Australien gebräuchlich war, übernommen. Sie stellt eine modernisierte Version von BENTHAM's System dar (vgl. für dieses Tabelle 15; ferner S. 110–113 in [1]). Sie ist durch Unterscheidung von zwei Hauptgruppen (könnten Subgenera entsprechen), **Phyllodineae** (entspricht BENTHAM's Series 1) und **Bipinnatae** (entsprechen BENTHAM's Series 2–6), gekennzeichnet. Innerhalb der **Phyllodineae** wurde den 8 Subseries von BENTHAM der Rang Sectio zugeteilt, und wo BENTHAM Arten in benannten Gruppen (A ... G) vereinigte, diese in der Kategorie Subsectio untergebracht; letztere wurden in meiner Tabelle 20 nicht berücksichtigt. Der Rang Sectio wird ebenfalls für BENTHAM's Series 2–6 verwendet.
Fortsetzung der Legende S. 276

Tabelle 20 (Fortsetzung)

2) Gilt für alle nachgewiesenen C_6-C_3-C_6-Verbindungen: Leucoanthocyanidine, Catechine, Flavone, Flavonole, Flavanone (und entsprechende Chalkone), Flavanonole (= 2,3-Dihydroflavonole). 8-OMe bedeutet: Auch reichlich 8-Methylether beobachtet.

3) In [52] Flavonole in 6 Arten nachgewiesen (PC) und Teracacidine aus *A. obtusifolia* und *maidenii* isoliert. In [53] auch Rinden der 61 untersuchten Arten bearbeitet (PC von Extrakten und von bei Säurebehandlung gebildeten Anthocyanidinen). Für Methodik und Isolationen in [54] vgl. Text. In [55] und [56] gleiche Methoden verwendet wie in [53].

4) R = Sect. UNINERVES subsect. *Racemosae*.

5) Aus der Subsektion *Racemosae* wurden 8 Arten ausgegliedert und wie folgt gruppiert:
   a) *A. frumentacea*
   b) *A. blakelyi, graffiana* und *iteaphylla*
   c) *A. ligulata, rostellifera, salicina* und *sclerosperma*.

6) Hier Tabelle 1 in [55] undeutlich (unsicher: Zeilenverschiebung).

7) Bei den JULIFLORAE hatte BENTHAM nur die Artengruppen *Rigidulae, Tetramerae, Stenophyllae, Falcatae* und *Dimidiatae*. In [55] wurde die Zahl der Subsektionen auf sieben erweitert.

Tabelle 20 zeigt ausgezeichnet, daß den im Holz gespeicherten Phenolen eine gewisse systematische Aussagekraft zukommt.

Innerhalb der **Bipinnatae** sind die BOTRY(O)CEPHALAE durch Resorcinol-Substitution des A-Ringes ausgezeichnet. Gleiches Substitutions-Muster weisen bei den **Phyllodineae** die BRUNIOIDEAE und die UNINERVES-*Racemosae* auf. A-Ring vom Pyrogallol-Typus kennzeichnen die Holzphenole der meisten PLURINERVES und JULIFLORAE. Andere subgenerische Einheiten sind in dieser Beziehung weniger homogen. Auffällig ist die Tatsache, daß die drei Peltogynoide produzierenden Arten zu drei verschiedenen Sectiones, CONTINUAE, PUNGENTES und UNINERVES, gerechnet werden; dies sollte zur Nachprüfung der Klassifikation anregen [55]. TINDALE und ROUX [55] schlugen anhand von morphologischen und chemischen (Holzphenole) Merkmalen eine Hypothese für die Evolution innerhalb der Gattung *Acacia* vor. Die BOTRYCEPHALAE (bipinnate Blätter, kleine oder keine Stipulae, kugelige Blütenstände, Holzphenole mit Resorcinol-Typus A-Ring) werden als ursprünglichste Gruppe aufgefaßt. Die **Phyllodineae**-JULIFLORAE (Phyllodien, zylinderförmige Blütenstände, Holzphenole mit Pyrogallol-Typus A-Ring) andererseits sollen am stärksten abgeleitet sein. PEDLEY [5] wies allerdings darauf hin, daß 8-Hydroxylation im A-Ring im Rahmen der Gattung nicht unbedingt ein abgeleitetes Merkmal zu sein braucht. Es wäre auch denkbar, daß die primitivsten Acacien Pyrogallol-Typus Flavanoide und Flavonoide bildeten, und daß das Merkmal 8-Hydroxylierung in gewissen Entwicklungslinien später wieder verloren ging. Zur Klärung dieser Frage müssen noch viele Arten, speziell aus den Taxa GUMMIFERAE, VULGARES und FILICINAE, bearbeitet werden. Wie dem auch sei, für mich scheint festzustehen, daß die Chemie der Phenole des Holzes, aber auch von allen anderen Pflanzenteilen, einen nicht unwesentlichen Beitrag zu einer befriedigenden Klassifikation von *Acacia* liefern kann.

Aminosäuren — Viele *Acacia*-Arten neigen zur Speicherung von nichtproteinogenen Aminosäuren in den Samen. Derartige Untersuchungen waren durch FOWDEN und Mitarbeiter [57, 58] begonnen, durch BELL et al. [59–61] und später durch CHRISTINE EVANS et al. [62, 63] fortgesetzt worden.

In [57] wurden die Verteilungsmuster von 15 nicht-proteinogenen Aminosäuren in Samen von 34 Taxa genau beschrieben; davon wurden 6 erstmalig bei *Acacia* beobachtet (vgl. Abb. 36):

S-Carboxyethylcysteinsulfoxid wurde in geringen Mengen aus Samen von *A. aneura* isoliert und identifiziert.

2 kg Samen von *A. armata* lieferten 1,04 g β-Acetyl-α,β-diaminopropionsäure, $C_5H_{10}N_2O_3$; ihre Struktur wurde durch Synthese bewiesen. Gleichzeitig wurden die aus *Acacia*-Samen bereits bekannten Aminosäuren S-Carboxyethylcystein (4,7 g), Albizziin (7,5 g) und Djenkolsäure (0,73 g) erhalten.

In Samen von *A. georginae* wurden zwei Djenkolsäuresulfoxide und Djenkolsäure-γ-glutamylpeptid nachgewiesen. Eine spätere Untersuchung von 1,84 kg Samen dieser Art [58] lieferte gegen 100 g Djenkolsäure + Sulfoxide; 8,2 g einer neuen Aminosäure, $C_7H_{13}O_5NS_2$, deren Struktur geklärt werden konnte: S-(2-Hydroxy-2-carboxyethanthiomethyl)cystein. Ferner enthielten diese Samen geringe Mengen von 5 neuen γ-Glutamylpeptiden von Djenkolsäuresulfoxid (340 mg), Albizziin (119 mg), Asparagin (22 mg), Glutaminsäure (10 mg) und Asparaginsäure (5,4 mg).

Alle 9 untersuchten Arten der GUMMIFERAE enthielten mäßige Mengen eines Sulfoxides der N-Acetyldjenkolsäure.

Die Gesamtheit der Beobachtungen über das Vorkommen und Verhalten der Sulfoxide berechtigte den Schluß, daß diese in reifen *Acacia*-Samen tatsächlich vorkommen, und keineswegs Isolierungsartefakte darstellen.

Willardiin war nur bei *A. dealbata* und *A. podalyriaefolia* nachweisbar.

Im übrigen wurden bei der vergleichenden Analyse (2D PC) von 6 afrikanischen, einer kosmopolitischen und 27 australischen Arten Verhältnisse beobachtet, welche auch die *Acacia*-Systematik interessieren dürften. Zusammenfassend ergab sich bei Beibehaltung von BENTHAM's Klassifikation folgendes Bild [57]:

PHYLLODINEAE:
— *Calamiformes*: *A. calamifolia, rigens*.
— *Uninerves*: 13 Arten, worunter *A. armata* und *A. podalyriaefolia*.
— *Plurinerves*: 6 Arten, worunter *A. georginae*.
— *Juliflorae*: *A. aneura*.
BOTRYCEPHALAE: *A. baileyana, dealbata* und *decurrens*.

} Alle Australien. Enthalten alle β-Acetyl-α,β-diaminopropionsäure und Djenkolsäure und ihre Sulfoxide. Ferner enthalten diese Arten mit je 1–3 Ausnahmen S-Carboxy-ethyl- und S-Carboxyisopropylcystein, viel Albizziin, γ-Glutamyldjenkolsäure, Pipecolin-, 4-Hydroxypipecolin- und 5-Hydroxypipecolinsäure

GUMMIFERAE:

A. bidwillii A. suberosa	} Australien	Enthalten nur Djenkolsäure, viel N-Acetyldjenkolsäure und mäßige Mengen ihrer Sulfoxide und, mit wenigen Ausnahmen, Pipecolin- und 4-Hydroxypipecolinsäure. 5-Hydroxy- pipecolinsäure wurde bei ihnen nicht beobachtet
A. farnesiana: ± Kosmopolitisch?		
A. grandicornuta A. karroo A. nilotica A. robusta A. tortilis A. woodii	} Afrika	

Diese Ergebnisse wurden später bestätigt und stark erweitert [59]. Den zwei in [57] skizzierten Samenaminosäureprofilen konnten nach vergleichenden Analysen von Extrakten aus Samen von weiteren 80 Taxa (starke Berücksichtigung der *Vulgares*) noch zwei zugefügt werden. α-Amino-β-oxalylaminopropionsäure (= β-Oxalylaminoalanin) konnte bei 18 Arten eindeutig nachgewiesen werden; sie wurde bei 17 Arten vom nicht acylierten β-Aminoalanin und bei 11 Arten von α-Amino-β-oxalylaminobuttersäure begleitet. Ferner wurden 14 *Acacia*-Arten entdeckt, welche keine Neigung zur Speicherung von nichtproteinogenen Aminosäuren in Samen zeigten. Die Autoren verglichen die vier in der Gattung nachweisbaren Samen-Aminosäure-Gruppen mit der Klassifikation von BENTHAM und derjenigen von VASSAL, und bestätigten die Bedeutung dieses Merkmalkomplexes für die Gliederung der Gattung. Kurz zusammengefaßt, ergibt sich nun folgendes Bild (vgl. auch Tabellen 14 und 15).

Gruppe 1. Durch viel N-Acetyldjenkolsäure charakterisiert. Ist auf GUMMIFERAE (= subgenus *Acacia* von VASSAL) beschränkt. Zusätzlich wurden einige afrikanische Taxa bearbeitet: *A. erioloba* (= *A. giraffae*), *A. gerrardii*, zwei infraspezifische Taxa von *A. nilotica* und *A. stuhlmannii*.

Gruppe 2. Durch viel Cystein-Derivate (vgl. Abb. 36) und große Mengen Albizziin und α-Amino-β-acetylaminopropionsäure, sowie wechselnde Mengen von zwei bis drei Pipecolinsäuren gekennzeichnet. Ist auf PHYLLODINEAE, BOTRY(O)CEPHALAE und PULCHELLAE beschränkt, welche VASSAL's subgenus *Heterophyllum* mit den Sektionen *Heterophyllum*, *Uninervea* und *Pulchelloidea* entsprechen. Neu bearbeitet wurden in [59] vorzüglich Arten der PHYLLODINEAE-Juliflorae, BOTRY(O)CEPHALAE und PULCHELLAE, i.e.:

JULIFLORAE: *A. auriculiformis, circinnata, clivicola, holosericea, tenuissima* und *tumida*.

BOTRY(O)CEPHALAE: *A. elata, mearnsii, parramattensis* und *polybotrya*.

PULCHELLAE: *A. browniana, drummondii, gilbertii, lasiocarpa, luteola, megacephala, moirii, pentadenia, pulchella* (2 var.) und *varia*.

Gruppe 3 speichert die gleichen Aminosäuren wie Gruppe 2. Dazu kommen als Gruppenmerkmale beachtliche Mengen von 2,3-Diaminopropionsäure und 2-Amino-3-oxalylaminopropionsäure und weniger allgemein und meist in kleineren Mengen 2,4-Diaminobuttersäure und 2-Amino-4-oxalylaminobuttersäure. Die zwei Oxalylderivate gehören zu den neurotoxischen Aminosäuren der Gattung

Lathyrus; sie sind auch als Neurolathyrogene bekannt. Gruppe 3 scheint mit wenigen Ausnahmen auf denjenigen Teil von BENTHAM's *Vulgares* beschränkt zu sein, den VASSAL in der Sektion *Aculeiferum* seiner Untergattung *Aculeiferum* vereinigte. Es handelt sich demnach um afrikanische (z. B. *A. senegal*), asiatische (z. B. *A. catechu*) und amerikanische Arten, da die Untergattung *Aculeiferum* in Australien praktisch fehlt. Interessante Ausnahmen in Gruppe 3 sind *A. ataxacantha* (bei VASSAL in Sektion *Monacanthea*), *A. coulteri* von Mexico (bei VASSAL in subgenus *Acacia*) und *A. confusa* (Formosa, Philippinen) und *A. kauaiensis* (Hawaii), welche zwei letzteren zur ursprünglich fast rein australischen Untergattung *Heterophyllum* gehören. Auch *A. albida* (bei BENTHAM in *Gummiferae* und bei VASSAL in Separatgattung *Faidherbia*) wird in [59] zu Gruppe 3 gerechnet. Die Autoren [59] machten darauf aufmerksam, daß *A. confusa* und *A. kauaiensis* mutmaßlich eher von asiatischen als von australischen *Acacia*-Sippen abstammen. Auch für die mexikanische *A. coulteri* wird Verwandtschaft mit den afrikanisch-asiatischen Arten von Gruppe 3 angenommen. Weniger deutlich sind die Verhältnisse bei *A. albida*; in diesem Taxon speichern die Samen von den Cysteinderivaten nur wenig Djenkolsäure; ferner wurden geringe Mengen β-Aminoalanin, 4- und 5-OH-Pipecolinsäure und mäßige bis große Mengen Albizziin, α-Amino-β-acetylaminopropionsäure und α-Amino-β-oxalylaminopropionsäure nachgewiesen. Durch Fehlen von S-Carboxyalkylcysteinen paßt *A. albida* jedoch eher schlecht zu Gruppe 3. Man könnte dieses Taxon auch als einzigen Repräsentanten einer weiteren Gruppe von Samenaminosäureprofilen auffassen.

Gruppe 4. Höchstens Spuren von Djenkolsäure oder 4-OH-Pipecolinsäure nachweisbar. Wurde bei 14 Arten der VULGARES, i.e. subgen. *Aculeiferum* sect. *Monacanthea* sensu VASSAL, beobachtet. Es handelt sich um afrikanische, z. B. *A. schweinfurthii*, asiatische, z. B. *A. caesia*, und neuweltliche, z. B. *A. greggii* und *roemeriana*, Arten. Bei sieben Arten konnten geringe Mengen einer nichtidentifizierten Ninhydrin-positiven Substanz (Unknown 1 oder u genannt) nachgewiesen werden. Später wurde Unknown 1 aus Samen von *A. schweinfurthii* isoliert (220 mg, $C_9H_{13}NO$, aus 500 g Samen), und mit N-Methyltyramin identifiziert [60]. Dieses biogene Amin konnte mit Hilfe der nun verfügbaren Vergleichssubstanz definitiv in *A. bonariensis* (Südamerika), *brevispica* (Afrika), *caesia* (Indien, Indochina), *kraussiana* (Afrika), *pennata* (trop. Asien) und *pentagona* (Afrika) nachgewiesen werden. Die eben erwähnten 6 Arten bilden nach [59, 60] die *pennata*-Gruppe. Unknown 1 war übrigens auch in *A. roemeriana* nachgewiesen worden [59]; in diesem Falle steht eindeutige Identifikation allerdings noch aus. Zurecht schließen die Autoren [59], daß alle australischen Arten aus BENTHAM's PHYLLODINEAE, BOTRY(O)CEPHALAE und PULCHELLAE einander hinsichtlich der Aminosäureprofile der Samen biochemisch ähnlich sind. Dieses Merkmal spricht zugunsten ihres Zusammenschlusses durch VASSAL in der Untergattung *Heterophyllum*.

Bisher waren die Samen von BENTHAM's FILICINAE (= subgen. *Aculeiferum* sect. *Filicinum* Vassal) nicht untersucht. Die Arbeitsgruppe BELL [61] beseitigte diese Lücke durch Isolation von 6% 2-Amino-4-acetylaminobuttersäure, 0,6%

2,4-Diaminobuttersäure und 1% der bereits als Unknown k aus Gruppe 3 bekannten Aminosäure aus in Australien geernteten Samen von aus Bolivien stammender *A. angustissima*. Unknown k wurde jetzt als Oxalylalbizziin (= 2-Amino-6N-oxalylureidopropionsäure) charakterisiert. Damit war für *Acacia* ein **fünftes Samenaminosäure-Muster** nachgewiesen, welches durch die für die Leguminosen neue 2-Amino-4-acetylaminobuttersäure charakterisiert ist. Oxalylalbizziin (Unknown k) kommt in folgenden 17 Taxa aus Gruppe 3 vor: *A. ataxacantha, catechu, mellifera* subsp. *detinens, erubescens, ferruginea, galpinii, goetzei* subsp. *goetzei, hamulosa, modesta, nigrescens, polyacantha* subsp. *campylacantha, rovumae, senegal, venosa, welwitschii* subsp. *delagoensis* und *coulteri* und *confusa*. Die Autoren analysierten auch Samen von 20 verschiedenen Bäumen von *A. angustissima* und fanden keine beachtenswerte qualitative und quantitative Variation bei ihren Aminosäurespektren.

Bei einer genauen systematischen Analyse von BENTHAM's Series PULCHELLAE beteiligte sich auch EVANS [62]. Sie ergänzte frühere Beobachtungen durch die Analyse der Samen noch nicht untersuchter Arten. Ihr standen nun Ergebnisse mit folgenden 17 Arten der PULCHELLAE zur Verfügung: *A. brownii, drewiana, drummondii, empelioclada, epacantha, gilbertii, insolita, lasiocarpa, latericicola, leioderma, luteola, megacephala, moirii, pentadenia, pulchella, subracemosa* und *varia*; gleichzeitig wurden drei neue Arten mit Phyllodien, *A. alata, myrtifolia* und *urophylla*, analysiert. Alle 20 Arten wiesen das bereits besprochene Aminosäurespektrum der 2. Gruppe auf. Abgesehen von zu den GUMMIFERAE gerechneten Arten, bilden demnach alle australischen Acacias Samen mit dem Aminosäureprofil 2. Dieses Merkmal ist deshalb für die Gruppierung der annähernd 600 australischen *Acacia*-Arten kaum geeignet.

Bei der Analyse von Samenmustern von 9 in Mexico vorkommenden Arten aus der Untergattung *Aculeiferum* Vassal wurden etwas weniger eindeutige Resultate erhalten [63]:

Sectio *Aculeiferum*: *A. acuapulcensis, glomerosa, parviflora, sororia* und *tenuifolia*.

Sectio *Monacanthea*: *A. picachensis*. Im erhaltenen Samenmuster war nur Albizziin nachweisbar. Die Armut an nichtproteinogenen Aminosäuren erinnert an das 4. Profil, das tatsächlich bisher ausschließlich bei altweltlichen Arten der Sektion *Monacanthea* beobachtet worden war. Beträchtliche Mengen von Albizziin deuten allerdings auf eine Sonderstellung dieses neuweltlichen Vertreters der Sektion hin.

Sectio *Filicinum*: *A. angustissima* (Kontrollanalyse mit Samen aus Mexico), *rosei, tequilana*: Enthielten alle Albizziin und 2-Amino-4-acetylaminobuttersäure und werden zur 5. Gruppe gerechnet. Allerdings hatte *A. tequilana* Albizziin als Hauptsäure und enthielt außerdem zusätzlich 2-Amino-3-acetylaminopropionsäure und 2-Amino-4-oxalylaminobuttersäure und erinnert dadurch an Arten der Sektion *Aculeiferum* (3. Gruppe).

Undeutlich ist die Situation ebenfalls bei den 5 Vertretern der Sektion *Aculeiferum*. Bei *A. glomerosa, parviflora* und *sororia* wurden viel 2-Amino-3-oxalylaminopropionsäure (= *Lathyrus*-Neurolathyrogen) und wenig Albizziin und 2-Amino-3-acetylaminopropionsäure nachgewiesen. Dies erinnert tatsächlich an die zur Gruppe 3 gehörenden altweltlichen Vertreter der Sektion *Aculeiferum*. Abweichend verhielten sich jedoch die erhaltenen Samen von *A. acuapulcensis* mit viel N-Acetyldjenkolsäure (Gruppe 1) und *A. tenuifolia* mit verhältnismäßig viel 2-Amino-4-acetylaminobuttersäure (Gruppe 5).

Vorläufig haben wohl die Aminosäureprofile der etwa 230 neuweltlichen Arten noch kaum Bedeutung für die Systematik, weil bisher viel zu wenige von ihnen untersucht wurden (vgl. dazu auch bei [65]). Sie gehören alle zu den GUMMIFERAE, VULGARES und FILICINAE sensu BENTHAM (= Subgenera *Acacia* und *Aculeiferum* mit den Sektionen *Aculeiferum, Filicinum* und *Monacantha* sensu VASSAL). *A. willardiana* ist der einzige amerikanische Vertreter von subgen. *Heterophyllum*.

In [63] wird darauf hingewiesen, daß Biogenesewege für die systematische Interpretation der Aminosäureprofile wichtig wären. Drei für *Acacia* allerdings noch hypothetische Wege werden skizziert.

PEDLEY [5] diskutierte die systematische und ökologische Bedeutung der fünf erwähnten Samen-Aminosäureprofile. Er nimmt an, daß Profil 3 in der Gattung basal war, und daß sich 1, 2 und 4 durch Verlustmutationen davon ableiten lassen. Profil 5 erfordert dagegen eine neue Acetyl-Synthase. Mutmaßlich wurden die gegenwärtig realisierten Aminosäureprofile im Laufe der Evolution der Gattung durch Art und Menge der in den verschiedenen *Acacia*-Arealen vorhandenen Samenpredatoren moduliert.

Selbstverständlich kommen nichtproteinogene Aminosäuren bei *Acacia* nicht nur in den Samen vor. Einige diesbezügliche Angaben sowie Ergänzungen zu einzelnen Aminosäuren folgen.

Eine SAKAGUCHI-positive Aminosäure kommt in Samen vieler Mimosoideen bis zu 3% vor. Sie wurde aus Samen von *A. sieberiana* in Mengen von 0,12% rein isoliert und mit L-Arginin identifiziert [64].

Willardiin, $C_7H_9N_3O_4 \cdot H_2O$, wurde zusammen mit fünf anderen nicht-proteinogenen Aminosäuren aus Samen von *A. willardiana* Rose isoliert [65], und seine Struktur später durch Synthese bewiesen [66]. Das extrahierte Samenmuster [65] lieferte ca. 0,11% Djenkolsäure, 0,22% Willardiin, 0,1% S-(β-Carboxyethyl) cystein, 0,17% Albizziin und 0,33% 4-Hydroxypipecolinsäure; sie enthielten eine weitere Aminosäure (= Aminosäure III), welche erst später [67] isoliert und identifiziert werden konnte. Bei *A. millefolia* Wats. und *A. lemmoni* Rose (= *A. angustissima* [Mill.] Kuntze subsp. *lemmonii* Wiggins) konnten papierchromatographisch ebenfalls Albizziin, Djenkolsäure, Pipecolinsäure und Willardiin nachgewiesen werden. Es handelt sich um mittelamerikanische Taxa (Arizona, Texas, angrenzendes Mexico). Da die untersuchten Samen von Dr. Q. JONES vom US Dept. Agric. geliefert worden waren, ist anzunehmen, daß ihre botanische Abstammung korrekt bestimmt war. Diese Ergebnisse von GMELIN [65] sollten mit den in [63] publizierten Beobachtungen verglichen werden.

S-(β-Carboxyisopropyl)cystein (= Aminosäure III von [65]) wurde erstmalig aus Samen von *A. millefolia* isoliert, und strukturell geklärt [67]. Es wird von Djenkolsäure, Albizziin, Willardiin und S-(β-Carboxyethyl)cystein (zusammen gegen 3%) und von 4-Hydroxypipecolinsäure (0,22% rein isoliert) begleitet. Die Ausbeute an der neuen schwefelhaltigen Aminosäure betrug etwa 0,22%; $C_7H_{13}NO_4S$; F 202°; $[\alpha]_D^{22} = +6,6°$ (2%, Wasser); Strukturbeweis durch Synthese.

Albizziin ist in Mimosoideen-Samen verbreitet. Definitive Abklärung der Struktur und Synthese [68].

N-Acetyldjenkolsäure wurde erstmalig aus Samen von *A. farnesiana* (etwa 2,5% Rohprodukt) gewonnen [69]; sie wird von Djenkolsäure, Pipecolin- und 4-Hydroxypipecolinsäure, 4-Aminobuttersäure und mehreren proteinogenen Aminosäuren begleitet; $C_9H_{16}N_2O_3S_2$; F 120° (decomp.); $[\alpha]_D^{23}$ $-22,0°$ (1% Wasser); Strukturbeweis durch Acetylierung von Djenkolsäure; bearbeitet wurden zwei Samenmuster, wovon eines aus Afrika und eines aus Amerika (US Dept. Agric.) stammte. Papierchromatographisch wurde diese neue schwefelhaltige Aminosäure auch in Samen von *A. horrida* und *A. karroo* und von *Mimosa acanthocarpa* Bentham (= *M. aculeaticarpa* Ortega) nachgewiesen.

2,3-Diaminopropionsäure kommt frei und acyliert bei vielen *Acacia*-Arten vor. *Streptomyces collinus* verwendet Serin zur Synthese von β-Aminoalanin [70]. Sollte dieser Weg auch durch *Acacia* benützt werden, dann wäre der in Ref. [63] skizzierte Weg, der Abbau vom β-(Isoxazolin-5-on-2-yl)-alanin annimmt, nicht zutreffend.

Pipecolinsäure und Hydroxypipecolinsäuren werden durch viele Angiospermen gebildet und in wechselnden Mengen gespeichert. Auf Vorkommen solcher Iminosäuren in *Acacia*-Samen wurde im vorabgehenden Text bereits hingewiesen. Da manche *Acacia*'s bereits früh auf Vorkommen, Lokalisation und Strukturen solcher nicht-proteinogenen Iminosäuren untersucht wurden, sollen sie abschließend kurz behandelt werden. Bereits im Jahre 1954 wurde für verschiedene *Acacia*-Arten eine unbekannte Substanz C nachgewiesen, und dafür die Struktur 5-Hydroxypipecolinsäure wahrscheinlich gemacht [71]. Ein Jahr später konnte für Frischpflanzen von *A. pentadenia* und *retinodes* gezeigt werden, daß diese neben Substanz C eine ihr sehr ähnliche Substanz B enthalten; letztere wurde isoliert und als 4-Hydroxypipecolinsäure identifiziert [72]. Aus Australien meldeten CLARK-LEWIS und MORTIMER, daß Kernholz von *A. excelsa* 0,2% und Blätter von *A. oswaldii* 0,25% 4-Hydroxypipecolinsäure enthalten [73]. Diese Autoren beseitigten alle Zweifel an der Richtigkeit der Struktur dieser Pflanzensäure und charakterisierten sie eindeutig als (−)-*trans*-4-Hydroxy-L-pipecolinsäure [74]; aus frischen Blättern von *A. oswaldii* wurden jetzt 0,4% 4-Hydroxypipecolinsäure und etwa 0,037% Pipecolinsäurehydrochlorid erhalten; Kernholzmuster von *A. excelsa* lieferten jetzt 0,017−0,19% 4-Hydroxypipecolinsäure und 0,001−0,017% Pipecolinsäure, und Splint- und Kernholz von *A. mearnsii* (als *A. mollissima*) lieferten 0,01−0,03% 4-Hydroxypipecolinsäure. Die Struktur von Stoff B wurde übrigens bereits durch VIRTANEN und GMELIN [75] bestätigt; sie isolierten 4-Hydroxypipecolinsäure für weitere chemische Untersuchungen aus Samen von *Acacia willardiana* und von *Lysiloma bahamense* (*Ingeae*), und zeigten, daß die OH-Gruppe tatsächlich in 4-Stellung steht. Die Stereochemie von 5-Hydroxypipecolinsäure wurde mit Hilfe von NMR-Spektroskopie ebenfalls als *trans* festgelegt [76]. Junge Blätter (vor der Blütezeit) von *A. mearnsii* (als *A. mollissima*) lieferten annähernd 0,32% reine 4-Hydroxypipecolinsäure; mit analytischen Methoden wurden folgende Gehalte dieser Iminosäure in jungen *Acacia*-Blättern ermittelt: *A. baileyana* 0,17, *A. confusa* 0,23, *A. dealbata* 0,05,

A. decurrens 0,16, *A. longifolia* 0,08, *A. mearnsii* 0,41, *A. melanoxylon* 0,3 und *A. verticillata* 0,13% [77].

Vgl. für Aminosäuren und Schlüsselaminosäuren der 5 Aminosäureprofile der Gattung *Acacia* Abb. 36; sowie Abb. 13 auf S. 260–261 von Bd. XIa und Abb. 30 und 31 in diesem Bande.

Biogene Amine und Alkaloide – Seit den Pionierarbeiten von WHITE mit vielen in Neuseeland angepflanzten und z. T. eingebürgerten [78] *Acacia*-Taxa ist bekannt, daß manche Arten zur Bildung und Speicherung von aromatischen biogenen Aminen neigen [79]. Hauptbasen sind in vielen Fällen Phenylethylamin, N-Methylphenylethylamin oder Tryptamin. Diese Basen treten einzeln oder als Gemische auf. Die Zusammensetzung der aus einem Pflanzenmuster isolierbaren Basen hängt von verschiedenen Faktoren ab. Zu den wichtigsten zählen nach [79]:

1) Der Genotypus des analysierten Materials, das heißt das untersuchte botanische Taxon (Art, Unterart, Varietät, Cultivar).

2) Die Erntezeit des untersuchten Materials.

3) Die untersuchten Pflanzenteile: Zweigspitzen mit oder ohne Blätter oder Phyllodien; Blätter oder Phyllodien; im Falle von bipinnaten Blättern Ganzblätter oder nur Folioli, Rinde, Wurzeln, Blüten, ganze Blütenstände, Früchte und Samen (unreif, reif). Die in [79] analysierten Taxa hatten oft alkaloid-freie oder -arme Samen. Diese Feststellung gilt aber nicht für alle *Acacia*-Sippen; vgl. S. 279 im Kapitel Aminosäuren: N-Methyltyramin in Samen von Vertretern der *Pennata*-Gruppe der *Vulgares* [60].

4) Noch kaum genau analysierte innerartliche Variationen, welche auf chemischem Polymorphismus (Chemotypen) oder auf modifizierenden Standortsfaktoren beruhen können.

In Zusammenhang mit (1) ist darauf hinzuweisen, daß *Acacia*-Taxa oft miteinander verwechselt wurden und werden, und dementsprechend Nomenklatur und Synonymie bei vielen Gruppen von verwandten Arten außerordentlich komplex sind. EVERIST (l.c. Bd. XIa, 49) wies beispielsweise darauf hin, daß *A. crassa, leiocalyx* und *longispicata* meist mit *A. cunninghamii* Hooker verwechselt wurden. Für das letzterwähnte Taxon war übrigens durch PEDLEY aus nomenklatorischen Gründen der neue Name *A. concurrens* Pedley (= *A. cunninghamii* Hook. nomen illegit.) eingeführt worden. EVERIST betonte die Tatsache, daß in solchen Fällen in der Regel später nicht mehr genau zu beurteilen ist, welches Taxon man früher tatsächlich untersucht hatte (sofern nicht gutes Herbariummaterial hinterlegt worden war, was früher kaum üblich war). WHITE [79] untersuchte sehr viele in Neuseeland angepflanzte *Acacia*-Arten auf Alkaloide. Aus den eben erwähnten Gründen habe ich ohne Ausnahme die in [79] verwendeten Binomina beibehalten. Modernisierung botanischer Binomina kann zu vielen Fehlinterpretationen leiten, wenn sie von einem Nichtspezialisten des betreffenden Taxons versucht wird. Im Falle der neuseeländischen Acacias hilft auch der 4. Band der Flora von Neuseeland [78] in dieser Beziehung kaum, weil er eben nur wenige, vollständig eingebürgerte Arten berücksichtigt. WHITE [79] analysierte von manchen Arten wenige bis viele Muster, um Einflüsse der Erntezeit, des Pflanzenteils und der

284 Bemerkungen zu einigen Stoffgruppen von Acacia

Cystein-Derivate:

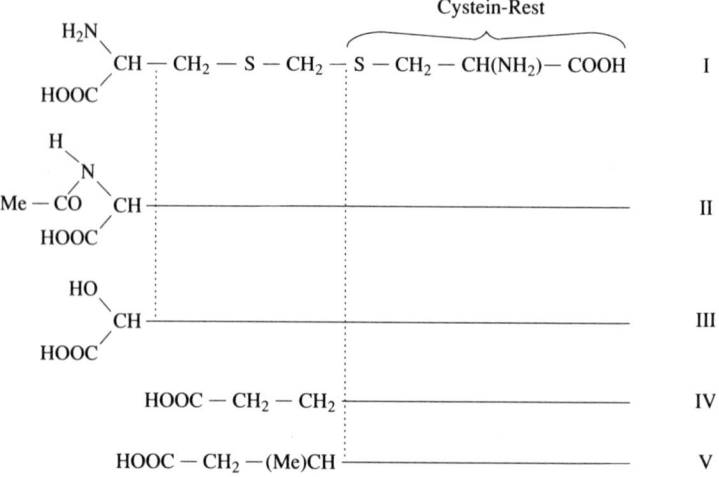

2,3-Diaminopropionsäure-Derivate:

$$\underset{R}{H}\diagdown N - \underset{\beta}{CH_2} - \underset{\alpha}{CH(NH_2)} - COOH$$

R = H   = VI
R = CO — Me   = VII
R = CO — COOH = VIII

2,4-Diaminobuttersäure-Derivate:

$$\underset{R}{H}\diagdown N - \underset{\gamma}{CH_2} - \underset{\beta}{CH_2} - \underset{\alpha}{CH(NH_2)} - COOH$$

R = H   = IX
R = CO — Me   = X
R = CO — COOH = XI

3-Ureidoalanin-Derivate:

$$\underset{H}{H}\diagdown \underset{|}{N} - \underset{\underset{O}{\|}}{C} - \underset{|}{N}\diagdown CH_2 - CH(NH_2) - COOH$$

XII

[Structure XIII with numbered positions 1–6]

XIII

Abb. 36. Schlüsselaminosäuren der Aminosäureprofile von *Acacia*-Samen

I = Djenkolsäure • II = N-Acetyldjenkolsäure • III = Bisher nur aus *Acacia georginae* bekannt (vgl. damit Dichrostachinsäure auf Abb. 31) • IV = S-(β-Carboxyethyl)cystein • V = S-(β-Carboxyisopropyl)cystein • VI = 2,3-Diaminopropionsäure • VII = 2-Amino-3-acetylaminopropionsäure • VIII = 2-Amino-3-oxalylaminopropionsäure • IX = 2,4-Di-

Herkunft des Materials kennenzulernen. Bei diesen Arbeiten gelang die Isolation von Phenylethylamin, N-Methylphenylethylamin und Tryptamin aus gewissen Taxa. Diese biogenen Amine (oder Alkaloide) kommen in den untersuchten Pflanzenteilen z. T. praktisch rein und z. T. als Gemische vor.

Reinstes 2-Phenylethylamin wurde aus *A. suaveolens* gewonnen: 2 g als Hydrochlorid, F 215°; Pikrat F 166°.

Reinstes N-Methyl-2-phenylethylamin wurde aus Stengelspitzen von *A. prominens* A. Cunn. erhalten: Hydrochlorid F 160°; Pikrat F 140°.

Reinstes Tryptamin wurde aus Blüten von *A. floribunda* isoliert: Base F 116°; Hydrochlorid F 246°; Pikrat F 244°.

Bei einer großen Zahl der untersuchten Taxa waren höchstens Spuren von Alkaloiden in dem zur Verfügung stehenden Material vorhanden. Diese wurden in der Literaturliste bei Ref. [79] aufgeführt. Die hauptsächlichsten positiven Ergebnisse findet man in Tabelle 21 zusammengestellt.

Die umfangreichen Arbeiten von WHITE [79] lassen vermuten, daß die Neigung zur Speicherung von biogenen Aminen bei *Acacia* sehr unterschiedlich ausgeprägt ist, und daß diese alkaloidartigen Stoffe kaum ausgesprochene Sekundärstoffnatur besitzen. Über physiologische und ökologische Funktionen solcher Pflanzenbasen ist aber noch kaum Näheres bekannt geworden. Fest steht nur die Tatsache, daß bei vielen Vertretern der Gattung reichlich biogene Amine gebildet und gespeichert werden können, und daß in dieser Hinsicht eine stark ausgeprägte intra- und interspezifische Variation herrscht. Weitere Beobachtungen sollen anschließend an [79] in chronologischer Reihenfolge aufgeführt werden.

FITZGERALD [80, 81] isolierte in Australien Basen aus 6 Arten:

A. adunca A. Cunn.: Phyllodien lieferten 2,4% N-Methylphenylethylamin [80].

A. argentea Maiden (= *A. leptostachya* Bentham): Annähernd 0,4% N-Cinnamoylhistamin aus Phyllodien erhalten [81].

A. harpophylla F. Muell.: Phyllodien lieferten 0,6% eines 2:3-Gemisches von Phenylethylamin und Hordenin (N,N-Dimethyltyramin) [80].

A. holosericea A. Cunn.: Rinde lieferte 1,2% Hordenin [80].

A. kettlewelliae Maiden: Pflanzen von Victoria lieferten aus Phyllodien 0,9% N-Methylphenylethylamin [80].

A. polystachya A. Cunn.: Etwa 0,4% N-Cinnamoylhistamin aus Rinde [81].

---

aminobuttersäure • X = 2-Amino-4-acetylaminobuttersäure • XI = 2-Amino-4-oxalylaminobuttersäure • XII = Albizziin • XIII = Stoff k = 6N-Oxalylalbizziin

Schlüsselaminosäuren der 5 für *Acacia*-Samen beschriebenen Aminosäureprofile [57, 59, 61, 63] sind:

Profil 1: II; ferner vorhanden I und meistens 4-Hydroxypipecolinsäure.
Profil 2: IV, V, VII, XII; ferner meistens vorhanden I und 4-Hydroxy- und 5-Hydroxypipecolinsäure.
Profil 3: Wie 2 + VI, VIII, XI und XIII; meistens auch 4,5-Dihydroxypipecolinsäure vorhanden.
Profil 4: Keine Akkumulation von nichtproteinogenen Aminosäuren.
Profil 5: X; ferner IX und XIII

Tabelle 21. Aromatische biogene Amine aus in Neuseeland kultivierten *Acacia*-Sippen [79] [1]

Taxa und Nr. des Beitrages in [79]	Biogene Amine [2]			Bemerkungen [3]
	PhA	MePhA	TryA	
IX (1944):				
A. buxifolia A. Cunn. [4]	viel; i	—	—	0,06–0,65% Alk (H); in IX als *A. lunata*; korr. in XXII [5].
A. praetervisa Domin [4]	viel; i	—	—	0,22–0,6% Alk (H); in IX als *A. hakeoides*; in XXII korr. [6]; vide auch XXVI.
A. pravissima F. Muell. [4]	viel; i	—	—	0,13–0,44% Alk (H) [7].
A. prominens A. Cunn. [4]	viel; i	—	—	0,17–0,65% Alk (H); in IX als *A. linifolia*; korr. in XXII [8]; vide auch XXIII.
A. suaveolens Willd. [4]	viel; i	—	—	0,07–0,89% Alk (H); in XXII bestätigt (bis 0,97% Alk [H]) [9].
A. cultriformis A. Cunn.	wenig; m	—	—	0,02–0,07% Alk (H); vide auch XXVI.
A. podalyriaefolia A. Cunn.	wenig; m	—	—	0,11% Alk (H); vide auch XXII und XXVI.
A. floribunda Sieb.	wenig; i	—	—	0,04–0,19 (H) und 0,15–0,98 (B) % Alk; vide auch XIII.
A. longifolia Willd.	wenig; i	—	—	0,14–0,29% Alk (H); vide auch XIII und XXII.
XIII (1944):				
A. floribunda	+; i	—	—	0,2% (H) und bis 1% (B) Alk.
A. longifolia	+; i	—	+; i [10]	etwa 0,2% Alk (H und B).
A. pruinosa	+; i	—	+; i	0,04% Alk (H).
XXII (1951):				
A. acinacea Lindley	0–viel; i	—	—	0,04–0,82% Alk (H); in IX keine Alk gefunden.

Tabelle 21. (Fortsetzung)

Taxa und Nr. des Beitrages in [79]	Biogene Amine[2]			Bemerkungen[3]
	PhA	MePhA	TryA	
A. cultriformis	–	–	+; m	Spur–0,02 (H) und 0,04 (grüne Früchte) % Alk.
A. longifolia	viel; i	–	+; m	Samen und Rinde nur Spuren Alk[11].
A. podalyriaefolia	–	–	+; m	0,11% Alk (H); vide auch XXVI.
A. verticillata Willd.[12]	+; i	–	–	0–0,03–0,19% Alk (H).
XXIII (1954):				
A. prominens	+; i	+; i	–	viele Ernten; 4 verschiedene Bäume; nur PhA, oder nur MePhA oder Gemische beider[13].
XXVI (1957):				
A. cultriformis	+; m	–	+; m	0,02% Alk (H).
A. bavilandii Maiden	–	–	–	0,07% Alk (H).
A. acuminata Bentham	Spur	–	viel; i	Muster A 0,72% (H) und Muster B 1,5% (H) Alk; weitere Basen.
A. acola Maiden et Betche	wenig; i	viel; i	–	3,2% Alk (H).
A. cardiophylla A. Cunn.	Spur	–	Spur– wenig; i	0,02–0,06% Alk (H).
A. kettlewelliae Maiden	viel; i	–	–	1,30 und 1,88% Alk (H); wenig andere Basen.
A. podalyriaefolia	Spur– wenig; i	–	viel; i	0,29% Alk in unreifen Früchten.
A. praetervisa	viel; i	Spur– wenig; i	–	2 Bäume; 0,23 und 0,25% Alk (H).
A. spectabilis A. Cunn.	viel; i	–	–	0,21–0,35% Alk (H); davon 60–72% PhA.
A. vestita Ker Gawler	Spur	–	viel; i	0,03–0,28% Alk (H); andere Basen vorhanden.

Legende auf S. 288

288   Bemerkungen zu einigen Stoffgruppen von Acacia

Tabelle 21 (Legende)

1) In vielen Fällen mehrere Exemplare in verschiedenen Jahreszeiten geprüft.
2) PhA = β-Phenylethylamin (= 2-Phenylethylamin); MePhA = N-Methyl-β-phenylethylamin; TryA = Tryptamin; i = isoliert (als Hydrochlorid oder Pikrat); m = anhand von Eigenschaften und mikrochemischen Reaktionen identifiziert; — = nicht beobachtet.
3) H = grüne Teile (Blätter, Phyllodien, Zweigspitzen); B = Blüten oder Blütenstände; Alk = durch Titration ermittelte Rohalkaloidgehalte (biogene Amine und [wenn vorhanden] Alkaloide s. stricto).
4) Arten mit einnervigen Phyllodien und razemösen Gesamtblütenständen.
5) In XXII anderes Exemplar untersucht; hatte auch alkaloidhaltige Samen (0,09%) und Hülsen (0,58%) mit PhA als Hauptalkaloid.
6) Früher Material dieser Art unter den Namen *A. hakeoides* und *A. prominens* untersucht; jetzt neue Herkunft mit 0,6% Alk (H) analysiert.
7) In XXII H dieses Taxons mit negativem Ergebnis auch auf TryA und Mimosin geprüft; in XXIII 940 mg PhA · HCl aus 114 g H isoliert.
8) Echte *A. linifolia* Willd. hatte nur unbedeutende Mengen Alk (H): XXII; XXVI; echte *A. prominens* lieferte in XXII bis 1,17% PhA (H); auch reife Hülsen enthielten 0,65% Alk (hauptsächl. PhA).
9) In XXII unreife Früchte auch 0,17% Alk mit PhA; in XXIII 2,18 g PhA · HCl aus 156 g H isoliert.
10) Weitere Basen vorhanden, aber nicht TryA.
11) Viele Muster untersucht; in H nur PhA; in B daneben zuweilen auch TryA vorhanden; ferner tertiäres Alkaloid nachgewiesen.
12) Verschiedene Formen (z. T. Cvs) untersucht; oft keine Alkaloide nachweisbar; nur in einem Muster war 10% der vorhandenen Basen PhA; in XXVI 0,02–0,05% Alk (H) bei drei Mustern; weder PhA noch TryA nachweisbar.
13) Aus einigen Mustern reines MePhA · HCl isoliert: F Hydrochlorid 160°; F Pikrat 140°. Andere Muster lieferten reines PhA.

Mit Ausnahme von *A. farnesiana* enthielten die in Texas vorkommenden *A.*-Arten Spuren bis wenig (< 0,04%) biogene Amine. Aufgrund von PC-Untersuchungen handelt es sich um Einzelstoffe oder um Gemische von N-Methylphenylethylamin (I), Tyramin (II) und N-Methyltyramin (III) [82]: *A. constricta* Gray (I), *A. greggii* Gray (I + II), *A. rigidula* Bentham (I + III), *A. roemeriana* Scheele (I + II + III), *A. schottii* Torrey (I), *A. texensis* T. et G. (I + II) und *A. hirta* T. et G. (= *A. angustissima* [Mill.] O. Ktz. var. *hirta* [T. et G.] Robins.) (I); die zwei letzterwähnten Sippen gehören zu den am wenigsten verholzten Acacias; sie sind Halbsträucher oder gar beinah Stauden. Aus grünen Zweigen mit Phyllodien von *A. complanata* A. Cunn. wurde das Tryptaminderivat N_b-Methyltetrahydroharman isoliert (0,3%); es wird von Spuren Tetrahydroharman begleitet [83]. Aus den bipinnaten Blättern von in Californien kultivierten Exemplaren von *A. baileyana* F. Muell. wurden im März Tryptamin (20%) und Tetrahydroharman (80%) und im Oktober ausschließlich Tryptamin erhalten; im Juli waren die Blätter frei von Alkaloiden; Totalbasengehalte 0,02% (TG im März) und 0,028% (FG im Oktober) [84]. Ein anderes in Californien kultiviertes australisches Taxon, *A. longifolia* Willd., lieferte Cinnamoylhistaminamid (I) und das neue *trans*-2,*cis*-4-Decadienoylhistaminamid (II) [85]:

Phyllodien (Januar): 0,004% I + 0,023% II
Phyllodien (März): 0,007% I + 0,027% II
Rinde (Januar): 0,015% I + 0,018% II
Reife Hülsen (Juli): 0,170% I + 0,112% II
Reife Samen (Juli): Nur Alkaloidspuren vorhanden
Blüten (März): Nur Alkaloidspuren vorhanden

Die Blätter von 11 im Sudan wachsenden *Acacia*-Taxa wurden ebenfalls auf Vorkommen von Basen geprüft; solche ließen sich bei *A. albida* (= *Faidherbia albida*), *laeta, mellifera, nilotica, seyal* var. *fistula* und var. *seyal*, *sieberiana* und *tortilis* nicht nachweisen. Die übrigen drei Arten enthielten geringe Mengen von N,N-Dimethyltryptamin (TLC, GLC, Pikrat F 170–171°) [86]: *A. nubica* Benth. (= *A. oerfota*) 0,002%, *A. polyacantha* subsp. *campylacantha* 0,004% und *A. senegal* 0,03%.

Das Vorkommen von Tetrahydroharmanderivaten illustriert den fließenden Übergang von Protoalkaloiden oder biogenen Aminen nach Alkaloiden sensu stricto in der Riesengattung *Acacia*. Zu den echten Alkaloiden gehört übrigens auch das in geringen Mengen (0,01%) in grünen Zweigen und Phyllodien von *Acacia* aff. *retinodes* vorhandene Nicotin [86a].

Für weitere Angaben zur Alkaloidführung der *Acacieae* wird nach Bd. XIa, 274–275, 283, und nach der Besprechung von individuellen *Acacia*-Arten auf S. 300–330 in diesem Band verwiesen.

Cyanogene Verbindungen und Cyanogenese (Abb. 37) – Wurden bereits in Bd. XIa, 295–308, ausführlich besprochen; für *Acacia* vide speziell S. 298 von Tabelle 28. In den vergangenen 20 Jahren wurden viele Aspekte der Cyanogenese in der Riesengattung *Acacia* besser bekannt. Der Zusammenarbeit von Phytochemikern, Biochemikern und Botanikern verschiedener Arbeitsrichtungen (Arbeitsgruppen CONN-SEIGLER-MASLIN et al. [USA-Australien] und ETTLINGER-JAROSZEWSKI-BRIMER-NARTEY-ROBBERTSE et al. [Dänemark-Südafrika] verdanken wir den beachtlichen Fortschritt unserer Kenntnisse von Chemie, Biochemie und Biologie der cyanogenen Verbindungen mancher *Acacia*-Arten. In einem vielumfassenden Sammelbericht von SEIGLER, MASLIN und CONN (Ref. [15] auf S. 306 von Bd. XIa) wurde das meiste, das über *Acacia*-Cyanogene bekannt geworden war, zusammengefaßt; hier werden auch Probleme der richtigen Interpretation der Cyanogenese-Literatur besprochen; ferner finden sich Hinweise auf eine mögliche systematische Verwendung dieses Merkmalskomplexes bei einzelnen Leguminosen-Taxa. An dieser Stelle möchte ich mich auf drei Aspekte beschränken: (a) neue Literatur (speziell über Isolation von cyanogenen und biogenetisch verwandten Glykosiden); (b) Polymorphismus und Polytypismus beim Cyanogenese-Merkmal von *Acacia*-Arten; (c) Bedeutung der Cyanogenese-Biochemie für die Klassifikation der Riesengattung *Acacia*.

(a) *Neu aus Acacia-Arten isolierte cyanogene Glykoside und verwandte Körper* – Seit den Untersuchungen von RIMINGTON in Afrika und FINNEMORE in Australien waren Acacipetalin (später = Proacacipetalin [87]) für afrikanische Arten und Prunasin oder Sambunigrin für australische bekannt. In jüngster Zeit wurde

A. sieberiana var. *woodii* (= *A. lasiopetala*) sehr intensiv bearbeitet. Neben Proacacipetalin konnten Dihydroproacacipetalin (= Heterodendrin) [88] und Proacaciberin [89] nachgewiesen und 3-Hydroxyheterodendrin [90] isoliert werden; es handelt sich um Begleitglykoside von Proacacipetalin in jungen Blättern und Stengeln und in jungen Früchten (ohne die nicht-cyanogenen Samen). Aus samenfreien unreifen Früchten gelang außerdem Isolation von zwei glykosidischen Körpern, welche möglicherweise mit dem Blausäurestoffwechsel dieser Art verknüpft sind: 2β-D-Glucopyranosyloxy-2-methylpropanol [91] und 1β-Vicianosyl-(*S*)-2-methylbutyrat [92]. Heterodendrin wurde aus Blättern der afrikanischen Arten *A. giraffae* Willd. (= *A. erioloba*) und *A. heberlada* (= *A. stolonifera*) als Gemisch mit Proacacipetalin isoliert, und eindeutig identifiziert [93]. Eine Überraschung brachten Beobachtungen mit Blättern von *A. farnesiana* aus dem Arboretum der Universität von California; sie enthielten Linamarin und Lotaustralin. Damit war für die Gattung auch der Valin-Isoleucin-Weg nach cyanogenen Glykosiden nachgewiesen [94]. *A. farnesiana* gehört zum subgen. *Acacia* (= *Gummiferae*). Später wurden Linamarin und Lotaustralin auch bei der in Argentinien heimischen *A. aroma* Gill. beobachtet [95], und bei drei weiteren lateinamerikanischen Arten cyanogene Glykoside [95] nachgewiesen: Proacacipetalin bei *A. atramentaria* Bentham (Argentinien) und *A. tortuosa* (L.) Willd. (Venezuela; enthält noch ein anderes nichtidentifiziertes cyanogenes Glykosid); Epiheterodendrin bei *A. globulifera* Safford (Guatemala). Ein weiterer amerikanischer Vertreter von Subgenus *Acacia*, *A. constricta* Gray, bildet in jungen Blättern reichlich Proacacipetalin [96]. Die Untersuchung nord- und mittelamerikanischer Arten wurde mit der Testung von 202 Herbarium-Exemplaren („Herbarium at the University of California at Berkeley") fortgesetzt (= 99 Species). Bei 73 Exemplaren, welche 14 Species vertraten, konnte Cyanogenese nachgewiesen werden, i.e. bei *A. californica, chiapensis, cochliacantha* (inkl. *cymbispina*), *collinsii, constricta, farnesiana, globulifera, hindsii, macracantha, milleriana, pringlei, schaffneri* var. *schaffneri* und var. *bravoensis* (zuweilen zu *A. tortuosa* gerechnet). Mit Ausnahme von *A. constricta* waren dies neu-entdeckte cyanogene Taxa. Bei Nachprüfungen im Felde, bei welchen auch grüne Zweige und junge Blätter eingesammelt und getrocknet wurden, konnte Cyanogenese bei *A. chiapensis, cochliacantha, hindsii, macracantha* und *schaffneri* (Watson) Hermann var. *schaffneri* (alle Mexico) und var. *bravoensis* Isely (Texas) bestätigt werden. Im eingesammelten Material dieser 6 Taxa konnte Acacipetalin (d.h. Proacacipetalin) als vorherrschendes cyanogenes Glucosid nachgewiesen werden. Damit war gezeigt, daß der Leucin-Weg nach cyanogenen Verbindungen auch bei manchen amerikanischen Vertretern von Subgenus *Acacia* vorkommt. Vom herbarium-positiven Taxon *A. collinsii* waren alle im Felde geprüften Exemplare nicht cyanogen; vgl. dazu sub (b). Auch alle im Felde geprüften Pflanzen von *A. angustissima, berlandieri, cornigera, greggii, neovernicosa, pennatula, rigidula, smallii* und *sphaerocephala* spalteten keine Blausäure ab. Weitere chemotaxonomisch und chemoökologisch orientierte Arbeiten mit australischen und afrikanischen *Acacia*-Arten erweiterten unsere Kenntnis der Cyanogenese in der Gattung dermaßen, daß vorsichtige taxonomische Bewertung dieses Merkmalskomplexes (vgl. auch sub [c]) möglich geworden ist [98–101].

Acacia giraffae, eine afrikanische Art der Untergattung *Acacia*, produziert Proacacipetalin, und bei den cyanogenen australischen Arten aus der Untergattung *Heterophyllum* (= *Phyllodineae*), *A. cunninghamii* s. l. (Sa), *A. deanei* subsp. *paucijuga* (P), *A. parramattensis* (M) und *A. pulchella* (M), wurden Mandelonitrilglucoside (M; Konfiguration nicht ermittelt, Prunasin = [*R*]-Form [P], oder Sambunigrin = [*S*]-Form [Sa]) nachgewiesen. Bei einer weiteren Art aus der Untergattung *Acacia*, *A. farnesiana*, konnten mit Hilfe von enzymatischen Versuchen (gute Spaltung durch Linamarase; schlechte Spaltung durch Emulsin) Linamarin und Lotaustralin als Hauptglucoside der Blätter wahrscheinlich gemacht werden (vgl. dazu auch [94]) [98]. In Australien ist die Untergattung *Acacia* nur schwach vertreten (6–10 Arten im nördlichen Teil: Northern Territory; Norden von Westaustralien). Durch Isolation von Proacacipetalin aus Blättern und grünen Zweigen von *A. pachyphloia* W. V. Fitzg. [99] und *A. sutherlandii* F. Muell. [100] wurde gezeigt, daß sich australische Vertreter der Untergattung *Acacia* gleich verhalten wie afrikanische Arten (z. B. *A. erioloba, heleclada, sieberiana* var. *woodii*). Aus *A. sutherlandii* konnte gleichzeitig das nicht-cyanogene, aber biogenetisch verwandte Sutherlandin (16 mg aus 174 g Trockenmaterial) isoliert werden. Vor kurzem festigte auch die nicht-australische (nur eine Art im nördlichsten Teil von Australien) Untergattung *Aculeiferum* das ihr gebührende Interesse auf sich [101]. Bei Prüfung von Herbariummaterial (Univ. of California, Berkeley) konnte Cyanogenese für *A. caffra* (Thunb.) Willd., *chariessa* Milne-Redh., *hereroensis* Engl. und *A. welwitschii* Oliver (alle Afrika) nachgewiesen, und bei den amerikanischen Vertretern der Untergattung nur bei *A. acatlensis* (Mexico: 2 von 7 Exemplaren HCN-positiv) und *A. klugii* (Peru: 1 schwach HCN-positives Exemplar) beobachtet werden. Für genauere Untersuchungen stand in Südafrika gesammeltes Blattmaterial von *A. caffra* und *hereroensis* zur Verfügung; beide Arten lieferten Sambunigrin, welchem 5–10% Prunasin beigemischt war [101]. Damit war gezeigt, daß in der Untergattung *Aculeiferum* wie in der australischen Untergattung *Heterophyllum* (= *Phyllodineae*) der Phenylalanin-Weg zur Bildung von cyanogenen Glucosiden realisiert ist.

(b) *Fakultative Cyanogenese* – Seit langem ist bekannt, daß innerhalb bestimmter Arten lange nicht alle Individuen cyanogen sind. Acyanogene Pflanzen bilden cyanogene Glykoside, aber keine spaltenden Enzyme, oder aber beide, Glykoside und Enzyme, fehlen ihnen. Die Erscheinung der fakultativen Cyanogenese und ihre ökologische Bedeutung wurden in Bd. VII, 348–349, 358–363, ziemlich ausführlich besprochen. Die Leguminosen *Lotus corniculatus* und *Trifolium repens* gehören zu den in dieser Hinsicht am intensivsten bearbeiteten Taxa. Aber auch in der Gattung *Acacia* sind fakultativ cyanogene Taxa häufig, wie zahlreiche Beobachtungen von SEIGLER und Mitarbeitern gezeigt haben. Dazu einige Beispiele:

A. farnesiana: Blätter von 62 Bäumen von zwei Standorten geprüft; HCN-Gehalte von 0–160 ppm ermittelt; deutliche Tendenz zur Gehaltserhöhung in der Regenzeit beobachtet; das gilt für Exemplare mit hohem und solche mit niedrigem Gehalt [94, 102].

Poponax Britton et Rose-Gruppe: Analyse des *A. macracantha-pennatula-cochliacantha*-Aggregates [7,103] ergab folgendes: 200 Exemplare von *A. macracantha*

Humb. et Bonpl. geprüft; 89% waren cyanogen. *A. pennatula* Benth. subsp. *pennatula*; nur 21% der geprüften 450 Individuen waren cyanogen; subsp. *parvicephala* Seigler et Ebinger mit über 50% cyanogenen Individuen unter den 40 geprüften ist möglicherweise hybridogenen Ursprungs. *A. cochliacantha* Humb. et Bonpl.; nur ca. 20% der geprüften 240 Exemplare waren cyanogen. Überall FEIGL-ANGER-Test mit Folioli ausgeführt und kein Enzym verwendet. Hybridisation mit *A. macracantha* könnte eine der Ursachen des Auftretens von Cyanogenese in *A. cochliacantha* sein [103].

A. rigidula-Aggregat [8]: Hier FEIGL-ANGER-Test mit Zufügung von Emulsin verwendet (spaltet auch Proacacipetalin gut, nicht aber Linamarin). *A. rigidula* Benth. war nicht cyanogen (75 Exemplare geprüft). *A. brandegeana* I. M. Johnston war ebenfalls nicht cyanogen (*all specimens examined*). *A. bilimekii*; von 26 Exemplaren waren 6 schwach positiv, wovon 5 erst nach Zufügung von Emulsin. Dieses Taxon könnte mit *A. amentacea* DC. identisch sein. *A. pringlei* Rose subsp. *pringlei* ist fakultativ cyanogen, wenn Emulsin zugefügt wird (6 von 68 geprüften Exemplaren); gleich verhielt sich ihre subsp. *californica* (Brandegee) Lee, Seigler et Ebinger (= *A. californica* Brandegee) (*few specimens did test positive for cyanide production if emulsin was used in the test*).

A. farnesiana-Komplex [9]: Analyse von 6 Taxa aus diesem Verwandtschaftskreis; hier Cyanogenese-Tests dreistufig ausgeführt: kein Enzym, + Emulsin, + Linamarase.

A. farnesiana (L.) Willd. var. *farnesiana* (inkl. *A. smallii* Isely); 89% der geprüften Exemplare waren cyanogen, die meisten schwach, einige stark.

A. farnesiana var. *guanacastensis* Clarke, Seigler et Ebinger; alle geprüften Individuen waren schwach bis stark cyanogen.

A. schaffneri (S. Watson) F. J. Hermann var. *schaffneri*; alle geprüften Pflanzen waren mäßig bis stark cyanogen.

A. schaffneri var. *bravoensis* Isely; alle geprüften Exemplare waren stark cyanogen.

A. pacensis Rudd et Carter; alle geprüften Pflanzen waren stark cyanogen.

A. tortuosa (L.) Willd. (= *Poponax tortuosa* [L.] Raf.); 95% der geprüften Herbariumexemplare waren schwach cyanogen. Bei Kontrollen in der Natur wurden auch Sträucher oder Bäume mit stark cyanogenen Blättern beobachtet.

A. constricta-Sammelart [10]: Auch hier Folioli dreistufig [9] auf Cyanogenese geprüft.

A. constricta Benth.; Cyanogenese bei 98% der geprüften Exemplare beobachtet; meistens stark, ausnahmsweise schwach cyanogen.

A. neovernicosa Isely; nur 12% der geprüften Pflanzen waren cyanogen, die meisten schwach, ganz wenige stark.

A. schottii Torrey; 50% nichtcyanogene, 25% schwach cyanogene und 25% stark cyanogene Exemplare beobachtet.

A. biaciculata S. Watson; 44% der geprüften Individuen hatten nach Linamarase-Zugabe schwach cyanogene Blätter.

A. glandulifera S. Watson; 38% der geprüften Exemplare waren schwach cyanogen.

Ausführlich wurden Polymorphismus und Polytypismus hinsichtlich der Cyanogenese bei südamerikanischen Arten untersucht. Dazu wurden verwendet: Herbariummaterial und eine Population von 25–50jährigen Bäumen von *A. caven* bei Cauquenes in Mittelchile, und auf einem Versuchsgelände bei Cauquenes (35°58'S–71°37'W; alt. 177 m; jährl. Niederschlagsmenge 642 mm; mittlere Jahrestemp. 12,9°) aus Samenmustern verschiedener Herkunft aufgezogene 1jährige Sämlinge. Geprüft wurden Folioli mit dem GUIGNARD-Test [104] oder dem FEIGL-ANGER-Test [105]. Alle zur Untergattung *Aculeiferum* gehörenden Herbariumexemplare hatten nicht-cyanogene Folioli, i.e. *A. boliviana* Rusby (sect. *Filicinum*; 2 Exemplare geprüft), *A. bonariensis* Gill. ex Hook. et Arn. (4 Ex.) und je 2 Exemplare von *A. riparia* HBK (Südbrasilien), *A. furcatispina* Burk., *A. praecox* Griseb., *A. tucumanensis* Griseb. und *A. visco* Lor. ex Griseb. (Nordargentinien). Die mit Vertretern der Untergattung *Acacia* erzielten Ergebnisse wurden in Tabelle 22 zusammengefaßt.

Die Autoren [104, 105] diskutierten die Literatur über fakultative Cyanogenese und ihre eigenen Befunde recht ausführlich. Sie betonen die Häufigkeit dieser Erscheinung bei weiträumigen Arten und ihre mutmaßlich ökologische Bedingtheit (Ökodeme sind oft gleichzeitig Chemodeme). Ferner weisen sie darauf hin, daß bisher die südamerikanischen *Acacia*-Arten in mancher Beziehung weitaus am schlechtesten bekannt sind. Sie zeigten beispielsweise, daß auch *A. aroma* fakultativ cyanogen ist, obwohl die wenigen geprüften Herbariumexemplare acyanogen waren (Tabelle 22). Ganz allgemein wird betont, daß noch viel zu wenig Einzelheiten über Verteilung und Intensität der Cyanogenese in der Gattung *Acacia* bekannt geworden sind, um ihren Blausäurestoffwechsel ökologisch vollständig begreifen zu können. Warum sind beispielsweise alle bisher geprüften amerikanischen Vertreter der Untergattung *Aculeiferum* acyanogen? Diese Feststellung gilt übrigens nicht mehr für die *Aculeifera* von Afrika und die amerikanischen Taxa *A. acatlensis* und *klugii* [101].

In Zentralamerika ist die Untergattung *Acacia* mit einer Reihe von sogenannten myrmekophilen Acacien (= Ameisen-Acacien) vertreten. Diese haben hohle Stipulardorne mit Öffnungen nach außen, welche gewissen Ameisenarten als Wohnung dienen. Es handelt sich hier um ausgesprochenen Mutualismus: Die Pflanze bietet Wohnung und Nahrung (extraflorale Nektarien und Ameisenbrötchen [= Beltsche oder Müllersche Körperchen = BELTIAN BODIES]), und die Ameisen verteidigen die Pflanze gegen herbivore Insekten und Milben, räumen pathogene Pilzsporen auf, und verhindern Überwucherung durch windende und kletternde Pflanzen. Obligat-myrmekophile Acacias, wie beispielsweise *A. cornigera*, benötigen keine chemische Verteidigung mehr; sie sind acyanogen und enthalten auch keine anderen giftigen Sekundärstoffe. Eine Art wie beispielsweise *Acacia farnesiana* ist anderseits auf chemische Verteidigung angewiesen; dafür verwendet sie cyanogene Glykoside und noch nicht näher bekannte Sekundärstoffe [107–111]. *Acacia*-Arten sind acyanogen, cyanogen oder fakultativ cyanogen. Die in dieser Beziehung tatsächlich für eine bestimmte Art geltenden Verhältnisse sind jedoch erst nach Prüfung von vielen Exemplaren aus ihrem Verbreitungsgebiet bekannt. Dazu eignen sich auch Herbariumexemplare, denn in den meisten Fällen bleiben

Tabelle 22. Cyanogenese-Untersuchungen mit südamerikanischen Taxa aus der Untergattung *Acacia* (= *Gummiferae*) [104, 105]

Taxon	N[1]	Ergebnisse		Bemerkungen[2]
		negativ	positiv	
HERBARIUM-EXEMPLARE:				
A. albicorticata	2	2	0	G
A. aroma Gill. ex Hook. et Arn.	3	3	0	G
A. atramentaria Benth.	2	0	1 schwach, 1 mäßig	G
A. caven Mol. var. *caven* [106]	12	8	4 schwach	G
A. caven var. *dehiscens* Burk. [106]	4	3	1 schwach	G
A. caven var. *macrocarpa*	6	6	0	G
A. caven var. *microcarpa*	7	7	0	G
A. caven var. *sphaerocarpa*	4	4	0	G
A. caven var. *stenocarpa* Burk. [106]	7	7	0	G
A. macracantha H. et B. ex Willd.[3]	4	–	4 stark	G
A. curvifructa Burk.[4]	3	1	2 schwach	G
A. caven × *A. atramentaria*[5]	2	2	0	G
POPULATIONSANALYSEN				
A. caven (erwachsene Bäume): Cauquenes-Chile	30	15	15 schwach	FA
A. caven-Sämlinge: Cordoba-Argentinien[6]	30	25	5 schwach	FA
A. caven-Sämlinge: Entre Rios-Argentinien	30	18	12 schwach	FA
A. caven-Sämlinge: Cauquenes-Chile	30	3	25 schwach, 2 mäßig	FA
A. caven-Sämlinge: Copiapo-Chile	30	16	14 schwach	FA
A. aroma-Sämlinge: Cordoba-Argentinien	28	0	19 schwach, 9 mäßig	FA
A. atramentaria-Sämlinge: Cordoba-Argentinien	28	28	0	FA
A. farnesiana-Sämlinge: Tarija-Bolivien	28	0	5 schwach, 23 mäßig	FA
A. minuta: Tuscon-Arizona	28	9	18 schwach, 1 mäßig	FA

1) Zahl der untersuchten Exemplare.
2) G = GUIGNARD-Test (Natriumpikrat): ca. 50 Folioli zerstampfen, anfeuchten, mit wenigen Tropfen Toluol konservieren; Beobachtung nach 2–4 h, 1–2 Tagen und 3–6 Tagen; keine Enzyme zugefügt.
FA = FEIGL-ANGER-Test: ca. 250 Folioli der einjährigen Sämlinge zerstampfen; anschließend bei 20° während 4 Tagen beobachten; kein Cytolyticum und keine Enzyme zugefügt.

bei *Acacia*-Arten die cyanogenen Verbindungen während des Trocknens erhalten [108]. Aus chemoökologischer Sicht sind die myrmekophilen Acacien interessant. Über ihr cyanogenes Verhalten waren in der Literatur widersprüchliche Angaben zu finden. SEIGLER und EBINGER beschäftigten sich intensiv mit dem erwähnten Fragenkomplex [108]. Ihre Ergebnisse wurden in Tabelle 23 zusammengestellt.

Die Ergebnisse (Tabelle 23) rechtfertigen folgende Schlüsse:
1.) Die meisten Ameisen-Acacien speichern keine cyanogenen Glykoside.
2.) 2 Arten, *A. chiapensis* und *globulifera*, sind cyanogen.
3.) Eine Art, *A. hindsii*, ist ausgesprochen fakultativ cyanogen.

Wie diese Beobachtungen ökologisch richtig zu erklären sind, bleibt vorläufig eine offene Frage. Vielleicht spielen als selektierend wirkende Kräfte auch die durch JONES [109] erwähnten Ameisen-Predatoren, welche Acacien stark beschädigen können, eine entscheidende Rolle.

Addendum: Zu den fakultativ-cyanogenen Arten gehört vielleicht auch die zur Untergattung *Acacia* gehörende *A. leucophloea* (Roxb.) Willd. von Indien und Südostasien. Man findet sie in der einschlägigen Literatur (z. B. Tabelle von SEIGLER-MASLIN-CONN [vgl. Bd. XIa, 297] und *WEALTH OF INDIA*, 2nd. Ed., Vol. I: A, 33–34 [1985]) nicht als cyanogen aufgeführt. In *WEALTH OF INDIA* wird beispielsweise erwähnt, daß ihre grünen Früchte und Samen gegessen werden, und daß Schafe und Geißen die Früchte gerne fressen. Trotzdem liegen Berichte über letale Vergiftungen von weidendem Vieh in Zentralindien (Gegend von Jhansi) durch Früchte dieser Art vor [111]. Bei Nachprüfung wurde starke HCN-Produktion durch gemahlene, angefeuchtete Früchte konstatiert; in einem Versuch (semiquantitativer GUIGNARD-Test) wurden Konzentrationen von über 0,21 % HCN (2154 und 2168 ppm) ermittelt [111]. Wenn bei diesen Arbeiten keine Fehlidentifikation unterlief, ist *A. leucophloea* ein fakultativ cyanogenes und potentiell giftiges Taxon. Es ist denkbar, daß das bekannt gewordene cyanogene Chemodem einer auf gewisse Gegenden Indiens beschränkten chemischen Rasse entspricht (chemischer Polytypismus).

(c) *Systematische Bedeutung der cyanogenen Acacia-Verbindungen* – Bereits verschiedentlich wurde darauf hingewiesen (vgl. z. B. [96–101]), daß die 2–3 in der Gattung *Acacia* realisierten Wege nach cyanogenen Glykosiden wertvolle systematische Merkmale darstellen.

A. Der Phenylalanin-Weg liefert Sambunigrin und Prunasin. Er ist seit langem von australischen Arten mit Phyllodien bekannt, und wurde auch bei den afrikanischen Arten *A. caffra* und *hereroensis* (Untergattung *Aculeiferum* = VULGARES) beobachtet.

---

3) Soll mit *A. caven* nächst verwandt sein.
4) Nach BURKART mutmaßlich hybridogenes Taxon: *A. caven* × *A. farnesiana*.
5) Aus Samen gezogen; durch BURKART identifiziert; in diesem Falle frische Kotylen geprüft.
6) Jeweilen Herkunft des verwendeten Saatgutes angegeben.
N. B. Nach [95] bildet *A. aroma* Linamarin und Lotaustralin.

Tabelle 23. Myrmekophile *Acacia*-Taxa („ant-acacias") und Cyanogenese [108]

Taxon	N[1]	Cyanogenese	Bemerkungen
A. allenii Janzen	2	nicht nachweisbar	Costa Rica
A. chiapensis Safford	80	72 cyanogen; 8 acyanogen	Südmexico[2]; enthält Proacacipetalin
A. collinsii Safford	230	nicht nachweisbar	Südmexico-Colombia; frühere positive Befunde nicht bestätigt
A. cookii Safford	28	nicht nachweisbar	–
A. cornigera (L.) Willd.	100	nicht nachweisbar	auch viele Populationen im Felde geprüft[3]
A. gentlii Standley	17	nicht nachweisbar	–
A. globulifera Safford	66	62 cyanogen (1/3 erst nach Zufügung Emulsin); 4 acyanogen	Südmexico-Guatemala-Belize-Honduras[4]
A. hindsii Benth.	280	116 cyanogen (4 davon nur mit Emulsin); 164 acyanogen	enthält Proacacipetalin in cyanogenen Exemplaren
A. mayana Lundell	13	nicht nachweisbar	–
A. melanoceras Buerling	5	nicht nachweisbar	–
A. ruddiae Janzen	4	1 schwach cyanogen; 3 acyanogen	–
A. sphaerocephala Schlecht. et Chamisso	50	nicht nachweisbar	frische Folioli von 10 Exemplaren einer Population in Veracruz, Mexico, waren ebenfalls acyanogen

1) Anzahl geprüfte Herbarium-Exemplare; daneben auch viele Cyanogenese-Tests bei Feldarbeiten mit frischen Blättchen ausgeführt (deren Zahl aber nicht aufgeführt).
2) ... *is a marginal host for obligate acacia-ants and it retains cyanogenic glycosides in leaves to limit herbivory* ....
3) Frischblättchen aus zwei Populationen in Costa Rica, Guanacaste-Prov., waren sehr schwach cyanogen; nach Trocknen ließ sich in diesem Material Cyanogenese nicht mehr nachweisen.
4) Gleicht in mancher Hinsicht *A. chiapensis*; bildet und speichert Epiproacacipetalin.

B. Die von verzweigten, aliphatischen Aminosäuren ausgehende Biogenese läßt sich in zwei Wege unterteilen.

B1: Verwendet Valin und Isoleucin und liefert Linamarin und Lotaustralin. Vorläufig nur von *A. aroma* und *farnesiana* bekannt.

B2: Ausgehend von Leucin entstehen die cyanogenen Glucoside Proacacipetalin und Heterodendrin und ihnen nahestehende Derivate. Sie sind in der Untergattung *Acacia* (= *Gummiferae*) weit verbreitet, und wurden bei afrikanischen, nordaustralischen und vielen amerikanischen Vertretern dieses Taxons beobachtet. Eine Schwierigkeit für Übernahme der ansprechenden und modernen Klassifikation von VASSAL besteht darin, daß dieser Autor nur die durch ihn selber bearbeiteten Arten in sein System eingliederte. Da bei seiner Klassifikation außer allgemein gebräuchlichen morphologischen Merkmalen auch Einzelheiten im Bau von Pollen, Samen, Keimpflanzen und stacheligen Anhängseln eine wichtige Rolle spielen, ist richtige Eingliederung von bestimmten Arten, bei denen diese Merkmale noch nicht genau untersucht wurden, problematisch [101]. MASLIN, DUNN und CONN [112] verwendeten bei der Beurteilung des Cyanogenesemerkmals bei den australischen Acacien VASSAL's Dreiteilung der Gattung (subgen. *Acacia*, *Aculeiferum* und *Heterophyllum* [= *Phyllodineae*]), gliederten aber die Vertreter der *Phyllodineae* mit über 820 Arten in die 7 durch PEDLEY in 1978 (nicht in [5]) definierten Sektionen. Bei der Prüfung von annähernd 96% aller australischen *Acacia*-Arten auf Cyanogenese mit Hilfe von 3427 Herbarium-Exemplaren und 1023 Frischpflanzenmustern konnte Cyanogenese eindeutig bei 45 Arten und wenigen Taxa *incertae sedis* nachgewiesen werden. Da seit den wichtigen Arbeiten von FINNEMORE et al. in den zwanziger Jahren bekannt war, daß manchen *Acacia*-Arten mit cyanogenen Glucosiden das spaltende Enzym fehlt, wurde bei allen Cyanogenese-Tests Emulsin zugefügt. Kurz zusammengefaßt, zeichnete sich für Australien folgendes Bild ab.

Subgenus **Acacia**: In Australien nur 6 Arten; davon *A. pachyphloia* und *sutherlandii* untersucht; beide mit Proacacipetalin. N.B. *A. farnesiana* gehört zu dieser Sektion, wurde aber vermutlich bereits früh in Australien aus Amerika eingebürgert.

Subgenus **Aculeiferum**: In Australien nur durch *A. albizioides*, welche vorläufig nicht auf Cyanogenese untersucht wurde, vertreten.

Subgenus **Phyllodineae** (**Heterophyllum**):

Sektion ALATAE (mit 10 Species): Keine cyanogenen Arten entdeckt.

Sektion LYCOPODIIFOLIAE (11): HCN-Abgabe nirgends beobachtet.

Sektion PHYLLODINEAE (352): Keine Cyanogenese beobachtet.

Sektion PLURINERVES (178): Keine Cyanogenese beobachtet.

Sektion BOTRYCEPHALAE (36): Ungefähr 14% der Arten cyanogen, i.e. *A. deanei* subsp. *deanei* (sehr schwach) und *paucijuga* (P), *A. irrorata* subsp. *irrorata*, *A. parramattensis* (P), *A. polybotrya* (P) und zwei Herkünfte *A.* aff. *schinoides* (P).

Sektion PULCHELLAE (27): Etwa 4% der Arten cyanogen, i.e. *A. pulchella* var. *glaberrima* mit einigen Formen, worunter die Wannamala-Variante (S), var. *goadbyi* (S), var. *pulchella*, var. *reflexa* (Heterodendrin) und var. *subsessilis*.

Sektion JULIFLORAE (219): Annähernd 17% der Arten cyanogen, i.e. *A. adsurgens* (S), *A. atkinsiana* (S), *A. beauverdiana* (S), *A. binervia* (S), *A. blakei* (S), *A.* aff. *blakei* (S), *A. burrowii*, *A. caroleae* (P), *A. cheelii* (S), *A.* aff. *citrinoviridis*, *A. conniana* (S), *A. curvinervia* (S), *A. diphylla* (S), *A. doratoxylon* (S), *A. exilis* (S), *A. gonocarpa*, *A. gracillima* (2 Muster; beide viel S + P), *A. granitica* (S), *A. julifera* subsp. *julifera* (S), *A. kempeana*, *A.* aff. *kempeana*, *A. lasiocalyx* (S), *A. longiphyllodinea* (S), *A. lysiphloia*, *A.* aff. *macdonnelliensis*, *A. olgana* (P), *A. pubifolia* (S), *A. pycnostachya* (S), *A. resinomarginea* (S), *A. rhodophloia*, *A. sibina* (P), *A. signata* (S), *A. sparsiflora* (S), *A. stowardii* (S), *A. trachycarpa* (2 Muster; beide S + P) und *A. yorkrakinensis* (S).

P = Prunasin oder Prunasin + < 50% S
S = Sambunigrin oder Sambunigrin + < 50% P
P + S = ungefähr gleiche Mengen P und S
Wo Angaben über cyanogene Glykoside fehlen, nur Cyanogenese nachgewiesen.

Demnach ist Cyanogenese in der Untergattung **Phyllodineae** auf drei Sektionen beschränkt, und außerdem mit einer Ausnahme, *A. pulchella* var. *reflexa* Maslin, nur durch den Phenylalanin-Weg nach cyanogenen Verbindungen vertreten. Soweit darauf untersucht, speichern diese Taxa Prunasin oder Sambunigrin oder Gemische beider.

Nach diesen Ergebnissen ist nur etwa 5% der australischen Acacien cyanogen. Die positiven Arten kommen gehäuft bei den *Botrycephalae*, *Pulchellae* und speziell bei den *Juliflorae* vor. Die Autoren interpretieren das eher erratische Auftreten von Speicherung der zwei Mandelsäurenitrilglucoside wie folgt [112]: Es stellt in der Gattung *Acacia* in Australien ein relativ junges Merkmal dar, das in verschiedenen Entwicklungslinien der *Phyllodineae* parallel aufgetreten, und durch die Art des in ihren Biotopen herrschenden Selektionsdruckes erhalten geblieben ist. In systematischer Hinsicht sind zwei Resultate hoch interessant. a) Die zwei in der Untergattung *Acacia* klassierten australischen Arten verhalten sich hinsichtlich der Cyanogenese, wie die nicht-australischen Arten. b) Manche euryöke australische *Acacia*-Arten sind sehr variabel; sie sind polymorph und vielfach auch polytypisch. Diese Neigung zur innerartlichen adaptiven Radiation kann auch chemische Merkmale erfassen. Das äußert sich u.a. in der Häufigkeit von fakultativer Cyanogenese und im Auftreten von Heterodendrin bei *A. pulchella* var. *reflexa*. Erste Ansätze zur Speicherung von aliphatischen cyanogenen Glucosiden wurden auch bei *A. exilis* beobachtet [112]. Der letzterwähnte Aspekt der Cyanogenese bei *Acacia* verdient es, um genauer untersucht zu werden. Handelt es sich um irgendwelche bei derartig umfangreichen Reihenuntersuchungen leicht mögliche Irrtümer, oder illustrieren die beschriebenen Beobachtungen tatsächlich erste Anzeichen eines Übergangs vom Phenylalanin-Weg auf den Leucin-Weg nach cyanogenen Verbindungen innerhalb der Untergattung *Phyllodineae* (= *Heterophyllum*)? Vorläufig darf wohl der Phenylalanin-Weg als Tendenz-Merkmal der *Phyllodineae* aufgefaßt werden. Da der gleiche Weg in der Untergattung *Aculeiferum* vorkommt, stützt dieses biochemische Merkmal die Hypothese, daß *Aculeiferum* und *Heterophyllum* (= *Phyllodineae*) näher miteinander verwandt sind, als jedes dieser zwei Taxa mit der Untergattung *Acacia* [101].

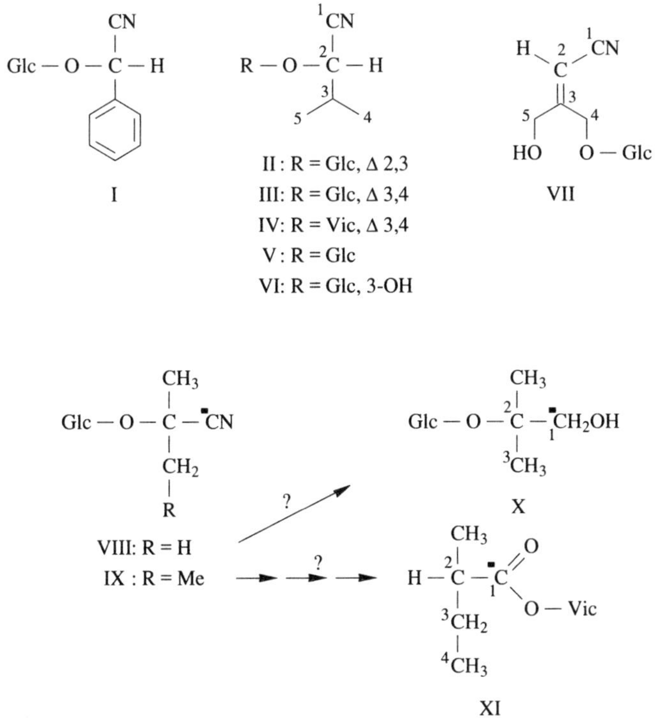

Abb. 37. Produkte des HCN-Stoffwechsels bei den *Acacieae*

I = Prunasin und Sambunigrin ● II = Acacipetalin (entsteht durch Isomerisierung aus III) ● III = Proacacipetalin (= genuiner Naturstoff) ● IV = Proacaciberin ● V = Heterodendrin und Epiheterodendrin ● VI = 3-Hydroxyheterodendrin ● VII = Sutherlandin (ist nicht cyanogen) ● VIII = Linamarin ● IX = Lotaustralin ● X = 2β-D-Glucopyranosyloxy-2-methylpropanol ● XI = 1β-Vicianosyl-2-methylbutyrat

Vic = Vicianose: Ara-(1α-6)-Glc
X und XI: Aglyka könnten durch Verseifung der Cyan-Gruppe und anschließende Reduktion oder Glykosidierung der Carboxylgruppe entstehen
VI, X, XI: Aus *A. sieberiana* var. *woodii* als Begleiter von III, IV und V
VII: Aus *Acacia sutherlandii*
VIII, IX: Aus *Acacia aroma* und *farnesiana*

Mono- bis Diterpene — Wurden in Bd. XIa, 308–314, behandelt. Dabei kamen auch die Diterpene der Cassan-Klasse in Wurzeln von *A. jacquemontii* zur Sprache. Labdanoide Diterpene wurden aus Zweigspitzen einer nicht genau identifizierten australischen *Acacia*-Art isoliert: Sclareol, 13-Episclareol, Labd-13-en-8α,15-diol, Labd-13-en-3β,8α,15-triol und Labd-13-en-3β,8α-diol-15-säure [113]. Vide ferner Abschnitt 3: *Ergänzende Angaben zu einzelnen Arten*.

Triterpene und Saponine — Wurden in Bd. XIa, 314–330, 436, besprochen. Dabei wurde auch auf ihr verhältnismäßig häufiges Vorkommen bei *Acacia*-Arten hingewiesen und das Triterpensapogenin Acaciasäure aus *A. concinna* illustriert

(Abb. 21). Vgl. zu *Acacia*-Saponinen von Indien I. P. VARSHNEY, Ref. [30] auf S. 330 von Bd. XIa. Nachträge zum Vorkommen und zur Biologie der Leguminosensaponine vide in diesem Bande, S. 31. Angaben zu *Acacia*-Saponinen ferner im Abschnitt 3: *Ergänzende Angaben zu einzelnen Arten*. Triterpenacetate als Blattwachskomponenten [116].

Phytosterine und andere Lipide – *Acacia*-Holzsterine wurden bereits in Bd. XIa, 331–334, kurz besprochen.

Cuticularwachse haben oft eine taxon-spezifische Zusammensetzung. HORN und LAMBERTON [114] wiesen erstmalig langkettige β-Diketone als Hauptkomponenten (bis 50%) der Blatt- und Stengelwachse von allen untersuchten *Eucalyptus*-Arten, von *Festuca glauca, Dianthus caryophyllus* und von verschiedenen *Acacia*-Arten nach. Hauptkomponente der Diketon-Fraktion war im Falle von *A. podalyriaefolia* und *baileyana* n-Tritriacontan-16,18-dion, $C_{15}H_{31}-CO-CH_2-CO-C_{15}H_{31}$; mit heißem Alkali zerfällt dieses Alkandion in Palmitinsäure und n-Heptadecan-2-on; in beiden Arten wird das Tritriacontandion von Alkanen ($C_{21}-C_{29}$) begleitet [115]. Auch die Wachse von *A. brachybotrya, cultriformis* und *prominens* enthielten β-Diketone [114]. In den Wachsen von *A. aneura, iteaphylla* und *suaveolens* waren β-Diketone nicht nachweisbar [114]. Hauptkomponente der Blattwachse von *A. iteaphylla* und *suaveolens* war Lupeylacetat [116].

Vide ferner im Abschnitt 3: *Ergänzende Angaben zu einzelnen Arten*.

Im Kapitel B II von Bd. XIa kamen wiederholt *Acacia*-Arten zur Sprache, z. B. *A. leucophloea* und *melanoxylon* bei Chinoide Verbindungen, *A. dealbata* bei Tocopherol, *A. georginae* bei Fluorverbindungen, *A. macracantha* bei Se-Akkumulation und *A. koa* bei Schwermetalle (Hg). Für Calciumoxalat vide S. 381–382.

Im Kapitel B III von Bd. XIa finden sich im Abschnitt *Turgorine*, S. 405–413, verschiedentlich Hinweise auf *Acacia*-Arten.

3. Ergänzende Angaben zu einzelnen Arten (Abb. 38, 39)

(Blätter bedeutet bipinnate Blätter oder Phyllodien mit oder ohne grüne Zweigenden)

Acacia adsurgens Maiden: Zwei Herkünfte lieferten schwach cyanogenes Blattmaterial, welchem aber das glykosidspaltende Enzym fehlte [120].

A. albida Del. (= *Faidherbia albida* [Del.] A. Chev.): Diese Art wird gegenwärtig durch viele Autoren in der monotypischen Gattung *Faidherbia* untergebracht, und in die *Acacieae* oder aber in die *Ingeae* eingereiht (vgl. dazu S. 245 und [117]). *A. albida* hat verdornte Nebenblätter und wurde durch BENTHAM seinen *Gummiferae* zugeordnet. Nach [117] sprechen einige Blüten- und Fruchtmerkmale, sowie holzanatomische, palynologische und ontogenetische (Morphologie der ersten Blätter von Keimpflanzen) Beobachtungen eher für Separatgattung in den *Ingeae* als für Eingliederung in *Acacia*. Von chemischer Seite sind für die Beurteilung dieser Frage kaum beweiskräftige Argumente verfügbar. Vgl. Gruppe 3 von Samenaminosäuren, S. 278–279.

A. albida ist in ariden Gebieten Afrikas weitverbreitet und gehört vielenorts zu den ökonomisch wichtigen Holzpflanzen: Nahrung und Futter für Mensch und Tiere; Bodenverbesserung und Bekämpfung von Erosion; Brennholz; Holz zur Anfertigung von Gebrauchsgegenständen; stellenweise auch arzneilich verwendet [118, 119]. Diese Art ist sehr variabel und dürfte zahlreiche Ökodeme umfaßen [118, 119].

A. aneura F. Muell.: Die Art ist als MULGA bekannt; sie umfaßt zwei Chemodeme, eine für das Vieh schmackhafte und eine durch das Vieh gemiedene Form. Nach bisherigen Untersuchungen sind die Unterschiede zwischen beiden eher quantitativer als qualitativer Natur [121]. Getrocknete Blätter der gemiedenen Form lieferten 11% Etherextrakt und solche der gerne gefressenen Form nur 3,2%. Genau untersucht wurde der in hoher Ausbeute erhaltene Etherextrakt. Er enthielt u. a. einen Sesquiterpenalkohol, drei Diterpene, 5-Hydroxy-7,4'-dimethoxyflavon und ein 9:1-Diastereoisomeren-Gemisch von praktisch geruchlosem (−)-8-Epi-11-nordriman-9-on und (+)-11-Nordriman-9-on; Wasserdampfdestillation der Blätter der lipidreicheren Form lieferte 0,3% eines mit dem extrahierten identischen Nordrimanon-Gemisches. Die Autoren nehmen an, daß genuin das nach Amber riechende (+)-11-Nordrimanon vorliegt, und daß weitgehende Epimerisierung in 8-Stellung während der Extraktion oder Wasserdampfdestillation und Isolierung der Komponenten stattfindet. Die vergleichende Untersuchung der dem Vieh schmackhaften Pflanzen zeigte, daß sich aus ihnen dasselbe 11-Nordrimanon-Gemisch gewinnen läßt, aber in viel geringerer Menge; Wasserdampfdestillation lieferte nur 0,04% „etherisches Öl". Ref. [1] enthält viele Angaben über diese wichtige Art von Zentralaustralien; vgl. auch BARR et al. im Ethnobotanik-Nachtrag.

A. angustissima (Mill.) Kuntze (= *A. filicina* Willd.: Sect. *Filicinae*): In Arizona gesammeltes blühendes „Kraut" enthält viel auf Fisetinidol und Leucofisetinidine basierte kondensierte Gerbstoffe [122]. Aus Samen wurden 6% 2-Amino-4-acetylaminobuttersäure, 0,6% Diaminobuttersäure und 1% der neuen Aminosäure Oxalylalbizziin (= frühere Substanz k) isoliert [61]. Bei der vergleichenden Analyse von Samen von 20 Bäumen wurde keine nennenswerte quantitative und qualitative Variation bei den Aminosäurespektra beobachtet. Vgl. ferner S. 279−280.

A. arabica vide sub *A. nilotica*.

A. aroma Gill.: Aus getrockneten Blättern die Flavonole IRh, M, M-3-glc, M-3-rha, IRh-3-glc und die Flavone Ap, Lu, 7-Hydroxyflavon und Lu-7-glc isoliert; Material in Argentinien (Santiago del Estero) gesammelt [123].

A. atkinsiana Maiden: Drei geprüfte Blattmuster waren mäßig bis stark cyanogen; da spezifische glucosidspaltende Enzyme vorhanden sind, zählt dieses Taxon zu den potentiell gefährlichen australischen Taxa (beim Kauen schnelle spontane Cyanogenese) [120].

A. auriculiformis A. Cunn.: Holz dieser Art enthält viel monomere Leucoanthocyanidine, aber nur geringe Mengen von Oligomeren; es wurden isoliert: (−)-Teracacidin (3,4,7,8,4'-penta-OH, 2,3-*cis*, 3,4-*cis*), (−)-Isoteracacidin (2,3-*cis*, 3,4-*trans*) und ein weiteres rechts drehendes Teracacidin-Isomer (2,3-*trans*, 3,4-*cis*). Die zwei hier erstmalig isolierten Teracacidin-Isomeren werden von 7,8,4'-hydroxylier-

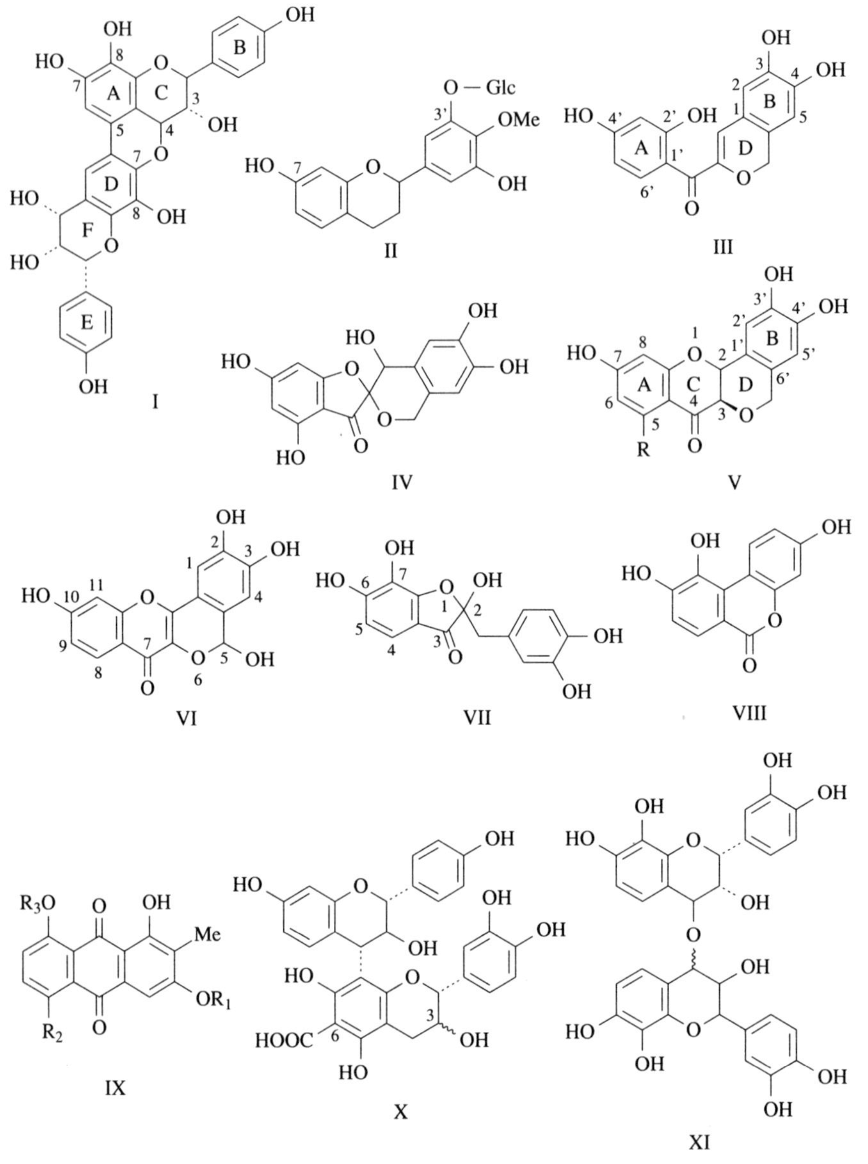

Abb. 38. Einige phenolische Inhaltsstoffe von *Acacia*-Arten

I = Neues doppelt verknüpftes Proteracacinidin, $C_{30}H_{24}O_{11}$, aus Holz von *A. caffra* [136]
● II = Auriculosid, $C_{22}H_{26}O_{10}$, aus überirdischen Teilen von *A. auriculiformis* [125] ●
III = Peltochalkon Carnein, $C_{16}H_{12}O_6$, aus Holz von *A. carnei* ● IV = Crombenin,
$C_{16}H_{12}O_8$, aus Holz von *A. crombei* ● V = Peltogynoide (vgl. Bd. XIa, 222–223):
R = H = Peltogynon, $C_{16}H_{12}O_6$ (4-Dihydroderivate sind die Peltogynole, $C_{16}H_{14}O_6$; Δ2,3-
Derivat ist Peltogynin, $C_{16}H_{10}O_6$); R = OH = Crombeon, $C_{16}H_{12}O_7$ (das Δ2,3-Derivat ist
β-Photomethylquercetin [139], $C_{16}H_{10}O_7$) ● VI = Fasciculiferin (= 5-Hydroxypeltogynin),

tem Dihydroflavonol, Flavanon, Flavonol und entsprechendem Chalkon (4,2',3',4'-Tetrahydroxychalkon) und mutmaßlich auch vom entsprechenden Catechin, 7,8,4'-Trihydroxyflavan-3-ol (nachgewiesen; nicht isoliert) begleitet; Hauptholzphenole waren die drei Teracacidine und das Dihydroflavonol; untersucht wurden etwa 11jährige Bäume; ihre Rinden enthielten viel PD und PCy [124]. Aus beblätterten („aerial parts") Zweigen wurde ein Auriculosid genanntes Flavan-Glucosid (7,5'-Dihydroxy-4'-methoxy-3'-glucosyloxyflavan) isoliert [125]. Samen und Früchte sind saponinhaltig. Aus entfetteten Samen wurde ein Acaciasid genanntes Saponin isoliert und als 3-Triosid (2 Glc, Ara) des Acaciasäure-28 → 21-lactons charakterisiert [126]. In Früchten ein komplexes Saponingemisch nachgewiesen, aus welchem ein Acaciasäure-3-pentosid [127] und 2 komplex gebaute spermatizide Saponine, die Acaciaside-A und -B [128], erhalten wurden. Die Acaciaside -A und -B haben eine verzweigte Triose (2 Glc, Ara) an OH-3 und eine verzweigte Triose (Glc, Rha, Xyl) mit 28-COOH verestert; zusätzlich ist ihr OH-21 mit einer glykosidierten (Glc bei Acaciasid-A; Xyl → Glc → bei Acaciasid-B) Monohydroxymonoterpensäure (vgl. A auf S. 322 von Bd. XI a) verestert. Samen lieferten 4,5% eines sauren Heteropolysaccharids mit Ara, Xyl, Gal, Glc und GlcU im Verhältnis 1,5:2:2,2:1:3 (vgl. dazu S. 105 in Bd. XIa). Die partiell anemophile *A. auriculiformis* ist eine gute Pollenquelle für Honigbienen. Ihr Pollen enthält 21,8% Protein, etwa 5,1% Fettsäuren und 6,8% Polysaccharide, Zucker, Sterine und Mineralstoffe; im Eiweiß überwiegen mengenmäßig Asparagin- und Glutaminsäure, Glycin, Alanin, Leucin und Valin, und bei den frei vorhandenen Aminosäuren sind Serin, Prolin, Glutaminsäure und Alanin am reichlichsten vertreten; nicht-proteinogene Aminosäuren wurden nicht beobachtet [129]. Vgl. auch BARR et al. im Ethnobotanik-Nachtrag.

$C_{16}H_{10}O_7$ [188] ● VII = Nigrescin, $C_{15}H_{12}O_7$, ein 2,3-Dihydroauronderivat (oder 2-Benzylcumaranon-Derivat) aus *A. nigrescens* [260] ● VIII = Fasciculiferon, $C_{13}H_8O_5$ [188], ein Dibenzo-α-pyron (oder ein Diphenylderivat) aus Holz von *A. fasciculifera* ● IX = Zwei Isochrysophanolderivate aus Wurzeln von *A. leucophloea* [215]: R_1 = H, R_2 = OMe, R_3 = Rha, $C_{22}H_{22}O_{10}$, und R_1 = Rha, R_2 = H, R_3 = Me, $C_{22}H_{22}O_9$ ● X = Carboxylgruppenhaltige dimere Proguibourtinidine aus Kernholz von *A. luederitzii* [218]: Untere Bausteine = 6-Carboxycatechine mit 3αOH (Epicatechin) und 3βOH (Catechin) ● XI = Einfach-ethergebundene diastereoisomere dimere Promelacacinidine aus Kernholz von *A. luederitzii* [252] Dimere PA mit zwei Etherbrücken vgl. Abb. 12, S. 75.

III: Chalkon-Numerierung (auch Mopachalkon ist bekannt; hat 4,5-Dihydroxy-B-Ring); 6'-Hydroxycarnein ist das dem Crombeon entsprechende Peltochalkon
V: Flavonoid-Numerierung
VI: Peltogynan-Numerierung
X: Aus Rinde von *A. mearnsii* ist ein dimeres PA mit 6-C-Methylcatechin als unterem Baustein bekannt geworden [242]. Biogenetische Beziehungen zwischen 6-Methyl- und 6-Carboxycatechinen sind durchaus möglich.

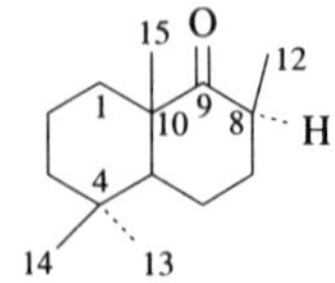

Abb. 39. Einige weitere Inhaltstoffe von *Acacia*-Arten

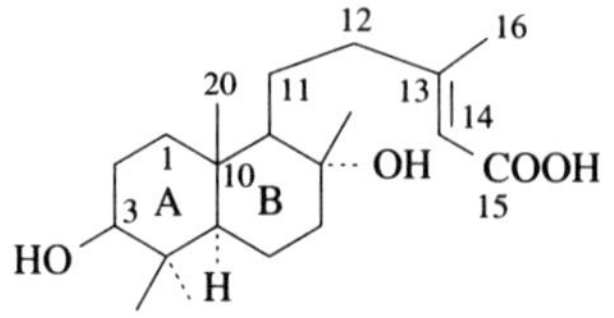

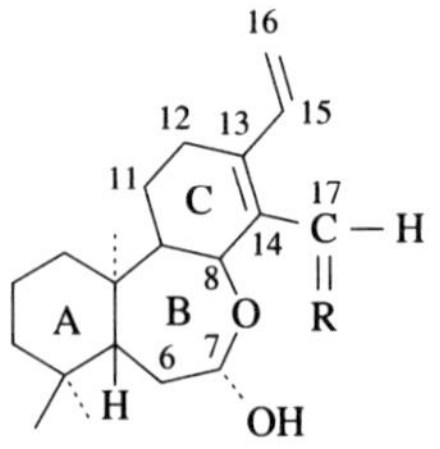

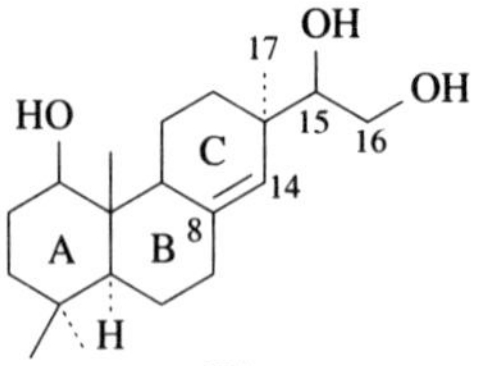

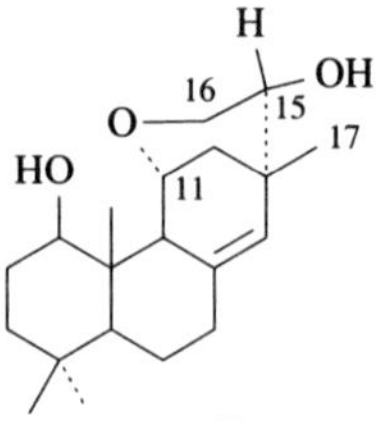

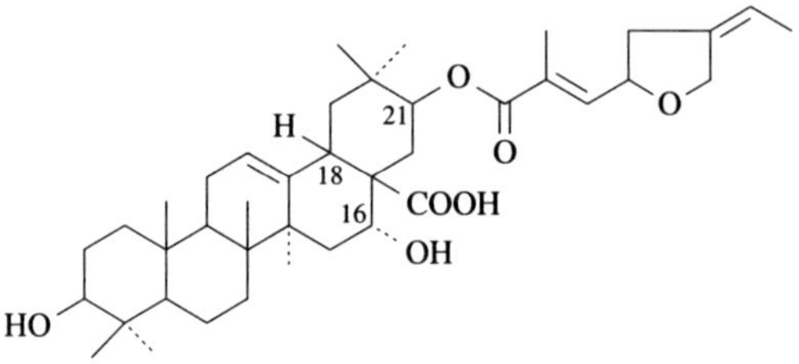

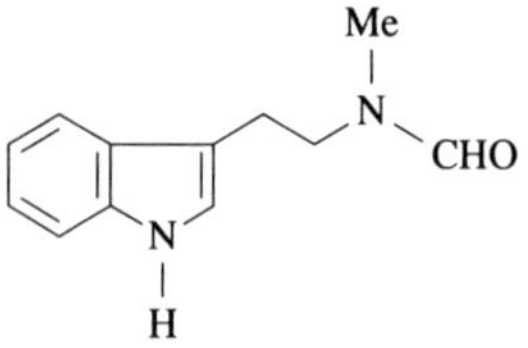

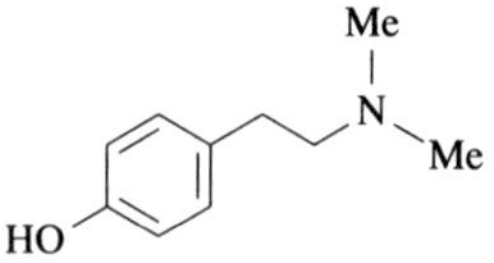

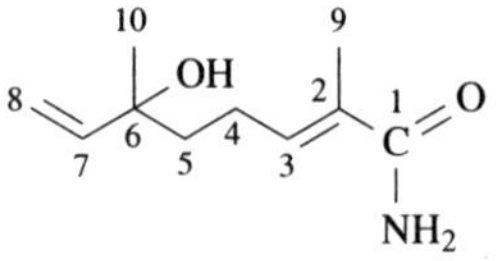

I = (+)-11-Nordriman-9-on (hat C_{11} verloren; epimerisiert in 8-Stellung leicht), $C_{14}H_{24}O$, aus *A. aneura* [121] ● II = (13 *E*)-Labd-13-en-3β,8α-diol-15-säure, $C_{20}H_{34}O_4$, aus einer westaustralischen *Acacia*-Art (spec. indet. [113]) ● III = Cassan-Diterpenoide aus Wurzeln von *A. jacquemontii* [207]: Diterpenoid A, $C_{20}H_{32}O_2$, mit R = H_2 und Diterpenoid B, $C_{20}H_{30}O_3$, mit R = O; bei beiden ist der B-Ring in einen O-heterozyklischen 7-Ring umgewandelt ● IV = Pimarenoides Diterpen Leucophleol, $C_{20}H_{34}O_3$, aus Wurzelrinde von *A. leucophloea* [213]; Leucophleoxol, $C_{20}H_{32}O_3$, ist das 11α-Hydroxyderivat des 15,16-Epoxids von Leucophleol ● V = Leucoxol, $C_{20}H_{32}O_3$, ein Isopimaranderivat aus *A. leucophloea* [214] ● VI = Acacigenin-B [159], $C_{40}H_{60}O_7$, ein Estersapogenin aus Hülsen von *A. concinna* (entspricht dem früheren Esteraglykon-C) ● VII = N-Methyl, N-formyltryptamin, Nebenalkaloid in beblätterten Zweigen von *A. simplicifolia* [305] ● VIII = Hordenin, Nebenalkaloid in Stammrinde von *A. spirorbis* [307] ● IX = „Acacialactam", $C_{10}H_{17}NO_2$, aus Samen von *A. concinna* [148–150]

A. baileyana F. Muell.: Holz enthält an monomeren flavonoiden und flavanoiden Verbindungen die 5-Desoxyderivate Fisetin, Fustin, Butin (und Chalkon Butein) und Mollisacacidin, und nur wenig (+)-Catechin; Fisetinidol-(4α → 8)-Catechin war die einzige nachweisbare dimere Komponente; die polymere Fraktion der Holzphenole enthielt PCy-PD-haltige, PCy-PD- und Profisetinidin-haltige, und ausschließlich Profisetinidin-haltige PA; PCy- und PD-Dimere wurden nicht beobachtet. Die Holzgerbstoffe dieser mit *A. mearnsii* nächst verwandten Art unterscheiden sich aber deutlich von jenen durch ihre Heterogenität: Bausteine mit Resorcin- und Phloroglucin-Typus A-Ring bei *A. baileyana*, und bei *A. mearnsii* nur Bausteine mit Resorcin-Typus A-Ring; untersucht wurde Holz von 5jährigen Bäumen [130]. Von in Südafrika kultivierten Bäumen gewonnenes Schleimexudat lieferte bei der Hydrolyse Gal + Ara + Rha + GlcU im Verhältnis 80:21:4:4 [130a].

A. beauverdiana Ewart et Scharman: Hat Blätter mit geringen Mengen Cyanoglucosid, welchen aber spaltende Glucosidasen fehlen [120].

A. berlandieri Benth.: Ist in Texas als GUAJILLO bekannt und kann in langdauernden Trockenperioden die Hauptnahrung von Geißen und Schafen darstellen, und dann die u. a. als „limberleg" bekannte Krankheit bedingen. Ursache davon ist das in den Blättern gespeicherte sympathomimetische biogene Amin N-Methyl-β-phenylethylamin [131, 132]. Es wird von geringen Mengen Tyramin, N-Methyltyramin und Hordenin begleitet [133].

A. binervia (Wendl.) Macbr.: Hat stark cyanogene Blätter, wenn β-Glucosidase zugefügt wird; ohne Enzymzugabe war das geprüfte Muster nicht cyanogen [120].

A. blakei Pedley: Ein geprüftes Blattmuster war spontan mäßig stark cyanogen; ein anderes Muster (*A.* aff. *blakei*) gab erst nach Enzymzugabe Spuren von HCN ab [120].

A. burrowii Maiden: Wird als cyanogen angegeben [120].

A. caesia Willd.: Ist gleich *A. concinna* eine Liane mit stark gerbstoffhaltiger Rinde, aus welcher wenig wachsartige Verbindungen, 0,002% eines Triterpens, $C_{30}H_{50}O$, und 10 ppm Stigmasterin, isoliert wurden [134]. Saponine fehlten einem diesbezüglich untersuchten Rindenmuster gänzlich, was nach den Autoren gegen Einbeziehung dieses Taxons in die nächstverwandte *A. concinna* spricht [135].

Formeln von weiteren biogenen Aminen, Tetrahydroharmanderivaten und N-Cinnamoylhistamin aus der Gattung *Acacia* auf S. 274 in Bd. XI a.

N. B. Die in Bd. XI a, 320–321, für Acaciasäure wiedergegebene Stereostruktur (18αH) entspricht dem Vorschlag von I. P. VARSHNEY (PM 27, 272–274 [1975]). Meistens wird für diese Triterpensäure 18βH (i.e. D/E-Ring *cis*-Verknüpfung) angenommen [320].

IX: Die gleiche Hydroxymonoterpensäure wie im „Acacialactam" tritt auch in den Samen von *Gymnocladus*-Arten als Glykosid und als Komponente der Saponine auf (vgl. Abb. 11, S. 69).

A. caffra (Thunb.) Willd.: Kernholz lieferte gleich demjenigen von *A. galpinii* dimere Proteracacinidine. Aus dem *caffra*-Holz wurde jedoch ein neuartiges, doppelt gebundenes (vgl. A-Typus) PA-Dimer isoliert; es handelt sich um Ent-Oritin-(4β → O → 7; 5 → 6)-Epioritin-4α-ol (Abb. 38). Die zwei Flavan-Einheiten sind hier anders verknüpft als beim A-Typus [136]:

	Etherbrücke	*C-C-Verknüpfung*
A-Typus	2 → O → 7	C-Ring 4 → 6 (oder 8) D-Ring
Neues Proteracacinidin	4 → O → 7	A-Ring 5 → 6 D-Ring

A. cambagei R. T. Baker: Holz lieferte drei 7,8,3′,4′-tetrahydroxylierte Flavonoide: Ein optisch inaktives Flavanonol, ein Flavanon und ein Flavonol [137].

A. campylacantha A. Rich. (= *A. polyacantha* Willd. subsp. *campylacantha* [A. Rich.] Brenan): Das Schleimexudat dieses Taxons gleicht demjenigen von *A. senegal*. Die bei Totalhydrolyse des Heteropolysaccharids erhaltenen Zucker und Uronsäuren waren wie folgt zusammengesetzt: 54% Gal, 29% Ara, 8% Rha, 7% Glucuronsäure, 2% 4-O-Methylglucuronsäure [138].

A. carnei Maiden: Holz lieferte neben Fisetin, Fustin, Fustin-3-methylether, Dihydroquercetin und eine ganze Reihe von peltogynoiden Verbindungen: Peltogynol, Peltogynon (Flavanonanalogon von Peltogynol), Crombeon (vide Bd. XI a, Formel XIV auf S. 215), Carnein (= Peltochalkon, ein Chalkonanalogon von Peltogynon), Peltogynin (Flavonolanalogon von Peltogynon), β-Photomethylquercetin (Flavonolanalogon von Crombeon). Crombeon war die erste peltogynoide Verbindung mit dem Phloroglucin-Hydroxylierungsmuster im A-Ring. Nach E. V. Brandt et al. [139] läuft die Biogenese der Peltogynoide vermutlich über Peltochalkone, d. h. erst findet Bildung des D-Rings, und anschließend diejenige des C-Rings statt (Abb. 38).

A. caroleae Pedley: Es wurden drei verschiedene Blattmuster geprüft; alle waren mäßig bis stark cyanogen, wenn Enzym zugesetzt wurde; einer Herkunft fehlten β-Glucosidasen gänzlich; zwei Muster enthielten Glucosidasen, welche die vorhandenen cyanogenen Glucoside nur äußerst langsam spalten (spontane Cyanogenese verlief träge und war nur schwach) [120]. Die Ergebnisse lassen vermuten, daß diese Art zu den potentiell toxischen australischen *Acacia*-Taxa gehört; jedenfalls besteht Vergiftungsgefahr, wenn *A. caroleae* zusammen mit Pflanzenmaterial gefressen wird, welches die zur Glucosidspaltung benötigten Enzyme enthält.

A. catechu Willd.: Heißt im Englischen Cutch Tree und in Hindi Khair und liefert als bekanntestes Produkt die Droge Catechu, daneben aber auch Gummi und Holz (vgl. The Wealth of India, 2nd. ed., vol. I: A, 24−31; ferner Hager, Bd. 4 [1992] 30−32, l.c. S. 10). Über Catechu vgl. auch Bd. XIa, 243. Kernholz enthält große Mengen Catechin, das durch oxidative Polymerisation die Catechu-Gerbstoffe liefert [140]; im Kernholz wird Catechin von Q, Quercetagetin und Fisetin (alle papierchromatographisch nachgewiesen) begleitet [140]. Später wurden aus Kernholz K, Q, Dihydrokaempferol, Taxifolin, IRh, (+)-Afzelechin, (−)-Epicatechin und PCy-B4 (Epicat-[1 → 8]-Cat) isoliert [140a]. Aus Splintholz von *A. catechu*, *A. catechuoides* (= *Mimosa catechuoides* Roxb., eine Form von *A. catechu*) und *A. chundra* Willd. (= *A. sundra* DC.) isolierte NIERENSTEIN geringe Mengen Maclurin (etwa 400 mg Rohprodukt pro kg; nach Umkristallisation und Trocknung F = 220–222°; Pentamethylether, $C_{18}H_{20}O_6$, F = 157°) [141]. Das Schleimexudat wurde intensiv bearbeitet; der gereinigte, linksdrehende Schleim gleicht in mancher Beziehung dem GUMMI ARABICUM (*A. senegal*), was keineswegs überrascht, da beide Taxa zu BENTHAM's *Vulgares* (= subgen. *Aculeiferum* Vassal) gehören [142, 143]. Als Bausteine wurden ermittelt: Gal 64,6%, Ara 24,2%, Rha 6,7%, GlcU 2,3%, 4-O-MethylglcU 1,7% [143].

A. caven Molina: Aus in Argentinien (Prov. Cordoba) gesammelten getrockneten Blättern Q, IRh, Lu, Isoquercitrin und Isovitexin isoliert [123]. *A. caven* ist eine polytypische Art, welche zu VASSAL's subgenus *Acacia* (= *Gummiferae* Bentham) gehört. Südamerika zählt etwa 15 Arten von subgen. *Acacia*. *A. caven* gehört zu den weitverbreiteten (Argentinien, Bolivien, Paraguay, Südbrasilien, Uruguay und Mittelchile) und stark veränderlichen Arten; sie wurde in die Varietäten *caven*, *dehiscens* Burkart, *macrocarpa* J. Aronson, *microcarpa* (Speg.) Burkart, *sphaerocarpa* Burkart und *stenocarpa* (Speg.) Burkart unterteilt [144].

A. cheelii Blakeley: Seit langem als cyanogen bekannt. Das neu untersuchte Muster war stark cyanogen, wenn die geeignete β-Glucosidase zugefügt wurde; ohne Enzymzugabe wurde keine HCN-Abspaltung beobachtet [120].

A. chundra Willd. (= *A. sundra* [Roxb.] DC.): Liefert einen Exudatschleim mit ähnlichen Eigenschaften wie die Schleime der GUMMI ARABICUM-Gruppe. Totalhydrolyse lieferte GlcU, und Gal, Ara, und Rha im molekularen Verhältnis 3:2:1; bei milderer Hydrolyse wird die GlcU als Aldobiouronsäure D 1, die von dieser Gruppe von Schleimen bekannte 6-O-(β-D-Glucuronopyranosyl)-D-galaktopyranose, erhalten [144a].

A. aff. *citrinoviridis* Tindale et Maslin: Untersuchtes Material war cyanogen, konnte aber wegen Materialmangels nicht genauer analysiert werden [120].

A. concinna (Willd.) DC.: Untersuchtes Blattmaterial war schwach cyanogen [120]. Trockene Blätter lieferten viel Weinsäure; daneben Ascorbin-, Citronen-, Bernstein- und Oxalsäure nachgewiesen, und reichlich Rutin, Calycotomintartrat und Saponin, $C_{36}H_{58}O_{10}$, isoliert [145]; bei der Wasserdampfdestillation von frischen Blättern aus alkalischem Milieu ($CaCO_3$) wurde 2,1% Rohnicotin erhalten [145]. Rinde lieferte außer Saponinen auch Spinasteron, Spinasterol, Lupeol, Acaciasäurelacton und Hexacosanol [135]. Saccharose, Raffinose, Stachyose und Verbascose aus Samen und Früchten isoliert [146, 147]. Aus frischen im Norden Thailands gesammelten Samen erhielten SEKINE et al. [148] 0,016% einer als (+)-Acacialactam bezeichneten heterozyklischen Verbindung $C_{10}H_{15}NO$; spätere Strukturkontrollen führten zum Schluß, daß es sich tatsächlich um die lactam-geöffnete Form, $C_{10}H_{17}NO_2$, d.h. um das Amid der bereits aus Früchten von *Gymnocladus chinensis* bekannten isoprenoiden Säure 2,6-Dimethyl-6-hydroxy-2,7-octadiensäure handelte [149, 150]. Am intensivsten wurden die Saponine, welche in allen Teilen dieser als Seifen- und Heilpflanze berühmten Art vorzukommen scheinen, untersucht. Bereits 1901 berichtete WEIL [151] über Isolation von 5% Saponin aus der Fruchtpulpa und etwa 2,5% aus der Rinde; die kleineren Früchte der im östlichen Himalaya heimischen var. *rugata* (Buch.-Ham.) Baker lieferten etwa 4% Saponin. Da die Früchte von *A. concinna* in Indien und angrenzenden Ländern ein sehr beliebtes Waschmittel sind, stellen sie ein Handelsprodukt dar, mit welchem zahlreiche Saponinuntersuchungen ausgeführt wurden. In den meisten Fällen wurden die aus Früchten (meistens mutmaßlich nach Entfernung der Samen extrahiert) gewonnenen Saponine untersucht. GEDEON [152] wies nach, daß die Sapogenine zur β-Amyrin-Reihe gehören. Grundlegende Arbeiten verdanken wir VARSHNEY et al. [147, 153, 154 (Früchte ohne Samen); 155, 156 (Samen)]. Samen lieferten die Acacinine -A und -B und samenfreie Früchte die Acacinine -C, -D und -E; sie sind alle Polyglykoside der Acaciasäure, $C_{30}H_{48}O_5$, deren Struktur geklärt wurde [153, 154]. SHARMA und WALIA [157] isolierten aus Früchten das neue Sonusid-A, ein bisdesmosidisches Saponin, welches bei Partialhydrolyse Acacinin-E liefert; sie nehmen an, daß genuin Sonusid-A vorliegt, und daß die Acacinine-D und -E während der Isolation durch Teilhydrolyse entstehen. ANYANEYULU et al. [158–161] beschäftigten sich intensiv mit den Sapogeninen des komplexen Saponingemisches der Hülsen + Fruchtpulpa von *A. concinna*. Sie fanden in Hydrolysaten neben Acaciasäure auch Machaerinsäure und die 28 → 21-Lactone dieser 21-Hydroxysäuren [158], das genuine Acaciasäuresapogenin Acacigenin-B, $C_{40}H_{60}O_7$ [159], und das 3-Acetat des Acaciasäurelactons und das Nortriterpen Acacidiol [160]. Diese Autoren beschrieben ferner Umlagerungsreaktionen der Acaciasäure- und Machaerinsäurelactone und von Methylechinocystat [161].

A. confusa Merr.: Wichtig in der chinesischen Heilkunde. Aus Rinde N-Methyltryptamin isoliert [162]. Material von Hong Kong lieferte aus Blättern Lupeol, Taraxerol und Phytosterine und aus dem Stamm Sitosterin, Wachsalkohole und -ester und ein 4:1-Gemisch von N-Methyl- und N,N-Dimethyltryptamin (6,5 g reine Alkaloide aus 8,8 kg „stem") [163].

A. constricta Bentham gehört zusammen mit *A. biaciculata* S. Watson, *glandulifera* S. Watson, *neovernicosa* Isely und *schottii* Torrey zu einem Aggregat von Kleinarten der südwestlichen USA und von Mexico [164]. Für Samen wurden 40% Eiweiß und 9,5% Öl (16:0 = 7%, 18:0 = 4%, 18:1 = 18%, 18:2 = 64%) [165] und für Blätter ein Gossypetinglykosid [166], und Chrysin, Genkwanin und Pinocembrin [165] angegeben.

A. crombei C. T. White: Kernholz lieferte neben 2,3-*trans*-Fustin, 2,3-*trans*, 3,4-*trans*-Mollisacacidin und Fisetin eine Reihe von peltogynoiden Verbindungen: Crombeon, Crombenin, β-Photomethylquercetin (alle mit Phloroglucinsubstitution im A-Ring) und Peltogynole, Peltogynon und Peltogynin (mit Resorcinsubstitution im A-Ring) und 5,6-Dihydroxyphthalid [167]. Vgl. auch Bd. XIa, 223.

A. cultriformis A. Cunn.: Bei der Analyse von Kernholzmustern wurden 3 verschiedene Phenolmuster beobachtet [168]:

A:B:(C:D:)E:F = 2:2,5:(1:1:)4,2:1,3 (zwei Muster)
A:B:F = 6:4:1 (fünf Muster)
Nur A und B nachweisbar (ein Muster)

A und B = isomere Mollisacacidine (= Leucofisetinidine)
C und D = isomere Guibourtacacidine (= Leucoguibourtinidine)
E und F = isomere 8-Methylether von Teracacidinen (= Leucoteracacinidine)

A. curvinervia Maiden: Blattmaterial ist stark cyanogen, wenn geeignete β-Glucosidase zugefügt wird; den untersuchten Blättern fehlten spontane Cyanogenese auslösende Enzyme [120].

A. cuthbertsonii Leuhm.: Vgl. S. 10—11 in BARR et al., l.c. im Nachtrag Ethnobotanik.

A. cyanophylla Lindley (ist nächst verwandt mit *A. saligna* [Labill.] Wendl.): Diese australische Art erobert die Dünen Lybiens; ist sehr geeignet zur Dünenfixierung [169]. Während die Blätter isoquercitrinhaltig sind, lieferten die gelben Blüten das neue Chalkonaringenin-4-glucosid und das bekannte Isosalipurposid; Chalkonaringenin-4-glucosid isomerisiert leicht zum Naringenin-4'-glucosid [170]. Das aus Australien im vorigen Jahrhundert in der Kap-Provinz von Südafrika eingebürgerte Taxon liefert einen Exudatgummi, für welchen folgende molare Zusammensetzung ermittelt wurde: Gal:Ara:Rha:GlcU = 11:2:5:5 [171].

A. cyclops A. Cunn.: Arillus- und Samenöle vgl. Bd. XIa, 160. In Südafrika wurde beobachtet, daß die Blatt-Traufe dieser Art zahlreiche Nachbarpflanzen mehr oder weniger stark hemmt. Im Beobachtungsgebiet werden *Anthospermum spathulatum* (Rubiaceae), *Eriocephalus racemosus* (Compositae), *Euphorbia caput-medusae* (Euphorbiaceae), *Protasparagus capensis* (Liliaceae s.l.) und *Ruschia maccowanii* (Mesembryanthemaceae) durch dieses allelopathisch stark aktive Taxon unterdrückt. Identifikation der Hemmstoffe steht noch aus [172].

A. cyperophylla F. Muell.: Kernholzphenole vide S. 262.

A. dealbata: Aus Pollen des Cultivars Le Gaulois wurde ein Gemisch von Flavonoidglykosiden isoliert, das bei Hydrolyse Naringenin, M, Q, Robinetin und Morin lieferte; Naringenin und Myricetin überwiegen mengenmäßig; genuin kommen zwei 5-Glykoside des Naringenins, i.e. das 5-Glucosid Salipurposid und ein Naringenin-5-diglucosid, M-3-glucosid, Rutin und ein Robinetinglykosid (Glc, Rha) vor; Morin wurde nur als Aglykon erhalten [173]. In Catania gesammelte Blüten lieferten die Anthochlor-Pigmente 4,2',4',6'-Tetrahydroxychalkon(= Chalkonaringenin)-2'-xylosid und -2'-rhamnoxylosid, das entsprechende 2'-Glucosid (= Isosalipurposid), 3-Methoxyisosalipurposid und das Auron Cernuosid [174]. Aus in Chile kultivierten Pflanzen Rutin und Q isoliert [175]. Der Exudatschleim dieser Art wird im zentralen Hochland von Victoria, Australien, durch gewisse Beuteltiere als Nahrung verwendet; die Bäume wachsen zerstreut in *Eucalyptus*-Wäldern ([a] „Mountain Ash" = *E. regnans*; [b] „Alpine Ash" = *E. delegatensis*); bei der Ermittlung der Totalzucker- und Total-N-Gehalte von 57 Gummimustern von *A. dealbata* (22 Muster), *A. frigescens* (16) und *A. obliquinervia* (19) wurde beobachtet, daß deren Zusammensetzung nicht nur durch die *Acacia*-Art, sondern auch durch den Wald-Typus, in welchem die Muster eingesammelt wurden, beeinflußt wird [176].

A. deanei (R. Baker) Welch: Drei Blattmuster (zwei von subsp. *paucijuga* [F. Muell.] Tindale und eines von subsp. *deanei*) waren schwach bis mäßig stark cyanogen [120].

A. diphylla Tindale: Von drei geprüften Blattmustern enthielten zwei geringe bis mäßige Mengen cyanogene Glucoside; dem gehaltreicheren Material fehlte das HCN freisetzende Enzym [120].

A. doratoxylon A. Cunn.: Mäßige bis beträchtliche Mengen Cyanoglucosid vorhanden, aber keine spontane Cyanogenese beobachtet, weil entsprechende Enzyme fehlten [120].

A. drepanolobium Sjösted: Zwei in Tanganjika gesammelte Gummi-Muster wurden untersucht. Ihre Lösung ist rechtsdrehend: $[\alpha]_D$ (c 1,0; N NaOH) + 79 bis 80°. Beide Muster waren zu etwa 80% wasserlöslich (A) und für den Rest nur gelbildend (C); bei separater Analyse beider Schleimanteile [A (C)] wurden für die zwei Muster folgende Mittelwerte erhalten: % N 1,1 (0,6), % OMe 0,43 (0,42), % Uronsäureanhydrid 9,6 (9,8). Totalhydrolyse (2 N H_2SO_4, während 7 Stunden) der entsalzten Schleimanteile (Asche = 0%) lieferte Ara 53 (50) %, Gal 38 (40) %, Rha 1 (1) %, GlcU 7 (7) % und 4-O-MethylglcU 2 (2) %. Hydrolyse mit 1 N H_2SO_4 während 7 Stunden lieferte Ara, Gal und die vier Aldobiouronsäuren GlcU-(1 β → 6)-Gal, GlcU-(1 α → 4)-Gal, 4-O-MethylglcU-(1 β → 6)-Gal und 4-O-MethylglcU-(1 α → 4)-Gal [177]. Für frühere Gummi-Untersuchungen vide Ref. [11] auf S. 209 von Bd. XI a.

A. erioloba E. Meyer (= *A. giraffae* Willd.): Gemahlene reife Früchte, frische Blätter, frische unreife Früchte und reife Samen lieferten 250–780 ppm HCN; reife Hülsen ohne Samen enthielten cyanogenes Glucosid, aber kein spaltendes Enzym [178]. Zwei Exudatgummi-Muster aus dem Süden Afrikas (Kimberley, Süd-Afrika; Namibia) lieferten linksdrehende Lösungen, enthielten 53–56% Protein mit hohem Serin- und 4-Hydroxyprolingehalt, und lieferten bei Totalhydrolyse ihres Heteropolysaccharid-Anteils 31–36% Ara, 6–7% Man, 37–39% Gal und 20–24% 4-O-MethylglcU [179]. Dieses Gummi weicht in verschiedener Hinsicht stark von demjenigen anderer *Acacia*-Arten ab (z. B.: Man aber nur Spuren Rha; nur 4-O-MethylglcU; extrem hoher Proteingehalt).

A. estrophiolata F. Muell.: Blätter mutmaßlich leicht alkaloidhaltig; Wurzelrinde mit viel Gerbstoff; medizinale Verwendung im nördlichen Teil Australiens vgl. BARR et al. 1993 im Ethnobotanik-Nachtrag.

A. excelsa Benth.: Isolation von reichlich Melacacidin und Isomelacacidin aus Kernholz; sie werden von einem Dihydroflavonol (mutmaßlich 7,8,3′,4′-tetra-OH), Pipecolin- und 4-Hydroxypipecolinsäure begleitet [180]. Später [137] definitive Identifikation des Dihydroflavonols.

A. exilis Maslin: Hat stark cyanogene Blätter [120].

A. farnesiana Willd.: Mutmaßlich ursprüngliche amerikanische Art, welche heute über die wärmeren Gebiete der ganzen Welt verbreitet ist. Ist in Australien schwach cyanogen; vgl. zur Cyanogenese ferner Bd. XI a, 295–308. Samenaminosäuren vgl. S. 278, 282. *A. farnesiana*-Blüten liefern eines der geschätzten Leguminosen-Parfums (vgl. GUENTHER, l. c., Bd. XI a, 53); neue Analyse der Komponenten des Blütenduftes führten zur Identifikation von gegen 40 Duftstoffen [181, 182]. Als Blüteninhaltsstoffe wurden ferner bekannt: IRh-3-glc-7-rha [183], ein aliphatisches Keton, $C_{21}H_{42}O$, und Pinit [184]. Aus Etherextrakten aus Hülsen (oder ganzen Früchten) wurden Gallus-, Ellag- und *m*-Digallussäure, Methylgallat,

K, Aromadendrin und Naringenin, und aus dem EtOAc-Extrakt K-7-diglucosid, Naringenin-7-rhamnoglucosid (= Naringin), Naringenin-7-glucosid (= Prunin) und ein acyliertes Naringeninglykosid [185], das später [186] mit 6''-Galloylprunin identifiziert wurde, erhalten. Der Totallipidgehalt der Samen von Sträuchern von Pakistan betrug annähernd 5%; davon waren 0,3% Wachsester, 58,3% Triglyceride, 6,8% freie Fettsäuren, 13,1% partielle Glyceride und 21,5% polare Lipide; Fettsäurespektrum der Totallipide: 0,5% = 14:0, 22,8% = 16:0, 18,5% = 18:0, 19,3% = 18:1 und 38,9% = 18:2 [187]. Für weitere Angaben zu dieser viel untersuchten Art vgl. Neuwinger, l. c. S. 12 und in den taxonomischen Registern zu Bd. XI a und XI b-1.

A. fasciculifera F. Muell.: Hat hell-purpurbraunes Kernholz. Aus im botanischen Garten Sydney gewonnenem Kernholz isolierten Fanie van Heerden et al. [188] 7,3',4'-Trihydroxyflavon, Fisetin, Fustin, Butin, ein Dihydroauronderivat (2,6,3',4'-Tetrahydroxy-2,3-dihydroauron = 4-Desoxyalphitonin; nicht Carpusin [Dict]), zwei Leucofisetinidine, zwei bereits bekannte Biflavanoide mit terminalem Flavan-3,4-diol-Baustein, i.e. (−)-Fisetinidol-(4β → 6)-(+)-Leucofisetinidine (mit 4α- und mit 4β-ol), die bekannten Peltogynoide Peltogynol, Peltogynol-B, Peltogynin, Peltogynon und Mopanin und zwei neue Körper, das peltogynoide Fasciculiferin, $C_{16}H_{10}O_7$, und das Biphenyllacton Fasciculiferol, $C_{13}H_8O_5$. Die meisten dieser Körper wurden nach Methylierung der entsprechenden Fraktionen gewonnen. Vgl. auch Bd. XI a, 223.

A. floribunda (Vent.) Willd.: Frische Blüten lieferten 0,3% eines Floribundosid genannten Flavanonglucosides (F 200–202°) und kleinere Mengen eines zweiten flavonoiden Glykosides (F 266–268°) [28, 189]; später [190] wurde gezeigt, daß Floribundosid dem bereits länger bekannten Salipurposid entspricht.

A. furcatispina Burkart: Aus getrockneten Blättern Lu, Vitexin, Isovitexin, Q-3-glc, IRh-3-glc und Isovitexin-rhamnoglucosid isoliert; Material in Argentinien (San Luis) gesammelt [123].

A. galpinii Burtt Davy: Holz aus Ost-Transvaal enthielt viel Epioritin-4α-ol, weniger Oritin-4α-ol, geringe Mengen ihrer Diastereoisomeren (i.e.: -4β-ole) sowie geringe Mengen von zwei dimeren Proteracacinidinen [191].

A. georginae F. M. Bailey: Die als Georgina Gidyea bekannte australische Giftpflanze gewisser Gegenden von Nord-Queensland und der angrenzenden Northern Territories wurde bereits in Bd. XI a, 379–383, bei den Fluorverbindungen besprochen. Oelrichs und McEwan gelang im Jahre 1961 die Identifikation des giftigen Prinzips von Georgina Gidyea mit Fluoressigsäure [192]. An dieser Stelle sei nur noch auf zwei Übersichtsberichte über diese chemisch sehr variable Giftpflanze [193, 194], und einen solchen über Chemie, Biochemie, Toxikologie und Ökologie organischer Fluorverbindungen [195] hingewiesen. Samen von *A. georginae* speichern große Mengen von freien Aminosäuren und Dipeptiden [58]. Die neue Aminosäure, S-(2-Hydroxy-2-carboxyethanthiomethyl)cystein, $C_7H_{13}O_5NS_2$, könnte Zwischenprodukt bei der Biogenese ihres bereits als Dichrostachinsäure, $C_7H_{13}O_7NS_2$, bekannten Sulfons sein [58]. Fluoralanin oder andere fluorhaltige Aminosäuren wurden nicht beobachtet [58, 196]. Die Gidyea-Samen enthalten Enzyme, welche Cystein in Brenztraubensäure, Me-CO-COOH, überführen; wird dem Milieu CN⁻ zugefügt, dann bilden sie statt Brenztraubensäure β-Cyanoalanin [196]. Da die nichtproteinogenen Samenaminosäuren zur Hauptsache β-substituierte Alanine sind (β-Acetylaminoalanin, β-Ureidoalanin [= Albizziin], 3,3'-Methylendithio-dialanin [= Djenkolsäure]), wäre es denkbar, daß die Synthese aller β-substituierten Alanine von GEORGINA GIDYEA gemeinsame Züge aufweist, und einen gewissen Zusammenhang mit der Synthese, Speicherung und dem Metabolismus der Fluoressigsäure aufweist [196]. Samen enthalten auch Pinit [192].

A. gerrardii Bentham: Kleiner Baum des südöstlichen Afrikas mit Rinde, in welcher labile Catechingallate vorkommen; es wurden isoliert: (+)-Catechin, seine 3'-,4'- und 7-Monogallate und seine 3',7-, 4',7[197]- und 3,7[198]-Digallate.

A. gonocarpa F. Muell.: Ein Muster war cyanogen [120].

A. gracillima Tindale: Zwei geprüfte Muster waren cyanogen, enthielten aber nur unspezifische β-Glucosidasen (spontane Cyanogenese negativ oder nur sehr träge) [120].

A. granitica Maiden: Das geprüfte Muster war ziemlich stark cyanogen, wenn geeignete β-Glucosidase zugefügt wurde [120].

A. × grayana Willis: Wurde als Hybride zwischen *A. brachybotrya* Bentham und *A. calamifolia* Sweet ex Lindley erkannt. Morphologische, palynologische und flavonoid-chemische Merkmale bestätigten die Interpretation dieses Taxons als Hybridenschwarm. Gesamthaft wurden 24 Flavonoide nachgewiesen; es handelt sich um Derivate (Methylether, Glykoside) von Q, M und Ap; die beiden Stammformen haben deutlich verschiedene Flavonoidspektren [199].

A. harpophylla F. Muell.: Aus Kernholz isoliert: 7,8,3',4'-Tetrahydroxyflavonol, Okanin (= 3,4,2',3',4'-Pentahydroxychalkon), Melacacidin und Isomelacacidin; Okanin könnte ein aus dem entsprechenden Flavanon während der Isolation entstandener Artefakt sein [180].

A. hebeclada DC. subsp. *hebeclada* (= *A. stolonifera* Burchell): In Südafrika heimisches Taxon. Bei Pretoria gesammeltes Material war stark cyanogen: Blätter lieferten 870 und unreife Früchte 619 ppm (bezogen auf TG) HCN [178]. Aus getrockneten Blättern des Taxons isolierte RIMINGTON [200] Acacipetalin ebenfalls (vgl. bei *A. sieberiana*); gleichzeitig erhielt er Pinit-Kristalle. Analyse des Glykoprotein-Exudates [201]; da die Autoren früher für *A. erioloba* (= *A. giraffae*) stark abweichende Schleimeigenschaften (z. B. $[\alpha]_D$ −43°, 5% Man, 38% Gal, 36% Ara) beobachtet hatten, und die Literatur über *Acacia*-Schleimexudate von BENTHAM's *Gummiferae* (*A. drepanolobium, erioloba, hebeclada, nilotica* s. l., *nubica, robusta, seyal, tortilis*) sehr verschiedene Zusammensetzung (vgl. z. B. Proteingehalte von < 2,5 – 56%) meldet, wurde nun ein bei Windhoek (Südwest-Afrika) gesammeltes *hebeclada*-Gummimuster analysiert und mit einer Analyse von *A. hebeclada* von ANDERSON und FARQUHAR [202] verglichen. Dabei wurden z. T. recht abweichende Daten erhalten, obwohl das Gummi-Muster von [202] ebenfalls aus Namibia stammte: % Protein = 12 [201] (59 [202]), $[\alpha]_D$ +70° (+28°); molare Zusammensetzung des Heteropolysaccharidanteils: Uronsäuren 16 (34), Gal 26 (44), Ara 56 (14), Rha 1 (8), Man 1 (0). Die Autoren nehmen an, daß die Zusammensetzung von Glykoprotein-Exudaten bei *Acacia*-Taxa stark von ökologischen Faktoren (z. B. Wasserstress, Windbruch, Insektenfraß usw.) beeinflußt werden kann.

A. holosericea A. Cunn.: Hat saponinhaltige Phyllodien, Früchte und Rinde und etwas „Alkaloid" in Blättern; vgl. A. BARR et al. (1993) im Ethnobotanik-Nachtrag.

A. intertexta vide *A. orites.*

A. intsia Willd.: Rinde wird in Indien als Waschmittel verwendet; Isolation eines Saponingemisches, welches bei Hydrolyse saure und neutrale Sapogenine liefert; ein saures Sapogenin erinnerte stark an Machaerinsäure, und ein neutrales Sapogenin konnte mit Lupeol identifiziert werden [203]. Die gleichen Autoren isolierten später Acacininsäure (= Acaciasäure) [204] und Acaciol [205].

A. iteaphylla F. Muell.: Vide Bd. XIa, 99.

A. ixiophylla Bentham: Extrakte aus Blattmaterial (Phyllodien + Zweige) zeigten Antitumor-Aktivität. 6 kg Phyllodien lieferten 105 g einer inaktiven monomeren Flavonoid-Fraktion, aus welcher Apigenin, Apigenin-7,4'-dimethylether, Q, Rhamnetin, Quercitrin, Rhamnetin-3-α-rhamnosid (= Rhamnitrin; neu) und Q-3,3'-diglucosid und (−)-Epicatechin isoliert wurden; ferner wurden nachgewiesen (PC): Dihydroquercetin, Dihydrorhamnetin (?), ein Procyanidin und (+)-Catechin. Andere Fraktionen lieferten Hentriacontan, n-$C_{31}H_{64}$, (+)-Pinit und ein Aminosäuregemisch, worin Pipecolinsäure, Prolin, Hydroxyprolin, 4- und 5-Hydroxypipecolinsäure eindeutig nachgewiesen werden konnten. Die aktive Fraktion bestand aus dimeren und trimeren PA, welche nicht eindeutig identifiziert wurden [206].

A. jacquemontii Bentham: 2 kg getrocknete Wurzeln lieferten *n*-Triacontanol, *n*-Triacontansäure, β-Amyrin, Sitosterin, Tectol (Formel Bd. VI, 667) und Diterpen-B, $C_{20}H_{30}O_3$, (alle ohne Ausbeutenangaben) und 1,45 g Diterpen-A, $C_{20}H_{32}O_2$; es handelt sich dabei um zwei neue Cassan-Diterpene mit modifiziertem B-Ring [207].

A. julifera Bentham subsp. *julifera*: Ein geprüftes Blattmuster war schwach cyanogen, aber nur wenn das benötigte Enzym zugefügt wurde [120].

A. karroo Hayne: Frische Blüten, Blätter und unreife Früchte waren nie cyanogen, auch nicht wenn Emulsin zugefügt wurde [178]. Hydrolyse des Heteropolysaccharidanteils des Schleimexudats lieferte 50% Gal, 36% Ara, 2% Rha und 12% Glucuronsäure; nach Partialhydrolyse konnten zwei Aldobiouronsäuren [GlcU-(1-4)-Gal und GlcU-(1-6)-Gal] und eine Arabinobiose isoliert werden [208].

A. kempeana F. Muell.: Für Kernholzphenole vide S. 263 und [54]. Zwei Blattmuster, von welchen eines atypisch war, erwiesen sich als cyanogen [120]. Blätter mit 2% Gerbstoff und mit 0,01% etherischem Öl mit u.a. δ-Cadinen, Longifolen, α-Copaen, α- und β-Cubeben und γ-Elemen (vgl. A. BARR et al. 1993 im Ethnobotanik-Nachtrag).

A. laeta R. Br. ex Bentham ist nach ANDERSON und SMITH [209] eine Hybride zwischen *A. senegal* und *A. mellifera*, bei welcher zwei Formen, *hashab* (gleicht mehr *A. senegal*) und *mellifera* (gleicht mehr *A. mellifera*) unterschieden werden. Im Sudan von 9 Bäumen gesammelte 18 Exudat-Gummi-Muster verschafften einen Einblick in die Variation der eingesammelten Muster innerhalb eines Baumes (z.B. Baum 84 → 3 Muster, Baum 90 → 3 Muster, Baum 124 → 6 Muster) und zwischen den 9 Bäumen, die alle zu var. *hashab* gehörten. Im Mittel wurde 0,66% N, 0,43%

OMe, $[\alpha]_D^{18°}$ $-35°$, Uronsäureanhydrid 13,6% und molares Verhältnis der neutralen Zucker Gal:Ara:Rha = 10:8,4:3,1 gefunden. Die Variation einzelner Gummikörner von einem einzigen Baum (No. 124) war bedeutend weniger ausgeprägt als die Variation der Gesamtheit der von 9 Bäumen stammenden untersuchten 18 Muster. Für den Heteropolysaccharidanteil eines gereinigten *laeta* var. *hashab*-Gummis wurden folgende Daten ermittelt [210]: $[\alpha]_D$ $-42°$; 44% Gal, 29% Ara, 13% Rha, 10,5% GlcU und 3,5% 4-O-MethylglcU.

A. lasiocalyx C. Andrews: Ein Muster war stark cyanogen, wenn Emulsin zugefügt wurde [120].

A. lasiopetala Oliver: Vide *A. sieberiana*.

A. latifolia Bentham: Australische Art. Blüten, welche von auf dem Campus des Jawaharal Institutes, Pondicherry, kultivierten Bäumen gesammelt wurden, lieferten 150 mg Flavonoidglykoside pro 800 g Frischmaterial. Hauptkomponente war Q-7-glc; daneben wurden isoliert: Q-3-gal, Q-3-glc, Q-3-rutinosid, Q-3-triosid (mit Glc und Gal), M-3-gal, M-3-glc, Taxifolin-7-α-glc und wenig IRh (nach Hydrolyse [211]).

A. lenticularis Buch.-Ham. ex Benth.: Aus Kernholz Germacron-D, Lupeol, Friedelin, Friedelan-3β-ol, Betulin, Lupeylacetat, Taraxasterylacetat und Phytosterine isoliert [212].

A. leucophloea (Roxb.) Willd.: Stammrinde lieferte *n*-Hexacosanol, Sitosterin und β-Amyrin, und aus Kernholz wurden *n*-Octacosanol und Sitosterin isoliert [Ref. 16 sub *Mimoseae*]. Aus Stammrinde wurden ebenfalls Iso-okanin, Cyanin und glykosidische PD isoliert [Ref. 42, l.c. Bd. XIa, 252], und aus frischen Blüten wurde ein M-glykosid erhalten [Ref. 33, l.c. Bd. XIa, 228]. Interessante Stoffe wurden aus Wurzelrinde gewonnen: Die pimaranoiden Diterpene Leucophleol, $C_{20}H_{34}O_3$, Leucophleoxol, $C_{20}H_{32}O_3$ [213], und Leucoxol, $C_{20}H_{32}O_3$ [214]; die Ausbeuten schwankten zwischen 50 und 100 ppm [215]. Aus 3 kg im Drogenhandel Indiens gekaufter Wurzeldroge wurden drei Rhamnoside von Isochrysophanolderivaten isoliert: 3-Hydroxy-5-methoxy-isochrysophanol-8-rhamnosid (1,3 g), 3-Hydroxy-isochrysophanol-8-methylether-3-rhamnosid (1,4 g) und 3,5-Dihydroxy-isochrysophanol-8-methylether-3-rhamnosid (1,28 g); gleichzeitig wurde Galangin (1,45 g) erhalten, und auf Vorkommen von Pinit in dieser Art hingewiesen [215]. Ferner lieferten Wurzeln ein Saponin, welches als Betulinsäure-3-maltosid charakterisiert wurde [216]. Diese Art gehört nach VASSAL [2; Beitr. V] zu denjenigen *Acacia*-Arten, welche Samen mit ziemlich dickem Endosperm bilden; es überrascht deshalb kaum, daß aus ihren Samen ein Galaktomannan mit einem Gal:Man-Verhältnis von 1:1,35 gewonnen wurde. Reife Samen werden in gewissen Gegenden Indiens (Maharashtra) gegessen; dies veranlaßte eine genaue Analyse ihrer Proteine (26,5%), Lipide (5,1%), Minerale und „antinutritional factors" (verwahrlosbar); die Rohkohlenhydratfraktion, 57,5%, wurde nicht untersucht; Hauptfettsäuren der Lipidfraktion waren Linol- (51%), Öl- (23%) und Palmitinsäure (17%) [217].

A. ligulata A. Cunn. ex Benth.: Hat saponinhaltige Blätter mit 2% Gerbstoff (vgl. A. BARR et al. 1993 im Ethnobotanik-Nachtrag).

A. longifolia Willd.: Die ährigen Blütenstände lieferten neben reichlich biogenen Aminen 0,12% Naringenin (Isolation in Ref. [79; part XXVI] beschrieben); genuin ist dieses Aglykon als 5-Glucosid (Floribundosid) vorhanden (vgl. S. 254).

A. longiphyllodinea Maiden: Blattmaterial war schwach cyanogen, wenn Emulsin zugefügt wurde [120].

A. luederitzii Engl.: Enthält im Holz interessantes Gemisch von Leucoguibourtinidinen (4α-ol und 4β-ol) und von dimeren Proguibourtinidinen mit 4 → 8- und 4 → 6-Interflavanbindungen; diese Dimeren enthalten im oberen Teil Guibourtinidol und im unteren (+)-Catechin oder (−)-Epicatechin, und in einem Falle (+)-Afzelechin; vier der neuen PA-Dimere tragen in 6- oder 8-Stellung des Catechinteils zusätzlich eine Carboxylgruppe. In geringen Mengen enthielt dieses Holz auch freies (+)-Catechin und (−)-Epicatechin [218].

A. lysiphloia F. Muell.: Ein geprüftes Blattmuster war cyanogen [120]. Vgl. für dieses saponinhaltige Taxon auch A. BARR et al. 1993 im Ethnobotanik-Nachtrag.

A. macdonnelliensis J. R. Maconochie: Ein geprüftes Blattmuster war cyanogen [120].

A. macracantha H. et B.: Art von Venezuela, welche reichlich Schleimexudat liefert. Aus den Rohexudaten wurden 41−58% gereinigte Schleime gewonnen. Für Gummimuster von 8 Bäumen wurden folgende Konstanten ermittelt: $[\alpha]_D$ −6° bis −18°, Asche 2,8−4,8%, Uronsäuren (GlcU + 4-O-MethylglcU) 18−26%, Gal 34−46%, Ara 27−43% und Rha 1−5% [219].

A. macrostachya DC.: NEUWINGER 1994 (l.c. S. 12) bespricht diese Sippe auf S. 582−583 seines Werkes. Soll zur Bereitung eines aus mehreren Pflanzen hergestellten Pfeilgiftes verwendet werden. Der Autor prüfte Blattproben aus dem Senegal; sie waren stark cyanogen.

A. maidenii F. Muell.: Für Holzphenole dieser Art vide [52]; in [52] wurden aus 1,5 kg *maidenii*-Holz 242 mg Teracacidin, 200 mg 7,8,4′-Trihydroxyflavonol, 390 mg *trans*-4-Hydroxypipecolinsäure und 400 mg Pinit isoliert, und Prolin, Hydroxyprolin und Pipecolinsäure nachgewiesen (PC). Rinde lieferte 0,6% Alkaloide, welche zu 40% aus N-Methyl- und zu 60% aus N,N-Dimethyltryptamin bestand [220].

A. mearnsii De Wild. (= *A. mollissima* sensu auctt. = *A. decurrens* Willd. var. *mollis* Bentham): Wichtiger Gerbstoff(Rinde)- und Holz-Lieferant; heimisch in Südaustralien und Tasmanien. In Südafrika, Madagaskar [221], im Süden Japans [222] und in anderen Ländern Afrikas, Asiens und Südamerikas zur Produktion von Gerbrinde (und Holz) kultiviert. In Südafrika ist dieser Anbau ökonomisch wichtig; damit hängt die sehr intensive chemische Bearbeitung von Rinde und Holz und z. T. auch von Blättern zusammen (z. B. Leather Industries Research Institute, Grahamstown; Wattle Research Institute, Pietermaritzburg). Einige der zahlreichen aus Südafrika stammenden Gerbstoffuntersuchungen mit *A. mearnsii* wurden bereits erwähnt oder kurz besprochen (Bd. XIa, 241−244; im vorliegenden Buch S. 255 und Ref. [35−43]). Ergänzend zum bereits Gesagten sollen an dieser Stelle weitere Einzelheiten zu dieser wichtigen Nutzpflanze erwähnt werden.

BLÄTTER: Hauptflavonoide und -Flavanoide sind Myricitrin, Quercitrin, (+)-Catechin und (+)-Gallocatechin [223]. Gewisse Bäume bilden als weiteres Flavonolglykosid Mearnsitrin (= 4′-Methylether von Myricitrin) [223, 224]. Das dominante Gen [225], das 4′-Methylierung reguliert, war in allen 6 geprüften Populationen (Blätter von 72 bis 146 Bäumen pro Population analysiert) nachweisbar; Mearnsitrin trat in ihnen allerdings mit sehr verschiedener Häufigkeit auf (7−71%)

[226]. Gleichzeitig wurde je eine Population von Jungpflanzen („seedlings") von *A. decurrens* Willd. (71 Exemplare; alle ohne Mearnsitrin), *A. irrorata* Sieber (57 Exemplare; eines mit Mearnsitrin), *A. silvestris* Tindale (70 Exemplare; eines mit Mearnsitrin), *A. baileyana* F. Muell. (43 Exemplare; alle ohne Mearnsitrin) und *A. dealbata* Link (80 Exemplare; 36 mit Mearnsitrin) geprüft [226]. Die Frage, warum ein dominantes Gen in Populationen oft relativ selten aktiv ist, blieb vorläufig unbeantwortet [226]. Holz: Pinit isoliert [227]. Erstes kristallisiertes Leucoanthocyanidin isoliert und Mollisacacidin genannt und als ein Leucofisetinidin, i.e. Fisetinidol-4α-ol, charakterisiert; gleichzeitig Pinit isoliert [228]. Fisetin und (+)-Fustin isoliert und radiale Verteilung von Mollisacacidin, (+)-Fustin und Fisetin ermittelt [229]. Neues Catechin, (−)-Fisetinidol, isoliert [230]. N.B. in Ref. [227−230] wird für das Taxon der Name *A. mollissima* verwendet. Isolation von trimeren und höher polymeren Profisetinidinen [231]. 7,5 g (+)-Mollisacacidin aus 4,5 kg Kernholz isoliert, und Beschreibung von Epimerisierungs-Versuchen [232]. Stereochemie der isolierten 4 → 6-gebundenen (+)-Bileucofisetinidine [233]. Fisetin-3-methylether isoliert [234]. Isolation und Strukturen von Trileucofisetinidinen [235]. Isolation von *trans,cis*- und *cis,cis*-Isomeren von (+)-Mollisacacidin (= 2,3-*trans*, 3,4-*trans*) [236]. Ein Bileucofisetinidin mit Dioxanbindung (3-O-4; 4-O-3) isoliert [237]. Isolation und Struktur von Tetraflavanoiden [238]. Rinde: Im Falle von *A. mearnsii* liefert die Rinde, nicht das Kernholz, das Gerbmaterial. Ältere Untersuchungen des Rindengerbstoffes (unter dem Namen *A. mollissima*) stammen von Stephen [239] und Roux und Maihs [240]. Hauptgerbstoffe der Rinde sind auf Leucofisetinidine, Leucorobinetinidine (beide 5-Desoxyflavanoide) und die gebräuchlicheren 5-Hydroxycatechine (+)-Catechin und (+)-Gallocatechin basierte dimere und oligomere PA [241, 241a], wobei allerdings (+)-Catechin nur eine untergeordnete Rolle als Gerbstoffbaustein spielt (vgl. Tabelle 24). Isolation von (−)-Epirobinetinidol, zwei neuen dimeren Prorobinetinidinen, eines dimeren Prorobinetinidins vom A-Typus (2 Interflavanbindungen: 2 → O → 7 und 4 → 8) und eines dimeren PA mit (−)-Fisetinidol als oberem und 6-Methyl-(+)-catechin als unterem Baustein [242]. Biogenese und Akkumulation der Flavonoide und Flavanoide in Blatt, Zweigen, Rinde und Holz − Durch Fütterung von markiertem Acetat und Phenylalanin an Zweige oder isolierte Blätter von 3−9 Monate alten Jungpflanzen zeigte Zeijlemaker, daß in Blättern schnell Catechin auftritt; später folgen Gallocatechin und Myricitrin. In ganzen Stengeln (Phloem + Xylem) war die Reihenfolge des Auftretens Catechin, Gallocatechin, Leucofisetinidine, Leucorobinetinidine und erst später (2−4 Tage) folgten Fisetinidole und Robinetinidole und polymere Tannine und Myricitrin und Quercitrin; sind Flavan-3-ole hier eventuell Vorstufen anderer C_6-C_3-C_6-Körper? [243]. Meistens werden allerdings 2,3-Dihydroflavonole als Leucoanthocyanidin- und Catechin-Vorstufen angenommen [243a]; Dihydroflavonole wurden in [243] nicht berücksichtigt. Saayman und Roux [244] untersuchten die Inhaltsstoffe von Blüten, Blatt, Zweigrinde, Stammrinde, Wurzelrinde, Stammholz und Wurzelholz von 5−6jährigen Bäumen vergleichend. Sie hofften damit Hinweise auf die Bildung der Gerbstoffe und ihrer Bausteine zu erhalten. Bei diesen Arbeiten wurden auch nicht-phenolische Inhaltsstoffe berücksichtigt. Ein Teil der Ergebnisse wurde

in den Tabellen 24 und 25 zusammengestellt. EXUDAT-GUMMI – Das Produkt der Gummosis bei *A. mearnsii* wurde erstmalig durch A. STEPHEN [245] analysiert. Totalhydrolyse lieferte Ara:Gal:Rha:GlcU im molaren Verhältnis 6:5:1:1, und nach partieller Hydrolyse wurde eine Aldobiouronsäure isoliert, und als GlcU- (1 → 6)-Gal erkannt. Später wurde gezeigt, daß *A. mearnsii*-Gummi auch 4-O-MethylglcU enthält [246].

A. melanoxylon R. Br.: Etherextraktion von Kernholz dieser als AUSTRALIAN BLACKWOOD bekannten Art lieferte 1–1,6% des neuen Flavan-3,4-diols Melacacidin und wenig (0,01%) 7,8,3′,4′-Tetrahydroxyflavonol [247]. Melacacidin liefert bei Säurebehandlung das neue Anthocyanidin 3,7,8,3′,4′-Pentahydroxyflavyliumchlorid [248], welches später [249] Melacacinidin genannt wurde. Im Holz wird Melacacidin von Isomelacacidin begleitet, welches im C-Ring 2,3-*cis*, 3,4-*trans*-Substitution aufweist [180]. Für alle isomeren 7,8,3′,4′-Tetrahydroxyflavan-3,4-diole wurde der Name Leucomelacacinidine [249] vorgeschlagen (vgl. auch Bd. XI a, 245). Außer Melacacidin und Isomelacacidin enthält das Holz auch deren 4-Ethylether, welche nach [249] nicht Isolierungsartefakte darstellen. Ferner wurden aus Holz isoliert: 7,8,3′,4′-Tetrahydroxyflavonol (= Melanoxetin) und zwei entsprechende Dihydroderivate (Flavanonole) mit 2,3-*trans*- und 2,3-*cis*-Konfiguration, das entsprechende Flavanon und Dihydroquercetin-5-methylether [250] und ein neues 4 → 6-gebundenes Promelacacinidin-Dimer [251] und zwei stereoisomere über eine 4-4-Etherbrücke verknüpfte Promelacacinidine [252]. Ferner enthält das Holz zwei allergene Chinone, 2,6-Dimethoxybenzochinon und Acamelin (Bd. XI a, 361–363). Aus Blüten wurde Hyperin (Q-3-gal) isoliert [253]. Diese Art wird an vielen Orten für das Holz kultiviert. Im nordwestlichen Spanien wurden für Blätter von *Eucalyptus globulus* und *A. melanoxylon* stark phytotoxische Komponenten nachgewiesen; diese gelangen bei der Verwitterung der abgefallenen Blätter (und mutmaßlich bei Regen auch mit der Blatt-Traufe) in den Boden und hemmen andere Pflanzen. Aus Blattpulver von *A. melanoxylon* wurden mit Ether die folgenden „allelopatisch aktiven" Phenole extrahiert: 3-Hydroxy-4-methoxybenzylalkohol, Vanillin, Vanillinsäure, Ferulasäure, Quercitrin, Lu, Ap [254].

A. mellifera (Vahl) Benth. subsp. *detinens* (Burchell) Brenan: Frischblätter lieferten kristallisierte Pipecolin- und 4-Hydroxypipecolinsäure und Alanin (Ausbeuten nicht angegeben). Versuche mit markiertem Lysin zeigten folgenden Biogeneseweg für die zwei Iminosäuren: Lysin → Pipecolinsäure → 4-Hydroxypipecolinsäure [255].

A. modesta Wall.: Aus Stammrinde Octacosanol, α-Amyrin, Betulin und Sitosterin, aus Holz Pinit, und aus Blättern Octacosan, Hentriacontan, Octacosanol und Hentriacontanol isoliert [256].

A. multisiliqua (Benth.) Maconochie: Blätter stark saponinhaltig (vgl. A. BARR et al. 1993 im Ethnobotanik-Nachtrag).

A. myrtifolia Willd.: Hydrolyse der Blattsaponine lieferte Oleanol- und Myrtifol(in)säure, $C_{30}H_{48}O_3$, F 230° (J. J. H. SIMES et al. 1959, l. c. Bd. I, 36: Vide Appendix I, S. 29); hier wurde Myrtifolsäure möglicherweise mit Erythrodiol, F 235–237°, verwechselt. Beblätterte Zweige lieferten 0,7% Quercitrin und 1,2% eines Mischkristallisats der Myrtifolioside A–C; C ist Oleanolsäure-3-glykosid (Glc,

Tabelle 24. Relative Phenolgehalte verschiedener Teile 5–6-jähriger Bäume von *Acacia mearnsii* [244]

Phenole	Pflanzenteile[1]					
	Blatt	Zweig-rinde	Stamm-rinde	Wurzel-rinde	Stamm-kernholz	Wurzel-kernholz
5,7-HYDROXYFLAVONOIDE:						
(+)-Catechin[2]	+	+ + +	+ + +	+	–	–
Quercitrin	+ +	+ + +	+ + +	–	–	–
(+)-Gallocatechin[3]	+ + +	+ +	+ + +	+	–	–
Myricitrin	+ + +	+ +	–	–	–	–
Mearnsitrin ?[4]	+ + +	+ + +	+ +	–	–	–
PD-Gerbstoffe[5]	+ + +					
5-DESOXYFLAVONOIDE						
– *mit tribydroxyliertem B-Ring*:						
(+)-Leucorobinetinidine (a)	–	–	+ +	+ + +	–	–
(–)-Robinetinidole (b)	–	+ + +	+ +	+ + + +	–	–
(+)-Dihydrorobinetin (c)	–	+ + + +	+ + + +	+ + +	–	–
Robtin[6] (d)	–	+	+	+	–	–
Robinetin (e)	–		+	+ +	–	–
Robtein[6] (f)	–				–	–
Prorobinetinidin-Gerbstoffe	–				–	–
– *mit dibydroxyliertem B-Ring*:						
(+)-Mollisacacidin (Leucofisetinidine) (a)	–	+ +	+ +	+ +	+ + +	+ + +
(–)-Fisetinidol (b)	–	+ +	+ +	+ +	+ +	+ +

Acacia-Arten: Ergänzende Angaben

(+)-Fustin (c)	–		+			+
Butin (d)	–	+	+++	+++	+++	+++
Fisetin (e)	–	++	++	++	++	++
Butein (f)	–	+	++	++	+	+
Profisetinidin-Gerbstoffe				+++	+++	+++

1) – = nicht nachgewiesen, + = Spuren bis mäßige Mengen, ++ = viel, +++ = sehr viel.
2) Konzentration von Blättern nach Rinden zunehmend.
3) Konzentration von Blättern nach Rinden abnehmend.
4) nicht genau identifiziertes M-glykosid (das später [224] nachgewiesene Mearnsitrin?).
5) oligo- und polymere Flavanole. N.B. PD., Prorobinetinidin- und Profisetinidin-Gerbstoffe enthalten vorzüglich (nicht immer ausschließlich) Delphinidin, Robinetinidin oder Fisetinidin liefernde Bausteine.
6) waren bereits aus Kernholz von *Robinia pseudo-acacia* bekannt.
(a) = Flavan-3,4-diole, (b) = Flavan-3-ole, (c) = Flavanone, (d) = Dihydroflavonole, (e) = Flavonole, (f) = Chalkone.

Tabelle 25. Aminosäuren, lösliche Kohlenhydrate und aus PA entstandene Anthocyanidine verschiedener Teile junger Bäume von *Acacia mearnsii* [244]

Inhaltstoffe[1]	Blüten	Blätter	Rinde von Zweigen	Rinde von Stamm[2]	Wurzeln	Stammholz Splint	Stammholz Kern
AMINOSÄUREN (% TG)							
(−)-Pipecolinsäure[3]	•	1,8	1,3	0,3	1,0	•	0,04
(−)-Hydroxypipecolinsäure[3]	•	1,1	0,5	0,3	0,5	•	0,05
(−)-Prolin[3]	•	0,4	0,3	0,2	0,3	•	−
KOHLENHYDRATE (relative Mengen)							
Fructose	+++	+	•	+	•	+++	−
Glucose	+++	++	•	++	•	+++	−
Saccharose[4]	+	++	•	++	•	+	−
Pinit[4]		++	•	+	•	−	+
ANTHOCYANIDINE[5] (relative Mengen)							
Delphinidin	•	+	+	+	−	•	•
Cyanidin	•	−	−	−	−	•	•
Robinetinidin	•	−	+++	++	++	•	•
Fisetinidin	•	−	+	+	++	•	•

1) ● = nicht untersucht; − = nicht nachweisbar.
2) auch β-Diketon, $C_{22}H_{38}O_2$, F 80−82°, und einen steroiden Alkohol, $C_{22}H_{38}O$, F 160−162°, isoliert.
3) aus Stammrinde isoliert; auch Alanin, Serin, Arginin, Asparagin- und Glutaminsäure nachgewiesen (PC).
4) aus einem anderen Rindenmuster isoliert.
5) bei Säurebehandlung der betreffenden Pflanzenteile aus vorhandenen PA gebildet.

Gal), B ist Erythrodiol-3-triosid (2 Glc, 1 Gal) und A ist ein Erythrodiol-3,28-bidesmosidisches Saponin mit Glc und Ara als Zuckern [257].

A. neovernicosa Isely: Dorniger Strauch der südlichen USA und des angrenzenden Mexikos. Hat Blätter und junge Stengel mit winzigen Drüsenhaaren, die ein harziges Exudat produzieren. Analyse von 5 Herkünften (4 Texas, 1 Chihuahua [Mexiko]) für lipophile Flavonoide führte zur Isolation von 2′,4′-Dihydroxychalkon (alle Herkünfte), 7-Hydroxyflavanon (4 Herkünfte), und 2′,4′-Dihydroxy-3′-methoxychalkon (vgl. dazu sub *Zuccagnia punctata* bei *Caesalpinieae*; 2 Herkünfte) und zum Nachweis von Chrysin (4 Herkünfte), Pinocembrin (4 Herkünfte) und Isoliquiritigenin (2 Herkünfte). In einer Herkunft wurden Galangin, K-3-methylether und Q-3,3′-dimethylether beobachtet; die starke Variation der Exudat-Flavonoide bei diesem Taxon fällt auf [258]. Bei strauchigen Halbwüsten- und Wüstenpflanzen sind in verschiedenen Familien lipophile Exudat-Flavonoide recht verbreitet; in dieser Beziehung scheinen die Leguminosen eine Ausnahme zu sein; bisher sind Flavonoide aus harzigen Exudaten ausschließlich von der hier besprochenen Art bekannt geworden [259]. Vgl. jedoch *Zuccagnia*, S. 77.

A. nigrescens Oliv. (= *A. pallens* Rolfe): In Südafrika als Knoppiesdoring bekannt. Hat phenolreiches aber praktisch gerbstoff-freies Holz, aus welchem Protocatechusäure und 7,8,3′,4′-hydroxylierte Flavan-3,4-diole (Melacacidin und Isomelacacidin und ein drittes Epimer) und entsprechend substituiertes Chalkon, Flavanon, Flavanonol (= Dihydroflavonol) und Flavonol (= Melanoxetin; Formel Bd. III, 439) isoliert oder nachgewiesen wurden; ein neuer Naturstoff ist das Nigrescin, ein 2-Hydroxydihydroauronderivat oder 2,6,7,3′,4′-Pentahydroxy-2-benzylcumaran-3-on; Flavan-3-ole (Catechine) waren nicht nachweisbar [260]. Später wurden aus Holz noch wenig 7,8,4′-Trihydroxyflavon und zwei Methylether von Melanoxetin (= 7,8,3′,4′-Tetrahydroxyflavonol), der 3-Methylether und der 3,3′-Dimethylether, isoliert [261].

A. nilotica (L.) Del.: Ist eine sehr polytypische, afroasiatische Art, zu welcher heute 7 (Lock 1989; Lock-Simpson 1991) bis 9 [262] Unterarten gerechnet werden. Die Synonymie in diesem Formenkreis ist reichhaltig und z. T. sehr verwirrend. Insbesondere gehören hierher die früher als *A. arabica* und *A. indica* bekannten Taxa, welche wichtige Gerbstofflieferanten (Rinden, Früchte) sind (vgl. Bd. XIa, 243, und im vorliegenden Band S. 257). Gegenwärtige Klassifikation dieses Formenkreises: *A. nilotica* (L.) Del. s. l.

subsp. *adstringens* (Schum. et Thonn.) Roberty (= *A. adansonii* Guillemin et Perrottet); reicht von Westafrika bis Indien.

subsp. *cupressiformis* (J. L. Stewart) Ali et Faruqi (= *A. arabica* var. *cupressiformis* J. L. Stewart); Pakistan, Indien.

subsp. *hemisphaerica* Ali et Faruqi; Pakistan.

subsp. *indica* (Bentham) Brenan (= *A. arabica* sensu Brenan = *A. nilotica* var. *indica* [Benth.] A. F. Hill); Arabische Halbinsel, Iran bis Indien; nicht immer deutlich von der afrikanischen subsp. *tomentosa* zu unterscheiden.

subsp. *kraussiana* (Bentham) Brenan (= *A. arabica* var. *kraussiana* Bentham = *A. nilotica* var. *kraussiana* [Bentham] A. F. Hill); Afrika, arabische Halbinsel, Irak.

subsp. *leiocarpa* Brenan; Ostafrika.

subsp. *nilotica* (= *A. arabica* [Lam.] Willd. = *A. scorpioides* [L.] W. Wight); Afrika, arabische Halbinsel, Irak, Iran.
subsp. *subalata* (Vatke) Brenan (= *A. subalata* Vatke); Ostafrika.
subsp. *tomentosa* (Bentham) Brenan; Afrika (nördlich des Äquators).

Die einzelnen Unterarten sind nicht überall scharf getrennt und können Hybridenschwärme bilden, bei denen viele morphologische Überschneidungen zwischen den einzelnen Unterarten auftreten [262, 263].

Im Nachfolgenden sollen einige ergänzende phytochemische Angaben zu der Sammelart *nilotica* gemacht werden. Dabei ist zu berücksichtigen, daß Untersuchungen in Pakistan und Indien sich mutmaßlich auf eine der dort heimischen Taxa, solche in Nord- und Ostafrika auf subsp. *adstringens, nilotica* und/oder *tomentosa* beziehen, und daß in Südafrika nur subspecies *kraussiana* (LEKKERRUIKPEUL) heimisch ist.

Untersuchungen in Südafrika: 5-Galloyl-, 5,3'-, 5,4'- und 5,7-Digalloyl-(+)-Catechin aus Rinde isoliert [264]. Diese neuen Catechinester wurden jetzt nachträglich auch noch in Rinde von *A. gerrardii* nachgewiesen, und umgekehrt wurden die bereits bei *A. gerrardii* nachgewiesenen Catechinester auch in Rinde von *A. nilotica* beobachtet. *A. nilotica* subsp. *kraussiana* ist eine Heilpflanze der Zulus (Rindendekokt gegen Husten) und liefert ein Exudatgummi guter Qualität [264].

Analyse der Exudatgummis von 10 Bäumen (4 kleine, 6 große; Kassala-Provinz, Ostsudan) zeigte eine nicht unerhebliche Variation der Eigenschaften der Exudate einzelner Bäume [265]:

%N	0,01–0,03
% OMe	0,75–1,44
$[\alpha]_D^{20}$ (c 3,0; Wasser)	$+54° - +109°$
Uronsäureanhydrid %	9,2–10,8
Gal %	33–44
Ara %	45–55

Eines der 10 Gummimuster (Baum 1) wurde genauer untersucht; es enthielt nach Hydrolyse mit 1 N H_2SO_4 (12 h, 100°) neben Ara und Gal GlcU und 4-O-MethylglcU und die Aldobiouronsäuren GlcU-(1 → 4)-Gal, GlcU-(1 → 6)-Gal, und die zwei entsprechenden 4-O-MethylglcU-Derivate [265]. Ein anderes Gummimuster aus dem Sudan enthielt im Totalhydrolysat des Heteropolysaccharidanteils 32% Gal, 57% Ara, 0,4% Rha, 4% GlcU und 6% 4-O-MethylglcU [266]. Die Gerbstoffe von Fruchtschoten (33% Gerbstoff) [267] und Rinde (27% Gerbstoff) [268] von in Oberägypten gesammeltem Material wurden als kondensierte Tannine erkannt, die aber auch hydrolysierbare Anteile enthalten. Die Schoten wurden bereits durch die alten Ägypter zum Gerben verwendet und etwa 7000 Jahre alte Schoten aus ägyptischen Gräbern waren noch ebenso gerbstoffreich wie jetzt geerntete Hülsen [268]. Analyse der Hülsengerbstoffe von in der Provinz Assuit (sic! Asyut?), Ägypten, geerntetem Material [269]. Molluscizide Eigenschaften der Gerbstoffe von Rinde und Hülsen der drei im Sudan heimischen Unterarten *adstringens, nilotica* und *tomentosa* [270]. Antibiotische Eigenschaften von wäßrigen

Hülsenextrakten [271]. Aus im Sudan gesammelten Blüten Flavonoide isoliert: Chalkone Marein (= Okanin-4'-glc), Coreopsin (= Butein-4'-glc), Isoliquiritigenin-4'-glc; Taxifolin-3-glc (Flavanonol); zwei Flavanone (Sakuranetin-5-glc, Liquiritigenin-7-glc = Liquiritin); das Flavon Baicalein und das Isoflavon Genistin (= Genistein-7-glc; 50 mg aus 400 g lufttrockenen Blüten); auch Q identifiziert [272]. Indische BABUL-Rinde lieferte 2% (−)-Epigallocatechin [273]. Aus Rinde eines 15jährigen BABUL-Baumes Q, Gallussäure, (+)-Catechin, (−)-Epicatechin und als Hauptkomponenten ein dimeres PCy und einen Gallussäureester (Epicatchingallat?) isoliert [274]. Vergleichende Analyse der Blätter von unter gleichen Bedingungen aus indischen Samenmustern gezogenen Jungpflanzen für freies Prolin (Gehalt kann Indikator für Dürre-Resistenz sein) [275]. In Pakistan lieferten Samen 4% Lipide mit 9,6% Alkanen + Esterwachs, 10,2% freien Fettsäuren, 31,1% polaren Lipiden und 49,1% Triglyceriden (inkl. „partial glyceride"); das Fettsäurespektrum der Totallipide wurde ermittelt: 0,1% 14:0, 18,1% 16:0, 14,2% 18:0, 37,5% 18:1 und 30% 18:2 [187]. Bei den bereits erwähnten [262] Hybridisations-Versuchen in Pakistan wurden mit PC-Methoden ebenfalls Blatt-Phenolspektren für die einheimischen Unterarten *indica, adstringens, subulata, hemisphaerica, cupressiformis*, sowie für aus Indien stammendes Material von subsp. *indica* und für die ostafrikanische *A. leiocarpa* ermittelt. Angeblich konnten dabei Rutin und Lu-5-glc in Extrakten und 4-Hydroxyzimt-, Kaffee- und Ferulasäure, K, Q, IRh, M, Tricin und Paeonidin, Delphinidin und Malvidin in Hydrolysaten eindeutig identifiziert werden. Nach meinem Empfinden sind diese Angaben ganz unzuverlässig; sie sollten bei den Populationsanalysen nicht verwertet werden (z. B. Paeonidin und Malvidin wurden mit anderen bei Mineralsäurebehandlung aus Leuco- und Proanthocyanidinen entstehenden Anthocyanidinen verwechselt; Propaeonidine und Promalvidine sind aus der Gattung *Acacia* nicht bekannt).

A. obtusifolia A. Cunn. (= *A. intertexta* Sieb.): Aus 12 kg Kernholz wurde u. a. eine Leucoanthocyanidin-Fraktion isoliert, welche ausschließlich aus Teracacidin und Isoteracacidin bestand; sie lieferte mit HCl nur 3,7,8,4'-Tetrahydroxyflavyliumchlorid; gleichzeitig wurden 170 mg 7,8,4'-Trihydroxyflavonol, 420 mg Pinit und ein Flavanon-Flavanonol-Gemisch mit mutmaßlich demselben A- und B-Ring-Hydroxylierungsmuster wie Teracacidin und das Flavonol, i.e. 7,8,4', erhalten.

A. oerfota (Forsskal) Schweinf. (= *A. nubica* Bentham): Liefert rechtsdrehenden Exudatgummi mit Ara (sehr viel), Gal und GlcU als Hauptbausteinen und nur wenig Rha und 4-O-MethylglcU; nach Partialhydrolyse zwei Aldobiouronsäuren (GlcU-[1 → 4]-Gal und GlcU-[1 → 6]-Gal) isoliert [276].

A. olgana Maconochie: Zwei geprüfte Blattmuster waren spontan cyanogen [120].

A. oncinocarpa Bentham: Blätter lieferten 0,1% etherisches Öl mit 14% β-Eudesmol, 2,5% Pentadecanal und vielen nicht identifizierten oder nur spurenweise (< 1%) vorhandenen Komponenten; vgl. A. BARR et al. 1993 im Ethnobotanik-Nachtrag.

A. orites Pedley: Die für Kernholz von *A. intertexta* Sieber beschriebenen Leucoanthocyanidine Teracacidin und Isoteracacidin [277] wurden, wie später mitgeteilt wurde [52, 306], tatsächlich aus Holz von *A. orites* Pedley isoliert; gleiches gilt dementsprechend für die 0,35% Pinit, welcher aus demselben Holz erhalten wurde. In der gleichen Arbeit [277] wird über Isolation von Pinit aus Kernholz von *A. mearnsii* (als *A. mollissima*; 1,5%), *A. melanoxylon* (0,9%) und *A. harpophylla* (0,05%) und dessen Nachweis im Kernholz von *A. excelsa* berichtet. N. B. nach [52] ist *A. intertexta* Sieb. ein Synonym von *A. obtusifolia* A. Cunn.; im DICT wird dagegen *A. intertexta* als Synonym von *A. longifolia* (Andrews) Willd. aufgeführt.

A. pachyphloia Maiden et W. Fitzg.: Ein Blattmuster war schwach cyanogen, wenn geeignete β-Glucosidase zugefügt wurde [120].

A. parramattensis Tindale: Ein geprüftes Blattmuster verhielt sich hinsichtlich der Cyanogenese wie *A. pachyphloia* [120].

A. pellita O. Schwartz: Hat stark saponinhaltige Blätter. Die ebenfalls saponinhaltigen Früchte werden zur Behandlung juckender Hautstellen verwendet. Vgl. A. BARR et al. 1993, l. c. im Ethnobotanik-Nachtrag.

A. permixta Burtt-Davy: Getrocknete Blätter waren nicht-cyanogen, auch nach Zufügen von Emulsin [178].

A. peuce F. Muell.: Das dunkelrote Holz lieferte zwei epimere Peltogynole, Peltogynin, Crombenin, Butin, 2,3-*trans*-Fustin und dessen 3-Methylether und Fisetin [278]. Vgl. auch Bd. XI a, 223.

A. phlebophylla F. Muell.: 0,3% N,N-Dimethyltryptamin aus Blättern [279].

A. planifrons W. et A.: (+)-Catechin aus Rinde und Holz isoliert [280].

A. polybotrya Bentham: Ein geprüftes Blattmuster war mäßig stark cyanogen [120].

A. praecox Griseb.: Blätter lieferten Q, IRh, Lu, Q-3-gal, Lu-7-glc und Vitexin [123].

A. prominens A. Cunn.: Vgl. Tabelle 21.

A. pubifolia Pedley: Ein Blattmuster war nach Zufügen von β-Glucosidase schwach cyanogen [120].

A. pulchella R. Br.: Ist ein gegen das in Australien eingeführte sehr virulente Phytopathogen *Phytophthora cinnamomi* resistentes Taxon. Die Wurzelsaponine, welche bei Hydrolyse Oleanol- und Echinocystsäure als Sapogenine und die Zukker Glc, Gal, Ara, Xyl und Rha lieferten, gehören zu den Resistenzfaktoren [281]. Weitere Resistenzfaktoren wurden im wasserdampfflüchtigen Anteil der Wurzeln nachgewiesen; das Gesamtdestillat enthält wenigstens 270 Verbindungen; von diesen konnten 78 definitiv und 56 weitere provisorisch identifiziert werden; als Hauptkomponenten wurden nachgewiesen: 4-Methylacetophenon (60 µg pro 100 g frische Wurzeln = die mengenmäßig am stärksten vertretene Verbindung), 2-Methyl- und 3-Methylbutanol, Hexanol, Pentanal, 2- und 3-Methylbutanal und Schwefelkohlenstoff (= CS_2); Wasserdampfdestillation und anschließendes Ausschütteln des Destillates mit Ether lieferte 0,5% noch 70% Ether enthaltendes „etherisches Öl" (entspricht etwa 0,15% reinem Öl); dieses „etherische Öl" hemmte Sporangienbildung, Mycelwachstum und Keimung von Zoosporen des Phytopathogens stark bei Konzentrationen von 150–700 mg/l. Als aktive Komponenten kommen am ehesten 4-Methylacetophenon und CS_2 in Frage; letzterer könnte während der Wasserdampfdestillation aus dem ebenfalls nachgewiesenen

1,2,3-Trithiolan entstanden sein. Trithiolan und verwandte zyklische Polysulfide könnten den charakteristischen Geruch der Wurzeln dieser *Acacia*-Art bedingen [282]; vgl. Abb. 30 sub *Parkieae*. Vorläufig wurde allerdings erst das Gesamtwurzeldestillat, nicht einzelne seiner Komponenten, auf biologische Aktivität geprüft [282]. *A. pulchella* ist eine polytypische Art, innerhalb welcher u. a. var. *glaberrima, goadbyi, pulchella, reflexa* und *subsessilis* unterschieden werden; Blattmaterial von allen erwähnten Taxa erwies sich als schwach bis mäßig cyanogen (spontan oder nach Zufügung von Emulsin) [120].

A. pycnantha Bentham: Strukturstudien des Exudatgummis ergaben, daß es sich um ein Gemisch von Heteropolysacchariden handelt, an deren Aufbau 65% Gal, 27% Ara, 1–2% Rha und etwa 5% GlcU (inkl. 4-O-MethylglcU) beteiligt sind [283–285].

A. pycnostachya F. Muell.: Das untersuchte Blattmuster war stark cyanogen, wenn β-Glucosidase zugefügt wurde [120].

A. raddiana Savi (= *A. tortilis* [Forsskal] Hayne subsp. *raddiana* [Savi] Brenan): Auf der Halbinsel Sinai gesammelte frische Blätter lieferten 1-Galloylglucose, 1,6-Digalloylglucose, 1,3,6-Trigalloylglucose, ein neues Ellagitannin, IRh-3-rutinosid, Q-3-gentiobiosid, Q-3-glucogalaktosid, Isoquercitrin und Hyperin [286]. Vide ferner bei *A. tortilis*.

A. resinomarginea W. Fitzg.: Ein geprüftes Blattmuster war erst nach Zugabe von Emulsin cyanogen [120].

A. retinodes Schlechtendal: Blüten von Gartenpflanzen (Alicante, Spanien) lieferten ein C-Glucoflavanon, das mit dem aus Tulpen bekannten Naringenin-6-C-glucosid identisch war [287].

A. rhodophloia Maslin: Ein geprüftes Blattmuster war cyanogen [120].

A. rhodoxylon Maiden: Kernholzphenole vide S. 263.

A. robusta Burchell: Unreife frische Früchte und frische und getrocknete Blätter waren cyanogen, aber erst nach Zugabe von Emulsin [178]. Vgl. auch S. 417.

A. salicina Lindl.: Aus Splint- und Kernholz ein (+)-Flavanonol, ein Flavanon (und vermutlich als Artefakt entsprechendes Chalkon Okanin) und ein Flavonol, alle mit 7,8,3′,4′-Hydroxylierungsmuster [137] isoliert; Flavonoid-Konzentration im Kernholz höher.

A. saligna (Labill.) Wendl. (wird auch zusammen mit *A. cyanophylla* als polytypische Art aufgefaßt [LOCK; DICT]): In Ägypten kultivierte 5jährige Bäume hatten etwa je 5% kondensierte Gerbstoffe in Rinde und Blättern [288]. Aus Blättern Astragalin (K-3-glc), Quercitrin und Myricitrin isoliert [289]. In Israel wurde diese schnellwüchsige Art in ariden Gebieten für Brennholz-Produktion angepflanzt. Als Schaf- und Geißenfutter sind ihre Phyllodien aber wegen des hohen Gehaltes an kondensierten Gerbstoffen (8,3%) wenig geeignet, obwohl sie etwa 12,5% Rohprotein enthalten [289a].

A. saxatilis E. Moore: Art von Australien mit hellrotem Kernholz, das bei Säurebehandlung 3 Anthocyanidine (Fisetinidinchlorid, 8-Methoxy-3,7,3′,4′-tetrahydroxyflavyliumchlorid und 3,8-Dimethoxy-7,3′,4′-trihydroxyflavyliumchlorid) liefert. In Holzextrakten fünf Flavan-3,4-diole beobachtet: Alle mit 2,3-*trans*-Stereochemie; drei mit 3,4-*cis*- und zwei mit 3,4-*trans*-Stereochemie; 8-Methoxy-

7,3′,4′-trihydroxyflavan-3,4-diole (3,4-*trans*, 3,4-*cis* und sein 3-Methylether), 7,3′,4′-Trihydroxyflavan-3,4-diole (3,4-*cis* und 3,4-*trans*); entsprechende Flavonoide Fustin, 8-Methoxyfustin, Butin, 8-Methoxy-3,7,3′,4′-tetrahydroxyflavon und 3,8-Dimethoxy-7,3′,4′-trihydroxyflavon ebenfalls nachgewiesen. Besprechung der Beziehungen zwischen Kernholzfarbe und Hydroxylierungsmustern und Stereochemie der gespeicherten Flavan-3,4-diole (und, wo vorhanden, Peltogynoide) [290].

A. schinoides Bentham: Zwei im Botanischen Garten von Canberra kultivierte Exemplare waren schwach cyanogen, hatten aber nur äußerst schwach aktive β-Glucosidasen. Möglicherweise handelte es sich nicht um reine *A. schinoides*, sondern um Individuen, in welche Gene von *A. deanei* subsp. *paucijuga* eingekreuzt waren [120].

A. senegal (L.) Willd.: Ist eine systematisch schwierige Sammelart, von welcher Kleinarten abgetrennt werden können. Dieses Aggregat ist Quelle des für Pharmazie, Nahrungsmittelindustrie und andere Industrien wichtigen GUMMI ARABICUM (vgl. S. 252). Die große ökonomische Bedeutung von arabischem Gummi erklärt die Tatsache, daß ihm zahlreiche Publikationen gewidmet sind. Neben früher bereits besprochenen Untersuchungen sollen an dieser Stelle einige weitere zur Sprache gebracht werden. Bereits BOURQUELOT [291] wies darauf hin, daß GUMMI ARABICUM und andere Exudatgummis oxidierende Fermente (Oxidasen, Peroxidasen) enthalten, und daß braune bis rotbraune Verfärbungen von Gummikörnern auf der Oxidation von Polyphenolen, mit welchen der Schleim vor der Erstarrung in Berührung kam, beruhen. GUMMI ARABICUM-Körner aus Trockengebieten sind meistens hellgelb und gerbstoff-frei (aber auch enzymhaltig), während solche aus feuchteren Gebieten oft stark verfärbt sind, weil bei langen Erstarrungszeiten Gerbstoffe aus Rindenzellen extrahiert und anschließend oxidiert werden. In der pharmazeutischen Praxis sind vielfach oxidasenhaltige Schleime unerwünscht; manche Untersuchungen waren deshalb der Bereitung eines qualitativ hochwertigen GUMMI ARABICUM DESENZYMATUM gewidmet (z. B. [292, 293]; HAGER, Bd. 4, 36–42, l. c. S. 10). Untersuchungen von Innenrinde, Kambium und Xylemperipherie eines gummiproduzierenden Asts eines 15jährigen Baums auf wasserlösliche, saure Heteropolysaccharide mit Eigenschaften und Zusammensetzung von GUMMI ARABICUM zeigten, daß solche nur in der Innenrinde und Kambiumzone reichlich vorkommen; bei Kontrollanalysen mit einem nicht-gummiproduzierenden Ast desselben Baumes und mit dem Stamm eines einjährigen Baumes konnten keine gummi-arabicum-ähnlichen Schleime nachgewiesen werden; damit war die an das Kambium grenzende Innenrinde auch in biochemischer Hinsicht als Schleimbildungszone bestätigt [294]. ANDERSON et al. [295] analysierten viele Gummi-Muster aus dem Sudan, und beobachteten relativ geringe Schwankungen im Asche-, N- und OMe-Gehalt, bei der optischen Aktivität ($-27°$ bis $-32°$) und, soweit diese ermittelt wurde, der Zusammensetzung: Rha 12,6–14, Gal 40–44, Ara 26–28, GlcU 15,5–16 und 4-O-MethylglcU 1,5%; nur ein süß-schmeckendes, sehr dunkel gefärbtes, als HENNAWI (an der Stammbasis nach natürlichen Verwundungen entstehendes Exudat) bekanntes Gummimuster hatte deutlich höheren Aschegehalt und niedrigeren Rha-Gehalt (6,2%). Von drei verschiedenen Bäumen in Niger stammende Gummimuster hatten mit gutem Sudan-Gummi übereinstimmende Konstanten [296]. In Nord-Kenya liefert *A. senegal* var. *kerensis* Schweinf. qualitativ hochwertiges arabisches Gummi; Analyse von Gummimustern von 67 Bäumen ergab Konstanten, welche nur wenig von Gummimustern aus dem Sudan abweichen. Ein Vergleich dieser Kenya-Muster mit 48 Mustern von GUMMI ARABICUM aus Mauritanien, Mali, Nigeria, Senegal, Sudan, Äthiopien, Uganda und Oman führte zum Schluß, daß var. *kerensis* eine sehr akzeptable Qualität GUMMI ARABICUM produziert [297]. Da *A. senegal* weitverbreitet ist, und in verschiedenen Biotopen wächst, stellt sie eine Sammelart dar. Manche ihrer Merkmale sind mehr oder weniger variabel. Dies trifft erwartungsgemäß auch für die Eigenschaften der Exudat-Gummis zu. ANDERSON und WANG [297a] zeigten in einer weiteren Arbeit, daß auch in Somalia Taxa des *senegal*-Aggregates linksdrehende Gummis, welche im Proteingehalt und in der Zusammensetzung des Kohlenhydratanteils GUMMI ARABICUM aus Tanzania und aus dem Sudan ähnlich sind, produzieren; untersucht wurden *A. cheilanthifolia* Chiov. und eine weitere Kleinart (spec. nov.) des *senegal*-Komplexes, sowie die zum *A. seyal*-Aggregat gerechnete *A. leucospira* (vide für diese sub. *A. seyal*), welche ein in verschiedener Hinsicht abweichendes Gummi produziert. Dies führt uns deutlich vor Augen, daß trotz Variation von Schleimeigenschaften innerhalb von Sammelarten die Gummimerkmale vorwiegend genetisch geprägt sind, und sich dementsprechend auch zur Charakterisierung von morphologisch deutlich getrennten Sammelarten eignen. Für neue Strukturarbeiten mit GUMMI ARABICUM aus dem Sudan vgl. [298–300]. Vgl. auch S. 417.

JOSHI et al. [301] isolierten Pinit aus Blättern, und analysierten Lipid-Fraktionen von Rinde (Octacosanol, β-Amyrin, Uvaol, Sitosterin), Kernholz (Sitosterin), Blättern (Nonacosan, Hentriacontan, Octacosanol, Hentriacontanol, $C_{31}H_{63}OH$), Wurzeln (Betulin, Sitosterin, Cerylalkohol, $C_{26}H_{53}OH$) und Blüten (Octacosanol, Sitosterin und Sitosteringlc).

A. seyal Del.: Liefert den technisch verwerteten, rechtsdrehenden TALHA-GUMMI; Rohgummi (9 Muster aus dem Sudan) hatte relativ hohe Methoxyl- und Proteingehalte, drehte rechts ($+44$ bis $+56°$) und lieferte bei Hydrolyse nur verhältnismäßig wenig Rha (ermittelt 1–8%) [302]. Das bereits erwähnte [297a] TALHA GUMMI-Muster von *A. leucospira* Brenan (gehört zum *seyal*-Komplex) hatte folgende Konstanten: 8% Protein, 1,7% OMe, 1,6% Gerbstoff, $[\alpha]_D$ $+31°$; Kohlenhydratanteil mit 10% 4-O-MethylglcU, 18% GlcU, 48% Gal, 24% Ara und $<1\%$ Rha. Rechtsdrehung und niedriger Rha-Gehalt sind Merkmale von TALHA-GUMMI (vgl. auch Bd. XIa, 197–198). Aus *A. seyal*-Gummi wurden vier Aldobiouronsäuren nach Partialhydrolysen rein isoliert: GlcU-(1 → 6)-Gal (I), GlcU-(1 → 4)-Gal (II), 4-O-MethylglcU-(1 → 6)-Gal (III) und 4-O-MethylglcU-(1 → 4)-Gal (IV). I–IV kommen nur in rechtsdrehenden Schleimen mit hohem OMe-Gehalt vor; aus linksdrehenden Schleimen wurden je nach OMe-Gehalt I + III oder nur I erhalten [303].

A. sibina Maslin: Drei geprüfte Herkünfte hatten sehr schwach bis stark cyanogene Blätter, aber erst nach Zufügung von Emulsin [120].

A. sieberiana DC. var. *woodii* (Burtt Davy) Keay et Brenan (= *A. lasiopetala* sensu STEYN und RIMINGTON, nicht OLIVER): Dieses als PAPIERBASDORING oder NATALSE

KAMEELDORING bekannte Taxon ist in Natal stark cyanogen: Blätter lieferten 1660, Blüten 1025 und Zweige 899 ppm HCN berechnet auf TG, und waren in Fütterungsversuchen mit Schafen sehr giftig [178]; reife Samen wurden ebenfalls geprüft, und waren bedeutend weniger stark cyanogen als Blüten, Blätter und Zweige [178]. Aus 1,5 kg in Natal gesammelten, getrockneten Blättern wurden 146 mg eines neuen cyanogenen Glucosides, $C_{11}H_{17}O_6N$, F 176–177°, isoliert; es wurde Acacipetalin genannt [178]. Seine Struktur wurde anschließend (vgl. bei *A. hebeclada* [200]) geklärt. Später erwies sich Acacipetalin als Isolierungsartefakt (Wanderung der Doppelbindung in schwach alkalischem Milieu); genuin liegt Proacacipetalin vor [304]. Vgl. auch S. 289–290.

A. signata Wendl.: Von zwei geprüften Blattmustern war eines stark („yorkrakinensis variant") und eines schwach cyanogen, wenn Emulsin zugefügt wurde. Beiden Mustern fehlten aktive β-Glucosidasen vollständig [120].

A. simplicifolia Druce: Art von Neukaledonien mit 0,11% Alkaloiden in „beblätterten" Zweigen und 3,6% in Stammrinde; Stammrinde lieferte N-Methyl- und N,N-Dimethyltryptamin und N_2-Methyl-1,2,3,4-tetrahydro-β-carbolin (40, 22,5 resp. 12,7% der Totalalkaloide) und das Blatt- und Zweigmaterial lieferte 26,3%, 6,2% und 5,8% der gleichen Basen und 1,6% einer weiteren Base, welche als N-Methyl,N-formyltryptamin erkannt wurde [305].

A. sowdenii Maiden: Kernholzphenole vide S. 263.

A. sparsiflora Maiden: Ein geprüftes Blattmuster war mäßig stark cyanogen, aber nur wenn Emulsin zugefügt wurde [120]. Pinit aus Splintholz und (−)-Teracacidin, Melacacidin und 7,8,4′-Trihydroxyflavonol aus Kernholz isoliert [306].

A. spirorbis Labill.: Art von Neukaledonien mit alkaloidhaltigen Wurzel- und Stammrinden und beblätterten Zweigen [307]:
0,15% Wurzelrinde; 0,024% $N_α$-Cinnamoylhistamin + 0,007% Hordenin
0,06% Stammrinde; 0,025% $N_α$-Cinnamoylhistamin
0,02% Beblätterte Zweige; 0,019% $N_α$-Cinnamoylhistamin
Frische Phyllodien lieferten bei Wasserdampfdestillation 0,1% etherisches Öl mit 7 identifizierten Hauptbestandteilen [308]: 26,3% Viridifloren, 14,2% Viridiflorol, 14,1% Caryophyllen, 5,8% α-Terpineol, 4,2% Alloaromadendren und je 4% Cineol und Terpinylacetat.

A. stowardii Maiden: Ein geprüftes Blattmuster war schwach cyanogen [120].

A. suaveolens (Smith) Willd.: Blatt enthält Saponine mit Oleanolsäure als Sapogenin (J. J. H. SIMES et al., vide bei *A. myrtifolia*).

A. suma (Roxb.) Kurz: Art von Indien; aus Kernholz isoliert: Quercetin, Hyperin-7,3′-dimethylether [309], Melacacidin und Isomelacacidin [310]. Neues PA-Dimer, $C_{30}H_{26}O_{13}$, aus Stammrinde isoliert; es liefert bei milder, saurer Hydrolyse Delphinidinchlorid und (−)-Epicatechin [311]. Für Samenöl vgl. Bd. XIa, 161 und dazu gehörige Literatur [10] auf S. 173.

A. sutherlandii F. Muell.: Zwei geprüfte Blattmuster waren stark cyanogen [120]. Getrocknete, beblätterte Zweige lieferten das nicht-cyanogene Glucosid Sutherlandin, 1-Cyano-2-glucosyloxymethyl-prop-1-en-3-ol [312]. Dieses Taxon ist in Nordaustralien heimisch, und ist eine der wenigen australischen Arten, welche nicht zum Subgenus *Heterophyllum*, sondern zum Subgenus *Acacia*, gehören; gleichzeitiges

Vorkommen des biogenetisch verwandten, cyanogenen Proacacipetalins (isoliert, aber Ausbeute nicht erwähnt) bestätigt diese Klassifikation [312]. Es ist an dieser Stelle erwähnenswert, daß Epidermiszellen von Primärblättern von *Hordeum vulgare* cv. Amsel (*Gramineae*) fünf ebenfalls von Leucin ableitbare Glucoside enthalten: Epiheterodendrin, Sutherlandin, Epidermin (= 3-Methyl-3-glucosyloxybutyronitril), 1-Cyano-3-glucosyloxy-2-methylprop-1-en und 4-Glucosyloxy-3-hydroxy-3-hydroxymethyl-butyronitril [313]. Offensichtlich handelt es sich bei den Sekundärstoffen dieses Typus um ausgesprochene Schutzstoffe gegen nicht-spezialisierte Phytophagen und Phytopathogene.

A. tetragonophylla F. Muell.: Hat alkaloidhaltige Wurzelrinde. Vgl. A. BARR et al. 1993 im Ethnobotanik-Nachtrag.

A. tortilis (Forsskal) Hayne: Polytypische afroasiatische Art, welche gegenwärtig meistens in Unterarten aufgeteilt wird (z. B. LOCK 1989; LOCK-SIMPSON 1991):

subsp. *heteracantha* (Burchell) Brenan (umfaßt *A. heteracantha* Burchell und *A. litakunensis* Burchell): Angola, Südafrika, Mozambique, Zimbabwe. Aus Transvaal stammende Samen von *A. litakunensis* waren schwach cyanogen; trockene Hülsen waren negativ (GUIGNARD-Test [178]).

subsp. *raddiana* (Savi) Brenan: Nordostafrika, arabische Halbinsel, Westasien (bis Indien reichend). Vgl. auch bei *A. raddiana*.

subsp. *spirocarpa* (A. Rich.) Brenan: Afrika, arabische Halbinsel, Israel, Syrien.

subsp. *tortilis*: Afrika, Israel, arabische Halbinsel.

ANDERSON und BELL analysierten Exudatgummi-Muster von afrikanischen Herkünften von 3 Unterarten [314].

subsp. *spirocarpa* (ein Muster; Sudan): 1,6% Asche, 2,9% Rohprotein, 0,58% OMe, $[\alpha]_D$ in Wasser +74° und Zusammensetzung des Kohlenhydratanteils 3,5% 4-O-MethylglcU, 7,65% GlcU, 39% Gal, 43% Ara, 7% Rha.

subsp. *raddiana* var. *pubescens* A. Chev. (zwei Muster; Sudan): 1,3–1,9% Asche, 6,0–7,6% Rohprotein, 0,61–0,66% OMe, $[\alpha]_D$ in Wasser +87°, +88° und Zusammensetzung des Kohlenhydratanteils 3,7–4,0% 4-O-MethylglcU, 4,9–5,1% GlcU, 36–37% Gal, 46–49% Ara, 6–8% Rha.

subsp. *heteracantha* (3 Muster; Zimbabwe, Botswana): 1,5–2% Asche, 9,3–9,4% Rohprotein, 0,96–1,06% OMe, $[\alpha]_D$ in Wasser +79 bis 97° und Zusammensetzung des Kohlenhydratanteils 5,8–6,4% 4-O-MethylglcU, 1,4–4,3% GlcU, 21–24% Gal, 62–68% Ara, 3–4% Rha. Dieses Taxon produziert Schleimexudate mit hohem Protein-, OMe- und Ara-Gehalt und verhältnismäßig niedrigem Gal- und Rha-Gehalt. Ein später in Südafrika untersuchtes *heteracantha*-Exudat enthielt 12% Rohprotein, drehte rechts ($[\alpha]_D = +75°$) und enthielt einen Heteropolysaccharidanteil mit 66% Ara, 23% Gal, 8% Uronsäuren und an Stelle von Rha 3% Man; Nachweis der Bindung des Kohlenhydratanteils mit dem Proteinanteil des Schleims über Hydroxyprolin [314a].

subsp. *raddiana* wurde in Indien untersucht [315]; Stammrinde lieferte Hexacosanol, Sitosterin, α- und β-Amyrin und Betulin, und aus Kernholz wurden Octacosanol, Acetylsitosterin, Sitosterin, Betulin und Friedelin erhalten. In Somalia gilt Stammrinde als Asthmamittel; die Isolation von zwei spasmolytisch aktiven 1,3-Diphenylpropanen gelang; sie wurden Quracol-A und -B genannt, weil dieses

Taxon in Somalia als QURAC bekannt ist [316]; für Formeln vide Bd. XIa, Formel XIV auf S. 224. Ähnliche Diarylpropane sind aus der Myristicaceen-Gattung *Virola* bekannt; Virolan-B aus *Virola elongata* ist beispielsweise Quracol-B-3″-methylether [317]. In späteren Untersuchungen [317a] wurde gezeigt, daß Gummi-Körner, mit Gummi bedeckte Rinde und Rinde ohne Schleimbildungen sich hinsichtlich der nachgewiesenen Wirkstoffe quantitativ und qualitativ unterscheiden:

Gummifreie Rinde: Nur 0,11% (+)-Fisetinidol.

Schleimbedeckte Rinde: 0,1% Quracol-A, 0,07% Quracol-B, 0,02% (+)-Fisetinidol.

Gummi: 0,26% Quracol-A, 0,68% Quracol-B und 0,05% (+)-Fisetinidol.

A. tortuosa (L.) Willd.: In Venezuela verbreitete Art. Gummimuster wurden drei Wochen nach Anzapfen von sechs Bäumen in 2 Staaten von Venezuela eingesammelt; die gereinigten Exudate lieferten folgende Konstanten [318]: 2,0–4,5% Asche, 37,6–38,0% Rohprotein, $[\alpha]_D = -25,0$ bis $-29,5°$ und Zusammensetzung des Polysaccharidanteils: 59–69% Gal, 13–28% Ara, 13–20% Uronsäuren, bis 1% Xyl; Rha nicht nachweisbar. Durch die negative optische Drehung weicht *tortuosa*-Gummi von den meisten anderen Gummis der *Gummiferae* (= subgen. *Acacia* sensu VASSAL) ab.

A. trachycarpa E. Pritzel: Zwei geprüfte Blattmuster waren schwach cyanogen, aber erst nach Zugabe von Emulsin [120].

A. yorkrakinensis Gardner: Ein geprüftes Blattmuster war nach Zugabe von Emulsin stark cyanogen [120].

An dieser Stelle sei nochmals betont, daß nur mit Hilfe der taxonomischen Register alle in den Leguminosenbänden XIa und XIb-1 für ein bestimmtes *Acacia*-Taxon aufgenommenen Angaben gefunden werden können.

Für weitere Hinweise auf *Acacia*-Inhaltsstoffe stehen zur Verfügung:

(a) DICT.

(b) THE WEALTH OF INDIA, RAW MATERIAL, Revised Edition, Vol. I: A (1985), 23–47. Besprochen werden: *A. auriculiformis, catechu, chundra* (= *sundra*), *dealbata, decurrens, farnesiana, ferruginea, jacquemontii, latronum, leucophloea, mearnsii, melanoxylon, modesta, nilotica* subsp. *indica, pennata* (including *canescens*), *planifrons, polyacantha*[1], *senegal, sinuata*[2], *torta*[3], *tortilis*[4]; ferner finden sich auf S. 46–47 noch kurze Angaben zu *A. eburnea, lenticularis, pycnantha* und *sieberiana*.

1) Als Synonym wird *A. suma* Buch.-Ham. (oder Kurz) angegeben. Hier wurden vermutlich zwei Arten verwechselt. Nach SANJAPPA 1992 (l. c. Bd. XIa, 436) ist *A. polyacantha* Willd. ein Synonym von *A. catechu*, und *A. suma* (Roxb.) Kurz eine selbständige Art.

2) Als Synonym wird *A. concinna* DC. angegeben. Nach SANJAPPA ist jedoch *A. concinna* (Willd.) DC. der gültige und *A. sinuata* (Lour.) Merrill der synonyme Name. Gleicher Auffassung sind VERDCOURT 1979 und NIELSEN in Flora Malesiana Ser. I, Vol. 11 (1) 1992, p. 48.

3) Als Synonyme werden *A. caesia* Wight et Arn. und *A. intsia* Willd. angegeben. Nach SANJAPPA ist jedoch *A. caesia* (L.) Willd. eine gute Art, welche der var. *caesia* Wight et Arn. von *Acacia intsia* (L.) Willd. entspricht, und *A. intsia* (L.) Willd. stellt eine weitere Art dar, welche *Mimosa intsia* L. entspricht. *Acacia torta* (Roxb.) Craib stellt nach diesem Autor eine dritte Art dar, welche früher als *Mimosa torta* Roxb. bekannt war.

4) Als Synonym wird *A. spirocarpa* Hochst. angegeben. In Indien kommt aber von dieser polytypischen Art nur subsp. *raddiana* (= *A. raddiana* Savi) vor; subsp. *spirocarpa*

(= *A. spirocarpa* Hochst. ex A. Rich.) ist auf Afrika, die arabische Halbinsel, Israel und Syrien beschränkt.

(c) *Exudat-Gummis*: Zusammenstellung und Besprechung der ermittelten Konstanten [319]. Es werden behandelt:
Gummis von Vertretern der *Vulgares* (subgenus *Aculeiferum*); *A. campylacantha, catechu, erubescens, fleckii, goetzei, laeta, mellifera, senegal* und *sundra*. Alle mit linksdrehenden Gummis.
Gummis von Vertretern der *Gummiferae* (subgenus *Acacia*); *A. calcigera, drepanolobium, ehrenbergiana, erioloba*[1], *fischeri, fistula, gerrardii, giraffae*[1], *heberclada, hockii, kamerunensis, karroo, nebrownii, nilotica* (inkl. *arabica*), *nubica, reficiens, robusta, seyal, sieberiana, spirocarpa, tortilis, xanthophloea*. Alle mit rechtsdrehenden Schleimen mit Ausnahme von drei Mustern *A. ehrenbergiana* (-3 bis $-9°$) und einem Muster *A. erioloba* ($-43°$).

[1] Die Binomina *A. erioloba* und *A. giraffae* gelten als Synonyma; der Name *A. giraffae* wurde aber durch verschiedene Autoren für andere *A.*-Arten verwendet, z. B. für *A. hockii* und *A. seyal*. Das dürfte die Tatsache erklären, daß in Tabelle II b von [319] für *A. erioloba*-Schleim $[\alpha]_D$ mit $-43°$ und *A. giraffae*-Schleim mit $+28°$ aufgeführt ist. Mutmaßlich wurde in der Arbeit von M. KAPLAN und A. M. STEPHEN (Tetrahedron *23*, 193–198 [1967]) nicht Gummi von *A. erioloba*, sondern Gummi einer anderen südafrikanischen *A.*-Art untersucht. Damals hatte man noch nicht erkannt, wie wichtig die eindeutige botanische Stammpflanzen-Identifikation für Gummi-Untersuchungen ist (vgl. dazu D. M. W. ANDERSON and I. C. M. DEA, PHYCHEM *8*, 167–176 [1969] = Ref. [7] auf S. 208 von Bd. XIa).

(d) *Cyanogene Glykoside*: SEIGLER et al. 1989, l. c. Ref. [15] auf S. 306 von Bd. XIa und für australische Taxa Ref. [112].

Literatur und Bemerkungen

(Bull. IGSM = Bulletin of the International Group for the Study of Mimosoideae)

[1] T. R. NEW, *A biology of Acacia*, Oxford University Press, Melbourne 1984. Mit Kapiteln: 1. *Classification and phylogeny*; mit Subkapiteln a) *Morphological characters useful in classification* mit *Inflorescences, Stipules, Foliage, Pods, Seeds and germination* (mit aus S. 17 Besprechung der systematischen Bedeutung der freien Samenaminosäuren), *Pollen*. – b) *Chemical taxonomy*, 20–23 (Kernholzchemie, Schleimexudatchemie, *other chemistry* (Cyanogene Verbindungen, Alkaloide, Blattflavonoide). – c) *Caryology*. – d) *Hybridization*. – e) *Distribution and fossil records*. – f) *Phylogeny*. – 2. *Ecology*. – 3. *Acacias and man*, 57–69 (Nutzpflanzen: Gerbrinden, Medizinalpflanzen, Wirtspflanzen für Lackinsekten, Färbepflanzen, Seifenersatz, Parfumeriepflanzen, Faserpflanzen, Bau- und Brennholz, Ziersträucher und -bäume, Pflanzung zur Bodenverbesserung und -stabilisation [Erosionsbekämpfung]). – 4. *Acacias and arthropodes* (u. a. myrmekophile Arten, Predatoren, Blütenbesucher). – 5. *Acacias and other organisms* (z. B. Nematoden, Vertebraten, *Fungi* u. a.). – Appendix I, 110–113: *Bentham's (1875) classification of Acacia*. – Appendix II, 114–116: *Vassal's and Pedley's proposals for subdivision of Acacia*. – Appendix III, 117–120: *Index to specific/subspecific names of Acacia*. – *Bibliography*, 121–149. • [2] J. VASSAL, *Apport des recherches ontogéniques et séminologiques à*

l'étude morphologique, taxonomique et phylogénique du genre Acacia, Thèse Sci. Nat., Université Paul Sabatier, Toulouse 1972. Mit allgemeiner Einleitung von 23 Seiten (*Position taxonomique, diagnose et subdivisions du genre Acacia – Biogéographie sommaire des Acacias – Intérêt économique – Myrmécophilie- Bibliographie*) und 6 separat paginierten Beiträgen, welche zwischen 1969 und 1972 in Bull. Soc. Hist. Naturelle de Toulouse publiziert wurden, i.e. *Contribution à l'étude de la morphologie des plantules d'Acacia* – I: *Acacias africains*, *105*, 55–111 (1969); II: *Acacias américains, Acacias asiatiques*, *107*, 157–190 (1971); III et IV: *Acacias insulaires des Océans Indien et Pacifique-Australie, Formose, Iles Maurice et Hawaii*; III: *Les Acacias à phyllodes ou Phyllodineae*, *106*, 191–276 (1970); IV: *Les Acacias bipinnés-Pulchellae, Botryocephalae, Gummiferae*, *107*, 247–278 (1971); V: *Contribution à l'étude morphologique des graines d'Acacia*, *107*, 191–246 (1971); VI: Schlußbeitrag (in der Dissertation 1–128 paginiert mit dem Titel der Dissertation; er enthält den Vorschlag zur Abänderung der Klassifikation von *Acacia* und einige nützliche Hinweise: S. 116–117, *Place des espèces étudiées dans le nouveau classement proposé*; 118–119, *Index des figures et planches hors-texte*; 119, *Index des schémas évolutives et des cartes*; 120–123, *Index des espèces citées*; 124–127, *Table des matières*; 128, *Errata* (in I–VI). Auch publiziert ibid. *108*, 125–247 (1972). • [3] P. GUINET and J. VASSAL, *Hypotheses on the differentiation of the major groups in the genus Acacia (Leguminosae)*, Kew Bull. *32*, 509–527 (1978). Besprechung von Entwicklungstendenzen (Merkmalsphylogenie) innerhalb der Gattung und deren Auswertung für eine natürlichere Klassifikation. Besprochen werden: Pollen, Chromosomenzahlen und Karyotypen, Samen, Keimlinge (Kotylen), spätere Jugendstadien (Primärblätter), Stipulae, Blätter, Dorne und Stacheln, Blütenstände, Früchte. • [4] J. D. CARR, *The South African Acacias*, Conservation Press (PTY) LTD, Johannesburg 1976. Genaue Beschreibung von 43 Arten, welche anhand von leicht feststellbaren Merkmalen, i.e. Form und Verteilung der Dorne (s. l., i.e. Aculei und Spinae) und der Form der Blütenstände (*capitate* or *spicate*), in 7 Gruppen unterteilt werden. Auch Kulturhinweise für jede Art. • [5] L. PEDLEY, *Derivation and dispersal of Acacia (Leguminosae) with particular reference to Australia, and recognition of Senegalia and Racosperma*, Bot. J. Linn. Soc. *92*, 219–254 (1986). In dieser Arbeit werden auch chemische Merkmale (Holzphenole, Aminosäuren, cyanogene Verbindungen) besprochen. • [6] B. R. MASLIN, *Should Acacia be divided?*, Bull. IGSM *16*, 54–76 (1988). Im „Summary": *I consider it inadvisable to undertake any splitting of this vast genus at this time ...*; vgl. auch *Reports on discussions at IGSM meeting No. 6 on the proposal to split Acacia*, id., ibid. *15*, 108–118 (1987) und hier zitierte Literatur. • [7] D. S. SEIGLER and J. E. EBINGER, *Acacia macracantha, A. pennatula, and A. cochliacantha species complex in Mexico*, Syst. Bot. *13*, 7–13 (1988). • [8] YOO SUNG LEE et al., *Acacia rigidula and related species in Mexico and Texas*, ibid. *14*, 91–100 (1989). *A. bilimekii, A. brandegeana, A. pringlei* subsp. *pringlei* und subsp. *californica* (= *A. californica*) und *A. rigidula*. • [9] H. D. CLARKE et al., *Acacia farnesiana and related species from Mexico, the Southeastern U.S., and the Caribbean*, ibid. *14*, 549–564 (1989). *Acacia farnesiana* var. *farnesiana* (inkl. *A. smallii*) und var. *guanacastensis* (var. nov.), *A. pacensis, A. schaffneri* var. *schaffneri* und var. *bravoensis* und *A. tortuosa*. • [10] H. D. CLARKE et al., *Acacia constricta and related species from the Southwestern U.S. and Mexico*, Amer. J. Bot. *77*, 305–315 (1990). *Acacia biaciculata, A. constricta, A. glandulifera, A. neovernicosa* und *A. schottii*; die oft mit *A. constricta* verwechselte *A. pacensis* gehört zum *A. farnesiana*-Aggregat. • [11] A. D. HARDY, *The distribution of leaf glands in some Victorian Acacias*, Victorian Naturalist *29*, 26–32 (1912) + 1 Tafel mit 20 Figuren. • [12] R. R. KNOX et al., *The role of extrafloral nectaries in Acacia*, S. 295–307 in: B. E. JUNIPER and T. R. E. SOUTHWOOD (Eds), *Insects and plant surface*, Edward Arnold, London 1986. • [13] MARJORIE I. COLLINS, *On the structure of the resin-secreting glands in some Australian plants*, Proc. Linn. Soc. N. S. Wales *45*, 329–336 (1920). S. 330–333 *Leguminosae-Acacia*. Sehr verschieden gestaltete Haare; die ein harziges Exkret, das zur Firniß- und Politurbereitung Anwendung findet, produzierende *Acacia verniciflua* besitzt große, schildförmige Drüsenhaare. • [14] C. J. PETTIGREW and L. WATSON, *Taxonomic patterns in amino acids of Acacia seed globulins*, PHYCHEM *14*, 2623–2625 (1975). • [15] K. D. HAPNER and M. A. JERMYN, *Lectin activity in Acacia seeds*, Ann. Bot. *48*, 89–91 (1981). • [16] J. K. P. WEDER and D. R. MURRAY, *Distribution of proteinase inhibitors in seeds of Australian Acacias*, Z. Pflanzenphysiol. *103*, 317–322 (1981). • [17] D. R. MURRAY and J. K. P. WEDER, *Seed proteinase inhibitors of Pulchellae, A. mitchellii Benth. and A. alata*

R. Br.: *Exclusion of A. mitchellii from Pulchellae*, Austral. J. Bot. *31*, 119–124 (1983). ● [18]
F. J. JOUBERT, *Purification and properties of the proteinase inhibitors from Acacia sieberiana (paperback Acacia) seed*, PHYCHEM *22*, 53–57 (1983). ● [19] A. H. EL TINAY et al., *Serotaxonomic studies on Sudan Acacias*, J. Experimental Bot. *30*, 607–615 (1979). ● [20] FOOD AND NUTRITION PAPER No. 25, *Gum Arabic*, 93–95, FAO, Rome 1982. Als Stammpflanze werden zugelassen: *Acacia senegal (L.) Willdenow or the related species of Acacia (Fam. Leguminosae)*. Die hier geforderten Identitäts- und Reinheitsprüfungen dürften nur erstklassige Gummis von *A. senegal* erfüllen. ● [21] J. VASSAL, *Gummiferous Acacias and gum productivity. Some aspects of current research*, Bull. IGSM *13*, 30–37 (1985). ● [22] M. MOURET, *Gummosis in Acacia: Current histological research*, Bull. IGSM *13*, 38–45 (1985). ● [23] J. P. JOSELAU and G. ULLMANN, *A relation between starch metabolism and the synthesis of gum arabic*, ibid. *13*, 46–54 (1985). ● [24] *Briefings* (edited by CONSTANCE HOLDEN), Science *254*, 192 (1991). Im Beitrag: *Sugar sours future for gum arabic*. Enzymatische Produktion eines Alternan genannten Saccharose-Polymers; wird für bestimmte Zwecke als GUMMI ARABICUM-Ersatz vorgesehen; liefert die gewünschte Viskosität, mißt allerdings dessen emulgierende Eigenschaften, welche mutmaßlich auf seinem Proteinanteil beruhen. ● [25] D. M. W. ANDERSON, *The future of gum arabic as an article of international trade*, Bull. IGSM *14*, 65–67 (1986). ● [26] D. M. W. ANDERSON and G. PINTO, *Variation in the composition and properties of the gum exuded by Acacia karroo Hayne in different African locations*, Bot. J. Linn. Soc. *80*, 85–89 (1980). ● [27] J. M. PETRIE, *The yellow pigments of Australian Acacias*, Biochem. J. *18*, 957–964 (1924). ● [28] R. PARIS, *Les pigments flavoniques de diverses espèces d'Acacia*, Bull. Soc. Chim. Biol. *35*, 655–660 (1953). Bei dieser Arbeit wurde großer Wert auf genaue botanische Bestimmung des Untersuchungsmaterials gelegt. ● [29] F. M. PANIZO y B. ACEBAL, An. Real. Soc. Espan. Fis. y Quim. *51*B, 623–632 (1955). Es wurden im Mai 1953 in Madrid geerntete köpfchenförmige Blütenstände von ACACIA COMMUN bearbeitet. ● [30] H. THIEME and A. KHOGALI, *Isolierung von Apigenin-6,8-bis-C-β-D-glucopyranosid aus den Blättern von Acacia farnesiana (L.) Willd.*, Pharmazie *29*, 352 (1974). ● [31] Eid., ibid. *30*, 736–743 (1975). ● [32] E. MALAN and D. G. ROUX, *Flavonoids and tannins from Acacia species*, PHYCHEM *14*, 1835–1841 (1975). Untersuchung des Kernholzes von 2 südafrikanischen Arten, *Acacia erioloba* (= *A. giraffae*, KAMEELDORING) und *A. galpinii* (APIESDORING). Isolation von (+)-Catechin, (+)-Leucofisetinidin und von einem 4 → 8-Dimer dieser zwei Flavanole aus ersterer sowie Charakterisierung der reichlich vorhandenen kondensierten Gerbstoffe als Kondensationsprodukte der drei isolierten Verbindungen; Isolierung von fünf Leucoanthocyanidinen (4 stereoisomere Teracacidine [7,8,4'-Trihydroxyflavan-3,4-diole] und [−]-Melacacidin [*cis,cis*-7,8,3',4'-Tetrahydroxyflavandiol]) und von drei Methylethern (3-; 7,8-; 7,8,4'-) des Flavonols 3,7,8,4'-Tetrahydroxyflavon aus dem sehr gerbstoffarmen Holz von *A. galpinii*; Hypothesen über spontane oder enzymatische Bildung von kondensierten Gerbstoffen aus mono- und dimeren Bausteinen. ● [33] J. W. CLARK-LEWIS, *Chemistry of Acacia species*, Reviews Pure Applied Chem. *12*, 33–43 (1962). Struktur und Stereochemie der Leucoanthocyanidine (Teracacidine, Melacacidine, Mollisacacidine); 4-Hydroxypipecolinsäure aus Saft- und Kernholz und aus Blättern verschiedener *A.*-Arten. ● [34] D. G. ROUX, *The chemistry of wattle heartwood and bark tannins*, Chemistry and Industry *1962*, 278–281. ● [35] D. G. ROUX, *Identification of anthocyanidins, leucoanthocyanidins and 2:3-dihydroflavonols in plant tissues*, Nature *179*, 305–306 (1957). PC-Identifikation der aus Flavan-3,4-diolen (Leucoanthocyanidinen) durch Säurebehandlung entstehenden Anthocyanidine D, Cy, Pg, Robinetinidin, Fisetinidin, 3,7,4'-Trihydroxyflavyliumchlorid und 3,7,8,3',4'-Pentahydroxyflavyliumchlorid (aus Melacacidin). Nachweis von geringen Mengen von ProPg und Prorobinetinidin in Extrakten aus *A. mearnsii* (als *A. mollissima*). ● [36] D. G. ROUX, *Biogenesis of condensed tannins from leucoanthocyanidins*, Nature *181*, 1454–1456 (1958). Untersuchungen mit Holzscheiben von Jungpflanzen (Stamm 7–8 cm Durchmesser) von *Schinopsis quebracho-colorado* (QUEBRACHO): Abnahme der Gehalte an monomeren Leucofisetinidinen und starke Zunahme der Gehalte an polymeren Leucofisetinidinen von der Peripherie nach dem Zentrum. Ähnliche Verhältnisse bei *Acacia melanoxylon*; hat in der Splintholzzone zwei isomere monomere Melacacidine und im Kernholz kondensierte Gerbstoffe, die zur Hauptsache 3,7,8,3',4'-Pentahydroxyflavyliumchlorid liefern. Bei Extraktion ganz frischer Rinde von *A. mearnsii* im Dunkeln gelang Isolation von monomerem Leucorobinetinidin und

Leucofisetinidin, was diese zwei Flavan-3,4-diole als Bausteine des Rindengerbstoffes vermuten läßt. Da bei BLACK WATTLE (*A. mearnsii*), GREEN WATTLE (*A. decurrens*) und SILVER WATTLE (*A. dealbata*) Rinden- und Holzgerbstoffe recht verschieden sind, werden für diese Pflanzenteile verschiedene Enzymsysteme für die Gerbstoffbildung angenommen. ● [37] D. G. ROUX, *Black wattle catechin*, Nature *182*, 1798 (1958). Bei Kalischmelze liefert der Rindengerbstoff von *Acacia mearnsii* zur Hauptsache Resorcin und Gallussäure; daneben auch Phloroglucin und Protocatechusäure. Als Phloroglucin-Quelle wurden (+)-Catechin (Stoff G) und (+)-Gallocatechin (Stoff A 2) isoliert; sie sind offensichtlich ebenfalls Gerbstoffbausteine in dieser Rinde; ferner wurde als neuer Naturstoff das Catechin 7,3′,4′,5′-Tetrahydroxyflavan-3-ol (ein Robinetinidol: Stoff H, $C_{15}H_{14}O_6$) erhalten. ● [38] D. G. ROUX and E. PAULUS, *Isolation of (−)-7,3′,4′-trihydroxyflavan-3-ol [(−)-fisetinidol], a naturally occurring catechin from Black-Wattle heartwood*, Biochem. J. *78*, 120−123 (1961). Aus 120 g Kernholz von *A. mearnsii* Fustin und 163 mg (−)-Fisetinidol, $C_{15}H_{14}O_5$, isoliert; radiale Verteilung dieses neuen Catechins im Holz von zwei 50jährigen Bäumen ermittelt: Etwa 1 % des MeOH-Extraktes an der Peripherie und 0,5−0,7 % im Zentrum des Kernholzes. ● [39] D. G. ROUX et al., ibid. *78*, 834−839 (1961). Vgl. Bd. XI a, 243−244 und 252 [= Ref. 50a]. ● [40] D. G. ROUX and E. PAULUS, *Isolation of (−)-butin and butein from wattle heartwoods*, Biochem. J. *80*, 62−63 (1961). Beschreibung der Isolation des Flavanons (−)-Butin aus Kernholz von *A. mearnsii* (BLACK-WATTLE; 100 mg aus 9,9 kg Holz) und *A. pycnantha* (GOLDEN-WATTLE; 100 mg aus 5,1 kg Holz) und des Butin-Nachweises im Holz von *A. dealbata* und *A. decurrens* (PC). Isolation des entsprechenden Chalkons Butein aus Kernholz von *A. pycnantha* (8 mg aus 5,1 kg) und Erwähnung dessen Nachweises (PC) in Holzextrakten von *A. dealbata, decurrens* und *mearnsii*. ● [41] D. G. ROUX and S. E. DREWES, *Structural factors associated with redness induced in certain condensed tannins by sunlight and heat*, Chemistry and Industry *1965*, 1442−1446. Hölzer mit hohem Anteil an PCy- und PD-Gerbstoffbausteinen (OH in 5- und 7-Position) tendieren am stärksten zur Rotfärbung. Neigung zur Rotfärbung bei *Acacia*-Hölzern: *pycnantha* > *dealbata* > *decurrens* > *mearnsii*. ● [42] J. J. BOTHA et al., *Condensed tannins: Condensation mode and sequence during formation of synthetic and natural triflavanoids*, JCS Chem. Commun. *1979*, 510−512. Säurekatalysierte (0,1 N HCl; Zimmertemp.) Kondensation von (+)-Mollisacacidin (= Fisetinidol-4α-ol) mit dem 4 → 8-gebundenen Dimer all-*trans*-(−)-Fisetinidol −(+)-Catechin findet nur in 6-Stellung des (+)-Catechins statt und liefert (4α → 6)- und (4β → 6)-gebundene Trimere. Die zwei synthetisch bereiteten Trimeren waren mit früher aus Kernholz von *Colophospermum mopane* isolierten Trimeren identisch. ● [43] D. G. ROUX and D. FERREIRA, *Rationalization of divergent condensation sequences in flavanoid oligomerization*, S. 221−235 in: F. VAN SUMERE and P. Y. LEA (Eds), *The biochemistry of plant flavanoids*, Clarendon Press, Oxford 1985 (Ann. Proc. Phytochem. Soc. Europe *25*: 1985). Besprechung von *Acacia*-Profisetinidin-Biflavanoiden und -Triflavanoiden (4 → 6- und 4 → 8-Verknüpfung), von heterogenen PA-Di- und -Trimeren aus *Guibourtia coleosperma* (ein 3,5,3′,4′-Tetrahydroxystilben + ein oder zwei Leucoguibourtinidine) und von Flavan-Dimeren und -Trimeren vom Bi- und Triphenyltypus, welche auf das *Prosopis*-Catechin Mesquitol (= Prosopin) basiert sind, und 5 → 5- und 5 → 6-Verknüpfungen haben. ● [44] D. S. SEIGLER et al., *Tannins from four common Acacia species of Texas and northeastern Mexico*, Econ. Bot. *40*, 220−232 (1986). ● [45] D. S. SEIGLER and J. F. HERNÁNDEZ, *Comparative tanning ability of extracts from four North American species of Acacia*, J. Amer. Leather Chemists' Assoc. *84*, 315−321 (1989). ● [46] J. Z. A. MUGEDO and P. G. WATERMAN, *Sources of tannin: Alternatives to wattle (Acacia mearnsii) among indigenous Kenyan species*, Econ. Bot. *46*, 55−63 (1992). ● [47] S. M. HUSSEIN AYOUB, *Molluscicidal properties of Acacia nilotica*, PM *46*, 181−183 (1982); id., Fitoterapia *54*, 189−192 (1983). TANs aus Früchten und Rinden von *A. nilotica* subsp. *adstringens* (= *A. adansonii*), subsp. *nilotica* und subsp. *tomentosa* enthalten 55−57 % Gerbstoff. ● [48] S. M. HUSSEIN AYOUB, *Polyphenolic molluscicides from Acacia nilotica*, PM *50*, 532 (1984); *Effect of the galloyl group on the molluscicidal activity of tannins*, Fitoterapia *55*, 343−345 (1984). Leider sind die Gallussäureester des Epigallocatechins außerordentlich labile Stoffe; in wäßriger Lösung verlieren sie innerhalb von 6 Stunden ihre Toxizität für *Biomphalaria*-Arten; auch TAN verliert in wäßriger Lösung seine Aktivität schnell. In Laboratorium-Versuchen wurde gezeigt, daß freie Catechine und Leucoanthocyanidine inaktiv sind. Nur Catechingallate und Galloylglucosen (EtOAc-löslicher Anteil von käuflichem Acidum tannicum) wirkten stark molluscizid. Eine brauchbare Methode zur Stabilisation der aktiven Polyphenole und der aktiven Komponenten von TAN wurde noch nicht gefunden. ● [49] S. A. KHALID et al., *(+)-Catechin-5-galloyl ester as a novel natural polyphenol from the bark of Acacia nilotica of Sudanese origin*, PM *55*, 556–558 (1989). ● [50] S. M. HUSSEIN AYOUB, *Flavanol molluscicides from Sudan Acacias*, Intern. J. Crude Drug Res. *23*, 87–90 (1985). ● [51] S. M. HUSSEIN AYOUB and L. K. YANKOV, *Molluscicidal properties of the Sudan Acacias*, Fitoterapia *58*, 363–366 (1987). ● [51a] W. H. O. ERNST, *Seasonal variation in phenolics in several savanna tree species in Botswana*, Acta Bot. Neerl. *40*, 63–74 (1991). ● [52] J. W. CLARK-LEWIS and I. DAINIS, *Teracacidin and isoteracacidin from Acacia obtusifolia and A. maidenii heartwood; Phenolic hydroxylation patterns of heartwood flavonoids characteristic of sections and subsections of the genus Acacia*, Austral. J. Chem. *20*, 2191–2206 (1967). ● [53] MARY D. TINDALE and D. G. ROUX, *A phytochemical survey of the Australian species of Acacia*, PHYCHEM *8*, 1713–1727 (1969). Kernholz und Rinden von 61 Species untersucht. ● [54] J. W. CLARK-LEWIS and L. J. PORTER, *Phytochemical survey of the heartwood flavonoids of Acacia species from arid zones of Australia*, Austral. J. Chem. *25*, 1943–1955 (1972). 14 Arten untersucht. ● [55] MARY D. TINDALE and D. G. ROUX, *An extended phytochemical survey of Australian species of Acacia: Chemotaxonomic and phylogenetic aspects*, PHYCHEM *13*, 829–839 (1974). Jetzt gesamthaft 400 Species auf Hydroxylierungsmuster ihrer Kernholz-Flavanole und -Flavonoide untersucht. ● [56] MARY D. TINDALE and D. G. ROUX, *Phytochemical studies on the heartwoods and barks of African and Australian species of Acacia*, Boissiera *24*, 299–305 (1975). 5 afrikanische Vertreter der *Gummiferae* (= subgen. *Acacia* sensu Vassal) und 7 Vertreter der *Vulgares* (= subgen. *Aculeiferum* sensu Vassal) untersucht. ● [57] A. S. SENEVIRATNE and L. FOWDEN, *The amino acids of the genus Acacia*, PHYCHEM *7*, 1039–1045 (1968). ● [58] K. ITO and L. FOWDEN, *New characterizations of amino acids and γ-glutamyl peptides from Acacia georginae seeds*, PHYCHEM *11*, 2541–2545 (1972). ● [59] CHRISTINE S. EVANS, M. S. QURESHI and E. A. BELL, *Free amino acids in seeds of Acacia species*, PHYCHEM *16*, 565–570 (1977). ● [60] CHRISTINE S. EVANS et al., *N-Methyltyramine in Acacia seeds*, PHYCHEM *18*, 2022–2023 (1979). ● [61] CHRISTINE S. EVANS et al., *2-Amino-4-acetylamino acid, 2,4-diaminobutyric acid and 2-amino-6-N-oxalylureidopropionic acid (oxalylalbizziine) in seeds of Acacia angustissima*, PHYCHEM *24*, 2273–2275 (1985). ● [62] P. GUINET, J. VASSAL, CHRISTINE S. EVANS and B. R. MASLIN, *Acacia (Mimosoideae): Composition and affinities of the series Pulchellae Benth.*, Bot. J. Linn. Soc. *80*, No. 1, 53–68 (1980). ● [63] CHRISTINE S. EVANS et al., *Non-protein amino acids in seeds of neotropical species of Acacia*, PHYCHEM *32*, 123–126 (1993). ● [64] B. LEVENBERG and R. GMELIN, *Isolation of L-arginine from seeds of Acacia sieberiana*, Suomen Kemistilehti B*34*, 101 (1961). ● [65] R. GMELIN, *Freie Aminosäuren der Samen von Acacia willardiana. Isolierung von Willardiin, einer neuen pflanzlichen Aminosäure, vermutlich L-Uracil-[β-[α-aminopropionsäure)]-(3)*, Hoppe-Seyler's Z. Physiol. Chem. *316*, 164–169 (1959). ● [66] A. KJAER et al., *Structure and synthesis of the plant amino acid willardiine [3-(1-uracyl)-L-alanine]*, Acta Chem. Scand. *15*, 1193–1195 (1961). ● [67] R. GMELIN und P. K. HIETALA, *S-[β-Carboxy-isopropyl]-L-cystein, eine neue Aminosäure aus den Samen von Acacia millefolia und A. willardiana*, Hoppe Seyler's Z. Physiol. Chem. *322*, 278–282 (1960). ● [68] A. KJAER and P. OLESEN LARSEN, *Structure and synthesis of albizziine (L-2-amino-3-ureidopropionic acid), an amino acid from higher plants*, Acta Chem. Scand. *13*, 1565–1574 (1959). ● [69] R. GMELIN et al., *N-Acetyl-L-djenkolic acid, a novel amino acid isolated from Acacia farnesiana Willd.*, PHYCHEM *1*, 233–236 (1962). ● [70] J. L. VAN DER BAAN et al., *Biosynthesis of L-2,3-diamino propionic acid*, JCS Perkin I *1984*, 2809–2813. ● [71] A. I. VIRTANEN and SIGRID KARI, *5-Hydroxy-piperidine-2-carboxylic acid in green plants*, Acta Chem. Scand. *8*, 1290–1291 (1954). Substanz C papierchromatographisch bei *Acacia*-Arten und in der Palme *Rhapis flabelliformis* nachgewiesen; aus letzterer isoliert und genauer untersucht. ● [72] A. I. VIRTANEN and SIGRID KARI, *4-Hydroxy-piperidine-2-carboxylic acid in green plants*, ibid. *9*, 170–171 (1955). 180 mg reine Substanz B aus 656 g Frischpflanze von *Acacia pentadenia* isoliert und Struktur geklärt; diese Art enthält im „Kraut" neben Stoff B auch Stoff C; beide wurden papierchromatographisch ebenfalls in *A. retinodes* und in *Strelitzia reginae* (*Strelitziaceae-Zingiberales*) nachgewiesen. *Albizia lophantha* (*Ingeae*) enthielt nur 4-Hydroxypipecolinsäure. ● [73] J. W. CLARK-LEWIS and P. I. MORTIMER, *Occurrence of 4-hydroxypipecolic acid in*

Acacia species, Nature *184*, 1234–1235 (1959). ● [74] Eid., *The 4-hydroxypipecolic acids from Acacia species, and its stereoisomers*, JCS *1961*, 189–201. Vgl. bezüglich Stereostruktur auch Ref. [33]. ● [75] A. I. VIRTANEN and R. GMELIN, *On the structure of 4-hydroxypipecolic acid isolated from green plants*, Acta Chem. Scand. *13*, 1244–1246 (1959). ● [76] J. N. SHOOLERY and A. I. VIRTANEN, *Molecular conformation of 4- and 5-hydroxypipecolic acids*, ibid. *16*, 2457–2458 (1962). ● [77] I. MURAKOSHI et al., *Isolation of (−)-trans-4-hydroxypipecolic acid from the young leaves of Acacia mollissima*, J. Pharm. Soc. Japan *89*, 1723–1725 (1969). ● [78] C. J. WEBB et al., *Flora of New Zealand*, Vol. IV. *Naturalised Pteridophytes, Gymnosperms and Dicotyledons*, Botany Division, D.S.I.R., Christchurch 1988. *Racosperma* (... previously ... treated in *Acacia*), S. 703–710: Nur 13 echt eingebürgerte Arten behandelt; davon haben sechs bipinnate Blätter, i.e. *A. baileyana, dealbata, decurrens, elata, mearnsii* und *parramattensis*, und sieben Phyllodien, i.e. *floribunda, longifolia, melanoxylon, paradoxa, podalyriaefolia, stricta* und *verticillata*. Die vielen nur als Ziergewächse, als Windschutz und für Brennholz kultivierten Arten werden in dieser Flora nicht behandelt. N. B. Ich führe alle *Racosperma*-Arten PEDLEY's als *Acacia*-Arten auf. ● [79] E. P. WHITE, *Alkaloids of the Leguminosae*. Part. IX. *Isolation of β-phenylethylamine from Acacia species*, New Zealand J. Sci. Technol. *25*B, 139–142 (1944); Part XIII. *Isolation of tryptamine from some Acacia species*, ibid. *25*B, 157–162 (1944); Part XXII. *Additions and corrections*, ibid. *33*B, 54–60 (1951); Part XXIII. *The occurrence of N-methyl-β-phenylethylamine in Acacia prominens A. Cunn.*, ibid. *35*B, 451–454 (1954); Part XXVI. *Examination of further legumes, mainly Lupinus and Acacia*, ibid. *38*B, 718–725 (1957). Keine oder nur ganz unbedeutende Mengen von Alkaloiden (< 0,02 %) wurden beim untersuchten Material der folgenden Taxa beobachtet: *A. acinacea* Lindley (vgl. aber Tabelle 21), *baileyana* F. Muell., *decurrens* Willd., *dealbata* Link, *mearnsii* (als *mollissima*), *drummondii* Bentham, *elata* A. Cunn., *falcata* Willd., *leprosa* Sieb., *linearis* Sims (= *longissima* Wendl.), *melanoxylon* R. Br., *pycnantha* Bentham, *retinodes* Schlecht., *saligna* Wendl., *stricta* Willd., *verticillata* Willd. und *vestita* Ker Gawler (in XXII korr.: war *A. howittii* F. Muell.): Alle in IX. *A. armata* R. Br., *discolor* Willd., *elongata* Sieb., *myrtifolia* Willd., *pruinosa* A. Cunn. (vgl. aber Tabelle 21), *verniciflua* A. Cunn.: Diese in XXII. *A. cyanophylla* Lindley, *decora* Reichb., *flexifolia* A. Cunn., *linifolia* Willd. und *rupicola* F. Muell.: Diese in XXVI. ● [80] J. S. FITZGERALD, *The occurrence of phenylethylamine derivatives in Acacia spec.*, Austral. J. Chem. *17*, 160–162 (1964). ● [81] J. S. FITZGERALD, *Cinnamoylhistamine, the alkaloid of Acacia argentea and A. polystachya*, Austral. J. Chem. *17*, 375–378 (1964). ● [82] B. J. CAMP and M. J. NORWELL, *The phenylethylamine alkaloids of native range plants*, Econ. Bot. *20*, 274–278 (1966). ● [83] S. R. JOHNS et al., *Nb-Methyltetrahydroharman from Acacia complanata A. Cunn. ex Benth.*, Austral. J. Chem. *19*, 1539–1540 (1966). ● [84] D. B. REPKE et al., *Alkaloids of Acacia baileyana*, JNP *36*, 211–213 (1973). ● [85] D. B. REPKE, *The histamine amides of Acacia longifolia*, JNP *38*, 101–105 (1975). ● [86] S. K. W. KHALIL and Y. M. ELKHEIR, *Dimethyltryptamine from the leaves of certain Acacia species of Northern Sudan*, JNP *38*, 176–177 (1975). ● [86a] LUCIE A. FIKENSCHER, *Het voorkomen van nicotine in het genus Acacia*, Pharm. Weekblad *95*, 233–235 (1960). ● [87] M. G. ETTLINGER et al., *Proacacipetalin and acacipetalin*, JCS Chem. Commun. *1977*, 952–953. Genuin enthalten die zwei durch RIMINGTON untersuchten Taxa, *A. sieberiana* var. *woodii* und *A. stolonifera*, Proacacipetalin; Beschreibung seiner Isomerisierung (Wanderung der Doppelbindung) zu Acacipetalin und seiner Epimerisierung in Epiproacacipetalin; vide auch J. W. JAROSZEWSKI and M. G. ETTLINGER, *Vicinal ^{13}C-^{13}C-coupling constants as a configurational probe: Stereochemistry of the base-catalized double bond shift in proacacipetalin*, J. Org. Chem. *48*, 883–884 (1983). ● [88] D. S. SEIGLER et al., *Dihydroacacipetalin – A new cyanogenic glucoside from Acacia sieberiana var. woodii*, PHYCHEM *14*, 1419–1420 (1975). Neben Hauptglucosid Proacacipetalin nachgewiesen. ● [89] F. NARTEY et al., *Proacaciberin, a cyanogenic glycoside from Acacia sieberiana var. woodii*, PHYCHEM *20*, 1311–1314 (1981). Eines der Nebenglykoside von Proacacipetalin (= 80–98 % der cyanogenen Glykoside) aus getrockneten Hülsen (ohne Samen) isoliert (Ausbeute nicht erwähnt), und als 6'-Arabinosid von Proacacipetalin charakterisiert; Biose = Vicianose (Ara-[1 → 6]-Glc); vgl. auch L. BRIMER et al., PM *39*, 275 (1980). ● [90] L. BRIMER et al., *Structural elucidation and partial synthesis of 3-hydroxyheterodendrin, a cyanogenic glucoside from A. sieberiana var. woodii*, PHYCHEM *20*, 2221–2223 (1981). 5 mg aus 1 kg getrockneten Hülsen isoliert. ● [91] L. BRIMER et al., *2-β-D-Glu-*

copyranosyl-2-methylpropanol from Acacia sieberiana var. woodii, PHYCHEM 21, 2005–2007 (1982). Ca. 15 mg aus 1 kg getrockneten Hülsen erhalten. ● [92] S. B. CHRISTENSEN et al., *1-β-Vicianosyl-(S)-2-methylbutyrate, a 1-O-acylglycoside from Acacia sieberiana var. woodii*, PHYCHEM 21, 2683–2685 (1982). 80 mg aus 1 kg getrockneten Hülsen erhalten. ● [93] J. W. JAROSZEWSKI, *Heterodendrin in Acacia spp.*, JNP 49, 927–928 (1986). Aus lufttrockenen Blättern (bei Pretoria, Südafrika, geerntet) isoliert. 90 g *A. hebeclada* lieferten 600 mg eines 9:1-Gemisches von Proacacipetalin + Heterodendrin; aus 95 g *A. giraffae* 300 mg eines 6:1-Gemisches der zwei Glucoside; Glucosid-Gemische durch HPLC aufgetrennt. ● [94] D. S. SEIGLER et al., *Cyanogenesis in Acacia farnesiana*, PHYCHEM 18, 1389–1390 (1979). ● [95] D. S. SEIGLER et al., *Cyanogenic glycosides from four Latin American species of Acacia*, BIOCHSE 11, 15–16 (1983). 6 Arten von Argentinien, *A. albicorticata* Burkart, *bonariensis* Gill., *caven* Mol., *furcatispina* Burkart, *praecox* Griseb. und *visco* Lor. ap. Gris., wurden wiederholt geprüft, aber nie cyanogen befunden. ● [96] D. S. SEIGLER et al., *Acacipetalin in Acacia constricta from North America*, PHYCHEM 15, 219–220 (1976). Die untersuchten jungen Zweige und Blätter stammten von einem Exemplar im „Desert Botanical Garden, Phoenix, Arizona". ● [97] D. S. SEIGLER et al., *Acacipetalin from six species of Acacia of Mexico and Texas*, PHYCHEM 17, 445–446 (1978). ● [98] J. B. SECOR et al., *Detection and identification of cyanogenic glycosides in six species of Acacia*, PHYCHEM 15, 1703–1706 (1976). Material von verschiedenen Arboreta in Kalifornien und von Dr. MARY D. TINDALE aus Australien erhalten. ● [99] B. R. MASLIN et al., *Cyanogenesis in Acacia pachyphloia*, PHYCHEM 24, 961–963 (1985). ● [100] WENDY K. SVENDSEN et al., *Cyanogenesis in Acacia sutherlandii*, PHYCHEM 26, 1835–1836 (1987). ● [101] E. E. CONN, *Cyanogenesis in Acacia subgenus Aculeiferum*, PHYCHEM 28, 817–820 (1989). ● [102] D. H. JANZEN et al., *Seasonal constancy of intra-population variation of HCN-content of Costa Rican Acacia farnesiana leaves*, PHYCHEM 19, 2022–2023 (1980). ● [103] L. BRIMER et al., *Cyanogenesis in Acacia cochliacantha*, Bull. IGSM 15, 88–99 (1987). ● [104] J. ARONSON and R. J. NASH, *Infrequent cyanogenesis in Acacia caven and general notes on cyanogenic glycoside data in subgenus Acacia*, Bull. IGSM 17, 97–110 (1989). ● [105] J. ARONSON, *Preliminary observations on the cyanogenic properties of five populations of Acacia caven and four additional American species of subgenus Acacia*, Bull. IGSM 18, 87–97 (1990). ● [106] J. ARONSON and C. OVALLE, *Report on a study of the natural variability, biogeography and potential for genetic improvement of Acacia caven*, Bull. IGSM 17, 111–121 (1989). Und hier zitierte Literatur. ● [107] S. S. REHR et al., *Chemical defence in Central American non-ant-acacias*, J. Animal Ecology 42, 407–416 (1973). ● [108] D. S. SEIGLER and J. E. EBINGER, *Cyanogenic glycosides in ant-acacias of Mexico and Central America*, The Southwestern Naturalist 32, 499–503 (1987). ● [109] D. A. JONES, *Cyanide and coevolution*, S. 509–516 in: B. VENNESLAND et al. (Eds), *Cyanide in biology* (1981), l. c. Bd. VII, 36. *Acacia* auf S. 513–514. Der Mutualismus *Acacia*-Ameisen kann für die Pflanze auch nachteilig sein, denn gewisse ameisenfressende Affen (*Cebus capucinus*) richten große Zerstörungen an, um sich der obligaten Acacienameisen, *Pseudomyrmex belti*, zu bemächtigen. ● [110] D. H. JANZEN, *The defenses of legumes against herbivores*, S. 951–977 (III *Ant-plants*, 959–963) in: POLHILL-RAVEN 1981. ● [111] J. PRASAD et al., *Hydrocyanic acid poisoning in grazing sheep and goat on Acacia leucophloea (Reunja)*, Indian Veterinary J. 54, 748–751 (1977). Ermittelte HCN-Gehalte (ppm/TG): Grüne Hülsen 600, alte Blätter 1094, junge Blätter 400; Samen waren nicht cyanogen; auch die gleichzeitig geprüften Früchte von *A. nilotica* subsp. *indica* (= *A. arabica* auctt.) waren nicht cyanogen; Eid., *Investigation on in vitro liberation of HCN from Acacia leucophloea pods*, ibid. 58, 223–226 (1981). N. B. Die Autoren verwenden für dieses Taxon die Trivialnamen REUNJA und SAFED KIKAR. In WEALTH OF INDIA fehlt der Trivialname REUNJA; es werden nur SAFED BABUL, SAFED KIKAR und 9 weitere Volksnamen für *A. leucophloea* erwähnt. Bei KRITIKAR, BASU and AN (1933, l. c. Bd. I, 38) werden auf S. 925 für *A. leucophloea* neben vielen anderen Volksnamen REUNJA, SAFEDBABUL und SAFEDKIKAR aufgeführt. ● [112] B. R. MASLIN et al., *Cyanogenesis in Australian species of Acacia*, PHYCHEM 27, 421–428 (1988). ● [113] P. G. FORSTER et al., *Labdane diterpenes from an Acacia species*, PHYCHEM 24, 2991–2993 (1985). 220 g getrocknetes Material (*Leaves and terminal branches*) lieferte über 15% Etherextrakt; aus ihm wurden die erwähnten neutralen und sauren Diterpene isoliert. ● [114] D. H. S. HORN and J. A. LAMBERTON, *Long-chain β-diketones from plant waxes*, Chemistry and Industry 1962, 2036–2037. ● [115] D. H. S. HORN et al., *The composition*

of Eucalyptus and some other leaf waxes, Austral. J. Chem. *17*, 464–476 (1964). Auch Analyse der Alkanfraktionen des Wachses von *A. baileyana* (7% Alkane im Wachs) und *A. podalyriaefolia* (1,3% Alkane im Wachs); bei beiden Taxa waren C_{27} und C_{29} Hauptalkane.
● [116] D. H. S. HORN and J. A. LAMBERTON, *The occurrence of 11,12-dehydroursolic lactone acetate in Eucalyptus waxes*, Austral. J. Chem. *17*, 477–480 (1964). Neben Eucalyptuswachsen auch Blattwachse von *A. suaveolens* und *A. iteaphylla* analysiert. ● [117] J. VASSAL, *La plantule d' Acacia albida Del. [Faidherbia albida (Del.) A. Chev.]*, Bull. Soc. Hist. Nat. Toulouse *103*, 583–589 (1967). ● [118] H. I. JOLY, *Population genetics of Acacia albida (= Faidherbia albida)*, Bull. IGSM *19*, 86–95 (1991). Populationen aus Burkina Faso, Kamerun, Mali, Niger und Zimbabwe untersucht. ● [119] J. S. QUEDRAOGO et D. Y. ALEXANDRE, *Distribution des principales espèces agroforestières à Watinoma, territoire du plateau centrale burkinabé, une résultante de contraintes écologiques et anthropiques*, J. Agric. Trad. Bot. Appl., N. S. *36* (1), 101–111 (1994). *Butyrospermum paradoxum* (Karité) und *Faidherbia albida* (usages: fourrage, médicaments, bois). ● [120] B. R. MASLIN et al., *Cyanogenic Australian species of Acacia: A preliminary account of their toxicity potential*, Australian Centre for Internat. Agric. Res. Proceedings No. *16*, 107–113 (1987). Es wird davon ausgegangen, daß frische Blattmuster, welche spontan 200 ppm oder mehr HCN liefern, potentiell toxisch sind; das entspricht etwa 7,5 μmol HCN pro Gramm Frischblatt; fehlt in Blättern das spezifische cyanoglucosid-spaltende Enzym, dann dürften sie i. d. R. weniger giftig sein, auch wenn sie reichlich cyanogenes Glucosid enthalten. ● [121] K. A. DASTLIK et al., Austral. J. Chem. *44*, 123–127 (1991). ● [122] R. H. HAMMER and J. R. COLE, *Phytochemical investigation of Acacia angustissima*, J. Pharm. Sci. *54*, 235–239 (1965). ● [123] S. S. SUAREZ et al., *Flavonoids en Acacias Argentinas*, An. Asoc. Quim. Argentina *70*, 647–649 (1982). ● [124] S. E. DREWES and D. G. ROUX, *A new flavan-3,4-diol from Acacia auriculiformis by paper ionophoresis*, Biochem. J. *98*, 493–500 (1966); Chemistry and Industry *1965*, 1342. ● [125] R. SAHAI et al., PHYCHEM *19*, 1560–1562 (1980). Auch Spinasterin isoliert; Auriculosid-Ausbeute: 218 mg aus 1,9 kg. ● [126] S. B. MAHATO et al., PHYCHEM *28*, 207–210 (1989). ● [127] S. K. UNIYAL et al, JNP *55*, 500–502 (1992). ● [128] S. B. MAHATO et al., Tetrahedron *48*, 6717–6728 (1992). ● [129] A. AGARWAL and P. K. K. NAIR, *Free and protein-bound amino acids of pollen of Acacia auriculaeformis*, Grana *28*, 155–157 (1989). Dieser *Acacia*-Pollen ist wertvolle Bienennahrung; auch kurze Erwähnung der human-allergenen Bedeutung dieses Pollens. ● [130] L. Y. FOO, *Condensed tannins: Co-occurrence of procyanidins, prodelphinidins and profisetinidins in the heartwood of Acacia baileyana*, PHYCHEM *23*, 2915–2918 (1984). ● [130a] SHIRLEY C. CHURMS and A. M. STEPHEN, *Molecular structure of the polysaccharide exudate from Acacia baileyana F. Muell.*, Carbohydrate Res. *45*, 291–298 (1975). ● [131] B. J. CAMP and C. M. LYMAN, *Isolation of N-methyl beta-phenylethylamine from Acacia berlandieri*, J. Amer. Pharm. Assoc. *45*, 719–721 (1956); B. J. CAMP and JOAN A. MOORE, *A quantitative method for the alkaloid of Acacia berlandieri*, ibid. *49*, 158–160 (1960). Für getrocknete Blätter wurden Gehalte von 0,66% (Mai) bis 0,28% (September) ermittelt. ● [132] B. J. CAMP et al., *The chemistry of the toxic constituents of Acacia berlandieri*, Ann. New York Acad. Sci. *111*, Art. 2, 744–750 (1964). Blätter enthalten zwei weitere sympathomimetische Amine, Tyramin und N-Methyltyramin. ● [133] H. R. ADAMS and B. J. CAMP, *The isolation and identification of three alkaloids from Acacia berlandieri*, Toxicon *4*, 85–90 (1966). Tyramin, N-Methyltyramin, Hordenin. ● [134] S. K. NIGAM et al., J. Sci. Industr. Res., India *21*B, 345 (1962). ● [135] R. BANERJEE and S. K. NIGAM, *Chemistry of Acacia concinna and A. caesia bark*, J. Indian. Chem. Soc. *57*, 1043–1044 (1980). ● [136] E. MALAN et al., *A novel doubly-linked proteracacinidin analogue from Acacia caffra*, Tetrahedron Letters *35*, 7415–7416 (1994). ● [137] J. W. CLARK-LEWIS and W. NAIR, Austral. J. Chem. *17*, 1164–1169 (1964). ● [138] D. M. W. ANDERSON and A. C. MUNRO, Carbohydrate Res. *12*, 9–22 (1970). ● [139] E. V. BRANDT et al., vide Ref. [7] auf S. 227–228 in Bd. XIa. ● [140] D. E. HATHWAY and J. W. T. SEAKINS, *Enzymic oxidation of catechin to a polymer structurally related to some phlobatannins*, Biochem. J. *67*, 239–245 (1957). ● [140a] V. H. DESHPANDE and A. D. PATIL, Indian J. Chem. *20*B, 628 (1981). ● [141] M. NIERENSTEIN, *On the presence of maclurin in the sapwood of the cutch-producing Acacias*, J. Indian Chem. Soc. *8*, 143–145 (1931). N. B. NIERENSTEIN verteidigte in jener Zeit eine abweichende Formel for Catechin (B-Ring in 4-Position, nicht in 2-Position) und faßte das Maclurin als oxidatives Spaltprodukt auf. ● [142] R. K. HULYALKAR et al., J. Indian

Chem. Soc. *33*, 681–683 (1956); *36*, 31–34 (1959). ● [143] A. AGARWAL and P. L. SONI, Indian J. Chem. *27*B, 55-58, 1093–1101 (1988). ● [144] J. ARONSON, *Evolutionary biology of Acacia caven: Intraspecific variation in fruit and seed characters*, Ann. Missouri Bot. Garden *79*, 958–968 (1992). ● [144a] S. MUKHERJEE and A. N. SRIVASTAVA, *The structure of Acacia sundra gum. I. Nature of the sugars present and structure of aldobiouronic acid*, J. Amer. Chem. Soc. *80*, 2536–2538 (1958); II. *The structure of degraded gum*, Proc. Indian. Acad. Sci. *50*A, 374–379 (1959); vgl. auch A. N. SRIVASTAVA, CA *58*, 6911 (1963). ● [145] G. L. GUPTA and S. S. NIGAM, PM *19*, 55–62 (1970/71). ● [146] I. P. VARSHNEY et al., *Oligo- and polysaccharides from the seeds of Acacia concinna DC.*, Indian J. Chem. *14*B, 638–639 (1976). ● [147] I. P. VARSHNEY and R. PAL, *Study of saponins and oligosaccharides from Acacia concinna DC. pods*, J. Indian Chem. Soc. *53*, 153–155 (1976). ● [148] T. SEKINE et al., *(+)-Acacialactam, a new seven-membered lactam from seeds of Acacia concinna*, CHPHBUL *37*, 3164–3165. 32 mg aus 200 g Samen erhalten und als 3,7-Dimethyl-7-vinyl-2,5,6,7-tetrahydro-1H-azepin-2-on aufgefaßt. ● [149] M. F. Fox et al., Tetrahedron Letters *33*, 7425–7428 (1992). Synthetische Versuche zeigten, daß Acacialactam nicht zyklische, sondern aliphatische Struktur besitzt und ein Amid, nicht ein Lactam ist. ● [150] M. CARDA et al., Tetrahedron Letters *35*, 3359–3360 (1994). Bestätigung der in [149] vorgeschlagenen Acacialactam-Struktur (vgl. Abb. 38). ● [151] L. WEIL, *Beiträge zur Kenntnis der Saponinpflanzen und ihrer Verbreitung*, Arch. Pharm. *230*, 363–373 (1901). *Acacia concinna*, 368–369; S. 372 Hinweis auf vorteilhafte Eigenschaften von Saponinen gegenüber Seifen als Waschmittel. ● [152] J. GEDEON, Arch. Pharm. *288*, 417–418 (1955). ● [153] I. P. VARSHNEY and K. M. SHAMSUDDIN, *The sapogenin of Acacia concinna DC. pod and the constitution of acacic acid*, Tetrahedron Letters *1964*, 2055–2058. Acaciasäure ist ebenfalls als Sapogenin von Rinde und Samen von *Acacia intsia*, von Rinde von *Albizia lebbeck*, und von Samen von *Albizia odoratissima* und *stipulata* bekannt. ● [154] Eid., *Absolute structure of acacic acid*, Bull. Chem. Soc. Japan *43*, 3830–3840 (1970). Acaciasäure ist 16α,21β-Dihydroxy-oleanolsäure. ● [155] I. P. VARSHNEY and S. C. SHARMA, Indian J. Appl. Chem. *32*, 69–71 (1969). Aus Samen ein Acacinin genanntes Saponingemisch isoliert. ● [156] I. P. VARSHNEY et al., Indian J. Chem. *24*B, 228–229 (1976). Acacinin in Acacinin-A, F 170–172°, und Acacinin-B aufgeteilt. Teilstruktur von A: Acaciasäure + verschiedene Monosen. ● [157] S. C. SHARMA and S. WALIA, *Sonuside A, a new glycoside from Acacia concinna beans without seeds*, Current Sci. *46*, 382–384 (1977). Auch 0,02% freie Acaciasäure isoliert. ● [158] A. S. R. ANJANEYULU et al., Indian J. Chem. *15*B, 1–6 (1977). Nach Hydrolyse der Totalsaponine aus 10 kg samenfreien Früchten 2,1 g Stoff B (= Acaciasäurelacton), 700 mg Stoff D (= Machaerinsäure), 400 mg Stoff A (= Sapogenin-B) + Stoff C (Acaciasäureester) isoliert. ● [159] Eid., *Structure of acacigenin-B, a novel triterpene ester isolated from Acacia concinna*, PHYCHEM *18*, 463–466 (1979). Umbenennung von Stoff C in Acacigenin-B und Strukturvorschlag: Acaciasäure-21-ester; eine tetrahydrofuranoide, dienoide Monoterpensäure als Säurekomponente vorgeschlagen. ● [160] Eid., PHYCHEM *18*, 1199–1201 (1979). Aus Sapogeningemisch noch das 3-Acetat von Acaciasäurelacton und ein Nortriterpen (C-28 fehlt; könnte Hydrolysenartefakt sein), Acacidiol, isoliert. ● [161] Eid., Tetrahedron *35*, 519–525 (1979). Umlagerungen von Acaciasäurelacton, Machaerinsäurelacton (= Sapogenin-B) und Echinocystsäuremethylester. ● [162] VIVIAN Lou et al., JNP (Lloydia) *28*, 207–208 (1965). Material von Taiwan untersucht. ● [163] H. R. ARTHUR et al., Austral. J. Chem. *20*, 811–813 (1967). ● [164] H. D. CLARKE et al., vide Ref. [10] auf S. 332 und Besprechung von fakultativer Cyanogenese auf S. 291. ● [165] M. H. SAEEDI-GHOMI et al., *Some constituents of Acacia constricta*, Rev. Latinoamer. Quim. *14*, 148–149 (1984). ● [166] J. B. HARBORNE, *Gossypetin and herbacetin as taxonomic markers in higher plants*, PHYCHEM *8*, 177–183 (1969). „In a survey of legume leaves" (Arten nicht erwähnt) „gossypetin was only detected once, in *A. constricta* Benth." ● [167] E. V. BRANDT et al., JCS Chem. Commun. *1971*, 116–117; *1972*, 392–393; JCS Perkin I *1981*, 1879–1883. Crombenin ist das erste Spiropeltogynoid. ● [168] I. C. DU PREEZ and D. G. ROUX, *Novel flavan-3,4-diols from Acacia cultriformis*, JCS *1970*C, 1800–1804. ● [169] H. GILLET, *Un Acacia australien à la conquète des dunes de Libye*, J. Agric. Trad. Bot. Appl. *25*, 245–255 (1978). Sehr polytypisches Taxon, das sich zur Anpflanzung in Dünen in Meeresnähe gut eignet. Liefert auch Brennholz und ist gute Bienenpflanze. Junge Phyllodien sind nicht cyanogen und könnten als Futter verwendet werden, wenn sie durch Vieh gefressen werden. • [170] F. IMPERATO, PHYCHEM 17, 822–823 (1978). Beide sind gelbe Blütenpigmente. • [171] A. J. CARLSON et al., *The composition of Acacia cyanophylla gum*, JCS 1955, 269–273. • [172] M. C. RUTHERFORD and L. W. POWRIE, *Allelochemical control of biomass allocation in interacting shrub species*, J. Chem. Ecol. 19, 893–906 (1993). • [173] G. TAPPI, A. SPADA e R. CAMERONI, *Sui pigmenti flavonici del polline di Acacia dealbata*, Gazz. Chim. Ital. 85, 703–713, 1043–1049 (1955); 86, 965–979 (1956). • [174] F. IMPERATO, *Chalconaringenin 2'-xyloside: a new anthochlor pigment from Acacia dealbata*, Chemistry and Industry 1980, 786–787; *A new chalcone glucoside and cernuoside from the flowers of Acacia dealbata*, Experientia 38, 67–68 (1982); *A chalcone glycoside from Acacia dealbata*, PHYCHEM 21, 880–881 (1982). • [175] E. P. BENIMELI, *Rutin and quercetin from plants of Chile*, An. Fac. Quim. Farm., Univ. Chile 16, 133–142 (1964). Ex CA 64, 13084 (1966). Vermutlich aus Blattmaterial. • [176] D. B. LINDENMAYER et al., *The sugar and nitrogen content of the gums of Acacia species in the Mountain Ash and Alpine Ash forests of central Victoria and its potential implications for exudivorous* (= Exudat-konsumierende) *arboreal marsupials*, Austral. J. Ecol. 19, 169–177 (1994). • [177] D. M. W. ANDERSON and I. C. M. DEA, *Composition of the gum from Acacia drepanolobium Harms, ex Sjörsted; Some structural features of Acacia drepanolobium gum*, Carbohydrate Res. 5, 461–469 (1967); 7, 109–120 (1968). • [178] D. G. STEYN and C. RIMINGTON, *The occurrence of cyanogenic glucosides in South African species of Acacia*, Onderstepoort J. Veterinary Sci. Animal Industry 4, Number 1, 51–63 (1935). • [179] D. W. GAMMON et al., *The glycoproteins of Acacia erioloba exudates*, Carbohydrate Res. 158, 157–171 (1986). • [180] J. W. CLARK-LEWIS and P. I. MORTIMER, *Melacacidin and isomelacacidin from Acacia species*, JCS 1960, 4106–4111. Genaue Beschreibung der Eigenschaften der zwei epimeren Melacacidine (7,8,3',4'-Tetrahydroxyflavan-3,4-diole). • [181] E. DEMOLE et al., *Sur les constituants odorants de l'essence absolue de Cassie (Acacia farnesiana Willd.)*, Helv. Chim. Acta 52, 24–32 (1969): U.a. Methylsalicylat, Benzylalkohol, Dihydroactinidiolid und als wichtige Geruchskomponenten drei neue C_{11}-Verbindungen: cis-3-Methyldec-3-en-ol, cis-3-Methyldec-3-en-säure, trans-3-Methyldec-4-en-säure. • [182] A. EL-HAMIDI and I. SIDRAK, *The investigation of Acacia farnesiana essential oil*, PM 18, 98–100 (1970). Nachweis von Geraniol, Geranylacetat, Linalylacetat, Cuminalkohol und α-Ionon. • [183] M. ILYAS et al., J. Indian Chem. Soc. 47, 183–184 (1970). • [184] J. A. DOMINGUEZ and H. F. MARTINEZ, Ciencia (Mexico) 25, 107–108 (1967). Ex CA 67, 18532 (1967). • [185] H. I. EL SISSI et al., PHYCHEM 12, 2303 (1973). • [186] H. I. EL SISSI et al., ibid. 13, 2843–2844 (1974). • [187] S. ZAKA et al., *Composition of total lipids from Acacia arabica and A. farnesiana seed oils*, Pakistan J. Sci. Industr. Res. 29, 427–429 (1986). • [188] FANIE VAN HEERDEN et al., *Metabolites from purple heartwoods of Mimosoideae. Part 4. Acacia fasciculifera F. Muell. ex Benth.: Fasciculiferin, fasciculiferol and the synthesis of 7-aryl- and 7-flavanyl-peltogynoids*, JCS Perkin I 1981, 2483–2490; auch Tetrahedron Letters 1979, 4507–4510. Peltogynoide PA-Dimere waren im Holz nicht nachweisbar. • [189] R. PARIS, *Sur un nouveau flavonoside des fleurs de l'Acacia floribunda Willd.*, CR 231, 72–73 (1950). • [190] R. PARIS, CR 238, 2112–2114 (1954). Floribundosid mit Salipurposid (= Naringenin-5-glc) identifiziert. • [191] E. MALAN and A. SIREEPARSAD, *The structure and synthesis of the first dimeric proteracacinidins*, PHYCHEM 38, 237–239 (1995). • [192] P. B. OELRICHS and T. MCEWAN, *Isolation of the toxic principle in Acacia georginae*, Nature 190, 808–809 (1961). Aus Samen isoliert. • [193] A. T. BELL et al., *Acacia georginae poisoning of cattle and sheep*, Austral. Veterinary J., October 1955, 249–257. • [194] J. E. BARNES, *Georgina poisoning of cattle in the Northern Territory*, ibid., September 1985, 281–290. • [195] D. B. HARPER and D. O'HAGAN, *The fluorinated natural products*, REPORTS 11, 123–133 (1994). Mit 141 Ref. • [196] R. J. MEAD and W. SEGAL, *Formation of β-cyanoalanine and pyruvate by Acacia georginae*, PHYCHEM 12, 1977–1981 (1973). • [197] E. MALAN and D. H. PIENAAR, PHYCHEM 26, 2049–2051 (1987). • [198] E. MALAN, ibid. 29, 1334–1335 (1990). • [199] G. J. LEACH and T. WHIFFIN, *Analysis of a hybrid swarm between Acacia brachybotrya Benth. and A. calamifolia Sweet ex Lindl.*, Bot. J. Linn. Soc. 76, 53–69 (1978). • [200] C. RIMINGTON, *The occurrence of cyanogenetic glucosides in South African species of Acacia. II. Determination of the chemical constitution of acacipetalin. Isolation from A. stolonifera Burch.*, Onderstepoort J. Veterinary Sci. Animal Industry 5, Number 2, 445–464 (1935). • [201] SHIRLEY C. CHURMS et al., *Analytical comparison of gums from Acacia hebeclada and other Gummiferae species*, PHYCHEM 25, 2807–2809 (1986). • [202] D. M. W. ANDERSON and J. G. K. FARQU-

HAR, *The composition of eight Acacia gum exudates from the series Gummiferae and Vulgares*, PHYCHEM *18*, 609–610 (1979). GUMMIFERAE: *A. hebeclada, kirkii, nebrownii* und *reficiens*; VULGARES: *A. erubescnes, fleckii, mellifera* und *mellifera* subsp. *detinens*. ● [203] M. O. FAROOQ et al., *Les saponines et les sapogénines de l'Acacia intsia Willd.*, Ann. Pharm. Franç. *17*, 442–446 (1959). ● [204] M. O. FAROOQ et al., *Über das aus Acacia intsia Willd. isolierte Säure-Sapogenin (Acacininsäure)*, Arch. Pharm. *294*, 133–137 (1961). ● [205] Eid., *Isolierung eines neuen Triterpenalkohols, Acaciol, aus Acacia intsia Willd.*, ibid. *294*, 197–200 (1961). $C_{30}H_{50}O$, F 160–161°. ● [206] J. W. CLARK-LEWIS and I. DAINIS, *A new glycoside and other extractives from Acacia ixiophylla: Rhamnitrin (rhamnetin-3α-L-rhamnoside)*, Austral. J. Chem. *21*, 425–437 (1968). ● [207] K. C. JOSHI et al., *Two novel cassane diterpenoids from Acacia jacquemontii*, Tetrahedron *35*, 1449–1453 (1979). ● [208] A. J. CARLSON et al., *Acacia karroo gum*, JCS *1955*, 1428–1431; vgl. auch A. M. STEPHEN and D. C. VOGT, Tetrahedron *23*, 1473–1478 (1967). Strukturanalyse. ● [209] D. M. W. ANDERSON and R. N. SMITH, *The composition of the gum from Acacia laeta var. hashab*, Carbohydrate Res. *4*, 55–62 (1967). ● [210] D. M. W. ANDERSON et al., *Some structural features of Acacia laeta gum*, ibid. *7*, 320–333 (1968). Gleichzeitig strukturchemische Untersuchungen; Identifikation von fünf neutralen Biosen aus Teilhydrolysaten. ● [211] B. VOIRIN et al., JNP *49*, 943 (1986). ● [212] M. C. SHARMA and R. K. SINGH, Herba Polon. *33*, 83–85 (1987). ● [213] R. K. BANSAL et al., *Diterpenoids from Acacia leucophloea*, PHYCHEM *19*, 1979–1983 (1980). Wurzeln in Umgebung von Jaipur geerntet. ● [214] A. PERALES et al., Tetrahedron Letters *21*, 2843–2844 (1980). ● [215] M. SAXENA and S. K. SRIVASTAVA, *Anthraquinones from roots of Acacia leucophloea*, JNP *49*, 205–209 (1986). ● [216] M. MISHRA and S. K. SRIVASTAVA, Indian J. Pharm. Sci. *47*, 154–155 (1985). Ex CA *105*, 75930 (1986). ● [217] K. VIJAYAKUMARI et al., *Nutritional assessment and chemical composition of the lesser known tree legume Acacia leucophloea (Roxb.) Willd.*, Food Chemistry *50*, 285–288 (1994). ● [218] D. FERREIRA et al., *Biflavanoid proguibourtinidin carboxylic acids and their biflavanoid homologues from Acacia luederitzii*, PHYCHEM *24*, 2415–2422 (1985). Extrahiert wurde peripheres Kernholz der var. *luederitzii* nach Entwachsung mit Hexan. Erste carboxylgruppenhaltige dimere PA. Bereits früher hatte die gleiche Arbeitsgruppe (I. C. DU PREEZ et al., JCS Chem. Commun. *1970*, 492–493) ein carboxylgruppenhaltiges dimeres Proguibourtinidin aus Holz von *A. luederitzii* var. *retinens* (Sim) J. Ross et Brenan beschrieben. ● [219] MARITZA C. MARTÍNEZ et al., *Composition of Acacia macracantha gum exudates*, PHYCHEM *31*, 535–536 (1992). ● [220] J. S. FITZGERALD and A. A. SIOUMIS, Austral. J. Chem. *18*, 433–434 (1965). ● [221] L. LUTZ, *L'Acacia decurrens Willd. var. mollissima Willd. producteur de la Gomme Wattle*, J. Pharm. Chim. [9] *2*, 49–53 (1942). Beschreibung von einigen Eigenschaften von aus Madagaskar stammendem Holz, Rinde und des Gummi-Exudats sowie von Versuchen zur Gummiproduktion auf Holz- und Rindenstücken durch Infektion mit holzzerstörenden Pilzen. ● [222] S. OHARA et al., *Condensed tannins from Acacia mearnsii and their biological activities*, Mokuzai Gakkaishi *40*, 1363–1374 (1994). Seit etwa 40 Jahren Versuchsanbau in Japan in den Provinzen Fukuoka, Kumamoto and Kagoshima auf der Südinsel Kyushu. Untersucht frische Stammscheiben von 4–5jährigen Bäumen aus einem auf der Insel Amakusa (Kumamoto) gepflanzten Wäldchen. ● [223] A. M. MACKENZIE, *The flavonoids of the leaves of Acacia mearnsii*, PHYCHEM *8*, 1813–1815 (1969). ● [224] A. M. MACKENZIE, *Mearnsitrin: A new flavonoid glycoside from leaves of Acacia mearnsii*, Tetrahedron Letters *1967*, 2519–2520. ● [225] F. C. J. ZEIJLEMAKER and A. M. MACKENZIE, *A note on the occurrence and inheritance of a new flavonoid constituent of Black Wattle*, The Wattle Research Institute Report for 1965–1966, 57–58. ● [226] F. C. J. ZEIJLEMAKER, *Distribution of mearnsitrin in Acacia populations*, PHYCHEM *8*, 435–436 (1969). ● [227] M. STEPHEN, *Acacia mollissima Willd. II. Extractives from wood*, J. Sci. Food Agric. *3*, 37–43 (1952). ● [228] H. H. KEPPLER, *Isolation and constitution of mollisacacidin, a new leucoanthocyanidin from the heartwood of Acacia mollissima Willd.*, JCS *1957*, 2721–2724. ● [229] D. G. ROUX and E. PAULUS, *Biochemical and stereochemical interrelationships of (+)-fustin from Black-Wattle heartwood (Acacia mollissima)*, Biochem. J. *77*, 315–320 (1960). ● [230] D. G. ROUX and E. PAULUS, *Isolation of (−)-3',4,7-trihydroxyflavan-3-ol [(−)-fisetinidol], a naturally occurring catechin from Black-Wattle heartwood*, Biochem. J. *78*, 120–123 (1961). ● [231] D. G. ROUX and E. PAULUS, *Polymeric leuco-fisetinidin tannins from the heartwood of Acacia mearnsii*, Biochem. J. *82*, 320–324 (1962). ● [232] S. E. DREWES and D. G. ROUX, *Optically active diastereoisomers of (+)-mollis-*

acacidin by epimerization, Biochem. J. **94**, 482–487 (1965). ● [233] S. E. DREWES et al., *Stereochemistry of a natural bileucofisetinidin,* JCS Chem. Commun. *1966*, 368–369; *Three diastereoisomeric 4,6-linked bileucofisetinidins from the heartwood of Acacia mearnsii,* JCS *1967*C, 1217–1227. ● [234] S. E. DREWES and A. H. ILSLEY, *Isolation of 3-methoxyfisetin from Acacia mearnsii,* JCS Chem. Commun. *1968*, 1246–1247. Gemeint ist Fisetin-3-methylether, $C_{16}H_{12}O_6$. ● [235] S. E. DREWES and D. G. ROUX, *Mass spectrometry of derivatives of natural trileucofisetinidins,* JCS Chem. Commun. *1968*, 1–4. ● [236] S. E. DREWES and A. H. ILSLEY, *Isomeric leucofisetinidins from Acacia mearnsii,* PHYCHEM **8**, 1039–1042 (1969). ● [237] S. E. DREWES and A. H. ILSLEY, *Dioxan-linked biflavanoid from heartwood of Acacia mearnsii,* JCS *1969*C, 897–900. ● [238] E. V. BRANDT et al., *Cycloformation of two tetraflavanoid profisetinidin condensed tannins,* JCS Chem. Commun. *1986*, 913–914. ● [239] A. M. STEPHEN, *The chemical constitution of Wattle (Mimosa) tannin,* JCS *1949*, 3082–3085. ● [240] D. G. ROUX and E. A. MAIHS, *Isolation and estimation of (−)-7,3′,4′,5′-tetrahydroxyflavan-3-ol, (+)-catechin and (+)-gallocatechin from Black-Wattle bark extract,* J. Biol. Chem. **74**, 44–49 (1960). ● [241] S. E. DREWES et al., *The stereochemistry of biflavanols from Black Wattle bark,* JCS Chem. Commun. *1966*, 370–371; *Some stereochemically identical biflavanols from bark tannins of Acacia mearnsii,* JCS *1967*C, 1302–1308. ● [241a] J. J. BOTHA et al., *Direct synthesis, structure and absolute configuration of four biflavanoids from Black Wattle bark („Mimosa"),* JCS Chem. Commun. *1978*, 700–702. ● [242] ANNEMARIA CRONJÉ et al., *Novel prorobinetinidins, and the first A-type proanthocyanidin with a 5-desoxy A- and a 3,4-cis C-ring from the maiden investigation of commercial Wattle bark extract,* JCS Perkin I *1993*, 2467–2477. ● [243] F. C. J. ZEIJLEMAKER, *An exploratory study of the biosynthetic relationships of the flavonoids of Acacia mearnsii,* The Wattle Research Institute Report for 1965–1966, 52–56. ● [243a] L. J. PORTER, *Flavans and proanthocyanidins* in J. B. HARBORNE (Ed.) 1994, l. c. S. 24. ● [244] H. M. SAAYMAN and D. G. ROUX, *The origin of tannins and flavonoids in Black-Wattle bark and heartwoods, and their associated „non-tannin" components,* Biochem. J. **97**, 794–801 (1965). ● [245] A. M. STEPHEN, *Acacia mollissima.* Part I. *The component sugars and aldobiouronic acid of Black Wattle gum,* JCS *1951*, 646–649. ● [246] G. O. ASPINALL et al., *Acacia mearnsii gum,* Carbohydrate Res. **7**, 421–430 (1968). ● [247] F. T. KING and W. BOTTOMLEY, *The occurrence of a flavan-3:4-diol (melacacidin) in Acacia melanoxylon,* JCS *1954*, 1399–1403; vgl. auch Chemistry and Industry *1953*, 1368. Melacacidin nur als amorphes Pulver isoliert; erste Isolation eines Flavan-3,4-diols; KEPPLER (vgl. Ref. [228] erhielt zum ersten Mal ein kristallisiertes Flavan-3,4-diol. ● [248] W. BOTTOMLEY, *The conversion of melacacidin into 3:3′:4′:7:8-pentahydroxyflavylium chloride,* Chemistry and Industry *1954*, 516–517. ● [249] L. Y. FOO and H. WONG, *Diastereoisomeric leucoanthocyanidins from the heartwood of Acacia melanoxylon,* PHYCHEM **25**, 1961–1964 (1986). ● [250] L. Y. FOO, *Configuration and conformation of dihydroflavonols from Acacia melanoxylon,* PHYCHEM **26**, 813–817 (1987). Auch Besprechung Biogenese von Flavan-3-olen und -3,4-diolen; vgl. auch id., JCS Chem. Commun. *1986*, 675–677. ● [251] L. Y. FOO, *A novel pyrogallol A-ring proanthocyanidin dimer from Acacia melanoxylon,* JCS Chem. Commun. *1986*, 236–237. ● [252] L. Y. FOO, *Isolation of [4-O-4]-linked biflavanoids from Acacia melanoxylon: First examples of a new class of single ether-linked proanthocyanidin dimers,* JCS Chem. Commun. *1989*, 1505–1506. ● [253] M. R. FALCO and J. X. DE VRIES, Naturwissenschaften **51**, 462–463 (1964). Blüten von in Uruguay kultivierten Bäumen geerntet. ● [254] X. C. SOUTO et al., *Comparative analysis of allelopathic effect produced by four forestry species during decomposition process in their soils in Galicia (NW Spain),* J. Chem. Ecol. **20**, 3005–3015 (1994). ● [255] J. J. M. MEYER and M. GROBBELAAR, *Biosynthesis of pipecolic and 4-hydroxypipecolic acid,* PHYCHEM **25**, 1469–1470 (1986). ● [256] K. C. JOSHI et al., PM **27**, 281–283 (1975). ● [257] R. A. EADE et al., *Triterpene glycosides of Acacia myrtifolia,* Austral. J. Chem. **26**, 839–844 (1973). ● [258] E. WOLLENWEBER and D. S. SEIGLER, *Flavonoids from the exudate of Acacia neovernicosa,* PHYCHEM **21**, 1063–1066 (1982). ● [259] E. WOLLENWEBER, *Chemistry and distribution of flavonoids in leaf resins of desert plants,* 3rd Intern. Conf. Chem. Biotechn. Biol. Active Nat. Prod., Bulg. Acad. Sci., Sofia, Vol. 3, 99–112 (1985). ● [260] T. G. FOURIE et al., *3′,4′,7,8-Tetrahydroxyflavonoids from the heartwood of Acacia nigrescens and their conversion products,* PHYCHEM **11**, 1763–1770 (1972). ● [261] E. MALAN, PHYCHEM **33**, 733–734 (1993). ● [262] S. I. ALI and M. QAISER, *Hybridisation in A. nilotica (Mimosoideae) complex,* Bot. J. Linn. Soc. **80**, 69–77 (1980). ● [263] F. MARTIN and J. VASSAL, *Distribution* *maps of Acacia in Chad*, Bull. IGSM *17*, 132–155 (1989). S. 151 *A. nilotica* subsp. *adstringens, nilotica* und *tomentosa*; Unterarten nicht getrennt angegeben, ...,,as their distribution is not yet fully known". ● [264] E. MALAN, *Derivatives of (+)-catechin-5-gallates from the bark of Acacia nilotica*, PHYCHEM *30*, 2737–2739 (1991). Rinde bei Durban gesammelt. ● [265] D. M. W. ANDERSON and K. A. KARAMALLA, *Inter-nodule variation of the acidic components in Acacia nilotica gum*, Carbohydrate Res. *2*, 403–410 (1966). Tatsächlich Gummikörner von 10 verschiedenen Bäumen analysiert, genauer also interindividuelle Variation. ● [266] D. M. W. ANDERSON et al., *Some structural features of Acacia arabica gum*, JCS *1967*C, 1476–1486. ● [267] H. ENDRES und M. HILAL, *Isolierung verschiedener Polyhydroxyphenole aus den Fruchtschoten von Acacia arabica Willd. var. indica Benth.*, PHYCHEM *2*, 151–156 (1963). Material in Oberägypten geerntet; isoliert Gallussäure, *m*-Digallussäure, Chlorogensäure; identifiziert Robidandiol (= Leucorobinetinidin). ● [268] H. I. EL SISSI et al., *Über die Gerbstoffe der Rinde der Acacia nilotica*, Das Leder *18*, 32–35 (1967). Viele Polyphenole nachgewiesen; Protocatechu- und Gallussäure und (+)-Catechin isoliert. ● [269] S. M. EL-SAYYAL, *Tannins of Acacia nilotica pods*, Fitoterapia *50*, 115–117 (1979). Isoliert Gallussäure, Methylgallat, *m*-Digallussäure, dimere PA mit (−)-Epicatechin als Baustein und PA-Oligomere, welche mit Säure Fisetinidin liefern. ● [270] S. M. H. AYOUB, *Molluscicidal properties of Acacia nilotica subspecies tomentosa and adstringens*. I, II, Fitoterapia *54*, 183–187, 189–192 (1983); *Polyphenolic molluscicides from Acacia nilotica*, PM *50*, 532 (1984). Wirkstoffe sind die Gerbstoffe. ● [271] O. M. ABD EL NABI et al., *Antimicrobial activity of Acacia nilotica var. nilotica*, J. Ethnopharmacol. *37*, 77–79 (1992). Material in Central-Sudan geerntet. ● [272] E. A. MOSTAFA et al., *Isolation and constitution of certain flavonoid constituents of Acacia arabica L. flowers*, J. African Med. Plants *3*, 47–55 (1980). ● [273] G. P. SASTRY et al., Indian J. Chem. *1*, 542–543 (1963). ● [274] K. U. BHANU et al., *Studies on the tannins of Babul, Acacia arabica, bark*, Austral. J. Chem. *17*, 803–809 (1964). ● [275] S. K. BAGCHI and J. SINGH, *Provenance variation in Acacia nilotica: Free-proline content in leaves*, Indian Forester *120*, 529–532 (1994). 35 Samenherkünfte gesät; nach 15 Monaten Blätter von je vier Jungpflanzen pro Herkunft analysiert. Große, mutmaßlich genetisch bedingte Variation der Gehalte an freiem Prolin beobachtet. ● [276] D. M. W. ANDERSON and G. M. CREE, Carbohydrate Res. *6*, 385–403 (1968). Ex CA *69*, 19447 (1968). ● [277] J. W. CLARK-LEWIS et al., *Teracacidin, a new leucoanthocyanidin from Acacia intertexta*, JCS *1961*, 499–503. Bezüglich botanischer Identität des untersuchten Materials vgl. [52] und [306]. ● [278] E. V. BRANDT and D. G. ROUX, *Metabolites from purple heartwood of Mimosoideae*. I. *Acacia peuce F. Muell.: The first natural 2,3-cis-peltogynoids*, JCS Perkin I *1979*, 777–780. ● [279] B. ROVELLI and G. N. VAUGHAN, Austral. J. Chem. *20*, 1299–1300 (1967). ● [280] G. V. N. RAYUDU and S. RAJADURAI, *Occurrence of d-catechin in Acacia planifrons*, Leather Sci. (Madras, India) *12*, 162–163 (1965). Ex CA *63*, 924 (1965). ● [281] R. ALEXANDER et al., Austral. J. Chem. *31*, 2741–2744 (1978). ● [282] F. B. WHITFIELD et al., *Volatile components from the roots of Acacia pulchella R. Br. and their effect on Phytophthora cinnamomi Rands*, Austral. J. Bot. *29*, 195–208 (1981). ● [283] E. L. HIRST and A. S. PERLIN, *The gum of Acacia pycnantha*, JCS *1954*, 2622–2627. ● [284] G. O. ASPINALL et al., *The structure of Acacia pycnantha gum*, JCS *1959*, 1697–1706. ● [285] J. W. ADAM et al., *Structural relationships of whole Acacia pycnantha gum and a component of low molecular weight*, Carbohydrate Res. *54*, 304–307 (1977). Im Prinzip gleich gebaut. ● [286] A. M. D. EL-MOUSALLAMY et al., *Polyphenols of Acacia raddiana Savi*, PHYCHEM *30*, 3767–3768 (1991). ● [287] F. T. LORENTE et al., PHYCHEM *21*, 1461–1462 (1982). ● [288] H. I. EL SISSI and A. E. A. EL SHERBEINI, *The tannins of Acacia saligna*, Das Leder *12*, 150 (1961). Ex CA *55*, 20472 (1961). ● [289] Eid., *The flavonoid components of the leaves of Acacia saligna*, Qual. Plant. Mat. Veget. *14*, 257–266 (1967). ● [289a] A. A. DEGEN et al., *Acacia saligna as a fodder tree and the interaction of its tannins with fibre fractions*, J. Sci. Food Agric. *68*, 65–71 (1995). ● [290] T. G. FOURIE et al., *8-O-Methyl- and the first 3-O-methylflavan-3,4-diols from Acacia saxatilis E. Moore*, PHYCHEM *13*, 2573–2581 (1974). ● [291] E. BOURQUELOT, *Sur l'origine de la coloration de certaines gommes*, J. Pharm. Chim. [6] *5*, 164–167 (1897). ● [292] L. ROSENTHALER, *Über die Abtötung der oxydierenden Enzyme des Gummi arabicum*, Pharm. Ztg. *74*, 317 (1929). ● [293] A. BAERHEIM SVENDSEN og E. DROTTNING, *Inaktivering av peroksydaser i Mucilago Gummi Arabici* (dänisch mit deutscher Zusammenfassung), Dansk Tidsskr. Farm. *27*, 129–135 (1953). ● [294] J. P. JOSELEAU and G.

ULLMANN, *Biochemical evidence for the site of formation of gum arabic in Acacia senegal*, PHYCHEM *29*, 3401–3405 (1990). ● [295] D. M. W. ANDERSON et al., *An analytical study of different forms of the gum from Acacia senegal Willd.*, Carbohydrate Res. *6*, 97–130 (1968). ● [296] D. M. W. ANDERSON et al., *Gum arabic (Acacia senegal) from Niger. Comparison with other sources and potential agroforestry development*, BIOCHSE *19*, 447–452 (1991). ● [297] P. JURASEK et al., *The classification of natural gums*, VI. *Gum arabic derived from Acacia senegal var. kerensis from Kenya*, Food Hydrocolloids *8*, 567–588 (1994). ● [297a] D. M. W. ANDERSON and WEIPING WANG, *Acacia gum exudates from Somalia and Tanzania: The Acacia senegal complex*, BIOCHSE *18*, 413–418 (1990). ● [298] J. DEFAYE and E. WONG, *Structural studies of gum arabic, the exudate polysaccharide from Acacia senegal*, Carbohydrate Res. *150*, 221–231 (1986). Hauptsächlich (1 → 3)-β-Galaktanzentrum mit (1 → 6)-Galaktopyranosyl-Verzweigungen; OH-3 und OH-6 der Seitenkettengalaktosyle tragen Biosemoleküle: Ara-(1 → 3)-Ara-(→ und Rha-(1 → 4)-GlcU-(1 →. ● [299] D. M. W. ANDERSON and F. J. MCDOUGALL, *The amino acid composition and quantitative sugar-amino acid relationship in sequential Smith-degradation products from gum arabic (Acacia senegal [L.] Willd.)*, Food Additives and Contaminants *4*, 125–132 (1987). Molares Polysaccharid-Protein-Verhältnis im Gummi = 31:1; Hydroxyprolin, Serin, Prolin und Threonin sind Hauptaminosäuren des Gummi-Proteins, resp. 41, 9,2, 7,5 and 7,5 % des Aminosäuretotals. ● [300] M. E. OSMAN et al., *Characterization of gum arabic fractions obtained by ion-exchange chromatography*, PHYCHEM *38*, 409–417 (1995). Zwei Gummimuster untersucht; sie ließen sich in 5 (Muster A) oder 6 (Muster B) Fraktionen aufteilen; alle Fraktionen hatten ähnliche Kohlenhydratzusammensetzung: Gal 32–42%, Ara 22–27%, Rha 12–16%, GlcU 9–20%; variabler waren die Proteingehalte der Fraktionen I–VI, 0,31–2,8%, und die Zusammensetzung der Proteine in den einzelnen Fraktionen; alle isolierten Fraktionen waren polydispers. Untersucht zwei Gummimuster aus dem Sudan (Prov. Kordofan). ● [301] K. C. JOSHI et al., Indian J. Chem. *13*, 638–639 (1975). ● [302] D. M. W. ANDERSON and M. A. HERBICH, *The variation in composition and properties of gum nodules from Acacia seyal Del.*, JCS *1963*, 1–6. ● [303] D. M. W. ANDERSON and G. M. CREE, *The aldobiouronic acids in gums from Acacia species*, Carbohydrate Res. *6*, 214–219 (1968). ● [304] M. G. ETTLINGER et al., *Proacacipetalin and acacipetalin*, JCS Chem. Commun. *1977*, 952–953. Da RIMINGTON zur Neutralisation organischer Säuren bei der Isolation von Acacipetalin CaCO₃ zufügte, trat Isomerisation des genuin vorhandenen Proacacipetalins auf (Verschiebung der Doppelbindung); darum wurde gut kristallisierendes Acacipetalin isoliert. Vermeidet man bei der Isolation Alkali, dann erhält man das genuin vorliegende Proacacipetalin. In alkalischem Milieu entsteht aus diesem ebenfalls leicht Epiproacacipetalin, so daß man je nach Umständen reine Verbindungen oder Mischungen von drei isomeren Verbindungen, i.e. Proacacipetalin und sein Diastereoisomer, das Epiproacacipetalin, und deren Doppelbindungsisomer, das Acacipetalin, erhält. ● [305] CH. POUPAT et al., PHYCHEM *15*, 2019–2020 (1976). ● [306] J. W. CLARK-LEWIS and I. DANAIS, Austral. J. Chem. *17*, 1170–1173 (1964). Hier zum ersten Male berichtet, daß Erstisolation von Teracacidin nicht mit Holz von *A. intertexta* (darauf Name Teracacidin basiert), sondern mit solchem der durch PEDLEY in 1964 beschriebenen *A. orites* ausgeführt worden war; Beibehaltung des Namens Teracacidin. ● [307] CH. POUPAT et T. SÉVENET, PHYCHEM *14*, 1881–1882 (1975). ● [308] J. J. BROPHY et al., PHYCHEM *26*, 3071–3072 (1987). Total 44 Komponenten identifiziert. ● [309] H. S. SAHARIA and R. D. TIWARI, Current Sci. *45*, 294–295 (1976). ● [310] P. GANDHI, PHYCHEM *15*, 1097 (1976). In Phytochemical Reports. ● [311] P. GANDHI, Experientia *33*, 1272 (1977). ● [312] WENDY K. SWENSON et al., *Cyanogenesis in Acacia sutherlandii*, PHYCHEM *26*, 1835–1836 (1987). N. B. Bezüglich Sutherlandin-Ausbeute sind die in Ref. [43] auf S. 307 von Bd. XI a gemachten Angaben zu korrigieren; für die Isolation dieses neuen Körpers wurde 174 g getrocknetes Material verwendet; es lieferte 16 mg Sutherlandin als weißes Pulver; auch die Sutherlandin-Formel (IX auf S. 304) ist stereochemisch unrichtig dargestellt; Sutherlandin hat (Z)-Stereochemie an der Doppelbindung, i.e. CN- und Glc-O-CH₂-Gruppen auf gleicher Seite. ● [313] H. POURMOHSENI et al., *Cyanoglucosides in the epidermis of Hordeum vulgare*, PHYCHEM *33*, 295–297 (1993). ● [314] D. M. W. ANDERSON and P. C. BELL, *The composition and properties of gum exudates from subspecies of Acacia tortilis*, PHYCHEM *13*, 1875–1877 (1974). ● [314a] D. W. GAMMON et al., *Arabinogalactan-protein components of Acacia tortilis gum*, Carbohydrate Res. *151*, 135–146 (1986). Der *heteracantha*-Schleim gleicht in mancher Hinsicht dem durch die gleiche Arbeitsgruppe früher untersuchten Schleim des verwandten Taxons *A. robusta* Burchell: S. C. CHRUMS and A. M. STEPHEN, Carbohydrate Res. *133*, 105–123 (1984). • [315] L. PRAKASH and M. SINGH, *Triterpenoids and other constituents of Acacia tortilis*, J. Indian Chem. Soc. *63*, 853–854 (1986). • [316] M. HAGOS et al., *Isolation of smooth muscle relaxing 1,3-diarylpropan-2-ol derivatives from Acacia tortilis*, PM *53*, 27–31 (1987). • [317] A. KIJJOA et al., *1,3-Diarylpropanes and propan-2-ols from Virola species*, PHYCHEM *20*, 1385–1388 (1981). • [317a] M. HAGOS and G. SAMUELSSON, *Quantitative determination of quracol A, B and (+)-fisetinidol in bark and gum of Acacia tortilis*, Acta Pharm. Suec. *25*, 321–324 (1988); M. HAGOS, *Phytochemical and pharmacological investigations of Acacia tortilis, a Somalian medicinal plant used to treat asthma*, Acta Pharm. Nord. *1*, 63 (1990). In Somalia wird das Asthmaheilmittel aus gummibedeckter Rinde bereitet; die beschriebenen Untersuchungen bestätigen die empirisch erworbene Kenntnis, daß gummifreie Rinde viel weniger wirksam ist. • [318] GLADYS LÉON DE PINTO et al., *Comparison of gum specimens from Acacia tortuosa and other Gummiferae species*, BIOCHSE *21*, 795–797 (1993). Ersatz von Rha durch Xyl, hoher Eiweißgehalt und negative Drehung fallen für einen Vertreter der *Gummiferae* auf. • [319] P. JURASEK et al., *A chemometric study of the Acacia (gum arabic) and related natural gums*, Food Hydrocolloids *7*, 73–85 (1993). Ziemlich viele Druckfehler bei Pflanzennamen in Tabellen. • [320] I. P. VARSHNEY and K. M. SHAMSUDDIN, *Absolute structure of acacic acid*, Bull. Chem. Soc. Japan *43*, 3830–3840 (1970).

C II.5. INGEAE

Die Tribus umfaßt etwa 20 Gattungen von hauptsächlich in den Tropen beider Welthälften verbreiteten Holzpflanzen mit pinnaten oder bipinnaten Blättern. Von den *Acacieae* unterscheiden sich die *Ingeae* vor allem durch basale, röhrige Verwachsung der Filamente ihrer meist zahlreichen Staubblätter. *Faidherbia* hat an der Basis etwas verwachsene Staubfäden; diese Gattung wird gegenwärtig oft zu den *Ingeae* gerechnet.

Die Systematik von großen Gattungen, z. B. *Albizia* s. l. und *Pithecellobium* s. l., ist außerordentlich schwierig. Im Laufe der Zeit wiederholt vorgenommene Neuklassifikationen (Aufspaltungen in mehrere Gattungen; später unterschiedlich ausgeführte Zusammenlegungen von Splittergattungen) und Wiederentdeckung von älteren Namen für gut eingebürgerte Gattungs- und Artnamen resultierten in einer kaum mehr überblickbaren und richtig zu interpretierenden Synonymie. Interpretationsschwierigkeiten bereiten vor allem verschiedene systematische Beurteilungen von „Gattungs"-Merkmalen und der innerhalb von weiträumigen „Art"-Populationen festgestellten Varianten. Ich verwende im Folgenden meist die durch die jeweiligen Autoren angegebenen Binomina, ergänze diese aber öfters durch Hinweise auf andere, für ein bestimmtes Taxon gebräuchliche Namen.

Phytochemische Bearbeitungen der ganzen Tribus sind selten. Ein Beispiel liefern uns die nichtproteinogenen Aminosäuren der Samen. KRAUSS und REINBOTHE (Ref. [3], S. 189) untersuchten mit papierchromatographischen Methoden Samen von 41 Taxa. Ihre Ergebnisse wurden in den Tabellen 26 und 27 zusammengefaßt.

Tabelle 26 läßt einige genus-charakteristische Tendenzen erkennen, z. B. Albizziin fehlt bei *Calliandra*, ist sonst in der Tribus jedoch verbreitet; 5-Hydroxypipecolinsäure akkumuliert in Samen der meisten *Calliandra*-Arten, fehlt anderweitig mit Ausnahme von *Inga marginata* aber gänzlich; U 6 wurde nur bei den drei *Lysiloma*-Taxa beobachtet. Die schwefelhaltigen Aminosäuren 1–3 werden in Samen der Gattung *Inga* kaum gespeichert. Acetyldjenkolsäure, Dichrostachinsäure, Willardiin, Mimosin und γ-substituierte Glutaminsäuren wurden in der Tribus nicht beobachtet. Für *Albizia* vgl. bei dieser Gattung und Tabelle 27.

Die Exsudatschleime der *Ingeae* (*Albizia, Enterolobium, Lysiloma*) wurden bereits in Bd. XI a, 198–202, kurz besprochen. Für eine chemotaxonomische Diskussion der mannosehaltigen *Albizia*-Gummis vgl. Ref. [24], S. 210 von Bd. XI a, und für eine vergleichende Betrachtung der Exsudat-Schleime von *Albizia adianthifolia* (Schum.) W. Wight, *amara* (Roxb.) Boivin, *anthelmintica* (A. Rich.) Brongn., *forbesii* Bentham, *harveyi* Fourn., *lebbeck* (L.) Bentham und *saman* (Jacq.) F. Muell. (= *Samanea saman* [Jacq.] Merrill = *Pithecellobium saman* [Jacq.] Bentham) vgl. Ref. [319] sub *Acacieae*; die Exsudat-Gummis aller sieben Arten enthalten Protein (1,6–17,2%) und eine Kohlenhydrat-Fraktion mit 4-O-MeGlcU (1–8%), GlcU (5–28%), Gal (14–55%), Man (1–12%), Ara (22–39%) und Rha (7–29%); *A. adianthifolia-, anthelmintica-* und *lebbeck*-Schleime drehen rechts ($+22°$, $+18°$, $+6°$), und die übrigen vier Arten produzieren links-drehende (-16 bis $-28°$) Exsudate.

Tabelle 26. In Samen von Vertretern der *Ingeae* papierchromatographisch nachgewiesene nichtproteinogene Aminosäuren (nach Ref. [3], S. 189)

Taxon	Aminosäuren[1]												Bemerkungen[2]
	1	2	3	4	5	6	7	8	9	10	11	12	
Archidendron vaillantii F. Muell.	–	–	–	–	–	●	–	–	–	–	●	–	UN
Calliandra capillata Bentham	–	+	+	–	–	–	–	+	–	+	+	–	UN
C. grandiflora Bentham	+	●	–	–	–	–	–	+	–	–	–	–	
C. houstoniana (Miller) Bentham	–	+	–	–	–	–	–	●	–	–	–	–	
C. parviflora (H. et A.) Speg.	+	●	–	+	–	+	+	+	–	+	–	–	
C. penduliflora Rose	–	–	–	–	–	–	–	+	–	–	–	–	
C. santanderensis Britton et Rose	+	+	+	–	–	–	–	+	–	–	+	–	UN
C. selloi (Sprengel) Macbride	+	+	–	–	–	–	–	●	–	–	+	–	
C. surinamensis Bentham	+	+	–	–	–	–	–	+	–	+	–	–	
C. tetragona Bentham	–	●	–	–	–	+	–	+	–	–	–	–	UN
C. tweediei Bentham	+	+	–	–	–	●	–	+	–	–	+	–	
C. umbrosa Bentham	–	+	–	–	–	–	–	+	–	–	–	–	UN
Cathormion altissimum Hutch. et Dandy	–	+	–	+	●	–	+	+	–	–	–	–	
C. polyanthum (Sprengel) Burkart (a)	–	+	–	–	●	–	+	+	–	–	–	–	
C. polycephalum (Griseb.) Burkart (b)	–	+	–	–	●	+	+	+	–	–	–	–	
Cedrelinga catenaeformis Ducke	–	●	–	–	●	–	+	+	–	–	–	–	
Enterolobium contortisiliquum (Vell.) Morong	–	–	–	+	+	●	–	–	–	–	–	–	
E. cyclocarpum (Jacq.) Griseb.	–	–	–	–	+	–	–	–	–	–	–	–	
Inga alba Willd.	–	–	–	–	–	–	●	–	–	–	–	–	UN
I. bourgonii (Aublet) DC.	–	–	–	–	–	–	●	–	+	–	–	–	UN
I. fagifolia Willd. ex Bentham (c)	–	–	–	–	●	–	+	–	+	–	–	–	UN

Fortsetzung auf S. 348

Tabelle 26. (Fortsetzung)

Taxon	Aminosäuren[1]												Bemerkungen[2]
	1	2	3	4	5	6	7	8	9	10	11	12	
I. heterophylla Willd.	–	–	–	–	–	–	●	–	–	–	–	–	UN
I. laurina Willd.	–	–	–	–	+	+	●	–	–	–	–	–	UN
I. marginata Willd. (d)	–	+	–	–	+	–	–	●	+	–	–	–	UN
I. nobilis Willd.	–	–	–	–	–	–	–	–	–	–	–	–	Nur Spuren
I. sertulifera DC. (= *I. coriacea* [Pers.] Desv.)	–	–	–	–	●	–	●	–	–	–	–	–	UN
I. stipularis DC.	–	–	–	+	●	–	●	–	+	–	–	–	UN
Lysiloma microphyllum Bentham	–	●	+	+	●	–	+	–	–	–	–	●	
L. schiedeanum Bentham (e)	–	–	+	–	●	–	+	–	–	–	–	+	U5
L. thornberi Britton et Rose (f)	–	–	+	–	●	–	●	–	–	–	–	+	
Pithecellobium acatlense Bentham (g)	–	–	–	–	–	–	–	–	–	–	–	–	
P. auaremotemo Mart. (h)	–	–	+	–	●	+	●	–	–	–	–	–	
P. dulce Bentham	–	–	+	–	●	+	+	–	–	–	–	–	
P. excelsum Mart. (i)	–	–	–	–	–	–	●	–	–	–	–	–	
P. filicifolium Bentham (k)	–	–	–	–	●	–	●	–	–	–	+	–	U7
P. latifolium (L.) Bentham (l)	–	–	–	–	+	–	●	–	–	–	+	–	
P. unguis-cati (L.) Bentham	–	–	–	–	●	–	–	–	–	–	–	–	
Pseudosamanea guachapele (HBK) Harms (m)	–	–	–	–	–	–	+	–	–	–	–	–	
Samanea saman (Jacq.) Merrill (= *Albizia saman* [Jacq.] F. Muell. = *Pithecellobium saman* [Jacq.] Bentham)	–	+	+	+	●	–	+	–	–	–	–	–	
Serianthes grandiflora (Wall.) Bentham (= *S. dilmyi* Fosberg)	–	–	–	–	–	+	–	–	–	–	–	–	
Zygia cauliflora (Willd.) Killip (n)	–	–	–	–	–	–	●	–	–	–	–	–	

Die Saponine der Tribus wurden ebenfalls recht intensiv bearbeitet; sie werden bei den individuellen Taxa besprochen.

Zum Auffinden von bereits in Bd. XIa gemachten Angaben zu Genera und Species der *Ingeae* ziehe man das taxonomische Register in jenem Bande zu Rate:

Albizia, 445–446
Archidendron, 448
Calliandra, 452
Cathormion, 455
Cedrelinga, 455
Enterolobium, 463

Inga, 469
Klugiodendron, 470
Lysiloma, 473
Pithecellobium, 480–481
Samanea, 484
Serianthes, 485

---

1) — = nicht nachweisbar; ● = dominierende Aminosäuren; + = geringe bis mittelmäßige Mengen; Spuren nicht berücksichtigt
  1 S-(β-Carboxyisopropyl)-cystein
  2 S-(β-Carboxyethyl)-cystein
  3 Djenkolsäure
  4 β-N-Acetylamino-alanin
  5 Albizziin
  6 Pipecolinsäure
  7 4-Hydroxypipecolinsäure
  8 5-Hydroxypipecolinsäure
  9 U2 ⎫
 10 U3 ⎬ nicht identifizierte Aminosäuren; U5, U7 und UN vide Kolumne Bemerkungen
 11 U4 ⎪
 12 U6 ⎭

2) U5, U7, UN = weitere nachgewiesene, nichtidentifizierte Aminosäuren

(a) Im DICT als *Albizia polyantha* (Sprengel) G. P. Lewis
(b) Im DICT als *Albizia polycephala* (Bentham) Killip
(c) Im DICT in *Inga laurina* (Sw.) Willd.
(d) Im DICT in *Inga semialata* (Vell.) Martius
(e) Im DICT in *Lysiloma auritum* (Schldl.) Bentham
(f) Im DICT in *Lysiloma watsonii* Rose
(g) Ist nach Index Kewensis in Mexico heimisch
(h) Nach LEWIS (1987) entspricht *Pithecellobium auaremotemo* P. *cochliocarpum* (Gomez) Macbride.
(i) Heißt nach RUTTER (1990), l. c. Bd. XIa, 429, in Peruanisch Amazonia KIRIGUINCHE und QUIRIGUINCHE
(k) Gehört nach ROCAS (1990), l. c. Bd. XIa, 75, zu *P. arboreum* (L.) Urban
(l) Auch als *Zygia latifolia* (L.) Fawc. et Rendle bekannt (LEWIS-OWEN 1989)
(m) Im DICT als *Albizia guachapele* (Kunth) Dugand
(n) Im DICT als *Pithecellobium cauliflorum* (Willd.) Mart. Nach LEWIS-OWEN (1989) aber *Zygia cauliflora* (Willd.) Killip (= *Inga cauliflora* Willd. = *Pithecellobium cauliflorum* [Willd.] Mart.)

Ergänzende Angaben zu einzelnen Genera

ALBIZIA (Abb. 40, 41) (inkl. *Cathormium*)

In dieser Gattung wurden freie Aminosäuren und Saponine recht ausführlich bearbeitet (Tabellen 27 bis 29).

Die aus Samen bekannt gewordenen Aminosäuren wurden in Tabelle 27 zusammengestellt.

Zu Tabelle 27 ist zu bemerken, daß die Stammpflanzen der durch botanische Gärten gelieferten Samenmuster oft nicht gesichert sind. Die abweichenden Ergebnisse mit *A. polymorpha* und *A. polyphylla* beruhen möglicherweise auf Fehlidentifikationen. Im übrigen demonstriert Tabelle 27 deutlich, daß *Albizia*-Arten fast durchwegs Albizziin und häufig gleichzeitig S-(β-Carboxyethyl)-cystein in Samen speichern. Weitere nichtproteinogene Aminosäuren werden in den Samen eher sporadisch und meistens in kleineren Mengen abgelagert. Für ontogenetische Untersuchungen mit *A. lophantha* wurde ein etwa 15jähriger, bereits samenbildender Baum des Botanischen Gartens der Universität Halle verwendet. Von den nichtproteinogenen Aminosäuren wurden die in Tabelle 28 aufgenommenen beobachtet. Albizziin ist eindeutig Speicherstoff in den Samen; in Blättern und Blüten fehlt es. Pipecolinsäuren sind Hauptsäuren in Blättern und Blütenständen, und Djenkolsäure ist abgesehen von reifen Hülsen und erwachsenen Blättern überall verhältnismäßig reichlich vertreten.

Albizziin und S-(β-Carboxyethyl)-L-cystein wurden zusammen erstmalig aus Samen von *A. julibrissin* isoliert [4]. GMELIN et al. [3] isolierten ebenfalls reine Djenkolsäure aus Samen von *A. lophantha* und zeigten, daß hier gleichzeitig Enzyme vorkommen, welche diese schwefelhaltige Aminosäure auf charakteristische Weise spalten (vgl. Abb. 40). Die betreffende Albizia–C-S-Lyase wurde recht genau charakterisiert [3, 4]. Anschließend beschäftigte sich REINBOTHE [2] mit der Biogenese von Albizziin und kam zum Schlusse, daß möglicherweise 2,3-Diaminopropionsäure und Carbamylphosphat Vorstufen dieser neuen nichtproteinogenen Aminosäure sein könnten. Albizziin ist mit Sicherheit N-Speicherstoff in den Samen gewisser Mimosoideen, speziell aus den Triben der *Acacieae* und *Ingeae*. Die Ähnlichkeit mit dem Glutamin (Abb. 40) ließ bald nach seiner Entdeckung Vermutungen über eine gleichzeitige Rolle dieses Körpers als Schutzstoff (Albizziin könnte als Glutamin-Antimetabolit wirksam sein) aufkommen. Positiv verliefen in dieser Hinsicht Versuche mit zwei graminivoren Heuschrecken-Arten; für diese Insekten erwies sich Albizziin tatsächlich als sehr giftig; vgl. dazu in Ref. [7] auf S. 265 von Bd. XIa.

Die Saponine sollen bei den einzelnen Arten kurz besprochen werden. Eine globale Übersicht unserer Kenntnisse der Verbreitung von Triterpensaponinen in der Gattung vermittelt Tabelle 29.

Tabelle 27. Nichtproteinogene Aminosäuren der Samen von *Albizia*-Taxa [1]

Taxon[3]	Nachgewiesene Aminosäuren[1]							Weitere Literatur, Herkunft der Samenmuster und Bemerkungen[2]
	1	2	3	5	6	7	8	
A. amara (Roxb.) Boivin subsp. sericocephala (Benth.) Brenan°	●	●	–	●	+	–	–	Tansania
A. anthelmintica (A. Rich.) Brongn.°	–	+	–	+	–	+	–	Tanganyika
A. antunesiana Harms*°	+	●	+	●	–	+	–	Versuchsstation in Angola
A. basaltica Bentham°	–	+	+	●	+	+	–	Queensland
A. capensis Dur.* (a)	+	+	+	●	+	–	–	
A. distachya (Vent.) Macbride* (b)	+	+	+	●	–	+	–	
A. falcata (L.) Backer ex Merrill* (c)	+	+	–	●	–	–	–	
A. ferruginea (Guill. et Perr.) Bentham°	–	–	–	●	–	–	–	Nigeria
A. glaberrima (Schum. et Thonn.) Bentham°	–	–	–	–	–	–	–	Katanga
A. granulosa Bentham°	–	–	–	+	+	–	–	Neu-Kaledonien
A. harveyi Fourn.°	+	●	–	●	–	+	–	Tansania
A. bassleri (Chod.) Burkart°	–	–	–	●	–	–	–	Argentinien
A. julibrissin Durazz.*°	–	●	–	●	–	+	–	Argentinien (von Prof. BURKART erhalten); [4]
A. kalkora Prain*	+	●	–	●	–	+	–	
A. lebbeck (L.) Bentham°	–	+	–	●	+	–	–	Tanganyika
A. lophantha (Willd.) Bentham° (b)	–	–	+	●	–	–	–	Vgl. auch Tabelle 28; [2–4]
A. lucida Bentham° (d)	–	+	+	●	+	–	–	Sikkim
A. montana Bentham° (e)	+	+	–	●	–	–	–	Java
A. niopioides (Bentham) Burkart	–	●	–	●	–	+	–	Argentinien
A. odoratissima (L.f.) Bentham*	+	●	–	●	–	+	–	
A. petersiana (Bolle) Oliver°	+	●	–	●	–	–	–	Tansania

Fortsetzung auf S. 352

Tabelle 27. (Fortsetzung)

Taxon[3]	Nachgewiesene Aminosäuren[1]								Weitere Literatur, Herkunft der Samenmuster und Bemerkungen[2]
	1	2	3	5	6	7	8		
A. polymorpha (Fourn.* (f)	–	–	–	–	–	+	+		Dichro +, Mim ●
A. polyphylla Fourn.* (g)	–	+	–	–	–	–	+		Dichro +, Mim +
A. procera (Roxb.) Bentham°	+	●	–	●	–	–	–		Queensland
A. saponaria (Lour.) Blume ex Miq.°	–	●	–	●	–	–	–		Timor
A. schimperiana Oliver var. *schimperiana*°	+	●	+	●	–	–	–		Tansania
A. thozetiana F. Muell.*°	–	●	–	●	+	–	–		Bot. Garten Sydney
A. versicolor Welw. ex Oliver°	+	+	+	●	+	–	–		Tansania
A. zygia (DC.) Macbride°	–	–	–	+	–	–	–		Kamerun

1) Für Aminosäuren und nachgewiesene Mengen vide Legende zu Tabelle 26. Auch in Tabelle 27 Spuren nicht berücksichtigt.
2) Dichro = Dichrostachinsäure; Mim = Mimosin.
3) ° = Samen von determiniertem Herbariummaterial untersucht; * = von Bot. Gärten erhaltene Samenmuster untersucht; *° = kein Herbariummaterial, aber Samenherkünfte von mutmaßlich eindeutig identifizierten Taxa.
Afrika: *A. amara, anthelmintica, antunesiana, ferruginea, glaberrima, harveyi, lebbeck, petersiana, schimperiana, versicolor, zygia*.
Amerika: *A. basileri, julibrissin, niopioides*.
Asien: *A. lophantha* (Herbarium Kew; Herkunft nicht angegeben: Australien, Indonesien, in Indien viel kultiviert), *lucida, montana, saponaria*.
Australien: *A. basaltica, lophantha, procera, thozetiana*.
Neu-Kaledonien: *A. granulosa*.
(a) Nach HORTUS THIRD: „A listed name of no botanical standing".
(b) Nach WEALTH OF INDIA ist *A. lophantha* Benth. ein Synonym dieses Binomens. Nach LOCK (1987) ist jedoch *A. lophantha* gültiger Name und *A. distachya* ein Synonym davon; nach I. C. NIELSEN (Ref. [2], S. 189) sollte die Series *Pachyspermae* von BENTHAMS Sektion *Lophantha* aus *Albizia* entfernt werden, und die neue Gattung *Paraserianthes* bilden: Also *P. lophantha* (Willd.) Nielsen (= *Acacia lophantha* Willd. = *Albizia lophantha* [Willd.] Bentham = *A. distachya* [Vent.] Macbride).
(c) Nach LOCK (1987) ist *A. falcata* (L.) Backer ein Synonym von *A. falcataria* (L.) Fosberg. Nach NIELSEN (Ref. [2], S. 189) gehört dieses Taxon zu *Paraserianthes*, i.e. *P. falcataria* (L.) Nielsen (= *Albizia falcataria* [L.] Fosberg = *A. falcata* auctt. non [L.] Backer).
(d) Entspricht *A. lucidior* (Steudel) Nielsen.
(e) Entspricht *Paraserianthes lophantha* (Willd.) Nielsen subsp. *montana* (Jungh.) Nielsen.
(f) Vom Bot. Garten Athen erhalten; mit (g) verwechselt? Dieses Binomen ist nicht im Index Kewensis aufgenommen.
(g) Taxon von Madagaskar.

Tabelle 28. Relative Mengen von nichtproteinogenen Aminosäuren in verschiedenen Teilen eines 15jährigen Baumes und von Keimpflanzen von *Albizia lophantha* [1]

Pflanzenteil	Aminosäuren						
	β-Acetamino-alanin[2]	Albizziin	S-(β-Carboxy-isopropyl)-cystein	S-(β-Carb-oxyethyl)-cystein	Djenkol-säure	Pipecolin-säure	4-Hydroxy-pipecolin-säure
15JÄHRIG:							
Blätter	–	–	+	–	(+)	(+)	+++
Blütenknospen	–	–	++	+	+++	++	++
Blütenstandachse	–	++	+++	++	+++	++++	++
Hülsen, grün	(+)	+	(+)	(+)	–	++	++
Hülsen, reif	–	–	–	–	++	+	–
Samen, grün	(+)	+++	(+)	(+)	+		–
Samen, reif	+	+++	(+)	(+)	+		
KEIMPFLANZEN[1]:							
3tägig, K	+	+++	(+)	+++	+++	+	–
5tägig, K	+	+++	(+)			–	–
H	+	+++	(+)			+	–
13tägig, K	+	+++	(+)	(+)	(+)		–
W	+	++	(+)	(+)	+++		++
St	+	+++	+	(+)	+++		++
B	+	+		+	+++	–	–
20tägig, W	+	+	(+)	+++	+++		++
St	+	++	+		+++	–	–
B	+	+++			+++	++	–

1) K = Kotylen; H = Hypocotyl; W = Wurzeln; St = Stengel; B = Blätter
2) Identität vermutet, nicht gesichert

Tabelle 29. Vorkommen von Triterpensaponinen in der Gattung *Albizia* [6, 7, 8]

Taxon[1]	Herkunft des untersuchten Materials	Literatur und Bemerkungen
A. adianthifolia (Schum.) W. Wight	Afrika	[7]; (a)
A. amara (Roxb.) Boiv.	Indien	[6], [8]; (b)
A. anthelmintica Brongn.	Afrika; CORTEX MUSENNAE aus dem Drogenhandel	[6], [8]; (b)
A. chinensis (Osbeck) Merrill (= *A. stipulata* [Roxb.] Boivin)	Afrika (cult.), Indien	[7], [8]; (a)
A. dinklagei Harms (= *Samanea dinklagei* [Harms] Keay)	Afrika	[7]; (a)
A. ferruginea (Guillemin et Perrottet) Bentham	Afrika	[7]; (a)
A. glaberrima (Schum. et Thonn.) Bentham	Afrika	[7]; (a)
A. lebbeck Bentham	Indien	[6], [8]; (b)
A. lucida Bentham	Indien	[6], [8]; (b)
A. malacophylla (A. Rich.) Walp. (= *A. boromoënsis* Aubrév. et Pellegrin)	Afrika	[7]; (a)
A. odoratissima Bentham	Indien	[6], [8]; (b)
A. procera Bentham	Indien	[6], [8]; (b)
A. zygia (DC.) Macbride	Afrika	[7]; (a)

(a) Aus Rinden Saponingemisch isoliert; alle Taxa enthalten neben nicht untersuchten weiteren Saponinen eine Komponente, welche als Acaciasäure-3-tetraosid mit den Zuckern Glc, Ara, Xyl, Rha identifiziert wurde.

(b) Je nach Taxon Blüten, Blätter, Samen, Hülsen, Holz, Stammrinde und/oder Wurzelrinde untersucht; als Sapogenine Acaciasäure (= Acacinsäure), Albigenin, Albigeninsäure, Echinocystsäure (= Albizziagenin), Machaerinsäure, Oleanolsäure, Proceragenin-A und -B und Procerasäure beobachtet. Für Einzelheiten vide bei den betreffenden Arten. Einige dieser Trivialnamen erwiesen sich später als Synonyme oder als Isolierungsartefakte bereits bekannter Verbindungen.

1) Für botanische Synonymie wird ferner nach Tabelle 27 verwiesen.

Angaben zu individuellen Albizia-Arten

A. adianthifolia: Wurzeln in Moçambique als Fischgift verwendet; sie enthalten ein für Fische sehr toxisches Triterpensaponin mit Ara, Rha und GlcU als Zuckerpartnern; ferner 5,7,4'-Trihydroxyflavanon (= Naringenin) und sein 7-Rhamnoglucosid und Phenylethylaminhydrochlorid isoliert [9]. In in Moçambique gesammelter Stammrinde bis 0,04% und in Wurzelrinde bis 0,17% Histamin nachgewiesen [10]. Das gelbe Holz verursacht beim Verarbeiten Atembeschwerden; aus diesem Holz wurden 3,7,8,3',4'-Pentahydroxy-flavon (= Melanoxetin) und -flavanon und das entsprechend substituicrte Chalkon Okanin isoliert; mengenmäßig überwog 7,8,3',4'-Tetrahydroxyflavanonol [11]. Es ist nicht bekannt, ob diese Phenole die Atemwege irritieren; wahrscheinlicher kommen als Irritantia eher die reichlich vorhandenen Saponine in Betracht, welche in Rinde und Holz der die gleichen Symptome verursachenden Hölzer von *A. suluensis* Gerstner und *A. tanganyicensis* Baker f. reichlich vorkommen (PALMER-PITMAN, l. c. Bd. XIa, 70). Nach NEUWINGER (1994), l. c. S. 12, wird diese Art in Kamerun zur Herstellung eines berüchtigten Jagdgiftes verwendet.

A. amara: Aus Kernholz Melacacidin und sein 3-Methylether, Melanoxetin und sein 3'-Methylether isoliert und die 5-Desoxyleucoanthocyanidine Teracacidin und Mollisacacidin nachgewiesen [12]. Blatt, Rinde und Holz sind saponinhaltig; als Sapogenine wurden Oleanol- und Echinocystsäure und als Zucker Glc, Ara und Rha erhalten; Blätter lieferten Tamarixetin-3-rutinosid [13]. Eines der Sapogenine der Samensaponine ist Echinocystsäure [14]. Samen lieferten 5,2% Lipide mit 4,2% Unverseifbarem; das Samenöl enthielt folgende Fettsäuren (% des Öles) [15]: 14:0 = 1,5; 16:0 = 7,6; 18:0 = 4,3; 20:0 = 2,2; 22:0 = 0,6; 24:0 = 0,4; 18:1 = 31,3; 18:2 = 46,6. Die Samen enthalten ein Gemisch von makrozyklischen Sperminalkaloiden vom Typus der Pithecolobine; die neuen Alkaloide wurden Budmunchiamine genannt (vgl. Bd. XIa, 281 und 293) [16].

A. anthelmintica: Rinde von Stamm und Wurzeln gelten im südlichen Afrika als wirksames Wurmmittel. PALMER und PITMAN (l. c. Bd. XIa, 70) berichten ziemlich ausführlich über deren medizinische Verwendungen in Botswana. Verwendet wird Stamm- oder Wurzelrinde. Die Rinde ist in Europa als CORTEX MUSENNAE bekannt geworden [17]. Aus Handelsdroge isolierten TSCHESCHE und Mitarbeiter die Hauptsaponine Musennin und Deglucomusennin mit Echinocystsäure als Sapogenin [18]. Später lieferte in Tansania gesammelte Wurzelrinde zwei neue Hauptsaponine, welche sich von Musennin und Deglucomusennin dadurch unterscheiden, daß der mit der Echinocystsäure verknüpfte Zucker nicht Ara, sondern 2-Acetylamino-2-desoxyglucose (= N-Acetylglucosamin) ist:

Ara-Ara-Ara-(3βOH)-Echinocystsäure: Deglucomusennin [18]
Gluc-Ara-Ara-Ara-(3βOH)-Echinocystsäure: Musennin [18]
Gluc-Ara-Ara-N-Acetylglucosamin-(3βOH)-Echinocystsäure: Saponin 1 [19]
Ara-Ara-N-Acetylglucosamin-(3βOH)-Echinocystsäure: Saponin 2 [19]
Ara-N-Acetylglucosamin-(3βOH)-Echinocystsäure: Nebensaponin 3 [19]

Saponin 2 hatte ausgesprochene mollusczide Eigenschaften. In Somalia gesammelte Rinden enthielten reichlich Histamin [10]: 0,024% in Zweigrinde und 0,24% in Wurzelrinde.

A. chinensis: n-Octacosanol, β-Amyrin, Sitosterin, Oleanol- und Echinocystsäure und zwei Echinocystsäure-3-glykoside, das Monoglucosid und ein Rhamnoglucosid, aus Rinde isoliert; die zwei Saponine besitzen starke spermizide Eigenschaften [20].

A. ferruginea: Nach NEUWINGER, l. c. S. 12, werden in Kamerun Wurzel- und Stammrinde als Adjuvantia den auf *Strophanthus*-Samen basierten Pfeilgiften zugefügt; Blätter sollen zum Fischfang verwendet werden. Für beide Nutzungen dürften die Saponine bedeutungsvoll sein.

A. glaberrima (Schum. et Thonn.) Bentham: Untersuchungen des Exsudat-Gummis [21].

A. gummifera (J. Gmelin) C. A. Smith: Rinde wird durch Frauen in Uganda zur Beschleunigung der Geburt verwendet. Rinde ihrer var. *gummifera* lieferte ein Albitocin genanntes Rohsaponin, welches bei vollständiger Spaltung in Ara, Xyl, Rha und Glc und ein Triterpensapogenin der wahrscheinlichen Formel $C_{30}H_{48}O_5$ zerfiel. Albitocin erwies sich als stark oxytocisch wirksam. Oxytocisch aktive Rohsaponine („Albitocine") wurden ebenfalls aus Rinden von *A. grandibracteata* Taubert, *isenbergiana* (A. Rich.) Fourn. und der in Uganda nur kultiviert vorkommenden *A. chinensis* (Osbeck) Merrill erhalten. Rindenextrakte von *A. coriaria* Oliver, *ferruginea* (Guillemin et Perrottet) Bentham, *schimperiana* Oliver und *zygia* (DC.) Macbride besaßen dagegen keine nennenswerte oxytocische Wirkung [22].

A. julibrissin Durazzini: Ostasiatische Arzneipflanze; liefert ALBIZIAE CORTEX und ALBIZIAE FLOS der chinesischen Arzneibücher (STÖGER-FRIEDL 1991, l. c. Bd. XIa, 79 + 3. Ergänzungslieferung 1994; TANG-EISENBRAND 1992, l.c. S. 14). In Korea wurden aus ALBIZIAE CORTEX 7,3',4'-Trihydroxyflavon und, nach Totalhydrolyse der Saponinfraktion, die Sapogenine Acaciasäure- und Machaerinsäurelacton, Machaerinsäuremethylester, Acacigenin-B und 16-Desoxyacacigenin-B isoliert [23]. Ausführlicher wurde diese Droge in Japan untersucht; sie lieferte eine Reihe von (−)-Syringaresinolmono- bis tetraglykosiden, zwei neue (+)-Lyoniresinoldiglucoside, Vomifoliolapioglucosid, sowie das Neolignanglucosid Icarisid-E5 und einige als Syringaresinol-Abbauprodukte aufgefaßte Phenolglykoside [24–26]; die Gehalte an diesen Körpern waren eher niedrig (Ausbeuten 20–140 ppm). Ferner enthält die Rinde biologisch aktive glykosidische Pyridoxinderivate, worunter das bereits aus *Albizia lucida* bekannte Neurotoxin 3-Hydroxy-5-hydroxymethyl-4-methoxymethyl-2-methylpyridin-3-glucosid und die Julibrine -I und -II [27], aber keine Histaminderivate [10]. In Ausbeuten von 2–15 ppm wurden aus der Droge ferner die genuinen Saponine Julibrosid-A1 bis -A4, Julibrosid-B1 und Julibrosid-C1 isoliert [28]. Für Vorkommen von Hyperin und Quercitrin vide Bd. XIa, 219. Analyse von Blütenduftstoffen vide auf S. 274 von Übersichtsbericht [29]. Phytosterine und Blütenanthocyane vide DICT.

A. lebbeck Bentham: In Indien intensiv bearbeitete Art, welche Holz, Gummi und verschiedene Arzneidrogen liefert, als Zierbaum angepflanzt wird, und den Hindi-Namen SIRIS trägt. *In vitro*-Vermehrung dieses auch in semi-ariden Gegenden von Punjab, Haryana und Rajasthan schnell wachsenden Baumes wurde beschrieben [30]. Siris-Gummi ist ein rötlich braunes Stamm-Exsudat, das bei Hydrolyse Rha, Ara, Gal und eine glucuronsäurehaltige Aldobiouronsäure lieferte; Hauptbausteine des Gummis waren Gal und Ara [31]. Am intensivsten wurden bisher die Saponine bearbeitet; sie scheinen in allen Pflanzenteilen vorzukommen (vgl. Tabelle 29). Weitere Stoffklassen wurden zuweilen ebenfalls berücksichtigt; sie sollen gleich den Saponinen nach Pflanzenteilen geordnet besprochen werden.

– WURZELN lieferten als Hauptsaponin ein Echinocystsäure-3-tetraosid [32]. STAMMHOLZ enthält ein neues Stereoisomer des Melacacidins, sowie das neue Leucoanthocyanidin Lebbecacidin (8,3′,4′-Trihydroxyflavan-3,4-diol) [33], Pinit, Okanin, Melanoxetin und Leucopelargonidin [34], Melacacidin und seinen 3-Methylether, Melanoxetin und seinen 3′-Methylether [12], und das Saponin Lebbekanin-E mit Acaciasäure als Sapogenin [6]. STAMMRINDE enthält kondensierte Gerbstoffe, PCy, (+)-Catechin [35], Friedelin, γ-Sitosterin [36] und ein komplexes Saponingemisch, aus welchem bisher die Albiziasaponine -A bis -C rein erhalten wurden; sie sind 3-Trioside (A,B) oder 3-Tetraoside (C) des Acaciasäurelactons [37]. Acaciasäure war bereits früher als Rindensapogenin nachgewiesen worden [38]. BLÄTTER enthalten ein Saponingemisch, das bei Hydrolyse Echinocystsäure lieferte [39] und Vicenin-2 (DICT). FRÜCHTE (SCHOTEN + SAMEN) lieferten ein komplexes Saponingemisch, das bei saurer Hydrolyse Oleanolsäure, Echinocystsäure, Albigeninsäure und Albigenin lieferte [40, 41]. Später konnte gezeigt werden, daß Albigeninsäure ein Isolierungsartefakt ist; sie entsteht durch Isomerisierung aus Echinocystsäure, wenn mit methanolischer Salzsäure hydrolysiert wird [42]; auch Albigenin, $C_{29}H_{46}O_2$, ist mutmaßlich ein Artefakt [42]. Aus samenhaltigen Früchten wurden ferner Lupeol, Oleanolsäure, β-Sitosterin, Behensäure und ein neuer Wachsester, $C_{45}H_{86}O_3$ (Heneicos-7-enol + 24-Hydroxytetracos-10-ensäure − H_2O), isoliert [43]. SCHOTEN enthalten ein komplexes Saponingemisch mit den Sapogeninen Oleanolsäure und Albizziagenin [44]; Albizziagenin konnte später mit Echinocystsäure identifiziert werden [45, 46]. Lebbekanin-C ist eines der Hülsensaponine; es ist Echinocystsäure-3-rhamnoglucosid [47]. SAMEN enthalten die Sperminalkaloide Budmunchiamin-G, -L1, -L2 und -L3 [48]. Ferner wurden die Saponine Lebbekanin-A (mit Echinocystsäure als Sapogenin und den Zuckern Glc, Gal, Ara, Xyl, Fu und Rha) und Lebbekanin-B (mit Oleanolsäure als Sapogenin und den Zuckern Glc, Ara, Xyl und Rha) isoliert [49]. BLÜTEN enthalten die neuen Saponine Lebbekanin-D, -F, -G und -H [50, 51]. Nach Hydrolyse der Saponin- und Flavonoidfraktionen konnten Echinocystsäure und Q isoliert werden [52]. Getrocknete Blüten lieferten 0,43% mit Wasserdampf flüchtige Bestandteile, von welchen Benzylacetat und Benzylbenzoat identifiziert wurden; ferner wurden Lupeol und α- und β-Amyrin (alle nach Verseifung) isoliert [53]. Die Lipidfraktion der Blüten lieferte bei Verseifung Fettsäuren (Caprin- bis Behensäure) und ein Unverseifbares mit Triterpenen (Taraxerol, β-Amyrin, Cycloartenol, Lupeol und 24-Methylencycloartanol) und Phytosterinen (Campesterin und Sitosterin) [54].

Bei der Prüfung der Saponine auf biologische Wirkungen wurden konzentrationsabhängige Einflüsse auf Keimung von Samen und Wachstum der Keimpflanzen von Weizen, Gerste und Kichererbse beobachtet (Hemmungen ab etwa 0,1%; Stimulierungen bei 0,01−0,001%; Imbibition der Samen mit Wasser [Kontrolle] oder Saponinlösungen während 24 Stunden vor Beginn der Keimungsversuche) [55, 56]. Pharmakologische Prüfung von Rindenextrakten [57].

A. lophantha (Willd.) Bentham: Zum Metabolismus schwefelhaltiger Samenaminosäuren vide [3]. Im Xylemsaft wurden Citrullin, Allantoin und Allantoinsäure nachgewiesen [5].

A. lucidior (Steud.) Nielsen (= *A. lucida* [Roxb.] Bentham): Samen sind saponinhaltig; als Sapogenin ist Echinocystsäure bekannt [39, 58]; auch die Rinde enthält Saponine, welche bei Hydrolyse Echinocystsäure liefern. Aus Indien stammende Samen lieferten annähernd 0,1 % eines N-haltigen Glucosides, $C_{15}H_{23}NO_8$, welches als Aglykon den bereits aus *Ginkgo biloba*-Samen bekannten Vitamin B_6-Antagonisten 3-Hydroxy-5-hydroxymethyl-4-methoxymethyl-2-methylpyridin (= Pyridoxol-4'-methylether) enthält [59,60]; vide dazu auch bei *A. tanganyicensis*. Ferner gelang Reinisolation von drei Hauptsaponinen der Samen; alle haben Echinocystsäure als Sapogenin und zwei- bis viergliedrige Zuckerketten (Glc, Ara, Xyl, Fu) an OH-3; die Triose eines dieser Saponine enthält N-Acetylglucosamin, über welches sie mit dem Sapogenin verknüpft ist [61].

A. myriophylla Bentham: Ist eine indo-chinesische Art mit süßer Stammrinde (nicht Glycyrrhizin), aus welcher bisher nur vier nichtsüße Lignanoide bekannt geworden sind [62]: (−)-Syringaresinol-4'-apioglucosid, sein 6-Epimer (= Albizziosid-A, $C_{33}H_{44}O_{17}$) und die Albizzioside -B und -C mit dem Sesquilignan Buddlenol-D als Aglykon. Diese Art heißt im Süden Vietnams u.a. (CAY) SONG RAN und ihre Rinden und Blätter finden medizinische Verwendung, und dienen zur Bereitung von Schiffszwieback und von Reiswein (Fermente) (NIELSEN, S. 101–102 von Ref. [1] auf S. 189). Aus Rinde Albizzin-A, ein Spermidinalkaloid isoliert [109].

A. odoratissima (L. f.) Bentham: Die saponinhaltigen Samen lieferten bei saurer Hydrolyse Machaerinsäure [63] und Acaciasäure [64]. Aus einem anderen Samenmuster wurde ein Saponin, Odoratissimin, isoliert und durch saure Hydrolyse in Echinocystsäure, Rha, Ara, Xyl und Glc zerlegt [65]. Aus Holz wurde Dihydromelanoxetin isoliert [66].

A. pedicellata Bentham: Holz enthält wenig Fisetin und viel Robinetin (Ref. [101] auf S. 232 in Bd. XIa).

A. polyantha: Vide auch Tabelle 26 bei *Cathormion polyanthum*. Lupeol (9 ppm) und Spinasterin (28 ppm) aus Wurzeln [66a].

A. polycephala: Vide Tabelle 26 bei *Cathormion polycephalum*.

A. procera Bentham: Hat wie andere Arten saponinreiche Samen. Die Untersuchung der Saponine und ihrer Hydrolysenprodukte resultierte je nach Samenherkunft und Hydrolysenbedingungen (H_2SO_4 in Wasser; methanolische oder ethanolische Salzsäure) in genuinen Sapogeninen und aus diesen gebildeten Artefakten (Methyl- oder Ethylester; 28 → 21-Lactone). Samen enthalten gegen 10% Saponin; Hauptsaponin ist Proceranin; es hat 21β-Hydroxyoleanolsäure (= Machaerinsäure) als Sapogenin [67] und Rha, Ara, Xyl und Glc als Zucker [68]. Samenmuster anderer Herkunft lieferte bei der Hydrolyse ein Procerinsäure genanntes geometrisches Isomer von Machaerinsäure als Sapogenin [69, 70, 70a]. Aus Samen von West-Bengalen wurden nach Hydrolyse des Rohsaponins die Genine A (= Machaerinsäure [als Methylester isoliert]), B (= Lacton Proceragenin-A), C (= Lacton Proceragenin-B), D (= Phytosteringemisch) und F (= Machaerinsäure-ethylester; ist Isolierungsartefakt) isoliert [71]; für Proceragenin-A, $C_{30}H_{46}O_4$, liegt ein Strukturvorschlag vor [72]. Nach [70] sind die verschiedenen lactonoiden Sapogenine Isolierungsartefakte, welche während der sauren Hydrolyse aus Hydroxyoleanolsäuren entstehen können. Samen enthalten auch 6% fettes Öl mit 34% gesättigten und 66% ungesättigten (18:1 und 18:2) Fettsäuren; bei den gesättigten Fettsäuren fallen hohe Gehalte an 18:0 (14,3%) und 20:0 (12,2%) auf [73]. Das Kernholz enthält die Isoflavone Genistein, Biochanin-A, Daidzein und Formononetin und 3,9-Dihydroxypterocarpan (= Di-O-demethylhomopterocarpin); die Ausbeuten für diese Isoflavonoide lagen im Bereich von 100–600 ppm; in Rinde wurden nur die vier Isoflavone, aber kein Pterocarpan beobachtet [12]. Stämme und Äste produzieren oft reichlich Exsudat-Gummi, das als GUMMI ARABICUM-Ersatz dient. Der Kohlenhydratanteil des Exsudates wurde durch FAROOQI und KAUL [74] genau untersucht. Das Heteropolysaccharid liefert bei Totalhydrolyse Gal, Ara, Rha, Man und GlcU und 4-O-MeGlcU, und bei milder Hydrolyse zwei Aldobiouronsäuren, 4-O-MeGlcU-(1 → 4)-Gal und GlcU-(1 → 2)-Man; bei Autohydrolyse werden Rha, Ara und Spuren Gal freigesetzt.

A. splendens Miq. (= *Pithecellobium splendens* [Miq.] Corner): Holz enthält wenig Fisetin und viel Robinetin; vide Ref. [101] auf S. 232 von Bd. XI a.

A. tanganyicensis Bak. f.: In Südafrika kommt zuweilen eine als Albiziosis bekannte Viehvergiftung vor; Früchte dieser Art wurden als Ursache von Albiziosis nachgewiesen. STEYN et al. [75] gelang die Isolation von zwei Neurotoxinen aus 26 kg Früchten; sie erwiesen sich als identisch mit den Vitamin B_6-Antagonisten Pyridoxol-4'-methylether und dessen 5'-Acetat (Abb. 41). Die Rinde ist saponinhaltig [76].

A. versicolor Oliver: Das bisher nicht genauer analysierte Taxon wird nach NEUWINGER (1994; l. c. S. 12) in Afrika medizinisch verwendet (verschiedene Indikationen), und wurde in Tansania als Adjuvans bei der Bereitung von Pfeilgift verwendet; Stammrinde und Wurzeln sind saponinhaltig.

A. zygia (DC.) Macbride: Dieser als WESTAFRICAN WALNUT bekannte Baum liefert ein Schleimexsudat, das chemisch [77] und physicochemisch [78, 79] gut untersucht ist. Als Bausteine wurden Ara, Gal, Man, GlcU und 4-O-MeGlcU, Spuren Rhamnose und zwei Aldobiouronsäuren, GlcU-(1 → 2)-Man und 4-O-MeGlcU-(1 → 4)-Gal, nachgewiesen [77]; ferner soll dieses Gummi geringe Mengen Acetylreste [77] enthalten. Mit den technischen Verwendungsmöglichkeiten für *A. zygia*-Gummi beschäftigten sich [78] und [79]. PACHALY et al. [80] untersuchten Rinde und Blätter auf Wachskomponenten und isolierten aus Rinde Lupeol (gegen 0,04%), Sitosterin und Spinasterin und aus Blättern zusätzlich Phytol und Albizziaprenole (11–14 Isopreneinheiten). Beide Pflanzenteile enthalten reichlich Saponine, welche bei Hydrolyse Lupeol und weitere, nicht identifizierte Triterpenoide lieferten [80].

ARCHIDENDROPSIS

Von *Albizia* abgespaltene Gattung (Australien, Neu-Kaledonien, Indonesien). *A. streptocarpa* (Fournier) Nielsen (= *Albizia streptocarpa* Fournier), ein endemisches Taxon von Neu-Kaledonien, enthält viel Saponin (0,5% Rohsaponin isoliert) in der Wurzelrinde; Hydrolyse des Saponingemisches (6% Perchlorsäure in Wasser; 140°; 3 Stunden) lieferte 4 Sapogenine, Acaciasäure-28 → 21-lacton und das ihm entsprechende 11,13(18)-Dien und zwei 21-Ester der Acaciasäure; acylierende Säuren sind die Monoterpenoide 2-Hydroxymethyl-6-hydroxy-6-methyl-2,7-octadiensäure und ihr Dehydratisierungsprodukt, 2-Hydroxymethyl-6-methylen-2,7-octadiensäure. Die Autoren weisen darauf hin, daß der Chemismus der Sapogenine Abspaltung von *Archidendropsis* von *Albizia* nicht befürwortet [81].

CALLIANDRA

Große, hauptsächlich amerikanische Gattung, aus welcher im Jahre 1986 durch HERNANDEZ die kleine mexikanische Gattung *Zapoteca* ausgegliedert wurde [82]. *Calliandra* s. l. gehört hinsichtlich der nichtproteinogenen Aminosäuren von Samen und Blättern zu den intensiv bearbeiteten Leguminosen-Gattungen. Blätter enthalten je nach Taxon, Alter und Wachstumsbedingungen beträchtliche Mengen von Pipecolinsäure, von acht Hydroxypipecolinsäuren, einer Acetylaminopipecolinsäure und von S-(β-Carboxyethyl)-cystein (Abb. 40), und zusätzlich von freiem Prolin [82–88]. Die erwähnte schwefelhaltige Aminosäure ist in Samen vieler Arten vorherrschende freie Aminosäure (vgl. Tabelle 26), und fehlt in erwachsenen Blättern. Sie wurde jedoch in beträchtlichen Mengen in Keimlingen und in jungen Blättern von Keimlingen verschiedenen Alters nachgewiesen [90]. Prolin und Pipecolinsäure können in den Blättern innerhalb einzelner Arten in sehr wechselnden Mengen auftreten. Offensichtlich gehören diese zwei Iminosäuren zu den „Compatible Solutes" von *Calliandra*; ihre Gehalte werden bei Wassermangel in Blättern stark (Pipecolinsäure) bis sehr stark (Prolin) erhöht; dies wurde in Versuchen mit *C. angustifolia, formosa* und *haematocephala* gezeigt [88]. Durch Fütterung markierter Verbindungen über die Blattstiele isolierter Blätter konnte ein gattungscharakteristischer Metabolismus der Pipecolinsäure nachgewiesen werden (Abb. 42). Die Enzyme, welche Synthese und Umbau von Hydroxypipecolinsäuren katalysieren, sind offenbar recht spezifisch. Blätter von *C. formosa* enthalten beispielsweise c-5-OH-Pip, t-4-OH-Pip und t,t-4,5-Di-OH-pip und metabolisieren markierte Muster dieser drei Iminosäuren, wie in Abb. 42 wiedergegeben wurde; sie können aber die in dieser Art fehlende t-5-OH-Pip nicht umsetzen [82]. Blätter und Samen von Arten von *Calliandra* s.l. haben qualitativ und quantitativ charakteristische Iminosäure-Spektren. Es liegen erste Hinweise dafür vor, daß diese Spektren auch für die Klassifikation der Gattung interessant sein könnten [88]; vgl. Tabelle 30.

Hydroxypipecolinsäuren und S-(β-Carboxyethyl)-cystein sind Schutzstoffe gegen bestimmte phytophage Insekten. Sie wirken insektizid und fraßabschreckend. Stoffgemische, wie sie in Blättern vorliegen, scheinen bessere Schutzwirkung zu haben als die individuellen Aminosäuren [89–92].

Wie andere Genera der Mimosoideen bilden auch *Calliandra*-Arten Saponine. Zweige von *C. anomala* (Kunth) Macbride (Mexiko) lieferten je 80 bis 400 ppm der Calliandrasaponine -A bis -E; es handelt sich um 3,28-bisdesmosidische Echinocystsäurederivate. Ihr OH-3 trägt eine dreigliedrige Zuckerkette (Ara → Ara → N-Acetylglucosamin →) und ihr 28-Carboxyl ist mit einer verzweigten Pentaose ver-

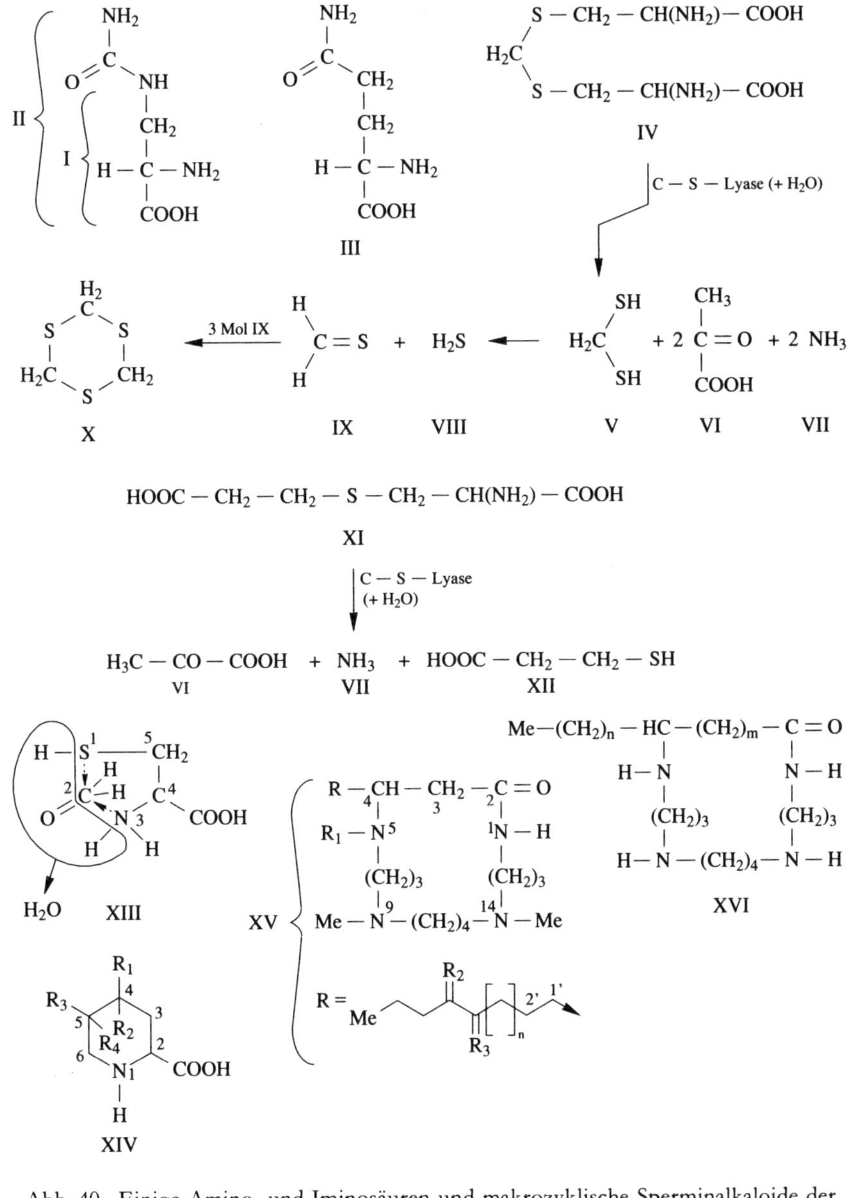

Abb. 40. Einige Amino- und Iminosäuren und makrozyklische Sperminalkaloide der *Ingeae* und Wirkungsweise der *Albizia*–C-S-Lyase aus Samen von *A. lophantha*

I = β-Aminoalanin (= α,β-Diaminopropionsäure) ● II = Albizziin ● III = Glutamin ● IV = Djenkolsäure ● V = Methandithiol (oder Methylendithiol) ● VI = Brenztraubensäure ● VII = Ammoniak ● VIII = Schwefelwasserstoff ● IX = Unbeständiger Thioformaldehyd ● X = Zyklische Polysulfide (= Geruchsstoffe von Samen und Keimpflanzen

Fortsetzung auf S. 362

verschiedener Mimosoideen; vgl. auch Abb. 30, S. 192) • XI = S-(β-Carboxyethyl)-L-cystein • XII = β-Mercaptopropionsäure • XIII = Cystein + Formaldehyd → Thioprolin (= Thiazolidin-4-carbonsäure) + H_2O [130] • XIV = Aus *Calliandra* und z. T. aus anderen Leguminosen und Nicht-Leguminosen bekannte Iminosäuren:

Iminosäure	R_1	R_2	R_3	R_4
Pipecolinsäure (= Pip)	H	H	H	H
cis-4-Hydroxypipecolinsäure (= *c*-4-OH-Pip)	OH	H	H	H
trans-4-Hydroxypipecolinsäure (= *t*-4-OH-Pip)	H	OH	H	H
cis-5-Hydroxypipecolinsäure (= *c*-5-OH-Pip)	H	H	OH	H
trans-5-Hydroxypipecolinsäure (= *t*-5-OH-Pip)	H	H	H	OH
trans,trans-4,5-Dihydroxypipecolinsäure (= *t,t*-4,5-Di-OH-pip)	H	OH	OH	H
trans,cis-4,5-Dihydroxypipecolinsäure (= *t,c*-4,5-Di-OH-pip)	H	OH	H	OH
cis,cis-4,5-Dihydroxypipecolinsäure (= *c,c*-4,5-Di-OH-pip) (bisher nur von *Calliandra* bekannt)	OH	H	OH	H
cis,trans-4,5-Dihydroxypipecolinsäure (= *c,t*-4,5-Di-OH-pip)	OH	H	H	OH
trans-4-Acetylaminopipecolinsäure (bisher nur von *Calliandra* bekannt)	H	NHCOMe	H	H

• XV = Budmunchiamine -A bis -I (aus *Albizia amara*):

Komponente	n	R_1	R_2	R_3
A	4	Me	H_2	H_2
B	2	Me	H_2	H_2
C	6	Me	H_2	H_2
D	6	Me	O	H_2
E	6	Me	H_2	O
F	4	H	H_2	H_2
G	6	H	H_2	H_2
H	6	H	O	H_2
I	6	H	H_2	O

• XVI = Pithecolobin s. str. (m = 3, n = 6); zwei Analoge m = 1 und n = 6 oder 8 wurden im Pithecolobin-Gemisch eindeutig identifiziert.

II ist Speicherstoff in Samen und gleichzeitig Schutzstoff gegen gewisse Herbivoren (ist bei Heuschreckenarten Antimetabolit von III).

IV, XI und z. T. ihre Abbauprodukte, sowie die meisten Komponenten von XIV sind ebenfalls Schutzstoffe gegen Pflanzenfresser.

C-S-Lyase wurde aus Samen von *Albizia lophantha* gewonnen.

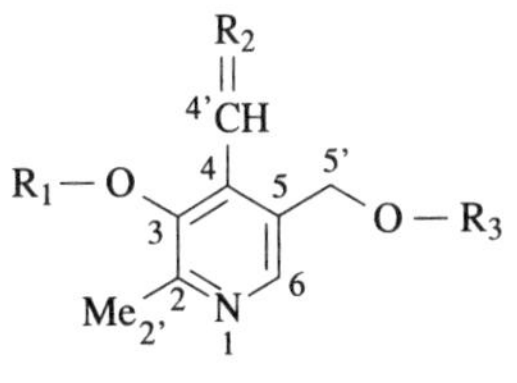

	R_1	R_2	R_3
I	H	H, OH	H
II	H	O	H
III	H	H, NH$_2$	H
IV	H	H, OMe	H
V	H	H, OMe	COMe
VI	Glc	H, OMe	H

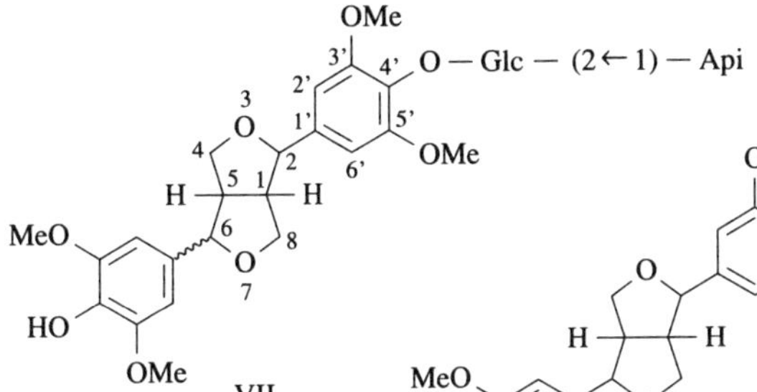

Abb. 41. Einige Inhaltsstoffe von *Albizia*-Taxa

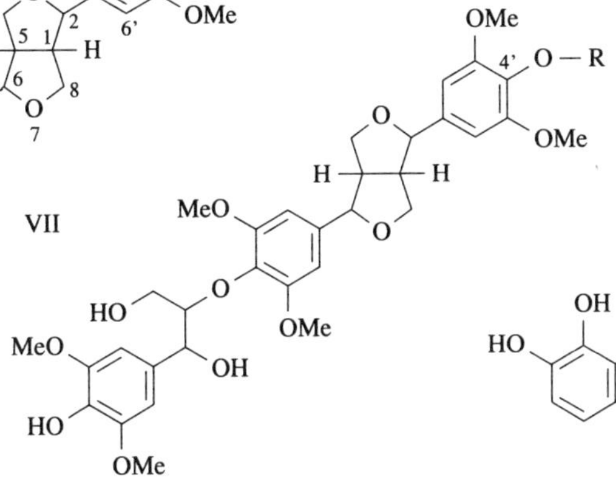

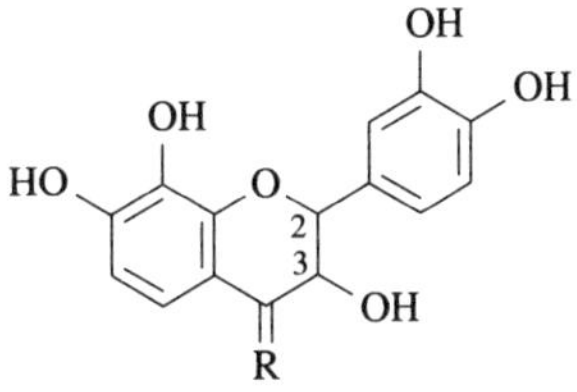

I = Pyridoxol ● II = Pyridoxal ● III = Pyridoxamin ● IV = Antivitamin B$_6$, C$_9$H$_{13}$NO$_3$, aus *Ginkgo biloba* und *Albizia tanganyicensis* (= 3-Hydroxy-5-hydroxymethyl-4-methoxymethyl-2-methylpyridin = Pyridoxol-4'-methylether) ● V = Acetyl-IV aus *Albizia tanganyicensis* ● VI = IV-Glucosid, C$_{15}$H$_{23}$NO$_8$, aus *Albizia lucida* ● VII = (−)-Syringaresinol-4'-apioglucosid (6β) und Albizziosid-A, C$_{33}$H$_{44}$O$_{17}$ (6α; i. e. 6-Epi-[−]-syringaresinol-4'-apioglucosid) ● VIII = Buddlenol-D(R = H)-4'-glykosid Albizziosid-B, C$_{44}$H$_{58}$O$_{22}$ (R = Api-[1 → 2]-Glc →) und -C, C$_{39}$H$_{50}$O$_{18}$ (R = Glc) ● IX = Melanoxetin (Δ2,3; R = O), Dihydromelanoxetin (R = O) und Leucoanthocyanidine der Melacacidin-Gruppe (R = H, OH)

N. B. I–III zusammen = Vitamin B$_6$ = „Pyridoxin"; meistens wird Name Pyridoxin für I verwendet.

VII und VIII aus Rinde von *A. myriophylla*.

VIII: In Albiziahölzern anscheinend recht verbreitet (vgl. bei *A. amara* und *lebbeck*).

estert; diese Pentaose ist außerdem esterartig mit einem oder zwei Molekülen von monoglykosilierter 6-Hydroxy-2,6-dimethyl-2,7-octadiensäure verknüpft; in den komplexen, carboxyl-verknüpften Zuckerketten treten die Monosen Glc, Xyl, Rha und Chinovose auf [93]. Die gleiche monoterpenoide Hydroxysäure ist aus verschiedenen anderen Leguminosen-Saponinen bekannt (vgl. z. B. *Gleditsia japonica*-Saponine, Formel X auf S. 320 von Bd. XIa).

Wurzeln der in Baja Californica endemischen *C. californica* Bentham lieferten 7,2',4',5'-Tetramethoxyflavon und dessen 5-Hydroxyderivat [94].

In wäßrigen Blatt- [95], Wurzel- und Stamm-Extrakten [96] der in Westafrika eingebürgerten und im Süden Nigerias medizinisch viel verwendeten *C. portoricensis* Bentham wurden mit orientierenden Methoden Saponine, Gerbstoffe, Flavonoide und Alkaloide (diese nur in Wurzeln und Stamm) nachgewiesen. Die vielseitige medizinische Verwendung einer nicht einheimischen Art in Westafrika überrascht; vgl. dazu in ABBIW 1990, l.c. Bd. XIa, 37.

CEDRELINGA

Die in peruanisch Amazonia u. a. als HUAIRA CASPI bekannte Rinde von *Cedrelinga catenaeformis* Ducke lieferte die prenylierten Biphenyle Cedrelin-A und -B (Formel XII auf S. 224 von Bd. XIa). Bei der Strukturaufklärung der Cedreline wurde auch die Struktur von Paralycolin-A (vide Bd. VIII, Formel VII auf S. 528; in dieser Formel fehlt die Doppelbindung in der Isopropylgruppe) revidiert. Paralycolin-A ist O-Demethylcedrelin-A [97].

ENTEROLOBIUM

Kleine lateinamerikanische Gattung von Holzgewächsen mit bipinnaten Blättern. Phytochemisch noch wenig bearbeitet.

E. contortisiliquum (Vell.) Morong: Früchte sind toxisch für das Vieh. Sie enthalten Lupeol und Lupeylacetat und Saponine mit Machaerinsäure (oder deren Lacton) als Sapogenin [98]. Später isolierten MARIA CELIA DELGADO et al. [99] aus Früchten nach Saponinhydrolyse Machaerinsäure, Machaerinsäurelacton und Machaerinsäure-21-cinnamat und noch später dessen 3-Glucosid. Aus Samen wurde außerdem ein haemolytisch aktives Protein gewonnen und Enterolobin genannt [100].

E. cyclocarpum (Jacq.) Griseb.: Der Baum produziert Gummi, das in Mexiko als Mucilaginosum verwendet wird. Das Sägemehl, Rinde und die Früchte sind toxisch für das Vieh und haben ichthyotoxische Eigenschaften, welche durch Saponine bedingt sein dürften: in Mexiko lieferten Rinde Betulinsäure und ein Saponin, aus welchem 2 N HCl das Nortriterpen Veracruzol, $C_{29}H_{48}O$, freisetzte, und Früchte ein Saponingemisch, aus welchem mit 2 N HCl Machaerinsäurelacton erhalten wurde [101]. In Ägypten kultivierte Bäume hatten reichlich Saponin in Blättern, Stamm, Blüten, Perikarp und Samen; überall wurde Machaerinsäurelacton als Sapogenin nachgewiesen; die Zuckerketten im Saponingemisch (3 Komponenten nachgewiesen) enthielten Glc, Gal und Rha [102]. In Venezuela wurden 5 Gummimuster dieser Art eingesammelt und analysiert: Asche 2–5%, Rohprotein 0,1–1%, Uronsäuren 23–32%, Gal 29–39%, Ara 8–27%, Rha 17–23% [103]. Später wurde ein bei Maracaibo gesammeltes Gummimuster genauer untersucht und folgende Zusammensetzung ermittelt: Uronsäuren (GlcU + 4-O-MeGlcU) 21%, Gal 49%, Ara 20% und Rha 10% [104]. Vgl. auch Tabelle 23 auf S. 201 von Bd. XIa.

Tabelle 30. Iminosäure-Spektren der Blätter von einigen amerikanischen *Calliandra*-Arten [82, 85–88]; vgl. Abb. 40 und 42

Taxon und Herkunft des untersuchten Materials	Iminosäure (Abkürzungen vide Legende zu Abb. 40)[1]							
	c-4-OH-Pip	t-4-OH-Pip	c-5-OH-Pip	t-5-OH-Pip	c,c-4,5-Di-OH-pip	c,t-4,5-Di-OH-pip	t,t-4,5-Di-OH-pip	t,c-4,5-Di-OH-pip
KOLUMBIEN [88]:								
C. matisiana	+	–	+	+	+	+	–	–
C. pittieri [86, 87] (a)	i; +–++	–	+–++	+–++	i; +–++	i; +–++	–	–
C. purdiei [86]	+	–	++	++	++	++	–	–
C. stipulacea	+	–	++	++	++	++	–	–
C. angustifolia [82, 85, 87]	–	i; +–++	i; +–++	–	–	–	i; –++	–
C. colombiana	–	++	+	–	–	–	++	–
C. glaberrima	–	++	+	–	–	–	++	–
C. glomerulata	–	–	++	–	–	–	++	–
C. magdalenae	–	++	+	–	–	–	++	–
C. marginata	–	–	+	+	–	–	+	–
C. mucronulata	–	++	+	–	–	–	++	–
C. purpurea	–	++	–	–	–	–	++	–
C. schultzei	–	++	–	–	–	–	++	–
LATEINAMERIKA								
C. carbonaria [86, 87]	++	++	++	–	+–++	–	+	–
C. confusa [85] (b)	–	–	i; ++	–	–	–	i; ++	–

Fortsetzung auf S. 366

Tabelle 30. (Fortsetzung)

Taxon und Herkunft des untersuchten Materials	Iminosäure (Abkürzungen vide Legende zu Abb. 40)[1]							
	c-4-OH-Pip	t-4-OH-Pip	c-5-OH-Pip	t-5-OH-Pip	c,c-4,5-Di-OH-pip	c,t-4,5-Di-OH-pip	t,t-4,5-Di-OH-pip	t,c-4,5-Di-OH-pip
C. deamii [86]	−	−	−	−	++	−	−	−
C. formosa [82, 86] (c)	−	i; ++	i; ++	−	++	−	i; ++	−
C. lambertiana [86] (c)	−	−	−	−	++	−	−	−
C. tenuiflora [86]	−	−	−	−	++	−	−	−
C. densifolia [87]	++	−	−	++	−	+	−	−
C. eriophylla[2] [87]	++	++	−	++	−	−	−	++
C. mexicana [87]	++	++	−	++	−	+	−	+
C. speciosa [87]	+	++	+	++	−	−	−	−

[1] Alle enthalten auch wechselnde Mengen Pip und Prolin.
++ = relativ reichlich vorhanden; + = relativ spärlich vorhanden; − = nicht oder höchstens spurenweise nachgewiesen oder Angaben fehlen; i = isoliert.
[2] Zwei Muster analysiert; einem fehlte c-4-OH-Pip.
(a) 19 Blatt- und ein Samenmuster analysiert [88].
(b) Aus dem in Guatemala gewonnenen Saft eines Baums isoliert.
(c) Vgl. bei *Calliandra* im Nachtrag S. 420–423.

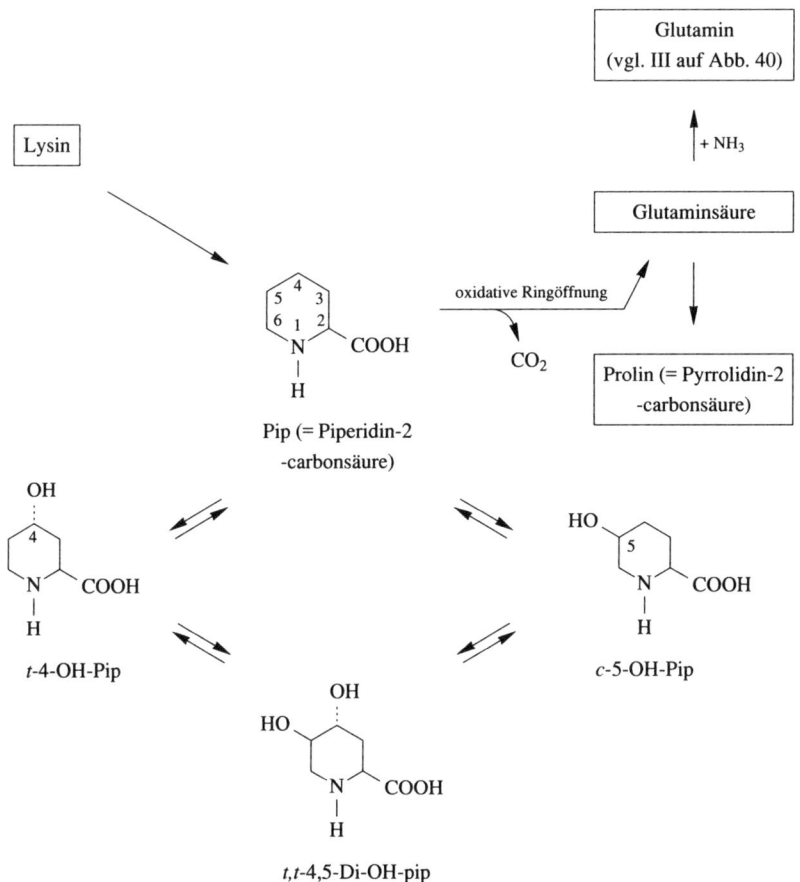

Abb. 42. Metabolismus der Pipecolinsäuren bei *Calliandra angustifolia* und *formosa* [82]; Abkürzungen vgl. Legende zu Abb. 40

INGA
(Abkürzungen von Pipecolinsäuren vide Legende zu Abb. 40)

Große neuweltliche Gattung von Holzgewächsen (Bäume, Sträucher, Lianen), welche leider phytochemisch nur spärlich bearbeitet wurden. *Inga edulis* und *laurina* zuweilen als Zierbäume und für die eßbare Fruchtpulpa in der Alten Welt kultiviert.
Blätter enthalten wie diejenigen von *Calliandra*-Arten reichlich Hydroxypipecolinsäuren. Aus Blättern der mittelamerikanischen *I. paterno* Harms wurde die neue *trans*-4-Methoxypipecolinsäure isoliert; sie wird von viel *t*-4-OH-Pip, wenig *c*-5-OH-Pip begleitet, während *c*-4-OH-Pip fehlt [105]. Orientierende Untersuchungen mit einigen *Inga*-Taxa von Costa Rica zeigten, daß überall ähnliche Aminosäurespektren in den Blättern vorkommen, und daß der neue Methylether von *t*-4-OH-

Pip auf bestimmte, das Hochland bewohnende, Arten beschränkt ist (nachgewiesen bei *I. brenesii* Standley [nach DICT = *I. sierrae* Britton et Killip] und *longispica* Standley), und bei einigen Taxa mit großer vertikaler Amplitude nur in Hochland-Populationen (beobachtet bei *I. oerstediana* Bentham) auftritt. Bildung und Speicherung von *t*-4-Methoxypipecolinsäure in *Inga*-Blättern werden demnach durch systematische und ökologische Faktoren gesteuert [105]. Vergleichende Analyse von Bäumen aus 9 Populationen in Costa Rica hatten das in Tabelle 31 zusammengestellte Ergebnis.

Aus Tabelle 31 geht deutlich hervor, daß die Blatt-Pipecolinsäurenspektra verhältnismäßig beständig sind. Zusätzliche Analysen zur Ermöglichung einer endgültigen taxonomischen und ökologischen Beurteilung des Pipecolinsäuren-Merkmals von *Inga*-Blättern wären zu begrüßen.

Inga oerstediana hat verhältnismäßig PA-reiche Blätter. Die Gerbstoffgehalte sind aber stark vom Blattalter und von Standortfaktoren abhängig. Blätter mit niedrigem Gehalt werden durch Blattschneiderameisen emsig geerntet [107].

In Peru geerntete Stammrinde von *Inga punctata* Willd. lieferte 23,6 ppm Lupeol, 370 ppm Betulinsäure und 5,9 ppm Lichexanthon, das möglicherweise aus die Rinde besiedelnden Flechten stammte [108].

Bei einer anatomischen Bearbeitung der Rinden von 24 *Inga*-Arten von Surinam wurden im sekundären Phloemparenchym von *I. acrocephala* Steudel, *alba* Willd., *huberi* Ducke, *lateriflora* Miq., *leptingoides* Amsh., *pezizifera* Bentham, *stipularis* DC. und *virgultosa* Desv. Sekretzellgruppen beobachtet. Angaben über die Natur des Exkretes fehlen [110].

Bestäubungsbiologische Beobachtungen in Costa Rica: *I. brenesii* Standley, *densiflora* Bentham, *longispica* Standley, *mortoniana* J. Léon, *oerstediana* Bentham, *punctata* Willd. und *quaternata* Poeppig. Bester Fruchtansatz nach Bestäubung über große Distanzen (> 1 km Abstand zwischen Pollenspender und Pollenempfänger). Bestäuber sind Lepidopteren aus den Familien der *Hesperiidae* („Skippers") und *Sphyngidae* („Hawk Moths") und Kolibris [111].

Eine schöne Monographie der 36 *Inga*-Arten von Französisch Guyana mit zahlreichen ontogenetischen, biologischen und ökologischen Beobachtungen verdanken wird ODILE PONCY [112].

Für Wurzelrinde von *Inga edulis* aus brasilianisch Amazonia wurde abortive Wirkung nachgewiesen [113].

(a) Fehlte einem Muster junger Blätter.
(b) Fehlte 4 Mustern, welche von zwei Bäumen stammten gänzlich.
(c) Fehlte bei zwei Mustern.
(d) War bei zwei Mustern nicht nachweisbar.
(e) Bei 4 Mustern nicht nachweisbar.
(f) Bei 9 Mustern fehlend oder zweifelhaft.
(g) Fehlte bei 6 Mustern.
(h) Fehlte bei 2 Mustern.
(i) Bei zwei Mustern reichlich vorhanden.
(k) Bei einem Muster viel (ersetzt hier *c*, *c*-4,5-Di-OH-pip).
(l) Bei einem Muster nachweisbar.

Tabelle 31. Pipecolinsäuren in Blättern von Bäumen aus 9 Populationen von *Inga*-Arten von Costa Rica [106]

Taxon	N[1]	Beobachtete Pipecolinsäuren[2]						
		Pip	t-4-OH-Pip	c-5-OH-Pip	c,c-4,5-Di-OH-pip	t,t-4,5-Di-OH-pip	t,c-4,5-Di-OH-pip	trans-4-Methoxypipecolinsäure
I. brenesii (1300–1520 m)	4	+	++	+	+	+	+	+ (a)
I. oerstediana[3]:								
Ebene (650–720 m)	11	+	+–++	+–++	++	++	++	–
Bergland (1300–1380 m)	11	+	+–++ (c)	+–++	++	++	++	+ (b)
I. densiflora:								
Ebene[4] (650–720 m)	10	+	+–++	+	+ (d)	+–++	+ (e)	–
Bergland[5] (1400–1520 m)	20	+	–	+–++	++	++ (f)	++	–
I. longispica[6] (1300–1650 m)	12	+	+	+	+	+	+	+ (g)
I. mortoniana (1300–1650 m)	15	+ (h)	– (i)	+–++	++	– (k)	– (l)	–
I. punctata (650–1380 m)	5	+	+	+	–	+–++	–	–
I. quaternata	1	+	–	++	–	–	–	–

1) Zahl geprüfter Blattmuster (z. T. junge und alte Blätter von einem Baum).
2) Grundmuster des Taxons: + = Geringe bis mäßige Mengen bei allen oder den meisten geprüften Exemplaren; + + = viel; – = bei allen oder den meisten geprüften Exemplaren nicht nachweisbar.
3) Ein Muster ohne Pip; ein Muster ohne *t*-4-OH-Pip; 3 Muster mit wenig *t*-5-OH-Pip.
4) 6 Muster mit geringen bis mäßigen Mengen nicht genau identifizierter Trihydroxypipecolinsäure.
5) Bei allen Mustern auch geringe bis mäßige Mengen *t*-5-OH-Pip vorhanden.
6) Bei 10 Mustern auch wenig *trans*-4-N-Acetylaminopipecolinsäure.

Lysiloma

Ca. 35 Arten in tropisch Amerika. Blüten- und Pollenbau stimmen mit *Albizia* überein. Genusmerkmale auf Früchte basiert. „Perhaps better regarded as a subgenus of *Albizia*" (I. NIELSEN in POLHILL-RAVEN 1981). Mit einem aus Samen von *L. bahamensis* Bentham gewonnenen Muster klärten VIRTANEN und GMELIN die Struktur von 4-Hydroxypipecolinsäure definitiv (Ref. [75] sub *Acacieae*).

Pithecellobium sensu latior

Hier soll einige phytochemische Literatur besprochen werden, welche unter den Genusnamen *Pithecellobium* (oder *Pithecolobium*) und *Samanea* publiziert wurde, obwohl gegenwärtig nur noch etwa 20 lateinamerikanische Arten zu *Pithecellobium* Mart. sensu stricto gerechnet werden. N. B. BENTHAM und TAUBERT schrieben den Gattungsnamen noch *Pithecolobium*; *Pithecellobium* ist heute aber ein *nom. cons.*

Zu *Pithecellobium* s. str. gehören u. a. *P. arboreum* (L.) Urban, *P. cubense* Bisse, *P. dulce* (Roxb.) Bentham (wird pantropisch viel als Zier- und Nutzbaum kultiviert) und *P. unguis-cati* (L.) Bentham.

Gegen 100 altweltliche Arten des asiatisch-australischen Raumes werden gegenwärtig zur Gattung *Archidendron* gerechnet (NIELSEN, Ref. [2] sub *Mimosoideae*). Zu *Archidendron* gehört u. a. *A. jiringa* (Jack) Nielsen (= *Pithecellobium lobatum* Bentham = *P. bigeminum* auctt. [z. B. Miq., Fl. Ind. Bat. 1855]).

Eine neotropische, von *Pithecellobium* abgespaltene Gattung ist *Samanea* (DC.) Merrill (wird zuweilen *Albizia* eingegliedert). Zu ihr gehört der pantropisch kultivierte RAIN TREE, *Samanea saman* (Jacq.) Merrill (= *Pithecellobium saman* [Jacq.] Bentham).

Erschwerend für den taxonomisch wenig geschulten Wissenschaftler wirkt sich die Tatsache aus, daß Binomina durch Systematiker nicht selten ungenau verwendet wurden und werden. Beispiele liefern uns die hier interessierenden Taxa und Binomina *Pithecellobium bigeminum* Mart. und *Pithecellobium lobatum* Benth. Nach Angaben in NIELSEN (Ref. [2] sub *Mimosoideae*) wurde die Gattung *Archidendron* 1865 durch F. von MÜLLER errichtet, und umfaßt die Sektion *Clypearia* von BENTHAM mit asiatisch-australischen Arten. Eine dieser Arten ist der berühmt-berüchtigte Baum, welcher in Indonesien als Djengkol, Djingkol oder Djering (OCHSE-BAKHUIZEN VAN DEN BRINK, l. c. Bd. XIa, 70) bekannt ist. Sein gegenwärtig gültiger Name ist (NIELSEN):

Archidendron jiringa (Jack) Nielsen; als Synonyme werden unter vielen anderen erwähnt:

Mimosa jiringa Jack (1820)
Inga jiringa Jack ex DC. (1825)
Albizia jiringa (Jack) Kurz (1875)
Pithecellobium jiringa (Jack) Prain (1897)
Pithecellobium lobatum Bentham (1844)
Inga bigemina auct. non (L.) Willd.
Pithecellobium bigeminum auct. non (L.) Martius.

TAUBERT (l.c. Bd. XIa, S. XVIII) verwendete den Namen *Pithecolobium bigeminum* Martius für DJENGKOL (Vorderindien) und *P. lobatum* Bentham für die Populationen von Indonesien.

Das Binomen *Pithecellobium bigeminum* wurde nach NIELSEN für *Archidendron bubalinum* (Jack) Nielsen, *A. havilandii* (Ridley) Nielsen, *A. jiringa* (Jack) Nielsen und *A. microcarpum* (Benth.) Nielsen verwendet.

Pithecellobium lobatum (auct. non Bentham) wurde nach NIELSEN durch verschiedene Botaniker auch für *Archidendron bubalinum* (Jack) Nielsen, *A. havilandii* (Ridley) Nielsen, *A. pauciflorum* (Bentham) Nielsen und *A. scutiferum* (Blanco) Nielsen verwendet.

Archidendron jiringa (Jack) Nielsen kommt auch in Indo-China (einschl. Thailand) vor; als Synonyme gelten hier *Pithecellobium lobatum* Bentham und *P. jiringa* (Jack) Prain; ferner wurde der Name *P. jiringa* durch CRAIB fälschlicherweise für *Archidendron quocense* (Pierre) Nielsen (= *Pithecellobium quocense* Pierre) verwendet (LOCK-HEALD 1994, l.c. im Ethnobotanik-Nachtrag S. 388).

In Indien, Nepal, Burma und Ceylon kommt *Archidendron monadelphum* (Roxb.) Nielsen vor. Diese Art war in Indien früher als *Pithecellobium bigeminum* Martius (oder auct. non Martius) bekannt, und kommt nach SANJAPPA 1992 (l.c. Bd. XIa, 436) auch auf den Nicobar-Inseln (= *P. nicobaricum* Prain) vor.

Alle eben erwähnten Taxa gehören zur Series *Clypeariae* Nielsen von *Archidendron* F. Muell. sensu Nielsen. Offensichtlich wurden hierher gehörige Sippen sehr oft miteinander verwechselt. Jedenfalls verdeutlichen diese wenigen Bemerkungen die Tatsache, daß genaue botanische Identifikation von Untersuchungsmaterial von weitverbreiteten und polytypischen tropischen Arten sehr problematisch sein kann.

Es folgen Angaben zu wenigen Taxa.

Pithecellobium arboreum (L.) Urban (= *P. cubense* Bisse [nach gewissen Autoren] = *Cojoba arborea* [L.] Britton et Rose): Mittelamerikanisches, offenbar polytypisches Taxon. Auf Cuba wurden Blätter von *P. cubense* (0,15% Saponin + 0,04% α-Spinasteringlucosid) und von *P. arboreum* (0,06% Saponin) untersucht; das Saponin ist das 3-Glykosid von Oleanolsäure mit N-Acetylglucosamin [114].

Pithecellobium dulce (Roxb.) Bentham: In Indien eingebürgert und dort viel untersucht. BLÜTEN lieferten ausschließlich Isoquercitrin [115], oder ein Flavonolgemisch, aus dem bei Hydrolyse K und Q freigesetzt wurden [116]; ferner wurde aus Blüten ein hauptsächlich aus Hexacosanol und Behen- und Lignocerinsäure aufgebautes Esterwachs und Hexacosan isoliert [116]. STAMMRINDE enthält etwa 21% Gerbstoff, Esterwachs, etwa 0,001% Lupenon und 0,01% Lupeol und Gemische von Phytosterinen (u.a. α-Spinasterol) und ihren 3-Glucosiden und 3-Fettsäureestern [117]. Phytosterin- und Phytosteringlucosid-Gemische wurden ebenfalls aus Wurzelrinde und Kernholz isoliert [116]. KERNHOLZ enthält 10–12% Gerbstoff; 1–1,5% eines neuen Leucoanthocyanidins, das als ein bisher nicht beschriebenes Stereoisomer von Leucofisetinidin charakterisiert wurde, isoliert [118]. Für BLÄTTER wurden K, K-3-rha, Octacosanol, α-Spinasterin und sein Glucosid beschrieben [119] und ohne weitere Angaben Isolation von Dulcit (verwechselt mit Pinit?) publiziert [120]. FRÜCHTE enthalten eine süße Pulpa, in welcher Wachs, Hexacosanol, Phytosteringlucoside, gegen 60% Glc und wenig Fructose, einige freie proteinogene Aminosäuren, ein Flavon und Spuren Saponine nachgewiesen wurden [121]. Für SAMEN wurden 20% fettes Öl, 2,4% Saponin, Phytosterine, Flavonoide und Lecithin angegeben; für das Pithogenin genannte Sapogenin wurde steroide Struktur vermutet [121]. Später [119] analysierten die gleichen Autoren das Samensaponin genauer und zeigten, daß es bei Hydrolyse Oleanolsäure, Echinocystsäure, Xyl, Ara und Glc lieferte. Gleichzeitig wiesen sie darauf hin, daß bei den Phytosterinen der Mimosoideen α-Spinasterin (= Δ7,22-Sitostanol) oft reichlich vertreten ist. Aus dem Saponingemisch der Samen (35 g Rohsaponin aus 2,5 kg) konnten zwei Komponenten rein gewonnen und strukturell geklärt werden [122]. Es handelte sich um Saponin PE (= Glc-[1 → 2]-Ara-[1 → 3]-Oleanolsäure; bereits bekannt aus *Akebia quinata*) und um das neue, Dulcin genannte, bisdesmosidische Saponin mit Echinocystsäure als Sapogenin. Mit Alkali wird das Prosapogenin Echinocystsäure-3-glucoarabinosid erhalten; im Dulcin ist das 28-Carboxyl mit einer aus Xyl und Glc aufgebauten Biose verestert. Die relativ reichlich (ca. 20%) vorhandenen Samenlipide enthalten etwa 2% Unverseifbares mit Sitosterin und β-Amyrin [123]. Merkwürdigerweise wurden bei zwei in den vergangenen 7 Jahren ausgeführten Fettsäureanalysen der Samenöle sehr verschiedene Resultate erhalten [123,124]. In beiden Fällen reagierten die Öle beim HALPHEN-Test positiv. Als Hauptfettsäuren wurden ermittelt: 14:0 = 38% und 16:0 = 39%; daneben 4% 18:0, 8% 18:1, 4% 18:2 und 6% 18:3 und Spuren Cyclopropensäuren [123]; die genauere Analyse dürfte diejenige von HOSAMANI [124] sein: 16:0 = 12,1%, 22:0 = 10,6%, 18:1 = 34,1%, 18:2 = 23,8% und Vernolsäure (= 12,13-Epoxyölsäure) = 10%; ferner 18:0 = 4,2%, Malval(in)säure = 3,2% und Sterculiasäure = 2,0%. Demnach ist *Pithecellobium* eine weitere Leguminosen-Gattung, in welcher Samenöle mit Cyclopropenfettsäuren synthetisiert werden.

Pithecellobium lobatum Bentham (inkl. *P. bigeminum* auctt.; gegenwärtig auch als *Archidendron jiringa* [Jack] Nielsen bekannt): Der als DJENGKOL bekannte Strauch oder Baum produziert 20–25 cm lange und über 5 cm dicke Früchte mit abgeplattet runden Samen (2,8–3,5 cm Durchmesser, 1–1,5 cm dick). Diese DJENKOLBOHNEN werden von vielen Menschen gerne gegessen, obwohl sie den Schwefelverbindungen oft anhaftenden unangenehmen Geruch verbreiten, und diesen nach Genuß der Bohnen auch der Atemluft und dem Urin vermitteln. Außerdem kann der Genuß von Djenkolbohnen schwere Vergiftungen verursachen. In dieser Hinsicht bestehen aber große individuelle Unterschiede. Während einzelne Menschen bereits nach Genuß einer halben Djenkolbohne erkranken, ertragen andere ohne weiteres 10 oder mehr Bohnen. Die ausführlichsten und besten mir bekannten Berichte über die im Mittel etwa 15 g schweren Djenkolbohnen, deren Inhaltsstoffe, deren Bedeutung als Nahrungs- und Genußmittel auf Java und einem Teil von Sumatra, sowie deren Toxikologie bei Mensch und Affen stammen von VAN VEEN und HYMAN [125, 126]. Getrocknete Hülsen lieferten Catechin, Gallocatechin, Epicatechin-3-gallat und PA, von welchen PD-B1, PCy-B3 und -B4 rein erhalten wurden, und aus Blättern wurden Gemische von Catechin-3'- und Catechin-4'-gallaten, von Gallocatechin-3'- und -4'-gallaten und von Gallocatechin-7,3'- und -7,4'-digallaten, sowie Epigallocatechin-3-gallat isoliert [127]. Aus Hülsen wurde auch

Methylgallat isoliert [128]. Die Blattlipide sind reich an β-Amyrin; es wurde nach Verseifung des Petrolether-Extraktes isoliert [129]. Beim Kochen oder Trocknen von cysteinreichen Nahrungsmitteln (z. B. Kabeljau, Stockfisch, Shiitake [*Lentinus edodes*]) kann aus Cystein und Formaldehyd Thioprolin (= Thiazolidin-4-carbonsäure: Abb. 40) entstehen; diese Verbindung hat antimutagene Eigenschaften, da sie Nitrite unter Bildung von N-Nitrosothioprolin bindet. Vor kurzem konnte gezeigt werden, daß Djenkolsäure (oder eines ihrer Abbauprodukte) eine unerwartet ergiebige Vorstufe von Thioprolin ist; es war in gekochten Djenkolbohnen in unbekannt großen Mengen (85,3 mg pro 100 g Bohnen; ungekocht nur 4,4 mg) vorhanden. Möglicherweise hat der Genuß von gekochten Djenkolbohnen eine anticancerogene Wirkung [130].

Pithecellobium saman (Jacq.) Bentham (= *Albizia saman* F. Muell. = *Samanea saman* Merrill): Eine interessante ethnobotanische Übersicht über diesen heute pantropischen Baum verdanken wird MAGNUS und SEAFORTH [131]. Nach frühen phytochemischen Arbeiten von GRESHOFF (l. c. Bd. XI a, 93–94) wurde die Rinde dieses auf Java angepflanzten Taxons in Leiden weiter bearbeitet und dabei Vorkommen des Alkaloids Pithecolobin bestätigt, ein weiteres Alkaloid nachgewiesen, ein Samanin genanntes Saponin isoliert (Hydrolyse lieferte saures Sapogenin und Ara, Rha und Glc) und in sauren wäßrigen Auszügen Gallussäure und Oxalsäure nachgewiesen [132]. Später untersuchten indische Autoren [133, 134] die Lipidfraktionen von Rinde, Blättern, Samenschale, Samenkernen und Kernholz und isolierten dabei u. a. Lupeol, Lupenon, α-Spinasterin und sein Glucosid, α-Spinasteron, Hexacosanol, Octacosansäure, Hentriacontan und geringe Mengen freier Flavonoide, von welchen K identifiziert wurde. WIESNER und Mitarbeiter bearbeiteten das als Pithecolobin bekannte Gemisch von makrozyklischen Sperminalkaloiden intensiv weiter [135]; vgl. Abb. 40. Die Saponine verschiedener Pflanzenteile wurden durch VARSHNEY und Mitarbeiter in Indien genau untersucht; die Samanine -A bis -E haben alle Acaciasäure als Sapogenin und Zuckerketten, welche aus Glc, Gal, Ara, Xyl, Rha und Fu aufgebaut sind [136]. Bei der Analyse eines Saponinhydrolysates (3% alkoholische H_2SO_4) der Hülsen wurde neben Acaciasäurelacton auch Echinocystsäure erhalten [137]. Neben Acaciasäure tritt demnach bei diesem Taxon auch Echinocystsäure als Sapogenin auf.

P. unguis-cati (L.) Bentham: Im DICT wird für Holz ein Chalkon angegeben. Die dafür angegebene Literatur führt allerdings nach *Caesalpinia sappan* und über die hier zitierte Literatur zu einem Streß-Metaboliten von *Pisum sativum*.

Saponine scheinen in der Gattung *Pithecellobium* s. l. recht verbreitet zu sein. Auch für Rinde von *P. cauliflorum* (Willd.) Martius (= *Inga cauliflora* Willd. = *Zygia cauliflora* [Willd.] Killip) wurden Saponine angegeben; der Schluß, daß sie Steroidsapogenine enthalten, wird allerdings nur durch die verwendeten Analysenmethoden begründet und ist unzulässig [138]. Wie bei anderen Mimosoideen dürften auch hier Triterpensapogenine vorkommen. Die Gattung *Zygia* P. Br. umfaßt etwa 20 lateinamerikanische Arten; sie entspricht der Sektion *Caulanthon* von BENTHAMS Gattung *Pithecellobium* (POLHILL-RAVEN 1981).

Literatur und Bemerkungen

[1] G.-J. KRAUSS und H. REINBOTHE, *Die Aminosäuren der Gattung Albizia Durazz.*, Biochem. Physiol. Pflanzen *161*, 243–265 (1970). • [2] H. REINBOTHE, *Zur Biosynthese von Albizziin in Albizzia lophantha Benth.*, Flora *152*, 545–554 (1962). Versuche mit fruktifizierenden Pflanzen und mit Keimlingen; Fütterung markierter Verbindungen; noch keine definitiven Ergebnisse. Annahme von biogenetischer Verwandtschaft zwischen β-Aminoalanin, Albizziin und Willardiin. • [3] R. GMELIN et al., *Über das Vorkommen von Djenkolsäure und einer C-S-Lyase in den Samen von Albizzia lophantha Benth.*, Z. Naturforsch. *12*b, 687–697 (1957). In ganzen Samen 1,1% und in Samenkernen 2,1% Djenkolsäure bestimmt; 1,6% aus Samenkernen isoliert; aus Samenkernen C-S-Lyase-Präparate hergestellt und Wirkungsweise des Enzyms untersucht; Hypothese über Wirkungsweise der *Albizia*–C-S-Lyase (vgl. Abb. 40). • [4] R. GMELIN et al., *Isolierung von 2 neuen pflanzlichen Aminosäuren: S(β-Carboxyäthyl)-L-cystein und Albizziin aus Samen von Albizzia julibrissin Durazz.*, Z. Naturforsch. *13*b, 252–256 (1958). Samen waren frei von C-S-Lyasen; Isolation von Albizziin aus Samen von *A. julibrissin* (etwa 1% Ausbeute reine Verbindung, F 214–215°) und von *A. lophantha* (Ausbeute etwa 0,9% reine Verbindung); aus Samen von *A. julibrissin* gleichzeitig etwa 0,28% reines (F 218°) S(β-Carboxyethyl)-L-cystein erhalten. Nach Spaltung der letzterwähnten Aminosäure mit *Albizia*–C-S-Lyase konnten β-Mercaptopropionsäure, Brenztraubensäure und Ammoniak nachgewiesen werden. • [5] E. G. BOLLARD, *Translocation of organic nitrogen in the xylem*, Austral. J. Biol. Sci. *10*, 292–301 (1957). • [6] THE WEALTH OF INDIA, 2nd Ed., Vol. I: A (1985), S. 124. Übersicht über Saponine und Sapogenine in Material von Indien. • [7] L. COMEAU, *Sur la structure d'un hétéroside commun à quelques Mimosacées de l'Ouest Africain*, Thèse Fac. Sci. d'Abidjan, No. d'ordre 16 (1972), Référence CNRS A.O. No. 6305; vgl. auch L. C. COMEAU et J. A. BRAUN, Bull. Soc. Chim. France *1974*, 716–720. Betonung der leichten Lactonisierung der Dihydroxyoleanolsäure. • [8] Arbeitsgruppe HILLER, Sammelberichte über Triterpensaponine I bis IV, Pharmazie *21*, 733–736 (1966); *25*, 219–221 (1970); *32*, 373–376 (1977); *Leguminosae* unterteilt in *Mimosaceae*, *Caesalpiniaceae* und *Papilionaceae*; *37*, 624–625 (1982): Hier *Leguminosae* ohne Unterteilung; in zwei späteren Berichten (1987, 1990) ist die Gattung *Albizia* nicht mehr vertreten. • [9] L. NOGUEIRA PRISTA et al., *Estudo quimico da raiz de Albizzia adianthifolia (Schumacher) W. F. Wight*, Garcia de Orta *10*, 93–102 (1962). • [10] G. MAZZANTI et al., *Occurrence of histamine and related imidazole compounds in extracts from root and trunk barks of Albizzia adianthifolia, anthelmintica and julibrissin*, Fitoterapia *54*, 275–279 (1983). Möglicherweise handelt es sich bei weiteren in Rinden von *A. adianthifolia* nachgewiesenen Histidinderivaten (N-Acetylhistamin, Imidazolessigsäure, zwei nicht identifizierte PAULI-Reagenz-positive Komponenten) nicht um genuine Naturstoffe. • [11] H. A. CANDY et al., PHYCHEM *17*, 1681–1682 (1978). Die Autoren sprechen von Tetrahydroxy-flavon und -flavanon, statt von Pentahydroxy-flavon und -flavanon oder aber von Tetrahydroxyflavonol und -flavanonol. • [12] V. H. DESHPANDE and R. K. SHASTRI, *Phenolics from Albizzia lebbek, amara and procera*, Indian J. Chem. *15*B, 201–204 (1977). • [13] C. V. REDDY SASTRY et al., *Chemistry of saponins. III. Isolation of a new flavonol glycoside, 4'-O-methylquercetin-3-rutinoside, from Albizzia amara Benth.*, Indian J. Chem. *5*, 613–615 (1967). • [14] I. P. VARSHNEY and K. M. SHAMSUDDIN, *Saponins and sapogenins: Part XVI – Echinocystic acid from seeds of Albizzia amara Benth.*, J. Sci. Ind. Res. (India) *21*B, 341 (1962). • [15] I. CHANDRA et al., *Chemical investigation of the oil from seeds of Albizzia amara*, J. Sci. Ind. Res. (India) *15*B, 196–198 (1956). • [16] WOONGHCHON MAR et al., *Biological activity of novel macrocyclic alkaloids (budmunchiamines) from Albizzia amara detected on the basis of interaction with DNA*, JNP *54*, 1531–1542 (1991); J. M. PEZZUTO et al., *Budmunchiamines D-I from Albizia amara*, PHYCHEM *31*, 1795–1800 (1992). • [17] W. SPAICH und S. GRÜNER, *Albizzia anthelmintica*, Pharmazie *9*, 1003–1005 (1954). Mit vielen Angaben über Erfahrungen bei der Verwendung der Rinde (CORTEX MUSENNAE) als Wurmmittel; Wirkstoffe sind Saponine; schöne Abb. eines blühenden Zweiges. • [18] R. TSCHESCHE und D. FORSTMANN, *Musennin, ein wurmwirksames Saponin aus der Rinde von Albizzia anthelmintica*, Chem. Ber. *90*, 2383–2394

(1957); R. TSCHESCHE et al., *Über die Saponine von Albizzia anthelmintica Brongn.*, Z. Naturforsch. *21*b, 596–597 (1966); R. TSCHESCHE und F.-J. KÄMMERER, *Die Struktur von Musennin und Deglucomusennin*, Justus Liebigs Ann. Chem. *724*, 183–193 (1969). 1966 und 1969 mitgeteilt, daß Wurzelrinde extrahiert wurde. • [19] G. CARPANI et al., *Saponins from Albizzia anthelmintica*, PHYCHEM *28*, 863–866 (1989). • [20] M. S. M. RAWA et al., *Spermicidal activity and chemical investigation of Albizzia chinensis*, Fitoterapia *60*, 168–169 (1989). Keine Ausbeuten angegeben; Rinde im Universitäts-Campus Srinagar, Indien, geerntet. • [21] D. M. W. ANDERSON et al., l. c. Bd. XIa, 199 und 210–211; F. G. TORTO, West African J. Biol. Chem. *5*, 27 (1961): Ex CA *56*, 7712 (1961). • [22] A. LIPTON, *Physiological activity in extracts of Albizia species*, Nature *184*, 822–823 (1959); *An active glycoside from Albizia species and its action on isolated uterus and ileum*, J. Pharm. Pharmacol. *15*, 816–824 (1963); *Effects on anaesthetised animals of an oxytocic glycoside extracted from certain Albizia species*, ibid. *16*, 369–374 (1964). • [23] WON SICK WOO and SAM SIK KANG, *Isolation of a new monoterpene conjugated triterpenoid from the stem bark of Albizzia julibrissin Durazz.*, JNP *47*, 547–549 (1984). Und hier zitierte koreanische Literatur. • [24] J. KINJO et al., *The first isolation of lignan tri- and tetraglycosides*, CHPHBUL *39*, 1623–1625 (1991). • [25] Id., *A biodegradation pathway of syringaresinol*, ibid. *39*, 2952–2955 (1991). Auch Abbauprodukte von Syringaresinol-Derivaten isoliert, u. a. 4-Apiosylglucosid von Syringasäuremethylester. • [26] H. HIGUCHI et al., *Four new glycosides from Albizziae Cortex*, CHPHBUL *40*, 534–535 (1992). Zwei (+)-Lyoresinoldiglucoside, ein Vomifoliolglykosid und Apiosyl-(1 → 2)-Glucosid von 3,4,5-Trimethoxyphenol. • [27] H. HIGUCHI et al., *An arrhythmic-inducing glycoside from Albizzia julibrissin Durazz.*, CHPHBUL *40*, 829–831 (1992). Drei glykosidische Pyridoxinderivate isoliert, von welchen Julibrin-II stark inotrope Wirkung hat (verursacht Herzarrhythmien); für das Neurotoxin vgl. [59,60] und [75]. • [28] J. KINJO et al., *Six new triterpenoidal glycosides, including two new sapogenols from Albizziae Cortex*, CHPHBUL *40*, 3269–3273 (1992). Julibrosid-A_2 enthält in der Tetraose an OH-3 N-Acetylglucosamin; Julibrosid-B_1 hat Julibrogenin-B und Julibrosid-C_1 hat Julibrogenin-C als Sapogenin. • [29] JETTE T. KNUDSEN et al., *Floral scents – A checklist of volatile compounds isolated by head-space techniques – A review*, PHYCHEM *33*, 253–280 (1993). • [30] T. M. VARGHESE and A. KAUR, *In vitro propagation of Albizzia lebbeck Benth.*, Current Sci. *57*, 1010–1012 (1988). • [31] M. I. H. FAROOQI and K. N. KAUL, *Chemical examination of Siris (Albizzia lebbek Benth.) gum*, J. Sci. Industr. Res., India, *21*B, 454–455 (1962). • [32] K. SHRIVASTAVA and V. K. SAXENA, *A new saponin from roots of Albizzia lebbeck*, Fitoterapia *59*, 479–480 (1988). Tetraose aus Rha, Xyl, Ara und Glc aufgebaut. • [33] G. V. N. RAYUDU and S. RAJADURAI, *Lebbecacidin and melacacidin from heartwood of Albizzia lebbek*, Leather Sci. (Madras, India) *12*, 362–363 (1965). Ex CA *64*, 2045 (1966). • [34] S. R. GUPTA et al., *Chemical components of Albizzia lebbeck heartwood*, Indian J. Chem. *4*, 139–141 (1966). • [35] G. V. N. RAYUDU and S. RAJADURAI, *Occurrence of D-catechin and (+)-leucocyanidin in Albizzia lebbek*, Leather Sci. (Madras, India) *12*, 21–22 (1965). Ex CA *62*, 10823 (1965). • [36] V. J. TRIPATHI and B. DASGUPTA, *Neutral constituents of Albizzia lebbeck*, Current Sci. *43*, 46–47 (1974). • [37] P. C. PAL et al., *Saponins from Albizia lebbeck*, PHYCHEM *38*, 1287–1291 (1995). Als Zuckerbausteine der Saponine Xyl, Ara und Glc nachgewiesen. • [38] H. HASAN et al., *Sapogenin of Albizzia lebbek Benth. bark*, Indian J. Pharm. *23*, 331–332 (1961). • [39] I. P. VARSHNEY and S. C. SHARMA, *Chemical investigation of the Albizzia lebbek leaves and Albizzia lucida seeds and bark*, Indian J. Appl. Chem. *32*, 73–74 (1969). • [40] A. K. BARUA and S. P. RAMAN, *Isolation of acid sapogenins from Albizzia lebbeck Benth.*, Science and Culture *23*, 435–436 (1958). • [41] Id., *The constitution of albigenin, a new triterpene from Albizzia lebbeck Benth.*, Tetrahedron *18*, 155–159 (1962). • [42] I. P. VARSHNEY and G. BADHWAR, *Study of the sapogenins from Albizzia lebbek seeds*, Bull. Chem. Soc. Japan *43*, 446–447 (1970). • [43] P. K. AGRAWAL and B. SINGH, *Chemical constituents of Albizzia lebbeck*, Indian J. Pharm. Sci. *53*, 24–26 (1991). Nach diesen Autoren sind aus *A. lebbeck* auch Reynoutrin, Rutin, Myricitrin und Robinin bekannt (ohne genaue Literaturzitate!). • [44] M. O. FAROOQ et I. P. VARSHNEY, *La saponine et la sapogénine du péricarp des fruits d'Albizzia lebbek Benth. 1re partie. L'isolement d'une nouvelle sapogénine, l'albizziagénine*, Bull. Soc. Chim. France *1953*, 301–302. • [45] CH. SANNIÉ et al., *Sur les sapogénines d'Albizzia lebbek Benth.*, Bull. Soc. Chim. France *1957*, 1440–1444. • [46] I. P. VARSHNEY et al., *Study of saponins and sapogenins of Sesbania* *grandiflora seeds, Albizzia lebbek pods and Psidium guayava fruits*, Indian J. Appl. Chem. *34*, 214–216 (1971). ● [47] I. P. VARSHNEY et al., *Lebbekanin C, a new saponin from Albizzia lebbeck pods*, PM *24*, 183–189 (1973). Mit auf S. 184 Übersicht über bekannte *Albizia*-Saponine und -Sapogenine. ● [48] L. N. MISRA et al., *N-Demethylbudmunchiamines from Albizzia lebbek seeds*, PHYCHEM *39*, 247–249 (1995). ● [49] I. P. VARSHNEY et al., *Partial structure of lebbekanin A, a new saponin from the seeds of Albizzia lebbek Benth.*, Indian J. Chem. *11*, 1094–1096 (1973). Auch Lebbekanin-B mit Oleanolsäure als Sapogenin isoliert. ● [50] I. P. VARSHNEY et al, *Study of lebbekanin D, a new saponin of Albizzia lebbek flowers*, J. Indian Chem. Soc. *52*, 1202–1203 (1975). 3,28-Bisdesmosidisches Saponin mit Echinocystsäure als Sapogenin. ● [51] I. P. VARSHNEY and D. C. JAIN, *Glycosides from the flowers of Albizzia lebbek*, Indian J. Chem. *16B*, 1131–1132 (1978). Die Lebbekanine -D bis -H haben Echinocystsäure als Sapogenin; sie unterscheiden sich nur im Aufbau der Zuckerketten mit Gal, Glc, Ara, Xyl und Rha (D, H) oder mit Glc, Ara, Xyl, Fu und Rha (F und G). ● [52] I. P. VARSHNEY and M. S. Y. KHAN, *On the presence of echinocystic acid and quercetin in flowers of Albizzia lebbek Benth.*, Canad. J. Chem. *39*, 1721–1723 (1961). ● [53] M. K. JAIN and R. K. MISHRA, *Chemical examination of Albizzia lebbeck Benth.*, Indian J. Appl. Chem. *26*, 127–128 (1963). ● [54] M. ASIF et al., *Analysis of Albizzia lebbeck flower oil*, Fette, Seifen, Anstrichmittel *88*, 180–182 (1986). ● [55] I. P. VARSHNEY et M. O. FAROOQ, *Etude de l'influence de la nouvelle saponine d'Albizzia lebbek Benth. sur la germination et la croissance des graines. Actions des diverses concentrations et des saisons sur les grains de blé*, Comptes Rendus Séances Soc. Biol. *146*, 902 (1952). ● [56] Id., *Influence d'une nouvelle saponine d'Albizzia lebbek Benth. sur la germination et la croissance des graines de pois chichi (Cicer arietinum L.) et d'orge (Hordeum vulgare L.)*, Bull. Soc. Chim. Biol. *35*, 827–830 (1953). ● [57] R. M. TRIPATHI et al., *Studies on the mechanisms of action of Albizzia lebbeck, an Indian indigenous drug used in the treatment of atopic allergy; Further studies on the mechanism of the anti-anaphylactic action of Albizzia lebbeck, an Indian indigenous drug*, J. Ethnopharmacol. *1*, 385–396, 397–406 (1979). Rindendekokte werden mit Erfolg zur Behandlung von Bronchialasthma und Ekzemen (lokale Applikation) verwendet. ● [58] S. K. CHAKRABORTI et al., *Triterpenes from the seeds of Albizzia lucida Benth.*, Science and Culture *28*, 385–386 (1962). Auch nicht-identifiziertes neutrales Triterpen isoliert. Nach CA *59*, 15601 (1963) ebenfalls Oleanolsäure erhalten. ● [59] FULVIA ORSINI et al., *Isolation of a new compound related to 4-methoxypyridoxine from Albizzia lucida*, Gazz. Chim. Ital. *119*, 63–64 (1989). ● [60] K. WADA et al., *An antivitamine B_6, 4'-methoxypyridoxine from the seed of Ginkgo biloba*, CHPHBUL *33*, 3555–3557 (1985). ● [61] FULVIA ORSINI et al., *Saponins from Albizzia lucida*, PHYCHEM *30*, 4111–4115 (1991). ● [62] A. ITO et al., *Lignan glycosides from bark of Albizzia myriophylla*, PHYCHEM *37*, 1455–1458 (1994). ● [63] I. P. VARSHNEY and M. S. Y. KHAN, *Acid sapogenins isolated from Maharashtrian Albizzia odoratissima seeds*, J. Pharm. Sci. *50*, 923–925 (1961). ● [64] Id., *On the second sapogenin of Maharashtrian Albizzia odoratissima Benth. seeds*, Bull. Chem. Soc. Japan *38*, 1214 (1965). ● [65] Id., *Isolation of odoratissimin, a new saponin from seeds of Albizzia odoratissima Benth.*, J. Sci. Industr. Res. (India) *21B*, 30–33 (1962). Dieses Saponin mit anderem Sapogenin wurde aus einem Samenmuster von Uttar Pradesh gewonnen. ● [66] L. R. Row and C. V. R. SASTRY, *Isolation of (+)-O-pentamethyl dihydromelanoxetin from Albizzia odoratissima Benth.*, Tetrahedron *19*, 1371–1376 (1976). Nach Methylierung isoliert; die Autoren nehmen genuines Vorkommen von Dihydromelanoxetin an; vgl. dazu aber Ref. [12]. ● [66a] S. P. GUNASEKERA et al., *Constituents of Pithecellobium multiflorum*, JNP *45*, 651 (1982). Coll. Dept. Loreto (peruanisch Amazonia); nach LEWIS 1987 entspricht dieses Taxon *Albizia polyantha* (Spreng. f.) G. P. Lewis nov. comb. ● [67] M. O. FAROOQ et al., *Sur une sapogénine d'Albizzia procera Benth.; acide machaérinique*, CR *246*, 3261–3263 (1958). Samen aus Madhya Pradesh untersucht. Vgl. auch eid., Arch. Pharm. *292*, 57–62 (1959). ● [68] M. O. FAROOQ et al., *The sugar constituents of proceranin, saponin of Albizzia procera Benth.*, Current Sci. *27*, 489 (1958). ● [69] I. P. VARSHNEY and S. Y. KHAN, *Isolation of proceric acid, a new triterpenic acid, from Maharashtrian Albizzia procera Benth.*, J. Pharm. Sci. *53*, 1532–1533 (1964). Samen aus Poona (Maharashtra) lieferten anderes Sapogenin. ● [70] I. P. VARSHNEY, *The structure of proceric acid*, Bull. National Inst. Sci. *37*, 95–99 (1968). Machaerinsäure und Procerasäure haben die gleiche Struktur, sind aber stereochemisch verschieden. ● [70a] I. P. VARSHNEY et al., *Partial structure of proceranin-A: A new saponin from the seeds of Albizzia* *procera* Benth., Indian J. Chem. *11*, 1189–1190 (1973). Samen von Madhya Pradesh; Hydrolysenprodukte: Procerinsäure, Glc, Gal, Ara, Xyl, Rha, Fu. ● [71] S. ROY and A. K. ROY, *Chemical investigation of seeds of Albizzia procera Benth.*, Experientia *23*, 182–183 (1967). ● [72] Id., *Constitution of proceragenin-A, a triterpenoid sapogenin from Albizzia procera Benth.*, Tetrahedron Letters *1966*, 5743–5750. Ist Lacton einer Dihydroxyoleanolsäure, die selber auch nachgewiesen wurde; wahrscheinlich handelte es sich hier um Acaciasäure (16,21-Dihydroxyoleanolsäure) und deren 28 → 21-Lacton, nicht um 15,16-Dihydroxyoleanolsäure und deren 28 → 15-Lacton. ● [73] M. O. FAROOQ et al., *Etude chimique de l'huile de la graine d'Albizzia procera Benth.*, Bull. Soc. Chim. Biol. *41*, 901–906 (1959). Das *procera*-Samenöl wird mit Samenölanalysen von *A. amara, lebbeck* und *odoratissima* verglichen. ● [74] M. I. H. FAROOQI and K. N. KAUL, Indian J. Chem. *1*, 542 (1963); *3*, 217–219, 473–474 (1965); *8*, 143–144 (1970). Mengenmäßig überwiegende Bausteine dieses Gummis sind Gal und Ara. ● [75] P. S. STEYN et al., *Structure elucidation of two neurotoxins from Albizia tanganyicensis*, South African J. Chem. *40*, 191–192 (1987). ● [76] A. FERNANDES COSTA et al., *Albizia tanganyicensis Bak. f. – Contribuições para o seu estudo farmacognosico*, Garcia de Orta *8*, 597–614 (1960). Orientierend-chemische und pharmakographische Untersuchungen der Rinde von Bäumen von Angola; 5 anatomische Abb. ● [77] D. W. DRUMMOND and E. PERCIVAL, *Structural studies of the gum exudate of Albizzia zygia*, JCS *1961*, 3908. Hauptkette durch (1β → 3)-gebundene Gal-Reste gebildet; übrige Zucker und die Uron- und Aldobiouronsäure in Seitenketten, welche auch (1β → 6)-gebundene Gal enthalten; ausführliche Vergleichung des *A. zygia*-Gummis mit anderen besser bekannten Schleimexsudaten und Hinweis auf Übereinkünfte mit anderen Mimosoideen-Gummis und auf die typischen Eigenschaften (z. B. Man-Gehalt) des *zygia*-Gummis. ● [78] H. C. MITAL and J. ADOTEY, *Studies on Albizia zygia gum. 1. Certain physicochemical properties; 2. Rheological properties of the mucilage; 3. Stabilization of emulsions*, Pharm. Acta Helv. *46*, 637–642 (1971); *47*, 508–515 (1972); *48*, 412–419 (1973). Das *zygia*-Gummi ist wie GUMMI ARABICUM peroxidasehaltig; diese Autoren geben als Hydrolysenprodukte Ara, Gal, GlcU und GalU an; offensichtlich verwechselten sie 4-O-MeGlcU mit GalU; ihre Gummimuster wurden in Ghana eingesammelt. ● [79] W. R. ASHTON et al., *Physical properties and applications of aqueous solutions of Albizzia zygia gum*, J. Sci. Food. Agric. *26*, 697–704 (1975). ● [80] P. PACHALY et al., *Inhaltsstoffe von Albizzia zygia. 1. und 2. Mitt.*, Arch. Pharm. *314*, 18–25 (1981); *316*, 651–652 (1983). ● [81] L. VILELA ALEGRIO et al., *Triterpene esters from Archidendropsis streptocarpa (Fournier) Nielsen*, Plantes Méd. Phytothérapie *26*, 101–108 (1993). ● [82] L. A. SWAIN and J. T. ROMEO, *Metabolism of pipecolic acid derivatives in Calliandra and Zapoteca*, PHYCHEM *27*, 397–399 (1988). Fütterung von isolierten Blättern über die Blattstiele mit markierten Verbindungen; Versuchspflanzen waren die kolumbianischen Taxa *Calliandra angustifolia* und *Zapoteca formosa*. ● [83] M. MARLIER et al., *Acide 4,5-dihydroxy-L-pipécolique à partir de Calliandra haematocephala*, PHYCHEM *11*, 2597–2599 (1972). Aus 1 kg Frischblatt 7 g freie Aminosäuren isoliert; relativ viel Pipecolinsäure, 4-Hydroxy- und 5-Hydroxypipecolinsäure nachgewiesen und Stoff A, B und C rein isoliert; Stoff A mit 4,5-Dihydroxypipecolinsäure, $C_6H_{11}O_4N$, und Stoff C mit Tyramin identifiziert. In dieser Arbeit Ausbeuten nicht erwähnt. Später wurde die Dihydroxypipecolinsäure als 2,4-*trans*-4,5-*cis*-Isomer charakterisiert (vgl. PHYCHEM *15*, 183 [1976]). ● [84] M. MARLIER et al., *2S,4R-Carboxy-2-acetylamino-4-piperidine dans les feuilles de Calliandra haematocephala*, PHYCHEM *18*, 479–481 (1979). Stoff B von [83] (410 mg; $C_8H_{14}N_2O_3$) mit 4-Acetylaminopipecolinsäure identifiziert. ● [85] A. B. BLEECKER and J. T. ROMEO, *2,4-trans-4,5-trans-Dihydroxypipecolic acid (**1**) and cis-5-hydroxypipecolic acid (**2**) from leaves of Calliandra angustifolia and sap of C. confusa*, PHYCHEM *20*, 1845–1846 (1981). 780 mg **1** und 270 mg **2** aus 1,2 kg Blattpulver (in Venezuela geerntet) von *C. angustifolia*; gleiche Aminosäuren aus in Guatemala gewonnenem Saft („extracted from trees via the Prescape process") von *C. confusa*. ● [86] A. B. BLEECKER and J. T. ROMEO, *2,4-cis-4,5-cis-4,5-Dihydroxypipecolic acid – A naturally occurring imino acid from Calliandra pittieri*, PHYCHEM *22*, 1025–1026 (1983). 270 mg des neuen Dihydroxypipecolinsäure-Isomers aus 800 g getrockneten Blättern gewonnen; das gleiche Isomer wurde in weiteren mittel- und südamerikanischen *Calliandra*-Arten nachgewiesen; in größeren Mengen (bis 0,25 %) bei *C. carbonaria, deamii, formosa, lambertiana, purdiei* und *tenuiflora*; von einzelnen Taxa waren ebenfalls Samen verfügbar; sie wiesen dieselben Aminosäure-Spektren wie die Blätter auf. ● [87] J. T. ROMEO et al., *cis-4-Hydroxypipecolic acid* (**3**) *and 2,4-cis-4,5-trans-4,5-dihydroxy pipecolic acid* (**4**) *from Calliandra*, PHYCHEM 22, 1615–1617 (1983). Zwei neue Hydroxypipecolinsäure-Isomere aus Blättern von *C. pittieri* isoliert: 145 mg **3** und 580 mg **4** aus 800 g getrockneten Blättern aus Kolumbien; Iminosäure-Spektra der Blätter von 8 Arten mit analytischen Methoden ermittelt (vgl. Tabelle 30). ● [88] J. T. ROMEO, *Preliminary chemotaxonomic investigations of Colombian Calliandra species based on nonprotein amino acids*, Bull. IGSM 12, 19–23 (1984). Approximative Hydroxypipecolinsäuren-, Pipecolinsäure- und Prolin-Gehalte in Blättern von 13 Arten ermittelt. Auch kurze Besprechung der ökologischen Bedeutung der individuellen Iminosäuren. ● [89] J. T. ROMEO, *Insecticidal imino acids in leaves of Calliandra*, BIOCHSE 12, 293–297 (1984). ● [90] J. T. ROMEO and L. A. SWAIN, *Persistence of nonprotein seed amino acid S-(β-carboxyethyl)-cysteine in young leaves of Calliandra rubescens*, J. Chem. Ecol. 12, 2089–2096 (1986). ● [91] MONIQUE S. J. SIMMONDS et al., *The effect of non-protein amino acids from Calliandra plants on the aphid Aphis fabae*, BIOCHSE 16, 623–626 (1988). ● [92] J. T. ROMEO and MONIQUE S. J. SIMMONS, *Nonprotein amino acid feeding deterrents from Calliandra*, S. 59–68 in: J. T. ARNASON et al. (Eds), *Insecticides of plant origin*, ACS Symposium Series 387, ACS, Washington, DC 1989. ● [93] T. TAKEDA et al.; T. NAKAMURA et al., CHPHBUL 41, 2132–2137 (1993); 42, 1111–1115 (1994). Isolation und Struktur der Calliandrasaponine -A bis -F. ● [94] ROSALBA ENCARNACION D. et al., *Two new flavones from Calliandra californica*, JNP 57, 1307–1309 (1994). Das neue 5-Hydroxytetramethoxyflavon hatte antibiotische Wirkung; das entsprechende 5-Desoxyflavon war unwirksam; Ausbeuten 5 und 15 mg aus 260 g Wurzeln. ● [95] C. N. AGUWA and A. M. LAWAL, *Pharmacological studies on the active principle of Calliandra portoricensis leaves*, J. Ethnopharmacol. 22, 63–71 (1988). ● [96] P. A. AKAH and J. I. NWAIWU, *Anticonvulsant activity of root and stem extracts of Calliandra portoricensis*, J. Ethnopharmacol. 22, 205–210 (1988). ● [97] K. EZAKI et al., *New dihydrophenanthrapyrans from Cedrelinga catenaeformis*, Tetrahedron Letters 32, 2793–2796 (1991). ● [98] J. COHEN MARX and B. M. TURSCH, *Occurrence of a triterpene of the β-amyrin type, the lactone of machaerinic acid, in the fruits of Enterolobium contortisiliquum*, Anais Assoc. Brasil. Quim. 22, 31–35 (1963; publ. 1966); 23, 5–7 (1964; publ. 1967): Ex CA 64, 14591 (1966); 68, 66333 (1968). Auch reichlich Gerbstoffe waren in den Früchten vorhanden. ● [99] MARIA CELIA C. DELGADO et al., *3β-Hydroxy-21β-E-cinnamoyloxyolean-12-en-28-oic acid, a triterpenoid from Enterolobium contortisiliquum*, PHYCHEM 23, 2289–2292 (1984). Das 3-Glucosid wurde durch die gleichen Autoren 1986 beschrieben: Quim. Nova 9, 119 (1986); ex PHYCHEM 30, 1364 (1991). ● [100] M. VALLE DE SOUSA and L. MORHY, *Enterolobin, a hemolytic protein from Enterolobium contortisiliquum seeds. Purification and characterization*, Anais Acad. Brasil. Cienc. 61, 405–412 (1989); R. S. B. CORDEIRO et al., *Pro-inflammatory activity of enterolobin: a haemolytic protein extracted from Enterolobium contortisiliquum*, European J. Pharmacol. 183, 2270–2271 (1990). ● [101] X. A. DOMINGUEZ et al., *Estudio quimico de la corteza y fruto del „Guanacastle o Parota", Enterolobium cyclocarpum, una Leguminosa*, Rev. Latinoamer. Quim. 10, 46–48 (1979). ● [102] G. H. MAHRAN et al., *Investigation of the saponin content of Enterolobium cyclocarpum Griseb.*, J. African Med. Plants 3, 35–45 (1980); auch Zusammenfassung in PM 36, 267 (1979). ● [103] GLADYS L. PINTO e AIDA L. CORREDOR, *Estudio analitico de los exudados gomosos provenientes de la especie Enterolobium cyclocarpum*, Acta Cientifica Venezolana 37, 92–93 (1986). ● [104] GLADYS L. PINTO et al., *Chemical and* ^{13}C *NMR studies of Enterolobium cyclocarpum gum and its degradation products*, PHYCHEM 37, 1311–1315 (1994). ● [105] T. C. MORTON et al., *trans-4-Methoxypipecolic acid, an amino acid from Inga paterno*, PHYCHEM 30, 2397–2399 (1991). ● [106] T. C. MORTON and J. T. ROMEO, *Preliminary chemical investigation of Costa Rican Inga species*, Bull. IGSM 18, 112–123 (1990). ● [107] C. NICHOLS-ORIANS, *Condensed tannins, attine ants, and the performance of symbiotic fungus*, J. Chem. Ecol. 17, 1177–1195 (1991). Die durch Blattschneiderameisen geernteten Blätter dienen zur Züchtung von Pilznahrung; zu hohe Gerbstoffgehalte des für die Herstellung der Pilzbeete verwendeten Blattmaterials kann die Entwicklung der Pilze hemmen. ● [108] I. G. KINGSTON and R. C. MUNJAL, *Plant Anticancer Agents. VIII. Constituents of Inga punctata*, JNP 41, 499–500 (1978). 10 kg extrahiert; die im Text angegebenen Ausbeuten wurden durch mich anhand der durch die Autoren im experimentellen Teil mitgeteilten Angaben berechnet. ● [109] A. ITO et al., *Alkaloid from bark of Albizzia myriophylla*, CHPHBUL 42, 1966–1967 (1994). 32 mg Albizzin-

A, $C_{17}H_{29}O_2N_3$, aus 1,8 kg Rinde; es besitzt eine dem *Equisetum*-Alkaloid Palustrin (Formel Bd. VII, 414) sehr ähnliche Struktur. ● [110] M. TROCKENBRODT and N. PARAMESWARAN, *A contribution to the taxonomy of the genus Inga Scop. (Mimosaceae) based on the anatomy of the secondary phloem*, IAWA Bull. n.s. *7*, 62–71 (1986). Bei einem von zwei Mustern von *I. ingoides* Willd. waren schizogene Exkreträume vorhanden; auch Form und Verteilung der Kristalle von Calciumoxalat beschrieben. ● [111] SUZANNE KOPTUR, *Outcrossing and pollinator limitation of fruit set: Breeding systems of neotropical Inga trees of lower montane forest at Monteverde, Costa Rica*, Evolution *38*, 1130–1143 (1984). ● [112] ODILE PONCY, *Le genre Inga (Légumineuses, Mimosoideae) en Guyane française, systématique, morphologie des formes juvéniles, écologie*, Mém. Mus. Natl. Hist. Naturelle, Nouvelle Série B, Botanique Tome 31 (1985) = Studies on the flora of the Guianas No. 13, Paris 1985; 128 S. und XI Tafeln. ● [113] MARTHA DE OLIVEIRA GUERRA et al., „*Screening*" *de plantas nativas de Amazoñia com potencial inhibidor da fertilida em ratas*, Supl. Acta Amazonica *18* (1–2), 129–134 (1988). ● [114] H. RIPPERGER et al., *O(3)-(2-Acetylamino-2-deoxy-β-D-glucopyranosyl)-oleanolic acid, a novel triterpenoid glycoside from two Pithecellobium species*, PHYCHEM *20*, 2434–2435 (1981). Beide Taxa in Cuba gesammelt; Belegexemplare in Havanna. ● [115] A. G. R. NAIR and S. S. SUBRAMANIAM, *Flavonoids of the flowers of ...*, Current Sci. *31*, 504–506 (1962). *Pithecellobium dulce* auf S. 505. Frische Blüten lieferten 0,1 % Isoquercitrin. ● [116] S. K. NIGAM and C. R. MITRA, *Pithecellobium dulce. IV. Constituents of flowers, heartwood and root bark*, PM *16*, 335–337 (1968). Die Phytosteringemische von Blüten und Holz enthielten reichlich α-Spinasterin. ● [117] S. K. NIGAM and C. R. MITRA, *Pithecolobium dulce. III. Minor constituents of trunk bark*, Indian J. Chem. *5*, 395 (1961). ● [118] G. V. N. RAYUDU and S. RAJADURAI, *Studies on the extractives of heartwood of Pithecolobium dulce: Isolation of (+)-leucofisetinidin*, Leather Science (India) *12*, 301 (1965). Lieferte Trimethylether, $C_{18}H_{20}O_6$, F = 180°, $[\alpha]_D^{30} = +17°$. ● [119] S. K. NIGAM and C. R. MITRA, *Pithecolobium dulce. V. Chemistry of seed saponin and constituents of the leaves*, PM *18*, 44–50 (1970). ● [120] D. ADINARAYANA and P. R. CHETTY, *Chemical investigation of South Indian medicinal plants*, Indian J. Chem. *24B*, 453 (1985). ● [121] S. K. NIGAM et al., *Pithecolobium dulce. I. Isolation and characterization of legume constituents*, J. Pharm. Sci. *52*, 459–462 (1963). ● [122] N. P. SAHU and S. B. MAHATO, *Antiinflammatory triterpene saponins of Pithecellobium dulce: Characterization of an echinocystic acid bisdesmoside*, PHYCHEM *37*, 1425–1427 (1994). ● [123] A. BANERJEE and M. JAIN, *Studies on Pithecellobium seed oils*, Fitoterapia *59*, 405 (1988). ● [124] K. M. HOSAMANI, *A minor source of vernolic, malvalic, and sterculic acids in Pithecellobium dulce (syn. Inga dulcis) seed oil*, J. Amer. Oil Chemists' Soc. *72*, 489–492 (1995). ● [125] A. G. VAN VEEN en A. J. HYMAN, *Het giftige bestanddeel van de djengkol*, Geneeskundig Tijdschrift Nederl. Indië *73*, 991–1001 (1933). Isolation von Djengkolsäure aus dem Urin von Patienten und Freiwilligen, sowie von zwangsgefütterten Affen (freiwillig fressen sie Djengkolbohnen nicht). Genaue Beschreibung der Symptome der Djengkolvergiftung (blutiger Urin; zuweilen Anurie; oft scharfe Kristalle von Djengkolsäure im Urin; vor allem bei Kindern kann die Vergiftung letal sein); deutsche Zusammenfassung auf S. 1000–1001. ● [126] A. G. VAN VEEN und A. J. HYMAN, *Die Djenkolsäure, eine neue schwefelhaltige Aminosäure*, Rec. Trav. Chim. Pays-Bas *54*, 493–501 (1935). Strukturaufklärung der jetzt Djenkolsäure genannten Aminosäure, $CH_2[-S-CH_2-CH(NH_2)-COOH]_2$, und weitere Angaben zu ihrer Toxikologie. Djenkolbohnen enthalten etwa 2 % Djenkolsäure; dementsprechend enthält eine Bohne von 15 g etwa 300 mg Djenkolsäure. „Der Organismus der Djenkolesser hat so bisweilen einige Gramme dieser merkwürdigen Säure zu verarbeiten! Sie ist im Blut bei pH 7 in gelöstem Zustand anwesend, kann aber nach ihrer Ausscheidung in den Nieren infolge einer sauren Reaktion des Harns auskristallisieren und so leicht eine mechanische Verletzung der Harnwege hervorrufen." Zwangsgefütterte Affen schieden wie der Mensch Djenkolsäure mit dem Harn aus, doch wurden bei ihnen nie Symptome von Djenkolvergiftung beobachtet. Die Faktoren, welche den Grad der Anfälligkeit verschiedener Menschen für Djenkol-Vergiftung beeinflussen oder festlegen, scheinen noch nicht mit Sicherheit bekannt zu sein. ● [127] MIN-WON LEE et al., *Flavan-3-ol gallates and proanthocyanidins from Pithecellobium lobatum*, PHYCHEM *31*, 2117–2120 (1992). ● [128] N. H. LAJIS and M. N. KAN, *Extraction, identification, and spectrophotometric determination of second ionization-constant of methylgallate, a constituent present in the fruit shells of Pithecellobium jiringa*, Indian J. Chem. *33B*, 609–612 (1994). Extraktion mit MeOH. Methylgallat könnte Isolierungsartefakt sein. • [129] P. C. MAITI, *β-Amyrin from Pithecellobium bigeminum Mart.*, Bull. Bot. Survey India *5*, 91 (1963). • [130] M. Y. TSUDA et al., *Marked formation of thioproline, an effective nitrite trapping agent in vivo, in boiled djenkol beans (Indonesian edible beans)*, Mutation Research *252* (1), 113–114 (1991). • [131] K. E. MAGNUS and C. E. SEAFORTH, *The Rain Tree. A Review*, Tropical Sci. *7*, 6–11 (1965). Enthält auch Erklärung für Namen des Baumes. In der Regenzeit geben verwundete Äste einen stark phenolhaltigen Blutungssaft ab, der für die Bodenflora unter den Bäumen toxisch ist. Nach Beobachtungen in Westindien beginnt dieses Bluten wenige Stunden nach starken Regenfällen und hält dann bis 20 Stunden an; ein einziger verwundeter Ast lieferte in 12 Stunden 200 ml Blutungssaft mit pH 5,5, der viel PA und Catechine enthielt. • [132] L. VAN ITALLIE, *Over Pithecolobium saman Bentham*, Pharm. Weekblad *69*, 941–963 (1932). • [133] S. K. NIGAM et al., *Constituents of Samanea saman bark*, PHYCHEM *10*, 1954–1955 (1971). • [134] G. MISRA et al., *Constituents of Samanea saman leaves, seeds and heartwood*, PHYCHEM *10*, 3313–3314 (1971). • [135] K. WIESNER et al., *Structure of pithecolobin. II and III*, Canad. J. Chem. *46*, 1881–1886; 3617–3624 (1968). • [136] I. P. VARSHNEY et al., Indian J. Chem. *14*B, 814–815 (1976); *16*B, 166–167 (1978); J. Indian Chem. Soc. *54*, 992–994 (1977); Indian J. Pharm. Sci. *40*, 60–61 (1978); Fitoterapia *56*, 281–283 (1985). Samanin-A (Samen), -B (Fruchtwand), -C (Holz), -D (Blüten) und -E (Rinde) von *Pithecolobium saman*. • [137] Mrs. S. DAN et al., *Chemical investigation of three indigenous plants*, J. Indian Chem. Soc. *59*, 419–420 (1982). Bei *Pithecellobium saman* 668 g lufttrockene Hülsen (oder ganze Früchte?: „pods") extrahiert; für Isolation von Lupeol vide auch P. C. MAITI, *Lupeol from Samanea saman (Jacq.) Merrill*, Bull. Bot. Survey India *5*, 269 (1963). • [138] R. F. A. ALTMAN, *Steroidal sapogenins in Amazonian plants*, Nature *173*, 1098 (1954).

D. NACHTRÄGE (ADDENDA) BEI DER UMBRUCHKORREKTUR (25. SEPTEMBER 1995)

A I. Literatur zur Leguminosensystematik und -klassifikation

ENDRESS,P. K., *Diversity and evolutionary biology of tropical flowers*, Cambridge University Press, Cambridge 1994. Das Buch enthält ausführliche Besprechungen von Blütenbau und Blütenbiologie der Leguminosen: S. 5–8 *Delonix regia, the flamboyant (Caesalpiniaceae): an introductionary example*. Leguminosae (als *Fabales*), 257–302: Einleitung, 257–260; *Caesalpiniaceae*, 260–280; *Mimosaceae*, 281–287; *Fabaceae* s. str. (*Papilionaceae*), 287–299; *Parallel evolutionary trends* (in *Fabales*), 299–302. Innerhalb der Leguminosen wurden alle in der Natur bekannten Bestäubungstypen realisiert. Am Schluß finden sich eine wertvolle Literaturliste, 407–463; eine Liste mit Erklärung von Fachausdrücken (*Glossary*), 464–475; eine Übersicht über das Angiospermensystem (CRONQUIST 1988), 476–479; ein *Taxonomic Index (plants and animals)*, 481–497, und ein zusammenfassender *General Index*, 499–511, in welchem z. B. unter *Floral adaptations to different pollinators* (p. 502) alle besprochenen bestäubungs-ökologischen Typen zu finden sind.

FERGUSON, I. K. and SHIRLEY C. TUCKER (Eds.), *Advances in Legume Systematics, Part 6, Structural Botany*, Royal Bot. Gardens, Kew 1994.

HERENDEEN, P. S. and D. L. DILCHER (Eds.), *Advances in Legume Systematics, Part 4, The fossil record*, Royal Bot. Gardens, Kew 1992.

Viele Publikationen zur heute kaum mehr vollständig überschaubaren Leguminosen-Literatur (Systematik-Klassifikation-Biologie-Phytochemie [lückenhaft]) werden in den Abschnitten *Recent Legume Literature* von THE BEAN BAG zusammengestellt. Die letzten derartigen Übersichten erschienen in:

No. 39, May 1994, 11–20;
No. 40, December 1994, 9–20;
No. 41, May 1995, 13–30.

A III. Anatomie

AGUEDA CASTRO, MARIA, *Maderas Argentinas de Prosopis – Atlas anatomico*, 101 pp., Impreso en la Argentina, Secretaria General de la Presidencia de la Nación, 1994. Genaue Beschreibung der Hölzer von 22 *Prosopis*-Arten von Argentinien. Mit zahlreichen mikrophotographischen Abb. und genauen Angaben über Lokalisation, Form und Zusammensetzung von Calciumoxalatkristallen. Ebenfalls Angaben über Vorkommen von Tannin ($FeSO_4$-Nachweis) in Parenchymzellen. Ferner wurden bei jeder Art Angaben über Nutzung und Nutzungsmöglichkeiten, speziell des Holzes, aufgenommen. Ergebnisse geordnet nach der *Prosopis*-Monographie von BURKART (1976) besprochen:

  I. Sectio STROMBOCARPA
     Series Strombocarpae: *P. strombulifera, reptans, torquata*.
     Series Cavenicarpae: *P. ferox*.
 II. Sectio MONILICARPA: *P. argentina*.
III. Sectio ALGAROBIA
     Series Sericanthae: *P. sericantha, kuntzei*.
     Series Ruscifoliae: *P. ruscifolia, hassleri*.
     Series Denudantes: *P. denudans, ruizlealii, castellanosii, calingastana*.
     Series Humiles: *P. humilis*.
     Series Pallidae: *P. affinis, elata*.
     Series Chilenses: *P. chilensis, nigra, caldenia, flexuosa, alpataco* und *alba*.

GOURLAY, I. D. and G. W. GRIME, *Calcium oxalate crystals in African Acacia species and their analysis by scanning proton microbe (SPM)*, IAWA Journal *15*, 137–148 (1994). Die Angaben über Kristallzellreihen in Hölzern von *Acacia*-Arten (brauchbar zur Altersbestimmung) auf S. 13 von Bd. XI a wurden durch neue Untersuchungen ergänzt und bestätigt. Die jährlichen Holzzuwachszonen von tropischen und subtropischen *Acacia*-Hölzern werden durch eine oder zwei Kristallzellreihen (radiale Schnitte) begrenzt. Untersucht wurden *Acacia caffra, erioloba, fleckii, galpinii, gerrardii, goetzei* subsp. *microphylla, karroo, nigrescens, nilotica, rehmanniana, robusta* subsp. *clavigera, tortilis* subsp. *spirocarpa, welwitschii* subsp. *delagoensis* und *A. xanthophloea* und *Faidherbia albida*. Wo jährlich zwei Regenperioden vorkommen, ist mit zwei durch Kristallzellreihen begrenzten Zuwachszonen zu rechnen. Calciumoxalateinzelkristalle kommen auch zerstreut in einzelnen Xylemparenchymzellen vor. Vide auch Id., ib. *16*, 353–359 (1995).

A IV. Ethnobotanische Leguminosen-Literatur

ADJANOHOUN, E. J. et al. (Rapporteurs), *Médecine traditionnelle et pharmacopée. Contribution aux études ethnobotaniques et floristiques aux Comores*, Agence de Coopération Culturelle et Technique, Paris 1982. Mit zwei Karten der Inseln Anjouan, Moheli und Grande Comore und vielen zeichnerischen Pflanzenabb., 217 S. 27–147 *Les plantes médicinales identifiées et étudiées au cours de la mission*; alphabetisch nach Familien geordnet mit S. 45–51 CAESALPINIACÉES (*Cassia alata, occidentalis, singueana, sophera* und *tora, Tamarindus indica*) und 115–121 PAPILIONACÉES (*Abrus precatorius, Cajanus cajan, Desmodium triflorum, Indigofera tinctoria, Rhynchosia grevei, Tephrosia noctiflora* und *vogelii, Teramnus labialis*). Mimosoideen nicht erwähnt. 173–174 Bibliographie; 197–200 Binomina-Index der Medizinalpflanzen; 209–214 Index der einheimischen und französischen Namen der behandelten Arzneipflanzen.

ADJANOHOUN, E. J. et al. (Rapporteurs), *Médecine traditionnelle et pharmacopée. Contribution aux études ethnobotaniques et floristiques à Maurice (Iles Maurice et Rodriguez)*, Agence Coopération Culturelle et Technique, Paris 1983. Mit sechs Landkarten und vielen zeichnerischen Pflanzenabb., 214 S. 33–137 *Les plantes médicinales identifiées et étudiées au cours de la mission*; alphabetisch nach Familien geordnet; 45–47 CAESALPINIACÉES (*Cassia alata* und *fistula, Tamarindus indica*); 91–93 MIMOSACÉES (*Acacia concinna, Albizia lebbeck, Leucaena glauca, Mimosa pudica*); 105–106 PAPILIONACÉES (*Cajanus cajan, Pongamia pinnata* [= *P. glabra*]). 167–171 Bibliographie. 205–209 Index einheimischer und französischer Pflanzennamen.

ADJANOHOUN, E. J. et al. (Rapporteurs), *Médecine traditionnelle et pharmacopée. Contribution aux études ethnobotaniques et floristiques aux Seychelles*, Agence de Coopération Culturelle et Technique, Paris 1983. Mit Karten der größeren Inseln Mahé und Praslin und kleinen umliegenden Inseln und mit vielen Pflanzenzeichnungen, 170 S. 31–107 *Les plantes médicinales identifiées et étudiées au cours de la mission*; alphabetisch nach Familien geordnet mit S. 41 CAESALPINIACÉES (*Cassia occidentalis, Tamarindus indica*), S. 77 MIMOSACÉES (mit *Mimosa pudica*) und S. 85–87 PAPILIONACÉES (*Abrus precatorius, Flemingia strobilifera* und *Indigofera suffruticosa*). 127–129 Bibliographie. 151–153 Binomina-Index der Medizinalpflanzen. 161–166 Index der einheimischen und französischen Namen der besprochenen Medizinalpflanzen.

ADJANOHOUN, E. J. et al. (Rapporteurs), *Médecine traditionnelle et pharmacopée. Contribution aux études ethnobotaniques et floristiques au Gabon*, Agence de Coopération Culturelle et Technique, Paris 1984. Mit zwei Karten des Gebiets und vielen zeichnerischen Pflanzenabb. 294 S. 17–129 *Les plantes médicinales identifiées au cours de la mission*. Alphabetisch nach Familien geordnet; CAESALPINIACÉES 37–39 (*Amphimas ferrugineus, Cassia alata, Guibourtia tessmannii*); MIMOSACÉES 87–93 (*Calpocalyx dinklagei* und *klainei, Cylicodiscus gabunensis, Pentaclethra eetveldeana, Pentaclethra macrophylla*); PAPILIONACÉES 105–107 (*Desmodium adscendens* und *salicifolium, Lonchocarpus sericeus, Pterocarpus soyauxii*). 255–282 Index der einheimischen Namen bei 30 ethnischen Gruppen. 285–287 Bibliographie.

ADJANOHOUN, E. J. et al. (Rapporteurs), *Médecine traditionnelle et pharmacopée. Contribution aux études ethnobotaniques et floristiques à la Dominique (Commonwealth of Dominica)*, Agence Coopération Culturelle et Technique, Paris 1985. 400 S. Das Buch enthält zwei ethnobotanisch-ethnomedizinische Kapitel: *Les plantes médicinales identifiées et étudiées au cours de la mission*, 33–199, und *Principales maladies et plantes utilisées pour leur traitement*, 201–260 + 261–317 (englische Übersetzung). Am Schluß findet man eine nach Pflanzenfamilien (*Acanthacées – Zingiberacées. Pteridophytes*) geordnete Zusammenstellung der beschriebenen Medizinalpflanzen, 320–349, einen alphabetischen Species-Index (*Acalypha wilkesiana* Muell. Arg. – *Zingiber officinale* Rosc.), 350–354, und wenige Angaben zu einigen Tieren und tierischen Produkten, einen medizinischen Index, Erklärungen von medizinischen und botanischen Termini, einen Volksnamen-Index (*anglophone – francophone*, 375–387) und eine Bibliographie, 390–392. Die Leguminosen treten als Caesalpiniacées (*Cassia occidentalis* L. und *obtusifolia* L.), Mimosacées (*Mimosa pudica* L.) und Papilionacées (= Fabacées; *Arachis hypogaea* L., *Cajanus cajan* [L.] Millsp., *Desmodium canum* [Gmelin] Schinz et Thell., *D. triflorum* [L.] DC., *Erythrina corallodendron* L. und *Gliricidia sepium* [Jacq.] Kunth) auf.

ADJANOHOUN, E. J. et al. (Rapporteurs), *Médecine traditionnelle et pharmacopée. Contribution aux études ethnobotaniques et floristiques en République populaire du Congo*, Agence Coopération Culturelle et Technique, Paris 1988. Mit sechs Landkarten und zahlreichen zeichnerischen Pflanzenabb. 605 S. 61–373 *Les plantes médicinales identifiées et étudiées au cours de la mission*; nach Familien alphabetisch geordnet; 151–157 Caesalpiniaceae (*Cassia alata, occidentalis, siamea* und *spectabilis, Copaifera salikounda, Distemonanthus benthamianus, Erythrophleum guineense, Tamarindus indica*); 247–253 Mimosaceae (*Albizia adianthifolia, Cylicodiscus gabunensis, Dichrostachys cinerea, Entada gigas, Pentaclethra macrophylla, Piptadeniastrum africanum, Tetrapleura tetraptera*); 281–297 Papilionaceae (*Abrus precatorius, Cajanus cajan, Camoensia maxima, Canavalia ensiformis, Desmodium adscendens* und *velutinum, Eriosema glomeratum, Indigofera arrecta* und *hirsuta, Millettia eetveldeana, laurentii* und *versicolor, Mucuna flagellipes, Physostigma venenosum, Pterocarpus soyauxii, Tephrosia candida, Vigna subterranea* [= *Voandzeia subterranea*]). 505–513 (gelb markiert) Index der Binomina und Abbildungen der besprochenen Medizinalpflanzen. 545–568 Index der einheimischen Namen der behandelten Arzneipflanzen bei 25 ethnischen Gruppen. 575–578 *Bibliograpie partielle*.

ADJANOHOUN, E. J. et al. (Rapporteurs), *Contribution aux études ethnobotaniques et floristiques en République Populaire du Bénin*, Agence de Coopération Culturelle et Technique, Paris 1989. Benin = das frühere Dahomey. 895 S. Einleitung (Geomorphologie, Klima, Boden; Flora und Vegetation; mit 11 Karten), 1–43 – Übersicht über die beurteilten Medizinalpflanzen nach Familien geordnet, 43–551 (mit zeichnerischen Abb. aller besprochenen Arten) – Hauptsächlichste Krankheiten und die zu ihrer Behandlung verwendeten Heilpflanzen, Minerale und tierischen Produkte, 553–760 – Verschiedene Indices, 761–842 (Medizinalpflanzen: (a) Nach Familien geordnet, 761–789; (b) nach Binomina geordnet, 791–800; Minerale und tierische Produkte, 801; Volksnamen nach Volksgruppen geordnet, 813–842) – Bibliographie, 843–850. Die Leguminosen sind in diesem Buche mit folgenden Taxa vertreten; CAESALPINIACÉES mit: *Afzelia africana, Bauhinia purpurea, Berlinia grandiflora, Caesalpinia bonduc, pulcherrima, Cassia alata, mimosoides, occidentalis, podocarpa, rotundifolia, siamea* und *tora, Copaifera salikounda, Cynometra megalophylla, Daniellia oliveri, Dialium microcarpum* und *guineense, Isoberlinia doka, Piliostigma thonningii, Swartzia madagascariensis, Tamarindus indica*. MIMOSACÉES mit: *Acacia ataxacantha, gourmaensis, nilotica* var. *adansonii, pennata, polyacantha, seyal* und *sieberiana, Albizia ferruginea, glaberrima* und *zygia, Calliandra portoricensis* (stammt aus Neotropen), *Dichrostachys cinerea, Entada africana, Prosopis africana* und *Tetrapleura tetraptera*. PAPILIONACÉES mit: *Abrus precatorius, Adenodolichos paniculatus, Afrormosia laxiflora, Arachis hypogaea* (Kulturpflanze), *Baphia nitida, Cajanus cajan* (Kulturpflanze), *Crotalaria goreensis* und *retusa, Dalbergia saxatilis, Desmodium gangeticum, ramosissimum, salicifolium* und *velutinum, Eriosema griseum* und *psoraleoides, Erythrina senegalensis, Indigofera astragalina, conjugata, kerstingii, nigricans, oubanguiensis, pulchra, spicata* und *suffruticosa, Leptoderris brachyptera, Lonchocarpus laxiflorus* und *sericeus, Millettia thonningii, Mucuna sloanei, Neorautanenia pseudopachyrhiza, Ostryoderris stuhlmannii, Pseudarthria hookeri, Pterocarpus erinaceus* und *santalinoides, Rhynchosia nyasica*, *Stylosanthes erecta*, *Tephrosia bracteolata*, *linearis* und *vogelii*, *Uraria picta*, *Vigna sinensis* (viel kultiviert), *Voandzeia subterranea* (Kulturpflanze) und *Zornia glochidiata*.

ARVIGO, ROSITA and M. BALICK, *Rainforest remedies*, Lotus Light Publications, Twin Lakes, WI, 1993. Deutsche Ausgabe (übersetzt von Ch. BAKER): *Die Medizin des Regenwaldes. Heilende Kräfte der Maya-Medizin. Die 100 heilenden Kräuter von Belize*, Windpferd Verlagsgesellschaft, Aitrang 1994. Die 100 beschriebenen Pflanzen wurden alle durch Zeichnungen von LAURA EVANS illustriert. Folgende Leguminosen werden behandelt: *Bauhinia herrerae*, *Caesalpinia pulcherrima*, *Senna alata*, *grandis* und *occidentalis* und *Tamarindus indica* (Caesalpiniaceae); *Acacia cornigera* und *Mimosa pudica* (Mimosaceae); *Desmodium adscendens*, *Gliricidia sepium* und *Piscidia piscipula* (Papilionaceae [als Fabaceae s. str.]); N. B. In der deutschen Ausgabe steht überall anstelle von (Pflanzen-)FAMILIE (Pflanzen-)GATTUNG. In diesem Buch sind vor allem die Abschnitte *Traditionelle Verwendung* bei den besprochenen Arten interessant, denn sie beruhen auf persönlichen Beobachtungen der Autoren und auf Befragungen von einheimischen Heilkundigen.

BAERTS, MARTINE et J. LEHMANN, *L'utilisation de quelques plantes médicinales au Burundi*, Musée Royale de l'Afrique Centrale Tervuren, Belgique, Ann. Sci. Economiques, Vol. *23* (1993), 1–155. Sehr gut geplante Inventur der gegenwärtig noch verwendeten Pflanzen. Allgemeine Angaben über Klima, Fauna, Flora und die Sprache (= *le kirundi*) S. 11–20 — Genaue Beschreibung des Kontaktlegens mit annähernd 100 traditionellen Heilkundigen und der an sie gestellten Fragen, 21–31 — Lexikon der behandelten Krankheiten (alphabetisch nach Volksnamen der Krankheiten mit Synonymen [urw**Andiko** = Bezauberung – in**Zoka** = Wurminfektionen, am häufigsten durch Ascariden]), 32–48 — *Les plantes récoltées et les maladies considérées*, 49–100. Einleitung mit allgemeinen Angaben zur gewählten Arbeitsweise. Es werden die 9 medizinischen Hauptkategorien Z (D, F, M, E, A, C, N, R, V) der einheimischen Heilkundigen verwendet. Innerhalb dieser Hauptgruppen wurden Untergruppen (X) unterschieden, maximal 40 bei V (= *Médecine Vétérinaire*, z. B. V1 = *Affections de l'oeil*; V33 = *Stérilité*). Y bedeutet die für eine Pflanze ermittelte Verwendungszahl für ein bestimmtes Krankheitsgebiet. Z, X und Y ergeben zusammen einen *Index Signalétique*, z. B. C(6,16), der wie folgt zu verstehen ist:
C = *Maladies du système digestif* (Z)
C6 = *Ténia* (ZX)
C(6,16) = Diese Pflanze wurde 16mal (Y) als Mittel gegen Bandwürmer erwähnt.
An diese Einleitung schließt die Liste mit den ermittelten Pflanzen (S. 53–100) an. Sie enthält in der 1. Kolonne Familiennamen (*Acanthaceae–Zingiberaceae*) und Binomina, in der 2. Kolonne den Kirundi-Namen der Pflanze (z. T. mit Übersetzung seiner Bedeutung ins Französische), in der 3. Kolonne die „Indices Signalétiques" und in der 4. und letzten Kolonne die Totalität von Y. Zur Erklärung sei ein Beispiel aus der Familie der Caesalpiniaceen aufgeführt:

Cassia kirkii Oliv.— aga**Shiha** oder ——————— D(26,3)(32,1) ——————— 8
                umu**Shisha**-mu-**Nini**   A(8,1)
                                            N(2,1)(8,1)
                                            R1

Die Leguminosen sind in dieser Liste mit folgenden Taxa vertreten: CAESALPINIACEAE mit *Brachystegia bussei* und *magna*, *Caesalpinia decapetala*, *Cassia didymobotrya*, *floribunda*, *kirkii*, *mimosoides*, *occidentalis*, *siamea*, *spectabilis*, *Tamarindus indica* und *Tylosema fassoglense*. MIMOSACEAE mit *Acacia hockii*, *polyacantha* subsp. *campylacantha* und *A. sieberiana* var. *vermoesenii*, *Albizia adianthifolia*, *antunesiana* und *gummifera*, *Entada abyssinica* und *Mimosa pigra*. PAPILIONACEAE (als *Fabaceae*) mit *Abrus precatorius* subsp. *africanus*, *A. pulchellus* subsp. *tenuiflorus*, *Aeschynomene multicaulis*, *Alysicarpus glumaceus* und *rugosus*, *Cajanus cajan*, *Calopogonium mucunoides*, *Crotalaria agatiflora* subsp. *imperialis*, *C. caudata*, *chrysochlora*, *cleomifolia*, *glauca*, *goreensis*, *laburnifolia*, *lachnocarpoides*, *lachnophora*, *mesopotanica*, *ononoides*, *pallida* und *spinosa*, *Dalbergia lactea*, *Desmodium barbatum*, *repandum* und *velutinum*, *Eriosema chrysadenium*, *montanum*, *psoraleoides* und *scioanum* subsp. *lejeunei*, *Erythrina abyssinica*, *Indigofera arrecta*, *asparagoides*, *atriceps* und *emarginella*, *Kotschya aeschynomenoides* und *africana*, *Lablab purpureus* subsp. *uncinatus*, *Mucuna stans*, *Sesbania sesban* var. *nubica*, *Tephrosia nana*, *paniculata* und *vogelii*,

Trifolium simense und *usambarense*, *Vicia paucifolia* und *Vigna unguiculata*. Die letzten Kapitel, 101–149, sind der Evaluation der gesammelten Daten gewidmet. Bibliographie 149–155.

BARR, A. et al., *Traditional aboriginal medicines in the Northern Territory of Australia by Aboriginal communities of The Northern Territory*, Conservation Commission of the Northern Territory of Australia, Darwin 1993. Folgende *Monographs on Aboriginal medicines* sind Leguminosen gewidmet: *Acacia aneura*, *A. auriculiformis*, *A. cuthbertsonii*, *A. estrophiolata*, *A. holosericea*, *A. kempeana*, *A. ligulata*, *A. lysiphloia*, *A. mulitsiliqua*, *A. oncinocarpa*, *A. pellita*, *A. tetragonophylla*, *Cassia alata*, *C. desolata*, *C. nemophila*, *C. notabilis*, *C. oligophylla*, *C. venusta*, *Crotalaria eremaea*, *Erythrophleum chlorostachys*, *Jacksonia dilatata*, *Lysiphyllum cunninghamii* (= *Bauhinia cunninghamii*), *Neptunia monosperma* (sensitive Pflanze), *Tamarindus indica*, *Tephrosia oblongata*. Jede Monographie enthält eine Verbreitungskarte, verschiedene, z. T. farbige Abb., Literaturhinweise und Angaben über Inhaltstoffe, sowie Ergebnisse eigener orientierender Analysen (Triterpene/Steroide, Saponine, Tannine [Gehaltsangaben], Alkaloide, Mineralstoffe [Gehaltsangaben für Na, K, Mg, Ca, Fe] und etherische Öle (oft Zusammensetzung ermittelt]). Die verwendeten Nachweis- und Gehaltsbestimmungsmethoden werden auf S. XX–XXIV beschrieben. Erwartungsgemäß wurden bei den meisten Leguminosen keine etherischen Öle beobachtet. Ausnahmen waren:
Acacia oncinocarpa: 0,1 % aus getrockneten „Blättern", i. e. Phyllodien; Hauptkomponenten waren β-Eudesmol und drei nicht identifizierte Körper.
Neptunia monosperma: 0,2 % aus getrocknetem Kraut mit 25 % Cineol, 17 % Terpinen-4-ol, je 5 % Sabinen und *p*-Cymol, 3,5 % Globulol und je 1–3 % α-Terpineol, γ-Terpinen, Limonen, Spathulenol, Viridiflorol, α-Pinen und Ledol und Spuren von weiteren Mono- und Sesquiterpenen; dieses Öl enthielt auch 2,5 % Methylcinnamat.

CANNON, J. and MARGARET, *Dye plants and dying*, Herbert Press, publ. in Assoc. with Roy. Bot. Gard., Kew 1994. Mit schönen Abb. der hauptsächlichsten besprochenen Taxa. Die Leguminosen und nach ihnen die Compositen sind am besten vertreten: *Acacia catechu* (Abb.), *Baphia nitida*, *Baptisia australis* (Abb.), *B. tinctoria*, *Caesalpinia bahamensis*, *bicolor*, *brasiliensis*, *crista* (Abb.), *echinata*, *sappan* (Abb.), *Chamaespartium sagittale*, *Cytisus scoparius* (= *Sarothamnus scoparius* [Abb.]), *Genista anglica*, *pilosa*, *tinctoria* (Abb.), *Haematoxylon brasiletto*, *campechianum* (Abb.), *Indigofera* (Abb. spec. indet.) *arrecta*, *argentea*, *heteracantha* (= *gerardiana*), *suffruticosa*, *tinctoria*, *Peltophorum brasiliense*, *Pterocarpus indicus*, *santalinus* (Abb.) und *Spartium junceum*. Bei Handelsprodukten wie BRAZIL WOOD, INDIGO, LOGWOOD, SANDERSWOOD u. a. Hinweise auf Unsicherheiten bezüglich der Stammpflanzen der verschiedenen auf dem Weltmarkt angebotenen Drogen. Das Buch ist speziell für das Färben von Wolle geschrieben. Angaben zu färbenden Bestandteilen der behandelten Färbepflanzen eher schwach.

DESOUTER, S., *Pharmacopée humaine et vétérinaire du Rwanda*, Musée Royal de l'Afrique Centrale Tervuren, Belgique, Ann. Sci. Economiques, Vol. *22* (1991), 1–252. Es werden Pathologie und Therapie (präventive und kurative), sowie die traditionellen Arzneimittel besprochen. S. 31–48 = *Liste* (alphabetisch; nach Volksnamen) *des maladies et des plantes utilisées*, in welcher folgende Gliederung verwendet wurde: 1. ALIMENTATION mit 1.1 *Plantes comestibles*, 1.2 *Champignons comestibles*, 1.3 *Condiments*, 1.4 *Sel végétal*, 1.5 *Stimulants de l'appétit* – 2. SYMPTOMES mit 2.1 *Fébrifuge-Antipyrétiques (+ Anti-paludiques)*, 2.2 *Maux de tête*, 2.3 *Prurit*, 2.4 *Douleurs diverses* – 3. MALADIES DU TUBE DIGESTIF mit 3.1 *Estomac*, 3.2 *Constipation*, 3.3 *Diarrhée*, 3.4 *Helminthiases* (mit 4 Untergruppen), 3.5 *Hémorroides* – 4. MALADIES DES VOIES RESPIRATOIRES mit 4.1 *Rhume de cerveau*, 4.2 *Pneumonie-Bronchite-Pleurésie*, 4.3 *Toux-Expectorants* – 5. MALADIES DE LA PEAU mit 5.1 *Plaies*, 5.2 *Brulûres*, 5.3 *Ulcères-Fistules-Abcès*, 5.4 *Eczème-Erysipèle*, 5.5 *Gale* (= Skabies), 5.6 *Dartres* (= Dermatomykosen), 5.7 *Lèpre*, 5.8–5.12 weitere Hautkrankheiten – 6. COEUR-RATE(= Milz)-FOIE mit 6.1 *Coeur*, 6.2 *Foie-Voies biliaires-Rate* – 7. OTO-RHINO-LARYNGO mit 7.1 *Oreilles*, 7.2 *Laryngite-Angine-Diphtérie-Stomatite*, 7.3 *Nez* – 8. YEUX (= Augen) – 9. APPAREIL URINAIRE ET GÉNITAL mit 9.1 *Diurétiques*, 9.2 *Hématurie*, 9.3 *Aphrodisiaques*, 9.4 *Blennoragie* (= Gonorrhoe), 9.5 *Pian* (= Frambösie), 9.6 *Syphilis* – 10. MUSCLES-ARTICULATIONS mit 10.1 *Articulations-Rhumatisme*, 10.2 *Muscles-Torticolis-Foulures* (Verstauchungen), 10.3 *Poliomyélite* – 11.

MALADIES DU SYSTÈME NERVEUX mit 11.1 *Epilepsie*, 11.2 *Paralysie* – 12. TROUBLES PSYCHIQUES – 13. OBSTÉTRIQUE mit 13.1 *Soins prénataux*, 13.2 *Accouchement*, 13.3 *Expulsion du placenta*, 13.4 *Mastite-Lactation*, 13.5 *Avortement* (Abortus), 13.6 *Stérilité* – 14. PÉDIATRIE mit 11 Unterteilungen – 15. POISONS-ANTIDOTES mit 15.1 *Morsures de serpents*, 15.2 *Poisons-Toxiques*, 15.3 *Antidotes*, 15.4 *Vomitifs* – 16. SOINS CORPORELS HYGIÈNE mit 16.1 *Soins corporels*, 16.2 *Soins dentaires*, 16.3 *Étirement lèvres* – 17. MALADIES-SOINS DU BETAIL mit 19 Unterteilungen – 18. VARIA mit 18.1 *Huiles*, 18.2 *Odoriférants-Parfums*, 18.3 *Colorants*, 18.4 *Gluaux* (= Klebemittel), 18.5 *Insecticides*, 18.6 *Larvicides-Molluscicides*, 18.7 *Ichtyocides*. Innerhalb von jedem Abschnitt 1–18 und der Unterabschnitte alphabetische Anordnung. – S. 49–117 *La Pharmacopée Rwandaise*: Behandelt in alphabetischer Anordnung (umw**ABA** – umu**ZIZANGORE**) Arzneipflanzen und die aus ihnen bereiteten Arzneimittel. – S. 125–140 *Bibliographie*. – S. 141–252 Zeichnungen von vielen der behandelten Arzneipflanzen. Obwohl das Buch nicht nach botanischen Taxa geordnet ist, lassen sich die letzteren leicht mit Hilfe von zwei Registern aufsuchen: S. 19–22 *Glossaire des noms scientifiques (Abutilon mauritianum – Zornia pratensis)* und S. 23 *Liste des familles représentées dans l'ouvrage (Acanthaceae – Zygophyllaceae)*. Die Leguminosen sind mit folgenden Arten vertreten: CAESALPINIACEAE mit *Cassia didymobotrya, floribunda, laevigata, occidentalis* und *sophera*. MIMOSACEAE mit *Acacia brevispica, hockii, pennata, senegal, seyal, sieberiana, verek, Albizia amara, petersiana* und *versicolor, Entada abyssinica* (= *Entadopsis abyssinica*). PAPILIONACEAE (als Fabaceae) mit *Cajanus cajan, Crotalaria intermedia* und *natalitia, Desmodium ramosissimum* (= *D. mauritianum* auctt.), *Dolichos formosus, Eriosema psoraleoides, Erythrina abyssinica* (inkl. *E. tomentosa), Glycine wightii* (inkl. *G. javanica*), *Indigofera arrecta, Neorautanenia mitis* (inkl. *N. pseudopachyrhiza*), *Rhynchosia goetzei* (inkl. *monobotrya*) und *hirta* (inkl. *albiflora*), *Tephrosia vogelii, Vigna vexillata* und *Zornia pratensis* (inkl. *Z. diphylla*). Diese wertvolle Arbeit vermittelt viel Wissenswertes über die Verwendung von Pflanzen in Rwanda. Als Beispiele seien erwähnt: Zu den bei Schlangenbiß verwendeten Pflanzen zählen auch *Acacia brevispica* und *Cassia occidentalis* und *sophera*. Zu den als Insektizide verwendeten Pflanzen gehören auch *Neorautanenia mitis* und *Tephrosia vogelii*. Bei den Fischgiften werden *Acacia brevispica, Neorautanenia mitis* und *Tephrosia vogelii* zusammen mit drei saponinhaltigen Nicht-Leguminosen erwähnt. Die Zubereitung von Arzneimitteln und deren therapeutische Verwendung werden im Kapitel *Pharmacopée Rwandaise* mehr oder weniger ausführlich besprochen. Dies sei abschließend mit einer der besprochenen Leguminosen illustriert: umu**Ruku** = *Tephrosia vogelii*; Blätter in Veterinärmedizin gegen Husten verwendet. Blätter und Wurzeln haben insektizide Wirkung; ihr Pulver war bis gegen die Jahrhundertwende (zusammen mit PYRETHRUM) das einzige viel verwendete, für Warmblütler wenig gefährliche Gewächsschutzmittel gegen phytophage Insekten, und wurde auch in der Human- und Veterinärmedizin zur Bekämpfung von Parasiten verwendet. Ferner Fischfangmittel – Abb. von Leguminosen: *Cassia didymobotrya* (S. 142), *Rhynchosia hirta* (164), *Erythrina abyssinica* (186, 195), *Cassia floribunda* (191), *Cajanus cajan* (192), *Acacia sieberiana* var. *kagerensis* (204), *Eriosema psoraleoides* (207), *Zornia pratensis* (208), *Rhynchosia goetzei* (212), *Glycine wightii* var. *longicaudata* (213), *Tephrosia vogelii* (216), *Indigofera arrecta* (230), *Crotalaria grahamiana* (247: Diese Art kommt im Text nicht vor; ist ein Endemit Indiens), *Cassia occidentalis* (248).

DUKE, J. A. and R. VASQUEZ, *Amazonian ethnobotanical dictionary*, 250 S., CRC Press, Boca Raton, Florida 1994. 1–12: Einleitungen; 13–181: Alphabetische Besprechung der nützlichen Arten geordnet nach den wissenschaftlichen Binomina (*Abarema laeta – Zingiber officinale* [cultivated]); 182–198: Alphabetisches Verzeichnis der wichtigsten Volksnamen (ABACA – ZORRO CASPI); S. 213–215: „Major References". Ein Familien-Verzeichnis fehlt leider. Die Leguminosen (als *Fabaceae* s. l.) sind in dieser Enzyklopädie reichlich vertreten, z. B.: *Amburana cearensis, Anadenanthera peregrina, Apuleia leiocarpa, Batesia floribunda, Bauhinia guianensis* und *tarapotensis, Brownea ariza* und *disepala, Caesalpinia ferrea, pulcherrima* und *spinosa, Cajanus cajan, Calliandra angustifolia, Calopogonium caeruleum, Campsiandra angustifolia* und *comosa, Canavalia ensiformis, Cassia* s. l. (11 Species), *Cedrelinga cateniformis, Clitoria arborea, Copaifera paupera* und *reticulata, Crotalaria retusa, Cynometra spruceana, Dalbergia monetaria, Desmodium adscendens, axillare, cajanifolium, Dialium guianense, Dioclea ucayalina,*

Diplotropis martinsii, Dipteryx micrantha und *odorata, Entada polyphylla, Enterolobium barnebianum, Erythrina* (4 Arten), *Hymenaea* (4 Arten), *Hymenolobium* spec. indet., *Indigofera suffruticosa, Inga* (53 Species; alle mit eßbaren Früchten), *Jacqueshuberia loretensis, Lonchocarpus nicou, Machaerium floribundum, Macrolobium acaciaefolium, Mimosa polydactyla* und *pudica, Mucuna* (4 Arten), *Myroxylon balsamum, Ormosia* (5 Arten), *Pachyrhizus tuberosus, Parkia* (4 Species), *Pentaclethra macroloba, Piptadenia suaveolens, Platymiscium* spec. indet., *Poeppigia procera, Prosopis chilensis, Pterocarpus amazonum* und *rufescens, Schizolobium amazonicum* und *parahyba, Sclerolobium meliononii* und *rigidum, Swartzia laevicarpa, polyphylla* und *simplex, Tachigalia* (= *Tachigali*; 6 Taxa), *Taralea oppositifolia, Tephrosia sinapou* und *toxicaria* und *Vatairea guianensis*. In diesem Sammelbericht wird speziell der peruanische Teil von Amazonia berücksichtigt. Neben einheimischen Wildarten werden auch reine Kulturpflanzen und eingebürgerte Arten, z. B. *Arachis hypogaea, Glycine max, Spartium junceum* und *Tamarindus indica*, berücksichtigt. Die zuweilen vorhandenen Angaben über Inhaltstoffe wurden unkritisch und ausgesprochen oberflächlich kompiliert.

FUNSTON, M. (Photographien), P. BORCHERT and B. VAN WYK (Texte), *Bushveld trees. Lifeblood of the Transvaal lowveld*, Fernwood Press, Vlaeberg (South Africa) 1993. Allgemeine Biologie und Ethnobotanik der wichtigsten Savanne-Bäume von Osttransvaal (Karte des behandelten Gebietes auf S. 10) mit prächtigen Habitus- und Habitat-Farbphotographien und mit zahlreichen Detailabbildungen von Blüten, Früchten, blühenden Zweigen und der Fauna im Bereich der behandelten Bäume. Die Leguminosen sind in den betreffenden Savannen (= Bushvelds) reichlich vertreten. Mehr oder weniger ausführlich besprochen und illustriert werden: CAESALPINIOIDEAE; *Afzelia quanzensis, Bauhinia galpinii* (nur Farbphotographie der Blüten auf S. 38), *Cassia abbreviata* subsp. *beareana, Colophospermum mopane, Peltophorum africanum, Schotia brachypetala* – MIMOSOIDEAE; *Acacia burkei, A. exuvialis, A. gerrardii* var. *gerrardii, A. nigrescens, A. nilotica* subsp. *kraussiana, A. robusta* subsp. *clavigera, A. senegal* var. *rostrata, A. sieberiana* var. *woodii, A. tortilis* subsp. *heteracantha, A. welwitschii* subsp. *delagoensis* und *A. xanthophloea, Albizia petersiana* subsp. *evansii, A. tanganyicensis* und *versicolor, Faidherbia albida* – PAPILIONOIDEAE; *Erythrina lysistemon, Lonchocarpus capassa* und *Xanthocercis zambesiaca*.

GHAZANFAR, Mrs. SHAHINA A., *Handbook of Arabian medicinal plants*, CRC Press, Boca Raton 1994. Leguminosen behandelt als drei Familien. *Caesalpiniaceae*, 66–72, mit *Caesalpinia pulcherrima*, CASSIA FISTULA, *Ceratonia siliqua, Chamaecrista absus*, DELONIX ELATA, *Senna alexandrina*, S. HOLOSERICEA, S. ITALICA (hier in allgemeinen Bemerkungen auch *S. occidentalis* [Verwendung im Jemen] und S. TORA [Verwendung in Pakistan] erwähnt), TAMARINDUS INDICA. – *Mimosaceae*, 142–146, mit ACACIA EHRENBERGIANA, A. GERRARDII, *A. negrii*, A. NILOTICA, A. SENEGAL, PROSOPIS CINERARIA. *Fabaceae* s. str., i. e. *Papilionoideae*, 109–117, mit *Abrus precatorius, Alhagi maurorum*, GLYCYRRHIZA GLABRA, INDIGOFERA ARTICULATA, I. OBLONGIFOLIA, *Lablab purpureus*, MEDICAGO SATIVA, *Melilotus albus*, M. INDICUS, *Psoralea corylifolia*, TEPHROSIA APOLLINEA, *Trigonella foenum-graecum*. In Kapitälchen gedruckte Arten = illustriert mit Zeichnungen von Blüten, Früchten und beblätterten Zweigen. Bei allen Arten finden sich Angaben zu(r) Volksnamen, Morphologie (kurze Pflanzenbeschreibungen), Verbreitung, Blüte- und Fruchtzeit, medizinischen Bedeutung der „Drogen", Zubereitung der Arzneimittel und Inhaltstoffen, und am Schluß einige allgemeine Bemerkungen (= *Comments*) und Literaturhinweise.

HAGERS *Handbuch der pharmazeutischen Praxis* [vgl. dazu auf S. 10], Bd. 6 (1994). Hier werden noch folgende Leguminosen-Drogen und deren Stammpflanzen besprochen: *Spartium junceum* liefert SPARTII JUNCEI FLOS; *Tamarindus indica* liefert TAMARINDORUM PULPA CRUDA (= FRUCTUS TAMARINDI (= PULPA TAMARINDI CRUDA), TAMARINDORUM SEMEN (= SEMEN TAMARINDORUM) und TAMARINDUS HOM HAB 34 (= Fruchtpulpa), *Trifolium arvense, pratense* und *repens*, welche alle drei als Frischpflanzen oder als frische Blütenköpfchen noch in der homöopathischen Heilkunde Anwendung finden, und zudem die Droge FLORES TRIFOLII PRATENSIS (= FLOS TRIFOLII RUBRI [N. B. früher war FLOS TRIFOLII ALBI von *T. repens* gebräuchlicher]) liefern; *Trigonella foenum-graecum* liefert SEMEN FOENUGRAECI (= FOENUGRAECI SEMEN). Alle vier Artikel enthalten ausführliche Angaben über Botanik und Chemismus der Stammpflanzen und über die Herstellung der Drogen und über deren Inhaltstoffe. Bei *Tamarindus indica* werden auch die Duftstoffe der Pulpa besprochen.

KRAUSS, BEATRICE H., *Plants in Hawaiian culture*, A Kolowalu book, University of Hawaii Press, Honolulu 1993. Illustrations by THELMA F. GREIG. Ethnobotanik der Hawaii-Inseln mit auf S. 3–123 die 12 Kapitel *Food – Fiber Craft* (Flechten von Stricken, Körben, Matten u. a.) – *Fishing* (Fischnetze, Fischfallen, Fischspeere usw.) – *Canoes – Houses – Wearing Apparel*: Herstellung von „Stoffen" aus Rinden und deren Färbung, Verzierung und Parfümierung (auf S. 65–67 Liste von Pflanzen, welche zum Färben verwendet wurden und werden mit Angaben der erzielten Farbtöne); Herstellung verschiedener Kleidungsstücke und von Zierobjekten – *Musical Instruments – Game and Sports – Medicine and Medicinal Herbs – War and Weapons – Religion – Death and Burial*. Anschließend folgen auf S. 126–321 die Beschreibung und Illustration (photographisch; Qualität der Abb. leider schlecht) der Pflanzen; diese sind nach den im vorabgehenden Text verwendeten Volksnamen angeordnet: 'A'ALI'I (plate 1) – WILIWILI (plate 98). Hier findet man die folgenden Leguminosen: AWIKIWIKI or PUAKAUHI = *Canavalia* species indet. (N. B.: Nach St. JOHN, l. c. Bd. XI a, 63 sub B. KRAUSS, hat fast jede größere Insel ihre *Canavalia*-Endemiten, z. B. *C. centralis* und *kauaiensis* [KAUAI], *C. forbesii* und *haleakalaensis* [MAUI], *C. galeata* [OAHU], *C. hawaiiensis* [HAWAI], *C. lanaiensis* [LANAI], *C. peninsularis* und *stenophylla* [MOLOKAI], *C. pubescens* [NIIHAU] u. a.), KOA = *Acacia koa*, KOAI'A oder KOAI'E = *Acacia koaia*, KOLOMONA oder KALAMONA = *Senna gaudichiana*, MAMANE oder MAMANI = *Sophora chrysophylla* (nach St. JOHN sind auf den Hawaii-Inseln subsp. *chrysophylla, circularis, glabrata* und *unifoliolata* endemisch), NUKU'I'IWI oder KA'I'IWI = *Strongylodon ruber* (Phaseoleae; holziger Klimmer; Endemit der Hawaii-Inseln), OHAI = *Sesbania tomentosa* (Endemit), UHIUHI = *Caesalpinia kavaiensis* H. Mann (Endemit; keine Abb., St. JOHN führt dieses Taxon unter dem synonymen Binomen *Mezoneuron kavaiense* [Mann] Hillebrand auf) und WILIWILI = *Erythrina sandwicensis* (Endemit). Das Buch schließt mit einem *Glossary*, 323–327, welches die Beziehungen zwischen Volksnamen und botanischen Binomina vermittelt (z. B. **Erythrina sandwicensis** Degener, WILIWILI und **WILIWILI**, *Erythrina sandwicensis* Degener), einer ausführlichen Bibliographie, 329–332, und einem guten Index mit Binomina und Volksnamen, der zu den Buchstellen führt, an welchen ein bestimmtes Taxon erwähnt wird, z. B. WILIWILI (*Erythrina sandwicensis*) 50, 51, 78, 96, 320 (= plate 98), 327 (= *Glossary*). Nach meinem Empfinden ein hervorragendes ethnobotanisches Buch, welches der Kultur der Bewohner der Hawaii-Inseln in der Periode vor deren Entdeckung durch Kapitän JAMES COOK (1778) und der anschließenden Kolonisierung durch Europäer gewidmet ist.

LEBLIC, ISABELLE, *La pêche au poison en Nouvelle-Calédonie*, J. Agric. Trad. Bot. Appl., n. s. *37*, 217–235 (1995). Seit 1930 ist Fischen mit Fischbetäubungsmitteln verboten. Die Autorin verschaffte sich durch Umfragen bei alten Fischern und durch Konsultation französischer Literatur über Neukaledonien ein tabellarisch wiedergegebenes Bild der früher in verschiedenen Distrikten üblichen Fischfangmethoden mit Hilfe von Pflanzengiften. Die Leguminosen sind mit 5 Arten, die Euphorbiaceen mit 3, die Apocynaceen mit 2 und die übrigen erwähnten Familien mit je einer Art vertreten. Die erwähnten Leguminosen sind Rotenoid-Pflanzen (*Derris trifoliata* [= *D. uliginosa* Benth. = *D. heterophylla* sensu Heyne] und *Tephrosia purpurea* Pers.), Saponin-Pflanzen (*Abrus precatorius* und *Entada phaseoloides* [L.] Merrill) oder Diterpenoid-Pflanzen? (Samen von *Caesalpinia crista*: Vouacapan-Derivate α- bis δ-Caesalpin?).

LOCK, J. M. and J. HEALD, *Legumes of Indochina. A check-list*, Royal Bot. Gardens, Kew 1994. 164 S. Mit spärlichen ethnobotanischen Angaben unter den Sammelbegriffen (vide *Economic importance to man*, pp. 3–4): *Chemical products, Domestic, Environmental, Fibre, Food or drink, Forage, Medicine, Miscellaneous, Toxins, Weed, Wood*.

MACKEE, H. S., *Catalogue des plantes introduites et cultivées en Nouvelle-Calédonie*, 2me édition, Muséum National d'Histoire Naturelle, Paris 1994. Mit *Leguminosae – Caesalpinioideae, -Mimosoideae* und *-Papilionatae* 72–92. Mit zahlreichen Erläuterungen bei vielen Arten, z. B. bei *Pueraria lobata*.

NGUYEN VAN DUONG, *Medicinal plants of Vietnam, Cambodia and Laos*, Mekong Printing 1993 (ISBN-0-9637303-12); 528 S. Nach Familien geordnet. CAESALPINIACEAE mit *Caesalpinia minax* (= *C. morsei*), *pulcherrima, sappan, Cassia alata, grandis, occidentalis, tora, Ery-*

throphleum fordii, Gleditsia australis (= *G. sinensis* Lamk. = *Mimosa fera* Lour.), *Tamarindus indica*; MIMOSACEAE mit *Acacia farnesiana, Albizia lebbeck* (= *Mimosa lebbek* L.), *myriophylla, Entada phaseoloides* (= *E. gigalobium* DC. = *E. pursaetha* DC. = *E. scandens* Bentham), *Leucaena glauca* Bentham (= *Acacia glauca* Willd. = *Mimosa glauca* L.), *Mimosa pudica* und *Pithecellobium dulce* (Roxb.) Bentham (= *Inga dulcis* [Roxb.] Willd. = *Mimosa dulcis* Roxb.); PAPILIONACEAE mit *Abrus precatorius, Antheroporum pierrei, Astragalus membranaceus* und *mongholicus, Cajanus cajan, Derris elliptica* und *uliginosa, Desmodium cephalotes, gangeticum, heterophyllum* und *styracifolium, Dolichos lablab, Erythrina variegata* var. *orientalis* (= *E. indica*), *Glycyrrhiza uralensis* und *glabra* var. *glandulifera, Indigofera tinctoria* L. (= *I. indica* Lamk.), *Melilotus suaveolens* Ledeb., *Millettia ichtyochtona* und *speciosa, Pachyrhizus erosus* („widely cultivated"), *Psoralea corylifolia, Pterocarpus cambodianus, Pueraria thomsonii* Bentham (= *P. lobata* [Willd.] Ohwi var. *thomsonii* [Benth.] van der Maesen), *Sesbania aegyptica* Pers. (= *S. sesban* [L.] Merr.), *grandiflora, Sophora flavescens, japonica, Vigna cylindriaca* (= *V. catjang*). Auf S. 16 Karte des besprochenen Gebietes; S. 11–15: Kurze historische Einleitung. Leider enthält dieses Buch ziemlich viele Druckfehler.

PETERS, CH. R., EILEEN M. O'BRIEN and R. B. DRUMMOND, *Edible wild plants of sub-saharan Africa. An annotated checklist, emphasizing the woodland and savanna floras of eastern and southern Africa, including plants utilized as food by chimpanzees and baboons,* Royal Bot. Gardens, Kew 1992. Aufzählung eßbarer Pflanzen mit zuweilen kritischen Bemerkungen. Nach Familien geordnet innerhalb der übergeordneten Taxa Pteridophyta, Spermatophyta-Gymnospermae, Spermatophyta-Angiospermae-Monocotyledones und -Dicotyledones. Leguminosae mit den drei Unterfamilien Caesalpinioideae, 120–125, Mimosoideae, 125–130 und Papilionoideae, 130–141, reichlich vertreten. S. 205–210 interessante Bibliographie; S. 211–239 Index der aufgeführten Binomina.

Auf eine für Kew ungewöhnliche Oberflächlichkeit muß hingewiesen werden. Die Bibliographie enthält nur *einen* nicht-englischen Titel: BUSSON 1965 (vgl. Bd. VII, S. 82). Alle anderen zum Teil ausführlichen Angaben aus den vielen früheren französischen, deutschen, portugiesischen und spanischen Besitzungen fehlen. Beispielsweise K. DINTER, *Die vegetabilische Veldkost Deutschsüdwestafrikas* (l. c. Bd. VII, 82), welche nach verwendeten Pflanzenteilen (Knollen, Zwiebeln–Wurzelstöcke–Wurzeln–Früchte [einschließlich Samen]–Blättergemüse–Pilze – und einem Anhang Nutzhölzer) gegliedert ist, und zahlreiche kritische Bemerkungen enthält, blieb unberücksichtigt. Gleiches gilt auch für D. BAHUCHET's Ethnobotanik der Aka Pygmäen (l. c. Bd. XIa, 39) und HULSTAERT's Ethnobotanik der Mongo des früheren Belgisch Kongo (l. c. Bd. VII, 83) und viele andere interessante nicht in englischer Sprache publizierte Veröffentlichungen. Sogar das ausgezeichnete, englische Buch von Fox und NORWOOD-YOUNG, *Food from the veld* (l. c. Bd. XIa, 51) wurde nicht benützt. Mir scheint die durch dieses Dreiautoren-Buch gebotene Ernte etwas mager. Wenn gegenwärtig vielfach darüber geklagt wird, daß die empirisch erworbenen Kenntnisse der Bewohnen aller Landstriche der Erde in schnellem Tempo verloren gehen werden, wenn nicht rechtzeitig eingegriffen wird (vgl. bei P. C. RWANGABO, l. c. S. 390), dann sollte folgendes nicht vergessen werden. In der heute angloamerikanisch dominierten wissenschaftlichen Literatur wird manches übersehen und anschließend ganz vergessen, was unsere Vorfahren mit Mühe und großem Geschick ermittelten und publizierten (weiteres Beispiel: der enorme Schatz an holländischer Literatur über die Pflanzen Indonesiens). Botaniker, und speziell Ethnobotaniker, haben auch die Aufgabe, bereits Zusammengetragenes zu bewahren und der Gegenwart und Zukunft zugänglich zu machen. Vorwiegende Benützung von Sekundärliteratur bei der Abfassung von Nutzpflanzenbüchern bringt in dieser Hinsicht wenig.

ROERSCH, C., *Plantas medicinales en el Sur Andino del Peru,* 2 durchpaginierte vols, Koeltz Scientific Books, Koenigstein 1994. Folgende Leguminosen werden besprochen: *Adesmia spinosissima* 973–975, mit Abb.; *Arachis hypogaea* 685–687; *Astragalus arequipensis* (Abb.) u. a. Arten, 923–925 (Abb.); *Astragalus garbancillo* 522–525 (Abb.); *Astragalus pilgeri* 589–591 (Abb.); *Caesalpinia tinctoria* 956–958; *Cassia glandulosa, hookeriana* (Abb.) und *latopetiolata* 731–735; *Dalea antana* 768–769 (Abb.); *Desmodium molliculum* (Abb.) 907–910; *Krameria triandra* 755–758 (Abb.); *Lupinus bogotensis* 849–851; *Lupinus cuzcensis* 856–

858 (Abb.); *Lupinus microphyllus* 612−614 (Abb.); *Lupinus mutabilis* 958−960 (Abb.); *Lupinus paniculatus* 852−855 (Abb.); *Medicago hispida* (Abb.) und *lupulina* 980−982; *Medicago sativa* 317−321 (Abb.); *Pisum sativum* 364−365; *Pithecellobium saman* var. *acutifolium* 627; *Psoralea glandulosa* (Abb.), *mexicana* und *pubescens* 1030−1034; *Spartium junceum* 884−887 (Abb.); *Trifolium amabile* (Abb.), *concinnum, hybridum, macrorrhizum* (Abb.), *mathewsii* und *peruvianum* 472−475, 643−646. Von den erwähnten Taxa sind die folgenden eingebürgert oder nur als Kulturpflanzen vorhanden: *Arachis hypogaea, Medicago*-Arten, *Pisum sativum* und *Spartium junceum*.

ROTH, L., K. KORMANN und H. SCHWEPPE, *Färbepflanzen Pflanzenfarben: Botanik, Färbemethoden, Analytik, Türkische Teppiche und ihre Motive*, Ecomed Fachverlag, Landsberg/Lech 1992. Mit zwei Listen von Färbepflanzen. A. *Mitteleuropäische Färbepflanzen*, S. 19−24, mit folgenden Leguminosen: *Genista tinctoria, Robinia pseudo-acacia, Sarothamnus scoparius* (= *Cytisus scoparius*), *Spartium junceum* und zwei Handelsdrogen LIGNUM FERNAMBUCI (FERNAMBUKHOLZ oder BRASILIANISCHES ROTHOLZ; stammt von *Caesalpinia echinata*) und LIGNUM SANTALINUM RUBRUM (ROTES SANDELHOLZ; stammt von *Pterocarpus santalinus*). B. *Pflanzenmonographien mit Färbemethoden* (von Pflanzen, welche in der Türkei zum Färben von Teppichwolle verwendet werden), S. 28−147, mit folgenden Leguminosen (alle mit Farbphotographien): *Cercis siliquastrum, Genista tinctoria, Glycyrrhiza glabra, Haematoxylum campechianum* (importiertes BLAUHOLZ; ohne Abb.), *Indigofera tinctoria* (als Lieferant von Indigo), *Spartium junceum*. Das Buch enthält auch ein Kapitel *Pflanzenfarbstoffe*, S. 159−216 (mit Formeln), ein Kapitel *Nachweis der Farbstoffe auf antiken anatolischen Teppichen*, S. 217−249, ein Kapitel *Lichtechtheit*, S. 251−262, und einen *Anhang*, S. 263−297, mit interessanten technischen Angaben und Erklärungen zur Ornamentation von Teppichen. Alle botanischen und phytochemischen Angaben werden ausschließlich durch Hinweise auf wenige kompilierende Werke belegt. Botaniker und Phytochemiker werden vorzüglich die technischen, analytischen und kulturhistorischen Angaben zur Herstellung von Orientteppichen zu Rate ziehen, und sich an den zahlreichen prächtigen Farbphotographien von Teppich-Ornamenten freuen.

RWANGABO, P. C., *La médecine traditionnelle au Rwanda*, Editions Karthala et ACCT, Paris 1993. Dieses z. T. ausgezeichnete Buch enthält 9 Kapitel mit eigenen Literaturhinweisen und am Schluß eine generelle Bibliographie, 241−253. Die Kapitel sind: 1. *La médecine traditionnelle africaine comme patrimoine socioculturel*, 15−26; 2. *Les diverses causes de la maladie en médecine traditionnelle rwandaise*, 27−50; 3. *Phytothérapie et homéopathie face à la médecine traditionnelle*, 51−60; 4. *Diagnostic et posologie en médecine traditionnelle rwandaise*, 61−67; 5. *Practiciens de la thérapeutique traditionnelle au Rwanda, Principaux moyens utilisés*, 71−153; 6. *Intérêt de la flore médicinale rwandaise, chimiothérapie et pharmacognosie*, 155−185; 7. *Médicaments pouvant être fabriqués à partir des plantes du Rwanda*, 187−197; 8. *Aspects administratifs et législatifs de la médecine rwandaise*, 199−215; *Médecine traditionnelle et médicaments essentielles*, 217−229. Kapitel 5 enthält auf S. 78−152 Listen von Medizinalpflanzen, welche zur Behandlung verschiedener Krankheiten (z. B. Akne) oder zur Hervorrufung gewünschter Effekte (z. B. Abortiva, Aphrodisiaca) verwendet werden. In diesen Listen sind die Leguminosen (Caesalpiniaceae, Mimosaceae, Papilionaceae [als Fabaceae s. str.]) reichlich vertreten: *Caesalpinia decapetala* (Roth) Alston, *Cassia didymobotrya* Fresen., *Cassia floribunda* Cav. (= *Senna septemtrionalis* [Viv.] Irwin et Barneby) − *Acacia abyssinica* Bentham (in Rwanda kommt subsp. *calophylla* Brenan vor), *A. brevispica* Harms, *A. mearnsii* De Wild., *A. sieberiana* DC., *Albizia adianthifolia* (Schum.) W. Wight, *Dichrostachys cinerea* (L.) W. et A., *Entada abyssinica* A. Rich. − *Alysicarpus rugosus* (Willd.) DC. subsp. *perennirufus* J. Leonard, *Argyrolobium tomentosum* (Andrews) Druce, *Canavalia africana* Dunn (= *C. virosa* J. B. Gillett et al.), *Crotalaria aculeata* De Wild. (in Rwanda kommt subsp. *claessensii* [De Wild.] Polhill vor), *C. agatiflora* Schweinf. subsp. *imperialis* (Taubert) Polhill, *C. spinosa* Bentham, *Glycine wightii* (W. et A.) Verdc., *Indigofera asparagoides* Taubert subsp. *asparagoides, I. garckeana* Vatke, *Lablab purpureus* (L.) Sweet (= *L. niger* Medikus), *Parochetus communis* D. Don, *Smithia elliotii* Bak. f., *Tephrosia vogelii* Hook. f. und die folgenden weiteren Papilionaceen, welche 2 bis 15 mal erwähnt werden: *Cajanus cajan* (L.) Millsp. (5×), *Crotalaria incana* L. und ihre subsp. *purpurascens* (Lam.) Milne-Redh. (auch als *pu-*

bescens aufgeführt) und irrtümlicherweise z. T. der nachfolgenden Art zugerechnet (14 ×), *C. mesopontica* Taubert (4 ×), *Dalbergia lactea* Vatke (5 ×), *Desmodium repandum* (Vahl) DC. (13 ×), *Eriosema montanum* Bak. f. (2 ×), *Erythrina abyssinica* DC. subsp. *abyssinica* (= *E. tomentosa* Lam.) (10 ×), *Indigofera arrecta* A. Rich. (16 ×), *Rhynchosia hirta* (Andrews) Meikle et Verdc. (2 ×) und *Sesbania sesban* (L.) Merrill (5 ×). Der Autor steht auf Kriegsfuß mit den Autorzitaten zu den aufgeführten Binomina. Ich habe diesbezügliche Fehler mit Hilfe von LOCK (1989; hier auch Verbreitungsangaben!) korrigiert und, wo nötig, ergänzt. Das 6. Kapitel enthält Angaben zu antimikrobiellen, antiviralen und wachstumshemmenden (Wurzeln von Weizenkeimlingen) Wirkungen von Auszügen aus Medizinalpflanzen von Rwanda, sowie Hinweise auf Wirkstoffe einiger in Rwanda wild und kultiviert vorkommender Pflanzen. Ich möchte die kurze Besprechung dieses ethnomedizinischen Werkes mit dem ersten Satz aus dem durch Prof. R. ANTON geschriebenen Vorwort abschließen. Er bringt treffend zum Ausdruck, wie wichtig derartige inventarisierende Arbeiten sind, wenn sie sorgfältig und kritisch ausgeführt werden: *Mon excellent collègue et ami, le professeur Jean-Marie Pelt a coutume de rapporter que ,,chaque fois qu'un guérisseur africain meurt, c'est une bibliothèque qui disparaît"*. Was auf diesem Gebiet nicht rechtzeitig gesammelt wird, verschwindet endgültig!

SELVANAYAGAM, Z. E. et al., *Antisnake venom botanicals from ethnomedicine. Review*, J. Herbs, Spices and Med. Plants 2, No. 4, 45–100 (1994). Es werden 430 Arten aus 319 Genera von 3 Familien der Filicophyten und 89 Familien der Angiospermen erwähnt. Erwartungsgemäß sind die Leguminosen (hier als *Fabaceae* s. l. aufgeführt) reichlich in der Liste der zur Behandlung von Schlangenbiß verwendeten Pflanzen vertreten. Es werden genannt: *Bauhinia purpurea, retusa, variegata, Cassia alata, fistula, obtusifolia, tora, Julbernardia globiflora* und *Tamarindus indica* (alle Caesalpinioideae); *Acacia brevispica, catechu, farnesiana, polyacantha, Dichrostachys cinerea, Entada pursaetha, Mimosa rubicaulis* und *Pithecellobium confine* (alle Mimosoideae); *Abrus precatorius, Alysicarpus monilifer, Atylosia scarabaeoides, Cajanus cajan, Cicer arietinum, Clitoria ternatea, Crotalaria alata, Dalbergia melanoxylon, Erythrina abyssinica, Millettia usaramensis, Mucuna pruriens, Nissolia fruticosa, Tephrosia purpurea* und *Uraria lagopodioides, picta* und *xylopyra* (alle Papilionoideae).

SIEMONSMA, J. S. and K. PILUEK (Eds.), *Vegetables*, PROSEA No. 8, Pudoc Sci. Publ., Wageningen 1993. (Für Hülsenfrüchte vide PROSEA No. 1 [1989], l. c. Bd. XI a, 66). Dieses Buch enthält zeichnerisch illustrierte Besprechungen von *Canavalia gladiata* (= *C. ensiformis* auctt.), *Neptunia oleracea* (= *N. natans*), *Parkia speciosa, Psophocarpus tetragonolobus* und *Vigna unguiculata* Cv.-Gruppe ,,sesquipedalis". Ferner werden als *Minor Vegetables* kurz besprochen: *Cassia obtusifolia, Dendrolobium umbellatum* (= *Desmodium umbellatum*), *Millettia eriantha, Saraca indica* und *Teramnus labialis*. Am Schluß werden auf S. 311–336 im Kapitel *Vegetable-producing plants with other primary use* viele Leguminosen ohne Kommentar aufgezählt.

TYBIRK, K., *Regeneration of woody legumes in Sahel*, AAU Reports Nr. 27, Botanical Institute Aarhus University 1991. Es werden behandelt: *Seed dispersal* (Wind, Tiere, Wasser); *Seed predation* (vorzüglich Bruchidae); *Germination of hard-seeded legumes*; *Seedling growth*; *Implications for management* und S. 53–67 *Species summaries* = kurze Besprechung der wichtigsten Arten, *Acacia albida* (= *Faidherbia albida*), *A. ataxacantha, A. dudgeoni, A. ehrenbergiana, A. gourmaensis, A. laeta, A. macrostachya, A. macrothyrsa, A. mellifera, A. nilotica, A. pennata, A. polyacantha, A. senegal, A. seyal, A. sieberiana, A. tortilis, Albizia chevalieri, Al. lebbeck, Bauhinia rufescens, Cassia siamea, C. sieberiana, Dalbergia melanoxylon, Dichrostachys cinerea, Entada africana, Erythrina senegalensis, Leucaena leucocephala, Mimosa pigra, Parkia biglobosa, Parkinsonia aculeata, Piliostigma reticulatum, P. thonningii, Prosopis africana, P. juliflora, Pterocarpus erinaceus, Pt. lucens* und *Tamarindus indica*. Literaturverzeichnis S. 69–78. Die Autoren unterscheiden innerhalb der Leguminosen 3 Familien: *Caesalpiniaceae, Mimosaceae, Fabaceae* s. str.

WHISTLER, W. A., *Polynesian herbal medicine*, National Tropical Botanical Garden, Lawai, Kauai, Hawaii 1992. Mit in Tabellen 1–5 die Medizinalpflanzen von Tonga, Samoa, Tahiti, Cook Islands und Hawaii mit den folgenden Leguminosen (aufgeführt als *Fabaceae* s. l.). Tonga: *Erythrina variegata, Inocarpus fagifer, Senna alata, Vigna adenanthera* und

V. marina. – Samoa: *Erythrina variegata, Senna alata, Vigna marina.* – Tahiti: Keine. – Cook Islands: *Inocarpus fagifer, Senna alata.* – Hawaii: *Senna occidentalis, Tephrosia purpurea.* Separate Pflanzenbesprechung mit Farbphotographien: *Inocarpus fagifer,* 159–160; *Senna alata,* 196–197; *Vigna marina,* 210–211.

Schlußbetrachtungen zu Ethnobotanik und ethnobotanischer Literatur

Dieser Nachtrag soll mit einigen Betrachtungen zur Ethnobotanik abgeschlossen werden. Gegenwärtig wird Ethnobotanik zuweilen als mehr oder weniger synonym mit Ethnopharmakologie oder Ethnomedizin betrachtet; dies ist falsch, denn sie stellen nur ein Teilgebiet der Ethnobotanik dar. Viel Wissenswertes über die therapeutischen und toxikologischen Aspekte der Ethnobotanik findet sich in A. TSCHIRCHS *Handbuch der Pharmakognosie* in den Kapiteln *Pharmakohistoria, Pharmakoëthnologie* und *Pharmakoëtymologie* in Bd. I/2 (1910), l.c. Bd. I, 36.

Die Abfassung einer guten ethnobotanischen Arbeit gehört zu den schwierigsten Aufgaben der auf diesem Gebiete tätigen Forscher, i.e. Mediziner, Pharmazeuten, Botaniker, Phytochemiker, Agrarwissenschaftler, Anthropologen, Bibelforscher, Historiker, Linguisten u.a.

Ethnobotanik hat Berührungspunkte mit so vielen Wissenschaftsgebieten, daß sachkundige und kritische Beurteilungen aller Aspekte dieser Disziplin kaum mehr einem einzelnen Forscher möglich sind. Bereits bei TSCHIRCH findet sich beispielsweise auf S. 1071 im Kapitel Pharmakoëtymologie die Warnung: *Immerhin wird sich der Pharmakognost nur mit Vorsicht auf linguistisches Gebiet begeben, denn es fehlt ihm die nötige Schulung.*

Auf einige Probleme und Schwierigkeiten bei ethnobotanischen Untersuchungen sei kurz hingewiesen.

a) Richtige Identifikation und Benennung der Pflanzentaxa ist keineswegs problemlos. Ursachen sind Polymorphismus und Polytypismus bei vielen durch den Menschen genützten Arten, und die damit zusammenhängenden nomenklatorischen Vieldeutigkeiten. Vgl. dazu Tabellen 32 und 33 und die Bemerkungen zu diesen Tabellen.

b) Anthropogene Einflüsse, wie absichtliche und unabsichtliche Verschleppung von Taxa über viele Kontinente verschleiern deren ursprüngliche Herkunft, und tragen viel zu ihrer Variabilität bei. Gleiches gilt für *Long Distance Dispersal* von Mangrovepflanzen und Küsten-bewohnenden Pflanzen. Vgl. dazu Notiz (S. 401) zu Tabellen 32 und 33.

c) Viele Taxa wurden bereits in vor- oder frühgeschichtlicher Zeit durch den Menschen in Kultur genommen, und durch Auslesezüchtung mehr oder weniger verändert. Formenkreise von alten Kulturpflanzen wurden durch Berufssystematiker lange vernachlässigt und oft ohne die nötigen Sachkenntnisse behandelt. Der auf diesem Gebiete herrschende nomenklatorische Wirrwar ist durch den Nicht-Taxonomen kaum zu meistern. Vgl. meine Bemerkungen zu *Mucuna pruriens* s.l. und *Vicia sativa* s.l. auf S. 18–19 und zur *Pithecellobium* s.l. auf S. 370.

d) Bei der Ermittlung von Volksnamen von Pflanzentaxa kann man auf zahlreiche linguistische und botanische Probleme stoßen, z.B.:

Welche wissenschaftliche Binomina gehören zu welchen Volksnamen?

Wie viele Volksnamen hat eine einzige Art mit beträchtlicher Arealgröße, die bei verschiedenen Bevölkerungsgruppen Verwendung findet?

Wie sind Volksnamen der zahllosen Sprachen und Dialekte (z. B. Chinesisch, Japanisch, arabische, persische, slavische und türkische Sprachen, Sprachen Afrikas, des Indischen Subkontinents, des Polynesischen Raumes, der Indianer Amerikas und viele andere) zu interpretieren, übersetzen und transscribieren?

e) Wie sammelt man bei einem bestimmten Volk die zur fehlerlosen ethnobotanischen Beurteilung der Flora seines Gebietes benötigten Daten? Dazu sind gute Sprachkenntnisse, langdauernde Kontakte mit den Menschen und richtiges Verständnis ihres Kulturgutes erforderlich. Nur wem es gelingt das Vertrauen der Stammesältesten, Häuptlinge, Medizin-Männer und -Frauen zu gewinnen, wird lückenlose und unverfälschte Informationen über Pflanzen und ihre vielseitige Verwendung erwerben können. Vgl. z. B. Einleitung (1–20) in BALLY 1938 l. c. Bd. VII, 81.

f) Im Falle von Arzneipflanzen genügen Binomina und Indikationen keineswegs. Wichtig sind ebenfalls alle Angaben über die zur Krankheits-Prophylaxe und -Therapie gebräuchlichen Arzneiformen und -zubereitungen. Z. B. Frischpflanzen oder getrocknetes Material? Welche Pflanzenteile werden verwendet? Interne oder externe Verabreichung? Zubereitungsformen: Infus, Dekokt, Kataplasmen, Salben, Inhalationen usw.? Anwendung von Einzeldrogen oder von zusammengesetzten Arzneipräparaten?

Die Liste von Problemen, denen sich der begeisterte und gewissenhafte Ethnobotaniker gegenübergestellt sieht, könnte beliebig erweitert werden. Sie reicht aber zur Illustration der zahlreichen Tücken, welche sich bei ethnobotanischen Arbeiten offenbaren können.

In manchen modernen ethnobotanischen Publikationen vermißt man die durch die skizzierten Schwierigkeiten gebotene Zurückhaltung. Sie muten oberflächlich an, und sind in verschiedener Hinsicht keineswegs fehlerfrei. Angaben über Inhaltstoffe sind oft veraltet und fehlerhaft. Die botanische Seite wird nicht selten arg vernachlässigt. Angaben über die Verwendung einzelner Pflanzen sind nicht selten äußerst lückenhaft. Kurzum, es empfiehlt sich, derartige Veröffentlichungen stets genau zu prüfen, und nur dasjenige zu verwerten, das bei ihrer kritischen Prüfung als zuverlässig befunden wurde. Selbstverständlich gibt es in der modernen ethnobotanischen Literatur auch ausgezeichnete Publikationen, welche große Sorgfalt bei allen in ihnen behandelten Aspekten erkennen lassen, und eine wertvolle Bereicherung unserer ethnobotanischen Kenntnisse darstellen. Als Beispiele dafür möchte ich die im Vorabgehenden zitierten Arbeiten von A. BARR et al. 1993, MARTINE BAERTS und J. LEHMANN (1993) und S. DESOUTER (1991) erwähnen.

Dieser ethnobotanische Nachtrag soll mit der Besprechung eines Buches über Nutzpflanzen von Fiji, das erst vor kurzem in meine Hände gelangte, abgeschlossen werden. Ich möchte damit etwas ausführlicher auf einige der erwähnten Probleme eintreten, und die Tatsache betonen, daß für umfassende ethnobotanische Forschung die Zusammenarbeit von Wissenschaftlern verschiedener Fachgebiete unentbehrlich ist (vgl. dazu A. BARR et al. 1993).

Schlußbetrachtungen zu Ethnobotanik und ethnobotanischer Literatur

PARHAM, H. B. RICHENDA, Mrs., *Fiji native plants with their medicinal and other uses*, Polynesian Society Memoir No. 16, 160 pp., Wellington, N.Z. 1943. Die besprochenen Pflanzen wurden nach den ermittelten Eingeborenen-Namen alphabetisch angeordnet: AI-CARADAVUI bis YEVUYEVU (1–141 + *Additions*, 141–143). Leider fehlt ein taxonomisches Register. Deshalb muß die ganze Broschüre sorgfältig durchgeblättert werden, wenn man sich für eine bestimmte Familie interessiert. Im Falle der Leguminosen ergibt sich folgendes (Seitenzahlen zwischen Klammern angegeben; C-A verweist nach CAMBIE-ASH, l. c. S. 9).

BOA (7): *Crotalaria quinquefolia*; keine Angaben über Verwendung.

CIBICIBI (13) oder TOGATU (86) oder YAMO (137): *Cynometra grandiflora* (= *Maniltoa grandiflora*); liefert dauerhaftes Holz; aus frischen Blättern bereiteter Saft oder Brei zur lokalen Behandlung verschiedener Hauterkrankungen verwendet. In C-A aufgeführt als *Cynometra insularis* A. C. Sm.

CONGODRONGADROA (13): *Mimosa pudica*; als Futterpflanze geschätzt. Nach C-A kommt auf Fiji die var. *unijuga* (Walpers et Duchassaing) Grisebach vor; hier wird der Eingeborenen-Name COGADROGADRO geschrieben.

DENIMANA (18, 142): *Dalbergia monosperma* (entspricht *D. candenatensis* [Dennst.] Prain); gehört zur Strandvegetation; Brei aus gekochten Blättern zur Furunkelbehandlung verwendet (S. 142; hier wird aber von „herbaceous plant" gesprochen; Pflanzenverwechslung?).

DIRIDAMU, LELE, LELEDAMU, LERADAMU oder QIRIDAMU (45) oder DIRIDIRIDAMU (142, 157): *Abrus precatorius*; Samen sehr giftig, aber trotzdem wird ein Samendekokt zur Bekämpfung von Enteritis bei Kindern verwendet, wobei allerdings erst die toxischen Lectine oder Toxalbumine extrahiert werden (45) (keine genauen Angaben; möglicherweise werden nur die gerbstoffreichen Samenschalen verwendet); Blattdekokte Kindern bei Enteritis gegeben (142); Samen zur Anfertigung von Ketten gebraucht (157).

DRALA-DINA oder RARA (22): *Erythrina speciosa*? (*often known as E. indica*); mit rot-, blaßrot- und weißblühenden Varianten; eine Form mit weißgefleckten roten Blüten wird DRALA-KAKA genannt und *E. ovalifolia* zugeschrieben. Offensichtlich handelt es sich um Formen von *E. variegata* (= *E. indica*), welche nach C-A DRALA heißen; hauptsächlich als Ziergewächse kultiviert. N. B. *E. ovalifolia* Roxb. ist ein Synonym von *E. fusca* Lour.; auch *Vitex trifolia* (*Verbenaceae*) wird DRALA-KAKA genannt.

DRALEX (23) oder NATOBA (59): *Dolichos lablab* (= *Lablab vulgaris*; heute gültiger Name ist *Lablab purpureus*); stellenweise als Gemüse (Hülsenfrüchte) kultiviert; S. 59: *The bean of this plant is eaten... Sometimes classed as Lablab Vitiensis*. N. B. Nach C-A wird der Name DRALAWA für *Canavalia rosea* (Sw.) DC. verwendet.

DRAUTOLU (25): *Vigna lutea* (*V. lutea* Gray = *V. marina* [Burm.] Merr.); gelbblühende Strandpflanze; dieser Name wird ebenfalls für die andersfarbig blühende Strandpflanze *Canavalia obtusifolia* (*C. obtusifolia* [Lam.] DC. = *C. rosea* [Sw.] DC. = *C. maritima* Thouars = *Dolichos maritimus* Aubl.) verwendet (25); keine Hinweise auf Anwendungen der zwei Taxa. DRAUTOLU heißt auch eine bittere, als Tonicum verwendete Rutacee (25).

DUVA (27) oder TUVA (92) oder WATUVA (130): *Derris uliginosa* (*sometimes called Deguelia trifoliata*); gestampfte Blätter zum Betäuben von Fischen verwendet, und auch als Insektizidum bekannt (27); zu Brei gekaute Blätter oder ausgepreßter Saft werden zum Desinfizieren von Wunden gebraucht (92); gutes Insektizidum (130). Der Name DUVA wird ebenfalls für zwei Nicht-Leguminosen verwendet. N. B. In C-A werden die drei *Derris*-Arten *D. elliptica* (DUVA oder DUVA NI VAVALAGI), *D. malaccensis* (DUVA NI NIUKINI) und *D. trifoliata* (= *D. uliginosa*: WADUVA) unterschieden.

IVI (30): *Inocarpus edulis* (= *I. fagifer*); prächtiger Schattenbaum, der die als TAHITIAN CHESTNUTS bekannten eßbaren Samen liefert. C-A schreiben *I. fagiferus*.

KALOKI (32): *Bauhinia alba*; BUTTERFLY TREE; gegenwärtig verschiedenfarbig blühende *Bauhinia*-Taxa auf Tahiti eingebürgert.

KATIQUA (33) oder TATAQIA (81): *Acacia laurifolia*; ihr hartes Holz ist zur Herstellung von Axtstielen geeignet. Nach C-A entspricht *A. laurifolia* Gray *A. simplex* (Sparrman) Pedley; als Trivialname wird TATAGIA angegeben.

KAUMOCE (35) oder MOCE (56): Für *Cassia*-Arten (z. B. *C. obtusifolia*, *C. occidentalis*, *C. tora*), deren Blätter abends Schlafstand einnehmen, allgemein verwendete Bezeichnungen; medizinische Verwendung nicht erwähnt; allerdings wird der Name KAUMOCE bei Bua (= Mbua) auf Vanu Levu auch für eine Malvacee verwendet.

KAUNIALEWA (35) oder TAUTAU (82): *Sophora tomentosa*; soll sehr geeignet für Windschutzhecken sein (82). N. B. Auf S. 82 Schreibweise KAUNIYALEWA verwendet. Auf S. 35 wird jedoch KAUNIYALEWA für eine Boraginacee angegeben.

KAUNIROI oder KAUNISIGA (35) oder VESINIWAI oder VESIVESI (108): *Pongamia glabra* (gegenwärtig *P. pinnata*); wächst bevorzugt in Küstennähe; liefert Holz und Arznei; Infuse oder Dekokte von Blättern oder von Rindenschabsel werden zur Behandlung von Frauenkrankheiten verwendet; Rinde ebenfalls zur Syphilis-Behandlung benützt (108). Der Name KAUNIROI wird ebenfalls für eine Melastomatacee, *Clidemia hirta*, verwendet, und VESIVESI für *Afzelia bijuga*.

KAUSELEKA (36) oder LAKANIKASA (42) oder SENIYAKAVI (73) oder SETAMOLI (74) oder YAKAVI (136): *Uraria lagopodioides*; ein aus Blättern von *U. lagopodioides* und *Urena lobata* (*Malvaceae*) bereiteter Tee wird bei Magen- und Bauchschmerzen getrunken (36, 73, 136).

KAUVOTAVOTOA (37): *Crotalaria altecana*; called „rattle" *pod by Europeans*; keine weiteren Hinweise. Welche *Crotalaria*-Art ist hier gemeint?

LATOALAWA (43): *Clitoria ternatea*; eingebürgerte Zierpflanze.

MARASA (52): *Storckiella vitiensis*; großer Waldbaum.

QUMU (66): *Acacia richii*; liefert hartes Holz; das Kernholz wurde früher zum Schwarzfärben der Haut (Gesichtstätowierungen) verwendet.

RARADAMUDAMU oder RARA (66): *Erythrina indica (now called E. speciosa)*; hat prächtig rote Blüten.

SEKOULA (72): *Delonix regia*; Zierbaum.

SENIVAKACEGU (73): *Desmodium heterophyllum*; beliebter Bodenbedecker.

SONI (77): *Caesalpinia bonduc* mit gelben Samen und *C. bonducella* mit grauen Samen; beide mit rauhhaarigen bis stacheligen Hülsen; *C. bonducella* wird auch WASONI genannt, und das Dekokt aus ihren Wurzeln wird als Tonicum getrunken (130); auf medizinische Bedeutung beider Taxa in Indien wird hingewiesen (77). Vgl. zu diesen Binomina und Taxa Tabellen 32 und 33 und zugehörige Notiz. Nach C-A wird der Name SONI für *C. bonduc* (L.) Roxb. und *C. major* (Medic.) Dandy et Exell verwendet.

TOKAI BEBE oder SAUSAUTAVE (87): *Desmodium umbellatum*; Strauch oder kleiner Baum der Küstenvegetation; keine Angaben zur Verwendung. N. B. Nach C-A heißt dieses Taxon heute *Dendrolobium umbellatum* (L.) Bentham und hat die Trivialnamen SAUSAUTAVE und TOKIA-BEBE; TOKIA-BEBE trifft aber nach PARHAM für eine *Psychotria*-Art (*Rubiaceae*) zu.

VAIVAI (99): Dieser Name wird für fünf Leguminosen verwendet:
Adenanthera pavonina; Samen werden zu Schmuckgegenständen verarbeitet.
Samanea saman (= *Pithecellobium saman*); beliebter Schatten- und Zierbaum.
Leucaena glauca (= *L. leucocephala*); liefert Brennholz.
Serianthes myriadenia und *S. vitiensis*; liefern wertvolles Holz.

VEHI (106) oder VESI oder VESIVESI (108): *Afzelia bijuga* (= *Intsia bijuga*); heißt auf Tonga FEHI; liefert hartes, termitenresistentes Holz; gegen Bohrmuscheln („toredos" oder „teredos") ist *Intsia*-Holz jedoch nicht beständig; deshalb ist es für Wasserbauten im Meer und für Schiffsbau weniger geeignet (108).

VUGA (114): *Erythrina corallodendron*; liefert beim Hausbau verwendetes Holz; der Name VUGA wird auch für zwei Nicht-Leguminosen (115) verwendet.

WAKORE (123): (a) *Canavalia obtusifolia*; prächtige Klimmpflanze mit rötlichen Blumen; gemeint ist hier wahrscheinlich die pantropische Strandpflanze *C. rosea* (Sw.) DC. (= *C. maritima* Thouars = *C. obtusifolia* [Lam.] DC. = *Dolichos maritimus* Aubl.); die Tatsache, daß auf S. 25 sub DRAUTOLU ebenfalls *C. obtusifolia* als Strandpflanze mit gelbgrünen Blüten aufgeführt ist, beruht mutmaßlich auf Verwechslung von zwei Binomina: *Canavalia maritima* (= *C. obtusifolia*) und *Vigna marina* (= *V. lutea*). N. B. bei C-A findet sich der Trivialname DRAUTOLU ebenfalls bei beiden Taxa: *Canavalia rosea* = DRALAWA (gehört bei PARHAM zu *Lablab purpureus*) oder DRAUTOLU, und *Vigna marina* = TOKATULI oder WAVUE oder DRAUTOLU.

WAKORE (124): (b) *Mucuna gigantea*; Name in Gegend von Bua (= Mbua) verwendet.

Schlußbetrachtungen zu Ethnobotanik und ethnobotanischer Literatur

WALAI (124) oder WANGIRI (127) oder WATAQIRI (130): *Entada scandens* oder *gigas* (= *E. phaseoloides* s.l.). Mächtige Liane; gekaute oder zu Brei gestampfte Blätter zur Bekämpfung von Filariosen (z. B. Elephantiasis) verwendet (Umschläge oder Einreibungen) (124, 130); Anschneiden der Liane liefert reichlich Saft, der zum Durstlöschen und als Tonicum verwendet wird (124).

WINIVINIKAU (133): *Cassia laevigata* (= *C. floribunda* Cav.); keine Hinweise auf Anwendungen.

YAKA oder WAYAKA (136): Aufgeführt als *Pachyrhizus trilobus*; entspricht wohl *Pueraria lobata* (Willd.) Ohwi (= *Pueraria triloba* sensu Makino). Große windende und kriechende Pflanze mit stark faserigen Stengeln, welche zur Anfertigung von Fischnetzen dienen. Die Art bildet Wurzelknollen; diese waren früher wichtiges, stärkehaltiges Nahrungsmittel, werden aber gegenwärtig weniger geschätzt.

Bemerkungen:

Diese Arbeit enthält auf S. 1 Hinweise auf häufig benützte ethnobotanische und systematische Literatur, hat aber kein genaues Literaturverzeichnis.

Alle Binomina werden ohne Autorzitate aufgeführt, was dem mit der Flora von Fiji wenig vertrauten Benützer die taxonomische Interpretation erschwert.

Wo mir dies angebracht erschien, versuchte ich taxonomisch wegweisende Ergänzungen einzuflechten.

Die folgenden Ausführungen sollen mit Hilfe der erwähnten *Caesalpinia*-Taxa zeigen, welchen Schwierigkeiten man sich oft gegenübergestellt sieht, wenn man versucht, die Resultate phytochemischer und ethnobotanischer Veröffentlichungen botanisch richtig und eindeutig zu interpretieren. Vgl. Tabellen 32 und 33 und zugehörige Notiz.

Tabelle 32. Einige Synonyme von drei gegenwärtig als Arten aufgefaßten, in den Tropen und Subtropen weltweit verbreiteten *Caesalpinia*-Sippen nach 6 Publikationen der vergangenen 2 Dezennien. Gegenwärtig nach [1] gültige Binomina klein fett gedruckt

Lit.	**Caesalpinia bonduc** (L.) Roxb. (1832) (nach [1] *pro parte*)	**Caesalpinia major** (Medikus) Dandy et Exell (1938) [1]	**Caesalpinia crista** L. (1753) (nach [1] *pro parte*)
[1]	= *C. crista* L. (1753) = *Guilandina bonduc* L. 1753 (not later eds.) = *Guilandina bonducella* L. (1762), *nom. illeg.* = *C. bonducella* (L.) Fleming (1810), *nom. illeg.*	= *Bonduc majus* Medik. (1786) = *C. bonduc* (L.) Roxb. (1832) *pro parte*	= *Guilandina nuga* L. (1762) = *C. nuga* (L.) Ait. (1811) = *Guilandina paniculata* Lam. (1785) = *C. paniculata* (Lam.) Roxb. (1814) = *C. scandens* Heyne (1821) = *C. chinensis* Roxb. (1832)
[2]	= *C. bonducella* (L.) Fleming = *C. sogerensis* Bak. f. = *Guilandina bonduc* L. = *Guilandina bonducella* L.	= *Guilandina viridiflora* Teijsm. et Binn.?	= *C. nuga* (L.) Ait.
[3]	= *C. Jayabo* Maza, 1890 = *Guilandina Bonduc* L., 1753	= *C. bonducella* sensu Hbd. 1888, non Fleming 1810 = *C. Nuga* (L.) Ait. f., 1811 = *C. crista* sensu Haw. bot, non L. 1753 = *Bonduc majus* Medic. 1786 = *Guilandina Nuga* L. 1763	Nicht erwähnt
[4]	= *Guilandina bonduc* L. (1753) = *C. crista* L. (1753) *p.p.* = *Guilandina bonducella* L. (1762), *nom. illeg.*	= *Bonduc majus* Medik. (1786) = *Guilandina bonduc* L. (1762) = *C. bonduc* (L.) Roxb. (1832) *p.p.*	= *Guilandina nuga* L. (1762) = *C. nuga* (L.) Ait. f. (1811) = *Genista scandens* Lour. (1790) = *Guilandina paniculata* Lam. (1785)

Fortsetzung auf S. 398

Tabelle 32. (Fortsetzung)

Lit.	**Caesalpinia bonduc** (L.) Roxb. (1832) (nach [1] pro parte)	**Caesalpinia major** (Medikus) Dandy et Exell (1938) [1]	**Caesalpinia crista** L. (1753) (nach [1] pro parte)
[4]	= C. bonducella (L.) Fleming (1810), nom. illeg. = Guilandina gemina Lour. (1790)	= C. jayabo Maza (1890)	= C. paniculata (Lam.) Roxb. (1814) = C. scandens Heyne (1821) = C. chinensis Roxb. (1832)
[5]	= Guilandina bonduc L. (1753) = Guilandina bonducella L. (1762), nom. illegit. = C. bonducella (L.) Fleming (1810), nom. illeg.	Nur sub C. bonduc erwähnt; kommt auf Madagaskar, nicht aber auf La Réunion, Maurice und Rodriguez vor	= C. nuga (L.) Aiton f. (1811) = C. paniculata (Lam.) Roxb. (1814)
[6]	In den USA früher bekannt als: Guilandina crista (L.) Small sensu SMALL (1933) und C. crista L. sensu LONG und LAKELA (1971)	In den USA früher bekannt als: Guilandina bonduc L. sensu SMALL (1933) und C. bonduc (L.) Roxb. sensu LONG and LAKELA (1971). Inkl. Guilandina ovalifolia (Urban) Britton	Nicht erwähnt

[1] M. SANJAPPA (1992), l.c. Bd. XIa, 436.
[2] B. VERDCOURT (1979), l.c. Bd. XIa, 82.
[3] H. ST. JOHN (1973), *A list of flowering plants of Hawaii*, Pacific Tropical Botanical Garden, Memoir 1, 1–519, Lawai, Kuai, Hawaii.
[4] K. LARSEN et al. (1980), l.c. Ref. [4] sub *Caesalpinieae*, S. 47.
[5] R. M. POLHILL (1990), vide Ref. [5] sub *Cassiinae*, S. 108.
[6] DUANE ISELY (1990), l.c. Bd. XIa, 7. Im behandelten Gebiet kommt *C. crista* sensu [1], [2], [4] und [5] nicht vor.

Tabelle 33. Einige nach [2], [4], [5] und [6] differentialdiagnostisch wichtige Merkmale im *Caesalpinia bonduc-, crista-* und *major*-Formenkreis[1)]

Taxa	Stipulae	Früchte[2)]	Samen[4)]
C. bonduc ♀ + ♂	*Stipules conspicuous and leafy with 2–3 unequal lobes* (im Schlüssel: *Stipules pinnate of 3–5 leaflets), 0,3–2,5 cm long, 0,2–3,6 cm wide* (im Schlüssel: *0,5–2 cm long)* [2].	*Fruit oblong-elliptic ... densely spreading prickly, debiscent* (im Schlüssel: *Fruit covered with rigid straight spines as well as curved prickles; ovules 2)* [2].	*Grey, globose or subglobose, 1,5–2 cm in diameter* [2].
	Stipules foliacées, pennées ou bipennées à 2–5 lobes ± orbiculaires, inégaux, 0,5–2,5 cm [4].	*Fruits: gousses ... couvertes d'aiguillons pubescents longs de 7 à 9 mm; zweisamig* [4].	*± Globuleuses 15–20 mm de diamètre, grisâtre-plombées* [4].
	Stipules pennatipartites, à 3–5 folioles ou lobes [5].	*Gousse ..., echinée, pubescente, debiscente. Graines 1–2 ...* [5].	*Ovoides à spheriques, 1,5–2 cm de diamètre, grises, très dures* [5].
	Stipules persistent on young growth, foliaceous, 1–2 cm long [6].	*Legume tardily dehiscent ... ligneous, prickly. Seeds 1–3* [6].	*1,5–2 cm in diam., grey* [6]
C. major ♀, ♂, ☿	*Stipules subulate, 1–3 mm long, often split in 2 or 3 superposed parts, soon deciduous* [2].	*Fruits ... the surfaces covered with 5–10 mm long bristles, 2–4-seeded* [2].	*Yellow to brownish, subglobose, 1,5–2,5 cm in diameter* [2].
	Stipules subulées, parfois divisées, 1–3 mm, caduques [4].	*Fruits: gousses ... couvertes d'aiguillons pubescents long de 6 à 7 mm. Graines 2–4* [4].	*Subglobuleuses 20 × 15 mm, d'un gris olivâtre* [4].
	...petites stipules ... [5][3)].	*..., 4 ovules par ovaire ...* [5][3)].	*Jaunes* [5][3)].
	Stipules obsolescent [6].	*Legume tardily dehiscent ... ligneous, prickly. Seeds 1–2* [6].	*Oval to suborbicular 1,5–2 cm diam., dull yellow* [6].

Fortsetzung auf S. 400

Tabelle 33. (Fortsetzung)

Taxa	Stipulae	Früchte[2]	Samen[4]
	Stipules obsolete [2].	*Fruit ... indehiscent, 1(–2)-seeded* [2].	*Black, rounded to ovoid or kidney-shaped + flattened, 2–2,5 cm long, 1,5–2 cm wide, 0,5–1 cm thick* [2].
C. crista ♀	*Stipules en alène, env. 1 mm* [4].	*Fruits: gousses ... glabres. Graines 1 (rarement 2)* [4].	*Aplatie, réniforme, 12 × 20 mm, brun noir mat* [4].
	Stipulae nicht erwähnt [5].	*Gousse tardivement déhiscente. Graines 1 (–2)* [5]. (im Schlüssel: *gousses sans épines*) [5].	*Arrondies à réniformes, aplaties, 2–2,5 × 1,5 à 2 cm.* Farbe nicht erwähnt [5].

1) Für [2], [4], [5] und [6] vide Tabelle 32.
2) Abb. der Früchte von *C. bonduc* in [2], [4], [5], *crista* in [2], [4], [5] und *major* in [2].
3) In Anhang zu *C. bonduc*: *Espèce étroitement apparentée ... mais elle n'a pas encore été réparée aux Mascareignes* (*C. major* ist aber von Madagaskar bekannt).
4) Die harten, rundlichen märbelähnlichen Samen wurden wohl auch zum Spielen verwendet. *C. bonduc* ist als GRAY-NICKER [2,6] und *C. major* als YELLOW-NICKER [2, 6] bekannt; vgl. die angegebenen Samenfarben (die allerdings nicht immer konstant zu sein scheinen). ST. JOHN [3] nennt die auf Hawaii einheimische *C. major* GRAY NICKERS und die eingebürgerte *C. bonduc* YELLOW NICKERS. Hier dürfte Namen-Verwechslung eine Rolle spielen (vgl. in Tabelle 32).

Notiz zu Tabellen 32 und 33 – Manche tropische Leguminosen produzieren schwimmfähige, salzbeständige Samen, welche durch Meeresströmungen über große Abstände verbreitet werden können. Solche MEERBOHNEN bilden auch *Caesalpinia*-Arten des Formenkreises, welcher unter den Namen *Caesalpinia bonduc, bonducella, crista, major* und vielen weiteren Binomina (Tabelle 32) bekannt sind. Von Meerbohnen abstammende Populationen wachsen ursprünglich in Mangrove-Vegetationen und an Meeres-Stränden und -Küsten. Sie besitzen oder erlangen an den neuen Standorten z. T. aber auch die Fähigkeit, um in küstennahe Busch- und Waldvegetationen einzudringen, und anschließend küstenfernere Gebiete zu erobern. Zweifellos bedingen solche Prozesse der Arealerweiterung, zu welcher seit dem Beginn seiner Entdeckungsreisen in vorgeschichtlicher (Polynesier) und geschichtlicher Zeit auch der Mensch beigetragen hat, Anpassungen an unterschiedliche Standortsverhältnisse. Die richtige systematische Interpretation der so entstandenen Variationsmuster ist äußerst schwierig, und die Abgrenzung und rangmäßige Einstufung von selbständigen Taxa wird reine Ermessenssache des bearbeitenden Systematikers. Unvermeidliche Folge derartiger Situationen sind zahlreiche taxonomische und nomenklatorische Irrtümer und Verwechslungen. Ich habe mich bemüht, um die skizzierten Probleme mit Hilfe der Tabellen 32 und 33 für die erwähnten, in tropisch Asien und im Pazifik therapeutisch viel verwendeten *Caesalpinia*-Taxa zu illustrieren. Dazu verwendete ich einige taxonomische Publikationen aus den vergangenen 20 Jahren. Diese Tabellen offenbaren eindeutig die Tatsache, daß auch heute noch manches unklar ist. Ein Teil der nomenklatorischen Schwierigkeiten beruht darauf, daß bereits LINNÉ in der Benennung der hier in Betracht kommenden Sippen inkonsequent war. Dadurch wird eine kompromißlose Anwendung der später in die botanische Nomenklatur eingeführten Prioritätsregeln praktisch unmöglich. Diskussionen zwischen Nomenklaturspezialisten und Zweideutigkeiten sind Folge dieser Sachlage. Vgl. z. B. *C. crista* L., *Guilandina bonduc* L. und *Guilandina bonducella* L. in Tabelle 32.

Es ist deshalb nicht verwunderlich, daß bei polytypischen Formenkreisen in der botanischen, ethnobotanischen und phytochemischen Literatur manche Zweideutigkeiten, Verwechslungen und mehr oder weniger schwerwiegende Fehler auftauchen. Ein letztes Beispiel für diese unerwünschte Situation liefert uns THE WEALTH OF INDIA, Vol. II, S. 3–4. Hier wird *Caesalpinia crista* L. (= *C. bonducella* Flem.), FEVER NUT oder BONDUC NUT, besprochen und illustriert. Die Abb. des Taxons auf S. 3 zeigt eine nebenblattlose Pflanze mit stacheligen, 2samigen, dehiszenten Früchten, also Merkmale, welche am ehesten für *Caesalpinia major* (Tabelle 33) sprechen würden. Die Samenfarbe wird allerdings mit grau angegeben, doch scheinen bei diesem vorwiegend gelbsamigen Taxon auch andere Farbvarianten (vgl. Tabelle 33) der Samen vorzukommen.

Ich schließe mit einer *Warnung*: Lange nicht alle Publikationen auf chemotaxonomischem und ethnobotanischem Gebiet wurden mit der nötigen Sorgfalt und Sachkenntnis abgefaßt. *Man sollte stets kritisch prüfen und nur als Richtig-Erkanntes kommentarlos weitergeben.*

B I bis B III. Chemismus der Leguminosen

B I.2. RESERVEZELLULOSEN DER SAMEN

Weitere Samenanalysen von 28 brasilianischen Leguminosen resultierten im Nachweis der Speicherung von Galaktomannanen bei 12 der geprüften Taxa. Folgende Gehalte (% TG Samen) und Man:Gal-Verhältnisse wurden beobachtet:

CAESALPINIOIDEAE
Cassia grandis : 37,5% – 1,7
Senna reticulata : 17,2% – 1,4

MIMOSOIDEAE
Leucaena spec. indet. : 14,9% – 1,3
L. pulverulenta : 15,4% – 1,2
Mimosa spec. indet. : 26,4% – 0,9
M. platyphylla : 18,5% – 0,9
M. scabrella : 27,1% – 1,0
Prosopis juliflora : 27,0% – 1,2

Bei *Acacia farnesiana*, *Anadenanthera* (2 Taxa), *Calliandra* (2), *Enterolobium* spec. indet., *Inga* (2), *Pithecellobium* (2) und *Piptadenia gonoacantha* waren keine Galaktomannane nachweisbar.

FABOIDEAE
Bowdichia virgilioides : 8,4% – 0,9
Crotalaria micans : 16,6% – 2,1
C. juncea : 52,6% – 2,5
Indigofera suffruticosa : 18,2% – 1,1

Bei *Aeschynomene paniculata*, *Centrolobium robustum*, *Machaerium* spec. indet., *Mucuna* spec. indet. und *Sophora tomentosa* waren keine Galaktomannane nachweisbar.

Von den jetzt untersuchten Arten hatten die beiden *Crotalaria*-Arten die galaktoseärmsten Endospermgalaktomannane. Berücksichtigt man alle bisher publizierten Endospermschleim-Analysen, dann haben im Mittel von allen Leguminosen mit Endosperm als Speichergewebe die Caesalpinioideen die galaktomannan-reichsten und gleichzeitig galaktoseärmsten Samen.

BUCKERIDGE, M. S. et al., *Seed galactomannans in the classification and evolution of the Leguminosae*, PHYCHEM **38**, 871–875 (1995).

B I.14–16. TERPENOIDE

BOWYER, P. et al., *Host range of a plant phytopathogenic Fungus determined by a saponin detoxifying enzyme*, Science **267**, 371–374 (1995). Da viele Saponine für Pilze giftig sind, können sie eine wichtige Rolle bei den Interaktionen von Pflanzen und phytopathogenen Pilzen spielen. Mit zwei Formen von *Gaeumannomyces graminis*, var. *avenae* (= Gga) und var. *tritici* (= Ggt), und Gramineen aus den Gattungen *Avena* und *Triticum* konnte gezeigt werden, daß Ggt für Hafer (*Avena*-Taxa) ungefährlich ist, weil dieser Stamm das in den Epidermiszellen von *Avena*-Wurzeln lokalisierte fungitoxische Saponin Avenacin-A_1 (vgl. Bd. VII, 632, 641) nicht neutralisieren kann. *Triticum* wird durch Gga und Ggt befallen, *Avena*-Taxa sind nur für Gga geeignete Wirtspflanzen. Das Avenacin-entgiftende Enzym von Gga wurde Avenacinase genannt. Möglicherweise entscheiden periphere Lokalisation von geeigneten Saponinen in Pflanzen und Vorkommen von saponinentgiftenden Enzymen („Saponinasen") in phytopathogenen Pilzen in manchen Fällen über Erfolg oder Mißerfolg einer Infektion.

LANGENHEIM, J. H. (Symposium Chair and proceeding coeditor), *Chemical ecology of terpenoids,* No. 6 of J. Chem. Ecology *20*, 1223–1406 (1994). Mit Beiträgen: J. H. LANGENHEIM, *Higher plant terpenoids: A phytocentric overview of their ecological roles,* 1223–1280. – J. GERSHENZON, *Metabolic costs of terpenoid accumulation in higher plants,* 1281–1328. – J. TAKABAYASHI et al., *Volatile herbivore-induced terpenoids in plant-mite interactions: Variations caused by biotic and abiotic factors,* 1329–1354. – N. H. FISCHER et al., *In search of allelopathy in the Florida scrub: The role of terpenoids,* 1355–1380. – C. S. WHITE, *Monoterpenes: Their effect on ecosystem nutrient cycling,* 1381–1406.

B III.2. NYCTINASTIE UND TURGORINE

SATTER, RUTH L. et al., *Light- and clock-controlled leaflet movements in Samanea saman: A physiological, biophysical and biochemical analysis,* Acta Botanica *101*, 205–213 (1988). Physiologie der Schlafbewegungen der Blätter und Blättchen von *Samanea saman*. Physikalische und biochemische Vorgänge in den Pulvini und Pulvinuli.

UEDA, M. et al., *Trigonelline, a leaf-closing factor of the nyctinastic plant Aeschynomene indica,* PHYCHEM *39*, 817–819 (1995). 2 mg Trigonellin aus 7,2 kg frischen Ganzpflanzen isoliert. Nachweis, daß dieses Betain bei diesem Taxon als Blatt-Schließungsfaktor sehr aktiv ist. Tagblätter schließen bei Trigonellin-Konzentrationen von 1×10^{-7} M. Damit ist als Turgorin eine Base nachgewiesen, und die Hypothese der japanischen Autoren (vgl. Bd. XIa, 409) über Taxonspezifizität einzelner Turgorine bestätigt. Bei *Mimosa pudica* und *Cassia mimosoides* zeigte Trigonellin in diesem Konzentrationsbereich keine blattschließende Wirkung, und umgekehrt war Kaliumchelidonat bei *Aeschynomene indica* in dieser Beziehung inaktiv. ... *we suggest that circadian rhythms are attributable to a balance between a leaf-closing substance and a leaf-opening one, controlled by an internal clock.*

B III.3. SYMBIOSEN (RHIZOBIEN UND MYKORRHIZEN)

MULTI-AUTHOR REVIEW: *Symbiotic interactions between microorganisms and plants,* Experientia *50*, 873–925 (1994). Einleitung und 7 Beiträge. Ausführlich besprochen: Symbiosen mit Rhizobiaceae und Arbuscular Mycorrhiza (VAM). Viele Leguminosen-Beispiele.

NODULATION: *New reports,* The Bean Bag No. 41 (1995), p. 4–5. Wurzelknöllchen bei *Acacia nilotica* (4 Unterarten), *A. senegal, Chamaecrista calycioides, Ch. desvauxii* und *Ch. rotundifolia* beobachtet. Bei 6 Arten von *Cassia* s. str. und *Senna* keine Noduli beobachtet.

J. I. SPRENT and D. MCKEY (Eds), *Advances in legume systematics. Part 5. The nitrogen factor,* The Royal Bot. Gardens, Kew 1994. 241 Seiten. Mit 19 Beiträgen, Taxonomischem Index und separatem Stichwortverzeichnis. Einleitendes Kapitel von JANET I. SPRENT, *Nitrogen acquisition systems in the Leguminosae,* 1–11: Selbständige Stickstoffassimilation (Nitrate, Ammoniak, organischer Amino-N); Fixation von Luft-N_2 mit Hilfe von wurzelknöllchenbildenden Rhizobien; Beteiligung verschiedener Mykorrhiza-Typen an der Stickstoffernährung von Leguminosen; Betrachtungen zur Evolution der Nodulationssysteme in der Familie. Es schließen 7 Beiträge an, welche verschiedene Aspekte der Stickstoff-Fixation durch Leguminosen behandeln: Nodulation und ihre taxonomische Verbreitung; Bau, Funktion und Evolution von Noduli; *Rhizobia* und ihre Interaktionen mit Wirtspflanzen. Es folgen 4 chemotaxonomisch orientierte Beiträge, von welchen 3 nicht-proteinogenen

Aminosäuren der *Caesalpinieae, Acacieae* und *Ingeae* gewidmet sind; sie sollen in den anschließenden Nachträgen zum speziellen Teil etwas ausführlicher besprochen werden. Der z. T. recht spekulativ anmutende Beitrag von O. R. GOTTLIEB und Mitarbeitern, *Micromolecular clues for evolution of the Leguminosae*, 107–128, behandelt Evolutionstendenzen im Sekundärstoffwechsel der Dikotyledonen, und die systematische Bedeutung des Flavonoid-Metabolismus bei den Leguminosen. S. 129–210 sind 5 ökologischen Artikeln gewidmet, die verschiedene Aspekte der Wechselwirkungen zwischen Leguminosen-Stoffwechsel und Umwelt behandeln. Wenig bekannt ist beispielsweise der Mutualismus zwischen Gattungen der Ascomyceten-Familie der *Phyllachoraceae* (nach dem SYLLABUS 1954: „Blattparasiten") und Leguminosen-Taxa. Die Gattung *Phyllachora* ist bei Caesalpinioideen und Mimosoideen häufig anzutreffen, und einzelne ihrer Arten können bei *Acacia* s.l. die australische Untergattung *Phyllodineae* (= *Heterophyllum*) und bei *Cassia* s.l. *Cassia* s. str., *Chamaecrista* und *Senna* unterscheiden. Bei tropischen Papilionoideen kommen ebenfalls reichlich *Phyllachora*-Arten vor; bei den Galegeen, Hedysareen und Vicieen scheinen sie durch Arten aus anderen Phyllachoraceen-Gattungen (*Diachora, Stigmatula*) ersetzt zu sein. Co-evolution zwischen *Phyllachoraceae* und *Leguminosae* könnte die gegenwärtig bestehenden mutualistischen Beziehungen zwischen diesen zwei grundverschiedenen Organismen-Gruppen erklären. Der Autor erwartet von besserer Kenntnis der hier herrschenden Verhältnisse wertvolle Hinweise für eine natürliche Klassifikation im Bereich einzelner Leguminosen-Taxa: P. F. CANNON, *Observations on coevolution of the Phyllachoraceae (Fungi: Ascomycota) with the Leguminosae*, 179–188. Ein anderer Beitrag in diesem Abschnitt beleuchtet die unerwartet große Anpassungsfähigkeit von Affenpopulationen aus den Gattungen *Cercopithecus, Lophocebus* und *Colobus* an die in den durch sie besiedelten Wohngebieten verfügbaren Nahrungsquellen; Beobachtungen in Gabon, Zaire und Uganda: F. MAISELS und A. GAUTIER-HION, *Why are Caesalpinioideae so important for monkeys in hydromorphic rain forests of the Zaire basin?*, 189–204. Der vorletzte Beitrag von J. K. P. WEDER, *Differences in mode of action of proteinase inhibitors from Papilionoideae against human and bovine enzymes*, 205–210, behandelt PIs. Hier wird anhand von Wirkungsweisen (Bindung an Trypsin, Chymotrypsin oder an beide) und von Aminosäure-Paaren an den aktiven Stellen der PIs vom BOWMAN-BIRK-Typus ein merkmalsphylogenetischer Stammbaum ausgearbeitet. Dafür standen Analysenergebnisse mit PIs von *Arachis hypogaea, Glycine max, Lens culinaris* (verschiedene cvs), *Lonchocarpus capassa, Macrotyloma axillare, Medicago sativa, Phaseolus lunatus* und *vulgaris, Pterocarpus angolensis, Trigonella foenum-graecum, Vicia angustifolia, Vigna angularis* und *radiata* zur Verfügung. Das Buch schließt mit einem Beitrag von D. MCKEY, *Legumes and nitrogen: The evolutionary ecology of a nitrogen-demanding lifestyle*, 211–228.

C I. Caesalpinioideae

C I.1. Caesalpinieae

G. C. Kite and G. P. Lewis, *Chemotaxonomy of seed non-protein amino acids in Caesalpinia s.l.* (S. 101–105 in: J. I. Sprent and D. McKey [Eds], l.c. S. 404), deuteten den äußerst unbefriedigenden Stand der Klassifikation innerhalb der Caesalpinia-Gruppe (Polhill-Raven 1981) an, und lieferten einen Beitrag zur Kenntnis der Samenaminosäurespektren. Sie analysierten mit verbesserten Methoden (Gaschromatographie – Massenspektroskopie) Samen von 40 Taxa und ergänzten und korrigierten z. T. frühere papierchromatographische Ergebnisse. In allen Samen waren Pipecolin- und 5-Hydroxypipecolinsäure und 2-Carboxypyridin (= Picolinsäure = Isonicotinsäure) nachweisbar. Als Merkmale waren 15 nichtproteinogene Aminosäuren brauchbar:

- ① 4-Methylglutaminsäure
- ② 4-Ethylglutaminsäure
- ③ 4-Methylenglutaminsäure
- ④ 4-Ethylidenglutaminsäure
- ⑤ und ⑥ Zwei stereochemisch verschiedene 3-Hydroxy-4-methylglutaminsäuren
- ⑦ 3-Hydroxymethyl-phenylalanin
- ⑧ 4-Hydroxy-3-hydroxymethyl-phenylalanin
- ⑨ 3-Carboxy-phenylalanin
- ⑩ 4-Carboxy-phenylalanin
- ⑪ Ein Phenylalaninderivat (nicht genau identifiziert)
- ⑫ *trans*-3-Hydroxyprolin
- ⑬ *trans*-4-Hydroxypipecolinsäure
- ⑭ 4,5-Dehydropipecolinsäure
- ⑮ Eine nichtidentifizierte neutrale Aminosäure

Eine kladistische Analyse der Ergebnisse führte zu folgenden vorläufigen Schlüssen. Wenn Vorkommen von ① als Synapomorphie aufgefaßt wird, können die analysierten Taxa in zwei Hauptgruppen aufgeteilt werden.

A. ① fehlt; umfaßt:
Conzattia multiflora, Parkinsonia aculeata, Caesalpinia fimbriata, C. gilliesii;
Eine heterogene Gruppe mit *Caesalpinia bahamensis, cassioides, pauciflora* („*Caesalpinia*"-Gruppe), *cucullata, oppositifolia, sumatrana* („*Mezoneuron*"-Gruppe), *bracteosa, microphylla, peltophoroides, pyramidalis* (brasilianische Vertreter der „*Poincianella*"-Gruppe), *sappan, trothae* (incertae sedis), *Balsamocarpon brevifolium, Cenostigma gardnerianum* und *macrophyllum* und *Pterolobium stellatum*;
Mit ③, aber ohne ①: *Caesalpinia eriostachys*.

B. ① vorhanden; kann in drei Subgruppen (Kladen I, II, III) unterteilt werden und enthält noch 4 „extrakladale" Arten:
I mit *Caesalpinia mollis, velutina, spinosa, cacalaco* und *vesicaria* mit den Phenylalaninderivaten ⑦, ⑧, ⑨ und ⑪.

II mit *Haematoxylum brasiletto, Caesalpinia coriaria, nipensis, mexicana, pannosa, exostemma, nelsonii* und *yucatensis*, welche neben ① viel ③ akkumulieren.

III mit *Cordeauxia edulis, Caesalpinia decapetala, calycina* und *bonduc* mit ①, ④, meistens ②, aber ohne ③.

„Extrakladale" Arten:
Caesalpinia pulcherrima; ① nur in gewissen Mustern nachweisbar.
C. ferrea; neben ① auch ⑤, ⑥ und ②.
C. paraguariensis; nur wenig ①.
Moullava spicata; neben ① auch ⑤, ⑥ und ⑨.

Einige Hinweise für die Klassifikation der *Caesalpinia*-Gruppe wurden aus diesen vorläufigen Resultaten abgeleitet.

G. P. LEWIS und B. D. SCHRIRE [*A reappraisal of the Caesalpinia group (Caesalpinioideae: Caesalpinieae) using phylogenetic analysis,* S. 41–52 in: M. D. CRISP and J. J. DOYLE (Eds), *Advances in legume systematics. Part 7,* The Royal Bot. Gardens, Kew 1995] beschäftigten sich weiterhin mit der Systematik der *Caesalpinia*-Gruppe sensu POLHILL und VIDAL (in POLHILL-RAVEN 1981), welche 16 Genera mit annähernd 175 Species umfaßt.

8 Genera sind monotypisch, i.e. *Balsamocarpon, Lemuropisum, Lophocarpinia, Stahlia, Stenodrepanum, Stuhlmannia* (nach diesen Autoren sollten *Cordeauxia* und *Caesalpinia insolita* [= *C. dalei*] in diese Gattung aufgenommen werden), *Wagatea* (jetzt *Moullava* genannt) und *Zuccagnia*.

4 Genera zählen weniger als 10 Arten, i.e. *Cordeauxia* (2), *Conzattia* (3), *Haematoxylum* (3), *Coenostigma* (6).

Die restlichen 4 Gattungen umfassen mehr als 10 Species, i.e. *Pterolobium* (11), *Parkinsonia* (inkl. *Cercidium*: 15), *Hoffmannseggia* (28) und *Caesalpinia* (ca. 100).

Unter Verwendung von 24 morphologischen Merkmalen und 27 Taxa wurde eindeutig gezeigt, daß *Caesalpinia* s.l. ein polyphyletisches Taxon darstellt. Bei ihrer phenetisch-phylogenetischen (=kladistischen) Analyse verwendeten diese Autoren die folgenden Taxa:

Peltophorum dubium
Acrocarpus fraxinifolius (früher einzige Gattung der *Acrocarpus*-Gruppe)
Conzattia multiflora
Parkinsonia (mit *aculeata, raimondoi* und *scioana*)
Lemuropisum edule
Caesalpinia velutina (BRASILETTIA)
Caesalpinia bahamensis (*Caesalpinia* s. str.)
Caesalpinia bonduc (GUILANDINA)
Caesalpinia cucullata (MEZONEURON)
Pterolobium stellatum
Caesalpinia gilliesii (ERYTHROSTEMON)
Stuhlmannia (mit *S. moavi, Caesalpinia insolita* und *Cordeauxia edulis*)
Haematoxylum (mit *brasiletto, campechianum, dinteri*)
Moullava spicata (= *Wagatea spicata*)
Caesalpinia cacalaco (RUSSELLODENDRON)

Lophocarpinia aculeatifolia
Caesalpinia ferrea (LIBIDIBIA „B")
Caesalpinia coriaria (LIBIDIBIA „A")
Stahlia monosperma
Zuccagnia punctata
Cenostigma macrophyllum
Caesalpinia mexicana (POINCIANELLA „A")
Caesalpinia pyramidalis (POINCIANELLA „B")
Balsamocarpon brevifolium
Hoffmannseggia (s. str.) *glauca*
Stenodrepanum bergei
Hoffmannseggia (*Pomaria*) *jamesii*

Die Autoren weisen darauf hin, daß die Resultate bei weitem nicht genügen, um Neuklassifikationen in der *Caesalpinia*-Gruppe durchzuführen, da vorläufig nur 24 Merkmale und nur wenige Arten (z. B. von der Riesengattung *Caesalpinia* nur 10 Arten) analysiert werden konnten. Die Ergebnisse stellen einen ersten Ansatz zum besseren Verständnis der *Caesalpinia*-Gruppe dar.

Caesalpinia major (Medikus) Dandy et Exell (= *C. jayabo* Maza p.p. = *C. bonduc* auctt. = *Bonduc major* Medikus: LOCK-HEALD 1994, l. c. S. 388) – Auf der Insel Flores (Indonesien) gesammelte Wurzeln lieferten fünf Caesaldekarine, 0,86% -a, 0,05% -b, 0,06% -c, 0,01% -d und 0,06% -e. Es handelt sich um Furanoditerpene vom Cassan-Typus (vgl. Abb. 8, S. 54); die Strukturen von Caesaldekarin-a, $C_{22}H_{32}O_4$, und -b, $C_{20}H_{30}O_3$ (= Desacetylcaesaldekarin-a), sind gesichert. Der Name Caesaldekarine ist von einem der Volksnamen der Pflanze, DEKAR, auf Flores abgeleitet. Dekokte der Wurzelrinde dienen u. a. als Tonicum und Anthelminticum: I. KITAGAWA et al., CHPHBUL *42*, 1798–1802 (1994).

Delonix elata (L.) Gamble (= *Ponciana elata* L.) – 0,2% β-Amyrin, 0,1% Neohesperidin und etwas Hesperetin aus getrockneten Wurzeln: M. G. SETHURAMAN and G. SASIKUMAR, Fitoterapia *66*, 89 (1995).

Erythrophleum lasianthum Corbishley (= *E. guineense* G. Don var. *swaziense* Burtt-Davy) – Aus 100 g entfetteten Samen 490 mg 3β-Hydroxynorerythrosuamin-3-β-glucosid und 170 mg von dessen Aglykon als stabile Hydrochloride isoliert: LUISELLA VEROTTA et al., *Chemical and pharmacological characterization of E. lasianthum alkaloids*, PM *61*, 271–274 (1995).

Parkinsonia aculeata L. – Lupeol, Tricin-7-β-L-arabinosid und neues Flavonoid, Scutellarein-7-rutinosid, aus getrockneten Blüten isoliert: SHAFIULLAH et al., J. Chem. Res. (S) *1994*, 320–321.

Schizolobium parahyba (Vell.) Blake – Aus reifen, bei Brasilia gesammelten Samen einen Chymotrypsin-Inhibitor isoliert, gereinigt und charakterisiert: ELIZABETH M. T. SOUZA et al., PHYCHEM *39*, 521–525 (1995).

C I.2. CASSIEAE-DIALIINAE

Dialium guineense – Analyse von Früchten: 38,9% Hülsen, 34,3% säuerlich-süßer Pulpa und 26,8% Samen; Pulpa mit 24% reduzierenden Zuckern und 35% Saccharose, 2,8% organischen Säuren (als Citronensäure berechnet), wenig Ascorbinsäure, 6% Protein und 7% Lipiden. Samen mit 15% Protein und 76% Totalkohlenhydraten: S. S. AROGBA et al., *A physico-chemical study of Nigerian velvet tamarind fruit*, J. Sci. Food Agric. *66*, 533–534 (1994).

-CASSIINAE —

Cassia abbreviata Oliver – Aus Blüten, Blättern, Stammrinde und Wurzelrinde (in Tansania gesammelt) Lupeol, Chrysophanol, Emodin, Physcion und Aloe-emodin isoliert; ferner überall Phytosterine, Alkane, Alkanole und Fettsäuren nachgewiesen: S. L. MUTASA and M. R. KAHN (sic), Fitoterapia *66*, 184 (1995).

C. alata L. – Aus 2 kg lufttrockenen Wurzeln 20 mg des neuen Anthrachinons Alchinon („alquinone = 3-formyl-1,2,8-trihydroxyanthraquinone", $C_{15}H_8O_6$) isoliert: S. K. YADAV and S. B. KALIDHAR, PM *60*, 601 (1994).

C. angustifolia Vahl – Aus 1,5 kg FOLIUM SENNAE (aus Indien importiert) 40 mg Emodin-8-sophorosid, 20 mg Aloe-emodin-8-glc, 20 mg Torachryson-8-glc, 60 mg Aloe-emodindianthron-8,8′-bisglc, 300 mg K-3-gentiobiosid, 60 mg Q-3-gentiobiosid, 100 mg IRh-3-gentiobiosid und 20 mg Syringaresinol-4-glc isoliert: J. KINJO et al., PHYCHEM *37*, 1685–1687 (1994). In Lucknow (Indien) gesammelte Blätter lieferten je 0,2% K-3-glc und IRh-3-glc: M. SINGH et al., Fitoterapia *66*, 284 (1995).

C. greggii A. Gray (=*Chamaecrista greggii* [A. Gray] Pollard ex Heller var. *greggii*) – Extraktion von 5,4 kg Wurzeln + Rinde lieferte 16 Anthrachinone, welche alle als Chrysophanol-Emodinderivate aufgefaßt werden können, die Cassan-Diterpene Chamaetexanin-C und -D und das Bisnorcassan Chamaeggregan, und zwei strukturell noch nicht geklärte Diterpene, die Stilbene Resveratrol und 3′-Hydroxyresveratrol („Piceatannol"), die Triterpene Betulinsäure, ihr *p*-Cumarat und *trans*-Kaffeat (=Pyracrensäure), Acetophenon, *p*-Hydroxybenzaldehyd, 3,5-Dihydroxybenzaldehyd, *p*-Methoxybenzoesäure, Ferulasäure, ein 3-Hydroxy-2,4-diarylpentanolid, Phytosterine und Linolsäure; die Strukturen von sechs der bereits früher beschriebenen Anthrachinone (vgl. S. 97) wurden revidiert: BERTHA BARBA et al., PHYCHEM *37*, 837–845 (1994). N. B. Die 1992 Chamaetexanine genannten (vgl. S. 105 bei *C. texana*) Cassane werden jetzt Chamaetexane (-C und -D) genannt.

C. nodosa Buch.-Ham. – 2,5 kg Blüten lieferten 350 mg K-3-rha, 400 mg Dihydro-K-3-rha und 450 mg Quercitrin: M. ILYAS et al., Fitoterapia *66*, 277–278 (1995).

C. roxburghii DC. – Material in Tansania (University Hill in Dar es Salaam) gesammelt; Chrysophanol, Aloe-emodin, Emodin und Physcion aus Stamm- und aus Wurzelrinde isoliert; aus Blättern Octacosanol, Triacontanol, Alkane und Fettsäuren erhalten; Früchte lieferten Phytosterine, α- und β-Amyrin, Lupeolcaprylat [mutmaßlich; als „lup-20(29)-en-3β-octanoate" bezeichnet: 210 mg aus 9 kg frischen Früchten, F = 78–80°]; Chrysophanol und Physcion isoliert: S. L. MUTASA and M. R. KHAN (sic), Fitoterapia 66, 286 (1995). N. B. Der zweite Autor schreibt sich hier KHAN; vgl. bei *C. abbreviata*.

C. siamea Lam. – 5 kg Rinde (geerntet in Allahabad) lieferten ein neues Hydroxyketon, $C_{26}H_{52}O_2$, F 73°, das als 11-Hydroxyhexacosan-2-on identifiziert wurde, und ein C_{28}-Steroid, $C_{28}H_{34}O_6$, F 117°, welches mit dem withanolidartigen Nic-1 (vgl. Bd. IX, 580) identifiziert wurde: CH. SRIVASTAVA et al., *An antifeedant and insecticidal steroid and a new hydroxyketone from Cassia siamea bark*, J. Indian Chem. Soc. 69, 111 (1992). N. B. Die Nic-1-Formel ist in dieser Publikation fehlerhaft gezeichnet (für richtige Struktur vgl. z. B. PHYCHEM 15, 1317–1318 [1976]). Die Autoren melden, daß ihr Pflanzenmaterial kontrolliert wurde (*The identity of the plant was confirmed by the Botanical Survey of India, Allahabad*); Vouchers werden allerdings nicht angegeben!

C. speciosa (= *C. bijuga*) – Ergänzung zu Ref. [241], S. 115. PECKOLTS Titel lautet: *Ueber die Rinde von Fedegosa do mato virgem und das Vorkommen von Chrysophansäure in derselben*. Er untersuchte die Rinde eines bei Cantagallo, Staat Rio de Janeiro, wachsenden Baumes mit goldfarbenen Blüten und bijugaten Blättern. Als Stammpflanze seines Materials gab er *Cassia bijuga* Vogel an. Er beschrieb auch die Früchte dieses Baumes genau: Ca. 40 cm lang und 5–8 mm breit; rundlich, knotig, hellrotbraun, mit sehr dünner, kaum ½ mm dicker Schale; die kleinen, schwarzbraunen, glänzenden Samen liegen in einer dunkelbraunen, süßlich schmeckenden Pulpe. Die Früchte sind denen der kleinen amerikanischen Röhrenkassie des Handels sehr ähnlich; letztere soll von *Cassia bacillaris* L. f. abstammen. PECKOLT bestimmte den Fruchtzucker-Gehalt der Pulpa mit 52% und den Pulpa-Anteil der Früchte mit 17%. Die Angaben von PECKOLT lassen eine eindeutige Identifikation des durch ihn tatsächlich untersuchten Taxons nicht zu. Sucht man in PIO CORREA (l. c. Bd. XI a, Ref. [16], 251), dann findet man in Vol. 1 (1926) auf S. 489–490 unter dem brasilianischen Namen CANNAFISTULA 4 Arten besprochen, *C. ferruginea* Schrader und *C. grandis* L. f. (= *C. brasiliana* Lam.), welche gleich *C. moschata* und der echten Röhrenkassie zu *Cassia* s. str. gehören, und *C. multijuga* L. C. Rich. (= *Senna multijuga*) und *C. silvestris* Vell. (= *Senna silvestris*); der Volksname FEDEGOSO DO MATTO wird nur bei *C. silvestris* erwähnt. Anschließend (S. 490–491) bespricht PIO CORREA die ursprünglich nicht in Amerika heimische *C. fistula* L., welche die echte Röhrenkassie und die PULPA CASSIAE liefert, und in Brasilien als CANNAFISTULA VERDADEIRA bekannt ist. Zu CORREA's Zeiten wurde die Droge PULPA CASSIAE hauptsächlich in Mittel- und Südamerika für den Welthandel produziert. Zu deren Gewinnung wurden neben der seit langem eingebürgerten *C. fistula* ebenfalls die einheimischen Arten *C. ferruginea, grandis* und *moschata* verwendet. Vgl. zu *C. moschata* Kunth auch D. HANBURY (in INCE, l. c. Bd. XI a, 59). PECKOLT sagte von den Früchten des durch ihn bearbeiteten Taxons, „...wie überhaupt die Schote große Ähnlichkeit mit der im Handel vorkommenden kleinen amerikanischen Röhrencassia hat. Obwohl dieselbe von *Cassia bacillaris* L. f. abstammen soll, so glaube ich doch, daß jener so reichliche Erndten liefernde Baum ebenfalls seinen Beitrag liefert". Nach PECKOLT ist die Pulpa seines *Cassia*-Taxons derjenigen von *C. fistula* ebenbürtig. Da in *Cassia* s. str. Arten mit bijugaten Blättern fehlen, muß man wohl annehmen, daß PECKOLT eine der durch IRWIN und BARNEBY zur Gattung *Senna* gerechneten strauchigen bis baumförmigen Art mit bijugaten Blättern untersuchte; als solche kommen in Betracht *Senna bacillaris* (L. f.) Irwin et Barneby und die Sammelart *Senna macranthera* (Colladon) Irwin et Barneby, zu welcher auch *Cassia speciosa* Schrader (FEDEGOSO-BRAVO) rechnet (vgl. LEWIS 1987). Sicherheit über die Stammpflanze seines Materials (Früchte; Rinde) ist jedoch kaum mehr zu erlangen. Als „CASSE PETITE" war seinerzeit die Frucht von *C. moschata* bekannt. Die Pulpa der *Senna*-Arten, welche Früchte bilden, die denen von *Cassia fistula* oberflächlich gleichen, schmeckt nach der mir verfügbaren Literatur eher unangenehm.

C. torosa Cav. (Drug Plant Garden, College of Pharmacy, Nihon University: vgl. dazu S. 105) – Aus 5,5 kg oberirdischen Teilen wurden nun 67 mg Torosaflavon-A, 23 mg Luteolin und 10 mg Torososid-A (5,7'-Biphyscion-8-glucosid) isoliert: S. KITANAKA and M. TAKIDO, PHYCHEM *39*, 717–718 (1995). 765 Gramm getrocknete Blüten gleicher Herkunft lieferten 1,4 mg (−)-Floribundon-1 und 3,2 mg (−)-Floribundon-2, zwei Atropisomeren der Floribundone -1 und -2 aus Blättern von *Cassia floribunda*; ferner wurden 1 mg Physcion, 1 mg Torosanin-9',10'-chinon (= Torosachryson-Physcion-5,7'-Dimer), 342 mg Torosaol-III, ein 5,7'-Dimer von Torosachryson, 2,5 mg 5,7-Dihydroxychromon, 4,9 mg Naringenin und 3,2 mg Chrysoeriol erhalten: S. KITANAKA and M. TAKIDO, CHPHBUL *42*, 2588–2590 (1994).

C I.3. CERCIDEAE

Piliostigma thonningii (Schum.) Milne-Redh. (= *Bauhinia thonningii* Schum.) – Aus Wurzel- und Stammrinde (−)-Epicatechin und Gemische von di-oligomeren PCy isoliert; PCy-B 2 identifiziert. Gereinigte Polyphenolfraktion der Wurzelrinde enthielt 10% Epicatechin, 18% PCy-B 2, 7% trimere PCy, 8% tetramere PCy und 57% höhere Oligomere (im Mittel aus 7–8 Catechin-Einheiten aufgebaut); Blattextrakte enthielten auch Q, Quercitrin, Q-glc und Q-gal: E. BOMBARDELLI et al., *Chemical and biological characterisation of Piliostigma thonningii polyphenols*, Fitoterapia *65*, 493–501 (1994).

Tylosema fassoglense (Schweinf.) Torre et Hillc. (= *Bauhinia fassoglensis* Schweinf.) – Analyse von zwei Samenmustern (A = Shabe, Zaire; B = Ruzizi Plain, Burundi). Beide enthielten 59% Rohprotein und über 20% Samenöl mit etwas wechselnden Fettsäure-Spektren; % Öl = 24 (A) und 30 (B); 16:0 = 16 (A) und 12 (B) %, 18:0 = 3 und 5%, 20:0 = 2 und 4%, 22:0 = 3 und 5%, 24:0 = Spur und 2%, 16:1 = 0,8 und 0,4%, 18:1 = 33 und 35%, 18:2 = 43 und 36% und 20:1 = 0,8 und 0,9%; Öl A enthielt 0,74% Phytosterine mit Sito-, Stigma- und Campesterin als Hauptkomponenten und in B wurden 0,059% Tocopherole (wovon 82% = β- + γ-Tocopherol) nachgewiesen: M. DUBOIS et al., J. Sci. Food Agric. *67*, 163–167 (1995).

C I.4. DETARIEAE

Detarium microcarpum Guillemin et Perrottet — Im Niger (bei Dosso) gesammelte Rinde enthielt 1% Cumarin, 0,5% *cis*-2-Oxokolavensäure und 1,7% Copalsäure: K. IKHIRI and A. T. ILAGOUMA, Fitoterapia *66*, 274 (1995).

Guibourtia tessmannii (Harms) J. Léonard — Liefert das im Handel als BUBINGA bekannte Holz und findet in Kamerun auch medizinische Verwendung. In Zentralkamerun gesammelte Stammrinde enthält Stilbene; 300 ppm Rhaponticin, 446 ppm Piceid und 360 ppm des neuen Stilbenglykosids *trans*-3,4'-Dimethoxy-5-rutinosyloxystilben isoliert: A. M. NYEMBA et al., PHYCHEM *39*, 895–898 (1995).

Hymenaea courbaril L. — 0,014% (−)-Epicatechin und 0,013% Taxifolin-3-rhamnosid aus in Costa Rica gesammelten Blättern: D. ARTAVIA et al., Fitoterapia *66*, 91–92 (1995).

C I.5. AMHERSTIEAE

Tamarindus indica L. — Pharmazeutische Bedeutung von Inhaltstoffen von Rinde, Holz, Blättern und von TAMARINDORUM PULPA CRUDA und TAMARINDORUM SEMEN vide S. 893–897 im 6. Band von HAGER, l. c. im vorabgehenden Ethnobotanik-Nachtrag, S. 387. Vide ferner Ref. [3] auf S. 80.

C I.4. und C I.5. REDEFINITION DER ZWEI TRIBUS

Auf die unbefriedigende gegenseitige Abgrenzung der *Detarieae* und *Amherstieae* wurde auf S. 127 bereits hingewiesen. BRETELER glaubte in der Form und Funktion der zwei Brakteolen (= Blättchen am Blütenstiel) im Knospenstadium ein eindeutiges Merkmal gefunden zu haben, und schlug dementsprechend die folgende Neugliederung vor:

+ Brakteolen fehlend oder klein und hinfällig bis gut entwickelt und lange bleibend, aber stets vor dem Aufblühen sich öffnend; Blüten mit gut entwickeltem Kelch... *Detarieae*; entsprechen nach Ausschluß von *Thylacanthus* und Einschluß der *Amherstia*-Gruppe (*Amherstia, Humboldtia, Tamarindus*) den *Detarieae* sensu POLHILL und RAVEN 1981.

++ Brakteolen groß und valvat; schützen die Blüten bis zum Aufblühen. Kelch reduziert... *Macrolobieae* Breteler trib. nov.; entsprechen nach Aufnahme von *Thylacanthus* und Ausgliederung der *Amherstia*-Gruppe (darum neuer Tribus-Name) den *Amherstieae* sensu POLHILL-RAVEN 1981.

Leider ist dieses Merkmal nur für blühendes Material brauchbar.

F. J. BRETELER, *The boundary between Amherstieae and Detarieae (Caesalpinioideae),* S. 53–61 in: M.D. CRISP and J. J. DOYLE (Eds), l. c. S. 408.

C I.6. KRAMERIACEAE

Krameria grayi Rose et Painter — Auszüge aus Wurzeln werden durch die Shoshoni-Indianer Mexikos zur Behandlung von Augen-Infektionen verwendet. Im Staat

Nuevo Leon (Mexico) gesammelte Wurzeln lieferten 14 bekannte und einen neuen lignanoiden Körper und drei Cycloartanderivate. Neu ist das benzofuranoide Norneolignan 2-(4-Methoxyphenyl)-5-propenylbenzofuran. Zu den Hauptphenolen gehört Ratanhiaphenol-I, sein 2'-Desoxyderivat, das dihydrofuranoide Neolignan 3'-Methoxyconocarpan und Hermosillol (Formeln S. 184). Ratanhiaphenol-I ist jetzt aus allen bisher untersuchten *Krameria*-Arten bekannt, und wird als chemisches Schlüsselmerkmal der Gattung bezeichnet. Die Triterpene wurden mit Cycloartenol, seinem Ferulasäureester und Cycloartenon identifiziert: H. ACHENBACH et al., PHYCHEM *39*, 413–415 (1995).

C II. Mimosoideae

C II.1. Parkieae

Parkia javanica (Lam.) Merrill – P. Utarabhand and P. Akkayanont, *Purification of a lectin from Parkia javanica seeds*, PHYCHEM *38*, 281–285 (1995).

P. timoriana (DC.) Merrill (= *P. roxburghii* G. Don) – Wird in Manipur, Indien, für die als Gemüse verwendeten jungen Früchte kultiviert. In der Lipidfraktion reifer Samen wurden noch nicht identifizierte insektizide Verbindungen nachgewiesen: J. S. Salam et al., *The oil of Parkia roxburghii G. Don, a potential insecticide*, Current Sci. *68*, 502 (1995).

C II.3. Mimoseae

Bei *Leucaena glabrata* Rose sind die Samen in den Früchten in einen Schleim eingebettet, der beim Reifwerden der Testa fest anhaftet. Im Teilstaat Gerrero, Mexico, gesammelte reife Samen lieferten durch Einlegen in Wasser und Reinigung der so gewonnenen Schleimlösung durch Dialyse und anschließende Gefriertrocknung ein Rohprodukt mit folgenden analytischen Werten: $[\alpha]_D$ −25°, N = 0,29% (entspricht 1,5% Rohprotein), Asche 4,1% mit viel Ca, Mg und K, 1,1% OMe und 0,1% „Tannin". Kohlenhydratfraktion mit 25% Gal, 60% Ara, 1% Rha, 12% GalU; Mannose nicht nachweisbar. Proteinanteil mit folgenden Hauptaminosäuren („residues" per 1000): Glycin 96, Asparaginsäure 83, Glutaminsäure 72, Alanin 69 und Lysin 55; alle anderen < 50, z. B. Serin 40 und Hydroxyprolin 14. Die Uronsäuren wurden nicht genau untersucht; möglicherweise handelte es sich um ein Gemisch von GlcU + 4-O-MeGlcU (vgl. den nicht näher besprochenen OMe-Gehalt) und nicht um GalU (vgl. Bd. XI a, 200–201): R. M. Perez G et al., *An analytical study of gums from Leucaena glabrata and Spondias purpurea*, J. Sci. Food Agric. *68*, 39–41 (1995). Die Besprechung der Ergebnisse ist in dieser Arbeit oberflächlich und z. T. irreführend.

Dichrostachys-Gruppe sensu Lewis und Elias in Polhill-Raven (1981) – Umfaßt *Dichrostachys* mit der pantropischen *D. cinerea*, etwa 15 Endemiten von Madagaskar und einige weitere altweltliche (Nordostafrika, Indien, Australien) Arten. *Gagnebina* ist mit 4–5 Arten auf Madagaskar, die Maskarenen und Komoren beschränkt. *Desmanthus* ist eine neuweltliche Gattung mit etwa 25 Arten, von welchen wenige in die Tropen der Alten Welt eingeführt wurden. *Neptunia* zählt etwa 12 Arten und hat pantropische Verbreitung (in Afrika nur die pantropische Wasserpflanze *N. oleracea* [= *N. natans*] einheimisch). Schlußendlich wird zu dieser Gruppe auch die 1990 für *Desmanthus nervosus* von Mexico aufgestellte monotypische Gattung *Calliandropsis* mit *C. nervosus* Hernandéz et Guinet gerechnet. Ein mit 24 morphologischen und palynologischen Merkmalen für 30 Taxa, das heißt „Terminal Taxa" (alle Arten, welche in allen verwerteten Merkmalen übereinstimmen, bilden ein terminales Taxon), ausgearbeitetes Kladogramm verdeutlicht die Tatsache, daß die Gattung *Dichrostachys* ein polyphyletisches Taxon darstellt. Es ergab sich beispielsweise folgende Gruppierung:

A: Alle *Parkia*-Taxa.

B: *Dichrostachys bernieriana, Gagnebina pervilleana, myriophylla, commersoniana, pterocarpa.* Versetzung von *D. b.*: Wird *Gagnebina bernieriana* (Baillon) Luckow comb. nov.

C: *Calliandropsis nervosus; Dichrostachys humbertii, mahafalensis,* spec. nov. G, *alluaudiana* (+*decaryana*), *cinerea* sensu F. Vig. *non* (L.) W. et A., *brevipes, villosa*.

D: *Dichrostachys richardiana, cinerea* (+*spicata*), *kirkii* (+*dehiscens*), *Desmanthus arborescens* (+ *Dichrostachys unijuga*), *Dichrostachys perrieriana, Dichrostachys tenuifolia, Desmanthus balsensis, Desmanthus covillei, Desmanthus virgatus* (+alle anderen nicht speziell erwähnten *Desmanthus*-Arten), alle geprüften *Neptunia*-Arten ohne Drüsenhaare auf den Antheren und alle *Neptunia*-Arten mit Drüsenhaaren auf den Antheren.

Das Kladogramm läßt vermuten, daß einige *Dichrostachys*- und *Desmanthus*-Arten unnatürlich in Gattungen eingereiht sind: MELISSA LUCKOW, *A phylogenetic analysis of the Dichrostachys group* (*Mimosoideae: Mimoseae*), S. 63–76 in: M. D. CRISP and J. J. DOYLE (Eds), l. c. S. 408.

C II.4. ACACIEAE

Acacia karroo Hayne – Im Süden Afrikas weitverbreitetes, polytypisches Taxon, von welchem verschiedene, taxonomisch noch nicht definitiv eingestufte Formen bekannt sind (vgl. Ref. [4], S. 332). Die vergleichende Analyse der Phenole von zwei Holzmustern weist auf beträchtliche chemische Unterschiede hin:

Muster A wurde bei Hoopstad, Orange Free State, gesammelt;

Muster B wurde auf Hügeln in Ost-Transvaal gesammelt (gehört zu subsp. *montana* sensu Swartz)

Es konnten isoliert oder nachgewiesen werden	A (subsp. *karroo*)	B (subsp. *montana*)
7,3′,4′-Trihydroxydihydroflavonol	+	+
7,3′,4′-Trihydroxyflavonol	–	+
7,3′,4′-Trihydroxyflavan-3-ol	+	+
5,7,3′,4′-Tetrahydroxyflavon	+	–
7,8,3′,4′-Tetrahydroxydihydroflavonol	–	+
7,8,3′,4′-Tetrahydroxyflavonol	+	+
7,8,4′-Trihydroxy-3′-methoxyflavonol	–	+
(= 3,7,8,4′-Tetrahydroxy-3′-methoxyflavon)		
7,8,4′-Trihydroxy-3,3′-dimethoxyflavon	–	+
8-O-Methyl-7,3′,4′-trihydroxydihydroflavonol	–	+
8-O-Methylepiprosopin-4β-ol **3**	–	+
(= Epiprosopin-4β-ol-8-methylether)		
Dibenzpyran-6-on-Derivate **1** und **2**	–	+

1 : R = H (als Tetraacetat isoliert)
2 : R = Me (als Triacetat isoliert)

3 (als Pentaacetat isoliert)

Nach diesen Autoren sprechen auch die chemischen Holzmerkmale für Aufteilung der Sammelart *A. karroo* in subsp. *karroo* (= Muster A) und subsp. *montana* (= Muster B): E. MALAN and PRICILLA SWARTZ, *A comparative study of the phenolic products in the heartwood of Acacia karroo from two different localities*, PHYCHEM *39*, 791–794 (1995).

A. robusta Burchell subsp. *clavigera* (E. Meyer) Brenan – Im Kruger-Nationalpark, Transvaal, gesammeltes Exudat-Gummi wurde gereinigt; das erhaltene Arabinogalaktanprotein drehte rechts (+ 36°), enthielt 18 % Rohprotein und einen Kohlenhydratanteil, der aus Gal, Ara, Rha und Uronsäuren (GlcU und 4-O-MeGlcU) bestand; Hauptzucker waren Ara (50 mol%) und Gal (40 mol%). Milde Hydrolyse lieferte drei Aldobiouronsäuren: GlcU-(1 → 6)-Gal, GlcU-(1 → 4)-Gal und 4-O-MeGlcU-(1 → 4)-Gal. Der Proteinanteil enthielt 5,2 % Threonin, 7,5 % Serin und 18,8 % Hydroxyprolin: SHIRLEY C. CHRUMS and A. M. STEPHEN, *Structural studies of an arabinogalactan-protein from the gum exudate of Acacia robusta*, Carbohydrate Res. *133*, 105–123 (1984). Vgl. auch Ref. [201] und [314a] sub *Acacieae*.

A. senegal (L.) Willd. – M. E. OSMAN et al., *The molecular characterisation of the polysaccharide gum from Acacia senegal*, Carbohydrate Res. *246*, 303–318 (1993). Fraktionierung von Gummi arabicum aus dem Sudan in 4 Arabinogalaktanproteine mit ähnlichem Kohlenhydratanteil, aber quantitativ sehr verschiedenem Proteinanteil:

Fraktion 1 A = 89,4 %; Proteingehalt 0,4–0,7 %; Aminosäurespektrum („residues/1000 residues") OHPro, Threonin, Serin = 593, 50, 113.

Fraktion 1 B = 4,7 %; Proteingehalt = 7,8 %; Aminosäurespektrum OHPro, Threonin, Serin = 302, 83, 182.

Fraktion 2 = 4,4 %; Proteingehalt = 16,2 %; Aminosäurespektrum OHPro, Threonin, Serin = 208, 72, 136.

Fraktion 3 = 1,5 %; Proteingehalt = 24,2 %; Aminosäurespektrum OHPro, Threonin, Serin = 112, 62, 125.

CHAPPILL und MASLIN analysierten die auf die Riesengattung *Acacia* (inklusiv oder exklusiv *Faidherbia*) beschränkte Tribus mit kladistischen Methoden. Dabei wurden 75 Arten und 73 Merkmale berücksichtigt. Von den Merkmalen waren 25, i.e. 39.–63., chemische: Harzabscheidung, Cyanogenese, drei Leucoanthocyanidin-Typen, 8-OMe-Flavonoide und -Flavanoide, 19 nicht-proteinogene Aminosäuren.

Die hauptsächlichsten Ergebnisse dieser Arbeit lassen sich wie folgt zusammenfassen:

Die Triben *Acacieae* und *Ingeae* sollten zusammengefaßt werden. Ihr Schlüsselmerkmal bildet die Vielzahl der Stamina. Zum gleichen Schluß kam auch J. GRIMES, *Generic relationships of Mimosoideae tribe Ingeae, with emphasis of the New World Pithecellobium-complex*, S. 101–121 in: M. D. CRISP and J. J. DOYLE (Eds), l.c. S. 408.

Der Status von *Faidherbia* bleibt ungewiß: Selbständiges Genus oder zu *Acacia* s.l. gehörend?

Die zwei Untergattungen *Aculeiferum* und *Phyllodineae* (PEDLEYS Gattungen *Senegalia* und *Racosperma*) stehen einander nahe. Die Untergattung *Acacia* (Genus *Acacia* s.str. sensu PEDLEY) weicht von den ersterwähnten Taxa in verschiedener Hinsicht ab.

Die Klassifikation innerhalb der äußerst artenreichen australischen Untergattung *Phyllodineae* befriedigt noch keinesfalls.

Vorläufig ist Aufspaltung der Riesengattung *Acacia* mit all ihren nomenklatorischen Konsequenzen keineswegs empfehlenswert, da sie wissenschaftlich noch viel zu schwach untermauert ist (viele Kenntnislücken): JENNIFER A. CHAPPILL and B. R. MASLIN, *A phylogenetic assessment of the tribe Acacieae*, S. 77–99 in: M. D. CRISP and J. J. DOYLE (Eds), l.c. S. 408.

Die Aminosäuren der Samen wurden weiter bearbeitet. Da die Zuverlässigkeit der bisher verfügbaren Analysenmethoden im Bereich von niedrigen Konzentrationen unbefriedigend ist, wurden Verbesserungen vorgeschlagen; sie beruhen auf Derivatisierung der Aminosäuren in vorgereinigten Samenextrakten und anschließender HPLC. Vorläufig konnten mit der neuen Methode nur 2-Amino-3-oxalylaminopropionsäure, 2-Amino-4-oxalylaminobuttersäure, Albizziin, 2-Amino-3-acetylaminopropionsäure, 2-Amino-4-acetylaminobuttersäure, N-Acetyldjenkolsäure, 2,3-Diaminopropionsäure und 2,4-Diaminobuttersäure erfaßt werden. Die Methode wurde mit zwei bereits früher untersuchten Samenmustern und mit der zur Untergattung *Aculeiferum* gehörenden *A. picachensis* geprüft.

A. angustissima (subgen. *Aculeiferum* sect. *Filicinae*): Vorkommen von viel 2-Amino-4-acetylaminobuttersäure bestätigt; daneben war wenig Albizziin vorhanden. N.B. Oxalylalbizziin war mit der neuen Methode noch nicht faßbar.

A. coulteri: Es wurden Spuren 2-Amino-4-oxalylaminobuttersäure und geringe Mengen 2-Amino-3-oxalylaminopropionsäure, 2-Amino-4-acetylaminobuttersäure und Albizziin nachgewiesen; 2,3-Diaminopropionsäure und ihr Acetylderivat und 2,4-Diaminobuttersäure fehlten. Das entspricht einigermaßen den früheren Ergebnissen. Allerdings fehlte die für Aminosäure-Muster ③ charakteristische 2-Amino-3-acetylaminopropionsäure; sie war durch 2-Amino-4-acetylaminobuttersäure ersetzt. Die Autoren erklären diese Abweichung durch andere Herkunft des jetzt untersuchten Samenmusters.

A. picachensis (gehört zu subgen. *Aculeiferum* sect. *Monacanthea* [= *Senegalia* sect. *Senegalia* von PEDLEY]): Ihre Samen enthielten von den nachweisbaren Aminosäuren nur reichlich Albizziin. Die Autoren sehen darin eine Bestätigung der Zugehörigkeit dieses Taxons zur *Acacia*-Arten-Gruppe mit Aminosäuremuster ④:

A. J. SHAH, D. A. YOUNIE, M. W. ADLARD and CHRISTINE S. EVANS, *High performance liquid chromatography of non-protein amino acids extracted from Acacia seeds*, Phytochemical Analysis *3*, 20–25 (1992).

Die auf S. 280–281 (vgl. dazu Ref. [63], S. 335) bereits erwähnten Resultate mit neotropischen *Acacia*-Arten waren übrigens mit der eben besprochenen neuen Analysenmethode erhalten worden. EVANS publizierte später eine z. T. stark an Ref. [63] erinnernde, generalisierende Zusammenfassung aller bisher erarbeiteten Daten über Aminosäurespektren von *Acacia*-Arten. In dieser Arbeit wurden die 1993 bereits skizzierten hypothetischen biogenetischen Zusammenhänge und das auf ihnen basierte Kladogramm erneut wiedergegeben. Der Arbeit sei folgendes stark vereinfachende Schema entnommen (Tabelle 34).

Tabelle 34. Samen-Aminosäurespektren in der Gattung *Acacia* nach EVANS et al. (1994)

Schlüsselaminosäuren der fünf unterschiedenen Muster	Verbreitet in folgenden Taxa
① N-Acetyldjenkolsäure	Subgenus *Acacia*
② Albizziin 2-Amino-3-acetylaminopropionsäure S-Carboxyethylcystein	Subgenus *Heterophyllum* (alle drei Sektionen)
③ Albizziin 2-Amino-3-acetylaminopropionsäure 2-Amino-3-oxalylaminopropionsäure S-Carboxyethylcystein	Subgenus *Aculeiferum* Sect. *Aculeiferum*
④ Albizziin	Sect. *Monacanthea*
⑤ Albizziin 2-Amino-4-acetylaminobuttersäure	Sect. *Filicinae*

Arten wie *Acacia tenuifolia* (sect. *Aculeiferum*) und *A. tequilana* (sect. *Filicinae*) bilden Schlüsselaminosäuren von ③ und ⑤. Gleiches gilt auch für die bereits erwähnte mexikanische *A. coulteri*.

CHRISTINE S. EVANS et al (1994), *Evolutionary trends within the genus Acacia based on the accumulation of non-protein amino acids in seeds*, S. 83–87 in: J. I. SPRENT and D. MCKEY (Eds), l. c. S. 404.

Albizziin, Oxalylalbizziin und Spuren 2,3-Diaminopropionsäure wurden übrigens vor kurzem auch aus kultivierten Hyphen des Basidiomyceten *Coniophora puteana* isoliert: CHRISTINE S. EVANS et al., PHYCHEM *29*, 2159–2160 (1990). Erstes Vorkommen außerhalb der Leguminosen nachgewiesen.

C II.5. INGEAE

Albizia chinensis (Osbeck) Merrill (= *A. stipulata* Boivin) – Junge Blätter dieses im Subhimalaya als Schattenbaum in Teeplantagen viel gepflanzten Baumes sollen giftig für das Vieh sein, während Winterblätter anscheinend gefahrlos gefüttert werden können. In Himachal Pradesh heißt der Baum OEE; eine Vergiftung von 4 Kühen durch April-Mai-Blätter wurde beschrieben; als Ursachen wurden hohe Gehalte von Saponinen oder/und Tanninen in jungen Blättern angenommen: D. R. WADHWA et al., *A note on toxicity of OEE (Albizzia stipulata) tree leaves in cows*, Indian Veterinary J. *70*, 165–166 (1993). Vgl. auch auf S. 303–304 von Vol. 1 von CHOPRA-BADHWAR-GOSH 1965, l.c. Bd. VII, 90: Hier werden als Volksnamen für diese Art im Punjab KASIR, OE, OHI, SHRIRSHA und SIRIN angegeben, und die Verwendung dieses Taxons als Fischgift erwähnt.

Calliandra – Diese große amerikanische Gattung wird gegenwärtig neu bearbeitet. Bereits wurde in Mexiko die Gattung *Zapoteca* (entspricht BENTHAM's Series *Laetevirentes*) mit etwa 18 Arten ausgegliedert. J. T. ROMEO beschäftigte sich weiterhin mit den nichtproteinogenen Aminosäuren von Samen und Blättern der annähernd 200 Arten zählenden Gattung *Calliandra* s.l. und kam nun zu folgenden Ergebnissen:

SAMEN: In der Speicherung von schwefelhaltigen Aminosäuren weicht die Series *Laetevirentes* deutlich ab;

Zapoteca (= *Laetevirentes*) (a) – Nur nichtidentifizierte Säure S-2 beobachtet
Calliandra-
  Macrophyllae Bentham (b) ⎫ alle mit viel S-(β-Carboxyethyl)-cystein,
  Nitidae Bentham (c)   ⎬ weniger S-(β-Carboxyisopropyl)-cystein
  Racemosae Bentham (d)   ⎭ und nur Spuren S-2

(a) Untersucht 8 Arten: *Z. caracasana, formosa, lambertiana, media, portoricensis, tetragona* und zwei nicht definitiv beschriebene neue Arten.
(b) Untersucht 8 Arten: *C. angustifolia, carbonaria, glaberrima, mexicana, rekoi, seemannii, tergemina, C.* aff. *tergemina*.
(c) Untersucht 23 Arten: *C. caeciliae, depauperata, eriophylla, glomerulata, haematocephala, humilis, magdalenae, matisiana, medellinensis, pittieri, pubiflora, purdiei, purpurea, redacta, reticulata, rigida, rubescens, schultzei, selloi, tenuiflora, tolimensis, turbinata, C.* spec. nov.
(d) Untersucht 8 Arten: *C. calothyrsus, grandiflora, houstoniana, C.* aff. *houstoniana, juzepezukii, parviflora, rusbyi, C.* spec. nov.

Die Blatt-Iminosäure-Spektren werden in dieser Publikation nur für neun Vertreter von *Zapoteca* besprochen. Typisch für dieses Taxon sind 0,1–1 mg/g TG *t,t*-4,5-Di-OH-pip, ähnliche Mengen *c*-5-OH-Pip (fehlte nur bei *Z. mollis*) und oft reichlich *t*-4-OH-Pip (fehlte bei *Z. portoricensis*); Pipecolinsäure war oft vorhanden. Reichlich *c,c*-4,5-Di-OH-pip wurde jetzt nur bei *Z. mollis* beobachtet. Da diese Säure in [86] auch für *Z. formosa* und *lambertiana* angegeben wird (vgl. Tabelle 30), müssen damals Verwechslungen unterlaufen sein. Schlußendlich wurde noch wenig *c*-4-OH-Pip bei *Z. portoricensis* und zwei von vier Blattmustern von *Z. tetragona* nachgewiesen. In den Blatt-Iminosäuremustern unterscheidet sich *Zapoteca* kaum von *Calliandra* sensu restricto: J. T. ROMEO, *Distribution of nonprotein imino and sulphur amino acids in Zapoteca*, Ann. Missouri Bot. Garden *73*, 764–767 (1986).

ROMEO und MORTON setzten die Untersuchungen über nichtproteinogene Aminosäuren in den Gattungen *Calliandra, Zapoteca* und *Inga* fort, und faßten 1994 die bisherigen Ergebnisse zusammen. Die meisten Resultate beziehen sich auf Blätter. In den Gattungen *Calliandra* und *Zapoteca* wurden aber auch soweit wie möglich die Samenaminosäuren berücksichtigt. Diese unterscheiden die zwei Gattungen scharf:

Calliandra: Bisher 18 Arten verfügbar; überall S-Carboxyethyl- und S-Carboxyisopropylcystein vorhanden; höchstens Spuren von Djenkolsäure; bei der Keimung tritt kein Knoblauchgeruch auf.

Zapoteca: Bisher konnten Samen von 9 Arten analysiert werden; überall viel Djenkol- und N-Acetyldjenkolsäure (entsprechen offensichtlich S-2 von ROMEO [1986]: vgl. oben); Keimlinge riechen nach Knoblauch.

Die Blattaminosäure-Spektren sind in allen drei Gattungen durch Kombinationen von Pipecolinsäurederivaten geprägt. Die wichtigsten jetzt vorliegenden Resultate wurden in der Tabelle 35 zusammengefaßt: J. T. ROMEO and T. C. MORTON, *Nonprotein amino acids of the Ingeae: Taxonomic and ecological considerations*, S. 89–99 in: J. I. SPRENT and D. MCKEY (Eds) 1994, l. c. S. 404.

Inga – SUZANNE KOPTUR, *Floral and extrafloral nectaries of Costa Rican Inga trees: A comparison of their constituents and composition*, Biotropica *26*, 276–284 (1994). Analyse des Nektars von floralen und extrafloralen Nektarien für Qualität und Konzentrationen der in ihnen vorhandenen Zucker (beobachtet Glc, Fructose, Saccharose und selten in geringen Mengen Maltose und Melezitose) und Aminosäuren (beobachtet 21 proteinogene und bis 4 unbekannte Aminosäuren). Ökologische Interpretation der für die zwei Nektartypen nachgewiesenen Stoffspektren bei *Inga brenesii* Standley, *densiflora* Bentham, *longispica* Standley, *mortoniana* J. Leon, *oerstediana* Bentham, *punctata* Willd., *quaternata* Poeppig und *I. vera* Willd. subsp. *spuria* (Willd.) J. Leon.

C. M. NICHOLS-ORIANS, *The effects of light on foliar chemistry, growth and susceptibility of seedlings of a canopy tree to an attine ant*, Oecologia *86*, 552–560 (1991). Blattchemie von *I. oerstediana* und Verhalten der Blattschneider-Ameisen (*Atta cephalotes*). *„Taken together these studies suggest that condensed tannins may deter the ants when above a concentration threshold. Below that threshold nutrients dictate acceptabilities."*

Inga edulis var. *parviflora* – Im Amazonasgebiet Brasiliens gesammelte Wurzeln (4,8 kg) lieferten 53 mg 7,22-Stigmastadien-3β-ol, 35 mg seines Glucosids, 35 mg 5,7,3',4'-Tetrahydroxy-3-methoxyflavon (= Quercetin-3-methylether), 45 mg 6,3',4'-Trihydroxyauron und 8 mg 5,7,4'-Trihydroxy-6,8-dimethylflavanon (= Farrerol): S. M. V. CORREA et al., Fitoterapia *66*, 379 (1995).

Pithecellobium dulce – Aus Blättern K,K-3-α-rha (= Afzelin) und Q-3-α-rha (= Quercitrin) isoliert: G. G. ZAPESOCHNAYA et al., Khim.Prirod.Soedin. *1980*, 252–253.

Tabelle 35. Blatt-Pipecolinsäuren-Muster in den Gattungen *Calliandra*, *Zapoteca* und *Inga* nach ROMEO und MORTON (1994). Für Formeln und biogenetische Zusammenhänge vgl. Abb. 40 (Formel XIV) und 42 sub *Ingeae*

Taxa	Pipecolinsäure-Derivate[1]										Verschiedene[2]
	cis-4	*trans*-4	*cis*-5	*trans*-5	*t,t*-4,5	*c,c*-4,5	*c,t*-4,5	*t,c*-4,5	*t*-4-OMe	*t*-4-NHAc	
Zapoteca: 9 Arten, Mexico[3]	±	+	+		+						
Calliandra											
A: 9 Arten, Colombia[4]	+	+	+		+						
B: 4 Arten, Colombia[5]	+		+	+							
C: 5 Arten, Mexico[6]		+	+		+	+					
D: 4 Arten, Bahia[7]	+	+	+		+	+					
E: 5 Arten, Bahia[8]		+	+				+	+			
F: 3 Arten, Bahia[9]	+	+	+		+						
C. angystata, Bahia	+						+				
C. microcalyx, Bahia		+									
C. debilis, Bahia		+									
C. mucugeana, Bahia											
Inga[10]											
Muster G: 9 Arten[11]		+	+		+			+			
Muster H: 3 Arten[12]		+	+		+		+	+			
Muster I: 6 Arten[13]		+	+		+	+					
Artspezifische Muster											
– Areale gross; J:											
I. acuminata und *quaternata*		+									
I. heterophylla			+								a

Mimosoideae: Addenda 423

	cis-4	trans-4	t,t-4,5	c,c-4,5	cis-5	trans-5	c,t-4,5	t-4-OMe	t-4-NHAc	Tri-OH-Pip
I. fagifolia	+				+					
I. ruiziana	+		+	+						
I. sapindoides	+			+						
— Endemiten mit kleinen Arealen; K:										
I. bayesii	+	+								
I. portobellensis	+			+						a
I. mucuna	+	+	+	+		+				Ub
I. leonis	+	+	+	+	+					
I. longispica	+	+	+	+	+		+			
I. alba	+		+	+			+	+		
I. hintonii	+	+								
I. brenesii und oerstediana[14]	+						+ +	+ +		3 Ub

1) cis-4 = cis-4-Hydroxypipecolinsäure; trans-4 = trans-4-Hydroxypipecolinsäure; cis-5 = cis-5-Hydroxypipecolinsäure; trans-5 = trans-5-Hydroxypipecolinsäure; t,t-4,5 = trans,trans-4,5-Dihydroxypipecolinsäure; c,c-4,5 = cis,cis-4,5-Dihydroxypipecolinsäure; c,t-4,5 = cis,trans-4,5-Dihydroxypipecolinsäure; t,c-4,5 = trans,cis-4,5-Dihydroxypipecolinsäure; t-4-OMe = trans-4-Methoxypipecolinsäure; t-4-NHAc = trans-4-Acetylaminopipecolinsäure.

2) a = alkaloidartige Verbindung; mutmaßlich Tryptophanderivat; Tri-OH-Pip = 3,4,5-Trihydroxypipecolinsäure; Ub = charakteristische unbekannte Verbindungen.

3) Z. caracasana, formosa, lambertiana, media, mollis, portoricensis, tetragona + zwei neue Arten; ± bei cis-4 bedeutet inkonstantes Auftreten.

4) C. angustifolia, colombiana, glaberrima, glomerulata, magdalenae, marginata, purpurea, schultzei, mucronulata.

5) C. matisiana, pittieri, purdiei, stipulacea.

6) C. anomala, bijuga, capillata, lambertiana, lozani.

7) C. babiana, coccinea, gracilis, feioanum; die zwei letzterwähnten akkumulieren zusätzlich cis-4.

8) C. robusta, jacobiana, elegans, sericea, erubescens.

9) C. cumbucana, pubens, dendroidea.

10) Bisher nur zentralamerikanische Arten untersucht und Resultate für 33 von ihnen wiedergegeben. G,H,I = die nach bisherigen Erfahrungen häufigsten Pipecolinsäuren-Spektra der Blätter; J und K eher archarakteristische Muster.

11) I. COCLENSIS, CORUSCANS, DENSIFLORA, MULTIJUGA, pinetorum, PUNCTATA, SPECTABILIS, SPURIA, THIBAUDIANA.

12) I. calderoni, goldmanii, ismaelis.

13) I. cookii, eriocarpa, endlericheri, jinicuil, latibracteata, OERSTEDIANA.

14) Bei I. oerstediana t-4-OMe nur in Bergpopulationen.

N.B. Die in 11) bis 13) in Kapitälchen gesetzten Arten haben wie die Arten in J große Areale und die kursiv gesetzten Arten sind kleinräumige Endemiten (wie K).

Vgl. auch Tabellen 30 und 31 sub Ingeae.

E. REGISTER

E I. Verzeichnis der wissenschaftlichen Pflanzennamen
(TAXONOMIC INDEX)
(In ökologischen Abschnitten vorkommende wissenschaftliche Namen von Tieren und phytopathogenen Pilzen und Bakterien ebenfalls aufgenommen)

Im taxonomischen Index wurde eine möglichst lückenlose Registrierung der in den Texten erwähnten Taxa auf Art- und Genus-Ebene angestrebt. Dagegen wurden infraspezifische und suprageneriske Taxa eher ausnahmsweise berücksichtigt, da ja die Übersichten oft nach Subfamilien und Tribus geordnet sind (vgl. z. B. viele Tabellen), und Varietäten und Unterarten bei den betreffenden Species Erwähnung finden.

Viel Schwierigkeiten bereitete die bei zahlreichen Arten und Gattungen kaum mehr zu überblickende und richtig zu beurteilende Synonymie. Ich habe den Versuch gemacht, überall wo mir dies angebracht erschien, obsolete Binomina zu modernisieren, und in der Literatur angetroffene orthographische Fehler zu korrigieren. Bei heute noch geläufigen Synonyma, z. B. *Lablab purpureus* (x) = *Dolichos lablab* (y) oder *Chamaecrista absus* (x) = *Cassia absus* (y) wurden, je nach Text, x und y, nur x oder nur y aufgenommen. Auf Gattungsebene wurde allerdings öfters auf mögliches Auftreten einzelner Arten in anderen Genera hingewiesen, z. B.:

Cassia vide auch *Chamaecrista* und *Senna*
Chamaecrista vide auch *Cassia*
Senna vide auch *Cassia*
Dolichos vide auch *Lablab*
Phaseolus vide auch *Vigna*

Bei diesen Arbeiten halfen mir außer dem Index Kewensis zahlreiche, nicht immer speziell erwähnte Lokalfloren. Vgl. z. B. in Bd. XI a, Ref. [17] auf S. 195 (*Acacia concinna*), *Gleditsia ferox* Desf. auf S. 174 und *Carmichaelia australis* auf S. 179. Beispiele in diesem Bande (XI b-1) liefern die Bemerkungen zu *Pithecellobium* auf S. 370–371 und die Tabellen 32 und 33 auf S. 397–400.

Außerdem wurden folgende Publikationen viel benützt:

Für Genera
AIRY-SHAW   1973, l.c. Bd. XI a, S. XVII
HUTCHINSON   1964, l.c. Bd. XI a, S. XVII
MABBERLEY   1987, l.c. Bd. XI a, S. XVII
MANSFELD   1986, l.c. Bd. XI a, S. XVII
POLHILL-RAVEN   1981, l.c. Bd. XI a, 8

Für Species
LEWIS   1987, l.c. Bd. XI a, 66
LEWIS-OWEN   1989, l.c. Bd. XI a, 66
LOCK   1989, l.c. Bd. XI a, 66

Lock-Heald 1994, l.c. S. 388
Lock-Simpson 1991, l.c. Bd. XIa, 66
Sanjappa 1992, l.c. Bd. XIa, 436
Verdcourt 1979, l.c. Bd. XIa, 82
Wiersema et al. 1990, Ref. [5] auf S. 47

Ferner auch: Mansfeld 1986, l.c. Bd. XIa, S. XVII
Hortus Third 1976, l.c. Bd. XIa, S. XVII
Phytochemical Dictionary of the Leguminosae 1994 (Dict), vgl. S. 17–21

Kursiv gedruckte Seitenzahlen bei Genera, z. B. *Cassia* s.l. *83*, *Chamaecrista 84*, *Senna 84* und *Cercis 122*, verweisen nach dem Beginn der Besprechung der betreffenden Gattungen. Für Behandlungen einzelner Subfamiliae, Tribus und Subtribus wird nach dem nach der Titulatur gedruckten Inhaltsverzeichnis verwiesen.

Abies magnifica 167
Abronia latifolia 25
Abrus precatorius 9, 12, 13, 382, 383, 387, 388, 389, 391, 394
Abrus precatorius ssp. *africanus* 384
Abrus pulchellus ssp. *tenuiflorus* 384
Acacia 4, 6, 7, 8, 10, 11, 12, 13, 187, *243*, 244, 245, 246 (subgen. nov.), 248, 297, 298, 405
  abyssinica ssp. *calophylla* 390
  acatlensis 291, 293
  accola 287
  acinacea 266, 286, 336
  acuapulcensis 280, 281
  acuminata 270, 287
  adansonii 321
  adsurgens 270, 298, 300
  adunca 266, 285
  alata 249, 280, 332
  albicorticata 294, 337
  albida 10, 20, 243, 245, 249, 250, 258, 279, 289, 300, 301, 391
  A. albida = *Faidherbia albida*; vgl. auch dort
  albizioides 297
  allenii 296
  alpina 270
  amentacea 292
  amoena 266
  amythethophylla 258
  ancistrocarpa 270
  aneura 249, 270, 277, 300, 301, 304, 385
  angustissima 275, 280, 290, 301, 418
  angustissima var. *hirta* 288
  angustissima ssp. *lemmonii* 281
  aprepta 270
  arabica 10, 26, 301, 321, 322, 331, 337
  arabica var. *cupressiformis* 321
  arabica var. *kraussiana* 321
  argentea 285
  argyraea 270
  argyrodendron 268
  argyrophylla 266
  armata 249, 250, 266, 277, 336
  aroma 290, 294, 297, 299, 301
  asak 250, 258
  ataxacantha 250, 279, 280, 383, 391
  atkinsiana 298, 301
  atramentaria 290, 294
  aulacocarpa 270
  auriculiformis 26, 270, 278, 301, 302, 330, 385
  baeuerlenii 268
  baileyana 249, 250, 274, 277, 282, 288, 300, 305, 316, 336, 338
  bakeri 268
  bancroftii 266
  barringtonensis 266
  beauverdiana 298, 305
  beckleri 266
  berlandieri 255, 290, 305
  betchei 266
  biaciculata 292, 308
  bidwillii 278
  bilimekii 292
  binervata 268
  binervia 298, 305
  blakei 270, 298, 305
  blakelyi 266, 276
  boliviana 293
  bonariensis 279, 293, 337
  boormanii 266
  botrycephala 249, 254, 274, 275
  brachybotrya 266, 300, 312
  brachystachya 270
  brandegeana 292
  brevispica 10, 279, 386, 390, 391
  browniana 278, 280
  brunioides ssp. *gordonii* 266
  bulgaensis 271
  burkei 259, 261, 275, 387
  burkittii 271
  burrowii 271, 298, 305
  buxifolia 266, 286
  caesia 279, 305, 330
  caesiella 266

caffra 291, 295, 302, 306, 382
calamifolia 265, 277, 312
calcicola 268
calcigera 275, 331
californica 290
calyculata 271
cambagei 269, 306
campbellii 189
camptoclada 266
campylacantha 306, 331
cana 269
canescens 330
cardiophylla 274, 287
carnei 265, 302, 306
caroleae 298, 306
catechu 10, 245, 259, 275, 279, 280, 306, 307, 330, 331, 385, 391
catechuoides 307
caven 4, 254, 293, 307, 337
caven var. *caven* 294, 307
caven var. *dehiscens* 294, 307
caven var. *macrocarpa* 294, 307
caven var. *microcarpa* 307
caven var. *sphaerocarpa* 294, 307
caven var. *stenocarpa* 294, 307
caven × *Acacia atramentaria* 294
cavenia 254
cedriodes 266
chalkeri 266
chariessa 291
cheelii 271, 298, 307
cheilanthifolia 327
chiapensis 290, 295, 296
chisholmii 271
chrysella 266
chrysotricha 274
chundra 307, 330
cibaria 271
circinnata 278
citrinoviridis 298, 307
citriodora 271
clivicola 271, 278
clunies-rossiae 266
cochliacantha 290, 292
cognata 269

colletioides 265
collinsii 290, 296
comans 265
complanata 269, 288
concinna 299, 304, 305, 307, 330, 382
concinna var. *rugata* 308
concurrens 283
confusa 279, 280, 282, 308
conniana 298
constablei 274
constricta 288, 290, 292, 308
continua 265
cookii 296
coolgardiensis 251
coriacea 269
cornigera 290, 293, 296, 384
coulteri 279, 280, 418
cowleana 249, 271
crassa 271, 283
crassicarpa 271
crassifrugis 271
crombei 266, 302, 308
cultriformis 249, 266, 286, 287, 300, 308
cunninghamii 271, 283, 291
curvifructa 294
curvinervia 298, 309
cuthbertsonii 271, 309, 385
cyanophylla 250, 254, 255, 256, 309, 325, 336
cyclops 269, 309
cymbispina 290
cyperophylla 262, 271, 309
dacrydioides 271
dawsonii 269
dealbata 244, 250, 251, 254, 274, 277, 282, 300, 309, 316, 330, 334, 336
deanei 274, 309
deanei ssp. *deanei* 297, 309
deanei ssp. *paucijuga* 291, 297, 309, 326
decora 267, 336
decurrens 249, 251, 274, 277, 283, 316, 330, 334, 336

decurrens var. *mollis* 254, 255, 315
deltoidea 269
dielsii 265
difficilis 271
difformis 267
diffusa 249
dimidiata 271
dineura 269
diphylla 271, 298, 310
discolor 254, 274, 336
dodonaeifolia 267
dorathea 271
doratoxylon 249, 271, 298, 310
drepanolobium 250, 251, 258, 310, 312, 331
drewiana 280
drummondii 249, 278, 280, 336
dudgeoni 391
eburnea 330
ehrenbergiana 250, 251, 258, 331, 387, 391
elata 249, 274, 278, 336
elliptica 269
elongata 336
empelioclada 280
ensifolia 267
epacantha 280
erioloba 10, 278, 290, 291, 310, 312, 331, 333, 382
eriopoda 271
erubescens 259, 260, 261, 275, 280, 331, 341
estrophiolata 269, 310, 385
etbaica 258
euthycarpa 265
excelsa 26, 269, 282, 310, 324
exilis 298, 310
exuvialis 387
falcata 267, 336
falciformis 267
farinosa 269
farnesiana 10, 189, 245, 249, 254, 255, 256, 275, 278, 282, 288, 290, 291, 293, 294, 297, 299, 310, 330, 333, 389, 391, 403

farnesiana var. *farnesiana* 292
farnesiana var. *guanacastensis* 292
fasciculifera 157, 303, 311
ferruginea 280, 330
filicifolia 250, 271, 274
filicina 301
fimbriata 267
fischeri 331
fistula 331
flavescens 269
fleckii 259, 261, 331, 341, 382
flexifolia 336
flocktoniae 267
floribunda 250, 254, 271, 285, 286, 311, 336
fragilis 265
frigescens 269, 309
frumentacea 267, 276
fulva 274
furcatispina 293, 311, 337
galpinii 275, 280, 306, 311, 333, 382
genistifolia 249, 265
gentlii 296
georginae 269, 277, 284, 300, 311
gerrardii 250, 278, 312, 322, 331, 382, 387
gerrardii var. *gerrardii* 258, 387
gilbertii 249, 278, 280
gillii 267
giraffae 10, 278, 290, 291, 310, 312, 331, 333, 337
gittinsii 266
gladiiformis 267
glandulifera 292, 308
glauca 203, 389
glaucescens 271
glaucocarpa 274
globulifera 290, 295, 296
glomerosa 280
goetzei 331
goetzei ssp. *goetzei* 280
goetzei ssp. *microphylla* 382
gonocarpa 298, 312
gourmaensis 383, 391

gracilifolia 265
gracillima 298, 312
graffiana 267, 276
grandicornuta 278
granitica 271, 298, 312
grasbyi 271
× *grayana* 312
greggii 14, 245, 255, 279, 288, 290
hakeoides 267, 288
hamiltoniana 267
hammondii 272
hamulosa 280
harpophylla 26, 269, 285, 312, 324
harveyi 251
havilandii 265, 287
hebeclada 290, 291, 312, 328, 331, 337, 341
hebeclada ssp. *hebeclada* 312
hemsleyi 272
hereroensis 291, 295
heteracantha 329
heteroclita 251
hilliana 272
hindsii 290, 295, 296
hirta 288
hockii 251, 257, 258, 331, 384, 386
holosericea 251, 272, 278, 285, 313, 385
homalophylla 249, 251, 269
horrida 235, 250, 255, 256, 282
howittii 267, 336
hubbardiana 267
humifusa 272
hynesiana 272
imbricata 267
implexa 249, 251, 269
indica 10, 321
insolita 280
intertexta 260, 272, 313, 323, 324
intsia 313, 330, 339
intsia var. *caesia* 330
irrorata 274, 316
irrorata ssp. *irrorate* 297
iteaphylla 267, 276, 300, 313, 338

ixiophylla 269, 313
jacquemontii 299, 304, 313, 330
jucunda 267
julifera 272
julifera ssp. *julifera* 298, 313
juncifolia 265
kamerunensis 331
karroo 235, 249, 251, 252, 253, 259, 261, 275, 278, 282, 313, 331, 382, 416
karroo ssp. *karroo* 416, 417
karroo ssp. *montana* 416, 417
kauaiensis 279
kempeana 263, 264, 272, 298, 313, 385
kettlewelliae 267, 285, 287
kirkii 10, 251, 341
kirkii var. *intermedia* 258
klugii 291, 293
koa 8, 300, 388
koaia 8, 388
kraussiana 279
kybeanensis 267
laeta 250, 251, 252, 258, 289, 313, 331, 391
laeta var. *hashab* 313
lanigera 265
lasiocalyx 272, 298, 314
lasiocarpa 275, 278, 280
lasiopetala 290, 314, 327
latericicola 280
latifolia 314
latisepala 274
latronum 330
laurifolia 9, 394
leiocalyx 272, 283
leiocarpa 323
leioderma 280
leiophylla 251
lemmonii 235, 281
lenticularis 314, 330
leprosa 267, 336
leptocarpa 272
leptoclada 274
leptoneura 265

leptophleba 272
leptostachya 251, 272, 285
leucoclada 274
leucophloea 10, 189, 295, 300, 303, 304, 314, 330, 337
leucospira 327
ligulata 262, 267, 276, 314, 385
limbata 272
linarioides 272
linearifolia 267
linearis 336
lineata 267
linifolia 254, 267, 288, 336
linophylla 272
litakunensis 329
loderi 269
longifolia 249, 251, 254, 255, 256, 272, 283, 286, 287, 288, 314, 324, 336
longifolia var. *floribunda* 254
longiphyllodinea 298, 315
longispicata 272, 283
longissima 249, 250, 272, 336
lophantha 352
loroloba 274
lucasiae 267
luederitzii 163, 275, 303, 315
luederitzii var. *retinens* 341
luteola 278, 280
lysiphloia 272, 298, 315, 385
mabellae 267
macdonnelliensis 298, 315
macracantha 290, 291, 292, 294, 300, 315
macrostachya 315, 391
macrothyrsa 258, 391
maidenii 26, 260, 272, 276, 315
maitlandii 265
mangium 272
mayana 296
mcgillivrayi 267
mckieana 267
mcnuttiana 267
mearnsii 26, 74, 75, 143, 244, 249, 251, 254, 255, 258, 259, 274, 278, 282, 283, 303, 305, 315, 318, 320, 324, 330, 333, 334, 336, 390
megacephala 275, 278, 280
meis(s)neri 267
melanoceras 296
melanoxylon 21, 26, 249, 251, 269, 283, 300, 317, 324, 330, 333, 336
mellifera 10, 250, 251, 254, 256, 258, 259, 261, 289, 313, 331, 341, 391
mellifera ssp. *detinens* 280, 317, 341
mellifera ssp. *mellifera* 258
menzelii 265
merinthophora 272
merrallii 267
microbotrya 251, 267
microcarpa 267
millefolia 235, 281, 335
milleriana 290
minuta 294
minutifolia 266
mitchellii 332
modesta 280, 317, 330
moirii 278, 280
mollifolia 274
mollissima 255, 274, 282, 315, 316, 324
montana 267
monticola 269
mountfordiae 272
mucronata 272
muellerana 274
multisiliqua 317, 385
multispicata 272
myrtifolia 280, 317, 328, 336
nano-dealbata 274
nebrownii 331, 341
negrii 387
neovernicosa 290, 292, 308, 321
neriifolia 251, 267
neurophylla 272
nigrescens 275, 280, 303, 321, 382, 387
nilotica 10, 11, 189, 245, 251, 252, 254, 255, 256, 257, 259, 260,

261, 278, 289, 312, 321, 331, 382,
383, 387, 391, 404
nilotica ssp. *adstringens*   250, 321,
322, 323
nilotica ssp. *cupressiformis*   321,
323
nilotica ssp. *hemisphaerica*   321, 323
nilotica ssp. *indica*   258, 275, 321,
323, 330, 337
nilotica var. *indica*   321
nilotica ssp. *kraussiana*   275, 321,
322, 387
nilotica var. *kraussiana*   321
nilotica ssp. *leiocarpa*   321
nilotica ssp. *nilotica*   250, 322
nilotica ssp. *subalata*   258, 322, 323
nilotica ssp. *tomentosa*   250, 257,
322
notabilis   268
nubica   250, 251, 258, 289, 312,
323, 331
obliquinervia   268, 309
obtusata   268
obtusifolia   26, 260, 272, 276, 323,
324
oerfota   250, 258, 289, 323
olgana   298, 323
oncinocarpa   323, 385
orites   26, 273, 323, 324
o'shanesii   274
oswaldii   269, 282
oxycedrus   249
pacensis   292, 332
pachyphloia   291, 324
pallens   321
pallidifolia   275
paradoxa   336
parramattensis   274, 278, 291 297,
324, 336
parviflora   280
parvipinnula   274
pellita   273, 324, 385
pendula   251, 269
pennata   10, 279, 330, 383, 386,
391

pennatula   290
pennatula ssp. *parvicephala*   292
pennatula ssp. *pennatula*   292
penninervis   268
pentadenia   249, 278, 280, 282
pentagona   10, 279
permixta   324
peuce   265, 324
phlebophylla   324
picachensis   280, 418
pilligaensis   265
planifrons   324, 330
platycarpa   270
plectocarpa   273
podalyriaefolia   249, 254, 277, 286,
287, 300, 336, 338
polyacantha   250, 330, 383, 391
polyacantha ssp. *campylacantha*   254, 255, 256, 258, 280, 289,
306, 384
polyacantha ssp. *polyacantha*   251
polybotrya   274, 278, 297, 324
polystachya   273, 285
praecox   293, 324, 337
praetervisa   286, 287
prainii   265
pravissima   268, 286
pringlei   290
pringlei ssp. *californica*   292
pringlei ssp. *pringlei*   292
prominens   268, 285, 286, 287,
288, 300, 324
proxima   273
pruinocarpa   268
pruinosa   286, 336
ptychoclada   270
pubescens   274
pubicosta   268
pubifolia   251, 273, 298, 324
pulchella   278, 280, 291, 324
pulchella var. *glaberrima*   297, 325
pulchella var. *goadbyi*   297, 325
pulchella var. *pulchella*   297, 325
pulchella var. *reflexa*   297, 298,
325

pulchella var. *subsessilis* 297, 325
pustula 268
pycnantha 249, 250, 251, 268, 325, 330, 334, 336
pycnostachya 273, 298, 325
quadrilateralis 266
quadrimarginea 273
quornensis 268
raddiana 325, 330
ramulosa 273
reficiens 331, 341
reficiens ssp. *reficiens* 275
rehmanniana 382
resinocostata 266
resinomarginea 273, 298, 325
restiacea? 249
retino(i)des 251, 254, 268, 282, 289, 325, 335, 336
retivenia 270
rhodophloia 298, 325
rhodoxylon 262, 263, 264, 273, 325
richii 395
rigens 266, 277
rigidula 255, 288, 290, 292
riparia 293
rivalis 268
robusta 10, 259, 261, 278, 312, 325, 331
robusta ssp. *clavigera* 382, 387, 417
roemeriana 279, 288
rosei 280
rostellifera 268, 276
rothii 270
rovumae 280
rubida 249, 268
ruddiae 296
rupicola 265, 336
ruppii 266
saliciformis 268
salicina 268, 276, 325
saligna 249, 251, 255, 256, 259, 309, 325, 336
saxatilis 268, 325

schaffneri var. *bravoensis* 290, 292
schaffneri var. *schaffneri* 290, 292
schinoides 274, 297, 326
schottii 288, 292, 308
schweinfurthii 279
sclerophylla 270
sclerosperma 268, 276
scorpioides 322
senegal 10, 245, 250, 252, 255, 256, 257, 258, 275, 279, 280, 289, 306, 307, 313, 326, 330, 331, 386, 387, 391, 404, 417
senegal var. *kerensis* 327
senegal var. *rostrata* 387
senegal var. *senegal* 258
sessiliceps 270
seyal 245, 250, 251, 252, 255, 256, 257, 312, 327, 331, 383, 386, 391
seyal var. *fistula* 250, 255, 256, 258, 289
seyal var. *seyal* 250, 258, 289
shirleyi 273
sibina 298, 327
siculiformis 265
sieberiana 249, 251, 256, 257, 258, 281, 289, 312, 330, 331, 383, 386, 390, 391
sieberiana var. *sieberiana* 250, 258
sieberiana var. *vermoesenii* 250, 384
sieberiana var. *villosa* 250
sieberiana var. *woodii* 249, 290, 291, 299, 327, 387
signata 273, 298, 328
silvestris 274, 316
simplex 9, 394
simplicifolia 9, 304, 328
simsii 270
sinuata 330
smallii 290, 292
sophorae 251
sororia 280
sowdenii 263, 266, 270, 328
sparsiflora 26, 273, 298, 328
spectabilis 274, 287

sphaerocephala 290, 296
spirocarpa 330, 331
spirorbis 304, 328
stenophylla 270
stereophylla 273
stipuligera 273
stolonifera 290, 312
storyi 274
stowardii 273, 298, 328
stricta 336
stuhlmannii 10, 278
suaveolens 285, 286, 300, 328, 338
suberosa 275, 278
subporosa 270
subracemosa 280
subtilinervis 273
subalata 322
subulata 268
suma 328, 330
sundra 307, 330, 331
sutherlandii 291, 299, 328
tarculensis 273
tenuifolia 280, 281, 419
tenuissima 273, 278
tequilana 280, 419
terminalis 275
tetragonophylla 265, 268, 329, 385
torta 330
tortilis 10, 251, 253, 255, 256, 259, 261, 278, 289, 312, 329, 330, 331, 391
tortilis ssp. *heteracantha* 249, 329, 387
tortilis ssp. *raddiana* 250, 258, 325, 329, 330
tortilis ssp. *raddiana* var. *pubescens* 329
tortilis ssp. *spirocarpa* 250, 258, 329, 330, 382
tortilis ssp. *tortilis* 250, 258, 329
tortuosa 12, 290, 292, 330
torulosa 273
trachycarpa 298, 330
trachyphloia 275
translucens 270
trinervata 265
trineura 270
triptera 273
tropica 273
tucumanensis 293
tumida 273, 278
uncinata 268
urophylla 280
varia 278, 280
venosa 280
verek 386
verniciflua 268, 336
verticillata 249, 254, 283, 287, 336
vestita 268, 287, 336
victoriae 251, 268
villosa 203
viscidula 270
visco 337
wanyu 273
wattsiana 268
welwitschii 275, 291
welwitschii ssp. *delagoensis* 280, 382, 387
whitei 273
wilhelmiana 266
willardiana 281, 282 (vide auch *Prosopis heterophylla*) 335
woodii 278
xanthophloea 10, 251, 253, 258, 331, 382, 387
yirrkallensis 268
yorkrakinensis 298, 330
Acacieae 20, 187, 243, 346, 416, 418
Acer saccharinum 236
Acrocarpus fraxinifolius 408
Aculeiferum (subgen. nov.) 246, 297, 298
Adenanthera 197, 201
 abrosperma 197
 pavonina 8, 197, 395
Adenodolichos paniculatus 383
Adenolobus 118, 119
 rufescens 120
Adesmia arborea 4

spinosissima 389
Adipera jahnii 98
Aeschynomene indica 404
  multicaulis 384
  paniculata 403
Affonsea 188
Afrormosia laxiflora 383
Afzelia *132*, 168
  africana 12, 132, 148, 383
  bella 132, 133
  bijuga 9, 147, 395
  bipindensis 148
  borneensis 14
  javanica 14
  pachyloba 133, 148
  quanzensis 12, 132, 387
  rhomboidea 14
  xylocarpa 8, 14, 133
Agalinis purpurea 30
Aglaia ferruginea 25
Akebia quinata 372
Albizia (auch *Albizzia*) 6, 12, 13, 187, 346, *350*, 360
  adiant(h)ifolia 346, 354, 383, 384, 390
  amara 346, 354, 355, 363, 386
  amara ssp. *sericocephala* 351
  anthelmintica 30, 241, 346, 351, 354, 355
  antunesiana 351, 384
  basaltica 351
  boromoënsis 354
  capensis 351
  chevalieri 391
  chinensis 8, 354, 355, 356, 420
  coriaria 356
  dinklagei 354
  distachya 351, 352
  falcata 351, 352
  falcataria 203, 352
  ferruginea 351, 354, 356, 383
  forbesii 346
  glaberrima 351, 354, 356, 383
  grandibracteata 356
  granulosa 351
  guachapele 349
  gummifera 356, 384
  harveyi 346, 351
  hassleri 351
  isenbergiana 356
  jiringa 370
  julibrissin 14, 350, 351, 356
  kalkora 351
  lebbe(c)k 10, 12, 26, 339, 346, 351, 354, 356, 363, 382, 389, 391
  lophantha 335, 350, 351, 352, 353, 357, 361, 362
  lucida 351, 354, 356, 358, 363
  lucidior 358
  malacophylla 354
  montana 351
  myriophylla 358, 363, 389
  niopioides 351
  odoratissima 339, 351, 354, 358
  pedicellata 358
  petersiana 351, 386
  petersiana ssp. *evansii* 387
  polyantha 26, 349, 358, 376
  polycephala 349, 358
  polymorpha 350, 352
  polyphylla 350, 352
  procera 352, 354, 358
  richardiana 189
  saman 346, 348, 373
  saponaria 352
  schimperiana 352, 356
  splendens 359
  stipulata 339, 354, 420
  streptocarpa 359, 360
  suluensis 355
  tanganyicensis 355, 358, 359, 363, 387
  thozetiana 352
  versicolor 352, 359, 386, 387
  zygia 352, 354, 356, 359, 383
Alchornea 76
Alhagi 11
  maurorum 13, 387
  pseudalhagi 13
Alhagiinae 21

Allium 193
Alternaria cassiae 95
Alysicarpus 13
　glumaceus 384
　monilifer 391
　rugosus 384
　rugosus ssp. *perennirufus* 390
Amblygonocarpus 13, *198*
　andongensis 194, 198
　obtusangulus 198
Amburana cearensis 386
Amherstia nobilis 168, 169
Amherstieae 20, 42, 127, 162, 168, 413
Ammodendron 12
Amorpha fruticosa 7
Amphimas ferrugineus 382
Anacardiaceae 264
Anadenanthera 59, *198*, 210, 213, 403
　colubrina var. *cebil* 26, 212
　colubrina var. *colubrina* 212
　peregrina 237, 386
　peregrina var. *falcata* 212
　peregrina var. *peregrina* 212
Andira 13
Antheroporum pierrei 389
Anthonotha 168
　macrophylla 169
Anthospermum spathulatum 309
Aphanocalyx 168
Apidae 5
Apinae 5
Apini 5
Apis mellifica 5, 6
Apoides 5
Apuleia 81, 82
　ferrea 81
　leiocarpa 81, 82, 386
　leiocarpa var. *molaris* 83
　molaris 81, 83
　praecox 81
Arachis hypogaea 8, 10, 383, 387, 389, 405
Arbuscular *Myccorrhiza* 404

Archidendron 187, 188, 370
　bubalinum 371
　clypearia 8
　havilandii 371
　jiringa 370, 371, 372
　lucyi 27
　microcarpum 371
　monadelphum 371
　pauciflorum 371
　quocense 371
　scutiferum 371
　vaillantii 347
Archidendropsis 187, *359*, 360
　streptocarpa 359
Argyrolobium tomentosum 390
Arthrosamanea 13
Aspergillus niger 97
Astragalus 9, 11
　arequipensis 389
　bethlehemicus 11
　bolanderi 14
　depressus 7
　garbancillo 389
　gummifer 11
　lentiginosus 12
　membranaceus 14, 389
　mollissimus 12
　mongholicus 389
　pachybus 14
　pilgeri 389
　purshii 14
　sinicus 28
　wootonii 12
Ateleia 4
　herbert-smithii 5
Atriplex spongiosa 28
Atta cephalotes 30, 31
Atylosia scarabaeoides 391
Aubrevillea 198
　kerstingii 198
Augonardia = *Augouardia*
　(vgl. POLILL-RAVEN 1981) 168
Avena 403
　sativa 28

Baikiaea *133*
  insignis 158
  plurijuga 133, 135, 163, 171
Balsamocarpon brevifolium 407, 409
Bandeiraea *123*
Baphia 13
  nitida 383, 385
Baptisia 7
  australis 183, 385
  tinctoria 385
Barklaya-Gruppe 118
  syringifolia 118
Batesia floribunda 76, 386
Bauhinia-Gruppe 118
Bauhinia 8, 14, 118, *119*, 123, 124, 158
  acuminata 122
  alba 394
  aurea 119, 122
  candicans 119
  championii 119
  cunninghamii 385
  esculenta 6, 119
  fassoglensis 412
  galpinii 6, 387
  guianensis 386
  herrerae 384
  japonica 120
  macrantha 6
  malabarica 120, 126
  manca 120
  monandra 121
  purpurea 12, 120, 121, 122, 189, 383, 391
  racemosa 120, 122, 125
  reticulata 120
  retusa 120, 121, 391
  rufescens 120, 125, 391
  semla 120, 121
  splendens 120, 125
  syringifolia 118
  tarapotensis 386
  thonningii 120, 412
  tomentosa 121, 122
  triandra 121
  vahlii 121, 122, 125
  variegata 12, 121, 126, 150, 391
  variegata var. *candida* 121
Bauhinieae 118
Berlinia 168, *169*
  giorgii 169
  grandiflora 169, 383
Biomphalaria 230
Bipinnatae 276
Bituminaria bituminosa 18
Bombini 5
Bonduc major (= *majus*) 397, 409
Botry(o)cephalae 244, 276, 277, 298
Bowdichia nitida 10
  virgilioides 10, 403
Brachystegia 168
  allenii 170
  boehmii 170
  bussei 384
  glaucescens 170
  × *longifolia* 170
  magna 170, 384
  microphylla 170
  spiciformis 170
  utilis 170
Brachystegioideae 168
Bradyrhizobium japonicum 39
Brenierea 118, 119
  insignis 118
Brownea-Gruppe 127
Brownea 168
  ariza 132, 150, 386
  coccinea 132
  disepala 386
  hybrida 132
Bruchidae 15
Burkea 13, *47*
  africana 46, 47, 49, 77
Bussea 13, 43
  gossweileri 44
  massaiensis 44
  occidentalis 12, 44
Butea 14
  frondosa 26

Cadia 13
Caesalpinia (vide auch bei *Guilandina*, *Mezoneuron* und *Poinciana*) 8, 48, 72, 81, 407
  bahamensis 385, 407, 408
  bicolor 385
  bonduc 9, 44, 46, 48, 52, 53, 383, 395, 397, 398, 399, 408, 409
  bonducella 46, 48, 52, 395, 397, 398
  bracteosa 407
  brasiliensis 48, 385
  brevifolia 52
  cacalaco 407, 408
  calycina 408
  cassioides 407
  chinensis 397, 398
  ciliata 45, 53
  coriaria 12, 45, 52, 53, 408, 409
  crista 9, 14, 43, 45, 46, 52, 53, 385, 388, 397, 398, 400
  cucullata 407, 408
  dalei 408
  decapetala 45, 384, 390, 408
  decapetala var. *japonica* 53
  digyna 45, 52, 53, 55
  divergens 45
  echinata 6, 48, 385, 390
  eriostachys 407
  exostemma 408
  ferrea 45, 53, 81, 386, 408, 409
  fimbriata 407
  gilliesii 45, 53, 407, 408
  glaucophylla 45
  grisebachiana 45
  insolita 408
  japonica 48, 50, 53
  jayabo 46, 397, 398, 409
  kavaiensis 8, 388
  major 9, 45, 46, 395, 397, 398, 399, 409
  melanocarpa 53
  melanosperma 45
  mexicana 408, 409
  microphylla 407
  minax 45, 46, 388
  mollis 407
  morsei 45, 46, 388
  nelsonii 408
  nipensis 408
  nuga 45, 397, 398
  oppositifolia 407
  ovalifolia 45
  palmeri 45
  paniculata 397, 398
  pannosa 408
  paraguariensis 45, 53, 408
  pauciflora 407
  peltophoroides 407
  portoricensis 45
  pulcherrima 6, 8, 12, 45, 48, 50, 52, 53, 183, 383, 384, 386, 387, 388, 408
  pyramidalis 407, 409
  sappan 14, 45, 48, 50, 54, 72, 385, 388, 407
  scandens 397, 398
  sepiaria 45, 53, 183
  sinensis 45
  sogerensis 397
  solomonensis 43, 45
  spicata 46
  spinosa 43, 45, 52, 386, 407
  sumatrana 407
  tinctoria 43, 45, 46, 389
  trothae 45, 407
  velutina 407, 408
  vesicaria 407
  volkensii 45
  welwitschiana 45
  yucatensis 408
Caesalpiniaceae 177
Caesalpinieae 42, 43, 407
Caesalpinioideae 5, 20, 42, 106, 177, 183, 187, 188, 407
Caesalpinioideae-Kramerieae 176
Cajanus cajan 14, 16, 39, 41, 382, 383, 384, 386, 389, 390, 391
Calicotome (auch *Calycotome*) 11
Calliandra 6, 13, 187, 346, 360, 362, 403, 421, 422

angustata 422
angustifolia 360, 365, 367, 386, 420, 423
anomala 360, 423
bahiana 423
bijuga 423
caeciliae 420
californica 364, 378
calothyrsus 10, 203, 420
capillata 347, 423
carbonaria 365, 420
coccinea 423
colombiana 365, 423
confusa 365
cumbucana 423
deamii 366
debilis 422
dendroidea 423
densifolia 366
depauperata 420
elegans 423
eriophylla 366, 420
erubescens 423
feioanum 423
formosa 360, 366, 367
glaberrima 365, 420, 423
glomerulata 365, 420, 423
gracilis 423
grandiflora 347, 420
haematocephala 12, 189, 360, 420
houstoniana 347, 420
humilis 420
inaequilatera 12
jacobiana 423
juzepezukii 420
lambertiana 366, 423
lozani 423
magdalenae 365, 420, 423
marginata 365, 423
matisiana 365, 420, 423
medellinensis 420
mexicana 366, 420
microcalyx 422
mucronulata 365, 423
mucugeana 422
parviflora 347, 420
penduliflora 347
pittieri 365, 377, 378, 420, 423
portoricensis 364, 383
pubens 423
pubiflora 420
purdiei 365, 420, 423
purpurea 365, 420, 423
redacta 420
rekoi 420
reticulata 420
rigida 420
robusta 423
rubescens 378, 420
rusbyi 420
santaderensis 347
schultzei 365, 420, 423
seemannii 420
selloi 347, 420
sericea 423
speciosa 366
stipulacea 365, 423
surinamensis 347
tenuiflora 366, 420
tergemina 420
tetragona 6, 347, 420
tolimensis 420
turbinata 420
tweedi(e)i 6, 347
umbrosa 347
Calliandropsis nervosus 416
Callosobruchus maculatus 136
Calopogonium caeruleum 386
 mucunoides 384
 velutinum 26
Calpocalyx dinklagei 382
 klainei 382
Calpurnia 13
Calycotome vide *Calicotome*
Camoënsia maxima 6, 383
Campsiandra angustifolia 386
 comosa 76, 386
Canavalia 388
 africana 390
 cathartica 8, 27

centralis 388
ensiformis 383, 386, 391
forbesii 388
galeata 8, 388
gladiata 28, 391
haleakalaensis 388
hawaiiensis 388
kauaiensis 388
lanaiensis 388
maritima 9, 12, 27, 394, 395
obtusifolia 6, 394, 395
peninsularis 388
pubescens 388
rosea 9, 27, 394, 395
stenophylla 388
virosa 390
Carpopogon niveum 19
Cassia s.l. siehe auch *Chamaecrista* und *Senna*
Cassia 4, 6, 8, 11, 12, 13, 14, 79, *83* (auch Subgen. *Fistula, Lasiorhegma* und *Senna*), 84 (auch Sekt. *Psilorhegma*), 94, 96, 107, 182, 217, 404, 405
abbreviata 410
abbreviata ssp. *beareana* 86, 387
absus 86, 87, 88, 95, 107
acutifolia 87, 88, 89, 91, 97, 110
alata 9, 10, 12, 86, 87, 88, 92, 110, 382, 383, 385, 388, 391, 410
alcaparra 95
alexandrina 10, 91
angustifolia 17, 86, 87, 88, 89, 90, 91, 110, 183, 410
aphylla 87
aphylla var. *rigida* 87
appendiculata 92
arlindo-andradei 87
arnottiana 87
aubrévillei 92
auriculata 10, 11, 86, 88, 92, 97, 100, 106
bacillaris 411
beareana 86
bicapsularis 87, 100

biflora 92, 95
bijuga 104, 411
brasiliana 411
carnaval 85, 87, 104, 107
chamaecrista 88
chinensis 105
chrysocarpa 87
coluteoides 92
coquimbensis 4
corymbosa 87, 88, 93
dentata 93
desolata 385
didymobotrya 86, 88, 93, 384, 386, 390
eremophila 86
excelsa 85, 93, 104, 107
fasciculata 93
fasciculata var. *ferrisiae* 87
ferruginea 411
fistula 11, 12, 86, 87, 88, 93, 95, 108, 382, 387, 391, 411, 412
floribunda 27, 103, 107, 183, 384, 386, 390, 396, 412
foetida 100
frondosa 95
garrettiana 96, 97
glandulosa 97, 389
glauca 12, 105
goratensis 100, 104
grandis 12, 86, 87, 97, 388, 403, 411
greggii 97, 410
hebecarpa 79
hirsuta 97
hoffmannseggii var. *gardneriana* 87
hookeriana 389
indica 105
italica 10, 91, 97
jaegeri 98
jahnii 98
javanica 12, 27, 86, 88, 98
javanica ssp. *nodosa* 100
kirkii 384
kotschyana 104
laevigata 88, 103, 183, 386, 396

latopetiolata 88, 98, 389
leptophylla 87, 98
lindheimeriana 87, 98
longiracemosa 98
macranthera 98
marginata 26, 86, 102
marilandica (marylandica) 86, 88, 99
medsgeri 88
mexicana 88, 99
micans 99
micrantha 100
mimosoides 85, 88, 99, 383, 384, 404
moschata 88, 411, 412
multiglandulosa 99
multijuga 87, 97, 99, 106, 411
nemophila 385
nictitans 88, 99
nigricans 88, 100
nodosa 12, 86, 95, 97, 100, 108, 410
nomame 99
notabilis 385
obovata 88, 91, 97
obtusa 100
obtusifolia 12, 85, 86, 87, 88, 95, 100, 102, 113, 383, 391, 394
occidentalis 9, 10, 11, 12, 86, 87, 88, 100, 107, 382, 383, 384, 386, 388, 394
oligophylla 385
petersiana 95, 101
podocarpa 88, 101, 114, 383
pudibunda 96, 99, 101, 108
pumila 102
punctata 88, 102
quinquangulata 102
renigera 86, 102
reticulata 102, 114
rigida 87
roemeriana 12
rogeoni 102
rotundifolia 383
roxburghii 86, 96, 102, 410

rugosa 103
semicordata 103
senna 10, 17, 87, 89, 90, 91
septemtrionalis 103, 107
sericea 106
siamea 85, 88, 103, 107, 115, 383, 384, 391, 411
sieberiana 88, 104, 391
silvestris 87, 411
singueana 86, 104, 382
sophera 86, 88, 96, 104, 105, 382, 386
speciosa 87, 104, 411, 412
speciosa var. *nervosa* 99
spectabilis 85, 88, 96, 104, 107, 108, 217, 383, 384
splendida 87
stipulacea 95
striata 99
subulata 87
surattensis 12, 105
texana 95, 105, 410
tomentosa 183
tora 85, 86, 87, 88, 102, 105, 116, 382, 383, 388, 391, 394
torosa 85, 86, 95, 105, 412
trachypus 106
uniflora 106
venusta 385
vernicosa 95
Cassieae 4, 42, 79, 410
Cassiinae 79, 83, 410
Cathormion 13, 187, *350*
  altissimum 347
  polyanthum 347, 358
  polycephalum 347, 358
Cebus capucinus 337
Cedrelinga 364
  catenaeformis 347, 364, 386
Cenostigma gardnerianum 407
  macrophyllum 407, 409
Centris 179
Centrolobium robustum 403
Centrosema virginiana 7
Ceratonia 4, 11, *79*, 158

oreotauma 80
siliqua 79, 241, 387
Ceratoniinae 79
Cercideae 42, 118, 412
Cercidium *57*, 74
  australe 57
  floridum 46
  microphyllum 46
  praecox 57, 58
Cercis 11, 118, 119, *122*, 124
  canadensis 7, 122
  chinensis 27, 122
  griffithii 122
  occidentalis 14
  siliquastrum 7, 122, 390
Cercopithecus 405
Chamaecrista (vide auch *Cassia* s.l.) 4, 39, *84*, 405
  absus 387
  calycioides 404
  desvauxii 404
  desvauxii var. *latistipula* 87
  fasciculata 88, 93
  flexuosa var. *texana* 105
  glandulosa 97
  greggii 97, 410
  jaegeri 98
  mimosoides 85, 99
  nictitans 88, 99
  nigricans 100
  nomame 40
  rotundifolia 85, 404
Chamaecytisus albus 11
  austriacus 11
  blockianus 11
  ciliatus 11
  eriocarpus 11
  glaber 11
  hirsutus 11
  jankae 11
  leiocarpus 11
  lindemannii 11
  polytrichus 11
  purpureus 11
  ratisbonensis 11

ruthenicus 11
supinus 11
Chamaespartium sagittale 385
Chidlowia *58*
  sanguinea 58
Chloris gayana 28
Christia vespertilionis 9
Cicer 11
  arietinum 8, 14, 32, 391
Clianthus dampieri 7
  speciosus 7
Clidemia hirta 395
Clitoria arborea 386
  macrophylla 8
  ternatea 8, 12, 391, 395
Clovillea racemosa 44
Cocculus laurifolius 125, 126
Cojoba arborea 371
Colobus 405
Colophospermum 133, *134*, 155, 171
  mopane 26, 134, 163, 334, 387
Colutea 11
  arborescens 6, 7, 11
Coniophora puteana 419
Conium maculatum 12
Conzattia multiflora 407, 408
Copaifera 11, 31, 129, 133, *135*, 145, 147, 154
  baumiana 129, 135, 158
  bijuga 163
  cearensis 163
  coriacea 138, 163
  duckei 163
  glycycarpa 163
  guianensis 138, 159, 163
  langsdorffii 131, 135, 136, 137, 138, 146, 163, 164
  le-testui 128, 158
  lucens 163
  luetzelburgii 163
  martii 138, 163
  martii var. *rigida* 159
  mildbraedii 129, 135, 158
  multijuga 131, 135, 136, 137, 138, 153, 159, 163

officinalis 131, 135, 136, 138, 163, 166
panamensis 162
paupera 386
pubiflora 136, 163
religiosa 129, 135, 158
reticulata 138, 159, 163, 386
rigida 163
salikounda 128, 135, 158, 383
venezuelana var. *laxa* 136, 163
Cordeauxia 20, *58*
  edulis 46, 58, 408
Coronilla emerus 7
  varia 17
Crotalaria 6, 8, 13, 14, 30, 395
  aculeata 390
  aculeata ssp. *claessensii* 390
  agatiflora 6
  agatiflora ssp. *imperialis* 384, 390
  alata 391
  altecana 395
  caudata 384
  chrysochlora 384
  cleomifolia 384
  eremaea 385
  glauca 384
  goreensis 383, 384
  grahamiana 386
  incana 390
  incana ssp. *purpurascens* 390
  intermedia 386
  juncea 403
  laburnifolia 384
  lachnocarpoides 384
  lachnophora 384
  mesopontica 384, 391
  micans 403
  natalitia 386
  ononoides 384
  pallida 384
  quinquefolia 394
  retusa 383, 386
  sessiliflora 27
  spinosa 384, 390
Croton oblongifolius 166

Crudia-Gruppe 127
Crudia 127, *138*
  amazonica 138
Cryptosepalum 168
  exfoliatum 170
  maraviense 170
Cucurbitaceae 25
Cullen corylifolium 18
Cyamopsis tetragonoloba 11, 14, 80
Cylicodiscus 198
  gabunensis 198, 230, 382, 383
Cynometra-Gruppe 127
Cynometra 127, 133, *138*, 143, 158
  ananta 138
  cauliflora 138
  elmeri 14
  grandiflora 9, 394
  hankei 138
  inaequifolia 14
  insularis 9, 394
  lujae 138
  malaccensis 14
  mannii 138
  megalophylla 383
  mirabilis 14
  polyandra 167
  ramiflora 14
  sessiliflora 158
  sessiliflora var. *laurentii* 129
  spruceana 386
Cynometreae 127
Cytisus albus 7
  multiflorus 7
  scoparius 7, 11, 385, 390

Dalbergia 11, 12
  candenatensis 9, 394
  lactea 384, 391
  latifolia 14
  melanoxylon 11, 391
  monetaria 386
  monosperma 9, 394
  paniculata 8
  retusa 83
  saxatilis 383

sissoo 14
stipulacea 8
Dalea antana 389
  emoryi 14, 17
  polyadenia 14
Daniellia 11, *138*, 143
  alsteeniana 129, 158
  caudata 128, 158
  klainei 128, 129, 158
  mortehanii 129
  ogea 128, 131, 138, 158
  oliveri 129, 131, 138, 139, 149, 158, 383
  pynaertii 129, 158
  similis 128, 158
  thurifera 139, 158
Daucus carota 28
Deguelia trifoliata 394
Delonix (vide auch *Poinciana*) 58
  elata 44, 58, 387, 409
  regia 12, 43, 44, 58, 183, 381, 395
Dendrolobium umbellatum 9, 391, 395
Dennstaedtia distenta 26
Derris 14
  elliptica 8, 9, 26, 389, 394
  heterophylla 388
  indica 14
  malaccensis 9, 394
  trifoliata 9, 388, 394
  uliginosa 9, 388, 389, 394
Desmanthus 199
  arborescens 416
  balsensis 416
  brevipes 199
  brachylobus 199
  chacoënsis 199
  cooleyi 199
  covillei 416
  depressus 199
  illinoënsis 199
  jamesii 199
  virgatus 199, 416
Desmodium 8, 14
  adscendens 9, 382, 383, 384, 386
  axillare 386

  barbatum 384
  cajanifolium 386
  canum 383
  cephalotes 389
  gangeticum 383, 389
  heterophyllum 389, 395
  mauritianum 386
  molliculum 389
  ramosissimum 383, 386
  repandum 384, 391
  salicifolium 382, 383
  styracifolium 389
  trichocaulon 9
  triflorum 382, 383
  umbellatum 9, 391, 395
  velutinum 383, 384
Detarieae 42, 127, 157, 168, 413
Detarium-Gruppe 127
Detarium *139*
  heudelotianum 139, 140, 164
  macrocarpum 12
  microcarpum 131, 139, 413
  senegalense 11, 139, 140
Dewevrea 13
Diachora 405
Dialiinae 79, 81, 410
Dialium *81*
  cochinchinense 14
  dinklagei 81
  englerianum 81
  guianense 386
  guineense 81, 383, 410
  hydnocarpoides 14
  indum 14
  kunstleri 14
  microcarpum 383
  modestum 14
  ovoideum 81
  pachyphyllum 12
  platysepalum 14
  procerum 14
Dianthus caryophyllus 300
Dichrostachys 6, *199*
  alluaudiana 416
  arborea 199

bernieriana 416
brevipes 416
cinerea 199, 200, 259, 261, 383, 390, 391, 416
decaryana 416
dehiscens 416
forbesii 200
glomerata 199, 200
humbertii 416
kirkii 416
mahafalensis 416
nyassana 200
perrieriana 416
platycarpa 199, 200
platycarpa ssp. *africana* 199
platycarpa ssp. *argillicola* 199
platycarpa ssp. *keniensis* 200
platycarpa ssp. *nyassana* 200
platycarpa ssp. *platycarpa* 200
richardiana 416
spicata 416
tenuifolia 416
unijuga 416
villosa 416
Dicorynia 81, 82
  guianensis 77, 82
Dictyloma incanescens 236
Dicymbe 168
Didelotia 168
Digitalis schischkinii 97
Dimorphandra 59, 73, 187
  cuprea 59
  gardneriana 60
  mollis 60
  parviflora 59, 60
Dinizia 196
Dioclea ucayalina 386
  violacea 9
Diplotropis martinsii 387
Dipterygeae 21
Dipteryx micrantha 387
  odorata 387
Distemonanthus 82
  benthamianus 82, 383
Ditremexa occidentalis 100

Dolichos (vide auch *Lablab*) 13
  biflorus 14
  formosus 386
  hassjoo 19
  kilimandscharicus 30, 241
  lablab 8, 14, 27, 28, 389, 394
  maritimus 394, 395
Dracaena loureiri 55
Drepanocarpus lunatus 13
Dumasia leiocarpa 8
Dunbaria longeracemosa 8
Duparquetia orchidacea 79
Duparquetiinae 79

Elephantorrhiza 200
  goetzei 200
Elizabetha 168
Englerodendron usambarense 168
Entada 13, *200*, 204
  abyssinica 200, 384, 386, 390
  africana 200, 383, 391
  gigalobium 389
  gigas 200, 383, 396
  phaseoloides 9, 26, 200, 201, 230, 388, 389, 396
  polyphylla 387
  polystachya 200
  pursaetha 200, 201, 389, 391
  rheedii 8, 200
  scandens 9, 26, 200, 201, 389, 396
  sudanica 200
Entadopsis abyssinica 386
Enterolobium 346, *364*, 403
  barnebianum 387
  cyclocarpum 347, 364
  contortisiliquum 347, 364
Eperua *140*, 143
  bijuga 140
  falcata 140
  grandiflora 140
  grandiflora ssp. *guianensis* 140
  jenmanii 140
  leucantha 131, 140
  purpurea 131, 141
  schomburgkiana 140

Equisetum 379
Eriocephalus racemosus 309
Eriosema 13
   chrysadenium 384
   glomeratum 383
   griseum 383
   montanum 384, 391
   psoraleoides 383, 384, 386
   scionum ssp. *lejeunei* 384
Erythrina 7, 10, 14, 39, 387
   abyssinica 384, 386, 391
   abyssinica ssp. *abyssinica* 391
   corallodendron 383, 395
   costaricensis 39
   crista-galli 7, 12
   fusca 39, 394
   humeana 6
   indica 9, 12, 389, 394, 395
   lysistemon 387
   ovalifolia 394
   sandwicensis 8, 388
   senegalensis 383, 391
   speciosa 394, 395
   subumbrans 8
   tomentosa 386, 391
   variegata 8, 9, 12, 27, 39, 391, 392, 394
   variegata var. *orientalis* 389
   vespertilio 39
Erythrophleum 12, 13, 54, *60*
   africanum 46, 61, 65
   chlorostachys 61, 62, 63, 65, 385
   couminga 60, 61, 64, 65
   densiflorum 61
   fordii 61, 63, 65, 388, 389
   guineense 46, 60, 61, 63, 65, 383
   guineense var. *swaziense* 409
   ivorense 60, 61, 63, 65
   lasianthum 60, 65, 409
   micranthum 65
   suaveolens 60, 61, 63
Eucalyptus 300
   delegatensis 309
   globulus 317
   regnans 309

Euphorbia caput-medusae 309
Euphorbiaceae 76

Fabaceae (s.l. und s.str.) 177
Fabales 177
Fabanae 177
Fabineae 177
Faboideae 177
Fagara horrida 66
Faidherbia 11, 187, 243, 245, 279, 346, 418
   albida (vide auch *Acacia albida*) 20, 245, 249, 250, 258, 289, 300, 382, 387, 391
Festuca glauca 300
Filicinae 245
Fillaeopsis 202
   discophora 202
Flemingia chappar 14
   paniculata 8, 14
   sootepensis 8
   strobilifera 14, 382

Gagnebina berneriana 416
   commersoniana 416
   myriophylla 416
   pervilleana 416
   pterocarpa 416
Galega officinalis 7
Genista 12
   anglica 7, 385
   pilosa 385
   scandens 397
   tinctoria 7, 385, 390
Gigasiphon 118
Gilbertiodendron 168
Gilletiodendron 141
   glandulosum 141
   mildbraedii 158
Ginkgo biloba 358, 363
Gleditschia 65
Gleditsia 43, *65*
   amorphoides 44, 65, 66
   aquatica 65
   australis 67, 71, 389

caspia (= *caspica*) 65, 66, 70
delavayi 67
fera 67, 71
ferox 44
heterophylla 66
japonica 26, 66, 143, 363
horrida 66
horrida ssp. *caspica* 66
horrida ssp. *delavayi* 66
horrida ssp. *horrida* 66
horrida ssp. *velutina* 66
macracantha 44, 67, 70
microphylla 66
officinalis 70
rolfei 67
sinensis 44, 66, 67, 70, 71, 389
triacanthos 7, 24, 44, 65, 67, 122, 183
xylocarpa 70
Gliricidia sepium 10, 12, 203, 383, 384
Glycine 39
canescens 37
clandestina 37
gracilis 32, 37
javanica 386
latifolia 37
max (= *Soja hispida*) 8, 10, 11, 22, 24, 32, 34, 37, 39, 387, 405
soja 32, 33, 34, 35, 36, 37, 39
soja × *Glycine max* 32
tabacina 37
tomentella 37
wightii 37, 386, 390
Glycosmis 233
Glycyrrhiza glabra 11, 14, 387, 390
glabra var. *glandulifera* 389
inflata 11, 14
lepidota 14
uralensis 11, 14, 389
Goldmania 202
platycarpa 202
Goniorrhachis *141*, 155
emarginata 165
marginata 141, 142, 165

Gossweilerodendron *142*, 143
balsamiferum 131, 142, 166
Grangea maderaspatana 140, 141
Griffonia 118, 119, 121, 122, *123*, 124
simplicifolia 123, 126
speciosa 6
Guibourtia 135, *143*, 155, 171
arnoldiana 129, 143
carrissoana 129, 143, 158
coleosperma 26, 129, 135, 142, 143, 144, 158, 163, 334
conjugata 129, 158
copallifera 129, 158
demeusei 129, 143, 158
ehie 129, 158
gossweileri 129
tessmannii 143, 382, 413
Guilandina (*Guilandina* L. = *Guilandinia* P.Br.) 43, 44, 48
bonduc 46, 52, 397, 398
bonducella 46, 52, 397, 398
crista 52, 398
gemina 398
nuga 46, 397
ovalifolia 398
paniculata 397
viridiflora 397
Gummiferae 244, 278, 297
Gymnocladus (männlich und weiblich gebraucht) 43, *68*, 305
burmanicus 44
canadensis 69
chinensis 44, 68, 307
dioicus 44, 68, 69, 122, 183

Haemadipsa sylvestris 201
Haematoxylum (auch *Haematoxylon*) 46, 50, *72*
brasiletto 72, 385, 408
campechianum 72, 385, 408
dinteri 72, 408
Hardwickia *145*, 158
binata 145, 167
pinnata 135, 148

Hedysarum coronarium 7
   obscurum 7
Heliothis virescens 199
Hemerocallis fulva 52
Hepaticae 166
Heterophyllum (subgen. nov.) 246, 297, 298
Heterostemon 168
Hoffmannseggia 50, *73*
   burchellii 46
   falcaria 4
   glauca 409
   intricata 73
   jamesii 46, 409
Hordeum vulgare 28, 329
Humboldtia 168, *169*
   laurifolia 169
Humularia 13
Hymenaea-Gruppe 127
Hymenaea 31, 129, 135, 136, 143, *145*, 147, 154, 155, 158, 387
   animifera 145
   aurea 162
   candolleana 145
   courbaril 81, 135, 145, 147, 154, 155, 159, 160, 161, 165, 413
   courbaril var. *altissima* 160
   courbaril var. *courbaril* 145, 160, 162
   courbaril var. *stilbocarpa* 146, 160, 161, 162
   courbaril var. *subsessilis* 160
   latifolia 162
   martiana 145, 159, 161
   oblongifolia 146, 160, 162
   oblongifolia var. *oblongifolia* 162
   parvifolia 146, 161, 162
   resinifera 145
   sellowiana 145
   stigonocarpa 146
   verrucosa 132, 159, 161, 162
Hymenolobium 387
Hymenoptera 5
Hymenostegia-Gruppe 127

Indigofera 11, 13, 14
   argentea 385
   arrecta 383, 384, 385, 386, 391
   articulata 387
   asparagoides 384
   asparagoides ssp. *asparagoides* 390
   astragalina 383
   atriceps 384
   conjugata 383
   emarginella 384
   garckeana 390
   gerardiana 385
   heteracantha 385
   indica 389
   kerstingii 383
   nigricans 383
   oblongifolia 387
   oubanguiensis 383
   pulchra 383
   setiflora 38
   simplicifolia 13
   spicata 383
   squalida 8
   suffruticosa 382, 383, 385, 387, 403
   tinctoria 8, 241, 382, 385, 389, 390
Indopiptadenia 210
   oudhensis 210
Inga 6, 187, *367*, 387, 403, 421, 422
   acrocephala 368
   acuminata 422
   alba 347, 368, 423
   bigemina 370
   bourgoni(i) 347
   brenesii 368, 369, 421, 423
   calderoni 423
   cauliflora 349, 373
   coclensis 423
   cookii 423
   coriacea 348
   coruscans 423
   densiflora 368, 369, 421, 423
   dulcis 379, 389
   edulis 367, 368

edulis var. *parviflora* 421
endlericheri 423
eriocarpa 423
fagifolia 347, 423
goldmanii 423
hayesii 423
heterophylla 348, 422
hintonii 423
huberi 368
ingoides 379
ismaelis 423
jinicuil 423
jiringa 370
lateriflora 368
latibracteata 423
laurina 348, 349, 367
leonis 423
leptingoides 368
longispica 368, 369, 421, 423
marginata 346, 348
mortoniana 368, 369, 421
mucuna 423
multijuga 423
nobilis 348
oerstediana 368, 369, 421, 423
paterno 367
pezizifera 368
pinetorum 423
portobellensis 423
punctata 368, 369, 421, 423
quaternata 368, 369, 421, 422
ruiziana 423
sapindoides 423
semialata 349
sertulifera 348
sierrae 368
spectabilis 423
spuria 423
stipularis 348, 368
thibaudiana 423
vera ssp. *spuria* 421
virgultosa 368
Ingeae 20, 187, 300, 346, 361, 418, 420
Inocarpus fagifer(us) 8, 9, 391, 392

Intsia 132, *146*, 158
 acuminata 14
 bijuga 9, 14, 132, 147, 148, 395
 palembanica 14, 148
Isoberlinia 168
 angolensis 170
 dalziellii 169
 doka 169, 383
 tomentosa 12, 169, 170

Jacksonia dilatata 385
Jacqueshuberia loretensis 387
Jonesia asoca (= asoka) 150, 151, 166
Julbernardia 168, *171*
 globiflora 163, 170, 171, 391
 paniculata 169, 170
 tomentosa 169
Juliflorae 276, 298

Kingiodendron *148*
 pinnatum 131, 135, 148
Koompassia excelsa 14
 grandiflora 14
 malaccensis 14
Kotachalia junodii 252
Kotschya aeschynomenoides 384
 africana 384
Kameria *176*, 177, 185
 argentea 178, 179
 cistoidea 178, 179
 cytisoides 178, 179, 180, 181, 183, 184, 185
 erecta 178, 179, 180, 181, 185
 grandiflora 179
 grayi 178, 179, 180, 413
 iluca 179
 interior 180, 186
 ixine (= K. ixina) 176, 178, 179, 180, 183, 185
 lanceolata 178, 179, 180, 185
 lappacea 11, 178, 179, 180, 181, 182
 parvifolia 181
 paucifolia 178, 181
 ramosissima 179, 181, 185

revoluta 179
secundiflora 178
sonorae 181
spartioides 178
tomentosa 178, 179
triandra 11, 176, 178, 179, 180, 181, 182, 183, 389
Krameriaceae 176, 177, 183, 184, 413
Kramerieae sensu Taubert 176

Labichea 79
Labicheinae 79, 117
Lablab (vide auch *Dolichos*)
  niger 390
  purpureus 14, 387, 390, 394, 395
  purpureus ssp. *uncinatus* 384
  vitiensis 394
  vulgaris 394
Laburnum alpinum 11
  anagyroides 11
Lagonychium 202
  farctum 215, 221
  stephanianum 221
Larrea nitida 78
Lasiobema 118
  japonicum 120
  retusum 120
Lathyrus 11, 14, 279
  jepsonii 14
  odoratus 24
  silvestris 7, 183
  vestitus 14
Leguminales 177
Leguminosae 177, 243
Lemuropisum edule 408
Lens 11
  culinaris 405
Lentinus edodes 193, 373
Leonardoxa 148
  africana 148, 166
Lepidoptera 5
Leptoderris brachyptera 383
Lespedeza cuneata 30
  parviflora 8

Leucaena 187, *202*, 207, 403
  esculenta 234
  glabrata 203, 415
  glauca 12, 189, 202, 204, 382, 389, 395
  leucocephala 8, 10, 12, 189, 202, 203, 204, 391, 395
  leucocephala ssp. *glabrata* 203
  pulverulenta 203, 403
  pulverulenta × *leucocephala* 203
  retusa 203
Librevillea klainei 168
Liparia 12
  sphaerica 6
Lithospermum officinale 126
  purpureo-caeruleum 123
Loesenera 168
Lonchocarpeae 1
Lonchocarpus 13
  capassa 387, 405
  laxiflorus 13, 383
  nicou 387
  sericeus 382, 383
Lophira alata 125, 126
Lophocarpinia aculeatifolia 409
Lophocebus 405
Loteae 43
Lotus 9, 11
  corniculatus 6, 7, 291
  humistratus 14
  peliorhynchus 6
  purshianus 14
  scoparius 14
  strigosus 14
Lupinus 7, 10, 11, 14, 30
  albifrons 14
  albus 29
  arboreus 14
  bogotensis 389
  caudatus 9, 12
  chamissonis 14
  cuzcensis 389
  formosus 9, 12
  microphyllus 390
  mutabilis 390

paniculatus 390
sericeus 9, 12
Lycopersicon esculentum 28
Lysiloma (auch als feminum verwendet) 346, *370*
  auritum 349
  bahamense 282, 370
  microphyllum 348
  schiedeanum 348
  thornberi 348
  watsonii 349
Lysiphyllum cunninghamii 385

Machaerium 403
  floribundum 387
  scleroxylum 12
Macrolobieae 413
Macrolobium 168, *171*
  acaciaefolium 387
  bifolium 171
  diphyllum 169
  macrophyllum 169
Macroptilium atropurpureum 39
Macrotyloma axillare 405
  uniflorum 14
Malpighiaceae 183
Maniltoa 127
  grandiflora 394
  schefferi 127
Mansonia altissima 194
Marasmius alliatus 152
Marcanthus cochinchinensis 19
Medicago 7, 29, 188
  hispida 390
  lupulina 390
  sativa 5, 6, 7, 9, 22, 24, 27, 28, 29, 30, 41, 387, 390, 405
Melanoxylon 73
  brauna 73, 81
Meliaceae 25
Melianthus comosus 242
Melilotus 7, 31
  albus 40, 387
  indicus 387
  officinalis 40

suaveolens 389
Menispermum dauricum 126
Mezoneuron 43, 48, 407
  andamanicum 45
  angolense 45
  benthamianum 45
  kavaiense (kauaiense) 8, 45, 388
  sumatranum 45
Michelsonia microphylla 168
Microberlinia 168
Millettia 13
  eetveldeana 383
  eriantha 391
  extensa 8
  ichthyochtona 389
  laurentii 383
  pachycarpa 8
  sanagana 13
  speciosa 389
  thonningii 383
  usaramensis 391
  versicolor 383
Millettieae 1, 21
Mimosa 187, *206*, 207, 403
  acanthocarpa 207, 235, 282
  aculeaticarpa 207, 282
  asperata 207, 235
  bahamensis 207
  biglobosa 191
  bimucronata 207
  busseana 207
  cabrera 208
  caesalpiniaefolia 207
  catechuoides 307
  dulcis 389
  farcta 221
  fera 389
  glauca 389
  hamata 207
  hemiendyta 207
  hostilis 208, 209, 236
  insignis 206
  intsia 330
  invisa 8, 207
  jiringa 370

lebbek 389
palmeri 207
peregrina 212
pigra 207, 384, 391
platyphylla 403
polydactyla 387
prainiana 189
pringlei 209
pudica 8, 14, 206, 207, 208, 382, 383, 384, 387, 389, 394, 404
pudica var. *hispida* 207
pudica var. *unijuga* 9
quadrivalvis 206
quadrivalvis var. *angustata* 228, 229
quadrivalvis var. *leptocarpa* 229
quadrivalvis var. *quadrivalvis* 229
rubicaulis 207, 208, 391
scabrella 208, 209, 403
somnians 208, 209
stephaniana 221
strigillosa 208
tenuefolia 208
tenuiflora 208, 209, 230
tenuifolia 209
torta 330
verrucosa 209
zimapanensis 209
Mimosaceae 9, 177
Mimoseae 187, 197, 230, 415
Mimosoideae 20, 177, 187, 188, 197, 204, 214, 219, 243, 415
Mimozygantheae 187, 196
Mimozyganthus 196
carinatus 196
Moghania chappar 14
phursia 14
strobilifera 14
Monopetalanthus 168
Mora 60, 73
excelsa 73
gongrijpii 73
megistosperma 73
oleosa 73
paraënsis 73

Moullava 20
spicata 408
Mucuna 7, 8, 18, 387, 403
aterrima 18, 19
capitata 18, 19
cochinchinensis 19
deeringiana 16, 18, 19
flagellipes 383
gigantea 395
hassjoo 19
pachylobia 19
pruriens 13, 391
pruriens ssp. *deeringiana* 19
pruriens ssp. *pruriens* 19
pruriens var. *pruriens* 18
pruriens var. *utilis* 18
sloanei 383
stans 384
utilis 18
Mundulea 13
sericea 189
Mycorrhiza, arbuscular 404
Myroxylon balsamum 11, 387

Neorautanenia 13
mitis 386
pseudopachyrhiza 26, 383, 386
Neptunia 209, 416
amplexicaulis 209
dimorphantha 209
gracilis 209
monosperma 385
natans 209, 391
oleracea 8, 209, 391
plena 209
prostrata 209
pubescens 209
Newtonia 209
buchananii 209
contorta 212
duparquetiana 209
hildebrandtii 209
paucijuga 209
Nicotiana 12
Niopa peregrina 212

Nissolia fruticosa 391
Nyctaginaceae 25

Ochnaceae 125
Oddoniodendron 168
Olneya tesota 14
Onobrychis sativa 7
  viciaefolia 7
Ononis 11
  natrix ssp. *hispanica* 18
  spinosa 183
Ormosia 387
Ornithopus sativus 7
Orphanodendron 20
Ostryoderris stuhlmannii 383
Ougeinia oojeinensis 14
Oxystigma 143, *149*, 165
  buchholzii 158
  mannii 149
  oxyphyllum 149, 158
Oxytropis 9
  sericea 12

Pachyelasma 13
  tessmannii 46
Pachyrhizus erosus 8, 9, 389
  trilobus 396
  tuberosus 9, 387
Papilionaceae 177
Papilionoideae 5, 20, 106, 183, 188, 232
Papio cynocephalus 253
Paradaniellia 11
Paramacrolobium 171
  coeruleum 168, 171, 172
Parapiptadenia 210
  excelsa 212
  rigida 212
Paraserianthes 187, *352*
  falcataria 14, 203, 352
  lophantha 352
  lophantha ssp. *montana* 352
  pullenii 14
Parkia 7, 13, *191*, 201, 387, 416
  bicolor 5, 191

  biglandulosa 189, 193
  biglobosa 7, 191, 194, 391
  clappertoniana 7, 191
  filicoidea 191, 193
  gigantocarpa 193
  intermedia 193
  javanica 191, 193
  nitida 193
  pendula 191
  roxburghii 193
  speciosa 191, 193, 391
Parkieae 187, 191, 192, 415
Parkinsonia 57, *74*
  aculeata 12, 43, 46, 74, 391, 407, 408, 409
  africana 46
  raimondoi 408
  scioana 408
Parochetus communis 390
Parthenium hysterophorus 106
Pearsonia metallifera 38
Pellegriniodendron diphyllum 168, 169
Peltogyne *149*, 155
  catingae 149
  confertiflora 142, 150
  floribunda 26, 142, 149
  paniculata 150
  paniculata ssp. *pubescens* 149
  porphyrocardia 26, 149
  pubescens 26, 142, 149
  recifensis 150
  venosa 26, 142, 149
Peltophorum 43, *74*
  adnatum 76
  africanum 44, 47, 49, 74, 75, 387
  brasiliense 385
  dasyrrhachis var. *dasyrrhachis* 76
  dasyrrhachis var. *tonkinensis* 76
  dubium 44, 76, 408
  ferrugineum 44, 76
  inerme 44, 76
  linnaei 44
  pterocarpum 44, 46, 74, 76
Pentaclethra 13, 187, *193*, 201
  eetveldeana 193, 382

macroloba 194, 387
macrophylla 12, 193, 194, 382, 383
Pericopsis laxiflora 13
  mooniana 14
Petalostemon pinnatum 7
Petalostyles 117
Petalostylis 79, *117*
  labicheoides 77, 117
  labicheoides var. *cassioides* 117
Phanera-Gruppe 118
Phanera 118
  purpurea 120
  retusa 120
  vahlii 121
  variegata 121
Phaseolus (vide auch *Vigna*) 9, 14
  aureus 52
  caracalla 7
  coccineus 28, 32, 40
  lunatus 8, 31, 405
  multiflorus 7
  vulgaris 7, 8, 15, 22, 24, 28, 32, 39, 40, 405
Phyllachora 405
Phyllachoraceae 405
Phyllodineae 244, 277, 297, 298
Phyllodineae-Brunioideae 276
Phyllodineae-Juliflorae 276
Phyllodineae-Uninerves-Racemosae 276
Physostigma 26
  venenosum 13, 29, 383
Phytophthora cinnamomi 324
Piliostigma-Gruppe 118
Piliostigma 118, 119
  malabaricum 120
  racemosum 120
  reticulatum 120, 391
  thonningii 120, 383, 391, 412
Piptadenia (vgl. auch *Anadenanthera*) 198, 209, *210*, 213
  africana 211, 214
  cebil 211
  colubrina 211, 236
  contorta 211
  excelsa 211
  falcata 211
  gonoacantha 403
  leptostachya 211
  macrocarpa 26, 211, 214, 232, 237
  moniliformis 211
  novo-guineensis 27
  paniculata 211
  paraguayensis 211
  peregrina 210, 211, 212, 214, 237
  platycarpa 202
  rigida 212
  suaveolens 387
  viridiflora 212
Piptadeniastrum 13, 210
  africanum 12, 210, 212, 214, 383
Piscidia piscipula 384
Pisum 11
  sativum 6, 7, 28, 29, 32, 37, 390
Pithecellobium sect. *Clypearia* 187
Pithecellobium (auch *Pithecolobium*; vide auch bei *Archidendron* und *Samanea*) 187, 346, *370*, 403
  acatlense 348
  arboreum 349, 370, 371
  auaremotemo 348, 349
  bigeminum 370, 371, 372
  cauliflorum 349, 373
  cochliocarpum 349
  confine 391
  cubense 370, 371
  dulce 8, 348, 370, 371, 389, 421
  excelsum 348
  filicifolium 348
  jiringa 370, 371
  latifolium 348
  lobatum 370, 371, 372
  lucyi 27
  multiflorum 26, 376
  nicobaricum 371
  quocense 371
  saman 346, 348, 370, 373, 390, 395
  splendens 359
  unguis-cati 348, 370, 373

Plathymenia 214
 foliolosa 214, 215
 reticulata 214, 215
Platymiscium 387
Platytheca verticillata 183
Poeppigia procera 387
Poinciana (vide auch *Caesalpinia* und *Delonix*) 48
 elata 409
Polyalthia longifolia 150
Polygala 183
Polygalaceae 177, 183
Polygalales 177, 183
Polystemonanthus dinklagei 168
Pongamia glabra 382, 395
 pinnata 9, 14, 382, 395
Poponax 291
 tortuosa 292
Priestleya villosa 6
Prioria 150
 copaifera 150
Prosopidastrum 215
 globosum 215, 225, 227
Prosopis 11, 12, 13, 107, 187, 202, 215, 218
 abbreviata 215
 affinis 222, 381
 africana 13, 194, 215, 216, 383, 391
 alba 216, 217, 222, 224, 225, 227, 381
 alba var. *panta* 222
 algarobilla 222
 alpataco 222, 381
 argentina 215, 222, 224, 225, 226, 227, 381
 articulata 219, 220, 221, 222
 burkartii 215, 228
 caldenia 216, 222, 226, 227, 381
 calingastana 381
 castellanosii 381
 chilensis 219, 222, 224, 226, 227, 228, 381, 387
 cineraria 215, 216, 217, 221, 223, 225, 387
 denudans 381
 elata 381
 farcta 215, 216, 221, 228
 ferox 215, 216, 222, 381
 fiebrigii 222
 flexuosa 223, 226, 227, 381
 glandulosa 25, 216, 218, 219, 223, 226, 228
 glandulosa var. *glandulosa* 219, 220, 221
 glandulosa var. *torreyana* 14, 219, 220, 221
 hassleri 223, 226, 227, 381
 humilis 223, 381
 insularum ssp. *novo-guineensis* 27
 juliflora 14, 216, 217, 218, 219, 220, 223, 226, 227, 228, 232, 391, 403
 juliflora var. *glandulosa* 219
 juliflora var. *juliflora* 219
 juliflora var. *torreyana* 14, 219
 juliflora var. *velutina* 219
 koelziana 215, 223
 kuntzei 216, 217, 223, 227, 232, 381
 laevigata 219, 220, 223
 nigra 216, 217, 223, 226, 227, 381
 pallida 223, 228, 241
 palmeri 215, 216, 224
 panta 222
 pubescens 215, 216, 224
 pugionata 217, 223
 reptans 215, 225, 381
 reptans var. *cinerascens* 216, 223, 225
 reptans var. *reptans* 216, 223
 ruizlealii 224, 225, 381
 ruscifolia 217, 224, 227, 228, 381
 sericantha 224, 227, 228, 381
 spicigera 215, 216, 217, 221, 225
 stephaniana 221
 strombulifera 215, 224, 227, 228, 381
 tamarugo 215, 216, 228
 torquata 215, 216, 224, 227, 381

velutina 219, 220, 221, 223, 224
vinalillo 217, 224, 227
Protasparagus capensis 309
Pseudarthria hookeri 383
Pseudomacrolobium 13
  mengei 168
Pseudomyrmex belti 337
Pseudopiptadenia 210
  contorta 212
  leptostachya 212
Pseudoprosopis 228
  claessensii 228
  fischeri 228
Pseudosamanea guachapele 348
Psophocarpus tetragonolobus 8, 391
Psoralea bituminosa 17
  corylifolia 14, 17, 387, 389
  glandulosa 390
  macrostachya 14
  mexicana 390
  orbicularis 14
  pubescens 390
Psorothamnus emoryi 18
Psychotria 395
Pterocarpus 11, 13, 14
  amazonum 387
  angolensis 405
  cambodianus 389
  dalbergioides 14
  erinaceus 383, 391
  indicus 14, 385
  lucens 391
  rufescens 387
  santalinoides 383
  santalinus 11, 385, 390
  soyauxii 382, 383
Pterogyne 76
  nitens 75, 76
Pterolobium 76
  hexapetalum 76
  macropterum 8
  micranthum 46
  microphyllum 46
  stellatum 46, 407, 408
Pueraria lobata 8, 9, 14, 396

lobata var. *thomsonii* 389
  phaseoloides 8
  ringens 8
  thomsonii 389
  triloba 396
Pulchellae 244, 298

Racosperma 248, 418
Raphanus sativus 28
Retama raetam 11
Rhizobiaceae 10, 404
Rhizobium fredii 39
  meliloti 9, 40
Rhododendron arboreum 150
Rhynchosia albiflora 386
  goetzei 386
  grevei 382
  hirta 386, 391
  monobotrya 386
  nyasica 383, 384
Ribes nigrum 166
Robinia × *ambigua* 7
  pseudo-acacia 5, 6, 7, 22, 26, 390
  villosa 7
Robinieae 1
Ruschia maccowanii 309

Samanea (vide auch bei *Pithecellobium*) 187, 370
  dinklagei 354
  saman 8, 12, 189, 346, 348, 370, 373, 395, 404
Saraca 150, 158
  asoca (= *asoka*) 132, 150, 151, 166
  declinata 8, 132, 150
  dives 150
  indica 8, 14, 132, 150, 151, 391
  indica var. *zollingeriana* 150
  minor 132, 150
  schmidiana 150
  thaipingensis 150
  zollingeriana 150
Sarothamnus scoparius 7, 11, 385, 390
Scapania nemorosa 166

Schistosoma 230, 257
Schizolobium 43
  amazonicum 387
  parahyba (sic) 44, 387, 409
Schleinitzia novo-guineensis 27
Schotia 151
  afra 152
  brachypetala 6, 151, 152, 387
  capitata 152
  latifolia 152
Schrankia 206, *228*
  argentinensis 229
  chapmanii 228
  leptocarpa 229
  quadrivalvis 229
  uncinata 229
Schrankiastrum 206
  insigne 206
Sclerolobium meliononii 387
  rigidum 387
Scorodophloeus 152
  zenkeri 152
Securigera varia 18
Senegalia 248, 418
Senna (vide auch *Cassia* s.l.) 4, 11, *84*, 404, 405
  acutifolia 89, 91
  alata 9, 92, 384, 391, 392
  alexandrina 18, 89, 91, 387
  alexandrina var. *alexandrina* 91
  alexandrina var. *obtusata* 91
  angustifolia 89, 91
  appendiculata 92
  auriculata 92
  australis 92
  bacillaris 412
  bicapsularis 100
  biflora 92
  corymbosa 93
  didymobotrya 93
  gaudichiana 388
  grandis 384
  hebecarpa 84
  hirsuta 97
  hirsuta var. *pudibunda* 101
  holosericea 387
  italica 97, 387
  jahnii 98
  lindheimeriana 98
  longiracemosa 98
  macranthera 98, 104, 412
  macranthera var. *pudibunda* 101
  marilandica 84, 88, 99
  multiglandulosa 99
  multijuga 99, 411
  obtusifolia 85, 88, 100, 102
  occidentalis 9, 100, 384, 387, 392
  officinalis 89, 91
  pendula var. *glabrata* 92
  petersiana 101
  podocarpa 101
  prostrata 102
  quinquangulata 102
  reticulata 102, 403
  rogeoni 102
  rugosa 103
  septemtrionalis 103, 390
  siamea 85, 103
  silvestris 411
  singueana 104
  sophera 104, 105
  spectabilis 104
  surattensis 105
  tora 105, 387
  trachypus 106
  uniflora 106
Serianthes dilmyi 348
  grandiflora 348
  myriadenia 395
  vitiensis 395
Sesbania (= *Sesban* = *Sesbana*) 8, 10, 13
  aegyptica 389
  cannabina 39
  grandiflora 203, 375, 376, 389
  mossambicensis 6
  sesban 14, 30, 241, 389, 391
  sesban var. *nubica* 384
  tomentosa 8, 388
Sesbanieae 1

Shorea robusta 150
Shuteria vestita 8
Sindora 152
  beccariana 14
  bruggemanii 14
  coriacea 14
  echinocalyx 14
  galedupa 14
  inermis 14
  irpicina 14
  javanica 14
  leiocarpa 14
  siamensis 14
  sumatrana 14, 152, 153, 167
  supa 14
  velutina 14
  wallichii 14
Sindoropsis le-testui 128, 158
Sinomenium acutum 126
Smithia elliotii 390
Soja (vide auch *Glycine*) *hispida* 40
Sophora 13
  affinis 4
  chrysophylla 4, 8
  chrysophylla ssp. *chrysophylla* 388
  circularis 388
  davidii 4
  flavescens 4, 14, 389
  glabrata 388
  japonica 4, 7, 14, 389
  macrocarpa 4
  microhylla 4
  secundiflora 4
  tomentosa 4, 9, 395, 403
  unifoliolata 388
Sophoreae 4
Spartina townsendii 28
Spartium junceum 11, 385, 387, 390
Spatholobus parviflorus 8
Sphenostylis marginata ssp. *erecta* 13
Spodoptera littoralis 136
Stachyothyrsus staudtii 46
Stahlia monosperma 409
Stenodrepanum bergei 409
Stenolobium velutinum 26

Stenoma assignata 137, 138, 164
Stigmatula 405
Stizolobium (vide auch *Mucuna*)
  hassjoo 18
  utile 19
Storckiella vitiensis 395
Strelitzia reginae 335
Streptanthus polygaloides 38
Streptomyces collinus 282
Strongylodon macroborys 12
  ruber 388
Stryphnodendron 229
  adstringens (Mart.) Coville =
  S. barbadetimam (Vell.)
  Mart. = *S. barbatimam* Mart. 229
  barbadetimam 229
  barbatimam 229
  coriaceum 229
  guianense 229
  pulcherrimum 229
Stuhlmannia 20, 408
  moavi 408
Stylosanthes 13
  erecta 384
Suaeda monoica 28
Sutherlandia frutescens 6
Swainsona 9
  canescens 12
  galegifolia 12
  greyana 12
  luteola 12
  procumbens 12
  swainsonioides 12
Swartzia 13
  laevicarpa 387
  madagascariensis 12, 30, 241, 383
  polyphylla 387
  simplex 30, 241, 387
Swartzieae 4
Swartzioideae 4, 177

Tachigali 387
Tachigalia 77, 387
  myrmecophila 77
  paniculata 77

Tamarindus 168, *172*
  indica 8, 9, 12, 80, 168, 169, 172, 382, 383, 384, 385, 387, 389, 391, 413
Taralea oppositifolia 387
Tephrosia 13, 14
  abbottiae 17
  apollinea 387
  bracteolata 384
  candida 383
  incana 241
  linearis 384
  nana 384
  noctiflora 382
  oblongata 385
  paniculata 384
  piscatoria 8, 9
  purpurea 8, 9, 388, 391, 392
  sinapou 387
  toxicaria 387
  vogelii 13, 382, 384, 386, 390
Tephrosieae 1, 21
Teramnus labialis 14, 382, 391
Tessmannia africana 129, 158
  anomala 129, 158
  claessensii 129
  dewildemaniana 129
  lescrauwaetii 129, 158
  parvifolia 129
  yangambiensis 129, 158
Tetraberlinia 168, *174*
  bifoliolata 174
Tetrapleura 13, *229*
  tetraptera 13, 30, 229, 230, 241, 383
Thalictrum 126
Theodora brachypetala 6
Thermopsis macrophylla 14
  montana 12, 30
Thylacanthus 168
Trachylobium 129, 143, 147, *152*, 154, 155, 158, 165, 171
  hornemannianum 132, 159
  martianum 159
  mossambicense 159
  verrucosum 127, 129, 136, 145, 146, 152, 154, 155, 157, 158, 159
Trema orientalis 150
Tremandraceae 183
Triaenodendron caspicum 70
Trichosanthes anguina 25
Trifolium 9, 11, 14
  alexandrinum 14
  amabile 390
  arvense 387
  concinnum 390
  hybridum 390
  incarnatum 5, 7
  macrorrhizum 390
  mathewsii 390
  medium 7
  pallescens 38
  peruvianum 390
  pratense 5, 6, 7, 28, 40, 387
  repens 5, 6, 7, 28, 29, 291, 387
  repens f. *lodigense* 7
  simense 385
  subterraneum 10
  usambarense 385
Trigonella 11
  foenum-graecum 11, 387, 405
Triticum 403
  vulgare 28
Tylosema 118
  esculentum 119
  fassoglense 384, 412

Ulex europaea 7
  minor 7
Umtiza 157
  listerana 157
Uraria cordifolia 8
  lagopodioides 9, 391, 395
  picta 384, 391
  xylopyra 391
Urena lobata 395

Vatairea guianensis 387
Vicia 11, 14
  americana 14

amphicarpa 18
angustifolia 18, 405
angustifolia spp. *angustifolia* 19
angustifolia ssp. *segetalis* 19
cordata 18, 19
faba 5, 6, 7, 28
grandiflora 19
hirsuta 28
sativa 7, 28
sativa ssp. *amphicarpa* 18
sativa convar. *consentini* 19
sativa ssp. *cordata* 18
sativa ssp. *macrocarpa* 18
sativa ssp. *nigra* 17, 18
sativa convar. *sativa* 19
sativa ssp. *sativa* 18
Vigna (vide auch *Phaseolus*) 8, 39
  aconitifolia 14
  adenanthera 391
  angularis 405
  catjang 389
  cylindriaca 389
  lutea 394, 395
  marina 9, 392, 394, 395
  mungo 14, 32
  paucifolia 385
  radiata 14, 52
  sinensis 32, 383
  subterranea 383
  unguiculata 39, 385, 391
  vexillata 386
Virola elongata 330
Vitex trifolia 394
Voandzeia subterranea 383, 384
Vouacapoua 77
  americana 76, 77

macropetala 77
Vulgares 245

Wagatea 20, 77
  spicata 46, 77, 408
Wisteria floribunda 22, 28
  sinensis 26

Xanthocercis zambesiaca 387
Xanthophyllum vitellinum 183
Xylia 201, *232*
  dolabriformis 232
  kerrii 232
  torreana 232
  xylocarpa 8, 232
Xylocopa 7

Zapoteca 421, 422
  caracasana 420, 423
  formosa 420, 423
  lambertiana 420, 423
  media 420, 423
  mollis 420, 423
  portoricensis 420, 423
  tetragona 420, 423
Zea mays 28
Zollernia paraënsis 81
Zornia 14
  diphylla 386
  glochidiata 384
  pratensis 386
Zuccagnia 77, 408
  punctata 17, 77, 321, 409
Zygia 373
  cauliflora 348, 349, 373
  latifolia 349

E II. Stichwortverzeichnis
(SUBJECT INDEX)

Das Stichwortverzeichnis ist weniger ausführlich als der taxonomische Index. Es enthält Stoffnamen (nicht lückenlos) und Stichworte. Volksnamen und Namen von pflanzlichen Drogen wurden nur ausnahmsweise aufgenommen. Wer sich für eine bestimmte Species interessiert, wird mit Hilfe des Pflanzennamenregisters auf derartige Angaben stoßen, wenn sie im vorliegenden Werk aufgenommen sind.

Hinsichtlich der einzelnen Inhaltsstoffe und Verbindungsklassen ergibt sich manches aus der Stoffgliederung. Wer sich für Fettsäuren interessiert, wird in erster Linie Kapitel B I.4 in Bd. XI a und die Stichworte *Fettsäuren, Fette Öle* und *Samenöle* in den Stichwortregistern der drei Leguminosenbänden (XI b-2 steht noch aus) zu Rate ziehen.

Auch chemische Einzelstoffe und Verbindungstypen können sehr verschieden bezeichnet werden. Im Stichwortverzeichnis wurden vorzüglich Trivialnamen (z. B. Rutin) und die in den besprochenen Texten verwendeten Bezeichnungen, z. B. 2-Methyl-2,3,4-trihydroxybuttersäure, aufgenommen.

Für Bezeichnungen von Cycliten vide Bd. X, 464–466 und Bd. XI a, 184.

Für Bezeichnungen von Proanthocyanidinen und Leucoanthocyanidinen vgl. Bd. XI a, 244–245 sowie in diesem Band S. 25.

Kursiv gedruckte Seitenzahlen verweisen nach Abbildungen (i.e. bei Stoffnamen nach Formelbildern).

Die Umlaute Ä, Ö und Ü werden Römpps Chemie-Lexikon, 8. Aufl. 1979, folgend, wie Ae, Oe und Ue alphabetisiert. Wie im erwähnten Werk wird auch Äth... (z. B. Äthanol, Äther, Ätherische Öle) durch Eth... ersetzt.

Gewisse Wörter mit K (z. B. Krypto..., Pikro...) und Z (z. B. Zellulose, Zitronensäure) sollten auch bei C gesucht werden und vice versa.

Drogen, Produkte, Handelsbezeichnungen und nichtdeutsche Volksnamen wurden in Kapitälchen gesetzt.

Nichtdeutsche oder verdeutschte Termini stehen zwischen Gänsefüßchen, z. B. „Aculei".

Abietane *130*, 131
Abkürzungen 3
Abronisoflavon 26, *27*
Acacia-Alkaloide 283
Acacia-Gummis als Nahrung von Affen und Halbaffen 253
Acacia-Gummis als Nahrung von Beuteltieren 309
Acaciaholz-Flavonoide und -Flavanoide 265–276
Acaciaholz-Flavonoide und -Flavanoide; Pyrogallol-Typus Substitution 262, *264*, 276
Acaciaholz-Flavonoide und -Flavanoide; Resorcinol-Typus Substitution 262, *264*, 276
Acaciaholz-Leucoanthocyanidine, Hydroxylierungsmuster 265–276
Acaciaholz-Phenole, systematische Bedeutung 276
Acacia-Klassifikationen 243–248
Acacialactam *304*, 307
Acaciapollen-Allergie 338
Acaciasäure 299, 303, 305, 308, 313, 339, 354, 357, 358, 360, 373, 377
Acaciasäureester 339
Acaciasäurelacton 307, 339, 356, 357, 373
Acaciasäure-28 → 21-lacton 303, 308, 360
Acaciasäure-3-tetraosid 354
Acaciasid 303
Acaciasid-A 303
Acaciasid-B 303
Acacidiol 308
Acacigenin-B *304*, 308, 339, 356
Acacinin-A, -B, -C, -D, -E 308
Acacininsäure 313; vide ferner Acacisasäure
Acacinsäure 354; vide ferner Acaciasäure
Acaciol 313
Acacipetalin 289, 290, *299*, 328
Acamelin 317

β-Acetaminoalanin vide β-Acetylaminoalanin
5-Acetonyl-7-hydroxy-2-methylchromon 99, 103
Acetophenon 410
Acetophenonderivate 102
7-Acetoxy-9,10-dimethyl-1,5-octacosanolid *96*
3-Acetoxyfettsäuren 179
7-Acetoxyhardwickiasäure *130*, 131, 136
3-Acetoxykaurensäure 154, *155*
3-Acetoxynorerythrosuamid *62*
3-Acetoxynorerythrosuamin *62*
3-Acetoxytrachylobansäure 154, *155*
β-Acetylaminoalanin (= β-Acetaminoalanin) 312, 349, 353
2-Acetylamino-2-desoxyglucose 355
4-Acetylaminopipecolinsäure 360, 377
trans-4-Acetylaminopipecolinsäure *361*, 362, 423
Acetylbetulinsäure 104
β-Acetyl-α,β-diaminopropionsäure 228, 229, 277
N-Acetyldjenkolsäure 191, *192*, 194, 196, 199, 202, 204, *205*, 209, 215, 229, 278, 281, 282, *284*, 346, 418, 419, 421
N-Acetyldjenkolsäuresulfoxid 277
Acetylenfettsäuren 132, 171, *172*
Acetylenverbindungen *94*, 95, *172*
N-Acetylethylendiamin 229
N-Acetylglucosamin 201, 230, 355, 358, 371, 375
N-Acetylhistamin 374
Acetylnaphthole 105
3-Acetylnorcassaidid 61
3-Acetylnorcassaidin 61
Acetyloleanolaldehyd 169, 223
O-Acetylserin 204, *205*
Acetylsitosterin 329
N-Acetyltryptamin 217

„Aculei" 246
ÄGYPTISCHE SENNA 89
AFRICAN GREENHEART 198
AFRICAN OIL BEAN 194
AFRIKANISCHE SENNA 89
Afzelechin *264*, 306
(+)-Afzelechin 315
Afzelin 100, 132, 421
Agathendisäure 136
Agathisflavon 121
(−)-Agathissäure 136
Agatholsäure *130*, 131, 136
Agbanindiol-A und -B 143
Agbaninol 143
AGI's der Leguminosen 30
„Aiguillons" 246
Alanin 317, 320
Alaternin-1-glucosid 100
Alatinon 110
Albigenin 354, 357
Albigeninsäure 354, 357
Albitocin 356
ALBIZIAE CORTEX 356
ALBIZIAE FLOS 356
Albizia-Gummis 346
Albizia-C-S-Lyase 350
Albiziasaponin-A, -B, -C 357
Albiziin vide Albiz(z)iin
Albiziosis 359
Albizziagenin 354, 357
Albizziaprenole 359
Albiz(z)iin 81, 188, 204, *205*, 207, 277, 278, 279, 280, 281, 282, *284*, 285, 312, 346, 349, 350, 353, *361*, 374, 418, 419
Albizzin-A 358
Albizziosid-A, -B, -C 358, *363*
Alchinon 410
Aldobiouronsäure D 1 307
Aldobiouronsäuren 313, 327, 359, 417
ALEXANDRINER SENNA 89, 91
Alexin 29
„Alkaloidal Glykosidase Inhibitors" vide AGI's

Alkaloide 12, 21, 27–29, *55*, 58, 62, *75*, 86, *107, 133,* 138, *213*, 216, *218*, 283, 289, *304*, 361, *362*
Alkaloidische Glykosidase-Inhibitoren (= AGI's) 29; vide ferner AGI's
Alkane 300
Allantoin 39, 357
Allantoinsäure 39, 357
Allelopathie 15, 30, 60, 110, 224, 241, 309, 317, 404
Allergene Holzinhaltstoffe 12, 233
Allergene Stoffe 143
Allergiepflanzen 317; vide ferner Hautreizende Pflanzen
Alloaromadendren 328
Aloe-emodin 88, 89, 90, 92, 93, 97, 98, 100, 101, 106, 114, 116, 410
Aloe-emodinanthron-8-glucosid 90
Aloe-emodindianthron-8,8'-bisglucosid 410
Aloe-emodin-8-glucosid 410
„Alquinone" 410
AMBERS 128, 159, 301
Ameisen-Acacien 293
Ameisenbrötchen 293
Amide 41, *62*, 63, 93, 285, 288, *304*, 328
Amide, schwefelhaltige *231*, 233
Amine, biogene 27–29, 188, 216, 283, 286–288, 289, 305
Amino-N, Assimilation von organischem 404
2-Amino-4-acetylaminobuttersäure 279, 280, 281, *284*, 285, 301, 418, 419
α-Amino-β-acetylaminopropionsäure 278, 279
2-Amino-3-acetylaminopropionsäure 280, *284*, 418, 419
*t*RNA-Aminoacyltransferase 53
α(= 2)-Aminoadipinsäure 70, 207
β-Aminoalanin 279, 282, *361*, 374
γ(= 4)-Aminobuttersäure 59, 87, 204, 282
3-(1'-Amino-1'-carboxymethyl)-5-carboxy-2-pyrrolidon *192,* 194

Amino-ethanolamid der Zimtsäure 63
2-Amino-4-oxalylaminobutter-
   säure 278, 280, *284*, 285, 418
α-Amino-β-oxalylaminopropionsäure 279
2-Amino-3-oxalylaminopropion-
   säure 278, 280, *284*, 418, 419
2-Amino-6 N-oxalylureidopropion-
   säure 280
Aminosäuremuster von Acaciasa-
   men 278–280, *284*
Aminosäuren, freie und nichtproteinogene 43, 52, *55, 69, 86,
   133*, 169, 170, *192*, 197, 216, *204*–
   206, 231, 277, *284*–*285*, 346, 347,
   351, 353, *361*, 407, 418
Aminosäuren, nichtproteinogene
   vide auch bei Iminosäuren und
   Pipecolinsäuren
Aminosäuren, schwefelhaltige 191,
   192, 196, *204*–*205, 284*–*285, 361*
Aminosäureprofile bei *Acacia* 283
Ammoniak *361*, 404
Ampelopsin 47, 148, 198
Amyloid 42, 141, 173
α-Amyrin 97, 98, 101, 200, 201,
   317, 329, 357, 410
β-Amyrin 58, 98, 101, 102, 147,
   200, 208, 313, 314, 327, 329, 355,
   357, 372, 373, 409, 410
β-Amyrinpalmitat 98
Anagyrin 11
Anantin *133*, 138
Anatomische Merkmale 381
Androstenolon 67, 71
Androsteron 71
Anemogamie 5, 7
ANGICO 210, 214
Anhydrobarakol-Hydrochlorid 103
Anhydrophlegmacin 99
Anthocyane 25, 26
Anthocyanidine 320
Anthrachinonderivate, Auswaschung
   durch Regen aus Blättchen 92

Anthrachinone 73, 87, 88, 95, *96,*
   97–106, 138, 164, *302*, 303, 314, 410
Anthrachinonstoffwechsel 89
Anthranole 89, *96*
Anthrone 87, 89, *96*, 98
Anthrongentiobioside 90
Anthronglucoside 90
Anticopalsäure *130*, 131, 140, 149
Antivitamin B_6 *363*
Apigeniflavan 25
Apigenin 50, 89, 93, 97, 103, 116,
   138, 169, 220, 301, 313, 317
Apigenin-6,8-bis-C-β-glucopyranosid
   333
Apigeninderivate 98
Apigenin-di-C-glykoside 80, 222
Apigenin-7,4'-dimethylether 313
Apigenin-C-glucosid 256
Apigenin-7-glucosid 97, 167
Apiitol 183, 185
Apuleidin *82*
Apulein *82*
Apuleirin *82*
Apuleisin *82*
Apuleitrin *82*
Aquilegiolid 126
Arabinogalaktanproteine 417
6-Arabinosyl-8-glucosyl-di-C-apige-
   nin 223
6-Arabinosyloxy-4'-methoxyfla-
   von 105
Arachinsäure 201, 226, 412
ARBOLITO 113
Arbutin 17
Arginin 70, 87, 320
L-Arginin 281
ARIDAN 230
Aridanin 230, *231*, 242
Aridanin-4'-galaktosid 230, *231*
Aridanin-4'-glucosid 230, *231*
Aridanin-6'-glucosid 242
Arillus 143
Arillusöle 132, 136, 309
Aromadendrin 311
4-Arylcatechine 47, *49*

4-Arylchromane 48, *51*
4-Arylfisetinidole *49*
4-Arylflavan-3-ole 48, *49*
Arzneidrogen vide Drogen
Arzneipflanzen-Literatur 8—14, 382—401; vide ferner Medizinalpflanzen und Drogen
Ascorbinsäure 139, 250, 410
ASHOKA 166
ASOKA 166
ASOKA ARISHTA 150
ASOKA-RINDE 150, 151
ASOKA-RINDE, Verfälschungen 167
Asparagin 58, 59, 204
Asparaginsäure 87, 204, 320
Assimilation von Luftstickstoff vide Stickstoff-Fixation
Astilben 145
Astragalin 100, 120, 325
Astringin *144*
Aurantiamidacetat 93
Auricassidin 92, 111
(—)-Auriculacacidin 92, 111
Auriculosid *302*, 303
Aurone (und Dihydroaurone) 154, *156—157, 302—303*, 321, 421
AUSTRALIAN BLACKWOOD 317
Δ^5-Avenasterin 226
Δ^7-Avenasterin 226
Axillarin 102
Ayanin 81, *82*
Azaleatin 17
Azetidin-2-carbonsäure 43—47, 52, *55*, 58, 59
Azralidol 113
Azralidosid *96*, 100

Babul-Rinde 323
Baicalein 323
Baikiain 43, 45, 46, *133*, 171
Balsame 128, 131, 132, 138, 145, 148, 149, 152, 159, 169, 404
Balame, Verwendung durch Affen zur Bekämpfung von Ectoparasiten 145

Bandeiraea simplicifolia-Lectin 110
Barakol 103
Barbaloin 93
BASTARD MOPANE 143
Bauhinilid 119, *124*, 125
Bauhinin 119, *124*, 125
Bausplendin *124*, 125
Behensäure 201, 226, 357, 371, 412
BELTIAN BODIES 293
Beltische Körperchen 293
Benthamianin *82*
Benz-2-methylchromone *96*
Benzoesäure *124*, 125
Benzylacetat 357
Benzylalkohol 340
Benzylbenzoat 357
2-Benzylcumaranon *302*, 303
2-Benzyl-2-hydroxy-cumaran-3-on-Derivate 154, *156*, 157
3-Benzylidenchroman-4-on-Derivat 50, *51*
Bergenin 53, 74, 76, 77, 151
Bernsteinsäure 100
Bestäubungsbiologie(ökologie) 5, 111 (*Cassia*), 179 (*Krameria*), 191 (*Parkia*), 368 (*Inga*)
Betain 9, 28, *29*, 101
Betaine *29*, 40
Betulin 102, 103, 314, 317, 327, 329
Betulinsäure 53, 73, 93, 98, 103, 121, 200, 364, 410
Betulinsäure-3-maltosid 314
Bianthrachinone 103
2,2'-Bianthrachinone 104
4,4'-Bianthrachinone 103
Bianthrone 90
Bibel-Pflanzen 11
Bibenzopyranon *157*
N_1,N_8-Bibenzoylspermidin 103, *107*
Bibenzyle 97
4,4'-Bichrysophanol 115
Bienenpflanzen 5, 303, 339
Biflavan-3-ole vom Biphenyltypus 219

Biflavonoide 121
Bileucofisetinidin mit Dioxanbindung 316
Bilharziose 230
Biochanin-A 359
Biogene Amine vide Amine, biogene
Biphenyle *50–51*
Biphenyllactone *157, 302*–303, 311, *417*
5,7'-Biphyscion 93, 103
5,7'-Biphyscion-8-glucosid 412
β-Bisabolen 135, 136
Bisabolene 145
6,7-Bisdemethylprosogerin-C 221
Bisdesmoside 208, 233
Bisdesmosidische Saponine 31
Bis-Fisetinidole 74
BLACK WATTLE 255, 334
Blätteraldehyd 22
Blätteralkohol 22
Blattgeruch-Komponenten 22, *23*
Blattwachs 300
Blausäure vide Cyanogenese und Cyanogene Verbindungen
Blutungssaft 380
Bodenverbesserung vide Gründüngung
BOERBOON 152
Boketonosid 67
Bonducellin 48, 50, *51*
Bonducin 52
Borax-Test 79
Borneol 121
β-Bourbonen 145
Brakteolen 413
Brasilein 72
Brasilienholz 48
Brasilin 48, 50, *51*, 55, 72
Brasilinbiosynthese 48
BREA-GUMMI 57
Brennholz 325, 331
Brenztraubensäure 311, *361*
BUBIMBI-RINDE 152
BUBINGA 143, 413
Buddlenol-D 358, *363*

Budmunchiamine 355
Budmunchiamine-A bis -I *361*, 362
Budmunchiamine-G, -L1, -L2 und -L3 357
Bufotenin 210, *213*
Bufoteninmethylether *213*
BUNGO 139
Butein 50, *156*, 157, 198, 262, 305, 319
Butein-4'-arabinogalaktosid 125
Butein-4'-glucosid 323
Butein-2'-methylether 50, *51*
Butenolide *124*, 125, 126
Butenolidgruppe 141
Butin 149, 157, 305, 311, 319, 324, 326
(−)-Butin 262
Butyrospermon 98

Cacticin 223, 224
Cadalan-Derivate *147*
α-Cadinen 146
γ-Cadinen 136, 137, 146, *147*
δ-Cadinen 137, 145, *147*, 313
Caesaldekarine 409
Caesaljapin 53
α-,β-,γ-,δ-,ε-Caesalpin 52, *54*
Caesalpin-F 52, *54*
Caesalpin-J 50, *51*
X-Caesalpin *54*
Z (oder Zeta)-Caesalpin 52, *54*
Caesalpinin-A (= Spermidinalkaloid) 53, *55*
Caesalpinin-B und -C 53
Caffe... vide Kaffe...
Calaren 145
Calciumoxalat 379, 382
Calliandrasaponin-A, -B, -D, -E 360
Calycotomintartrat 307
Calystegine 40
Campesterin 226
Canavalmin 27
Canavanin 52, 87
CANDOLLE's Regel 1

CANNAFISTULA 411
CANNAFISTULA VERDADEIRA 411
CANTINGUEIRA-GUMMI 53
Caprinsäure 357
Capronsäure 80
Carbamylphosphat 350
β-Carbolinbasen 28, *213*, 217; vide ferner Harman, Norharman und Tetrahydroharman
S-Carboxyalkanylcysteine 279
2-Carboxyarabinitol 24
6-Carboxycatechine *302*, 303, 315
8-Carboxycatechine 315
S-(β-Carboxyethyl)-cystein 188, 191, *192*, 195, 199, 204, *205*, 215, 277, 281, *284*, 349, 350, 353, 360, *361*, 419, 420, 421
S-Carboxyethylcysteinsulfoxid 277
S-(β-Carboxyisopropyl)-cystein *192*, 199, 204, *205*, 277, 281, *284*, 349, 353, 420, 421
3-Carboxyphenylalanin 407
4-Carboxyphenylalanin 407
m-Carboxyphenylalanin 45, 47, *55*
trans-4-Carboxyprolin 132
2-Carboxypyridin 407
Carnavalin 104, *107*
Carnaubylalkohol 103
Carnein *302*, 306
Carnithin 9
CAROB BEAN 79
CAROB GUM 79
Carubin 79
Caryolan-1,9α-diol *153*
Caryolane *153*
Caryophyllan-Derivate *153*
Caryophyllen 120, 135, 136, 137, 138, 145, 146, *147*, 166, 328
β-Caryophyllen 136
β-Caryophyllenalkohol 166
Caryophyllenol-I 166
Caryophyllenol-II *153*, 166
Caryophyllenoxid 30, 136, 137, 146, *153*, 154, 166
Cassaid 65

Cassaidin 65
Cassain 61, 63, 65
Cassainsäure *54*, 63
Cassamid 65
Cassamidin 61, 65
Cassamin 65
Cassaminsäure 63
Cassan-Diterpene 52, 53, *54*, 60, 77, 105, *304*, 313
Cassan-Diterpene, bittere 48
Cassane 409, 410
CASSE PETITE 412
Cassein 111
Casselsin 104
Cassia-Anthrachinone 106
Cassiachromon 103
Cassiadinin 103, *107*
Cassiaflavan 25, 27
Cassi-aloin *96*, 97
Cassiamin 115
Cassiamin-A 103, 104, 115
Cassiamin-B, -C 104, 115
Cassianin 103, 115
Cassiapyron-A, -B 105
Cassiapyrone 108
Cassiapyronsulfat *96*, 101
Cassiaxanthon 92, 102, 114
Cassigarole 97
Cassiglucin 99
Cassin 98, 104, 105, *107*, 224
Cassinicin 104, 105
Cassiollin 101
Cassiosid 102
Castanospermin 29
Catechin 264, 306, 372
Catechin, peltogynoides *142*, 149
(+)-Catechin 67, 86, 93, 102, 111, 121, 134, 135, 139, 143, 145, 152, 219, 255, 305, 312, 315, 316, 318, 323, 324, 343, 357
(+)-Catechin-3′,7-, -4′,7- und -3,7-digallate 312
Catechine 25, *27*, *49*, 53, *69*, 80, *107*, 148, 167, 182, 191, 214, 218, 262, *264*, 380

Catechine mit unsubstituiertem B-Ring 25
(+)-Catechin-3-gallat 47
(+)-Catechin-5-gallat 257
(+)-Catechin-7-gallat 139
Catechingallate 260
Catechin-3-gallate 80
Catechin-3'- und -4'-gallate 372
(+)-Catechin-3'-, -4'- und -7-monogallate 312
CATECHU 10, 259, 306
Cativasäure 140
Cativinsäure 150
CATIVO 150
CATIVOBALSAM 150
Cativylalkohol 150
Cedrelin-A und -B 364
Ceratose 79
Cernuosid 309
Cerotinsäure 147
Cerylalkohol 93, 98, 103, 327
Cesalin 53
Chaksin 88, 89, *107*
Chalkonaringenin-4-glucosid 309
Chalkonaringenin-2'-rhamnoxylosid 309
Chalkonaringenin-27-xylosid 309
Chalkone und Diydrochalkone *50–51*, 78, 98, 120, 149, *156–157*, 198, 199, 208, 215, 221, *231*, 253, 263, 303, 309, 312, 318, 319, 321, 323, 325, 355, 357
Chalkone, peltogynoide 141, *142*
Chamaegreggan 410
Chamaetexane 410
Chamaetexanin-A und -B 105
Chamaetexanin-C 105, 410
Chamaetexanin-D *94*, 95, 105, 410
Chamaetexanin-E *94*, 95, 105
Chamaetexanine 410
„Chapparal" 4
Chelidonsäure 105
Chemodeme 31, 66, 88, 91, 108, 139, 140, 293, 301
Chemoökologische Literatur 15–16; vgl. auch Ökologie
Chemotaxonomie der Leguminosen 405
Chemotaxonomische Literatur 15–16
Chidlowin 58, 67
Chinasäure 179
Chinoide Anthracen-Derivate 87
Chinoide Verbindungen 86
Chinolizidinalkaloide 9, 13
Chinone 317
Chinovose 363
Chiropterogamie 5
Chiropterophilie 7
Chlorogensäure 58, 74, 343
Chlorogensäuren 261
Cholesterin 226
Cholin 9, 28, *29*, 101, 119
Chromone *94–96*, 99, *107*, 120, 412
Chromosaponin-I 35, 37
Chrysanthemin 172
Chrysin 308, 321
Chrysoeriol 76, 92, 120, 222, 223, 225, 412
Chrysoeriol-7-glucosid 220
Chryso-obtusin-2-glucosid 100
Chrysophanol 88, 89, 92, 93, 95, 97, 98, 99, 100, 101, 102, 103, 104, 105, 106, 116, 410
Chrysophanolanthron 103, 104, 105
Chrysophanolbenzanthron *96*, 97
Chrysophanol-10,10'-bianthron 100
Chrysophanol-4,4'-bisanthrachinon 101
Chrysophanoldianthron 97, 103
2,2'-Chrysophanol-Emodin-Heterodianthrachinon 104
Chrysophanol-1-gentiobiosid 116
Chrysophanol-Isophyscion-10,10'-bianthron 98
Chrysophanol-8-methylether 104
Chrysophanol-Physcion-10,10'-bianthron 98

Chrysophansäure 411
Chymotrypsin-Inhibitoren 189
Cineol 328
N-Cinnamoylhistamin 285, 305
N$_\alpha$-Cinnamoylhistamin 328
Cinnamoylhistaminamid 288
6β-Cinnamoyloxy-7β-hydroxyvoua-
capen-5α-ol *54*
Citronellylacetat 120
Citrullin 357
Clerodane *130*, 131, 143
Clovandiol *153*, 166
Clovane *153*
Clov-2-en-9α-ol *153*
Coclauril *124*, 125
Co-evolution 405
Colensanon *94*, 95, 101
Colensenon 101
Communsäure 120, 145
COMPATABLE SOLUTES 216
Conocarpan 180, 181, 182, *184*, 185
Copacamphen *147*
Copaen 135, *147*, 166
α-Copaen 136, 137, 146, 313
β-Copaen 137, 146
COPAIBABALSAM 128, 135, 148, 159
COPAIBABALSAM, AFRIKANISCHER 138
Copaiferasäure *130*, 131, 135, 140
Copaiferolsäure *130*, 131, 136
COPAIVA ANGELIM 159
COPAIVA-BALSAME 135, 159
COPAIVA BRANCO 159
COPAIVA JUTAHY 159
Copalsäure *130*, 131, 135, 140, 145, 149, 413
(−)-Copalsäure 136
CORAL TREE NUTS 197
CORALITOS 197
Cordeauxia-Chinon 58
Cordeauxiachinon 58, *75*
Cordeauxion 58
Coreopsidin 114
Coreopsin 102, 323

Corniculatusin 215
CORTEX MUSENNAE 355
Cosmosiin 221
Coumidin 65
Crataegolsäure 199, 229
Crepissäure 132, 133
Crombenin *302*, 308, 324
Crombeon *302*, 306, 308
α-Cubeben 136, 137, 146, *147*, 313
β-Cubeben 313
Cumaran *156*, 157
Cumarin 136, 413
11-*p*-Cumaroylbergenin 74
o-Cumarsäure 261
p-Cumarsäure 261
Cuminalkohol 340
CUTCH 259
CUTCH TREE 306
Cuticularwachse 300
Cyanidin 111, 182, 320
Cyanidinglucosid 172
Cyanin 50, 314
β-Cyanoalanin 312
Cyanogene Acacien, Toxizität 338
Cyanogene Verbindungen 30, 169, 289, *299*
Cyanogenese 132(?), 189, 289
Cyanogenese, fakultative 291
Cyanogenese, ökologische Bedeutung bei *Acacia* 291, 298
Cyanogenese, systematische Bedeutung bei *Acacia* 295
Cyanogenese bei *Acacia* 300–330
Cyanogenese bei Futterpflanzen 9
1-Cyano-3-glucosyloxy-2-methyl-prop-1-en 329
1-Cyano-2-glucosyloxymethylprop-1-en-3-ol 328
Cyanomaclurin-Analogon 74, 75
1-Cyanomethylencyclohexanolderivate 123, *124*
1-Cyanomethylencyclohex-2-enolderivate 123, *124*
Cyclite (Cyclitole) 53, 86, 250
Cycloarten-3,25-diol 103

Cycloartenol 181, 357, 414
Cycloartenon 414
Cycloartenylcaffeat 181
Cyclokaurane 154
Cyclopropenfettsäuren 372
Cyclosativen 145, *147*
Cylicodiscinsäure 199, 230, *231*
Cylicodiscosid 199, 230, *231*
Cynodin *133*, 138
Cynolujin *133*, 138
Cynometra-Alkaloide *133*
Cynometrin *133*, 138
Cyperen 136, 137, 146, *147*
Cystein 311, *361*
Cystein-Derivate 278
Cysteinsynthase-A 234
Cysteinsynthase-B 234

Dabema 214
DADAWA 191
DADDAWA 191
DAHOMA 214
Daidzein 359
Dalbergin 214, 223
Dalpanitin 113
Daniellsäure *130*, 131, 139, 149
DAWADAWA 191
DDMP 32, *34*, 35, 37
DDMP-Saponine 32, *34*
De CANDOLLE's Regel 1
Dealbata-Flavonol 254
trans-2,cis-4-Decadienoylhistamin-
 amid 288
Deglucomusennin 355
Dehydrocrepissäure 132
13,14-Dehydroeperuasäure 149
Dehydronorerythrosuamid 61
Dehydronorerythrosuamin 61
4,5-Dehydropipecolinsäure *133*, 407
Delphinidin 320, 328
Demethoxyramosissin 180, 181, *184*
1-Demethylaurantio-obtusin 100
1-Demethylchryso-obtusin 100

10-Demethylflavasperon *96*, 101
10-Demethylflavasperon-10-apioglu-
 cosid *96*, 101
10-Demethylflavasperon-10-
 sulfat *96*, 101
1-Demethylobtusin 100
7-Demethylprosogerin-C 221
O-Demethylracemosol 120
Deoxy vide Desoxy
Desmanthin-1 und -2 199
16-Desoxyacacigenin-B 356
11-Desoxyaloin *96*, 97
4-Desoxyalphitonin 311
3-Desoxycatechine 25, *27*
2-Desoxy-4,5-didehydromethyl-
 pentose 31
5-Desoxyflavanoide 262
5-Desoxyflavone 221, 378
5-Desoxyflavonoide 7, 98, 114,
 154, 198, 215, 262, 301–330
5-Desoxyleucoanthocyanidine 62, 355
11'-Desoxyprocyanidin-B 151
3-Desoxysappanchalkon 50, 53
DETAH 139
Detarsäure 139
Diaminobuttersäure 301
2,4-Diaminobuttersäure *55*, 59,
 278, 280, *284*, 285, 418
2,5-Diamino-3-carboxyadipinsäu-
 re *192*
α,β-Diaminopropionsäure 204, *205*,
 207, 229, *361*
2,3-Diaminopropionsäure 278, 282,
 284, 350, 418, 419
2,3-Diaminopropionsäure-hydrochlo-
 rid 207
1,3-Diarylpropan-Mesquitol-Dime-
 re 219
Dibenzoxepin 125
Dibenzoxocine 48
Dibenz(o)pyran-6-on-Derivate 416, *417*
Dibenzo-α-pyron *302*, 303
Dibenzoylspermidin *107*

Dichrostachinsäure 191, *192*, 194, 196, 199, 200, 203, 204, *205*, 209, 215, *284*, 311, 346, 352
2',4'-Didesoxybutein 125
2,6-Didesoxyhexose 116
Diethylchelidonat 105
5,7-Digalloyl-(+)-catechin 322
5,3'-Digalloyl-(+)-catechin 322
5,4'-Digalloyl-(+)-catechin 322
1,6-Digalloylglucose 325
1β,6-Digalloylglucose 79
m-Digallussäure 310, 343
Digitonin 71
6,8-Di-C-glucosylapigenin 223
Dihydroacacipetalin = Dihydroproacacipetalin
Dihydroactinidiolid 340
2,3-Dihydroauron *302*, 303
Dihydrobenzofuran *156*, 157
Dihydrocassin 98
Dihydrocolensenon 101
2,3-Dihydro-2,5-dihydroxy-6-methyl-4(oder γ)-pyron (= DDMP) 32, *34*, 35, 37
Dihydrofisetin 215
Dihydroflavonole 318, 319
2,3-Dihydroflavonole 316
Dihydrokaempferol 93, 306
(+)-Dihydrokaempferol 132
Dihydrokaempferol-3-rhamnosid 410
4-Dihydroliquiritigenin *94*, 95
Dihydromelanoxetin 358, *363*, 376
Dihydromyricetin 61, 148
2,3-Dihydromyricetin 198
Dihydrophenanthrene *124*
Dihydroproacacipetalin (= Dihydroacacipetalin) 290
Dihydropyrrol 217
Dihydroquercetin 306
(+)-Dihydroquercetin 134
Dihydroquercetin-5-methylether 317
Dihydrorhamnetin 98
(+)-Dihydrorobinetin 318

Dihydrostilbenderivate, prenylierte *124*, 125
Dihydrostilbene (= Bibenzyle) 97
2β,23-Dihydroxyacaciasäure 68
2β,23-Dihydroxyacaciasäure-28 → 21-lacton 68, *69*
1,8-Dihydroxy-7-acetyl-3-methylanthrachinon 93
3,4-Dihydroxybenzaldehyd 58
3,5-Dihydroxybenzaldehyd 410
2,4-Dihydroxybenzoesäure 198
8,9-Dihydroxy-1(12)-caryophyllen *153*
2',4'-Dihydroxychalkon 78, 321
5,7-Dihydroxychromon 120, 412
1,3-Dihydroxy-6,8-dimethoxy-2-prenylanthrachinon 102
2,7-Dihydroxyemodin-8-methylether 74
7,4'-Dihydroxyflavan 25
3,7-Dihydroxyflavon 78
7,4'-Dihydroxyflavon 50
3,5-Dihydroxyisochrysophanol-3-glucosid 103
3,5-Dihydroxyisochrysophanol-8-methylether-3-rhamnosid 314
Dihydroxylupeol 226
2',4'-Dihydroxy-3'-methoxychalkon 78, 321
2,4'-Dihydroxy-4-methoxydihydrochalkon 120
3',4'-Dihydroxy-7-methoxyflavan 120
5,7-Dihydroxy-4'-methoxyflavanon 114
5,7-Dihydroxy-4'-methoxyflavanon-7-rhamnosid 102
3,7-Dihydroxy-8-methoxyflavon 78
7,5'-Dihydroxy-4'-methoxy-3'-glucosyloxyflavan 303
1,3-Dihydroxy-8-methoxy-2-methylanthrachinon 114
1,5-Dihydroxy-3-methoxy-7-methylanthrachinon 97
5,3'-Dihydroxy-4'-methoxy-3-rham-

noglucosyloxystilben *144*
1,3-Dihydroxy-2-methylanthrachinon 99, 106
1,5-Dihydroxy-3-methylanthrachinon 97
1,8-Dihydroxy-2-methylanthrachinon 106
5,7-Dihydroxy-3',4'-methylendioxyflavon 102
3β,24-Dihydroxyolean-12-en 31
16α,21β-Dihydroxyoleanolsäure 339
5,6-Dihydroxy-3,7,2',4',5'-pentamethoxyflavon 82
Dihydroxyphenylalanin vide DOPA
Dihydroxyphthalid *142*, 308
4,5-Dihydroxypipecolinsäure *284*, 285, 377
cis,cis-4,5-Dihydroxypipecolinsäure *361*, 362, 420, 423
cis,trans-4,5-Dihydroxypipecolinsäure *361*, 362, 423
trans,cis-4,5-Dihydroxypipecolinsäure *361*, 362, 423
trans,trans-4,5-Dihydroxypipecolinsäure *361*, 362, *367*, 420, 423
2,4-*cis*, 4,5-*trans*-4,5-Dihydroxypipecolinsäure 169, 170, 171
2,4-*trans*, 4,5-*cis*-4,5-Dihydroxypipecolinsäure 169, 170, 171
2,4-*trans*, 4,5-*trans*-4,5-Dihydroxypipecolinsäure 169, 170, 171
3,9-Dihydroxypterocarpan 359
3,4-Dihydroxypyridin 203, 204, *205*, 207
1,8-Dihydroxy-3,5,7-trimethoxy-2-methylanthrachinon 114
β-Diketone 300, 320
2,6-Dimethoxybenzochinon 56, 317
2,6-Dimethoxy-1,4-benzochinon 143
3,4-Dimethoxydalbergichinol 223
3,4-Dimethoxydalbergion 214, 223
5,5'-Dimethoxylariciresinol 120

5,4'-Dimethoxy-3-rhamnoglucosyl-oxystilben *144*
6,8-Dimethoxyrubiadin 99
3,4'-Dimethoxy-5-rutinosyloxystilben 413
4,4'-Dimethoxy-3,3',5,5'-tetrahydroxydiphensäure-1,3-glucoseester 219
3,8-Dimethoxy-7,3',4'-trihydroxyflavon 326
3,8-Dimethoxy-7,3',4'-trihydroxyflavyliumchlorid 325
N,N-Dimethylamino-ethanol 60
Dimethylchelidonat 105
3,3'-Dimethylellagsäure-4-rhamnosid 219
2,6-Dimethyl-6-hydroxy-2,7-octadiensäure 307
1,2-Dimethyl-6-methoxytetrahydro-β-carbolin *213*
2,6-Dimethyl-2,7-octadiensäure 201
Dimethyltryptamin 209
N,N-Dimethyltryptamin 117, 199, 208, 210, *213*, 289, 308, 315, 324, 328
N,N-Dimethyltyramin 285
Dineolignan 182
3,5-Dinitrobenzoesäure 58
Diosmetin 99, 105, 106, 116
Diosmetin-6-C-glucosid 76
Diosmetin-3'-glucosid 106
Diphenylderivate *302*, 303
1,3-Diphenylpropane 329
Disjunktion bei *Prosopis* 225
Distemonanthin *82*
Distenin 25
Diterpenalkaloide der Gattung *Erythrophleum* 54
Diterpene 30, 52, *54, 62, 94*, 120, *130, 131*, 140, 152, 153, *155*, 159–166, 215, 232, 242, 299, 301, *304*, 313, 314, 409, 410
Diterpene, clerodanoide 140
Diterpene, *trans*-clerodanoide 141
Diterpene, *ent*-labdanoide 140

Diterpensäureester, basische 62
Diterpensäuren 131
Dithiacyclopropan *192*
DJENGKOL 371, 372
DJENGKOLBOHNEN 379
Djengkolsäure 379
Djengkolvergiftung 379
DJENKOL 379
DJENKOLBOHNEN 372, 379
Djenkolsäure 188, 191, *192*, 195, 196, 199, 202, 204, *205*, 207, 209, 215, 228, 229, 277, 278, 279, 281, 282, *284*, 312, 349, 350, 353, *361*, 373, 379, 421
Djenkolsäure-γ-glutamylpeptid 277
Djenkolsäuresulfoxide 277
Djenkolvergiftung 379
Docosanol 103
Dolabriproanthocyanidin 232
DOPAMIN-3-glucosid 200, 204, *206*
Dorne 246
Dracaenon 55
Drogen (= Simplicia = „botanical crude drugs") 10, 14
Drüsenhaare 332
Duftstoffe 310
Dulcin 372
Dulcit 198, 371

Ecdysteroide 30
Echinocystsäure 66, 67, 198, 201, 214, 324, 354, 355, 357, 358, 360, 372, 373
Echinocystsäure-3-N-acetylglucosaminosid 230, *231*
Echinocystsäuremethylester 339
Echinocystsäure-3-sulfat (Na-Salz) 230, *231*, 242
Echinocystsäure-3-tetraoside 357
EGYPTISCHE SENNA 89
Eiweiß vide Proteine
Elaeagnin 217
Elaiophoren 179, 186
Elastin 58
γ-Elemen 313

Ellagitannine(vide auch Gerbstoffe und Tannine) 52, 56, 218, 219, 260, 325
Ellagsäure 52, 73, 132, 169, 191, 310
Emodin 88, 92, 93, 95, 97, 98, 99, 100, 101, 102, 103, 104, 106, 110, 116, 410
Emodinanthron 100, 102
Emodin-9-anthron 99
Emodin-8-α-arabinosid 103
Emodin-8-sophorosid 410
Emulsin 292
Enantio-13-epilabdanolsäure 146
Enantiopinifolsäure 146
Engelitin 145
Entadamid-A 200, 230, *231*
Entadamid-B 200, 230, *231*
Entadamid-C 200
Entadamid-A-glucosid 201, 230, *231*
Entagensäure 201, 230, *231*
Enterolobin 364
Entlabdane *130*, 131
Entomogamie 5
Ent-Oritin-(4β → O → 7;5 → 6)-Epioritin-4α-ol 306
Eperua-8(17)-en-15,18-disäure *130*, 131
Eperua-8(20)-en-15,16-disäure 135
Eperuane *130*, 131
Eperuasäure *130*, 131, 140, 149
Eperuol *130*, 131, 141
(−)-Epiafzelechin 86, 93, 95, 98, 104, 120, 132, 134, 135, 151
(−)-Epiafzelechin-3-glucosid 95
Epiafzelechin-Trimer 86
(+)-Epicatechin 145
(−)-Epicatechin 80, 86, 95, 104, 139, 151, 152, 182, 232, 306, 307, 313, 315, 323, 328, 412, 413
ent-Epicatechin 145
(+)-*ent*-Epicatechin 86
Epicatechingallat 104
(−)-Epicatechin-3-gallat 120, 139, 255, 372

Epidermin 329
Epidistenin 26
Epifisetinidol *134*
(+)-Epifisetinidol 48
Epifriedelanol
  (= Epifriedelinol) 77, 200
(−)-Epigallocatechin 229, 323
(−)-Epigallocatechin-5,7-
  digallat 257
(−)-Epigallocatechin-3-gallat 255, 372
(−)-Epigallocatechin-7-gallat 257
Epiheterodendrin 290, *299*, 329
(−)-13-Epimanool 154
Epimesquitol-4α-ol *264*
(−)-8-Epi-11-nordriman-9-on 301
Epioritin-4α-ol *264*, 311
Epioritin-4β-ol *264*
Epiproacacipetalin 296, 336
Epiprosopin-4β-ol-8-methyl-
  ether 416, *417*
(−)-Epirobinetinidol 316
13-Episclareol 299
7,8-Epoxy-1(12)-caryophyllen-9β-ol *153*
Eriodictyol 145
Erosion 301
Erosionsbekämpfung 331
Erythrodiol 317
Erythrodiol-3,28-bisglykosid 321
Erythrodiol-3-triosid 321
Erythrolsäure 63
Erythrophlamid 65
Erythrophlamin 61, 65
Erythrophlaminsäure *54*, 63
Erythrophleadienolsäure 63
Erythrophleguin 65
Erythrophleumalkaloide 60−64
Erythrophleumalkaloide der Nor-
  Gruppe 61−63
Esterwachs 371
Etherische Öle 54, 77, 83, 128, 129, 132, 136, 137, 138, 145, 146, *147*, 148, *153*, 159−164, 301, 313, 323, 324, 328, 404

Etherisches Öl, schwefelhaltiges 152
Ethnobotanik, Betrachtungen
  zur ethnobotanischen Literatur 392−401
Ethnobotanische Literatur 8−14, 382−401
Ethyl-α-galaktopyranosid 89
4(oder γ)-Ethylglutamin 43−47
4(oder γ)-Ethylglutaminsäure
  43−47, 170, 171, 407
4(oder γ)-Ethylidenglutamin
  43−47
4(oder γ)-Ethylidenglutaminsäure
  43−47, 52, 230, *231*, 407
cis-Ethylidenglutaminsäure 55
3-Ethyl-22-rutinosyloxy-23-methyl-
  1,5-pentacosanolid 96
Eucryphin 145
Eudesman-Derivate *147*
β-Eudesmol 323
Eugenol 18, 120, 121
Eupomatenoid-6 180, 181, 182
Eupomatenoid-7 98
Eupomatenoid-13 180, 181, 182
Exkretbehälter 128
Exkretbehälter, lysigene 161
Exkretbehälter, schizogene 161
Exkreträume, schizogene 129, 379
Exkrettaschen, lysigene 131
Exkretzellen 131
Exsudat... vide Exudat...
Exudat-Flavonoide 321
Exudatgummi 309, 310, 317, 322, 323, 325, 329, 331, 356, 359, 364, 417
Exudatgummi, Variation der
  Zusammensetzung innerhalb
  eines Baumes und zwischen
  Bäumen 313−314
Exudat-Schleime 57, 307, 309; vide
  auch (Exudat)-Gummi, Schleime
  und Glykoproteinexudate
Exudivore Marsupialia 340

Färbereipflanzen vide
Farbstoffpflanzen
Fallacinol 93
Farbstoffpflanzen 54, 57, 331; vide auch bei Nutzpflanzen-Literatur
Farrerol 421
Fasciculiferin *302*, 311
Fasciculiferol *157*, 311
Fasciculiferolether *157*
Fasciculiferon *302*, 303
Fascioliasis 230, 241
Fasciolosis 230
Faserpflanzen 331
Faszioliasis 230
FAUX DETAH 139
FEDEGOSA DO MATO 411
Ferrugin 27
Ferulasäure 261, 317, 410
Ferulasäureester 414
Fette vide Fette Öle
Fette Öle (vide auch Samenöle) 198, 359, 372
Fettsäuremethylester 181
Fettsäuren 9, 22, *23*, 172, *179*
Fettsäuren vide auch bei Fette Öle und Samenöle
Fischbetäubungspflanzen vide Fischgifte
Fischfangpflanzen 13; vide ferner Fischgifte
Fischgifte 13, 60, 73, 191, 199, 201, 230, 354, 356, 364, 420
Fisetin 66, 67, 74, 134, 154, *156*, 157, 262, 266, 305, 306, 308, 311, 316, 319, 324, 358, 359
Fisetinidin 320
Fisetinidinchlorid 143, 325
Fisetinidol 47, 74, *134*, 135, *264*, 301
(+)-Fisetinidol 133, 330
(−)-Fisetinidol 134, 135, 163, 262, 316, 318
Fisetinidol-(4α → 8)-Catechin 305
Fisetinidole 316
Fisetinidol-3-gallat 47

(−)-Fisetinidol-(4β → 6)-(+)-Leucofisetinidine 311
Fisetinidol-4α-ol 48, *264*, 316
Fisetin-3-methylether 316, 342
Fistacacidin 108, 112
Fistucacidin 93, 108, 112
Fistulin 93, 112
Fistulinsäure 112
Fixation von Luftstickstoff vide Stickstoff-Fixation
Flavan-3,4-diole (= Leucanthocyanidine) 25, 260, *264*, 318, 319
Flavan-3,4-diole, Stereochemie 325 – 326
Flavan-3,4-diol-Fraktionen der Kernhölzer von *Acacia kempeana* und *rhodoxylon* 263
Flavane 25, 120, *302*, 303
Flavanoide 24 – 27, 253
Flavanoide, Biogenese und Akkumulation (*Acacia mearnsii*) 316
Flavan-3-ole (= Catechine) 25, 260, *264*, *318*, 319
Flavanone 318, 319
Flavanonole 318, 319
Flavasperon *96*, 97
Flavasperonderivate 106
Flavone 74
Flavone, heptaoxygenierte *82*
Flavon-C-glucoside 74
Flavonglykoside 224
Flavon-C-glykoside 80, *94*
Flavonoide 24 – 27, 50, *94* (*Cassia*), *156* – 157 (*Trachylobium*), 225 (*Prosopis*), 253, 254
Flavonoide, Biogenese und Akkumulation (*Acacia mearnii*) 316
Flavonoide, lipophile 321
C_{16}-Flavonoide (Homoflavonoide, Brasiline, Peltogynoide, Rotenoide) 50, *51*
Flavonoidmuster von *Prosopis* 240
Flavonoidspektren von *Acacia*-Hybriden 312

Flavonole 82, 318, 319
Flavonolignane 89, *94–95*
Flavonol-8-C-rhamnosid 104
Floribundon 99
Floribundon-1 93, 103
Floribundon-2 103
(−)-Floribundon-1 und -2 412
Floribundosid 254, 311, 314
Fluoressigsäure 311, 312
FOLIUM SENNAE 89, 410
Formaldehyd *213, 361*
Formononetin 359
6-Formyl-7-hydroxy-5-methoxy-4-methylphthalid 146, 171
„3-Formyl-1,2,8-trihydroxyanthraquinone" 410
FRANKINCENSE, AFRICAN 139
Fraxetin 150
Friedelan-3α-ol 140
Friedelan-3β-ol 314
Friedelin 77, 100, 103, 200, 208, 314, 329, 357
Fructose 320
FRUCTUS SENNAE 89
Fustin 66, 67, *156*, 157, 215, 305, 306, 308, 311, 316, 324, 326
(+)-Fustin 157, 262, 319
Fustin-3-methylether 149, 154, *156*, 157, 265, 306, 324
Futterpflanzen 9, 10, 228, 301

Gaba 204
Galaktitol 198
Galaktomannane
   (= Endospermschleime) 42, 53, 59, 66, 67, 71, 79, 86, 88, 90, 92, 95, 97, 98, 100, 101, 102, 104, 105, 110, 116, 204, 235, 248, 314, 403
Galaktoxyloglucane 141
Galangin 314, 321
Gallocatechin 80, 104, *264*, 372
(+)-Gallocatechin 229, 255, 315, 316, 318
Gallocatechin-7,3'-digallate 372
Gallocatechin-7,4'-digallate 372

Gallocatechingallate 259
Gallocatechin-3'-gallate 372
Gallocatechin-4'-gallate 372
(+)-Gallocatechin-4'-methylether 229
ent-(−)-Gallocatechin-4'-methylether 106
Gallotannine (vide auch Gerbstoffe und Tannine) 79, 218, 260, 325
11-Galloylbergenin 74
5-Galloyl-(+)-catechin 322
Galloylderivate von Flavonolen 74
m-Galloylgallussäure 52
1-Galloylglucose 325
6"-Galloylprunin 311
Gallussäure 18, 52, 58, 74, 119, 120, 121, 132, 139, 189, 191, 201, 203, 207, 221, 229, 254, 255, 257, 260, 261, 310, 323, 343, 373
Gallussäure-4-ethylether 207
Gallussäure-4-methylether 121
GANNA-GANNA 111
Genistein 359
Genistein-7-glucosid 323
Genistein-8-C-glucosid 113
Genistin 323
Genkwanin 308
Gentisinsäure 255
Gentisinsäure-5-glucosid 89
GEORGINA GIDYEA 311
Geraniol 340
Geranylacetat 340
Gerbrinden 255, 257, 331
Gerbstoffbestimmungsmethoden 257
Gerbstoff-Droge (RATANHIA) 178
Gerbstoffe (vide auch Tannine) 9, 52, 53, 54, 86, 93, 134, 139, 143, 171, 180, 188, 191, 207, 208, 214, 218, 233, 253, 256, 257, 301, 305, 310, 314, 316, 318, 322, 343, 357, 364, 371, 378
Gerbstoffe, flavanoide 260
Gerbstoffe, hydrolysierbare (vide auch Gallotannine und Ellagitannine) 260

Gerbstoffe, kondensierte (vide auch Proanthocyanidine) 132, 181, 255, 260, 325, 378, 412, 421
Gerbstoffe, ökologische Bedeutung (*Acacia*) 259
Gerbstoffgehalte von *Acacia*-Rinden 258, 259
Gerbstoffhülsen 321
Gerbstoff-Körper der *Mimosa*-Pulvini 206
Gerbstoffrinden 315, 316, 321
Germacron-D 314
Germichryson 93
Geruchsstoffe gewisser Mimosoideen-Samen und -Keimpflanzen *192*, 193, *361*
Giftpflanzen-Literatur 8–14, 382–401
Gleditschioside-A bis -E 67
Gleditsiasaponine-B bis -I 66
Gleditsin 66, *142*, 143
Globiflorin 3 B 1 und 3 B 2 171
Globuline 249, 332
Gluco-aurantio-obtusin 100
Gluco-chryso-obtusin 100
Gluco-obtusin 100
Glucopyranose-1-*p*-hydroxybenzoat 50
2β-D-Glucopyranosyloxy-2-methylpropanol 290, *299*
Glucose 320
4-Glucosyloxy-3-hydroxy-3-hydroxymethyl-butyronitril 329
2-Glucosyloxy-4-hydroxyphyscion 97
6-O-(β-D-Glucuronopyranosyl)-D-galaktopyranose 307
Glucuronsäure 306, 307, 310, 314, 315, 317, 322, 323, 325, 326, 327, 329
Glucuronsäure-(1–4)-galaktosid 313, 327
Glucuronsäure-(1–6)-galaktoside 313, 327
Glutamin 204, *361, 367*

Glutamin-Antimetabolit 350
Glutamine, γ-substituierte 43
Glutaminsäure 87, 249, 320, *367*
Glutaminsäuren, γ-substituierte 43, 52, 169
γ-Glutamyldipeptide 277
γ-Glutamylpipecolinsäure 66
Glycinbetain 9, *29*, 194
Glycinoeclepin 31
Glycophyten 28
6-C-Glykochromon *96*
C-Glykoflavone 102, 220
Glykoprotein-Exudate 312
6-C-Glykosylflavone 116
C-Glykosylisoflavon *94*, 95
6-C-Glykosyl-5,7,2′,4′-tetrahydroxyisoflavon 100
Glyoxalsäure 59
GOGO 201
Gonioron 141
Goratensidin 111
Gossypetin 308
Gramin 199
GREEN WATTLE 334
Griffonilid 121, 123, *124*, 125
Griffonin 123, *124*, 125, 126
Gründüngung (Bodenverbesserung) 301
Guaian-Derivate *147*
Guaijaverin 120
GUAJILLO 305
Guamasäure 146, 160
Guanidin-Derivate *75, 107*
Guarabin 141
GUARABU 141
GUAR-GUMMI 11, 105
GUAYACAN 53
Guibourtacacidin 143, 165, 262
Guibourtacacidine 26, 309
Guibourtinidinchlorid 143
Guibourtinidol *134, 264*, 315
(+)-Guibourtinidol 163
Guibourtinidole 135
Guilandinin 52

GUMMI ARABICUM 10, 250, 252, 307, 326
GUMMI ARABICUM DESENZYMATUM 326
Gummibildung bei *Acacia* 251
Gummis 225 (bei *Prosopis*); vide ferner Schleime
Gummosis (vide auch Schleime, traumatogene) 225, 251
Gymnocladus chinensis-Saponine 68
Gymnocladussaponin-A, -B, -C, -D 69

Haematoxylin 50, *51*, 55, 72
Haematoxylol-A 72
Halluzinogene 60, 210
Halophyten 28
Halphen-positive Cyclopropensäuren 58
Halphen-positive Samenöle 97, 372
Hamamelonsäure 24
Hardwickiasäure 30, *130*, 131, 166
(+)-Hardwickiasäure 135, 166, 167
(−)-Hardwickiasäure 135, 142, 166
Harman 28, 217
Harze 132
Harzsäuren 135
Hautreizende Pflanzen 143, 151, 223
Hederagenin 133, 193
Hemiparasiten 179
Hentriacontan 313, 317, 327
Hentriacontanol 99, 102, 200, 317, 327
Hentriacontan-16-ol 90
Hentriacontan-1-ol 109
n-Heptadecan-2-on 300
Heptaketide 89, 98, 103
3,5,6,7,2′,4′,5′-Heptamethoxyflavon 82
Herbacetin 215
Herbacetin-3-galaktosid 74
Hermosillol 180, 181, *184*, 185, 414
Hesperetin 409
Heterodendrin 290, 297, *299*, 337

Heterodianthrondiglucosid 89
Hexacosanol 93, 103, 371
n-Hexacosanol 314
Hexacosan-25-on-1-ol 219
Hexahydroxydiphenoyl-trigalloyl-glucose 52
5,6,7,3′,4′,5′-Hexamethoxyflavon 119
n-Hexanal 22, *23*
Hexanol 324
n-Hexanol 22, *23*
Hexansäure 80
Hexathiacyclononan *192*
1,2,4,5,7,8-Hexathionan *192*
Hexenale 22, *23*
Hexenole 22, *23*
α-Himachalen 145, *147*
Hinweise zur Benützung des Buches 3
HISOHKYO 68
Histamin 355
Hölzer 14
Holzkohle 112
Homoarginin 52
Homogentisinsäure 201, 204, *206*
Homogentisinsäure-4-butyl-ether 201, 204, *206*
Homogentisinsäure-2-glucosid 201
Homoisoflavonoide 48, 50, *51*
Homo-orientin vide Iso-orientin
Homoserin 55, 59
Homospermidin 27
Homospermin 27
Honiganalyse 7
Honigbienen 5
Honigbienen, zahme 6
Honigtypen 7
Hordenin 285, *304*, 305, 328
Hordeninhydrochlorid 174
Hülsenfrüchte vide Nahrungspflanzen
Humulan-Derivate *153*
Humulen 136, 138, 145, 146, *147*, 166
β-Humulen 137

γ-Humulen 136
Humulendiepoxid *153*
Humulenoxid-I und -II 166
Hydnocarpin 89, *94*, 95
Hydrochinonmonomethylether 93
Hydroperoxid Cyclase 22, *23*
Hydroperoxid Lyase 22, *23*
13-Hydroperoxylinolensäure 22, *23*
13-Hydroperoxylinolsäure 22, *23*
7-Hydroxy-5-acetonyl-2-methyl-chromon *107*
Hydroxyanantin *133*, 138
16-Hydroxyaridanin 242
4(oder *p*)-Hydroxybenzaldehyd 93, 410
4(oder *p*)-Hydroxybenzoesäure 58, 261
27-Hydroxybetulinsäure 230, *231*
α-Hydroxybutein *156*, 157
S-(2-Hydroxy-2-carboxyethanthiomethyl)-cystein 277, 311
α-Hydroxychalkone 154, *156*, 157
7β-Hydroxycleroda-8(17)-13*E*-dien-15-säure *130*, 131, 140
11-Hydroxycopaiferolsäure 136
3-Hydroxycopalsäure 136
3-Hydroxy-2,4-diarylpentanolid 410
2-Hydroxydihydroauronderivate 321
4'-Hydroxy-7,3'-dimethoxyflavan 120
5-Hydroxy-7,4'-dimethoxyflavon 301
1-Hydroxy-3,8-dimethoxy-2-methyl-anthrachinon 114
1-Hydroxy-4,7-dimethoxy-5,6-methylendioxy-2-methylanthrachinon 97
4-Hydroxy-1,6-dimethoxy-7,8-methylendioxy-3-methylanthrachinon 97
6-Hydroxy-2,6-dimethyl-2,7-octadiensäure 363
2-*trans*-6-Hydroxy-2,6-dimethyl-2,7-octadiensäure 68, *69*

5-Hydroxydimethyltryptamin *213*
5-Hydroxyemodin 98
ω-Hydroxyemodin-6,8-dimethylether 74
7-Hydroxyflavanon 78, 321
7-Hydroxyflavon 301
5,7-Hydroxyflavonoide 318
γ-Hydroxyglutaminsäure 52
7-Hydroxyhardwickiasäure *130*, 131, 136
16-Hydroxyhentriacontan 90
3-Hydroxyheterodendrin 290, *299*
11-Hydroxyhexacosan-2-on 411
5-Hydroxy-3,7,2',3',4',6'-hexa-methoxyflavon 83
3-Hydroxy-5-hydroxymethyl-4-methoxymethyl-2-methylpyridin 358, *363*
3-Hydroxy-5-hydroxymethyl-4-methoxymethyl-2-methylpyridin-3-glucosid 356
4-Hydroxy-3-hydroxymethyl-phenylalanin 407
3-Hydroxyisochrysophanol *96*, 102, 105
3-Hydroxyisochrysophanol-8-methyl-ether-3-rhamnosid 314
3-Hydroxyisochrysophanol-3-neohesperidosid 104
16α-Hydroxykauran 154
Hydroxylierungsmuster von Blatt-, Holz- und Rinde-Flavonoiden von *Acacia* 260
Hydroxylierungsmuster von Holz-Leucoanthocyanidinen von *Acacia* 265–276
2α-Hydroxymachaerinsäurelacton 229
6-Hydroxymellein 115
4β-Hydroxymesquitol 219
3-Hydroxy-4-methoxybenzyl-alkohol 317
7-Hydroxy-3-(4'-methoxybenzyliden)-chroman-4-on 48
7-Hydroxy-8-methoxyflavanon 78

3-Hydroxy-6-methoxy-isochrysopha-
  nol-8-methylether-3-rhamnogluco-
  sid 103
3-Hydroxy-5-methoxy-isochrysopha-
  nol-8-rhamnosid 314
3-Hydroxy-4-methoxyphenol 93
1-(4-Hydroxy-3-methoxyphenyl)-1-
  oxopropan-3-ol 53
8-Hydroxy-6-methoxyrubiadin 99
3-Hydroxy-4-methylenglutamin-
  säure 66
3-Hydroxy-4-methylglutamin-
  säuren 43–47, 66, *69*, 70,
  407
2-Hydroxymethyl-6-hydroxy-6-me-
  thyl-2,7-octadiensäure 360
2-Hydroxymethyl-6-methylen-2,7-
  octadiensäure 360
2-C-Hydroxymethylpentonsäure 24
m-Hydroxymethylphenylalanin *55*
3-Hydroxymethylphenylalanin 407
cis-4-Hydroxymethylprolin 132,
  133
2-C-Hydroxymethylribitonsäure 24
N-Hydroxy-N-methyltrypta-
  min 199
2-Hydroxy-N-methyltryptamin 199
m-Hydroxymethyltyrosin 45, 47, *55*
Hydroxymonoterpensäuren 66, 68,
  69, *304*, 305
6-Hydroxymusizin-8-glucosid 89,
  91
3β-Hydroxynorerythrosuamin-3-β-
  glucosid 409
27-Hydroxyoleanolsäure-3-gen-
  tiobiosid 230, *231*
5-Hydroxy-2-oxohexa-3,5-
  dienal 173
5-Hydroxypeltogynin *302*
5-Hydroxy-6,7,3',4',5'-pentamethoxy-
  flavanon-5-rhamnosid 102
5'-Hydroxy-3,5,7,2',4'-pentamethoxy-
  flavon 82, 83
2-*p*-Hydroxyphenoxy-5,7-dihydroxy-
  chromon *94*, 95

7-Hydroxyphyscion-8-methyl-
  ether 74
(−)-Hydroxypipecolinsäure 320
4-Hydroxypipecolinsäure 43–47,
  196, 199, 204, *205*, 207, 215, 216,
  277, 278, 279, 281, 282, *284*, 285,
  310, 313, 315, 317, 349, 353
4-Hydroxypipecolinsäure, Biogenese
  317, *367*
cis-4-Hydroxypipecolinsäure *361*,
  362, 420, 423
trans-4-Hydroxypipecolinsäure 169,
  171, *361*, 362, *367*, 407, 420, 423
(−)-*trans*-4-Hydroxy-L-
  pipecolinsäure 282
5-Hydroxypipecolinsäure 43–47,
  70, 194, 199, 202, 203, 204, *205*,
  207, 209, 232, 277, 279, 282, *284*,
  285, 313, 346, 349, 407
cis-5-Hydroxypipecolinsäure *361*,
  362, *367*, 420, 423
trans-5-Hydroxypipecolinsäure 169,
  170, 171, *361*, 362, 423
Hydroxypipecolinsäuren 43, 169,
  282, 360, *361*, 365, 366, 369, 422,
  423
4-Hydroxypipecolinsäure-4-
  sulfat *75*, 76
3-Hydroxypiperidinalkaloide 104
24-Hydroxypomolsäure-3-xylosid
  103
Hydroxyprolin 313, 315, 329, 344,
  417
3-Hydroxyprolin 43–47, 58, 59,
  170, 171
trans-3-Hydroxyprolin *55*, 407
4-Hydroxyprolin 58
trans-4-Hydroxyprolin 132
ω-Hydroxypropioguaiacon 120
4-Hydroxyprotosappanin-A
  und -B 72
3-Hydroxy-4-pyridon 204, *205*, 207
3'-Hydroxyresveratrol 410
8-Hydroxyrubiadin 99
α-Hydroxytetrahydroxychalkone 149

3-Hydroxytrachylobansäure 154, *155*
5-Hydroxytryptamin 210
5-Hydroxytryptophan 123
Hyperin 50, 58, 120, 203, 222, 257, 317, 325, 356
Hyperin-7,3'-dimethylether 328

Icarisid-E 5 356
Ichthyotoxische Pflanzen vide Fischgifte
ILLURIN-BALSAM 138, 149
Illurinsäure 139, 149
Imidazolalkaloide 138
Imidazolessigsäure 374
Iminosäuren *55, 75, 133,* 136, *204 – 205,* 282, 320, *361 – 362,* 365, 366, *367*
Iminosäuren vide auch Dihydroxy- und Hydroxypipecolinsäuren und Hydroxyproline
INDISCHE SENNA 89
Indolizidinalkaloide 12
Indolylessigsäure 199
2-Indolylethanol 199
Insektenbekämpfung (Pflanzen, Pflanzenstoffe) 9, 26, 69, 360, 378, 415
Insektifuga vide Insektenbekämpfung
Insektizide vide Insektenbekämpfung
Intricatin 73
Intricatinol 73
α-Ionon 340
Irritantia, Augen 151
IRUL 232
Isoanantin *133,* 138
Isobuttersäure 80
Iso-6-carnavalin 105
Iso-6-cassin 104
Isochaksin 89
Isochinolon 103
Isochrysophanol *96,* 101, 102, 106

Isochrysophanolderivate *302,* 303, 314
Isocitronensäure 179
Isocommunsäure 154
Isocynodin *133,* 138
Isocynometrin *133,* 138
Isoeperuasäure 140
Isoflavone 25, *27,* 106, 219, 232, 323, 359
Isoflavon-C-glykoside *94 – 95,* 100, 113
Isoflavonoid-Vorkommen außerhalb der Leguminosen 25, *27*
Isoguarabin 141
Isohermosillol 180, *184,* 185
Isohydnocarpin 89
Isojuliprosin 217
Isojuliprosopin 217
Isokaurensäure 154, *155*
Isokobuson *153*
Isolarrein 78
Isoleucin 249, 297
Isolignocerylalkohol 103
Isoliquiritigenin 50, 98, 321
Isoliquiritigenin-4'glucosid 323
Isoliquiritigenin-4-methylether 120
Isoliquiritigenin-4'(= 2')-methylether 50
Isomelacacidin 310, 312, 317, 321, 328
(—)-Isomelacacidin 262
Isomyricitrin 222
Isomyricitrin-3',5'-dimethylether 222
Isonicotinsäure 407
Iso-okanin 199, 314
Iso-orientin 70, 76, 174, 214
Isoprenylsubstitution von Aromaten 106
Isoprosopinin-A und -B 217, *218*
Isoquercitrin 58, 70, 93, 100, 104, 120, 121, 203, 222, 254, 257, 307, 309, 325, 371, 379
Isorhamnetin 90, 222, 223, 224, 301, 306, 307, 314, 324
Isorhamnetin-3-galaktosid 223

Isorhamnetin-3-gentiobiosid 410
Isorhamnetin-3-glucosid 220, 222, 301, 311, 410
Isorhamnetin-3-glucosid-7-rhamnosid 310
Isorhamnetin-3-methylether 222
Isorhamnetin-3-rhamnosid 222
Isorhamnetin-3-rutinosid 220, 325
Isorhamnetin-3-rutinosid-7-rhamnosid 97
Isosalipurposid 309
Isoschaftosid 80, 223
Isoschaftosid-4'-glucosid 80
Isoteracacidin *264*, 323
(−)-Isoteracacidin 262, 301
Isovitexin 67, 70, 76, 174, 214, 222, 223, 224, 257, 307, 311
Isovitexin-rhamnoglucosid 311
β-(Isoxazolin-5-on-2-yl)-alanin 282
Ivorin 63

Jaceidin 114
Jaceidin-7-neohesperidosid 101
Jaceidin-7-rhamnosid 101
Jagdgifte 12, 214; vide ferner Pfeilgifte
Jasmonsäure 22, *23*
Javanin 113
JOHANNISBROT 79
Jonon vide Ionon
Juglanin 100, 203
Julibrin-I 356
Julibrin-II 356, 375
Julibrogenin-B und -C 375
Julibrosid-A 1, -A 3 und -A 4 356
Julibrosid-A 2, -B 1 und -C 1 356, 375
Julifloricin 217
Julifloridin 217
Juliflorin 217, *218*, 221
Juliflorinin 217
Juliprosin 217, *218*

Juliprosinen 217, *218*
Juliprosopin 217, *218*
JUTAICIA-HARZ 145

Kachirachirol-A 180
Kaempferid 219
Kaempferol-7-diglucosid 311
Kaempferol-3-galaktosid 121
Kaempferol-3-gentiobiosid 410
Kaempferol-3-glucosid 410
Kaempferol-7-glucosid 97
Kaempferol-3-methylether 220, 221, 222, 321
Kaempferol-3-rhamnoglucosid 121
Kaempferol-3-rhamnosid 371
Kaempferol-3-rutinosid 97, 119
Kaempferol-3-rutinosid-7-rhamnosid 119
Kaempferol-3-sophorosid 110
Kaempferol-3-xylosid 203
Kaffeesäure 58
5-Kaffeoylchinasäure 67
Kaliumbitartrat 172
Kaliumchelidonat 99
KAROBEN 79
KAROBEN-GUMMI 79
KARUBEN 79
(−)-Kaurane *130*, 131
ent-Kaurane *130*, 131
(−)-Kauranol *155*
Kauran-Reihe 154
(−)-16β-Kauran-19-säure *130*, 131
Kaurensäure 30, 154, *155*
(−)-Kaur-16(17)-en-19-säure 135
KAWAL 113
Kernholzfarbe und Hydroxylierungsmuster und Stereochemie der gespeicherten Flavan-3,4-diole 326
α-Ketoglutarat 59
KHAIR 306
Kieselsäure 81, 82
Kladistische Analyse von *Acacia* 417

Kladistische Analyse der *Caesalpinia*-Gruppe 408
Kladistische Analyse der *Dichrostachys*-Gruppe 415
Klassifikation, verwendete 1
Klassifikation, *Acacia* 243–248
, Caesalpinioideen 42
, *Cassia* 83
, *Cassieae* 79
, Leguminosen 17, 20–21
Knoblauchgeruch 421
KNOBLAUCHRINDEN 152
KNOPPIESDORING 321
Kobuson *153*
Kolavasäure 166
Kolavasäure-15-monomethylester 142
Kolavelool 166
Kolavenol 166
Kolavenolsäure 166
Kolavensäure 166
(+)-Kolavensäure 167
Kolavonsäure 166
KOLAVU 148
Kondensierte Gerbstoffe (vide auch Tannine, Proanthocyanidine und Gerbstoffe) 378, 412, 421
Kopal, mexikanischer 159
Kopale 128, 139, 152, 154, 169
Kopale, fossile 128, 143, 159
Kopale, rezent-fossile 128
Kopale, Zanzibar- 128, 135, 159
Kopal-Gewinnung 128
Kopal-Produktion 11
Kopalproduzenten, afrikanische 157
Kotyledonen (= Kotylen) der Caesalpinioideen 42
Krautgeruch-Komponenten 22, *23*
Kristalle von Calciumoxalat vide Calciumoxalat
Kristallzellreihen 382
Kuhlmannin 214
Kukulkanin 236
Kukulkanin-A und -B 208, 230, *231*

Labdadien-15-säure 141
ent-Labda-8(17)-en-15,18-disäure *130*, 131
Labdan-Diterpene *304*
Labdane *130*, 131
Labdanoide, enantio-Reihe 149
Labdanoide, normal-Reihe 149
Labd-13-en-8α,15-diol 299
enantio-Labd-8(17)-en-15,18-diol 154
Labd-13-en-3β,8α-diol-15-säure 299, *304*
Labdenol 141
Labd-13-en-8-ol-15-säure 145
Labden-15-säure 141
Labd-13-en-3β,8α,15-triol 299
Lactonoides Profisetinidin *49*
Lactonoides Prorobinetinidin *49*
Lambertianasäure 120
Lambertianol 120
Larrein 78
Laurinsäure 227
LE HOULLE (= LE NÉRÉ = LE NÉTÉ) 195
Lebbecacacidin (= Lebbecacidin) 26, 357
Lebbekanin-A, -B, -D, -E -F, -G, -H 357
Lectine 122, 123, 193, 249, 332, 415
Leguminosenkopale 128, 135; vide ferner Kopale
Leguminosen-Parfum 310
Leiocarpin 81
LEKKERRUIKPEUL 322
Lektine vide Lectine
„Lens" 42
Lenthionin *192*, 193
Leucaenin 202, 207
Leucaenol 202
Leucenin 207
Leucin 297
Leucoanthocyanidine 25, *49*, 75, 92, 108, 142, 149, 218, *263–264*, *302–303*, 417

Leucoanthocyanidine, Pyrogallol-
  Typus 262
  , Resorcinol-Typus 262
Leucoanthocyanidine in Acacia-
  hölzern 265–276
Leucoanthocyanidinglykosid 76
Leucocyanidine 264
Leucocyanidin-4'-methylether-3-ga-
  laktosid 98
Leucodelphinidine 264
(+)-Leucofisetinidin 102, 371, 379
(−)-Leucofisetinidin 143
2,3-*cis*, 3,4-*cis*-Leucofisetinidin 143
2,3-*trans*, 3,4-*cis*-Leucofisetini-
  din *142*, 143
2,3-*trans*, 3,4-*trans*-Leucofisetini-
  din *142*, 143
Leucofisetinidine 26, 134, 143, 149,
  157, *264*, 266, 301, 309, 311, 316,
  318
Leucofisetinidol-4α-ol 66
Leucoguibourtinidine 135, 143,
  144, *264*, 309, 315
Leucomelacacinidine *264*, 317
Leucopelargonidine 102, *264*, 357
Leucopelargonidol 104
Leucophleol *304*, 314
Leucophleoxol *304*, 314
Leucorobinetinidine 26, *264*, 316,
  343
(+)-Leucorobinetinidine 318
Leucoteracacinidine *264*, 309
Leucoxol *304*, 314
Licarin-A 181
Lignane 98, 120, 180, *184–185*,
  356, 358, *363*
Lignane, tetrahydrofuranoide 180,
  184, 185
Lignanoide der *Krameriaceae* 184
Lignocerinsäure 105, 194, 198, 201,
  226, 371
LIGNUM SAPPAN 50, 56
LIMBERLEG 305
Limocitrin 215
Limonen 120, 121

Linalool 120, 121
Linalylacetat 121, 340
Linamarase 292
Linamarin 290, 291, 297, *299*
Linolensäure 22, *23*, 314
Linolsäure 22, *23*
Lipoxygenasen 22, *23*
Liquiritigenin 149, 157
Liquiritigenin-7-glucosid 323
Liquiritigenin-4'-methylether 120
Liquiritin 323
Lithospermosid 122, 123, *124*, 125,
  126
LOCOWEEDS 12, 30
LOCUST BEAN 79
LOCUST GUM 79
„Long-Distance-Dispersal" 225
Longifolen 313
Lophiroside *124*, 125
Lotaustralin 290, 291, 297, *299*
Lucenin-II 76
Lupen-1,3-diol 103
Lupenon 73, 100, 103, 214, 371,
  373
Lupeol 53, 58, 73, 76, 77, 93,
  100, 103, 104, 121, 169, 180,
  208, 214, 307, 308, 313, 314,
  357, 358, 359, 364, 371, 373,
  409, 410
Lupeolcaprylat 410
Lupeylacetat 300, 314, 364
Luteoliflavan 25
Luteolin 61, 64, 89, 93, 97, 102,
  105, 220, 221, 222, 223, 224, 301,
  307, 311, 317, 324, 412
Luteolin-5,3'-dimethylether 120
Luteolin-7,4'-dimethylether-6-C-glu-
  cosid 76
Luteolin-7-glucosid 70, 99, 106,
  220, 222, 223, 224, 256, 257, 301,
  324
Lutexin 174
C-S-Lyase *192*, 195, *361*, 362
(+)-Lyoniresinoldiglucoside 356
Lysin 204, *205*, 207, *367*

Machaerinsäure   208, 229, 308, 313, 354, 358, 364, 376
Machaerinsäure-21-cinnamat   364
Machaerinsäure-ethylester   358
Machaerinsäurelacton   229, 339, 356, 364
Machaerinsäure-28 → 21-lacton   308
Machaerinsäuremethylester   356
Maclurin   307
Maltol   32, *34*, 37
Maltose   421
Malval(in)säure   58, 372
Mandelonitrilglucoside   291
Mandelsäurenitrilglucoside   298
Mangiferin   74
Mannit   105
Mannopyranosyl-(1β-4)-glucopyranose   112
Mannose   329, 346, 359
Manooloxid   232
MARAMA BEAN   123
Marein   323
Margicassidin   26, 114
Marginosid   102
MARIMARY-BALSAM   159
Maslinsäure   199, 229
„Matorral"   4
Matteucinol-7-rhamnosid   101
Mearnsitrin   256, 257, 315, 316, 318
Meconin   149
Medizinalpflanzen   8–14, 53, 54, 382–401
Mehrzweckpflanzen   202, 216, 228, 238
Melacacidin   26, 262, *264*, 310, 312, 317, 321, 328, 355
(−)-Melacacidin   262
Melacacidin-Gruppe   262, 357, *363*
Melacacidin-3-methylether   355, 357
Melacacinidin   317
Melanoxetin   317, 321, 355, 357, *363*
Melanoxetin-3,3'-dimethylether   321
Melanoxetin-3-methylether   321
Melanoxetin-3'-methylether   355, 357

Melezitose   421
Melittophilie   5, 6, 7
Menisdaurilid   *124*, 125
Menisdaurin   *124*, 125
β-Mercaptopropionsäure   *361*
Merkmalsphylogenie   332
Mesoinosit   100
MESQUITE GUM   225
MESQUITES   225
Mesquitol   25, 26, *27*, 218, 219, *264*
Methandithiol   *192, 361*
Methionin   *55*, 59
p-Methoxybenzoesäure   410
8-Methoxybonducellin   48
α-Methoxychalkon   *156*, 157
3'-Methoxyconocarpan   414
5-Methoxy-N,N-dimethyltryptamin   *213*
8-Methoxyfisetin   262
3α-Methoxyfriedelan   169
8-Methoxyfustin   326
3'-Methoxygenistein-8-C-glucosid   113
Methoxyhydrochinon   93
3-Methoxyisochrysophanol-8-methylether   102
3-Methoxyisosalipurposid   309
5-Methoxymellein   171
5-Methoxy-N-methyltryptamin   *213*
2-(4-Methoxyphenyl)-5-propenylbenzofuran   414
trans-4-Methoxypipecolinsäure   367, 369, 423
6-Methoxypulcherrimin   48, 50, *51*
Methoxystypandron   98
8-Methoxy-3,7,3',4'-tetrahydroxyflavon   326
8-Methoxy-3,7,3',4'-tetrahydroxyflavyliumchlorid   325
4-Methylacetophenon   324
3'-C-Methylapigenin   113
2-Methylbutanal   324
3-Methylbutanal   324
2-Methylbutanol   324
3-Methylbutanol   324

2-Methylbuttersäure 68, *69*
N-Methyl-β-carbolinderivate *213*
S-(α-Methyl-β-carboxyethyl)-cystein *192*
N-Methylcassin 217, *218*, 224
6-C-Methylcatechine *302*, 303
2-Methylchromonderivate 99
O-Methyldalbergin 223
cis-3-Methyldec-3-enol 340
cis-3-Methyldec-3-ensäure 340
trans-3-Methyldec-4-ensäure 340
24-Methylencycloartanol 180, 357
Methylendioxyflavone 119
3,3'-Methylendithiodialanin 312
Methylendithiol *361*
4(oder γ)-Methylenglutamin
  43–47, 68, 170, 171, 174, 197, 230
4(oder γ)-Methylenglutaminsäure
  43–47, 52, 68, 132, 170, 171,
  174, 197, 198, 228, 230, *231*, 232,
  407
4-Methylenprolin 132, *133*
8-O-Methylepiprosopin-4β-ol 416,
  417
Methyleugenol 112
C-Methylflavanolglykoside 219
N-Methyl, N-formyltryptamin *304*,
  328
Methylgallat 53, 76, 120, 257, 310,
  373
Methylgallattrimethylether 76
3-Methyl-3-glucosyloxybutyronitril 329
4-O-Methylglucuronsäure 306, 307,
  310, 314, 315, 317, 322, 323, 325,
  326, 327, 329
4-O-Methylglucuronsäure-(1–4)-
  galaktosid 327
4-O-Methylglucuronsäure-(1–6)-
  galaktosid 327
4(oder γ)-Methylglutamin 43–47
4(oder γ)-Methylglutaminsäure
  43–47, 52, 66, 68, 70, 170, 171,
  174, 407
Methylhomogentisat 201

4-Methyl-4-hydroxyglutaminsäure 68
13α-Methyl-13β-hydroxypodocarp-7-
  en *130*, 131, 141
N-Methyl-*trans*-4-hydroxyprolin
  133, 136
N-Methyl-5-hydroxytryptamin
  210
C-Methyl-C-isoprenyltetrahydroxystilben 120
N-Methyljulifloridin 217, *218*
5-Methylmellein 171
2-Methyl-6-methoxytetrahydro-β-
  carbolin *213*
2-Methyl-6-methoxytetrahydroharman *213*
N-Methylmorpholin 101, *107*
7-O-Methylpeltogynol 150
N-Methylphenylethylamin 67, 99,
  283, 285, 288, 305
7-Methylphyscion 93, 101, 104
7-Methylphyscion-5,5'-Dimer 106
2-Methylpropansäure 80
2-O-Methylpyrogallol *49*
7-C-Methylrubrofusarin 102
Methylsalicylat 340
N-Methyltetrahydrocarbolin 208
N_2-Methyl-1,2,3,4-tetrahydro-β-
  carbolin 328
N_b-Methyltetrahydroharman 288
8-O-Methyl-7,3',4'-trihydroxy-
  dihydroflavonol 416
N-Methyltryptamin 77, 199, 208,
  213, 308, 315, 328
N-Methyltyramin 216, 279, 283,
  288, 305
N-Methyltyrosin *184*, 185
Methylvinhaticoat 214
Methylvouacapenat 77
Mimonosid-A, -B, -C 208
Mimonoside 236
MIMOSA 259
Mimosid 202, 204, *205*
Mimosin 188, 202, 204, *205*, 207,
  346, 352

Mimosin-abbauende Fermente im
 Pansen von Wiederkäuern 234
Mimosinase 204, *205*
Mimosin-Biosynthese 207
Mimosinglucosid 202
Mimosin-Synthase 204, *205*
Mimososide 236
Mollisacacidin 48, 66, 157, *264*,
 305, 308, 355
(+)-Mollisacacidin *142*, 143, 262,
 316, 318
Mollisacacidine 309
Mollisacacidingruppe 262
Mollisacacidin-Guibourtacacidin-
 Gruppe 262
Mollisacacidin-Isomere 316
Molluscizide 26, 30, 230, 241, 257,
 258, 322, 355
Monodesmosidische Saponine 31
1β-Monogalloylglucose 79
Monohydroxymonoterpensäure 68,
 69, 303
Monokaffeoylputrescin 194
N-Monomethylamino-ethanol 60
N-Monomethylamino-ethanol-
 amide 63
Monoterpene 404
Monoterpenglykoside *69*
Monoterpenoide Hydroxy-
 säuren 360, 363
Monoterpensäure *69*
Mopanan 25, *27*
Mopanin 134, 311
Mopanol 121, *124*, 125, 134, *142*,
 150, 154, *156*, 157
(+)-Mopanol 145
Mopanol-B 134, 150, 154, *156*, 157
Mopanole 26, 149
MORA 73
MORABUKEA 73
Morin 309
Morolsäure 73, 207
Morolsäure-3-arabinosid 207
Mucondialdehyd, fungitoxi-
 scher 22, *23*

Müllersche Körperchen 293
MULGA 301
α-Multijugenol 136, *153*
Musennin 355
Mutualismus 293, 405
α-Muurolen 145
γ-Muurolen 136, 137, 146, *147*
Mykorrhizen 404; vide auch VAM
Myoinosit 179
Myophilie 6
Myrcecommunsäure 154
Myrcen 121
Myricetin 47, 72, 74, 121, 123, 147,
 148, 191, 223, 301, 309
Myricetinderivate 225
Myricetin-3-galaktosid 256, 257,
 314
Myricetin-3-glucosid 221, 301, 309,
 314
Myricetin-3-glucuronsäure 203
Myricetinglykoside 224
Myricetin-3-rhamnosid 92, 256,
 301
Myricinalkohol 109
Myricitrin 50, 122, 199, 203, 222,
 224, 257, 315, 316, 318, 325, 375
Myricitrin-3',5'-dimethylether 222
Myricitrin-2''-gallat 199
Myricitrin-4''-gallat 199
Myricitrin-4'-methylether 257, 315
Myristinsäure 227
Myrmekophile Acacien 293
Myrmecophyten 148
Myrtifol(in)säure 317
Myrtifoliosid-A, -B, -C 317

Nahrungspflanzen 228, 301; vgl.
 ferner bei Nutzpflanzen-Literatur
Nahrungsproteine 106
Nahrungsquellen von Affenpopula-
 tionen 405
Naphthochinone 58, *75*
Naphtholglucoside 91
Naphthopyrone 105
Naphtho-γ-pyrone *96*

Narcissin 220, 222, 223, 224, 257
Naringenin 148, 257, 309, 311, 314, 354, 412
Naringenin-5-diglucosid 309
Naringeninglucosid 254
Naringenin-6-glucosid 325
Naringenin-4'-rhamnoglucosid 121
Naringin 311
Narkotische Pflanzen vide Halluzinogene
Nasendusche 60
NATALESE KAMEELDORING 327, 328
Nataloe-emodin 98
Nataloe-emodin-8-methylether 93
Nektar 148, 191
Nektar als Bienennahrung 5
Nektarien, extraflorale 148, 247, 293, 421
Neoflavonoide 214, 223, 232
Neohesperidin 409
Neolignane 180, *184–185*, 356, 414
Neolignane, 1-Aryl-2-phenoxypropan-1-ol-Typ 180, *184*, 185
, benzofuranoide 180, *184*, 185
, 1,2-diarylpropenoide *184*, 185
Neoplathymenin 215
Neoschaftosid 80
Neurolathyrogene 279, 280
Neurotoxine 356, 359
Ni vide Nickel
Nic-1 (= withanolidartige Verbindung) 411
Nichtflüchtige organische Säuren vide Säuren, organische, nichtflüchtige
Nichtproteinogene Aminosäuren vide Aminosäuren, freie und nichtproteinogene
Nickel(Ni)-Speicherung bei *Indigofera setiflora* 38
  bei *Paersonia metallifera* 38
  bei *Trifolium pallescens* 38
Nicotin 307
Nicotinsäure 188

Nigerin 208
Nigrescin *302*, 303, 321
Nitrate 404
Nitrilglucoside, nichtcyanogene 123, *124*, 299
Nodolidat *96*, 100
Nodosin *94*, 95, 100, 108
Nodososid 100
NodRm-1 41
Nodulation (Nod) 39, 40, 404
Nodulations-Faktoren (= Nod-Faktoren) 41
Nodulationssysteme 404
Noduline 40
Nonacosan 327
Noranantin *133*, 138
Norbergenin 74
Norcassaid 61, 65
Norcassaidid 64
Norcassain 61, 65
Norcassamid 61, 65
Norcassamidid 61
Norcassamidin 61, 64
Norcassamin 61
Norditerpene *94*, 95, 101, 105
(+)-11-Nordriman-9-on 301, *304*
Norerythrophlamid 61, 64, 65
Norerythrophlamin 61, 65
Norerythrostachaldid *62*
Norerythrostachaldin *62*
Norerythrostachamid 61, *62*, 64
Norerythrostachamin *62*, 64
Norerythrosuamid 61, *62*
Norerythrosuamin 61, *62*
Norhardwickiasäure *130*, 131, 141
Norharman 28
Norneolignane 180, 182, 414
Nutzpflanzen-Literatur 8–14, 382–401
Nyctinastene 86
Nyctinastie 404

Obtusifolin-2-glucosid 116
Obtustyren (= Obtustyrol) 120
Octacosan 317

Octacosanol 98, 101, 103, 104, 200,
  317, 327, 329, 355, 371, 410
n-Octacosanol 314
Octacosansäure 198
7,9-Octadecadiinsäure *172*
Octadecanol 104
Octaketide 89
Octaketidstoffwechsel 106
Odoratissimin 358
Ökodeme 102, 293, 301
OEKOE-AKA 152
Ökologie, chemische 15–16,
  131–132, 145, 159–164;
  vgl. auch Schutzstoffe
Ökophysiologische Merkmale
  39–41
Öldrüsen 179
Öle vide Fette Öle und Samenöle
OKAN 198
Okanin 199, 262, 263, 312, 325,
  355, 357
Okanin-4'-glucosid 323
Oleanolsäure 67, 73, 193,
  198, 201, 208, 214, 227,
  317, 324, 328, 354, 355, 357,
  371, 372
Oleanolsäure-3-digalaktosid 103
Oleoresinae 128, 138, 159
Oleylalkohol 140
Oliose 116
Oliverinsäure *130*, 131, 139
Olmecol 180
Ombuin 50, 97, 103, 219
Ombuin-3-galaktosid 103
Ombuin-3-neohesperidosid 103
Ononit 53, 100, 204
Ontogenie der Blüten 4
„Organes spinéscents" 246
Organische Säuren vide Säuren,
  organische, nichtflüchtige
Organischer Amino-N 404
Orientin 70, 76, 174, 214
Oritin *264*
Oritin-4α-ol 311
Ornithogamie 5

Ornithophilie 6
OWALASAMEN 195
Oxalsäure 373
Oxalylalbizziin 280, *284*, 285, 301,
  418, 419
Oxidasen in GUMMI ARABICUM 326
10'-Oxoanhydrophlegmacin 99
9-Oxocaryolan-1-ol *153*
16-Oxodihydrohardwickiasäure
  130, 131
16-Oxo-15,16H-hardwickiasäure
  141
2-Oxokolavensäure *130*, 131, 139,
  140, 413
3-Oxomanooloxid 232
10'-Oxotorosanin 99
13-Oxotridecadiensäuren 22, *23*
Oxyayanin-A und -B 81, *82*
OZIYA 138
Ozol *130*, 131, 138
Ozsäure 138

Pacharin 120, *124*, 125
Palmidin-A 89
Palmitinsäure 300, 314
PALTHÉ-SENNA 111
Palustrin 379
Pansen 234
PAPIERBASDORING 327
Paralycolin-A 364
Parfumeriepflanzen 331
PARICÁ 210
PARICA SNUFF 60
Parietarinsäure 93
Patuletin 203, 221
Patuletin-7-glucosid 221
Patulitrin 221
Paucin 194
Pauconüsse 194
Pelargonidin 182
Peltochalkone *302*
Peltogynan 25, *27*
Peltogynin *302*, 306, 308, 311, 324
Peltogynoide *27*, 48, *50–51, 82*,
  121, *124–125*, 134, 141, *142*, 150,

154, *156–157*, 265, 266, 276, *302*, 308, 311, 326
Peltogynoide, Biogenese 306
Peltogynoide Catechine 25
Peltogynol 25, 121, *124*, 125, 134, 149, 150, 154, *156*, 157, 306, 311
Peltogynol-B 134, 149, 150, 154, *156*, 157, 311
Peltogynole 26, *142, 302*, 308, 324
Peltogynon *302*, 306, 308, 311
Penmacrinsäure *192*, 194
Pentadecanal 323
1,2,3,4,6-Pentagalloylglucose 72
2,6,7,3′,4′-Pentahydroxy-2-benzylcumaran-3-on 321
3,4,7,8,4′-Pentahydroxyflavan 93
3,5,7,3′,5′-Pentahydroxyflavan 169
3,7,8,3′,4′-Pentahydroxyflavan 214
5,7,3′,4′,5′-Pentahydroxyflavan 25
3,4,5,7,4′-Pentahydroxyflavan-3-rhamnosid 116
3,7,8,3′,4′-Pentahydroxyflavon 263
3,7,8,3′,4′-Pentahydroxyflavyliumchlorid 317
Pentahydroxystilbene 151
3,5,3′,4′,5′(3,4,5,3′,5′)-Pentahydroxystilbene (*cis*- und *trans*-) 152
Pentaketide 115
5,6,7,3′,4′-Pentamethoxyflavon 119
5,7,3′,4′,5′-Pentamethoxyflavon 119
Pentanal 324
Peroxidasen in GUMMI ARABICUM 326
Pfeilgifte 12, 230, 355, 356, 359
Pflanzenallergene vide Hautreizende Pflanzen
Pflanzengeographie 4
Phalenophilie 6
Pharmako-Deme 91
Phaseoloidin 201, 204, *206*
Phaseoloidin-4-butylether 201, 204, *206*
Phenanthren 76
Phenolgehalte von Savannenbäumen 261

Phenolmuster, Kernholz 308–309
2-Phenoxychromon-Phytoalexin *94*
Phenylethylamin 216, 283, 285
β-Phenylethylamin 288
2-Phenylethylamin 288
Phenylethylaminhydrochlorid 355
Phlobaphene 135
Phlobaphene, dimere *134*, 171
Phlobatannine *134*, 135
Phlobatannine, dimere, mit umgelagertem C-Ring *134*, 163, 171
Phosphoglucoisomerase 92
Phosphomannoisomerase 92
β-Photomethylquercetin *302*, 306, 308
Phthalide 149
Phyllodien 246
Phyllokladien 246
Physcion 88, 92, 93, 95, 97, 98, 99, 100, 101, 102, 103, 104, 105, 106, 116, 410, 412
Physcion-9-anthron 99
5,7′-Physcionanthron-Physcion-Dimer 103
Physcion-10,10′-bianthron 99
Physcion-8-digalaktosid 103
Physcion-5,7′-dimer 99
Physcion-8-galaktosid 103
Physcion-8-gentiobiosid 97
Physcion-8-glucosid 100
Physcion-8-methylether 74
Physcion-8-α-xylosid 102, 103
Physostigmin 26
Phythämagglutinine 249
Phytoalexine 88, *94*, 95, 100
Phytochemical Dictionary of the Leguminosae 17–21
„Phytochrome Killer" 32
Phytosterine 102, 180, 300
Phytosterin-3-Fettsäureester 371
Phytosterin-3-glucoside 236, 371
Phytosterinmonoglucoside 208
PI vide Proteinase-Inhibitoren
Piceatannol 98, 105, 410
Piceid 413

Picolinsäure 407
Pilloin-C-glucosid 76
Pilzmetaboliten 106
Pimaran-Derivate *304*
Pimarane *130*, 131
Pinit(ol) 53, 63, 81, 90, 93, 97, 99, 101, 104, 119, 120, 122, 123, 133, 179, 198, 204, 227, 250, 312, 313, 314, 315, 316, 317, 320, 323, 324, 327, 328, 357, 371
Pinocembrin 308, 321
(−)-Pipecolinsäure 320
Pipecolinsäurederivat U2 43
Pipecolinsäuren 43–47, 70, 87, 132, 169, 170, 171, 173, 198, 199, 202, 203, 204, *205*, 207, 209, 215, 216, 228, 229, 277, 278, 281, 282, 310, 313, 315, 317, 349, 353, 360, *361, 362, 367*, 407, 420
Pipecolinsäuren, Metabolismus *367*
Piperidinalkaloide 85, 98, *107*
Piperidinalkaloide, acetogene, 2,6-dialkylierte 104, 217, *218*
Piperidin-2-carbonsäure *367*
Piperidine, 2,6-dialkylierte 86, *218*
Piscizide vide Fischgifte
Pithecolobin *361, 362*, 373
Pithecolobine 355
Pithogenin 372
Plathymenin 215
Plathyterpol 215
Podocarpane *130*, 131
Pollen als Bienennahrung 5, 303
Polyalth(ia)säure *130*, 131, 135
Polyamine 27, 29
Polyhydroxyflavonolglykoside aus Rinde von *Cassia fistula* 94, 95
Polyhydroxyindolizidine 29
Polyhydroxypyrrolizidine 29
Polyketide 106
Polysulfide *192*, 193
Polysulfide, zyklische *192*, 193, 325, *361*
Praesenegenin 242

Prenylierung von Aromaten 81
„Prickles" 246
Primverose 79
Proacaciberin 290, *299*, 336
Proacacipetalin 289, 290, 291, 296, 297, *299*, 328, 329, 336, 337
Proanthocyanidin(= PA)-Bausteine 25; vide ferner bei Proanthocyanidine
Proanthocyanidin-Dimere, A-Gruppe und B-Gruppe 26
Proanthocyanidine (PA) (vide auch Gerbstoffe, kondensierte, und Kondensierte Gerbstoffe) 25, 26, 47, *49*, 52, *75*, 79, 92, 93, 98, 100, 106, 108, 133, *134*, 144, 167, 169, 182, 219, 221, 224, 254, 301, *302*, 305, *307*, 313, 315, 316, 380
Proanthocyanidine, O-methylierte 103
Proanthocyanidin-Trimere 26, 232
Proceragenin-A und -B 354, 358
Proceranin 358
Procerasäure 354, 376
Procerinsäure 358
Procyanidin-B2 95, 151, 412
Procyanidin-B3 372
Procyanidin-B4 307, 372
Procyanidine (PCy) 120, 174, 182, 201, 219, 262, *264*, 303, 323, 357, 412
Procyanidinrhamnosid 98
Prodelphinidin-B1 372
Prodelphinidine (PD) 224, 262, *264*, 303, 314, 318
Prodelphinidinglykoside 219
Profisetinidin, [3-O-4'; 4-O-3']-gebundenes 74, *75*
Profisetinidin, lactonoides *49*
Profisetinidin-Dimer mit 4 → 2'-Verknüpfung der zwei Bausteine (Fisetinidol + Flavanonderivat) *49*
Profisetinidin-Dimer-3-gallat *49*
Profisetinidine 47, *49, 75*, 103, 133, *134*, 135, 262, 316, 319

Proguibourtinidin, stilbenhaltiges *144*
Proguibourtinidine *134*, 135, 163, 171, *302*, 303, 315
Prolin 28, *29*, 59, 70, 132, 194, 216, 313, 315, 343, 344, 360, *367*
(−)-Prolin 320
Promelacacinidine *302*, 303, 317
Propaeonidinrhamnosid 98
Propelargonidine 93, 95, 98, 103, 105, 151, 174, 182, 214, *264*
Propelargonidin-Trimer *94*, 95
Propetunidine 224
Prorobinetinidin, lactonoides 49
Prorobinetinidine 262, 316, 318
Prosafrin 217, *218*
Prosafrinin 217, *218*
Prosogerin-A, -B, -C, -D, -E 221
Prosopenol 226, 227
Prosophyllin 217, *218*
Prosopidion 227, 240
Prosopin (Alkaloid) 217, *218*
Prosopin (Catechin) 25, *264* und *244* in Bd. XIa
Prosopinin 217, *218*
Prosopinon 105, *107*, 115
Prosopol 226, 227
Prote(in)ase-Inhibitoren (Hemmer) (PI) 198, 232, 249, 405, 409
Proteine 248
Proteracacinidine *302*, 306, 311
Protoalkaloide 188, 283, 289
Protocatechusäure 58, 203, 261, 321, 343
Protosappanin-A 48, 50, *51*, 56
Protosappanin-B und -C 48, 56
Prunasin 289, 291, 295, 298, *299*
Prunin 311
Pseudoalkaloide 86
Pseudopeltogynol 166
Pseudopeltogynol-B 166
Psychophilie 6
Pterocarpane 81
Pterogynidin *75*, 76
Pterogynin *75*, 76

Pterostilben 76
Pubeschin *142*, 149
Pulcherralpin *54*
Pulcherrimin 48, 50, *51*
PULPA TAMARINDORUM 172
Putrescin 27
PYINKADO 232
Pyracrensäure 410
Pyridoxal *363*
Pyridoxamin *363*
Pyridoxin *363*
Pyridoxol *363*
Pyridoxol-4'-methylether 358, 359, *363*
Pyrogallol-2-methylether 105
Pyrrolidin-2-carbonsäure *367*
Pyrrolizidinalkaloide 11, 13, 30, 92

Quebrachit 179
Quercetagetin 203, 306
Quercetagetin-3,6-dimethylether 102
Quercetagetin-6-methylether-7-glucosid 221
Quercetin 50, 72, 77, 222, 223
Quercetin-3-α-arabinopyranosid-2''-gallat 120
Quercetin-3-arabinosid 203, 224
Quercetinderivate, methylierte 82
Quercetin-3,3'-diglucosid 313
Quercetin-3,3'-dimethylether 222, 223, 321
Quercetin-3-galaktosid 256; vide auch Hyperin
Quercetin-3-gentiobiosid 325, 410
Quercetin-3-glucoarabinosid 221
Quercetin-3-glucogalaktosid 325
Quercetin-3-glucosid 256; vide auch Isoquercitrin
Quercetin-7-glucosid 97
Quercetin-3-glucuronsäure 203
Quercetin-3-methylether 220, 222, 224, 421
Quercetin-4'-methylether 222

Quercetin-3-rhamnosid 256; vide auch Quercitrin
Quercetin-3-sophorosid 257
Quercetin-3,5,3',4'-tetramethylether 83
Quercetin-7,3',4'-trimethylether-3-arabinosid 105
Quercetin-7,3',4'-trimethylether-3-digalaktosid 103
Quercimeritrin 50, 56, 222
Quercitrin 100, 104, 120, 199, 203, 222, 224, 257, 313, 315, 316, 317, 318, 325, 356, 410, 412, 421
Questin 93, 98, 100
Quinquangulin 101
QURAC 330
Quracol-A und -B 329, 330
Quracol-B-3''-methylether 330

Racemosol 120, *124*, 125
RADIX RATANHIAE 178, 180, 181, *184*, 185
Raffinose 122, 307
RAIN TREE 370, 380
RAIZ PARA LOS DIENTES 176
Ramosissin 180, 181, *184*
RATANHIA DE LA NOUVELLE-GRENADE 178
RATANHIA DE TEXAS 178
RATANHIA DES ANTILLES 178
RATANHIAE RADIX 181
Ratanhia-Gerbstoffe 182
Ratanhiaphenol-I 180, 181, 182, *184*, 414
Ratanhiaphenol-II 180, 182
Ratanhiaphenol-III 181, *184*
RATANHIAS DE SAVANILLE 178
RATANHIA-WURZEL 176
Ratanhin 182, *184*, 185
RED SYRINGA 47
Reservezellulosen der Samen 403
Resveratrol 76, 148, 410
Resveratroltrimethylether 76
Retrochalkone 120

Retusin 219, 232
REUNJA 337
Reynoutrin 375
Rhamnetin 50, 73, 92, 121, 313
Rhamnetin-3-digalaktoside 103
Rhamnetin-3-glucosid 104
Rhamnetin-3-neohesperidosid 101
Rhamnetin-3-rhamnogalaktosid 103
Rhamnetin-3-α-rhamnosid 313
Rhamnitrin 313
2''-O-Rhamnosyliso-orientin 208
2''-O-Rhamnosylorientin 208
Rhaponticin *144*, 413
RHATANY ROOT 176
RHATANY ROOT TANNIN 182
Rheidin-A 89
Rhein 88, 90, 92, 93, 95, 97, 98, 100, 101, 102, 103, 104, 106, 110, 112, 114
Rhein-acylglucosid *96*, 102
Rhein-Aloe-emodindianthron 89
Rheinanthronderivate 95
Rheinanthron-8-glucosid 90
Rheinanthron-8-glucosid-10,10'-dimere 89
Rheinanthronglykoside 92
Rheinartige Verbindungen 88
Rheinderivate 95
Rheindianthron-8,8'-bis-glucoside 89
Rheindianthronderivate 95
Rhein-8-glucosid 104
Rheinglykoside 98, 102, 112
Rheum-Tannine 182
Rhizobiaceen-Leguminosen-Symbiose 39
Rhizobien 404
RHIZOMA TORMENTILLAE 178
RHODESIAN COPALWOOD 143
RHODESIAN MAHOGHANY 143
RHODESIAN TEAK 133
Rindenschleime 86
Robidandiol 343
Robinetin 47, 147, 148, 198, 309, 318, 358, 359

Robinetinidin 320
Robinetinidol 47, 232, *264*
(−)-Robinetinidol 48
Robinetinidole 316
(−)-Robinetinidole 318
Robinetinidol-3-gallat *49*
Robinin 375
Robtein 318
Robtin 318
RÖHRENKASSIE 93
Rotenoide 9, 13
Rothölzer 48
Rotungen(in)säure 103
Roxburghin 102
Roxburghinol *96*, 102
Rubiadin 92, *96*, 97, 99, 106, 116
Rubrofusarin 98, 101, 102, 105
Rubrofusarin-6-galaktosid 98
Rubrofusarin-6-gentiobiosid 116
Rutin 58, 60, 89, 92, 97, 103, 111, 121, 199, 203, 220, 221, 222, 223, 224, 254, 256, 307, 309, 375

Sabanilla-Ratanhia 178
Saccharose 320, 421
Säuren, organische, nichtflüchtige 24, 250; vide auch Ascorbin-, Oxal-, Weinsäure
SAFED BABUL 337
SAFED KIKAR 337
Sakuranetin-5-glucosid 323
Salicylsäure 132, 255
Salipurposid 309, 311
Samanin 373
Samanin-A, -B, -C, -D, -E 373
Sambunigrin 289, 291, 295, 298, 299
Samenamyloid vide Amyloid
Samenöle 53, 58, 59, 80, 86, 99, 100, 101, 102, 119, 121, 132, 136, 141, 174, 194, 201, 204, 208, 225, 227, 235, 236, 250, 308, 309, 311, 314, 323, 355, 412; vide ferner Fette Öle

Samenzucker 250
Sandaracopimara-8(14),15-dien 232
Sandaracopimaradiendiol 242
Sandaracopimaradienol 242
Sandaracopimaradienon 242
Sapogenine 9, *33, 34, 69*, 198, 199, 201, 208, 214, 229, 230, *231, 304*, 308, 313, 324, 355, 357, 358, 360, 373
Saponaretin 174, 257
Saponin-ES-I, -ES-II, -ES-III, -ES-IV, -ES-V, -ES-VI 201
Saponin-I 37
Saponin-PE 372
Saponinanalytik 71
Saponinanalytik, Cholesterin-Bindungsversuch 67
Saponine (vide auch Waschmittel) 9, 13, 30, *31−37*, 53, 63, 65, 66−69, 73, 83, 92, 99, 109, 139, 173, 193, 198, 199, 200, 208, 214, 219, 229, *231*, 233, 236, 241, 299, 300, 303, 305, 307, 308, 313, 314, 317, 324, 328, 349, 354, 355, 356, 358, 359, 360, 363, 364, 371, 372, 373, 420
Saponine als Resistenzstoffe 403
Saponinmuster, Variation im Embryo 2
Saponinspektren im Hypokotyl des Embryos in ungekeimten Samen von Sojabohnen 35
Saponinsynthese in Sojasamen 36
Sappanchalkon 48, 50, *51*, 53, 55
Sappanholz 48, 55
Sappanin 50, *51*
Sappanol 50, *51*
Sappanon-A und -B 50, *51*
SAVANILLA-RATANHIA 178
Schaftosid 80
Schaftosid-4'-glucosid 80
Schistosomiasis 241, 257
Schleime 90, 204, 208, 225, 235, 250, 310, 312, 415
Schleime vide auch Exudat-Gummis

Schleimendosperm vide Galakto-
  mannane
Schleimexudate 306, 307, 313,
  315, 359, 377;
  vide auch Exudatschleime
Schleimhöhlen 251
Schleimidioblasten 59
Schlüsselaminosäuren von *Acacia*-
  Samen *284*, 285
Schmetterlingsblüten 5
Schnupfpulver 59, 60
Schutzstoffe 9, 15, 30, 38, 43, 131,
  136, 138, 145, 146, 160–164, 259,
  324, 403
Schwefelkohlenstoff 324
Schwefelsäure vide Sulfate,
  organische
Schwelfelsäureester von *trans*-4-
  Hydroxypipecolinsäure 75
Schwefelwasserstoff *361*
Schwermetall-tolerante *Acacia*-
  Arten 38
Scirpusin-B 97
Sclareol 299
Scopoletin 230
SCREWBEAN MESQUITE 224
Scutellarein-7-rutinosid 409
Sebacinsäure 56
2,3-Secomanooloxid *94*, 95, 101
Seifenersatz 331; vide auch
  Waschmittel
Seismonastische Reaktion 235
Sekretzellgruppen 368
Sekundärstoffmuster und
  Evolution 15
Sekundärstoffwechsel von
  Cassia 106
Selenium-Akkumulation 209
Selenium-Kreislauf 38
Selenium-Verbindungen 86
Selenium-Verbindungen, flüchtige
  38
Selinadiene 145, *147*
α- und β-Selinen 137, 146, *147*
Selinene 136

SEMEN CERATONIAE 80
SEMLA-GUMMI 120
SÉNÉ D'ALEP 91, 111
SÉNÉ D'ALEXANDRIE 111
SÉNÉ DE LA PALTE 111
Sengulon 99
SENNA 89
SENNA, AFRIKANISCHE 89
SENNA, EGYPTISCHE 89
Sennidine 89, 97
Sennosid-A und -B 89, 95, 97, 101
Sennosid-A 1 und -C 89
Sennoside 102
Sennosidspeicherung 108
SENSITIVE BRIER 206
SEPERANTOE 152
Serin *320*, 344, 417
Serologie, *Acacia*-Arten 250
  , *Prosopis* 225
Serologische Untersuchungen von
  Krameria 183
Serotonin 209
Serpentin-Vegetationen 38
Sesquilignane 358, *363*
Sesquiterpenalkaloide 152
Sesquiterpene 136, 137, 138, 145,
  146, *147*, 152, *153*, 159–164
Sesquiterpenkohlenwasserstoffe 31,
  129, *147*
Sesquiterpenoxide 152
Siameadin 103, 115
Siameanin 103, 115
Siamin 103
Signalstoffe 22, *23*, 40
Silica vide Kieselsäure
SILVER WATTLE 334
Simmondsin *124*, 125, 126
Simplicia vide Drogen
Sinapinsäure 98
SIRIS-GUMMI 356
Δ7,22-Sitostanol 372
Sitostenon 171
β-Sitosterin 226
γ-Sitosterin 357
Sitosterinarachidat 98

Sitosterinbehenat 98
Sitosterinpalmitat 98
Sitosterol-3-riburonofuranosid 123
Sitosterol-3-xylopyranosid 123
Sitosterol-3-xyluronofuranosid 123
Skatol 77
Soja... vide auch Soya...
Sojabohnen 31
Sojabohnen, Wild- und Kulturformen 32
Sojabohnen-Züchtung 32
Sojasamen-Sapogenine *33*
Sojasamen-Saponine *33*
Sojasamen-Saponine, Zuckerketten 36
Sojasamen-Saponine des Hypokotyls *34*
Sojasaponine 31
Sojasaponine, bittere Tri- und Tetraacetate 31
, intraindividuelle Variation 31
, Variation innerhalb einzelner Taxa 31
SOKYO 71
Sonnenschutzmittel 181
Sonusid-A 308
Sopheranin *96*, 104
Soya... vide auch Soja...
Soyasapogenol-A 31
Soyasapogenol-B 30, 31
Soyasapogenol-E 31
Soyasapogenole *33*
Soyasaponine *33*
Spectalin 104, *107*
Spectalinin 104
Spermidin 27
Spermidinalkaloide 53, *55, 107*, 358
Spermidinderivate *107*
Spermin 27
Sperminalkaloide 355, 357, *361*, 373
Sphingophilie 6
Spicigerin 217, *218*
„Spinae" 246

α-Spinasterin 372, 373
α-Spinasteron 373
„Spines" 246
Spiraein 257
Spiraeosid 257
Squalen 180
Stacheln 246
Stachydrin 9, 101
Stachyose 307
Stärke 42, 248
Sterculiasäure 58, 372
Steringlucoside 232
Steroidsapogenine 373?
Stickstoffassimilation 404
Stickstoff-Fixation (N_2-Assimilation) 40, 204, 404
Stigmasterin 226
Δ^7-Stigmasterin 226
Stilbendimere 97
Stilbene und Stilbenoide 76, 77, 93, 97, 120, *124–125, 144*, 148, 151, 410, 413
Stilbene, Numerierung *144*
Stomata-Index 91
„Strophiolum" 42
Stryphnodendron-Sapogenin-B und -F 229
Sulfate, organische 47, *75*, 76, *96*, 101, *231*
Sulfide vide Polysulfide
Sulfuretin (= Sulphuretin) 154, *156*, 157
Sutherlandin 291, *299*, 328, 329
Swainsonin 12, 29, 30
Swainsonin-N-oxid 12
Symbiosen 404
Syringaresinol 120
(−)-Syringaresinol-4'-apiosylglucosid 358, *363*
Syringaresinol-4-glucosid 410
(−)-Syringaresinolglykoside 356
Syringasäuremethylesterapiosylglucosid 375
Systematik der Leguminosen 4–7, 20–21, 381

Tagayasan 103
TALHA-GUMMI 327
Tamarixetin 222
Tamarixetin-3-rutinosid 355
Tamarixetin-3-rutinosid-7-rhamnosid 97
TAN (*t*annin of *A*cacia *n*ilotica) 257
Tannine (vide auch Gerbstoffe) 257, 316, 420
Tannine, kondensierte 80
Taraxasterylacetat 314
Taraxerol 77, 308, 357
Taxifolin 47, 121, 145, 265, 306
Taxifolin-3-glucosid 323
Taxifolin-7-α-glucosid 314
Taxifolin-3-rhamnosid 413
Tectol 313
TEPESCOHUITE 208, 230, *231*
Teracacidin *264*, 315, 323, 344, 355
(−)-Teracacidin 262, 301, 328
Teracacidine 26, 260, 276, 309
Teracacidin-Gruppe 262
Teracacidin-8-methylether 309
Terpenoide 30, 403
Terpenoide Exkrete, ökologische Bedeutung 131
α-Terpineol 328
Terpinylacetat 328
Tetracontanol 103
8,9,11,14-Tetradehydrovouacapen-5α-ol *54*
Tetrahydroanthracenderivate 104
Tetrahydroharman 117, 217, 288
Tetrahydroharmanderivate 289
4,2′,3′,4′-Tetrahydroxychalkon 303
7,8,3′,4′-Tetrahydroxydihydroflavonol 310, 416
Tetrahydroxydihydrophenanthren 97
1,3,5,8-Tetrahydroxy-6,7-dimethoxy-2-methylanthrachinon 114
1,3,5,8-Tetrahydroxy-2,7-dimethylanthrachinon 100
3,4,7,4′-Tetrahydroxyflavan 93

5,7,3′,4′-Tetrahydroxyflavan 25
7,8,3′,4′-Tetrahydroxyflavanon 262, 263
7,8,3′,4′-Tetrahydroxyflavanonol 355
5,7,3′,4′-Tetrahydroxyflavon 416
7,8,3′,4′-Tetrahydroxyflavonol 262, 263, 312, 317, 416
7,8,3′,4′-Tetrahydroxy-3-methoxyflavanon 263
3,7,8,4′-Tetrahydroxy-3′-methoxyflavon 416
7,8,3′,4′-Tetrahydroxy-3-methoxyflavon 262
3,5,3′,4′-Tetrahydroxystilben = 3,4,3′,5′-Tetrahydroxystilben 105, 148
Tetrahydroxystilbene 98
5,7,3′,4′-Tetramethoxyflavon 119
7,2′,4′,5′-Tetramethoxyflavon 364
1,2,4,5-Tetrathiacyclohexan *192*
Tetratriacontanylnonadecanoat 105
Tetratriacontanylpalmitat 105
Thalictiin 103
Theobromin 211
Thermopsidin 220
Thermospermin 27, 28
Thiazolidin-4-carbonsäure 373
Thioformaldehyd *361*
Thioprolin *361*, 373
Threonin 249, 344, 417
Tinctoriale Pflanzen vide Farbstoffpflanzen
Tinkerose 173
Tinnevellin 90
Tinnevellin-6-glucosid 89, 91
TINNEVELLY SENNA 89, 91
Tocopherole 412
Togholamin 67
Toltecol 180
Torachryson 98, 105
Torachryson-8-glucosid 410
Torosachryson 93
Torosachryson-5,7′-Dimer 412
Torosachryson-Physcion-5,7′-Dimer 99, 412

Torosachryson-Physcion-10,7'-Dimer 99
Torosaflavon-A *94*, 95, 106, 412
Torosaflavon-B, -C, -D *94*, 95, 106
Torosanin-9',10'-chinon 412
Torosaol-III 412
Torososid-A 412
Toxische Pflanzen vide Giftpflanzen
Trachylobanol 154, *155*
Trachyloban-Reihe 154
Trachylobansäure 30, 154, *155*
Trachypon 106
Transfer-Zellen 42
Traumatin 22, *23*
Traumatinsäure 22, *23*
Treleasegen(in)säure 208
Triacanthin 58, 66, 67, *75*
Triacanthosid-A, -B, -C, -D, -E, -F, -G 67
Triacontan-1,30-diol 95
Triacontanol 100, 101, 119, 226, 410
n-Triacontanol 313
n-Triacontan-1-ol 95, 109
n-Triacontansäure 313
Tricetiflavan 25
Tricin 140
Tricin-7-*β*-L-arabinosid 409
Triflavan-3-ole vom Terphenyltypus 219
1,3,6-Trigalloylglucose 325
Triglyceride vide Fette Öle und Samenöle
Trigonellin 9, 28, *29*, 101, 404
Trigonellin, Funktionen bei Leguminosen 188, 404
Trigonellin-Speicherung 189
Trihydroxyauron 421
7,3',4'-Trihydroxydihydroflavonol 416
7,8,4'-Trihydroxy-3,3'-dimethoxyflavon 416
7,3',4'-Trihydroxy-3,8-dimethoxyflavon 263

1,3,5-Trihydroxy-6,7-dimethoxy-2-methylanthrachinon 116
3,5,7-Trihydroxyflavan 25
4,7,4'-Trihydroxyflavan *94*, 95
5,7,4'-Trihydroxyflavan 25
7,3',4'-Trihydroxyflavan-3,4-diol 143
7,8,4'-Trihydroxyflavan-3-ol 303
7,3',4'-Trihydroxyflavan-3-ol 416
7,8,4'-Trihydroxyflavanon 262
7,8,4'-Trihydroxyflavon 321
7,3',4'-Trihydroxyflavon 157, 311, 356
7,8,4'-Trihydroxyflavonol 262, 315, 323, 328
7,3',4'-Trihydroxyflavonol 416
3,16,22-Trihydroxyhopan 97
7,3',4'-Trihydroxy-8-methoxyflavan-3,4-diol 268
7,8,4'-Trihydroxy-3'-methoxyflavonol 416
7,3',4'-Trihydroxy-8-methoxyflavonol 263
2α,3β,21β-Trihydroxyoleanolsäure 229
3,4,5-Trihydroxypipecolinsäure 423
Trileucofisetinidine 316
3,7,4'-Trimethoxyflavon 81
2,4,5-Trimethoxyphenol 98
3,4,5-Trimethoxyphenol 375
Triterpene sind unter Trivialnamen aufgenommen (z. B. Acaciasäure, Amyrine, Lupeol, Oleanolsäure, Soyasapogenole und viele andere)
Triterpensapogenine vide Sapogenine (praktisch alle Sapogenine in diesem Buche sind Triterpene)
Triterpensaponine vide Saponine (praktisch alle Saponine in diesem Buche haben Triterpene als Sapogenine)
Trithiacyclopentan *192*, 193
1,2,3-Trithiolan 325
n-Tritriacontan-16,18-dion 300
Trivialnamen, Zweideutigkeit 108

Trypsin-Inhibitoren 189, 228
Tryptamin 77, 82, 117, 208, 210, 216, 217, 283, 285, 288
Tryptamine 209
Tryptamin-N-Methylole *213*
Tryptamin-N-Monomethylderivate *213*
Tryptamin-N-Oxide *213*
Tryptophan 210
Tryptophanderivate 423
Tryptophol 199
Tubulin 207
Turgorine 86, 99, 404
Tyramin 67, 183, 185, 216, 288, 305, 377
Tyraminglucosid 204, *206*
Tyrosinglucosid 204, *206*
Tyrosin-4-glucosid 200

U 1 (nicht identifizierte Aminosäure) 45, 47
U 2 (= saurer H_2SO_4-Ester von 4-Hydroxypipecolinsäure) 43, 44, 47
UGBA 194
Uncamin 136
Uracil-1-ribosid 100
β-Uracylalanin 204, *205*
Urease-Hemmer 41
Ureide 39, 41
β-Ureidoalanin 312
Uridin 100
Ursolsäure 227
URUMACO 113
Uvaol 327
UV-Filterstoffe 181

Vakerin 53
Valin 249, 297
VAM (= *V*esicular-*A*rbuscular *M*ycorrhiza) 74, 404
Vanillin 105, 317
Vanillinsäure 132, 261, 317
Vanillylalkohol 105

Velutin 100
Velutin-5-glucosid 105
Veracruzol 364
Verbascose 307
Vernolsäure 372
Verteidigungsstrategien von Pflanzen 131
„Vesicular-Arbuscular Mycorrhiza" vide VAM
Vicenin-2 223, 224, 254, 257, 357
Vicenin-II 76
Vicianin 17, 18
Vicianose 17, *299*, 336
1β-Vicianosyl-(S)-2-methylbutyrat 290, *299*
VILCA 237
Vinalin 224
VINHATICO 214
Vinhaticol 214
Vinhaticosäure 214
Vinhaticylacetat 214
VINHO DE JUREMA 208
Viridifloren 328
Viridiflorol 328
Virolan-B 330
Vitamin-C 139
Vitamin-B_6 *363*
Vitamin-B_6-Antagonisten 358, 359
Vitamine der B-Gruppe 195
Vitexin 67, 70, 76, 174, 214, 222, 223, 224, 257, 311, 324
Vitexin-O-rhamnosid 224
Vomifoliolapioglucosid 356
Vouacapen-5α-ol *54*
Vouacapensäuremethylester 77
Vouacapenylacetat 77

Wallaba 140
Waschmittel (vide auch Saponine) 199, 201
WATTLE 252, 259
Weinsäure 100, 120, 121, 139, 172, 173, 307

WEST AFRICAN COPAL 138
Willardiin 188, 204, *205*, 207, 229, 277, 281, 346, 374
Wirtspflanzen für Lackinsekten 331
Withanolide 411?
Wundhormone 22, *23*
Wurmmittel 355
Wurzelknöllchen 39, 86, 404

Xanthone 74, 92, *94–95*
Xanthonglykosid *94*, 95
Xanthorin 98
Xylit 185

Ylangen *147*
α-Ylangen 136
YEHÉB 58

Zanzibarsäure 154, *155*
Zapotecol 181, *184*, 185, 186
Zapotecon 181, *184*, 185, 186
Zimtsäure 120, *124*, 125, 207, 261
Zimtsäureamide *62*
Zimtsäureester, basischer *62*
Zoopharmakognosie 165
Zuckersäuren 24
Zufallsalkaloide 86
Zykl... vide Cycl...